胡一三黄河治理琐议笔谈

胡一三 著

黄河水利出版社

·郑州·

内 容 简 介

黄河哺育了中华民族,也曾给两岸人民带来深重灾难。作者从事黄河治理已半个多世纪,将不同时期撰写的论文择要分类汇集。内容为:第一章泛议黄河及其治理的多个侧面;第二章论述黄河治理中采取的各种防洪工程措施及其建设情况;第三章述及了黄河河势及河道演变的情况、特点及对治理措施的影响;第四章集中了有关河道整治技术的内容,反映半个多世纪以来从创办、推广到全面进行,并已形成一套完整的黄河河道整治技术;第五章涉及抢险及堵口的情况和技术,并展示了堵口140年后堵口秸料等的材质照片;第六章为黄河河口治理,治理措施必须考虑黄河多沙的特点;第七章为黄河下游滩区,述及黄河下游广阔滩地的功能、安全建设、水利建设以及滩区补偿政策问题;第八章介绍潘季驯治河及亲身经历的1998年长江九江城防堤的堵口过程。

本书可供关心黄河除害兴利状况的同仁,从事黄河治理开发的科学工作者、工程技术人员及治黄广大职工阅读使用,并可供广大水利工作者及有关大专院校师生参考。

图书在版编目(CIP)数据

胡一三黄河治理琐议笔谈/胡一三著. —郑州:黄河水利
出版社,2017.5
ISBN 978 - 7 - 5509 - 1752 - 1

Ⅰ. ①胡…　Ⅱ. ①胡…　Ⅲ. ①黄河 - 河道整治 - 研究
Ⅳ. ①TV882. 1

中国版本图书馆 CIP 数据核字(2017)第 103608 号

组稿编辑:李洪良　电话:0371 - 66026352　E-mail:hongliang0013@163.com

出　版　社:黄河水利出版社
　　　　　地址:河南省郑州市顺河路黄委会综合楼14层　　　邮政编码:450003
发行单位:黄河水利出版社
　　　　　发行部电话:0371 - 66026940、66020550、66028024、66022620(传真)
　　　　　E-mail:hhslcbs@126. com
承印单位:郑州新海岸电脑彩色制印有限公司
开本:787 mm × 1 092 mm　1/16
印张:39　　　　　　　　　　　　　　插页:8
字数:900 千字　　　　　　　　　　　印数:1—1 000
版次:2017 年 5 月第 1 版　　　　　　印次:2017 年 5 月第 1 次印刷

定价:198.00 元

作者简介

胡一三,男,1941年2月生,河南鹿邑人,1964年毕业于天津大学,教授级高级工程师,享受国务院政府特殊津贴专家,黄河水利委员会科学技术委员会副主任,黄河水利委员会原副总工程师,华北水利水电学院兼职教授,治黄科技拔尖人才,国家抗洪抢险专家,全国水利系统先进工作者,全国农业科技先进工作者。退休后,黄河水利委员会2003年授予"黄河抗洪抢险先进个人"、2005年授予"发挥作用先进个人"、2008年授予"优秀共产党员"称号,2011年授予"黄委离退休老同志发挥作用十大楷模提名奖"称号。

主要从事河流防洪、河道整治、防凌及科技管理工作。理论联系实际,实践经验丰富,创造性地解决科学技术问题,在学术上有创新。"黄河下游游荡性河段整治研究"1998年获国家科技进步奖二等奖;"小浪底水库运用初期防洪减淤运用关键技术研究"2004年获水利部大禹科学技术奖二等奖;"黄河河道整治工程根石探测技术研究与应用"2010年获水利部大禹科学技术奖二等奖;"堤防工程新技术研究"1997年获水利部科技进步奖三等奖;《黄河防洪志》1992年分别获中共中央宣传部"五个一工程"奖和第六届中国图书奖一等奖;"黄河下游防洪减灾对策建议"1994年获中国科学技术协会优秀建议奖一等奖;《黄河防洪》1999年获全国优秀科技图书奖二等奖。

退休后,担任黄河水利委员会科学技术委员会副主任,继续从事黄河治理方面的一些技术工作。2003年9月任黄河防总抗洪抢险专家组组长,赴渭河抢险堵口。2008年参加黄河水利委员会离退休干部发挥作用报告团,赴黄河系统有关单位做报告。

专著有《黄河下游游荡性河段河道整治》《中国水利百科全书·防洪分册》《中国江河防洪丛书·黄河卷》《黄河防洪志》《黄河防洪》《河防问答》《黄河河防词典》《黄河埽工与堵口》《小浪底水库运用初期三门峡水库运用方式研究》《三门峡水库运用方式原型试验研究》《黄河高村至陶城铺河段河道整治》《黄河水利科技主题词表》《黄河堤防》。

心　愿

黄河，

中华民族的母亲河。

治理黄河是一项艰巨、

　　　　复杂的光荣使命。

个人的能力是有限的，

众人的智慧是无穷的。

个人的生命是短暂的，

黄河的治理是长期的。

愿将自己的微薄之力，

献给伟大的治黄事业。

　　　　　　　　胡一三

　　　　　　　　　一九九一年十二月

感　悟

人，

在适应自然、

　　　　改造自然中前进，

只要能在某个局部领域、

　　　　取得微小成功，

就是对人类的贡献，

在感到欣慰的同时，

切记要继续奋斗！

　　　　　　　　胡一三

　　　　　　　　　二零零二年十二月

1997 年 5 月 2 日作者（右一）向姜春云副总理（右二）汇报黄河实体模型实验情况

1998 年 8 月 21 日长江九江堵口结束后合影。左起：马毓淦、朱太顺、作者、黄智权
（指挥长，江西省省委副书记）、舒惠国（江西省省委书记）、舒圣佑（江西省省长）、陈炳德
（南京军区领导、中将）、张春园（水利部副部长）、李新军（水管司司长）、吴熹（小浪底）、高兴利

1996 年 8 月黄河洪水期间，河南省省长马忠臣 4 日下午到原阳双井控导工程查看洪水情况。前排中为马忠臣，右上为作者

1991 年 2 月 1 日作者向水利部杨振怀部长汇报黄河花园口至夹河滩实体模型实验情况

1998 年 8 月 15 日长江九江堵口完成后于堵口工地，右为水利部张春园副部长，左为作者

1991 年 9 月水利部科技委查勘黄河下游宽河道，左为严克强副部长，右为作者

1999 年 1 月中央组织部知识分子工作办公室组织第 11 次休养，参加人员为水利部、卫生部、
北京市卫生局的人员。照片于 1999 年 1 月 12 日拍摄于广西漓江，左为水利部总工程师朱尔明，
右为作者

1995 年 4 月 19 日赴荷兰考察期间于海牙中国
大使馆，左为作者，右为吴健敏大使

1987 年 11 月赴日本考察，15 日于东京皇居。
左起为作者、石德容、齐兆庆、张明德

1980 年 10 月在郑州召开国际防洪会议，并考察黄河
和长江防洪工程情况。照片为作者在会上发言

1988 年 10 月 20 日于刘家峡大坝下游，
左起为作者、康成悟

1985 年 6 月中旬组织赴黄河壶口瀑布以下左岸
滩地挖取山西鳄化石，于 19 日在瀑布处留影

1988 年 10 月 28 日于青海西宁塔尔寺

1988 年 10 月 29 日于正在修建的龙羊峡
水利枢纽

1991 年 10 月 19 日于西昌卫星发射场，
左四为作者

1988 年 10 月 29 日于青海湖

1995 年 4 月 13 日于芬兰 Matarakoski 水库贯流式电站,左起为李春敏(科技司司长)、作者

1995 年 4 月 20 日于荷兰某海堤

1988 年 10 月 29 日于日月山日亭

1995 年 4 月 23 日于挪威 1952 年建的奥斯陆附近的滑雪场

1997 年 9 月 27 日于五台山

1996 年 10 月 19 日于黄山玉屏楼，上为睡佛

1997 年 9 月 28 日于山西西山悬空寺，左起为千析、作者、庄景林、王渭泾、山西省水利厅副厅长王世文

1996 年 12 月 22 日于南京中山陵

1997 年 10 月 28 日于小浪底水利枢纽大坝截流工地。左起为黄河水利委员会原主任袁隆、老专家徐福龄、黄河水利委员会主任鄂竟平、作者、山东黄河河务局局长李善润

1998 年 8 月 11 日于长江九江堵口

1999 年 1 月中央组织部知识分子工作办公室组织第 11 次休养，参加人员为水利部、卫生部、北京市卫生局的人员。照片为 12 日于广西阳朔

1998 年 10 月 18 日于新疆天山天池

1999 年 1 月 20 日作者与妻子李凤仙于广州虎门
鸦片战争博物馆

1998 年 11 月 16～24 日应中兴工程科技研究发展
基金会的邀请,黄河研究会组织专家赴台演讲及
参观访问。照片为在中兴工程科技研究发展基金会、
中兴工程顾问社、中兴工程顾问股份有限公司主办的
大陆黄河研究会专家团专题演讲会上,左五为作者

1999 年 10 月 19 日于卢沟桥

2000 年 8 月受水利部委托审查国际界河——新疆
额尔齐斯河支流阿拉克别克河防洪工程,18 日于
中哈 32 号界桩(2),左起为 185 团闫团长、作者

2001 年 4 月 20 日于亚洲博鳌论坛

2000 年 12 月 1 日于厦门

2001 年 5 月于云南石林

2000 年 12 月于福建泉州老君山

2001 年 11 月 5 日于厦门郑成功纪念馆

2001 年 11 月 5 日于厦门环岛路

2002 年 6 月赴美考察,22 日于华盛顿国会山

2002 年潘家铮院士来黄河考察,在某控导工程
作者向潘家铮院士介绍黄河河道整治情况

2002 年 6 月赴美考察,22 日于华盛顿白宫

2002 年于江西庐山

2002 年 6 月赴美考察,28 日于胡佛坝

2002 年于南昌滕王阁

2003 年 1 月黄河水利委员会科技委会议期间,
23 日作者陪同曹楚生院士(右)查看黄河

2003 年 9 月于石堤河口门堵口工地与渭南市
市长曹丽丽交换意见

2003 年 3 月黄河水利委员会在东营市召开黄河
河口问题及治理对策研讨会,25 日在会上发言

2005 年 4 月参观河南确山竹沟革命纪念馆

2003 年 9 月于渭河石堤河堵口工地接受
中央电视台采访

2005 年 10 月于万家寨水库电站

2006 年 2 月 21 日于扬州

2006 年 6 月 2 日查看古贤坝址返回途中休息

2006 年 6 月 3 日于黄陵黄帝陵

2007 年 8 月 20 日于山东孟良崮

2007 年 9 月黄河水利委员会离休退休管理局
组织机关离休退休人员赴九寨沟参观,
16 日于九寨沟五花海

2007 年 9 月 18 日黄河水利委员会离休退休管理局
组织机关离休退休人员赴都江堰参观

2007 年 11 月 15 日于甘肃崆峒山

2009 年 6 月沁河查勘，6 日于沁河源

2008 年 3 月黄河水利委员会对部分离休退休人员进行表彰，组织发挥作用报告团在委机关及委属二级单位做报告。照片为 4 月 3 日在黄河上中游管理局做报告

2009 年 9 月 1 日黄河禹门口公路桥桥位查勘，后排中为作者

2008 年 3 月黄河水利委员会对部分离休退休人员进行表彰，组织发挥作用报告团在委机关及委属二级单位做报告。照片为 4 月 4 日在延安参观革命圣地于周恩来旧居

2009 年 9 月 14 日于甘肃天水麦积山石窟

2009 年 9 月 19 日于甘肃玉门关遗址

2011 年 9 月 3 日于甘肃永靖炳灵寺

2009 年 9 月 20 日于甘肃敦煌莫高窟

2011 年 9 月 5 日于黄河支流白河唐克水文站，
左起为李勇、作者、翟家瑞、唐克水文站站长、
黄河上游水文水资源局霍局长

2009 年 9 月 20 日于甘肃敦煌月牙泉

2012 年 4 月 25 日于海南南渡江铜鼓岭月亮湾

2012 年 5 月 4 日在黄河水利委员会"五四"
青年会上接受采访

2013 年 7 月中小河流治理无定河支流榆溪河
查勘,5 日于陕西榆林镇北台

2012 年 11 月黄河水利委员会组织洛河上游查勘,
8 日于陕西洛南县洛河源,左起为李文家、
作者、曹文忠

2014 年 7 月 19～21 日参加黄河干流甘肃段
防洪治理工程建设规划论证审查现场查勘,
20 日于黄河景泰石林湾

2014 年 4 月 5 日于河南邓州花洲书院(范仲淹)

2014 年 4 月 6 日于湖北武当山

2014 年 7 月 22 日呼和浩特市城市防洪规划
审查于呼和浩特市东河

2014 年 10 月 6 日于金山岭长城

2014 年 9 月 18 日于成都金沙遗址

2016 年 10 月 29 日作为离休退休人员代表在纪念
人民治理黄河 70 年会议上发言

2016 年 4 月 15 日于冀鲁豫解放区
黄河水利委员会纪念碑

2006 年春节, 全家福

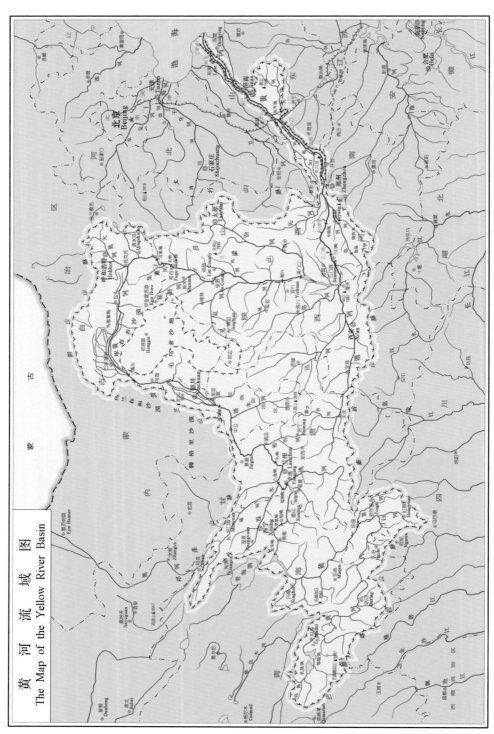

黄 河 流 域 图
The Map of the Yellow River Basin

黄河流域图

自　序

（一）

　　我是 1941 年阴历正月十二日出生在河南省鹿邑县赵村区宝堌堆乡胡庄的一个农民家庭，属蛇。祖父、父亲均务农，略懂些中医。1949 年春上初小，1952 年春上高小，当时教育落后，全县只有一所初中，1953 年秋考入鹿邑中学。1956 年教育大发展，每县办高中，1956 年后就读于由初中"带帽"的完中高中部。从小学至高中，每年假期都参加农业劳动，除耩地播种外各种北方农活我基本都干过，这不仅增加了农业知识，也增强了体力，培养了一个好身体。1959 年考入天津大学（5 年制）水利系河川枢纽及水电站的水工建筑专业，从此由农村进入城市。在校先后学习了基础课、技术基础课及专业课，学习中认真、刻苦、虚心求教。由于家中无经济来源，经济上全靠国家发放的助学金度过了大学 5 年。因无路费，大部分假期不能回家，在学校除打点零工、挣点小钱用于购买学习用品外，其余时间也都用在学习上。大学 5 年是增长知识的 5 年，经过努力，算是取得了较好的学习成绩，为工作打下了较好的基础。

（二）

　　1964 年大学毕业后，分配到水利部黄河水利委员会工作。黄河水利委员会是流域机构，设在郑州，负责黄河流域的规划、防洪等全流域的工作，直管黄河下游的防洪、河道治理。按照国家规定，大学毕业参加工作后，从事劳动锻炼 1 年，在劳动锻炼期间我参加北金堤滞洪区等外水准测量和潼关至临潼、临潼至韩城的二等水准测量，1 年后回黄河水利委员会。黄河水利委员会机关当时的业务处室有工务处、水文处、规划处、测绘处、地质处及水利科研所，下属有山东黄河河务局、河南黄河河务局。学校分配工作时，单位是黄河水利委员会黄河水科所，从事水利科研工作。劳动锻炼结束后黄河水利委员会把我分配到工务处，对于一个学习水工专业的毕业生来说，根本不知道工务处做什么工作。当时的想法就是服从分配，通过自学增长专业知识，适应工作需要，积极努力，完成领导交办的任务。工务处负责防洪、河道整治、工程管理及防汛日常工作。至工务处后利用星期日及晚上时间，自学专业技术知识及黄河治理方面的经验，尚能较快地适应工作需要。

　　1965 年 9 月我到工务处河道科。该科分为施工组、河道整治组及堤防管理组，我在河道整治组，一年时间逐步熟悉了业务工作。1966 年"文化大革命"开始以后，各种秩序均被打乱，业务工作基本停止，大部分职工从事"抓革命"，只有很少一部分职工从事非干不可的工作。原领导层基本上都成为"走资本主义道路的当权派"，老的技术人员大多数被打成"反动学术权威"，参加工作不久的年轻人大多数在进行轰轰烈烈的"抓革命"。当时水利枢纽建设等水工方面的工作基本停止，但防洪、防汛、河道整治方面的工作无法停止。中央要求必须保证黄河安全，堤防不能决口。20 世纪 60 年代后半期，黄河来水较丰,河势游荡多变,滩地坍塌严重,有时水流直接危及堤防安全或滩区村庄安全,有的村庄塌入河中,滩区群众到黄河水利委员会"造反",要求保护他们的安全。当时我不愿参加那些过激的行动,一直在"生产连"从事治黄业务工作。

按照当时形势要求,1969 年黄河水利委员会进行精简机构,下放人员,计划黄河水利委员会机关保留 186 人,设综合组、河务组、后勤组。当时我算是"新人",属下放之列,11 月被下放到设在河南省济源县克井乡河口村的黄河水利委员会沁河河口村水库设计组,从事河口村水库枢纽的设计工作。1971 年春因河口村水库不上马而停止了水库枢纽设计。我们一行 4 人赴河南省新乡地区(含现新乡市、焦作市、济源市范围)进行水库检查。检查的水库有汲县的塔岗、石包头、文革、正面,辉县的陈家园、柿园,修武的马鞍山,焦作的群英,博爱的红旗。除塔岗水库为 1958 年建成外,其余均为"文化大革命"期间修建。检查成果不仅为当年度汛提出了方案,后还写出《河南省新乡地区砌石坝的设计与施工(初稿)》,1973 年黄河水利委员会技术情报站予以刊印,并以黄技情资(74)3 号与有关单位交流。下放的两年是我从事所学专业——水工专业的两年。

1971 年黄河水利委员会下放人员开始回调,11 月我被首批调回,分到河务组,参加黄河下游治理规划工作,以后仍从事黄河下游的防洪、防汛及河道整治工作。这时还处在"文化大革命"时期,从事业务工作的人员虽有所增加,但在黄河水利委员会机关参与业务工作的人员还是很少的。1969 ~ 1972 年黄河下游河道发生严重淤积,东坝头以下河段开始出现"二级悬河",小洪水、大漫滩,以后为了保证堤防安全,保护滩区群众,减少塌滩掉村,除加高加固堤防外,还新建了大量的河道整治工程,尤其是高村至陶城铺河段,工作是繁忙的。

1966 ~ 1976 年的"文化大革命"期间,尤其是初期,黄河下游防洪、防汛、河道整治工作仍没有停止,这些年我基本上都是在"促生产"中度过的。掌握实际情况是搞好防洪、防汛、河道整治工作的一项基本功,经常出差是从事该项工作的一个特点,如进行河势查勘、现场讨论工程建设方案,加高加固堤防、抢险等。一年很少能在郑州过个整月,出差早的为阴历正月初五,回郑晚的为腊月二十八。这既有工作中的劳累,但也积累了工作经验,增长了业务知识。

(三)

粉碎"四人帮"后,各项工作转入正规,黄河水利委员会机关也进行了调整。1978 年黄河水利委员会设立科技办公室,人员从有关业务部门抽调,我被抽调到科技处从事防洪、防汛及河道整治方面的工作。工作性质转为科学技术管理,但由于十几年来已养成了现场调研、自己动手的习惯,到科技办后仍坚持多参加一些河务方面的现场调查研究及具体工作。1984 年 10 月任科技办副主任,1986 年 8 月主持科技办工作,1987 年 5 月免去科技办主任职务,任黄河水利委员会副总工程师,1997 年 9 月被华北水利水电学院聘为兼职教授。

进入 20 世纪 70 年代以后,黄河来水洪峰较小,但由于河槽严重淤积,1973 年花园口站发生洪峰为 5 890 m³/s 的中常洪水,东明南滩漫滩,引起国家重视,1974 ~ 1985 年按照 1983 年水平年设计洪水位进行了为期 12 年的黄河下游第三次大修堤。它是该时期治黄的首要任务,不论是在工务处,还是在科技办都是我的主要工作,在完成日常工作任务的同时,注意积累实践经验,不断整理提高,结合工作中的问题撰写技术性文章,如《黄河下游的河道整治工程》(1980年国际防洪会议);为了总结河道整治经验加速进一步整治,撰写了《黄河下游过渡性河段的河道整治》(1981年11月河床演变学术讨论会);为了提高对"横河"直接危及堤防安全的认识,撰写了《横河出险 不可忽视》(《人民黄河》1983年第3期);为了促进游荡性河段河道整治的进展,参与黄河下游游荡性河段能否控制河势的讨论,并撰写了"黄河下游游荡性河段河道整治的必要性和可治理性"(《泥沙研究》1992年第2期)等。

担任黄河水利委员会副总工程师后,业务工作范围扩大,技术管理任务增加。由于1986年后黄河下游来水偏枯,加之进行了黄河下游第三次大修堤,因此防洪基本建设投资较少。为了提高下游防洪能力,完善防洪工程,作为第一负责人,完成的"黄河下游防洪工程近期建设可行性研究报告"1993年上报水利部,为黄河下游第四次大修堤提供了技术支撑。1996年开始进行黄河下游第四次大修堤,按照2000年水平年设计洪水位进行建设,1998年长江大水后,国家加大了水利投资,黄河下游防洪工程建设速度加快。多次负责协调编制前期工作设计文件、解决工程建设中的技术问题。负责或参与组织编制国务院已经批复的《黄河流域防洪规划》《黄河流域综合规划》等,为黄河治理提供依据。

除每年参与黄河的防汛工作外,还参加一些外流域的抗洪抢险工作。1998年,在长江大水期间,受国家防总委派,任国家防总抗洪抢险专家组组长,赴长江抗洪抢险,长江九江城防堤决口后,参加了堵口的全过程。1998年10月受到黄河水利委员会的嘉奖。2001年7月广西邕江发生大洪水期间,作为专家参加"国务院广西抗洪抢险工作组",赴广西协助指导南宁市抗洪抢险工作。

(四)

光阴荏苒,2002年9月参加工作已38年,李国英主任及人事劳动局局长李新民找我谈话。李国英主任说你要退休了,有什么想法和要求,我说我已经61岁,按国家规定已超过退休年龄,办手续就行了,我将尽快把工作交接一下。李主任对李新民说,你给办返聘手续,让胡总继续为治黄做贡献。2002年10月办理退休手续,返聘至今。

20世纪80年代黄河水利委员会成立学术委员会,1988年3月被聘为黄河水利委员会第三届学术委员会副主任委员。2002年3月成立黄河水利委员会科学技术委员会,任副主任委员,经几次换届,至今仍担任科技委副主任。退休后发挥余热多以黄河水利委员会科技委副主任的身份,参与黄河治理多方面的业务技术工作,以及水利部等组织的技术性会议。

2003年9月渭河发生大水期间,受黄河防总委派,任黄河防总抗洪抢险专家组组长,赴渭河协助抢险堵口。结束时陕西省防办,渭南市委、市政府,陕西三门峡库区管理局分别赠送了锦旗和感谢信。后被黄河水利委员会授予"2003年黄河抗洪抢险先进个人"。2005年被授予"发挥作用先进个人"。2008年参加黄河水利委员会离退休干部发挥作用报告团,赴黄河系统有关单位做报告。

退休后虽又返聘,但与在职时不同,时间较为充裕。十余年来,回顾自己参加黄河治理工作的经历,通过整理总结,发表了一些文章,出版了十余本专著。

<h2 style="text-align:center">(五)</h2>

在从事业务工作的过程中,为了解决生产中的难题,促进治黄事业的发展,在完成业务工作任务的同时,也进行了一些科学技术研究。在河道整治方面,自1950年黄河上创办河道整治以后积累了丰富的实践资料,有成功的经验,也有失败的教训。为了充分发挥河道整治在黄河下游治理中的作用,并取得好的效果,经总结已有实践,分析多种河道整治方案,第一次提出黄河下游河道整治的微弯型整治方案,首见于《人民黄河》1986年第4期《微弯型治理》一文。该整治方案指导了黄河下游的河道整治,并于20世纪90年代后半期推广至黄河上中游的宁夏、内蒙古河段及支流渭河下游等。依据黄河的特点并汲取已有的经验教训,为改善河道整治的工程布局,在一处河道整治工程的坝垛布置上,优选出连续弯道式;为解决整治工程藏头问题,创立了整治工程位置线,首见于1980年国际防洪会议《黄河下游的河道整治工程》一文,20世纪70年代以后得到了推广应用。由于黄河水流情况复杂,河势变化大,一处河道整治工程修建后需要适应各种河势状况,不得不进行续建,但曾出现因上延下续过长而影响泄洪的不利情况,为使以防洪为主要目的的河道整治工程不影响排洪,解决控制中水河势与宣泄大洪水的矛盾,于20世纪90年代初创立并规定了"排洪河槽宽度",首次在1993年上报水利部的《黄河下游防洪工程近期建设可行性研究报告》中应用,1998年在《人民黄河》第3期发表《河道整治中的排洪河槽宽度》一文。由于河道淤积抬高,河道整治工程需要相应加高,坝垛加高后形成不规则的坝头形式或引起严重抢险,为改变原坝形不适应加高特点的弊端,80年代设计了椭圆头丁坝,在开封王庵控导工程建设中得到应用。

黄河下游的游荡性河段河势变化速度快、幅度大,尽管20世纪60年代以后修建了一部分河道整治工程,但能否进行整治、能否控制河势,多年来一直是个有争议的问题。作为第一负责人承担了国家"八五"重点科技攻关"黄河下游游荡性河段河道整治研究"。分析了黄河下游游荡性河段河势演变的特性及规律,论述了河道整治的必要性,提出了游荡性河段河道整治方案、原则、措施,探讨了游荡性河段河道整治对本河段及以下河段河道冲淤的影响,研究成果被鉴定为达国际领先水平,在防洪工程建设中被采用,对黄河下游的河道整治具有指导作用。

根石是决定河道整治工程安全的最主要部位,20世纪50年代开始就进行摸水、根石探测工作。几十年来一直采用竹竿摸水深、人工锥探的方法,其劳动强度大、不安全、效率低;也曾多次进行非接触式探测研究,但未能同时解决穿浑水、穿淤泥层、定位并适应野外工作环境等技术问题。作为第一负责人,组成多单位参加的项目组,从1996年立项,用12年时间完成了此项研究,研究成果被鉴定为达国际先进、部分国际领先水平。2007年已在河道整治工程根石探测中使用,2013年以后,河南黄河河务局、山东黄河河务局在每年的根石探测中全部采用研究的探测方法。

上述研究对象都是黄河下游河道整治中需要解决的技术难题,通过研究解决了这些技术问题,研究成果用于河道整治实践,推动了河道整治技术的进步,提高了河道整治的效用。

（六）

技术职称，参加工作后为技术员，1980 年 4 月"套改"为助理工程师，1981 年 1 月被评为工程师，1987 年 4 月被评为高级工程师。1993 年 5 月被水利部批准为享受教授、研究员同等有关待遇的高级工程师（教授级高级工程师）。

50 多年来，发表百余篇论文，出版多本专著：①胡一三等著，《黄河下游游荡性河段河道整治》，黄河水利出版社，1998 年；②富曾慈主编，胡一三、李代鑫副主编，《中国水利百科全书·防洪分册》，中国水利水电出版社，2004 年；③胡一三主编，《中国江河防洪丛书·黄河卷》，中国水利水电出版社，1996 年；④高克昌、杨国顺、刘于礼、胡一三等编，《黄河防洪志》，河南人民出版社，1991 年；⑤胡一三主编，《黄河防洪》，黄河水利出版社，1996 年；⑥胡一三、姜钧英主编，《黄河水利科技主题词表》，黄河水利出版社，2010 年；⑦徐福龄、胡一三，《黄河埽工与堵口》，水利电力出版社，1989 年；⑧胡一三、姜乃迁等著，《小浪底水库运用初期三门峡水库运用方式研究》，黄河水利出版社，2004 年；⑨胡一三等编著，《河防问答》，黄河水利出版社，2000 年；⑩胡一三等著，《三门峡水库运用方式原型试验研究》，河南科学技术出版社、黄河水利出版社，2009 年；⑪胡一三等著，《黄河高村至陶城铺河段河道整治》，黄河水利出版社，2006 年；⑫岳崇诚主编，陈铁汉、胡一三等副主编，《黄河河防词典》，黄河水利出版社，1995 年；⑬胡一三等著，《黄河堤防》，黄河水利出版社，2012 年。

50 多年来获得了一些奖励和称号。1993 年开始为享受"国务院政府特殊津贴"专家。1998 年获人事部、水利部授予的"全国水利系统先进工作者"称号，并为先进集体"国家防总、水利部九江堵口专家组"的主要成员。2000 年 9 月被黄河水利委员会命名为"治黄科技拔尖人才"。2001 年 1 月出席全国农业科学技术大会，并受表彰，获科学技术部、农业部、水利部、国家林业局授予的"全国农业科技先进工作者"称号。2003 年 12 月黄河水利委员会授予"2003 年黄河抗洪抢险先进个人"称号。2004 年 7 月被国家防总聘为国家抗洪抢险专家。2008 年 6 月被中共黄河水利委员会直属单位委员会授予"优秀共产党员"称号。2011 年 11 月授予"黄委离退休老同志发挥作用十大楷模提名奖"荣誉称号。

在业务技术方面："黄河下游游荡性河段整治研究"1998 年获国家科技进步奖二等奖。《黄河防洪志》1992 年分别获中共中央宣传部"五个一工程"奖和第六届中国图书奖一等奖。"黄河下游防洪减灾对策建议"1994 年获中国科学技术协会优秀建议奖一等奖。"堤防工程新技术研究"1997 年获水利部科技进步奖三等奖。《黄河防洪》1999 年获全国优秀科技图书奖二等奖。"小浪底水库运用初期防洪减淤运用关键技术研究"2004 年获水利部大禹科学技术奖二等奖。"黄河河道整治工程根石探测技术研究与应用"2010 年获水利部大禹科学技术奖二等奖。

（七）

不同时期根据需要零星写了一些文章，涉及治黄的诸多方面，述及内容可能对今后的黄河治理有一定的参考价值，现将其分类汇集，予以出版。

时光迅速，不觉已至耄耋之年。参加工作以来，已经过 50 余年，不论是在职的 38 年，还是退休后返聘的 14 年,为了防治黄河水害、开发黄河水利,忙忙碌碌,未敢懈怠,辛劳数十载。回首往事,历历在目,未觉虚度年华;再观现在,精力减退,智力下降,反应缓慢,思维迟钝,体力衰弱。这是人生的自然生理现象,不应有什么烦恼,而应坦然接受。人需正确估价自己,已经老矣,精力有限,完成本书及即将出版的《黄河河道整治》一书后,即想搁笔,由辛勤劳作,转为休闲安逸,在此心境下写了一个冗长的自序。

我十分感谢曾经帮助我的同志。步入工作大门后,原工务处的领导和同志曾给我很大帮助。随着工作涉及范围的扩大,黄河勘测规划设计有限公司、黄河水利科学研究院尤其是泥沙所、水文局的同行们在业务技术上曾给予我很多支持和帮助。河南黄河河务局、山东黄河河务局及其下属单位的许多同行在工作中尤其是现场查勘中给我许多方便和帮助。黄河水利委员会原主任龚时旸、鄂竟平等领导曾对我进行多次指导,刘新华为本书出版提供了帮助,在此一并致谢。我还要感谢我的妻子李凤仙,由于我工作较忙,频繁出差,又喜欢写点东西,她更多地承担了家务和教养子女的任务,使用计算机前还帮我誊写稿件,我取得的成果离不开她的支持。

由于作者水平所限,部分内容又成文时间较早,书中疏漏及不当之处在所难免,敬请广大读者批评指正。

胡一三

2016 年 12 月

目　录

第一章 泛 议

古黄河议 *

一、黄河下游地区地质构造概况

华北平原为古老地块,是太古代与早元古代褶皱回返成陆,并经多次构造运动固结硬化而成为刚性地体,经多次构造运动,形成以现黄河为界,分为南北两个断落块体。北部断块壳层厚 32 ~ 34 km,南部断块壳层厚 34 ~ 36 km。华北地区构造活动方式与主要特点为:①中元古代前为水平运动,构造表现形式以地层挤压褶皱变形为主。②中元古代至古生代,域内地壳大体处于稳定状态,但存在缓慢升降运动。③中生代时,早期地壳仍较稳定,只有局部产生拗陷,至晚期则以水平运动为主,中生代及其以前沉积的盖层均发生褶皱变形,且伴随有强烈的断裂变形,平原北部、南部出现众多的断陷。④新生代时,区域地壳以垂直运动为主,表现形式为张裂活动,总地来讲是平原下降,外围山地隆升,且断裂活动也不均匀,北部下降占主导地位[1]。

关于华北平原晚近期构造活动方式与地壳变形,戴英生先生进行过深入研究[1]。

(一)新生代以来黄淮海平原构造活动方式

始新世以来,西太平洋板块多次向亚洲大陆板块俯冲,引起华北陆块向东南方向滑动,产生一系列的张性裂谷。构造转折点以黄河为界,北部海黄平原沉降带为裂谷,属于大华北裂谷体系,称海黄裂谷;南部黄淮平原为相对抬升的断裂块体,称黄淮抬升断块。

海黄裂谷四周以深断裂或大断裂为界:北为燕山南麓大断裂,南为泰山北麓与黄河南岸大断裂,西为太行山东麓深断裂,东为郯庐深断裂(渤海东侧深断裂)。新生代以来,上述诸断裂均转化为正断层或张剪性断层,而且下盘均位于裂谷一侧。因此,裂谷的总体活动方式是下沉。新生代以来海黄裂谷发育特点是:早期(早第三纪),水平扩张与垂直差异活动强烈;中期(晚第三纪),整体断落下沉量增大,各构造部位垂直差异活动强度减小;晚期(第四纪),南北两段裂谷活动方式是北段扩张,下沉幅度大,南段收敛,沉降幅度减小,两者的垂直运动差别大。

黄淮断块为古老断块,也称河淮地核。边缘多被断裂切割,北侧以大断裂与海黄裂谷及泰山隆起为界,东侧、南侧以深断裂分别与扬子陆块及大别褶皱带为界,西侧无连续性大断裂,以缓坡与伏牛隆起连接。中新世前断块以隆升为主,唯有周口、商丘地区呈块状陷落;晚新生代以来出现大面积拗陷下沉,但下沉并不连续,曾多次出现隆升回返。

据新生代地层发育状况与构造活动特点分析,黄淮断块形成时代晚于海黄裂谷,构造

---

* 本文写于 2008 年 4 月。

活动方式是海黄断块为扩张裂陷和挤压隆升回返的裂谷式运动,黄淮断块为块断运动,以垂直隆升为主。

(二)黄淮海平原现代地壳形变特征

区域地壳缓慢形变过程是地壳深部能量的聚集过程,也是大地震的酝酿过程。当能量聚集到足以突破围岩的抗阻力时,就会突然释放,产生破坏性地壳形变,平原地区多次发生的大地震,就是这种构造活动方式的反映。

黄淮海平原自 11 世纪以来,共发生 6 级以上灾害性地震 35 次,平均不到 30 年就发生一次,且主要集中于海黄裂谷。裂谷北段为 7 级以上地震的集中发震区,20 世纪发生 6 级以上地震 15 次,其中 13 次发生在裂谷北段,海黄裂谷处于破坏性地震的高发期。

断裂性破坏变形为平原地壳缓慢形变的另一表现形式。黄淮海平原受西太平洋板块俯冲影响,平原边深断裂与大断裂处于活动状态,而且北西西向和北东东向派生断裂也多有继续活动者。

据国家地震局 20 世纪 50 ~ 80 年代的形变资料分析,平原周边山区长期处于隆升状态,年平均垂直形变速率为 2 ~ 5 mm。总的变化趋势是:南部山区上升缓慢,垂直形变速率小;北部山区上升快,垂直形变速率大,如泰山、燕山和太行山北段多年平均值约为 5 mm/a。

平原区南北两个构造块体形变差异明显。南部黄淮断块形变趋势以上升为主,特别是断隆,均呈上升趋势,年均垂直形变速率为 3 mm 左右;断陷呈下降状态,年均垂直形变速率为 -1 ~ 2 mm。北部海黄裂谷,地壳形变趋势总地来讲是下沉的,但裂谷带和断裂带的垂直形变速率不同,裂谷带一般为 -1 ~ -3 mm/a,开封、济阳、黄骅、饶阳等裂槽地为 -5 mm/a;断隆带一般为 0 ~ 2 mm/a。

二、古地理环境演化

影响古地理环境演化的因素主要为新构造运动和古代气候变化,以及由此引起的古地形、古水文网的变化。叶青超等根据《中国黄淮海平原第四纪岩相古地理图(1:2 000 000)》[2]等有关成果,编制了第四纪时期黄河下游古地貌图,对不同年代地理环境演化进行了概述[1],以便从宏观角度了解地质时期黄河下游平原形成和演变的概况及黄河发育的脉络。

(一)早更新世古地理

距今 250 万 ~70 万年为早更新世时期,黄河、淮河两大河流尚未形成。平原周边山地上升,并遭受强裂的侵蚀和剥蚀作用,凹陷盆地下降,山前堆积形成冲洪积扇及冲积平原,而在盆地中部,地势低洼积水,自南至北形成长条状开放形的湖泊洼地,河流从不同方向汇入,并堆积若干河湖三角洲(见图 1-1-1)。当时,现苏北平原一带由山地分隔形成另一个水系网系统。

(二)中更新世古地理

距今 70 万 ~15 万年为中更新世时期,周边山地继续上升和侵蚀剥蚀,山坡后退,平原相应扩张。现黄河与沂沭河地区之间的山地分水岭,在两边溯源侵蚀作用下,缩小变窄,拗陷盆地继续下降。此时中游的黄河自豫西山口进入盆地,流向东北。黄河自孟津出

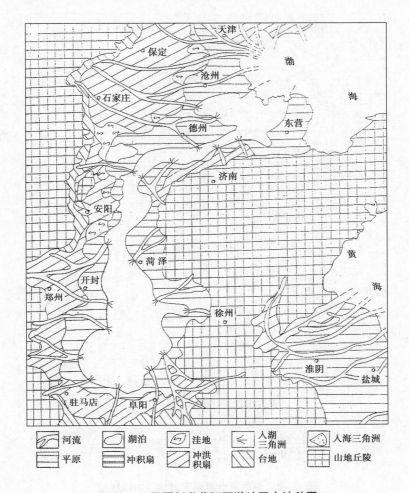

图 1-1-1　早更新世黄河下游地区古地貌图

山口后,泥沙堆积,冲积扇初具规模,北抵大名,南达杞县,东越开封。在黄河冲积扇扩大和河道分流泥沙沉积的影响下,早更新世时期的湖泊洼地面积缩小,且东移至邻近徐州和阜阳等地(见图 1-1-2)。

（三）晚更新世古地理

距今 15 万~1.2 万年为晚更新世时期,鲁、苏、皖地区侵蚀剥蚀作用强烈,山坡后退迅速,徐州以南地带,山地侵蚀殆尽,仅残存一些分割展布的丘陵。与前相比,古地貌和古水文网的格局均发生了较大的变化。

当时黄河与沂沭河水网开始相互连通,形成黄河向东南注入黄海的又一入海通道(见图 1-1-3)。随着黄土高原的泥沙不断由黄河输移至孟津以东地区,黄河冲积扇的沉积相应加剧,并向南北两翼延伸,南翼达到安徽淮南、蚌埠、固镇、五河一带;北翼前缘超过河南内黄、清丰,山东聊城、东明、鄄城;东达山东曹县、定陶附近。中更新世时期的湖泊洼地,面积相应缩小,阜阳、蚌埠、五河一线以南的湖洼地一起形成规模很大的扇前湖洼地(见图 1-1-3)。

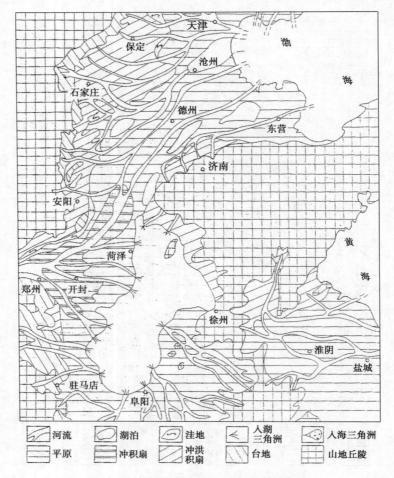

图1-1-2　中更新世黄河下游地区古地貌图

晚更新世晚期,气候干冷,出现末次冰期,海平面大幅度下降,海退东移,当时的黄海和渤海均为陆地,黄河下游地区已为距海洋很远的平原腹地。

(四)全新世古地理

距今1.2万年开始进入全新世时期,末次冰期结束,气候转为温暖,海平面相应回升。至距今6 000年时,黄海、渤海恢复水域,平原复又与黄海、渤海为邻。进入全新世以来,尤其是进入全新世中期(距今3 000年)以来,黄河中游地区的黄土高原,在自然侵蚀的基础上,人类活动的影响加剧了土壤侵蚀,致使黄河输移到下游地区的泥沙量增大。由于泥沙淤积,黄河决口改道频繁,南北往复迁徙,入海三角洲扩大(见图1-1-4)。

三、早期黄河

戴英生从地质角度进行研究,并绘制了黄河下游古地貌图。

(一)形成初期

中更新世末期至晚更新世初期,区域地壳隆升回返,湖泊为之收缩,河口排水基准面相对降低,河流下切,溯源侵蚀加剧,致使位于太行山东麓诸裂谷湖、河系开始串通,成为

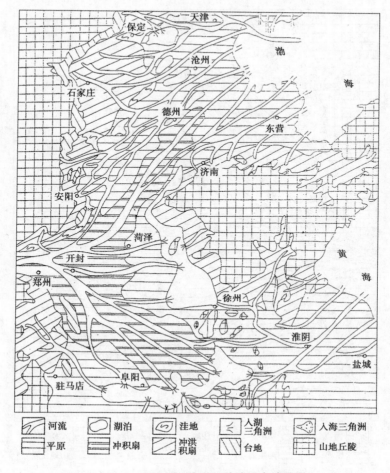

图 1-1-3 晚更新世黄河下游地区古地貌图

统一的大河,这是河流的发展时期,黄河下游在此时诞生。该时期,气温升高,海洋水面不断上升,太平洋海域大量扩张,海水入侵至今渤海海域。此时诞生于古内陆湖盆水系的古黄河,开始注入古渤海,成为海洋型水系。这是黄河发展史上一个很关键的演变时期。同时,中上游黄河也与之贯通,并且发源于太行山的诸多水系及伊河、洛河等也于此时汇入黄河,成为古黄河的主要支流。就流域面积、河流长度、水量等方面而言,此时的黄河已位于我国北方河流之首,这是黄河发展演化的昌盛时期。

　　下游河道的流路,自今河南武陟县境绕太行山南缘倾伏端,沿山体东麓流入大海,大体是后来禹河流路。该河道已被后期发育的河流沉积物淹埋或被人工破坏,但还残存一些古河道形迹。戴英生曾于 20 世纪 90 年代初对古河道进行了实地调查,并绘制成图(见图 1-1-5)。

　　黄河勘测规划设计有限公司从事地质工作的戴其祥等认为,黄河干流约在晚更新世初期全线贯通。在贯通之前,发育着多个彼此分隔的内陆湖盆水文系统,主要有上游的鄂、扎湖盆,共和湖盆;中游的银川、河套湖盆,三门湖盆和下游的冀鲁湖盆。早更新世、中更新世时期,各湖盆多为内陆向心水系,汇水于本湖盆,主要堆积了湖相或河湖相层,只是

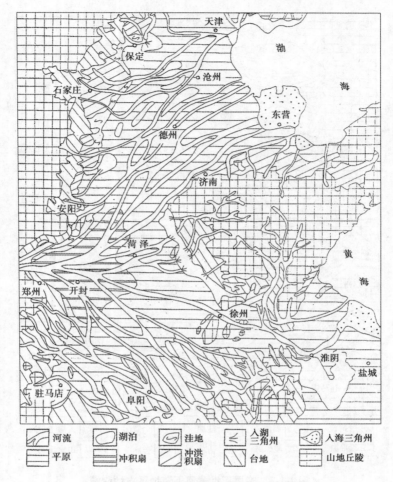

河流　　湖泊　　洼地　　入湖三角洲　　入海三角洲
平原　　冲积扇　　冲洪积扇　　台地　　山地丘陵

图 1-1-4　全新世黄河下游地区古地貌图

在山前有洪积物。由于各湖盆所经受的新构造运动的强弱和性质不同,它们的沉降幅度不均衡,堆积物的厚度也各异。可能在中更新世末期,青藏高原持续抬升,鄂、扎湖区西部抬升加剧,迫使水流沿着活动断裂所开辟的通道向东流去,被岷山堵截,大约在晚更新世初期转向北西西进入共和湖盆,约在同时或稍早,共和湖盆的水流也向东下切,形成龙羊峡、刘家峡等峡谷,几经下跌而达兰州,继而向北东穿越早已形成的桑园峡、红山峡、黑山峡与银川湖盆之南部(卫、宁地区)相沟通,进而越青铜峡西北入银川湖盆中心。根据资料,银川湖盆的古黄河"早更新世已具雏形,中更新世初期具一定规模"。由于宁夏南部地区抬升运动较北部强,水流继续北流入河套湖盆,受阻于阴山山脉,折而东去托克托,成为过湖河,又为吕梁山围拦,难以外泄。约在晚更新世初期,喜马拉雅运动在整个板块范围内的强烈断块升降,造成了我国地形由西向东降落的巨大高差地形的新特点,迫使水体向动水环境转化,湖泊开始连通,湖水开始流动,形成新的河流。这些河流在隆起地带下切,形成峡谷,因此成为早于地形形成的"先成谷"。在这一阶段即出现了黄河的雏形,并向南切开分水岭,下壶口越龙门汇入三门湖盆,三门湖盆的汇水河流除黄河外,还有汾、渭河水系。早在上新世末期即形成由汾、渭、黄汇入的三门湖盆,早更新世的湖相环境,到中

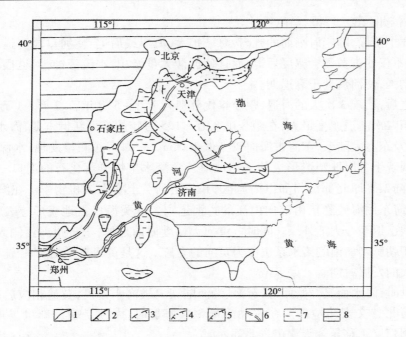

1—古渤海海岸线；2—晚更新世早期(10万～7万年 B.P.)岸线；3—晚更新世晚期(5万～2.3万年 B.P.)岸线；

4—早、中全新世(1万～0.4万年 B.P.)岸线；5—晚全新世早期(商末周初)岸线；

6—古黄河(禹河)；7—古湖泊；8—基岩山地

图 1-1-5　晚更新世至晚全新世早期黄河下游古地理略图

更新世逐渐改变为河湖相环境，同时由于汾河各小盆地贯通，汇水下泄，增强了河流相特色。根据有关资料，约在中更新世末三门峡被切开，湖水向东直泄冀鲁湖盆经由山东聊城—高唐—陵县—乐陵—河北海兴入海。

吴忱等曾确定河北省境内禹河底界埋深45～60 m，在埋深30～45 m淤泥层取样进行 ^{14}C 测定，测出距今年龄4.2万年[3]。河南省地矿厅水文地质二队禹河研究组，于20世纪80年代末在孟津县全义镇黄河第二级阶地(此段黄河仅发育两级阶地)底部堆积层取样进行热释光测定，其年龄距今8.8万～9.9万年。

综上所述，禹河形成发育始于晚更新世初期，距今10万～15万年。晚更新世至全新世早期，区域古地理环境不断演变，古黄河也随之发生变迁。

(二)古渤海变迁影响

黄河演化成海洋型水系后，海洋变化就会对其产生很大影响，黄河的进退直接受到海平面升降的控制。

近10万年来，古渤海海域变化频繁。按渤海西岸滨海平原埋藏的海相地层研究成果，晚更新世至中更新世古渤海共发生3次大规模的海侵。一次是晚更新世早期，距今10万～7万年；二是晚更新世晚期，距今5万～2.3万年；三是早全新世至中全新世，距今1万～0.4万年。前两次规模大，边界范围基本相当，西侧古海岸已达今河北省廊坊、固安、雄县(东)、任丘(东)、献县(东)、东光(东)及今山东省乐陵、惠民、高青、寿光、昌邑等地。第三次规模小，西侧古海岸线仅至今河北省廊坊、永清、青县、黄骅、海兴及今山东省无棣(东)、滨州(东)、广饶、昌邑等地。

在此3个阶段,随着海平面的升高,海域扩大,海岸线后退,使河口段河道水面升高,河道萎缩,不仅使古黄河大幅度后退,而且使泥沙大量淤积,水流旁蚀,河道摆动,河床的不稳定性增强,使河流处于衰退期。

海进之后,出现3次大的海退,距今年代分别为7万~5万年、2.3万~1万年、0.4万年至今。第二次海退幅度最大,在距今1.8万~1.5万年的晚更新世末期,海水已退出今黄海、渤海及东海大陆架,东海古海面较今低160 m。东海海底测量发现,水深100~160 m海区出现若干古岸坡塑造形成的平坦地形及含淡水生物群落化石的河口三角洲沉积物,尤其是陆架平原北部济州岛以南海区,并采集到黄土状土沉积物[4]。在海洋调查中还发现,黄海东侧海底隐伏由北向南流的古河道[5]。这类海底古地貌形迹表明,当时东海古海岸线已退至今大陆外缘。同时古黄河大幅度向前延伸,于济州岛西侧入东海。辽河及发源于朝鲜半岛南侧诸水系也成为黄河的支流。这是黄河自形成以来,流程最长、流域面积最大的发展时期。

全新世时,海水面又开始回升,黄海、渤海陆架又被海水侵没,黄河相应后退,古河口上移至今河北省文安洼境内。在古渤海第3次海退时,大致是晚全新世早期(商末周初),古黄河口又下移至今天津市东北郊入海。

(三)沿程古湖泊演变影响

禹河形成后,沿程穿越众多大小湖泊,其中面积达1 000~5 000 km² 的大湖泊有沁阳、大名、肥乡、宁晋、任丘诸古湖。在禹河发育的过程中,这些湖泊发挥了调节作用,洪水期间滞蓄了大量洪水,同时沉积了大量的泥沙。禹河沿程诸湖的淤积厚度不尽一致。在晚全新世初至晚更新世,禹河各湖段的泥沙淤积厚度为:沁阳湖约50 m,大名、肥乡、宁晋湖60~70 m,任丘湖80~90 m[6]。湖泊的沉积厚度沿禹河为上小下大,表明河流有很强的输沙能力。从构造活动来讲,禹河大体是从南向北流,华北平原下沉量是北部大于南部,在一个较长时段内,就加大了河流的纵比降,这有利于维持河流的排洪输沙能力。但需要说明的是,由于黄河的泥沙太多,即使面积如此之大的众多湖泊,也经不起黄河长期的淤填,最终都失去了调节能力,难逃萎缩消亡之下场,加之其他因素,禹河也走向衰亡。不难看出,单靠湖泊(天然湖、人工湖)拦沙是不能解决黄河泥沙问题的。

(四)山前古洪积扇发展影响

禹河西傍太行山,其发展也受其影响,晚更新世以来,由于太行山不断隆升剥蚀,大量碎屑物随山洪倾泻堆积于山麓,于是在太行山东侧山前地带形成了成群分布的洪积扇群。特别是长年流水的河流,在山口河段冲洪积物不断的堆积叠加,随着时间的推移,形成规模宏大的冲洪积扇。如沁河、淇河、漳河、滹沱河等,均发育成两级冲洪积扇阶地,阶地高差10 m左右,其形成时代分别为晚更新世及早全新世。

这些位于太行山东麓、以粗粒碎屑物为主的多元结构堆积体,自晚更新世形成以来不断向平原推进、扩展,尤其是中全新世之后形成的冲洪积扇,已推进到禹河西岸,有的进入河道,迫使河道东移。从构造活动看,太行山隆升,而平原下降,更有利于冲洪积扇向前推进,从而加速禹河的衰亡。

四、黄淮海平原古水系变化

从长时期来说,大陆水系网形成发展与调整演化主要受地壳变动和气候变迁的控制。地壳变动可使大陆下沉成为海洋,也可使海洋隆升成陆地,此乃"沧海桑田"说。气候变迁可使地球大气层温度和降水量呈周期性演替,使海洋水量相应增减,海平面也会相应变化。地壳变动和气候变迁对大陆水系网起着控制作用。

就较短的时期来说,自禹河形成以来,黄河数次大迁徙,水系网几度调整组合。下游黄河发育的基本特点也与地壳变动和气候演变有一定的关系,战国之后,下游黄河已为受人工控制的河流,但自然因素的变化对河流演变所产生的影响,仍然是难以驾驭的。

黄淮海断块为同一构造块体,但南北断块的类型和活动方式有一定差别。北段为裂谷,以裂谷运动为其活动方式,地壳下沉幅度大,境内大型裂谷湖泊多,这为湖泊型水系发育奠定了基础。南部断块,以断块垂直运动为主,因此中南部产生若干断陷湖,并出现数个内陆湖盆水系,通徐断隆带在北部形成一道构造屏障,成为湖泊北侧河流的发源地。现淮河中游北侧支流即发源于此。

黄淮海平原在早、中更新世所形成的内陆湖泊型水系分为两类:一类为裂谷型,另一类为断陷型。这两类构造类型的湖泊水系,由于晚中更新世末至晚更新世初地壳上升,河流溯源侵蚀增强,各个独立的湖泊水系,彼此互相连通并外排,形成了海洋型河系。

戴英生根据地质勘探资料研究得出,晚更新世至晚全新世早期,组成黄淮海平原古老水系网共有三大河系,一为行河于饶阳裂谷带,入古渤海湾的禹河;二为发源于内黄凸起,流经济阳裂谷带,于古莱州湾入渤海的古济水;三为位于平原南部,入黄海的古淮河。

周定王五年(公元前602年),河决宿胥口(今淇河口),斜穿沧内断隆带南段北流,行河于黄骅裂谷带,入渤海湾。这次黄河迁徙,引起黄淮海平原北部水系调整,原流入黄河(禹河)的来自太行山的诸多水系不能再流入黄河,而组成新的海洋水系入海,即海河水系。这样黄淮海平原地区由3个水系变成了4个水系。

南宋建炎二年(1128年),为防金兵南犯,人工在李固渡(今河南滑县境)决堤,改河东南流,造成黄河夺淮700余年。同时造成平原水系格局发生巨大变化。古济水被黄河侵夺而淤积消亡,淮河被强占而并入黄河。这样,黄淮海平原仅剩下流入渤海的海河水系和流入黄海的黄(淮)河水系了。

清咸丰五年(1855年),黄河在铜瓦厢(今河南兰考县东坝头)决口,沿黄骅裂谷带东流,穿越泰山隆起后进入济阳裂谷带,注入渤海,即黄河现行流路。这次黄河迁徙之后,黄河水系与淮河水系分离,黄淮海平原水系再次进行大的调整,成为现今的黄淮海平原三大水系,即流入渤海的黄河水系、海河水系和流入黄海的淮河水系。

参 考 文 献

[1] 胡一三. 黄河防洪[M]. 郑州:黄河水利出版社,1996.

[2] 邵时雄,王明德. 中国黄淮海平原第四纪岩相古地理图[M]. 北京:地质出版社,1989.

[3] 吴忱,等. 华北平原古河道研究[M]. 北京:中国科学技术出版社,1991.

[4] 秦蕴珊,等. 东海地质[M]. 北京:科学出版社,1987.
[5] 国家海洋局第一海洋研究所. 黄渤海地势图(1:100万)[M]. 北京:地图出版社,1984.
[6] 陈望和,等. 河北第四纪地质[M]. 北京:地质出版社,1987.

黄河议 *

　　中华民族的母亲河——黄河,西汉及其以前称河,《汉书·地理志》中始有"黄河"之名,生息在河源一带的藏族同胞称其为"玛曲",玛曲是藏语的音译,意为孔雀河。黄河是我国的第二条大河,也是我国北方地区的重要水资源。流经黄土高原后,成为举世闻名的多沙河流,由于泥沙淤积,河道善决善徙,既为华北平原的形成做出了贡献,同时也给该地区人民造成了沉重灾难。黄河流域是中华民族的摇篮、中华文化的发祥地,经济开发历史悠久,文化源远流长,曾经长期是我国的经济、政治、文化中心。

一、流域范围及气候

(一)流域范围

　　黄河发源于青藏高原巴颜喀拉山北麓海拔4 500 m的约古宗列盆地,流经青海、四川、甘肃、宁夏、内蒙古、山西、陕西、河南、山东等9个省区,于山东省垦利县注入渤海,全长5 464 km,落差4 480 m。流域范围西连青藏高原,东濒渤海,北抵阴山,南达秦岭,横跨青藏高原、内蒙古高原、黄土高原、华北平原等地貌单元。流域东西长约1 900 km,南北宽约1 100 km,地理坐标为东经95°53′~119°05′,北纬32°10′~41°50′,流域面积79.5万km²(包括内流区面积4.2万km²),约占全国总面积的12%。

(二)流域气候

　　黄河流域幅员辽阔,地形复杂,西居内陆高原,东临海洋,东西高差悬殊,气候差异明显。上游兰州以上地区属西藏高原季风区,其余地区为温带和副热带季风区。流域东南部基本属湿润气候,中部属半干旱气候,西北部属干旱气候。流域冬季受蒙古高压控制,盛行偏北风,气候干燥寒冷,雨雪稀少。夏季受太平洋副高控制,大部分地区炎热多雨,且降水集中。黄河流域的大部分地区太阳辐射强,日照时间长,温差大,积温有效性高。

　　1. 日照

　　黄河流域日照较为充足,全流域平均日照率大多在50%~75%,年日照时数变化在1 900~3 400 h。以内蒙古地区最多,为3 000~3 400 h;渭河中下游地区及秦岭一带最少,仅1 900~2 100 h;黄河中游部分地区年日照时数为2 000~3 000 h。

　　2. 气温

　　流域气温,平原高于山区,东南部高于西北部。多年平均气温,上游变化在1~8 ℃,中游变化在8~14 ℃,下游变化在12~14 ℃。月平均气温7月最高,变化在20~29 ℃,洛阳市极端最高气温达44.3 ℃;1月最低,绝大部分地区都在0 ℃以下,青海玛多极端最

---

* 本文原为2010年9月给《中国河湖大典·黄河及西北诸河卷》第一个条题"4.0 黄河"写的初稿,后修改为此文。

低气温达 -48.1 ℃。气温日较差大部分地区为 10 ~ 15 ℃。流域无霜期,下游为 200 ~ 220 d,中游为 150 ~ 180 d,上游循化以上为 50 ~ 100 d。

3. 风

流域大部分地区冬季多偏北风,夏季多偏南风。北部河套地区包括长城内外的风沙区及其边缘地带、东部平原和西部河源区,年平均风速都在 3 m/s 以上,最大风速可达 25 ~ 30 m/s,出现大风(≥8 级,风速 17 m/s 以上)的日数也相应较多。年均大风日数,济南以下至河口地区为 20 ~ 30 d,河套地区为 40 ~ 60 d,河源地区为 80 ~ 90 d。长城内外的风沙区及其边缘地带,常形成沙暴,年平均沙暴日数为 15 ~ 25 d,最多达 30 ~ 50 d,部分地区可达 70 d 以上。

二、流域地质

(一) 黄河形成的地质环境

黄河干流约在晚更新世初期全线贯通。在贯通之前,发育着多个彼此分隔的内陆湖盆水文系统,主要有上游的鄂、扎湖盆,共和湖盆,中游的银川、河套湖盆,三门湖盆和下游的冀鲁湖盆。早、中更新世期间,各湖盆多为内陆向心水系,汇水于本湖盆,主要堆积了湖相或河湖相层,只是在山前有洪积物。可能在中更新世末期,青藏高原持续抬升,鄂、扎湖区西部抬升较剧,迫使水流沿着活动断裂所开辟的通道向东流去,被岷山堵截,大约在晚更新世初期转向北西西进入共和湖盆,约在同时或稍早,共和湖盆的水流也向东刻切,形成龙羊峡、刘家峡等峡谷,几经下跌而达兰州,继而向北东穿越早已形成的桑园峡、红山峡、黑山峡和银川湖盆之南部(卫、宁地区),进而越青铜峡西北入银川湖盆。由于宁夏南部地区抬升运动较北部强,水流继续北流入河套湖盆,受阻于阴山山脉,折而东去托克托,成为过湖河,又为吕梁山阻拦。约在晚更新世初期,喜马拉雅运动在整个板块范围内的强烈断块升降,造成了我国地形由西向东降落的巨大高差地形的新特点,湖水开始流动,形成新的河流。这些河流在隆起地带下切,形成峡谷,因此成为早于地形形成的"先成谷"。在这一阶段即出现了黄河的雏形,并向南切开分水岭,下壶口越龙门汇入三门湖盆,据有关资料,约在中更新世末三门峡被切开,湖水向东直泄冀鲁湖盆,经由山东聊城—高唐—陵县—乐陵—河北海兴入海。

黄河中、上游水系全新世已相对稳定。黄河下游由于河道善淤善徙,一直处于变化动态中。12 世纪以前,黄河北流注入渤海,12 世纪至 19 世纪,黄河注入黄海,1855 年后走现行河道注入渤海。

(二) 区域大地构造

黄河流域地质构造复杂,分属于西域陆块(断块)和华北陆块(断块)。二者以贺兰山、六盘山的深大断裂为界,将其分为东西两部分。

1. 西域陆块

西域陆块位于流域西部,总体呈楔形。它是早寒武纪至印支运动古特斯特板块多次向我国东北部大陆板块碰撞俯冲,最后形成的统一陆块,呈带状展布,为北西或北北西向。由于西域板块在形成过程中,产生的压性深断裂成带、成组出现,因而形成完整的压性深断裂构造系统。在流域内压性深断裂构造有祁秦(祁连、秦岭),昆秦(昆仑、秦岭)、积石和贺六(贺兰山、六盘山)等。除贺六深断裂为南北向外,其余基本上为北西方向。

2. 华北陆块

华北陆块位于流域东部,总体呈三角形,以深断裂与相邻单元分界。吕梁运动形成其基础,经晚元古至古生代的沉积加厚及固结硬化。中生代时期,太平洋板块沿其西侧深海沟向欧亚大陆板块深部俯冲,华北陆块解体而产生脆性变形,引起断裂运动,形成今日之一系列近乎北东向的断块盆地、隆起和断陷盆地。如阿拉善与鄂尔多斯断块盆地,阴山、吕梁山,太岳山,秦岭和泰山等隆起,银川平原、河套平原和汾渭平原等断陷盆地,以及巨大的华北陆缘盆地。

(三)水文地质

1. 地下水的储存与分布

地貌条件与构造条件联合控制水文地质条件,气象与水文因素影响地下水的补给与排泄。地下水储存与分布特征主要为:①区域分布规律取决于大地构造,松散岩类孔隙水分布较普遍,沉降带中的盆地和平原地区及河谷地带最集中。②黄河流域地下水主要赋存在几个大盆地贮水构造中,其次是东部山地的碳酸盐岩中。③中新生代盆地的地下水多以承压水形式赋存于层状砂岩、砂砾岩裂隙孔隙中,一般埋藏较深,交替缓慢,水质较复杂,水头较高,水量不甚丰富。④黄土中地下水非常贫乏。⑤裂隙水主要以潜水形式赋存于裂隙中,分布广泛而不均匀,水量不丰,一般埋藏不深。

2. 浅层地下水分布特征

流域内浅层地下水,主要分布于银川、河套、关中及黄河下游平原区。含水岩组主要为第四系松散堆积物,具单层或多层结构。

三、地形地貌

(一)地形

流域内地势西高东低,北高南低。东西高差悬殊,呈阶梯状逐级降低,形成自西而东由高及低的三级阶梯。

第一级阶梯位于青藏高原的东北部,平均海拔 4 000 m 以上,地势高峻,往东南显著降低。其上耸立着一系列走向北西的高大山脉,山顶常年积雪,冰川地貌发育。青海高原南沿的巴颜喀拉山绵延起伏,是黄河与长江的分水岭。祁连山脉横亘高原北缘,构成青海高原与内蒙古高原的分界。主峰高达 6 282 m 的阿尼玛卿山耸立中部,是黄河流域的最高点,山顶终年积雪。黄河河源区及支流黑河、白河流域,地势平坦,多为草原、湖泊、沼泽。山脉之间,地势宽缓,湖泊、草滩和沼泽发育。

第二级阶梯大致以太行山为东界,海拔 1 000 ~ 2 000 m。本区内白于山以北属内蒙古高原的一部分,包括黄河河套平原和鄂尔多斯高原;白于山以南为黄土高原、秦岭山地及太行山地。

第三级阶梯自太行山以东至滨海,由黄河下游冲积平原和鲁中丘陵组成。黄河下游冲积平原是华北平原的重要组成部分,面积达 25 万 km²,海拔多在 100 m 以下。本区以黄河河道为分水岭,黄河以北属海河流域,以南属淮河流域。区内地面坡度平缓,排水不畅,洪、涝、旱、碱灾害严重。鲁中丘陵由泰山、鲁山和沂蒙山组成。一般海拔为 200 ~ 500

m,少数山地在 1 000 m 以上。

(二)地貌

黄河流域地貌形态复杂,成因多样,有气势磅礴的高原,巍峨的丛山峻岭,陡陀起伏、坡度和缓的丘陵,群山环抱和宽广坦荡的平原,浩瀚无垠的沙漠及沟壑纵横的黄土高原;尚有岩溶地貌、火山地貌、湖成地貌、冰川地貌、冰缘地貌;以及作为生物地貌分布的泥炭、沼泽,作为外动力地质现象分布的滑坡、崩塌,泥石流等。它们构成了黄河流域的全貌,可谓丰富多彩,千姿百态,几乎包括了我国所有的陆地地貌,是我国地貌的橱窗。其中,黄土地貌的分布面积最大,山地、平原次之,再次为沙漠和丘陵,火山地貌、湖成地貌和冰川地貌所占比例甚小。

流域内地貌类型按绝对高度和相对高度,划分为平原、沙漠(戈壁)、黄土高原、波状高原、台地、丘陵和山地。各种地貌类型在流域的西部、中部和东部的分布特征不同。

1. 平原

黄河流域的平原主要由河流、湖泊和风力的搬运堆积作用所形成。按成因可分为冲积平原(包括河谷冲积平原和三角洲平原)、冲洪积平原(包括山间河谷冲洪积平原和山前冲洪积平原等)、冲湖积平原及冲海积平原。西部以山间河谷冲洪积平原为主,次为冲湖积平原和河谷冲积平原。如河源区和若尔盖地区的平原,以及西宁、海晏、门源、共和、贵德、化隆和循化等平原。中部以规模巨大的断陷盆地所构成的冲积平原为主。如卫宁平原、银川平原、河套平原、汾河平原和渭河平原等。次为发育于几大冲积平原靠近山前的山前冲洪积平原,发育于阴山山地间的山间冲洪积平原,以及广布于中部地区呈条带状分布的河谷冲积平原。冲湖积平原指分布于乌梁素海的近代冲湖积平原。东部属华北平原,是黄河及其支流冲积而成的部分。除大部分为冲积平原外,还有太行山山前和泰山山前冲洪积平原,东平湖一带的近代冲湖积平原,河口地区的冲海积平原及三角洲平原。

2. 沙漠戈壁

黄河流域的沙漠集中分布在中部,在西部的共和一带有小片零星分布。流域内主要的沙漠有库布其沙漠、毛乌素沙漠,以及乌兰布和沙漠的东缘和腾格里沙漠的东南缘。它们均系以风积作用为主的沙漠。除毛乌素沙漠外,地表大都被沙丘所覆盖,并以活动沙丘为主。由于沙漠地区降水稀少,地表组成物质易于渗透,故地表水系不发育,多海子,但地下水较丰富,尤以毛乌素沙漠称著。

戈壁主要分布在卫宁平原,乌海至碛口的黄河右岸,以及贺兰山山前与乌拉山山前的狭窄地带,其规模均很小,分属碎屑石质戈壁和沙砾质戈壁。沙漠、戈壁的面积共约 49 000 km^2,约占全流域面积的 6.5%。沙漠或戈壁分布在黄河流域的半干旱和干旱区,且位于海拔 1 000 m 以上。

3. 黄土高原

黄河流域的黄土是我国黄土分布最集中而又最典型的地区,也是世界仅有的。黄土广泛连续分布在本流域中部,零星分布在西部的湟水流域和共和县一带,东部在泰山山前有小片分布。黄土高原的黄土分布范围,大致北起卫宁平原—毛乌素沙漠—库布其沙漠的边界,南至秦岭,西起日月山,东至太行山。全流域黄土覆盖面积约 64 万 km^2。覆盖地表的高度一般在 1 000 m 以上,仅在渭河平原、沁河中游地区和泰山地区低于 500 m。受基底古地形及附近区域构造的控制,黄土地貌类型复杂多样。流域内主要有黄土塬、黄土台塬、黄土梁峁(包括黄土梁、黄土峁),黄土覆盖的丘陵和黄土覆盖的低山,以及发育于黄土梁峁中的黄土坟、手掌地等。

　　六盘山高耸于黄土高原之上,将黄土高原分隔成东西差异很大的两部分。由于两侧黄土所处的地质、地理环境不同,因而其性质、厚度和在地域上的分布特征亦差异显著。六盘山以西,黄土自北向南分布高度由海拔 2 200 ~ 2 100 m 递减为 700 ~ 600 m。黄土的厚度变化极大,一般小于 50 m,但在祖厉河的白草塬厚达 250 m,近年甘肃地矿局在兰州以西九洲台揭穿黄土厚达 336 m。该区黄土地貌发育不全,以平缓长梁和宽谷为主,黄土塬多为残塬,梁峁或有梁无峁,或有峁无梁,且下部基岩裸露,崩塌、滑坡、泥石流等外动力地质现象发育。六盘山以东黄土自北向南,分布高度由海拔 1 800 ~ 1 700 m,递减到1 000 ~ 900 m。黄土地貌类型齐全、典型、规模大。黄土厚度一般为 100 ~ 150 m,由四周向中心逐渐增厚,到子午岭两侧形成两个最大的厚度中心。子午岭西侧的西峰塬黄土厚179. 3 m,以东的洛川塬厚 140m。河曲至龙门的黄河沿岸黄土厚度较小,于 60 ~ 70 m 以下,吕梁山和太行山之间的晋东南与豫西地区黄土较薄,一般小于 50 m。泰山山前黄土厚度一般小于 10 m,最大厚度 10 ~ 20 m。

　　黄土分布区由于地形破碎,沟壑密如树枝(见图 1-2-1),地表广被松散的黄土、沙等覆盖,裸露的基岩岩性多疏松,易于风化和水蚀,地表植被稀少或无植被,加之这些地区温差大,风蚀强烈,因而在暴雨及山洪作用下,加之人为的破坏,土壤侵蚀强度大,水土流失极其严重。

图 1-2-1　黄土丘陵沟壑区冲蚀情况

4. 波状高原

　　黄河流域的波状高原即鄂尔多斯高原主体,属侵蚀剥蚀高原,是流域内高原形态明显的高原。海拔 1 300 ~ 1 500 m,中部地势较高,构成梁地,地形因之分别向南向北呈波状缓缓降低。梁地以北有剥蚀,形成低洼地,以南地表切割微弱,有面积不大的内陆湖泊星罗棋布。水系不发育,主要是内陆流域。

5. 台地

黄河流域内台地的成因、类型复杂,并分布于不同海拔高度上,包括西部兴海—同德、共和—贵南一带的堆积侵蚀台地,中部贺兰山南端的侵蚀剥蚀台地,河套平原托克托一带的湖积台地,以及大青山、蛮汉山分布的火山熔岩台地。它们的规模不大,尤其是熔岩台地。

6. 丘陵

丘陵广布于黄河流域不同海拔高度上,从海拔 1 000 m 以下的泰山地区直至海拔大于 4 000 的青藏高原东南隅均可见到。丘陵在流域内所占比例较大,尤其在西部的河源区、若尔盖地区和库泽一带,以及中部的晋东南与豫西地区。一般起伏平缓,没有突出的山峰和山脉走向,相对高差小于 200 m,地形坡度小。西部丘陵海拔 4 600～2 600 m,相对高差小于 100 m。以高山地区发育的冰缘地貌、冰川地貌为主,如冰碛冰水丘陵和融冻蚀丘陵,以及以侵蚀作用为主的侵蚀丘陵,其谷坡平缓,主要由变质岩类组成。中部地区丘陵海拔一般 1 300～1 500 m,相对高差小于 200 m。东部泰山地区丘陵海拔 100～800 m,相对高差 50～150 m。中部和东部均为侵蚀剥蚀丘陵或岩溶化丘陵,较西部相对高差大,沟谷发育,地形坡度较陡,主要由碎屑岩类和碳酸盐岩类组成。

7. 山地

黄河流域以起伏多山的地形为其特点。众多的山脉构成了流域地貌格局的骨架,其分布特点与区域地质构造线相一致。按山脉走向,流域内山脉可分以下几类:

(1)东西走向的山脉。为流域最北的阴山山脉(包括狼山、乌拉山和大青山)与最南的秦岭,以及隆起于黄土高原之上的白于山。阴山和秦岭构成了流域的南北边界,亦即南北相邻水系的分水岭。

(2)北东走向的山脉。主要分布在中、东部华北陆块,包括吕梁山、太岳山、太行山、中条山、崤山、熊耳山和泰山。

(3)北西走向的山脉。主要分布在西部西域陆块,包括阿尼玛卿山、达板山和拉脊山等高大山脉。中部的屈吴山和马衔山亦属此类。

(4)南北走向的山脉。主要是位于西域陆块和华北陆块之间的贺兰山、六盘山及位于黄土高原上的子午岭。贺兰山、六盘山处于流域正中,构成两侧山脉的分界线。以西山脉走向以北西、北北西为主;以东山脉走向以北东为主。

四、流域水系

黄河水系发育,在流域北部和南部主要受阴山—天山和秦岭—昆仑山两大纬向构造体系的控制,西部位于青海高原,中部受祁连山、吕梁山、贺兰山构造体系控制,东部受新华夏构造体系影响,黄河萦回其间,发展成为现在的水系。

(一)干流

黄河干流弯曲多变,有九曲十八弯之称。根据地形、地质条件和水沙特性,可分为上游、中游、下游。

自河源至内蒙古托克托县河口镇为上游。干流河道长 3 472 km,水面落差 3 496 m,流域面积(含内流区)42.8 万 km²,分别占全河的 63.5%、78.0%、53.9%,河道平均比降 10.1‰。可分为河源至玛多、玛多至龙羊峡、龙羊峡至下河沿、下河沿至河口镇 4 个河段。

自河口镇至河南郑州桃花峪为中游。干流河道长 1 206 km,水面落差 890 m,流域面积 34.4 万 km²,分别占全河的 22.1%、19.9%、43.2%,河道平均比降为 7.4‰。可分为河口镇至禹门口、禹门口至小浪底、小浪底至桃花峪 3 个河段。

自桃花峪至入海口为下游。干流河道长 786 km,水面落差 94 m,流域面积 2.3 万 km²,分别占全河的 14.4%、2.1%、2.9%。河道平均比降为 1.2‰。可分为桃花峪至高村、高村至陶城铺、陶城铺至宁海、宁海至河口 4 个河段。

(二)支流

黄河支流沿河分布不均,上中游多,下游少。入黄支流中,集水面积大于 100 km² 的一级支流 220 条,集水面积合计 62.7 万 km² 占全河集水面积的 83.4%。集水面积大于 1 000 km² 的一级支流 76 条,其中上游 43 条、中游 30 条、下游 3 条。集水面积大于 10 000 km² 的一级支流 10 条,按集水面积由大到小依次为渭河、汾河、湟水、无定河、洮河、伊洛河、大黑河、清水河、沁河、祖厉河。

五、经济社会

(一)行政区划

黄河流域涉及青海、四川、甘肃、宁夏、内蒙古、山西、陕西、河南、山东 9 省(区)的 66 个地(市、州、盟)340 个县(市、旗),其中有 267 个县(市、旗)全部位于黄河流域,有 73 个县(市、旗)部分位于黄河流域。

(二)土壤

黄河流域土壤由东南向西北依次分布有棕壤土、褐色土、灰褐土、灰钙土、栗钙土、棕钙土、漠钙土等。

棕壤土分布在泰山、秦岭、六盘山、吕梁山等山地。属温带森林条件下发育的山地棕壤土和山地褐色土,一般土层较薄,土质呈中性或微酸性。

褐色土分布于中西部的森林草原地带,包括陕西中部、甘肃南部和山西的大部分。土壤剖面上部呈褐色,腐殖质含量高,呈中性至微碱性,中部和下部黏化现象显著。

灰褐土分布于陕西北部和甘肃中部的草原地带,土壤剖面具有较厚的腐殖质层,浅褐色,碳酸盐含量高,为碱性。

灰钙土分布于固原、兰州的干草原地带,腐殖质含量低,呈碱性。

栗钙土和棕钙土分布于鄂尔多斯高原边缘的干草原地区,腐殖质含量低,土层较薄且多沙。

漠钙土分布于鄂尔多斯高原中部,属荒漠草原地带,有机质多分解为矿物质,含盐量大。

黄河源及积石山一带为地表状似毛毡的高山草毡土,较湿润处为高山黑毡土,黄河沿以南草原上为高山落嘎土,高山雪线以下有高山寒漠土。

(三)土地利用情况

黄河流域土地总面积为 11.9 亿亩(包括内流区),占全国国土面积的 8.3%,其中大部分为山区和丘陵,分别占流域面积的 40% 和 35%,平原区仅占 17%,水域占 6.6%。由于气候、地貌和土壤的差异,土地利用情况差异很大。流域内共有耕地 1.97 亿亩,人均 1.79 亩,约为全国人均耕地的 1.5 倍。流域内有林地 1.53 亿亩,主要分布在中下游;牧草地 4.19 亿亩,主要分布在上中游。

(四)矿产资源

黄河流域矿产资源丰富,在全国已探明的 45 种矿产中,黄河流域有 37 种。具有全国性优势的有稀土、石膏、玻璃用石英岩、铌、煤、铝土矿、钼、耐火黏土等 8 种;具有地区性优势的有石油、天然气和芒硝等 3 种;具有相对优势的有天然碱、硫铁矿、水泥用灰岩、钨、铜、岩金等 6 种。

黄河中下游地区的石油和天然气资源、中游地区的煤炭资源、上中游地区的水力资源都十分丰富,是我国的"能源流域",中游地区已被列为我国西部地区十大矿产资源集中区之一。

黄河流域可开发的水能资源总装机容量为 3 344 万 kW,年发电量约为 1 136 亿 kWh,在我国七大江河中居第二位。已探明的煤产地(或井田)685 处,保有储量 4 492 亿 t,占全国煤炭总量的 46.5%,预测煤炭资源总储量 1.5 万亿 t 左右。煤炭资源分布集中、品种齐全、煤质优良、埋深浅、易开采,主要分布于内蒙古、山西、陕西、宁夏 4 个省(区)。在全国已探明超过 100 亿 t 储量的 26 个煤田中,黄河流域占 10 个。流域内已探明的石油、天然气主要分布在胜利、中原、长庆、延长 4 个油区,其中胜利油田是我国的第二大油田。

(五)人口及分布

至 2006 年底,黄河流域总人口为 11 299 万人,占全国总人口的 8.8%,其中城镇人口为 4 424 万人,城镇化率为 39.2%。超过 100 万人口的有兰州、包头、西安、太原、洛阳、西宁、银川、呼和浩特等。全流域人口密度为 142 人/km²,高于全国平均水平。流域内各地区人口分布不均,70% 左右的人口集中在龙门以下河段,而龙门以下河段的流域面积仅占全流域面积的 32% 左右。

另外,黄河流域外下游引黄灌区涉及河南、山东两省的 15 地市、75 个县(区),人口约 4700 万人。

(六)国内生产总值(GDP)

至 2006 年底,黄河流域国内生产总值当年价为 17 111 亿元(2000 年不变价为 13 733 亿元),占全国 GDP 的 7% 左右,人均 GDP 为 15 144 元,比全国人均 GDP 低 20% 左右。黄河流域工业、农业及第三产业的结构比为 55.5:8.9:35.6。

1. 工业生产

黄河流域已初步形成了工业门类比较齐全的格局,建立了一批工业基地和新兴城市,为进一步发展流域经济奠定了基础,煤炭、电力、石油和天然气等能源工业,具有显著的优势。形成了以包头、太原等城市为中心的全国著名的钢铁生产基地和铝生产基地,以宁夏、内蒙古、山西、陕西、甘肃、河南等省(区)为中心的煤炭重化工生产基地,建成了我国著名的中原油田和胜利油田以及长庆和延长油气田。西安、太原、兰州等城市机械制造、冶金工业等也有很大发展。目前,黄河流域人均工业增加值仍低于全国水平,以原材料为主的能源、矿产等占有较大比重。2006年黄河流域国内生产总值中工业生产占55.47%。

2. 农业生产

黄河流域的农业生产具有悠久的历史,是我国农业经济开发最早的地区,河套平原、汾渭盆地和下游平原是我国重要的农业基地。目前,黄河流域总耕地面积为24 361.54万亩,耕垦率为20.4%。黄河上中游地区还有宜农荒地约3 000万亩,占全国宜农荒地总量的30%,是我国重要的后备耕地,只要水资源条件具备,开发潜力很大。2006年黄河流域国内生产总值中农业生产占8.88%。

此外,流域外下游引黄灌区耕地面积约5 764万亩,农田有效灌溉面积约3 700万亩,是我国重要的粮棉油生产基地,多年来在保证豫鲁两省粮棉油稳产高产方面发挥着重要作用。

黄河流域主要作物有小麦、玉米、谷子、棉花、油料、烟叶等,尤其是小麦、棉花等农产品在全国占有重要地位。主要农业基地多集中在平原及河谷盆地,广大山丘区的坡耕地粮食单产较低,人均粮食产量低于全国平均水平。据统计,2000年黄河流域粮食总产量为3 530.87万t,人均占有粮食323 kg,比2000年全国人均水平400 kg低77 kg。

3. 第三产业

20世纪80年代以来黄河流域第三产业发展迅速,特别是交通运输、旅游以及居民服务业发展速度较快,成为推动第三产业快速发展的重要组成部分。2006年黄河流域国内生产总值中第三产业占35.65%。

(七)交通

黄河流域铁路、公路、航空各业发展速度,交通方便,四通八达。流域内交通及流域至全国各省交通措施齐全,形成了多个交通网络。

流域内铁路纵横,京沪、京广、京(西)藏、宝(鸡)成(都)铁路从流域内穿过,陇海、兰新、同浦、包(头)西(安)、兰(州)西(宁)等铁路在流域内穿行。北京至上海、北京至武汉、徐州至兰州等建有铁路客运专线。郑州、西安等均为大的铁路枢纽。

公路交通已成网状。310、312、109、110国道及104、105、106、107国道等,加上省级公路,已将黄河流域内及与流域外各省联系起来。连(云港)霍(尔科斯)、京藏、青(岛)银(川)、京港澳、大(庆)广(州)、二(连)广(州)、包(头)西(安)、大(同)运(城)等高速公路,已成为黄河流域内外的快速公路干线。

流域内及沿黄的大城市,都建设了航空港。济南、郑州、西安、兰州、西宁、太原、呼和浩特、银川等城市的航空港互通并与流域外其他城市有航班,有些航空港还有到国外主要城市的航班。

六、下游河道变迁

(一)禹河

据《禹贡》记载,禹导河积石(在今甘肃省境),至于龙门,南至于华阴,东至于砥柱,又东至于孟津,东过洛汭(洛河入黄处)至于大伾(成皋大伾山),北过降水(今漳水),至于大陆(河北省大陆泽),又北播九河(在平原地区分徒骇、太史、马颊、覆釜、胡苏、简、絜、钩盘、鬲津等九河），同为逆河（海水逆潮而得名）入于海。此即禹河。

（二）五次大改道

黄河的河道变迁主要在下游。有记载以来，黄河下游决口达1 590余次，形成改道的有26次。有些改道使黄河下游河道位置较原河道流路发生大的变化，其后一个时期的改道也在此大的区域内，习惯上称为大改道，或称迁徙。

1.公元前602年黄河第一次大改道

西周时期就有了堤防。公元前651年齐桓公"会诸侯于葵丘（今民权境）"（《史记·齐世家》）订盟约，规定"毋曲防"（《孟子·先子下》），诸侯间不得修以邻为壑的堤防。表明当时堤防已有一定的规模且具有一定水平的筑堤技术。周定王五年（公元前602年）河决浚县宿胥口，是黄河的第一次大改道。

西汉时，沿河群众与水争地，堤距缩窄，形成固定河道。王莽始建国三年（公元11年）河决魏郡（在濮阳县西），改道东流。计至西汉末，此河道行河613年。

2.公元11年黄河第二次大改道

王莽始建国三年（公元11年）河决魏郡（在濮阳县西），改道东流，北渎遂空。此时为王莽执政，其祖坟在元城（今河北大名东），认为大河东去，"元城不忧水，故遂不堤塞"（《汉书·王莽传》），自由泛滥达60余年，形成第二次大改道。至北宋庆历八年（1048年）大河在濮阳商胡埽决口北移，共经历1037年，其中前60年，河水泛滥，流路不固定，后970余年有了新的河道。

3.1048年黄河第三次大改道

宋庆历八年（1048年）大河在濮阳商胡埽决口北移，从濮阳县北经清丰、南乐、大名、馆陶、枣强、衡水、乾宁军（今青县境），于天津附近入海，宋代称为"北流"。宋嘉祐五年（1060年）大河在魏郡第六埽向东分出一道支河，经陵县、乐陵至无棣入海，名"二股河"，宋代称为"东流"。先是北流、东流并行入海，曾三次回河东流，两次失败，终于绍圣元年（1094年）尽闭北流，全由东流入海。元符二年（1099年）六月又在内黄决口，东流断绝，又回北流。北宋时大河基本以北流为主。钦宗靖康二年（1127年）汴京陷落，南宋建炎二年（1128年）杜充决口改道，第三次黄河大改道行河80年。

4.1128年黄河第四次大改道

北宋钦宗靖康二年（1127年）汴京陷落，宋高宗政权南迁。南宋建炎二年（1128年）开封留守杜冲，为抗金兵南侵，在滑县李固渡决河，黄河南犯夺淮入黄海，这是一次人为的决口改道，因战祸不断，无暇治河，形成了第四次大改道。金章宗明昌五年（1194年），河决阳武（今河南原阳），当时大河流路大致经今原阳、封丘、长垣、砀山至徐州，入泗夺淮入黄海。金元时期，"数十年内，或决或塞，迁徙无定"（《金史·河渠志》），河分数股入淮。黄河由流入渤海转为流入黄海。至清咸丰五年（1855年）决口改道。第四次大改道行河727年。

5.1855年黄河第五次大改道

清咸丰五年（1855年），洪水盛涨之际，大河在河南兰阳铜瓦厢（今兰考东坝头附近）冲开险工，造成决口。决口后，皇帝下谕，暂行缓堵，形成了第五次大改道。黄河又复流入渤海。1938年，为阻止日军西犯，国民党军队在郑州花园口扒口，大河南犯，故道断流长达 9 年,于 1947 年堵口合龙,大河回归故道,至今已行河 150 余年。

七、河道水流

(一)上游

1. 玛多以上河段

黄河在约古宗列盆地发源段是涓涓细流。玛多以上长约 270 km 的河流段,河谷宽阔,地势平坦,草滩、沼泽、湖泊甚多(见图 1-2-2)。流经的扎陵湖、鄂陵湖,水面面积分别为 526 km²、610 km²,平均水深分别为 9 m、17.6 m,蓄水量分别为 47 亿 m³、108 亿 m³。两湖海拔均在 4 260 m 以上,是我国两个最大的高原淡水湖。

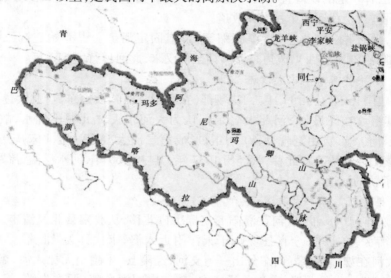

图 1-2-2　黄河源至龙羊峡以上河段

2. 玛多至龙羊峡河段

该河段长约 1418 km,河流流向由东南折向西北,再向东流,形成一个"S"形的大折曲(见图 1-2-2)。在达日以上和白河、黑河口附近地区,黄河穿行于巴颜喀拉山与积石山之间的古盆地和平川宽谷之中,河道宽浅,广泛分布着第四纪的河流冲积层和堆积阶地。其余河段多为高山峡谷,从上而下有多石峡、多唐贡玛峡、官仓峡、拉加峡、野狐峡、拉干峡等。其中,拉加峡长 216 km,是黄河上游最长的峡谷。峡谷河段山高谷深,坡陡流急,蕴藏着丰富的水力资源。峡谷两岸出露的基岩多为砂岩、页岩、板岩、千枚岩,岩性较软,裂隙断层发育,工程地质条件较差。本地区气候寒冷,人烟稀少,交通不便,经济不发达。

3. 龙羊峡至下河沿河段

该河段长约 794 km,河道蜿蜒曲折,一放一束,川峡相间,计有 19 个较大的峡谷和 17 个较大的川地。峡谷长度占河道长度的 40% 以上,著名的有龙羊峡、刘家峡和黑山峡(见图 1-2-3)。本河段的峡谷一般谷深且窄,有的峡口宽仅几十米。出露岩层多为变质岩和花岗岩,岩性致密坚硬,修建水利枢纽的条件优良。河床冲积层厚度,兰州以上一般小于 7 m,局部深槽处多达 10 m;兰州以下为 30 ~ 35 m。本河段水量丰沛,落差集中,是黄河水力资源的富集区。

图 1-2-3　黄河龙羊峡至下河沿河段

4. 下河沿至河口镇河段

黄河穿过宁夏和内蒙古平原,河长约 990 km(见图 1-2-4)。本段除青铜峡、石嘴山至河拐子段河道较窄、河床有基岩出露外,其余河段都是沙卵石和沙质河床,河道宽浅,比降平缓,对黄河上游下来的洪水有一定的滞洪削峰作用。河道两岸已筑有堤防,可防御 20 年一遇至 50 年一遇的洪水。由于河道走向为东—东北—北—东北—东,纬度由低到高,本河段增高约 2.5°,每年冬季封河,在封河期、开河期往往形成冰塞、冰坝,凌汛威胁十分严重。本河段降水量小、蒸发量大,为干旱地区,加上灌溉引水及河道渗漏损失,本河段水量沿程减少。河道两岸有耕地约 2600 万亩,灌溉面积 1400 万亩以上,是黄河的古老灌区,也是我国目前的最大灌区之一。

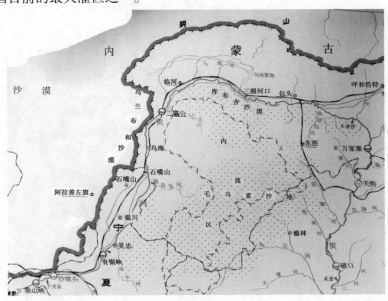

图 1-2-4　黄河下河沿至河口镇河段

(二)中游

1. 河口镇至禹门口河段

该河段长约 725 km,河道由东流转向南流,进入晋峡峡谷,习惯上称为北干流(见

图1-2-5）。这段河道是黄河最长的一段连续峡谷，除河曲、府谷及保德附近河谷较为宽阔外，其余大部分河谷底宽仅为400～600 m，两岸山坡陡峻。本河段除两端的万家寨至龙口和龙门附近石灰岩出露外，其余地段大都是二叠系、三叠系的砂页岩地层，地质构造简单，河床覆盖层较浅，具有修建峡谷高坝的条件。河段内，大河奔腾，险滩较多，水流湍急，水力资源丰富，为黄河上的第二个水电基地。龙门以上有世界闻名的壶口瀑布，枯水时水面落差18 m，瀑布以下河槽宽仅30～50 m，俗称"壶嘴"，水流从上到下，跌到河底水面之上，18 m高的势能转化为动能，水流高度掺合，形成水雾，冲向空中20余m，远处望去，犹如烟云。大水时，瀑布之上河道宽，除部分水流流进枯水时的河槽外，大部分从两侧流向

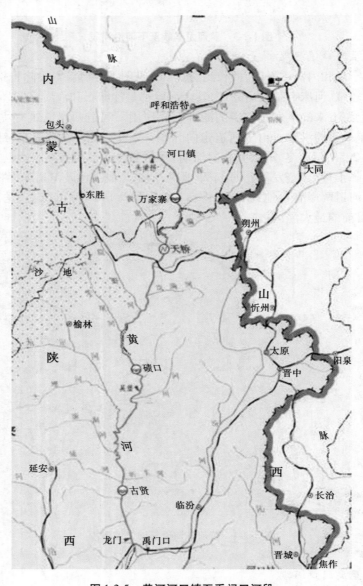

图1-2-5　黄河河口镇至禹门口河段

下游,过跌水位置后从两岸跌入"壶嘴",形成数千米长的瀑布群,犹如万马奔腾,气势磅礴,成为中华民族的象征。古代船只顺流而下,到壶口瀑布前,一般停靠在左岸,待枯水时,从左岸石质滩地上,靠人工从石面上拉船前进,到壶口瀑布下游适当位置将船放入"壶嘴",再顺流而下。因此,在壶口瀑布河段素有"河底生烟、岸上行船"之说。

2. 禹门口至三门峡河段

禹门口至三门峡大坝河道长约240 km(见图1-2-6),其中禹门口至潼关长126 km,习惯上称为小北干流。大河在禹门口以上,河宽仅数十米,出禹门口突然展宽到数千米,以下河道宽阔,平均宽约8.5 km,最宽达18 km。由山区河道变为平原河道后,水流突然扩散,水面展宽,比降平缓,河道宽、浅、散、乱,主流游荡摆动不定,至潼关河道由南流折转东流,进入峡口,宽仅0.85 km。该河段是秦晋之界河,两岸滩地面积达600余 km²,由于河道多变,常引起争种滩地的纠纷。大水时水面宽阔,滞洪削峰作用大,对大于10 000 m³/s的洪水,削峰率可达30%。滩地两侧为晋南、渭北黄土台塬,塬面高出河床数十米至百米以上,历史上就是无堤防的河段。

图1-2-6　黄河禹门口至桃花峪河段

潼关至三门峡大坝,长约114 km,为黄土台塬峡谷。修建三门峡水库以后,潼关以下及潼关以上的小北干流部分河段已为三门峡水库库区。

3. 三门峡至桃花峪河段

该河段长241 km(见图1-2-6)。其中,三门峡到小浪底河道穿行于中条山和崤山之间,是黄河的最后一道峡谷,河谷底宽200~800 m,出露基岩除三门峡为闪长玢岩、八里胡同为石灰岩外,其余为二叠系、三叠系砂页岩,具有修建高坝大库的条件。

三门峡至小浪底河道,在小浪底水库投入运用后已成为小浪底水库库区。小浪底至桃花峪,河道放宽至4~8 km,南岸有邙山,北岸部分河段有青风岭,水流在河道内变化频繁,属游荡性河道,左岸孟县、温县、武陟境有宽广的滩地。

(三)下游

桃花峪以下至入海口为下游,河道长786 km,河道平均比降为1.2‰。黄河下游横贯于华北大平原之上,除右岸东平湖陈山口到济南玉符河段靠山地、丘陵挡水外,其余两岸全靠堤防约束水流。由于泥沙淤积临河滩面已高出背河侧地面 3 ~ 6 m,最大者达 10 m。河床高悬于两岸地面以上,成为世界著称的"悬河"。黄河下游河道上宽下窄,比降上陡下缓,排洪能力上大下小,按照河道特性可分为 4 个河段。

1. 桃花峪至高村河段

该河段河道长 207 km,两岸堤距一般为 10 km,最宽 20 km,河槽宽 3 ~ 5 km,比降 1.8‰。河道中水流分散、沙州棋布、汊流众多,主流摆动频繁,摆动幅度可达 5 ~ 7 km,河道宽、浅、散、乱,属游荡性河型。虽经整治,目前仍为游荡型河性。两岸滩地面积大,大滩主要位于此河段。洪水期间,漫滩落淤,具有显著的滞洪、削峰、沉沙作用。

2. 高村至陶城铺河段

该河段河道长 165 km,两岸堤距 1.4 ~ 8.5 km,一般 5 km 左右,河槽宽 0.7 ~ 3.7 km。比降 1.4‰。水流特点介于游荡性河段与弯曲性河段之间,属由游荡向弯曲转变的过渡性河段。该段河道两岸滩地面积较大,洪水期间水流漫滩,具有一定的滞洪、削峰、沉沙作用。

3. 陶城铺至宁海河段

该河段河道长 322 km,堤距 0.5 ~ 5 km,一般 1 ~ 2 km,河槽宽数百米,大者达 1.5 km。堤距最窄处位于济南槐荫区王庄险工 75 坝与齐河曹家圈险工 16 坝之间,堤距仅 492 m。该河段河道相对窄深,形态弯曲,主流摆动幅度较小,属弯曲性河型。由于河道堤距窄,滩地较小,洪水期间水位上涨快、涨幅大。

4. 河口段

垦利宁海以下为河口段,河道长 92 km,比降 1‰ 左右。河口段及附近滨海区是黄河堆沙的区域,其演变特点与宁海以上不同。随着时间的推移,河口段处于淤积—延伸—摆动—改道的循环演变过程中。

八、流域古文明

山西芮城县西侯度旧石器时代的遗存表明,距今 200 万年前,今黄河之滨,中条山阳坡已生活着"能人"。生活在距今 110 万 ~80 万年的蓝田人和生活在距今 46 万 ~23 万年的北京猿人叫作直立人,其后的大荔人、丁村人则是早期智人。现代人是从晚期智人中分化出来的,在许昌市灵井遗址发现的距今 8 万 ~10 万年的许昌人为现代人的起源提供了新的依据。

考古科学认证的华夏文明的演化过程是:裴李岗文化—仰韶文化—河南龙山文化—二里头文化(夏文化)—偃师尸乡沟、二里岗早中商文化—殷墟晚商文化—周文化—秦汉文化。这里是世界上唯一的民族主体及其文化绵延八千多年未中断的人类文化中心。

在河南新郑市裴李岗村发现的裴李岗文化,上限距今 9 000 年。遗址中有房址、灰坑、陶窑、墓葬等;遗物有斧、铲、镰、石磨盘、磨棒、三足陶器、炭化的枣核核桃壳及猪羊动物的遗骨。黄河上、中、下游还有与裴李岗文化年代大致相同的考古学文化,如老官台文化、磁山文化、北辛文化,有聚落遗址及遗物。

位于渭河上游的甘肃秦安大地湾遗址,出土了最早的彩陶,距今 7 800 ~7 350 年。山西芮城县遗址出土了双瓣或四瓣花纹图案的彩陶,是目前发现最早的花卉图案,距今

6 000多年。河北武安县磁山遗址中,发现了最早的粟类遗存,距今8 000多年。距今6 500年前的大汶口文化有大量文明因素,已被多数学者肯定为文字的为距今4 500年前大汶口文化晚期陶器上的符号。擅用龟甲占卜的商代人也起源于黄河下游,现为河南东部。发现麦类最早的遗存是出土在甘肃民乐东灰山,距今(4 230±250)年。山东日照龙山文化遗址发现的两粒小麦遗存,距今(3 610±60)年。

郑州市西北郊古荥镇孙庄西古城遗址,属于仰韶文化大河村类型,始建于6 000年前,继续到龙山文化时期,存续上千年。古城平面略成圆形,直径约180m,城内房屋有一定的布局,夯土城墙较高,外有壕沟环绕,发现城门两座。

发现山东章丘龙山村城子崖遗址后,称为龙山文化,今山东、河南、山西等属龙山文化区,因陶器以黑色为主,又称黑陶文化。尧舜生活于龙山时代。黄河流域龙山文化遗址规模最大的是山西南部襄汾的陶寺,时间在公元前2600年到前2200年,遗址面积达300万m^2以上,墓地就有3万多m^2。陶寺大墓陪葬品中,有鼓、石磬等古代乐器。陶寺遗址发现的早期小城,总面积达56万m^2;其中之大城,总面积达280万m^2,其中的宫城就有10万m^2。还发现了宫殿建筑,中期最大的文化单体建筑面积约1 400 m^2,结构复杂,有中心点和墙柱等,利用墙柱之间的10道缝隙等观测太阳,成为观日授时建筑,将观天授时的考古实证上推至距今4 100年。与陶寺这样大的古城相配的,是否与早期的邦国有关?史载尧都平阳,陶寺的位置与记载中的平阳吻合,存续时间也与历史记载的尧舜相同。公元前3000年左右,黄河流域有许多古城,大的古城是区域中心,也是早期国家的标志。

最早的铜器物出土于陕西临潼姜寨遗址,一块黄铜片和一件黄铜管状物,测年为公元前(4675+135)年。山西榆次、河北武安等遗址中的铜器物,也表明仰韶文化时期那里已经使用铜器。仰韶文化晚期黄河流域已进入铜石并用时期。

如用古城、金属、文字等为标志考察文化起源,距今6 000年,这些公认的文明因素,黄河流域已经具备了。

每个民族都有自己的创世神话与传说,黄河流域也有许多传说中的远古英雄。盘古是开天辟地的英雄。伏羲,又称包牺、庖牺、宓羲,被称为"人文始祖"。女娲,传说中的女性始祖。传说伏羲与女娲成婚,二人生四子,管理天地、日月星辰。还有女娲抟土造人、炼石补天的神话传说。炎帝,也叫赤帝,活动于河南的东南部。炎帝教百姓种五谷,发明农业,被尊为神农。黄帝,"少典之子,姓公孙,名轩辕",居"有熊"(在河南省新郑市),葬于陕西黄陵。主要活动于黄土高原及其周围地区。舟车的发明、房屋的建造、指南车的运用、养蚕织衣以及音律等都成就于那个时期。文字是黄帝的史官仓颉创造的。黄帝与炎帝在阪泉交战,黄帝获胜,双方和解,建立了炎黄联盟,这就是处于中原地区的华夏集团。蚩尤,他是海岱地区东夷人的祖先。在河北涿鹿曾与黄帝交战,黄帝战胜蚩尤后,东夷集团开始了与华夏集团的融合。颛顼又称高阳,是黄帝的孙子,活动于今濮阳地区,传说曾与共工争夺帝位。其重要功绩是"绝地天道",颛顼身兼行政、军事、宗教三种职务,使宗教成为统治阶级的工具。一般认为伏羲、女娲生活于仰韶文化的早中期,炎帝、黄帝、蚩尤生活在中晚期,颛顼则可能到龙山文化早期阶段。

距今5 000年前后,是中华大地由氏族社会向国家过渡的时代。涿鹿之战提高了华夏联盟的地位。华夏集团不断壮大,且战胜持续的洪水,是中华历史上第一个建立统一王朝——夏王朝的直接原因。尧出自陶唐氏部落,名放勋,因是古唐国的首领,故称唐尧。舜生于有虞氏,称虞舜,按传说尧、舜均是黄帝的后代。尧"富而不骄,贵而不舒"(《尚书·尧典》),被推为首领。"舜年二十以孝闻,年三十尧举之,年五十摄行天子事,年五十八尧崩,年六十一代尧践帝位"(《史记》)。尧舜依靠法规管理社会。大禹治水是世界诸多治水故事中人类战胜洪水的典范。治水成功,功劳最大,顺理成章,禹接替舜成为联盟议事会领袖。禹平水土、划九州、征三苗,还有"制五服"等措施,权力膨胀。议事会"禅让制"最终被禹及儿子启突破,"禹传子,家天下",公元前2070年夏启自立为王,奴隶制国家建立,这是中国历史上第一个统一王朝。

夏王朝建立后,据二里头遗址发掘,在河南偃师二里头村下有距今3850～3550年的古代夏都——"华夏第一王都"。在河南安阳小屯村三次发现"殷墟卜辞"——甲骨文。春秋战国时铁制工具的普遍使用促进了生产的发展,也随之出现了"百家争鸣"的局面。东汉班固曾列出了儒、道、阴阳、法、名、墨、纵横、杂、农等九家。见于流传的诸子著作除孔、孟、老、庄、墨外,还有《管子》《孙子兵法》《公孙龙子》《慎子》《商君书》《司马法》《孙膑兵法》《韩非子》《荀子》《尉缭子》等。可见,当时文化之昌盛局面。

作为中华民族的第一大族——汉族,从古华夏族发展而来,华夏民族肇兴于伏羲,形成于黄帝,发展于夏商,到西周大体稳定。春秋战国至秦汉,华夏民族为核心,主导了汉民族的形成发展,汉族成为中华民族的主体。这些都发生在黄河流域。

夏朝建立以来,商、周、秦、汉……均建都于黄河流域。有3 000多年是我国政治、经济、军事、文化中心,造就了我国古代大批杰出的政治家、军事家、文学家、诗人,他们与广大勤劳勇敢的各族人民一起,为漫长的中华民族历史谱写了不少光辉篇章。在近代抗日战争时期和解放战争时期黄河流域也占有重要地位。有关专家确认的八大古都,在历史发展的过程中黄河流域就占了六个(包括古代为黄河流域的)。郑州,早期都城。八大古都中郑州城市群形成最早。商仲丁王迁隞,隞即现在郑州。郑州商城在现郑州市东部凤凰台、花园路、二里岗一带地下,面积25 km²,有7 km周长城墙,11个城门。隞都之外,位于郑州城市圈的还有郑韩故城,是春秋时郑国与韩国的都城,从郑庄公算起到秦灭韩,共500余年,故城规模东西长约5 km,南北宽约4.5 km。安阳,因为殷墟成为古都。从盘庚迁殷到纣亡国,历十二王,250余年。安阳小屯村及其周围,殷墟总面积在24 km²以上。西安,先后有西周、秦、西汉、新、东汉、西晋、前赵、前秦、后秦、西魏、北周、隋、唐等13个朝代在此建都,历时千余年,中央集权统一王朝则有700多年。明朝洪武年间,改元代"奉元路"为西安府,从此有了西安名称。洛阳,东周、东汉、曹魏、西晋、北魏、隋、唐、武周、后梁、后唐、后晋11个朝代在此都建,历时880多年,作为统一王朝的东汉等朝代有250多年。开封,有战国的魏,五代的后梁、后晋、后汉、后周,北宋和金朝,先后在此建都,中央集权的北宋以此为都167年。北京,历史上在海河水系形成以前也应为黄河流域。先后有金、元、明、清在此建都,作为都城有648年。

九、洪水灾害

黄河流域洪水灾害主要是由河流决口、洪水泛滥造成的。由于河道淤积,河床不断升高,易于决口泛滥,因此下游是洪灾最为严重的地区。

4 000 多年前的帝尧时代,黄河下游就有"洪水泛滥于天下"之说。《尚书·尧典》中"汤汤洪水方割,荡荡怀山襄陵,浩浩滔天,下民其咨"的记述,反映当时洪水横流遍地,老百姓围困在丘陵高地之上,哀叹洪水灾情的情景。据史学界考证,商代曾因黄河下游洪水为患,多次迁都。先后在亳(今河南商丘县北)、西亳(今河南偃师市西)、嚣(一曰隞,今河南荥阳市北、敖山南)、相(今河南内黄县东南)、耿(古时同邢,今河南温县东)、庇(祖辛至祖丁时都城)、奄(南庚时都城,今山东曲阜旧城东)、殷(磐庚以后都城,今河南安阳市小屯村)建都。其中公元前 1534 年至公元前 1517 年的 17 年间,因洪水泛滥,不得不两次迁帝都。周代春秋时期,位于黄河下游各诸侯国,纷纷筑堤自保,洪水随地形到处泛滥成灾的状况才得以改变。

(一)黄河下游洪水灾害

1. 决口、改道概况

据历史文献记载,自周定王五年(公元前 602 年)至 1938 年的 2 540 年中,黄河下游决口的年份达 543 年,平均约为四年半有一年决口;有些年一年多次决口,总决口次数达 1590 多次,平均三年二次决口。决口造成改道的 26 次。决口改道最北的经海河至天津入海,最南的经淮河入长江。水灾波及黄淮海平原冀、鲁、豫、皖、苏五省,总面积约为 25 万 km²。

2. 典型决口洪水灾害

1)1761 年大洪水

乾隆二十六年七月(1761 年 8 月中旬),三门峡至花园口区间发生了一场特大暴雨,形成量大峰高、持续时间长的洪水。据考古推算,花园口洪峰流量为 32 000 m³/s,12 d 洪量为 120 亿 m³。在伊河、洛河及三花干流区间暴雨区发生了严重的灾害;黄河下游决口泛滥区灾害更为严重,史志多有记载。如"七月洛阳等县霪雨浃旬"(《河南府志》);"七月十四日至十六日夜大雨如注","沁、丹并涨,水入沁阳城内,水深四至五尺"(《沁阳县志》);"七月十五至十九日暴雨五昼夜不止"(《新安县志》);"大雨极乎五日"(东洋河口碑记载)等。堤防决口给下游两岸带来了严重的灾害,河南巡抚常钧在七月向皇上报的奏折有:"黑岗口河水十五日测量,原存长水二尺九寸,十六日午时起至十八日巳时陆续共长水五尺,连前共长水七尺九寸,十八日午时起至酉时又长水四寸,除落水一尺外,净长水七尺三寸,堤顶与水面相平,间有过水之处","……查杨桥河出水散漫,一溜从中牟境内贾鲁河下朱仙镇,漫及尉氏县东北,由扶沟、西华两县入周口沙河,又一溜从中牟境内惠济河下祥符、陈留、杞县、睢州、柘城、鹿邑各境,直达亳州"。河道总督张师载八月初八奏折称:"南北两岸均一查看,共计漫口二十六处"。这次洪水伊河、洛河、沁河下游两岸的偃师、巩县、沁阳、博爱、修武等县都"大水灌城",水深五六尺至丈余不等,洛阳至偃师整个夹滩地区水深在一丈以上。黄河下游武陟、荥泽、阳武、祥符、兰阳、中牟、曹县等左右两岸共决口 26 处,使河南开封、陈州、商丘,山东曹、单,安徽颍、泗等 28 州县被淹,灾情十分严重。

2)1933 年大洪水

1933 年 8 月上旬泾、洛、渭河和干流吴堡至龙门区间降大至暴雨,汇合后在陕县站(三门峡站)形成洪峰流量 22 000 m³/s 的洪水,最大 12 d 输沙量达 21.1 亿 t(当年输沙量达 39.1 亿 t)。演进到花园口,洪峰 20 400 m³/s,12 d 洪量为 100 亿 m³。在洪水演进的过程中,温县 22 km 堤坊决口 18 处。京汉郑州铁路桥被冲,20 余孔石墩振动,"铁桥之七十七、七十八两洞为急水所冲东移数寸",交通中断。冲决华洋堤(贯孟堤)11 处,全淹封丘。太行堤漫溢决口 6 处,大车集至石头庄约 20 km 的堤防决口 30 余处,使北流过水占全河的 70%,淹没了整个的北金堤滞洪区,长垣及北金堤以南的范(县)、濮(城)、寿(张)、阳(谷)四县的广大地区尽成泽国,水涨宽达 40 km,平地水深七八尺。"凡水淹之处,茫茫无际,只见房顶树梢露于水面,特别在决口口门处,洪流倾泻,房塌树倒,人畜漂没,一片惨象"。南岸兰考小新堤、旧堤决口多处,泛水沿明故道东流;四明堂、杨庄也发生决口,考城、东明、菏泽、曹县、定陶等县被淹,巨野县城被水包围,徐州环城故堤十余里决口 7 处。这次洪水黄河下游两岸共决口 60 余处,豫、冀、苏、鲁 4 省 30 县被淹,受灾面积达 0.66 万 km²。

3. 凌汛灾害

黄河下游凌汛灾害早有发生。据文献记载,西汉文帝十二年(公元前 168 年),"冬十二月,河决东郡"(《汉书·文帝纪》)。宋大中祥符五年(1012 年)正月,决棣州东南李民湾,"环城数十里,民舍多坏"(《宋史·河渠志》)。唐、宋、元、明、清代均多次发生凌汛决口。1855 年走现行河道以来,清光绪九年(1883 年)正月,历城泺口一带泛滥 2 处,又赵家道口、刘家道口各漫溢 1 处,齐河县李家岸漫溢 1 处;二月,沿河十数州县,漫口达 30 处。光绪十一年至十三年(1885～1887 年)凌汛,山东河段长清、齐河、济阳、历城等县决口成灾。1926～1937 年几乎连年凌汛决口。1928 年,利津县棘子刘、王家院、后彩庄、二棚村等先后决口 6 处。1951 年 2 月 3 日山东利津县王庄凌汛决口,受灾区宽 14 km、长 40 km,淹及利津、沾化县耕地 42 万亩,淹没村庄 122 个。1955 年 1 月 29 日,山东利津县五庄决口,淹没村庄 360 个。据统计 1875～1955 年的 81 年中,凌汛决溢的有 29 年,平均不足三年就有一年凌汛灾害。

(二)黄河上中游洪水灾害

1. 兰州河段

兰州河段西起西柳沟,东至桑园峡,长 45 km。自明代以来(1368～1949 年)有记载的大洪灾共 21 次,平均 28 年出现一次。

清光绪三十年(1904 年)发生了严重的水灾。七月兰州出现 8 500 m³/s 的洪水。据文献记载,兰州一带"黄河暴发,响水子、桑园峡水不能容,泛滥横流……水涌没东梢门城墙丈余,内以沙囊壅城门,近郊田园、屋宇冲毁无数。登碑遥望,几成泽国,灾黎近万余"。

1949 年以来,1964 年 7 月、1967 年 9 月和 1981 年 9 月发生 3 次大洪水,除 1981 年洪水有一定损失外,其他 2 次无大损失。

2. 宁夏河段

宁夏河段洪水的记载最早见于唐代。据统计,自明初至 1949 年的 580 年间,该河段有洪水记载的 27 次。如清道光三十年(1850 年)洪水,"黄河水势于五月初九日泛涨水一丈五尺一寸,已入峡口老桩十五字一刻迹"。"宁夏府阴雨,黄河涨水,黄花(渠)桥以北地区,全成一片汪洋,一般庄子都进了水,农田全部泡在水中,人来往靠船只,人畜死亡无其数,水落后除高杆作物,都被水淹死"。

3. 内蒙古河段

内蒙古河段历史上因无堤防,经常发生水灾。清代开始筑堤,并有较多的洪水记载。1750～1949 年,共发生大洪灾 13 次,平均约 15 年一次。如"清道光三十年(1850 年)秋,河口镇水与堤平,昼夜加修堤埝,经数日水不消退。7 月 2 日夜,天大雨,彻夜不止;平地水深数尺。黎明,镇东南皮条沟村附近堤防决口,逆流入镇,全市顷刻漫入巨浪中之商店房,悉被冲毁。仅留沿堤高处之房院数十所,浸渍月余,水始退尽,损失财产数百金。幸少伤残人口。南滩一带被灾严重,镇东南之双墙村,亦同遭淹没焉。相传河口镇经此次大水,巨商多移往包头,市况稍衰"(《绥远通志稿》)。

内蒙古河段凌汛期间,往往形成冰塞、冰坝,造成黄河淹及两岸。1910 年、1930 年、1945 年、1947 年、1951 年、1954 年、1967 年、1981 年、1995 年、2001 年、2008 年都是凌灾严重的年份。如 1927 年 3 月,临河永济渠因凌汛涨水决堤,溃水直扑临河县城,西城内一片泽国,除县政府筑了三尺高堤防保全外,西线三四百户民房皆被水淹塌尽付东流。

十、黄河水利史

自古以来人们就与洪水做斗争并利用黄河水系供应人畜用水、灌溉农田、开辟水路运输,促进经济和文化快速发展,使黄河流域成为中华民族文化的发源地。黄河水含沙量很大,致使下游河道"善淤、善决、善徙",改道频繁,造成黄河水利史具有特殊内容。

(一)治河防洪

传说中的大禹治水是以黄河流域为主的古代治水的综括:疏导洪水由支流至干流而入海,使洪水不再泛滥,人们"降丘宅土",得以在平原生活,阪障湖泽,开辟沟洫,发展农业。

黄河堤防建设可远溯至禹的父亲崇伯鲧筑堤的传说。春秋时齐桓公元前 651 年会诸侯于葵丘(今民权县),盟约中规定"无曲防";《左传》襄公十八年(公元前 555 年)记载,齐国济水南岸有堤防;《国语·周下》记载,周灵王二十二年(公元前 550 年)国都王城(今洛阳)受谷水、洛水的威胁,曾筑堤壅堵。春秋末期已有"河绝"记载,就是指河决或改道。齐在东岸离河 25 里筑堤拒水,赵、魏也在西岸离河 25 里筑堤防河水西泛。黄河多沙,淤高河床,堤防也随之加高;或者可作为战争中的水攻手段。魏惠王十二年(公元前 359 年)就有楚兵决黄河南岸(约在今滑县东)淹魏地长垣(今长垣县东北)的记载;稍后,赵人也曾决黄河攻击齐魏军队;战国末年(公元前 225 年)秦兵引黄河水灌大梁(今开封)。堵口已有"茨防",可能就是后代埽工。《管子》记载了堤防岁修制度及一些施工技术。这些表明,堤防已具规模、筑堤技术也得到了发展。

秦统一六国后曾整顿过河川堤防,但到汉代,黄河决溢仍很频繁。西汉大决口在 12 次以上。如汉武帝元光三年(公元前 132 年)瓠子(今濮阳县西南)决口,南入淮泗,灾情严重,泛滥了 23 年后才堵复。堵口工程浩大,汉武帝亲自到现场督工。灾情大的还有汉成帝建始四年(公元前 29 年)决馆陶和东郡金堤,32 县受灾,淹没土地 15 万顷,房屋 4 万余所。河堤使者王延世堵口成功。

王莽始建国三年(公元 11 年),河决魏郡(今河北南部一带)。东汉明帝永平十二年(公元 69 年)令王景负责治理。他率军工数十万修汴渠、治黄河。用了一年时间,用费在百亿(钱)以上。汴渠成为东通江淮的主要水道。王景治河后有一个小康时期。

三国时有几次决溢记载。从西晋大乱至南北朝 400 年中,既无修防记载,亦无决溢记载,但当时堤防长年失修,河流成放任自流状态。隋统一全国,唐代前期大修堤防,隋唐 300 多年中有 20 余次决溢记载。五代时决溢频繁,平均两年多一次,局部修防增多。

北宋(960~1127 年)时期,决口频繁。北宋全力治河,投入大量人力物力,管理制度较严密,技术水平有所提高,但治水方针不明确,效果不显著。宋代几次尝试用人力将黄河改道,但都失败了。南宋初,东京守将杜充决河改道后,金兵占领了黄河下游,百余年间仅三四十年有局部修防,大部时间放任漫流。金天兴三年(1234 年),宋兵入开封,蒙古兵决胙城(今河南延津境)北之寸金淀南流淹宋兵,至杞县分三支由颍、涡、汴、睢诸河入淮河。元代治河也多为局部修防,以防护城镇为主,八九十年间黄河下游南北摆动,南入颍、涡,北冲昭阳等湖。最著名的一次治黄活动是至正十一年(1351 年)贾鲁堵白茅(在今曹县境)决口,挽河走徐州入泗水故道,堵口技术有了提高。金、元决溢频繁的状况到明代前期并未改善。明洪武二十五年(1392 年),又南入颍水入淮。自永乐年间,京杭运河重开,以江南漕粮能自运河运至北京为治水前提,对黄河的治理方针是南分北堵,以保证山东段运河畅通。正统十三年(1448 年)黄河北决,主流在山东张秋以南沙湾冲断运河向东入海。前后治理了 8 年,景泰六年(1455 年)徐有贞将决口堵复。弘治五年(1492 年)黄河又北决,主流再次冲断张秋运河,后 3 年刘大夏才堵复,并修北岸太行堤加以保护。此后黄河决口多在山东西南及河南东部,泛滥所及南至宿迁,北至鱼台境,以流经徐州附近时为多。嘉靖末年,徐州以上河分 11 支和 13 支大片漫流。

自嘉靖末期始,潘季驯 4 次总理河道。主要治理方法是以缕堤束水攻沙,以遥堤防御洪水,并修减水坝以保护大堤,强调堵塞决口,修守堤防,筑洪泽湖水库调蓄淮水以冲释黄河泥沙。第三次总理河道时主张"弃缕守遥",靠遥堤"束水归槽",不再修缕堤。明末到清康熙初年黄河泛滥决溢频繁。康熙十六年(1677 年),靳辅任河道总督,也获得数十年的小康局面。乾隆以后,清政权虽极重视治黄,制度也很严密,但河政日益腐败,平均一二年就发生一次决口。在技术上除放淤固堤外也无多大进步。民国时引进了西方技术,采用了新的观测手段,对上中下游治理提出一些设想,实际效果不大。

(二)农田水利

商周以来相传有井田制度,已有引水灌稻田的记载。春秋时开沟洫灌溉的记载很多,《周礼》记述了田间灌排系统。

先秦黄河流域灌溉工程最早的有公元前 453 年在汾水支流晋水上修建的智伯渠,用来筑坝壅晋水攻晋阳城,后人利用渠道灌溉。战国初魏文侯二十五年(公元前 422 年)邺(今河北临漳县西南约 20 km)令西门豹引漳水开十二渠,漳河当时是黄河支流。秦始皇元年(公元前 246 年)在关中兴修了引泾水灌田四万顷的郑国渠,秦国因此富强起来。今河南引沁水和丹水的灌溉相传也始自秦代。

西汉武帝时(公元前 140~前 87 年)兴起开发西北水利热潮,关中工程最多:有引泾的白公渠,灌区和郑国渠相连,合称郑白渠,延续了 2 000 多年,郑国渠旁的高地还开有较小的六辅渠,还有引渭水的成国渠(也延续了千年以上)和引洛水的龙首渠等。这些都是"且溉且粪"、引浑水淤灌。汉武帝时由于与匈奴作战的需要,还在黄河上游开发河套一带水利。元狩四年(公元前 119 年)自朔方(今后套一带)以西至令居(今甘肃永登县境)大量开渠屯田。太初元年(公元前 104 年)又沿黄河自今山西西北部、内蒙古、宁夏以至甘肃河西走廊,用 60 万兵士开渠引河水及川谷水屯田。现宁夏引黄灌区有汉渠和汉延渠都是长达百里以上的渠道,应始自西汉。东汉时也在这一带浚渠屯田,通水运并利用水力。宣帝时(公元前 73 ~ 前 49 年)大将赵充国在黄河上游的湟水流域曾进行军事屯田,用兵万人以上,浚沟渠,开田二千顷。黄河下游,西汉时济水支流汶水上有引汶灌区,济水入海口之南(在今广饶以东)有引巨定泽灌溉工程,也都是有名的灌渠。

东汉黄河流域仅维持旧有工程。三国见于记载的仅关中曾引洛水于同州(今大荔县)筑临晋陂,引千水重开成国渠,二者灌田三千余顷;河内(今沁阳一带)于魏黄初六年(225 年)左右曾修引沁水灌溉的坊口堰,改造进水木门为石门。南北朝北魏(386 ~ 534 年)初(约 395 年左右)曾"五原至禾固阳塞外(今包头市东西)"黄河北岸开水利屯田。后 90 余年仍有黄河上中游及泾渭流域开发水利记载。北魏太平真君五年(444 年)薄骨律镇(今宁夏灵武县西南)将刁雍于黄河西岸开艾山渠,可灌田四万余顷,是北魏所开最大的灌渠。西魏大统十六年(550 年)于关中富平县筑富平堰引水东入洛水,是郑国渠东段的重修。西魏又曾于武功县修六门堰,扩大渭水灌区。北周保定二年(562 年)于同州重开龙首渠,又于黄河东岸蒲州(今属永济县)引涑水开渠灌溉。

隋唐时大兴水利,复兴黄河流域的农业经济。隋开皇二年(582 年)于今关中凤翔之北引水灌三原田数千顷;后数年,怀州(今沁阳县)刺史卢贲重修引沁灌溉工程,开利民渠及温润渠,还在蒲州一带引灉水灌溉。唐代黄河上中游自湟水以下至河套曾大兴屯田水利。今宁夏引黄灌区,唐代有汉渠、御史渠、光禄渠、特进渠、七级渠、薄骨律渠及千金陂等。西夏维持和扩展宁夏水利以其为立国的基础。内蒙古河套地区,唐代开有延化、咸应、永清、陵阳等灌溉渠道。唐代汾水及涑水流域水利,著名的工程有涑水渠、瓜谷山堰及文谷水灌区等。沁水灌溉唐代亦有发展,最多灌田至五千顷。

隋唐重视关中水利。唐代郑白渠仍为主要灌区,前期灌田号称万顷,后期降至六千顷。宝历元年(825 年)在高陵县建彭城堰扩大了灌区。五代、北宋经常维修,北宋末改建为丰利渠,号称可灌田两万余顷。唐代引渭水为源建升原渠,通运至千水,又重修六门堰;开发引洛水和黄河灌溉,其中在龙门引黄河水灌韩城田,号称六千顷。

北宋神宗熙宁年间(1068 ~ 1077 年)利用黄河和汴渠等浑水放淤肥田或淤灌,也利用秦晋山区洪水淤灌,这是历史上用政府力量大规模引洪放淤的唯一一次。宋以后民间继续使用。

金代不重视水利,元、明、清稍有发展,但以民间自发修建的小型工程较多。元初郭守敬主持修宁夏一带水利,灌田至九万余顷。关中郑白渠及河南引沁广济渠都曾改修。明代在宁夏有些兴修。关中郑白渠在明代改为广惠渠,但灌田日少,清代改为龙洞渠,仅灌田几万亩。民国时李仪祉开泾惠渠,恢复了古代规模,收到显著效益。广济渠明清时代都曾扩建,但民国时灌田只一二十万亩,少于前代。清代康熙、雍正时,在宁夏新开大清渠、惠农渠、昌润渠,灌田数百万亩。道光以后在内蒙古后套一带,民间修建了八大干渠,灌田可至一万六千余顷。光绪年间王同春在修建河套水利中建树最多。

（三）航运工程

黄河水运亦始自远古。《左传》僖公十三年（公元前 647 年）记载的"泛舟之役"是首次见于记载的大规模水运。当时晋国饥荒，秦国援助大批粮食自秦都雍（今凤翔南）经渭水、黄河、入汾水至晋都绛（今翼城东），船只络绎不绝。

最早的人工运河是鲁襄公十三年所开"商鲁之间"的菏水，在今山东鱼台和定陶之间，沟通泗水和济水；其次是战国时魏惠王十年至三十一年（公元前 361～前 340 年）所开的鸿沟。鸿沟以黄河水为源，接济水、泗水、睢水、涉水、沙水、涡水、颍水，是沟通黄河和淮河的重要航道。通泗水一支，后称汴渠，成为西汉以后通江淮的最重要航道。西汉武帝时于长安西北引渭水向东开漕渠至潼关通黄河。这样可由长安经漕渠入黄河，再由汴口入汴渠至徐州入泗水至淮水，经邗沟通长江，入江南水道至杭州，形成一条贯穿东西的大运河。东汉建都洛阳，建武五年（公元 29 年）曾穿渠引谷水注洛阳，未成功；18 年后改引洛水入洛阳城通漕运，称阳渠，由洛水至黄河。两汉都城都有漕渠通入，便利运输，也向城市供水。

东汉末曹操为了向北用兵，于建安九年（204 年）在淇水入黄河口（今河南淇县东，卫贤镇东一里）用大枋木筑堰遏淇水东北流，开成白沟运河。黄河过堰经白沟运河北通海河各水道及当时所开平虏渠、泉州渠、新河等运河，形成了北达海滦河，南至黄河，经汴河至江淮、南通杭州的南北航道。曹魏又曾整修睢阳渠汴河一段及鸿沟南支，通颍、涡、沙等航道，常利用后一航道南征孙吴。南北朝时，北魏曾于黄河上游自今宁夏至内蒙古运输军储。刘宋西征后秦，曾由泗入济、入黄河至关中，汴河也常为向北用兵的运道。

隋开皇四年（584 年）开广通渠，大体沿已废西汉漕渠线路，自长安北引渭水平行南山至潼关入黄河。唐初广通渠逐渐湮废，天宝元年唐代重修，于咸阳附近渭水上筑堰壅水入渠，作为水源。同时于长安城东开广运潭，作停泊港。长安城内东、西市均有运河通城外并与广通渠相通。隋炀帝大业元年 （605 年）开通济渠，唐宋时称汴河或汴渠。它以谷水、洛水为源，自洛阳西苑开渠引水重新入洛水通黄河，至板渚开口入汴渠，至开封东由古汴渠改道东南至泗州（今盱眙县北）入淮水。唐代这条运河在洛阳城内也修有停泊港。大业四年（608 年）开永济渠，南端由沁河通黄河，北端通涿郡（治蓟，今北京市）。大业六年（610 年）重修江南运河，从京口（今镇江）至余杭（今杭州）。这样自今北京至杭州的运河全线开通。黄河与海河、淮河、长江、钱塘江已形成了一个统一的交通网络。唐代还自长安向西开了升原渠，于今宝鸡附近接千水通航，航运网又向西延长。黄河三门峡段是都城长安的水运咽喉，隋唐都曾大力修治，但不成功，此段运输主要依靠陆运绕行代替。五代时后周及北宋建汴京，除大力恢复改进汴河、利用永济渠外，还自汴京向东北开广济渠通今山东一带，东南开蔡河，西南开惠民河通淮汉流域。

金代汴河废毁，黄河流域无水运之利。元代初年，自南而北的运输由淮河入颍河或涡河，上溯黄河，再陆运转卫河北上。元至元二十六年 （1289 年）开山东会通河，完成京杭运河的重要一段。会通河水源除汶、泗诸水外常引黄水接济。其航道自山东济宁以南经诸湖之西，至徐州入当时的黄河，四百余里至淮阴以北清口会淮水，再南入邗沟通长江。明永乐年间迁都北京，因会通河淤塞不通，漕运亦由淮入颍溯黄河再陆运转卫河北上。永乐九年（1411 年）宋礼等重开会通河，陈瑄整修京杭运河，订立制度，每年由南向北漕运米粮四百万石。徐州至清口段仍走黄河航道,山东段经常引黄济运,后因黄河决溢常淤塞运道。嘉靖四十五年(1566 年)开南阳新河,自鱼台至徐州改道湖东,避开黄河。万历三十二年(1604 年)自夏镇(今微山县)至宿迁开运河,航运不再经徐州。清康熙二十七年(1688 年)又自宿迁开中运河至清口,于是运河仅在清口处与黄河交叉,达到避黄的目的。清口为黄淮运汇合处,是当时治黄重点。由于黄河不断淤积,至清代嘉庆、道光时淮水已不能出清口,只能以淮扬运河为出路。道光时清口运道堵塞,用灌塘济运法(临时筑一船闸)勉强维持通航。咸丰五年(1855 年)黄河改走现行河道,运河改在张秋镇南与黄河交叉,实际已被切断。此后海运的扩大和铁路的兴建代替了运河的功能,从此大大削弱了京杭运河作为南北交通主干道的作用。

十一、黄河水文泥沙

(一)测量站点

黄河数百年前就有观测水势涨落变化的测量志桩,以及飞马报汛的记载。利用近代技术观测雨量、水位、流速、含沙量等的雨量站、水文站、水位站等站点,黄河上也是我国最早的。督办运河工程局 1912 年在泰安设立第一个雨量站,黄河支流汶河上 1915 年在东平南城子设立第一个水文站,黄河干流上 1919 年分别设立陕县(三门峡)水文站和泺口水文站。经过多次增减调整,至 2005 年全河有水文站 348 处(其中黄委 116 处)、水位站 76 处(黄委 45 处)、雨量站 2 281 处(黄委 763 处)、蒸发站 159 处(黄委 36 处)。

(二)降水

全流域多年平均降水总量约为 3 700 亿 m^3,仅占全国年平均降水总量的 6%,折合成降水深为 466 mm(包括内流区)。年降水量总的趋势为由东南向西北递减。降水量最多的为流域东南部的湿润、半湿润地区,如秦岭、伏牛山及泰山一带,年降水量达 800~1 000 mm;降水量最少的为流域北部的干旱地区,如宁蒙河套平原地区,年降水量仅 200 mm 左右,特别是内蒙古杭锦旗到临河一带,年降水量不足 150 mm。

降水量年内分布不均。以 6~8 月降水量最多,占全年的 54.1%,最大在 7 月,占全年的 22.1%,12 月至次年 2 月降水少,占全年的 3.1%,12 月降水最少,仅占全年的 0.6%。

(三)水面蒸发

由于气温、降水和风速等要素的差异和季节变化,黄河流域的气候还具有蒸发量大、冰雹多、无霜期短的特点。水面蒸发量与降水量相反,由东南向西北递增。年平均水面蒸发量,流域南部为 700~800 mm,北部宁夏、内蒙古地区为 1 600~1 800 mm。年内蒸发量一般以 12 月或 1 月最小,6 月或 5 月最大。

(四)历史大洪水

黄河流域历史文化悠久,历代记载洪水、雨情、水情和灾情的文献多,经有关单位查阅、调查,黄河上中游干流考证可靠及实测的历史最大洪水情况见表 1-2-1;黄河下游有 4 场大洪水或特大洪水(见表 1-2-2)。

表 1-2-1　黄河上中游干流考证可靠及实测的历史最大洪水情况

站名	发生时间(年-月-日)	洪峰流量(m³/s)	可靠性
兰州	1904-07-18	8 500	可靠
青铜峡	1904-07-21	8 010	可靠
万家寨	1969-08-01	11 400	可靠
壶口	1942-08-03	25 400	可靠
陕县	1843-08-10	36 000	可靠

表 1-2-2　黄河下游花园口站历史大洪水情况

洪水类型	洪水来源	发生日期 (年-月-日)	洪峰流量 (m³/s)	12 d 洪量 (亿 m³)	注
上大 洪水	三门峡以上	1933-08-11	20 400	100.5	实测
		1843-08-10	33 000	136.0	调查
下大 洪水	三门峡至花园口 区间	1761-08-18	32 000	120.0	调查
		1958-07-17	22 300	86.8	实测

(五)水沙特点

水少沙多、水沙关系不协调是黄河水沙的重要特征。

1. 水少沙多

黄河以泥沙多而闻名于世。黄河流域水资源量贫乏,与流域面积相比很不相称。黄河多年平均天然年径流量少,1919~1975 年 56 年系列为 580 亿 m³;1956~2000 年 44 年系列(经过一致性处理后的成果)仅为 535 亿 m³。河道来沙量高达 16 亿 t,实测多年平均含沙量达 33.6 kg/m³(1919 年~1960 年陕县站实测沙量)。黄河沙量之多,含沙量之高,在世界大江大河中是绝无仅有的。进入 21 世纪后来沙量有所减少。

2. 水沙地区分布不均

河口镇以上的上游,河道长 3 472 km,流域面积为 42.8 万 km²,占全流域面积的 53.9%,年水量占全河水量的 62%,而年沙量仅占 8.6%;中游河口镇至三门峡区间,河道长 965 km,流域面积为 30.24 万 km²,占全流域面积的 38%,年水量仅占全河水量的 28%,而年沙量却占 89.1%;三门峡以下,河道长 1 026.5 km,年水量约占全河水量的 10%,年沙量仅占 2.3%。

可见,上游是黄河水量的主要来源区,中游是黄河泥沙的主要来源区,水沙地区分布不均,水沙异源。

3. 水沙年际变化大

黄河水沙量年际变化大。以三门峡水文站为例,2005 年前最大年径流量为 659.1 亿 m³(1937 年),最小年径流量仅为 120.3 亿 m³(2002 年),前者是后者的 5.5 倍;年输沙量最大为 39.1 亿 t(1933 年,陕县站),最小 1.3 亿 t(2008 年),前者为后者的 30.1 倍。

4.水沙年内分配不均

水沙主要集中在汛期(7~10月)。汛期水量占年水量的60%左右;汛期沙量占年沙量的80%以上,集中程度更甚于水量,且主要集中在暴雨洪水期,往往5~10 d的沙量可占年沙量的50%~90%,支流沙量的集中程度又甚于干流。如龙门站1961年最大5 d沙量占年沙量的33%;三门峡站1933年5 d沙量占年沙量的54%;支流窟野河1966年最大5 d沙量占年沙量的75%;岔巴沟1966年最大5 d沙量占年沙量的89%。高度集中的泥沙极易形成高含沙量洪水。

(六)主要水文站实测水沙特征值

黄河水沙量随时间的变化很大,现将多年平均值列于表1-2-3。

表1-2-3 黄河主要水文站实测水沙特征值统计表(1919~2005年)

站名/区间	水量(亿 m³)			沙量(亿 t)			含沙量(kg/m³)		
	7~10月	11~6月	7~6月	7~10月	11~6月	7~6月	7~10月	11~6月	7~6月
贵德	116.10	85.06	201.17	0.12	0.05	0.17	1.0	0.6	0.8
兰州	171.08	138.98	310.06	0.68	0.15	0.83	4.0	1.1	2.7
下河沿	169.36	131.86	301.22	1.25	0.22	1.46	7.4	1.6	4.9
河口镇	132.62	99.00	231.62	0.96	0.24	1.20	7.2	2.4	5.2
龙门	163.57	126.96	290.53	7.51	1.07	8.57	45.9	8.4	29.5
四站	220.42	162.06	382.48	11.90	1.48	13.38	54.0	9.1	35.0
三门峡	215.75	161.74	377.49	10.86	1.78	12.64	50.3	11.0	33.5
三黑武	241.13	176.43	417.56	11.07	1.81	12.88	45.9	10.2	30.8
利津	195.30	123.53	318.83	6.70	1.21	7.91	34.3	9.8	24.8

注:1.表中采用水文年,7~10月为汛期;11~6月为当年11月至翌年6月,为非汛期;7~6月为当年7月至翌年6月,即一个水文年。

2.四站,指黄河龙门、渭河华县、汾河河津、北洛河狱头四站之和。

3.三黑武,指黄河三门峡、洛河黑石关、沁河武陟三站之和。

4.利津站水沙为1950年7月至2006年6月年平均值。

十二、下游河道冲淤演变

由于大量的泥沙进入黄河下游,20世纪50年代以来,黄河下游河床逐渐淤积抬高,"悬河"形势日益加剧,70年代初部分河段开始出现河槽平均高程高于滩地平均高程的"二级悬河"。各河段及滩槽淤积分布见表1-2-4。

表 1-2-4　黄河下游各时期平均冲淤量纵横向分配　　　　　（单位：亿 t）

时间（年-月）	项目	铁谢—高村	高村—艾山	艾山—利津	铁谢—利津
1950-07 ~ 1960-06	河槽	0.62	0.19	0.01	0.82
	滩地	1.37	0.98	0.44	2.79
	全断面	1.99	1.17	0.45	3.61
1960-07 ~ 1960-08	全断面	0.47	0.71	0.35	1.53
1960-09 ~ 1964-10	全断面	− 4.12	− 1.25	− 0.32	− 5.79
1964.11 ~ 1973.10	河槽	1.72	0.58	0.64	2.94
	滩地	1.25	0.16	0.04	1.45
	全断面	2.97	0.74	0.68	4.39
1973-11 ~ 1980-10	河槽	− 0.14	0.13	0.03	0.02
	滩地	0.79	0.57	0.43	1.79
	全断面	0.65	0.70	0.46	1.81
1980-11 ~ 1985-10	河槽	− 0.93	− 0.14	− 0.19	− 1.26
	滩地	− 0.26	0.59	− 0.04	0.29
	全断面	− 1.19	0.45	− 0.23	− 0.97
1985-11 ~ 1999-10	河槽	1.09	0.25	0.27	1.61
	滩地	0.50	0.11	0.01	0.62
	全断面	1.59	0.36	0.28	2.23
1950-07 ~ 1999-10	全断面	51.06	26.35	15.66	93.07

注：1. 表中包括中游末端 92 km 河道的冲淤量。
　　2. 1960 年 7 ~ 8 月、1950-07 ~ 1999-10 月为绝对淤积量，其余为平均淤积量。

由表 1-2-4 看出，1950 ~ 1999 年下游河道经过了淤积—冲刷—淤积—冲刷—淤积的过程。1960 年 9 月至 1964 年 10 月河道冲刷是由三门峡水库大量拦沙造成的。1980 年 11 月至 1985 年 10 月河道冲刷是由来水来沙条件有利造成的。1950 年 7 月至 1999 年 10 月黄河下游共淤积泥沙 93.07 亿 t，其中艾山以上宽河道 77.41 亿 t，占 83.17%；艾山 ~ 利津宽河道 15.66 亿 t，占 16.83%。

由于泥沙淤积，河道排洪能力降低，同流量水位上升。习惯上以 3 000 m³/s 流量相应水位比较水位的升降。表 1-2-5 给出了不同河道断面、不同时段的升降值，50 年时间抬升幅度为 3 ~ 4 m。如果扣除三门峡水库淤积对下游河道冲淤的有利影响，3 000 m³/s 流量相应水位平均每年升高 0.06 ~ 0.10 m。

表 1-2-5 黄河下游各时段汛末同流量(3 000 m³/s)水位升降值

站名	年均水位升(+)降(-)值(m)						总抬升值(m)	
	1950～1960 年	1960～1964 年	1964～1973 年	1973～1980 年	1980～1985 年	1985～1999 年	1960～1999 年	1950～1999 年
花园口	0.12	- 0.33	0.21	0.02	- 0.11	0.10	1.56	2.76
夹河滩	0.12	- 0.33	0.22	0.02	- 0.14	0.12	1.78	2.98
高村	0.12	- 0.33	0.26	0.06	- 0.07	0.12	2.77	3.97
孙口	0.22	- 0.39	0.21	0.05	- 0.06	0.12	2.06	4.26
艾山	0.06	- 0.19	0.25	0.04	- 0.06	0.14	3.43	4.03
泺口	0.03	- 0.17	0.29	0.04	- 0.09	0.14	3.93	4.23
道旭	0.02	- 0.075	0.22	0.03	- 0.14	0.12	3.15	3.35
利津	0.02	0.002	0.18	0.02	- 0.14	0.12	2.75	2.95

十三、防洪治理

(一)历史上的防洪方略

黄河治理已有几千年的历史,主要是与洪水作斗争,可以说治黄方略就是防洪方略。历史上治黄方略大体可分为筑堤防洪、分流、束水攻沙、蓄洪滞洪等几类。

(二)1946 年以来的防洪方略

1946 年中国共产党领导人民治黄以来,防洪方略也多次发生变化。

1. 宽河固堤方略

1946 年以来,为适应堵复花园口口门、黄河回归故道的情况,减少黄河洪水灾害,基本沿用 1938 年黄河改道前的堤防旧线进行了大规模的复堤,沿用历史上的宽河格局,1950 年正式提出宽河固堤方略。按此方略,20 世纪 50 年代中期以前主要采取了下述措施:大力培修堤防;石化险工;采用锥探灌浆等措施处理堤身隐患,发动沿河群众捕捉害堤动物;植树种草,防止风浪、雨水侵蚀大堤;废除河道内民埝(生产堤),充分发挥淤滩刷槽作用,扩大河道行洪能力;开辟北金堤、东平湖滞洪区,防御大洪水及特大洪水;组织群众防汛队伍,加强人防建设。

2. 蓄水拦沙方略

1952 年王化云提出蓄水拦沙方略,并在 1954 年编制的《黄河综合利用规划技术经济报告》中得到很好的体现。按照该方略拟采取的主要措施为,一是在黄河干支流上修建一系列的拦河坝和水库,拦蓄洪水和泥沙,防治水害,同时调节水量,发展灌溉、航运,进行水力发电;二是在黄河水土流失严重的地区,开展大规模的水土保持工作,减少入黄泥沙,并有利于当地农业增产、改变落后面貌。

3. 上拦下排、两岸分滞方略

1963 年 3 月王化云在"治黄工作基本总结和今后的方针任务"中提出了"上拦下排,

是今后治黄工作的总方向"。黄河治本不仅是上、中游的事,下游也有治本任务,黄河治理是上、中、下游的一项长期艰巨的任务。

1975年12月黄河下游防洪座谈会结束后,水电部和河南、山东两省联名向国务院报送了《关于防御黄河下游特大洪水的报告》,提出"拟采取'上拦下排、两岸分滞'的方针,即在三门峡以下兴建干支流工程,拦蓄洪水;改建现有滞洪设施,提高分滞洪能力;加大下游河道泄量,排洪入海。"1976年5月3日国务院批复,原则同意《关于防御黄河下游特大洪水的报告》。"上拦下排、两岸分滞"的内容正如王化云所说的,"上拦,主要是在干流上修建大型水库工程,控制洪水,进行水沙调节,变水沙不平衡为水沙相适应,以提高水流输沙能力;下排,就是利用下游现行河道尽量排洪、排沙入海,用泥沙填海造陆,变害为利;'两岸分滞',就是遇到既吞不掉又排不走的特大洪水时,向两岸预定的分滞洪区分滞部分洪水,这是在非常必要时牺牲小局保全大局的应急措施。"

4."上拦下排、两岸分滞"控制洪水,"拦、排、放、调、挖"处理和利用泥沙

黄委在2002年编制了《黄河近期重点治理开发规划》,提出的防洪减淤的基本思路是:"'上拦下排、两岸分滞'控制洪水;'拦、排、放、调、挖'处理和利用泥沙。"国务院2002年7月14日批复原则同意。解决黄河洪水问题的"上拦"是指在中游干支流修建大型水库,以显著削减洪峰;"下排"是指利用河道排洪入海;"两岸分滞"是指在必要时利用滞洪区分洪,滞蓄洪水。解决泥沙问题的"拦"是指靠上中游地区的水土保持和干支流控制性骨干工程拦减泥沙;"排"是指通过各类河防工程的建设,将进入下游河道的泥沙利用现行河道尽可能多地输送入海;"放"是指在下游两岸处理和利用一部分泥沙;"调"是指利用干流骨干工程调节水沙过程,使之适应河道的输沙特性,以利排沙入海,减少河道淤积或节省输沙水量;"挖"是指挖河淤背,加固黄河干堤。

(三)防洪工程建设

60多年来,黄河下游一直进行防洪工程建设。1947年黄河花园口堵口合龙前,黄河下游堤防千疮百孔,破烂不堪,无御水能力。经过1946~1949年的复堤,堤防工程得到了初步恢复,但总体讲堤防的防洪能力还是很低的。1950~1957年进行了第一次大修堤,年年动员大量农民参加堤防施工,堤防断面不断加大,修堤质量也是好的,共完成土方14 090万 m³。从1962年冬至1965年进行了第二次大修堤,共完成土方5 396万 m³。1974~1985年,按照花园口站22 000 m³/s洪水、艾山站以下11 000 m³/s流量洪水设防,采用1983年水平年设计洪水位,进行了第三次大修堤,加高加固新建堤防、进行河道整治等,共完成土方19 824万 m³。从1996年开始进行黄河下游第四次大修堤,设防流量与第三次大修堤相同,水位采用2000年水平年设计洪水位,堤防设计标准有所提高,现仍在进行中,至2013年共完成土方75 916万 m³(其中堤防54 690万 m³)、石方1 313万 m³。

20世纪50年代首先在济南以下河段创办了河道整治,60年代以后按照微弯型整治方案在黄河下游进行了河道整治,90年代以后宁夏内蒙古河段也进行了河道整治,取得了好的效果。50年代开辟了东平湖、北金堤等蓄滞洪区。50年内先后建成了三门峡、陆浑、故县、小浪底防洪水库。

由开始阶段的恢复堤防到进行有计划地修堤,由创办河道整治到不同河段大规模地进行河道整治,由开辟滞洪区到完善滞洪区建设,由修建三门峡水库到建成小浪底水库,

现在已经基本建成了由堤防、河道整治、蓄滞洪工程以及位于中游的干支流水库组成的黄河下游"上拦下排、两岸分滞"的防洪工程体系(见图1-2-7)。在党政军民的共同努力下,依靠这些工程,战胜了一次次洪水,谱写了一曲曲抗洪抢险凯歌,保卫了黄河两岸广大黄淮海平原安全。

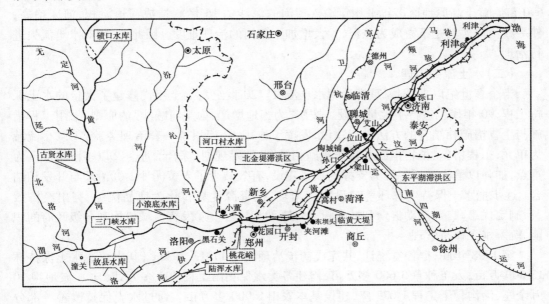

图 1-2-7　黄河下游防洪工程体系示意图

黄河下游防洪工程建设的任务仍将是长期的和艰巨的,按照2000年水平年设计防洪水位所确定的防洪任务,仍需继续进行建设。现在基本建成了"上拦下排,两岸分滞"的黄河下游防洪体系,要建成符合"'上拦下排、两岸分滞'控制洪水;'拦、排、放、调、挖'处理和利用泥沙"要求的防洪体系,尚需很长时间才能建成。

十四、水土保持

(一)水土流失严重

黄河流域黄土高原地区包括黄河上中游的黄土高原和鄂尔多斯高原,西起日月山,东至太行山,南靠秦岭,北抵阴山,总面积64万 km^2。根据国务院1990年公布的遥感调查资料,全区水土流失面积达45.4万 km^2,占土地面积的70.9%,其中水力侵蚀面积33.7万 km^2,风力侵蚀面积11.7万 km^2。黄土高原地区是我国乃至全世界水土流失最严重的地区。据分析,侵蚀模数大于5 000 $t/(km^2 \cdot a)$ 的水蚀面积为14.6万 km^2,占黄土高原地区水土流失面积的32.1%,占全国同类面积的38.9%;侵蚀模数大于8 000 $t/(km^2 \cdot a)$ 的水蚀面积为8.51万 km^2,占黄土高原地区水土流失面积的18.7%,占全国同类面积的64.1%;侵蚀模数大于15 000 $t/(km^2 \cdot a)$ 的水蚀面积为3.67万 km^2,占黄土高原地区水土流失面积的8.1%,占全国同类面积的89%。局部地区的侵蚀模数甚至超过30 000 $t/(km^2 \cdot a)$。

水土流失把地面切割得支离破碎,千沟万壑,全区长度大于0.5 km的沟道达27万多条,造成水土流失、原有植被破坏,恶化生态环境,加剧干旱等自然灾害。年复一年的水土流失,造成耕作层被冲刷,土层变薄,土地"石化""沙化",土壤持水量降低,肥力衰减,粮食产量低而不稳,严重制约经济社会的发展,致使生产落后、生活贫困。黄土高原地区最大的高塬董志塬,自唐代以来的 1 300 多年间,塬面被蚕蚀面积达 90 万亩,年均损失约 690 亩。黄土高原地区多年平均年输入黄河的泥沙约 16 亿 t,造成河道淤积,河床抬高,使一些河段尤其是下游成为悬河,大大增加了黄河的治理难度。因此,必须对水土流失进行治理。

(二)水土流失治理

半个多世纪以来,国家重视治理水土流失。20 世纪六七十年代修建了大量的水土保持工程,90 年代也进行了大量建设。按照"为当地增产、为黄河减沙"的原则,采用工程措施与生物措施相结合的方法进行建设,发挥了作用,并积累了一套治理经验:①以小流域为单元,工程措施、植物措施和耕作措施相结合,统筹规划,综合治理。②以多沙粗沙区为重点,加强以治沟骨干工程为支撑的坝系建设,有效减少了入黄泥沙。③治理与开发相结合,逐步把水土保持生态环境建设引向市场,把资源优势转化为商品优势,突出经济效益,制定优惠政策,调动群众和社会投入治理的积极性。④发挥流域机构和各级政府的职能,统筹水土保持管理。

至 1998 年底,据各省统计,共完成初步治理面积 17.13 万 km²,其中营造水土保持林 13 200 万亩,人工种草 3 600 多万亩,修建各类水保集雨工程 300 多万处(座)、淤地坝 10 万余座,治沟骨干工程 1 077 座,建设基本农田 8 900 多万亩。通过水土保持改善了部分地区的生态环境,有些地区人均基本农田面积增加,提高了粮食作物收成;一些沟道工程制止了沟岸扩张、沟头前进;一些地区林草覆盖率大幅度提高;一些流动沙地在一定程度上延缓了沙漠化的发展,部分地方已由沙进人退变为人进沙退。水土流失的治理增加了经济效益,有力促进了区域群众脱贫致富的步伐,黄土高原地区列入国家"八七"扶贫计划的贫困人口已由 2 300 万减少到 1 350 万人(1998 年)。在为当地增产的同时,也限制了水土流失,减少了入黄沙量,至 20 世纪末已减少年入黄泥沙 3 亿～4 亿 t。

十五、灌溉

(一)流域干旱灾害

据 1990 年统计资料,流域内农业区(含半农半牧区)范围约 58.9 万 km²、靠天然降水维持农业生产的雨养农业耕地面积为 761 万 hm²,占流域总耕地面积的 63.9%,主要分布在龙羊峡以下黄土高原的水土流失区。牧区土地面积 310 953 km²,其中草场面积 2 346.3 万 hm²。牧业县(旗)32 个,半牧业县(旗)16 个。

干旱灾害是黄河流域发生机遇最高、笼罩范围最广、影响人口最多、对社会进步的阻滞作用最大的自然灾害。从公元前 1766 年至 1944 年的 3 710 年中,有记载的旱灾 1 070 次。特别是黄土高原地区,降雨量仅 100～300 mm,蒸发量达 1 000～1 400 mm,且水土流失严重,历史上十年九灾。1950～1974 年的 25 年中,黄土高原地区发生干旱 17 次,平均 1.5 年一次,其中严重干旱的 9 年;1994～2002 年又出现连续旱灾,1994 年成灾面积达 400 万 hm²,减产 600 万 t。

1. 农业干旱灾害举例

明崇祯五年至十五年(1632~1642年)持续大旱。流域农业区发生了持续11年的特大旱灾。1632年从宁夏及晋、陕北部开始,1633~1634年扩展到河南省全景,1935~1936年旱灾主要在陕西、山西、河南三省,1937年旱区扩大到整个农业区,1938~1940年甘、宁、陕、晋、豫、鲁均发生了严重旱情。古籍中"焦火流金,野绝青草""赤地千里,寸粒不收""人相食,流民塞道""野绝青草、雁粪充饥,骨肉相食,死者相续,十室九空"等记述,表明当时灾情严重。

2. 牧区干旱灾害举例

干旱灾害是牧区的主要自然灾害,常会造成严重损失。如1965年宁夏盐池县及内蒙古伊克昭盟、巴彦淖尔盟(含流域外)发生严重旱灾,全年损失牲畜约299.3万头(只),平均死亡率达36%。1987年宁夏海原、同心、盐池三县发生严重旱灾,全年损失牲畜盐池9.6万头、同心2.8万头、海原1.8万头,死亡率分别达22.7%、4.71%、2.75%。

(二)灌溉发展概略

为了生存与发展,人们积极发展灌溉,以减少干旱灾害的损失。

相传在刀耕火种的原始社会,人们就"负水浇稼"以保证农作物的生长。大禹治水时就曾"尽力采沟洫",发展水利。战国之后,灌溉事业不断得到发展。1950年有效灌溉面积为1 200万亩。灌溉发展较快的为20世纪六七十年代,80年代以后受可供水量等因素的制约,灌溉面积增加缓慢。60年代,三盛公、青铜峡水利枢纽相继建成,宁夏、内蒙古平原灌区引水得到保证;陕西关中地区开始兴建宝鸡峡引渭灌溉工程和交口抽渭灌区;晋中地区的汾河灌区和文峪河灌区相继扩建,汾渭平原灌溉发展进入了一个新阶段。70年代,在上中游地区相继兴建了甘肃景泰川灌区、宁夏固海灌区、山西尊村灌区等一批高扬程提水灌溉工程,使这些干旱高原变成了高产良田。在灌溉发展的过程中,不仅农田灌溉得到了发展,还发展了林牧业灌溉。随着经济社会的发展,城市人口增加,黄河水系又为工业生产、城镇生活提供了水量。

2006年黄河流域有效灌溉面积为8554.33万亩,其分布情况见表1-2-6。

表1-2-6　2006年黄河流域灌溉分布情况表

河段	农田有效灌溉面积 (万亩)	林牧灌溉面积 (万亩)	小计 (万亩)
龙羊峡以上	23.90	19.14	43.04
龙羊峡至兰州	507.55	48.68	556.23
兰州到河口镇	2 309.31	368.06	2 677.37
河口镇至龙门	293.36	29.48	322.84
龙门至三门峡	2 875.07	197.22	3 072.29
三门峡至花园口	574.22	21.52	595.74
花园口以下	1 094.09	46.99	1 141.08
内流区	87.14	58.60	145.74
流域合计	7 764.64	789.69	8 554.33

　　黄河还承担着向流域外供水灌溉的任务。面积大的是位于河南、山东境内的黄河下游两岸的防洪保护区,农田有效灌溉面积约 3 700 万亩。2006 年黄河提供水源的灌溉面积约为 2 300 万亩。

十六、水库湖泊及干流梯级开发

(一)水库

　　据 2000 年资料统计,黄河流域计有小(1)型水库(库容 0.01 亿 ~ 0.1 亿 m³)以上的水库 492 座,总库容 797 亿 m³,其中死库容 176 亿 m³,供水库容 517 亿 m³。

　　现有大型水库 23 座,总库容 740.5 亿 m³,主要位于黄河干流及支流伊洛河。大(1)型水库(库容大于 10 亿 m³ 的水库)8 座,总库容 696 亿 m³,其中死库容 161 亿 m³,供水库容 466 亿 m³;大(2)型水库(库容 1 亿 ~ 10 亿 m³ 的水库)15 座,总库容 44.5 亿 m³,其中死库容 7.2 亿 m³,供水库容 22.9 亿 m³。

　　现有中型水库(库容 0.1 亿 ~ 1 亿 m³ 的水库)141 座,总库容 43.2 亿 m³,其中死库容 6.2 亿 m³,供水库容 20.6 亿 m³。

　　现有小(1)型水库 328 座,总库容 13.3 亿 m³,其中死库容 1.6 亿 m³,供水库容 7.5 亿 m³。

(二)湖泊

　　据不完全统计,黄河流域现有各类湖泊 68 个,水面总面积 2 111 km²,总库容近 170 亿 m³,多年平均蓄水量 163.3 亿 m³。其中,淡水湖泊 65 个,咸水湖泊 3 个。

　　65 个淡水湖泊水面总面积 2 082 km²,总库容 169.8 亿 m³,多年平均蓄水量 163.2 亿 m³,主要分布在黄河源区的玛多以上(43 个)及黄河中游的青铜峡至河口镇区间(22 个)。

　　3 个咸水湖泊,水面总面积 29 km²,其中玛曲以上 2 个,青铜峡至石嘴山区间 1 个。

(三)干流梯级开发

　　按照规划,黄河干流龙羊峡以下梯级开发共分 36 级,各级建水利枢纽,其中上游 26 座,中游 10 座。至 2010 年已建 17 座,在建 12 座,待建 7 座。各枢纽的技术经济指标见表 1-2-7。

表 1-2-7　黄河干流梯级工程主要技术经济指标表(龙羊峡以下河段)

序号	工程名称	建设情况	建设地点	控制面积(万 km²)	正常蓄水位(m)	库容(亿 m³)	最大坝高(m)	装机容量(MW)	年发电量(亿 kWh)
1	龙羊峡	已建	青海共和	13.1	2 600.0	247.0	178.0	1 280.0	59.3
2	拉西瓦	在建	青海贵德	13.2	2 452.0	10.0	250.0	4 200.0	102.3
3	尼那	已建	青海贵德	13.2	2 235.5	0.3	45.5	160.0	7.0
4	山坪	待建	青海贵德	13.2	2 219.5	1.2	45.7	160.0	6.4
5	李家峡	已建	青海尖扎	13.7	2 180.0	16.5	165.0	2 000.0	58.9
6	直岗拉卡	在建	青海尖扎	13.7	2 050.0	0.2	42.5	192.0	6.6

续表 1-2-7

序号	工程名称	建设情况	建设地点	控制面积（万 km²）	正常蓄水位（m）	库容（亿 m³）	最大坝高（m）	装机容量（MW）	年发电量（亿 kWh）
7	康扬	在建	青海尖扎	13.7	2 033.0	0.2	39.0	284.0	9.6
8	公伯峡	在建	青海循化	14.4	2 005.0	5.5	139.0	1 500.0	50.5
9	苏只	在建	青海循化	14.4	1 900.0	0.5	44.0	225.0	8.9
10	黄丰	在建	青海循化	14.4	1 880.5	0.6	50.0	220.0	8.3
11	积石峡	在建	青海循化	14.7	1 856.0	2.4	88.0	1 000.0	33.3
12	大河家	待建	青海循化	14.7	1 783.0	0.04	38.0	220.0	8.4
13	寺沟峡	在建	甘肃积石山	14.7	1 748.0	0.5	54.0	240.0	10.0
14	刘家峡	已建	甘肃永靖	18.2	1 735.0	57.0	147.0	1 690.0	60.5
15	盐锅峡	已建	甘肃永靖	18.3	1 619.0	2.2	55.0	446.0	20.5
16	八盘峡	已建	甘肃兰州	21.6	1 578.0	0.5	33.0	252.0	11.1
17	河口	在建	甘肃兰州	21.6	1 557.5	0.1	—	73.0	3.8
18	柴家峡	已建	甘肃兰州	22.1	1 550.0	0.2	16.0	90.0	4.8
19	小峡	已建	甘肃兰州	22.5	1 499.0	0.5	47.7	230.0	10.7
20	大峡	已建	甘肃兰州	22.8	1 480.0	0.9	71.0	324.5	15.8
21	乌金峡	在建	甘肃靖远	22.9	1 436.0	0.2	54.5	150.0	5.8
22	大柳树	待建	宁夏中卫	25.2	1 377.0	107.4	163.5	2 000.0	77.9
23	沙坡头	已建	宁夏中卫	25.4	1 240.5	0.3	37.6	121.5	5.9
24	青铜峡	已建	宁夏青铜峡	27.5	1 156.0	5.7	42.7	302.0	11.5
25	海勃湾	在建	宁夏海勃湾	31.1	1 075.5	4.1	14.0	100.0	3.7
26	三盛公	已建	内蒙古磴口	31.4	1 055.0	0.8	9.0	—	—
1~26 小计						466.8		17 460.0	601.5
27	万家塞	已建	山西内蒙古	39.5	980.0	9.0	90.0	1 080.0	27.5
28	龙口	在建	山西内蒙古	39.7	897.0	1.8	48.0	400.0	11.2
29	天桥	已建	山西陕西	40.4	834.0	0.7	47.0	128.0	6.1
30	碛口	待建	山西陕西	43.1	785.0	125.7	143.5	1 800.0	47.0
31	古贤	待建	山西陕西	49.0	645.0	165.7	199.0	2 100.0	71.0
32	甘泽坡	待建	山西陕西	49.7	423.0	4.4	94.0	440.0	16.6
33	三门峡	已建	山西陕西	68.8	335.0	96.4	106.0	400.0	13.0
34	小浪底	已建	河南	69.4	275.0	126.5	173.0	1 800.0	58.4
35	西霞院	已建	河南	69.5	134.0	1.5	43.0	140.0	5.9
36	桃花峪	待建	河南	71.5	110.0	17.3	20.0	—	—
27~36 小计						549.0		8 288.0	256.7
1~36 小计						1 015.8		25 748.0	858.2

十七、重要湿地

为了使珍稀鸟类栖息地得到妥善保护,自 20 世纪 80 年代起,国家和沿黄省(区)的湿地主管部门就根据黄河不同河段的湿地生态功能、珍稀鸟类分布情况、自然环境和社会环境等,陆续沿河划定了 15 处省级以上自然保护区(表 1-2-8)。其中:国家级自然保护区5 处,即青海三江源自然保护区(区内有扎陵湖、鄂陵湖、玛多湖和岗纳格玛错等国际或国家重要湿地)、四川若尔盖湿地国家级自然保护区、河南黄河湿地国家级自然保护区、河南新乡黄河湿地国家级自然保护区、山东黄河三角洲自然保护区等;列入省级保护的有四川曼则塘自然保护区、甘肃黄河首曲湿地自然保护区、甘肃黄河三峡湿地自然保护区、宁夏青铜峡库区湿地自然保护区、内蒙古包头南海子湿地自然保护区、内蒙古杭锦淖尔自然保护区、陕西黄河湿地自然保护区、山西运城湿地自然保护区、河南郑州黄河湿地自然保护区和河南开封柳园口湿地自然保护区等 10 处。

表 1-2-8　黄河河流生态系统内的重要湿地名录

序号	湿地名称	地理位置	面积(hm²)	级别	主要保护对象
1	青海三江源自然保护区	曲麻莱、玛多、兴海、玛沁、同德、久治等	15 230 000	国家级 ★★	鸟类、源区湿地、野生动物(注:扎陵湖和鄂陵湖为国际重要湿地)
2	四川曼则塘自然保护区	四川阿坝	165 874	省级	湿地及珍稀野生动植物
3	四川若尔盖湿地国家自然保护区	四川若尔盖	166 571,其中核心区 48 700	国家级 ★★	高寒沼泽湿地及黑颈鹤等野生动物
4	甘肃黄河首曲湿地自然保护区	甘肃玛曲	37 500,其中核心区约 12 000	省级	湿地、鸟类
5	甘肃黄河三峡湿地自然保护区	刘家峡库区	19 500	省级	水生动植物及其生境
6	宁夏青铜峡库区湿地保护区	宁夏青铜峡市	19 500,其中核心区 5 150,缓冲区 6 023	省级	天鹅及珍禽
7	内蒙古包头南海子湿地自然保护区	包头市黄河滩区	1 585	省级	湿地、大天鹅等珍禽
8	内蒙古杭锦淖尔自然保护区	杭锦旗黄河滩区	85 750	省级	湿地、大鸨和大天鹅等珍禽
9	陕西黄河湿地自然保护区	韩城、合阳、大荔	57 348,其中核心区南北两片共 22 622,缓冲区 22 306	省级	黑鹳、丹顶鹤、白鹤、大鸨、大天鹅、鸳鸯、灰鹤等珍稀鸟类和湿地

续表1-2-8

序号	湿地名称	地理位置	面积(hm²)	级别	主要保护对象
10	山西运城湿地自然保护区	河津、万荣、永济、芮城、平陆	86 861,其中核心区 5 片共 36 019,缓冲区 7 326	省级	大天鹅、黑鹳、丹顶鹤、白鹤、大鸨和灰鹤等珍稀鸟类和湿地
11	河南黄河湿地国家级自然保护区	河南三门峡市和洛阳市	68 000,设四个核心区:三门峡库区核心区 13 900,湖滨区核心区 500,孟津、吉利、孟州林场核心区 2 100,孟津、孟州核心区 5 800	国家级★	天鹅、灰鹤、白鹭等珍稀鸟类和湿地
12	河南新乡黄河湿地国家级自然保护区	河南封丘和长垣	22 780,现黄河北岸滩地有封丘和长垣两个核心区	国家级★	黑鹳、白鹤、金雕、丹顶鹤、白头鹤、大鸨等珍稀鸟类及湿地
13	河南郑州黄河湿地自然保护区	巩义、荥阳、中牟等县(市)	38 007	省级	湿地生态及珍稀鸟类
14	河南开封柳园口湿地自然保护区	开封	16 148,其中核心区 5 849	省级	湿地及冬候鸟
15	山东黄河三角洲自然保护区	山东东营市	153 000,其中核心区 58 000	国家级★	东方白鹳、丹顶鹤、黑嘴鸥等珍禽及原生性湿地生态系统

注:有★者表示该湿地在国家重要湿地名录中。有★★者表示该湿地既在国家重要湿地名录中,也在国际重要湿地名录中。

根据保护区的自然特点可将其分为四大类,即河源湿地、河口三角洲湿地、河漫滩湿地和水库湿地。

黄河流域除以上15个重要湿地外,不在河流生态系统内的还有甘肃尕海—则岔国家级自然保护区、宁夏沙湖自然保护区、宁夏哈巴湖国家级自然保护区(位于内流区)、内蒙古乌梁素海自然保护区、内蒙古遗鸥国家级自然保护区(位于内流区)、陕西红碱淖自然保护区(位于内流区)、陕西泾渭湿地自然保护区等重要湿地。

十八、珍稀鸟类及珍稀鱼类

(一)珍稀鸟类

黄河河流生态系统中的珍稀鸟类资源非常丰富,其中国家一级保护鸟类黑颈鹤、胡兀鹫、白尾海雕、玉带海雕、黑鹳、白鹤、金雕、大鸨、小鸨、中华秋沙鸭、丹顶鹤、东方白鹳、白头鹤、白肩雕等十几种;国家二级保护鸟类有大天鹅、小天鹅、蓝马鸡、灰鹤、秃鹫、鸳鸯、草原雕等几十种。这些鸟类中,黑颈鹤、黑鹳、白鹤、丹顶鹤、东方白鹳、白头鹤等属于濒危物种,黑颈鹤、蓝马鸡、大天鹅等是我国特有物种,黑颈鹤、黑嘴鸥、东方白鹳、大天鹅等则以黄河湿地为其在世界上的主要栖息地。综合鸟类的濒危程度、保护级别、特有性、稀有性、居留型、代表性等,在黄河湿地中,具有优先保护意义的鸟类有黑颈鹤、黑嘴鸥、东方白鹳、丹顶鹤、大天鹅、蓝马鸡等。

由于地理、气候和社会背景不同,沿河保护鸟类的分布如下:

(1)黄河河源区。是青藏高原特有的鹤类、国家一级保护动物、世界濒危珍禽黑颈鹤的重要繁殖地之一;还有属于国家一级保护动物的黑鹳、白鹳、金雕、玉带海雕、胡兀鹫、黑颈鹤、白尾海雕、斑榇鸡等,二级保护鸟类大天鹅、小天鹅、蓝马鸡、水獭、豺、藏原羚、灰鹤、草原雕和秃鹫等,我国特产种蓝马鸡、长嘴百灵、褐背拟地鸦等,它们大部分被列入中国濒临危动物红皮书。高寒沼泽湿地、高寒草甸湿地和高原湖泊湿地等是这些珍稀鸟类的主要栖息地。

(2)黄河兰州以下河段。栖息有国家一级或二级保护金雕、大鸨、丹顶鹤、灰鹤、白头鹤、黑鹳、东方白鹳、白鹤、小鸨、中华秋沙鸭、大天鹅、白琵鹭等,由黄河泥沙淤泥形成的沿河河漫滩沼泽湿地及其邻近农田草地湿地、大型水库湿地等为其主要栖息地之一。

(3)黄河河口湿地有国家一级保护鸟类丹顶鹤、白头鹤、白鹤、东方白鹳、黑鹳、大鸨、金雕、白尾海雕、中华秋沙鸭9种,二级保护鸟类41种。这里是东北亚内陆和环西太平洋鸟类迁徙的"中转站"、越冬地和繁殖地。由于湿地类型多样,珍贵、稀有、濒危种类甚多,如丹顶鹤、东方白鹳、黑嘴鸥、白鹤、白头鹤、大鸨、蓑羽鹤、大天鹅、小杓鹬等。水禽资源丰富,种群数量大,是本区鸟类的重要特征之一,其中鹤类资源尤其突出。河口的沼泽湿地、滩涂湿地(是黑嘴鸥在世界的三大繁殖地之一)、坑塘湿地等是其主要栖息地。这里也是许多具有较高生态和经济价值植物(柽柳、翅碱蓬等)的家园和植物保护基因库(如野大豆)。

(二)珍稀鱼类

据1982年调查,分布于黄河干流的鱼类有125种和亚种,分别隶属于13目24科85属。种群组成以鲤形目鱼类为主,共80种,占总数的64.0%;其次是鳅鲩鱼科9种,占总数的7.2%;鮠科6种、占4.8%;其余各科数量较少。鱼类分布在上游地区最少(16种)、中游次之(93种)、下游最多(136种)。

黄河干流鱼类按食性可分为四类:主食藻类的有鳅鲩鱼等鱼类,主食底栖水生无脊椎动物的黄河鲤、鲫鱼等鱼类,主食浮游生物并兼食藻类的餐条、瓦氏雅罗鱼等鱼类,主食鱼类的兰州鲶等鱼类。

由于黄河流经地区的气候条件,水文条件及河道边界条件的不同,黄河不同河段的鱼类也有很大差别。主要河段的情况为:

1.龙羊峡以上河段

黄河龙羊峡以上河段的鱼类以裂腹鱼亚科和鮈亚科、雅罗鱼亚科及条鳅亚科的鱼类为主,也是我国最具有特有性的高寒冷水鱼类栖息地之一,许多为黄河流域乃至中国所特有。其土著鱼类主要有拟鲶高原鳅、极边扁咽齿鱼、骨唇黄河鱼、花斑裸鲤、厚唇裸重唇鱼、黄河裸裂尻鱼、黄河高原鳅、黄河雅罗鱼、黄河鮈、斜口裸鲤、刺鮈、钉鮈、大鮈、拟硬刺高原鳅、硬刺高原鳅、北方花鳅等,其中极边扁咽齿鱼、骨唇黄河鱼、斜口裸鲤和黄河裸裂尻鱼是仅分布在黄河上游水系的鱼类,花斑裸鲤和极边扁咽齿鱼是该河段的优势种群。黄河源区鱼类大多具有较高的生态价值和经济价值,如花斑裸鲤、拟鲶高原鳅、极边扁咽齿鱼、骨唇黄河鱼等。鱼种多样性最为丰富的河段为久治、同得、扎陵湖、鄂陵湖、玛曲和若尔盖等河段。产卵期多在河水开冻后的 5 ~ 6 月、产卵场多为砾石河床。

分布在该河段的鱼类中,拟鲶高原鳅、极边扁咽齿鱼和骨唇黄河鱼是国家二类保护动物,花斑裸鲤、厚唇裸重唇鱼、黄河裸裂尻鱼、黄河高原鳅和黄河雅罗鱼等是省(区)重点保护鱼类。

2. 刘家峡—花园口河段

黄河刘家峡—花园口河段鱼类大体相似,兰州鲶、黄河鲤、赤眼鳟、大鼻吻鮈、北方铜鱼、鲫鱼、鱼条和泥鳅等是最具有代表性的鱼类,以鲤科鱼类为主。其中大鼻吻鮈、北方铜鱼、兰州鲶已经列入国家濒危鱼类的名录,大鼻吻鮈和北方铜鱼是国家二类保护动物,兰州鲶和黄河鲤则已列入相关省区的重要保护计划。四大家鱼(鲢、草、鳙、青)原本不是该河段的土著鱼类,但现在也可在此河段发现。据 2006 年农业部和国家环境保护总局颁布的"中国渔业生态环境状况公报",该河段的主要产卵索饵场包括:刘家峡河段花斑裸鲤和兰州鲶等产卵索饵场、内蒙古河段主要经济鱼类产卵索饵场、龙门至三门峡河段鲤鱼和鲫鱼及鲶鱼的产卵索饵场、伊洛河口黄河鲤鱼天然产卵场、黄河河南段重要经济鱼类产卵场等。

历史上,北方铜鱼曾广泛分布在刘家峡—孟津河段,重点在黑山峡河段、龙门—壶口河段和三门峡—小浪底河段。由于水体污染、过度捕捞、繁殖生境破坏等因素,现在连北方铜鱼的个体都找不到了。

大鼻吻鮈主要分布在甘肃和宁夏河段,历史上黄河北干流河段也有发现。

兰州鲶为凶猛鱼类,主食鱼、虾、蛙、蛇、虫等,常栖息于河流缓流处或静水中,或潜伏在水底,多在黄昏和夜间活动。兰州鲶的分布可一直到黄河河口,但主要在三门峡以上河段,尤以宁夏中卫河段产量最高,每年 5 ~ 6 月洄游产卵,其产卵场要求静水环境和草丛。

黄河鲤鱼因产于黄河而得名,与淞江鲈鱼、兴凯湖白鱼、松花江鲑鱼(大马哈鱼)共同被誉为我国淡水四大名鱼,是黄河最著名的土著鱼种,自古就有"岂其食鱼,必河之鲤""浟鲤伊鲂,贵如牛羊"之说,具有独特的遗传育种价值、文化价值和经济价值。黄河鲤是中下层杂食性鱼类,对生存环境的适应能力很强。喜栖息在流速缓慢、水深 1 ~ 4 m、水草丰沛的松软河底水域,4 ~ 5 月洄游至河滩浅水处产卵,其产卵场包括黄河宁蒙河段、乌梁素海、禹门口至三门峡河段、伊洛河河口段。龙门以上河段产卵时间主要集中在 5 ~ 6 月,尤以 5 月最为集中;禹门口以下河段黄河鲤产卵时间一般在 4 ~ 5 月,尤以 4 月中下旬至 5 月上旬最为集中。

3. 艾山以下河段

黄河东平湖以下河段的鱼类以鲤科为主,主要有鲫鱼、鱼条、麦穗鱼、赤眼鳟、黄河鲤、四大家鱼和泥鳅等。据 2006 年农业部和国家环境保护总局颁布的"中国渔业生态环境状况公报",东平湖至入海口均为该河段鱼类产卵索饵场。

鲚鲦、鳗鲡、梭鱼、鲈鱼、银鱼和螃蟹等过河口洄游鱼类是东平湖以下河段重点关注的鱼类。其中,鲚鲦是黄河下游过河口洄游鱼类的典型鱼类,其产卵季节主要在 5 ~ 6 月,尤以 5 月最为集中,最早在清明前后,通常认为其产卵地点在东平湖附近的静水水域。由于水质污染、过度捕捞、产卵场破坏和 20 世纪 90 年代的黄河频繁断流等多方面因素,目前黄河鲚鲦已经很难捕获到;其他洄游鱼类(如梭鱼、鲈鱼等)仍具有一定规模。

黄河口滩涂水生物和近海水域鱼虾资源十分丰富,是我国沿渤海湾最重要的渔场之一。据调查,该区域生长的淡水鱼和海水鱼 193 种(多数在本区域繁殖后代),有达式鲟和白鲟等国家一级保护鱼类、松江鲈和江豚等 7 种国家二级保护动物。淡水鱼的种类与黄河下游种类大体相似,其数量约占 56% ;海水鱼包括鮻鲦、带鱼、鳓鱼和小黄鱼等。由于水质污染、来水减少和产卵场破坏等因素,有些原列入国家重点保护一类名录的鱼类,如达氏鲟和白鲟等,早在 20 世纪 80 年代初就没有捕获到标本;列入国家二类保护名录的松江鲈也在 80 年代以后未见捕获纪录。

十九、名胜风景

黄河流域是中华民族的发祥地,历史悠久,文化发达,经济、政治、文化中心有三千多年在黄河流域。因此,在黄河流域及黄河下游黄河河道变迁的地区,有众多的风景名胜。以下仅将位于现在黄河流域的名胜风景列于后。

(一)世界文化遗产

被列入世界文化遗产的有位于陕西的秦始皇陵和兵马俑坑、山西平遥古城、河南的龙门石窟。

(二)世界自然与文化遗产

被列入世界自然与文化遗产的有位于山东的泰山。

(三)中国国家级重点风景名胜区

被列入中国国家级重点风景名胜名录的有:山西、陕西交界处黄河北干流的黄河壶口瀑布风景名胜区;河南的洛阳龙门风景名胜区、王屋山 – 云台山风景名胜区、青天河风景名胜区、神农山风景名胜区、郑州黄河风景名胜区;陕西的华山风景名胜区、临潼骊山风景名胜区、宝鸡天台山风景名胜区、黄帝陵风景名胜区、合阳洽川风景名胜区;甘肃的麦积山风景名胜区、崆峒山风景名胜区;宁夏的西夏王陵风景名胜区;山东的泰山风景名胜区。

(四)与水利相关的全国重点文物保护单位

我国于 1961 年、1982 年、1988 年、1996 年四批命名了全国重点文物保护单位。

1961 年第一批命名的有陕西西安市的汉长安城遗址(西汉),河南洛阳市的汉魏洛阳城遗址(东汉至北魏),山西太原市的晋祠(宋),山西洪洞县的广胜寺(元、明),陕西西安市的西安城墙(明)。

1988 年第三批命名的有河南洛阳市的隋唐洛阳城遗址(隋唐),河南开封市的北宋东京城遗址(北宋)。

1996 年第四批命名的有陕西泾阳县的郑国渠遗址(战国),陕西西安市的隋大兴、唐长安城遗址(隋、唐),陕西西安市的灞桥遗址(隋至元),河南济阳的济渎庙(宋至清)。

(五)中国历史文化名城

中国历史文化名城有山西的平遥县、新绛县、祁县,内蒙古的呼和浩特市,山东的济南市,河南的洛阳市,陕西省的西安市、延安市、韩城市、榆林市、咸阳市,甘肃的天水市,宁夏的银川市,青海的同仁县。

(六)中国历史文化名镇(村)

位于黄河流域的中国历史文化名镇(村)有山西灵石县的静升镇、山西临县碛口镇西湾村、陕西韩城市西庄镇党家村。

（七）国家地质公园

位于黄河流域的国家地质公园有陕西的翠华山,甘肃省的刘家峡恐龙,内蒙古的克什克腾,山西、陕西交界北干流河段的壶口瀑布,陕西的洛川黄土,河南的王屋山,甘肃的景泰黄河石林,青海的尖扎坎布拉,甘肃的平凉崆峒山。

（八）国家级水利风景区

一些水利工程位置优越,山川秀丽,修建水利工程后进一步改善了环境,成为风景区,有些已列入国家级水利风景区,如:山西的汾河二库风景区,汾源水利风景区;内蒙古的包头市石门水利风景区,巴图湾水利风景名胜区;河南的群英湖风景名胜区,博爱青天河风景名胜区,灵宝窄口水库风景区;陕西的石门水库风景区,黄河魂生态旅游区;甘肃的平凉崆峒水库风景区,庄浪县竹林寺水库风景区,泾川县田家沟水土保持生态风景区;宁夏的青铜峡水利风景区;还有三门峡大坝风景区,郑州花园口风景区,黄河小浪底水利枢纽、黄河万家寨水利枢纽风景区,山东济南百里黄河风景区,山西永济黄河蒲津渡水利风景区,河南开封黄河柳园口水利风景区,山东滨州黄河水利风景区等。

参 考 文 献

[1] 水利部黄河水利委员会. 黄河治理开发规划报告(1990 年修订)等规划报告.
[2] 张学成,潘启民,等. 黄河流域水资源调查评价[M]. 郑州:黄河水利出版社,2006.
[3] 黄河流域及西北片水旱灾害编委会. 黄河流域水旱灾害[M]. 郑州:黄河水利出版社,1996.
[4] 胡一三. 中国江河防洪丛书·黄河卷[M]. 北京:中国水利水电出版社,1996.
[5] 徐福龄. 续河防笔谈[M]. 郑州:黄河水利出版社,2003.
[6] 徐海亮,轩辕彦. 走近黄河文明[M]. 香港:中国人文出版社,2008.
[7] 黄河水利史述要编写组. 黄河水利史述要[M]. 北京:水利出版社,1982.
[8] 郑连第主编. 中国水利百科全书·水利史分册[M]. 北京:中国水利水电出版社,2004.

黄 河 下 游[*]

黄河自河南省郑州市桃花峪进入下游,东流至兰考县东坝头折向东北,于山东省垦利县注入渤海。流经豫、鲁两省 36 个县(市),流域面积 2.3 万 km^2,约占全流域面积的 3%。河道长 786 km,占全河长的 14%,落差 95 m,比降上陡下缓,平均比降 0.121‰。

现行河道桃花峪至东坝头河段已有五六百年的历史,东坝头以下是清咸丰五年(公元 1855 年)铜瓦厢(今东坝头附近)决口以后形成的。东坝头以上决口前河床淤垫较高,临背悬差较大,河道内滩槽高差小,洪水经常漫滩;决口后由于溯源冲刷,普遍留有高滩,随着历年冲淤还形成有二滩和嫩滩。东坝头至陶城铺,决口后北岸有北金堤,南岸没有堤防,水流在冲积扇上漫流 20 余年,泛流过陶城铺后假大清河入海。大清河原为比较窄深

---

[*] 中国地图出版社于 1989 年 12 月出版了由水利部黄河水利委员会编制的《黄河流域地图集》。该文是 1987 年为《黄河流域地图集·干支流图组·黄河下游区域图》写的文字说明。

的地下河。在黄河排洪、输沙的过程中逐渐演进成为一条上宽下窄、比降较陡的河道。桃花峪至东明县高村,长 207 km,堤距 5 ~ 20 km,河床为深厚的沙土,河槽宽浅,水流散乱,主流摆动频繁,河道曲折系数为 1.15,平均比降 0.169‰,属游荡性河型。高村至阳谷县陶城铺,长 165 km,堤距 1.4 ~ 8.5 km,主槽和滩地上有亚黏土或黏土分布,虽然平面变形有时较大,但河道有明显的主槽,河道曲折系数为 1.33,平均比降 0.123‰,属由游荡性向弯曲性转变的过渡性河型。陶城铺至垦利县宁海,长 322 km,堤距 0.4 ~ 5 km,河床内黏性土增多,两岸坝垛护岸鳞次栉比,河槽比较稳定,河道曲折系数为 1.21,平均比降 0.097‰,属弯曲性河型。宁海至入海口,长 92 km,称河口段,由于泥沙的大量淤积,河道处于淤积、延伸、摆动、改道的循环演变过程中。河口三角洲以宁海为顶点,北起徒骇河,南至支脉沟,冲积扇面积为 5 450 km²。

黄河历来就是一条输沙河道,实测每年平均进入下游的水量为 446 亿 m³、泥沙为 16 亿 t,有 12 亿 t 被输送到宁海以下,3 亿 ~ 4 亿 t 淤积在河道里,河道逐年抬高。目前,河床一般高出两岸地面 3 ~ 5 m,最大达 10 m,是举世闻名的“悬河”。有的河段甚至主槽高于滩面,滩面又高于两岸地面,成为“悬河中的悬河”。下游河道成为海河、淮河两个水系的分水岭,沿途接纳支流很少,仅有天然文岩渠、金堤河和大汶河汇入,增加水量也很少。泥沙淤积沿程分布上粗下细,20 世纪以来,黄河下游河道平均每年淤高 3 ~ 5 cm,近期的淤积速度加快,平均每年淤高近 10 cm。

下游洪水主要由中游暴雨形成,发生在 7 月、8 月和 9 月、10 月的分别称伏汛和秋汛,合称伏秋大汛;由冰凌形成的称凌汛;由宁蒙河段冰凌开河传递下来的洪水,时值桃花盛开季节,称桃汛。1958 年 7 月花园口实测最大洪峰流量 22 300 m³/s,调查 1843 年 8 月三门峡洪峰流量 36 000 m³/s,1761 年 8 月花园口洪峰流量 32 000 m³/s。在新中国成立前大洪水决口,小于 10 000 m³/s 甚至不到 6 000 m³/s 的洪水也经常决口;凌汛期一旦形成冰坝,水位上升迅速,天寒地冻,抢护十分困难,统治者把凌汛决口,视为不可抗拒,声称“凌汛决口,河官无罪”,因此决口十分频繁。下游河道平均三年两决口,百年一改道。洪水波及范围北抵天津,南达江淮,面积 25 万 km²,灾害极为严重。黄河安危,事关大局,历代治黄都以下游防洪为重点。

受黄河洪水威胁的 25 万 km²,绝大部分属华北平原。华北平原是我国第二大平原,地处我国的心腹,气候温和,人口稠密,有纵贯南北与沟通沿海和内地的铁路交通干线网,为我国工农业的重要基地。人民治黄以来把确保防洪安全列为首要任务,经过 30 多年的努力,加高、加固了 1 396 km 的临黄大堤;新建、续建了河道整治工程 317 处,计有坝、垛、护岸 8 249 道,工程长 589 km;开辟了北金堤滞洪区,修建了东平湖滞洪水库、齐河和垦利两处河道展宽工程,分洪能力 10 000 ~ 25 000 m³/s,滞洪能力 20 亿 ~ 40 亿 m³;在干流上建成三门峡水库,在支流上建有伊河陆浑水库,洛河故县水库正在施工,可拦蓄洪水 41.5 亿 ~ 71.5 亿 m³。初步形成一个由堤防、河道整治,分洪滞洪区、干支流水库等工程组成的防洪工程体系,确保了 38 年伏秋大汛的防洪安全。目前,防洪能力为花园口 22 000 m³/s,相应陶城铺以下泄洪能力 10 000 m³/s。

下游沿黄地区,年降水量 600 ~ 700 mm,年内分配不均,有 2/3 集中在 7 ~ 9 月,经常出现春旱秋涝;年际变化也很大,多次出现连续干旱年,因此迫切需要引黄灌溉。同时,由于黄河河床高悬在地面以上,两岸受侧渗影响,堤背附近地带地下水位较高,以及历代黄河决口在两岸遗留下来的沙荒盐碱地都需要放淤改造。从 1952 年首建人民胜利渠以来,共建引黄涵闸 72 座,虹吸 52 处,直接从黄河提水的扬水站 9 座,共 90 个灌区,控制灌溉面积 2 790 万亩,遍布沿黄 13 个地(市)58 个县。平均每年实灌面积 1 860 万亩,引水量 90 亿～100 亿 m³,引沙量约 1.8 亿 t。此外,引黄放淤改良土壤 300 多万亩,涝洼盐碱地改种水稻 120 多万亩。历史上决口遗留下来的潭坑,有些已被改造成为稻麦丰产田,郑州市花园口淤灌区就是其典型代表。引黄淤灌的结果,一方面加固了大堤,另一方面改造了沙荒盐碱地。由于防洪安全有了保障,沿黄地区工农业生产得以持续发展,粮棉产量成倍增长。

黄河水是沿黄两岸城市、工矿、油田的重要水源。胜利油田引水 5～10 m³/s,中原油田也要求黄河供水。20 世纪 70 年代以来,曾先后 5 次适时向天津市送水 13 亿 m³,解决了燃眉之需。

下游两岸平原地区盛产小麦、棉花、玉米、高粱、大豆、花生以及薯类、谷子等。开封的"汴梁西瓜",菏泽的"耿柿",肥城的"佛桃",历城的"鸡爪绵核桃"均享有盛名。河口地区的胜利油田及濮阳—东明一带的中原油田已成为我国的重要油气基地。二七名城郑州、泉城济南分别为河南、山东两省的政治、经济、文化中心,古城开封也由消费城市改变成为具有多种工业的生产城市。

黄河下游地区交通便利,除京广、京沪铁路纵贯南北,陇海铁路横穿东西,沟通华北和中南、沿海和内地外,新(乡)菏(泽)铁路将接通太原—新乡与菏泽—兖州、兖州—石臼所的晋煤出海干线。为了运送黄河防汛石料,还修有广武—花园口、兰考—东坝头、东坝头—银山、新乡—封丘、濮阳—范县等 11 条治黄专用铁路线。平阴、济南、北镇 3 座公路桥凌空飞架,郑州花园口公路桥连同柳园口、孙口、一号坝等渡口,沟通了两岸交通,便利南北物资交流。经过河道整治,东明县高村以上可通行 80 t 的机船,以下可通行 300～500 t 的机船。

人民治黄 38 年岁岁安澜,为害千年的黄河开始变成为人民造福的利河。

总书记视察黄河实体模型试验*

中华人民共和国成立以来,党和国家非常重视黄河的治理。即使在百废待兴、经济十分困难的新中国成立初期,也专门安排资金治理黄河,修复千疮百孔的堤防;继而进行防洪工程建设,彻底改变了黄河三年两决口的险恶局面,并能灌溉、发电,造福人民。几十年来,通过现场调查、资料分析、实体模型试验等手段研究治黄措施,对黄河进行治理开发建设。但是,由于黄河问题的复杂性和黄河治理的艰巨性,许多问题尚需不断进行研究。黄河下游的游荡性河段是最难进行河道整治的河段,为确定河道整治方案,修建了面积为 3 900 m² 的试验大厅,对长 120 km 的花园口至东坝头河段进行河工模型试验。

1991 年 2 月 10 日,江泽民总书记从开封登上黄河大堤西行,沿途视察了堤防及黄河

---

* 本文写于 1991 年 2 月。

著名的柳园口、赵口、花园口等险工。2 月 11 日晚 7 时 20 分，江总书记来到花园口至东坝头模型试验大厅视察，我负责向江总书记介绍实体模型试验情况。江总书记兴致勃勃，边走边看，并询问模型试验的作用，试验河段的情况、特点，模型的尺寸、比尺，以及是否做过大洪水模型试验等，我一一做了回答。花园口是 1938 年扒口曾造成 3 省 44 个县（市）1 250 万人受灾、死亡 89 万人的口门所在处。在郑州花园口河段江总书记风趣地对河南省代省长李长春说，"这是你的防区"。在赵口河段，当听到 1843 年黄河三门峡站出现 36 000 m³/s 的洪水、黄河在中牟九堡决口时，江总书记对黄河决口成灾十分关注，询问口门在什么地方，受灾情况如何，九堡是哪两个字。在开封黑岗口至柳园口河段，听到历史上黄河决口水淹开封古城的情况后，再次环视了整个河工试验模型。接着江总书记来到试验厅内"黄河下游彩红外航片镶嵌图"前，与黄河水利委员会机关各部门负责人合影，亲切地同大家边握手边说："同志们辛苦了，你们都是老黄河，治黄工作艰巨，工程浩大，真了不起。"继而和试验研究人员合影。当晚又为黄河水利科学研究所题词："依靠群众，应用科技，治理黄河，造福人民。"

发展需要"维持黄河健康生命"
防洪采用"宽河定槽"方略*

黄河，尤其是下游，历史上是一条桀骜不驯的河流。尽管历代王朝采取不同措施对黄河进行了治理，但黄河有时却像一匹脱缰的野马，在 25 万 km² 的广大区域驰骋、泛滥。但有时又连年干旱，水量锐减。近 30 年来，降雨减少、用水大量增加，下游多年出现断流，滔滔黄河有时却变成了一条黄土飞扬的干河。

一、"维持黄河健康生命"是经济社会发展的需要

黄河是中华民族的母亲河，她哺育了中华民族，为黄河流域的经济社会发展提供了条件。

（一）桀骜不驯的黄河不是健康的黄河

黄河是条多泥沙河流，其来沙量之多、含沙量之高是世界上绝无仅有的。每年进入黄河下游的泥沙使河道淤高，成为高悬于沿岸地面以上的悬河，洪水时期极易决口泛滥成灾。历代王朝虽然重视黄河治理，但受经济力量和科学技术条件的限制，黄河仍桀骜不驯。在公元前 602 年至 1938 年的 2 540 年中，黄河堤防决口达 1 590 多次，改道 26 次，平均三年两决口，百年一改道，大的改道、迁徙 5 次。每次决口、改道都给沿黄人民带来深重的灾难。中华人民共和国成立以来，加强了黄河治理，取得了半个多世纪伏秋大汛黄河不决口的伟大成绩。但在近 20 年来，黄河来水减少，工农业及城市生活用水大量增加，流量锐减，河槽萎缩，河道过流能力显著降低，加之人与河争地，使黄河洪水对两岸的威胁仍然非常严峻。要使黄河维持健康生命，仍需继续加强防洪建设。

---

* 原载于《黄河史志资料》2004 年第 2 期。

（二）无水的黄河不是健康的黄河

水、流水是河流最基本的属性。没有流水不成为河。黄河每年有 580 亿 m^3 水量，其中汛期水量约占 60%，非汛期约占 40%，枯水时期一般也有数百立方米每秒的流量。近 20 年来，由于水库的调节，非汛期水量所占比例虽然有所增加，但降水量的减少、两岸用水量的大幅度增加，致使下游流量锐减，河口段流量仅为数十、十几、几个立方米每秒，利津水文站 1972 年以来多次发生断流。最严重的 1997 年利津水文站断流达 226 d，断流最上发展到开封以下，长达 703 km，开封以下的夹河滩水文站当年断流也达 18 d 之久。在无序用水的情况下，中游也曾险些发生断流，如 2001 年 7 月 22 日，潼关水文站流量仅为 0.95 m^3/s。在国务院批示由黄河水利委员会统一调度后，黄河至今未再发生断流现象。

不断流、有水流动仅是河流存在的最低象征。要使河流具有健康生命，还必须使河流的水量能够保障沿黄人民饮水安全，保障河流生态用水需要，保障一定的经济社会持续发展的水资源供给能力。对于黄河而言，还应使河道水流具有必要的输沙、挟沙能力。为了使黄河维持健康生命，必须进一步加强水资源分配、调度的法规及工程建设。

（三）污染的黄河不是健康的黄河

水质是水的基本属性之一。黄河水的功能与水的质量是紧密相连的。超过污染指标的水，即是有水量，也不能发挥其应有的功能。

由于黄河流域工业长期沿袭低投入、高消耗、重污染的发展模式，用水量和排污量大的企业比较多。尤其是 20 世纪 80 年代中期至 90 年代初期，小造纸、小化工、小制革等重污染型企业发展很快，污染源增多，排污量加大。同时，水污染治理滞后，大量未经处理或达不到排放标准的废污水进入黄河干支流。90 年代初排入黄河干支流的废污水量达 42 亿 m^3。超出黄河水环境的承载能力，使黄河水质呈急剧恶化之势。1999 年初，黄河潼关以下河段发生了历史上范围最大、程度最重、持续时间最长的水污染。水质恶化不仅直接影响人民生活和身体健康，而且加剧了水资源的紧缺程度。为了使黄河维持健康生命，必须加强水污染防治，限制进入黄河的排污总量，使黄河水达到"污染不超标"。

（四）"维持黄河健康生命"，支持经济社会发展

河流的生命主要体现在有一定的水资源总量及其流量过程，有一定的水流挟沙和输沙能力，有一定的水量自净能力，有河道生态维护能力等方面。

数千年来，黄河一直在支持着黄河流域及下游两岸广大地区的经济社会发展。但是，近几十年来黄河流域生态呈现整体恶化的趋势。

河道萎缩，过洪能力下降。工农业生产超量引水，大量挤占河流生态用水，下游长期小流量下泄，造成河槽严重淤积，河道萎缩，滩面横比降加大，"二级悬河"形势加剧，加之"人与河争地"，在滩地修建生产堤，嫩滩种植高秆作物等，形成人为行洪障碍，致使河道过洪能力显著降低，洪水威胁增大。

黄河水资源入不敷出，超量使用，已突破生态良性维持的极限。流域内水资源的开发利用率已高达 70%，远远超过国际上公认的 40% 的警戒线。源头地区来水连年较枯；上中游一些大的支流如汾河，长期断流；下游 20 世纪 90 年代除 1990 年外，有 9 年发生断流，2000～2003 年，由于采用全河水资源统一调度，下游未再发生断流，但有些时段，流量很小，只是形式上的不断流，已失去了河流应有的功能。以上表明，黄河水资源的可持续

支撑能力正面临着极为严峻的挑战。

由于向黄河的排污量增加,加之水量减少,黄河水污染严重。如国家环保总局 2001 年发布的《中国环境状况公报》表明,2001 年黄河水系污染总体较重,175 个水质监测断面中,Ⅴ类和劣Ⅴ类水质断面占 62.9%。其中,干流断面 29 个,Ⅱ、Ⅲ、Ⅳ、Ⅴ类和劣Ⅴ类水质断面比例分别为 13.8%、3.4%、44.8%、10.3% 和 27.6%。黄河干流悬浮物浓度很高,最高达 4 851 mg/L。污染的水体已经失去了部分功能。

为了持续支持经济社会发展,必须"维持黄河健康生命"。一旦河流自身生命系统发生危机,以河流为依托的其他生态系统也就失去了存在的基础。河流对自然和经济社会的承载能力是有限的,经济社会系统的发展只有在河流承载能力允许的条件下,才能健康持续地进行。

"维持黄河健康生命"就要继续进行防洪工程建设,提高工程对洪水的约束能力;停止为了其他目的造成河道萎缩的人类活动,使河流保持安全下泄现有设防标准及其以下洪水的能力;使黄河保持一个基本流量,既能保证沿黄城乡居民的饮水安全,又能保持输沙能力,还能维持流域内生态平衡;使黄河的水质持续满足生活用水和工农业生产用水的基本要求,以此确定排入黄河的污染物总量及其分布;通过采取"拦、排、放、调、挖"综合措施,处理和利用泥沙,最大限度地保持和延长现行河道的生命力。"维持黄河健康生命",才能持续支持经济社会发展,使中华民族的母亲河——黄河持续造福于人民。

二、"宽河定槽"治河方略

"宽河"是指河流两岸堤防间的堤距宽,河道面积广,"定槽"是指稳定河流的中水河槽。

(一)"宽河"格局

根据黄河的特点,黄河防洪在历史上就采用"宽河"格局。战国时期齐、魏、赵筑堤各距河二十五里;东汉哀帝时,待诏贾让应诏上书提出不与水争地的治河主张;北宋任伯雨提出"宽立堤防,约拦水势"等,均为宽河的格局。

中华人民共和国成立初期,为了确保黄河防洪安全,采取了宽河固堤的方针。王化云在《我的治河实践》一书中指出,"从 1950 年起,根据下游河道的特点和堤防工程状况,采取了一系列工程措施和非工程措施,概括起来叫作'宽河固堤'"。"新中国成立以前我们即提出了废除民埝的方针。这是实行宽河方针的重要部分。"1938 年国民党军队在花园口扒口前,黄河下游河道内即有不少民埝,1947 年花园口堵口黄河归故后,又增修了部分民埝。"凡有民埝的地方,大堤经常不靠河,洪水漫滩落淤的机会少,滩地越来越低洼,不仅排水困难,对生产的长远发展也不利。大堤因为不能经常得到洪水考验,对堤身抗洪能力心中无数,而且容易使人产生麻痹思想,一旦遇较大洪水,民埝溃决,洪水直冲大堤,十分危险。"历史上民埝决口造成大堤决口的事例是很多的。如"民国二十二年(1933 年)兰考四明堂决口,民国二十四年(1935 年)鄄城董庄决口等,都是由民埝的溃决引起的。我们认为应很好地吸取这些历史教训,新修民埝必须禁止,旧有民埝必须废除。""经过连续多年的工作,加上 50 年代初期接连大水,"至 1954 年大水后,"民埝基本上被全部废除和冲毁了。"以后随着河道的淤积,不断进行防洪工程建设,但仍保持宽河的格局。

现行河道是 1855 年铜瓦厢决口改道后形成的。决口后铜瓦厢以下清水漫流 20 余年,北岸有古金堤做屏障,南岸沿河州县为限制水灾蔓延,自筹经费,"顺河筑堰,遇湾切滩,堵截支流",修起了民埝,后逐渐加修成大堤,约在清光绪十年(1884 年)两岸才建成比较完整的堤防。新河道堤距宽,至陶城铺附近穿运河之后,水入大清河。1855 年以前大清河是一条地下河,河宽约百米。行黄河水后河谷展宽,随着河道的淤积,两岸因水立埝,由埝筑堤,成为堤距较窄的河道,并逐渐淤积抬升成为地上河。铜瓦厢(东坝头附近)以上堤距一般宽约 10 km,东坝头至陶城铺一般宽 20～5 km,陶城铺以上习惯上称为宽河道;陶城铺以下堤距一般宽 1～2 km,习惯上称为窄河道。

(二)"宽河"可以削峰滞洪

黄河下游洪水具有峰高量小的特点,洪水涨落很快,花园口以下又无大的支流汇入,宽河道削减洪峰,滞蓄洪量的作用十分明显。表 1-5-1 示出了黄河下游半个世纪以来洪峰流量为 10 000 m³/s 以上的几次大洪水的河道削峰情况。由表 1-5-1 看出,花园口至孙口河段的削峰作用一般为 30%～40%,这就大大降低了孙口以下河段的洪水位。

表 1-5-1　黄河下游各河段滩区削峰情况

年份	花园口	夹河滩		高村		孙口		艾山	
	洪峰(m³/s)	洪峰(m³/s)	削峰(%)	洪峰(m³/s)	削峰(%)	洪峰(m³/s)	削峰(%)	洪峰(m³/s)	削峰(%)
1954	15 000	13 300	11	12 600	16	8 640	42	7 900	47
1958	22 300	20 500	8	17 900	20	15 900	29	12 600	43
1977	10 800	8 000	26	6 100	43	6 060	44	5 540	49
1982	15 300	14 500	5	13 000	15	10 100	33	7 430	57

注:1. 各站削峰量为该站洪峰相当于花园口站洪峰的削峰值;

2. 东平湖位于孙口至艾山站之间,1958 年东平湖自然分洪,1982 年人工分洪。

宽河段河道滞蓄洪量的作用是相当明显的,如 1958 年花园口站发生 22 300 m³/s 洪水期间,孙口以上的槽蓄量达 24 亿多 m³,它约相当于故县水库和陆浑水库的总库容。这就大大减轻了以下河段的防洪压力。

(三)"宽河"可以有效处理泥沙

泥沙问题是黄河治理的根本问题。减小河道主槽的淤积抬升速度,维持河道排洪能力是治河的关键。

1. 滩区落淤沉沙,减缓河槽抬升速度

洪水期间挟沙水流漫滩后,流速降低,挟沙能力减小,大量泥沙沉于滩区,"清水"退入河槽。水流含沙量沿程减小(见表 1-5-2)。在宽河的情况下,滩区面积大,可供沉沙的范围广,河床淤积抬升的速度慢,这有利于延长河道的寿命。

表 1-5-2　黄河下游漫滩洪水含沙量的沿程变化

年份	花园口			夹河滩			高村			孙口		
	时间 (月-日 T 时)	流量 (m³/s)	含沙量 (m³/s)	时间 (月-日 T 时)	流量 (m³/s)	含沙量 (m³/s)	时间 (月-日 T 时)	流量 (m³/s)	含沙量 (m³/s)	时间 (月-日 T 时)	流量 (m³/s)	含沙量 (m³/s)
1957	07-19T20	12 900	61.8	07-20T09	12 400	82.2	07-21T10	10 400	31.0	07-22T08	11 500	17.3
1958	07-17T24	22 300	96.6	07-18T18	20 200	131	07-19T09	17 800	53.8	07-20T16	15 800	44.2
1975	10-02T12	7 400	42.7	10-03T15	7 650	56.6	10-04T17	7 050	31.6	10-06T02	7 240	19.0
1976	09-01T09	9 090	47.8	09-01T17	9 010	53.8	09-02T18	8 690	33.9	09-03T07	8 740	14.6
1982	08-03T02	15 200	38.7	08-03T06	13 900	23.1	08-05T06	12 700	25.6	08-07T07	9 970	13.1

注：表中含沙量为洪峰时流量或洪峰后流量对应的实测值。

2. 滩槽交换水流，淤滩刷槽

洪水期间，河槽仍为水流的主要通道，在水流漫滩、沉沙落淤之后，"清水"沿程进入河槽。在主溜流经险工河段时，险工以上同岸的漫滩水流几乎全部进入河槽，从而稀释水流，使河槽冲刷或少淤，险工以下河槽中的水流又会流向两岸滩地继续进行水沙交换。洪水期间，宽河段在滩槽水沙交换的过程中进行着淤滩刷槽。

表 1-5-3 示出的 4 次洪峰大于 10 000 m³/s 的大漫滩洪水，河槽冲刷量达 2 亿～9 亿 t，2 次中等漫滩洪水河槽也冲刷了 2 亿 t。只要洪水漫滩，滩地总要发生不同程度的淤积。对于来沙系数大的洪水，河槽可能不冲刷，但漫滩落淤的"清水"归槽之后，也会减少河槽的淤积量。这对维持一定的滩槽高差，保持河槽的过洪能力都是大有好处的。

表 1-5-3　黄河花园口至利津河段漫滩洪水滩槽冲淤量

时间 (年-月-日)	花园口		三 + 黑 + 小		花园口—利津		
	洪峰流量 (m³/s)	来沙系数 (kg·s/m⁶)	沙量 (亿 t)	水量 (亿 m³)	槽 (亿 t)	滩 (亿 t)	全断面 (亿 t)
1953-07-26 ~ 08-14	10 700	0.011 2	3.088	57.90	− 3.00 0	3.030	0.030
1954-08-02 ~ 08-25	15 000	0.009 7	6.521	112.60	− 2..160	3.270	1.100
1957-07-12 ~ 07-23	13 000	0.011 9	5.610	90.20	− 4.330	5.270	0.940
1958-07-13 ~ 07-23	22 300	0.009 5	6.390	69.42	− 8.650	10.200	1.550
1975-09-28 ~ 10-04	7 710	0.007 0	0.918	36.90	− 2.094	2.862	0.768
1976-08-24 ~ 09-05	9 300	0.005 0	2.650	80.20	− 2.310	3.840	1.530

注：三 + 黑 + 小指三门峡 + 洛河黑石关 + 沁河小董。

（四）"宽河"可以延长河道寿命

如前所述，宽河可以削减洪峰，减少窄河段的防洪压力；宽河有利于发挥含沙洪水的淤滩刷槽作用，维持河槽的排洪输沙能力；宽河可以利用宽广的滩区落淤沉沙，减缓河槽的抬升速度。同时，宽河滩区的沉沙作用，将会减少进入河口的泥沙，减缓河口地区淤积、延伸、摆动的速度，使河口河道行河时间延长，即可延长河口段一个摆点控制范围的行河年限。从而减轻因河口河道延伸对河口以上河道的溯源淤积影响。因此，宽河相对窄河而言,可以延长黄河下游河道的寿命。

(五)"定槽"是防洪保安全及工农业发展的要求

中水河槽是指通过平槽流量时的河槽,它一般是由洪水的造床作用塑造而成的。中水河槽是洪水的主要通道,也是输沙能力最强的部位。枯水期的河槽变化往往是在中水河槽的基础上进行演变的,因此中水河槽直接影响着河势变化,稳定了中水河槽,就基本控制了河势变化,进而有利于堤防安全。

历史上黄河决口主要包括漫决、溃决和冲决3种。冲决即是由于河势变化,水流冲淘堤身,堤防抢险,当抢护的速度赶不上堤防坍塌的速度时,就有发生堤防冲决的危险。历史上在中小水时期,也常发生冲决。

1.河势顶冲堤防会造成冲决或严重抢险

黄河下游是强堆积性河道,在河床演变的过程中,平面形态变化很快,尤其是在高村以上的游荡性河段。历史上曾多次因河势变化,形成横河冲击堤防而造成决口。如清嘉庆八年(1803年)封丘大宫决口等。近半个世纪虽没有发生因横河顶冲造成决口的情况,但却数次因横河顶冲造成严重抢险。如花园口险工下首1964年10月上旬出现横河(见图1-5-1),顶冲险工,相继抢险,直至10月下旬,水面宽缩至150 m左右,单宽流量达30～40 m^3/s,溜势集中,冲刷力强,根石深达13～16 m,最深处达17.8 m,经大力抢护,方保坝体安全。仅东大坝汛期抢险用石即达11 600 m^3。

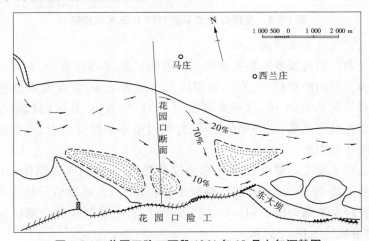

图1-5-1　花园口险工下段1964年10月上旬河势图

2.河势大幅度提挫变化造成被动抢险

河道在整治之前,河势大幅度的提挫变化是常见的现象,即使在土质黏粒含量大、堤距一般宽在1～2 km的弯曲性河段也是如此。如1949年汛期弯曲性河段有40余处险工靠溜部位大幅度下挫,东阿李营、济阳朝阳庄等9处老险工脱河。抢险长达40余d,致使防洪处于非常被动的地位。

3.河势游荡会造成堤防布满险工

按照弯曲性河段的河道整治经验,两岸河道整治工程的长度达河道长度的90%时即可控制河势。而在没有进行有计划整治的游荡性河段,随着河势的变化,往往需要沿一岸堤防修满险工。如郑州保合寨险工到中牟九堡险工,长 48 km,20 世纪 60 年代以前在 48 km 的堤段内先后修有 9 处险工,长 43 km,右岸工程长度已达河道长度的 90%。1967 年左岸马庄一带高滩大幅度坍塌后退,后来在东兰庄村南坐弯,以 90° 左右的弯道折转南下(见图 1-5-2),正对花园口险工东大坝以下赵兰庄一带,致使滩地迅速塌退。为防止在此 1.4 km 的平工堤段再修险工,在塌至堤防前,于滩地上抢修了 6 道坝 1 个垛,用石 3 000 m³,后因溜势外移,险情缓解。

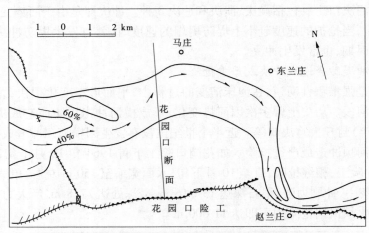

图 1-5-2　花园口险工下段 1967 年汛末河势图

4. 河势变化对工农业生产的影响

下游黄河是两岸沿黄城乡的客水资源。随着国民经济的发展,人类对水资源的需求愈来愈高。能否及时向两岸供水,在一定程度上已成为工业、农业及城市发展的制约因素。下游已建有引黄涵闸 94 座,每年灌溉农田 3 000 余万亩,并可向郑州、济南、青岛等城市供水。河道在整治之前,河势变化无常,有闸门也不能保证引水,或者必须在滩区开挖数千米的引渠才能引水。

河势稳定是桥梁安全的要求。1950 年前仅有郑州、济南两座铁路桥,21 世纪初下游已有铁路桥及公路桥 20 座。由于河宽,桥梁也长(其中长东铁路桥长达 10 km),主溜区及非主溜区的桥跨及基础深度不同。如河势发生巨变,主溜区与非主溜区易位或发生横河集中冲刷,均可能危及桥梁安全。

一定的水深是航运的条件。由于河势多变,黄河的航运并不发达。但水运便宜,运送防汛抢险料物更为有利,抢险时可直接送到需料部位。黄河河宽水浅,通过整治才能集中水流,提供航运所需要的水深。

5. 河势变化对滩区的影响

黄河下游滩区既是洪水的通道,又居住着群众。由于河势变化,常常塌滩、塌村。20 世纪 50 年代时每年坍塌滩地达 10 万亩,1948 ~ 1976 年有 256 个村庄被塌入河中。河势的变化直接威胁着滩区群众的生产及安全。

综上所述,黄河必须进行河道整治,控制河势变化,稳定中水河槽,固定靠溜的险工及控导工程。

(六)"定槽"可以实现

稳定中水河槽是靠逐步进行河道整治来实现的。由于没有完整的经验可供参考,整治的过程实际是一个试验—总结—提高—再实践的过程。

黄河下游的河道整治是由易到难,分河段由下而上逐渐进行的。在每个局部河段整治时多为由上而下地修建、完善整治工程。至1997年底孟津白鹤镇至入海口计有河道整治工程323处,坝垛9 069道,工程长647 km,详见表1-5-4。

表1-5-4 黄河下游河道整治工程统计

河段	险 工				控导工程				总 计			
	处数	坝垛数(道)	工程长度(km)	裹护长度(km)	处数	坝垛数(道)	工程长度(km)	裹护长度(km)	处数	坝垛数(道)	工程长度(km)	裹护长度(km)
白鹤镇至高村	29	1 533	114.283	93.259	66	1 543	152.618	130.495	95	3 076	266.901	223.754
高村至陶城铺	22	525	51.227	41.679	28	650	58.769	42.694	50	1 175	109.996	84.373
陶城铺以下	83	3 311	145.762	133.365	95	1 507	124.202	108.225	178	4 818	269.964	241.590
合计	134	5 369	311.272	268.303	189	3 700	335.589	281.414	323	9 069	646.861	549.717

1. 限制了河势变化

陶城铺以下的弯曲性河段,经过50年代的集中整治,又进行了补充、完善,河势已经得到控制。

高村至陶城铺河段,在总结弯曲性河段河道整治经验的基础上,1965~1974年有计划地修建了一大批河道整治工程,以后又进行了续建、完善。主溜的摆动范围和摆动强度明显减少,整治后仅为整治前的40%左右,表明河势也已得到基本控制。

高村以上的游荡性河段,河势变化的速度快、强度大,是非常难治的河段。但在总结高村以下河道整治经验的基础上,按照微弯型整治方案,在控制河势方面也取得了较为明显的效果。河势的游荡摆动范围已由原来的5~7 km减少为3~5 km,其中的东坝头至高村河段的摆动范围和摆动强度也减少了20%,河势得到了初步控制。

2. 改善了河道横断面形态

河槽是洪水的主要通道,越窄深越有利于宣泄洪水。经过河道整治,平槽流量下的水深(H)和河宽(B)都发生了有利的变化。游荡性河段经过修建整治工程,河槽中的嫩滩宽度减少,河宽缩窄,游荡范围减小,横断面形态也有所改善。高村至陶城铺的过渡性河段经过河道整治,断面平均水深由1.47~2.77 m增到2.13~4.26 m,诸断面平均水深由1.95 m增到2.89 m,后者为前者的1.48倍;河相系数$B^{0.5}/H$由12~45减小为6~19,断面平均值由22.67减小到11.50,后者仅为前者的51%。

3. 减轻了防洪压力

经过河道整治,畸形河弯、横河以及串沟夺溜等不利河势出现的概率减小,冲决堤防的威胁减轻。同时,险工脱河、平工变险工的情况减少,整治工程靠溜部位相对稳定,防守的重点也较整治前明确,从而大大减轻了防洪的压力。如郑州保合寨险工至花园口险工,

1949 年后曾多次出现横河危及堤防,1990 年开始修建老田庵控导工程,1992 年开修建保合寨控导工程,主溜的摆动范围由 20 世纪 60 年代初的 7.5 km 减小为 90 年代的 3 km 左右,从而缓解了横河等不利河势对该河段堤防的威胁。

4. 改善了引水条件

在进行河道整治前由于河势的变化,引水口前溜势时靠时脱,引黄涵闸引水条件很差,有的不得不采取多口引水,从而加大了工程投资。脱河后有的在河滩内开沟引水,不仅耗费了大量的劳动力,而且往往耽误引水的有利时间。经过河道整治,除游荡性河段的部分涵闸外,大部分可以满足或基本满足引水要求。

5. 减少了塌滩塌村

由于河势变化,在黄河下游滩区塌滩和村庄掉河是常见的事,严重影响了滩区群众的生产安全,阻碍了滩区经济的发展。经过河道整治,尤其是在河势已经稳定或基本稳定的河段,滩地相对稳定,群众只有漫滩之虞,而无村庄掉河之忧。同时,经过河道整治,主溜的摆动范围缩小,原来无法耕种的部分嫩滩也可争种一季小麦,从而增加了农业收入。因此,整治河道对安定滩区人民的生活、发展滩区农业经济的作用是非常显著的。

(七)宽河定槽与宽河固堤

宽河定槽就是在保持宽河格局并加高加固堤防防止堤防发生漫决及溃决的基础上,还必须按照防洪需要,积极开展河道整治,稳定中水河槽,减少堤防出现严重险情,防止堤防发生冲决。

按照宽河固堤方针,首先要保持两岸堤防的堤距大,有广阔的滩区,并要加高加固两岸堤防,提高堤防防御洪水的能力。

随着国民经济的发展,对防洪的要求越来越高。黄河下游积极开展了河道整治,取得了稳定中水河槽的效果,实践表明,宽河定槽是能够达到的。在洪水期有足够的范围宣泄、滞蓄洪水和广阔的滩地落淤沉沙,维持相对窄深的河槽,在中小水时期缩小河势变化幅度,保持流路稳定。宽河与定槽相结合,防止堤防发生漫决、溃决、冲决,保证防洪安全。

三、滩区建设与政策

黄河下游滩区总面积 3 953.45 km^2,耕地面积 374.13 万亩,村庄 2 193 个,人口约 180 万人,房屋约 170 万间,其中封丘倒灌区面积 407 km^2,耕地 39.68 万亩,村庄 240 个,人口约 20 万人。

进入下游河道的泥沙约有 1/4 淤在河道内。由黄土高原流入黄河的泥沙,有机物含量高,土质肥沃,适合农作物的生长。两岸沿堤一带地面低于河床,受地下水浸没的影响,往往发生盐碱化,不利于农作物的生长。加之滩面广阔,所以自古以来黄河滩区人口稠密,相对而言成为沿黄的"粮仓"。但是,滩区是洪水的通道,洪水期庄稼受淹、财产也会受到损失,同时近 30 余年来,背河沿黄河一带,通过采取引黄河水放淤改土、稻改等措施,改变了盐碱化的面貌,沙荒盐碱地已变为良田,加之农田水利建设等项措施,生产发展高于滩区。为了促进滩区发展生产,保证滩区群众的安全,改变目前经济滞后的状况,必须进行滩区建设。

（一）淤高滩地、淤填串沟堤河

串沟是指漫滩水流在滩面上冲蚀形成的沟槽。堤河是指靠近堤防的狭长低洼地带。黄河下游滩面共有较大的串沟 70 条，总长达 289 km，计有堤河长 649 km。较固定滩面上的串沟多与堤河相通，洪水漫滩后，水流集中沿串沟冲向堤河，顺堤行洪，这不仅对滩区居民的安全不利，也威胁堤防安全。滩区建设首先是利用水流的自然特性或采取人工措施淤高滩地，淤填串沟、堤河。淤高滩地主要靠洪水漫滩，为了不失时机地淤高滩地，保持河道的过洪能力，必须清除滩区行洪障碍，按照 1974 年国务院批示，废除生产堤。滩地淤高后才能保证必要的滩槽高差和耕种条件。淤填串沟的主要措施是人工堵截串沟，或在串沟中做柳柜，洪水漫滩时借柳柜缓溜落淤，淤填串沟。可采用自然落淤和人工落淤的办法淤高堤河，以减缓临堤水流的强度。

淤填堤河与淤高低洼滩地往往是同时进行的。20 世纪 50 年代为丰水系列，漫滩机会多，通过淤滩刷槽，基本上达到了滩槽并长。在 60 年代之后，受来水来沙、修建生产堤等多种因素的影响，堤河淤积慢，滩面横比降加大。1975 年以来曾多次采用人工引洪淤高堤河和附近低洼滩地。如范县彭楼至李桥的辛庄滩，滩面低洼，堤河严重。1975 年 8 月洪水期间，在引水渠堤上扒口放水淤堤河，过流 23 d，最大引水流量约 200 m³/s，引泥沙 2 000 万 m³，淤地 2.98 万亩，一般淤厚 1 m 左右，堤河淤填 544 万 m³ 以上，最大淤厚达 3 m，放淤前后的情况如图 1-5-3 所示，可以看出人工放淤的效果是十分明显的。

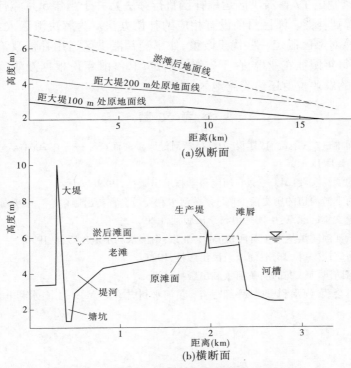

图 1-5-3　范县辛庄滩 1975 年放淤前后对比图

（二）滩区安全建设

为了保护滩区居民的生命、财产安全，必须进行安全建设。根据国务院的批示，黄河下游滩区自 1974 年开始实行"废除生产堤，修筑避水台"的政策。1974 年避水台的标准为 3 m^2/人，1982 年改为 5 m^2/人，这些避水台在 1976 年、1982 年洪水期间发挥了"救命"作用，但是房屋、财产损失大。以后又发展为房台及村台。1996 年洪水之后，山东省还采用了把滩区居民迁出滩区的办法。

由于黄河下游滩区战线长、情况复杂，应根据滩区大小、滩地宽窄、滩面高低、居民多少、漫滩概率、水流深浅等因素，综合确定安全建设措施。对于窄滩及宽滩区距堤防较近的居民，应尽量迁到堤防背河侧居住，这是解决避洪安全最彻底的办法。对于水深较浅的滩区可采用修建村台的办法，面积按 60 m^2/人，在村台上盖房，这样可以有洪避洪、无洪生产。对于经济条件较好的滩区可采用修建避水楼的办法，避水楼可与居民住房结合修建，这是一个较好的办法，小浪底水库进入正常运用期后，下游河道还会淤高，避洪高度不够高时，楼房可以上接，一层淤积一部分后，仍可用作饲养家畜等。另外，还应修建必需的撤退道路，准备部分船只及通信工具，以供避洪迁安时急用。

（三）制定优惠政策

黄河滩区具有行洪沉沙、农业生产两种功能。由于滩地宽阔，除迁往背河侧一部分外，滩区仍会定居大量的居民。每隔数年滩区土地就要漫滩一次，影响滩区经济的发展。

2000 年国家制定了《蓄滞洪区运用补偿暂行办法》，并于当年 5 月施行。这样蓄滞洪区运用后可以得到补偿。滩区目前没有相应的补偿办法。为解决滩区人民的生产问题，建议国家（或省）对滩区制定一些优惠政策，如享受蓄滞洪区运用补偿政策；免征农业税；返还农业税，即每年照征农业税，存于省级政府部门，漫滩年份根据漫滩范围、水深、损失等情况，将已征的农业税返还给受淹地区，等等。

参 考 文 献

[1] 李国英. 全面推进"三条黄河"建设 为维持黄河健康生命而奋斗——在 2004 年全河工作会议上的讲话，2004 年 1 月 12 日.
[2] 王化云. 我的治河实践[M]. 郑州：河南科学技术出版社，1989.
[3] 徐福龄. 黄河下游河道的历史演变[C]∥黄河水利委员会宣传出版中心. 中美黄河下游防洪措施学术讨论会论文集. 北京：中国环境科学出版社，1989.
[4] 胡一三. 中国江河防洪丛书·黄河卷[M]. 北京：中国水利水电出版社，1996.
[5] 徐福龄. 河防笔谈[M]. 郑州：河南人民出版社，1993.
[6] 胡一三. 黄河防洪[M]. 郑州：黄河水利出版社，1996.
[7] 黄河水利委员会《黄河水利史述要》编写组. 黄河水利史述要[M]. 北京：水利电力出版社，1984.

汛 期 议 *

汛期是指河流、湖泊等来水量大的时期。由于水量直接与气象、降雨等因素有关,年际间具体河流、湖泊的来水量大的时期基本相同。该时期内来水量又往往非常集中,并出现很高的洪峰流量。

黄河下游对汛期有多种称谓及划分方法。

一、黄河古代水名

历史上对黄河不同时期的涨水有不同的称谓。宋人沈立曾在编写的《河防通议》一书中,对12个月的涨水给予不同的水名。在元代沙克什增补的《河防通议》中,将各月(农历)的涨水分别定名为:"正月解凌水,二月信水,三月桃花水,四月麦黄水,五月瓜蔓水,六月矾山水,七月荻苗水,八月豆花水,九月霜降水,十月复漕水,十一月蹙凌水,十二月蹙凌水。"继而又对十二个月的水名进行了解释:"春以桃花为候,盖冰泮水积,川流猥集,波澜盛长,二月三月谓之桃花水。四月陇麦结秀为之变色,故谓之麦黄水。五月瓜实延蔓,故谓之瓜蔓水。朔方之地,深山穷谷,固阴沍寒,冰坚晚泮,逮於盛夏,消释方尽,而沃荡山石,水带矾腥,併流入河。六月谓之矾山水……七月八月葵藿花出,谓之荻苗水。九月以重阳纪候,谓之登高水。十月水落安流,复故漕道,谓之复漕水。十一月、十二月断凌杂流,乘寒复结,谓之蹙凌水。立春之后,春风解冻,故正月谓之解凌水。水信有常,率以为准。"

古代按照气候、作物特点给不同时期的涨水定名,在一定程度上也反映出一些月份的水势特性。

二、一年四汛

明清两代,水汛专名演化概括为一年四个汛期,即桃汛期、伏汛期、秋汛期和凌汛期,至今仍有四汛之说。

(一)桃汛

黄河上游地区,纬度高,天气寒冷,尤其宁夏、内蒙古河段,每年都要结冰封河。由于纬度的差异,内蒙古三盛公至头道拐河段先结冰封河,三盛公以上及宁夏河段后封河。封河后过流能力减小,上游来水不能全部从冰盖下通过,余下水量就被迫存于河道内,每年结冰封冻所造成的河道槽蓄增量多达10余亿 m^3。一般在3月下半月至4月初宁夏、内蒙古河段开河,槽蓄增量释放形成洪水,经北干流传至下游,往往形成 2 000 ~ 3 000 m^3/s 的洪峰。此时,下游正值桃花盛开的季节,故称为桃汛。修建三门峡水库后,经水库调节,进入下游的桃汛洪峰明显降低,现在万家寨水库及小浪底水库均已投入运用,不仅出库峰型变化,桃汛洪水经水库调蓄后已成为下游引黄灌溉的水源。

---

* 原载于《人民黄河》2003 年第 4 期。

（二）伏汛与秋汛

伏汛、秋汛是由暴雨形成的。发生在 7 月、8 月的洪水，正值炎热的伏天，故称为伏汛。发生在 9 月、10 月的洪水，正值秋季，故称为秋汛。

黄河下游的洪水主要来自郑州花园口以上的中游地区。

夏季受西太平洋副热带高压的影响，自东向西黄河中游经常出现强劲的低空东南气流，这种水汽输送通道，形成强降雨，使夏季成为一年中降雨最多的时段。秋季西太平洋副热带高压逐渐衰退，蒙古高压向南扩展，降雨开始减少，常发生连阴雨降水天气。中游一些地区夏季降雨强度大，如内蒙古、陕西省交界一带的乌审旗，1977 年 8 月 1 日发生的特大降雨，暴雨中心木多才当，10 h 降雨 1 400 mm（调查）；1982 年 7 月底至 8 月初，三门峡至花园口区间发生的一次降雨，暴雨中心宜阳县石陷镇，24 h 降雨 734.3 mm，致使黄河下游发生大洪水。

黄河流域暴雨出现的时间非常集中，盛夏 7 月、8 月的暴雨日数占全年暴雨日数的82%，秋季 9 月、10 月暴雨日数占全年暴雨日数的 10%。这就造成黄河下游的来水量集中于伏汛和秋汛，尤其是伏汛期。

由于伏汛、秋汛水量在年内所占的比例均大，加之两个汛期在时间上相连，常常合称为伏秋大汛。

（三）凌汛

冬季下游河道封冻，过流不畅，河槽内大量蓄水，在开河时，槽蓄增量释放，冰水齐下，致使水位升高，往往形成 1 500～3 000 m³/s 的洪峰。这种冰凌造成的涨水现象，称为凌汛，多发生在 1 月或 2 月。

三、一年二汛与一年一汛

（一）一年二汛

从来水量的集中程度和洪水可能造成的灾害的角度，把一年内两个水量集中的时段称为伏秋大汛期（简称大汛期或汛期）和凌汛期。

大汛期是来水量最集中的时间，7～10 月占全年总时间的 33.7%，而来水量却占全年总水量的 50% 以上。如花园口站 1952～1990 年的实测径流量为 442.6 亿 m³，而大汛期为 257.3 亿 m³，占全年实测径流量的 58.1%；就天然径流量而言，1952～1990 年为 602.5 亿 m³，而大汛期为 347.1 亿 m³，为全年天然径流量的 57.6%。大汛期不仅来水量所占的比例大，而且来水量集中在几次洪水过程，并往往造成灾害。

凌汛期整个水量并不大，只是把封冻期的槽蓄增量集中在开河期下泄而已，但由于河道过流不畅，常常水位大幅度升高，有的还会超过大汛期的洪水位，给防洪造成很大压力，故凌汛也特别引起人们的注意。从 1855 年兰考铜瓦厢决口改道走现行河道至 1938 年花园口扒口的 83 年中，凌汛决口的就有 27 年，平均 3 年一决口。1947 年花园口堵口，大河回原河道后，1951 年、1955 年凌汛期在利津前左、王庄等处冰凌插塞，形成冰坝，水位陡涨，冰坝以上 20 余 km 堤段超过设计防洪水位，大堤堤顶出水高度仅 0.5 m 左右。当时堤身单薄，且存在隐患，曾出现多处漏洞，又加天寒地冻，抢险困难，分别在利津王庄、五庄发生决口。1955 年以后，凌汛期虽未发生堤防决口，但也多次出现严重凌汛，造成漫滩成灾。因此,在每年防伏秋大汛的同时,还要加强防凌工作。

(二)一年一汛

一年一汛是指把 7~10 月来水量大的时期称为汛期,而把其他时间称为非汛期。

黄河下游凌汛一般发生在 1 月、2 月,该期水量很小。如花园口站 1952~1990 年实测径流量 1 月、2 月分别为 14.96 亿 m^3、12.86 亿 m^3,分别占年径流量的 3.4% 和 3.9%。从水量大小的角度,把凌汛期也归入非汛期,而把 7~10 月称为汛期。

四、主汛期

在每年防汛工作中,常把汛期中年最大流量发生概率最高的时段称为主汛期。表 1-6-1 为花园口站 1946~2001 年实测最大流量出现的时间。从表 1-6-1 中看出,每年最大洪峰主要集中于 7 月和 8 月,更集中在 8 月上半月,7 月下半月和 8 月下半月出现的频次也较高。

黄河下游 1946 年以来,花园口站(秦厂站)有 7 年最大洪峰流量大于 10 000 m^3/s,最大流量按自大至小排序,第一、第四大流量发生在 7 月下半月,第二、第三大流量发生在 8 月上半月。

表 1-6-1 花园口站 1946~2001 年实测最大流量出现时间

项目	7 月			8 月			9 月	10 月	合计
	上半月	下半月	全月	上半月	下半月	全月			
发生次数	3	9	12	16	10	26	9	6	53
占全年百分数(%)	5.3	16.1	21.4	28.6	17.8	46.4	16.1	10.7	94.6

注:花园口站由于受水库调节的影响,最大流量 1991 年发生在 6 月,2000 年、2001 年发生在 4 月。

在洪水发生频次高和发生大洪水的时段,防洪工程易出险,并造成灾害。从防洪保安全的角度,将 7 月下半月和 8 月上半月称为主汛期,习惯上把主汛期的时间简称为"七下八上"。主汛期为每年特别需要加强防汛工作的时段。

五、前汛期与后汛期

我国多年平均降水总量为 6.2 万亿 m^3,水资源总量仅 2.8 万亿 m^3。我国以占全球约 6% 的可更新水资源支持占全球 22% 的人口。按 1997 年人口计算,我国人均水资源量仅 2 200 m^3。黄河径流量仅占全国河川径流量的 2%,承担着本流域及下游引黄灌区占全国 15% 的耕地面积和占全国 12% 人口的供水任务。为解决黄河水资源短缺问题,应充分利用黄河汛期的水资源量。

从防汛的角度出发,整个汛期都应按最大流量设防,以期保证防洪安全。按照黄河下游汛期水量特点,在伏天,一次洪水的来水量大、洪峰高;秋天一次洪水的来水量小、洪峰较低。这样就可利用秋季洪水来水量较小的特点,抬高防洪水库的秋季汛限水位,以增加水库的蓄水量,把汛期的一部分水量通过水库的调蓄,用于非汛期。为了充分利用水资源,可将汛期分为前汛期和后汛期,分别确定前汛期与后汛期的水库汛限水位。由于大洪水多出现在前汛期,前汛期的汛限水位采用整个汛期的汛限水位。

黄河下游 1946～2001 年,花园口(秦厂)站年最大洪峰出现的时间,7 月、8 月占 67.8%。年最大洪峰流量大于 10 000 m³/s 的有 7 年,除 1949 年出现在 9 月 14 日外,其他 6 年均出现在 7 月、8 月。下游花园口站共发生洪峰流量大于 10 000 m³/s 的洪水 10 次,其中有 9 次发生在 7 月、8 月。因此,宜将 7 月、8 月的伏汛期作为前汛期,9 月、10 月的秋汛期作为后汛期。从前汛期的汛限水位抬升至后汛期的汛限水位,水库有个蓄水过程,将 9 月上旬作为过渡期,即从 9 月 1 日开始蓄水抬升水位,至 9 月 10 日将水位抬升至后汛期的汛限水位。后来防汛调度时,又按从 8 月 21 日开始视情况抬升汛限水位,至 9 月 1 日抬升至后汛期汛限水位。

节 点 议[*]

在天然河道中,河势演变具有向下游传播的特点。天然河道尤其是游荡性河段沿程河宽往往存在宽窄相间的外形。在宽河段,浅滩密布,水流分散,支汊纵横,河势散乱;在窄河段,沙洲较少,水流较为集中,主溜摆动的幅度较小。窄段长度远小于宽段的长度,习惯上常称为节点。

一、节点的类型

节点有时也称为卡口。钱宁把黄河上的节点分为两种类型:一种两岸皆有依托,位置固定,在中水位以上起到控制河势的作用,我们称之为一级节点;另一种只有一岸有依托,位置经常上下移动,在中水位以下起到控制主流作用,称为二级节点。

一级节点是受固定的边界条件作用形成的。如:郑州京广铁路桥,北岸为 1855 年以前的高滩,并有工程保护,南岸为邙山;花园口险工处,南岸为险工,北岸为耐冲淘的盐店庄胶泥嘴;东坝头险工处,由于 1855 年铜瓦厢决口改道,堵口后造成的东岸堤防突入河中,西岸有西大坝保护;曹岗险工与对岸府君寺控导工程形成的卡口等。上述河道两岸的边界条件都是基本不变化的。

二级节点是河道两岸仅在一岸为固定边界条件下或两岸都为非固定边界条件下形成的节点。在宽河段内,水流一岸为耐冲的固定边界条件,而另一岸为缺乏耐冲能力的嫩滩,沿固定边界条件一岸形成二级节点;或者在较短时段内,某一局部河段两岸均为嫩滩、中间河槽窄深而形成二级节点。

二、在河道整治之前节点对河势变化的影响

在有计划地进行河道整治之前,天然河道的河势在不同的水沙条件下是处于不断的变化之中的,在黄河下游,尤其是游荡性河段,河势变化的强度及摆动幅度都是非常大的,在河势变化的过程中,滩岸也随之发生变化。

对于一级节点而言,由于两岸均为固定的边界条件,上游来流方向有新变化时,通过节点后,下游河势的变化会比较小,对河势有一定的控制作用。在深槽普遍过水时控制作

* 本文原载于《人民黄河》2002 年第 4 期。

用较大,在大漫滩洪水时或在深槽内水位很低时,其控制作用减弱。一级节点对河势的控制能力是有限的,如上游来流方向有大的变化,则节点就起不到控制河势的作用。如上述郑州京广铁路桥卡口,宽度近 3 km。当上游自左岸来溜时,东南方向主溜流经铁路桥卡口,冲向保合寨险工,如 1949~1954 年的河势,当上游自右岸来溜时,东北方向主溜流经铁路桥卡口,如 1954~1958 年的河势。铁路桥以下河段的河势是相差甚远的。

构成一级节点的山嘴、山弯、险工、胶泥嘴等形状各异,对于凹入型的节点,送溜方向较为稳定,但对于凹凸不平型及凸出型的节点,随着靠溜部位的变化,送溜的方向也会发生很大的变化。这样,凹凸不平型及凸出型节点以下的控制河势工程就难以确定位置。对于一处节点而言,在一个较长时段内,靠溜部位的变化是经常出现的。

对于二级节点,一岸或两岸为嫩滩。由于嫩滩消长的变化速度快,二级节点的位置也是经常变化的。钱宁等通过对花园口河段花园口河床演变测验队 1957 年 8 月至 1959 年 6 月测验资料的分析,得出两点关于二级节点移动情况的看法:第一,二级节点移动速度平均约为 75 m/d,与边滩移动速度属于同一级数字,表明二级节点的生长、消亡与边滩的移动有一定联系。第二,二级节点的位置有涨水下移,落水上提的情况。上述表明,二级节点的位置变化快,对河势的控制作用只是暂时的。

三、黄河下游不能靠节点控制河势

黄河下游存在一些天然节点,早期也修建了人工节点性质的工程,但是这些节点均未能较好地控制河势,现举例如下。

(一)游荡性河段

除前述郑州京广铁路桥卡口未能控制河势外,下面几处节点也存在类似的情况。

1. 花园口枢纽破口处

为解决花园口枢纽排洪能力不足的问题,1963 年花园口枢纽破坝,口门宽 1 300 m,原枢纽在洪水时才过流的溢洪道宽 1 404 m,在堤距约 10 km 的河段内,这是个很好的卡口或称节点。在 1963 年前后,主溜过卡口后,呈东南方向,顶冲花园口险工,并于 1964 年 9~10 月,花园口险工的东大坝连续发生抢险,用石超过 1 万 m³。而在 1967 年汛期,原枢纽以上河势南移,主溜过卡口后,呈东北方向,造成原阳高滩东西坍塌长约 4 km,南北坍塌宽 1~3 km。河势的变化是很大的,以后修建马庄控导工程之后,花园口险工才又靠河。

2. 曹岗险工至府君寺控导工程

曹岗险工至府君寺控导工程最窄处仅 2.4 km,在堤距 10 km 宽的河段已形成较窄的卡口,府君寺虽为控导工程,由于其背靠 1855 年铜瓦厢决口改道后形成的高滩,大中小水全从卡口处流过。随着卡口以上河势的变化,卡口以下河势变化也是很大的。如在 20 世纪 60 年代后半期,主溜出卡口后顺北岸,经常堤至贯台控导工程;而 70 年代后期,主溜经曹岗险工以后走南河,还被迫修建了欧坦控导工程;有时主溜还由常堤与欧坦之间流向下游。

3. 东坝头险工段

该险工处也属宽河段内的一处节点。节点以下河段的河势变化也很大。在此段大河由东西流向转为南北流向。当东坝头险工以上为南河时,东坝头险工以下为西河;以上为北河时,以下为东河;以上为中河时,下多为中河。

(二)过渡性河段

鄄城苏泗庄险工对岸原有一处耐冲的聂堌堆胶泥嘴,胶泥嘴与险工之间不足 1 km,是一处很窄的卡口。中等洪水及一般流量时,水流均从该卡口处穿过,只有在较大洪水时,胶泥嘴与左岸大堤之间的广阔滩地才漫水过流。而该卡口以下是著名的密城湾。在没有进行河道整治时,该处是河势变化最大的弯道之一,20 世纪 70 年代以前,由于河势变化,密城湾内曾有 28 个村庄塌入河中。

(三)弯曲性河段

弯曲性河段堤距窄、河床组成黏粒含量大,是黄河下游河势变化小的河道。在邹平河段,堤距一般宽 3 km 左右。19 世纪 80 年代修建了梯子坝,坝身长约 1.6 km,坝头与对岸堤防间的最小距离约 1.2 km,成为该河段的一个卡口。在梯子坝坝头段靠溜时,尚能掩护以下滩地,使簸箕李险工靠河。由于上游来流情况的变化,梯子坝失去控制河势的作用,梯子坝以下滩地大量坍塌,簸箕李险工有脱河的危险,不得不于 1967 年修建官道控导工程,又经续建后长达 2 250 m,才稳定了簸箕李险工及其以下河段的河势。

以防洪为主要目的修建的控制河势的工程,必须留有足够的排洪宽度,在游荡性河段需要 2.0~2.5 km,在此范围内还可能形成不利的“横河”河势。按微弯型整治方案修建的控导工程,工程方向大体和水流方向一致;而形成人工节点的工程,其方向大体是横拦水流的,在发生漫滩洪水时,影响滩槽水流交换,对淤滩不利。

(四)黄河上的河道整治工程不宜称节点工程

黄河下游河道像一条曲线,河道两岸的节点是这条曲线的若干个点或若干个短段。

黄河下游在有计划地进行河道整治之前,河势是千变万化的,但从各河段多年的主溜线套绘图可以看出,这些散乱的主溜线尚可归纳为 2~3 条基本流路。钱宁曾指出:就花园口至东坝头来说,这样的基本流路有两条……这两条基本流路犹如麻花的两股,一级节点正位于流向交叉处。可以看出,钱宁所说的节点为河道这条曲线上的一些点或短段。

为了防洪安全,并兼顾引水、交通及滩区人民生产、安全的要求,20 世纪 50 年代对弯曲性河段进行了河道整治,60 年代以后又对过渡性河段及游荡性河段按照微弯型整治方案进行了整治,并取得了控制河势的效果。修建的河道整治工程主要包括控导工程和险工。至 20 世纪末,黄河下游控导工程和险工的总长度已达 656 km,约占河道长度 878 km 的 3/4,已不是“点”的概念。因此,每处河道整治工程不宜称为“节点工程”,而称为“河道整治工程”或“整治工程”,对于具体的险工及控导工程而言,可分别称为“险工”及“控导工程(或控导)”。

参 考 文 献

[1] 钱宁,周文浩. 黄河下游河床演变[M]. 北京:科学出版社,1985.
[2] 胡一三,张红武,刘贵芝,等. 黄河下游游荡性河段河道整治[M]. 郑州:黄河水利出版社,1998.

主槽河槽议 *

　　河流是陆地表面宣泄水流的通道,流域面上的产水通过各级河流流入海洋、湖泊或在内陆消失。流域降水随季节有丰枯变化,致使河流的来水量、来沙量随之发生变化,流量、含沙量处于不断的变化过程中,变化幅度达数倍、数十倍,甚至百倍以上。不同流量的水流往往需要不同的过流断面输送。冲积性河流的水沙变幅大,致使河道演变的强度大、速度快。在演变的过程中,过流断面随着来水来沙及其过程、河床边界条件的变化而不断变化。本节试图以河道演变最为剧烈的黄河下游为例,阐明主槽、河槽、滩地的含义。

一、复式河槽

　　按照河道横断面形式,可分为单一河槽和复式河槽。来水及其过程变化不大的河流,过水断面相对稳定,断面单一,为单一河槽,渠道为最典型的单一河槽。年际、年内流量变化大、来沙较多的河流,为了适应流量和含沙量的变化,河道会自动调整过流断面形式,成为形状复杂的横断面,即为复式河槽,如1957年汛后的花园口断面(见图1-8-1)。河道横断面中可分为枯水槽(深槽)、一级滩地(嫩滩)、二级滩地(二滩)、三级滩地(高滩或老滩)几部分。在河势演变的过程中,各部分的宽度及位置都会发生变化,尤其是枯水槽及一级滩地的位置更是变化频繁。对于平原河道而言,河道横断面基本上都为复式河槽。

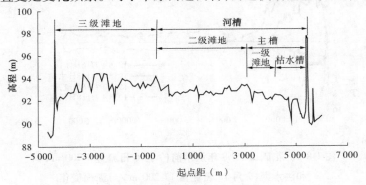

图1-8-1　1957年汛后花园口断面

二、主槽

　　主槽是洪水泥沙的主要通道,一级滩地(嫩滩)紧靠枯水槽,枯水槽和一级滩地合称主槽(见图1-8-1)。它是一次洪水主溜所通过的河床部分。

　　非汛期的绝大部分时间及汛期的平水期,流量小,为枯水期。枯水期河床过流部分称为枯水槽,也称为深槽,但对于"二级悬河"河段,深槽的深泓点不一定是全断面的最低处。枯水槽较窄,在黄河下游一般为0.3～0.6 km,对于未经整治的游荡性河段可能会宽得多;枯水槽的位置会经常变化。

* 本文由胡一三、李勇、张晓华撰写,简稿发表于《人民黄河》2010年第8期。

一级滩地是黄河主流变化、河势摆动过程中形成的,相对其他滩地而言,一般形成较晚,也称嫩滩。中水即可形成,滩面一般较低,但对于"二级悬河"严重的河段,其高程可能不低于其他滩面。一级滩地没有明显的滩地横比降,其上植被稀少,阻力小,具有较大的过流能力。宽度和位置变化快,凹岸部分塌失,凸岸又会淤出新的嫩滩;断面冲刷时,嫩滩会缩窄,断面萎缩时,嫩滩会增宽。它的变化,在某种程度上调整着主槽的过流能力。高村以上的游荡性河段嫩滩十分发育,艾山以下的弯曲性河段嫩滩较窄或不明显。

主槽又称中水河槽。中水较枯水的流速大,又较洪水的持续时间长,其造床作用最强,中水期能塑造一个较为明显的中水河槽。

主槽流速大、单宽流量大,是洪水期行洪的主体。花园口断面(见图 1-8-2)1958 年大洪水前,5 700 m³/s 时主槽宽度为 1 400 m 左右,水流几乎全部在主槽通过,平均流速 1.86 m/s,其中大流速带宽约 1 000 m,平均流速 2.33 m/s;其后的洪水期流量增大到 17 200 m³/s,主槽宽度仍维持在 1 400 m 左右,除水位升高外流速提高到平均 2.96 m/s,过流量占到全断面的 90%。夹河滩断面也表现出同样的特点(见图 1-8-3)。由表 1-8-1 可见,花园口和夹河滩断面 20 世纪 80 年代以前主槽宽度为 1 300 ~ 1 600 m,大洪水时的过流比为 80% ~ 96%;90 年代河道萎缩后主槽宽度有所缩窄,仅 600 m 左右,过流比也降低到 75% ~ 81%,但若发生大洪水主槽宽度和过流比将会增加。

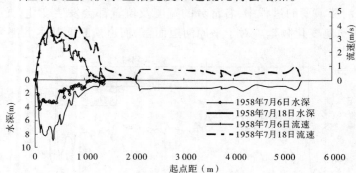

图 1-8-2　花园口 1958 年洪水前(7 月 6 日流量 5 700 m³/s)
和洪水期(7 月 18 日流量 17 200 m³/s)断面变化

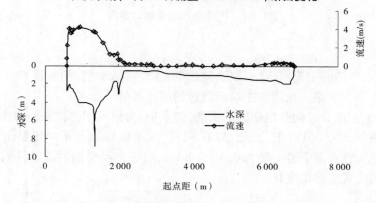

图 1-8-3　夹河滩洪水期(1958 年 7 月 18 日流量 16 500 m³/s)断面

表 1-8-1 黄河下游典型洪水主槽过流情况

时间	花园口				夹河滩			
	洪峰流量 (m^3/s)	水面宽度 (m)	主槽宽度 (m)	主槽过流比(%)	洪峰流量 (m^3/s)	水面宽度 (m)	主槽宽度 (m)	主槽过流比(%)
1958 年 7 月	22 300	5 350	1 400	86	20 500	6 190	1 566	96
1982 年 8 月	15 300	2 830	1 370	79.6	14 500	2 180	1 310	82
1996 年 8 月	7 860	3 160	630	81	7 150	3 120	585	74.9

黄河下游主槽宽度是沿程减小的,艾山以下的弯曲性河段嫩滩窄,甚至没有嫩滩。主槽是过流的主体,过流量一般占到全断面的 60%以上。以 1958 年洪水为例(见图 1-8-4),孙口以上水面宽达到 6 km,主槽宽度从花园口、夹河滩的 1 400 m、1 566 m 减少到高村、孙口的 1 100 m、690 m,主槽过流比 4 站依次分别为 86%、96%、62%和 64%。

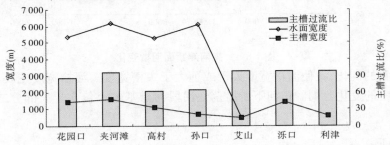

图 1-8-4 黄河下游水文站 1958 年洪水期主槽宽度和过流比情况

三、河槽

河槽是指洪水期流速较大和在一个较长的时期内主槽变化所涵盖的部分(见图 1-8-5)。一般而言,河槽宽度大于主槽宽度,就某一时间的河槽而言,它包括主槽、二滩或部分二滩。

宽河段在河道整治前河槽很宽,多达 3~5 km,部分河段会更宽;在河道整治后基本与河槽排洪宽度相当。当主槽的变化范围遍布两岸堤防之间时,河槽宽度相当于堤距。

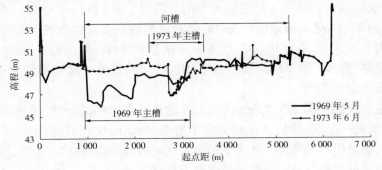

图 1-8-5 于庄断面的河槽与主槽

　　由于河道冲淤调整和河势变化,河槽内的主槽位置和形态经常变动。主槽变化主要有两种形式:一是位置稳定下的局部变化,表现为主槽范围内的冲淤调整,如图 1-8-6 所示夹河滩断面 1954 年的变化,虽然河道冲淤比较强烈,深槽大幅度扩大,但都在 1 500 m 左右的主槽范围内变化,深槽、嫩滩位置调整,主槽位置基本未变;二是主槽大幅度摆动,即在河槽范围内,主槽与二级滩地的转换。图 1-8-5 所示的于庄断面,1969 年汛前左侧为由几个深槽组成的主槽,右侧为二级滩地;经大量淤积,到 1973 年汛前只维持了中间较小的主槽,左侧原主槽部位已演变成二级滩地。

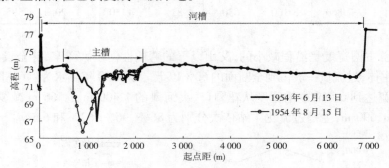

图 1-8-6　夹河滩断面河槽变化

　　主槽位置的变化,致使河槽宽度大于或远大于主槽宽度。河槽宽度主要取决于主槽在河势演变中的变化范围。黄河下游游荡性河段河槽基本上包含了大部分二滩,因此宽达数千米。

四、滩地

　　滩地通常指在某种流量下,河道内水流一侧或两侧的未上水部分。黄河下游滩地(见图 1-8-1)分为一级滩地(嫩滩)、二级滩地(二滩)和三级滩地(老滩、高滩)3 级,其中嫩滩高程低且经常变动,将其作为主槽的组成部分,本节所称滩地包括二级滩地和三级滩地,它是洪水和大洪水时才过水的河床部分。

　　二滩滩面高,20 世纪 50 年代滩槽高差高村以上 1~2 m、高村—陶城铺 2~3 m、陶城铺—宁海一般大于 3 m。二滩相对嫩滩而言比较稳定,住有大量居民,可耕种,种有小麦、大豆、玉米等农作物。受滩地植被的阻水作用,二滩过流能力较嫩滩要小得多,在大洪水时具有滞洪、削峰、沉沙、减少主槽淤积的作用。黄河下游 1953~1996 年 11 场大漫滩洪水,主槽共冲刷 25.44 亿 t,滩地淤积 39.66 亿 t,滩地淤积在维持黄河下游排洪能力中起到了重要作用。20 世纪 70 年代以后,由于黄河水量和洪峰流量的减少,加之生产堤的修建影响洪水漫滩,黄河下游局部河段形成了滩地平均高程低于河槽平均高程的“二级悬河”,对防洪安全危害很大。

　　二级滩地(二滩)经常处于变化之中,尤其是临近主槽的部分,在河道冲淤调整和河势摆动中,主溜向一岸摆动时,该岸滩地发生坍塌,滩地面积减小;而在对岸由于流速降低、泥沙落淤,会淤出新的滩地。黄河下游游荡性河段河势摆动频繁、强烈,滩地变化也较大。塌滩与还滩往复进行是冲积性河道调整的特点之一。

　　黄河下游三级滩地(见图 1-8-1)是由于 1855 年铜瓦厢决口改道,口门处落差大,致使东坝头以上河段发生强烈溯源冲刷形成的,滩槽高差当时达 3～5 m。三级滩地形成的时间早且不易上水,也称老滩或高滩。随着河槽淤积,滩槽高差逐渐缩小,现已形成"高滩不高"的情况。

五、河槽、滩地互相转换

在天然河道的演变过程中,河槽、滩地在一些情况下是互相转换的,一般发生在河势摆动范围大、主溜摆动频繁的河段。如图 1-8-7 所示的马峪沟断面,经过三门峡水库下泄清水冲刷,到 1964 年形成一个偏右岸的河槽,滩地在左岸;其后水库滞洪排沙河道发生回淤,河槽摆动至中部,原来右侧的河槽成为新的滩地,如 1970 年;以后数年,主溜右移,右侧滩地又转换为河槽,如 1974 年。在河道整治工程有效控制河势以前,由于河势经常摆动,河槽和滩地的转换是比较频繁的。

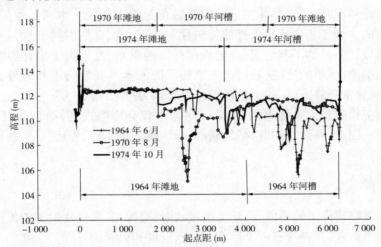

图 1-8-7 马峪沟断面河槽滩地转换情况

险工议*

广义的险工是指在设计运用条件下可能发生危险的工程区段。具体到黄河防洪工程中,险工是专指为了防止水流淘刷堤防沿大堤修建的丁坝、垛、护岸工程;设有险工的堤段,称险工堤段。广义的险工黄河上习惯称为险点或险段。

一、广义的险工

造成险工的原因主要有如下几点:

(1)规划不当。在规划阶段,设计防洪标准偏低或对泥沙淤积估计不足,导致堤防或水利枢纽拦河坝的高度不足,存在被破坏的危险。

(2)设计失误。如工程竣工之后才发现有重大地质问题没有查清或结构计算有误

* 原载于《人民黄河》1994 年第 11 期。

等,致使所建工程不能按设计标准运用。

(3)施工质量差。工程未达到设计要求,遇到设计荷载,就有破坏的可能。

(4)建筑材料使用不当。如使用劣质建材或用砂性土筑堤等,导致工程的承载能力降低。

(5)运行期间管理不善。在工程运行期间,损坏了部分工程或削弱了工程强度,轻者影响建筑物的正常运行,重者造成建筑物失事。

(6)历史遗留问题。对一些老工程由于自然及人为原因,工程存在薄弱堤段,如黄河大堤决口后堵口时遗留下的秸料层,战争年代沿堤修建的碉堡、战壕等。

(7)其他原因。如土坝、堤防中的獾洞、蚁穴,有机建筑材料的老化,金属建筑材料的锈蚀,建筑物表层的机械损坏等,在设计、施工中不易避免,但都会降低工程强度,甚至导致建筑物破坏。

在某些特定情况下,工程非险工区段也会转化为险工区段。水利工程是在多变的自然条件下工作的。由于恶劣环境条件的随机性和人们认识自然的局限性,一些水利工程有时遇到超越设计条件的不利情况,如出现超标准的洪水、发生大于设计烈度的地震、山体滑塌造成的壅浪、严重的冰凌、临时出现威胁堤防或水闸安全的不利河势、战争引起的破坏等,在这些异常条件下,一些工程区段也就转化为险工区段。

修建水利工程的目的是除害兴利,险工区段不仅会影响兴利,而且一旦破坏还会造成巨大的灾害。因此,修建工程时,必须精心设计、精心施工;工程建成后,要精心管理,防止出现险工。

二、黄河险工

沿黄河堤防修建险工的堤段,称险工堤段;临河有滩地,未修建险工的堤段,称平工堤段。就黄河险工而言,其自身有一个形成、演变、发展和完善的过程。

历史上的黄河险工大多是以薪柴(主要为高粱秆、柳枝、苇草等)、土料为主体,用桩绳盘结连系做成的整体防冲建筑物,亦即埽工。按照平面形式的差异,埽工可分为磨盘埽、鱼鳞埽、月牙埽、雁翅埽等。

黄河埽工起源很早,先秦时已有采用,但也有人认为埽工起源于汉代。不过埽工二字最早使用于宋代。北宋时期埽工技术走向成熟,并被广泛采用,有记载的下游两岸已有46处埽工。宋代筑埽采用卷埽的办法,沿堤岸修做,以御水溜。至清代乾隆年间,逐渐把卷埽方法改为沉厢式的修埽办法。因埽工的主要材料为秸料和土料,故也有人称之为秸土工。随着经济、技术的发展,石料被广泛采用,并用柳枝等梢料代替了秸料,这种以柳石为主要材料修筑的堤岸防护工程,称为柳石工。近些年来,柳石工在修筑与抢险中已被广泛采用。

新中国成立后,为了提高险工的抗溜能力,对险工进行了"石化"。自20世纪50年代初以来,修建险工及抢险时已很少采用秸土工,并且对已有的丁坝、垛、护岸进行了改建,将秸土混合结构型式改为由土坝体、护坡、护根三部分组成的结构型式,如图1-9-1所示。土坝体由壤土筑成。为保护土坝体免遭水流冲刷破坏,在受溜部位上部修建有护坡、下部修建有护根。为适应、利用黄河含沙量大的特点,护坡、护根在新修及抢险时一般多采用柳石结构。柳料年久腐烂后也用石料补充代替,因此在坝垛稳定之后,柳石工就变成了石工。

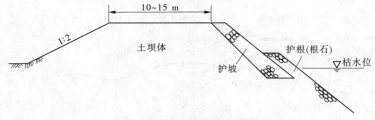

图 1-9-1 坝垛结构示意图

修建险工是为了保护堤防的安全。在黄河下游,由于水流含沙量高,河床不断淤积,水流宽、浅、散、乱,河势经常发生变化。有时水流顶冲堤防,有时串沟夺河顺堤行洪,有时堤防的靠溜部位经常大幅度地上提下挫等。在此情况下,土堤经不住水流的淘刷,就会塌堤,水流甚至冲开堤防,造成冲决。黄河下游是"悬河",一旦决口,不论是洪水期还是枯水期,都会给两岸广大平原地区带来毁灭性的灾害。因此,必须沿堤修建险工,以保两岸地区的安全。

随着社会经济的发展,人们要求将被动抢险的局面逐步转化为有计划地控制河势。通过河道整治,达到稳定流路、缩小水流摆动范围、固定靠溜险工、减少被动抢险的目的,同时要使大河溜势有利于引黄灌溉、有利于滩区居民的生产与安全。

黄河下游有计划地进行河道整治是从 20 世纪 50 年代初开始的。1949 年洪水期间济南以下窄河道的严重抢险情况表明,单靠险工是难以控制河势的。为了控导主溜、护滩保堤,尚需在滩区选择适当部位修建丁坝、垛、护岸工程,此称为控导工程(或护滩工程)。黄河下游的河道整治工程主要就是由险工和控导工程两部分组成的,如图 1-9-2 所示。由于老险工都是沿堤防修建,其形状很不规则,一些老险工控制溜势的作用不好。有计划地进行河道整治后,对不能满足控导河势要求的险工,采用在险工上部接修控导工程的办法进行了改造。控导工程与险工相配合,控导主溜,稳定河势,固定靠溜险工。

至 1992 年黄河下游共修有河道整治工程 317 处,坝垛护岸 8 819 道,工程长度 623 km。其中险工 134 处,坝垛护岸 5 333 道,工程长度 308 km。经过历次洪水考验,这些工程充分发挥了作用。阳谷陶城铺以下弯曲性河道河势已经得到了控制;东明高村至陶城铺过渡性河道,河势已经得到基本控制;高村以上游荡性河段,河道整治的难度很大,但在兰考东坝头至高村河段,至 1978 年规划修建控导工程的河弯,都已开始修建工程,这些工程大部分在防洪中发挥了作用,初步显示了整治的效果。东坝头以上一些规划修建工程的河弯没有修建工程,整个河段工程少且不配套,河势变化仍较大,但游荡范围已由 5 ~ 7 km缩小到 3 ~ 5 km。

黄河下游 40 多年来的河道整治在防洪中发挥了显著作用,同时积累了丰富的经验。但是,游荡性河道尤其是东坝头以上河段整治的难度大,需要修建的工程多,高村以下也需补充完善。此外,值得一提的是,小浪底水利枢纽建成后,来水来沙及其过程将会发生很大的变化,如何使险工和控导工程适应变化了的形势,如何改进险工的结构以减少抢险,如何通过河道整治减少临堤险工的长度以增加堤防的安全度等,都需要进一步地分

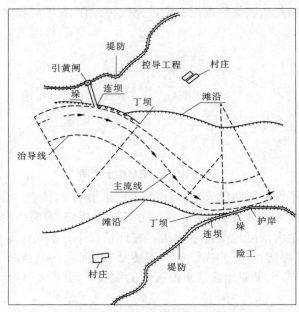

图 1-9-2　控导工程和险工示意图

析、试验和研究。因此,今后黄河险工改造和河道整治的任务都是十分艰巨的。

悬河议 *

平原河道纵比降缓,含沙量较大的水流往往沿程沉沙落淤,河床抬高,形成悬河。悬河具有区别于一般河流的特点,洪灾危害大,治理也更困难。本节以黄河下游为例说明之。

一、何谓悬河

悬河是指河床明显高出河流堤防背河侧地面的河(或河段),又称地上河。平原河流的一般特性是洪水时期水位高于河流沿岸地面;而悬河则是不仅洪水时期,中水及枯水时期水位也高于河流沿岸地面。

为了防止洪水灾害,平原河道一般修有堤防。对于来沙量大的河流,在河谷开阔、比降平缓的中下游,泥沙大量堆积,河床不断抬高,水位相应上升。为了防止水灾,堤防需随之相应加高,年长日久,河床即高出两岸地面,成为悬河。

二、古代悬河

黄河流域是中华民族的发祥地,河道两岸是当时经济发达的地区,人口密集。为了防止水患,春秋时期已修建堤防,战国时期堤防已具相当规模。在堤防的约束下,河道内泥

* 2001 年是华北水利水电学院建校 50 周年,作为该院的兼职教授,应约稿写了《悬河议》一文,登载于《华北水利水电学院学报》2001 年第 3 期。

沙落淤,河床不断升高。堤防鄙薄时期,遇水后易于决堤,水流将一部分河道泥沙带到堤外广大平原地区,以后水流复走原河道或水流改走新道,这样就不易形成悬河。当堤防质量较好不易决口或决口后很快被堵复时,河床就抬升快,易于形成悬河。

汉代是我国封建社会发展的一个重要历史阶段,政权稳定,封建制的社会关系进一步确立,生产力发展较快,水利技术和水利建设也得到了进一步的发展。"西汉时设有'河堤都尉''河堤谒者'等官职,沿河各郡专职防守河堤的人员,一般约为数千人,多时则在万人以上。"(《黄河水利史述要》)当时黄河堤防的尺度,《汉书·沟洫志》中有记载,淇水口(在今滑县西南)上下,堤身"高四五丈"。汉一尺约合今零点七市尺,四五丈约合现在9~10 m。尽管这些数据未必准确,但可看出西汉时黄河堤防已相当宏大了。

"早在先秦时代,黄河就称'浊河',汉代更有'河水更浊,号为一石水而六斗泥'之说。长期以来,在两岸堤防的约束下,大量泥沙在河道里淤积,河床便逐年抬高。西汉哀帝初年便有'河水高于平地',黎阳(在今浚县境)一带'河出民屋'的记载"(《黄河水利史述要》)。这表明在2 000多年以前黄河河道已成为悬河了。

南宋建炎二年(1128年),为阻止金兵南进,开封留守杜充,在滑县以西决河,以后数十年内或决或塞,迁徙无定,河分数股入淮。金章宗明昌五年(1194年)河决阳武(今原阳),大河流路大体为经今原阳、封丘、长垣、砀山、徐州,继而入泗夺淮流入黄海。清文宗咸丰五年(1855年),河决兰阳铜瓦厢改走现行河道。此前兰考东坝头以下的黄河改道后称为明清黄河故道。

黄河夺淮之后,在明清故道行河期间决口频繁,沿河30多个州县都曾受黄河决口之灾。在洪水泛滥的同时,大量的泥沙被带出堤外,泛区沉沙落淤。徐州市在新中国成立后建筑挖地基础,在地下4.5 m处发现老街道和房基;涟水县在城外挖深3~5 m才是原来的老地面。据了解淮河会黄后两岸的地面普遍淤高了2~5 m。

明清时期黄河水灾严重,但对黄河也多次进行治理,尤其为保漕运,曾数次采取修堤等措施。如明代白昂、刘大夏治河时堵决口、修堤防、建退水闸;潘季驯治河时以缕堤束水攻沙,以遥堤排洪滞洪,建滚水坝分泄洪水;清代靳辅、陈潢沿用明代潘季驯的治河思想,继续加修堤防等,致使明清故道的堤防顶部一般比背河地面高7~10 m。在堤防的约束之下,河床抬升的速度远比背河因决口而造成的地面抬升快。潘季驯在《河上易惑浮言疏》中说,在他治河时(16世纪七八十年代),"河高于地者,在南直隶则有徐、邳、泗三州,宿迁、桃源、清河三县;在山东则有曹、单、金乡、成武四县;在河南则有虞城、夏邑、永城三县,而河南省城(开封)则高于地丈余矣。"表明当时在清口以上已基本全为悬河。1855年决口改道后遗留的明清故道的大部分堤防临背差(堤防临河滩面减背河地面高程之差),一般达7~8 m。

清文宗咸丰五年(1855年)兰考铜瓦厢决口改道走现行河道之后,铜瓦厢以上原来就是悬河。铜瓦厢至东平湖间水流自由泛滥,经约30年的时间才形成完整的堤防。东平湖以下黄河夺大清河入海。"大清河原宽十余丈,为地下河。黄河夺大清河初期河宽三十余丈,至同治十年(1871年),大清河自东阿鱼山到利津河道,已刷宽半里余,冬春水涸尚深二三丈,岸高水面又二三丈,是大汛时河槽能容五六丈"(《历代治黄史》)。表明在改道初期由于东平湖以上200余km内的水流泛滥,泥沙沿途下沉,进入原大清河道的泥沙甚少,河道未发生大量淤积,为排泄黄河洪水,河道表现为展宽。随着铜瓦厢至东平湖两岸堤防的修建,进入大清河的洪水泥沙增大,河道也相应发生淤积。光绪二十二年(1896年)山东巡抚李秉衡称:"适光绪八年桃园(山东历城境)决口以后,遂无岁不决,……虽加修两岸堤埝,仍难抵御,距桃园决口又十五年矣,昔之水行地中者,今水行地上,是以束水攻沙之说亦属未可深恃"(《再续行水金鉴》)。表明光绪元年之后,原大清河由地下河逐渐变成了地上河。以后随着时间的推移,悬河形势日趋发展。

三、当代悬河

新中国成立以来,国家非常重视黄河的防洪工程建设,提高了河道的排洪能力,除新中国成立初期的1951年、1955年在接近入海口的利津发生两次凌汛决口外,均安全度过了各个汛期,彻底扭转了历史上频繁决口泛滥的局面,保证了沿黄两岸的安全。但是,进入下游河道的泥沙除排入渤海及引黄河水将少量泥沙带向背河之外,其他泥沙就淤积在河道内,致使淤积速度加快。过去决口时,尤其是伏秋大汛期决口除将洪水期的泥沙带向两岸外,还会冲起已淤积在河道内泥沙并带向泛区。1855年决口改道引起的溯源冲刷至今尚未完全恢复。决口可以减缓河道的抬升速度,但这种由决口引起的河道"泄肚子"的情况已不会发生,因此河道抬升速度较历史上快即属正常。

半个世纪以来,为了减少进入下游的泥沙,在上中游进行了水土保持,并修建了三门峡等水库,从而减少了下游河道的淤积。但下游河道平均年淤积仍达2亿~3亿t,下游河道的悬河形势也在加剧。现在黄河下游临黄大堤临背高差一般为3~6 m,最大者达10 m(见图1-10-1),使黄河成为防洪任务最艰巨的河流。

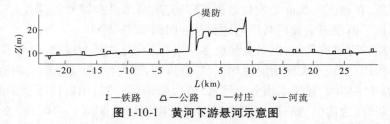

図 1-10-1　黄河下游悬河示意图

黄河下游河道为复式河槽,一般可分为枯水河槽、一级滩地、二级滩地;对于东坝头以上河段,由于受1855年铜瓦厢决口改道后溯源冲刷的影响,增加了一级高滩,成为三级滩地(见图1-10-2)。近些年来,由于河槽的严重淤积,三级滩地越来越不明显。习惯上将枯水河槽及一级滩地合称为主槽、二级滩地及三级滩地称为滩地。

黄河下游来水来沙是丰、平、枯相间的,它们塑造的河床也不相同。平槽(指主槽)流量变化较大,一般为3 000~7 000 m³/s。在洪水漫滩期间,进入滩区的洪水,流速减小,沉沙落淤,相对清水回归主槽,稀释水流,使主槽冲刷或少淤,称为淤滩刷槽。20世纪70年代以来,来水总的讲偏枯,发生大漫滩的年份少;加之1958年大洪水后滩区修建了生产堤,进一步减少了生产堤与临黄大堤之间滩地的漫滩次数,尽管90年代破除生产堤的力度大,但至今仍未彻底破除。在此情况下,发生淤滩刷槽的情况少,主槽淤高的速度快,滩地淤高的速度慢,生产堤与同岸临黄大堤之间的滩地淤积抬高的速度更慢。从70年代开始局部河段就出现了河槽平均高程高于滩地平均高程的情况(见图1-10-3),习惯上称为

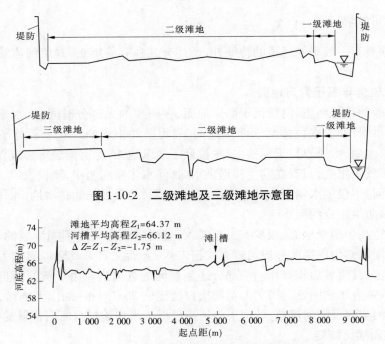

图 1-10-2 二级滩地及三级滩地示意图

图 1-10-3 2000 年 10 月杨小寨断面示意图

"二级悬河"。

　　表 1-10-1 为东坝头至高村河段诸断面的形态,从表 1-10-1 看出该河段河槽平均高程比滩地平均高程高 0.58 ~ 1.75 m,成为"二级悬河"的河段。

表 1-10-1 东坝头至高村河段诸断面形态

断面名称	河槽平均高程 (m)	滩地平均高程 (m)	滩槽高差 (m)	堤河深泓高程(m)	
				左岸	右岸
禅房	72.21	71.05	-1.16	70.90	68.30
左寨闸	70.85	69.22	-1.63	69.50	66.70
油房寨	70.36	68.87	-1.49	68.50	67.10
王高寨	69.10	67.80	-1.30		66.30
马寨	68.21	66.84	-1.37	62.60*	65.00
谢寨闸	67.02	65.78	-1.24		
杨小寨	66.12	64.37	-1.75	61.80*	65.20
西堡城	64.89	64.31	-0.58	61.50*	63.30
河道村	63.72	62.90	-0.82	59.00*	61.00

注:1. 本表采用 2000 年 10 月资料。

　　2. 带 * 者为天然文岩渠。

四、悬河的特点

悬河,除具有一般平原河道的特征外,还具有其独有的特点,并给河流综合治理带来不利影响。

(一)水位常年高于背河地面

对于一般的平原河道,河槽低于两岸地面,在一年的大部分时间内,水流在河槽内通过。只有在洪水期间,水位才高于两岸地面,靠堤防约束水流。对于部分平原河流或河段,即使在洪水期,水流也行于河槽内,水位低于两岸地面,不需修建堤防或仅在一岸修建堤防,一般不发生水灾,只有在发生稀遇洪水时,河水才漫向两岸,淹没农田,造成灾害。

对于悬河,不仅洪水期水位高于两岸,中水时期,乃至漫长的枯水期,水位也高于沿岸地面,全年靠防洪工程约束水流。

由于河道高于两岸地面,很少有支流汇入,且河道成为两岸不同流域的分水岭,黄河下游仅在右岸靠泰山山系的一段河道有汶河汇入,天然文岩渠及金堤河均为沿黄河左岸低洼地的支流,其流域面积有相当一部分还是黄河的老河道。由于黄河河道的不断淤积抬高,支流入黄愈来愈困难。历史上黄河决口泛滥的 25 万 km² 的广大地区,绝大部分成为现在的淮河流域及海河流域,黄河下游河道已成为淮河流域与海河流域的分水岭。

(二)滩面横比降陡

洪水期间,漫滩水流在滩唇部位流速很快降低,挟沙能力锐减,大量泥沙尤其是颗粒较粗的泥沙大量落淤,使漫滩水流的含沙量不断减小,造成滩唇部位淤积得多,在滩面上至滩唇愈远,淤积愈少,堤防临河侧堤根淤积得更少。这就形成了滩唇高、堤根洼,滩面存在横比降的情况。一般滩面越宽,横比降越陡,且滩面横比降要明显陡于纵比降。如黄河下游游荡性河道的东坝头至高村河段,横比降达 1/2 000 ~ 1/3 000,而纵比降约为 1/5 500,前者约为后者的 2 倍以上。

(三)河势多变

悬河都是堆积性河道。在泥沙堆积的过程中易于塑造新的河床,引起河势巨变。在一定水沙条件和河床边界条件下,河槽变为滩地,滩地变为河槽,出现"十年河南,十年河北"的情况。就河势演变的速度及幅度而言,黄河下游自上而下,由游荡性到弯曲性河道逐渐变小。但在不进行河道整治的天然情况下,河势变化都是很大的,如:

游荡性河道的柳园口河段,在 1954 年的一次洪峰过程中,河分南北两股,在一昼夜内,主股、支股两次交替。主溜原在北股,先演变至南股,继而又从南股演变到北股,北股复又成为主溜。

由游荡向弯曲转化的过渡性河段,在两个河道整治工程距离长时,河势变化也很快。邢庙至苏阁河段,长 14 km,河床土质抗冲性能差,流路很不稳定。从图 1-10-4 所示的 1948 ~ 1964 年主溜线套绘图可以看出,尽管主溜带的外型较为平顺,但就各条主溜线来看,有的较为顺直,有的接连数弯,流路年年各异,弯道在年际间的变化也是很快的。

弯曲性河段,1949 年汛期,中、高水位持续时间长,济南以下先后有 40 处险工靠溜部位大幅度下挫,9 处老险工脱河,朝阳庄险工脱河后主溜下滑了 2 km,并引起了以下河段的河势变化。

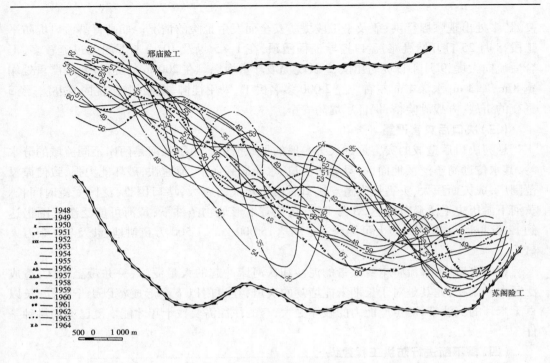

图 1-10-4　邢庙至苏阁河段 1948～1964 年主溜线套绘图

（四）防洪工程自行降低标准

对于悬河，其河道总的趋势是随着时间的推移而逐步抬升的。由于同流量水位每年都处于变化之中，为了防洪安全修建的防洪工程只能以某流量作为防洪标准。对已修建的防洪工程，经过数年之后，尽管其高程及断面没有降低或削弱，但由于河床的抬升，同一水位下的过洪能力将会减小甚至明显减小，已建的防洪工程数年之后就自行降低了防洪标准。

五、悬河的危害

（一）常年存在堤防决口危险

对于一般平原河道而言，堤防决口发生在水位高于背河地面的洪水时期。而对于悬河而言，中水期及枯水期水位也高于背河地面，水流靠堤防约束，如堤防存在隐患或经不起水流冲淘而坍塌出险，抢护不及即发生堤防决口。黄河下游悬河在非汛期发生决口，历史上是屡见不鲜的。如 1870 年 3 月郓城红川口决口；1885 年 5 月历城县堰头镇、姚庄、骚沟、郭家寨，青城县杨家庄，齐河县赵家庄决口；1888 年 5 月齐河县王窑东决口；1891 年 5 月鄄城县西李庄、殷庄决口；1904 年郓城县仲堌堆决口等。

（二）顺堤行洪危及堤防安全

对于滩地较宽的河段，滩地横比降远陡于纵比降，尤其是具有"槽高、滩低、堤根洼"特点的"二级悬河"河段，当发生较大的漫滩洪水时，进入滩地的水流流向堤根，沿堤根前的"堤河"汇流而下。由于水流较为集中，流速较大，成为顺堤行洪的局面。这些堤防又为平工堤段，经不起水流淘刷，往往坍塌出险。1976 年洪水期间，黄河下游绝大部分滩地漫滩,多处出现顺堤行洪、危及平工段堤防安全而发生抢险的情况。如高青县孟口堤防平工段,8 月 25 日开始漫滩,孟口控导工程漫顶,在 1 ~ 5 垛及 10 垛上下两处过流较多,汇合后流向大堤,9 月 4 日堤防出险,5 日晚堤坡严重坍塌。在 200 m 的堤段内,最严重处塌宽 8 m,厚 3 m,水深 4 m 左右。经 2 000 多名民工,采用挂柳、搂厢、抛柳枕固基办法,经 3 昼夜的奋战,方战胜险情,保证了堤防安全。

(三)决口后灾害严重

悬河决口后造成的灾害远远大于一般的平原河道。由于悬河是两岸不同流域的分水岭,其水位远高于泛区地面,一旦堤防决口,水流居高而下,流速快,破坏能力强,致使淹没范围广,成灾面积大,灾害损失重。决口后由于水流落差大,堵口困难,泛区受淹时间长。黄河下游历史上泛滥范围达 25 万 km²;在现有地形地物条件下,黄河可能泛滥范围仍达约 12 万 km²,一次决口最大可能成灾范围达 15 000 km²,1 500 万亩耕地,涉及 800 余万人口。

悬河决口后,水流将本身挟带的泥沙和从河床冲起的大量泥沙,一并带至泛区,造成泛区大量淤积,尤其是对于长期未能堵复的决口,在口门以下会形成宽以十千米计,长以百千米计的沉沙带,对生产能力的破坏更大,有的往往需要数十年才能恢复已有的耕种条件。

(四)需不断进行防洪工程建设

河道依照其保护对象按规范可确定其防洪标准,并依其修建防洪工程。对于一般的平原河道而言,按照防洪标准修建防洪工程后可长期保持防洪能力。而对于由泥沙淤积而形成的悬河而言,河道仍处于不断的淤积过程中,同流量水位不断抬高,导致已有防洪工程的防洪能力下降,为保持其防洪能力不得不对防洪工程不断进行建设。黄河下游悬河段 20 世纪 80 年代以前曾进行了三次大修堤,图 1-10-5 是部分堤段堤防修建的过程图,不难看出,防洪工程建设在不停顿的进行。90 年代至今仍在进行第四次大修堤工程建设。随着堤防高度的加大,抗洪保安全的难度也相应增加。

六、悬河的治理措施

悬河的治理措施,从来水来沙条件来说应该是降低洪峰、减少来沙;从本河段来说应该是加强防洪工程建设,使堤防不决口。堤防决口的形式主要有漫决、溃决和冲决 3 种。

(一)降低洪峰

洪峰高低是决定洪水致灾能力大小的主要因素。一场洪水的洪峰高时往往水量大;但也有峰高量小的洪水,即峰型瘦的洪水。对于年水量来说,年内最大洪峰高时并不一定年水量大。年内洪水期为几天、十几天、二三十天,其他时间流量要小得多。为减少悬河河段的防洪负担,可在其上游的适当地点修建水库,拦蓄洪水,降低进入悬河河段的洪峰流量。水库所蓄水量可在枯水期下泄,既可减少悬河段的洪水压力,又可把洪水期可能致灾的水量用于枯水期供水及灌溉。

(二)减少来沙

泥沙淤积是形成悬河的根本原因。在一定的来水条件下,进入悬河河段的泥沙愈多,悬河河段的淤积愈多,悬河发展的速度愈快。

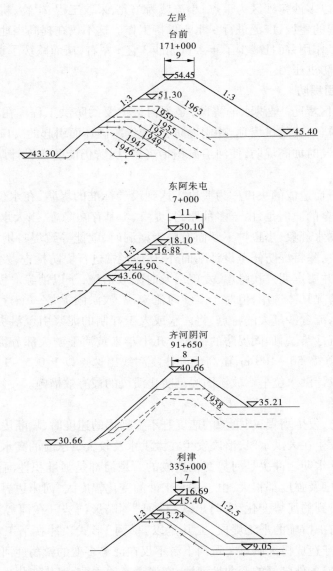

图 1-10-5 黄河下游堤防左岸部分断面修建过程示意图

在上中游修建大型水库,既可削减洪峰,又可利用水库的死库容拦沙来减少进入悬河河段的泥沙量;还可利用水库的有效库容调水调沙,改变水沙搭配,增加入海沙量,从而减少悬河河段的淤积。

在上中游河段大力进行水土保持是减少入河泥沙的最根本措施。在悬河的上游段往往有大面积的土质疏松、植被稀疏、地表裸露地区。在降暴雨、大暴雨时,尤其在地表坡度陡的山区、丘陵区,就会水沙俱下,将地表冲成千沟万壑,大量泥沙经支沟、支流汇入干流河道,造成河道淤积。在黄河上中游地区,在天然情况下,由于水土流失,平均每年进入河道的泥沙达 16 亿 t。半个世纪以来,从小到大,从典型示范到全面推广,从单项治理措施到综合治理措施;以多沙粗沙区为重点,小流域为单元,采取工程、生物、耕作措施结合,并注重治沟骨干工程的建设,广泛进行了水土保持工作。这不仅在提高当地农业生产、改善生态环境中发挥了作用,而且减少了年入黄泥沙 3 亿 t 左右,从而减缓了黄河下游悬河的发展速度,降低了防洪压力。

(三)加高加固堤防

堤防(含滞洪区堤防)是洪水的屏障,是悬河最主要的防洪工程。在洪水期间,水位超过设计防洪水位,水流越过堤顶,冲刷堤防,造成堤防破坏而引起的决口,称为漫决。为了防止漫决,必须及时加高堤防,使河道淤积抬高后,堤防仍能防御设计防洪流量相应的洪水位。

水流穿越堤身而造成的决口称为溃决。达到设计标准的堤防,在水位不超过洪水位时,堤防应该是安全的。但是,由于多种原因,堤身、堤基存在隐患,当大水偎堤后,往往出现管涌等严重渗漏水现象,当抢护不及而发展为漏洞时,就能导致堤身坍塌,以致造成决口。为了防止溃决,除将堤防修至设计断面外,还应经常进行堤防检查,发现残缺、水沟浪窝等要及时处理,并要定期查找隐患,发现后及时采取措施,予以消除。堤防加固的措施可视不同堤段的情况具体选用,但对于多沙河流来说,放淤固堤是一个行之有效的办法。放淤固堤是利用水流含沙量大的特点,将浑水或人工拌制的泥浆引至沿堤洼地或人工围堤内,降低流速,沉沙落淤,加固堤防的措施。几十年来黄河下游大部分堤段进行了放淤固堤,部分堤段已淤宽 50～100 m,淤高至设计浸润线出逸点以上 0.5～1.5 m,少量重点堤段顶部高程与设计洪水位平。放淤固堤是防止溃决的最有效措施。

(四)河道整治

水流冲淘堤防,发生坍塌,当抢护的速度赶不上坍塌的速度时,塌断堤防造成的决口,称为冲决。漫决发生在大洪水时,溃决发生在大洪水及较大洪水时的高水期,而冲决则是多发生在中水及低水期。冲决是河势变化造成的。悬河都是强堆积性河道,河势易于变化,有时变化的幅度及强度都很大,由于来水来沙的变化幅度大,河床边界条件差别大,往往出现一些预想不到的河势变化,有时出现"横河"等畸形河势。在河势演变的过程中,主流顶冲在没有防护措施的平工堤段,尤其是以"横河"形式顶冲在平工堤段时,常会快速冲塌堤防,给防守造成极大困难。黄河下游不仅在河势多变的游荡性河段,即使在流量变化较小、河床边界条件较好的弯曲性河段,在河道整治之前,河势变化也是很大的,1949年汛期曾因河势变化在济南泺口至利津河段造成严重抢险。为防堤防冲决,必须进行河道整治,控导主溜,稳定河势,减少突然发生的大险情。半个世纪以来黄河下游由易到难分河段进行了河道整治,弯曲性河段控制了河势,由游荡向弯曲转变的过渡性河段基本控制了河势,游荡性河段缩小了摆动范围,其中部分河段也已初步控制了河势。50 年内由于进行了河道整治,大大减少了险情,除因"横河"顶冲造成数次大的抢险外,没有发生冲决。

(五)淤筑相对地下河

"悬河"具有区别于一般平原河道的特点,致使其有区别于一般平原河道的危害,要避免这些危害就必须改变"悬河"的性质。黄河下游是"悬河",是淮河与海河的分水岭,要改变这种状态几乎是不可能的。但从长远考虑,为了减轻洪水威胁,在一定的宽度范围内,淤高两岸地面至设计洪水位,使黄河成为相对地下河还是有可能的。

随着国民经济的发展和科技水平的提高,按照放淤固堤的思路,抽取黄河泥沙到背河地面,在两岸各 0.5～1.0 km 宽的范围内淤至与设计洪水位平,使黄河成为相对地下河。通过试点取得经验,逐步推广,在一个较长的时期内还是能够实现的。这不仅大大提高两岸抗御洪水的能力,而且处理了一部分河道泥沙。淤筑相对地下河是黄河治理的根本措施之一。

参 考 文 献

[1] 黄河水利委员会《黄河水利史述要》编写组.黄河水利史述要[M].北京:水利电力出版社,1982.
[2] 徐福岭.黄河下游明清河道和现行河道演变的对比研究[C]//河防笔谈.郑州:河南人民出版社,1993.
[3] 胡一三.中国江河防洪丛书·黄河卷[M].北京:中国水利水电出版社,1996.

堵口议*

一、筑堤防洪

中国治河防洪的历史已有四五千年。远古时代人们是采用躲避的办法,"择丘陵而处之"。发明了夯土技术之后,"降丘宅土",由高丘移居平地,从事农业。为了防御洪水侵害,就筑堤限制洪水泛滥范围。

黄河防洪数千年来曾采用多种治河方略。筑堤防洪一直长盛不衰,至今仍为战胜洪水的重要手段。黄河下游堤防,春秋时期已有较多论述。春秋战国时期,诸侯分治,堤防互不统一,甚至以邻为壑,秦朝调整了堤防布局。西汉筑堤治河快速发展,黄河堤防"濒河十郡治堤,岁费且万万",每郡专职从事修守堤防的"河堤吏卒"达数千人,且已修建了"石堤",并提出了"宽河固堤"的思想。东汉王景率数十万人,筑堤"自荥阳东至千乘海口千余里",数百年时段内大大减少了河患。宋元治河,仍依靠堤防。明清时期,进一步修建堤防,同时保护堤防的埽工也得到了快速发展。

中华人民共和国成立后,国家十分重视修堤防洪工作,现在全国计有堤防 27 万 km。黄河下游是全国防洪的重点,半个世纪以来,在整修已有堤防的基础上,黄河下游堤防先后 4 次进行了加高、加固、完善。现在黄河下游堤防计长 2 291 km,其中临黄堤长 1 371 km。

堤防是防御洪水的屏障,保护了沿岸人民,减少了洪水灾害。历史上堤防决口是经常发生的。经过近几十年的堤防整修、加固,堤防的防御能力有很大提高,但由于洪水、河流条件的多变性及堤防工程的不均一性,堤防发生决口的可能性还是存在的。因此,为了减免洪水灾害,研究堤防堵口仍是必要的。

---

* 本文原载于《黄河史志资料》2008 年第 3 期,并以"略论堤防堵口"为题载于 2005 年 6 月 4 日"黄河报"。

二、决口类型

数千年来,堤防发生的决口大体可分为漫决、溃决、冲决 3 类。另外,还有为了特定目的的扒决。

(一)漫决

水流漫过堤顶或水位接近堤顶在风浪作用下爬上堤顶,使堤防发生破坏而造成的决口,称为"漫决"。造成漫决的原因是多方面的,一般有:①上游发生了超标准洪水,洪水位接近或超过堤顶。②施工中堤顶尚未达到设计高程。③施工中存在虚土层及软弱层,堤防大量沉陷使堤防高度不足。④河道内有阻水建筑物,减少了河道过洪能力,抬高了洪水位。⑤多沙河流的河道淤积,抬高了洪水位等。如清乾隆二十六年(1761 年),推估花园口洪水洪峰流量为 32 000 m³/s,河南武陟至山东曹县两岸堤防发生漫决 27 处;1933 年黄河下游大洪水时,河南陕县洪峰流量 22 000 m³/s,两岸发生漫决 50 余处,最严重的是河南长垣县,漫决达 30 余处。

(二)溃决

河流水位尽管低于设计洪水位,但由于施工质量不能满足要求、堤身或堤基有隐患,水流偎堤后发生渗水、管涌、流土等险情,进而发展为漏洞,因抢护不及时,漏洞扩大、堤防溃塌,水流穿堤而过,造成的决口称为溃决。造成溃决的原因主要是堤身、堤基中有隐患。如堤基有过去堵口时遗留的秸料层、堤身内有软弱层、与穿堤建筑物间的土石结合部施工质量不好、存在害堤动物洞穴等。如光绪十三年(1887 年)郑州石桥决口、渭河下游南山支流 2003 年 9 月初的堤防决口都为溃决。

(三)冲决

水流冲淘堤防,造成坍塌,当抢护的速度赶不上坍塌的速度时,塌断堤身而造成的决口,称为冲决。造成冲决的原因主要为:由于大溜顶冲,依堤防修建的坝垛被冲垮,造成大溜直接冲淘堤身;因河势变化,大溜或较大支汊顶冲堤防平工段,造成堤身坍塌;洪水期漫滩水流在一些堤段顺堤行洪、冲塌堤身等。如道光二十三年(1843 年)河南中牟九堡决口、咸丰五年(1855 年)河南兰阳铜瓦厢决口等。

(四)扒决

为了某种特定的目的,人为扒开堤防造成的决口,称为扒决。其原因大多为战争的需要。如:①南宋建炎二年(1128 年)杜充决河。南宋赵构王朝,为了阻止金兵南进,开封留守杜充,在河南滑县以西决河。②1938 年郑州花园口扒口。在日本侵华期间,日军快速侵占中国大片领土,为阻止日军,国民党军队在郑州花园口掘堤扒口。"扒决"堤防不管是否能够达到目的,扒决后泛区内与其他决口一样,灾害都是很严重的。

三、修筑裹头

堤防决口之后,为防水流继续冲塌堤防、扩大口门,而在口门两端断堤适当部位修建的工程,称为裹头(见图 1-11-1)。堤防决口初期,在水流作用下口门扩大较快,为减少以后堵口的工程量,堤防决口后一般应积极修建裹头。口门下游侧断堤头顶溜分水,堤身塌退速度快,要重点抢修下裹头。口门上游侧断堤头,当口门发展到一定宽度后,可能不坍塌或塌退速度甚慢,但口门以上河势可能发生变化,且在堵口时口门缩窄也会使流速加快,造成后退,因此一般情况下,也需要做上裹头。如1998年九江堵口时,先是利用钢木土石组合坝结构裹护下游断堤头;上游断堤头几乎不受水流冲刷,但在进堵过程中上游断堤头就发生了坍塌后退。修筑下裹头时,要先修建顶溜分水堤段,并要多用料物,防止出险,然后接修防护段,将溜导引外移,以防继续坍塌。修筑上裹头时,要先藏住头,然后向下修建,不管断堤头是上斜还是下斜,在坝头上跨角以上靠溜时,应先修上跨角以上的防护工程,再向下接修裹头段。

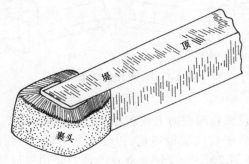

图 1-11-1　裹头示意图

对于洪水期的决口,裹头时所留口门的宽度应考虑具体情况,在洪水期难以堵口时,口门不可过窄,过窄了裹头难以修守,守住裹头后,口门冲刷过深,堵口时就更困难。因此,洪水期决口又不具备马上堵口条件的,可在断堤后退适当距离挖槽修筑裹头。在修筑裹头后不立即堵口的情况下,应加强观测,发现险情及时进行抢护。

四、堵口时机

选择堵口时机直接关系到堵口难易、堵合时间长短、人力与料物的消耗等。恰当选择堵口时机是堵口成功的关键因素之一。

历史上受技术及财力条件的限制,一般汛期不堵口。如郑州石桥堵口,光绪十三年十一月十三日动工开挖引河,十二月二十日由东、西两坝开始进堵。

堵口要尽量避开洪水期,在汛期堵口时也应尽量选择在平水期。汛期堵口一定注意洪水预报,堵口过程中遇到洪水时,可暂停进堵,并做好已进堵部分的抢护工作。

选择堵口时机主要考虑大河流量的大小,并要考虑河势、料物准备情况。大流量时口门过流大,在堵口进堵中过流断面缩窄,流速加快,冲刷深,口门上下游水位差增大,不仅增加了堵口料物用量,而且加大了堵口难度,尤其是在合龙时。因此,堵口应尽量避开大流量和水流顶冲的情况。在堵口进堵之前,要积极筹备堵口料物及相应的工具及设备。

五、堵口方法

堵口方法可分为3种:立堵法、平堵法、混合堵口法。

(一)立堵法

从两端裹头相对向水中进堵,或从口门一端向另一端推进,逐步缩窄口门,最后堵截所留龙门口,称为立堵法。这是采用较多的堵口方法,如2003年9月渭河石堤河河口堵口及罗纹河河口堵口均采用立堵法。一般使用单坝进堵(见图1-11-2)。按是否两端进堵,可分为单坝双向进堵和单坝单向进堵。进堵时应在坝体下游浇筑后戗。若水流湍急,水头差大,可用双坝进行堵口,一般前者为正坝,后者为边坝。正边坝同时进堵,正坝稍快于边坝,两坝间填的土料称为土柜,边坝下游修筑后戗。

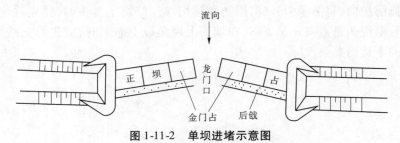

图1-11-2　单坝进堵示意图

(二)平堵法

沿口门宽度,抛投料物,自河底向上逐层加高,直至高出水面,截堵口门水流,称为平堵法。平堵时一般先平行于口门架设便桥,以便抛投料物,如利津宫家堵口。1921年7月19日决口,1922年11月20日与美国美商亚洲建业公司签订堵口合同,采用打桩填石修截流坝堵口(见图1-11-3),分为便桥、铺底、填石、席包、秸埽、填土6部分,至1923年7月21日断流闭气。10月中旬全部竣工。

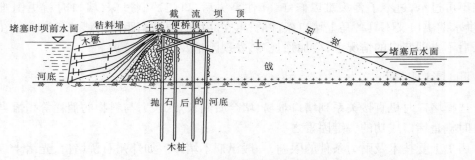

图1-11-3　宫家堵口截流坝横断面图

(三)混合堵口法

根据口门的具体情况和立堵、平堵的不同特点,因地制宜地采用立堵和平堵相结合的堵口方法,称为混合堵口法。在软基上堵口,可先在两端进坝立堵,当口门缩窄后,流速加快再用平堵。如郑州花园口堵口。1945年冬实测口门宽1 460 m,过水部分水面宽1 030 m,滩地部分宽430 m。堵口时滩地部分在西部,用立堵法,深槽在东部,用平堵法。1946年3月1日堵口正式开工,4月中旬西坝新堤与浅水进堵完成1 000 m。5月20日至6月21日东部筑好栈桥。6月28日至7月中旬东部44排桩被冲走。11月5～11日补桩,修复了栈桥,12月15日,桥上铁路通车,大量抛石,20日栈桥又被冲断,最后缺口宽32 m,水深12 m,后决定在平堵的基础上,改用埽工立堵法双坝进占合龙。1947年3月15日正坝合龙,4月20日闭气,5月全部竣工。

六、堵口准备

在堵口开始前,首先要调查、探测口门段的地质情况、水下地形、口门段的河势及口门以下原河道的情况,并要进行必要的水文观测。根据上述情况确定堵口方法及施工方案,合理确定堵口进堵坝线。两裹头之间口门处,水深大、流速快,进堵困难,堵口坝线一般为从两端裹头开始、凸向上游侧的弧线。堵口时若采用引河及挑流坝,要经过现场调查,合理确定引河及挑流坝的位置。对于夺流口门还需进行老河道疏挖。

堵口前要准备充足的人力、工具、机械和料物。由于堵口时情况多变,又需一气呵成,必须留有 30% ~ 100% 的安全量。机械一定要与选用的堵口方法和料物相适应。堵口料物一般要就地取材,常用的料物主要有树枝、秸料、木桩、绳缆、铅丝、石料、土料、袋类(麻袋、编织袋、草袋)等。采用平堵时要有架桥的钢材、长桩等。采用钢木土石组合坝堵口时,要备钢管、木板、木桩等。

对于多处决口时,要确定堵口顺序。掌握先堵下游口,后堵上游口;先堵小口,后堵大口;若小口在上游,一般也先堵小口,具体可根据上下口门距离及过流情况确定。

七、减少来流

减少来流是指减少堵口时的大河流量。在"堵口时机"一节已提出,选择流量不大的平水期、枯水期实施堵口,这里的减少来流是在合理选择堵口时机的前提下,利用已有的水利工程进一步减少河道流量。其方法一般有两种,即利用口门以上的水库拦蓄及口门以上的闸门分水。

(一)利用水库拦蓄水流

当口门以上有水库时,在水库调度运用方案允许的条件下,充分利用水库拦蓄,减少水库下泄流量。堵口最困难的时期一般为进堵至龙门口前及合龙期,要依据水文预报、确定水库来流量及过程,按照水库可能提供的库容、水库至口门的距离以及堵口进度安排,通过计算合理确定水库下泄的流量过程,使口门段合龙期大河流量最小。对于口门以上有水库群的,还要合理安排各水库的蓄水量及拦蓄时段。

(二)利用水闸分泄水流

当口门以上有水闸时可利用两岸的水闸分流,以减少口门段的大河流量。水闸有引水闸和分洪闸两种。水闸分水时间需要考虑闸至口门的距离。对于引水闸,一般流量较小,需要结合用水户的需求合理利用。在汛期堵口,天气降水较多,农田不需水时,灌溉引水闸难以分流。对于蓄滞洪区的分洪闸,过水能力较大,但运用时需进行分析比较。堤防决口后,泛区已经受灾。若利用蓄滞洪区分水就会造成新的灾情,因此是否利用蓄滞洪区分水需进行综合比较才能确定。

减少口门以上河道来流,主要考虑水库或水库群的作用,水闸分水作为安全因素,一般在计算中不予考虑。

八、引河导流

引河导流,是指堵口过程中为减少进堵后期及合龙时口门的过流量,在河道内的适当部位开挖引河,引导水流进入原河道。对于决口后没有全河夺流的分流口门,因原河道仍走水,一般不需要挖引河。

多沙河流决口后,尤其是夺大河的决口,决其上必淤其下,口门以下原河道要发生淤塞,长度可达数千米至数十千米。因此,对于夺大河的决口,只有挖引河,才能配合堵口使河回归故道。引河的位置重在河头、次为河尾。河头应选在口门对岸主溜转弯处的凹岸(见图1-11-4)。但引河头不可距口门过远,堵口进占后,口门前水位要抬高,过远了抬高水位对引河头处的水位影响小,不利于增加引河过流。引河尾选在老河道未受或少受淤积影响的凹岸深槽处。引河的线路多为头尾相连的直线,若滩面上有老河身,也要尽量利用。引河需先开挖,只留头尾两部分以后开放。引河开放时机,对多沙河流堵口,关系甚大。在黄河上堵口,一般多在即将合龙,堵口坝前水位抬高,且引河头水位已经抬高,主溜靠在引河口位置时,开放引河。引河过流后,口门过水减少,加快进堵,使口门前水位进一步抬高,相应引河过流增加,利于合龙。开放的步骤是先开河头,水流到河尾并壅高一定程度后再开放河尾,以利水流下泄。为更好地导溜入引河,在口门上游常常修建挑水坝。其作用是挑溜外移,减少水流对堵口的压力,并将主溜挑向引河头,利于引河过溜。挑水坝的位置及长度以能将溜挑向引河头为好。在引河头对岸的上游,一般要修建3~5道挑水坝,坝的长度原则上修至主溜的一半,具体修建时可根据地形、流量、河势及主溜的变化情况确定。

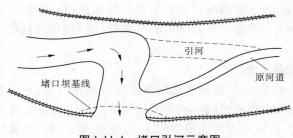

图1-11-4　堵口引河示意图

九、进堵合龙

(一)进堵

两端裹头是堵口进堵的基地,是进堵的生根之处,因此在进堵时首先要检查两裹头的情况,必要时应进行加固,宽度不能满足进堵要求的进行加宽。

依据口门尺度,过流大小,溜势缓急,确定堵口坝的形式,选择进堵坝基线。对于过流少的小口,可采用单坝进堵。仅自上裹头进堵,于下裹头前合龙的,称为单坝单向进堵,如2003年9月渭河石堤河河口堵口;如条件许可,从两端裹头进堵,于中部合龙的,称为单坝双向进堵,如2003年9月渭河罗纹河河口堵口。单坝进堵中,为保坝体安全,坝后应浇筑土戗,土戗前进速度要滞后于进堵坝。对于过流较大的口门,单坝进堵难以稳定的,可在正坝下游加修一道下边坝,在正、边坝之间填土出水后,夯打坚实,高与坝平,称为土柜。正坝与边坝配合堵口的,叫作双坝进堵。如果在正坝上下均修边坝,称为三坝进堵。双坝及三坝进堵均可分为单向进堵和双向进堵两种,其正坝均要沿选定的坝基线前进。

对于全河夺溜的口门,进堵时口门上下游水位差可能达 4 m 以上的,水流湍急,冲淘力很强,一道正坝难以进堵成功。在此情况下可将水头分为二级,在正坝以下适当距离加修一道坝,称为二坝。二坝回水应壅到正坝,故不能太远,但也得躲开口门缩窄后正坝下的冲刷坑。

1998 年 8 月长江九江堵口时,先在口门上游侧沉船 8 只,又在船两端及船间抛块石筑堤连成一道围堰。口门前为滩地,水深浅,沉船后船出水面,因船间水流急,船体外壳光滑,在船体间抛投块石、钢筋笼稳定十分困难。围堰完成后,减少了口门的过流量和口门上下的水位差。沿原堤线用钢木土石组合坝进堵、合龙。九江堵口实为二级,钢木土石组合坝为正坝,围堰减少了正坝上下的水位差及过流量,为正坝的堵口成功创造了条件。

进堵坝体结构,可视水流、地形、料物、技术等条件决定。对于决口时间长,口门很宽,已部分出滩的口门,浅滩部分可先采用旱地施工的办法修筑土堤,至水域后再改为水中进占。如郑州花园口堵口时,1946 年 3 月就先修筑了长 800 m,顶宽 20 m,均高 8 m,临水坡1∶2,背水坡 1∶3 的新堤。水中进占部分使用立堵法的,可分别采用黄河埽工的修筑方法逐占前进,抛块石、笼等抗冲力强的物体进堵,钢木土石组合坝进堵等。

（二）合龙

在单向进堵或双向进堵时,随着口门的缩窄,进堵愈来愈困难。为了堵口成功,当口门余下某一最小宽度(过去黄河堵口,一般在 20 m 左右)时,进一步检查已进堵的坝体,顶部加高至堵口完成后最高水位以上,且留有适当的超高,坝上游抛防冲材料,将土柜、后戗加至相应高程,进而检查料物、工具设备是否满足要求。进堵时留下的最小宽度或缺口,称为龙门,也称龙口或金门。

封堵龙门称为合龙。黄河堵口龙门水深可达 20～30 m,合龙是堵口中最困难的一道工序,关系整个堵口的成败,防止只讲进度、不考虑稳定的情况发生。绝不可没有把握地强行合龙。

合龙的方法可根据料物、技术、水流情况分别选用下述方法。

1. 合龙埽法

在龙门所筑的埽体称为合龙埽。黄河上过去堵口龙口宽一般为 10～25 m,上口比下口宽 2～3 m。图 1-11-5 为合龙埽合龙的示意图。

2. 抛枕法

当口门缩窄,用合龙埽不易堵合时,龙门可留宽些,采用抛枕合龙。枕有护底抗冲作用,多用柳石枕,在浮淤河底上抛枕可抵抗 5 m/s 的流速,在枕上抛枕可抵抗 8 m/s 的流速。图 1-11-6 为抛枕合龙示意图。1934 年贯台决口后,堵口合龙时原拟采用合龙埽合龙,因水深将及十丈,水势过急,改用抛柳枕合龙。

3. 其他

根据水流情况可采用抛块体(如块石、石笼等)合龙,与进堵一起用钢木土石组合坝合龙等。这些合龙方法,料物之间空隙较大,合龙后应抓紧修好闭气。

十、抓紧闭气

堵口工程合龙后,为处理坝体漏水而采取的工程措施,称为闭气。口门合龙后,必将

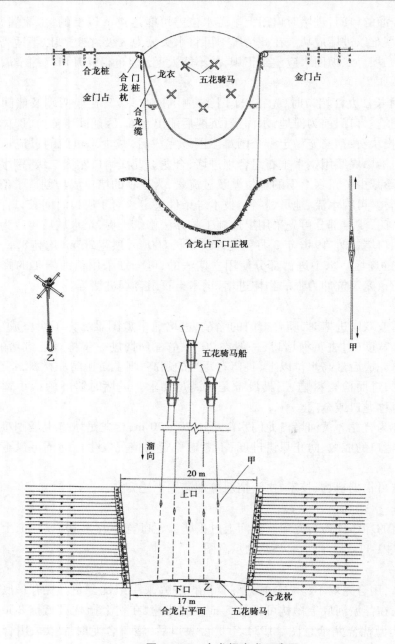

图 1-11-5　合龙埽合龙示意图

抬高水位,增大水压力,坝体内的空隙、通道过流增加;若坝基与土结合不严,会在坝基以下冲沟,出现大体积沉陷,直接危及进堵坝体安全,甚至造成冲跨坝体。合龙并不是堵口的结束,合龙后应尽快修作闭气工程,切不可稍有忽视,以防前功尽弃。

进堵坝体,合龙前由于下游水位高,漏水未必严重,但在合龙后,下游水位大幅度降低、漏水加重;合龙段及与两端进堵坝体结合处漏水更为难免。

2003 年 9 月初渭河石堤河河口堵口前期,曾试图开进汽车封堵口门,但无效。后于 9

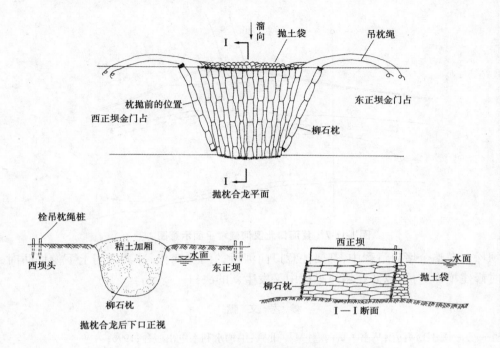

图 1-11-6　抛枕合龙示意图

月 5 日决定堵口方案并开始进堵,中旬合龙、闭气。在 10 月 9 日现场查勘时,尽管上下游水位差很小,曾沉汽车的西端仍有冒水泡等涌水情况。因此,抓紧修好闭气工程是件非常重要的工作。

　　闭气的方法可分为上游截和下游平压两种类型。在口门上游有滩地,水深浅时可在滩地修筑月堤,内填黏性土闭气。在合龙占及与两端结合处漏水严重时,可修门帘埽。在合龙埽上首,铺防渗布,外抛蒲包、土袋,流速很小时还可抛散黏土。对于采用双坝进堵的,还可利用边坝合龙,浇筑土柜、后戗完成闭气。对于单坝进堵,上游侧水深,下游侧不甚低洼时,可在下游侧修筑月堤,形成养水盆,平压后使坝不透水。1998 年长江九江堵口时,8 月 7 日开始堵口,12 日下午钢木土石组合坝合龙,历时 5 d。接着利用沉船、块石修筑的围埝,在钢木土石组合坝前的近似矩形的区域内抛投散黏土,于 15 日中午闭气,效果良好,堵口共历时 8 d。

十一、辅助工程

　　为配合堵口可视情况修一些辅助工程。对非全河夺溜的决口,若口门前有滩地,且溜势不太急,可在口门上游适当部位修作桩柳坝、挂柳等透水工程,以减少口门过流量。如 1988 年汛前黄河河口清 7 断面以下,截堵北汊河时,在截流坝以上修建了桩柳坝(见图 1-11-7)。

　　在凌汛期堵口时,为解决冰凌对堵口工程的影响,一般在工程前打逼凌桩,或在埽占上绑架木排,以抵抗冰凌冲撞坝体,并要辅以人工破凌措施,开通溜道,推凌下泄。

　　进堵筑坝过程中,若正坝发生险情,在坝前及时抛投料物予以防护,若险情严重也可

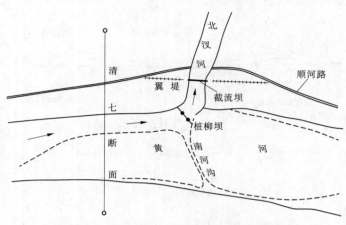

图1-11-7　黄河口北汊河截堵平面示意图

加修坝垛。在整个堵口过程中,都要注意口门河段的河势变化,冲淘口门上下游堤防时,应及时修建坝垛防护,以防在堵口过程中又发生新的决口。

参 考 文 献

[1] 胡一三. 中国江河防洪丛书·黄河卷[M]. 北京:中国水利水电出版社,1996.

[2] 黄河水利委员会编写组. 黄河埽工[M]. 北京:中国工业出版社,1964.

[3] 徐福龄. 黄河下游河道的历史演变[C]∥中美黄河下游防洪措施学术讨论会论文集. 北京:中国环境科学出版社,1989.

黄河埽工介绍*

黄河是一条多沙河流,沙量之多、含沙量之高居世界诸河之冠。黄河是中华民族的摇篮,人们在征服黄河、改造黄河的漫长历史中创造了辉煌的古代文化,埽工就是其中的一大发明。以下对埽工的沿革、分类、材料、家伙、厢埽方法等[1,2]以及埽工在当代的应用做一简要说明。

埽工是以薪柴(秸、苇、柳等)、土、石为主体,用桩绳盘结拴系成为整体的河工建筑物。它的每一个构件叫作埽个或埽捆,简称埽,小的叫埽由或由。将若干个埽捆累积连接起来,沉入水中并加以固定即成埽工,图1-12-1是埽工中的一种结构形式。埽工的出现及演变已有2 000多年的历史。

埽工用具有一定弹性的秸料或柳料筑成,料间又有一定的空隙,所以它具有一定的弹性。在水流冲击埽工时,便可消刹水势,降低流速,阻滞泥沙,促使落淤,所以埽工是适用于多沙河流的河工建筑物。

由于秸料和柳料的容重小,放入水中容易飘浮,仅当埽体的质量大于入水埽体所排开的浑水质量时,埽体才会下沉。如仅用薪柴、桩、绳做埽,势必将埽体筑得很高,当下部受到水流冲击时,易于倾倒,故需在料上压容重较大的土料,促其下沉入水,直至河底。土料

---

* 本文是作者2010年对多次介绍材料整理而成。

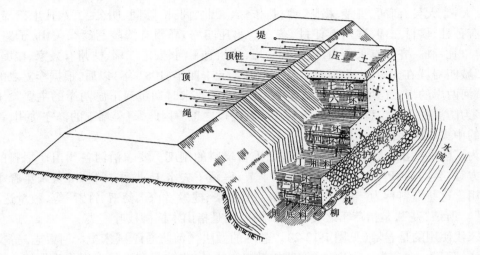

图 1-12-1　埽工结构示意图

易被水流带走,施工中要将所压的土全部包于料内。施修每层料物都要及时打桩、拴绳,攀拉在堤上或河岸上。埽体一定要厢(厢为河工术语,意思是修筑)至水面以上,出水高度一般为 1.0~1.5 m。埽体的各种材料相互依附,用其所长,避其所短,形成一个完整的防御水流的建筑物。古人将做埽用的料、土、绳、桩、水比作人体上的皮、肉、筋、骨、血。埽体的外层为料,能防水流冲刷,谓之皮;土在内部,充实埽体,谓之肉;绳可栓拉,攀系埽体,谓之筋;桩可绑系绳缆,支撑埽体,谓之骨;水可涵养埽体,延长秸埽寿命,谓之血。经常在水中的埽体,寿命可达七八年,旱地的埽体,一两年就要腐烂,水位变化区的埽体寿命更短。

在科学技术不发达的古代,我国劳动人民就地取材修成一种适应多沙河流特点的御水建筑物,在世界水利史上,也是一个创举。

一、埽工的沿革

埽工创始于什么时间,现在还难搞清。但其起源很早,先秦时期的文献《慎子》中就有"茨防决塞"的记载。据考证,"茨防"就是类似埽工的建筑,当时已经能用于堵塞决口了。也有人认为埽工起源于汉代,因为汉代堵口工程中运用了许多埽工所需的材料和类似埽工的建筑。但是,比较肯定的是,北宋以前埽工已有相当规模。北宋时期,埽工技术已十分成熟,并被普遍运用。埽工虽然起源早,但"埽工"二字始见于文献记载,则在宋代。

宋代是埽工发展的高潮期。根据《宋史·河渠志》的记载,北宋前期不仅已有专门管埽的官员,而且有完善的埽料准备制度,还有详细的制埽程序,并有对沿河两岸埽工的全面规划、统计。同时明确指出,这些都是"旧埽""旧制"。因此,北宋以前黄河两岸对埽工的使用已经积累了相当丰富的经验。

北宋前期,黄河下游两岸已修建有 46 处埽工。《宋史·河渠志》中记述这 46 处埽工自上而下的分布情况是:"孟州有河南、北二埽,开封府有阳武埽,滑州有韩房二村、凭管、石堰、州西、鱼池、迎阳凡七埽,旧有七里曲埽,后废。通利军有齐贾、苏村凡二埽,澶州有濮阳、大韩、大吴、商胡、王楚、横陇、曹村、依仁、大北、冈孙、陈固、明公、王八凡十三埽,大名府有孙杜、侯村二埽,濮州有任村、东、西、北凡四埽,郓州有博陵、张秋、关山、子路、王陵、竹口凡六埽,齐州有采金山、史家涡二埽,滨州有平河、安定二埽,棣州有聂家、梭堤、锯牙、阳城四埽。"在此以后,沿河埽工又有增修。元丰四年(1081年)以后,根据李立之的建议,黄河两岸的埽工已增至59处。这些埽工,就是北宋时期黄河下游两岸的主要险工堤段,多为防洪的重点工程。如防守不力,即有决口之患。因此,每年埽工的修守费用,都由当时的中央政府保证按计划拨给。

为了防洪度汛,北宋时期明确规定了准备埽料的制度。要求沿河各州出产埽料的地区地方官,会同治河官吏,每年秋后农闲季节,率领丁夫水工,收采埽料,准备来年春季施工时用。这些埽料称为"春料",包括"梢、芰、薪柴、楗橛、竹石、茭索、竹索"等,数量达"千余万"。所谓"芰",是指芦苇之类;所谓"梢",则是指山木榆柳枝叶一类。

宋代使用的是卷埽(见图1-12-2)。卷埽的做法,《河防通译》《宋史·河渠志》等文献都有详细记载。《宋史·河渠志》记载的做埽方法是:先选择宽平的堤岸作为埽场。在地面密布草绳,草绳上铺梢枝和芦荻一类的软料;再压一层土,土中掺些碎石;再用大竹绳横贯其间,大竹绳称为"心索";然后卷而捆之,并用较粗的苇绳拴住两头,埽捆便做成了。这种埽的体积往往很大,"其高至数丈,其长倍之",需要成百上千人喊着号子,一起用力,将卷埽推到堤身单薄处或其他需要下埽的地方。埽捆推下水后,将竹心索牢牢拴在堤岸的木桩上,同时自上而下在埽体上打进木桩,一直插进河底,把埽体固定起来。这样,埽岸就修成了。

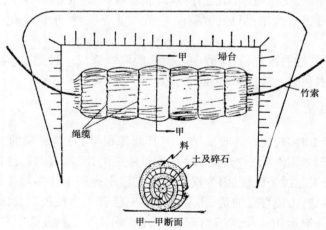

图1-12-2　卷埽示意图

直到清代中期以前,黄河埽工大都采用卷埽类型。埽的形式虽然不断发展变化,但卷埽的做法大体沿袭了宋代的基本程序和主要方法。

金元时期,黄河埽工继续受到朝廷重视,对埽工的修守管理更加严格。按照埽工的作用和形状,已将埽工分成"岸埽""水埽""龙尾埽""拦头埽""马头埽"等多种[3]。白茅堵口时,就采用了"两岸埽堤并行"的办法。

金代黄河向南迁徙后,相当一段时间黄河下游河道主流摆动很大,决口十分频繁,因而修建埽工的位置已有变化。开封以上宋代的旧埽大体保留下来。开封以下新河因主流时有变动,故埽工相对较少。据《金史·河渠志》记载,金代黄河下游共有 25 埽。每埽设散巡河官一员,每 4~5 埽设都巡河官一员,全河共配备埽兵 12 000 人,由这样一支组织完善、制度严密的河兵专门负责埽工的修守。这实际上是金代黄河防洪的一支重要专业队伍。

元代黄河下游河道又发生大的变化,因长期多支分流,所以元代未见提及沿河埽工的修守。但是,这一时期埽工技术更多地用在保护局部堤防和堵口的工程中。贾鲁在著名的白茅堵口工程中就征用了宁夏水工来制作卷埽。其做法大体与宋代相似。

明代前期黄河也是多支分流,到明代后期,黄河下游逐渐有固定的河道,流经开封、兰考、商丘、砀山、徐州、宿迁、淮阴一线,系统堤防逐步形成。堤防的修守,仍是靠埽工作防御工程。按照埽的作用和形状,将其分为 8 种:①靠山埽(险工段主埽),②箱边埽(修于顺水坝两侧的埽),③牛尾埽(可能为挂柳的别名),④龙口埽(堵口时,最后合龙所用之埽),⑤鱼鳞埽(按鱼鳞状连续修建的埽),⑥土牛埽(可能指旱埽,一般土多、薪柴少,故称土牛埽),⑦截河埽(堵口截流的埽工),⑧逼水埽(在河中用埽进占修作的挑水坝)[3]。堵口工程中,大量使用埽工,明万历年间潘季驯主持堵塞高家堰大堤的决口,开始用其他办法屡堵不成,最后还是用埽工堵上了。万恭在《治水筌蹄》中总结堵口的经验时就指出:"先以椿草固裹两头,以保其已有。却卷三丈围大埽,丁头而下之,则一埽可塞深一丈、广一丈,以复其未有,易易耳。"这就明确记载了卷埽仍然是当时堵口的基本方法。但是,技术上有了发展。在抢险方面为克服麻绳、梢料不能经久的缺点,提出了结构类似竹笼装石的"大囤"之法。为防止风浪淘刷堤坡,采用了用秸柳或草捆成的"埽由",系之以绳,浮于水面,消刹风浪,至今仍为防风浪的方法之一[3]。明代在埽料的使用上也有一些变化。宋代一般是"梢三草七",元代用梢很少,不及草的 1/10。但明代用梢又有增加,一般用柳梢料约占草的 1/5,无柳时则用芦苇代替,不再使用竹索,而代之以麻,石料用得很少。在堵口方面,针对龙门口上宽下窄的情况,采用头细尾粗的"鼠尾埽"合龙,效果很好,此法在近代堵口中仍然采用[3]。

由于卷埽体积大,修作时需要很大的场地和大量的人工,否则就难以施工。所以,清代对修埽方法进行了改进。经过长期的实践、摸索,在清代乾隆年间,逐步把卷埽的方法改为沉厢式的修埽方法。清乾隆十八年(1753 年),正式批准将这种厢埽法用于铜山县黄河堵口,以后遂普遍推广使用。这是埽工技术上的一次重大改进。清代在埽料使用上也发生了一些变化,逐渐用秫秸代替柳梢,清雍正二年(1724 年)正式批准在山东、河南的黄河上用秸料做埽。古代卷埽方法几乎失传。

沉厢式修埽是用桩、绳把秸料绾束成整体,以土压料,松缆下沉,逐层修作,直到河底,即修成为一个埽体。做埽时,开始几层上料要厚,压土要薄;在埽体接近河底时,因过流断面减小,流速增加,水流冲刷力加大,应采用薄料厚土的办法,促其下沉。一般秸与土的体积比为 1∶0.3~1∶0.5,这种做埽的方法一直沿用至今。

二、埽工的分类及修埽材料

(一)分类

在埽工发展的过程中,其种类也在不断增加,可分别按修作方法、形状、位置、作用等进行分类。

1.按厢修方法分

自古以来,习惯上把修埽称为厢埽。

1)顺厢埽

厢埽时料物的铺放与水流方向成平行的埽,称为顺厢埽(如图 1-12-3 所示)。可用于堵口工程或护岸。

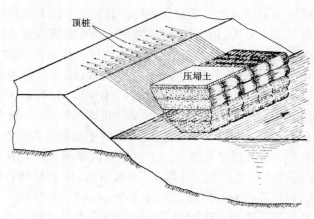

图 1-12-3　顺厢埽

2)丁厢埽

厢埽时料物除底坯用顺厢外,其余各坯料物均按垂直于水流方向铺放的埽,称为丁厢埽(如图 1-12-4 所示)。可用于护岸及抢险。

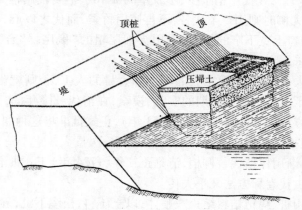

图 1-12-4　丁厢埽

2.按平面形状分

1)磨盘埽

厢修的埽体呈半圆形,且埽体顶面相对其他埽的面积大,称为磨盘埽,如图 1-12-5 所示。磨盘埽多为埽群中的主埽,用于溜紧水急之处,它能上迎正溜下抵回溜。

2)鱼鳞埽

厢修的埽体顶面头窄尾宽,连续数段或数十段,形似鱼鳞的埽,称为鱼鳞埽(见

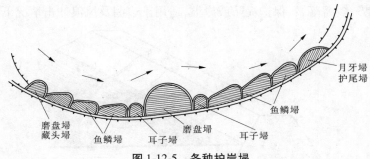

图 1-12-5 各种护岸埽

图 1-12-5）。它是最常用的一种形式,大溜顶冲或水流坐弯处多采用。

3）月牙埽

厢修的埽体顶面形似月牙、呈弓形的埽,称为月牙埽（见图 1-12-5）。它较磨盘埽的抗溜作用小,但可用来抵御较轻的正溜及回溜。

4）耳子埽

埽体是位于主埽两旁且埽面较小的埽,称为耳子埽（见图 1-12-5）。因形似主埽的两耳而得名,具有防止回溜淘刷的作用。

5）雁翅埽

厢修的埽体顶面头尖尾宽,段段相连,形似雁翅的埽,称为雁翅埽（见图 1-12-6）。它可抵御正溜和回溜。

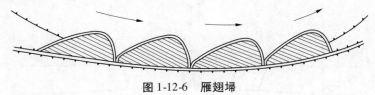

图 1-12-6 雁翅埽

6）扇面埽

厢修的埽体顶面外宽内窄形似扇面的埽,称为扇面埽（见图 1-12-7）。它可以抗御正溜及回溜淘刷,但不及磨盘埽的御溜能力大。

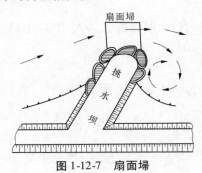

图 1-12-7 扇面埽

7）凤尾埽

将带有枝叶的柳树,倒挂于水中,用绳缆拴牢,系于堤顶（或岸顶）桩上、树冠上坠压重物数处,使其入水,并要数株或数十株放为一排,称为凤尾埽,也称挂柳（见图 1-12-8）。

它可以消刹水势,缓溜落淤,保护堤防或岸坡,适用于边溜及风浪冲击情况下的防护。

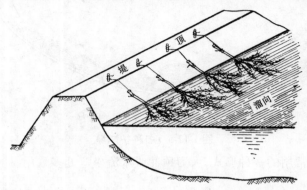

图 1-12-8　凤尾埽

3. 按在堵口中的位置分

堵口、截流时,由口门两端向中间进占,直至合龙、闭气。按各占体间的相对位置分为如下几种。

1)金门占

在堵口或截流时,位于龙门口左右两侧的占,叫作金门占(见图 1-12-9)。其为堵口或截流合龙时的重要阵地。

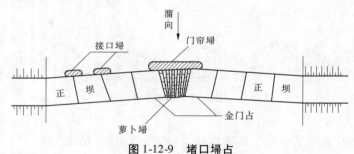

图 1-12-9　堵口埽占

2)合龙占

堵口、截流中,为封堵龙门口而厢修的上口大、下口小的大埽体,称为合龙占,也叫萝卜埽(见图 1-12-9 和图 1-12-10)。

3)门帘埽

堵口、截流中合龙以后,为防止口门透水,利于闭气,在口门处迎水面所修作的埽,称为门帘埽(见图 1-12-9)。

4)接口埽

为掩盖埽占接口而修作的埽(见图 1-12-9),称为接口埽。它具有防止两占间集中过水的作用。

4. 按作用分

1)藏头埽

在险工段上首修作的埽,称为藏头埽(见图 1-12-5)。可修成磨盘埽、月牙埽等形式。

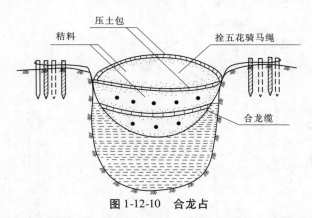

图 1-12-10　合龙占

作为一段险工上端的埽头,掩护以下埽段,免遭剌后路之险,故名藏头埽。

2)护尾埽

在险工段末端修作的埽,称为护尾埽(见图 1-12-5)。可修成月牙埽、鱼鳞埽等形式。用以托溜外移,防止水流淘刷埽段以下堤岸,故名护尾埽。

3)裹头埽

在大堤决口后的断堤头或挑水坝的坝头,为防止水流冲淘所修作的埽,称为裹头埽(见图 1-12-11)。

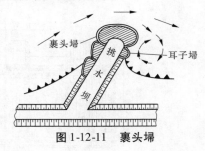

图 1-12-11　裹头埽

4)等埽

在河水将到堤根之前,未雨绸缪,预先在旱地上修做的埽,叫等埽(亦称旱埽)。待河水到达时,即可防止水流冲刷堤岸。

另外,还可按埽的相对位置分为肚埽、面埽、套埽,按厢埽料物分为秸埽、柳埽等。

(二)常用工具

1.月牙斧

月牙斧为锋利的钢斧,形如月牙(见图 1-12-12),重约 0.4 kg,用以截秸料的束腰和砍断绳缆。

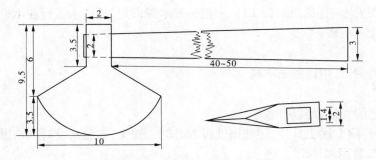

图 1-12-12　月牙斧　(单位:cm)

2.手磏

手磏为重 40 ~ 50 kg 的铸铁圆柱,周围有 8 根立柱,另用 16 根横木嵌入,并用绳拴牢(见图 1-12-13),用以打顶桩或在坚硬的地上打桩。

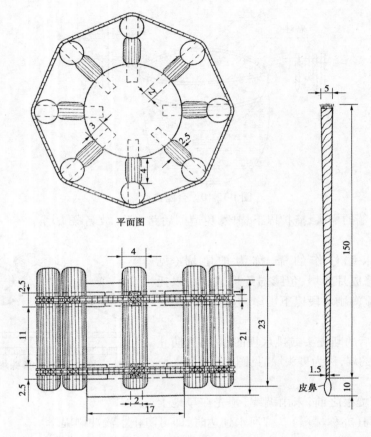

平面图

图 1-12-13　手硪

3．齐板

齐板用坚牢的木材(如槐、桑木)制作,也叫大板。其形状为前端扁平,把为圆形,末端方形(见图1-12-14),用以拍打埽眉,使之平整。

4．压柳把叉

铁叉上安上木把(见图1-12-15),木把长视水深而定,做透水工程在木桩上安柳把时,用其将柳把互相压密。

5．铡刀

铡草用的铡刀,用以截断秸料。

6．油锤

铁头木把的大锤,用以打签桩。

在厢埽时,除上述工具外,还使用铁锤、木榔头、铁叉、三股叉、撑杆、铁锹、锯、锛等。

(三)埽工常用术语

埽工在其沿革的过程中,形成了一套专用术语。

1．埽体各部位的名称

(1)埽和占。用绳缆、桩将薪柴(秸料、柳枝等)、土、石连结成整体所筑成的御水工程,叫作埽。用于堵口、截流的每段埽体,称为占。

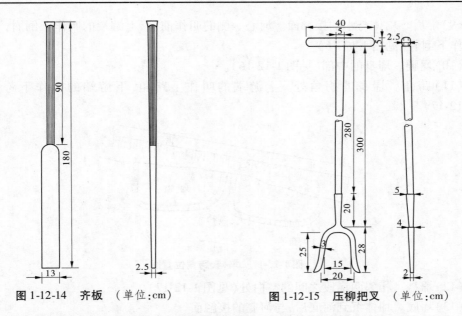

图 1-12-14 齐板 （单位:cm）　　　　图 1-12-15 压柳把叉 （单位:cm）

（2）埽枕或秸枕。用绳将秸料捆束成整体,外形为枕状的构件。直径 1m 左右,长度按照需要确定。

（3）埽由。用小绳将薪柴捆成的枕。直径 0.3～1.5 m,长度视情况而定。一端用绳缆系在堤顶木桩上,使埽由浮在水面可做堤坡(或岸坡)防风浪淘刷之用。

（4）埽身。埽的本体。靠堤防(岸坡)部分称为后身,靠河心部分称为前身(见图 1-12-16)。

（5）埽面或埽顶。埽的顶面(见图 1-12-16)。

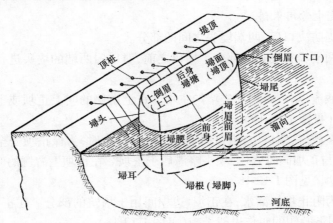

图 1-12-16 埽体各部位名称

（6）埽口。埽面的周边线叫作埽口。上游端的叫作上口,下游端的叫作下口(见图 1-12-16)。

（7）埽头。埽的上游端(见图 1-12-16)。

（8）埽尾。埽的下游端(见图 1-12-16)。

（9）埽眉。埽体与水的接触面。河心一侧的叫作前眉，上游端的叫作上倒眉，下游端的叫作下倒眉（见图1-12-16）。

（10）埽腰。埽身的中部（见图1-12-16）。

（11）跨角。埽身的拐角处。上游端的叫作上跨角，下游端的叫作下跨角（见图1-12-17）。

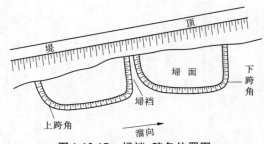

图 1-12-17　埽挡、跨角位置图

（12）埽挡。相邻两埽段之间的空白处（见图1-12-17）。

（13）埽底。埽体沉到河底后，与河底的接触面。

（14）埽根或埽脚。埽底的周边线（见图1-12-16）。

（15）埽耳。埽根的上游端和下游端（见图1-12-16）。

（16）埽塘或埽膛。埽身的内部（见图1-12-16）。

（17）花土。修埽时，头几坯（层）压土很薄，土面不连续的压土。

（18）大土又称顶土。埽到河底后，最后在埽面上压的一层比较厚的土。

（19）家伙、家伙桩。埽工每坯料上拴打不同组合形式的桩绳叫家伙。每坯料上拴绳缆的木桩叫家伙桩。

2. 堵口、截流中常用术语

（1）口门。堤防决口后，两端堤头之间的部分。

（2）裹头。两端堤头裹护的部分。堵口之前，对口门两端的堤头进行裹护，以防口门扩大。

（3）正坝。截流、堵口时用埽进堵的主坝。在上游侧的叫上正坝或上坝，在下游侧的叫下正坝或下坝（见图1-12-18）。

（4）边坝。在截流、堵口中，当口门上下游落差较大时，为保正坝安全，在正坝的上下游另修的坝。它与正坝同时修作，坝头略滞后于正坝。在正坝上游侧的叫作上边坝，在下游侧的叫作下边坝（见图1-12-18）。

（5）土柜。为阻止坝体漏水，在正坝、边坝间用土填筑的部分。在正坝上游侧的叫作上戗土柜，在正坝下游侧的叫作里戗土柜（见图1-12-18）。

（6）二坝。大型截流、堵口中，当水流过口门的高差大时，在正坝下游再修的一坝（见图1-12-19）。

（7）金门又称龙门口。截流、堵口合龙时，在金门占之间所留的缺口。

（8）后戗。在采用单坝堵口的正坝下游侧或采用正坝、边坝堵口下边坝的下游侧，修一道土堤，出水后夯实，以防漏水。图1-12-20为用正坝、下边坝堵口时的后戗剖面图。

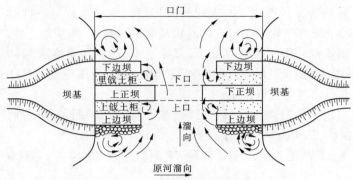

图 1-12-18　正坝、边坝进堵示意图

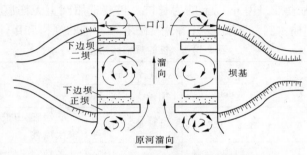

图 1-12-19　正坝、二坝进堵口剖面图

（9）合龙。在截流、堵口中，堵合龙门口称为合龙。

（10）闭气。正坝、边坝合龙后，立即压土，填土柜，并筑后戗，使口门不再漏水。

图 1-12-20　后戗剖面图

（四）修埽材料

在埽工沿革的过程中，就地取材是其显著的特点。所用材料——薪柴、土、石、桩、绳等都是在黄河沿岸易于得到的。按照习惯做埽材料可分为正料和杂料两种。修埽的主体材料，如薪柴、土、石等称为正料；起联系作用的木桩、绳缆、麻、麻袋、蒲包、铁器等称为杂料。

1. 正料

（1）秸料。即高粱秆，属薪柴类材料。备料时要选择新的、干的、长的、整齐而带根的。其容重一般为 $70 \sim 80 \ \text{kg/m}^3$。它性质柔软，但易于腐烂。

（2）苇料。属薪柴类。备料时要选择粗大直长的，其容重一般为 $100 \ \text{kg/m}^3$。其性质与秸料大体相同，但比秸料耐腐烂。

（3）梢料。即各类树梢，属薪柴类，以柳梢为优。$2 \sim 3$ 年生的柳枝为最好。其容重一般为 $180 \sim 200 \ \text{kg/m}^3$。柳枝虽不如秸料、苇料柔软，但耐久性好。柳枝易于抓底，尤其在沙底或滑底（淤泥底）情况下。柳枝不足时，也可用杨树、榆树的枝梢代替。由于梢料不宜长久堆存，最好随用随采，如做柳石枕的备料，可捆成直径 $0.1 \sim 0.15 \ \text{m}$ 的柳把来保存。

（4）软草。也叫黄料，属薪柴类，如稻草、谷草、麦秸、蒲草等。经水后易腐烂，其不透水性好。一般多用于塞埽眼。选料时，以干的、柔软的、涩的为好。

（5）杂柴。属薪柴类，如玉米秆、棉花秆、田菁秆、水红花秆、沙打旺秆等。在秸、苇、柳料缺乏的地区，杂柴可作为配用料。因其极易腐烂，故只能作应急之用。

（6）土料。由于修埽用的薪柴容重小，都浮于水，故靠压土增大埽体质量，使埽体下沉到底。最好采用老淤土（经风化后的胶泥）；其次是壤土；用粉土或沙土压埽，易于下漏被水流冲走，万不得已时才允许使用。

（7）石料。可用于压埽以及用抛散石（或柳石枕）维护埽根，其抗冲能力强。但一般运输距离远，价格贵，历史上用的方量很少。

（8）砖料。在石料缺乏的地方，可用砖料代替石料。但在水位变动区砖易被冻裂、脱落。

2. 杂料

（1）桩。修埽时按照长度可将桩分成签桩、短桩和长桩。长度在 1.5 m 以下的为签桩，1.5～3.0 m 的为短桩，3.0 m 以上的为长桩。桩要选用圆直无伤痕的木料。短桩多用柳木料，受力大的用榆木料。长桩多用杨、榆、松木等。桩的规格和用途见表 1-12-1。

表 1-12-1　桩的规格和用途

类别	名称	长度（m）	直径(cm)		用　途
			梢径	顶径	
一般埽工	顶桩	1.5～1.7	13	15	底勾桩、占桩、过肚桩及各种明暗家伙顶桩
	腰桩	1.7	8	10	各种家伙的腰桩
	家伙桩	2.0	9	12	各种家伙桩及滑桩
	签桩	1.0～1.5	5	7	练子绳、包眉子及明家伙的啮牙
	揪头桩、合龙桩	2.7	12	16	揪头桩、合龙桩、五花骑马桩
	长桩	3.5～5.0	14	18	提脑、揪艄、柳坝等桩
	长桩	5.0～15.0	14～26	20～35	柳坝、硬厢、签埽桩
卷埽	揪头桩	2.3～3.0		15～18	一般厢修用直径 15 cm、长 2.3 m，堵口直径 18 cm、长 3.0 m
	底勾、占和尾抉等桩	1.7～2.3		13～15	一般厢修用直径 13 cm、长 1.7 m，堵口用直径 15 cm、长 2.3 m
	签桩	6、8、10、13		18～24	签定卷埽用，长短依水深而定

注：1. 埽工原用桩木长度全按旧制，如顶桩长 5 尺，腰桩长 5 尺，家伙桩长 6 尺，签桩长 3～4.5 尺，揪头桩、合龙桩长 8 尺，现均折为米。桩的直径是按常用的列入。

　　 2. 木桩长度要求不超过 ±5%，直径要求不超过 ±5%。

（2）绳。按照绳缆的材料，可将其分成如下 6 种。

①竹缆。由竹篾拧成或编成，也叫篾缆。按制造方法可分为编制和拧制两种。竹缆入水后结实耐用，但拴系及接头时不甚方便。

②麻绳。可由苎麻或苘麻制成。用苎麻制作的叫作好麻绳。苎麻比苘麻结实，抗拉力大，且耐沤；一般都用苘麻绳。拧绳时要计划好长度，尽量减少接头。

③苇缆。黄河上所用的苇缆有三种：一为毛缆，用连叶带皮的青苇拧成，只可用于缓

溜处或埽内不重要的部位;二为光缆,用黄亮的大芦苇篾拧成,它比毛缆结实;三为灰缆,用高大的芦苇篾放入灰池中浸泡 7 d 后再拧绳,其性柔耐久。

④草绳。常用的有四种:一为蒲绳,用蒲经拧成的为最好,入水耐沤;二为稻草拧成,极易腐烂,只能用于临时性工程;三为龙须草绳,用龙须草拧成,抗拉力大于蒲绳,且能在水中耐久,其价高于蒲绳而低于苘麻绳;四为毛柳绳,为内蒙古等干寒地带的产物,可为两股绳,或由三条两股绳拧成的多股绳。

⑤棕绳。可分为白棕绳和红棕绳。性质坚韧,干湿均可,抗拉力大且耐用。但因价格昂贵,在黄河上很少采用。

⑥铅丝缆。用柳梢作埽时多用之。多用 8#、10#、12#、14#、16# 铅丝作成。常用单股、三股和六股 3 种。

各种绳缆均应储存在料场比较高的地区,下部垫高,以免潮湿,并要注意防雨、通风。各绳缆的规格及用途见表 1-12-2。

表 1-12-2 埽工中长用的绳缆

名　称		每条长度（m）	直径（cm）	股数	每条质量（kg）	适用范围
竹缆	编成的	60	3.0~5.0	3	60	堵口和截流工程中的提脑、揪艄主缆或埽占的束腰绳
	拧成的	100~120		3		堵口和截流工程中的提脑、揪艄主缆或埽占的束腰绳*
苇麻绳	盘绳	66.7	5.5	3	60	堵口和截流工程中的过肚绳、占绳、底勾绳、把头缆、合龙缆和明家伙绳
	锚顶绳	30	4.0	3	30	提脑、揪艄的锚顶绳
	引绳	40	1.1	3	5	合龙缆过河的引绳
苘麻绳	细绳		1.0	2		编织合龙时的龙衣
	经子		0.8~1.0	1		零星捆扎及扎龙衣用
	核桃绳	17	2.5~3.0	3	2.5~3.5	练子绳及捆扎用
	六丈绳	20	3~4	3	7.5~9.0	作埽占时下对抓子及做不甚重要的家伙绳
	八丈绳	27	4~5	3	10~12.5	厢埽时的各种暗家伙绳及做不很重要的底勾绳
	十丈绳	33	5~6	3	17.5~25	底勾绳及各种暗家伙绳
	大缆	66.7	7~9	3	60~80	各种明家伙绳及截流、堵口时的过肚绳、占绳、底勾绳、把头缆和合龙缆
	拉埽绳	6~12	3~5	3		捆卷埽身时拉埽
	十二丈绳	40		3	35~40	底勾绳、占绳、箍头绳、穿心绳、揪头绳等
	十八丈绳	60		3	70~75	底勾绳、占绳、箍头绳、穿心绳、揪头绳等

续表 1-12-2

名　称		每条长度（m）	直径（cm）	股数	每条质量（kg）	适用范围
苇缆	毛缆	33	4.5~5.0	4	15~20	以往做卷埽使用甚多,现多在不重要的埽中使用
	光缆	33	4.5~5.0	4	20~25	以往做卷埽使用甚多,现多在不重要的埽中使用
	灰缆	33	4.5~5.0	4	20~25	以往做卷埽使用甚多,现多在不重要的埽中使用
	光缆	40	5~6	4	30~35	卷埽的占绳、箍头绳、束腰绳等
	光缆	13	3~4	2	4~5	卷埽的腰绳
草绳	大蒲绳	20	4.4	4	10	捆枕、龙筋绳、底勾绳
	小蒲绳	9	1.6~1.8	4	1	捆柳石枕
	稻草绳		1.2~1.5	2		捆柳把,也可做卷埽的腰绳
	小龙须草绳	10	1.3~1.5	3	0.5	练子绳等
	大龙须草绳		3.0	4		一般埽段底勾绳
	毛柳绳	13	3~5	2	2~3	卷埽的腰绳
	毛柳绳	13	5~7	3	4~5	卷埽的倒拉绳
	毛柳绳		8~9	2		卷埽沉放时的揪头绳
棕绳	白棕绳	230	4~5	3	200~350	锚缆及锚顶绳等
	红棕绳	230	4~5	3	200~350	锚缆及锚顶绳等
铁丝缆	8#	435		单	50	柳石搂厢中的底勾绳,捆柳石枕的龙筋绳、吊枕绳、束腰绳和卷埽揪头绳
	12#	30~100		3	5.0~15.5	柳石搂厢中的底勾绳,捆柳石枕的龙筋绳、吊枕绳、束腰绳和卷埽揪头绳
	16#	70~100		6	9.5~13.5	柳石搂厢中的底勾绳,捆柳石枕的龙筋绳、吊枕绳、束腰绳和卷埽揪头绳
	油丝缆		2.5~3.0	6	2~3(kg/m)	堵口时的提脑、揪艄主缆**
	柳根绳		1.6	2		捆柳石枕的龙筋绳

注:* 内有竹白心子,** 六股缆内有七股麻心。

（3）杂项。埽工中所用的杂项料物有草袋、蒲包、麻袋等。

三、厢埽家伙

埽工所用的料物,是靠桩绳盘系在一起的。黄河下游习惯上把这些不同组合形式的桩绳,叫作家伙。

图 1-12-21 示出的是采用羊角抓子时,桩的布置及绳的拴绕方法。在修埽中,不同情况、不同部位,采用不同的布桩形式和绳缆绕系方法,即采用不同的家伙。桩绳的拴打方法是一种技巧,能否合理的使用家伙,是厢埽成败的关键。

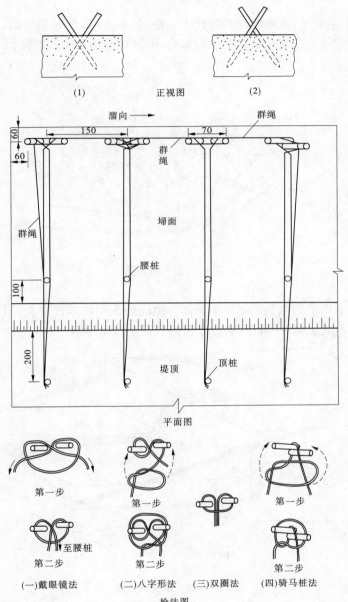

图 1-12-21　　羊角抓子拴法示意图　（单位:cm）

在厢埽的实践过程中,创造了许多成功的桩绳拴打方法,其中以羊角抓子、鸡爪抓子、单头人、三星及棋盘等为基本方法。可根据不同的情况联合使用。家伙的种类繁多,可从不同的角度分类。

(一)按桩绳在埽中的位置分

1. 明家伙

埽体外露桩绳的家伙叫明家伙。其使用的桩绳多,力量大,多在堵口和截流中使用。

1）骑马

由两根桩十字交叉，用麻绳拴紧再拴上大缆，每 1.5～2.0 m 用一副（见图 1-12-22）。因系直拉，属硬家伙。截流和堵口中使用骑马，可防止崩裆和埽占下移。

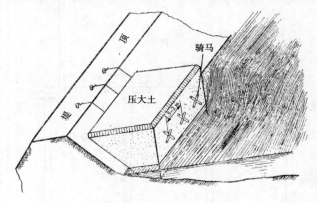

图 1-12-22　骑马图

2）揪头与保占

图 1-12-23 示出的为揪头与保占示意图。揪头的作用是揪住埽头，用保占绳后拦，使埽体只能下沉，不能前爬，使新占、老占紧密结合而不发生危险。

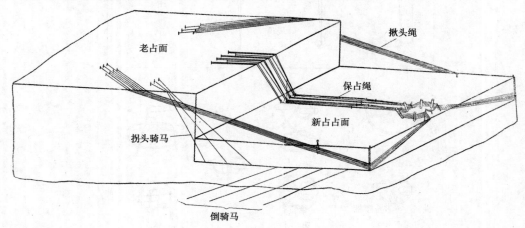

图 1-12-23　揪头透视图

3）包角

包角也叫笼头，可分为单包角与双包角，如图 1-12-24 所示，其主要作用是兜住埽占或跨角，以防埽体突然下蛰。若一角下蛰，可用单包角；若埽体前部蛰动，用双包角，即做两个包角。

4）束腰

束腰是为防止埽占的前爬和截头而使用的家伙（见图 1-12-25），使新占能稳靠在老占或堤跟上。

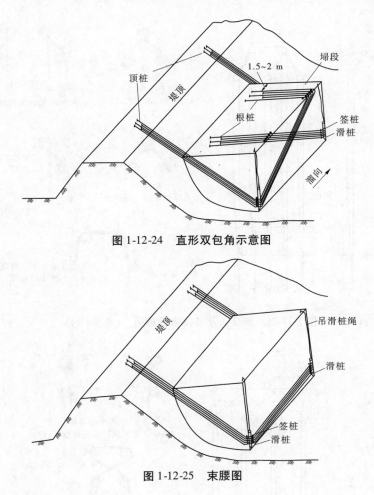

图 1-12-24 直形双包角示意图

图 1-12-25 束腰图

2. 暗家伙

除在岸上的顶桩外,全部桩绳均在埽肚内的家伙叫暗家伙。截流、堵口、抢险中均可采用。

1)羊角抓子

羊角抓子是用两根桩交叉钉在埽的前眉或占的左右两侧眉附近,桩的位置及绳的拴法如图 1-12-21 所示,桩斜入埽内 1.5 m,并要打腰桩和顶桩。其桩绳受力快,属硬家伙。

2)单头人

单头人使用的三根桩呈等边三角形,前一后二,桩的布置如图 1-12-26 所示,若前后排按等距离各加一桩,即为连环一次,绳的拴法有两种。

3)棋盘

棋盘采用两排桩,前后排相对,每个棋盘需家伙桩两根,每连环一次增加桩两根,桩的拴法及布置如图 1-12-27 所示。

鸡爪抓子、三星、五子、连环五子、圆七星、连环七星、占、三排桩、满天星等均属暗家伙。

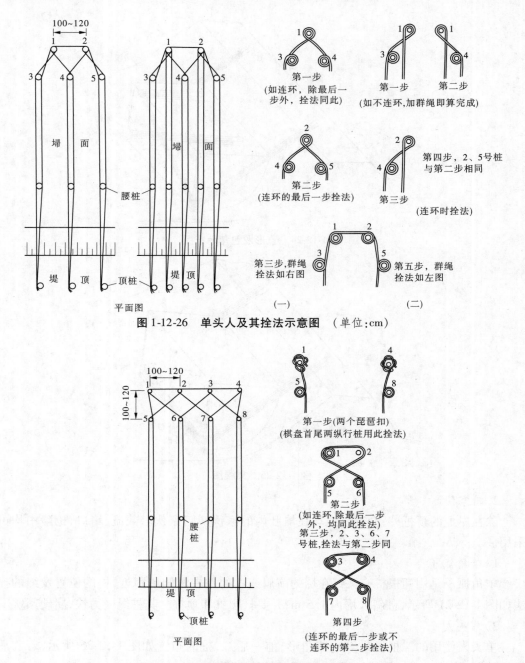

图 1-12-26　单头人及其拴法示意图　（单位：cm）

图 1-12-27　棋盘及其拴法示意图　（单位：cm）

（二）按绳缆受力的快慢分

1. 硬家伙

绳缆拴在少数的桩上，绳在桩上绕的圈少，绳的伸缩性小，受力快。在需使桩绳很快受力时采用。

1）鸡爪抓子

鸡爪抓子使用 3 根桩，交叉钉入埽内，直桩入埽肚 1.5～1.6 m，其拴法详见图 1-12-28。

正视图

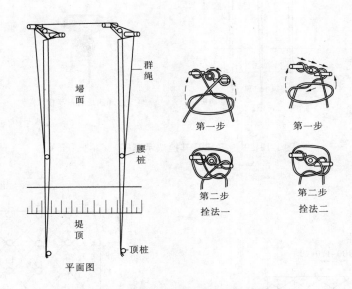

图 1-12-28 鸡爪抓子及其拴法示意图

2）三星

三星使用三根桩，前二后一，每连环一次，需增加前后桩各一根。修埽时多连环使用。桩的布置及绳的拴法见图 1-12-29。

羊角抓子、连环五子、占、腰抓子、骑马等也为硬家伙。

2. 软家伙

绳缆在桩上多绕几圈，再拴于顶桩上。因绳缆的伸缩性大，受力慢，往往在埽身下沉后才起后拉作用。

1）五子及连环五子

五子的桩为 5 根，前后排各 2 根，四桩中间 1 根。桩的纵横距均为 1.0～1.2 m。每增加前、后、中 3 根桩即连环一次，连环次数视埽的情况而定。连环五子的布置见图 1-12-30。

2）满天星

满天星的家伙桩可布置在整个埽面上或出险埽段内。桩的排距和横距为 1.0～1.2 m，桩的布置见图 1-12-31。

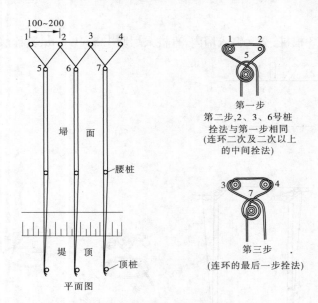

图 1-12-29　三星及其拴法示意图　（单位：cm）

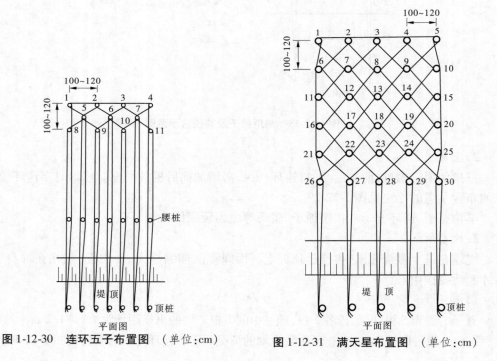

图 1-12-30　连环五子布置图　（单位：cm）　　　　图 1-12-31　满天星布置图　（单位：cm）

棋盘、三排桩，扁七星、蚰蜒抓子等也为软家伙。

（三）按固结力的大小分

1. 一般家伙

一般家伙使用的桩绳较少，固结力相应较小，是常用的家伙。

2. 重家伙

重家伙使用的桩绳多,固结力大,在堵口及抢大险时多用。

1)连环七星

七星分圆七星和扁七星。圆七星桩的布置分三排,前排二、后排二、中排三,图 1-12-32 中的 1、2、5、6、7、10、11 桩即组成一个圆七星,连环七星是在圆七星基础上连环,每连环一次需增加 3 根桩,连环的次数按照埽长和需要确定。

2)占

桩的布置与单头人相似,但排距为 0.8~1.0 m,横距仅为 0.2 m(见图 1-12-33)。根据需要可连环使用。该家伙的绳缆是密拴直拉,且横距少,有强大的后拉力量,为家伙中的最硬最重者。

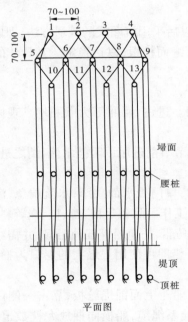

图 1-12-32　连环七星示意图　(单位:cm)

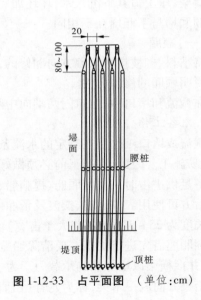

图 1-12-33　占平面图　(单位:cm)

七星占、枪里加铜也为重家伙。

修埽时家伙的选用视需要而定。一般的埽占,头几坯要用硬家伙,以防前爬;在埽占中坯,埽体尚未到底前,用软家伙或软硬兼有的家伙,如棋盘、五子,以固结埽体;埽占到底后,采用硬家伙,以防埽占前爬。当遇胶泥滑底时,可采用满天星等软家伙,以增加阻滑力。为保持受力平衡,在埽面上的家伙一般都采用对称拴打。连环使用桩绳时,除满天星可双向连环外,其他家伙均只能横向连环。

家伙中使用的桩的种类很多,其规格见表 1-12-3 所示。

表 1-12-3　常用桩施工规格

规格\桩别	斜入形			直立形		腰桩	顶桩
	一般	揪头桩	关门桩	一般	合龙		
桩长(m)	2.0	2.7	2.0	2.0	2.7	2.0	1.5
直径(cm)	9 ~ 12	12 ~ 16	9 ~ 12	10	12 ~ 16	8 ~ 10	13 ~ 15
打入深度(m)	1.5	1.6 ~ 1.7	1.2	1.2 ~ 1.3	1.9 ~ 2.0	1.5 ~ 1.6	1.2 ~ 1.3
上露长度(m)	0.5	1.0 ~ 1.1	0.8	0.7 ~ 0.8	0.7 ~ 0.8	0.4 ~ 0.5	0.2 ~ 0.3

四、修埽方法

宋代以后利用卷埽的方法修埽,清代乾隆年间以后采用沉厢式的筑埽方法,即以绳缆拴系薪柴、压土迫其下沉入水,坯坯加厢,直至到底,继而护根,以达稳定。其具体的厢修办法顺厢埽与丁厢埽互不相同。

(一)顺厢

将秸料、柳枝按顺水流方向厢修的,称为顺厢埽。进占、搂厢等为顺厢埽。现以进占为例说明顺厢的修筑方法。

在截流和堵口中,由口门两端向中间分节筑埽,节节前进用以阻挡水流,谓之进占。

1. 准备工作

截流或堵口工作是在特定的水流条件下进行的,口门处水面狭窄,水流湍急,流态紊乱,不易施工。因此,在开工前必须做好充分的准备工作。除备足秸、柳、桩、绳等料物外,还要备足供进占时用作捆厢船、提脑船、揪艄船、骑马船、托缆船等五种船只,并需经特别捆挷后方可使用。供运输、摆渡及帮厢用的船,普通船即可使用。最大的船只为捆厢船,一般长度为 25 ~ 30 m(应略大于占宽)。

捆厢船需先进行加工。要清除船舱,加固船身,船舱上面铺提舱板,靠占一侧订上拦河板,并捆横梁以增加船的承载力。为了在进占中拴系绳缆,船横向捆放龙枕数道,在枕上沿船长方向放一木梁,称为龙骨(由直径 20 ~ 30 cm 的杨木或松木刨削光滑而成),并将龙骨、龙枕捆牢于船上。进而拴好保桅缆和太平绳,捆船即算完成。提脑船、揪艄船及倒骑马船要用长为 15 ~ 25 m 的坚固船只,托缆船较小,一般 15 ~ 20 m 长即可。这些船只也得事先修理加固,并捆扎横梁,以保船体安全。

锚是船在水中定位的主要工具。提脑船、揪艄船的作用是稳定捆厢船,倒骑马船是防止新修占体下败,这些船全靠巨大的铁锚固定船位。如提脑船需用 3 ~ 4 只提脑锚,每只重 300 ~ 400 kg,若锚重不够就需增加只数。这些锚由手工制造,难免没有不合质量需求的地方,因此需要捆锚,图 1-12-34 示出的为一种捆锚方法。

2. 拉船定位

截流和堵口时要做好规划布局,以确定船的位置。捆厢船的船头用大缆拴在口门上游的一只提脑船上,船尾也用大缆拴在口门下游的一只揪艄船上。在捆厢船与提脑船、揪艄船之间,各放几只托缆船,用以承托大缆。各船要备足铁锚,设置绞关,以便拉船定位

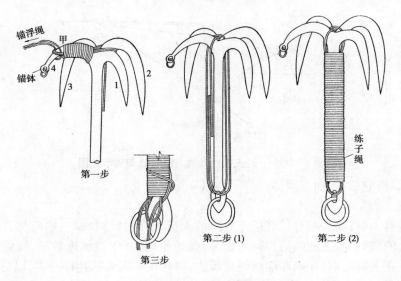

图 1-12-34　一种捆锚方法

（见图1-12-35）。若按图中的尺寸移船定位，可进堵8占，到第5占时，捆厢船与提脑船、揪艄船成为一条直线。进占开始前，要调整各船，将捆厢船控制在初步进占的位置上，继而调整提脑、揪艄各缆，使松紧合适，受力均匀。

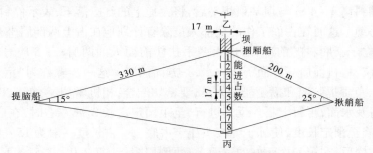

图 1-12-35　进占船只位置及移位图

3.进占

1）打桩、布缆

按照水流、料物的情况确定桩绳的布置。堵口进占的绳缆主要有3种，即过肚绳、占绳、底勾绳（见图1-12-36）。

（1）过肚绳。在坝面上分组打桩，将大绳一端系在桩上，另一端穿过捆厢船的底部，再拉出来，系活扣于龙骨上，称为过肚绳。过肚绳每组用绳5～7根，多者9根，称为"一路"。用多少路，需视水势大小而定，一般情况多用4路，水深时可用6路。过肚绳随进堵的埽占前进，主要控制捆厢船的移位，绳长不足可连续接用，直至合龙出水，始行搂回。

（2）占绳。在坝面分组打桩，将大绳的一端系于桩上，另一端不绕船身而直接扣于龙骨上，完成一段埽占，即将占绳全部搂回，再从埽面上打桩继续接绳，占绳每路用绳数与过肚绳相同，一般比过肚绳多一路，主要用以承载料物。

（3）底勾绳。于坝面横打排桩，间距0.3～0.5 m。绳一端系于桩上，一端活扣于龙骨

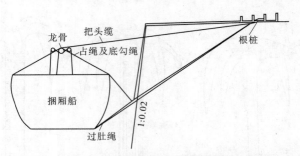

图1-12-36　进占的过肚绳、占绳、底勾绳示意图

上,主要用以横兜秸料,捆束埽体。

2)编底、上料

船上所有人员,要按照分工就位。管绳的人员先将过肚绳放松,船略撑开,再将所有系于龙骨上的底勾绳、占绳的活扣同时松开,条条排匀,并用绳编连数道,绳缆下垂,以不湿绳为度。在上料之前,在捆厢船的拦河板边,每0.6 m用人扶扎杆一根,以防料物外散。船帮鼓肚处,插2 m长桩10余根,以利占体下沉。继而在大桄上升起红旗(夜间升红灯)表示要料。上料时先从上、下首两倒眉处的底勾绳开始铺料。秸料皆按顺水流方向均匀由前而后厢填,料根端分向两侧,并用齐板将两侧的秸料打齐。

3)活埽、搂绳

在新占铺料高3~4 m与坝基顶相平后,将大桄上的红旗落下,表示停料,并通知守绳缆的人准备松缆。这时在占面工作的全部人员除有计划地在占上两倒眉坐几个人压住眉头外,其余均立于新厢料的前部,后边人两手扶住前面人的两肩,一齐应号跳跃,相应松绳,捆厢船移位,秸料前眉一方面下蛰入水,一方面前滚。这一步骤称为"活埽",也叫"跳埽"。活埽时,负责提脑船和揪艄船的人员,要密切配合,相机紧(松)缆绳,以防捆厢船下败。待埽前将及水面,再行上料。反复进行,至距预定占长2 m左右时,在底勾绳上生炼子绳,加料续修至预定长度,使炼子绳接头压于占底。一占长度一般为15~17 m。

在活两次埽后,在第一次活好的占面上,两倒眉附近,每2.0~2.5 m下对抓子一副,并签腰桩拴子,以防前部活埽时,在后部活好的埽面秸料鼓起。每2 m左右设骑马一副,以防占体下败。底坯活足长度后,要拍齐两倒眉,并平整占面秸料。埽面出水1 m左右时,搂回炼子绳拴于签桩上,搂回的炼子绳在水面附近随时用死扣活结还绳,以备次坯捆束之用,另一端仍以活扣拴于龙骨上,同时要搂回部分底勾绳。

4)压土紧绳

拴好绳缆后,即升绿旗要土,压土厚0.2 m左右。压土后,料被压实,原拴系的炼子绳必松,需紧绳并将签桩向前倾斜方向插入占肚,签桩打入占内愈深,绳拉愈紧。至此即完成底坯。

5)续厢

先升旗要料,厢修2 m高时,下插对抓子,待厢齐后,降旗停料,拴打必要的家伙后,再搂回炼子绳和部分底勾绳。继而升绿旗要土,厚0.2~0.3 m,紧绳并松放过肚绳和占绳,使占沉船升,保持平稳,即为二坯完成。继续加厢的方法同前,只是愈向上部,压土愈厚,直至下部到底稳定。图1-12-37是四坯到底的短占剖面图。在压土较厚时,为防止土露占外,被水淘刷,都要进行缕口和包眉子(见图 1-12-38)。

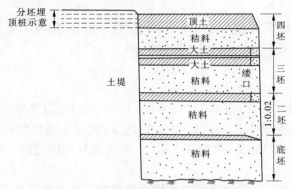

图 1-12-37 四坯到底的短占剖面图

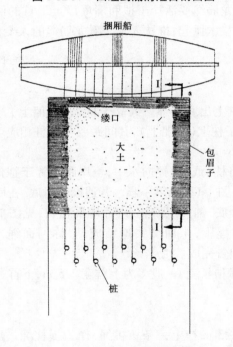

图 1-12-38 包眉子示意图

当占抓泥时,可再分 3~5 次追压 1.0~1.5 m 厚的大土,尽量下压,并根据已修占的情况,设置包角、束腰等明家伙。修至足够高度后,缕回全部占绳,并加压顶土,第 1 占即告完成。

第 2 占除不打过肚绳根桩及拴过肚绳外,其他厢修方法同第 1 占。除金占门外,其他占的厢修方法皆与第 2 占相同。为便于将来合龙,须使两金门占间的龙门口成上口宽下口窄的形式,一般上下口宽相差 2~3 m。

埽占的出水高度,一般在 2 m 上下。埽占愈向前进,溜势愈急,且水愈深,由于后下之占,依附于前一占,如前占不牢固,极易造成翻占的危险。所以每进一占,必须加修得十分稳固,然后依次前进。金门占是合龙的基地,其出水高度,应适当加高,并将捆厢船从口门拉出,所有的绳缆均搂回到金门占上。

(二)丁厢

除底坯秸料、柳枝按水流方向铺放外,其上各坯秸料及柳枝均按垂直于水流方向厢填的,称为丁厢。18 世纪以后,多采用丁厢修埽法。

1. 准备工作

1)顺坦、钉桩

首先把预备修埽的堤岸,削成1∶0.5~1∶1.0的平顺坡,以便厢修,并可防止料与坦坡间有悬空的现象。距整理好的堤口2~3 m以内,按照底勾绳根数及拟厢修的坯数,打顶桩数排,一般桩距0.8~1.0 m,排距0.3~0.5 m,排与排间的桩行一律向右错开0.15 m。

2)捆秸枕、推秸枕

一般厢埽时需用捆厢船,也可用秸枕代替捆厢船。枕的直径为1.0 m,长度略大于拟厢修埽段的长度。秸枕的龙筋绳要活拴于拟厢埽堤段上下首的两根顶桩上,由专人负责看守。多人喊号将枕下的垫木掀起,推枕入水。看龙筋绳的人要相机松绳,使枕靠在拟厢埽段水面边缘。

2. 厢修

1)安底勾绳

推枕下水后,即从顶桩上出底勾绳。人立于枕上(或船上),用引绳将底勾绳从枕下(或船下)绕过,搂回全拴于枕上(或船上),其间距要与顶桩相应。

2)顺厢底坯

修埽之前,先用撑杆将枕(或船)撑向水中,至岸距离等于拟修厢的宽度,然后用核桃绳将各底勾绳横连成网,见图1-12-39 第一步。若遇淤泥滑底,在底勾绳上铺一层厚0.3~0.4 m的大股顺柳;若遇沙底,铺一层柳梢,继而顺厢秸料,见图1-12-39 第二步。再用核桃绳在枕与堤根间的底勾绳上,来回交错连结成网,称网面绳,将底坯料连成整体,见图1-12-39第三步。底坯即告完成。

关于埽面宽度,考虑杵秸长度,一般多为上首宽2.5 m,下首宽3.0 m,即下首一秸长,上首截去一部分秸料。

3)丁厢二坯

先在捆枕绳上每隔2~3 m拴上一条核桃绳,作为提枕绳。后在枕后(船后)的顺厢料上自中部向两端上料丁厢(料与水流方向垂直)。拿眉、拦板、打花料一起动手。所用秸根一律向外。一般修丁厢埽时秸枕与埽体分开。此坯丁厢上料不可太厚,一般为0.6~0.8 m。这坯所用的家伙要有贯串三坯料的作用,可打三星桩,桩入埽内1.5 m,上露0.5 m,同时将提枕绳或预留的底勾绳尾,紧拴于三星桩的后部桩及腰桩上,使顺厢、丁厢两坯结合成一体(见图1-12-40),继而上花土。若埽面宽,两倒眉可打对抓子一二路,此时丁厢二坯即告完成。

4)续厢

按照埽未着底前"厚料薄土",着底后"薄料厚土"的原则,依上法坯坯丁厢加料,打家伙,压土,包眉子,直至埽身着底,继而加压顶土(见图1-12-41),即算完成。各坯所使用的家伙可视情况确定,图1-12-42 是各坯选家伙的一个例子。各坯所用的家伙,一般只用

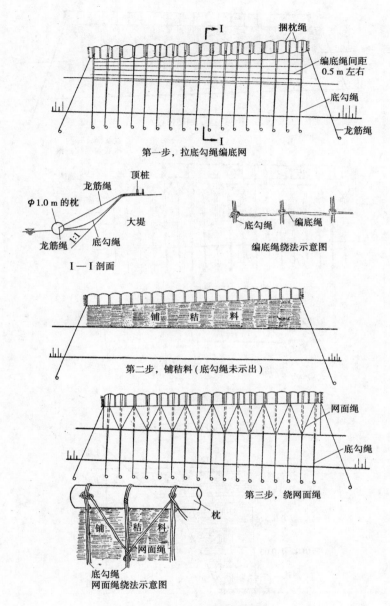

第一步，拉底勾绳编底网

I—I剖面

编底绳绕法示意图

第二步，铺秸料（底勾绳未示出）

第三步，绕网面绳

网面绳绕法示意图

图1-12-39 顺厢底坯图

一种，以免受力不均。上下坯不能用同种家伙，以免上下桩顶头。

3. 护根

由于丁厢埽的前坡很陡，受溜后坡前冲刷严重，为保埽体安全，厢埽结束即抛柳石枕，苇石枕护根，也可抛散石维护。但埽没有到底前，切不可抛护，以免因埽底不平，石头滚到埽的下面，反而使埽追压不到底，出现新的险情。

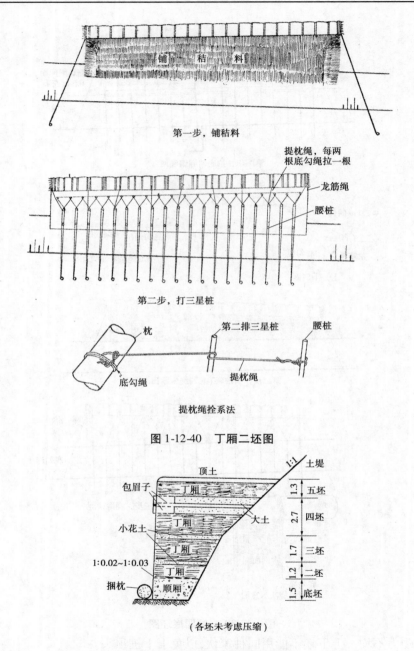

第一步，铺秸料

第二步，打三星桩

提枕绳拴系法

图 1-12-40　丁厢二坯图

（各坯未考虑压缩）

图 1-12-41　丁厢埽横断面图

五、埽工的险情及抢护

埽工是在水流的作用下而筑成的。河底组成的多样化,来溜的强弱及其变化,使埽工的御水条件处于不断变化之中。埽体受力的大小和方向、埽前河底的冲淤变化等均可能引起埽工生险,加之修埽材料易于朽烂,埽工出险是不可避免的。

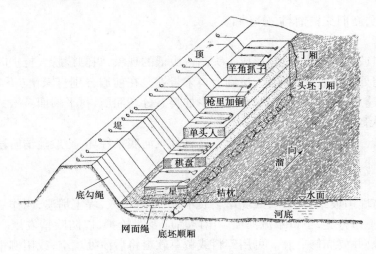

图 1-12-42　丁厢埽分坯家伙示意图

（一）一般险情

1. 墩蛰

墩蛰也叫平蛰。当埽体下为层沙层淤的格子底或沙底时，沙子被水流淘刷后全埽下蛰。埽下泥土松软也会使埽体平稳下蛰。平蛰后埽体结构完整，埽面无偏高偏低现象。若埽面仍露出水面，可挑去 1 m 宽的眉土，打噙口签子，用铡料包眉子，再上整料压土，用硬家伙大力后拉，继而层料层土加厢起来。如埽已入水，宜在埽面后退 1～1.5 m，前部打桩压石，后部可打连环五子家伙，以防后溃，再用料抢厢出水，继而压土，逐坯完成。如埽面入水深加厢困难，于埽上推枕、编底、抢厢加高，方法与厢修新埽同。

2. 前爬

前爬指埽体向前滑动。当埽前水深，厢修时使用家伙不足，埽下沙土被水流冲失，或埽前急溜冲沟，均会造成前爬。在缺少石料的情况下，抢护前爬险情困难。在陡坡滑底时要用较硬的家伙预防。埽抓泥后，埽前抛柳淤枕、柳砖枕、柳石枕是最好的方法。若前爬较宽，前部撒出 1～2 m 钉群桩，用铅丝和绳网起，内填砖石，并另加束腰，以防继续前爬。

3. 栽头

栽头也称垂头。当埽下为台阶底，筑埽中压土过多，前重后轻，或埽下泥土被急溜冲走，造成前蛰、后不蛰，皆能造成栽头。治理栽头可先上束腰，然后挑去眉土，打噙口签子，薄包前眉，并上一薄坯整料，用羊角抓子带骑马后拉，继而压土。如有折裂现象，在埽面上打对抓子，再层料层土加修完整。

4. 吊蛰

因埽底不平或为格子底，一部分被急溜淘刷，形成蛰动，叫作吊蛰。跨角蛰动的叫吊角，上下跨角都蛰的叫双吊角，一跨角蛰动的叫单吊角，中间蛰动的叫吊腰或腔腰。抢护时要根据蛰的快慢和多少确定采取的措施。如埽蛰得快，要用鸡爪抓子等简单而吃力快的家伙；如埽蛰得慢，可用吃力慢的连环五子等家伙。如埽吊蛰得不多，可加料与未蛰部分衬平，用土压实即可；如埽蛰得多，应挑去顶土，分坯添加洼处，并要与附近的旧料连接好，同时相机松绳，以免空悬。如吊蛰入水，在前眉稍许后退下家伙，未蛰部分的边缘，拆去一部分柴土,新旧交错铺料,分坯厢实。

5.侧棱膀

埽的上口或下口平排下蛰,形成一头高一头低的现象,叫侧棱膀。抢护时,若下口蛰,可在下口倒眉处打比较硬的家伙,拉到上口未蛰处。在前眉分别打家伙(下口要硬)后拉至堤顶,后快速加料;上口未蛰处,多加土少加料。分坯厢压,衬平埽面。

(二)五大险情

一般险情,易于抢护。若厢修质量不好,堤岸、河底条件坏,一般险情阶段未能及时抢护,即会发生埽工的五大险情。

1.后溃

埽后身与堤坦坡结合不严,或堤岸土质不好,河水串入,堤土坍溃,叫作后溃。初出险时,水流先在上口打旋,下口水流浑浊。出险后应及时抢护,以防险情发展。抢护时应先堵截串水来源,并要厢修后膛。可用碎料或黄草软料将后溃处填空;或用柳梢捆成直径为0.5 m的柳石(淤)枕,长与水深相等,并于后溃处的上口挡内,枕下沉可缓解溜势,根部以软草等分坯压实至略高于原埽面后,普遍加一坯料,并用硬家伙后拉。压土时前多后少,以压住埽头。如能抛枕护根,更有利于安全。对处于最上游的埽,还可在上首抢修小埽,以截水流。

2.吊膛

吊膛也叫吊塘,即埽后过水未能治住、堤坡坍溃、埽膛进水、埽身下蛰的险情。吊膛是在埽抓泥后经过涨水落水才出现。抢护时要首先查明埽后过水情况,迅速设法堵截水源,如进水严重,应赶修小耳埽,如吊膛不严重,可翻去顶土,打羊角抓子等硬家伙后拉,后部分坯打花料至高出前部,若有后溃即用软料分坯填实,继而统坯厢修,用三星等家伙后拉,压土前厚后薄,坯坯厢压。如吊膛严重,可把前部撤去1~2 m,围桩压石,按住埽头,后部挑去顶土,先深后浅地分坯填膛,继而普遍加厢,压土时务必掌握前重后轻的原则。

3.仰脸

埽体蛰动,形成前高后低的形式,称为仰脸。它是不易抢护的险情。抢护时,在抢吊膛中就要在膛内打家伙向后牵拉,前眉处围桩填石(砖)下压。向上厢修时前眉要陡,压住前头。在埽前推抛柳石(淤、砖)枕,以防再出现前爬险情。

4.抽签

溜已钻入埽腹,埽土被刷,料被带出,称为抽签。抽签后埽体已基本破坏,抢护已很困难。若在抽签初期,要立即在前眉围桩抛石(砖)压头,后部填塘,用简单有力的家伙,追压大土,并同时堵截进水道路。如仍有蛰动,继续层料层土厢修。若情况严重,要立即做修筑新埽的准备。

5.播簸箕

溜入埽腹冲击埽体,埽由绳缆牵拉,埽体随波起伏,称为播簸箕。它是仰脸、抽签险情恶化后造成的,发生这种险情,表明埽体结构几乎全部破坏,只余上部2~3坯料未被冲走,故一般很难抢护至稳定。唯可用石料和土袋前部加压,如能缓和,就迅速设法加厢;否则立即重新推枕编底厢修,使其压于原来的埽上。

后溃、吊膛、仰脸、抽签、播簸箕这五大险情是由小至大、由轻至重逐渐发展的。抢护不及时就会跑埽。因此,对埽工平时就应加强观测,随时发现险情,并迅速进行抢护,才能保证埽体的安全。

六、埽工在当代的应用

(一)埽工的优缺点

埽工是在与洪水做斗争的过程中不断改进、发展的,它与其他建筑物相比主要具有以下优缺点。

1. 埽工的优点

1) 可就地取材

埽工材料,一般可以因地制宜、就地取材。所用的薪柴可就地分别取用芦荻、秸料、树的枝梢,甚至高秆的草类。这些材料不仅可就地购置,还可用人力分散运输,且厢修时所用工具简单。因此,在生产不发达的古代就开始广泛运用埽工。

2) 能缓溜落淤

埽工具有缓溜落淤的性能。秸、苇、柳枝等料物具有弹性,修埽中随着承受重量的增加,埽体压实,具有柔韧性,能适应水流的变化。对用柳枝修的埽,水流从埽中穿过时,流速降低,泥沙沉于埽体内,可基本使埽体不漏水。对于埽前水流冲刷处,柳枝可缓溜,与其他材料相比具有很好的缓溜落淤性能。

3) 修工速度快

只要材料备足,可在短时间内修成大体积的埽体。在水深溜急的情况下也可施工,且不受风雨天气的限制。在抢险中其优越性更加明显。

4) 能适应河床变化

施工是自上而下进行的,对于不同的河底情况及河底被水流淘刷后的变形,可采取措施,恰当地松开绳缆,能使埽体与河底紧密结合。若埽体下沉,还可在顶部继续厢修至必要的高度,因此埽工能适应不同河床及其变化情况。

2. 埽体的缺点

1) 埽体不能持久

埽体中薪柴料易于腐烂,在水位变动区的料物更为严重,因此埽工需要经常维修。秸料埽一般每年须加修一次,故只能适用于临时性工程。

2) 易生险情

埽体上宽下窄,重心靠上,其容重较小,当水位上下波动时,易于浮动。施工中的家伙如有使用不当,遇大溜后往往出险。因此,埽工较其他建筑物易出险情,需要加强观测,及时维修抢护。

3) 备料必须充分

埽是在水中厢修的,必须一气呵成,绝对不可停工待料,否则会前功尽弃,甚至加速险情的发展,因此厢埽时必须备足充分的料物。

(二)当代对埽工的改进

当代,埽工仍得到较为广泛的应用,并根据埽工主要用于抢险、堵口、截流等临时性工程的特点,在材料和做法方面都进行了必要的改进。

1. 材料方面

清代乾隆中期以后修建的埽工一般均为秸土工,即以秸(苇)、土为主要材料,通过桩绳连成一个整体。埽工的缺点有些就是由秸、土的特性造成的。20世纪30年代有采用柳枝和苇料做埽的,但不普遍。50年代,为了提高埽工的御流能力,对筑埽材料做了大的改进,以柳枝代替秸料,以石料代替土料,以铅丝代替部分绳缆,即把秸土工改为柳石工。柳枝要用枝叶茂盛、枝条柔软的新鲜柳枝,弯曲、粗而短的柳枝最好不用。柳枝的枝叶蓬松,缓溜落淤的性能好,易使埽体稳定,年久柳枝腐烂后,石料仍在,易于改为石工,成为永久性的工程。柳石工在很大程度上克服了秸土工的缺点,因此50年代以来埽工仍广泛用于临时性的抢险、堵口及截流工程。

2. 结构方面

自18世纪中叶,广泛采用沉厢式修埽的方法之后,丁厢埽甚为盛行,除进占外,基本全用丁厢法修埽。但在柳石工代替秸土工之后,采用的结构多为柳石搂厢和柳石枕。就其厢修方法而言,均属顺厢的范畴。

(三)利用埽工抢险

由于埽工具有就地取材、施工迅速、缓溜落淤等特点,因此在多沙河流被作为临时抢险的主要工程措施。出险之后要根据出险地点河床土质的性质及基础的深浅来确定抢护方法[4]。

对于易变形的沙土河床,受水流冲刷后,抗冲能力差,建筑物前容易出现坡度较缓的冲刷坑。用柳石搂厢、柳石枕抢护均可收到满意的效果。对于淤土河床,冲刷坑较陡,除在建筑物前抛铅丝石笼和大块石固根外,也可用搂厢和柳石枕抢护。对于层沙层淤的格子底,要弄清格子土的厚度,若淤土层厚度在1.0 m以内,埽体的出水高度应超过1.0 m,以防土体受剪破坏后埽体墩蛰入水,并加强护根,防止埽体前爬。当淤土层厚度达2.0 m左右时,应尽量保护原土层结构,要加大根部,防止墩蛰入水。

抢险中要根据建筑物情况及冲刷深度确定抢护办法。对于新修工程要护土,防止土体外流;对于老工程,因其坦坡已相对稳定,要加强护根。对于基础较浅的新修工程,用柳石枕和柳石搂厢抢护是好的选择,柳枝有滤水落淤的特点,对护土防冲、防止溃膛具有良好的功能。在实际抢险中,埽工可与铅丝石笼结合使用,靠近土体部分用柳石枕或搂厢抢护,外抛铅丝石笼固根,可取得好的效果。

(四)利用埽工堵口

截流、堵口贵在迅速。在堵口之前应做好一切准备工作。

1. 选定堵口坝线

对于分流口门,要充分利用原河道过流的水道,堵口坝线宜选在口门跌塘上游一定距离,进堵后水位壅高,使水流进入原河道(见图1-12-43)。对于夺溜口门,若滩面较宽,可在滩面上选定堵口坝线,并充分发挥引河的作用,以利进堵(见图1-12-44)。

2. 开挖引河

堤防决口之后,部分水流或全河经口门泄出。口门之下的原河道往往发生严重的淤积,为便于水流回归原河道,减缓堵口困难,堵口过程中都要开挖引河。引河位置有的在口门一侧(见图1-12-44),有的在口门对岸(见图1-12-43),位置要视具体情况确定。引河的进口要选在口门上游的凹岸,以利进水。引河河身顺直,以便泄水。引河出水口宜选在原河道不会淤积的深槽处,使出水顺畅。

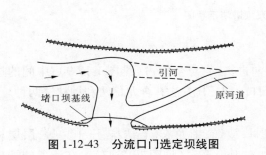

图1-12-43　分流口门选定坝线图　　　　　图1-12-44　滩面堵口选定坝线示意图

3. 修建挑水坝

挑水坝是为了减轻水流对口门的压力,挑送水流进入引河而修建的。在无引河时,口门上游一般都要修建;在有引河时,挑水坝建在引河头对岸的上游。挑水坝一般修作3~5道,长度以修到主溜之半比较有利(见图1-12-45)。

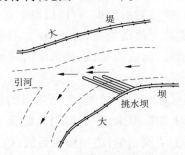

图1-12-45　堵口挑水坝示意图

堵口时坝线、引河、挑水坝要有机地结合起来,并要审时度势,选好开放引河的时机,这直接与堵口的成败相关。

4. 选定堵口进占坝数

对于分流口门,水流较缓,可采用单坝堵合,对于全河夺溜的口门,水深溜急,且土质差时,可采用双坝进堵(见图1-12-46),即在正坝之后修筑边坝,中间填土,谓之土柜。边坝下游侧还要再填后戗(见图1-12-20),以防坝体渗漏。

全河夺溜的口门堵复时,随着口门的缩窄,口门上下游水位差加大,当预计可能超过4 m时,为防正坝蛰塌出险,可采用正坝、二坝进堵(见图1-12-19),即在正坝下游侧一定距离,再修一坝,称为二坝,使水头分为两级,以利堵合。二坝可采用单坝进堵也可采用双坝进堵。

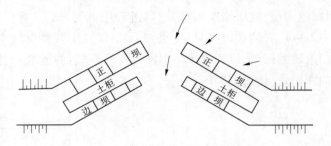

图 1-12-46　双坝进堵示意图

5. 堵口合龙

选定坝数之后,一般从口门两端裹头相向进占,直至金门占(见图 1-12-9),中间的过溜口门称为龙门口。合龙就是最后厢修龙门口一占,其方法有合龙埽法和抛枕法两种。

1)合龙埽合龙法

合龙埽法仍采用秸土工的方法,通过打桩、放缆、铺龙衣、上秸料、压土袋等,层层相压,做到一定高度后松绳沉埽入水,并继续加料上土至底(见图 1-12-47)。在溜急的情况下,常由于松绳不均,发生卡埽和扭埽现象。若埽压不到底,水流冲刷河底,金门占发生蛰动,就有前功尽弃的危险。

2)抛枕合龙法

用抛枕法合龙时,龙门口可留 30~60 m。抛枕可以护底防冲。柳石枕直径 0.8~1.0 m,长 10~20 m,枕中加穿心绳,推枕时要先推下首、后推上首入水,枕沉到预定位置,即将穿心绳一端系在坝头木桩上,随枕下落随松绳,直到枕沉至河底(见图 1-12-48)。抛枕合龙法的优点是施工简单,进堵迅速,比较稳妥;缺点是枕间漏水严重。

6. 闭气

闭气是为防止坝体漏水而采取的截渗措施,它是堵口的最后一道工序。闭气的方法有三种:①正坝堵合后,合龙埽上加压厚土,并在口门前修筑关门埽;②双坝合龙时,用边坝合龙闭气,正坝、边坝间用黏土填筑土柜,边坝后筑后戗,防止透水;③修筑养水盆,在口门以下潭坑以外修一道围堤,积蓄坝下渗水,上下游水位拉平后,即可闭气。

当代是根据当时的河势、土质、料物等情况,确定堵口、截流的方法。例如:1951 年 2月利津王庄堵口时,采用单坝进占,占后跟筑后戗,占前抛石护根,下占合龙的办法堵复了口门[5]。1955 年 2月利津五庄决口,上下两口并存,堵时先在过水少的下口门的进水沟处挂柳枝、柳头缓溜落淤,在沟内过水少时,用搂厢埽在沟的最窄处截堵至断流,随即堵合大口门。上进水口宽 170 m,截流前在滩唇修埽,防止进口扩宽。沟前沉柳落淤。继而在滩地进水沟口处用双坝进占截流。用抛苇石枕法进行正坝合龙,枕上压土加料,枕前用蒲包装土抛护。正坝合龙后,边坝下占合龙,并浇筑土柜后戗,完成截流。1959 年 11 月位山枢纽截流也是采用埽工的方法。用双坝进占、抛柳石枕合龙的方法,经 14 个昼夜合龙成功[5]。

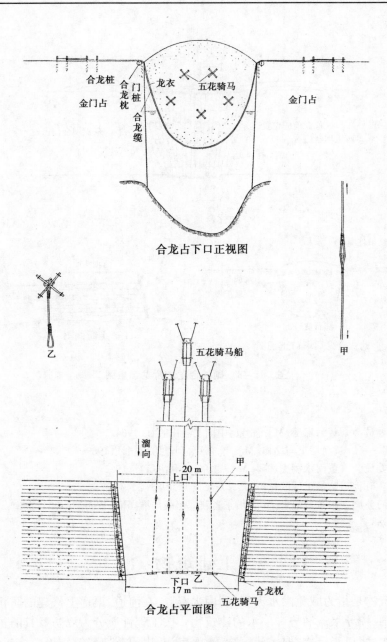

合龙占下口正视图

合龙占平面图

图 1-12-47 厢修合龙埽合龙示意图

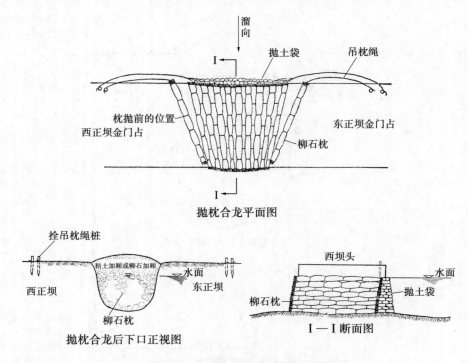

图 1-12-48　抛枕合龙法合龙示意图

参 考 文 献

[1] 黄河水利委员会. 黄河埽工[M]. 北京:中国工业出版社,1964.
[2] 徐福龄,胡一三. 黄河埽工与堵口[M]. 北京:水利电力出版社,1989.
[3] 黄河水利委员会. 黄河水利史述要[M]. 北京:水利出版社,1982.
[4] 吉祥. 险工和河道防护工程的抢护[J]. 人民黄河,1983(3).
[5] 山东黄河河务局. 山东黄河志[M]. 山东省新闻出版局准印证(1988)2—005. 济南:山东新华印刷厂印刷,1988.

河工建筑物*

　　河工建筑物是指为减免洪水灾害,利用水资源,在河道、渠道上修建的防止水流泛滥、抗御水流冲刷、控导水流溜势和取水的建筑物。按工程性质分为堤防及其防护建筑物、河道整治建筑物、堵口建筑物、取水建筑物、滩面串沟、堤河截堵建筑物等。按建筑物类型分为堤防、丁坝、垛(矶头)、护岸、顺坝、锁坝、桩坝、水闸等。

一、作用

(一)挡水、输水
挡水与输水是堤防的主要功能。河道水流出槽后漫溢两岸,靠堤防挡水,防止漫溢泛

---

* 本文写于 2000 年。

滥,并将水输送至下游,汇入上一级河流、海洋或湖泊;渠堤也有挡水、防止水流漫溢,并将水输送到灌区的功能。丁坝、垛等具有挡水、输水功能。锁坝则仅具有挡水功能。

(二)防冲

土堤、高岸在水流的冲淘作用下会发生破坏。利用丁坝、垛和护岸等护坡护基(护根),防止堤防、滩岸坍塌。

(三)导流

利用丁坝(垛)坝群形成弯道,控导水流,如控导工程等。在特殊情况下,也可利用一组丁坝导流,如堵口时修筑的挑流坝一般仅3~5道,在小流量情况下可将正河主溜导溜至引河。顺坝也具有顺导溜势的功能。

(四)缓溜落淤

在多泥沙河流上的滩面串沟、堤河内修建桩坝可起缓流落淤的作用。洪水漫滩后,串沟堤河水流穿越多道桩坝,溜势分散,流速减小,泥沙沉降,淤填串沟、堤河,防止水流冲刷堤身,有时还可防止串沟发育成正河,引起河势发生大的变化。

(五)堵口

堤防决口后,多采用立堵法堵复。堵口时视情况分别选用修建正坝、边坝、二坝、土柜、后戗、挑流坝等建筑物,完成口门堵复。

(六)堵截支汊水道

当汊河、串沟、堤河较大,水深流急,采用桩坝缓溜落淤难以奏效时,修建锁坝,截堵水流,防止河势变化。

(七)兴利

利用已建的水闸、渠道引水、输水,给工业、城市生活供水,向灌区输水,发展农业灌溉。

二、沿革

我国历史悠久,水患严重,人们在与洪水长期斗争中,河工建筑物也在不断发展完善,其中以黄河最具代表性。春秋战国时已修建堤防。堤是土堤,防也是堤,大者为堤,小者为防,古有"以防止水"之说。在很长一段历史时期内河工建筑物特指堤防,"复命尚书衡(朱衡)经理河工"(《明史·河渠志一》)。其后出现的是埽工,它是以薪柴(秸、苇、柳等)、土料为主体,以桩绳拴系为整体的建筑物。汉代已有类似做法,宋代已有埽的记载。后经历代改进种类繁多,作用各异,远较堤防复杂,并广泛用于抗御水流冲刷河岸,防止堤岸坍塌,堵复堤防决口等。新中国成立以后,河道整治大力开展,埽工除用于新修工程、抢险等外,还应用于施工截流,丁坝、垛、护岸(简称坝垛)等建筑物也由薪柴做抗冲材料改由块石做抗冲材料。指导思想有很大变化,集中表现在由以防为主的修建原则转变为以治为主的修建原则。如河道整治工程,过去仅在堤防受冲部位修建埽坝,只起防护作用,不起改善河势作用;护滩工程仅能维护滩岸,不能控导河势,防止河势恶化。以后修建的控导工程能够控导主流,稳定河势,塌滩、塌村、塌堤、引水困难等问题都能得到解决,实现了由防到治的转变。丁坝等建筑物的作用也由被动转为主动。近些年来,土工织物广泛应用于治河工程,河工建筑物结构出现了许多新型式,预示河工技术又将有新的发展。

三、结构型式

（一）土堤

河流堤防、渠堤、控导工程的连坝（控导工程丁坝后尾连接土堤）一般用土料修筑。

（二）边坡防护

受水流淘刷的高岸岸坡、堤防迎水坡等，常常发生坍塌破坏，须进行防护。利用块石、铅丝石笼、柳石等抗冲材料修筑裹护体，保护边坡。水下部分多以抛投而成，水上部分按设计尺度修建。上部成为护坡，下部成为护根（因多为石料，亦称根石）。

（三）土坝体与裹护体结合

为防止坍塌、控导溜势而修建的丁坝、垛、护岸、顺坝等建筑物，就采用此种结构型式。这些建筑物由土坝体、护坡、护根3部分组成（见图1-9-1），或以土体为心，外部全用抗冲材裹护。

（四）桩坝

桩坝指将木桩或钢筋混凝土桩等按要求打入地下，形成的透水建筑物。

河道裁弯工程 *

河道裁弯工程是指裁去河道过分弯曲部分的工程措施。河道裁弯，在防洪方面可降低洪水位或增大泄洪能力，在航运方面可以缩短航程。河道在弯道横向环流的作用下，造成横向输沙不平衡，加上水流对凹岸顶冲作用，凹岸坍塌，凸岸淤积，致使弯道的曲率半径变小，中心角增大，河道加长，形成很大的河环。河环的起点与终点相距很近，称为狭颈。由于狭径两侧的直线距离短，水位差大，如遇漫滩水流，容易形成串沟。洪水时可能冲开狭颈并发展成新河，即发生自然裁弯。自然裁弯往往会出现河势突变，发生强烈的冲淤现象，给河流的治理带来被动。因此，当弯道演变到适当状态时，即可进行人工裁弯，有计划地改善河道的不利平面形式。

一、沿革

为了防止自然裁弯所带来的弊害，许多河流采用了人工裁弯措施。在19世纪末曾把新河设计成直线，且按过流需要的断面全部开挖，同时为促使老河淤死，还在老河上修筑拦中水的坝，一旦新河开通，就很快通过全部流量。这种做法，往往会造成下游河势的急剧变化，使防守被动；裁直后的新河滩岸变化迅速，对航行不利；开挖新河和维持新河稳定所需费用大。到20世纪初，改变了上述办法。新河的设计，按上下河势成微弯河线，先开挖小断面引河，借水流冲至设计断面，效果较好，得到了广泛应用。

1966~1971年在长江下荆江河段，完成了中洲子和上车湾河道裁弯工程。其上游的沙滩子弯道也于1972年7月自然裁弯。裁弯后，上游200 km的河段内降低了洪水位；缩短航程78 km，且裁掉了4处碍航浅滩。在黄河支流渭河实施仁义裁弯后，上游河床冲

* 本文载于《中国大百科全书·水利》. 北京：中国大百科全书出版社，1992年3月第1版，上海海峰印刷厂印装。

刷,比降增大,洪水位下降,缩短航程 9 km。密西西比河 1937 年 5 月进行的考尔克裁弯,降低了该段上游洪水位;缩短航程 24.5 km,改善了该河段枯水季节航行困难的状况。

二、规划设计

裁弯工程规划是河道整治整体规划的一部分。如尚无河道整治规划,则应通盘考虑上下游、左右岸裁弯后的不利影响。裁弯按形式可分为内裁和外裁两种(如图 1-14-1 所示)。外裁的引河进出口与上下游弯道难以达到平顺衔接的要求,且线路较长,故很少采用。内裁通过狭颈最窄处,线路短,投资小,采用广泛。规划设计时必须进行方案论证:

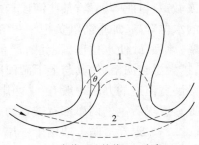

1—内裁;2—外裁;θ—交角
图 1-14-1　内裁与外裁示意图

比较新河的平面外形;比较引河线路的地质情况;预估裁弯后的情况,如对洪水位的影响,缩短河道的里程,对碍航急弯、浅滩、旧险工的消除与改善,出现新险工的可能性,对取水工程、港埠和工农业发展的影响;比较工程造价的高低等。通过综合分析,选择优化方案。

引河设计是河道裁弯工程的关键,主要包括如下三个方面:

(1)引河定线:引河在平面上应设计成弯曲适度,与上下游河道平顺衔接的曲线,一般由复合圆弧线和切线组成。按实测资料,新河的弯曲半径应大于平槽河宽的 3~5 倍,且大于 4~6 倍的船队长度。引河进出口要顺应河势流向。进口应布置在上游弯道顶点的稍下方,引河轴线与老河轴线的交角 θ 以较小为好。如中国南运河裁弯的经验为 $\theta \leq$ 25°时,引河均能被冲开;$\theta > 30°$时,引河均被淤死。出口布置在下游弯道顶点的上方,使水流平顺衔接,交角也不宜大,如渭河仁义裁弯为 30°。引河的线路还应避开难以冲开的壤土和黏土地区。裁弯段老河轴线长度与引河轴线长度之比,称为裁弯比 k。按照经验,k值一般取 3~10。密西西比河 16 处裁弯的 $k = 2.2~10.3$;渭河仁义裁弯的 $k = 3.6$;荆江中洲子和上车湾裁弯的裁弯比分别为 8.5 和 9.3。引河的长度取决于弯道形态。

(2)引河断面设计:包括引河开挖断面设计和新河最终断面设计。长江下荆江裁弯经验是,引河断面为原河道断面的 1/17~1/25。开挖断面应力求土方量小、能够及时冲开和满足航运的要求。河底开挖高程和宽度要满足枯水期通航水深和航宽;并考虑施工条件,如挖泥船的要求等。引河断面多采用梯形,边坡一般采用 1:2~1:3,进出口段设计成喇叭口形,边坡放缓。新河的最终设计断面,可参照本河道邻近平顺河弯的资料选定。

(3)控制工程设计:当引河发展到设计断面后,为防止形成新的河环,在凹岸处修筑适当的护岸工程。在引河放水之后,要视上下游河势的变化,相机进行控制,以使引河与上下游河段平顺衔接,形成有利的河道平面形式。

河道展宽工程 *

河道展宽工程是指为增加河道过洪能力,降低洪水位,减免洪、凌灾害,扩大河道横断

---

* 本文原载于《中国水利百科全书·防洪分册》. 北京:中国水利水电出版社,2004 年 11 月第 1 版。

面而修筑的工程。在河流流经平原或其他较宽阔平坦地区的河段，一般都修有堤防工程，以约束洪水，保护防护区的防洪安全。但在一些河流中，由于原修堤距太窄或因地形、地物或城镇、村庄等因素，某些河段卡水，当遇较大洪水时，因泄流不畅发生壅水，使河段上游的水位升高，加重防洪负担。在冬季结冰的河流，有时因卡口河段卡冰阻水，容易形成冰塞、冰坝，致使水位迅猛上涨，严重威胁堤防安全。在此情况下，可采用展宽河道的办法，扩大洪水河槽，使其与上下游河段的过水能力相适应。

展宽河道的办法一般有：①两岸退建堤防。适用于平原地区河段，即在河道两岸修建新堤。退堤后主槽两岸都有较宽的滩地，可减轻堤防受水流淘刷的威胁，但土方工程量较大。②一岸退建堤防。适用于一岸为丘陵、山区，或有重要的建筑物等情况。在平原地区河段也可只退建一侧堤防，以减小土方工程量，但对岸堤防靠近主溜，易坍塌出险，需进行防护。新堤修建后，老堤的处理方式有：①废除。一般采用此方式，尤其是展宽堤段较短时。②保留。可在一岸退堤且在退堤距离较大时采用。一般洪水走原河道，大洪水时，与原河道共同泄洪。

有些河段虽然两岸堤距很宽，但在河道中修有坑圩，河道的实际过流断面小，不能满足泄洪要求，也需清除坑圩，展宽河道。

河道展宽方案，需进行比较论证确定。展宽后的堤距，要与上下游大部分河段的宽度相适应，有桥梁等跨河建筑物的河段，在可能条件下，应略大于上下游河段的堤距，并加长跨河建筑物，宜在进行水面线演算后，分析拟定。新修堤线要尽量平顺，大体与洪水流路一致，以利排泄洪水。选择方案时要综合考虑地质、地形、河势、水文及沿岸、近岸已有建筑物的情况，通过经济分析确定，必要时可进行河工模型试验。堤距展宽后，改变了河道的边界条件，应加强观测，必要时修建河道整治建筑物，以稳定河势。

当卡口河段无法退堤，或退堤不经济时，也可通过局部改道达到展宽河道的目的。选择合适的改道路线，不仅可展宽堤距，提高排洪能力，还可改善河道的平面形式。

继续加强防洪建设　维持黄河健康生命[*]

一、黄河防洪安全是黄河健康的首要标志

（一）历史上黄河灾害严重

黄河是中华民族的母亲河，她哺育了中华民族。但是，黄河在历史上也曾多次给沿岸人民带来深重的灾难。在有文字记载的时段内，自周定王五年（公元前602年）至1938年的2 540年中，黄河发生决口达1 590余次，改道26次，大的改道迁徙5次。每次决口改道都给泛区带来深重的灾难，不仅淹没庄稼，冲垮房屋，吞噬生命，造成财产殆尽，流离失所，饿殍遍野，而且造成口门以下大面积沙化，经数年至数十年才能恢复耕种，决口影响时间之长是清水河流决口所无法比拟的。

因此，经常决口成灾的黄河不是健康的黄河。

* 本文为2008年9月在"中国科协第10届年会暨黄河中下游水资源综合利用专题论坛"会议上的发言。

（二）黄河安全是沿岸区域经济发展的保证

中华人民共和国成立以来，国家非常重视黄河治理，一直进行黄河防洪工程建设，黄河的防洪能力有了大幅度提高。

黄河两岸半个世纪以来区域经济首先得到了恢复，进而取得了快速发展，经济水平有了很大提高，尤其是有防洪任务的兰州河段、宁夏内蒙古河段和黄河下游所在的河南山东河段。这些河段两岸的城乡广大地区仍处在黄河洪水的威胁之下。

黄河是个多泥沙河流，由于泥沙淤积，河床不断抬高，已有 1 000 多 km 的河段为河床高悬于沿岸地面以上的悬河。悬河的存在，使河流两岸广大地区不仅在洪水期受到威胁，而且在中水期、枯水期，水位也要高于沿岸城乡地面高程，一旦堤防决口同样会造成严重灾害。也就是说黄河悬河段一年四季都在威胁着两岸广大地区的安全。

黄河沿岸经济逾发展，黄河决口泛滥造成的灾害逾严重，经济恢复所需要的时间会逾长。因此，黄河防洪安全是沿岸区域经济发展的保证。

（三）健康的黄河才能有效发挥兴利作用

历史上的黄河，以泛滥成灾出名，兴利作用小。"黄河百害，唯富一套"，表明仅在宁夏内蒙古河段发展了灌溉，造福于宁蒙河段两岸，其他河段发展灌溉甚少。1950 年灌溉面积仅为 1 200 万亩，20 世纪 60 年代后半期以后，灌溉面积不断发展。随着防洪工程建设的进行，给灌溉提供的条件不断改善，至 20 世纪末，全流域灌溉面积已发展到 11 000 多万亩。黄河下游的灌溉面积更是发展迅速，至 20 世纪末灌溉面积已发展到 3 600 多万亩。处于经常决口泛滥状态的黄河，其兴利作用是不可能如此之大的。

河势游荡多变、经常决口泛滥的河流，不可能提供好的兴利条件。河流一旦决口成灾，就必然打乱已有的兴利工程布局，无法发挥兴利作用；一部分本可兴利的水资源变成了灾害之水。即使在不决口成灾的情况下，由于河势游荡多变，已建的取水工程也难以发挥兴利作用；新建取水工程时难以选定工程位置，给兴利工程的建设带来很大困难。只有健康的黄河才能发挥最大的兴利作用，为城乡生活用水、工业用水、农田灌溉、桥梁建设、部分河段通航提供最有利的条件。

因此，黄河防洪安全是黄河健康生命的首要标志。

二、防洪形势

（一）防洪建设

人民治黄以来，一直把下游防洪作为治黄的首要任务，修建了一系列防洪工程，初步形成了以位于中游的干支流防洪水库、下游堤防、河道整治工程、分滞洪工程为主体的"上拦下排，两岸分滞"防洪工程体系。同时，加强了防洪非工程措施建设和人防体系建设。依靠这些工程措施和沿黄广大军民的严密防守，取得了半个多世纪伏秋大汛不决口的辉煌成就，扭转了历史上频繁决口改道的险恶局面，保障了黄淮海平原 12 万 km² 防洪保护区的安全和稳定发展，取得了巨大的经济效益和社会效益。

黄河上游宁蒙河段、中游禹潼河段等干流河段，沁河下游、渭河下游等主要支流防洪建设已初见成效，大大减少了水患灾害。

(二)防洪存在的主要问题

经过半个世纪坚持不懈的努力,黄河的防洪治理取得了很大的成效。但是,黄河水少沙多,水流含沙量高,泥沙淤积河道,泥沙问题长期难以得到解决,消除黄河水患是一项长期的任务。防洪还面临着一些突出问题需要解决。

1. 黄河下游

黄河下游洪水泥沙威胁依然是心腹之患。

(1)泥沙问题在相当长时期内难以解决,历史上形成的"地上悬河"局面将长期存在,近年来"二级悬河"日益加剧。

(2)小浪底至花园口区间洪水尚未得到控制,对下游防洪威胁仍然较大。小浪底至花园口的无控制区(即小浪底、陆浑、故县水库拦河坝至花园口区间)百年一遇和千年一遇设计洪水洪峰流量分别为 12 900 m³/s 和 20 100 m³/s,考虑该区间以上来水经三门峡、小浪底、陆浑、故县四座水库联合调节运用后,花园口百年一遇和千年一遇洪峰流量分别达 15 700 m³/s 和 22 600 m³/s。该类洪水上涨速度快,预见期短,对堤防安全威胁很大。

(3)堤防质量差,险点隐患多,仍有溃决的可能。

(4)河道整治工程不完善,主流游荡变化剧烈,严重危及堤防安全。

(5)东平湖滞洪区围坝质量差,退水日趋困难,安全建设遗留问题较多。

(6)黄河下游滩区群众安全设施少、标准低。黄河下游两岸大堤之间的滩地,既是行洪的通道,又是滞洪沉沙的重要区域;同时居住着 179.3 万人。滩区安全建设差距很大。

2. 黄河上中游

黄河上中游干流河段及主要支流泥沙淤积河道,排洪能力降低,防洪工程不完善。

(1)近年来宁蒙平原河道,河槽淤积加重,堤防标准降低,河势变化频繁,滩岸坍塌,防洪防凌问题十分突出。

(2)禹门口至潼关河段泥沙淤积影响严重,河势变化大,河道工程不完善,致使该河段冲滩塌岸加剧,造成大型提灌站脱溜,危及沿河村庄和返库移民生活生产安全。急需增建防护工程。

(3)沁河上游缺少控制性骨干工程,下游防洪标准严重偏低,只有二十五年一遇;而且河槽不断萎缩,排洪能力降低,洪峰传播时间拉长,洪水位偏高;现有堤防质量差、隐患多;险工不完善,河势变化较大。

(4)渭河下游河道淤积严重,排洪能力降低。三门峡水库建库前,渭河下游属微淤性河道。三门峡水库运用初期,由于库区淤积迅速发展,潼关高程急剧升高,加剧了渭河下游淤积,洪水位升高。1973～1985 年,随着三门峡水库泄洪设施的两次改建和运用方式的改变,潼关高程回落,并基本保持相对平衡状态,渭河下游淤积缓和。1986 年以来,由于黄河和渭河来水偏枯,水沙条件恶化,渭河下游淤积严重,潼关高程随之回升,洪水灾害加剧,防洪问题突出。

(5)汾河、伊洛河、大汶河等主要支流,普遍存在着河道萎缩,排洪能力下降,已建防洪工程不完善、标准低,洪水淹没,河岸坍塌,重大灾情屡有发生。

3. 水土流失尚未得到有效遏制

由于黄土高原水土流失面积广大,类型多样,治理难度大,水土流失尚未得到有效遏制。

三、防洪建设

黄河防洪建设要针对洪水、泥沙的特点及经济社会发展对黄河防洪的要求，按照"上拦下排，两岸分滞"处理洪水和"拦、排、放、调、挖"综合处理泥沙的方针，进一步完善黄河防洪减淤体系，完善水沙调控措施，逐步实现对洪水泥沙的科学管理与调度，重视防洪非工程措施建设，提高抗御洪水泥沙灾害的能力，维护黄河健康生命，为经济社会发展提供安全保障。

（一）下游防洪减淤

黄河下游防洪既要防御洪水决堤，又要防止河道淤积尤其是主槽淤积；既要管理洪水，又要处理和利用泥沙。为防止洪水决堤，必须加强堤防、河道整治、滞洪区等防洪工程建设。为防止泥沙淤积河道，需要搞好黄土高原水土保持和小北干流放淤，减少进入下游河道的泥沙，尤其是粗泥沙；建立完善的黄河水沙调控体系，管理洪水、拦减泥沙、调水调沙。

1. 堤防建设

堤防设防流量仍按国务院批准的防御花园口 22 000 m³/s 洪水标准。考虑到河道沿程滞洪、削峰和东平湖滞洪区分滞洪作用，以及支流加水情况，沿程主要断面设计防洪流量为：夹河滩 21 500 m³/s、高村 20 000 m³/s、孙口 17 500 m³/s、艾山及以下 11 000 m³/s。

1）堤防加高帮宽

黄河下游堤防为一级堤防，设计顶宽为 10～12 m，堤防临、背河边坡 1:3。设计堤顶高程为设计洪水位加超高。各河段的堤防超高为：沁河口以上 2.5 m，沁河口至高村 3.0 m，高村至艾山 2.5 m，艾山以下 2.1 m。现阶段尚有部分堤段高度、宽度不足，需进行加高、帮宽。

2）堤防加固

黄河下游堤防加固主要是解决堤防"溃决"问题。对于堤身，不仅应满足渗流稳定要求，还要消除因填筑不实、土质不良、獾狐洞穴等隐患引起的堤身破坏；对于堤基，由于情况复杂，洪水期容易形成集中渗流，出现渗透变形，甚至成为流水通道，需要采取措施，防止形成流土、管涌等破坏堤防。中华人民共和国成立以来，黄河下游大堤加固采取的主要措施有前戗、后戗、放淤固堤、截渗墙、锥探压力灌浆等。近阶段采取最多的为放淤固堤措施，对于实施放淤固堤难度比较大的堤段，采取截渗墙加固。

放淤固堤措施具有的优点为：一是可以显著提高堤防的整体稳定性，有效解决堤身质量差问题，处理堤身和堤基隐患；二是较宽的放淤体可以为防汛抢险提供场地、料源等；三是从河道中挖取泥沙，有一定的疏浚减淤作用；四是淤区顶部营造的适生林带对改善生态环境十分有利。截渗墙对消除堤身隐患和处理基础渗水也有较好作用。

3）穿堤建筑物

下游临黄大堤上现有引黄涵闸 89 座（不含河口段），分洪、分凌闸 8 座，退水闸 5 座。对防洪标准不足的涵闸需要与堤防同期进行改建加固。

4）堤防附属工程

堤防附属工程建设主要包括防浪林、堤顶硬化、防汛道路建设。

2. 河道整治

为了控制河势变化,需要修建河道整治工程。河道整治工程主要包括险工和控导工程两部分。已建工程发挥了控制河势、缩小主溜游荡范围、减少"横河"发生概率等作用,减轻了堤防冲决的危险。河道整治存在的主要问题是:高村以上河段整治难度大,布点工程还没有完成,已建工程长度不足,主溜仍然游荡多变,中常洪水严重威胁堤防安全。

1)整治方案及治导线

根据多年来黄河下游河道整治的实践经验,微弯性河道整治在窄河段取得了很大成效,在宽河段也逐步得到了推广应用,今后仍采用中水流量微弯性河道整治方案。

整治流量是整治河道的控制流量,是确定治导线、设计整治建筑物的依据。经综合分析平滩流量及造床流量,结合黄河下游游荡性河道河床演变特点和水沙的变化趋势,现阶段将整治流量由原来的 5 000 m^3/s 调整为 4 000 m^3/s。整治河宽为:白鹤镇至神堤 800 m、神堤至高村 1 000 m、高村至孙口 800 m、孙口至陶城铺 600 m。排洪河槽宽度为不小于 2 000 ~ 2 500 m。河弯要素为:曲率半径,高村以上为 1 400 ~ 7 300 m,高村以下为 1 180 ~ 8 800 m;中心角,高村以上为 7° ~ 112°,高村以下为 16° ~ 128°;直河段长度,高村以上为 802 ~ 9 130 m,高村以下为 1 200 ~ 8 050 m。按照上述规定绘制治导线。

2)控导工程新建和续建

控导工程是按照规划在滩地的适当部位修建的坝垛护岸工程。其作用是控导河势、保护堤防和滩地安全。按照河势变化和投资力度新建和续建控导工程。随着河道的不断淤积抬高,已有控导工程部分顶部高程不能满足设计要求的需进行加高;据根石探测资料,达不到设计标准的进行抛石加固。

3)险工改建加固

险工是依托堤防修建的丁坝垛护岸工程,与控导工程一起控制河势变化,保护堤防安全。

险工顶部比堤防设计顶部高程低 1 m,根石台与 3 000 m^3/s 水位平,坝体顶宽 15 m。土坝体裹护段边坡1:1.3,非裹护段边坡1:2。坦石顶宽 1 m,内坡1:1.3,外坡1:1.5。根石台顶宽为 2 m,根石坡度为1:1.5。达不到上述标准的需进行改建加固。

4)防护坝建设

在堤防平工段可能顺堤行洪的堤段,修建的丁坝等防冲建筑物称为防护坝工程。现有防护坝工程标准低、数量少,不能满足要求,需要改建和新建。

3. 东平湖蓄滞洪区建设

滞洪区工程主要有围坝、二级湖堤及进、出湖闸。围坝为一级堤防。顶宽 10 m、超高 2.5 m、临湖边坡1:3、背湖边坡1:2.5。需对石护坡进行改建,并采用截渗墙加固。将滞洪区分为新、老湖区的二级湖堤为 4 级堤防,顶宽 6 m,超高 2 m,边坡1:2.5。部分堤段标准不够,需进行建设。退水工程尚需进一步扩建。

滞洪区安全建设采用建村台和临时撤退两种方式,其中新湖区全部采用临时撤退方式,老湖区根据具体情况两种方式相结合。需修建撤退道路。

4. 滩区安全建设及政策补偿

黄河下游滩区面积 3 956 km²,有村庄 2 071 个,人口 179.3 万人,耕地 374.6 万亩。广大滩区既是洪水的通道,又是滞洪沉沙的场所,然而滩区内居住有众多的群众,每遇较大洪水,即漫滩受淹,保障滩区人民群众生命财产安全是防洪的一项重要任务。1974~1998 年,下游滩区已建村台、避水台、房台等避洪设施 5 277.5 万 m²,撤退道路 620.3 km。存在的主要问题是,避水设施面积不足,标准低,撤退道路少,安全建设亟待加强。

1) 安全建设

安全建设采用三种方式:外迁、临时撤离、就地避洪。建设任务量还很大。

2) 政策补偿

滩区安全建设着眼于滩区群众生命、财产安全,没有考虑滩区生产问题。黄河下游广大滩区是滞洪沉沙的重要区域,具有滞洪区的性质,需要建立滩区淹没运用补偿机制。

(二)水沙调控体系建设

根据黄河防洪减淤的需要和防洪减淤体系的总体布局,除正在修建的沁河河口村水库外,还需在黄河干流修建古贤、碛口及黑山峡河段控制性工程,作为上拦工程。与现有干支流水库联合运用,形成水沙调控体系。

已投入运用的三门峡、故县水利枢纽是黄河下游水沙调控体系的重要工程,两枢纽工程存在不同程度的病害,需要进行处理。

(三)上中游干流防洪

1. 宁夏内蒙古河段

黄河宁夏、内蒙古河段(简称宁蒙河段)自宁夏中卫县南长滩至内蒙古蒲滩拐,全长 1 062.7 km,扣除山区、峡谷型河道 98.7 km 和青铜峡、三盛公库区 94.5 km,平原型河道长 869.5 km。目前,该河段两岸有耕地 1 175 万亩,人口 355.5 万人,是宁夏、内蒙古的主要粮食基地,有公路、铁路、桥梁等重要的交通设施及工矿企业,社会经济地位十分重要。原来宁蒙河段防洪工程残缺不全,洪、凌灾害频繁。后来为解决防洪、防凌问题,先后在该河段修建堤防约 1 420 km,河道整治工程约 114 km,但防洪工程体系很不完善,1986 年以来水沙特点发生了明显变化,原来冲淤基本平衡的河段转变为持续性淤积,致使已建堤防和河道整治工程标准变低,洪、凌灾害仍时有发生,需加快防洪工程建设。

1) 堤防工程

按堤防保护范围内的社会经济情况和保护对象的重要性,下河沿至三盛公河段,防洪标准为二十年一遇,堤防工程级别为 4 级;三盛公至蒲滩拐河段,左岸防洪标准为五十年一遇,堤防级别为 2 级,右岸为三十年一遇,其中达拉特旗电厂附近 67.74 km 长堤防级别为 2 级,其余堤段为 3 级。堤防设计超高下河沿至仁存渡为 1.6 m,仁存渡至石嘴山 1.8 m,石嘴山至三盛公为 1.9 m,三盛公至蒲滩拐左岸为 2.1 m,右岸除电厂附近 2.1 m 外,其余堤段为 2.0 m。

该河段尚需新建部分堤防,已有堤防需加高帮宽,堤防两侧的低洼地带及坑塘需进行处理,穿堤建筑物需进行合并、改建和新建。

2) 河道整治

根据黄河下游河道整治经验,宁蒙河段采用微弯型整治方案,整治流量为青铜峡以上河段 2 500 m³/s,青铜峡以下河段 2 000~2 200 m³/s,治导线宽度为 300~750 m,排洪河槽宽度为 600~2 250 m。已建河道整治工程数量少,不配套,需进行建设。

3)防凌措施

由于宁蒙河段处于黄河几字形的弯顶部位,纬度高,除伏秋大汛洪水威胁严重外,冰凌洪水灾害也时有发生,防凌任务重。防凌措施除进行堤防、河道整治建设外,还要搞好刘家峡、龙羊峡水库的防凌调度,适时修建海勃湾水库工程,研究论证黑山峡河段工程开发方案,以进一步减轻宁蒙河段的防凌负担。

2. 禹门口至潼关河段

禹门口至潼关河段(简称禹潼河段)处于黄河中游,全长 132.5 km,为秦、晋两省的天然界河。黄河出龙门后,骤然放宽,河槽由 100 m 的峡谷展宽为 4 km 以上,最宽处达 18 km,至潼关由南北向急转为东西向,河宽收缩为 1 km。该河段属游荡性河道,河道宽浅,水流散乱,主流游荡不定,历史上素有"三十年河东,三十年河西"之说。该河段剧烈的河势变化经常引起主溜坐弯淘刷,滩岸坍塌,致使沿岸居民搬迁,机电灌站脱溜严重。今后仍需依照 1990 年国务院批准的治导控制线新建、续建工程。

(四)防洪非工程措施

战胜洪水除需要搞好防洪工程建设外,还需要搞好防洪非工程措施建设。现阶段需要建设、完善的非工程措施主要包括水情测报系统、防汛通信系统、防洪信息网、防洪决策支持系统、防汛机动抢险队等。

略论"二级悬河"*

平原河道纵比降缓,含沙量较大的水流往往沿程沉沙落淤,河床抬高,形成悬河。在来水来沙条件及边界条件不利的情况下,河槽的淤积速度大于滩地的淤积速度,就可能形成"二级悬河"。本节以黄河下游为例说明。

一、悬河

(一)何谓悬河

悬河是指河床明显高出河流堤防背河侧地面的河流(或河段),又称地上河。平原河流的一般特性是洪水时期水位高于河流沿岸地面;而悬河则是不仅洪水时期,中水及枯水时期水位也高于河流沿岸地面。

多沙的平原河流,不修堤防时过流部位可以自由变化,淤积部位可以自行调整,不会形成悬河,但洪水灾害频繁。为了防止洪水灾害,平原河道一般修有堤防。对于来沙量大的河流,在河谷开阔、比降平缓的中下游,泥沙大量堆积,河床不断抬高,水位相应上升。为了防止水灾,堤防需随之相应加高,年长日久,河床即高出沿岸地面,成为悬河。

黄河流域是中华民族的发祥地,河道两岸是当时经济发达的地区,人口密集。为了防止水患,春秋时期已修建堤防,战国时期堤防已具有相当规模。在堤防的约束下,河道内

---

* 本文由胡一三、张晓华撰写,发表于《泥沙研究》2006 年第 5 期,P1~9。

泥沙落淤,河床不断升高。堤防单薄时期,遇水后易于决堤,水流将一部分淤积在河道内的泥沙带到堤防背河侧广大平原地区,以后水流复走原河道或水流改走新道,这样就不易形成悬河。当堤防质量较好不易决口或决口后很快堵复时,河床就抬升快,易于形成悬河。

（二）黄河下游悬河现状

新中国成立以来,国家非常重视黄河的防洪工程建设,提高了河道的排洪能力,除新中国成立初期的1951年、1955年在接近入海口的利津发生两次凌汛决口外,均安全度过了各个汛期,彻底扭转了历史上频繁决口泛滥的局面,保证了沿黄两岸的安全。但是,进入下游河道的泥沙除排入渤海及引黄河水将少量泥沙带向背河侧之外,其他泥沙就淤积在河道内,致使淤积速度加快。过去决口时,尤其是伏秋大汛期决口,除将水流挟带的泥沙带向两岸外,还会冲起已淤积在河道内的泥沙并带向泛区。1855年决口改道引起的溯源冲刷至今尚未完全恢复。决口可以减缓河道的抬升速度,但这种由于决口引起河道"泄肚子"的情况已不会发生,因此河道抬升速度近半个世纪较历史上快即属正常。

20世纪后半期,为了减少进入下游的泥沙,在上中游进行了水土保持,并修建了三门峡等水库,从而减少了下游河道的淤积。但下游河道平均年淤积仍达2亿~3亿t,下游河道的悬河形势也在加剧。现在黄河下游临黄大堤临背高差一般为3~6 m,最大者达10 m(见图1-10-1)。这使黄河成为防洪任务最艰巨的河流。

（三）悬河特点

悬河,除具有一般平原河道的特征外,还具有其独有的特点,并给河流综合治理带来不利影响。

1. 水位常年高于背河侧地面

对于一般的平原河道,河槽低于两岸地面,在一年的大部分时间内,水流在河槽内通过,只有在洪水期间,水位才高于沿岸地面,靠堤防约束水流。对于部分平原河流或河段,即使在洪水期,水流也行于河槽内,水位低于两岸地面,不需修建堤防或仅在一岸修建堤防,一般不发生水灾,只有在发生稀遇洪水时,河水才漫向两岸,淹没农田,造成灾害。

对于悬河,不仅洪水期水位高于沿岸地面,中水时期乃至漫长的枯水期,水位也高于沿岸地面,全年均靠防洪工程约束水流。

由于河道高于沿岸地面,很少有支流汇入,且河道成为两岸不同流域的分水岭。黄河下游仅在右岸靠泰山山系的一段河道有汶河汇入,天然文岩渠及金堤河均为沿黄河左岸低洼地的支流,其流域面积有相当一部分还是黄河的老河道。由于黄河河道的不断淤积抬高,支流入黄愈来愈困难。历史上黄河决口泛滥的25万 km² 的广大地区,绝大部分已成为现在的淮河流域及海河流域,黄河下游河道是淮河流域与海河流域的分水岭。

2. 河势多变

悬河是堆积性河道。在泥沙堆积的过程中易于塑造新的河床,引起河势巨变。在一定的水沙条件和河床边界条件下,河槽变为滩地,滩地变为河槽,出现"十年河南,十年河北"的情况。就河势演变的速度及幅度而言,黄河下游自上而下,由游荡性河道到弯曲性河道逐渐变小。但在不进行河道整治的天然情况下,河势变化都是很大的,如:

(1)游荡性河道的柳园口河段,1954年河分南北两股。在一次洪峰过程中,主溜原在北股,先演变至南股,继而又从南股演变到北股,北股复又成为主溜,一昼夜内主股、支股两次交替。

(2)由游荡向弯曲转化的过渡性河段,在两个河道整治工程之间的距离长时,河势变化也很快。如邢庙至苏阁河段,长 14 km,河床土质抗冲性能差,流路很不稳定。1948 ~ 1964 年主溜带的外形较为平顺,但就各条主溜线而言,有的较为顺直,有的接连数弯,流路年年各异,弯道在年际间的变化也是很快的。

(3)弯曲性河段,1949 年汛期,中、高水位持续时间长,济南以下先后有 40 处险工靠溜部位大幅度下挫,9 处老险工脱河,朝阳庄险工脱河后主溜下滑了 2 km,并引起了以下河段的河势变化。

3.防洪工程自行降低标准

对于悬河,其河道总的趋势是随着时间的推移而逐步抬升的。由于同流量水位每年都处于变化之中,为了防洪安全修建的防洪工程只能以某流量作为防洪标准。对已修建的防洪工程,经过数年之后,尽管防洪工程的高程及断面没有降低或削弱,但由于河床的抬升,同一水位下的过洪能力将会减小甚至明显减小,已修建的防洪工程数年之后就自行降低了防洪标准。

4.堤防决口后灾害严重,一旦堤防决口,可能造成改道

一般平原河道,洪水期堤防决口后淹及沿岸,但水位下降至沿岸地面高程时,河水就会全部沿河道而下,泛区受灾时间短、灾情轻。对于多沙的悬河而言,堤防一旦决口,水流居高而下,决口分流比很大,甚至全部夺河,严重时造成河流改道。

决口后泛区面积大;洪水期过后,由于河道水位仍高于沿岸地面,水流继续流入泛区,受淹时间长;同时,决口后水沙俱下,会形成宽约十余千米、长约几十千米甚至百千米以上的沙带,堵口后可能需要数年甚至数十年才能恢复正常耕种。决口后如未能成功堵口,广大泛区会长期受灾,如果发生改道,还会形成更为惨重的灾害,不仅造成经济上的重大损失,还会直接影响社会稳定。

悬河的上述 4 个特点,均加重了洪水对沿岸广大地区的威胁,增加了防洪负担,使悬河的防洪形势远较其他平原河流严峻。

二、"二级悬河"

(一) 何谓"二级悬河"

"二级悬河"是指河槽平均河底高程高于滩地平均河底高程的河流(或河段)。图 1-17-1 为黄河下游"二级悬河"典型断面(禅房断面)。

黄河下游河道为复式断面,一般可分为枯水槽、一级滩地、二级滩地;对于东坝头以上河段,由于受 1855 年铜瓦厢决口改道后溯源冲刷的影响,增加了一级高滩,存在三级滩地(见图 1-10-2)。近些年来,由于河槽严重淤积,三级滩地越来越不明显。习惯上将枯水槽及一级滩地合称为主槽;在河势变化的过程中,主槽的位置经常发生变化,将一个时期内主槽变化所涵盖的部分称为河槽;二级滩地及三级滩地合称为滩地。

黄河下游来水来沙是丰、平、枯相间的,它们塑造的河床也不相同。平槽流量变化较大,一般变化于 3 000 ~ 7 000 m³/s。在洪水漫滩期间,进入滩区的洪水,流速减小,沉沙落

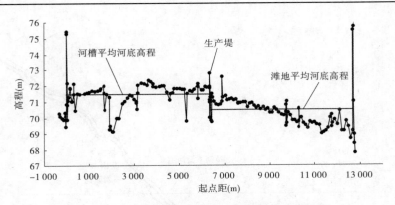

图 1-17-1 黄河下游"二级悬河"典型断面(禅房断面)

淤,相对清水回归主槽,稀释水流,使主槽冲刷或少淤,称为淤滩刷槽。20 世纪 70 年代以来,来水总的来讲偏枯,发生大漫滩的年份少;加之 1958 年大洪水后滩区修建了生产堤,进一步减少了生产堤与临黄大堤之间滩地的漫滩次数,发生淤滩刷槽的情况进一步减少,主槽淤高的速度快,滩地淤高的速度慢,生产堤与同岸临黄大堤之间的滩地淤积抬高的速度更慢。从 70 年代初开始局部河段就出现了河槽平均河底高程高于滩地平均河底高程的"二级悬河"。

(二)"二级悬河"的形成与发展

"二级悬河"的发生、发展是与下游来水来沙条件以及河道边界条件的变化密切相关的,"二级悬河"的形成主要是在三门峡水库滞洪排沙、下游大量回淤的 20 世纪 60 年代末和 70 年代初,发展时期主要是在河道淤积萎缩的 1986～2000 年。1958 年以后,黄河下游滩区修建了大量的生产堤,影响了滩地落淤沉沙,在不利的水沙条件下,进一步加速了二级悬河的形成与发展。下面以"二级悬河"现象最为突出的禅房断面及其所在的东坝头—高村河段(见图 1-17-2)为例,说明"二级悬河"的形成与发展过程。

1. 禅房断面

根据禅房断面现有的资料,从滩地、河槽平均河底高程的变化来看,禅房断面的滩地平均河底高程变化比较小,只在 1975 年漫滩洪水时,滩地落淤造成河底高程大幅度抬升 0.7 m,其他时间变化不大,升降幅度都在 0.2 m 以内,1963～2004 年滩地平均河底高程由 70.2 m 升高到 70.8 m,共升高 0.6 m。而河槽平均河底高程有升有降,但以淤积升高为主,1963～2004 年河槽平均河底高程由 69.8 m 升高到 71.9 m,升高了 2.1 m。尤其是 1965～1978 年,持续升高了 2.3 m,其次是 1994～2000 年升高也较多,达 0.5 m;河槽平均河底高程下降的时期较少,下降幅度也较小,1980～1985 年为持续下降,共下降 0.3 m,2000 年以后小浪底水库下泄清水,下游河道发生冲刷,河槽平均河底高程也有所下降。

从 20 世纪 60 年代至 2004 年禅房断面滩、槽平均河底高程的上述变化,使滩槽高差(滩地平均河底高程－河槽平均河底高程)呈现出几个发展阶段。1965 年以前禅房断面滩地平均河底高程高于主槽,滩槽高差在 0.5 m 左右。1966 年后滩槽高差逐渐减小,至 1970 年持平。其后河槽平均河底高程开始高于滩地平均河底高程,并且不断加剧,形成"二级悬河"。1973 年和 1974 年"二级悬河"最为严重,滩槽高差分别达到 －1.24 m 和 －1.26 m。1975 年洪水期禅房断面漫滩,滩地平均河底高程大幅抬升,滩槽高差减缓到

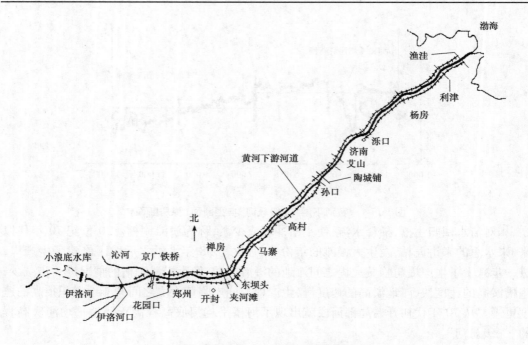

图 1-17-2　黄河花园口至利津河道示意图

-0.72 m,其后一直到 20 世纪 90 年代末滩槽高差虽然在不断变化,但幅度不大,期间 1982 年滩槽高差又达到 -0.98 m,90 年代初河槽淤积开始加重,"二级悬河"又有所发展,2002 年达到 -1.24 m。2002 年以后河槽发生冲刷、"二级悬河"不利形势减轻,但至 2004 年仍在 -1.1 m 左右。禅房断面河槽平均河底高程与滩地平均河底高程变化过程如图 1-17-3 所示。

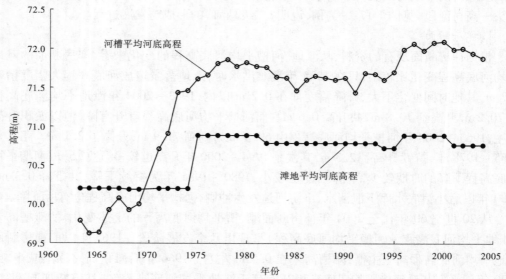

图 1-17-3　禅房断面河槽平均河底高程与滩地平均河底高程变化过程

2. 东坝头至高村河段

东坝头至高村河段是黄河下游"二级悬河"最为严重的河段,其中禅房—杨小寨河段滩槽高程相差最大,河道村—高村河段"二级悬河"稍轻。从图 1-17-4 可见,整个河段滩槽高差的变化过程与上述禅房断面的变化过程基本一致,经历了滩地平均河底高程高于河槽平均河底高程—"二级悬河"形成(河槽平均河底高程高于滩地平均河底高程)、发展—滩槽高差变化不大—"二级悬河"进一步发展(滩槽高差负值增加)—小浪底水库运用后滩槽高差负值减少的过程。由于各断面的具体情况不同,"二级悬河"出现的时间和滩槽高差的数值也不同。禅房—杨小寨河段"二级悬河"形成时间基本在 20 世纪 70 年代初,由于油房寨、马寨、杨小寨 3 个断面 20 世纪 80 年代后期以后滩槽高差负值的增大幅度明显大于禅房断面的增大幅度,因此与禅房断面不同,这 3 个断面滩槽高差负值最大年份都出现在近期,分别为 1998 年的 −1.83 m、2001 年的 −2.11 m 和 2000 年的 −1.77 m。河道村—高村河段"二级悬河"形成时间较晚,在 20 世纪 80 年代以前只有个别年份滩地平均河底高程低于河槽平均河底高程,只是在 1988 年左右以后河槽平均河底高程保持稳定高于滩地平均河底高程,其后"二级悬河"不断加剧,河道村和高村断面的滩槽高差负值最大分别为 2002 年的 −1.13 m 和 2000 年的 −0.76 m。小浪底水库投入运用后,下游河道河槽冲刷,滩槽高差负值减小,至 2004 年减小幅度为 0.12 ~ 0.37 m。从该河段各断面滩槽高差的变化过程来看,"二级悬河"是随时间的变化而沿程从上至下不断发展的,最先出现在上段的禅房和油房寨断面,其次出现在中段的马寨和杨小寨断面,最后才在河道村和高村断面形成"二级悬河"。

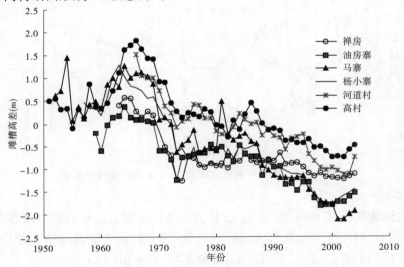

图 1-17-4 东坝头—高村河段各断面滩槽高差变化过程

根据断面间距对东坝头—高村河段的滩槽高差进行加权平均,求得河段平均滩槽高差见表 1-17-1,由表看出本河段平均情况下,"二级悬河"出现在 1972 年,其后一直存在,2002 年达到负值,最大为 −1.55 m,近几年有所减小,2004 年仍为 −1.34 m。

表 1-17-1　东坝头—高村河段典型年份河段平均滩槽高差

年　份	1963	1972	1973	1980	1984	2002	2004
滩槽高差(m)	0.84	−0.13	−0.64	−0.56	−0.31	−1.55	−1.34

(三)黄河下游"二级悬河"现状

根据 2004 年汛后淤积大断面的测量成果,对黄河下游的滩槽高差进行了分析,以此来反映"二级悬河"的现状。"二级悬河"主要发生在阳谷县陶城铺以上的宽河段。

1. 东坝头以上河段

京广铁桥至东坝头河段,两岸滩地是 1855 年铜瓦厢决口溯源冲刷、河道下切形成的高滩,经 140 余年的河槽摆动,高滩沿不断坍塌,后又淤积成低滩,随着河道的持续淤积抬升,该河段已明显表现出高滩不高的现象。该河段"二级悬河"主要发生在花园口至三坝长 20 km 左右的河段,最严重的断面滩槽高差已达 −0.89 m。各断面"二级悬河"的情况见表 1-17-2 及图 1-17-5。

表 1-17-2　花园口至三坝河段 2004 年各断面滩槽高差情况表

断面名称	破车庄	七堡	八堡	石桥	来潼寨	三坝
滩槽高差(m)	−0.45	−0.14	0.03	−0.89	−0.17	−0.70

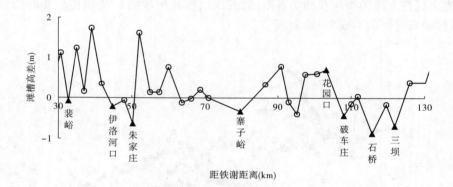

图 1-17-5　铁谢—黄练集河段 2004 年各断面滩槽高差

2. 东坝头—高村河段

本河段滩地高程低、滩面宽、面积大,较大的滩区主要有左岸的长垣滩和右岸的兰考滩、东明南滩等,因此该河段是"二级悬河"最发育的河段,各断面滩槽高差均为负值,大部分达到 −1.0 m 以上,最大达 −1.7 m(见表 1-17-3 及图 1-17-6)。

表 1-17-3　东坝头至高村河段 2004 年各断面滩槽高差情况

断面名称	禅房	左寨闸	李门庄	油房寨	荆岗	王高寨	六合集	马寨
滩槽高差(m)	−0.98	−1.52	−1.7	−1.27	−0.93	−1.15	−0.87	−1.36
断面名称	竹林	谢寨闸	杨小寨	西堡城	河道村	双井	柿子园	高村
滩槽高差(m)	−0.86	−1.23	−1.45	−0.52	−0.65	−0.13	−0.1	−0.58

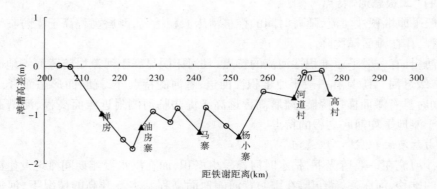

图 1-17-6 东坝头—高村河段 2004 年各断面滩槽高差

3.高村—孙口河段

高村—孙口河段滩地块数多,坑洼多,堤根低洼,蓄水作用十分显著,有部分滩区因退水困难已成为死水区。高村—十三庄河段"二级悬河"也比较发育,滩地平均河底高程低于河槽平均河底高程 -0.1 ~ -0.7 m,如图 1-17-7 所示。

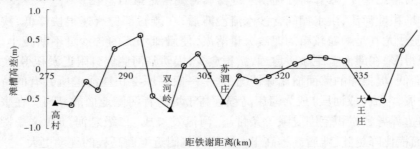

图 1-17-7 高村—十三庄河段 2004 年各断面滩槽高差

4.孙口以下河段

孙口以下"二级悬河"主要出现在孙口—陶城铺河段滩面比较宽阔的地方。图 1-17-8 为孙口断面至陶城铺断面滩槽高差沿程变化图,可以看出,该河段"二级悬河"没有以上河段严重,出现"二级悬河"的断面滩地平均河底高程低于河槽平均河底高程在 1 m 以内。

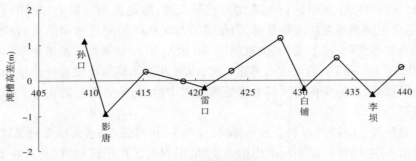

图 1-17-8 孙口—陶城铺河段 2004 年各断面滩槽高差

（四）"二级悬河"特点

一般平原堆积性河流，随着时间的推移河床淤积抬高，滩唇高程高于堤防临河侧附近滩面高程，存在滩面横比降。

悬河，具有一般平原堆积性河流的特点，且河床明显高于河流堤防背河侧地面。

"二级悬河"，除具有一般平原堆积性河道、悬河的特点外，就断面形态而言，"二级悬河"应同时具有滩面横比降陡、滩唇高程远高于堤防临河侧附近滩面高程、河槽平均河底高程高于滩地平均河底高程的特点。

1. 由悬河淤积成"二级悬河"

多沙河流在一般情况下，枯水时河槽发生淤积，而在洪水漫滩期间滩地发生淤积。随着时间的推移，河床逐渐抬升，在堤防背河侧地面高程基本不升高的情况下，河道就会发展成悬河。不仅洪水期而且枯水期水面都高于堤防背河侧地面。河道在已经成为一级悬河的基础上再发展，形成悬河中的悬河，就是"二级悬河"。因此，"二级悬河"的最基本特点首先是悬河，同时具备悬河水位常年高于背河侧地面、河势多变、防洪工程自行降低标准等悬河的一般特点。

2. 滩面横比降陡、滩唇高程远高于堤防临河侧附近滩面高程

对于堆积性河流，洪水期间含沙水流漫滩后，在滩唇部位流速很快降低，挟沙能力锐减，大量泥沙尤其是颗粒较粗的泥沙大量落淤，使漫滩水流的含沙量不断减小，造成滩唇部位淤积得多，在滩面上距滩唇愈远，淤积愈少，堤防临河侧堤脚附近淤积得更少，形成滩唇高、滩面低、堤根洼的滩面横比降情况，这是一般平原堆积性河道所共有的特点。随着淤积的发展，河流（或河段）成为河床高程远高于堤防背河侧地面的悬河。在来水来沙不利和河道边界导致淤积范围受限等条件下，河流发展成"二级悬河"时，这一特点更加突出，即滩面横比降更陡、滩唇高程高于堤防临河侧附近滩面高程的程度更大。

3. 河槽平均河底高程高于滩地平均河底高程

对于悬河，一般滩面越宽，横比降越陡，滩面横比降要明显陡于纵比降。如黄河下游游荡性河道的东坝头至高村河段，横比降达 1/2 000，而纵比降约为 1/5 500，前者为后者的近 3 倍。这种河道条件下一旦发生大洪水，如果滩地行洪阻碍较少，水流就能够挟带较多的泥沙在滩地运行，在整个滩面包括远离主槽的临河堤根处会出现大量淤积。

在有利的来水来沙条件下，具有能形成大范围漫滩的洪水过程，同时河槽与滩地也没有被分隔，水沙可以在滩槽进行大范围的充分交换，滩地淤积从量上和范围上来说都较大，就会造成主槽和滩地的同步升高，因此滩唇与堤防临河附近滩面的高差、滩面横比降均不会发生明显变化，形不成"二级悬河"。20 世纪 50 年代黄河下游来水来沙量都较大，尤其是 10 000 m³/s 以上的大洪水多达 6 次，1958 年洪水期以前没有修建生产堤，十分有利于滩地淤积，河道的变化情况基本就是滩槽同步抬高，虽然河道淤积量大，但并未出现"二级悬河"。

而在遇到较长时段的不利水沙条件时，洪水少、洪峰低，洪水大漫滩的次数也少，河道淤积以河槽为主，因此河槽不断淤积抬高、滩地很少有淤积抬高的机会，宽滩更会出现横比降陡、滩唇高程远高于堤防临河附近滩面高程的情况，经过若干年河槽平均河底高程不断抬升以致超过滩地平均河底高程时，就形成了"二级悬河"，这一特点是判别是否形成

"二级悬河"的标准。如果影响洪水漫滩的生产堤等构筑物存在,则更会加速"二级悬河"的形成与发展。1986 年以后正是由于洪水场次少、洪峰流量低(花园口最大流量仅为 7 860 m³/s),洪水漫滩机会少,同时滩区碍洪构筑物的存在又影响了水沙运行,所以导致"二级悬河"不断加剧。

三、结论

(1)悬河是指河床明显高出河流堤防背河侧地面的河流(或河段),又称地上河。平原河流的一般特性是洪水时期水位高于河流沿岸地面;而悬河则是不仅洪水时期,中水及枯水时期水位也高于河流沿岸地面。

(2)悬河除具有一般平原河道的特征外,还具有其独有的特点:水位常年高于背河侧地面;河势多变;防洪工程自行降低标准;堤防决口后灾害严重,一旦堤防决口,可能造成改道。悬河的防洪形势远较其他平原河流严峻。

(3)"二级悬河"是指河槽平均河底高程高于滩地平均河底高程的河流(或河段)。"二级悬河"的发生、发展与来水来沙条件以及河道边界条件密切相关。20 世纪 60 年代末和 70 年代初黄河下游淤积严重,70 年代初东坝头至高村河段首先形成"二级悬河";1986~2000 年水沙条件不利,河道淤积萎缩,"二级悬河"在下游继续发展。滩区生产堤影响滩地落淤沉沙,在不利的水沙条件下,又加速了"二级悬河"的形成与发展。

(4)一般平原堆积性河流,滩唇高程高于堤防临河侧附近滩面高程,存在滩面横比降。

悬河,具有一般平原堆积性河流的特点,且河床明显高于河流堤防背河侧地面。

"二级悬河"由悬河淤积而成,除具有一般平原堆积性河道、悬河的特点外,就断面形态而言,应同时具有滩面横比降陡、滩唇高程远高于堤防临河侧附近滩面高程、河槽平均河底高程高于滩地平均河底高程的特点。

参 考 文 献

[1] 黄河水利委员会《黄河水利史述要》编写组. 黄河水利史述要[M]. 北京:水利电力出版社,1982.
[2] 胡一三. 悬河议[J]. 华北水利水电学院学报,2001,22(3).

黄河下游河道整治及堤防工程新技术介绍*

黄河是中华民族的摇篮,她哺育了中华民族,是华夏五千年文化发祥地。然而,她又是一条世界著名的悬河,一条曾多次决口给两岸人民带来过深重灾难的害河。新中国成立后,党和政府非常重视黄河的治理,经过治黄工作者的深入研究和艰苦实践,已经摸索出了一套适合黄河下游特点的整治措施,初步建成了由堤防工程、河道整治工程、分滞洪工程及中游干支流水库组成的黄河下游防洪工程体系。

---

* 本文是一篇科普文章,由胡一三、张建中 1996 年撰写,选入《黄河治理科普读物·科技治河》,郑州:黄河水利出版社,1997 年 9 月第 1 版,P29~45。

河道整治是为了满足防洪的需要,减少、防止堤防冲决而采取的控导水流、稳定河势的措施。有计划地在黄河下游进行河道整治是 20 世纪 50 年代初开始并逐步发展起来的,它已成为防洪工程体系的重要组成部分。

黄河的河道整治包括河槽整治和滩地整治。以防洪为目的的河道整治主要是整治中水河槽。黄河下游修建的河道整治工程主要包括险工和控导工程两部分。在靠溜(溜:在水道中流速大,可明显代表全部或部分水流动力轴线的流带。在一个水流横断面内,可出现几股溜,其中最大的称为主溜,也叫大溜)的堤段,依附大堤修建的丁坝、垛、护岸工程称为险工,主要作用是直接保护堤防安全,其顶部高程低于堤顶 1 m。在滩区适当地点修建的丁坝、垛、护岸工程,称为控导工程(曾称护滩工程或控导护滩工程),主要作用是控导主流,护滩保堤,其顶部高程:阳谷陶城铺以上为中水流量 5 000 m³/s 水位加超高 1 m,陶城铺以下与滩面平。险工与控导工程相配合,可以约束水流,控导河势,形成较为稳定的中水流路。

一、河道整治的原则

在进行有计划的河道整治之前,首先要制订出规划、设计、施工及管理等项工作都必须共同遵循的整治准则,此即河道整治原则。该原则的制订受经济条件、人们对河势演变规律及河道整治的认识水平、河道自身的特点、国民经济各部门对河道整治的要求等因素的影响。

(一)历史回顾

黄河下游河道上的险工大都修建得较早,有的工程已经有 300 多年的历史。新中国成立后曾经多次制订河道整治规划。首次规划是 1962 年 4 月,黄河水利委员会在河南省武陟县庙宫召开的河道整治现场会议上制订的,随着经验的积累和情况的变化,整治规划逐步完善。1949 年大水时连续被动抢险,导致了 20 世纪 50 年代济南以下窄河段河道整治的蓬勃发展。三门峡水库下泄清水期间,下游河势变化激烈,险情严重,塌滩迅速,河槽展宽,导致 20 世纪 60 年代后期开始的河道整治的迅速开展。2000 年小浪底水库建成后,将会改变下游河道的来水来沙条件,河势也会发生重大变化,因此应利用小浪底水库建成前的时期,加速整治,以减缓下泄清水期的河势变化。

(二)不同时期的整治原则

黄河下游河道整治原则 30 多年来不断得以补充完善,但始终坚持贯彻以防洪为主、全面规划、因势利导、控导主溜、充分利用已有工程、进行中水河道整治等原则。随着整治的重点由弯曲性、过渡性河段转向游荡性河段,其整治难度增加,原则中的“宽床定槽”发展为“规顺中水河槽”,“护滩定险(工)”发展为“控导主溜”,表明人们的认识通过实践更接近于实际,对整治工程的作用与性质的认识有了飞跃。实践还表明,人工强化河床边界条件是河道整治行之有效的措施。

(三)近期整治原则

根据近些年来的河势演变情况及整治河道的实践,小水、洪水期的河势变化,修工时机及新材料、新结构愈来愈被人们注意。进而提出了近期河道整治的基本原则为:防洪为主、统筹兼顾;中水整治,洪枯兼顾;以坝护弯,以弯导溜;主动布点,积极完善;柳石为主,开发新材。

二、河道整治方案

有计划地进行河道整治,仅是近 40 多年的事,开始时并没有公认的整治方案,因此在河道整治过程中,曾有过纵向控制整治方案、卡口整治方案、平顺防护整治方案、麻花型整治方案、微弯型整治方案等多种不同方案。以下重点介绍 3 种方案。

(一)卡口整治方案

卡口整治方案又称节点整治方案或对口丁坝整治方案。它是利用两岸山嘴、胶泥嘴等天然节点和由两岸修建对口丁坝等人工节点,限制主溜摆动,控制河势变化的方案。现存的多处节点,如苏泗庄与对岸聂堌堆胶泥嘴、曹岗险工和府君寺控导工程组成的节点,均不能有效地控制河势,故黄河下游未采用此整治方案。

(二)麻花型整治方案

在河势演变中多存在几条基本流路,一些河段往往存在弯道段左右相对、直线段交叉,形似食用麻花的两条基本流路。此整治方案是按两步走方式进行的:第一步先利用节点,在两节点间以缩小游荡范围为目标控制两条流路;第二步按一条流路继续整治,达到控制河势的目的。由于两套控制工程的长度长,在两条基本流路的转换过程中,还常需修建临时工程,因此该方案的整治工程长度要大大超过河道长度,投资较大,不宜采用。

(三)微弯型整治方案

该方案是通过河势演变分析,归纳出几条基本流路,进而选择一条中水流路与洪水流路、枯水流路相近的,能充分利用已有工程的,对防洪、引水、护滩等综合效果优良的基本流路作为微弯型整治的流路。整治中采用单岸控制,即在同一河段只在一岸修建工程,弯道段仅在凹岸修建工程。按照已有的整治经验,在按规划进行治理时,两岸工程的合计长度达到河道长度的 80% 左右时,一般可以初步控制河势。尽管河道的外形顺直,但就其主溜线及支汊的溜线而言,又都呈曲直相间的弯曲形态。微弯型整治的弯曲率与天然河道的弯曲率相近。通过对现有整治工程的总结和模型试验,得出了微弯型整治方案能较好地控导河势的结论。加之利用此方案进行整治时,需要修建的整治工程长度短,投资省,因此黄河下游采用了这种经济可行的好方案。

三、河道整治措施

(一)整治流路设计

根据整治原则,河道整治是以中水为主,洪枯兼顾,流路设计按中水考虑。在几条基本流路中,选择中水流路与洪水及枯水流路最为接近的基本流路作为设计流路。如果利用现有工程,则流路设计中洪枯溜势均应予以照顾。

中水流路设计主要是治导线的拟定。确定治导线是河道整治措施中的核心问题。河道整治成功与否、效益大小、投资多少等均与治导线的拟定质量直接有关。在全面分析、研究河势演变规律的基础上,综合考虑各部门对防洪、引水、护滩等方面的要求,参照各河弯要素之间的关系,初拟治导线。继而对比天然情况下的河弯个数、弯曲系数、河弯形态、导溜能力,以及已有工程的利用程度等,再经多次修改才能确定整治河段的治导线。治导线是两条曲直相间的平行线,主要设计参数有设计流量、设计河宽、排洪河槽宽度及河弯要素等。

(二)整治工程平面布置

修建工程前,要依照治导线,并考虑当地河道情况、河势变化、洪枯水来溜方向及位置、有关部门的要求等因素,绘制整治工程位置线。

1. 整治工程类型

黄河下游河道整治工程,由于形式的不同,对水流的控导作用也各不相同,原有的整治工程大体上可分为凸出型、平顺型、凹入型三类。

1)凸出型

凸出型工程的特点是工程明显凸入河中。此类工程的导溜作用受制于来溜方向和部位,工程的上、中、下不同部位靠溜时,出溜方向相差很大,造成工程以下河道宽浅散乱,河势多变,下弯的工程位置也难以确定,所以这是一种不好的平面形式。原黑岗口险工就属于这种类型。

2)平顺型

平顺型工程外形较为顺直或呈微凸微凹相结合的外形。该类型对溜势的作用虽较凸出型好,但当来溜方向和靠溜部位发生变化时,出溜方向和部位变化仍较大,也不是好的平面形式。苏阁险工属于此类型。

3)凹入型

凹入型工程是外形凹入的弧形工程。这种类型的工程对溜势有一定的调整作用,对于不同来溜方向进入工程上、中部的水流,经过工程调整后,出溜方向和位置相对稳定。这不仅使弯道以下过渡段的河势横向变幅小,也有利于下弯工程位置的确定,是一种好的布局形式。凹入型工程又可分为单一弯道和复合弯道,以"上平下缓中间陡"的复合弯道控导溜势的作用最好。

由于凹入型的工程布局既适应不同的来溜情况,又有较强的导溜、送溜能力,能较好地控导河势,因此在有计划地进行河道整治后,所修建的控导工程绝大部分为凹入型。对于原有的凸出型、平顺型险工,大部分已采用上延、下续或两工程之间接修控导工程的办法进行了改造,使这些工程能基本满足控导河势的要求。

2. 整治工程位置线

整治工程位置线,即每一处整治工程的坝垛头部连线,简称工程线或工程位置线。其作用是确定整治工程的长度及坝、垛头位置。过去采用的工程线,主要有分组弯道式和连续弯道式两种形式。分组弯道式因控导溜势的效果差,已不采用。连续弯道式导溜送溜效果好,新修工程均采用。工程位置线的长度一般为治导线弯道长度的 1.0~1.2 倍。

3. 建筑物类型及布置

下游河道整治工程由丁坝、垛和护岸 3 种建筑物组成。一般以坝为主、垛为辅,坝垛之间必要时修筑护岸。根据整治实践,坝、垛均采用下挑形式。

丁坝是指从堤身或河岸伸出,在平面上与堤线或岸线构成丁字形的坝。它是黄河下游防洪和河道整治工程中的主要建筑物,其长度大,挑流能力强,保护岸线长,但是丁坝阻水严重,近坝水流结构复杂,坝前河床演变剧烈。

垛也就是短的丁坝。它对来溜方向适应性强,对水流结构及近岸河床演变的影响明显弱于丁坝。

护岸是顺堤线或河岸修建的防护工程。对河床边界条件和近岸水流结构的影响最小,水流对河床的冲刷作用也弱。

根据弯道水流的特点,同一弯道的不同部位要布置不同的整治建筑物。丁坝抗溜能力强,易修易守,一般布置在弯道中下段。垛迎托水流,消杀水势,作用较大,一般布置在弯道上段,以适应不同方向的来溜。护岸工程一般修在两垛或两坝之间。因此,在一处整治工程内,一般上段布置垛,下段布置坝,个别地方辅以护岸。

(三)整治工程结构

1.传统结构

现有整治工程多数为传统结构,通常采用土坝体外围裹护防冲材料的形式。一般分为土坝体、护坡和护根三部分。土坝体一般用沙壤土填筑,用黏土修保护层;护坡用块石铺筑,由于块石铺放方式不同,可分为散石、扣石和砌石(浆砌、干砌)三种;护根一般采用块石、柳石枕和铅丝石笼。

由于施工条件不同,修建工程需要采用两种不同的施工方法,即旱地施工和水中施工。后者多采用柳石搂厢等修埽的办法进行。

2.新型结构

20多年来,在黄河下游已经进行了10余种、近70道坝的新型结构试验,研制出了铅丝笼沉排结构、塑料编织袋护根结构等比较适合黄河现状的结构形式。

四、坝垛工程新结构、新技术试验研究

目前黄河下游现存的8 800多道坝垛,大部分是用传统结构修建的。传统结构的优点是:施工机具简单、工艺要求不高、易操作,新修坝垛初始投资少,基础的松散结构能较好适应河床变形,出险后料物可就地取材,便于抢险且抢修速度快等。这是传统结构仍被大量采用的主要原因。但传统结构作为河道整治永久性工程,也存在着明显的缺点:抢险频繁、防守被动、抢护维修费用高等。

为了加快河道整治步伐,改变汛期频繁抢险的被动局面,广大治黄工作者不断为传统结构的更新改进而试验探索。1985年前,黄河下游试验研究的新结构坝主要有:以柳梢料制成的大面积排状体,上用块石压沉于河底的柴排坝;以桩、柳料组合成的透水结构,减轻坝前冲刷,增加坝后落淤的柳墩桩柳坝;在预先修好的土坝体上,用钻机钻孔后灌注混凝土,形成连续而封闭的混凝土连续墙;用混凝土杆件绑扎成构槎,串联后投放于水中或浅滩上,起导流与减速落淤作用的混凝土构槎坝;有利用高压泵产生高压射流的强大冲击力,用钻杆提升、旋转过程中射出的浆液连续不断地搅动土体,并与其混合,最终在地层中形成圆柱状固结体的旋喷桩坝;以土工织物编织袋装土,代替石料及柳石枕的土工织物结构试验坝等。

这些坝垛工程,有的因对黄河特性考虑不周及受当时技术施工条件等限制,没能成功,有的因工艺复杂、技术要求高未能推广,但为以后新结构、新工艺、新材料的试验研究打下了基础。

20 世纪 80 年代中期,土工合成材料的广泛应用,促进了黄河下游坝垛新材料、新结构的试验研究。针对黄河下游的具体情况,根据土工织物的特性,1985 年起进行了一系列的土工织物沉排结构丁坝试验研究,不仅有旱地施工,还有水中进占结构。

目前,黄河下游试修的新结构丁坝,经结构、工艺、性能、施工、应用效果、经济指标等方面综合比较,较为成熟的结构主要有以土工织物及各种压载修成的沉排坝、混凝土透水桩坝、塑料编织袋土枕护根坝。下面分别进行简单介绍。

(一)沉排坝的试验研究

土工织物沉排坝,是利用具有强度大、柔性好、施工简单、反滤效果好等优点的土工织物做护底排布,上铺不同的压载体,而修成的各种类型的沉排结构。将沉排铺放在坝前受溜部位,排体随排前冲刷坑的发展逐渐下沉,自行调整坡度直至稳定,起到护底、护根、防止淘刷的作用。土工织物作为一种新型的工程材料,在防洪抢险中显示出越来越大的优越性。1985 年以来,试验修作了多座各种结构形式的土工织物沉排坝,从已靠河着溜的丁坝来看,效果明显。主要坝型有以下几种。

1. 编织袋装水泥土沉排坝

此结构是黄河下游较早应用土工织物做反滤排布的结构形式。它是将编织布在现场缝制成条形袋,每隔 1 m 缝合成藕节状。就地取沙土,人工或机械拌和成 1:10 水泥土,在袋侧开口由人工装填,袋与袋之间用化纤绳网联成一体。1985 年在封丘大宫控导工程 12 号坝修建的试验工程现多次靠溜。与同期修建的传统结构丁坝相比,在靠溜后抢险次数明显减少,抢险用料仅为传统丁坝的 5%。由于该结构可以就地取材,因此总费用较低。缺点是仅适用于旱地施工,大部分工序由人工作业,效率较低,且质量不宜控制。

2. 铅丝石笼沉排坝

铅丝石笼沉排坝,用泥浆泵在滩地挖槽,人工在槽底铺放由一层无纺布和一层编织布组成的防冲排布,为了防止笼中块石刺穿排布,在其上平铺厚 0.3 m 秸料保护层,其上垂直坝轴线排列宽 2 m、高 1 m 的铅丝石笼,笼及排布均锚固在坝基内以增强抗滑能力。1990 年在中牟九堡下延和柳园口险工,分别修建了铅丝石笼沉排坝。该结构总费用与传统坝接近,且工艺简单,便于群众性旱地施工。经观测表明,可有效减少抢险,因此已被初步推广。缺点是铅丝在水下耐久性较差。

3. 柳石枕散石沉排坝

此结构用泥浆泵挖槽,人工铺排布,然后将就地捆扎相互串联的柳石枕铺好,枕上再铺放散石,排体周围用铅丝石笼压坠。1993 年汛前,在郑州保合寨控导工程新修 31 号 ~ 37 号坝时,采用了这种结构。柳石枕散石沉排坝运用传统料物,工艺简单,易操作,适用于旱地施工,但结构和施工技术尚需要进一步改进,并应加强现场观测。此种结构的总费用较高。

4. 长管袋沉排坝

该结构用土工织物反滤布做排布,以织物长管袋内充填高浓度泥浆或水泥土做压载,管袋间用化纤绳连接,排体近端压在土坝体及块石护坡下面。它适用于滩地或水上施工。1988 年在封丘禅房控导工程 34 号坝采用了此结构。用于修建长管袋沉排坝和用于抢险的费用之和接近传统坝平均造价。所用管袋可在工厂预制,也可以现场缝制,现场机械拌浆充填管袋,施工机械化程度高。据试验可以有效地减少险情。排布的水下定位铺放和保证冲土管袋不破损,是沉排成功的关键。

5. 褥垫式沉排坝

褥垫式沉排坝是长管袋沉排坝的改进形式。底层为透水织物,面层为折成 Ω 形的涂膜布,缝合并分割成块,构成褥垫,其内充填高浓度泥浆。1992 年在封丘禅房控导工程 37 号坝修建了褥垫式沉排坝。与长管袋沉排坝相同,褥垫可以在工厂预制,也可以在现场缝制,利用机械拌浆和充填。该结构排布与压载构成整体,压载均匀,配合船和浮筒可以在水上作业,但更适用于旱地施工。其总费用略高于传统丁坝,上部护坡结构也需进一步改进,使之与沉排更好地联合工作。

6. 挤压块沉排坝

挤压块沉排坝,先用泥浆泵挖槽,人工铺排布,然后在上面压上以黄河沙为主要材料的化学成型挤压块体。块体间用 $\phi8$ mm 和 $\phi10$ mm 的锦纶绳纵横连成整体。1995 年修建的郑州保合寨控导工程 24 号坝为挤压块沉排坝。由于该种结构施工大部分靠人工操作,因此效率较低。挤压块沉排坝的使用效果有待在实践中进一步观测。

7. 铰链式模袋混凝土沉排坝

模袋混凝土是 1983 年从日本引进的一种混凝土护坡新技术,它是利用特制的双层合成纤维织物做模袋,在其内部灌注具有一定流动度的混凝土或砂浆制成构件。化纤模袋自身有透水性,在输送泵的充灌压力下,混凝土或砂浆的凝固速度加快,从而可以得到一种高密度、高强度的混凝土或砂浆硬结体。用锦纶等原料制成的模袋,具有较高的抗拉强度和耐酸碱抗腐蚀性,在充填混凝土的过程中,可以起到模板的作用。铰链式模袋,是指模袋充填后所形成的矩形块体,各矩形块体间用柔性高强度绳连接,可以适应地基的不均匀沉陷,因此常用于软弱地基条件下的工程施工。土工织物排布安放好后,首先在其上面铺铰链式模袋,然后向其中充灌细石混凝土或砂浆,排体端部锚固于上部坝体内,坝垛护坡可修成散石,也可修成模袋混凝土护坡。1994 年在郑州马渡险工 26 号坝下护岸修建了铰链式模袋混凝土沉排。该结构虽然一次性投资费用略高,但由于可以在工厂制作模袋,用机械充填施工,工效高,用人少;既适用于旱地施工,也可用船和浮筒配合在水上施工。经过两个汛期的靠溜运用试验,效果良好。因此,铰链式模袋混凝土沉排坝是今后推广的结构形式。

8. 潜坝

潜坝的沉排结构,可采用长管袋沉排或铰链式模袋混凝土沉排,沉排上面抛散石筑坝,也可在水上用船抛填,过水坝面用铅丝石笼防护,可就地装填。坝顶高程相当于当地滩面。

1990 年在原阳马庄控导工程下首试修了 100 m 长的潜坝。该结构中小水可控制河势,大水可漫坝行洪,适用于在弯道工程下修建,造价也较为适中,今后宜重点推广应用。

广大治黄科技工作者大量的现场试验研究和观测结果表明:土工织物沉排坝具有较好的整体性和柔韧性,能适应水流冲刷和河床变形,对减少丁坝出险机遇是行之有效的。褥垫式沉排坝、铰链式模袋混凝土沉排坝和铅丝石笼沉排坝等在技术上是可行的、经济上是合理的,经进一步试修是有推广前途的。

（二）混凝土透水桩坝

混凝土透水桩坝是黄河下游以混凝土为主要材料的一种新结构形式，是河道整治结构中区别于传统实体坝的一种透水建筑物。其作用是通过缓流落淤控制河势，达到河道整治控导主溜的目的。该结构施工时，先用潜水钻机钻孔，然后采用水力沉桩或振动沉桩，将预制钢筋混凝土管桩插入河底，再在上部用系梁将管桩横向连接成整体，以便减少单桩振动。郑州花园口东大坝透水桩坝，自 1988 年修建以来多次经受洪水考验。由已修建的透水桩坝可以看出：透水桩坝结构简单，施工快；坝顶可露出水面或潜入水下，能控导溜势和落淤造滩；如果设计合理，一次修成，安全可靠不用抢险；少挖压土地，赔偿费用低。但也存在一次性投资较大、施工技术及工艺要求高、必须专业队伍施工、挑流作用不及实体丁坝等缺点。因此，透水桩坝推广起来比较困难，在有特殊需要时可以考虑采用。

（三）塑料编织袋土枕护根坝

利用塑料编织袋装土，做成土枕筑坝护根，其优点主要表现在以下几个方面：防冲性能好，将松散的沙土装在袋内，抛于水中做坝垛护根，受水流冲淘时，土粒不致被带走，由于袋体柔软，相互结合紧密，并紧靠坝垛与河底，能较好地适应河床变形，可随河床冲刷下蛰，保护土坝体下的河床土壤不被冲失；因用沙土修坝，可以就地取材，与柳石枕相比，可降低工程造价 40% ~ 60%；施工简单，操作方便；用塑料编织袋装土代替石料，用于柳石搂厢，可应急抢险，节约投资。1985 年在鄄城桑庄险工 20 号坝，1986 年在东明老君堂控导工程 26 号坝、27 号坝，1987 年在高村下延 41 号坝均采用了这种结构形式。

（四）丁坝根石探测技术

险工和控导工程的丁坝、垛、护岸（简称坝垛）是堤防的前卫，当水流淘刷时，常常发生吊蛰、坍塌、滑动倾倒等险情。根石走失是出险的主要原因。因此，探测坝垛根石分布情况，是防洪工作中掌握工程动态、预报险情的主要手段。关于根石探测方面的研究，虽然已经对直流电阻率法、声呐探测技术法、瞬变电磁法、浅层反射法、地质雷达法等进行过反复试验，但对于根石探测方法、仪器有效性等问题尚无太大进展。因此，丁坝根石探测技术，应该作为河道整治新技术的一个重要课题，进一步深入研究。

五、堤防隐患探测及加固新技术

在黄河下游，堤防是防御洪水的主要设施。1947 年花园口堵口合龙后，首先对被战争等破坏了的堤防进行了恢复，20 世纪 50 年代以来进行了 3 次大修堤，加高培厚堤防，提高了堤防的抗洪能力。但是堤防中存在洞穴、裂缝、松土层等隐患，虽经多年的探测、处理，仍存在一些老隐患，还出现了一些新隐患。这些隐患是每年防汛中的心腹之患。50 年代以来一直在进行堤防隐患的探测及处理工作。

近些年来，治黄科技工作者加大了堤防隐患探测试验研究的力度，运用先进技术，对已建工程进行观察、探测，以便及时采取工程措施，防患于未然。

（一）黄河勘测规划设计研究院对堤防隐患探测技术的试验研究

黄河勘测规划设计研究院等单位完成了"八五"国家重点科技攻关项目子专题"堤防隐患探测技术"。

1. 堤防软弱层探测技术

黄河历史上曾多次决口泛滥,当时常用秸秆等料物与土混合堵填。随着大堤不断被加高培宽,口门置于堤防之下,随着时间的增长,下部料物腐烂变质,使其地层出现松土层,成为大堤隐患。软弱层在汛期洪峰季节可能会出现较大渗漏,严重时会导致决口,故而探测其分布位置及强度,进行加固处理,意义重大。根据软弱层的物性特点,结合国内外先进的物探技术,经过对纵、横波浅层反射技术探测,用电测等多种方法、仪器反复试验,最后筛选出了探测软弱层的最佳方法,即用瞬变电磁法快速普查软弱层分布范围;用瞬态瑞雷面波法对堤身相对强度、软弱层分布位置进行探测。堤防老口门探测深度可达30 m 以上,分辨率可以达到 1~2 m,并且可以提供各层土的动弹模量、泊松比等动力参数。

2. 堤防洞穴、裂缝探测技术

千里金堤,溃于蚁穴。堤防洞穴隐患多次造成黄河堤防溃决。由于黄河大堤很大一部分是在历史遗留下来的旧堤基础上逐步修建的,一些基础不好的堤防在重力作用下,因不均匀沉陷又容易形成纵、横裂缝。针对目前国内洞穴及裂缝探测的现状,在总结吸收国内外成功经验的基础上,课题组从基本理论、方法技术、仪器设备入手,利用地质矿产部机械电子研究所 MIR－1CZ 直流数字电测仪及 MIS－2 型程控多路电极转换开关等国内最先进的仪器设备,解决了探测速度较慢的问题。首先,提出了边界"聚流作用"的新认识,修正了半无限空间理论的异常体(裂缝、空洞)深度计算公式,建立了直流电法探测堤防较小异常体的理论基础。在方法技术上完善了电阻率剖面法,引入了高密度电阻率法,用于堤坝裂缝、洞穴探测,将传统的直流电法中的一维探测扩展到二维探测,解决了裂缝位置、顶部埋深、走向、裂缝下延深度及规模等问题,使裂缝、空洞探测技术更加完善;由定位提高到定位、定性、成像、部分定量。探测精度高,裂缝探测深度超过 10 m,空洞探测分辨率超过了 1:10(洞径与中心深度之比)。还对 MIS－2 型仪器提供了改进设计方案,变分段测试为连续滚动测试,变梯形有效区为矩形有效区,提高测试速度1 倍以上。

(二)山东黄河河务局对堤防隐患探测技术的试验研究

山东黄河河务局研制成功的 ZDT－Ⅰ型智能堤坝隐患探测仪,是在对多年应用电法探测堤防隐患技术进行研究总结的基础上,结合电子、计算机技术,完善、提高常规电法仪器的功能和技术指标,研制成功的集单片计算机、发射机、接收机和多电极切换器于一体的高性能、多功能的新一代智能堤防隐患探测仪器。通过在东平湖围坝、长垣临黄堤、武陟沁河新左堤等多处野外探测试验,表明该仪器工作稳定可靠,实用性强,能够适应堤防隐患探测的特点和技术要求。该探测仪不仅可广泛应用于江河水库堤坝工程质量的普查及其隐患和漏水探测,还可用于铁路、桥梁、建筑物地基探查和找水探矿等多种行业。具有显著的社会效益、经济效益和广阔的应用前景。由山东黄河河务局承担的山东省科技发展计划项目"ZDT－Ⅰ型智能堤坝隐患探测仪研制"已通过山东省科委鉴定。

"八五"国家重点科技攻关项目"堤防隐患探测技术"和山东省科技发展计划项目"ZDT－Ⅰ型智能堤坝隐患探测仪"的研究(制)成功,为堤防隐患探测提供了崭新的测量仪器、测量方法和数据整理、分析方法。通过推广应用,将在黄河下游防洪保安全中发挥作用。

(三)地下连续墙施工新技术

混凝土防渗墙在堤防、土坝等工程中有着广泛的应用。混凝土防渗墙渗透系数小,可截断流路、延长渗径、降低浸润线,对黄河下游堤防因渗水、管涌、裂缝、洞穴等造成的险情,能收到较好的效果。近些年,各地根据多年进行堤防加固的实践经验,相继开展了不同形式的地下连续墙施工新工艺、新机械、新材料方面的研究,比较成熟的有福建水科所研制的射水法建造混凝土防渗墙和河南黄河河务局研制的采用液压开槽机进行地下连续墙施工等技术。

采用射水法建造混凝土防渗墙技术,是利用自行研制的射水法造墙机,在砂质、软土地基上建造混凝土防渗墙,具有施工简单、工效高及相对造价较低的优势。造墙机由造孔机、水下混凝土浇筑机、混凝土拌和机及轨道设备四部分组成。该机已获实用新型专利。造墙机是利用矩形成孔器射出的高速水流(泵压力 6 kg/cm²)冲击破坏土层结构,水土混合回流溢出地面;同时利用卷扬机操纵成孔器上下冲动,进一步破坏土层并修正控制孔壁,造成有规格的槽孔;槽孔采用一定浓度的泥浆固壁;成孔后采用常规水下混凝土直管浇筑法,建成混凝土或钢筋混凝土单槽板,先施工奇数孔,后施工偶数孔,偶数孔冲槽时开启成孔器侧向钢刷和喷嘴,冲刷奇数孔单槽板侧壁,使混凝土浇筑后接缝紧密。造墙深度在 14 m 内,成墙厚度 0.22 m 或 0.35 m。

开槽机是由液压缸带动装在导向架内的牵拉架运动,牵拉架上装有锯体,锯体本身是一个砂浆泵抽水管,并在其上装有刀板,锯体放到事先用钻机造的孔内,随牵拉架一起做上下往复运动,刀齿切削土体形成土渣,由砂泵抽出,完成地下切削过程。开槽到一定长度,用隔离体进行隔离,分段进行水下浇筑。然后取出隔离体,再继续循环开槽、隔离、浇筑等工序,完成地下连续墙施工。其工艺特点是:可连续开槽,连续浇筑,无接头,保证了墙体的完整性,连续性;可实现从 0.2~0.6 m 不同厚度墙体的施工;墙体材料可灵活选用钢筋混凝土、混凝土、水泥土、土工布等不同类型,其中土工布连续铺设是开槽机施工法的优势所在。

(四)放淤固堤技术

放淤固堤是在治黄实践中总结出来的重大科技成果。该技术具有可利用泥沙加宽加固堤防、淤筑相对地下河,提高堤防的抗洪能力,减少河道淤积,少挖农田,节省劳力等优点。目前,该技术已经成为下游堤防加固的主要措施。放淤方法也从 50 年代的自然放淤、60 年代的提水淤背,发展到现在的船(吸泥船)泵(泥浆泵)放淤。

(五)锥探灌浆技术

锥探灌浆是 20 世纪 50 年代研究开发的一项探测、处理堤防隐患、加固堤防的重大科技成果。目前,组合压力灌浆技术又取代了锥探灌浆,从而大幅度提高了锥探灌浆的效率和质量。

六、结语

经过治黄工作者和广大人民群众的艰苦努力,黄河下游连续 50 年伏秋大汛喜庆安澜。但是,我们也应该清醒地看到下游河道淤积严重,"地上河"还在逐年抬高,水患威胁仍十分严重。"96·8"洪水,黄河下游大面积滩区漫滩,1855 年以来,141 年未上水的河南原阳、封丘、开封等地高滩,也都大面积漫水,防洪工程多处出险。究其原因主要是河槽淤积萎缩,排洪能力降低。这场中常洪水进一步提醒我们,黄河下游今后的防洪工程建设任重道远。1996年是成功实施"科教兴水"战略的一年,国家进一步明确了水利是基础产业的地位,加大了水利投入。我们必须抓住有利时机,时刻关注下游河道冲淤演变出现的新情况,在不断地将较为成熟的新技术、新材料应用到防洪工程实践的同时,还要加大防洪工程的建设力度,进一步进行科技试验研究,不断提高黄河下游防洪能力和技术水平,以适应下游河道的不断变化,保证黄河的长治久安。

黄河水下根石探测的浅地层剖面技术[*]

一、概述

河道整治工程是黄河防洪工程的重要组成部分,主要包括控导工程和险工两部分。控导工程和险工由丁坝、垛(短丁坝)、护岸三种建筑物组成。根石是坝、垛、护岸最重要的组成部分,土坝体、护坡的稳定依赖于护根(根石)的稳定。黄河下游现有险工、控导工程370余处,坝、垛、护岸约10 000道,常年靠水的有3 000多道。这些工程常因洪水冲刷造成根石大量走失而导致发生墩、蛰和坝体坍塌等险情,严重时将造成垮坝,直接威胁堤防的安全。为了保证坝垛安全,必须及时了解根石分布情况,以便做好抢护准备,防止垮坝等严重险情的发生。因此,根石探测是防汛抢险、确保防洪安全的最重要工作之一。

长期以来,根石探测技术一直是困扰黄河下游防洪安全的重大难题之一,解决根石探测技术问题,及时掌握根石的分布情况,对减少河道整治工程出险、保证防洪安全和沿黄农业丰收至关重要。几十年来,水下根石状况靠人工探摸。人工探摸范围小、速度慢、难度大,探摸人员水上作业时还有一定的危险性,难以满足防洪保安全的要求。

近年来,黄河水利委员会根石探测项目组依托水利部"948"项目"坝岸工程水下基础探测技术研究",经过对探测设备软硬件的升级改造及现场反复试验研究,解决了水下根石探测问题,大量的对比探测资料表明,仪器探测精度满足工程需要,并具有探测范围大、速度快、安全性高等特点。该成果的取得,将为黄河下游防洪工程建设与管理,提供重要的技术支撑。

二、水下根石快速探测新技术

(一)坝垛工程概况

黄河下游河道整治工程的坝、垛、护岸的结构形式多为柳石结构,通常采用土坝体外加裹护防冲材料的形式。一般分为土坝体、护坡(坦石)和护根(根石)三部分(见图1-19-1)。

土坝体一般用壤土填筑,有条件的再用黏性土修保护层;护坡用块石抛筑,由于块石铺放方式不同,可分为散石、扣石和砌石3种;护根一般用散抛块石、柳石枕和铅丝石笼抛筑。根石的完整是丁坝稳定最重要的条件,进行根石探测可以及时了解根石状况及变化

---

* 本文原载于《水利水电技术》2009年第12期,由郭玉松、胡一三、马瑷玉撰写。

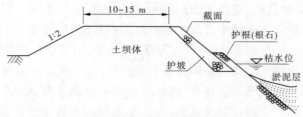

图 1-19-1　坝垛结构及根石以上淤泥示意图

情况,以便及时抢护或采取措施防止出险,防止工程出现破坏,还可节省大量的抢险费用,对防洪安全具有重要意义。

(二)探测技术条件

黄河下游根石探测需要穿透的介质主要为含泥沙的黄河浑水、河水底部的沉积泥沙、硬泥等。含泥沙的黄河浑水介质并不均匀,从水面到底部泥沙颗粒逐渐增大,其相应的物性参数特征值也逐渐变化,但水底与沉积泥沙接触面存在突变;黄河河床底部沉积泥沙、硬泥从上到下硬度逐渐增加,相应的物性参数也逐渐变化,但与根石接触的界面存在物性参数的突变。因此,在对根石进行探测时,必须穿透浑水、沉积泥沙或硬泥等介质。

黄河河道整治工程根石探测作业范围小,坝垛附近流态复杂、布设测线困难,根石散乱坡度陡,精度要求高,并须穿透浑水和淤泥层。针对穿透淤泥层等技术难题,项目组利用浅地层剖面仪,通过组合 GPS 动态差分仪、综合集成软件、船载探测系统,进行了大量的现场试验。对比试验和生产试验结果表明,组合系统解决了河道整治工程根石探测的技术难题,改变了长期依靠人工锥探的落后方法。

(三)探测原理

浅地层剖面仪由船上单元、水下电缆和拖鱼组成(见图 1-19-2),拖鱼与一条连接电缆悬在水中,它装有宽频带发射阵列和接收阵列。探测采用声呐原理,发射阵列发射一定频段范围内的调频脉冲,脉冲信号遇到不同波阻抗界面产生反射脉冲,反射脉冲信号被拖鱼内的接收阵列接收并放大,由电缆送至船上单元的数控放大器放大,再由 A/D 转换器采样转换为反射波的数字信号,然后送到 DSP 板做相关处理,最后把信号送到工作站完成显示和存储处理。经时深转换与数据处理,可得到水面以下地层分布情况。可采用定点观测与断面探测工作方法。

(四)现场工作方法

首次将浅地层剖面仪引入到黄河下游河道整治工程根石探测工作中。浅地层剖面仪主要用于海洋调查勘探。在海洋调查勘探工作中,其工作水域一般是以千米计,探测范围大,分辨率要求不高,而黄河水下根石探测的工作水域,是由坝垛和长期运行后水下根石的分布区域决定的,其作业范围较小、精细化程度较高。经反复试验,我们确立了利用浅地层剖面仪,通过组合 GPS 定位仪和船载探测系统,并与数据处理软件和黄河河道整治工程根石探测管理系统综合集成,形成了快速高效的探测技术手段,实现小尺度水域的精细化探测,从而取得了良好的探测效果。

具体的工作方法:坝垛上用 GPS 定位仪测量断面位置后,在岸上固定好断面,在坝顶断面桩处竖立两根测量花杆控制断面测量方向。探测设备在水中沿着断面方向进行探

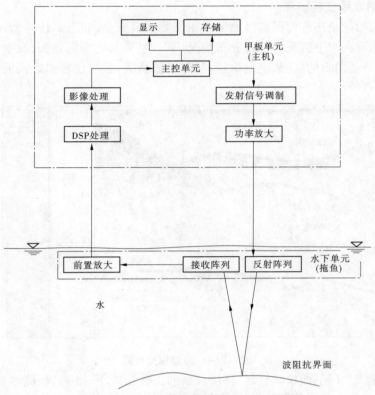

图 1-19-2 浅地层剖面仪的工作原理图

测,探测数据经处理后绘制根石断面图或在坝垛附近水域随测量定位给出坝垛根石等深线图,按需要截取不同的根石断面图。由于河水、沉积泥沙、根石界面之间存在着很大的波阻抗差异,当声波入射到水与沉积泥沙界面及沉积泥沙和根石界面时,会发生反射,仪器记录来自不同波阻抗界面反射信号,同时将 GPS 定位系统测量的三维坐标记录到采集的信号中,对信号进行识别、处理得到水下根石的分布信息,把探测到的根石分布信息输入到黄河河道整治工程根石探测管理系统中,对根石进行网络动态实时管理。根石探测现场工作方法如图 1-19-3 所示。在河水高流速的情况下,如果行船航迹不能沿设定断面探测,也可采用绕坝探测模式。

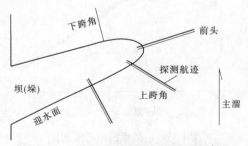

图 1-19-3 设定断面测线布置平面示意图

（五）探测成果资料解释

探测的原始记录用灰度图实时地显示在仪器显示屏上，如图 1-19-4 所示。通过原始记录即可大体看出水下淤泥与抛石分布情况，第一层是水底反射界面，反射能量集中，颜色较重，再往下是抛石的反映，能量很强，但有发散情况，近坝位置水底淤泥缺失，水底为根石反应。

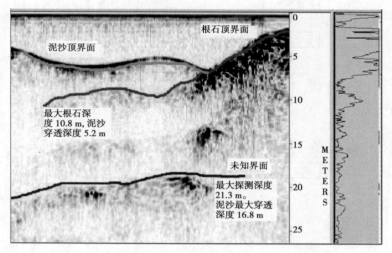

图 1-19-4　原始探测界面

为适应在浅地层剖面仪软、硬件环境及新的工作模式下，准确、快捷地处理解释数据资料，项目组开发了一套数据处理软件，提取探测数据，对数据进行快速处理与解释。首先调用原始数据，显示原始数据影像，经处理转换成波形图，提取出 GPS 数据绘制航迹图，根据轨迹图追踪波形反射界面，自动存储探测数据，计算缺石面积和缺石量等，绘制断面图（如图 1-19-5 所示），并可导出成果统计分析表。

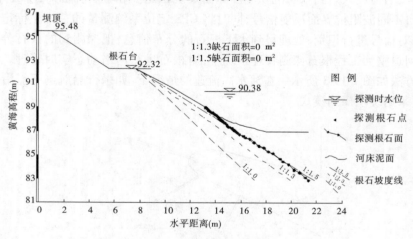

图 1-19-5　某坝的根石断面图

三、仪器与人工锥探对比

在项目研究过程中,对仪器探测与人工探摸工作进行了对比,为保证探测结果的可靠性和代表性,选择了动水、静水、有石无沙、有石有沙和无石等具有代表性的断面进行对比探测。内容包括探测能力、探测精度、水上定位精度、探测效率等。

(一)定点探测成果对比

定点对比探测试验,现场工作时,固定探测船,首先用仪器进行定点探测,现场解释探测成果,然后在相同位置进行人工锥探。工作在大留寺控导工程及花园口险工进行,从对比结果可以看出,两者基本一致。淤泥厚度最大误差不大于 0.11 m,根石深度最大误差不大于 0.3 m(如表 1-19-1 所示)。

表 1-19-1　仪器探测与人工锥探成果对比表　　(单位:m)

坝号	点号	仪器探测根石深度	人工锥探根石深度	二者差值	仪器探测泥层深度	人工锥探泥层深度	二者差值
大留寺控导工程 44 坝	1	1.8	1.85	0.05			
	2	2.6	2.70	0.10			
	3	2.9	2.85	0.05			
	4	3.4	3.25	0.15			
	5	5.7	5.60	0.10			
花园口工程 108 坝	1	3.2	3.1	0.10			
	2	4.4	4.5	0.10			
	3	7.2	7.0	0.20			
	4	9.0	8.8	0.20	1.1	1.3	0.2
	5	11.7	11.5	0.20	1.2	1.1	0.1
花园口工程 110 坝	1	1.7	1.7	0			
	2	5.9	6.0	0.10	3.3	3.2	0.1
	3	6.5	6.5	0	3.3	3.1	0.2
	4	6.8	7.1	0.30	3.4	3.3	0.1
	5	7.7	7.5	0.20			

(二)断面探测成果对比

断面探测对比时,人工锥探和仪器探测分别沿同一断面进行探测。探测地点选择在水流较缓水域。探测时,仪器在探测载体运动状态下沿着测量定位线连续移动探测;人工锥探仍采用靠船边沿着同一条测量定位线每间隔 2 m 进行探测。在长垣周营控导工程28 号坝、29 号坝沿固定断面进行了仪器探测,并与同测线下的人工锥探做了对比(见图 1-19-6 和图 1-19-7),探测资料对比显示,探测深度、根石比降基本一致。由于人工探测数据量少,其探测断面线呈直线状;而仪器探测数据量大,清晰完整地反映了水下根石的真实状态。两图探测断面形态吻合良好,深度最大误差小于 0.3 m。

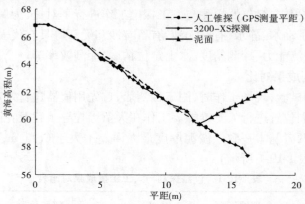

图 1-19-6　周营控导工程 28 号坝迎水面人工探测与声呐探测根石剖面对比图

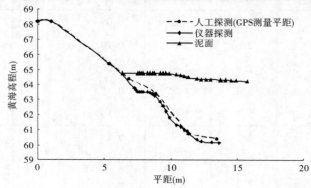

图 1-19-7　周营控导工程 29 号坝迎水面人工探测与声呐探测根石剖面对比图

四、结语

黄河下游河道整治工程根石探测是确保防洪工程安全的一项重要工作。工程实践表明,将海洋调查专用的大功率非接触式浅地层剖面仪应用于多沙河流根石探测,将浅地层剖面仪、RTK 移动测量 GPS 定位系统、综合集成软件、自主开发的船载探测系统有机配合,在实时同步情况下,采集的脉冲信号与定位数据相匹配,提高了采样密度和精度,实现了小尺度水域的精细化探测。解决了河道整治工程根石探测中穿透淤泥层等技术难题,改变了长期依靠人工锥探的落后方法。该技术经济、社会、环境效益显著,具有广泛的推广应用前景。

河道整治

——黄河治理中的一项创新*

1946 年 2 月 22 日,中国共产党冀鲁豫区党委和冀鲁豫行署决定成立治河机构,并在沿河各专、县分别设立相应的治黄部门。解放区的治河机关开始命名为黄河故道治理委员会,不久即改为冀鲁豫区黄河水利委员会,从此开始了在中国共产党领导下的人民治理黄河,1950 年 1 月 25 日黄河水利委员会成为流域机构。在 1946 年至今的 60 年里,修建了大量的治黄工程,战胜了历年洪水,为工农业生产提供了宝贵水资源,取得了举世共识的伟大成就。

防洪是治黄的首要任务。为防洪安全在依靠堤防等防洪工程的基础上又创办了河道整治。

一、概述

(一)洪水灾害

黄河是世界著名的悬河,历史上洪水灾害严重。从有历史记载的周定王五年(公元前 602 年)黄河决口改道至 1938 年的 2 540 年中,黄河有 543 年决口,决口 1 590 多次,改道 26 次,大改道、迁徙 5 次。洪水决溢泛滥范围北至津沽,南达江淮,涉及冀、豫、鲁、皖、苏五省,总面积达 25 万 km²。

(二)防洪措施

历史上,为了减轻洪水灾害,黄河治理曾采取过多种防洪措施:

(1)筑堤防洪。从春秋战国开始直至现在,一直是长盛不衰的防洪措施。

(2)分流。通过分流减小洪水流量,以保大河防洪安全。如明正统十三年(1448年),黄河北决新乡八柳树,南决荥泽孙家渡,景泰四年(1453 年)徐有贞主持塞治,除采用建造水门、挑深运河外,还采用了开分水河的办法(所开的广济河大体在今兰考东坝头至台前一段),取得了治水成功。

(3)束水攻沙。其代表人物是明代的潘季驯,主张以堤束水,以水攻沙,沿河修建遥、缕、格、月四类堤防,他总理河道初期主张缕堤束水,后期又主张弃缕守遥,清代也基本沿用了潘季驯的治河思想。

(4)蓄洪滞洪。通过分减大河洪水减轻洪水对两岸的威胁。东汉王景治河修筑堤防时,留有许多缺口,使大河与两岸湖沼相通,大水时即可发挥蓄洪滞洪的作用。

上述防洪措施往往是互相结合,共同发挥作用。现代采用的防洪工程措施,除黄河上中游开展水土保持,以减少入黄泥沙外,主要有堤防、河道整治、分滞洪工程以及防洪水库。

---

*2006 年是人民治黄 60 周年,应《人民黄河》杂志社之约,写了该"征文",载于《人民黄河》2006 年 10 月增刊,P19~22。

（三）堤防决口类型

堤防决口大体可分为漫决、溃决、冲决 3 种类型：①水流漫顶或水流接近堤顶在风浪作用下爬过堤顶，使堤防发生破坏而造成的决口，称为"漫决"。②河流水位尽管低于设计防洪水位，但由于施工质量不能满足要求、堤身或堤基有隐患，水流偎堤后发生渗水、管涌、流土等险情，进而发展为漏洞，因抢护不及、漏洞扩大、堤防溃塌，水流穿堤而过造成的决口，称为"溃决"。③水流冲刷堤身，造成坍塌，当抢护的速度赶不上坍塌的速度时，塌断堤身而造成的决口，称为"冲决"。另外，还有因战争等特定目的，人为扒开堤防造成的决口，称为"扒决"，如 1938 年郑州花园口决口。

堤防决口多为"溃决"和"冲决"。历史上统计的漫决次数多，是因为"漫决"属自然因素造成，非人力抢护不力，上呈"漫决"可减轻责任。

为了保证堤防安全，通过加高加固堤防防止"漫决"和"溃决"；通过河道整治，控制河势，防止"冲决"。现在河道整治已是确保防洪安全的一项主要措施。20 世纪 50 年代以来，经过不断的创新、推广、完善，业已成为一门成熟的技术。

二、黄河不同河段创立河道整治

黄河自中游尾端孟津白鹤镇出狭谷之后，水面放宽、比降变缓，至桃花峪长 92 km 的河道，与桃花峪以下河道特性相近。按照河道特性可将白鹤镇以下 878 km 的河道分为：①孟津白鹤镇至东明高村河段，河道长 299 km，堤距一般为 10 km 左右，比降 2.65‰ ~ 1.72‰，弯曲系数 1.15，河道宽、浅、散、乱，淤积严重，为典型的游荡性河型；②东明高村至阳谷陶城铺河段，河道长 165 km，堤距宽 1.4 ~ 8.5 km，大部分在 5 km 以上，比降 1.15‰，弯曲系数 1.33，河势变化仍较大，但已有明显的主槽，为由游荡向弯曲转化的过渡性河型；③阳谷陶城铺至垦利宁海河段，河道长 322 km，堤距宽 0.4 ~ 5 km，一般为 1 ~ 2 km，比降 1.0‰左右，河床黏粒含量较以上河段增加，对水流的约束能力增强，河势变化强度相对变小，由于堤距窄，河弯得不到充分发育，弯曲系数仅为 1.21，属弯曲性河型；④宁海至入海口，长 92 km，属河口段，处于淤积—延伸—摆动—改道的循环变化过程中。

上游宁蒙河段也是河势演变幅度大、水流对堤防威胁大的河段。

（一）1949 年防汛的启示

1949 年汛期是水量较丰的一年，花园口站发生大于 5 000 m³/s 的洪峰 7 次，最大洪峰流量达 12 300 m³/s。在弯曲性河段出现了严重的抢险局面。有 40 余处险工发生严重的上提下挫，并有东阿李营等 15 处险工脱河。左岸济阳朝阳庄老险工脱河，靠溜部位下延 2 km 至董家道口，右岸章丘县滩地大量坍塌，以下左岸葛家店险工靠溜部位大幅度下挫，存在脱河危险，并引起以下连锁反应，济阳张辛险工靠溜部位大幅度下挫，谷家、小街子险工靠溜部位也发生下滑。撵河抢险 40 余 d，使防汛处于十分被动的状态。

弯曲性河段堤距窄，河床黏粒含量大，沿堤又修有多处险工，是对水流约束能力最强的河段。1949 年汛期十分被动的抢险表明，即使在黄河下游控制水流条件最好的河段，单靠两岸堤防及沿堤修建的险工，也是无法控制河势的。

1949 年弯曲性河段防汛的事实告诉我们，要减少防汛被动，除修好堤防及沿堤险工外，还必须选择与险工相对应的滩地弯道修建工程，发挥导流作用，才能相对稳定河势，减少防汛中的被动,即在加高加固堤防的同时,必须进行河道整治。

(二)弯曲性河段试验河道整治

在充分调查 1949 年汛期河势变化,滩地弯道与险工靠溜关系的基础上,1950 年选择因河势变化大量塌滩的河弯,试修护滩工程。采取打木桩编柳笆做篱,修成透水柳坝的方法,当年完成了章丘蒋家、苗家,齐河八里庄、济阳邢家渡等 14 处护滩;采取修做柳箔护坡防冲的办法,完成了邹平张桥、大郭家、章丘刘家园等 6 处护滩。经汛期洪水考验,透水柳坝可以落淤还滩,而柳箔效果不好。在张桥、大郭家抢险中,改为用柳石枕修做的柳石堆(垛),也取得了好的效果。继而在连续几个弯道进行控导河势试验。1951 年春提出"以防洪为主,护滩、定险(工)、固定中水河槽"的要求,选定有代表性的章丘土城子险工至济阳沟头、葛家店险工长 9 km 的河段做联弯控导护滩试验。两岸分别修建透水柳坝 32 道、柳包石堆 6 个,土坝基 3 道。经过当年汛期洪水考验,基本达到了控制葛家店及以下河段河势及防止险工下延的预期目的。

1950 ~ 1951 年试修河道整治工程的成功,为弯曲性河段进行河道整治提供了条件,为防洪保安全找到了新的途径。

(三)弯曲性河段推广河道整治

河道整治试验取得成功之后,在弯曲性河段尤其是济南以下河段的河道整治得到了快速发展。1952 ~ 1955 年修建了大量的控导护滩工程,技术上也有大的改进。由于透水柳坝在冰凌期经常遭受破坏,且受材料和施工技术的限制,逐渐改为以柳石为主要材料的工程。这些控导护滩工程顶部与当地滩面平,洪水期漫滩时,坝顶拉沟,裹护石料被冲失。在防汛过程中又积累了坝顶压柳等防漫顶破坏工程的经验,使工程能长期发挥作用。1956 ~ 1958 年又对工程进行了完善、加固。至 1958 年 11 月,弯曲性河段共修有护滩工程 54 处,坝垛 819 道,工程长 57 km,其中泺口以下长 48.84 km,为泺口以下河道长度的 22.4%,计入险工长度后,约占 60%。这些工程经受了 1957 年、1958 年大洪水的考验,险工与控导护滩工程相配合,控制了大部分河弯的河势,减少了历次防汛抢险的被动。

20 世纪 50 年代,从试验到推广表明,在弯曲性河段创办的河道整治是成功的。

(四)过渡性河段实施河道整治

由于过渡性河段具有游荡性河段的河势变化速度快、摆动幅度大等特点,河道整治能否成功仍是需要探索的。

在 1959 年以前,本河段沿堤险工经常靠溜的只有高村、南小堤、刘庄、苏泗庄、路那里 5 处险工,苏阁、杨集等 8 处险工时靠时脱、靠溜不稳,尚未在滩区修建控导护滩工程。1959 年以后因受"左"的思想影响,对黄河下游河道整治提出了"三年初控,五年永定"的治河口号,盲目引用其他河流控制河势的方法,用"树、泥、草"结构修建了 10 余处控导护滩工程,后几乎全被洪水冲垮,以失败而告终。

在认真总结弯曲性河段河道整治经验、本河段"树、泥、草"治河教训的基础上,结合本段的特点,在 1965 年以后大力开展了河道整治,即推广弯曲性河段以险工为主,滩区适当部位修建弯道工程,二者结合控导河势的经验;又在堤距较宽、大河距两岸大堤均有数千米的河段,两岸均在滩地合适部位修建控导工程,上下弯控导工程相配合控导河势。不管是弯曲性河段,还是过渡性河段,均是采用以弯导流的办法控导河势。1965 ~ 1974 年过渡性河段两岸共修建25处控导工程,并改建了部分险工。在不断创新的过程中,经过初期修建滩区控导工程—失败—总结经验—修建控导工程,取得了基本控制河势的效果。

(五)游荡性河段进行河道整治

黄河下游游荡性河段纵比降陡,流速快,水流破坏能力强,塌滩迅速,对堤防威胁大。河势演变的任意性强、范围大、速度快、河势变化无常(见图1-20-1)。游荡性河段是情况最为复杂、最难进行河道整治的河段。进行游荡性河段的河道整治,更需要不断创新。

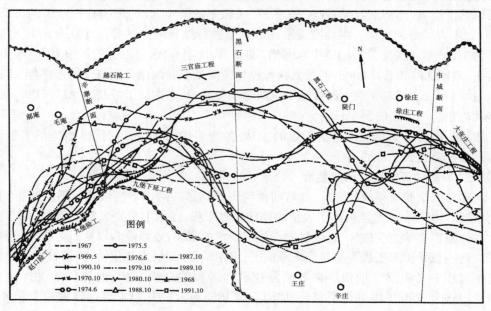

图1-20-1　中牟九堡至原阳大张庄主流线套绘图

游荡性河段能否进行河道整治、能否控制河势,几十年来一直是个有争议的问题。要对游荡性河段进行整治,并取得预期效果,就要认真总结过渡性河段的整治经验,结合本河段的情况,先易后难,先限制游荡范围,再控制河势,并不断改进整治措施,才能取得好的效果。

游荡性河段堤距大,两岸险工在控制河势方面很难相互配合,在滩区修建控导工程更为必要。按照以弯导流的原则,与险工相配合在滩地上的适当部位修建控导工程;在大部分河段,大河至两岸均达数千米,就在两岸滩地上选择适当部位修建控导工程,以达到缩小游荡范围、控制河势的目的。在游荡范围四五千米以上的河段,整治初期(如20世纪六七十年代)不得不先修一些仅有护滩而没有控导作用的临时护滩工程,防止游荡范围进一步扩大,待有条件时,再按治导线修建控导工程,60余km长的原阳滩就经历了这样的过程。

20世纪60年代后半期以后,在重点整治过渡性河段的同时,游荡性河段也在滩区修建了部分工程,缩小了游荡范围。东坝头至高村河段与过渡性河段相接,相对易于整治。此段修建工程较快,1978年完成了工程布点,首先是限制了游荡范围,经不断续建工程,现在该河段已初步控制了河势。游荡性河段的花园镇至神堤及花园口至马渡河段也已初步控制了河势。

（六）宁蒙河段开展河道整治

宁蒙河段原为冲淤相对平衡的河段，近 20 年来河床也在淤积抬高。尽管不同河段河势变化的情况不同，但总地讲河势变化还是相当大的。20 世纪 90 年代后半期开始，学习黄河下游河道整治的经验，采用微弯型整治方案，开展了河道整治，现在宁夏的部分河段已取得了明显的效果。

三、河道整治技术方面的创新

（一）河道整治方案

黄河的河道整治是根据各河段的实际情况，由易而难、逐步进行的，为了达到整治目的曾研究、实施过纵向控制方案、平顺防护整治方案、卡口整治方案、麻花型整治方案和微弯型整治方案。

我国一些学者一般把河型分为游荡、分汊、弯曲（蜿蜒）、顺直 4 类。我们试图把弯曲性河道分为两个亚类：即将弯曲系数大的称为蜿蜒型，如长江下荆江河段；将弯曲系数小的称为微弯型，如黄河陶城铺以下河段。黄河陶城铺以下河段是依照河势变化的特点，按微弯型方案整治；过渡性河段具有弯曲性河道的特点，实践证明按微弯型方案整治也是成功的；对于游荡性河段，河势的变化与弯曲性河段相差很大，能否按微弯型方案整治是需要研究的，确定适用的整治方案本身就是一项创新。

通过总结过渡性河段河道整治经验和游荡性河段河势演变的特点可知，在游荡性河段，外形顺直、汊流交织、沙洲众多、主溜摆动不定，但就主溜线平面外形而言却具有弯曲的外形，且为曲直相间的形式，只是其位置及弯曲的形状经常变化而已，同时河势的变化还具有弯曲性河道河势变化的规律。20 世纪 80 年代上半期就明确提出按微弯型方案整治[1]。微弯型整治就是通过河势演变分析，归纳出几条基本流路，进而选择一条中水流路作为整治流路，该中水流路与洪水、枯水流路相近，能充分利用已有工程，对防洪、引水、护滩综合效果优。根据选用的整治流路绘制治导线，在弯道段修建河道整治工程（见图 1-9-2）。河道整治实践表明，微弯型整治方案是游荡性河段河道整治的好方案。

（二）河道整治原则不断创新完善

河道整治原则除依据河道自身的特点、人们对河势演变规律的认识水平、河道整治技术外，还受社会经济条件、国民经济各部门对河道整治的要求等因素的影响，经综合分析后才能确定。20 世纪 50 年代以来，黄河河道整治原则也在不断发展。

20 世纪 60 年代后半期的整治原则为：上下游左右岸统筹兼顾，全面规划；因势利导，以坝护弯，以弯导流；控导主溜，稳定险工（河势）；因地制宜，就地取材；有利于防洪，有利于引黄，有利于滩区群众生产生活，有利于航运。70 年代上半期的整治原则为：以防洪防凌为前提，因势利导，控导主溜，护滩定槽，有利于涵闸引水、滩区农业生产和航运。高村以上的游荡性河道本着宽床定槽、控导护滩与滩面治理相结合，重点控制与一般防护相结合的原则，首先修筑控导工程，然后因势利导，因弯设工（程），以规顺流路，稳定险工，防止主溜发生大的变化。以后河道整治原则仍在不断完善，至 21 世纪初，将河道整治原则概括为：①全面规划、团结治河；②防洪为主、统筹兼顾；③河槽滩地、综合治理；④分析规律、确定流路;⑤中水整治、考虑洪枯;⑥依照实践、确定方案;⑦以坝护弯、以弯导流;⑧因势利导、优先旱工;⑨主动布点、积极完善;⑩分清主次、先急后缓;⑪因地制宜、就地取材;⑫继承传统、开拓创新。

(三)整治工程布局方面的创新

1.选用凹入型弯道

黄河下游的河道整治工程,主要包括险工和控导工程两部分(见图1-9-2)。险工沿堤修建,形状各异。但大体可分为凹入型、平顺型、凸出型3类。控导工程修建时,可根据需要选用不同的外形。通过分析不同类型的河道整治工程对控导溜势的作用,选用好的型式:①凸出型工程,突入河中,上、中、下段不同部位靠溜时,出溜方向变化很大,易造成工程以下的河床宽浅散乱,也影响下一弯工程位置的选择。②平顺型工程,外型平顺或呈微凸微凹相结合的外型,工程着溜段变化大,出溜方向也不稳定,工程以下的河势易散乱。③凹入型工程,外型是一个凹入的弧线,在不同方向来溜情况下,经过整治工程的调整,其出溜方向基本一致,使工程以下河势变化小,有利于控导主溜、稳定河势。经过分析,新修工程时选用凹入型的平面型式,如双井、辛店集等控导工程;对于平顺型工程,合理选取利用的靠溜河段或通过续建改造成凹入型工程,如马渡险工;对于凸出型工程,只要在河道整治规划中继续利用,就必须通过上延下续等办法,改造为凹入型工程,以利控导河势,如黑岗口险工、杨集险工等。

2.采用连续弯道式的整治工程位置线

整治工程位置线是指每一处河势整治工程坝(垛)头部的连线,简称工程位置线或工程线。它是依治导线而确定的一条复合圆弧线。

1)分组弯道式

其工程位置线是一条由几个圆弧线组成的不连续曲线,即将一处工程分为几个坝组,每组自成一个小弯道,各坝组之间有的还留有一定距离的空档,不修工程。每组由长短坝结合,上短下长。20世纪五六十年代前半期采用较多。分组弯道式的优点为不同的来溜由不同的坝组承担,汛期便于重点抢护。但是每个坝组组成的弯道短,调整溜向及送溜能力均较差;当来溜发生变化时,着溜坝组和出溜情况将随之改变,给防守及下游的整治工程带来困难,经过总结,20世纪60年代后半期以后不再采用。

2)连续弯道式

为了克服分组弯道式存在的缺点,经研究改用连续弯道式。工程位置线是一条光滑的复合圆弧线。水流入弯后,形成以坝护弯、以弯导流的型式。连续弯道式的优点为出流方向稳、导流能力强,坝前淘刷较轻,易于修守。20世纪60年代后半期以后修建的河道整治工程基本都采用连续弯道式。

3.排洪河槽宽度

由于游荡性河段河势演变的范围大、速度快、频次高、河势一直处于变化之中,因此稳定河势的难度极大,尤其是在河道整治的初期阶段。河道整治过程中,工程修建后位置即已确定,为适应河势变化,达到控制河势的目的,就需要上延下续工程。有时工程下端至下弯对岸工程的距离很近,甚至有碍大洪水时过洪。20世纪80年代这一问题已经引起注意。

至今为止,黄河进行的河道整治都是以防洪为目的的河道整治,河道整治采取的工程措施必须按防洪要求确定,并兼顾其他方面的要求。控制河势的目的也是防洪安全,控制小、中水的工程措施不能有碍大洪水通过,给防洪造成负面影响。为使修建的河道整治工程,既能控导中常洪水和一般流量下的河势、利于河流防洪安全,又必须保证在大洪水及超标准洪水时过流通畅、有足够的过洪能力,于 20 世纪 90 年代初在河道整治时明确提出对排洪河槽宽度的具体要求。

按照规划进行河道整治后,一处河道整治工程的末端,至对岸上弯整治工程末端与对岸下弯整治工程首端连线的距离,称为该处河道整治工程的排洪河槽宽度 B_f,简称排洪河宽(见图 2-9-1)。确定的排洪河槽宽度要能在大洪水时有足够的宣泄洪水的能力,大洪水过后河势不会发生大的变化,且在中、小洪水及一般流量时保持一定的沉沙宽度,以免增加下游窄河段的淤积负担。现在游荡性河段河道整治采用的排洪河槽宽度为不小于 2.5～2.0 km。

四、结语

为了防洪需要,1950 年黄河上开始试办河道整治。循着防洪为主、兼顾兴利,实验先行、成功推广,先易后难、分段进行,依照河情、探索创新,研究试验、效用第一,总结经验、不断前进的精神,在黄河治理中进行了半个多世纪的河道整治。修建的河道整治工程,已经发挥了显著作用,为除害兴利做出了贡献。在控制河势方面:弯曲性河段控制了河势;过渡性河段基本控制了河势;游荡性河段缩小了游荡范围,其中:花园镇至神堤、花园口至马渡、东坝头至高村已初步控制了河势。在防洪、防凌、引水、滩区安全等方面:通过微弯型整治,限制了河势变化,改善了横断面形态,减轻了防洪压力,改善了引水条件,减少了塌滩掉村。实践表明,在不断创新中进行的河道整治是成功的。由于黄河是最复杂、最难整治的河流,游荡性河段仅缩小了游荡范围,其中大部分河段尚未初步控制河势,需要加快整治步伐,争取尽早控制河势;对于其他河段,也要根据水沙条件及河势演变情况不断完善整治工程。要达到控制河势的目的,仍需继续进行河道整治。

参 考 文 献

[1] 胡一三. 中国江河防洪丛书·黄河卷[M]. 北京:中国水利水电出版社,1996.
[2] 胡一三. 微弯型治理[J]. 人民黄河,1986(4).
[3] 胡一三. 黄河河道整治原则[J]. 人民黄河,2001(1).

黄河治理方略概述*

时光荏苒,中国共产党领导下的人民治黄已经走过 70 年的历程。在中国发生翻天覆地变化的 70 年内,黄河也发生了巨大的变化。70 年来国家重视黄河治理,随着国家经济实力的增强和人们对自然规律认识的深入,黄河治理方略不断得以完善。

*2016 年是中国共产党领导下人民治理黄河 70 年,应约写该文。原载于《2016 年黄河年鉴》(黄河年鉴社出版,2016 年 11 月)"纪念人民治理黄河 20 年"部分,P13～20。

历史上黄河频繁决口泛滥,给两岸广大地区带来深重的灾难,治黄就是要采取多种措施,减少洪水灾害。70 年来黄河防洪一直是黄河治理的最主要任务,故治黄方略实际就是防洪方略。因此,国家投入大量资金用于防洪工程措施和防洪非工程措施建设。

一、防洪工程措施的类型

人类在与洪水的长期斗争中,为防止、减轻洪水灾害,依据洪水的自然规律,研究了各种对策,创造出多种多样的防护措施。防洪工程措施,按其作用一般可归结为挡、排、蓄、分(滞)几种类型。

(一)挡

"水来土挡"是人们的常识。"挡"是人们最早采取的工程措施,也是在生产力和科学技术落后的古代最易采取的工程措施,以后发展为较为完善的堤防。堤防有多种作用:修筑河堤防御洪水泛滥;修筑围堤限制洪水淹没范围;修筑海堤防御海潮、风浪的侵袭;河流通过的城市修筑堤防防止洪水危害居民和设施,对无地修土堤的城市,则可修筑混凝土防洪墙、钢板桩墙等防止洪水侵害。堤防是较大河流普遍采用的措施,它适用于两岸平原广阔的河流,否则堤防修建费用不能与其保护的面积相适应。堤防的防洪能力有一定的限度,现在中国大中河流的堤防设计大多防御 20～100 年一遇的洪水。对于多泥沙河流,如黄河,由于河床淤积抬高,修筑的堤防需要经常加高培厚。

(二)排

洪水期间,水位高,淹没范围广。排是为减少灾害,尽快排泄洪水,降低洪水位,增加河道排洪能力,以减少洪水泛滥的程度和概率。主要措施为扩大河道过洪断面,提高排洪能力,进行河道整治,稳定流路,规顺河势,对于过于弯曲的畸形河弯进行裁弯,清除对过流有妨碍的障碍物等。

(三)蓄

蓄是在保护对象的上游,采取措施将部分洪水蓄存起来,待洪水过后或其他适当时间再放下去,以减少洪水灾害。主要措施是修建水库,拦蓄调节洪水,削减洪峰,减轻下游防洪负担。水库一般具有综合利用效益,运用时需要考虑各部门之间的利益,统筹安排。对于防洪为首要任务的水库,其他方面的任务应在满足防洪要求后才予以考虑;对于防洪仅是多目标开发任务之一的水库,一般在水库总库容中划出专门的防洪库容。对于在多泥沙河流上修筑的水库,泥沙淤积问题是严重威胁水库有效库容的另一个重大问题,必须综合进行水沙调节,以解决防洪与保库、防洪与兴利的矛盾。

(四)分(滞)

分(滞)是将部分洪水分出,暂时存放在可使用的湖泊、洼地、人工滞洪区等,待洪水过后再放回原河道;或者将部分洪水分出,进入其他河流、湖泊等,洪水过后分出的水不再放回原河道。通过分(滞)洪水并配合堤防提高保护对象的防御标准,常作为防御超标准洪水牺牲局部、保护全局的一种措施。在平原地区,如有合适的地形条件,又有平衡上下河段安全泄量差异或提高附近河段防洪能力的任务,可以考虑采取分(滞)洪措施。

各种类型的防洪工程措施,其防洪作用均有一定的限度。如:①利用水库防洪,只能调蓄坝址以上的洪水,水库下游区间加水,还得依靠堤防和分(滞)洪工程来解决。综合利用水库,其防洪库容有限,大量洪水仍需要由水库以下的河道来排泄。对于多泥沙河流,随着淤积,水库、堤防等工程的防洪能力将日益降低,洪水治理必须和泥沙问题统筹考虑解决。②利用堤防防洪,其高度有一定的限度,堤防过高,不但修守困难,防洪安全的风险也大,将给被保护地区带来很大的负担。堤防的防洪能力是有限的,一般只能解决常遇洪水,对于较大的或稀遇的洪水,还必须修建水库或分(滞)洪工程进行控制调节。因此,一条河流或一个地区的防洪任务,一般应采用多种工程措施相结合,构成防洪工程体系来完成。一般在上中游山区修建水库,调蓄控制上中游洪水;在中下游修筑堤防,进行河道整治,充分发挥河道宣泄洪水的能力;利用沿岸低洼地区修建分(滞)洪区,分滞超额的洪峰、洪量,以减轻和缩小洪水灾害。

需要说明的是,洪水灾害作为一种自然现象,要求通过防洪工程完全避免洪水灾害是不现实的,也是难以做到的。因为从经济合理性和工程可行性来看,河流的防洪标准不可能定得很高,超标准洪水还会发生。为减少洪灾损失,提高防洪效益,需要防洪工程措施和防洪非工程措施相结合,搞好洪水预报,制定防洪调度方案,把各项工程措施有机地联系起来。

二、古代治黄方略

历史上的治黄方略可以说就是防洪方略,大体可分为筑堤防洪、分流、束水攻沙、蓄洪滞洪等几类,对于只有议论没有付诸实施的人工改道未予述及。

(一)筑堤防洪

黄河下游堤防,西周时期已开始筑堤,春秋时期已有较多记述。《荀子》一书中有"修堤梁,通沟浍,行水潦,安水藏,以时决塞"的记载。春秋战国诸侯各国所筑堤防互不统一,甚至以邻为壑,筑堤导河,逼河水危害邻国。正如后来贾让所说,诸侯国筑堤"壅防百川,各以自利……"秦统一中国后,"决通川防,夷去险阻"(《史记·秦始皇本记》),调整黄河下游堤防工程布局。西汉是筑堤治河高度发展时期,在原有基础上,进一步强化了黄河堤防,"濒河十郡治堤,岁费且万万"(《汉书·沟洫志》),每郡专职从事修守堤防的"河堤吏卒"达数千人,并已修建起了"石堤"。西汉贾让提出"不与水争地""宽河固堤"的治河思想。东汉王景率数十万人,筑堤"自荥阳东至千乘海口千余里"。宋以后均注重堤防建设,筑堤防洪长盛不衰。

(二)分流

除利用原河道外,另开一条水道排泄洪水。该方略被采纳较少,但运用得当,也可获一时之效。

分流方略是基于原始的排水思想产生的。排水思想至迟在新石器时代晚期已经有了。1979年河南淮阳平粮台遗址考古发掘中,发现有陶质的地下排水管道,据测定为4 300年前的遗物。禹的治水时代在公元前21世纪,距今4 100余年,二者相隔不远。禹的治水思想是排水入海,即"以四海为壑"。西汉冯逡首先提出分流导河方略,但未能实现。北宋李垂曾建议采用开河分流的方法治理滑州以下的黄河河道,以减轻下游的决溢之患,也未被采纳。宋庆历八年(1048年),河决澶州商胡埽(今河南濮阳县东北栾昌胡附近),当时曾有堵塞商胡决口之举。嘉祐元年(1056年)四月,塞闭商胡北流入六塔河,六塔河不能容,又决商胡。此时,河北都转运使韩赟提出,若再堵塞商胡北流,未必能够成功,建议改用分流的办法,减轻河决之患,得到宋王朝采纳。嘉祐五年(1060 年),终于在魏州第六埽(约在今大名与南乐之间)破堤分流,分出十分之六,称二股河,取得了分流成功。分流之后两河并存的局面维持了 17 年之久。

(三)束水攻沙

明朝隆庆末、万历初,万恭、朱衡治理徐、邳一段黄河河道时,采用虞城县一位读书人所献的以河治河之策,认为"以人治河不若以河治河也。夫河性急,借其性而役其力则可浅可深","夫水专则急,分则缓;河急则通,缓则淤"(《治水筌蹄》,明万历张文奇重刻本),利用水流的动力作用,减缓淤积,减少决口,从而初步建立了束水攻沙的理论基础。潘季驯发展了束水攻沙方略,他认为"筑堤束水,以水攻沙,水不奔溢于两旁,则必直刷乎河底,一定之量,必然之势"(《河防一览·河议辩惑》)。他先采用缕堤"束水攻沙",又主张利用遥堤"束水归槽";后来又发展到"弃缕守遥"。万历六年(1578 年)六月潘季驯在第三次总理河道初期对缕堤就已持否定态度。在某些堤段,如"北岸自古城至清河,亦应创筑遥堤一道,不必再议缕堤,徒费财力"(《河防一览·两河经略疏》)。后又指出"今双沟一带,已议弃缕守遥矣",并肯定灵壁双沟"弃缕守遥,固为得策"(《河防一览·河防险要》)。

清代治河,大体奉行明代束水攻沙的方法,靳辅、陈潢贡献最大。靳辅曾在《防河事宜疏》中指出,"黄河之水从来裹沙而行,水大则流急而沙随水去,水小则流缓而沙停水漫。沙随水去则河身日深,而百川皆有归,沙停水漫,则河底日高而旁溢无所底止"。陈潢在分流与合流、束水攻沙与疏河浚淤方面有较全面认识。明清时期,对于"束水攻沙"治河方略的论述,尚处于经验推理阶段,所言效果多系推测,工程实践的结果并不如推测所言。尽管如此,但在人们认识黄河并把握黄河水沙自然规律的进程中又向前迈进了一步。

(四)蓄洪滞洪

蓄洪与分流,来源于一个基本思想,即通过减少正河的洪水来减轻大河暴涨时对两岸的威胁。不同的是分流的作用是经常的、持久的,而蓄洪的减水作用是临时的、短暂的。蓄洪滞洪多利用天然湖沼。

两汉时期,由于经济发展、人口繁衍,再加上河决泛滥,泥沙淤积,黄河下游的湖沼面积已出现萎缩,有些湖沼已开始消亡。如内黄县界中原有方圆数十里的大泽、今原阳至郑州之间的荥泽、大野泽(汉时也称巨野泽)等湖泊,在黄河洪水泛滥的过程中已经萎缩、消亡,蓄洪减水能力削弱。在这种情况下,出现了人为开辟蓄洪区为大河蓄洪减水的治河建议。王莽时征集治河意见,长水校尉关并提出人工开辟滞洪区为大河蓄洪减水,虽未实现,但对治河思想的发展是有意义的。在东汉及以后的一个很长时期中,仍是靠天然湖泊的自然滞洪调蓄黄河下游的洪水。此期间黄河由千乘以东入海,沿河两岸有多处天然湖泊,这些湖泊,或直接与黄河相连,或者借分流支河与黄河相通。东汉王景治河修堤时,留有许多通往两岸湖沼的缺口,这些湖沼具有分减洪水、蓄洪滞洪的作用。

三、人民治黄时期的治黄方略

(一)"宽河固堤"方略

1938 年花园口扒口黄河夺淮注入黄海,行河 9 年,1947 年 4 月花园口堵口成功,黄河回归故道,沿现行流路注入渤海。

抗日战争结束后,国民政府着手筹堵黄河花园口口门,引黄归故。于是,中国共产党一方面与国民党多次进行艰难的黄河归故谈判斗争,一方面为应对黄河归故,于1946年2月成立了治河委员会(后改为冀鲁豫黄河水利委员会),组织领导沿黄地区人民进行黄河复堤工作。花园口扒口后,以下原河道断流,无人管理,堤防荒废,又经战争破坏,千疮百孔,堤防失去了防御水流的能力。当时经济、技术条件落后,又处在战争时期,为减少黄河洪水灾害,采用历史上的宽河格局,基本沿用1938年黄河改道前的堤防旧线进行大规模的复堤,实际上是按宽河固堤方略进行防洪工程建设。1950年正式提出宽河固堤方略(王化云,《我的治河实践》)。按此方略,至20世纪50年代前期主要采取了以下措施:①大力培修堤防,连年不断对堤防进行加高培厚,提高堤防的抗洪能力。②石化险工,将历史上的秸料埽工改为石坝。③采用锥探灌浆等措施处理堤身隐患,发动沿河群众捕捉害堤动物。④在堤防两侧植树种草,防止风浪、雨水侵蚀大堤。⑤废除河道内民埝(生产堤),充分发挥洪水期含沙水流的淤滩刷槽作用,扩大河道行洪能力。⑥开辟北金堤、东平湖滞洪区,防御大洪水及特大洪水。⑦组织群众防汛队伍,加强人防建设。

黄河下游由于大量泥沙淤积,河床逐年淤高,成为世界著名的"悬河"。滩面一般高出堤防背河侧地面3～5 m,个别堤段高出10 m以上,河水全靠两岸大堤约束。黄河下游现行河道兰考东坝头(铜瓦厢)以上河段为明清河道,已有五六百年的历史,东坝头以下河道是1855年铜瓦厢决口改道后形成的。由于历史和自然的原因,下游河道为上宽下窄的"悬河"。黄河下游洪水峰高量小,宽河段的巨大滞洪削峰和落淤沉沙作用,大大减轻了窄河段的防洪负担。同时,洪水漫滩以后,通过水流横向交换,泥沙大量淤积在滩地上,主槽则发生冲刷,"淤滩刷槽"使滩槽高差增大,河势规顺,排洪能力加大,对防洪有利。宽河可降低河床的抬升速率。采用宽河,坚决废除了民埝(生产堤),以保持陶城铺以上宽河道的削峰滞洪作用,并充分发挥淤滩刷槽作用,使河道的冲淤演变有利于防洪。

大堤是防洪的屏障,但黄河下游大堤是在历史遗留下来的旧堤基础上逐步加修而成的,有的是在过去1～2 m高的民埝上经过10余次加高增厚,才成为高约10 m的大堤,旧堤质量很差,存在许多隐患,需要加高加固。1946年以后,进行了复堤,但未能改变旧貌,1949年花园口发生洪峰流量12 300 m³/s的洪水,一周之内下游出现漏洞等险情400余处,造成十分危险的局面。为了防洪安全,中华人民共和国成立后坚持废除了滩区民埝、实行宽河,同时全面加高培厚堤防,秸料埽险工全部改为石坝,大大提高了抗洪能力,为战胜洪水打下了基础。

由于按"宽河固堤"方略进行了建设,1954年洪水花园口洪峰流量15 000 m³/s,下游只发现一个漏洞,经宽河道滞洪削峰,孙口站洪峰流量只有8 640 m³/s,大大减轻了陶城铺以下窄河道的防洪压力。1958年洪水花园口站洪峰流量22 300 m³/s,是黄河下游实测的最大洪水,宽河道亦起了很好的削峰滞洪作用。花园口至孙口河段漫滩水深一般2 m左右,最深处4 m以上,滞蓄水量达24亿多m³,孙口站洪峰流量削减为15 900 m³/s,再经东平湖滞蓄后,艾山站洪峰流量削减至12 600 m³/s。同时,由于采取了锥探灌浆普查和处理隐患,捕捉害堤动物,抽槽换土等一系列固堤措施,堤防强度大大增强。虽然洪水规模远大于1949年,大部分河段堤防出水高度不足,济南以下窄河段洪水位几乎与堤顶相平,依靠临时抢修子埝保住了堤防,但堤防出险次数和抢险用料都小于 1949 年洪水。依靠"宽河固堤"的工程措施和强大的人防,在不使用北金堤滞洪区分滞洪水的情况下,确保了堤防安全。

治黄方略多次完善,直至现在仍保持"宽河固堤"的内涵。

(二)"除害兴利、蓄水拦沙"方略

20 世纪 50 年代中期,提出"除害兴利、蓄水拦沙"的方略,把泥沙和水拦蓄起来加以控制、利用。认为只要能够控制黄河的洪水和泥沙,不但不能成灾,而且还能造福于人民。控制洪水和泥沙的基本方式是从高原到山沟,从干流到支流,节节蓄水,分段拦泥。主要措施,一是在黄河的干流和支流上修建一系列的拦河坝和水库,拦蓄洪水和泥沙,防治水害,同时调节水量,发展灌溉、航运和水力发电;二是在黄河水土流失严重的地区,开展大规模的水土保持工作,减少入黄泥沙。

王化云曾指出:"黄河在下游的毛病是泥沙淤淀,过去治理黄河的理论与办法是'以堤束水,以水攻沙',用意就是要用堤把河缩窄,集中水把泥沙冲到海里去,河道越来越深,排洪能力越来越大,总之是把黄河由宽、浅变为窄、深,河患自然就没有了"(黄河水利委员会编《王化云治河文集》)。这一治河理论和办法实行了很长时间。"但是历史的实践却告诉我们,宽、浅的黄河并没有能够变为窄、深,而河患也没有得到基本解决。束水攻沙不能凑效的原因究竟何在呢? 这主要是由于黄河的水沙不平衡、泥沙太多、坡度平缓等三个因素所形成的黄河下游河道淤淀与宽、浅的自然规律,决非束水攻沙所能改变……因此我们整个治黄的方案,改变'束水攻沙'为'蓄水拦沙',……对下游治理方案就不采取用堤缩窄河道的办法,而就现有情况,采用宽河道的方策"(王化云,1955 年)。按照该方略拟采取的主要措施为,一是在黄河干支流上修建一系列的拦河坝和水库,拦蓄洪水和泥沙,同时调节水量,发展灌溉、航运,进行水力发电;二是在黄河水土流失严重的地区,开展大规模的水土保持工作,减少入黄泥沙,并有利于当地农业增产、改变落后面貌。

根据"除害兴利、蓄水拦沙"这一方略,制定了 1954 年黄河综合利用规划,提出了第一期工程计划,即在干流上首先修建三门峡、刘家峡两座综合性工程,以解决防洪、灌溉、发电等迫切需要。同时,为了下游防洪安全,减少三门峡水库淤积,除在黄土高原地区大规模开展水土保持工作外,在中游多沙支流上修建一批拦泥水库和在三门峡以下伊、洛、沁河上各修一座防洪水库。当时基于三门峡水库建成后黄河下游洪水即可基本解决的认识,在三门峡水库蓄水拦沙下泄清水后,下游河道会出现强烈冲刷,河床下切,给防洪和灌溉引水带来困难,因此又提出在下游采取纵向控制的办法治理下游河道。相继修建了花园口、位山、泺口、王旺庄 4 座拦河枢纽(后两座仅建成泄洪闸即停工),并沿主河道修建了一批"树、泥、草"控导护滩工程。考虑三门峡水库最大下泄流量只有 8 000 m³/s,三门峡以下又有支流水库控制洪水,就在下游滩区修起了生产堤,缩小了河道的排洪排沙能力。

采用"蓄水拦沙"突破了单纯"排"的局限性,黄河下游水患的根本原因是泥沙太多,单靠"蓄水拦沙"并不能解决下游防洪问题。1960 年 9 月三门峡水库建成运用后,下游河道发生了冲刷,但库区淤积严重,不得不改变水库运用方式,1962 年 3 月,由"蓄水拦沙"改为"滞洪排沙",以后又改为"蓄清排浑"。下游建成的花园口、位山拦河枢纽也于 1963

年先后破除。

(三)"上拦下排、两岸分滞"方略

黄河治理的实践表明,单纯强调"拦"而忽视"排"或单纯强调"排"而忽视"拦",都是不能解决下游防洪问题的。1963 年 3 月王化云在"治黄工作基本总结和今后的方针任务"中提出"上拦下排,是今后治黄工作的总方向"。黄河治本不仅是上、中游的事,下游也有治本任务,黄河治理是上、中、下游的一项长期艰巨的任务。

为了缓解三门峡水库严重淤积对关中地区的影响,改变了水库的运用方式,将拦在库区的泥沙排向下游,同时 20 世纪 60 年代水沙较丰,1965 年后下游河道由冲刷转为淤积,尤其是 1969～1972 年下游河道淤积严重,河床迅速抬升,在东坝头至高村河段开始出现河槽平均高程高于滩地平均高程的"二级悬河",防洪形势日趋严峻。1975 年 12 月黄河下游防洪座谈会结束后,水利电力部和河南、山东两省联名向国务院报送了《关于防御黄河下游特大洪水的报告》,提出"拟采取'上拦下排、两岸分滞'的方针,即在三门峡以下兴建干支流工程,拦蓄洪水;改建现有滞洪设施,提高分滞洪能力;加大下游河道泄量,排洪入海。"1976 年 5 月 3 日国务院批复,原则同意《关于防御黄河下游特大洪水的报告》。"上拦下排、两岸分滞"的内容正如王化云所说,"'上拦',主要是在干流上修建大型水库工程,控制洪水,进行水沙调节,变水沙不平衡为水沙相适应,以提高水流输沙能力;'下排',就是利用下游现行河道尽量排洪、排沙入海,用泥沙填海造陆,变害为利;'两岸分滞',就是遇到既吞不掉、又排不走的特大洪水时,向两岸预定的分滞洪区分滞部分洪水,这是在非常必要时牺牲小局保全大局的应急措施。"(当代治黄论坛编辑组编《当代治黄论坛》)

按照"上拦下排、两岸分滞"方略,开展了黄河下游防洪工程建设,1974～1985 年按 1983 年水平年设计洪水位完成了第三次大修堤,使黄河下游防洪工程的防洪能力达到花园口 22 000 m³/s 设计防洪流量的要求,保证了黄河下游的防洪安全。

(四)"'上拦下排、两岸分滞'控制洪水;'拦、排、放、调、挖'处理和利用泥沙"方略

"'上拦下排、两岸分滞'控制洪水;'拦、排、放、调、挖'处理和利用泥沙"是 20 世纪末提出的治黄方略。

1986 年 5 月为纪念人民治黄 40 周年,王化云在"辉煌的成就 灿烂的前景"一文中提出了用"拦、用、调、排"概括的治黄设想(黄河水利委员会编《王化云治河文集》)。①"拦":就是在中、上游拦水、拦沙。水土保持是面上拦的措施,修建干、支流水库拦进入河道的泥沙,这些都是减轻下游河道淤积的重要措施。②"用":就是用洪用沙。多用浑水,按周恩来总理说的"把水土结合起来解决,使水土资源在黄河上、中、下游都发挥作用"。引洪漫地、库坝群用洪用沙、浑水灌溉、引黄放淤改土、放淤固堤、滩地放淤等都是处理泥沙、"以黄治黄"的有效办法。用洪用沙是群众的需要,生产的需要,治河的需要,具有很强的生命力和广阔的发展前途。③"调":就是调水调沙。黄河的主要特点是水少、沙多、水沙不协调。通过修建黄河干支流水库,调节水量,调节泥沙,变水沙不协调为水沙相适应,使水沙过程有利于排洪排沙,达到为下游河道减淤的效果。④"排":就是充分利用黄河下游河道比降陡、排沙能力大的特点,排洪排沙入海,这是解决黄河洪水泥沙的主要出路。总之,就是把黄河看成一个整体,采用系统工程的办法,按照"拦、用、调、排"4 套办法,统筹

规划,综合治理,统一调度,黄河就能够实现长治久安,逐步由害河变为利河。

1998 年以后,根据国家加快大江、大河、大湖治理步伐的精神,黄河水利委员会开展了"黄河的重大问题及其对策"的研究,于 2000 年提出报告。提出解决黄河洪水和泥沙问题必须多措并举,防洪减淤的基本思路是:"'上拦下排、两岸分滞'控制洪水;'拦、排、放、调、挖'处理和利用泥沙。"解决黄河洪水问题的"上拦"是指在中游干支流修建大型水库,以显著削减洪峰;"下排"是指利用河道排洪入海;"两岸分滞"是指在必要时利用滞洪区分洪,滞蓄洪水。解决泥沙问题需要采取综合措施,"拦"是指靠上中游地区的水土保持和干支流控制性骨干工程拦减泥沙;"排"是指通过各类河防工程的建设,将进入下游河道的泥沙利用现行河道尽可能多的输送入海;"放"是指在下游两岸处理和利用一部分泥沙;"调"是指利用干流骨干工程调节水沙过程,使之适应河道的输沙特性,以利排沙入海,减少河道淤积或节省输沙水量。"挖"是指挖河淤背,加固黄河干堤。通过综合治理,谋求黄河长治久安。

在此基础上,于 2002 年黄河水利委员会编制完成了《黄河近期重点治理开发规划》。国务院 2002 年 7 月 14 日以国函〔2002〕61 号文批复。

(五)"稳定主槽、调水调沙,宽河固堤、政策补偿"方略

"稳定主槽、调水调沙,宽河固堤、政策补偿"是黄河水利委员会 21 世纪初提出的黄河下游河道治理方略。

通过水土保持等措施,进入黄河下游的沙量将有所减少,但随着经济社会的不断发展,流域及有关地区对黄河的需水量将明显增加,在干流骨干工程调节能力不足和未能从外流域调水入黄的情况下,黄河下游水少、沙多、水沙不协调的矛盾将会更加突出,并将长期存在。2004 年黄河水利委员会组织召开了黄河下游治理方略高层专家研讨会和黄河下游治理方略专家研讨会。在黄河下游河道不改道的前提下,遵照水沙条件及其变化趋势、科学发展观和构建社会主义和谐社会的方针,从人水和谐的要求出发,经研究黄河水利委员会提出,当前和今后一个时期黄河下游河道的治理方略为:"稳定主槽、调水调沙,宽河固堤、政策补偿。"为了保证黄河下游两岸的防洪安全,利于引黄供水、滩区生产安全和交通航运,必须进行河道整治,控导河势,稳定主槽;进行调水调沙,改造水沙不协调状况,利于维持、改善主槽的排洪输沙能力,并利于稳定主槽。固堤是堤防安全的需要;宽河具有的广阔滩地,可以滞洪、削峰、沉沙,并可通过洪水期间的滩槽水沙交换,实现淤滩刷槽,增大主槽的过洪输沙能力,利于防洪安全。通过滩区安全建设,保障滩区居民生命及主要财产安全。洪水漫滩会影响滩区居民的生产发展,通过实行补偿政策,弥补受灾损失,使滩区也能像附近地区一样,生活水平得到提高,人水和谐相处。

在 21 世纪初期,在已有防洪工程建设的基础上正在继续进行以 2000 年水平年设计洪水位为标准的黄河下游第四次大修堤。按照"宽河固堤"的要求,维持原来的宽河格局,对堤防进行加高培厚;通过河道整治"稳定主槽",并取得了保证防洪安全且利于引黄灌溉供水、滩区群众生产安全及桥梁码头等交通设施安全的成效;"调水调沙",从 2002 年开始至 2015 年每年都在进行,在小浪底水库拦沙、下游河道发生冲刷的基础上,进一步加大了下游河道的冲刷量和入海沙量;只有"政策补偿"没有落实。黄河下游河道内 21 世纪初期约有 180 万人,河势大幅度变化及大洪水漫滩时,就危及滩区群众的生命财产安全,通过河道整治和滩区安全建设可基本解决生命和主要财产的安全,但在洪水漫滩后农作物等受灾,影响滩区居民生活,因此要求国家制订黄河下游滩区受淹后的补偿办法,弥补滩区漫滩造成的损失,使滩区居民与背河侧居民的生活水平相当。经多年调查研究,2012 年 12 月 18 日财政部、国家发展和改革委员会、水利部印发了《黄河下游滩区运用财政补偿资金管理办法》,"政策补偿"获得解决。但因近几年黄河来水小又经小浪底水库调节,下游未曾漫滩,至今补偿政策尚未执行过。

在中国共产党领导下人民治黄已经走过 70 年。70 年前的黄河,是堤防破烂不堪,平均三年两次决口,洪水泛滥成灾,危害沿黄地区的黄河;经过 70 年的治理,已基本建成了由堤防、河道整治工程、分滞洪工程以及位于中游的干支流水库组成的黄河下游防洪工程体系,1955 年后未再决口成灾,确保了黄河下游防洪安全,并且发展了引黄,为两岸农业灌溉及城市用水提供了宝贵的水资源,千年为害的黄河开始变成了造福两岸人民的河流。

在庆祝人民治黄 70 周年之际,作为 1964 年参加黄河治理工作、至今已 52 年的我,对此感到十分欣慰。

第二章　防　洪

追古窥今浅谈黄河下游河道治理[*]

黄河下游河道自 1855 年自铜瓦厢改道以来,兰考东坝头以下已行河 132 年,除去郑州花园口扒口改道 9 年外,实际行河 123 年。该河道还能维持多久,今后应如何治理,这要从过去的黄河故道演变情况谈起。

一、黄河下游故道的行河期

现行河道以北和以南,都有黄河故道的遗迹。有些老河身的滩槽和两岸故堤仍然存在。尤其是西汉以前的豫北黄河故道和明清时期的豫东苏北黄河故道比较明显。古河道的行河期过去进行过调查研究,这对推断现行河道的发展变化,是有一定参考价值的。

(一)西汉以前故道

这条故道在现行河道以北,经过了先秦及西汉时代,故道各河段有不同的行河期。

(1)从河南武陟至滑县一段故道,其形成年代久远,难以考证。但这一河段断流时间约在金明昌五年(1194 年)以后,若从战国时期有堤防算起,其行河期约为 1 700 多年。

(2)从滑县、浚县上下至濮阳一段故道,历经西汉、东汉及唐、宋时期,其绝流时间约在金大定(12 世纪 70 年代)时,行河期也有 1 700 多年。

(3)从濮阳至河北馆陶一段故道,一般认为是周定王五年(公元前 602 年)河徙浚县胥宿口以后形成的。西汉王莽始建国三年(公元 11 年),河决魏郡(今临漳县西南)改道东流后断流,除去西汉元光三年(公元前 132 年)因濮阳瓠子决口泛滥 23 年外,实际行河期为 580 年,堤防也约有 500 多年的历史。魏郡决口后王莽认为"及决东去,元城不忧水,故遂不堤塞"(《后汉书·王莽传》)。元城(今河北大名)乃王莽祖坟所在地,黄河东决后,其祖坟不再受河患,故决而不堵,造成了这次黄河大改道。

(二)东汉黄河故道

该故道是公元 11 年魏郡决口改道以后形成的,流经河南、河北、山东境内,历经东汉至隋唐各代,于北宋庆历八年(1048 年),河在濮阳商胡决口,故道北流,计行河 1 037 年。魏郡决口后,泛滥 60 年,至东汉明帝永平 12 年(公元 69 年)王景治河时才修有堤防,堤防约有 900 多年的历史。

(三)北宋黄河故道

这是庆历八年(1048 年)至建炎二年(1128 年)的故道,主要在河南、河北境内。行河

---

[*] 国家计委国土规划研究中心 1987 年 4 月 9~12 日于郑州召开了"黄河下游河道发展前景及战略对策座谈会"。该文为徐福龄、胡一三在会上发表的论文。

期仅 80 年。当时为阻金兵南犯,人为决河而造成了夺淮的大改道。

(四)明清黄河故道

1128 年人为决河改道后,流经豫东、江苏,于淮滨入黄海。改道后,南宋、金、元朝代河道迁徙不定,至明代嘉靖年间(16 世纪 40 年代)以后,两岸堤防才逐步完整。至清咸丰五年(1855 年)在兰阳铜瓦厢决口。时值太平天国农民运动,咸丰皇帝下谕,因"饷糈不继",而未进行堵合,水流夺大清河入渤海,造成清末的一次大改道,行河期727 年,堤防经历了三四百年。现行河道兰考东坝头以上仍为明清时代的老河道,两岸堤防已有四五百年的历史。铜瓦厢改道后,因溯源冲刷形成了高滩。1855 年以来,经过两次 20 000 m³/s 以上洪水,除个别堤段外,高滩均未上水,表明东坝头以上的现行河道仍未恢复到改道以前的情况。

从上述几次大改道的情况来看,古河道的行河期有的为五六百年,有的达 1 700 多年之久。

二、造成决口改道的原因

2 000 多年来,黄河下游堤防决口达 1 500 多次,堤防决口有多种原因。当发生大洪水及特大洪水时,超出河道的排洪能力,漫过堤顶而造成的决口,称为漫决。如乾隆二十六年(1761 年),推估陕州发生了 36 000 m³/s 的洪水,河南武陟至山东曹县两岸堤防漫决 27 处。1933 年黄河在陕州出现 22 000 m³/s 洪水时,长垣大堤漫溢决口 30 余处,当时残堤顶上落淤 0.3 m 左右。这些都属于漫溢决口。大河冲击堤身,发生坍塌,因抢护不及而造成的决口,称为冲决。如嘉庆八年(1803 年)封丘大宫决口,道光二十一年(1841 年)开封张家湾决口,道光二十三年(1843 年)中牟九堡决口,咸丰五年(1855 年)铜瓦厢决口,1934 年封丘贯台决口等均属此类。堤身或堤基有隐患,大水偎堤后,发生渗水、管涌、流土等严重渗漏现象,因抢护不及而形成漏洞,以致堤身塌陷造成的决口,称为溃决。如光绪十三年(1887 年)郑州石桥决口,1935 年鄄城董庄决口均属此类。另外还有人为决口,如 1938 年的郑州花园口扒口。历史上黄河决口平工堤段多于险工堤段,冲决和溃决多于漫决。

黄河下游是一条堆积性很强的河道。一般说黄河"善淤、善决、善徙"。善决是由于善淤,善徙是由于善决,这是淤、决、徙三者的因果关系。过去只讲黄河决口多,泥沙向堤外泄出,能减少河道的淤积,但忽视了每次决口后对口门以下河道因淤积而造成的严重恶果。如康熙十五年(1676 年)黄淮并涨,奔腾四溃,据《治河方略》记载,黄河自淮安清江浦以下到河口 300 余里的河身"原阔一二里至四五里者,今则止宽一二十丈,原深二三丈至五六丈者,今则止深数尺",可见淤积甚为严重。堵口时曾对下游河道进行大规模的疏浚。乾隆四十六年(1781 年)河决仪封青龙岗,因口门以下淤积严重,进堵困难,乃于南堤以外另筑新堤,上自兰阳三堡到商丘七堡,挑挖引河长 149 里,导水入商丘故道,并开挖商丘至徐州老河身的淤垫部分,才进行堵合。清嘉庆二十四年(1819 年)遇到大水大沙年,在农历七月一次洪水的四日之内,从开封至兰仪之间约 100 余里的河段,南北两岸共决口八处。在仪封口门堵合时,挖引河 50 余里,深七八尺至二丈七尺,八月一次洪水,又在武陟九堡决口夺河,到次年(1820 年)三月十二日合龙后的第二天,复在仪封三堡决河。这说明决口后,原河道淤塞不畅,易于造成堤防连续决口。这种情况,在历史上是屡见不鲜的。因此,每发生一次决口,原河道有一次严重淤积,在水流重新塑造河槽的过程中,如河势突变,就又为下次决口创造了条件,形成河道"愈决愈淤,愈淤愈决"的恶性循环,最后导致河道排洪能力减小。遇有大洪水时,河道因不能满足排洪需要,就决口夺溜改道。明代潘季驯说过:"盖河之夺(改道)也,非一夺而能夺,决两不治,正河流缓,则沙日高,河日高,则决口多,河始夺耳"。这是他从当时治河实践中概括出来的黄河决口改道的原因。

三、现行河道的治理

黄河下游现行河道实际行河 123 年,与过去黄河故道行河五六百年和 1 000 多年相比,年代并不算长,还有一定的生命力。

自人民治黄以来,黄河两岸堤防进行了三次加高加固,并开辟了滞洪区,基本保持着河道设计防洪能力。下游河道经过大规模的整治,河道已比较规顺,有利于排洪排沙。因此,40 年来,伏秋大汛没有决过口,这是历代治河史上所罕见的。但在洪水泥沙没有得到有效控制前,特大洪水还会出现,河床仍要淤积抬高,今后要使现行河道长期发挥防洪作用,必须通过多种途径进行综合治理,才能取得成效。首先,要建成下游防洪体系的骨干工程——小浪底水利枢纽,它可以长期发挥防洪、防凌的效益,能使黄河下游的防洪标准提高到千年一遇,通过水库拦沙和调水调沙,可以减少下游河道泥沙淤积 100 亿 t 左右,相当二三十年内下游河道不淤高,同时继续加强黄土高原的水土保持工作,有计划地加速梯田、林草建设并修建治沟骨干工程,再配合干支流水库,以增加减沙效益,使洪水泥沙进一步得到控制。在以上治理措施没有发生明显作用前的一个较长时期,黄河下游如何争取时间,加强防洪工程,使河道不发生大的变化,并配合以上措施对河道加以改善,以保持现行河道的防洪安全,这是黄河下游一个最迫切的任务。

现行河道的堤防工程,已有巩固的基础,今后根据河道冲淤情况,继续培修堤防,放淤固堤,消灭隐患,这对保持堤防设计的排洪能力,防止漫决和溃决具有重要作用。关于今后 100 年内继续加固加高堤防,保持现行河道防洪安全的可能性,在"黄河下游能否'隆堤于天'"(《人民黄河》1987 年第 1 期)一文中已有估计,这里不再赘述。

当前下游的主要问题,一是河道的中水河槽没有完全控制,河势仍有不同程度的变化;二是两岸滩区横比降大,串沟很多,还未能全面治理。因此,横河顶冲,刷滩逼堤,串沟夺溜,顺堤行洪的危害还不能减轻,仍是造成大堤冲决的主要威胁,自 20 世纪 50 年代以来,1952 年郑州保和寨抢险,1964 年花园口抢险,1982 年及 1983 年开封黑岗口及武陟北围堤抢险,都是由"横河"顶冲造成的险情;1959 年濮阳郭寨滩区过溜,1978 年后东明吴庄抢险,都是由串沟夺河造成的险情。当时如抢护不及,都有决口的可能。为了改变黄河下游的被动防守局面,必须统筹规划,大力进行河道整治,这对防止大堤冲决,减缓河道淤积,延长河道寿命都具有重要作用,因此:

(1)要继续加固完善现有控导工程并增修新的控导工程,进一步固定中水河槽,加大河道的排洪排沙能力。古代和近代治河者,也主张黄河下游固定中水河槽。明代潘季驯说:"治河之法,别无奇谋秘计,全在束水归槽",在他晚期治河时,总结过去治河经验,又指出:"淤留岸高"的主张,即利用"伏秋黄河出岸,淤留岸高,积之数年,水虽涨不能出岸矣"。这就是他淤滩刷槽的设想。20 世纪 30 年代中外水利专家,如德国恩格斯、方修斯及我国李仪祉,都一致主张在黄河下游固定中水河槽,以控制洪水流向,起到淤滩刷槽的作用。1933 年黄河在陕州站发生 22 000 m^3/s 洪水后,下游许多河段,经过大水冲刷,河归一槽。李仪祉对当时没有乘机采取固定中水河槽的措施而感到十分惋惜。50 年代以后,按照统筹兼顾、因势利导的原则,增修、调整了险工,并按照河道整治规划,在滩岸上修建了控导工程,其顶高略高于滩面高程,或与滩面相平。现在黄河下游有险工和控导工程 317 处,坝垛护岸 8 200 多道,长 590 km。经过整治,基本控制了一部分河段的主溜,减少了河势的摆动范围,防守有了重点。在 1982 年花园口站发生 15 300 m^3/s 洪水时,尽管有些控导工程漫水,但都起到了控制主溜、淤滩刷槽和护滩保堤的作用。因此,加强和继续增修控导工程,进一步固定中水河槽是今后下游治理的一个重要课题,尤其在小浪底枢纽工程修建前更应抓紧时机,为将来清水冲刷河道,做好整治河道的准备。

(2) 黄河下游河道两岸有宽广的滩地,洪水漫滩后,将滩地冲成串沟,纵横交错,威胁堤防安全。串沟的形成是多方面的。一是在宽滩区,因大堤决口而遗留的串沟;二是大河在滩岸坐弯顶冲处,高滩唇塌尽,大水时,河势趋直,在滩面冲成串沟,直接或间接通向堤河,冲刷大堤;三是因河势变化,在滩面分出汊流而形成的串沟。近十多年来在顶冲坐弯的滩岸上,修了控导工程,已起到堵截串沟的作用,有的串沟已经淤平,但还有不少串沟尚未改善。如河南长垣和山东东明的大滩,洪水漫滩后,仍有串沟夺溜顺堤行洪的危险,严重威胁堤防安全,因此根据现在滩区情况,应有计划有步骤地抓住含沙量大的中常洪水,集中力量分段淤填串沟堤河洼地,遇到更大洪水普遍漫滩时,就不致有夺溜和顺堤行洪的危险,同时在滩区均匀落淤后,也为滩区生产和修堤还土创造了有利条件。

(3) 黄河两岸有引黄涵闸 68 座,1981~1984 年每年平均向河道以外引出泥沙 1.33 亿 t,如认为过去黄河决口能向外输出泥沙,目前引黄也把泥沙引向堤外,结合引黄灌溉的沉沙措施,不仅可以淤背增加堤防的抗洪能力,还可在沿堤约 1 km 宽的范围内,有计划地淤高背河堤面,这样堤防的高度要相对减小,对延长现行河道的寿命,将可发挥重要作用。

总之,在上、中游修建干支流水库,积极开展水土保持,拦水拦沙;在下游继续加高加固堤防,大力开展河道整治,并搞好分洪滞洪区的建设,黄河下游的现行河道仍具有很大的生命力。

参 考 文 献

[1] 徐福龄,杨国顺,张汝翼,徐海亮. 河南武陟至河北馆陶黄河故道考查报告. 黄河史志资料,1984 年第 3 期.

略论黄河的宽河定槽防洪治河策略*

　　黄河是历史上洪水泛滥最严重的河流,每次决溢洪灾都很严重。河南孟津白鹤镇至河口是防洪的重点。黄河中游尾端白鹤镇至桃花峪和下游共长 878 km,按照河道特性由上而下分为 4 个不同特性的河段:孟津白鹤镇至东明高村为游荡性河段,高村至阳谷陶城铺为由游荡向弯曲转化的过渡性河段,陶城铺至垦利宁海为弯曲性河段,宁海至入海口为河口段。河道为复式断面,由主槽和滩地组成。中小水时水流从主槽通过;大洪水时要漫滩行洪。滩区具有耕种条件,自古以来就居住着大量的居民。

　　"宽河"是指河流两岸堤防间的堤距宽,河道面积广;"定槽"是指稳定河流的中水河槽。

一、洪水灾害及宽河格局

　　黄河下游为河床高出沿岸地面的悬河,滩面高于背河地面 3 ~ 6 m,不仅洪水期,中水及枯水时期水位也高于沿岸地面。黄河下游河道处于不断的淤积抬高之中。最近半个世纪年均升高 0.05 ~ 0.10 m。1986 ~ 1997 年来水枯、洪峰小,河道仍发生了严重淤积,且大部分泥沙淤积在河槽内,致使流量为 3 000 m³/s 的水位年均抬升 0.10 ~ 0.15 m。

(一)洪水灾害

　　黄河是一条强堆积性河道,"善淤、善决、善徙"。自周定王五年(公元前 602 年)第一次在浚县古宿胥口决口改道,至 1938 年在郑州花园口扒口的 2 540 年中,黄河有 543 年发生决口,共决口 1 590 余次,平均三年两决口,其中改道 26 次,大的改道、迁徙 5 次。洪水决溢泛滥的范围,北达津沽,南至江淮,纵横 25 万 km²,每次决口不仅淹没耕地、房舍,口门一带还会造成土地沙化,有的长达数十年才能恢复生产能力,由于黄河的安危直接关系社会的稳定,因此历代都十分重视黄河的防洪工作。

(二)宽河格局

　　根据黄河的特点,黄河防洪在历史上就采用宽河格局。战国时期,齐、魏、赵筑堤各距河二十五里;东汉哀帝时,待诏贾让应诏上书提出不与水争地的治河主张;明代潘季驯实行的"以堤束水、以水攻沙"的方策中采用了遥堤的设施。上述均为宽河的格局。

　　新中国成立初期,为了确保黄河防洪安全,采取了宽河固堤的方针。王化云在《我的治河实践》中指出,"从 1950 年起,根据下游河道的特点和堤防工程状况,采取了一系列工程措施和非工程措施,概括起来叫作'宽河固堤'。""新中国成立初期以前我们即提出了废除民埝的方针。这是实行宽河方针的重要部分。""凡有民埝的地方,大堤经常不靠河,洪水漫滩落淤的机会少,滩地越来越低洼,不仅排水困难,对生产的长远发展也不利。……一旦遇较大洪水,民埝溃决,洪水直冲大堤、十分危险。""1933 年兰考四明堂决口,1935年鄄城董庄决口等,都是由民埝的溃决引起的。"经过连续多年的工作,至 1954 年大水后,

---

* 本文原载于《水利学报》2001 年第 3 期 P82 ~ 86。

"民埝基本上被全部废除和冲毁了",一直保持宽河的格局。

黄河下游现行河道是上宽下窄,比降上陡下缓,排洪能力上大下小,这是由水流的自然规律和背景条件造成的。1855 年铜瓦厢决口改道后,河水漫流 20 余年,约在 1884 年两岸才建成比较完整的堤防。新河道堤距宽,至陶城铺附近穿运河之后,夺大清河入海。铜瓦厢(东坝头附近)以上堤距一般宽 10 km,东坝头至陶城铺一般宽 5 ~ 20 km,陶城铺以上习惯上称为宽河道;而陶城铺以下堤距一般宽 1 ~ 2 km,局部河段仅 0.5 km,习惯上称为窄河道。

二、宽河在防洪中的作用

(一)削峰滞洪

黄河下游洪水具有峰高量小的特点,洪水涨落很快,花园口以下又无大的支流汇入,宽河道削减洪峰、滞蓄洪量的作用十分明显。从表 2-2-1 可看出,对于洪峰流量大于 10 000 m³/s 的大洪水,花园口至孙口河段的削峰作用一般为 30% ~ 40%,这就大大降低了孙口以下河段的洪水位。

表 2-2-1　黄河下游各河段滩区削峰情况

年份	花园口	夹河滩		高村		孙口		艾山	
	洪峰 (m³/s)	洪峰 (m³/s)	削峰 (%)	洪峰 (m³/s)	削峰 (%)	洪峰 (m³/s)	削峰 (%)	洪峰 (m³/s)	削峰 (%)
1954	15 000	13 300	11	12 600	16	8 640	42	2 900	47
1958	22 300	20 500	8	17 900	20	15 900	29	12 600	43
1977	10 800	8 000	26	6 100	43	6 060	44	5 540	49
1982	15 300	14 500	5	13 000	15	10 100	33	7 430	57

注:1. 各站削峰量为该站洪峰相当于花园口站洪峰的削峰值。

2. 东平湖位于孙口至艾山站之间,1958 年东平湖自然分洪,1982 年人工分洪。

宽河段河道滞蓄洪量的作用是相当明显的,如 1958 年花园口站发生 22 300 m³/s 洪水期间,孙口以上的槽蓄量达 24 亿多 m³,它约相当于故县水库和陆浑水库的总库容。这就大大减轻了以下河段的防洪压力。

(二)淤滩刷槽

泥沙问题是黄河治理的根本问题。减小河道主槽的淤积抬升速度,维持河道排洪能力是治河的关键。

1. 滩区落淤沉沙,减缓河槽抬升速度

洪水期间挟沙水流漫滩后,流速降低,挟沙能力减小,大量泥沙沉于滩区,"清水"退入河槽,水流含沙量沿程减小(见表 2-2-2)。在宽河的情况下,滩区面积大,可供沉沙的范围广,河床淤积抬升的速度就慢,这有利于延长河道的寿命。

表 2-2-2　黄河下游漫滩洪水含沙量的沿程变化

年份	花园口			夹河滩			高村			孙口		
	月-日 T 时	流量	含沙量	月-日 T 时	流量	含沙量	月-日 T 时	流量	含沙量	月-日 T 时	流量	含沙量
1957	07-19T20	12 900	61.8	07-20T09	12 400	82.2	07-21T10	10 400	31.0	07-22T08	11 500	17.3
1958	07-17T24	22 300	96.6	07-18T18	20 200	131	07-19T09	17 800	53.8	07-20T16	15 800	44.2
1975	10-02T12	7 400	42.7	10-03T15	7 650	56.6	10-04T17	7 050	31.6	10-06T02	7 240	19.0
1976	09-01T09	9 090	47.8	09-01T17	9 010	53.8	09-02T18	8 690	33.9	09-03T07	8 740	14.6
1982	08-03T02	15 200	38.7	08-03T06	13 900	23.1	08-05T06	12 700	25.6	08-07T07	9 970	13.1

注:表中含沙量为洪峰时流量或洪峰后流量对应的实测值,含沙量单位为 kg/m^3,流量单位为 m^3/s。

2. 滩槽交换水流,淤滩刷槽

洪水期间,河槽仍为水流的主要通道,在水流漫滩、沉沙落淤之后,"清水"沿程进入河槽。在主溜流经险工河段时,险工以上同岸的漫滩水流几乎全部进入河槽,从而稀释水流,使河槽少淤或冲刷,险工以下河槽中的水流又会流向两岸滩地继续进行水沙交换。在滩槽水沙交换的过程中进行着淤滩刷槽。

表 2-2-3 中的 4 次洪峰大于 10 000 m^3/s 的大漫滩洪水,河槽冲刷量达 2 亿~8 亿 t,2 次中等漫滩洪水河槽也冲刷了 2 亿 t。只要洪水漫滩,滩地总要发生不同程度的淤积。对于来沙系数大的洪水,河槽可能不冲刷,但漫滩落淤的"清水"归槽之后,也会减少河槽的淤积量。这对维持一定的滩槽高差,保持河槽的过洪能力都是大有好处的。

表 2-2-3　黄河花园口至利津河段漫滩洪水滩槽冲淤量

时段 (年-月-日)	花园口		三 + 黑 + 小		花园口至利津		
	洪峰流量 (m^3/s)	来沙系数 (kg·s/m^6)	沙量 (亿 t)	水量 (亿 m^3)	槽 (亿 t)	滩 (亿 t)	全断面 (亿 t)
1953-07-26 ~ 08-14	10 700	0.011 2	3.088	57.90	−3.000	3.030	0.030
1954-08-02 ~ 08-25	15 000	0.009 7	6.521	112.60	−2.160	3.270	1.110
1957-07-12 ~ 07-23	13 000	0.011 9	5.610	90.20	−4.330	5.270	0.940
1958-07-13 ~ 07-23	22 300	0.009 5	6.390	69.42	−8.650	10.200	1.550
1975-09-28 ~ 10-04	7 710	0.007 0	0.918	36.90	−2.094	2.862	0.768
1976-08-24 ~ 09-05	9 300	0.005 0	2.650	80.20	−2.310	3.840	1.530

注:三 + 黑 + 小:指三门峡 + 洛河黑石关 + 沁河小董。

(三)宽河段是窄河段存在的条件之一

窄河段的过洪能力远小于陶城铺以上的宽河段,其单位河长的堆沙量更小于宽河段。正因为有了宽河段的削峰(见表 2-2-1)作用和沉沙落淤功能才能维持陶城铺以下的窄河道。

郑州京广铁路桥以上作为小浪底水库移民安置区的温孟滩,就是1933年大水期间滩区大量淤积形成的。1933年是丰沙年,大洪水期间进入下游的泥沙约达28亿t,高村以上的滩区就淤积了约22亿t,河槽相应冲刷了近5亿t。尽管来沙量很大,河槽还是发生了冲刷。1958年大洪水时,经河道滞蓄孙口洪峰削减至15 900 m³/s,又经东平湖自然分滞洪水,到艾山站洪峰仅为12 600 m³/s;7月13~23日洪水期间,洪水漫滩,滩地淤积达10.2亿t,同时河槽冲刷了8.65亿t,这就大大减小了进入陶城铺以下窄河段的洪峰和泥沙量,为战胜洪水提供了条件。

(四)宽河可以延长河道寿命

如前所述,宽河可以削减洪峰,减小窄河段的防洪压力;宽河有利于发挥含沙洪水的淤滩刷槽作用,维持河槽的排洪输沙能力;宽河可以利用宽广的滩区落淤沉沙,减缓河槽的抬升速度。同时,由于宽河滩区的沉沙作用,将会减少进入河口的泥沙,减缓河口地区的淤积、延伸、摆动速度,使河口河道行河时间延长,即可延长河口段一个摆点控制范围的行河年限。从而减轻因河口河道延伸对河口以上河道的溯源淤积影响。因此,宽河相对窄河而言,可以延长黄河下游河道的寿命。

三、稳定中水河槽及滩区建设

中水河槽是指通过平槽流量时的河槽,它是洪水的主要通道,也是输沙能力最强的部位。稳定了中水河槽,就基本控制了河势变化。

(一)稳定中水河槽的必要性

(1)历史上曾多次因河势变化,形成横河冲击堤防而造成决口。如清嘉庆八年(1803年)封丘大宫决口、清道光二十一年(1841年)开封张家湾决口、清道光二十三年(1843年)中牟九堡决口,清咸丰五年(1855年)兰考铜瓦厢决口等。近半个世纪虽没有发生决口,但却因河势变化造成严重抢险。如花园口险工下首1964年10月出现横河,顶冲险工,相继抢险,致使根石深达13~16 m,最深处达17.8 m,仅东大坝汛期抢险用石即达11 600 m³。1949年汛期弯曲性河段河势大幅度的提挫变化造成40余处险工靠溜部位大幅度下挫,9处老险工脱河,抢险长达40余d。郑州保合寨至中牟九堡的游荡性河段,在河势变化的过程中,20世纪60年代以前在48 km的堤段内先后修有9处险工,长43 km,右岸工程长度已达河道长度的90%,1967年又不得不在赵兰庄1.4 km的平工堤段前,于滩地上抢修了6道坝1个垛,使堤防布满险工。

(2)河势变化直接影响工农业及城市引水,危及桥梁安全,造成塌滩、塌村,威胁着滩区群众的生产及安全。因此,黄河必须进行河道整治,控制河势变化,稳定中水河槽,固定靠溜的险工及控导工程。

(二)稳定中水河槽的可行性

1.稳定中水河槽是靠逐步进行河道整治来实现的

1950年在弯曲性河段试修控导护滩工程,通过总结、推广,至1997年底白鹤镇至入海口计修有河道整治工程323处,坝垛9 069道,工程长647 km。

2.河道整治作用显著

经过河道整治,限制了河势变化,改善了河道横断面形态。高村至陶城铺河段,主溜的摆动范围由 1 802 m 减少到 753 m,摆动强度由 425 m/年减少到 160 m/年,整治后仅为整治前的 40% 左右;断面平均水深由 1.47 ~ 2.77 m 增到 2.13 ~ 4.26 m,诸断面平均水深由 1.95 m 增到 2.89 m,后者为前者的 1.48 倍;河相系数 $\sqrt{B}/H$ 由 12 ~ 45 减小为 6 ~ 19,断面平均值由 22.67 减小到 11.50,后者仅为前者的 51%。高村以上的游荡性河段,摆动范围已由原来的 5 ~ 7 km 减少为 3 ~ 5 km,其中的东坝头至高村河段的摆动范围和摆动强度也减少了二成,河势得到了初步控制。

河道整治后,畸形河弯、横河以及串沟夺溜等不利河势出现的概率减小,洪水前后主河槽不发生大的变化,整治工程靠溜部位相对稳定,防守的重点也较整治前明确,从而大大减轻了防洪的压力。如在东坝头以下,1982 年大水时,大溜出东坝头后,与 1933 年相似,冲向贯孟堤,由于禅房工程的控导作用,主溜未至贯孟堤即折向右岸,在此河段没有出现大的险情。同时,引黄涵闸引水保证率大大提高,塌滩数量减少,未再发生村庄掉河情况。实践表明,进行河道整治能够稳定中水河槽。

(三) 宽河定槽与宽河固堤

按照宽河固堤方针,首先要保持两岸堤防的堤距大,有广阔的滩区,并要加高加固两岸堤防,提高堤防防御洪水的能力,防止堤防发生漫决及溃决。

宽河定槽就是在保持宽河格局并加高加固堤防的基础上,按照防洪需要,积极开展河道整治,稳定中水河槽,减少堤防出现严重险情,防止堤防发生冲决。黄河下游尤其是高村以上的游荡性河段,河床淤积严重,洲滩发育,水面宽阔,溜势散乱,主溜摆动不定,在河势变化过程中形成的横河等畸形河势,严重威胁堤防安全,历史上曾多次冲决堤防,近半个世纪虽没有决口,也曾多次造成紧急抢险。即使在弯曲性河段,河道整治以前,河势的变化速度也是非常迅速的,并造成长时间的严重抢险,1949 年汛期就是如此。

随着国民经济的发展,对防洪的要求越来越高。黄河下游积极开展了河道整治,取得了稳定中水河槽的效果,实践表明,宽河定槽是能够达到的。在洪水期有足够的范围宣泄、滞蓄洪水和广阔的滩地落淤沉沙,维持相对窄深的河槽,在中小水时期缩小河势变化幅度,保持流路稳定。宽河与定槽相结合,防止堤防发生漫决、溃决、冲决,保证防洪安全。

(四) 滩区建设

滩区是洪水的通道,又是泥沙的主要淤积部位,而且自古以来人口稠密。为了防洪安全和滩区群众,必须进行滩区建设。

1. 淤高滩地、淤填串沟堤河

串沟是指漫滩水流在滩面上冲蚀形成的沟槽。堤河是指靠近堤防的狭长低洼地带。串沟多与堤河相通,洪水漫滩后,水流集中沿串沟冲向堤河,顺堤行洪,这不仅对滩区居民的安全不利,也威胁堤防安全。滩区建设首先是利用水流的自然特性或采取人工措施淤高滩地,淤填串沟、堤河。淤高滩地主要靠洪水漫滩,为了不失时机地淤高滩地,保持河道的过洪能力,必须废除生产堤,清除滩区行洪障碍。淤填串沟的主要措施是人工堵截串沟,或在串沟中做柳栅,洪水漫滩时借柳栅缓溜落淤,淤填串沟。可采用自然落淤和人工落淤的办法淤高堤河,以减缓临堤水流的强度。

2. 安全建设

为了保护滩区居民的生命、财产安全,必须进行安全建设。根据国务院的批示,黄河下游滩区自 1974 年开始实行"废除生产堤,修筑避水台"的政策。现在滩区修有房台及村台。1996 年洪水之后,山东省还采用了滩区居民外迁的办法。

对于窄滩区及宽滩区距堤防较近的居民,应尽量迁到堤防背河侧居住;对于水深较浅的滩区可采用修建村台的办法,面积按 60 m^2/人,在村台上盖房;对于经济条件较好的滩区可采用修建避水楼的办法,面积按 5 m^2/人。另外,还应修建必需的撤退道路,准备部分船只及通信工具,以供避洪迁安时急用。为了改善滩区人民收入比较低的状况,建议采取必要的优惠政策(如在漫滩年份返还农业税等)。

四、结语

新中国成立后,采用"宽河固堤"的方略,保持宽河格局,半个世纪以来多次加高培厚堤防,充分发挥广大滩区的削峰滞洪和落淤沉沙的功能,为解决堤防漫决、溃决问题创造了条件。实践表明,通过河道整治能够控制河势,稳定中水河槽,对减轻堤防被冲决的风险十分有效。为了发挥滩区的洪水通道和生产的两种功能,必须不失时机地淤高滩地,淤填串沟堤河,并有效地进行滩区建设。"宽河定槽"是在"宽河固堤"的基础上发展的。治河实践尤其是近半个世纪的治河实践表明,"宽河定槽"是符合黄河情况的有效防洪策略。近 10 年来黄河上游长达 1 000 余 km 的宁夏及内蒙古河段,防洪工程建设也采用了"宽河定槽"策略,并已取得了初步成效。今后黄河防洪仍应按照"宽河定槽"策略进行建设。

参 考 文 献

[1] 黄河水利委员会《黄河水利史述要》编写组. 黄河水利史述要[M]. 新一版. 北京:水利电力出版社,1984.
[2] 徐福岭. 黄河下游河道的历史演变[C]//黄河水利委员会宣传出版中心. 中美黄河下游防洪措施学术讨论会论文集. 北京:中国环境科学出版社,1989.
[3] 胡一三. 中国江河防洪丛书·黄河卷[M]. 北京:中国水利水电出版社,1996.
[4] 徐福岭. 河防笔谈[M]. 郑州:河南人民出版社,1993.
[5] 胡一三. 黄河防洪[M]. 郑州:黄河水利出版社,1996.

黄河下游的防洪体系[*]

一、黄河下游防洪的重要性

黄河的泥沙之多、含沙量之高是世界上绝无仅有的。黄河自中游的尾端出狭谷之后,河道展宽,比降变缓,泥沙落淤,河床升高,成为世界著名的悬河。郑州以下除东平陈山口至济南宋庄右岸有山岭外,全靠堤防约束水流。现临河滩面一般高于背河地面 3~5 m,

---

* 本文原载于《人民黄河》1996 年第 8 期,纪念人民治黄 50 周年专稿,P1~6。

最大达 10 m。由于河道高悬于两岸地面以上,不仅大洪水期,即使在中常洪水或枯水期,水位也远高于两岸地面,都可能造成堤防决口,防洪形势十分严峻。

历史上黄河决口泛滥频繁。可以查到的最早决口是周定王五年(公元前 602 年)黄河在浚县古宿胥口决口,至 1938 年的 2 540 年间,黄河发生决口的有 543 年,决口次数多达 1 590 余次,故有平均三年两决口之说。洪水泛滥范围北抵津沽、南达江淮,纵横 25 万 km^2。

黄河下游两岸人口稠密,交通发达,是我国重要的粮棉基地,郑州、开封、济南紧靠黄河,胜利油田、中原油田位于河口和滞洪区之内,200 余万 hm^2 农田靠黄河水灌溉,因此黄河在国民经济发展中具有重要的战略地位。

根据历史上决口后洪水泛滥范围,结合目前地形地物情况分析,在不发生大改道的情况下,黄河向北决溢,洪灾影响范围包括漳河、卫运河及漳卫新河以南的广大平原地区;向南决溢,洪灾的影响范围包括淮河以北、颍河以东的广大平原地区。洪灾影响范围总面积达 12 万 km^2,耕地 700 多万 hm^2,人口约 8 000 万人。就一次决溢而言,最大影响范围向北达 3.3 万 km^2,向南达 2.8 万 km^2。由于黄河的洪水泥沙在短时期内不可能得到有效控制,下游河床仍将抬高,悬河形势会更加严重,因此黄河的洪水灾害依然是中华民族的心腹之患,加强黄河下游的防洪建设具有十分重要的意义。

二、防洪方略

黄河防洪,历史悠久。人们在与洪水斗争的过程中,积累了丰富的经验,形成了多种防洪方略,如筑堤防洪、分流、束水攻沙、蓄洪滞洪、沟洫拦蓄等。其中,筑堤防洪是最基本的方略,其他方略也多靠堤防约束水流。1946 年人民治黄以来,防洪方略也在不断发展、完善,由"宽河固堤"发展到"上拦下排、两岸分滞"。

(一)"宽河固堤"方略

新中国成立初期,治黄工作由分区治理发展为统一治理,保证黄河不决口是当时黄河防洪的首要任务。在当时的技术经济条件下尚无力兴建大型的控制性工程,根据黄河下游上宽下窄的特点和可通过发动群众在较短的时期内提高堤防御水能力的情况,提出了"宽河固堤"的方略,以此指导黄河下游的防洪工程建设。

宽河道具有很强的滞洪滞沙作用,有利于减缓河道的淤积速度。黄河下游洪水具有陡涨、陡落、峰高量小的特点,宽阔的河道具有较大的削峰作用。1954 年和 1958 年的两次大洪水表明,花园口至孙口河段削峰作用可达 30% ~ 40%,在很大程度上减轻了以下河段的防洪压力。由于黄河下游高村以上河道宽阔,在一般水流条件下仅河槽过流,广大滩区种植了各种农作物,致使滩区糙率远大于河槽。大洪水时挟沙水流漫滩后,流速变小,挟沙能力降低,落淤后降低了水流的含沙量,"清水"回归河槽后,又可稀释水流。通过充分的滩槽水流交换,滩地淤高,河槽少淤或冲刷,同时可增加滩槽高差,增大河槽的排洪能力。从 20 世纪 50 年代的 1957 年、1958 年两次大洪水的含沙量沿程情况看,花园口至孙口河段,含沙量的削减率可达 50% ~ 70%。为贯彻宽河的方针,50 年代初彻底废除了民埝(生产堤),以利于发挥滩地的滞洪滞沙作用。

堤防是防御洪水的屏障,但是在新中国成立初期,黄河下游的堤防矮小,且千疮百孔,御水能力极差。1950～1957年进行了第一次大修堤,共完成土方1.41亿 m³。按照固堤的方针,除加高培厚堤防外,还采取了抽槽换土、黏土斜墙、抽水涸堤、锥探灌浆、前戗后戗、捕捉害堤动物等措施处理隐患,加固堤防。

由于采取了"宽河固堤"的方略,保持了宽河,加修了堤防,在20世纪50年代防洪能力低的情况下战胜了洪水,尤其是1958年洪水,花园口站流量达22 300 m³/s,是有实测资料记录以来的最大洪水,经宽河道削峰后,孙口站仅15 900 m³/s,又经东平湖自然分洪后,进入艾山以下窄河道的洪峰流量削减为12 600 m³/s,大大减轻了窄河道的防洪负担。依靠"宽河固堤"的方略和强大的人防,在未使用北金堤滞洪区的情况下,确保了堤防安全。直至90年代仍保持"宽河固堤"的格局,充分体现了"宽河固堤"方略的正确性。

(二)"上拦下排、两岸分滞"方略

"宽河固堤"方略是从"排"的角度制定的。随着河床的升高,黄河下游防洪标准会自行降低,仅靠下游河道排洪排沙和滞洪滞沙还是不够的。为了控制和调节洪水、泥沙,并进一步利用水资源,还必须在中游采取控制性措施。

通过对实践经验的总结,20世纪60年代末提出了"上拦下排、两岸分滞"的防洪方略。"上拦"是指在干支流上修建大型水库,拦蓄洪水,调节水沙,尽量改善水沙不协调状况,提高水流的挟沙能力;"下排"是利用下游河道尽量排洪排沙入海,在河口地区填海造陆,变害为利;"两岸分滞"是对于拦排都不能解决的洪水,采用牺牲局部、保护全局的办法,在两岸选择适宜地形开辟滞洪区,处理河道所不能排泄的洪水。

按"上拦下排、两岸分滞"的方略,20余年来进行了防洪工程建设,初步建成了由堤防、河道整治工程、分滞洪工程及中游干支流水库组成的黄河下游防洪工程体系(见图1-2-1),同时加强了防洪非工程措施的建设,经过积极防守,战胜了历年的洪水,表明20多年来采取的"上拦下排、两岸分滞"的防洪方略是正确的。

三、防洪工程措施

黄河下游以花园口站22 000 m³/s作为防洪标准,在天然情况下相当于30年一遇,在修建干流三门峡水库、伊河陆浑水库和洛河故县水库后约相当于60年一遇。由于河床的冲淤变化,尽管流量没有改变,但每年的设计水位都不相同,有升有降,总的趋势是抬升。黄河下游各站设计防洪流量见表2-3-1。

表2-3-1 黄河下游各站设计防洪流量 （单位:m³/s）

站名	花园口	夹河滩	高村	孙口	艾山	泺口	利津
设防流量	22 000	21 500	20 000	17 500	11 000	11 000	11 000

黄河下游的防洪工程就是按照上述流量设计的,对于超标准洪水也安排了必要的工程措施。黄河与其他清水河流不同,由于泥沙淤积,防洪工程会自行降低防洪标准,因此每隔数年都需加高改建一次。

(一)堤防工程

堤防是防御洪水的屏障,且其修筑技术简单,又可就地取材,因此是最早采用的防洪方法。黄河下游现有堤防包括直接防御洪水的临黄堤及河口堤、东平湖堤、北金堤、展宽

堤和支流沁河堤、大清河堤等,长 2 290 km。其中,临黄堤长 1 371 km,左岸分为孟县中曹坡至封丘鹅湾、长垣大车集至台前张庄、阳谷陶城铺至利津四段 3 个堤段,以及在大车集以上到延津县魏丘的太行堤和封丘鹅湾以下的贯孟堤;右岸分为孟津牛庄至和家庙、郑州邙山至梁山国那里、国那里至陈山口的河湖两用堤及山口隔堤、济南宋庄至垦利二十一户 4 个堤段。这些堤防在半个世纪中经过修复和 3 次大规模的加高,提高了抗御洪水的能力,在历年的防洪中发挥了至关重要的作用。除此之外,还有现在不设防的堤防,如右岸菏泽境内的障东堤、鄄城马堂至梁山古陈庄的南金堤,左岸阳谷颜营至齐河白庄的废金堤等。

临黄堤的设计断面为顶宽 7 ~ 15 m;边坡除艾山以下临河为 1:2.5 外,其余均为 1:3.0;超高按照计算,艾山以下 2.1 m,艾山以上 2.5 m,考虑宣泄超标准洪水的需要,沁河口至高村增至 3.0 m。按上述指标确定的断面不能满足堤身防渗的要求,因此分别采取淤背、后戗、前戗等措施,使浸润线在下游堤坡不出逸。

(二)河道整治工程

黄河下游河道分为河槽和滩地两大部分,由于泥沙淤积和水流的冲击作用,河势经常发生变化,尤其是在高村以上的游荡性河段,河宽水浅,溜分多股,分合无常,且易形成"横河"。若水流冲淘堤防、抢护不及时就会造成堤防冲决。因此,欲防止堤防冲决必须进行河道整治。

在 20 世纪 70 年代和 80 年代大洪水少,加之滩区生产堤的影响,河槽淤积速度远大于滩地,在东坝头至高村的宽河段河槽平均高程高于滩地平均高程,形成了"二级悬河"。本河段横比降可达 1/3 000 ~ 1/2 000,一旦洪水漫滩冲开生产堤就会以较大的流速冲向平工堤段,发生顺堤行洪,直接危及堤防安全。因此,要安全下排洪水,必须修建河道整治工程,整治河道,控制溜势。

黄河下游的河道整治是由下而上分河段进行的。1950 年开始在济南以下窄河段试作河道整治工程,经补充、完善,在 20 世纪 50 年代就取得了初步控制河势的效果。1965 ~ 1974 年重点整治了高村至陶城铺的过渡性河段,取得了基本控制河势的效果。游荡性河段仅修建了部分河道整治工程,也取得了缩小游荡范围的效果。

黄河下游的河道整治工程主要包括险工和控导工程两大类。至 1992 年底计有河道整治工程 317 处,坝垛 8 819 道,工程长度 623 km,其中险工 134 处,坝垛 5 333 道,工程长度 308 km;控导工程 183 处,坝垛 3 486 道,工程长度 315 km。

(三)分滞洪工程

黄河下游的分滞洪工程是利用沿黄两岸的低洼地带,根据下游河道的平面特点,为了处理超标准洪水及冰凌洪水而先后开辟的。主要有东平湖、北金堤滞洪区及齐河、垦利展宽区等。

东平湖位于宽河道和窄河道相接处的右岸,也是汶河入黄河处,它原为天然的滞洪洼地,后改建为滞洪区。

东平湖滞洪区是设计防洪标准以内使用的滞洪区,由二级湖堤(隔堤)分隔为老湖、新湖两部分,总面积 627 km²,水位 46 m 时总库容为 40 亿 m³,水位 45 m 时总库容为 33.5 亿 m³。区内涉及山东梁山、东平、汶上、平阴 4 县。据 1989 年统计,人口为 28.34 万人,耕地 3.08 万 hm²。东平湖滞洪区主要由堤防工程、进湖闸、出湖闸及避洪工程组成。堤防工程包括围坝(77.78 km)、河湖两用堤(13.71 km)、山口隔堤(8.54 km)以及二级湖堤(26.73 km)。现在运用的进湖闸有石洼闸、林辛闸、十里堡闸,总计分洪能力为8 500 m³/s。陈山口和清河门出湖闸位于老湖区,退水入黄河,原两闸的退水能力为 2 500 m³/s,由于黄河河道淤积抬高,退水能力大大降低。司垓退水闸位于新湖区,退水进南四湖,设计泄水能力为 1 000 m³/s。避洪工程修有村台 154 个,可安置移民 81 095 人。1982年 8 月 2 日花园口出现 15 300 m³/s 洪峰流量,孙口站洪峰流量为 10 100 m³/s,经国家防总、黄河防总和山东省委研究决定,运用东平湖老湖分洪,控制艾山下泄流量最大不超过8 000 m³/s。8 月 6 日、7 日先后运用林辛、十里堡两闸分洪 3 昼夜,最大分洪流量 2 400 m³/s,蓄水 4 亿 m³,艾山最大下泄流量 7 430 m³/s。

北金堤滞洪区是为了处理超标准洪水而开辟的滞洪区,它位于下游宽河段转向窄河段的过渡段。滞洪区呈狭长的三角形,长 150 余 km,最宽处 40 余 km,面积 2 316 km²。区内涉及河南的滑县、长垣、濮阳、范县、台前,山东的莘县、阳谷,共 7 县。据 1993 年调查,涉及的村庄 2 155 个,居民 145.8 万人,耕地 15.1 万 hm²,房屋 183.6 万间,固定资产61.32 亿元。另外,中原油田 80% 的生产设施在滞洪区内,职工及家属共 6.5 万人,固定资产近百亿元。

北金堤滞洪区于 1951 年开辟,1977 年改建,分滞洪水总能力为 27 亿 m³,其中分滞黄河洪水有效库容 20 亿 m³,为金堤河预留 7 亿 m³。改建后主要工程有:①渠村分洪闸,设计分洪流量 10 000 m³/s。②张庄退水闸,位于滞洪区末端,且为金堤河的入黄口门,为双向运用的闸门,设计过流能力均为 1 000 m³/s。③北金堤,为北岸围堤。④避水工程。分洪区运用遵循"防守与转移并举,以防守为主,就近迁移"的方针,为此在外迁区新建了撤退道路、过金堤河的桥梁;在防守区修建了避水台和围村埝。

黄河下游的展宽工程主要是为预防凌汛威胁而修建的。凌汛期间,尤其是在窄河段,极易结冰卡凌,形成冰塞、冰坝,壅高水位,威胁堤防安全。据统计,在 1875～1955 年的81 年中,发生凌汛决口的有 29 年,即平均 2.8 年就有一年凌汛决口;共发生决口至少达100 次,平均每年凌汛决口 1.2 次。在三门峡水库建成后的 1969 年,黄河下游发生了三封三开的严重凌汛;1970 年济南老徐庄至齐河南坦形成冰坝插冰长达 15 km。为了预防凌汛威胁,于 1971 年开始分别在济南对岸和河口地区兴建了齐河展宽工程和垦利展宽工程。

齐河展宽工程位于齐河南坦险工与济南盖家沟险工之间长约 30 km 窄河道的左岸。该河段平均堤距 1 km,最窄处仅 465 m。新中国成立前决口达 43 次之多,严重威胁济南市的安全。展宽区主要工程包括长 37.8 km 的展宽堤、豆腐窝分洪分凌闸及大吴泄洪闸等工程。展宽区总面积 106 km²,宽约 3 km,涉及齐河、历城、天桥 3 个县(区),人口 4.79万人,耕地 0.58 万 hm²。设计最大库容 4.75 亿 m³,其中有效库容 3.9 亿 m³。

垦利展宽工程位于东营麻湾险工至利津王庄险工之间长约 30 km 窄河段的右岸。该河段堤距为 1 km 左右,最窄的小李庄处不足 0.5 km,有"窄胡同之称",具有窄、弯、险的特点,极易卡冰出险,造成决口。近百年该河段决口达 31 次,其中凌汛决口占 15 次。1951 年、1955 年凌汛期分别在该河段的利津王庄、五庄发生两次决口。展宽工程对保护位于河口区的胜利油田的安全也有十分重要的作用。展宽区的主要工程包括长 38.7 km 的展宽堤、麻湾分洪分凌闸、章丘屋子泄洪闸等。展宽区面积 123.3 km²，宽约 3.5 km，涉及垦利、博兴、东营 3 个县（区）5.44 万人，耕地 0.61 万 hm²。设计最大库容 3.3 亿 m³，经淤积后有效库容为 1.1 亿 m³。

（四）干支流水库

黄河下游洪水具有峰高量小的特点，一次洪水的历时多为 10~20 d，且主要集中在 5 d 之内。据推算，花园口站千年一遇的洪峰流量为 42 100 m³/s，12 d 洪量 164 亿 m³，大于 10 000 m³/s 的洪量 62 亿 m³；百年一遇洪峰流量 29 200 m³/s，12 d 洪量 125 亿 m³，大于 10 000 m³/s 的洪量仅为 31 亿 m³。黄河下游因是悬河，很少有支流汇入，较大的支流汶河又流入东平湖。因此，在中游干支流上修建水库可以达到削减洪峰、控制下游河道洪水的目的。同时，中游水库还可以进行调水调沙，通过合理地调度水沙的下泄过程，减缓下游河道的淤积速度。现在建成的有干流三门峡水库，伊河陆浑水库和洛河故县水库。三座水库联合运用，可使黄河下游的防洪标准提高到 60 年一遇。小浪底水库于 2001 年建成后可使下游防洪标准提高到近千年一遇。

四、防洪非工程措施

防洪非工程措施是通过法令、政策、社会及经济等防洪工程以外的手段，去适应洪水的特性、掌握洪水的规律、减轻洪水造成的灾害等的措施。防洪非工程措施的范围很广，如河道、滞洪区、防洪工程的管理，河道清障，对滞洪区群众生产生活的指导与迁安救护，制订超标准洪水防御方案，防洪保险，洪灾救济等。本书重点论述防汛组织、水文情报预报、防汛通信系统等措施。

（一）防洪组织

由于黄河防洪的地位重要，历史上就是中央一级政府负责黄河的防洪。1946 年在中国共产党领导下成立了冀鲁豫区黄河水利委员会和山东省黄河河务局，1949 年 6 月成立华北、华东、中南区黄河水利委员会。1959 年 2 月成立水利部黄河水利委员会至今，并在下游沿黄省、地（市）、县设立专门的治黄机构，隶属于黄河水利委员会负责黄河下游的防洪工作。

黄河防总受国家防总的领导。1950 年中央人民政府政务院在《关于建立各级防汛机构的决定》（政秘董〔50〕709 号文）中指出："黄河下游防汛，即由所在各省负责办理，下游山东、平原、河南三省设黄河防汛总指挥部，受中央防汛总指挥部之领导。"主任、副主任分别由"三省人民政府主席或副主席及黄河水利委员会主任兼任"。三门峡水库建成后，1962 年国务院通知，黄河防汛总指挥部由晋、陕、豫、鲁四省负责人组成，办公地点设在黄河水利委员会。经国务院批准，1983 年后黄河防汛指挥部由河南省省长任总指挥，山东、山西、陕西省主管副省长和黄河水利委员会主任任副总指挥，办事机构设在黄河水利委员会。省、地、县设立相应的防汛指挥部，其黄河防汛的办事机构设在相应的治黄专业部门。

"有堤无防，与无堤同矣"的谚语表明人防的重要性。欲取得防汛斗争的胜利，必须搞好人防队伍的建设与管理。黄河防汛队伍的建设是按照专业队伍与群众队伍相结合、军民联防的原则组建的。专业防汛队伍是防汛抢险的技术骨干，各县河务局以工程队员为主组成。为适应黄河险情多变的特点,各省河务局还分别组建数个机动抢险队,以提高抢险能力。群众防汛队伍是防汛抢险的基础力量,以青壮年为主,吸收有抢险经验的人员参加,平时从事生产,洪水期根据需要上堤参加防汛抢险。沿黄乡、村组织的基干班、抢险队、护闸队为一线队伍,其他县、乡组织的防大水抢大险的预备队为二线队伍。人民解放军为抗洪抢险的突击力量,在发生紧急险情及重大险情时,邀请人民解放军参加抢险。

(二)水文情报预报

水文情报是防汛的耳目。黄河水文情报系统由流域报汛站网、信息传输及信息处理系统构成。20世纪90年代初期黄河流域水文站网中有水文站458个、水位站58个、雨量站2 376个。这些水文站网可以控制黄河流域的水文情势。在水文站网中选定包括水文站、水位站、雨量站、水库站等近500个测站组成了报汛站网。报汛站的平均单站控制面积为:河口镇以上7 214 km²/站,河口镇至三门峡1 635 km²/站,三门峡至花园口260 km²/站,花园口以下299 km²/站。水情信息的传输要求快速、准确、不中断,主要靠黄河防汛专用通信网和地方邮电通信设施传输。信息的处理原来全靠人工进行,80年代后半期以来,已逐步建立了水情信息自动接收处理系统,实现了信息接收处理自动化。

黄河的水文预报是1951年开始进行的,最初是短期预报,1959年开始进行长期预报。中期预报1982年前由各省气象台提供,1982年后由黄河水利委员会水文局发布。短期预报的发布分三个阶段:①根据降雨预报进行洪水预报,花园口站的预见期达24 h以上,精度较低,可供防汛指挥部门参考;②根据雨情预报洪水,花园口站的预见期为12~18 h,可供有关领导和防汛指挥部门部署防汛时参考;③根据上游洪水预报下游洪水,花园口站的预见期为8~14 h,预报精度可达90%以上,作为防汛决策的依据。自1955年正式开展洪水预报以来,对历年洪水都进行了预报,尤其是几次大洪水如1958年7月洪水,预报花园口站洪峰流量22 000 m³/s,实际发生22 300 m²/s。对洪水的及时、准确预报,为防汛决策提供了依据,在战胜历次洪水中发挥了重要作用。

(三)防汛通信系统

人民治黄以来,防汛通信建设得到了快速的发展,至20世纪90年代已基本建成了以郑州黄河水利委员会为中心,覆盖黄河中下游各个治黄部门的黄河防汛专用通信网。

1.架空明线载波系统

架空明线载波系统分布于黄河下游两岸及沁河下游两岸,共有架空明线线路(不含分支线路)长1 558 km。

2.短波和超短波无线通信系统

短波通信主要用于偏远水文站向郑州报汛。超短波无线通信可以组建局部通信网络和分支电路,如黄河下游洪水警报系统等。

3.数字微波通信系统

它是黄河防汛专用通信网的主干通道,已建成的线路有郑州至三门峡、郑州至济南、济南至东营微波干线,以及洛阳至故县、郑州至焦作、万滩至新乡、渠村至濮阳、洛阳至陆浑、洛阳至小浪底微波支线。

4.交换系统

交换系统包括黄河水利委员会、省河务局、地(市)河务局三级交换汇接中心。采用程控交换设备,三级电话直拨,县级交换局用二次拨号或人工转接方式入网。

5. 移动通信系统

为了适应黄河防洪线长、点多、面广、险情突发性强、出险地区随机性大等特点,利用已建的微波线路和程控交换设备,建成了郑州、济南等 8 个基站。全网 8 个基区,42 个信道,总容量可达 2 000 部。

另外,还开通了卫星通信。

五、结语

人民治黄 50 年来,初步建成了黄河下游的防洪工程体系,并不断改善防洪非工程措施,战胜了历年的洪水,取得了半个世纪伏秋大汛不决口的伟大胜利,保障了黄河两岸经济建设的顺利进行,从而彻底扭转了历史上黄河频繁决口成灾的险恶局面。

由于黄河的泥沙问题短期内不可能根本解决,黄河防洪的任务仍是长期的和艰巨的。同时,由于河床的淤积,防洪工程的防御标准将自行降低,为保证防洪安全,今后仍需继续建设黄河下游的防洪体系,并逐步完善。

三门峡水利枢纽[*]

三门峡水利枢纽是黄河干流上修建的第一座大型水利枢纽,是作为根治黄河水害、开发黄河水利的第一期工程。坝址位于黄河豫、晋两省交界的峡谷段,右岸为河南省三门峡市湖滨区高庙乡,左岸为山西省平陆县三门乡。上距河源 4 437.1 km,下距河口 1 026.5 km,控制流域面积 688 399 km²,占黄河流域总面积(不含内流区)的 91.5%。地理坐标为东经 111°21′,北纬 34°50′。

一、地质地貌

(一)坝区地质

三门峡谷位于基岩区和第四纪沉积物地层的分界处。三门峡谷及峡谷以下为基岩区,河谷狭窄,两岸岩石出露,大多为高山深谷,台阶地很少;三门峡峡谷以上主要是第四纪沉积地层,黄河两岸的地貌为由黄土形成的多级台阶地,河谷较宽。

坝址区出露的地层由老到新有奥陶纪、石炭纪、二叠纪、第三纪、第四纪等。各地层的构造线主要是北东东向,岩层倾角一般为 12° ~ 22°。中生代闪长玢岩侵入于石炭二叠纪和石炭纪煤系岩层之间,在三门峡谷的河床中形成了横跨黄河长达 700 m 的闪长玢岩岩床,岩床走向和大坝延伸方向基本一致。拦河大坝横亘在鬼门岛下游,穿越神门岛尖和左岸人门半岛上游。

在全国地震烈度区划图中,三门峡市位于 8°区。历史上三门峡地区曾发生过 7 次较

---

[*] 本文原为 2009 年 6 月给《中国河湖大典·黄河及西北诸河卷》条题"4.150 三门峡水利枢纽"写的初稿,后改写为此文。

大的地震,其中震级大于7.5级的有4次。自公元780年至1985年,震级大于4.7级的地震发生128次,最大震级为8级。

(二)地貌

1.坝区

枢纽两岸地势峻峭,山岩夹峙,左岸大部为陡崖峭壁,右岸稍平缓。河中石岛屹立,自右至左为鬼门岛、神门岛和人门半岛,三岛将河劈为鬼门河、神门河、人门河三股激流,故名"三门峡"。该河段水势湍急,浊浪排空,惊涛掠岸,一向有三门天险之说。黄河流至三门峡石质峡谷处,河道由向东流急转为向南流,约成90°的拐弯。鬼门河在左岸有一半岛悬临河上,酷似狮首,俗名"狮子头",上刻讴歌大禹治水的诗句"峭壁雄流,鬼斧神工",为明代万历年间所刻,已凿下存中国历史博物馆。人门半岛上有一人工开凿的渠道,称"开元新河",又名"娘娘河",凿于唐代开元年间,为高水位时行船之用。渠长300 m,深宽各6 m多。渠成后,河水浅时船过不去,水深时也很湍急,因而在人门河北岸石壁上,留下了两排楔栈道木桩的方孔洞800~900个,还有牛鼻子,状似石环,是为逆水行舟铺设栈道拉纤而雕凿,石环上还有摩擦留下的绳痕。

鬼门河、神门河、人门河汇合后,河道的水面宽度平水时约120 m,洪水时约160 m。在三门下游400 m处的河谷中,有石岛3座,自右至左为砥柱石、张公岛和梳妆台。砥柱石挺立河心,枯水时露出水面约7 m。唐代魏征《砥柱铭》中有:"旁临砥柱,北眺龙门。茫茫旧迹,浩浩长源。"* 以下河道有所放宽,但仍为山区河道。枢纽以上两岸地表被黄土覆盖,沟壑纵横,高低起伏。

三门峡谷及峡谷以东河谷狭窄,高山深谷;以西为多级黄土台阶地,河谷较宽。

2.库区

黄河在陕西、山西两省之间的河段,通称为北干流。三门峡水库位于陕西、山西、河南三省交界处,库区范围在中条山和秦岭之间的山间盆地中。潼关以上黄河河谷宽阔,且有渭河平原;潼关以下,河谷变窄。黄河龙门至潼关段,俗称小北干流,地处汾渭地堑,北为吕梁北斜,西为鄂尔多斯拗陷,南为秦岭地轴,东南部为中条山隆起。小北干流河道宽阔,河势游荡多变,素有"三十年河东,三十年河西"之说,河道比降为3‰~6‰,两岸台垣高出河道50~200 m,左岸(东岸)地形陡峻,多为悬崖峭壁。库区西部有黄河的最大支流渭河由西向东在潼关以上汇入黄河,渭河下游河道平缓,且有众多支流汇入,其中泾河和北洛河为泥沙主要来源区。潼关以下库区,两岸分布最广的第一级台地,高程300~330 m,第二级台地高程364~384 m。

在潼关黄河受秦岭阻挡,向东拐了一个90°的大弯。中条山和华山将该处河谷宽度压缩到最窄处仅为850 m,形成天然卡口。从潼关到三门峡坝址,黄河穿行在秦岭和中条山的台垣阶地之间,黄土台地高程大多为380~420 m,河谷变窄,两岸地面沟壑发育。河道蜿蜒曲折,高滩深槽,主流束于狭窄的河槽内,流至三门峡坝址的河道宽度约为300 m。潼关以下呈带状河道型库区。

---

* 又有唐朝皇帝李世民的山铭曰:"仰临砥柱,北望龙门。茫茫禹迹,浩浩长春。"之说

二、气候与水文泥沙

(一)气候

三门峡位于中纬度的内陆地区,属暖温带大陆性季风气候,且具有高山盆地气候特征,据三门峡市气象台 1957~1986 年观测资料统计:多年平均气温为 13.8 ℃,最高为 14.6 ℃(1961 年),最低为 12.7 ℃(1984 年),极端最高气温为 43.2 ℃(1966 年 6 月 21 日),极端最低气温为 -16.5 ℃(1958 年 1 月 16 日),多年平均无霜期 217 天,

多年平均降水量为 573.5 mm,最大为 863.4 mm(1984 年),最小为 388.6 mm(1969 年)。降水集中在 7~9 月。夏季降水量最多,约占年降水量的 48%。

(二)水文泥沙

1919 年设立黄河陕县水文站,1933~1935 年分别设立黄河龙门和潼关水文站、渭河华县水文站、汾河河津水文站和北洛河㳇头水文站。据统计分析,三门峡水库入库的龙门、华县、河津、㳇头 4 站 1919~2005 年平均径流量为 382.5 亿 m³,最大为 697.8 亿 m³ (1964 年),最小为 202.2 亿 m³(1928 年),年平均流量为 1 212 m³/s,其中龙门站占 76%。陕县站调查洪水最大流量为 36 000 m³/s(1843 年),实测最大流量为 22 000 m³/s(1933 年),潼关站实测最小流量为 29 m³/s(1997 年 6 月 28 日)。

龙门、华县、河津、㳇头 4 站 1919~2005 年平均输沙量为 13.4 亿 t,最大为 40.7 亿 t (1933 年),最小为 4.19 亿 t(1986 年),其中龙门站占 64%。汛期 7~10 月输沙量平均占全年输沙量的 88.9%。三门峡水利枢纽建成后,可控制黄河总水量的 89%,黄河总沙量的 98%。

三、三门峡水利枢纽工程

三门峡水利枢纽经过初建、第一次改建、第二次改建,改建后如图 2-4-1 所示。

(一)初建

1. 枢纽规模

三门峡水利枢纽是以防洪、防凌为主,兼顾灌溉、发电而修建的大型水利枢纽工程。1956 年 12 月苏联列宁格勒设计院完成的初设方案是:正常高水位 360 m(大沽,下同),库容 647 亿 m³,死水位 335 m,淹没耕地 21.67 万 hm²,迁移人口 87 万人;可将黄河千年一遇的洪峰由 35 000 m³/s,削减至 6 000 m³/s;装机 8 台,每台 14.5 万 kW,总装机 116 万 kW,年发电量 60 亿 kWh;下游灌溉 266.67 万 hm²。1958 年 4 月、6 月,周恩来总理两次主持会议,确定:拦河大坝按正常高水位 360 m 设计,350 m 施工,相应库容为 354 亿 m³,1967 年前最高运用水位不超过 340 m,死水位降至 325 m,相应死库容 59 亿 m³,坝顶高程按 353 m 修筑。1959 年 10 月 13 日,在周恩来总理主持召开的会议上,讨论 1960 年汛期拦洪蓄水高程时,确定三门峡水库 1960 年汛前移民高程线为 335 m。

按照 335 m 高程线全库区实际移民 40.37 万人,淹没耕地 6 万 hm²。335 m 高程库位相应库容为 96.4 亿 m³,水库面积为 1 076 km²。以后,随着库区泥沙淤积,335 m 水位时的库容相应减少,但 335 m 水位一直作为三门峡水库运用的防洪水位。

枢纽运用后,最高蓄水位为 332.58 m(1961 年 2 月 9 日),蓄水量 72.3 亿 m³。

图 2-4-1　三门峡水利枢纽

2. 枢纽组成

枢纽采用混凝土重力坝,建成时主要由挡水建筑物、泄水建筑物、水电站组成。

挡水建筑物包括主坝和副坝。主坝为混凝土重力坝,坝顶高程 353 m,主坝长 713.2 m(不含右侧副坝),最大坝高 106 m。其中:左岸非溢流坝段长 111.2 m,溢流坝段长 124 m,在高程 280 m 处设有施工导流底孔 12 个,每孔的断面尺寸均为 3 m×8 m(宽×高);隔墩坝段长 23 m;电站坝段长 184 m,分 8 段,每段长 23 m;安装场坝段长 48 m,分 3 段,每段长 16 m;右岸非溢流坝段长 223 m。副坝亦称斜丁坝,为双铰混凝土心墙土坝,长 144 m,顶部高程为 350 m,最大坝高 24 m。

泄水建筑物包括深水孔和溢流孔。深水孔进口高程为 300 m,共 12 孔,断面尺寸均为 3 m×8 m(宽×高)。表面溢流孔进口高程为 338 m,共 2 孔,断面尺寸均为 9 m×14 m(宽×高)。

水电站共有 8 台水轮发电机组,主厂房位于电站坝段和安装场坝段的下游,厂房全长 233.9 m、宽 26.2 m、高 22.5 m。进水口高程为 300 m,断面尺寸均为 7.5 m×15 m(宽×高)。水电站 11 万 V 开关站布置在右岸非溢流坝段下游侧,22 万 V 开关站布置在斜丁坝下游侧。

另外,坝顶设有 350 t 的门式起重机 2 台,用以启闭溢流坝、深水孔闸门和电站进水口检修闸门。电站进水口的快速工作闸门则由专门的 550 t/300 t(支持力/起重量)的液压启闭机操作。

3. 枢纽施工

三门峡水利枢纽于 1957 年 4 月 13 日正式开工;1958 年 11 月 25 日截流;1960 年 6 月大坝全断面浇筑到 340 m,9 月 15 日下闸蓄水运用。1960 年 11 月至 1961 年 6 月,12 个导流底孔全部用混凝土堵塞。1961 年 4 月,大坝全断面修建至设计高程 353 m,枢纽主体工程基本竣工。1962 年 2 月,第一台 14.5 万 kW 水轮发电机组投入试运行。

(二)枢纽改建

1. 枢纽工程第一次改建

人们对自然规律的认识与客观规律相违背,是造成枢纽工程改建的基本原因。

三门峡水库 1960 年 9 月至 1962 年 3 月采用蓄水拦沙运用方式,库区泥沙淤积严重,在 330 m 高程以下淤积 15.3 亿 t,有 93% 的来沙淤在库内,淤积末端出现"翘尾巴"现象。潼关站流量 1 000 m³/s 的水位,1962 年 3 月比 1960 年 3 月抬高了 4.4 m,并在渭河口形成拦门沙,渭河下游泄洪能力迅速降低,两岸地下水位抬高,水库淤积末端上延,渭河下游两岸农田受淹没和浸没,土地盐碱化面积增大。为了减缓水库淤积和渭河洪涝灾害,1962 年 2 月水电部在郑州召开的会议上决定:运用方式由"蓄水拦沙"改为"滞洪排沙",汛期闸门全开敞泄,只保留防御特大洪水的任务。这样库区泥沙淤积有所减缓,但潼关河床高程并未降低,渭河下游的淤积继续发展。

1964 年 12 月 5～18 日周恩来总理主持召开的治黄会议决定:在枢纽的左岸增建 2 条泄流排沙隧洞,改建 5～8 号 4 条原建的发电引水钢管为泄流排沙管道(简称"两洞四管"),以加大枢纽的泄流排沙能力,解决库区泥沙淤积的燃眉之急。改建工程于 1965 年 1 月开工。原建的 5～8 号机组发电引水钢管改建于 1966 年 5 月竣工,同年 7 月 29 日首次启门过水。增建的 I 号隧洞于 1967 年 8 月 12 日建成并投入运用,II 号隧洞于 1968 年 8 月 16 日投入运用。

2. 枢纽工程第二次改建

1)改建原则

第一次改建工程完成后,水库排沙比由 6.8% 增至 82.5%,但仍有近 20% 的来沙淤积在库内,潼关以下库区由淤积转变为冲刷,但冲刷范围尚未影响到潼关,库区潼关以上及渭河下游仍继续淤积。

随着对水库泥沙问题和下游河道冲淤规律认识的深入,提出枢纽工程需要再次进行改建。改建后三门峡水库继续承担拦蓄大洪水的任务,对中常洪水不进行拦蓄,以减少库区淤积,冬季继续承担黄河下游防凌任务;三门峡水库改高水头发电为径流发电。1969 年 6 月 13～18 日在三门峡市召开了晋、陕、豫、鲁 4 省及水电部、黄河水利委员会、三门峡工程局参加的会议(简称"四省会议"),提出了枢纽工程第二次改建意见,即打开 1～8 号原施工导流底孔,下卧 1～5 号钢管进口。改建原则是:……在确保西安、确保下游的前提下,合理防洪,排沙放淤,径流发电……。改建规模为:……在坝前 315 m 高程时,下泄流量达到 10 000 m³/s……。

2)底孔改建

溢流坝原建的深水孔(简称深孔)12 个,进水口底槛高程 300 m。溢流坝底部有原施工导流底孔(简称底孔)12 个,进水口底槛高程 280 m,建坝后于 1960 年 11 月至 1961 年 6 月已回填混凝土封堵。

1～3 号底孔为单层孔,4～8 号底孔与其上面的 1～5 号深孔在平面上重合,当底孔、深孔同时泄流时为上、下双层过水,故称双层孔。1～3 号底孔从 1970 年 1 月起开挖,同年 4 月底挖通,1970 年 6 月 25 日 1 时 30 分将 1 号底孔闸门提起,随后又提起了 2 号和 3 号底孔的闸门,实现了 3 个底孔泄流排沙。1971 年 1～4 月完成了 4～8 号底孔的混凝土开挖,10月上、中旬提起闸门,并投入泄流排沙。以后又进行了斜门改建和抗磨加固等。

3)电站坝体钢管道改建

1～5号机组进水高程由300 m降至287 m,下卧13 m。电站坝体钢管道的改建包括引水钢管的老进水口堵头混凝土浇筑、新进水口开挖、新引水管道的安装、管道周围混凝土回填、顶部回填灌浆、工作闸门井的改建和新工作闸门以及启闭机的安装等。1969年12月26日将堵头混凝土全部浇完,新引水钢管道开挖于1970年1月下旬开工,10月底已基本完成,至1973年第一台机组具备了发电条件,以后继续进行其他机组的钢管道改建和装机工作。

4)泄流建筑物二期改建

由于黄河输沙量大,泄水运用中溢流坝段底孔遭受含沙水流的严重磨蚀破坏,另外改建尚有相当数量的未完工程,1984年10月底孔进口特种深水软膜混凝土支座钢叠梁围堰(简称钢围堰)试验成功后,又进行了枢纽泄流建筑物二期改建:

(1)1～8号底孔。进行斜门、斜门槽、工作门槽改建;增设通气孔;设置抗磨层;为消除底孔的气蚀,进行底孔出口压缩等。

(2)9号、10号底孔。1989年开工,1990年汛前打通,并于同年汛期投入泄流运用。

(3)11号、12号底孔。1998年10月开工,至2001年5月完成主体工程施工,当年投入运行。

泄流建筑物二期改建于2003年6月基本完工,其中主体工程于2002年1月完工。

(三)水电站改建

1.机组初建

1960年9月水库下闸蓄水,12月开始在2号机坑安装由苏联制造的水轮发电机组,1962年2月15日安装完毕并投入运行。1962年3月水库运用方式改变为"滞洪排沙",汛期暂不发电。在较设计发电水头降低很多的条件下,1963年11月、1964年3～4月,先后进行了3次低水头发电试验,蓄水位321.5 m,机组最大出力6.7万 kW。因泥沙淤积问题于1964年5月1日停止发电,1966年2号机组拆迁至丹江口水电站。

2.机组改建

1969年6月在"四省会议"上确定对枢纽水电站进行改建,即将1～5号发电引水钢管进口高程由300 m下卧至287 m,安装5台单机容量为5万 kW的水轮发电机组。

1969年12月开工,1973年12月26日第一台低水头径流发电机组(4号机)投入运行,其余4台机组分别于1975年、1976年、1977年和1979年并网发电。总装机25万 kW。

3.扩装机组

1973年11月水库采用"蓄清排浑"运用方式后,在含沙量较小的非汛期(上年11月至当年6月)水位较高且机组过流基本为清水,机组运行工况好,耗水率低,基本符合水电站运行条件。但因装机容量小,即使非汛期大部分时间承担系统基荷运行,平均每年仍有40亿 m³(1979～1992年)的水不能利用,非汛期水量利用率仅为75%。

1990年经水利部批准,将6号、7号泄流排沙钢管扩建为发电机组引水钢管,机组单机容量7.5万 kW。1991年4月3日正式开工。1994年4月28日、1997年3月26日,6

号、7 号机组分别投入运行。至此,水电站装机总容量达到 40 万 kW,非汛期水量利用率达到 93.4%。

4.水电站运行

1973 年 12 月 26 日第一台低水头径流发电机组投入运行后,非汛期发电正常;汛期发电时由于水头低、含沙量高,机组运行工况差,过流部件破坏严重,汛期发电多次变化。按照汛期发电情况可分为以下几个阶段:

(1)1974~1980 年为全年发电阶段。

(2)1981~1988 年为汛期基本不发电阶段。

(3)1989~1993 年为浑水发电试验阶段。主要进行了水轮机过流部件磨蚀部位观测、水轮机过流部件防护材料试验、叶片端面和背面边缘破坏问题、发电时段优选和过机泥沙观测、优化调度方式减少过机泥沙、拦污栅清污方法改进等试验、研究工作。

(4)1994~1999 年为汛期发电原型试验阶段。在不增加水库库区淤积的前提下,按照"洪水排沙、平水发电"的汛期运用调度规则进行发电。

(5)1999~2008 年仍采用"洪水排沙、平水发电"的汛期运用调度规则进行发电。

(四)枢纽泄流能力

初建工程泄流建筑物只在 300 m 高程处设 12 个深水孔、338 m 高程处设 2 个表面溢流孔,315 m 水位泄流能力仅为 3 084 m^3/s,300 m 以下泄流能力为 0。1979 年 315 m 水位时泄流能力为 9 059 m^3/s,计入 2 台机组泄流后,总泄量达 9 454 m^3/s。1980 年后泄流建筑物继续进行改建。

2000 年以后,枢纽有 12 个底孔、12 个深孔、2 条隧洞和 1 条钢管共 27 个泄流孔洞,泄流建筑物在水位为 335 m、330 m、325 m、320 m、310 m、300 m 时的泄流能力分别为 14 350 m^3/s、13 483 m^3/s、12 428 m^3/s、11 153 m^3/s、7 830 m^3/s、3 633 m^3/s。

水位 315 m 时的泄流能力为 9 701 m^3/s,记入 1~5 号机组中的 2 台机组泄流后,总泄量达 10 096 m^3/s,完成了枢纽改建任务。

四、三门峡市

三门峡市中心所在地的湖滨区,1956 年还是一片人烟稀少、交通不便、干旱荒瘠的黄土原野,坝址区更是山路崎岖、偏僻落后、野兽出没、风沙扑面的贫困地区。

随着三门峡水利枢纽的开工兴建,1956~1957 年集中了大量人力、物力,从坝址区到史家滩和大安村直至会兴镇(今属三门峡市湖滨区),在绵延近 20 km 的黄土山坡和沟壑中修筑了水利枢纽专用铁路,并与陇海铁路接轨;修通了坝址的对外公路,并在三门峡谷下游处兴建了永久性的黄河公路桥,沟通了三门峡至山西省运城地区的公路交通。在枢纽工地的各工区修建了职工住宅,特别是在湖滨企业区兴建了各种辅助枢纽主体工程的工厂、物资仓库和专用铁路及车站。兴办了学校、医院、文化设施和商业网点,并完成了供电、供水和通信系统及工区内部道路等项基础设施,为新兴工业城市的形成创造了条件。

1956 年设立洛阳专署三门峡工区政府,1957 年 3 月国务院正式批准建立三门峡市(省辖市)。随着枢纽工程施工的进展,化工、纺织、印染、器材、量仪等大中型企业得到发展。1961 年 10 月一度改为地辖市,1986 年 2 月经国务院批准仍升为省辖市。全市辖三县、二市、一区,人口 200 余万,面积 10 000 km²。市区三面环山。已查明矿藏有 41 种,主要有铝钒土、黄金矿、煤炭、石膏、铁矿、重晶石、耐火黏土、白云岩、石灰岩等。已成为一座以轻纺、机械为主,兼有电力、冶金、机床、纺织器材、医药、橡胶、化工、造纸、煤炭、耐火材料、电子、仪表、服装、食品等行业的综合性工业城市。

五、库区生物与风景名胜

(一)库区动植物

1. 陆生植物

库区高程 335 m 以下的土地,原是耕作区,为以农作植物为主的农业生态系统。其他植被类型有落叶、阔叶人工乔木林;大枣、苹果、柿树、桃、梨等经济林;落叶、阔叶灌木丛、灌草丛、草丛和沼泽等。

据 1988 年调查,库区陆生植物共有 318 种 225 属 67 科。其中,野生种子植物 216 种;栽培植物 102 种,主要是粮、棉、油料、瓜、菜等作物。天然乔木稀少,多为人工栽培的常见树种,特有珍稀植物仅发现"野大豆"一种,属三类保护植物。

2. 库区低级水生生物

黄河干流汛期水流急、含沙多,建库前河水中未发现有藻类存在。水库蓄水后,藻类滋生,据 1985 年库区调查,共发现藻类 4 门 29 属,其中硅藻占 14 属,多分布在水库的前部和中部。

浮游动物在汛期的急流中极少发现。水库建成蓄水后,在库内的静水水域中,共发现浮游动物 48 种,隶属于 3 门 21 科 29 属。其中,原生动物占 29 种,轮虫 16 种,挠足类 2 种,枝角类 1 种。

底栖无脊椎动物,都分布在库区岸边浅水区域,共发现 23 种,分属 4 门 18 科 20 属。其中,昆虫类占 42%,软体动物螺类占 38%,其余有寡毛类、甲虫类及蛭类。

3. 库区鱼类品种及演变

库区共有鱼类 68 种,分别隶归 6 目 11 科 51 属。鲤形目最多计有 53 种,占 77.9%;鲇形目 7 种,占 10.3%;鲈形目 5 种,占 7.4%;鳗形目、鳉形目和合鳃目各 1 种,占 4.4%。

根据陕西省水产研究所 1990 年前后调查结果,库区鱼类发生了变化,历史文献上已有记载而迄今尚未捕到的计有日本鳗鲡、青鱼、黄尾鲴(鲢亚科)、翘嘴红鲌、鳊鱼、红鳍鲌、吻鮈、粗唇鮠、青鳉、刺鳅等 13 种。日本鳗鲡属海河洄游鱼类;青鱼属季节洄游鱼类,大坝建成后切断了洄游路线,导致洄游鱼类在库区内绝迹。

4. 库区昆虫

1988 年在潼关以上的库区采集昆虫标本共 950 枚,经鉴定有 102 种,隶属 11 目 65 科。其中,有害昆虫计有 830 枚占 88%,鉴定为 76 种,隶属 8 目 46 科。直翅目昆虫占 36%;鞘翅目昆虫占 22%。属直翅目的东亚飞蝗及小车蝗为优势种,分布广,蔓延快,在陕西华县东社村的严重蝗虫受害区,农作物叶子部分被吃光。

5. 陆生脊椎动物

已查明库区有野兽类动物 25 种,鸟类 118 种,爬行类 10 种,两栖类 6 种,共 159 种。其中,广布种和古北界种 148 种,占 93%;东洋界种 11 种,占 7%。按环境可划分为黄土台地草灌动物群,如兔、獾之类;河滩水域动物群。从库区总体看,动物种类稀少。啮齿类动物和食谷类、鸟类占优势,水禽种类多但数量少。

库区陆生野兽类有 25 种,其中农田鼠类占 15 种,其他为兔、狐、青鼬等。鼠类中大仓鼠、子午沙鼠和达吾尔黄鼠是优势种。由于人类捕杀了有益动物,库区黄鼬数量已较建库前锐减。

家畜主要有牛、马、驴、骡和猪、羊等,家禽主要有鸡、鸭、鹅。

库区陆生鸟类已查明的有 118 种,就地繁殖的有 72 种,占 61%;其他 46 种属旅鸟和冬候鸟,越冬鸟中雁、鸭的种类和数量最多。珍贵鸟类仅发现天鹅、鸳鸯、金鹏和大鸨 4 种。

20 世纪 50 年代库区有鸭科鸟类 9 种,水库蓄水运用后,水域面积增大,鸭科鸟类已增至 12 种。鸬鹚、白胸苦恶鸟、红胸田鸡、骨顶鸡等水禽也较建库前增多。与水域相关的欧科和翠鸟科鸟类在物种上也有所增加。每年的冬季至翌年春季水库蓄水期,大量南迁候鸟在库区栖息,有数百只天鹅,近万只褐色野鸭和大雁及少量白鹤集结库区,翱翔戏水,使三门峡水库呈现出勃勃生机。

(二)风景名胜

三门峡水利枢纽是黄河干流上修建的第一座拦河工程,工程雄伟,气势磅礴,湖光山色,不胜枚举。登上雄伟大坝,凝望屹立在惊涛骇浪中的"中流砥柱",领略中华民族不屈不挠、战无不胜的民族精神。三门峡大坝已成为国家级的水利风景区。

三门峡库区(库周)名胜和景点众多。在水库蓄水期间,从三门峡市西部风景区乘黄河游艇,可畅游风景名胜,浏览黄河两岸和库区水天一色的风光。

整个三门峡库区,南有秦岭、崤山及西岳华山,北有中条山,西有古都西安,东有古都洛阳,且在历史上又是战略要地,多为兵家必争。位于三门峡市的虢国墓地车马坑,三门峡水利枢纽施工时,共出土贵族墓葬 234 座,车马坑 3 座,马坑 1 座,出土文物 9179 件。1990 年 2～4 月又发掘墓葬 4 座,其中 M2001 号墓出土文物 3200 件,有 1 把铜柄铁剑约为公元前 700 年左右冶铁制品,被誉为"天下第一剑"。假虞灭虢、唇亡齿寒的故事就发生在这里。位于三门峡市湖滨区西郊有宝轮寺三圣舍利塔,是我国四大回声建筑之一。潼关至三门峡库段南岸河南省境内有:灵宝县的函谷关和老子著《道德经》的"太初宫"及"望气台"等,紫气东来、鸡鸣狗盗的典故为世代盛传。三门峡库区渭河下游右岸(南岸)的陕西境内有:临潼的秦始皇陵和兵马俑,骊山老君庙和华清池;华阴的西岳华山和三圣母庙(宝莲灯的故事就发生在这里)。库区西岸陕西境内有韩城芝川的太史公祠(司马迁墓)。库区东岸山西境内有:万荣庙前的秋风楼,是汉武帝祀后土作秋风辞的地方;永济的普救寺莺莺塔是戏剧《西厢记》故事的发生地;被黄河泥沙淤埋地下又被升至滩面的"铁牛"呈现出黄河淤积抬升的演变状况;王之涣登楼写"白日依山尽,黄河入海流。欲穷千里目,更上一层楼"著名诗句的鹳雀楼又重建在黄河滩面上。潼关至三门峡库段北岸山西境内有:运城的解州关帝庙,是关羽的故乡,为全国最大的关帝庙;芮城的大禹渡流传着大禹治水的生动传说;芮城的元代永乐宫,壁画闻名于世。

另外,还有三门峡库区湿地自然保护区,山西运城、河津湿地自然保护区,陕西合阳湿地、三河湿地自然保护区。

参 考 文 献

[1] 黄河三门峡水利枢纽志编纂委员会. 黄河三门峡水利枢纽志[M]. 北京:中国大百科全书出版社, 1993.

东平湖[*]

东平湖位于山东省黄河南岸汶河入黄河处,历史上是湖泊洼地,20世纪50年代以前为黄河的天然滞洪区,后修成东平湖水库,继而又改为人工滞洪区。东平湖十里堡分洪闸处,上距黄河河源5 034.3 km,下距黄河河口429.3 km。滞洪区面积627 km²,由二级湖堤分为老湖区和新湖区,老湖区常年存水。东平湖涉及山东东平、梁山、汶上3县,地理坐标为东经35°30′~36°20′,北纬116°00′~116°30′。黄河下游河道堤距是上宽下窄,比降上陡下缓,排洪能力上大下小。东平湖处于黄河河道由宽变窄的过渡段上,致使东平湖滞洪区成为黄河下游防洪尤其是其下河段防洪的关键措施。1855年黄河走现行河道以来,横截汶水,集水面积扩大,由于淹没区当时属于东平县,民国时期始有东平湖之称。

一、地质地貌气候

(一)地质

本地区为华北地台的一部分,以太古界的片岩、片麻岩为基岩,地层揭露总厚度达600m左右,区内出露较多和与工程关系较密切的基岩为连续沉积的寒武纪和奥陶纪岩石。第四纪广布于本区平原及山麓地带。在第四纪时地壳缓慢下降,山前形成坡积洪积层,平原区形成冲积和冲积湖积层,巨厚的松散土层将丘陵山区埋藏起来,据物探资料,在湖区西北部的路那里、十里堡一带,第四纪的厚度最大,达1 000 m左右。

(二)地貌

东平湖处于鲁中山区西部向平原过渡的边缘地区,其北、西、南部与华北平原相连,构成了本地区由山地、丘陵、平原、湖洼交错的地貌特点。湖东北部为低山丘陵区,最高处标高450 m,一般250~350 m,相对高度200~400 m,老湖区东侧无堤防。西部、北部分布有42座山峰或残丘,较大的有梁山、昆山、腊山、金山、铁山等,标高150~250 m,面积2~5 km²。比较矮小的有解山、龙山、后山、小香山等,标高40~50 m,面积已不足0.01 km²。湖区东西宽约20 km,南北长约30 km。东部汶河水系及其古河道自东向西呈扇面分布,地面由东向西微倾,坡度为2‰~2.5‰;古济水和黄河泛道自西南向东北流经。在两个冲积扇面交接地带形成四周向湖心倾斜的微地貌,成为东区、西区地下水、地表水的汇集区,这是东平湖常年积水的重要条件。老湖区常年积水面积124 km²,湖底平均高程38.5 m左右,最低37.0 m左右;新湖区地面平均高程39.5 m左右,南面金线岭一带平均约

---

[*] 本文原为2009年6月给《中国河湖大典·黄河及西北诸河卷》条题"4.166 东平湖"写的初稿,后修改为此文。

42.0 m,北部安山镇靠二级湖堤一带一般为 38.5 m 左右。

(三)气候

东平湖地处北温带,属温带季风型大陆性气候,四季分明。春季气候干燥,骤冷骤热,多东南风,回暖迅速;夏季天气炎热,高温高湿,季风盛行,降水集中,多暴雨成灾;秋季秋高气爽,日照充足,气温速降,降雨减少;冬季天气寒冷,北风盛行,雨雪较少,晴朗天多。多年平均气温 13.4 ℃,极端最高气温 42.5 ℃(汶上县,1966 年 7 月 19 日),平均无霜期200 d 左右。

平均年降水量 640 mm,最大年降水量 1 394.8 mm(汶上县,1964 年),最小年降水量为 261.6 mm(东平县,1966 年)。夏季多内涝,7、8 两月的降水量占全年的 50%。年平均水面蒸发量为 1 942.6 mm。年平均风速为 2.98 m/s,大风多发生在 3 月、4 月,瞬时最大风速 30 m/s(梁山县,1983 年 8 月 3 日)。年平均日照时数为 2 443.3 h。

二、历史变迁

(一)大野泽

大野泽形成于远古时期,主要以古济水、汶水为主要补给水源。古济水是黄河的一个分流水道,它直接受黄河决溢及河道变迁的影响。《尚书·禹贡》记载有"大野既潴,东原底平"。汶水、济水汇于东原,东原一带是大野泽的下游。据考证,济水、汶水交汇处在现新湖区小安山以南张庄附近何官屯(安民亭所在地)。西汉时期多改称钜野泽(也称巨泽)。汉武帝元光三年(公元前 132 年)"河决于瓠子,东南注钜野,通于淮泗,后二十年始塞",大野泽一带一片汪洋,范围扩大。汉代济水是黄河连接江淮的水运交通通道,至南北朝时还曾疏浚,作为向西北用兵运粮要道。据《元和郡县志》记载,"大野泽在钜野县东五里,南北三百里,东西百余里。"可见汉时大野泽仍然很大,包括东平湖一带是无疑的。

(二)梁山泊

自东汉王景治河到北宋初年,黄河在这条流路上已行河近千年,河道淤积严重,加之政权更替频繁,治理无力,黄河决溢严重。这一带湖泊洼地不断得到大量的水源补给,同时发生了大量的泥沙淤积,使古钜野泽不断向北推移,逐渐形成了以梁山为主要标志的积水湖泊。五代以后,古籍中只记"注入"或东汇于"梁山泊"(或称张泽泺),不再称钜野泽。元代于钦著《齐乘》云"泽即梁山泊地"。梁山泊在寿张县东南七十里,东平州西南五十里,东接汶上县界,汶水西南流与济水汇于山之东北,汇合而成泺。

(三)北五湖

南宋建炎二年(1128 年)"杜充决黄河,自泗入淮,以阻金兵"。《金史·河渠志》记有"金始克宋,⋯⋯数十年间,或决或塞,迁徙无定"。直到金末元初,黄河常处在多股并流,至南流扩大、北流由微到绝,这是黄河最不稳定的一个时期,也是梁山泊从盛到衰的一个时期。水至则"漂没千里,复成泽国";水退则"涸为平陆,安置屯田"。梁山泊的大量淤积发生在北宋熙宁年间至元代贾鲁治河时期,此后梁山泊不再是常年积水,明初这一带仅剩下几个分散的积水小湖,不再称梁山泊。

《明史·地理志》载有:"东平州西南有安山、亦曰安民山,下有积水湖,一名安山湖。"明代实行"遏黄保运"和"避黄通运"的方策,堵黄河口门,修太行堤,断黄河北流之路,梁山泊失去了黄水补给,仅能得到汶水、泉水和坡水补给的南旺湖和安山湖。据《禹贡锥指》记载:"南旺湖在汶上县西南三十五里,即钜野泽之东,潆回百五十余里,宋时与梁山泊合而为一,亦曰张泽泺是也。明永乐九年开会通河,遂划为二堤,漕渠贯其中。渠之东岸有蜀山湖,谓之东湖,周六十五里。堤北有马踏湖,亦谓之南旺北湖,周三十四里有奇……。东湖盖即《水经注》所称茂都淀也,堤西仍称南旺湖,周九十余里"。再加上在济宁府河、洪河汇入的马场湖,这就是近代历史上所谓的北五湖(见图2-5-1)。安山湖即现在的东平湖一带。

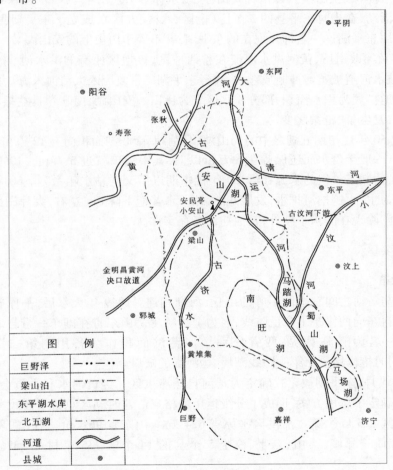

图2-5-1 东平湖演变示意图

(四)东平湖

清咸丰五年(1855年)黄河在兰考铜瓦厢决口后,这一带水系调整,积水、淤垫是造成北五湖变迁、东平湖形成的决定性因素。

据东平县志记载:"自清咸丰乙卯(1855年)河决兰封,灌入县境,安民山屹立水波中二十年,光绪纪元堤工告成。……未十年而东堤冲,不复修筑,水涨则流入县境,水过沙填,诸水尾闾,俱被顶托,旁溢四出,纵横数十里。民田汇成巨泽,患且无已。"1855年黄河夺大清河之后,由于大清河河道"深阔均不及黄河三分之一,寻常大水,业已漫溢堪虞"

(《再续行水金鉴》)。漫水增加了这一带洼地的补给水源,抬高了汇入洼地河流的尾闾水位,使大片土地变成巨泽,致使在原梁山泊东北部的大清河、龙拱河、大运河等汇流处两岸一带的洼地,成为新的积水区,即形成了现在的东平湖老湖区。

新积水洼地绝大部分属东平县所辖,随着黄河的淤积抬高,洼地积水面积不断扩大。当地政府和湖区群众不断要求国家治理,救灾免征,不承认是常年积水的自然湖泊,东平县一带群众称洼不称湖。1935 年出版的《东平县志》所附山河图上,在安山镇以北的大片积水区称积水洼(或土山洼),以南称安山洼,以东称"冯范二洼"。1939 年中国共产党为了开展抗日活动,在当时东平县的 3 个区(七区、八区、九区),成立了东平湖西办事处,这时才普遍沿用东平湖这一名称。现在的东平湖,并不等于历史上的安山湖。

1855 年黄河改道后,黄河洪水漫流在鲁西地区,该地区原有的洪水河、小流河、赵王河、沮河等坡水河道被黄河冲断或夺占,再经东平湖一带复流入大清河入海。相应北五湖一带部分洼地扩大为积水面积,部分积水区变为良田。安山湖、南旺湖日益缩小,大部分成了可耕地,发生了"沧桑之变"。

20 世纪 50 年代初期五湖之中的蜀山湖、马踏湖、南旺湖面积尚有 12 万亩左右,50 年代常年积水,一般年份水面还保持在 6 万亩以上,其中苇田就近 5 万亩。1959 年 6 月堵塞了小汶河,截断了汶河的水源补给,60 年代中期以后又遇枯水年系列。60 年代中期治水采用以排为主,大搞挖河排水,发展井灌,地下水普遍下降 8m 左右,大片湖面被开垦为良田。北五湖除现在的东平湖外,其他均已名存实亡。

三、滞洪区

(一)沿革

东平湖与黄河之间有高低不等的山丘、河湖相连。1949 年大水后,平原省在湖南沿金线岭高地自东向西修筑了二道防线,名为金线岭堤。山东省在湖东一带自北向南修建了二线堤防,名为新临黄堤,两省分别增加蓄洪面积作为备用的第二滞洪区(见图 2-5-2),同时抢修堵复原第一防线湖堤、运河堤的缺口。

1951 年 5 月,东平湖被正式确定为黄河自然滞洪区。经黄河水利委员会与平原、山东两省协商确定了运用方案,形成了分级运用的格局。这时湖区总蓄水面积 943 km², 其中第一滞洪区 223 km², 第二滞洪区平原省 624 km²、山东省 96 km², 湖区总调蓄能力 35 亿 m³, 包括南旺、郓城、梁山、东平、汶上 5 个县的 14 个区 735 个村 27.57 万人,耕地 61 673 hm²。

经批准,在位山修建一个梯级枢纽,改建东平湖滞洪区为反调节水库。1958 年 8 月 5 日开工修建水库围坝,位山枢纽 1960 年 7 月 26 日开闸放水进湖,投入运用。东平湖设计蓄水位为 46m(大沽,下同),总库容 40 亿 m³。1962 年工地建设基本停止。1962 年 8 月按批转的"水库近期运用以防洪为主,暂不蓄水兴利"的精神,当年破除了清河门围坝向黄河放水。经批准,1963 年 12 月 6 日位山枢纽破坝,恢复原河道过流;东平湖水库又成了无坝侧向分洪的滞洪区,并采用二级运用。

(二)规模

东平湖滞洪区总面积 627 km²(见图 2-5-3),其中老湖区 209 km²、新湖区 418 km²。

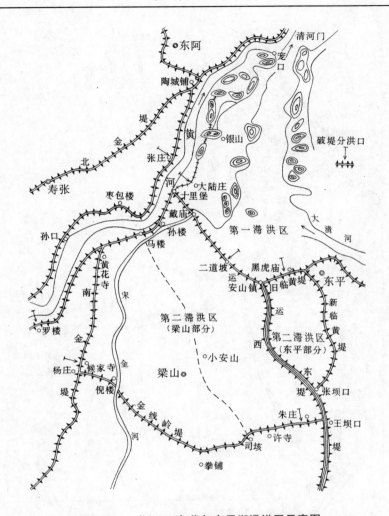

图 2-5-2　20 世纪 50 年代初东平湖滞洪区示意图

原设计蓄水位 46.0 m,总库容 39.79 亿 m³,其中老湖区 11.94 亿 m³、新湖区 27.85 亿 m³。20 世纪 90 年代以来,分滞黄河洪水运用水位为 45.0m,总库容 33.54 亿 m³,其中老湖区 9.87 亿 m³、新湖区 23.67 亿 m³。单独利用老湖处理汶河洪水时,老湖区运用水位 46.0 m,相应库容 11.94 m³。

东平湖滞洪区主要滞洪工程有:①围堤(围坝),长 100.307 km。②二级湖堤,长 26.731 km。③进湖闸(分洪闸)3 座,分洪进入老湖区的十里堡闸、林辛闸,设计流量分别为 2 000 m³/s、1 500 m³/s;分洪入新湖区的石洼闸,设计流量为 5 000 m³/s。总计分洪能力为 85 000 m³/s。④出湖闸(泄洪闸)有陈山口出湖闸、清河门出湖闸,设计流量分别为 1 200 m³/s、1 300 m³/s,还有相机南排的司垓泄水闸,设计流量 1 000 m³/s。

(三)滞洪运用

1949～1958 年 10 年间有 5 次较大的洪水自然滞洪,分别为 1949 年 9 月洪水、1953 年 8 月洪水、1954 年 8 月洪水、1957 年 7 月洪水、1958 年 7 月洪水。最高湖水位:1949 年 9 月为 42.25 m,1953 年 8 月为 42.37 m、1954 年 8 月 3 日为 42.97 m(土山站)、1957 年 7

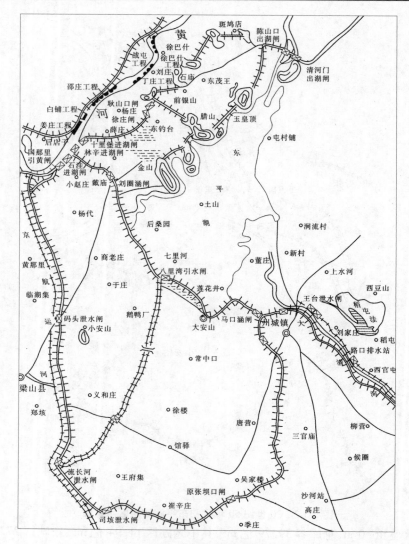

图 2-5-3　东平湖滞洪区示意图

月下旬为 44.06 m(团山站)、1958 年 7 月 21 日 23 时为 44.81 m(安山站)。

　　1960 年 7 月 26 日开始蓄水运用,28 日爆破二道坡口门,向梁山县新湖区放水。8 月 5 日破刘庄口门,向东平县新湖区放水。9 月中旬最高蓄水位达 43.5 m(土山站),最大蓄水量为 24.5 亿 m³。11 月 9 日后水库向黄河放水,1961 年汛前,水位降至 41 m。1963 年,二级湖堤堵复,流长河闸放水后,新湖区水位降至 40 m 以下,大部分土地恢复耕种。在蓄水期间围堤发生了大量、严重的险情。

　　1982 年 8 月 2 日,黄河花园口站出现 15 300 m³/s 的洪峰,孙口站洪峰流量为 10 100 m³/s。8 月 6 日 22 时开启林辛闸向老湖区分洪,8 月 7 日 11 时又开启十里堡闸向老湖区分洪。8 月 9 日 23 时两分洪闸全部关闭,历时 72 h,最大分洪流量 2 400 m³/s,分洪水量 4 亿 m³,随水进入湖区的泥沙达 500 万 m³。这是东平湖改建为滞洪区后第一次也是迄今惟一的一次正式分洪运用。

四、生物及风景胜迹

（一）湖区生物

本区四季分明，冷暖适宜，生物资源比较丰富，门类较为齐全。

1.种植类

经过长期自然选择和人工培育筛选，农作物有：粮食作物主要有小麦、玉米、谷子、高粱、红薯等；油料作物有大豆、花生、油菜、芝麻等，其中以大豆为主；经济作物以棉、麻为主，其次有烟叶、药材；另外还有蔬菜、瓜类、杂粮等。

2.林木

低山丘陵区营造有用材林、经济林，平原湖洼区林粮间作，营造速生丰产林、用材林和经济林，沿黄河、汶河荒滩、荒沙地营造部分防护林。防护林以侧柏、刺槐、杨树、柳树为主。经济林以苹果为主，其次是桃、梨、杏、柿子、山楂等。木本油料作物以核桃、花椒为主，条料主要为棉槐、白腊、杞柳等。农田林网多以杨树为主，其次为柳树、槐树等。平原地区以桐粮间作为主；低山、丘陵多为椒粮、果粮间作。四旁植树主要为榆树、槐树、杨树、枣树、桐树等。

3.鱼类

本地区地表水化学类型以重酸盐类为主。pH 为 7～9，多呈弱碱性。透明度 18～60 cm，适宜于水生生物的繁殖和生长，具有发展渔业的良好环境条件。水生经济动物，主要鱼类有鲤、鲫、乌、鲶、鳜、黄膳、鲌类和长春鳊等，其中以鲫鱼、鲤鱼最多。养殖鱼类主要为草、鲢、鳙、鲂等。目前以滤食性鱼类为主，草食性、杂食性鱼类较少。

4.家畜家禽

由于本地区有大面积的荒山、荒坡、沟渠、湖泊和洼地，饲料丰富，发展畜牧业条件优越，历史上盛产牛、马、驴、羊等牲畜。近些年来以发展草食家畜为主，主要饲养牛、羊、猪、兔等。农民饲养的家禽主要有鸡、鸭、鹅等。

（二）风景胜迹

东平湖北部黄河蜿蜒流过，群山峰峦叠翠，环抱泱泱湖水。湖光山色，气势雄浑，景色宜人。古济水和京杭大运河穿行其间，是古代东西、南北的枢纽，交通比较方便，古遗址、古墓群、石刻、摩崖等人文景观分布较广。南部有因古典名著《水浒传》而闻名于世的"周围港汊数千条，四方周围八百里""山排巨浪，水接遥天"的"水泊梁山"。

梁山属泰山山系西部孤立的残丘，位于现东平湖西，南北长 2.5 km，东西最宽处 2.4 km，最高峰海拔 199 m，其西北约 1 km 处有龟山和凤凰山，与其成犄角之势。梁山山上有宋江聚义山寨城墙的遗址及据传为树立"替天行道"杏黄旗的旗杆窝。现已修复的有位于主峰上的忠义堂，堂内陈列三十六天罡塑像，并有义军饮水的"宋江井"。在通往宋江寨的惟一要道号称"无风三尺浪"的黑风口，浇注了李逵的混凝土塑像。在通往大寨的骑三山建有黑风亭。在林冲火并王伦旧址即上山马道起点处建有"断金亭"。传说中宋江义军在支峰上的"疏财台""点将台""练武场""比武场""赛马场"等旧址处竖立了标志。山根下还建有"水浒陈列馆"。

梁山支峰鏊子山北麓有梁孝王墓（1384 年黄河水溢淤没）。梁山东南麓有明嘉靖四十四年(1565年)建的东鲁西竺禅师墓,碑文记述了西竺和尚率领僧兵3000余众开赴浙东沿海抗击倭寇的事迹。在支峰小平山南有宋代开凿的"问礼堂",据传说为孔子问礼于老子处,故又名"老君堂",石窟西侧雪山峰南麓有建于唐代的"莲台寺",已被开山采石破坏,仅存一尊4 m高束腰莲台石佛雕像,莲台寺下面凿有石井,名为"八角井",井下山跟处是著名的"杏花村"。

龟山,因山北坡突出一巨石酷似乌龟上爬而得名。山区有"飞龙衔石""卧牛洞""万年灯"等自然景观。另外,凤凰山、小平山一带还有多处形态各异的溶洞。

位于湖区西北部的腊山中有"老虎洞"等多处溶洞,在盘山道上建有乐台、戏楼、后祖阁、三清宫、奶奶庙、碧霞祠、玉皇庙等建筑。昆山山麓有"跑马泉""庙上庙"。司里山,原名"棘梁山",宋代以来为镇压农民起义在此设巡检司,故名"司里山",山中有"天梯""仙人洞""一线天""昧心桥"等景观。

参 考 文 献

[1] 山东黄河位山工程局东平湖志编纂委员会.东平湖志[M].济南:山东大学出版社,1993.
[2] 胡一三.黄河防洪[M].郑州:黄河水利出版社,1996.

黄河下游的洪灾防御*

黄河是中国的第二条大河,发源于青海省巴颜喀拉山北麓的约古宗列盆地,经青海、四川、甘肃、宁夏、内蒙古、山西、陕西、河南、山东九省(区),于山东省垦利县注入渤海。全长5 464 km,流域面积75.24万 km²(不含内流区),平均比降8.2‰。河源至内蒙古托克托县河口镇为上游,长3 472 km,流域面积38.6万 km²,落差3 496 m,比降10.1‰;河口镇至郑州桃花峪为中游,长1 206 km,流域面积34.37万 km²,落差890 m,比降7.4‰;郑州桃花峪至河口为下游,落差94 m,比降1.2‰,长786 km,流域面积2.27万 km²。

一、黄河下游的洪水灾害

黄河在其中游的末端孟津出峡谷之后,成为堆积性河道。孟津白鹤镇至桃花峪,河道长92 km,其河性与桃花峪以下相同。远在2 400多年前的战国时代,黄河在河南孟津以下两岸逐渐修有堤防,用来约束水流,减轻洪水灾害。在长800多 km的河道两侧,除少部分河段依山傍岭外,河道均束范于两岸大堤之间。堤距上宽下窄,最大堤距宽20 km,最小堤距宽仅0.5 km。河道比降上陡下缓,由2.6‰下降至1.0‰。

黄河下游的大洪水和较大洪水,均来自黄河中游地区,按照位置可分为三个来源区:一为河口镇至龙门区间,面积11.16万 km²;二为龙门至三门峡区间的泾、洛、渭、汾河等支流,面积为19.08万 km²,三为三门峡至花园口区间的干流及伊、洛、沁河等支流,面积

* 本文为1991年10月14~18日在峨嵋山召开的泥石流及洪水灾害防御国际学术讨论会上发表的论文,选入泥石流及洪水灾害防御国际学术讨论会论文集·B卷P177~181。

4.16 万 km²。一、二来源区在三门峡水库以上,形成的洪水称为"上大洪水",三门峡水库有一定的调蓄作用。第三来源区在三门峡水库以下,形成的洪水称为"下大洪水",由于从降水至洪水进入下游的传播时间短,且洪峰大,对堤防的威胁很大。从已有的资料分析,"上大洪水"与"下大洪水"一般不遭遇。

史书上有许多关于洪水的记载,1919 年在三门峡附近的陕县即设立了水文站。调查和实测的大洪水主要有 1761 年、1843 年、1933 年、1958 年。"上大洪水"具有洪峰高、洪量大、沙量大的特点,三门峡水库建成后,减轻了对下游的威胁。"下大洪水"具有涨势猛、洪峰高、含沙量小、预见期短的特点,当前对黄河下游防洪工程的威胁严重。

黄河下游防洪的设防流量采用最大实测值,即以下游进口站花园口站 22 000 m³/s 作为设防流量,以下各水文站的设防流量为其相应的流量。

黄河下游洪水来自中游的黄土高原地区,那里的土质疏松,植被稀少,坡面很陡,沟壑纵横,每年的暴雨季节,水流冲蚀大量的泥沙流进黄河支流、干流。据统计,年平均进入孟津以下黄河干流的泥沙达 16 亿 t,黄河的输沙量之大、含沙量之高是世界上绝无仅有的。泥沙淤积,河道逐年抬高,致使河床高于背河地面,形成临背高差。在 1949 年以前,黄河决口频繁,大量泥沙被带进泛区。1949 年以后,伏秋大汛期间未曾决口,淤积的泥沙全部滞留于河道之内,临背差加大。目前,临背差一般为 3~5 m,最大的可达 10 m,成为世界闻名的"悬河"(见图 1-10-1)。河道成为海河流域与淮河流域的分水岭。

在 1949 年以前的 2 500 多年中,黄河决口达 1 500 多次,平均三年两次决口,并有 5 次大改道,黄河泛区北抵津沽,南达江淮,面积达 25 万 km²。每次决口、改道都给两岸人民带来深重的灾难。如 1933 年陕县发生 22 000 m³/s 的洪水后,河南温县至长垣 200 多 km 内,两岸决口达 56 次。其中,长垣县境内的太行堤决口 6 处,临黄堤决口 33 处,一些堤顶上水落后落淤 0.3 m 左右,计有河南(25 县)、山东(22 县)、河北(3 县)、江苏(3 县)四省五十三县受灾。河南、山东、河北三省受灾最重,淹没村庄 4 000 处,塌毁房屋 50 万所,灾民多达 320 万人。

二、灾害防御措施

黄河下游的现行河道东坝头以上已行河约 500 年,东坝头以下也有 130 多年。在行河时期内,较大的堤防决口达 114 次。根据现在的地形地物情况,经综合分析得出现行河道洪灾的威胁范围为 12 万 km² 左右。1949 年中华人民共和国成立之后,为了彻底改变历史上黄河频繁决口、吞噬沿岸人民生命财产的悲惨局面,40 多年来修建了大量的防御洪水灾害的治河工程,初步形成了由堤防工程、河道整治工程、分滞洪工程以及中游干支流水库组成的黄河下游防洪工程体系(见图 1-2-1),并采取了一系列的非工程防洪措施。

(一)堤防工程

黄河洪水靠河道排泄入海,堤防是约束水流的主要工程,两岸堤线全长近 1 400 km。原有堤防低矮残破,御洪能力很差。1950~1985 年按照设防流量标准进行了三次加高加固,共完成土方 5 亿 m³。一般东坝头以上加高了 2~4 m,东坝头以下加高了 4~6 m。目前一般堤高 9~10 m,最大堤高达 14 m。堤防超高 2.1~3.0 m,堤顶宽 7~15 m。边坡背河 1:3,临河 1:3 和 1:2.5。在堤高及险要堤段,一般修有后戗。为了提高堤防强度,增强抗洪能力,40多年来曾采用锥探灌浆、放淤固堤、筑前戗后戗以及黏土斜墙、沙石反滤等办法加固堤防,前两项措施采用广泛。锥探灌浆就是通过锥杆打孔探查堤身裂缝洞穴等隐患,利用压力灌浆处理隐患,加固堤身。多年来反复进行,至1989年已累计锥孔9 708万眼,处理隐患34.87万处,对提高堤身强度发挥了良好作用。

放淤固堤是利用黄河泥沙淤高堤防附近地面,提高堤防抗御洪水能力的固堤措施。20世纪50年代结合引黄灌溉,自流沉沙固堤。60年代,部分堤段淤高后不能自流沉沙,采用提水沉沙固堤。70年代以来利用吸泥船和挖泥船吸取黄河泥沙淤高堤防背河侧地面。宽度为50~100 m,截至1989年,累计完成固堤有效土方2.775 9亿 m³,加固堤线长538 km,其中达设计标准堤线长326 km,这些堤段洪水期间未再出现管涌和漏洞。

(二)河道整治工程

黄河下游的河道整治工程主要包括险工和控导工程两部分,它是防止堤防冲决的主要工程措施。在河势多变的情况下,不仅洪水期间大溜危及堤防安全,而且在中小水情况下,当河势突变时也会危及堤防,甚至造成冲决,如1952年9月底大河在郑州保合寨险工对岸的滩地坐弯,形成横河,直射保合寨已脱河老险工的坝裆内,尽管流量仅1 000~2 000 m³/s,由于河面缩窄,水流集中,把堤防冲塌45 m,堤顶最大塌宽6 m,险些造成冲决,经13 d左右紧急抢护,方化险为夷。

为了控导主溜,护滩保堤,从20世纪50年代初开始,分河段对河道进行了整治,50年代整治弯曲性河段,1966~1974年重点整治了过渡性河段,同时在游荡性河段修建了部分控导工程,以后又进行了续建完善。至1989年,计修有河道整治工程324处,坝垛护岸8 659道,工程长度625 km,其中险工138处,5 311道,工程长315 km。在这些工程的作用下,陶城铺以下的弯曲性河段河势已得到控制,高村至陶城铺的过渡性河段也得到基本控制,高村以上游荡性河段的游荡范围由5~7 km缩小到3~5 km。多年防洪斗争的实践表明,河道整治工程在防洪中发挥了重要作用。

(三)分滞洪工程

黄河下游河道上宽下窄,排洪能力上大下小,为了安全下泄各级洪水,防止漫决,在干流两岸开辟了东平湖、北金堤、大宫分滞洪区以及齐河、垦利展宽区(见图1-2-1)。

东平湖水库位于窄河段上口右岸,且为下游最大支流汶河与黄河的交汇处,它原为黄河的自然滞洪区,1949年、1958年洪水期间都曾分滞洪水。1958年改建成东平湖水库,1962年以后确定为滞洪工程。它分为老湖、新湖两部分,面积627 km²,有效库容26.5亿 m³,围堤长97.4 km,分洪能力8 500 m³/s,其运用概率大,在发生设防流量以内的大洪水时就需分滞洪水,以解决艾山以下窄河段过洪能力小于东平湖以上宽河道过洪能力的问题。1982年8月2日花园口站发生15 300 m³/s的洪峰,运用了老湖区分洪,分洪最大流量为2 400 m³/s,水量4亿 m³。

北金堤滞洪区位于过渡性河段的左岸,是处理超标准洪水的滞洪区,靠北金堤和临黄大堤约束洪水,面积2 316 km²,有效库容20亿 m³。北金堤长123 km,分洪能力10 000 m³/s。当花园口出现超标准洪水时,视洪峰、洪量大小确定是否运用。大宫分洪区位于黄河下游的上段,是为处理特大洪水而设置的滞洪区,区内面积2 040 km²,分洪能力5 000 m³/s,库容19亿 m³。

齐河展宽和垦利展宽工程主要是为解决窄河段凌汛威胁而设置的。靠临黄堤防和展宽堤约束洪水,展宽区长达 40 km。齐河、垦利展宽区的面积分别为 106 km² 和 123 km²,有效库容分别为 3.9 亿 m³ 和 1.1 亿 m³。

(四)水库工程

为了控制黄河洪水,结合灌溉、发电,充分利用水资源,于 1960 年建成了干流三门峡水库,1965 年建成了支流伊河陆浑水库,支流洛河故县水库即将建成。三库的蓄洪库容依次为 60 亿 m³、6.46 亿 m³ 和 4.5 亿 m³(近期 8.0 亿 m³)。三门峡水库控制了两个洪水来源区,当发生上大洪水时,最大泄量不超过 15 000 m³/s,使花园口站洪峰流量不大于 22 000 m³/s,减轻了洪水对下游的威胁,当发生大洪水时,可相机拦洪 30 亿~40 亿 m³,大大减轻了下游的防洪负担。三库联合运用有效的调洪能力达 45 亿~55 亿 m³,水库拦洪后花园口站 22 000 m³/s 的洪水机遇由 3.6% 下降到 1.7%,堤防工程的设防标准由 30 年一遇提高到 60 年一遇。

(五)防洪非工程措施

洪水预报警报系统是战胜洪水的重要措施。黄河下游的洪水情报工作早在 1574 年(明万历二年)前就已开始,当时传递水情人员乘快马以每昼夜行 250 km 的速度传递水情。1919 年在陕州和洊口设立正规水文站。1949 年共建水情站 59 处(属于流域机构管理的 20 处),其中水文站 25 处,水位站 10 处,雨量站 24 处,到 1986 年,属于报汛的水情站共 493 处(属流域机构管理的 270 处),其中水文站 220 处,水位站 25 处,雨量站 248 处。按照洪水的形成过程做三种预报:根据预报的降雨预报洪水、根据降雨预报洪水、根据上游洪水预报下游洪水。一般洪水只做后两种预报。预报的主要内容包括洪峰流量、水位、流量过程及到达时间。水情是防洪决策的依据。1958 年洪水是实测最大洪水,当时预报花园口洪峰流量 22 000 m³/s,最高水位 94.4 m,实际发生为 22 300 m³/s 及 94.42 m。据此做出了加强堤防防守不使用北金堤滞洪区的决定。经 200 万人上堤防守,战胜了洪水,滞洪区内 100 多万人、200 多万亩耕地免受洪水之灾。

通信系统是快速传递水情,上报工情、险情,下达防汛指令,互通情报等的必备手段。它包括有线通信和无线通信两部分。1951 年建设了局部有线电话专用线,1953 年基本建成了下游防汛有线通信网,以后进行多次改建完善,1976 年开始筹建无线通信网,至 1982 年建成了陕(州)—洛(阳)—三(门峡)及郑(州)—洛(阳)—陆(浑)无线通信干线,在三门峡至花园口区间初步形成了无线报汛网,现在下游形成了以郑州、济南和地区河务局所在地的 11 个中心,连接下游的 32 个地区、县河务局和水文站的无线通信网。40 年来,通信系统在防汛、报汛、抗洪抢险中均发挥了重要作用。

"有堤无人,等于无堤",说明了人防系统是取得防洪斗争胜利的保证。黄河下游防洪的人防系统主要包括如下三个方面:

(1)防汛指挥机构。在国家防总的领导下,由河南、山东、陕西、山西 4 省组成黄河防汛总指挥部。其办事机构黄河防汛办公室设在黄河水利委员会。各省及沿黄地(市)、县(市)成立相应的防汛指挥机构,其办事机构防汛办公室设在相应的黄河河务局,具体负责所辖河段的防汛工作。

(2)专业防汛队伍。它是防汛抢险的技术骨干,各县(市)河务局以工程队员为主。

（3）群众防汛队伍。它是防汛抢险的基础力量，由两岸县、乡的青壮年组成，并吸收有防汛经验的人参加，黄河两岸临堤乡村组织的基干班、抢险队、护闸队为一线队伍，后方县乡组织的防汛人员为二线队伍，遇有大洪水或紧急抢险时，还要抽调人民解放军参加抗洪抢险战斗。

三、结语

历史上黄河以决口频繁、灾害严重闻名于世。中华人民共和国成立以后，把黄河的防洪置于重要地位。为此，1949～1987 年已在黄河下游（包括三门峡水库）、伊洛河、沁河投入 40 多亿元，另有投劳折资 8 亿元，初步建成了黄河下游防洪工程体系，并加强了人防，采取一系列非工程措施，40 多年来伏秋大汛未曾发生决口，防洪效益达 505 亿元。千载为害的黄河洪水置于人民的控制之下。

黄河下游防洪减灾对策建议[*]

1992 年 5 月，中国科协组织中国水利学会、河南省科协、山东省科协，联合黄河水利委员会，邀请多学科专家 23 人，对黄河下游防洪减灾问题进行了为期半个月的实地考察。5 月 29～30 日又邀请全国各方面有关专家和人士 70 余人共同对黄河防洪减灾问题进行了研讨。专家考察团根据考察和研讨情况，经过分析研究，认为 20 世纪 90 年代黄河下游防洪减灾工作已经进入了一个新的发展时期。随着国家对水利基础产业的倾斜，在科学技术进步、管理体制改革和运行机制转换的推动下，出现了将消极被动防灾、黄河下游洪水危害仍然日益严重的恶性发展转向积极主动治河、变害为利直至根治黄河的良性发展的好势头。当前，应在深化改革中进一步解放思想，转变观念，在总结历史经验的基础上，不失时机地开发新思路，探索新路子，采取新措施，使治黄事业跃上新台阶。

一、黄河防洪减灾形势

黄河下游防洪减灾工作在党中央和国务院的关怀和正确领导下，取得了 40 多年伏秋大汛未决口的巨大成就。但是，由于黄河的特殊性和复杂性，黄河下游防洪减灾的形势仍然是十分严峻的。

（一）地上悬河的局面仍在不断发展加剧

尽管 20 世纪 80 年代黄河下游河槽泥沙淤积量有所减少，但大部分泥沙淤积在河槽内，槽高滩低堤根洼的形势进一步加剧。特别是处于黄河下游中段的"豆腐腰"河段的淤积速度明显高于上下河段，排洪能力继续降低。由于上中游地区的水土保持难度大，短期内进入下游的泥沙不会明显减少；上游水库与灌溉事业的发展和下游滩地围垦利用，使洪

---

[*] 中国科学技术协会，1992 年组织了中国科协黄河下游防洪减灾专家考察团，对黄河下游考察后向中共中央报送了"关于黄河下游防洪减灾对策建议和考察报告的报告"（〔1992〕科协发学字 273 号）。本文为参加起草的"黄河下游防洪减灾对策建议"。

水淤滩刷槽机会明显减少,黄河下游二级悬河还将继续发展,致灾能量不断积累增加。黄河下游大于 30 000 m^3/s 洪水的机遇仍然存在,加之多年来连续枯水,近期出现大洪水的可能性增大,但是工程防洪能力却在逐年降低,所以下游防洪被动局面难以改变。

(二)不仅是大洪水,而且中、小洪水及凌汛都有可能造成决口成灾

目前,黄河下游的防洪工程体系薄弱环节较多。在防御超标准洪水的北金堤滞洪区、大宫分洪区,由于经济发展及安全建设不能满足需要等,一旦运用,损失将极其惨重。在防御标准洪水以内的工程措施中也存在很多严重问题,例如水资源的开发利用,使得经常性流量减少,河槽萎缩,平滩流量减少,相同流量的洪水位增高。目前,部分堤防尚未达到设计要求,特别是有些堤防险点、隐患多,强度不够,很可能发生溃决。由于主槽的不断淤高,中常洪水横河、斜河时有发生,冲决的危险比以往更为加重,威胁堤防安全。山东窄河段的凌汛威胁仍然存在,为防凌汛的南北展工程遗留问题很多。因此,当前黄河防洪问题中出现的新情况必须认真对待,尤其是游荡性宽河道这一问题更加突出。

(三)滩区、蓄滞洪区问题十分尖锐

黄河滩区内人口相当稠密,现有 150 多万人,耕地 300 多万亩(相当于 1991 年淮河遭灾人口及可耕地数),安全避洪设施数量少,标准低,如遇大洪水仅有少数人可以上避水台避水,尚有 100 余万人无处避洪。东平湖水库是防御标准洪水以内运用的工程,围坝隐患很多,排洪能力不足,退水道路不畅,区内有 11 万人没有房台,撤退道路少,难以做到"分得进,蓄得住,排得出,保安全"的要求。北金堤滞洪区开辟于 1951 年,现在区内社会经济已经发生了巨大变化,人口已达 150 万人,中原油田年产原油五六百万吨,一旦运用,不仅经济损失巨大,而且因路少桥稀,需要临时外迁的 70 多万人难以保证安全迁出。其他分滞洪区也存在类似问题。

(四)沿黄城乡防洪设施和非工程防洪措施薄弱

位于黄河两岸的大城市郑州、开封、济南和新建城市濮阳、滨洲、东营等,以及胜利油田、中原油田和陇海、京沪、京广、新菏铁路目前均处于黄河洪水威胁之中,而且随着黄河两岸改革开放步伐的加快,黄河经济带已开始形成,黄淮海平原农业开发的形势很好,相应对黄河防洪安全的要求也愈来愈高。黄河一旦失事,不仅损失比历史上任何一次决口大得多,而且必然影响到黄淮海地区的经济开发进程,影响全国大局。因此,在发展经济建设的同时,必须十分重视防洪措施与减灾措施的建设,加强防洪自保和减灾措施的安排。对近期以及中、远期的超标准洪水及任何不测事件的灾害概率及其损失程度进行评估,并超前采取相应减灾对策,使灾害损失能够减到最小限度。

黄河防洪预警、预报系统是重要的非工程防洪措施,必须健全和完善。黄河水利委员会为建立水文、通信、预警、预报所做出的努力和今后的打算很好,目前迫切需要增添现代化设备并加强软件开发,尽快改变通信手段落后的局面,以进一步适应防大汛、抢大险的要求。

(五)黄河治理资金投入不足,遗留问题较多

目前,黄河下游的防洪工程欠账较多,例如按 1983 年大堤设计标准,尚有 100 多 km 堤段未达到标准;已定的淤临淤背任务仅完成一半;游荡性河段控制中小洪水摆动的河道整治工程仅完成一部分。主要原因是资金缺口太大,加之物价上涨,治黄经费多年保持不变,致使完成的实际工程量逐年下降,而且影响治黄队伍的稳定。这种局面十分不利于治黄建设,因此不断开辟新的资金渠道,努力设法增加资金投入,是非常必要的。

二、黄河下游防洪减灾的战略对策

黄河防洪减灾是一项复杂的系统工程,需要上下游、左右岸、远近期统盘考虑,合理安排,才能取得最佳经济效益和社会效益。当前的紧迫任务是立足防大汛、抗大灾,将加宽加固堤防、淤高背河地面、控制主溜摆动、稳定河口通道、重视滩区和蓄洪区安全建设作为近期下游防洪减灾主要措施。

一方面从长远看,由于黄河的泥沙问题短期内难以完全控制,人类活动的影响还在加剧水土流失,上游水库修建和灌溉事业发展不断引起的水沙条件变化给黄河下游防洪带来新问题。另一方面,目前黄河下游水资源开发利用以及河口地区的治理等均达到新的水平,有力促进了两岸的经济发展。油田开发和黄淮海平原农业建设所聚集的经济实力,有力地支持了治黄建设,增强了防洪减灾的能力。因此,今后应继续坚持开发与治理紧密结合,相辅相成,互相促进,把“利”与“害”的辩证关系处理好。为此提出如下六点对策建议。

(一)加速淤临淤背与相对地下河的建设是近期治黄的重要措施

由于泥沙问题给黄河防洪带来特殊的困难,应采取特殊的对策予以防范。近 20 年,黄河下游淤临淤背工程提供了治黄的新经验,在保证原有规划的淤临淤背任务(平工 50 m,险工 100 m 宽)基础上,继续加宽加固,逐渐形成相对地下河,可以使黄河堤防固若金汤,确保安全。同时,黄河大量泥沙作为资源,也应充分加以利用。应结合引黄沉沙,不断采用新的科学技术,有计划地抬高背河地面,作为治黄的一种产业长期坚持下去,逐步变地上河为相对地下河,实现黄河的长治久安。

(二)继续加强在宽河道内进行以控导主流、控制流势、护滩保堤为目的的整治工程

实践表明,这是防止中常洪水斜河、横河冲决堤防的有效措施,应加快整治步伐。整治工程要合理规划,留有足够的排洪宽度,充分发挥宽河段的滞洪作用,在实践中加强观测研究,防止下游窄河道淤积等加重防洪负担的情况出现。

(三)合理开发黄河下游水沙资源,加快河口治理步伐

近 10 多年来,黄河下游窄河段春季经常断流,严重影响工农业生产和人民生活。今后应增强水库调蓄水量资源能力,合理分配用水量。河口流路规划建议尽快编制并审批实施,以便促进黄河三角洲的治理开发。

(四)重视滩区及蓄滞洪区的安全建设和减灾措施,是黄河防洪减灾的重大问题

首先,由于滩区生产堤及洪水泥沙的特点,黄河已出现“二级悬河”的局面,对防洪十分不利,必须设法淤高滩地,以便出现淤滩刷槽局面。其次,由于黄河洪水灾害,滩地 150 万人的生产和生活十分困难,形成制约黄河下游治理的特殊问题。因此,应着重研究如何使防洪减灾与滩区的生产生活安排相结合,在稳定黄河下游防洪安全大局的同时,寻找改善当地生产生活水平的新途径。目前,在政策、法规等方面应严格控制人口增长,鼓励人口外迁,同时调动滩区居民积极性,尽快建设安全楼,并建议尽快组织人力,从防洪减灾角度,分河段、分地区进行研讨,寻找适合滩区特殊环境的经济活动方式。例如,加速淤临淤

背工程并以此作为滩区人民生活区,逐步做到生活、生产场地分离以及对堤根洼地、串沟进行放淤等。

目前的蓄滞洪区是 20 世纪 50 年代根据当时自然经济条件确定的,是黄河防洪的重要手段。但由于现在经济和社会条件已发生很大变化,因此建议尽快组织专题,对其进行技术、经济合理性的评估论证,提出更符合实际的减灾措施,寻找合理的替代方案。在现行条件下应十分重视加强蓄滞洪区安全建设,强化减灾意识,修建撤退桥梁与道路,建立安全楼等,以保障人民生命安全。

(五) 开展黄河下游防洪减灾与治理对策的科学研究

黄河防洪减灾问题涉及面广,跨学科、跨部门,非短期能解决,必须分层次、分阶段地开展系统的防洪减灾对策研究。

黄河下游治理与水资源的开发利用,还有许多未知因素,如上游水沙变化对黄河下游冲淤趋势的估计,加大河道及河口段排洪输沙能力的办法,防洪防凌出现的新问题及其对策以及河口治理开发等一系列问题均应加强科学研究工作。国务院几位领导已对此作过重要批示,并已列入"八五""九五"科技攻关计划,希望能进一步增加投入强度,尽快落实组织,联合攻关,早日使科技第一生产力转变成根治黄河的动力,促进黄河的防洪减灾工作健康发展。

(六) 多方筹集资金,增加国家治黄投入

黄河防洪减灾关系到国家的大局,现存的许多问题主要是长期投资不足、欠账积累的结果。国家要增加治黄的投入,以发挥水利基础产业的作用。在建设小浪底工程的同时,黄河下游的防洪基建投资不应受到影响。在目前国家财政困难的情况下,本着国家出大头、受益单位承担一部分和"水利为社会,社会办水利"的原则,建议国家制定一些特殊政策。例如,适当提高黄河上、中游水电价格,提留一定比例作为治黄基金;适当增加胜利、中原油田的原油销售价格,提取黄河防洪减灾建设基金;面向社会及海内外筹集治黄基金;坚持长期利用农业开发基金安排下游滩区水利建设,发展生产,提高群众减灾自救能力;提取部分滩区、蓄滞洪区农业税和工商税,扶持生产,并给予滩区、滞洪区一定的优惠政策。

急需加速黄河下游防洪建设 *

黄河是世界著称的多沙河流。由于泥沙淤积,河床逐年抬高,成为地上悬河,下游河道全靠堤防约束水流。当遇到不利的水沙条件时,就可能发生决口改道,祸及两岸广大海河、淮河平原。新中国成立前的 2 540 多年中,有 543 年决口,有些年甚至一场洪水就决溢多次,总计决口达 1 590 次,改道 26 次。就现行河道而言,兰考东坝头以上已行河近500 年,东坝头以下也已行河 130 多年。在行河期间,较大的堤防决口达 114 次。根据历

---

* 中国科学技术协会,1992 年 5 月组织了中国科协黄河下游防洪减灾专家考察团,对黄河下游实地考察后,继而邀请 70 余人在郑州进行研讨,本文为发言材料。

史洪水决溢影响范围,结合现在的地形地物变化情况,经综合分析,在不发生重大改道的前提下,泛区北达漳河、卫河、金堤河、徒骇河,南达淮河、小清河,涉及豫、鲁、皖、苏四省110个县市,总面积12万 km²,耕地面积1.1亿亩,人口7 000余万人。在下游的上段,向北决口泛区范围达3.3万 km²,1 600多万人,并涉及新乡、濮阳2市,京广、津浦、新菏3条铁路及中原油田;向南决口的泛区范围达4.0万 km²,2 300多万人,并涉及开封市和陇海铁路。一次决口的直接经济损失达300亿~400亿元。即使在济南以下向北或向南决溢,涉及面积均近7 000 km²,成灾面积也近5 000 km²。显而易见,黄河安危,与我国的国民经济休戚相关,是亿万人民关心的大事。因此,黄河洪水仍是中华民族的心腹之患。

一、黄河下游防洪存在问题

黄河下游的防洪任务是确保花园口站发生22 000 m³/s 洪水大堤不决口,遇特大洪水,要尽最大努力,采用一切办法小灾害范围。就目前情况而言,防御设防标准以内的洪水还存在一些急需解决的问题。如:两岸堤防今年(1992年)有127 km达不到设防高度、600 km堤段不能满足防渗要求,并有32处险点、12座涵闸未进行加固处理;堤身还存在隐患,獾狐洞穴年年处理,年年发现新的洞口,部分堤段存在纵横裂缝,需要经常普查,及时处理;险工有2 500多道坝根石不足,870多道坝高度不够,近年来新修的控导工程尚未经过洪水考验,基础浅,遇中常洪水就可能出现多处抢险、连续抢险的紧张局面;东平湖水库加固尚未完成,一旦运用,问题很多;高村以上299 km游荡性河道的河势尚未得到控制,近几年由于洪水峰低量小,泥沙主要游积在河槽内,河宽水浅,易出现"横河",严重威胁堤防安全,若遇大洪水,"滚河"的危险性也在加大;防汛料物不足,按照储备定额石料缺50万 m³,发电机组缺4 500多 kW,麻袋缺48万条,麻料缺350万 t等。

目前,防洪建设中存在的这些问题,在大洪水及中常洪水时往往使防洪处于非常被动的地位。1982年黑岗口险工抢险就是一例。黑岗口险工位于河势没有得到控制的游荡性河段,河势变化快,而且坝垛根石深度不足,坡度陡,遇大溜淘刷时极易出险。1982年8月2日花园口出现了15 300 m³/s 的洪水,从落水期开始的2.5个月内,多次出现"横河",直冲黑岗口险工,随着河势的变化,发生了三次大的险情。8月9~21日,19~29护岸多处抢险,25护岸和26垛的坦石于9日全部平墩入水,23护岸的坦石于10日平墩入水;9月10~15日,13护岸抢险,10日坦石平墩入水;9月22日至10月20日,11护岸至14坝抢险,9月22日11护岸的坦石平墩入水。这3次抢险计用石10 060 m³,铅丝19 t,工日7 581个。这些丁坝、垛、护岸都紧靠大堤,严重威胁开封市和广大平原地区的安全。1982年黑岗口连续紧张抢险的事例表明,急需进行险工改建,尽量控制河势,并加速黄河下游的防洪工程建设。

黄河下游滩区面积3 500 km²,有334万亩耕地,居住着150万人。由于近几年河槽淤积,平槽流量减少,易于漫滩。遇设防标准洪水即花园口站洪峰流量22 000 m³/s 时,漫滩面积达3 000 km²,影响人口130万人;遇花园口站10 000 m³/s 洪水时,受淹面积也达2 000 km²,影响人口90万人;而目前滩区避水工程只能解决30万人。东平湖水库湖区有28万人,目前有11万人没有避水工程。如果发生超标准洪水,北金堤滞洪区有70多万人需要外迁。因此,花园口站发生10 000 m³/s 以上的洪水时,临时迁移任务十分繁重,也是防洪保安全的重要任务之一。

受投资限制,最近难以解决存在的这些主要问题。黄河下游防洪基建投资,"六五"期间平均每年1亿元,"七五"期间平均也只有1亿元左右,现在今年的基建投资才下达1.1亿元。1亿元投资修作土方,"六五"期间可完成5 000万 m³,而现在只能完成1 000多万 m³。由于投资不足,工程欠账越来越多,防洪长期处于被动状态。急需增加基建投资规模,以解决防洪中的急需问题。

二、泥沙淤积造成洪水位继续抬升

不断淤积抬高是黄河下游河道的主要特征之一。由于多年平均进入下游河道的泥沙达16亿 t,致使河床抬升,成为悬河,目前滩面高于背河地面一般为3~5 m,而且将继续加大。

20世纪80年代黄河水沙条件及下游河道冲淤变化较为特殊。通过对河道输沙量、河道大断面以及同流量水位变化资料综合分析,断面法计算的河道冲淤与水位变化较为符合,输沙率法推算的淤积量偏大。按断面法计算,1979年11月至1989年10月10年下游河道累计淤积泥沙4.12亿 t,平均每年淤积只有0.41亿 t(输沙率法年均淤积量约为0.8亿 t);除三门峡水库拦沙运用期外,是下游河道淤积最少的10年。淤积集中在高村至孙口河段,10年累计淤积3.59亿 t,占全下游淤积总量的87%。从横向分布看,主要淤积在河槽内,10年累计淤积2.57亿 t,占总量的62%。在50年代河槽淤积量仅占总量的23%。河槽淤积加重后,平槽流量变小,过洪能力降低,河势易于发生大的变化,因此对防洪是十分不利的。

20世纪80年代下游河道年均来水量398亿 m³,来沙量8.6亿 t,分别为1919~1989年均值的88%和61%,属枯水少沙系列,河道淤积量少。但是1988年是个特殊年份,来水量偏枯,仅345.7亿 m³,相当于多年均值的76%。由于暴雨区集中在河口镇至龙门区间的多沙粗沙区,区内皇甫川、窟野河等发生较大洪水,全年来沙量达15.5亿 t,为多年均值的109%。致使下游河道淤积5.14亿 t,超过10年淤积总量1亿 t。泥沙又集中在几场高含沙洪水。7月2日至8月14日的44 d内,下游来水量87亿 m³,来沙量达11亿 t,三门峡最大含沙量达395 kg/m³,下游河道发生严重淤积,按输沙率法计算成果,44 d共淤积5.86亿 t,其中5.15亿 t淤在高村以上的宽河道内。

枯水少沙的20世纪80年代,是黄河下游遇到的河道淤积最少的10年,年平均淤积仅0.41亿 t,这是长系列中的一种特殊情况。这主要是由中游多沙粗沙区降雨少造成的。属于枯水的1988年,下游河道淤积5.14亿 t的实例表明,下游河道的淤积抬升现象不容乐观。同时,上中游地区工农业用水及城市供水量逐年增加,上游大型水库汛期蓄水使下游汛期的基流减少,下游两岸的引水量也会增加,水土保持的减沙效益短期内难以大幅度提高等,致使进入下游水沙量中的水量减少得多,沙量减少得少,水流的平均含沙量增加,同时随着河口的延伸,河道比降变缓,河口河段受溯源淤积影响将逐步抬高并向上发展,这些因素都将导致加快河道淤积。因此,今后下游河床的抬升仍会是相当严重的。

据黄河勘测设计有限公司估计,20世纪90年代黄河上中游地区的降雨仍可能偏少,经分析计算给出了90年代黄河下游的年平均来水量333亿 m³、来沙量11.4亿 t的设计水沙系列。在年内分配上,考虑到龙羊峡和刘家峡水库的调节作用,汛期水量减少,非汛期水量增加,汛期洪峰值削减,日平均流量小于 2 000 m³/s 的洪水出现的概率增加。黄河水利科学研究院按照上述来水来沙系列,根据黄河下游河道边界条件及河口条件,对 90年代冲淤进行了分析、计算。结果为年平均淤积量 3.2 亿 t,接近长期的河道淤积水平。在淤积物的横向分配上,河槽淤积量较过去增加,占 46%。由于泥沙淤积,2000 年黄河下游的设计防洪水位将普遍抬高,2000 水平年的设计防洪水位与 1990 年相比,花园口以上升高 0.6 ~ 1.0 m;花园口至夹河滩升高 1.0 m 左右;高村至道旭升高 1.3 ~ 1.5 m;道旭以下升高 1.2 ~ 1.3 m。

三、按 2000 水平年需采取的防洪工程措施

按照 2000 水平年,黄河下游在不提高设防流量的前提下,随着水位的抬高必须进行大量的防洪工程建设。需对现有防洪工程进行加高加固完善,并兴建必要的新工程,主要包括以下几个方面。

(一)堤防加高加固

按照现有堤防和黄河水利科学研究院推算的 2000 水平年设计洪水位,东坝头以上的高度可满足要求,不需加高。石头庄至艾山一般需加高几十厘米至 1.5 m,艾山以下一般需加高 1 m 以下,部分河段不需加高。

艾山以下堤防,原设计背河边坡 1:3.0,临河 1:2.5。经过第二次、第三次大修堤后,临河堤高增加,1:2.5 的边坡达不到稳定的要求。1987 年 9 月 21 日济南历城临黄大堤后张庄堤段发生了长 68.5 m 的临河滑坡。下次修堤时宜将临河边坡由 1:2.5 改为 1:3.0。

考虑施工等因素,堤防加高时高度不足 0.5 m 的不加,不足 0.5 ~ 1.0 m 的加高 1.0 m,不足 1.0 m 以上的按不足数加高。对于艾山以下河段,不足数不足 0.5 m 及不需加高的堤段,考虑变坡因素,也加高 0.5 m。按上述标准需加高堤防长 958 km,需土方 8 400万 m³。

按照临背坡度均为 1:3.0 加高的堤防,一些河段仍不能满足防渗要求,需采用淤背和修筑前后戗的办法进行加固,共长 844 km,需土方 16 500 万 m³。其中,淤背长 646 km,需土方 14 600 万 m³。

黄河大堤尚有 14 座涵闸、12 处虹吸需要改建。

(二)险工加高改建及河道整治

为保堤防安全沿堤修建的险工共有 134 处,丁坝垛护岸 5 319 道。这些工程大部分根石不足,坡度陡于稳定坡度,坦石及坝胎需要整修,部分坝垛高度不足。计需加高改建的险工共 118 处,4 795 道坝;土方 1 200 万 m³,石方 380 万 m³。

黄河下游的河道整治从 1950 年开始,分河段由下而上进行,至今陶城铺以下的弯曲性河道的河势已经得到控制;高村至陶城铺的过渡性河段的河势也已得到基本控制;而高村以上的宽河道整治的任务还很繁重。宽河道本来就是河道宽浅散乱,流势变化,加之近些年来河槽淤积的速度大于滩地的淤积速度,滩槽高差减小,平槽流量降低,河床对水流的约束作用也相应减弱,因此"横河""斜河"时有发生的可能,对防洪安全威胁很大。在东坝头至高村河段,堤距最大,河槽平均高程已高于滩地平均高程,形成了"二级悬河",

左岸天然文岩渠紧靠临黄大堤,致使大洪水时发生"滚河"的可能性增大,对堤防的安全十分不利。因此,今后要进一步完善高村以下的河道整治工程,重点整治高村以上宽河段。共需新建、续建工程40处,修丁坝405道;土方700万 m³,石方120万 m³,柳杂料20亿 t。

(三)分洪滞洪区建设

分洪滞洪区是处理洪水的重要措施。东平湖是设防标准以内使用的滞洪区,是防洪工程建设的重点之一。

东平湖原为平原水库,靠围坝控制洪水,围坝的质量较差。目前尚有6.8 km的坝基需要处理,50 km的坝身需要加固,60.8万 m²的石护坡坍塌破损,需要翻修。二级湖堤有待加高。出湖闸需要改建。湖区有11万人住在村台下无避洪措施,临时撤退时道路少、路况差,需进行迁安建设。计需做土方830多万 m³,石方130余万 m³。

考虑小浪底水库前期工程已经开工,北金堤滞洪区仅安排撤退路桥及通信设施。

(四)滩区安全建设

黄河下游滩区安全建设,按2000水平年10年一遇洪水设计,避水工程采用村台及平顶房,到大堤近的村庄临时外迁。按2000水平年,水深在1.0 m以下的有119个村11万人,靠群众垫高村台或房台,国家不予补助。水深1.0~3.0 m的,有277个村26.5万人,采用修村台的办法,需土方4 100万 m³。水深大于3.0 m的,如全修村台,挖压土地太多,采用先修村台,再在村台上修平顶房的办法,洪水漫滩后到房顶避洪,水深大于3.0 m的有1 405个村庄115.5万人,计需村台土方20 000万 m³,平顶房580万 m²。国家对水深大于1.0 m的给予补助,计有1 682个村庄142万人,需土方24 100万 m³,平顶房580万 m²。

(五)防洪非工程措施

防洪工程管理设施欠账多,设备少;防汛抢险道路不能满足需要;主要串沟、堤河需要淤高、堵截;水文测验设施老化,手段落后;通信虽有改善但仍不能满足防汛工作的要求;下游水情遥测系统尚未建立;许多防洪科研课题需要研究等。这些都需要在近几年进行建设。

按照2000水平年相应的防洪工程建设,计需土方5.2亿 m³(堤防加高加固2.3亿 m³,滩区安全建设2.4亿 m³),石方650万 m³,混凝土8.0万 m³。

四、需加大防洪工程建设力度

党和国家对黄河的治理非常重视,近两年来党和国家领导人多次来黄河视察,指导治黄工作。指出:黄河防洪是党中央心中的一件大事。黄河是一条悬河,在洪水位以下有1.1亿亩耕地,7 000多万人,有众多的工矿企业,又有我国重要的交通枢纽,黄河一旦失事,不但给国民经济造成上百亿元的损失,而且给人民的生命财产带来极大威胁,也将对政治稳定、社会安定造成严重后果。在黄河的治理中,争取一百年,或者更长的时间黄河不改道,恐怕要有这个方针。改道的方案,损失太大,补偿不了。要利用现代化的手段,想尽一切办法,把两条大堤修得固若金汤。江泽民同志还为黄河水利委员会题词"让黄河变害为利,为中华民族造福"。

　　黄河的治理任重而道远。历史上经历了数千年的治理,今后还需要一代一代的治下去。小浪底水库前期工程的开工使治黄迈出了一大步,但小浪底建成还需 10 年,10 年内保证黄河两岸大堤不决口的任务是十分艰巨的。即使在小浪底水库建成后,下游河道仍然是排泄黄河洪水泥沙的通道,河道经过冲淤达到新的平衡后,河床仍要淤积抬高,要维持下游的防洪能力,仍需进行防洪建设,以使下游河道在相当长的时期内保持安澜,决不能因为 20 世纪 80 年代以来河道淤积量小的特殊现象,而放松对黄河的治理,以免酿成灾害,造成不可挽回的损失。

　　"六五""七五"期间下游防洪基建投资年均 1 亿元左右。近两年投资增加慢,就可完成的工程量而言,远远低于原来的水平。在国家把水利作为基础设施的重要部分,把水利作为基础产业放在重要的战略地位,并明显增加水利投资的大好形势下,似显得对黄河下游的堤防、河道整治、分滞洪等防洪工程及防洪非工程措施的重视不够。要求尽快增加下游防洪基建投资,改变因投资不足使工程欠账多的不利形势。

　　黄河下游修堤素有"十年修一次,一次修十年"之说,这表明黄河下游防洪工程加高改建一次的艰巨性。为保黄河安澜,在 20 世纪 90 年代,请求国家将黄河下游的防洪工程继续列为国家重点项目,增加防洪基建投资。加强防洪工程建设,使下游的防洪体系适应每年防汛工作的要求。

河道整治中的排洪河槽宽度 *

　　黄河下游的河道整治工程主要包括险工和控导工程两部分。险工已有两千年的历史,但为了控导河势而修建控导工程却是从 1950 年开始的。20 世纪 50 年代整治了弯曲性河道,1966 ~ 1974 年重点整治了过渡性河道,游荡性河道也修建了部分整治工程,这些工程起到了控导河势的作用。

一、排洪河槽宽度的定义

　　黄河下游的河道整治应以防洪为主要目的,因此修建的河道整治工程除能控导中常洪水和一般流量下的河势、有利于防洪工程安全外,还必须保证在大洪水及超标准洪水时过流通畅,具有足够的过洪能力。在河道整治初期多从控制河势考虑,20 世纪 70 年代初期已注意到排洪河槽宽度问题,90 年代对排洪河槽宽度进行了较为全面的研究。

　　排洪河槽宽度简称排洪河宽,其定义为:按照规划进行河道整治后,一处河道整治工程的末端,至上弯整治工程末端与下弯整治工程首端连线的距离,称为该处河道整治工程的排洪河槽宽度,如图 2-9-1 所示。

　　在排洪河宽范围内,除在大洪水时有足够的宣泄洪水能力外,中小洪水及一般流量时还应有一定的沉沙宽度,以免增加下游窄河段的淤积负担,同时该宽度还应满足洪水过后河势流路不发生大的变化。

　　* 本文原载于《人民黄河》1998 年第 3 期 P12、P21。

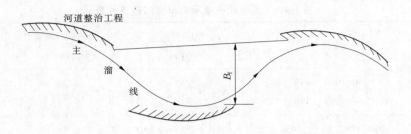

图 2-9-1　排洪河槽宽度示意图

在河势演变的过程中,小水走弯,大水趋中,即在一次洪水过程中,涨水期由于水流的动量不断增大,弯曲段曲率变小,河弯的弯曲半径加大;而在落水过程中,与涨水期相反,曲率由小变大,弯曲半径由大变小。排洪河槽宽度 B_f 应有足够的宽度,使水流弯道接近直线时即可宣泄大洪水;防止大洪水时因 B_f 过小弯道段出现水流反弯(指凸、凹岸左右易位)现象,以免打乱以下河段的流路。

黄河是条多泥沙河流,洪水期间滩地淤高,河槽少淤或冲刷。滩地淤高有利于提高河槽的过洪能力和减少输向以下河段的泥沙量。黄河下游的宽河段沉沙能力强,其排洪河槽宽度应保持足够的宽度,以便在中小洪水时有宽阔的一级滩地(嫩滩)沉沙落淤,从而减少以下窄河段的泥沙负担。

二、排洪河槽宽度的确定

在天然状态下,主溜线的摆动范围很宽,行洪位置变化也很大,如郑州京广铁路桥至夹河滩河段,主流摆动的幅度为:保合寨 7.2 km、马庄 7.0 km、花园口 3.0 km、八堡 5.5 km、黑岗口 2.5 km、曹岗 2.5 km。主溜摆动的速度也是惊人的,如 1954 年 8 月的一场洪水中,在开封柳园口附近,洪水前主溜靠北岸,洪峰到达后,主溜走南岸,继而主溜又由南岸回到北岸,在一昼夜之内主溜摆动达 6 km 之多。因此,靠天然情况下多年的行洪位置来确定排洪河槽宽度是不可能的。

主槽是洪水的主要通道,洪水期的过流量一般可达全断面的 80% 左右。为了确定大洪水时宣泄洪水所需要的宽度,对黄河下游宽河段的花园口、夹河滩、高村水文站洪水期主槽的平均单宽流量进行了统计分析(见表 2-9-1)。从表 2-9-1 可以看出,其值沿程由小变大,且随着流量的增加而加大。流量在 10 000 m^3/s 以下,主槽平均单宽流量由 5.25 m^2/s 增大到 6.80 m^2/s;在 10 000 m^3/s 以上,主槽平均单宽流量由 9.21 m^2/s 增加到 11.57 m^2/s。

表2-9-1　洪水期主槽平均单宽流量统计表

水文站	统计年份	全断面过流量 $Q(\mathrm{m^3/s})$	主槽平均单宽流量 $q(\mathrm{m^2/s})$	统计次数
花园口	1956、1957、1958、1982	4 570 ~ 9 350	5.25	28
	1949、1953、1958、1982	11 301 ~ 17 200	9.21	10
夹河滩	1956、1957、1958、1959、1982	6 000 ~ 9 850	6.10	30
	1954、1958、1982	10 100 ~ 16 500	9.40	9
高　村	1956、1957、1958、1959、1982	6 000 ~ 9 420	6.80	26
	1954、1958、1982	10 400 ~ 17 400	11.57	7

　　下面试图用流量大于 10 000 $\mathrm{m^3/s}$ 情况下的平均单宽流量确定排洪河槽宽度。据现有的防洪标准,花园口站为 22 000 $\mathrm{m^3/s}$、夹河滩站为 21 500 $\mathrm{m^3/s}$、高村站为 20 000 $\mathrm{m^3/s}$。该 3 站的平均单宽流量分别为:花园口站 9.21 $\mathrm{m^2/s}$、夹河滩站 9.40 $\mathrm{m^2/s}$、高村站 11.57 $\mathrm{m^2/s}$。由此计算 3 个水文站断面的最小排洪河槽宽度为:花园口站 2 390 m、夹河滩站 2 290 m、高村站 1 730 m。考虑到河道还会发生超标准洪水;现在宽河段还为游荡性河型,河势变化快,主溜尚有较大的摆动范围;水文站断面是所在河段河势相对较稳定的地方,主槽较窄,单宽流量比相邻河段大,计算出的排洪河槽宽度可能偏小等,现阶段黄河下游宽河段的排洪河槽宽度宜取为不小于 2.5 km。

　　在进行河道整治确定整治工程位置线时,一定要留足排洪河槽宽度,且不能按某几年小水河势的状况而任意缩窄。图 2-9-2 为花园口至马渡河段排洪范围示意图,B_{f1}、B_{f2}、B_{f3} 分别为花园口险工、双井控导工程和马渡险工的排洪河槽宽度。尽管在 20 世纪 70 年代和 80 年代该河段河势变化快,又经过了 1986 年后的连续枯水年,在工程修建和续建的过程中都注意了排洪河槽宽度。

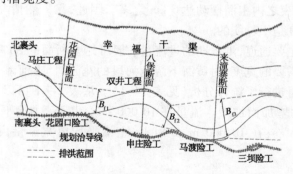

图 2-9-2　花园口至马渡河段排洪范围示意图

　　水文系列往往是丰枯相间的,黄河下游 1922 ~ 1932 年和 1986 年以来都是时间很长的枯水系列,但在枯水系列之后又可能出现丰水系列。为了控导河势、防止堤防冲决、保证防洪安全,要求开展河道整治。在进行河道整治的过程中必须留有足够的排洪河槽宽度,保持充分的排洪能力,才能真正达到河道整治的目的。

黄河下游河道整治在防洪中的作用[*]

　　黄河从河南省孟津县出峡谷之后,水面展宽,比降变缓,泥沙落淤,成为堆积性河道。孟津至河口河道长 878 km,大部分河段河道束范于两岸堤防之间,河道自上而下由宽变窄,比降由陡变缓(见图 2-10-1)。按照河道特点,可分为游荡性、过渡性、弯曲性和河口段四种不同特性的河型(见图 2-10-2)。

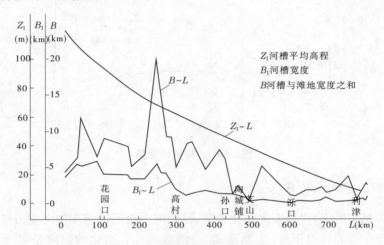

图 2-10-1　河道宽度沿程变化

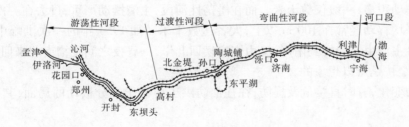

图 2-10-2　黄河下游河道平面示意图

　　黄河下游的河道为复式河床,在东坝头以下为二级滩地,东坝头以上由于 1855 年黄河改道后的溯源冲刷,增加了一级高滩,成为三级滩地,通常把两岸二级滩地之间的部分称为中水河槽(简称河槽)。孟津以下,河道总面积为 4 240 km², 其中河槽面积 713 km²。滩地(包括二级滩地和三级滩地)3 527 km², 滩地主要分布在陶城铺以上的宽河段。由于黄河淤积,滩地多为肥沃的良田。目前在滩地上有村庄 2 002 个,居住着 127 万人口。中水河槽是洪水的主要通道,平槽流量随时间变化,沿程略有不同。选用相对平衡时的值作为平槽流量,一般为 5 000 m³/s 左右,泥沙的淤积使河床不断升高。滩面一般高出背河地

　　[*] 本文为胡一三、徐福龄在 1987 年 10 月于郑州召开的"中美黄河下游防洪措施学术讨论会"上发表的论文,入选《中美黄河下游防洪措施学术讨论会论文集》(北京:中国环境科学出版社,1989 年 5 月第 1 版)P169～177。

面 3～5 m,部分堤段达 10 m。故称为"悬河"(见图 1-10-1)。

1958 年以来,黄河下游滩区群众为保护滩区土地不受一般洪水淹没,普遍修建了生产堤,缩窄了行洪河道的宽度,减少了洪水漫滩的概率,大部分泥沙淤积在两岸生产堤之间的河槽内,生产堤与大堤之间的滩地落淤少,使滩槽高差减小。在一部分河段生产堤临河侧滩面又高于背河侧滩面,河槽平均高程反而高于滩地平均高程,形成了"二级悬河"(见图 2-10-3),对防洪十分不利。

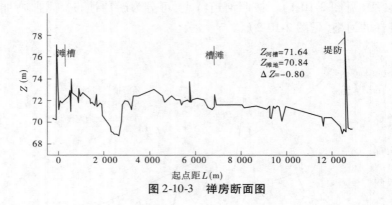

图 2-10-3　禅房断面图

一、河势多变危及堤防安全

河道冲淤变化迅速,河势流向改变频繁,是黄河下游河道演变的主要特点。河势变化的形式主要有弯道的后退下移、主溜摆动、自然裁弯等。变化的强度是自上而下由强变弱。在弯曲性河段内,除少数串沟夺溜外,河势变化大部分表现为弯道的发展。在 24 h 内最大的摆动距离,一般仅数十米。而在游荡性河段,主溜摆动严重,过去在一次洪峰中,溪线每天平均移动经常在 100 m 以上,大者达数千米。如 1954 年的一次洪峰中,在开封柳园口一带主溜由北岸摆到南岸,又由南岸摆回北岸,一昼夜之间主槽南北来回摆动竟达 6 km,变化之快是难以想象的。

河势的变化,有时直接危及堤防,往往使防洪工作处于十分被动的局面,其主要表现形式如下。

(一)主溜大幅度的提、挫变化

在弯曲性河段,尽管堤距一般仅有 0.5～2.0 km,但在整治之前,不断发生险工脱险、平工堤段出险的情况,如 1949 年汛期,滩地大量坍塌,有 9 处险工因河势下挫而脱河,有的主溜下延长达 2 km,抢险历时 40 余 d,致使防洪处于非常被动的局面。

(二)串沟过溜,平工生险

在堤距宽的河段,洪水漫滩之后,滩唇处淤积多,愈向堤根,落淤愈少,滩面上形成的横比降陡于河槽的纵比降。因滩面糙率和地形的变化,过水不均,缓流区落淤,集中过流区发生冲刷,往往在滩面上形成许多串沟。漫滩水流沿串沟集中流向堤根,顺堤下排,形成堤河。图 2-10-4 是 20 世纪 50 年代东坝头以下串沟与堤河的分布情况。在河势没有得到控制之前,出现漫滩洪水时,串沟过溜,可直达堤河,顶冲堤防,对防洪非常不利。当河道弯曲时,水流虽不漫滩,流程较短的串沟也可能发生夺溜,危及堤防,造成抢险。如老君堂至堡城河段,主溜原靠左岸,右岸黄寨险工前有一串沟(见图 2-10-5)。因河势的变化,老君堂控导工程仅下端靠溜,失去了控制河势的作用,1978 年 6 月串沟夺溜成为主河道(见图 2-10-5)。为了保证堤防安全,在黄寨险工以上的平工堤段又接修了吴庄险工,长1 500 m。后来老君堂工程再次着溜,又使吴庄险工脱河。该段河弯左右移位,不仅增修了工程,耗费了投资,而且使防洪一度处于非常被动的地位。

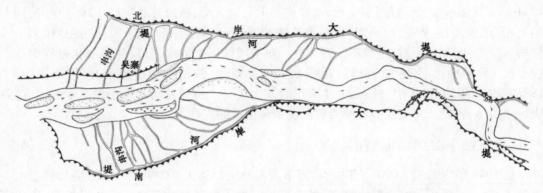

图 2-10-4　20 世纪 50 年代东坝头以下串沟、堤河分布情况

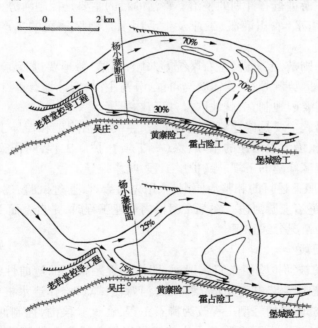

图 2-10-5　老君堂至堡城河段串沟夺河示意图

(三)横河顶冲,危及堤防

在游荡性河段,河面宽阔多心滩,水流分散多汊流,在河势变化的过程中,常常形成"横河"。在横向环流作用下,凹岸坍塌,凸岸滩嘴不断延伸,水面缩窄,淘刷力增强。致使顶冲的滩地很快后退,塌至堤防或险工时,就危及堤防安全。如花园口险工下首,1964年 10 月上旬出现"横河",顶冲险工(见图 1-5-1),相继抢险,至 10 月下旬,水面宽缩至

150 m 左右,溜势集中,淘刷力强,根石严重坍塌,经大力抢护,才保坝体安全。仅 191 号坝(东大坝)汛期抢险用石即达 11 600 m³。

由以上情况可以看出,由于溜势多变,经常危及堤防,若抢护不及,即能造成堤防决口。1843 年(清道光二十三年六月),在汛期洪水涨水时,因河势没有控制,大溜突然下滑到没有防护工程的九堡平工堤段,抢险料物短时间难以运筹,致使抢护不及,造成决口。1934 年 8 月涨水期水流漫过贯孟堤,沿串沟冲向长垣大堤,造成几处决口。1868 年(清同治七年)汛期,因溜势变化,坍塌坐弯,水流横冲至郑州郊区一带(原荥阳县冯庄)年久失修的老险工,因工地无料,抢护不及而冲决。在陶城铺以下的窄河段,河势变化过程中往往形成一些弯曲半径很小的陡弯,凌汛期易卡冰阻水,致使水位迅速上升,造成决口。1883 ~ 1936 年的 54 年中,就有 21 年凌汛时发生决口。由于黄河高悬于两岸地面以上,决口之后不易堵合,每次决口都给沿黄人民带来深重的灾难。

二、黄河下游的河道整治状况

在 1949 年以前的 2 000 多年中,黄河下游堤防决口达 1 500 多次。一般决口是平工堤段多,险工堤段少;冲决、溃决得多,漫决得少。为了保证堤防安全,从 20 世纪 50 年代初即开始对黄河下游进行有计划的整治。整治的目的主要是控制河势,有利防洪防凌;同时,兼顾引黄涵闸引水(农田灌溉、工业及生活用水)、滩区居民的生产、安全及航运(运石、运料)的要求。

河道整治的原则是,上下游、左右岸统筹兼顾;河槽、滩地要进行综合治理;修建工程要依河势演变规律因势利导;根据需要与可能,分清主次,有计划有重点地安设工程,建筑物结构和所用材料要因地制宜,就地取材,以节约投资。

河道整治的措施主要是修建河道整治工程,主要包括险工和控导工程两部分。为了防止水流淘刷堤防,沿大堤修建的丁坝、垛(短丁坝)、护岸工程,叫作险工。为了控导主流,护滩保堤,在滩区修建的丁坝、垛、护岸工程,叫作控导工程。

30 多年来,按照上述目的和整治原则,采用先易后难,通过试验,逐步推广的方法,先整治下游河段,后整治上游河段。在某个河段内修建工程时,是自上而下进行安设。兹将各不同河段的整治情况分述如下。

(一)弯曲性河段

1949 年汛期的被动抢险使人们认识到,即使在堤距很窄的弯曲性河段,单靠临堤修建的险工,是不能控制河势的。先是选择几处河弯做试点,修作透水桩柳坝,从控制中水河槽出发,把透水桩柳坝的轻型工程改为柳石工程,在试验段内,控制河势和落淤还滩的效果很好。1952 ~ 1954 年,配合险工大力修建了以柳石垛为主的控导工程(护滩工程),至 20 世纪 50 年代末,该河段险工和控导工程的长度达该段河道长度的 60%,经受了1954 年、1957 年、1958 年大洪水及较大洪水的考验。60 年代以后又经续建、完善,陶城铺以下的弯曲性河道的河势已经得到控制。

(二)过渡性河段

在 1966 ~ 1974 年间,参照弯曲性河道的整治经验,结合具体情况,有计划地集中修建了一批控导工程,并调整、续建了一些险工,计有河道整治工程 49 处,长 123 km,约占该河段河道长度的 75%。这些工程经受了汛期,尤其是 1976 年、1982 年较大洪水的考验,近年来河势变化不大,河势得到了基本控制。

(三)游荡性河段

高村以上的游荡性河段,溜势变化迅速,该河段的整治要比过渡性河段困难得多。东坝头至大王寨河段(见图 2-10-6),1974 年汛前在禅房控导工程以下,水面宽一般 3 km 左右,水流被浅滩切割,时而二股,时而三股,而到汛后,弯道向纵深发展,并形成了一个 S 形弯道。

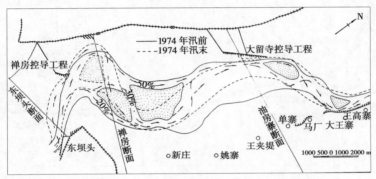

图 2-10-6 1974 年汛前汛后河势套绘图

1966 年以后,重点治理过渡性河段的同时,在东坝头至高村之间的游荡性河段,也相机修建了控导工程。至 1978 年,规划修建河道整治工程的地方,均已开始布置工程,所修的工程长度虽还远远达不到要求,但也起到了限制摆动范围的作用。东坝头以上的游荡性河段,工程不配套,约束水流的作用还相差很远,这是今后需要加速治理的河段。

三、河道整治对防洪的主要作用

黄河下游的河道经过河道整治,河势得到了不同程度的控制。在已经得到控制的弯曲性河段,彻底改变了类似 1949 年那种抢险的被动局面,洪水期间河势变化一般较小,防洪处于较为主动的状态。在滩区修建的控导工程,虽然由于漫顶会遭到一定的损坏,但经多次漫顶洪水证明,这些河道整治工程仍能够起到控制河势的作用,同时工程的损坏不大,也易于修复。在过渡性河段及游荡性河段其作用也甚为明显。

(一)过渡性河段

1.防止了不利河势

在河道经过整治之前,常常出现"横河"。如 1949 年汛后,主溜由苏泗庄险工向北送溜到对岸房常治滩地坐一大弯,折流向南,致使左岸滩地大量坍塌,主溜冲向平工堤段(见图 2-10-7)。在整治之前的部分河段还易出现畸形河弯,图 2-10-7 所示苏泗庄至营房河段就是一例,1959 年弯颈比达 2.81。由于这种河弯过于弯曲,流路长,河槽阻力大,对排洪不利。与一般弯道相比,宣泄同样大的洪水,就需抬高上游的水位。高水位时可能造成突然改河,低水位时又坍塌滩地,给防洪带来被动。在凌汛期,因弯曲半径小,流向改变快,淌凌之后,易于卡冰封河,甚至形成冰坝,给防凌造成困难。经过整治之后,防止了直冲堤防的"横河",限制了形成"畸形"河弯,苏泗庄至营房河段也治成了较为和顺的河弯

（见图 2-10-8），改善了防洪中的被动局面。

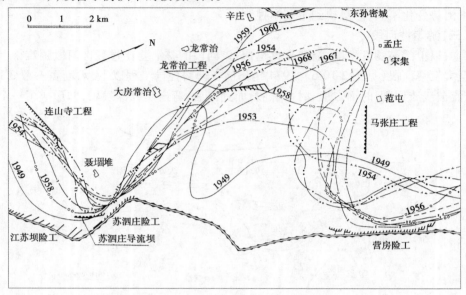

图 2-10-7　苏泗庄至营房河段整治前主溜线套绘图

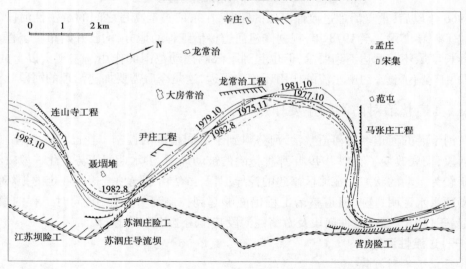

图 2-10-8　苏泗庄至营房河段整治后主溜线套绘图

2. 缩小了主溜摆动范围

为便于比较整治前后河势的摆动情况，仅以主溜线的变化情况进行分析。表 2-10-1 显示了过渡性河段整治前后主溜线的平均变化情况。

表 2-10-1　高村至陶城铺河段主溜摆动情况

项目	1949～1960 年 ①	1975～1984 年 ②	②/① ③
摆动范围(m)	1 802	631	35.0%
摆动强度(m/a)	425	171	40.2%

由此看出,整治以后主溜线的平均摆动范围和摆动强度,较整治前分别减少了 65% 和 60% 。最大摆动范围也由 5 400 m 减少到 1 850 m 。

3. 改善了河道的横断面形态

主槽是洪水的主要通道,愈窄深对排洪愈有利。整治之后,满槽流量下的平均水深 (H)和河宽(B)都发生了有利的变化。1975～1984 年与 1949～1960 年相比,平均水深由 1.47～2.77 m 增加到 2.13～4.26 m 。断面的宽深比 $B^{0.5}/H$ 也相应减少,由 12～45 下降 到 6～19 。同时该段河道的弯曲系数的年际变化幅度也越来越小,说明整治后的河道趋 于窄深,流路趋向稳定。

4. 对确保防洪安全发挥了显著作用

1975 年以来的实践已经证明,河道整治起到了控导主流、护滩保堤的作用。十几年 来河势没有发生大的突然变化,1976 年、1982 年是中水时间长、洪峰较大的年份,汛期有 些控导工程漫顶,并冲垮了部分坝、垛,有的在控导工程之间拉沟过水,也有的在工程上首 的生产堤上决口过水,这些都是易于造成河势突变的条件,而结果河势没有发生大的变 化,这是由于在控导工程作用下,形成了一个比较稳定的过流主槽。洪峰期间尽管控导工 程漫顶,并冲垮了一些坝、垛,或在工程的上部、中部冲沟过溜,但冲垮之后,坝、垛的石料 大部分坍落下滑,在一定程度上仍能约束水流,已形成的主槽较深,其周界也有较大的控 导作用,故当洪峰过后,主溜仍走原来的流路。以上说明,河道整治在防洪中发挥了重要 作用。

(二)游荡性河段

高村以上的游荡性河段,现仍处在整治的过程中。与过去相比,游荡范围略有减小, 其中东坝头至高村河段对防洪也发挥了较明显的作用。

东坝头乃是 1855 年铜瓦厢决口改道的口门处。口门以下水面展宽,颗粒较粗的泥沙 大量落淤。当时堆积的三角洲,成了以后的河道,这样的边界条件,易于造成河道游荡摆 动。100 多年来,东坝头以下曾多次发生决口。修建部分河道整治工程后,主溜的摆动范 围已经减少。1949～1960 年本河段诸断面的平均摆动范围为 2 435 m,而 1979～1984 年 仅为 1 700 m,后者仅相当于前者的 70% 。这些工程在限制河势的突变中,作用已很明 显。如 1933 年大洪水时,三门峡洪峰为 22 000 m³/s(花园口站相应洪峰为 20 400 m³/s)。 大溜出东坝头后,越过贯孟堤,直冲长垣大车集一带堤防,平工生险,并造成多处决口。而 1982 年汛期,花园口站洪峰 15 300 m³/s,洪水来势凶猛,洪量较大,水位表现偏高,这些都 是易于造成河势摆动的条件。在洪峰期间,东坝头以下的河势与 1933 年相似,大溜出东 坝头后冲向贯孟堤方向,由于左岸禅房控导工程的导流作用,主溜未到贯孟堤就折转右岸,避免了贯孟堤生险。尽管该河段河道整治工程还很不完善,部分坝、垛的土坝体被冲垮,但整治工程对河势仍有一定的控制作用。主流没有发生大的摆动,初步显示了游荡性河段河道整治的效用。

四、结语

(1)河势突然变化可能导致十分严重的后果,经过有计划的河道整治,可以控制主流,稳定河势,收到护滩保堤的效果。

(2)保持下游防洪安全是治理黄河的首要任务。目前堤防超高 2.1~3.0 m,根据河道淤积情况还可再行加高,以防漫决。通过进一步处理堤身、堤基隐患,采用淤背等措施加固堤防,以防溃决。大力开展河道整治,控导主流,减少河势突变,可以防止冲决。同时,加速中游治理,减少下游河道的淤积速度,通过综合治理,可以充分发挥现行河道的排洪排沙作用,保持黄河大堤的安全。

(3)黄河中游的小浪底枢纽工程即将修建,水库可以拦沙,也可以调水调沙,这些都将会对下游河道产生影响。因此,要有计划地抓紧时机进行整治,以适应小浪底工程修建后对下游的影响。

(4)黄河下游经过 30 多年的河道整治,弯曲性河段河势已经得到控制;过渡性河段已经基本控制;游荡性河段虽然取得了一定的效果,但整治的难度远远大于其他河段,目前距控制主流的要求还有相当大的距离。因此,如何进一步整治游荡性河道,需要认真研究。

确保黄河下游防洪安全*

新中国成立以来,国家一直把保障黄河下游防洪安全作为治理黄河的首要任务。在新中国成立初期国民经济十分困难的条件下,首先对千疮百孔、残缺不全的堤防进行了修复,继而先后三次进行加高培厚;自下而上分河段进行了河道整治;并辟了北金堤滞洪区,修建了东平湖分滞洪工程;在干流上修建了三门峡水库,在伊河上修建了陆浑水库,在洛河上修建了故县水库。初步建成了"上拦下排、两岸分滞"的下游防洪工程体系。同时,组建了强有力的防汛队伍,进行了洪水测报、预报和黄河防汛通信系统建设。在党和国家的领导下,经过晋、陕、豫、鲁四省党政军民的共同努力,依靠工程和人防,战胜了黄河下游历年发生的洪水,取得了连年伏秋大汛不决口的伟大胜利,保证了沿黄两岸人民安居乐业和社会主义建设的顺利进行。

一、1998 年黄河防洪形势

(一)泥沙尚未得到有效控制,河道不断淤积抬高

黄河多年平均进入下游河道的泥沙约 16 亿 t,约有 1/4 淤积在河道内。近些年来沙

* 本文为胡一三、李跃伦撰写,原载于《人民黄河》1998 年第 6 期 P1~3。

量虽有明显减少,但由于连续出现枯水年,河道仍发生了严重淤积,且大部分淤积在主槽内,致使二级悬河形势加剧,河道排洪能力减小,主槽过水能力明显降低。1958 年、1982年是黄河下游的大洪水年,而最高水位却多发生在 1996 年(见表 2-11-1)。

表 2-11-1　黄河下游水文站最高水位

站名	1958 年洪水		1982 年洪水		最高洪水位		
	水位(m)	流量(m³/s)	水位(m)	流量(m³/s)	发生年份	水位(m)	流量(m³/s)
花园口	93.82	22 300	93.99	15 300	1996	94.73	7 600
夹河滩	74.31	20 500	75.62	14 500	1996	76.44	7 150
高村	62.87	17 900	64.13	13 000	1982	64.13	13 000
孙口	49.28	15 900	49.60	10 100	1996	49.66	5 800
艾山	43.13	12 600	42.70	7 430	1958	43.13	12 600
泺口	32.09	11 900	31.69	6 010	1996	32.24	4 700
利津	13.76	10 400	13.98	5 810	1976	14.71	8 020

注:夹河滩站水位为老断面水位;利津站 1996 年水位为 14.70 m,相应流量为 4 130 m³/s。

　　黄河下游平滩流量已由 20 世纪 80 年代中期的 6 000 m³/s 左右,下降为目前的 3 000 m³/s 左右,滩区受淹机会增加,防洪压力越来越大。1996 年 8 月花园口站发生仅为 7 860 m³/s 的洪峰,下游滩区大部分漫水行洪,淹地 22.87 万 hm²,107 万人受灾,造成很大损失。据推算,1998 年花园口站若发生 1958 年型 22 000 m³/s 洪峰流量的大洪水,大堤将全线偎水,滩地全部受淹。

　　(二)堤防达不到设计要求、隐患多

　　黄河下游洪水主要靠两岸大堤约束,按照防御花园口站 22 000 m³/s 流量洪水的要求,还有 232 km 堤防高度严重不足,585 km 堤防强度不够。下游黄河大堤又是在民埝基础上多次加高修筑而成的,渗水、管涌、老口门、潭坑等各类隐患较多,还有 45 处重大险点和 7 处险闸虹吸亟待处理,部分堤段獾狐活动猖獗,有的堤段堤身裂缝较多,这些都降低了堤身强度和抗洪能力。

　　(三)部分河段河势游荡,冲决大堤的危险仍然存在

　　黄河下游自 20 世纪 50 年代有计划地进行河道整治以来,山东陶城铺以下河段的河势已经得到控制;陶城铺至高村河段的河势已基本控制;高村以上河段也修建了一些河道整治工程,由于控制河势的难度大,仅取得了缩小游荡范围的效果。目前存在的主要问题是河道整治工程布设还未完成,主溜摆动还未得到有效控制,最大摆幅还可达 5 km。由于水沙条件的变化,近些年来经常出现小水带大沙的洪水,这就加重了主槽淤积,河道断面形态更加宽浅,极易形成“横河”,同时主溜摆动加剧,经常出现突发险情,冲决大堤的危险依然存在。

　　部分河段已形成了明显的“二级悬河”,滩面横比降 1/2 000 ~ 1/3 000,是河道纵比降的 3 倍左右,加之滩面串沟较多,堤根附近多是筑堤取土后的低洼带,洪水漫滩后,有可能

沿串沟集中过流,冲向堤根,顺堤行洪,直接威胁平工堤段堤防的安全。

(四)水文、通信设施还不完善

黄河下游洪水突发性强,预见期短,对防洪调度要求高。近年来,国家虽然加大了对防洪非工程设施更新改造的投资力度,但由于历年积累的问题较多,仍有许多方面亟待建设。目前水文测验设施还有101条过河缆道、65只大型机船达到或超过报废年限,影响水文测验精度。在通信方面,县级以上的微波已经建成,但县级河务局到重点险工、险段仍为有线通信,一遇恶劣天气,极易倒杆断线,通信中断,影响汛情的传递和抢险指挥。

(五)连年没来大水,存在麻痹思想

由于近几年黄河水量偏枯,没来大水,加之下游频繁断流,人们对黄河发生大洪水的警惕性放松,水患意识淡薄,在部分干部群众中存在比较严重的麻痹思想和侥幸心理。

综上所述,1998年黄河防洪形势仍是非常严峻的。

二、做好防汛工作,确保黄河安澜

温家宝副总理在1998年国家防总第一次会议上指出,1998年防汛的主要任务为确保大江大河、大型水库不决口、不垮坝,大中城市不受淹,中小河流、中小型水库安全度汛。

在1998年的黄河防汛会议上,明确了下游防洪任务为:确保花园口站发生22 000 m³/s洪水大堤不决口。遇特大洪水要尽最大努力,采用一切有效办法减小灾害;同时,确保小浪底枢纽工程度汛安全。

面对1998年的严峻防洪形势和防洪任务,只有充分做好各项防汛和抗大洪、抢大险的准备工作,才能确保黄河安澜。

(一)认真搞好度汛工程建设

汛前,要抓紧修建已安排的堤防加高、险点险段除险加固等应急度汛工程,按设计要求保质保量完成任务;对汛前不能处理的险点、险段,要制订应急守护措施和抢险方案;对堤防、河道整治、涵闸、虹吸、穿堤建筑物等防洪工程进行全面检查,发现问题及时处理,汛前处理不了的,要落实好安全度汛措施;三门峡、故县、陆浑三座水库及下游分滞洪工程的各种防洪设备要进行检查、维护,做到启闭灵活,操作方便,随时投入防洪运用。

(二)严格落实党政主要领导负责制

要认真落实江泽民总书记:"防汛问题要实行责任制,哪个地方出问题,由哪个地方党政主要领导负责"的指示。温家宝副总理在1998年国家防总会议上指出,防汛工作要严格执行行政首长负责制,各级党政一把手要负总责,一级抓一级,把责任落实到人。各级地方党政领导要做到职务到位、思想到位、指挥到位,对所辖河段、主要防洪城市、大中型水库、蓄滞洪区的防汛工作,包括思想发动、物资准备、工程建设、预案修订、河道清障、群众迁安救护、群众防汛队伍组织和抗洪抢险等都要全面负责。

各级黄河防汛部门要当好参谋助手,协助行政首长明确防守责任,了解分管河段情况,熟悉各类防洪预案,提高指挥应变能力。特别要落实好重点险点险段、薄弱堤段和交界堤段的防守责任制。

(三)认真组织好防汛队伍

防汛队伍是防汛工作的重要组成部分。对专业抢险队伍的建设,要进行强化训练,对可

能出现的复杂险情,要制订抢险预案,增强防汛抢险的应变能力。汛期集中待命,真正做到机动、迅速、有效。黄河防总要求,1998年河南、山东两省要挑选素质较高的青壮年队员,分别组建3 000人左右的亦工亦农防汛骨干队伍,进行强化培训,持证上岗。中国人民解放军、武警部队历来是抗洪抢险的突击队,各地防指应主动与当地驻军联系,介绍工程情况,及时通报汛情。在此基础上,共同组建起一支由治黄队伍、群防队伍、解放军和武警部队组成的"三结合"抗洪大军,实行军民联防,团结抗洪,战胜可能出现的各类险情。

(四)搞好洪水预报调度

准确及时的洪水预报,是防洪调度正确决策、减少洪灾损失的重要依据。水文部门汛前要做好测验设施的检修维护,继续搞好下游7个主要水文站的水情预报。通信是防洪调度的生命线,在做好通信设施检修的同时,还要完成县局以下通信建设任务,保证信息畅通。

1998年汛前小浪底水利枢纽工程可达到100年一遇的度汛标准。为确保安全度汛,应制订出切实可行的度汛方案。在黄河洪水调度时,从确保小浪底枢纽工程安全度汛出发,当黄河发生"上大洪水"时,三门峡水库必须控泄运用,使小浪底工程下泄流量不超过其最大泄洪能力;当发生"下大洪水"时,三门峡水库视水情变化及时关闸拦洪;当三门峡以上基流比较大、三小区间又预报有较大暴雨时,三门峡水库要提前拦蓄一部分基流,保证小浪底工程下泄流量不超过其最大泄流能力。

(五)加强责任制建设

黄河防汛总指挥部1997年相继制定颁发了《黄河防汛工作职责若干规定》《黄河防汛总指挥部洪水调度责任制》《黄河防洪工程抢险责任制》以及《黄河汛期水文、气象情报预报工作责任制》等,这些责任制的颁布实施,对黄河防汛工作正规化、规范化建设起到了比较大的推动作用。1998年对这些责任制仍要认真贯彻落实,按照责任制的要求,在洪水预报、调度、工程抢险等方面,明确分工,落实责任,确保黄河防汛工作有条不紊地顺利进行。

三、对提高防洪能力的建议

(一)加大治黄投入,完善黄河防洪体系

黄河治理历来受到国家的高度重视,为此投入了大量的资金,但是目前黄河防洪工程和非工程措施存在的问题,绝大部分仍是由投入不足造成的。近年来,尽管国家对黄河防洪的投资有所增加,但与按规划设计的要求还相差甚远。随着河道的淤积抬高,已有防洪工程的标准随着时间的推移将自行降低,这就需要反复进行防洪工程建设。因此,需进一步加大治黄投资力度,不断完善防洪工程体系和防洪非工程措施的建设,以确保黄河防洪安全。

(二)加强防洪科学技术研究

"科学技术是第一生产力,科学技术活动是推动当代经济发展和社会进步的伟大革命力量"。搞好黄河防洪科学技术研究也是推动治黄工作、提高防洪技术、增加黄河安全度汛的重要措施。

黄河治理是一项十分复杂的系统工程,涉及多个学科。要针对目前防洪中出现的新情况、新问题,围绕提高防洪能力和改进防洪技术进行研究,如水沙变化趋势及其对下游防洪的影响、水沙变化及输移、河势演变、河道整治措施、抢险的方法与机具、防汛组织、指挥调度以及新技术在黄河防洪中的应用等。进行研究时应紧密结合防洪实践,以便研究成果尽快在河务部门中应用,发挥效益。

(三)提高防汛工作人员素质

做好防汛工作是战胜洪水的保证,工作人员的素质高低,是做好防汛工作的关键。提高现有防汛工作人员的素质,一是要加强教育,包括思想教育、法制教育、工作纪律教育等,增强工作责任感;二是要经常进行业务技术培训,随着科学技术的发展,新技术、新设备等在防汛工作中应用越来越广泛,为使先进的科学技术手段为防汛工作服务,必须加强业务技术培训;三是不断提高搞好工作的能力,防汛工作人员要向他人学习,扩大知识面,加强调查、深入实际、提高实干能力,学习新的科学技术知识,并运用到防洪工作中去。

小浪底水库运用初期三门峡水库防洪运用分析[*]

黄河下游的防洪,初步建成了由小浪底、三门峡、陆浑、故县干支流水库和下游堤防、河道整治工程、分滞洪工程组成的黄河下游防洪工程体系,并进行了防洪非工程措施的建设。小浪底水库的建成并投入运用,大大提高了下游防御洪水的标准,也减轻了三门峡水库的防洪负担和库区淤积。本节通过对水库防洪运用原则、运用方式、调洪演算的综合分析,就小浪底水库运用初期三门峡水库的防洪运用提出推荐方案。

一、三门峡水库防洪运用原则分析

小浪底水库运用初期,三门峡水库配合小浪底等水库及黄河下游防洪工程的运用方式,不仅取决于黄河下游的防洪要求,也取决于水库泥沙淤积状况,还受晋、陕、豫、鲁四省利弊关系等社会因素的制约[1]。其防洪运用应按照上下兼顾、合理运用的原则,根据洪水来源和来沙条件,三门峡水库尽可能不拦蓄一般洪水,以便减轻泥沙淤积对库区的不利影响。如若近期发生危害下游的"上大洪水",考虑在不超过小浪底水库初期移民限制高程的前提下,尽量发挥小浪底水库的作用,以小浪底水库为主,三门峡水库配合,并视洪水状况利用东平湖共同承担黄河下游的防洪任务,确保黄河大堤防洪安全。

调洪计算条件按"小浪底水库初期运用方式研究"中的相应内容确定。三门峡水库防洪控制最高蓄水位 335 m,有效库容约 56 亿 m³。汛期限制水位 305 m,该水位以下有效库容仅 0.09 亿 m³,库容和泄流能力见表 2-12-1。

表 2-12-1　三门峡水库 2002 年汛前库容及泄流曲线

水位(m)	305	310	315	320	326	328	330	335
库容(亿 m³)	0.09	0.77	2.41	6.30	17.83	23.70	30.19	56.48
泄量(m³/s)	5 502	7 873	9 803	11 300	12 800	13 247	13 690	14 605

小浪底水库初期防洪运用条件采用 2002 年汛前的库容曲线,防洪起调水位 220 m,

---

[*] 本文由胡一三、缪凤举、曲少军、焦恩泽、周建波撰写,原载于《泥沙研究》2001 年第 2 期。

库容及泄流能力见表 2-12-2。

表 2-12-2 小浪底水库 2002 年汛前库容及泄流曲线

水位（m）	220	230	240	250	260	270	275
库容（亿 m³）	16.35	25.35	38.60	55.50	75.50	99.10	112.00
泄量（m³/s）	6 951	8 148	9 547	10 672	11 159	12 947	14 872

黄河下游大堤按花园口站 22 000 m³/s 洪水设防，艾山以下按 11 000 m³/s 流量设防，当孙口站流量超过 10 000 m³/s 时，启用东平湖滞洪区分洪。

小浪底水库运用初期洪水调节库容大，为了减轻下游滩区洪灾损失，文献[2]提出遇中常洪水，小浪底水库尽量控制花园口断面不超过下游河道的平滩流量 5 000 m³/s。由此，对于花园口 5 年一遇"上大洪水"，在三门峡水库敞泄运用的条件下，小浪底水库保滩需要库容 18.9 亿 m³；若按 10 年一遇保滩标准，小浪底水库则需要保滩库容 37.2 亿 m³。作为方案比较，本次计算选用的保滩库容为 18.9 亿 m³。

二、三门峡水库防洪运用方式

三门峡、小浪底水库采用联合调度运用，在小浪底水库运用初期遇"下大洪水"时，拦洪任务可主要由小浪底水库承担，遇"上大洪水"时，在充分利用小浪底水库的前提下，对防洪工程进行联合调度。

（一）小浪底水库初期防洪运用方案

1. 小浪底水库不考虑保滩运用

当小浪底水库进库流量小于起调水位 220 m 对应的泄量时，按入库流量泄洪；否则，按凑泄花园口流量 10 000 m³/s（或 12 000 m³/s）进行调节，在调节过程中，库水位不低于 220 m。

2. 小浪底水库考虑保滩运用

参照文献[2]的有关内容并做了部分补充，即当水库起调水位 220 m 以上滞蓄水量小于 18.9 亿 m³，水库按凑泄花园口流量 5 000 m³/s 泄洪；当蓄洪量大于 18.9 亿 m³，且洪水又有上涨趋势时，运用方式改变为：当入库流量小于凑泄花园口 10 000 m³/s 的条件，控制库水位，按入库流量泄流；否则按凑泄花园口 10 000 m³/s（或 12 000 m³/s）进行调节。

（二）三门峡水库防洪运用方案

1. 三门峡水库敞泄运用

当进库流量小于库水位 305 m 的泄流能力时，按入库流量泄洪；否则，按敞泄运用，直至洪水过后库水位回落到 305 m。

2. 三门峡水库先敞后控运用

三门峡水库先按敞泄滞洪运用，当库水位达到最高水位时，水库开始控制运用，入库流量加三花间来水相应流量大于 10 000 m³/s（或 12 000 m³/s），出库流量按入库流量下泄；若小于 10 000 m³/s（或 12 000 m³/s），出库按凑泄花园口 10 000 m³/s（或 12 000 m³/s）确定，如若凑泄不够，则三门峡水库敞泄，直至库水位回落至 305 m。

3. 三门峡水库适时调控运用

三门峡和小浪底水库联合防洪运用中,主要用小浪底水库控制干流洪水,减少三门峡水库高水位时间。洪水到来后,三门峡水库按敞泄滞洪运用;库水位达最高水位后仍敞泄,库水位降低,直至小浪底水库蓄水位上升到影响移民的某一临界水位值(考虑 2001～2003 年小浪底库区正进行 265～275 m 高程间的移民搬迁,临界水位取 259 m;小浪底库区移民搬迁完毕后,临界水位取 269 m),三门峡水库开始控制运用,保持小浪底库水位不超过移民高程(前期 265 m,后期 275 m),三门峡水库按入库流量泄放,当来水减少至凑泄花园口流量不到 10 000 m³/s(或 12 000 m³/s)时,则首先加大三门峡水库泄量凑够,直至库水位降至 305 m。

三、"上大洪水"水库防洪方案的计算与分析

(一)防洪运用计算方案

在小浪底水库运用方案中,水库运用初期移民高程分别取 265 m 和 275 m。在计算中按:①考虑两个移民高程,提出了小浪底水库两个临界水位(259 m、269 m);②下游保滩和不保滩;③花园口最大流量控制为 10 000 m³/s 和 12 000 m³/s。各方案组合情况见表 2-12-3。

表 2-12-3　三门峡、小浪底水库防洪计算方案

方案		I		II		III	
水库运用方式	三门峡	敞泄		先敞后控		适时调控	
		花园口最大流量(m³/s)		花园口最大流量(m³/s)		花园口最大流量(m³/s)	
		10 000	12 000	10 000	12 000	10 000	12 000
	小浪底					(1)259 m	(1)259 m
		①不保滩	①不保滩	①不保滩	①不保滩	①不保滩	①不保滩
		②保滩	②保滩	②保滩	②保滩	②保滩	②保滩
						(2)269 m	(2)269 m
						①不保滩	①不保滩
						②保滩	②保滩
三门峡水库运用方案说明		洪水入库后敞泄运用		洪水入库后,水库先敞泄,当库水位达到最高值时开始控制运用		洪水入库后先敞泄,当小浪底库水位达到 259 m 或 269 m 时,三门峡水库开始控制运用	

(二)防洪运用方案计算成果分析

对于千年一遇和万年一遇洪水,各方案调洪计算的最高库水位及三门峡水库大于某级水位历时的成果汇总分别见表 2-12-4 和表 2-12-5。对于控制花园口最大流量 12 000 m³/s 也进行了计算,结果表明,各级水位持续时间均较花园口最大流量 10 000 m³/s 时为短。

表 2-12-4 千年一遇洪水三门峡水库不同运用方案大于某级水位历时统计（花园口最大流量 10 000 m³/s） （单位：h）

水库运用方式 三门峡	小浪底	≥315 m	≥320 m	≥326 m	≥330 m	≥332 m	三门峡开始控制水位(m)	小浪底最高水位(m) 不保滩	保滩
敞泄		372	276	148	68	0	敞泄滞洪	259.81	266.76
先敞后控		628	548	392	180	0	330.69	246.72	255.38
	不保滩,259 m	384	276	148	68	0	319.21	259.23	
	保滩,259 m	488	408	196	68	0	327.11		261.37
适时调控	不保滩,269 m	372	276	148	68	0	敞泄滞洪	259.81	
	保滩,269 m	372	276	148	68	0	敞泄滞洪		266.76

表 2-12-5 万年一遇洪水三门峡水库不同运用方案大于某级水位历时统计（花园口最大流量 10 000 m³/s） （单位：h）

水库运用方式 三门峡	小浪底	≥315 m	≥320 m	≥326 m	≥330 m	≥332 m	三门峡开始控制水位(m)	小浪底最高水位(m) 不保滩	保滩
敞泄		488	432	324	208	132	敞泄滞洪	272.97	*
先敞后控		700	668	620	596	480	334.46	254.20	262.73
	不保滩,259 m	700	688	552	340	132	330.73	263.17	
	保滩,259 m	700	668	620	564	388	333.55		264.75
适时调控	不保滩,269 m	644	572	324	208	132	325.98	269.18	
	保滩,269 m	700	656	452	208	132	329.71		272.59

注：* 表示水位已超过 275 m。

调洪计算成果表明,小浪底和三门峡水库联合调度运用,对"上大洪水"可以起到明显的拦蓄作用。从各方案来看,三门峡水库先敞后控运用方案,各级水位持续时间均较其他两种方案长。多泥沙河流水库运用的实践表明:水库蓄水持续时间越长,水库淤积越严重;蓄水位越高,库区淤积部位越偏上。由于三门峡水库的特殊地理位置和地形条件,当水库淤积后,难以消除淤积影响。

在小浪底水库运用初期,应充分利用初期库容大的有利条件,但对"上大洪水",三门峡水库还必须承担一部分防洪任务。在两库联合调度中,对三门峡水库所承担的这部分防洪任务,应力求使最高水位较低,且使高水位的持续时间尽量缩短,以减少库区尤其潼关以上库区的淤积。从计算方案分析比较看出,三门峡水库敞泄运用方式,高水位持续时间较短,但加大了小浪底水库的蓄洪量,遇万年一遇洪水时,使小浪底库水位超过275 m。先敞后控运用方式,高水位运用时间较其他方案明显偏长,对三门峡水库淤积产生不利影响。适时调控运用方式,高水位的持续时间比先敞后控运用方式减少很多,比敞泄运用方式高水位持续时间增加不多。因此,适时调控方案是两库联合调度中的好方案。

黄河下游河道排洪的实践表明,下游河床冲淤演变的一个重要规律就是洪水漫滩后,滩槽水流泥沙交换十分强烈,大量泥沙通过交换,由主槽进入滩地,使滩地大量淤积,清水归槽后主槽强烈冲刷,故有"淤滩刷槽"的规律。这种"淤滩刷槽"情况使得涨水过程中主槽迅速扩大,排洪能力增加。黄河下游河道平面形态上宽下窄,滩地主要集中在陶城铺以上宽河道,洪水漫滩后大量泥沙在宽河道滩地落淤,降低了进入窄河段水流的含沙量,有利于窄河段的冲刷。在水库运用中,由于黄河下游河道的演变规律和复杂的形态,在实际操作中保滩是很难实现的。允许洪水漫滩,对下游河道也是有利的。

四、"下大洪水"三门峡水库运用条件分析

根据实际发生的主要来自三门峡以下的1954年8月、1958年7月、1982年7月底至8月初的"下大洪水"资料,经计算分析,花园口站百年一遇洪水可由小浪底水库单独承担防洪任务。由于"下大洪水"的产汇流区紧靠黄河下游,洪水上涨迅速,而且含沙量小,三门峡水库对其控制作用较小。为了减轻三门峡库区淹没和淤积影响,当发生大于百年一遇"下大洪水"时,建议三门峡水库主要配合小浪底水库,削减花园口站洪峰的超万洪量,水库蓄水位最好不要超过320 m,使水库蓄水不直接影响潼关。以上是从实际水沙条件和水库冲淤变化特点提出的发生"下大洪水"时三门峡水库的运用意见,两库防洪运用的具体实施方案,有待通过调洪计算与分析确定。

五、结语

(1)在小浪底水库运用初期,应按照以小浪底水库为主,三门峡水库配合,并视洪水状况,合理运用陆浑水库、故县水库及东平湖滞洪区,经联合调度共同承担防洪任务。

(2)发生"上大洪水"时,既要发挥小浪底水库初期库容大的特点,保证小浪底水库移民安全,也使三门峡水库发挥防洪作用,并要尽量减少三门峡水库高水位的持续时间,达到防洪保安全的目的,经分析计算,推荐三门峡水库采用"适时调控"方案。

(3)由于三门峡水库对"下大洪水"的控制作用较小,可配合小浪底水库运用,削减花

园口站洪水的超万洪量,水库蓄水位最好不要超过 320 m。

参 考 文 献

[1] 胡一三.中国江河防洪丛书·黄河卷[M].北京:中国水利水电出版社,1996.
[2] 黄委会设计院.小浪底水库初期运用方式研究(HSY – CH – 101).1999.

人民治黄 60 年防洪方略及防洪工程体系*

一、防洪方略

该部分内容详见"黄河治理方略概述",此处略。

二、黄河下游防洪工程体系

60 多年来,黄河下游一直进行防洪工程建设。由开始阶段的恢复堤防到进行有计划的修堤,由创办河道整治到不同河段大规模地进行河道整治,由开辟滞洪区到完善滞洪区建设,由修建三门峡水库到建成小浪底水库,现在已经基本建成由堤防、河道整治、分滞洪工程以及位于中游的干支流水库组成的黄河下游"上拦下排、两岸分滞"的防洪工程体系(见图 1-2-1)。

(一)堤防

堤防是防御洪水的屏障,是防洪工程中最主要的一项工程。1938 年花园口扒口黄河改道后,故道已有七八年的时间没有走河,加上战争原因,原有的防洪工程已惨遭破坏,堤防千疮百孔,已失去挡水作用。在原河道内除进行耕种外,还有大量的村庄,人口相当稠密,故道内当时绝大部分属于解放区。1947 年堵复花园口口门,黄河回归故道。1946 ~ 1949 年在解放区进行了大规模的复堤,4 年共完成修防土方 3 369 万 m³(黄河下游修防资料汇编(第一集),1955 年 6 月),其中绝大部分为复堤土方。

经过 1946 ~ 1949 年的复堤,堤防工程得到了初步恢复,但总的讲堤防的防洪标准还是低的,尚有大量的险工需要整修。紧接着 1950 ~ 1957 年进行了第一次大修堤,年年动员大量农民参加堤防施工,堤防断面不断加大(见图 2-13-1)。8 年共完成土方 14 090 万 m³,用工 4 936 万工日。

三门峡水库修建前后,曾一度放松黄河下游的修防工作,下游工程防洪能力有所下降。由于三门峡水库严重淤积,1962 年水库运用方式由"蓄水拦沙"改为"滞洪排沙",库区淤积泥沙的下排势必增加下游河道的防洪负担。从 1962 年冬开始到 1965 年进行了第二次大修堤,4 年大修堤共完成土方 5 396 万 m³,用工 3 197 万工日。

1969 ~ 1972 年黄河下游河道发生了严重淤积,同流量水位明显抬高。河槽淤积速度远高于滩地淤积速度,东坝头至高村部分河段已出现了"二级悬河",防洪形势非常严峻。

* 本文原载于《史志资料》2006 年第 4 期 P7 ~ 15。

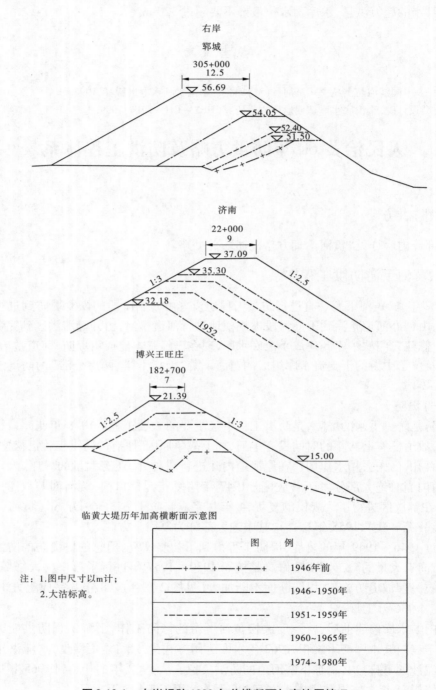

临黄大堤历年加高横断面示意图

注：1.图中尺寸以m计；
2.大沽标高。

图 例	
—+—+—+—+—	1946年前
——	1946~1950年
— — —	1951~1959年
- · - · -	1960~1965年
———	1974~1980年

图 2-13-1   右岸堤防 1980 年前横断面加高培厚情况

1973 年 12 月在郑州召开的黄河下游治理工作会议上决定进行第三次大修堤。经过 12 年的努力，至 1985 年，平均加高堤防 2.12 m，除个别缺口外，大堤普遍达到防御花园口站 22 000 m³/s 洪水相应的 1983 水平年设计洪水位标准。共完成土方 19 824 万 m³，用工

10 787万工日。

1950～1985年,除进行3次大修堤的年份外,其他年份都进行了规模大小不同的加修堤防。据统计,1950～1985年共完成修堤土方4.2亿 m³,用劳力2.07亿工日。

1990年4月水利部指示黄河水利委员会编制2000年前黄河下游防洪工程建设的设计任务书(以后与可行性研究合并,称可行性研究)。这次设计水平年由1995年改为2000年。1992年水利部进行了初审,同意了2000水平年设计洪水位。1995年第四季度黄河水利委员会根据《黄河下游防洪工程近期建设可行性研究报告》,编制并上报了《黄河下游1996年至2000年防洪工程建设可行性研究报告》。经审查批复后,从1996年开始进行黄河下游第四次大修堤。第四次大修堤防御洪水目标仍采用花园口站洪峰流量22 000 m³/s的洪水。艾山站以下10 000 m³/s,考虑南山支流加水后,堤防按流量11 000 m³/s设计,相应的设计洪水位仍采用按2000水平年确定的相应位置的洪水位。1986～1995年间也进行了一些堤防建设,完成土方26 299万 m³(其中堤防14 937万 m³),石方234万 m³,完成工日2 796.68万个(其中堤防1 267.24万个)。1996～2000年防洪工程共完成土方23 662万 m³(其中堤防14 927万 m³),石方311万 m³。2001～2005年防洪工程共完成土方32 201万 m³(其中堤防23 540万 m³),石方631万 m³。至此,黄河下游第四次防洪工程建设的任务尚未完成。

(二)河道整治

1949年汛期是水量较丰的一年,花园口站发生大于5 000 m³/s的洪峰7次,最大洪峰流量达12 300 m³/s,弯曲性河段出现了严重的抢险局面,有40余处险工发生严重的上提下挫,并有东阿李营等15处险工脱河。1949年汛期十分被动的抢险表明,即使在黄河下游控制水流条件最好的河段,单靠两岸堤防及沿堤修建的险工,也是无法控制河势的。在充分调查1949年汛期河势变化、研究滩地弯道与险工靠溜关系的基础上,1950年选择因河势变化而大量塌滩的河弯,试修护滩工程,经汛期洪水考验,取得了好的效果。试修河道整治工程成功,为弯曲性河段进行河道整治提供了条件,为防洪保安全找到了新的途径。1952～1955年修建了大量的控导护滩工程,技术上也有大的改进。这些工程经受了1957年、1958年大洪水的考验,险工与控导护滩工程相配合,控制了大部分河弯的河势,减少了被动抢险。

高村至陶城铺过渡性河段,在1959年以前,尚未在滩区修建控导护滩工程。1959年以后因受"左"的思想影响,对黄河下游河道整治提出了"三年初控,五年永定"的治河口号,盲目引用其他河流控制河势的方法,用"树、泥、草"结构修建了10余处控导护滩工程,后几乎全被洪水冲垮,以失败而告终。在认真总结弯曲性河段河道整治经验、本河段"树、泥、草"治河教训的基础上,结合本河段的特点,1965～1974年大力开展了河道整治。按照微弯型整治方案,采用以弯导流的办法修建河道整治工程,控导河势。过渡性河段经过初期修建滩区工程—失败—总结经验、修建控导工程,并改建部分险工,取得了基本控制河势的效果。

黄河下游游荡性河段纵比降陡,流速快,水流破坏能力强,塌滩迅速,对堤防威胁大。河势演变的任意性强、范围大、速度快、河势变化无常。游荡性河段是情况最为复杂,最难进行河道整治的河段。经认真总结过渡性河段的河道整治经验,结合本河段的情况,采用先易后难,先限制游荡范围再控制河势,并不断改进整治措施。20 世纪 60 年代后半期以后,在重点整治过渡性河段的同时,按照微弯型整治方案,游荡性河段也在滩区修建了部分河道整治工程,明显缩小了游荡范围。东坝头—高村、花园口—马渡、花园镇—神堤河段已初步控制了河势。

黄河下游自 1950 年开始进行河道整治以来,按照先易后难、自下而上、分河段(在局部河段整治时是自上而下)进行了河道整治。修建了大量的河道整治工程,加上已有的老险工,至 2001 年底孟津白鹤镇以下计有河道整治工程 446 处,工程长 845.317 km,裹护长度 716.040 km,坝垛 10 776 道。这些工程经受了洪水考验,在控制河势等方面发挥了显著作用。

(三)分滞洪工程

20 世纪 50 年代初期,黄河堤防单薄、隐患多,抗洪能力小,当时的堤防防洪标准为陕州站洪峰流量 18 000 m³/s。历史上多次发生大于该标准的洪水,更会超过当时高村站安全泄量 12 000 m³/s。黄河下游堤防的平面格局是上宽下窄,排洪能力上大下小,进入下游的大洪水单靠上段宽阔的滩地滞洪,仍不能将洪峰削减至堤防的防御洪水能力以内。为了防止大洪水时堤防决口,除加高加固堤防外,黄河水利委员会提出,拟采取有计划的分洪滞洪办法,"牺牲局部,保全整体",以达"舍小救大,缩小灾害"的目的。经商平原、河南、山东 3 省同意,编制了防御黄河异常洪水的报告,1951 年 4 月 30 日,政务院财政经济委员会做出《关于预防黄河异常洪水的决定》,水利部以〔1951〕工字 4383 号文下达,原则同意举办沁黄滞洪区、北金堤滞洪区、利用东平湖自然分洪。据此从 1951 年开始先后开辟了沁黄滞洪区、北金堤滞洪区、东平湖分洪工程和大宫分洪区。在三门峡水库建成后,提高了下游防洪标准,在每年洪水处理方案中仅考虑利用北金堤滞洪区和东平湖滞洪区处理超过堤防防御能力的洪水。为了解决艾山以下窄河道的凌洪威胁,经水利电力部批准,从 1971 年开始,兴建了齐河和垦利展宽工程。随着小浪底水库的建成,2000 年后诸滞洪工程的运用概率大为减小。

1. 东平湖滞洪区

东平湖滞洪区总面积 627 km²,其中老湖区 209 km²,新湖区 418 km²。原设计蓄水位 46.0 m(大沽,下同),总库容 39.79 亿 m³,其中老湖 11.94 亿 m³,新湖 27.85 亿 m³。近年来,分滞黄河洪水时运用水位为 45.0 m,总库容 33.54 m,其中老湖 9.87 亿 m³,新湖 23.67 亿 m³。单独利用老湖处理汶河洪水时,老湖运用水位为 46.0 m,相应库容 11.94 亿 m³。

历史上自然滞洪运用较多。1949~1958 年 10 年间有 5 次较大的洪水滞洪。分别为 1949 年 9 月洪水、1953 年 8 月洪水、1954 年 8 月洪水、1957 年 7 月洪水、1958 年 7 月洪水。最高湖水位:1949 年为 42.25 m,1954 年 8 月 3 日为 42.94 m(土山站),1957 年为 44.06 m,1958 年 7 月 21 日 24 时为 44.81 m。

1960 年位山枢纽主体工程基本完成后,1960 年 7 月 26 日开始蓄水运用,9 月中旬最高蓄水位达 43.50 m(土山站),最大蓄水量为 24.5 亿 m³。11 月 9 日后向黄河放水,年底湖水位降至 42.50 m,并一直持续到 1961 年 3 月下旬,1961 年汛前水位降至 41 m。1963 年新湖区大部分土地恢复耕种。

1982 年 8 月 2 日,花园口站出现 15 300 m³/s 的洪峰,孙口站洪峰流量为 10 100 m³/s。当时按控制艾山站下泄不超过 8 000 m³/s,于 8 月 6 日 22 时开启林辛闸向老湖分洪,8 月 7 日 11 时又开启十里堡闸向老湖分洪。8 月 9 日 23 时两分洪闸全部关闭,历时 72 h,最大分洪流量 2 400 m³/s,分洪水量 4 亿 m³,分洪后老湖水位 42.11 m,分洪后艾山站最大流量为 7 430 m³/s。

2. 北金堤滞洪区

按照 1951 年政务院财经委员会《关于预防黄河异常洪水的决定》,1951 年在长垣县石头庄附近修筑了溢洪堰分洪工程。1960 年三门峡水库建成后,北金堤滞洪区曾一度停止使用,1963 年海河流域发生大暴雨后,从 1964 年开始,又着手北金堤滞洪区的恢复工作。1975 年 8 月淮河发生特大洪水后,1977 年开始兴建了渠村分洪闸,并对北金堤及滞洪区安全建设设施进行了建设。

按照设计,北金堤滞洪区可分滞黄河洪水 20 亿 m³,并考虑金堤河来水 7 亿 m³。滞洪区呈狭长的三角形,长 150 余 km,最宽处 40 余 km,面积改建后为 2 316 km²,涉及河南、山东 2 省 7 个县,中原油田 80% 的生产设施在滞洪区内。

3. 窄河段展宽工程

"凌汛决口,河官无罪"的谚语,表现凌汛对两岸安全的威胁是很大的,尤其是在堤距很窄的河段。济南、齐河之间及垦利、利津之间的两段窄河道,在凌汛期间极易卡冰结坝,壅高水位,威胁堤防安全。为解决凌汛威胁,水利电力部于 1971 年 4 月和 9 月分别批准兴建齐河展宽工程和垦利展宽工程,20 世纪 80 年代初 2 处展宽工程基本建成。

齐河展宽工程,也称北展。展宽区南为临黄堤,北为展宽堤,总面积 106 km²,宽一般 3 km 左右,设计最大库容为 4.75 亿 m³,其中有效库容为 3.9 亿 m³。展宽工程于 1971 年 10 月开工,1982 年基本建成。

垦利展宽工程,也称南展。展宽区北为临黄堤,南为展宽堤,总面积 123.3 km²,宽 3.5 km 左右。设计最大库容为 3.27 亿 m³,其中有效库容为 1.1 亿 m³。展宽区于 1971 年 10 月开工,1978 年底完成主体工程。

(四)防洪水库

黄河下游洪水具有峰高量小的特点,一次洪水的洪量主要集中在 5~7 d 之内。在中游干支流上修建水库可以达到削减洪峰、控制下游洪水的目的;同时利用这些水库调水调沙,还可减缓下游河道的淤积抬升速度。从 1957 年开始修建防洪水库以来,已先后建成了干流三门峡水库、伊河陆浑水库、洛河故县水库、干流小浪底水库,在黄河下游按花园口站 22 000 m³/s 设防流量不变的情况下,黄河下游的防洪标准已由 30 年一遇提高到近千年一遇。

1. 三门峡水库

三门峡水库是黄河中游干流上修建的第一座大型水库,位于河南省陕县(右岸)和山西省平陆县(左岸)交界处。枢纽处控制黄河流域面积 68.84 万 km²,占全流域面积(不包括闭流区)的 91.5%,控制黄河水量的 89%,黄河沙量的 98%。开发任务是防洪、防凌、灌溉、发电和供水。三门峡水利枢纽于 1957 年 4 月 13 日开工,1958 年 11 月截流,1960 年 9 月下闸蓄水运用,1961 年 4 月,大坝修到 353 m(大沽)高程,枢纽工程基本竣工。由于三门峡水库库区淤积严重,对枢纽多次进行增建、改建。

1960 年 9 月至 1962 年 3 月按"蓄水拦沙"运用,1962 年 3 月以后改为"滞洪排沙",由于泄流规模小,水库仍继续淤积。从 1965 年 1 月开始增建两条泄流隧洞(在枢纽左岸)、改建四条发电引水钢管为泄流排沙管道(简称"两洞四管")。为进一步解决库区淤积问题,在 1970～2003 年又进行了第二次改建。

三门峡水利枢纽为混凝土重力坝,最大坝高 106 m,防洪运用水位 335 m,相应防洪库容约 56 亿 m³。泄流建筑物包括 12 个深孔、12 个底孔、2 条隧洞、1 条钢管,共 27 个孔洞。315 m 水位时泄流能力达 10 096 m³/s(含 2 台机组)。发电机组 7 台,总装机 40 万 kW,年发电量约 12 亿 kWh。

2. 陆浑水库

陆浑水库位于黄河支流洛河的最大支流伊河中游的河南省嵩县境内。控制流域面积 3 492 km²,占伊河流域面积 6 029 km² 的 57.9%。开发任务是以防洪为主,结合灌溉、发电、供水和养殖等。

陆浑水库于 1959 年 12 月开工,1965 年 8 月主体工程建成。1972 年 2 月至 1974 年 7 月建设灌溉发电洞。1975 年 8 月淮河发生特大洪水后,按照特大洪水进行保坝设计及加固设计,1976～1988 年将土坝顶由 330 m 加高至 333 m,泄洪塔架也相应抬高 3 m,并对西坝头进行了处理。

枢纽工程包括大坝、溢洪道、泄洪洞、灌溉发电洞、输水洞和电站 6 部分。陆浑水库总库容为 13.20 亿 m³,防洪库容 6.77 亿 m³。除可提高枢纽以下支流的防洪标准外,还可削减黄河下游的洪峰、洪量。

3. 故县水库

故县水库位于黄河支流洛河中游峡谷区,河南省洛宁县境内。控制流域面积 5 370 km²,占洛河流域面积 12 037 km²(不含支流伊河面积)的 44.6%。开发任务为以防洪为主,兼顾灌溉、发电、供水等。

水库于 1958 年开始兴建,经过"四上三下"的漫长过程,于 1980 年 10 月 7 日截流,1993 年底竣工,1994 年正式投入拦洪运用。

枢纽主要建筑物有大坝、泄水建筑物、电站。水库总库容为 11.75 亿 m³,近期防洪库容 6.98 亿 m³(设计水位以下)。除可提高枢纽以下洛河及洛阳的防洪标准外,还可削减黄河下游的洪峰、洪量。

4. 小浪底水库

小浪底水库位于河南省洛阳市以北 40 km 处的黄河干流上,上距三门峡水利枢纽 130 km,下距花园口站 128 km,坝址处控制流域面积 69.4 万 km²,占花园口以上流域面积的 95.1%,占黄河流域面积(不含内流区)的 92.3%。控制黄河径流量的 91.2%,输沙量的近 100%。枢纽的开发目标是以防洪、防凌、减淤为主,兼顾供水、灌溉、发电,综合利用。

小浪底水利枢纽 1991 年 9 月前期准备工程开工,1994 年 9 月主体工程开工,1997 年 10 月 28 日截流,1999 年 10 月 25 日下闸蓄水,2000 年 1 月 9 日首台机组发电,2001 年 12 月全部竣工。2009 年 4 月国家对枢纽工程正式验收。

小浪底水利枢纽主要由大坝、泄洪排沙、引水发电建筑物组成。泄洪洞、发电洞、灌溉洞和溢洪道进水口建筑物集中布置在大坝左岸,出水口集中布置在大坝下游左岸。地下式厂房位于左岸 T 形山梁交汇处的腹部。泄洪排沙建筑物由孔板洞、排沙洞、明流洞和溢洪道组成。

小浪底水库总库容为 126.5 亿 m³,其中长期有效库容 51 亿 m³,防凌库容 20 亿 m³,可长期发挥防洪和调水调沙作用。在修建上述 3 座水库后下游防洪标准提高到 60 年一遇的基础上,进一步提高到近千年一遇;利用 75.5 亿 m³ 的调沙库容拦沙,可减少下游河道约相当于 20 年的淤积量,减少下游堤防加高的次数;可改善下游供水及灌溉条件;多年平均发电 51 亿 kWh。

三、结语

在中国共产党领导下的人民治黄已经走过 60 多年的历程。不论是在战争年月,还是在和平建设时期,党和国家都十分重视黄河治理工作,安排大量人员进行黄河调查、测绘、勘探、研究,编制治黄规划和各种工程建设技术方案,投入大量资金进行防洪工程建设。60 多年来多次加高培厚了堤防;按照微弯型整治方案进行了河道整治,限制了河势变化,改善了横断面形态,减轻了防洪压力,改善了引水条件,减少了塌滩掉村;进行了滞洪区建设;修建了防洪水库。每年调集大量沿黄群众参加防汛抢险,在党政军民的共同努力下,战胜了一次次洪水,谱写了一曲曲抗洪抢险凯歌,保卫了黄河两岸广大黄淮海平原安全,为我国经济社会持续发展做出了巨大贡献。人民治理黄河 60 多年取得了国内外共认的辉煌成就。

但是,黄河下游防洪工程建设的任务仍将是长期的和艰巨的。按照 2000 水平年设计防洪水位所确定的防洪任务还没有完成,以后仍需继续进行。现在基本建成了"上拦下排,两岸分滞"的黄河下游防洪体系,要建成符合"'上拦下排、两岸分滞'控制洪水;'拦、排、放、调、挖'处理和利用泥沙"要求的防洪体系,任务还是十分艰巨的,尚需比较长的时间才能建成。

参 考 文 献

[1] 黄河水利委员会黄河志总编辑室.黄河大事记[M].2 版.郑州:河南人民出版社,1991.
[2] 王化云.我的治河实践[M].郑州:河南科学技术出版社,1989.
[3] 当代治黄论坛编辑组.当代黄河论坛[M].北京:科学出版社,1990.
[4] 胡一三.中国江河防洪丛书·黄河卷[M].北京:中国水利水电出版社,1996.

黄河堤防工程建设*

1946 年初,根据黄河即将回归故道的形势,解放区晋冀鲁豫边区政府决定设立治河

* 本文选入 2006 年《黄河年鉴》"专文"部分,P345～350。

委员会。2月22日,黄河故道管理委员会在菏泽成立,并决定在沿河各专区、县分别成立治河机构。3月12日,决定在黄河南北两岸设立修防处和县修防段。5月底6月初,黄河故道管理委员会改为冀鲁豫区黄河水利委员会,王化云任主任。1948年9月25日,华北人民政府委员会举行首次会议,决定冀鲁豫区黄河水利委员会属华北人民政府和冀鲁豫区行署双重领导,王化云任主任。

1946年3~4月间,渤海解放区行署决定成立渤海区修治黄河工程总指挥部,治黄领导机构驻蒲台县城。4月15日,决定在垦利、利津、蒲台、惠民、齐东等县建立治河办事处。5月14日,山东省政府任命江衍坤为山东省河务局局长。1948年9月26日,山东省河务局进入济南接收国民政府山东修防处。

1949年6月16日,华北、华东、中原三解放区联合性的治黄机构——黄河水利委员会成立会议在济南召开,会议推选王化云为主任。7月1日,黄河水利委员会在开封正式办公。1949年11月1日起,黄河水利委员会改属政务院水利部领导。1950年1月15日,黄河水利委员会改为流域性机构,统筹黄河治理,直接领导山东、平原、河南三省的黄河河务机构。作为流域机构,半个世纪以来一直统筹黄河治理,堤防工程建设是其主要的组成部分。

一、防洪目标

黄河下游防洪标准,在人民治黄初期,是根据近几年已经发生的洪水和可能修建的工程而确定的。1958年发生有实测资料以来最大洪水后方稳定下来。

1947年复堤标准是超出1935年的最高洪水位0.5 m。1948年复堤标准是超1935年最高洪水位1~1.2 m。1949年黄河下游的防洪标准是16 500 m³/s。"三年来进行了巨大的复堤整险工程,以民国二十六年(1937年)最大洪水16 500 m³/s的流量为防御目标的工程,可以说是基本完成了"(王化云,1949年6月)。1950年黄河下游的防洪标准是陕县18 000 m³/s。王化云在1949年7月给潘复生的信中提出,"我们规定陕县黄河流量18 000 m³/s为明年(1950年)修防工程的设计目标和要求。"1951年仍以18 000 m³/s(陕县)为目标。1952年以后防洪标准提高,1952年5月王化云在报中共中央农村工作部《关于黄河治理方略的意见》中提出,"对下游工作的方针,应该继续巩固建设堤防,坚决保证陕县23 000 m³/s的流量时不发生溃决"。1953~1954年以防1933年同样洪水为目标。1955年保证秦厂发生29 000 m³/s洪水不决口。

1958年防秦厂25 000 m³/s洪水不决口;1959年调整为秦厂30 000 m³/s不发生溃决。

1960年9月三门峡水库下闸蓄水后,黄河下游洪水减少;1962年以防御花园口站洪峰流量18 000 m³/s洪水为目标(黄河大事记)。1964年以防御花园口20 000 m³/s洪水为目标。1969年防花园口站洪峰流量22 000 m³/s洪水,堤防不决口。

黄河水利委员会1981年6月20日颁发的《黄河下游防洪工程标准(试行)》中规定,黄河临黄堤以防御花园口站22 000 m³/s洪水为目标。

按照上述防洪目标,经过60年的建设,已经初步建成由堤防、河道整治、分滞洪工程以及位于中游的干支流防洪水库组成的黄河下游防洪工程体系(见图1-2-1)。

近些年来花园口站的设计防洪流量没有变化,但同样洪水的频率却有了明显的变化。花园口 22 000 m³/s 的洪水,在天然条件下相当于 30 年一遇,修建三门峡水库之后约相当于 40 年一遇,修建陆浑、故县水库以后相当于 60 年一遇,小浪底水库修建后达近千年一遇。

二、中华人民共和国成立前的复堤

1938 年花园口扒口黄河改道后,黄河故道已有七八年的时间没有走河,加上战争的原因,原有的防洪工程已惨遭破坏,堤防千疮百孔,已失去挡水的作用。在原河道内除进行耕种外,还有大量的村庄,人口相当稠密,故道内当时绝大部分属于解放区。堵复花园口口门,黄河回归故道,大部分将被淹没。关于花园口堵口问题,国共两党曾进行多次谈判。共产党一方面揭露国民党先堵口、后复堤,以水代兵,水淹解放区的阴谋;一方面积极进行故道情况调查和恢复堤防的工作。早在 1946 年 1 月 31 日解放区冀鲁豫行政公署就让长垣、滨河、昆吾、南华、濮县、范县、鄄城、郓城、寿张、东阿、平阴、长清等沿黄河故道各县,调查故道耕地、林地、村庄、户口及堤坝破坏情况。治黄机构成立后,勘查两岸堤防、险工破坏情况,测量河道地形,组织群众修补堤防残缺,查找堤身隐患,加高培厚两岸大堤,疏挖局部河槽,组织献砖献石,抢修两岸险工,使堤防的防御洪水能力得到初步恢复。

1947 年 3 月 11 日冀鲁豫区黄河水利委员会在治黄工作会议上提出“确保临黄,固守金堤,不准决口”的方针。组织 30 万农民,将西起长垣大车集、东至齐禹水牛赵 300 余 km 的堤防,普遍加高 2 m,培厚 3 m,至 7 月 23 日提前完成任务,修做土方 530 万 m³。渤海区复堤工程至 7 月 30 日基本竣工,完成土方 492 万 m³。

1948 年 3 月 1 日冀鲁豫黄河水利委员会复堤会议上提出的复堤标准是超出 1935 年最高洪水位 1～1.2 m,顶宽 7 m,临背河堤边坡 1:2。渤海区行署 3 月 8 日指示,要在芒种前完成 205 万 m³ 的复堤任务。

1949 年继续进行复堤抢险。

据统计,1946～1949 年 4 年共完成修防土方 3 369 万 m³(《黄河下游修防资料汇编》第一集,1955 年 6 月),其中绝大部分为复堤土方。

三、第一次大修堤

经过 1946～1949 年的复堤,堤防工程得到了初步恢复,但总的讲堤防的防洪标准还是低的,尚有大量的险工需要整修。紧接着 1950 年开始至 1957 年,年年动员大量农民参加堤防施工,堤防断面不断加大(见图 2-14-1)。河南段主要任务是修残补缺,加固堤防薄弱环节,并用黏土盖顶包淤;山东段主要任务是加高培厚堤防,并进行堤身补残和修筑后戗。8 年共完成土方 14 090 万 m³,用工 4 936 万工日,在修堤高潮的 1951 年完成土方达 3 400 多万 m³。

施工中由各县主要负责同志挂帅,吸收农业、水利、民政、商业部门的同志参加,建立施工指挥部。为了不影响农业生产,一般集中在春季进行施工,任务大的年份,冬季也安排施工。按照治河与生产结合,合理出工的原则,自由结合组成包工队。认真贯彻执行“包工包做,按方给资”“工完账结,粮款兑现”等政策,基本实行了按劳付酬,一般可做到

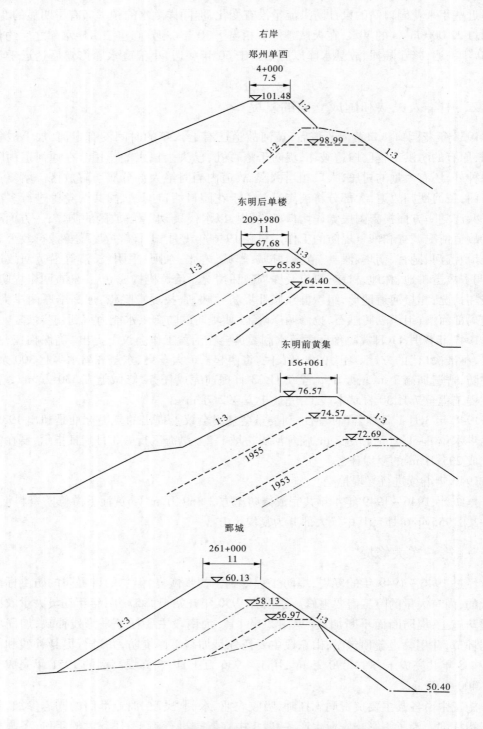

图 2-14-1　右岸郑州至鄄城堤防 1985 年前横断面加高培厚情况

有吃有落,修堤还起到了以工代赈的作用。施工中质和量并重,既要提高工效,又要不断提高工程质量。严格掌握坯土厚度、碾实遍数和验收制度。实行逐坯验收,碾工单独编队等办法,后又实行质和量相结合的工资制度。推广大工段上土,采取分挖土塘合倒土的办法,尽量减少两工接头,接头处要斜插肩。在第一次大修堤期间,修堤质量还是好的。

四、第二次大修堤

三门峡水库修建前后,曾一度放松黄河下游的修防工作,下游工程防洪能力有所下降。由于三门峡水库严重淤积,1962 年运用方式由"蓄水拦沙"改为"滞洪排沙"。水库泥沙的下排势必增加下游河道的防洪负担。为此提出了第二次大修堤计划,主要内容是培修堤防,以防御花园口站洪峰流量 22 000 m^3/s 洪水为目标,培修临黄大堤和金堤,加高培厚堤防长 580 km,整修补残堤防长 1 000 km。并要整修险工坝垛工程。从 1962 年冬开始到 1965 年,4 年大修堤共完成土方 5 396 万 m^3,用工 3 197 万工日。

在第二次大修堤期间,试验、推广了拖拉机碾压,尽管在土坝施工中利用拖拉机碾压已积累了一定的经验,但在老堤加高培厚施工中却是一项重大革新,比过去人工夯实大大提高了工效,质量也有保证。

五、第三次大修堤

1969～1972 年黄河下游河道发生了严重淤积,同流量水位明显抬高。河槽淤积速度远高于滩地淤积速度,在东坝头以下部分河段已出现了"二级悬河",防洪形势非常严峻。1973 年 9 月 3 日花园口站出现中常洪水,洪峰流量 5 890 m^3/s,花园口至石头庄 160 km 河段的洪水位比 1958 年花园口站 22 300 m^3/s 洪水时洪水位还高 0.3～0.4 m,河道排洪能力已显著降低。1973 年 12 月在郑州召开的黄河下游治理工作会议上决定进行第三次大修堤。防御标准仍按花园口站 22 000 m^3/s 洪水,艾山以下按下泄 10 000 m^3/s 考虑南山支流加水,堤防按 11 000 m^3/s 设防。按年均淤积 5 亿 t,推求 1983 水平年设计洪水位。从 1974 年开始进行第三次大修堤。国务院对黄河防洪工程建设十分重视,在 20 世纪 80 年初国家压缩基本建设投资的情况下,1981 年决定动用国家预备费,补充黄河防洪工程基本建设投资不足的问题,这对治黄职工来说,真是巨大的鼓舞。经过 12 年的努力,至 1985 年,第三次大堤加高培厚工程全部完成,平均加高 2.12 m,除个别缺口外,大堤普遍达到防御花园口站 22 000 m^3/s 洪水 1983 水平年设计洪水位标准。加修临黄堤长 1 267 km,完成土方 19 824 万 m^3,用工 10 787 万工日。

这次修堤仍以人工修堤为主。1976 年冬至 1977 年春、1982 年冬至 1983 年春为两次施工高峰,最多时动员了 59 个县的 67 万民工和 2 100 台拖拉机上堤施工。其他年份是从有修堤任务的沿黄县组织民工进行修堤。1979 年批准成立机械化施工队伍,至 1985 年共成立机械化施工队 14 个,汽车运输队 5 个,机械修配厂 4 个,职工达 2 000 多人,拥有各种机械设备、运输车辆 900 多台,完成土方 1 500 万 m^3、改建新建涵闸 10 座,自制简易吸泥船 241 只,抽吸黄河泥沙加固大堤,共淤筑土方 3 亿多 m^3,使 500 多 km 堤防得到不同程度的加固。

1950～1985 年,除进行 3 次大修堤的年份外,其他年份都进行了规模大小不同的加修堤防。据统计,1950～1985年共完成修堤土方4.2亿 m³,用劳力2.07亿工日。

六、第四次大修堤

第三次大修堤基本完成时,就开始进行第四次大修堤的前期工作,当时以1995年为设计水平年,推算了1995年的设计防洪水位,进而拟出了黄河下游防洪工程建设安排,由于受当时投资力度的限制,一直没有审查。1990年4月水利部指示黄河水利委员会编制2000年前黄河下游防洪工程建设的设计任务书(以后与可行性研究合并,称可行性研究)。这次设计水平年由1995年改为2000年。因小浪底水库还没有修建,仍按无小浪底水库时下游河道的淤积情况提出了黄河下游各站的设计洪水位,并据此安排了各项工程措施和必要的非工程措施。1992年水利部进行了初审,同意2000水平年设计洪水位。受投资力度的限制,无法按可行性研究报告的内容安排工程。让黄河水利委员会提出按大、中、小三种投资规模安排的建设方案。按此意见黄河水利委员会1993年完成"黄河下游防洪工程近期建设可行性研究报告"并上报水利部,但仍未批复。1995年水利部总工查勘了黄河下游防洪情况。1995年7月水利部在北京召开黄河下游防洪问题专家座谈会,会议纪要指出,黄河下游防洪是一项长期、艰巨、复杂的任务,在小浪底水库建设期间及建成后,黄河下游仍然需要加强防洪工程建设。在"九五"期间重点安排加固堤防、整治河道、加快滩区和蓄滞洪区安全建设,建议黄河水利委员会对《黄河下游防洪工程近期建设可行性研究报告》进行修订,尽快报批。1995年第四季度黄河水利委员会根据《黄河下游防洪工程近期建设可行性研究报告》,编制并上报了《黄河下游1996年至2000年防洪工程建设可行性研究报告》。经审查批复后,从1996年开始进行黄河下游第四次大修堤。

1986年至1995年间也进行了一些堤防建设,防洪工程建设共完成土方26 299万 m³,其中堤防建设14 937万 m³,石方234万 m³,共完成工日2 796.68万个,其中堤防建设1 267.24万个。1996年开始的第四次大修堤已进行了10余年,防御洪水目标仍采用花园口站洪峰流量22 000 m³/s的洪水。艾山站以下10 000 m³/s,考虑南山支流加水后,堤防按流量11 000 m³/s设计。相应的设计洪水位仍采用《黄河下游防洪工程近期建设可行性研究报告》提出的2000水平年设计洪水位。1999年10月小浪底水库下闸蓄水后,下游河道将发生不同程度的冲刷,水库的拦沙作用约相当于减少下游河道20年的淤积量。进入21世纪后,花园口站22 000 m³/s洪水相应的下游各站洪水位相应降低。鉴于已进行的堤防加高加固是按2000水平年确定的洪水位,同时黄河下游河道在小浪底水库冲淤平衡后仍会淤积,在21世纪初期进行堤防建设时仍采用2000水平年设计洪水位。堤防断面设计,2000年前后稍有变化。2000年以前,堤顶宽度为艾山以上9～12 m(另,左岸白马泉至京广郑州铁桥15 m),艾山以下7～10 m。临背边坡均为1:3(艾山以下临河不加高、帮宽的堤段仍维持1:2.5)。超高自上而下分河段为3.0 m、2.5 m、2.1 m。利用放淤固堤技术淤背的,平工堤段淤宽30～50 m,险工堤段淤宽50～100 m,老口门堤段淤宽100 m;淤背体顶部高程按高出设计浸润线出逸点0.5 m,边坡1:3。2000年以后,堤顶宽度12 m,部分堤段10 m。临背河边坡1:3。超高自上而下分河段为3.0 m、2.5 m、2.1 m。堤防加固中尽量采用放淤固堤,设计淤背宽100 m,顶面高程与临河侧设计洪水位平,边坡为1:3。2002 年以后,按照水利部水利水电规划设计总院 2002 年 8 月对 2002 年 8 月提出的《黄河下游 2001 年至 2005 年防洪工程可行性研究报告》的审查意见, 淤背宽度采用 80 ~ 100 m,淤背顶部高程低于设计洪水位 2 ~ 3 m,重要堤段与设计洪水位 平。

1996 ~ 2000 年防洪工程共完成土方 23 662 万 m^3,其中堤防 14 927 万 m^3;石方 311 万 m^3。2001 ~ 2005 年防洪工程共完成土方 32 201 万 m^3,其中堤防 23 540 万 m^3;石方 631 万 m^3。

按照 2000 水平年设计防洪水位所确定的防洪任务还没有完成,在 2006 年以后仍需 继续进行黄河下游堤防等防洪工程建设。

参 考 文 献

[1] 黄河水利委员会黄河志总编辑室. 黄河大事记[M]. 2 版. 郑州:河南人民出版社,1991.
[2] 王化云. 我的治河实践[M]. 郑州:河南科学技术出版社,1989.
[3] 当代治黄论坛编辑组. 当代黄河论坛[M]. 北京:科学出版社,1990.
[4] 胡一三. 中国江河防洪丛书·黄河卷[M]. 北京:中国水利水电出版社,1996.
[5] 黄河水利委员会. 黄河流域防汛资料汇编. 1982 年 12 月.

黄河河道整治工程建设[*]

一、概述

(一)黄河洪水灾害与堤防决口类型

黄河是世界著称的悬河,历史上洪水灾害严重。从有历史记载的周定王五年(公元 前 602 年)黄河决口改道至 1938 年的 2 540 年中,黄河有 543 年决口,决口总次数 1 590 多次,改道 26 次,大改道、迁徙 5 次。洪水决溢泛滥范围北至津沽,南达江淮,涉及豫、鲁、 冀、皖、苏五省,总面积达 25 万 km^2。每次决口都给沿黄人民带来深重的灾难。

堤防决口大体可分为漫决、溃决、冲决 3 种类型:①水流漫顶或水流接近堤顶在风浪 作用下爬过堤顶,使堤防发生破坏而造成的决口,称为"漫决"。②河流水位尽管低于设 计防洪水位,但由于施工质量不能满足要求、堤身或堤基有隐患,水流偎堤后发生渗水、管 涌、流土等险情,进而发展为漏洞,因抢护不及,漏洞扩大、堤防溃塌,水流穿堤而过造成的 决口,称为"溃决"。③水流冲刷堤身,造成坍塌,当抢护的速度赶不上坍塌的速度时,塌 断堤身而造成的决口,称为"冲决"。另外,还有因战争等特定目的,人为扒开堤防造成的 决口,称为"扒决",如 1938 年郑州花园口决口。堤防决口多为"溃决"和"冲决"。历史上 统计的漫决次数多,是因为"漫决"属自然因素造成,非人力抢护不力,上呈"漫决"可减轻 责任。

---

[*] 本文选入 2007 年《黄河年鉴》(黄河年鉴社出版,2007 年 12 月)"专文"部分,P452 ~ 463。

（二）整治河道防止堤防冲决

为了保证堤防安全,通过加高加固堤防防止"漫决"和"溃决"。黄河下游河势变化的幅度大、速度快,不论是洪水期还是平水期都会发生大的变化,当河势变化至危及堤防安全时,若抢护不及就会冲塌堤防甚至河水穿堤而过。因此,需要进行河道整治,控制河势,防止堤防"冲决"。现在河道整治已是确保防洪安全的一项主要措施。

（三）下游河道概况

黄河在河南孟津县白鹤镇由峡谷进入平原地区,至山东垦利县注入渤海,长 878 km,根据河床演变特点可分为 4 个河段(见图 2-10-2)。其中,郑州桃花峪以下至入海口的黄河河道称为下游,长 786 km。

（1）孟津白鹤镇至东明高村河段,河道长 299 km,堤距宽一般 5～10 km,最宽处达 20 km,河道比降 0.265‰～0.172‰,弯曲系数 1.15。河道淤积严重,水面宽阔,溜势散乱,洲滩发育,为典型的游荡性河型。支流伊河、洛河、沁河在此段汇入。

（2）东明高村至阳谷陶城铺河段,河道长 165 km,堤距宽 1.4～8.5 km,大部分在 5 km 以上,河道平均比降 0.115‰,河道弯曲系数 1.33。水流经游荡性河段落淤后,进入该河段的泥沙颗粒变细,河岸抗冲性能较游荡性河段强,并有胶泥嘴分布,因此尽管河势变化仍很大,但已有明显的主槽,属由游荡向弯曲转化的过渡性河型。

（3）阳谷陶城铺至垦利宁海河段,河道长 322 km,堤距宽 0.4～5 km,一般 1～2 km,河道平均比降 0.1‰左右。由于两岸堤距较窄,河弯得不到充分发育,河道弯曲系数仅为 1.21。河床组织黏粒含量较陶城铺以上增加,加之两岸整治工程的控导作用,河势相对较为稳定,属弯曲性河型。支流汶河在此段汇入。

（4）宁海至入海口,河道长 92 km,属河口段。由于泥沙淤积,河道抬升延长,至一定长度后,比降变缓,过流能力减小,尾闾段摆动,摆动点上移,直至在河口三角洲范围内改道,河长缩短后,河床下切,继而再度出现淤积……即河口河段处于淤积—延伸—摆动—改道的循环变化过程中。

黄河下游的河道为复式断面,由主槽和滩地组成。中小水时水流从主槽通过,大洪水时主槽过流也占 80% 左右。兰考东坝头以下有二级滩地,东坝头以上由于受 1855 年铜瓦厢决口改道溯源冲刷的影响,增加了一级高滩,即有三级滩地(见图 1-10-2)。一级滩地和枯水河槽合称主槽。

二、河道整治工程

（一）河道整治的组成

黄河河道是由河槽和滩地两部分组成的。河道整治包括河槽整治和滩地整治两部分,河槽整治是河道整治的重点,且整治的难度和工程量大,习惯上常把河道整治的内容狭义的仅指河槽整治的内容。只有河槽整治与滩地整治有机结合,才能取得好的整治效果。

1. 河槽整治

河槽整治主要是采用修建控导工程和险工的办法,控导河势,稳定河槽(详见下文整治工程布局)。

2.滩地整治

滩地是河道的重要组成部分,具有排洪、滞洪、沉沙的功能。

滩地整治主要是对滩面和堤河进行治理。由于滩面上村庄、农作物等的影响,糙率相差很大,在洪水漫滩期间,部分滩面过流集中,冲蚀滩面,形成串沟。在一次漫滩洪水过程中,有的老串沟可能会被淤死,但又会形成新的串沟,因此大的滩区总是存在串沟的。漫滩洪水沉沙落淤时,滩唇淤得厚,离滩唇越远淤积越薄,堤防附近滩面是淤积最少的部位,加之历次修堤取土,堤防附近往往形成一个低洼带,漫滩后过流较大,成为堤河。洪水漫滩后,主要沿串沟流向堤河,在大的滩面上串沟、堤河往往形成一个排水网(见图2-10-4)。串沟集中过流对滩区群众安全不利,堤河内顺堤行洪时又会危及堤防安全,因此需要进行滩地整治。

1)堵截串沟

治理串沟的方法是在上段尤其是在进口段进行堵截,洪水漫滩后,利用修建的临时工程,减小水流速度,促其沉沙,淤填串沟。因漫滩水流流速低,多采取生物措施。如采用柳编坝,即在串沟进口段横截串沟植柳数排,高排与低排相间,排距1 m,株距0.5 m,高低排高差1 m左右。柳成活后,在洪水到来之前高低柳编织在一起,形成高低起伏的柳篱,具有较好的缓流落淤作用。1987年东平县肖庄控导工程前的冲刷坑就是采用柳编坝淤填起来的。柳柜(见图2-15-1)也是堵截串沟的有效临时工程措施,20世纪50年代在弯曲性河段采用较多,并收到了好的效果。还可采用活柳锁坝,即在串沟上段每隔数百米植株距、行距各1 m左右的十几行丛柳,形成数道活柳锁坝。该法简单易行,柳成活后可缓流落淤,且易于管理。

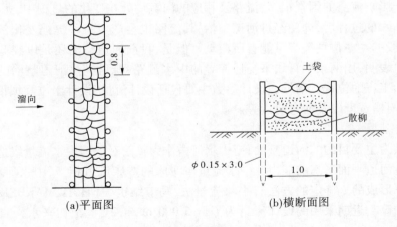

(a)平面图　　　　　　　　(b)横断面图

图 2-15-1　柳柜工程图　（单位：m）

2)淤高堤河及附近滩面

淤填堤河与淤高低洼滩地往往是同时进行的。20世纪50年代为丰水系列,漫滩机会多,通过淤滩刷槽,基本上达到了滩槽并长。在60年代之后受来水来沙、修建生产堤等多种因素的影响,堤河淤积慢,滩面横比降加大。1975年以来曾多次采用人工引洪淤高堤河和附近低洼滩地,如范县彭楼至李桥的辛庄滩,滩面低洼、堤河严重。1975年8月洪水期间在引水渠堤上扒口放水淤堤河,过流23 d,最大引水量约200 m³/s,引泥沙2 000

万 m³,淤地 2.98 万亩,一般淤厚 1 m 左右,堤河淤填 544 万 m³ 以上,最大淤厚达 3 m,放淤前后的情况见图 1-5-3,可以看出洪水期人工放淤的效果是十分明显的。

3)修建防护坝

堤河集中过流易发生平工生险,尤其是在串沟夺溜冲向平工堤段时,更易造成堤防抢险,甚至发生决口。1934 年封丘贯台决口就是老串沟过水夺溜造成的。

为保证平工堤段的防洪安全,需要修建防护坝(过去曾称为防滚河坝、滚河防护坝、防洪坝等名称,后定名为防护坝),修坝位置主要是在大滩区、串沟发育且堤河严重的平工堤段。1980 年前后,首先在宽河段东明南滩修建了数道防护坝,继而在窄河段高青孟口滩 1976 年洪水时发生严重抢险的平工堤段修建了防护坝,后又在原阳、长垣等大滩区修建防护坝,至 20 世纪末修建防护坝的平工堤段长度已达近 40 km,进入 21 世纪后又继续修建了一些防护坝工程。

(二)整治工程布局

本节所述内容为河槽整治的工程布局。黄河河道整治采用微弯型整治方案,其整治工程主要包括险工和控导工程两部分(见图 1-9-2)。为了保护堤防安全,依堤修建的丁坝、垛、护岸工程,称为险工。为了控导河势,在滩地适当地点修建的丁坝、垛、护岸工程,称为控导工程。险工与控导工程相配合控制微弯型整治选择的中水流路。为了达到整治目的,必须合理确定中水流路的治导线和整治工程位置线。

1. 治导线

治导线也称整治线,是指河道经过整治后在设计流量下的平面轮廓。一般用两条平行线表示。治导线示出的是一种流路,给出流路的大体平面位置,而不是某河段固定的水边线。由于影响流路的因素很多,流路及相应的河宽均处在变化的过程中,尤其是经过丰水、中水、枯水的过程后,即使经过河道整治,其流路也会产生一些提挫变化,弯道的靠溜部位、直河段的左右位置等都可能有所变动。但是,目前河道整治还是以经验为主,近阶段的实践也表明,用两条平行线来描述控导的中水流路,既可满足河道整治的需要,又便于确定整治工程的位置。治导线设计参数主要包括设计流量、设计水位及坝顶高程、设计河宽、排洪河槽宽度以及河弯要素等。

1)设计流量

以防洪为主要目的的河道整治,把中水河槽作为整治对象。中水流量级造床作用强,最具有塑造河道平面形态的能力。中水流量与河床的造床流量相当,中水河槽是在造床流量作用下形成的。确定的方法有平滩流量法、马卡维也夫(И. И. MAKBEEB)法、汛期平均流量法等。近期采用的设计流量为 $Q_d = 5\,000$ m³/s,21 世纪初来水一直偏枯,设计流量采用 $Q_d = 4\,000$ m³/s。

2)设计水位及坝顶高程

设计水位 H_d 是指与设计流量 Q_d 相应的当年当地水位。

对于控导工程而言,坝顶高程由设计水位加超高确定。超高包括波浪壅高、弯道横比降和安全超高,一般采用 1.0 m。陶城铺以下堤距窄,为不影响排洪,顶部高程与当地滩面平。对于险工而言,因其依托大堤,按照该河段的设计洪水位加一定的超高确定坝的顶部高程,一般采用比堤顶高程低 1 m。

3）设计河宽

设计河宽 B 是指河道经过整治后，与设计流量相应的直河段宽度。由于来水来沙及其过程的变化，即使在河道经过整治后，直河段的宽度也是一个变数。但在现阶段以设计河宽 B 来确定河道经过整治后中水河槽的外形和整治工程的平面轮廓、描述河弯形态间各要素之间的关系，还是一个较为合适的物理量。

以防洪为主要目的的河道整治，采用的整治河宽必须有足够的过洪排沙能力。大洪水期间，在此宽度内应能通过全断面过流量的 80% 左右。其确定方法有计算法和实测资料分析法。进入 21 世纪后采用的整治河宽为：白鹤镇至神堤为 800 m，神堤至高村为 1 000 m，高村至孙口为 800 m，孙口至陶城铺为 600 m。

4）排洪河槽宽度

排洪河槽宽度 B_f 的定义为：按照规划进行河道整治后，一处河道整治工程的末端，至上弯整治工程末端与下弯整治工程首端连线的距离，称为该处河道整治工程的排洪河槽宽度（见图 2-9-1）。

在排洪河槽宽度范围内除在大洪水时有足够的宣泄洪水能力外，中小洪水及一般流量时还应有一定的沉沙宽度，以免增加下游窄河段的淤积负担，同时该宽度还应满足洪水过后河势流路不发生大的变化。游荡性河段的排洪河槽宽度不要小于 2.0 ~ 2.5 km，过渡性河段的排洪河槽宽度不要小于 2.0 km。

5）河弯形态关系

河弯形态可利用弯曲半径 R、中心角 φ、河弯间距 L、直河段长度 d、弯曲幅度 P、河弯跨度 T 来描述，符号的定义见图 2-15-2（近似地以中心线代替主溜线）。

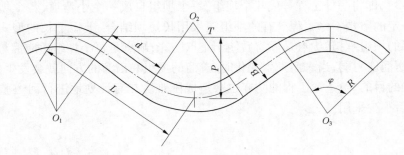

图 2-15-2　河弯要素示意图

在一个河段内河床组成变化不大。流量是决定河弯形态的主要因素，流量又和河宽成一定的指数关系，所以河弯间距 L、直河段长度 d、河弯跨度 T、弯曲幅度 P 等与直河段宽 B 存在一定的关系。

通过典型河弯观测和已有河道整治工程分析，一般情况下存在下述关系：$L = (5 \sim 8)B$；$P = (2 \sim 5)B$；$T = (9 \sim 15)B$；$d = (1 \sim 3)B$；$R = (3 \sim 5)B$。河弯中心角 φ 取值范围一般为 40° ~ 90°。

6）治导线的绘制与修订

拟定一个河段的治导线是一项相当复杂的工作。要根据设计河宽、河弯要素之间的关系并结合丰富的治河经验才能绘出符合实践的治导线。绘制治导线除要弄清河势变化、弯道之间的关系外,还要充分了解该河段两岸国民经济各部门对河道整治的要求。

拟定一个河段的治导线后,随着时间的推移,河势会发生一定的变化,国民经济各部门对河道整治还会提出更多的要求,已修建工程对河势也会产生一定的控导作用。因此,过几年之后一般需要按照已建河道整治工程的靠河概率,对治导线进行修订,一个切实可行的治导线往往需要经过若干次的修订后才能确定。

2. 整治工程位置线

每一处河道整治工程的坝、垛头的连线,称为整治工程位置线,简称工程位置线或工程线。其作用是确定河道整治工程的长度及坝头位置。

1)已有险工的平面型式

黄河堤线很不规则,弯弯曲曲,形状各异。险工沿堤修建,平面型式多种多样,但大体上可以归并为如下三种型式:

(1)凸出型。从平面上看,险工突入河中,不能控导水流,是不好的平面型式。

(2)平顺型。工程的平面布局比较平顺或呈微凹微凸相结合的外型,它不能控制水流的出溜方向,也不是好的平面型式。

(3)凹入型。外型是一个凹入的弧线,水流入弯之后,经过工程的调整,出溜方向基本趋于一致,是一种好的平面型式。

在进行有计划的河道整治后,新修的险工及控导工程均采用了凹入型的平面型式。部分工程的不合理平面型式已进行了调整。

2)整治工程位置线的型式

(1)分组弯道式。这种型式的工程位置线是一条由几个圆弧线组成的不连续曲线(见图 2-15-3),即将一处工程分成几个坝组,每个坝组自成一个小弯道,各个坝组之间有些还留有一定的空档不修工程。有的坝组还采用长短坝结合、上短下长的型式。不同的来溜由不同的坝组承担,优点是靠溜后便于重点防守;缺点是每个坝组适应溜势变化的能力差,导溜送溜能力弱,当来溜发生变化时,着溜的坝组和出溜的方向就会发生变化,达不到控制河势的目的,给下弯工程的防守也会造成困难。在有计划地进行河道整治初期采用较多,以后很少采用。

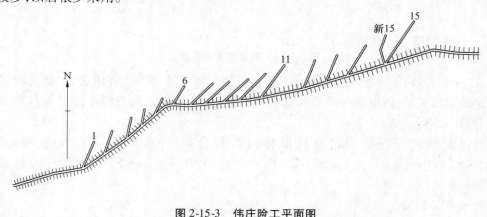

图 2-15-3　伟庄险工平面图

由于一处河道整治工程长达 3～5 km,难以在一两年内完成,对于工程线为由几个圆弧线组成的连续的复合圆弧线,分若干时段修建工程,中间因未修工程而出现的空档不属于分组弯道式。

(2)连续弯道式。这种型式的工程位置线是一条光滑连续的复合圆弧线(见图2-15-4),呈以坝护弯、以弯导流的形式。工程线无折转点,水流入弯之后,诸坝受力较为均匀。其优点是水流入弯后较为平顺,导溜能力强,出溜方向稳,坝前淘刷较轻,较易防守,是一种好的工程线型式。近几十年来修建的河道整治工程均采用连续弯道式的整治工程位置线。

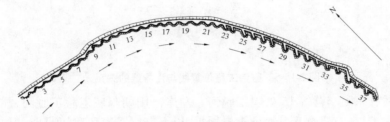

图2-15-4 梁路口工程平面图

(3)整治工程位置线的确定。一处河道整治工程的工程线,要根据该处工程的作用及其与上下河弯的关系,依据治导线确定。首先要研究该河段的河势变化情况,确定可能的最上靠溜部位,工程的起点要布置在该部位以上,以防止修工程后剿工程后路。工程的中下段要具有很好的导溜能力和送溜能力。

工程线按照与水流的关系自上而下可分为3段。上段为迎溜段,要采用大的弯曲半径或与治导线相切的直线,使工程线退离治导线,以适应来溜的变化,利于迎流入弯,但不能布置成折线,以避免折点上下出溜方向改变。中段为导溜段,弯道的半径较小,以便在较短的距离内控导溜势,调整、改变水流方向。下段为送溜段,其弯曲半径比中段稍大,以利顺利地送溜出弯,控导溜势至下一处河道整治工程。由于河势变化的多样性,单靠弯道段的工程还不能送溜至下一弯道时,有些在弯道以下的直线段也修有坝垛。这种工程位置线的型式,习惯上称为"上平、下缓、中间陡"的型式。

(4)整治工程位置线与治导线的关系。治导线是描述一个河段的河道经过整治后在设计流量下的平面轮廓,而整治工程位置线描述的是一个河弯即一处整治工程的坝垛头的位置。后者仅是前者的一个局部,前者强调宏观溜势,后者是对前者的细化。因此,整治工程位置线是依治导线而确定的但又区别于治导线。治导线在一些河弯常为单一弯道;工程位置线一般都采用复式弯道,在满足治导线整体要求的前提下做必要的调整。在一般情况下,在工程线中下部分多与治导线重合,而工程线的上部都要采用放大弯曲半径或采用沿治导线上段某点的切线退离治导线,以适应不同的来溜情况。整治工程位置线与治导线的关系如图2-15-5所示。

三、河道整治工程建设

(一)1949年防汛的启示

1949年汛期是水量较丰的一年,花园口站发生大于5 000 m³/s的洪峰7次,最大洪峰流量达12 300 m³/s。在弯曲性河段出现了严重的抢险局面。有40余处险工发生严重

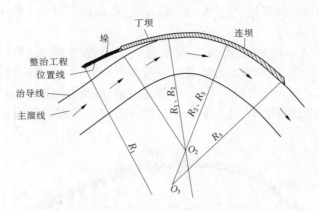

图 2-15-5　整治工程位置线与治导线的关系

的上提下挫,并有东阿李营等 15 处险工脱河。左岸济阳朝阳庄老险工脱河,靠溜部位下滑 2 km 至董家道口,右岸章丘县滩地大量坍塌,以下左岸葛家店险工靠溜部位大幅度下挫,存在脱河危险,并引起以下连锁反应,济阳张辛险工靠溜部位大幅度下挫,谷家、小街子险工靠溜部位也发生下滑。撵河抢险 40 余 d,使防汛处于十分被动的状态。

弯曲性河段堤距窄,河床黏粒含量大、沿堤又修有多处险工,是对水流约束能力最强的河段。1949 年汛期十分被动的抢险表明,即使在黄河下游控制水流条件最好的河段,单靠两岸堤防及沿堤修建的险工,也是无法控制河势的。

1949 年弯曲性河段防汛抢险的事实告诉我们,要减少防汛被动,除修好堤防及沿堤险工外,还必须选择与险工相对应的滩地修建弯道工程,发挥导流作用,才能相对稳定河势,减少防汛中的被动,即在加高加固堤防的同时,还必须进行河道整治。

（二）弯曲性河段河道整治工程建设

在充分调查 1949 年汛期河势变化,滩地弯道与险工靠溜关系的基础上,1950 年选择因河势变化大量塌滩的河弯,试修护滩工程。采用打木桩编柳笆做篱,修成透水柳坝的方法,当年完成了章丘蒋家、苗家,齐河八里庄、济阳邢家渡等 14 处护滩;采用修做柳箔护坡防冲的办法,完成了邹平张桥、大郭家、章丘刘家园等 6 处护滩。经汛期洪水考验,透水柳坝可以落淤还滩,而柳箔效果不好。在张桥、大郭家抢险中,改为柳石枕修做的柳石堆(垛),也取得了好的效果。继而在连续几个弯道进行控导河势试验。1951 年春提出"以防洪为主,护滩、定险(工)、固定中水河槽"的要求,选定有代表性的章丘土城子险工至济阳沟头、葛家店险工长 9 km 的河段做联弯控导护滩试验。两岸分别修建透水柳坝 32 道、柳包石堆 6 个,土坝基 3 道。经过当年汛期洪水考验,基本达到了控制葛家店及以下河段河势和防止险工下延的预期目的。

河道整治试验取得成功之后,在弯曲性河段尤其是济南以下河段的河道整治得到了快速发展。1952 ~ 1955 年修建了大量的控导护滩工程,技术上也有大的改进。由于透水柳坝在冰凌期经常遭受破坏,且受材料和施工技术的限制,逐渐改为以柳石为主要材料的工程。这些控导护滩工程顶部与当地滩面平,洪水期漫滩时,坝顶拉沟,裹护石料被冲失。在防汛过程中又积累了坝顶压柳等防漫顶破坏工程的经验,使工程能长期发挥作用。1956 ~ 1958 年对工程进行了完善、加固。这些工程经受了 1957 年、1958 年大洪水的考验,险工与控导护滩工程相配合,控制了大部分河弯的河势,减少了历次防汛抢险的被动。

(三)过渡性河段河道整治工程建设

在 1959 年以前,本河段修守沿堤险工,尚未在滩区修建控导护滩工程。1959 年以后因受"左"的思想影响,提出了"三年初控,五年永定"的治河口号,盲目引用其他河流控制河势的方法,用"树、泥、草"结构修建了 10 余处控导护滩工程,后几乎全被洪水冲垮,以失败而告终。

在认真总结弯曲性河段河道整治经验、本河段"树、泥、草"治河教训的基础上,结合本河段的特点,在 1965 年以后大力开展了河道整治。在堤距较宽、大河距两岸大堤均有数千米的河段,两岸均在滩地合适部位修建控导工程,上下弯控导工程相配合,采用以弯导流的办法控导河势。1965 ~ 1974 年过渡性河段两岸共修建 25 处控导工程,并改建了部分险工。1974 年以后,多次进行续建,不断提高整治工程控导河势的能力。经过初期修建滩区工程—失败—总结经验、修建控导工程,取得了基本控制河势的效果。

(四)游荡性河段河道整治工程建设

黄河下游游荡性河段纵比降陡,流速快,水流破坏能力强,塌滩迅速,对堤防威胁大。河势演变的任意性强、范围大、速度快、河势变化无常(见图 1-20-1)。游荡性河段是情况最为复杂,最难进行河道整治的河段。游荡性河段能否进行河道整治、能否控制河势,几十年来一直是个有争议的问题。

经认真总结过渡性河段的整治经验,结合本河段的情况,采用先易后难,在滩区适当位置修建控导工程,利用、改善已有险工,限制游荡范围、逐步控制河势。

20 世纪 60 年代后半期以后,在重点整治过渡性河段的同时,游荡性河段也在滩区修建了部分工程,缩小了游荡范围。东坝头至高村河段与过渡性河段相接,相对易于整治。此段修建工程较快,1978 年完成了工程布点,首先是限制了游荡范围,经不断续建工程,现在该河段已初步控制了河势。东坝头以上的游荡性河段也修建了部分控导工程,20 世纪 90 年代以来加快了建设步伐,进一步缩小了游荡范围,花园镇—神堤及花园口—马渡河段也已初步控制了河势。

(五)宁蒙河段河道整治工程建设

宁蒙河段原为冲淤相对平衡的河段,近 20 多年来河床也在淤积抬高。尽管不同河段河势变化的情况不同,但总的讲河势变化还是相当大的。20 世纪 90 年代后半期开始,学习黄河下游河道整治的经验,采用微弯型整治方案,开展了河道整治,现在宁夏的部分河段已取得了明显的效果。

四、河道整治的效用

黄河下游自 1950 年开始进行河道整治以来,修建了大量的河道整治工程,加上已有的老险工,至 2001 年底孟津白鹤镇以下计有河道整治工程 446 处,工程长 845.317 km,裹护长度 716.040 km,坝垛 10 776 道。这些工程经受了洪水考验,发挥了显著作用。

(一)限制了河势变化

弯曲性河段,20 世纪 50 年代基本控制了河势,经过 60 年代以后的补充、完善,已经控制了河势。过渡性河段,经过 1965 ~ 1974 年的集中整治及以后续建工程,主溜的摆动范围及摆动强度大幅度减小,已基本控制了河势。游荡性河段通过修建河道整治工程和改造已有险工,起到了缩小游荡范围的作用。如郑州保合寨河段,主溜的摆动范围20世纪60年代初达7.5 km左右,至80年代初为5～6 km,90年代以后仅为3.0 km左右。游荡性河段中河道整治工程较为配套的河段,如东坝头—高村、花园口—马渡、花园镇—神堤河段已初步控制了河势。

(二)改善了横断面形态

主槽是洪水的主要通道,主槽越窄深越有利于宣泄洪水。与河道整治前相比,平滩流量情况下的水深(H)和河宽(B)都发生了有利的变化。在游荡性河段经过整治,河槽中的嫩滩宽度减小,河宽缩窄,河势游荡范围减小,横断面形态有所改善。过渡性河段,集中整治期间,断面的平均水深为1.47～2.77 mm,平均为1.95 m;河相系数$\sqrt{B}/H$为12～45,平均为22.67。而整治后的1975～1984年,断面的平均水深为2.13～4.26,平均为2.89,为整治期间的1.48倍;河相系数$\sqrt{B}/H$为6～19,平均为11.50,为整治期间的51%。

(三)减轻了防洪压力

经过河道整治,控导了主溜,河势变为相对稳定,工程的靠溜部位变化相对减小,防守的重点部位较前明确,减少了抢险的被动局面。同时,经过河道整治,畸形河弯、横河以及串沟夺溜的出现概率大大减小;险工脱河、平工变险工,造成临时紧急抢险的情况也相对变少。这些都大大减轻了防洪压力。

(四)改善了引水条件,减少了塌滩掉村

黄河下游两岸有引黄灌区130～200 hm²,在河道整治之前及初期由于河势变化大,常常引不上水或需要经常输挖闸前引渠才能引水,既不能保证引水量,又可能因为引水困难而贻误灌溉季节。在河势变化的过程中还会造成大量塌滩,部分村庄还会掉入河中,给滩区居民带来很多苦难。经过河道整治,河势相对变为稳定,为引水创造了好的条件,减少了塌滩,近30年来未再发生村庄掉河的情况。

五、结语

为了防洪需要,从1950年黄河上开始试办河道整治。循着防洪为主、兼顾兴利、实验先行、成功推广、先易后难、分段进行、依照河情、探索创新、研究试验、效用第一、总结经验、不断前进的精神,在黄河治理中进行了半个多世纪的河道整治。修建的河道整治工程,已经发挥了显著的作用,为除害兴利做出了贡献。实践表明,黄河河道整治是成功的。由于黄河是最复杂、最难整治的河流,游荡性河段仅缩小了游荡范围、尚未初步控制河势的河段,需要加快整治步伐,争取尽早控制河势;对于其他河段,也要根据水沙条件及河势演变情况不断完善整治工程。要达到控制河势的目的,仍需继续进行河道整治。

参 考 文 献

[1] 胡一三. 黄河防洪[M]. 郑州:黄河水利出版社,1996.
[2] 胡一三. 微弯型治理[J]. 人民黄河,1986.
[3] 胡一三,刘贵芝,李勇,等. 黄河高村至陶城铺河段河道整治[M]. 郑州:黄河水利出版社,2006.

黄河滞洪工程建设 *

滞洪工程是河流防洪的工程措施之一,在洪水期间,对于河流不能容纳的洪水,可通过滞洪工程,分出部分洪水,削减洪峰,调整洪水过程及洪量,降低以下河道的防洪压力。分出的部分洪水或在滞洪区内滞留一段时间后再退入大河,削减大河洪峰前后的流量值,使洪水过程变得矮胖,以减轻洪水对两岸堤防的压力;或在滞洪区滞留较长的时间,待洪水过后再退入大河,这就更能减轻下游河段的防洪压力;或将分进滞洪区的洪水蓄起来,供以后兴利用;或在有条件时,将分进滞洪区的洪水,及时退至非同时涨水的相邻河流。为达到上述目的,必须修建蓄滞洪工程。

黄河的防洪主要是下游的防洪,在防洪工程建设时,仅在下游开辟了滞洪区。

一、黄河下游现行河道平面格局

黄河下游现行河道是清咸丰五年(1855 年)黄河在河南兰阳铜瓦厢三堡(现兰考东坝头西)决口后形成的。决口后黄河主流先流向西北,淹及封丘、祥符两县,再折转东北,淹及兰阳、仪封、考城、长垣等县。河水至长垣县兰通集,溜分两股,一股由赵王河下注,经曹州府迤南穿运;另一股下行时,多次分股……至张秋镇穿运[1]。以下夺大清河至利津县注入渤海。

铜瓦厢决口后,近十年时间未修官堤,先后"顺河筑堰",部分沿河地区修了民埝。官府主持修筑新河堤防,最早是同治三年(1864 年)开始的。以后时修时停。左岸加修了北金堤,右岸修了障东堤,大部分是在民埝的基础上,陆续加修成临黄堤防,铜瓦厢改道后的新河堤防,在光绪十年(1884 年)已相当完整地建立起来了[1]。

铜瓦厢以上的堤防,两岸堤距宽 10 km 左右,是明清时期修建的。

铜瓦厢决口以下形成的新堤,在平面布局上的一个显著特点是堤距上宽下窄。"上游曹、兖属南北堤,凑长四百余里,两岸相距二十里至四十里""中下游两岸大堤,凑长千里,两堤相距五六里至八九里。"(《清史稿·河渠志》)。这里的上、中、下游是按山东河段划分的。当时曹州至寿张县张秋镇为上游,张秋镇至济阳罗庄为中游,自章丘至利津韩家垣为下游。堤距上宽下窄的原因,与堤防形成的过程有关。两岸官堤,并无规划,而是在民埝的基础上修建起来的。而民埝的建立,是当地为了保护村庄、耕地安全,随着当时的水势,尽量靠河修建。铜瓦厢决口之初,口门以下河段,水无正槽,泛滥面积很广,因此堤距很宽;至张秋穿过运河之后,水沿大清河河谷,河谷窄,南有山,北岸人口稠密,河面缩窄,部分河段,在官堤、金堤临河侧又修民埝,进而演变成临黄大堤,这样,中、下游的堤距变得很窄。因水立埝,就埝筑堤,于是就有了上宽下窄的布局[1]。据《山东黄河志》(1988 年 10 月)记述:"新堤完成后,山东黄河两岸形成了双重堤防和堤距上宽下窄的形势。张秋以上北有金堤,南有障东堤,为官修官守,堤距为 60 ~80 里不等。期间两岸又均有近河民埝,为民修民守,堤距为 10 ~20 里不等。此间民埝后来逐渐演变为临黄大堤。张秋以下至利津,两岸均筑有遥堤(官堤)和民埝。官堤相距有五六里至七八里不等,而民埝近河,相距仅二三里,窄处不及一

---

* 本文选入 2008 年《黄河年鉴》(黄河年鉴社出版,2008 年 12 月)"专文"部分,P371 ~382。

里。……两岸官堤修成后……民间守民埝不守官堤,官堤距河较远,又无常设修防机构,汛期临时派人驻守,此后逐渐演变为弃堤守埝的局面,官堤逐渐失修。"

　　综上述,黄河下游现行河道经过数十年的演变,在两岸堤防的约束下,就形成了上宽下窄的平面格局(见图2-10-1)。这种堤防布局的排洪能力是上大下小,在两岸无支流加入的情况下,上段堤防能宣泄的洪水,下段堤防就无法宣泄,极易造成堤防决口,危及两岸平原安全。因此,在防洪工程建设时,必须采取相应的工程措施。

二、修建滞洪工程保证堤防安全

　　1935年黄河陕县站(三门峡站)最大洪峰为13 300 m³/s。1947年花园口堵口,复堤标准是按超出1935年最高洪水位0.5 m。1948年复堤标准是超过1935年最高洪水位1.0~1.2 m。1949年黄河下游的防洪标准是16 500 m³/s。1950年和1951年黄河下游的防洪标准是陕县18 000 m³/s。由于历史上多次发生大于该标准的洪水,更会超过当时高村站安全泄量12 000 m³/s。加之黄河下游堤防的平面格局是上宽下窄,排洪能力是上大下小,进入下游的大洪水单靠上段河道滩地的滞洪,仍不能将洪峰削减至堤防的防御洪水能力之内。为了防止大洪水时堤防决口,除加高加固堤防外,黄河水利委员会提出,拟采取有计划的分洪滞洪办法,"牺牲局部,保全整体",以达"舍小救大,缩小灾害"的目的。经商平原、河南、山东三省同意,编制了防御黄河异常洪水的报告,1951年4月30日,政务院财政经济委员会做出《关于预防黄河异常洪水的决定》,水利部以〔1951〕工字4383号文下达,为预防1933年型大洪水,原则同意设置沁黄滞洪区、北金堤滞洪区并利用东平湖自然分洪。据此从1951年开始先后开辟了沁黄滞洪区、北金堤滞洪区、东平湖分洪工程和大宫分洪区。1960年三门峡水库主体工程建成蓄水运用后,提高了下游防洪标准,在每年洪水处理方案中仅考虑利用北金堤滞洪区和东平湖滞洪区处理超过堤防防御能力的洪水。为了解决艾山以下窄河道的凌洪威胁,经水利电力部批准,从1971年开始,兴建了齐河和垦利两处展宽工程。随着小浪底水库的建成,2000年后诸滞洪工程的运用概率大为减小。

　　修建滞洪工程后,当黄河下游发生大于设计标准的洪水时,视情况运用高村以上的分洪口门分洪进滞洪区,使洪水流量在高村以下不超过堤防的防御能力,经滩区滞洪、削峰后,若孙口流量大于10 000 m³/s,可利用东平湖滞洪区分滞洪水,使东平湖以下河段两岸堤防在考虑长清、平阴南山支流加水后,仍在堤防的设防标准以内。当发生特大洪水时,加强防守,堤防超标准下泄,利用齐河展宽区分洪后,仍可使济南以下堤防在防洪标准以内。这样,在各种洪水条件下,通过滞洪区分滞洪水,适应黄河下游河道上宽下窄、排洪能力上大下小的特点,在不同类别洪水的条件下,保证两岸黄淮海平原的安全。

三、北金堤滞洪区

(一)沿革

　　按照《关于防御黄河异常洪水的决定》,当陕县站发生23 000 m³/s(后修正为22 000 m³/s)时,北金堤滞洪区分洪口门的设计标准为分洪5 000~6 000 m³/s,口门位置在高村以上。1951年在长垣县石头庄兴建了溢洪堰,设计分洪流量5 100 m³/s,利用临黄堤与北金堤之间的区域分滞黄河洪水(见图2-16-1)。上至长垣县石头庄,下至台前县张庄,长

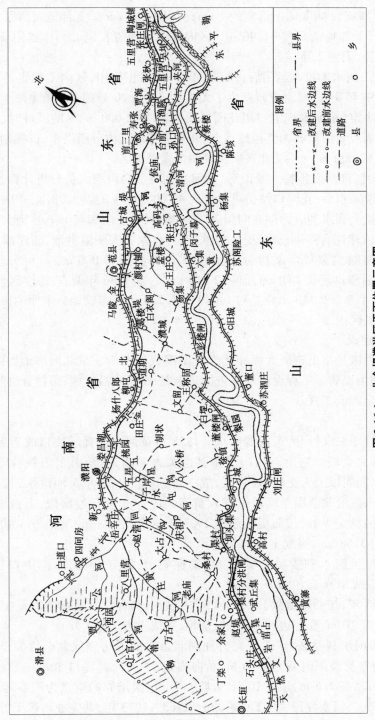

图 2-16-1 北金堤滞洪区平面位置示意图

约 171 km。上部宽约 40 km，下部宽约 7 km，面积 2 918 km²。上部地面高程 57.60 m（黄海高程，下同），下部地面高程 41.40 m。区内涉及河南省长垣、滑县、濮阳、范县、台前 5 县和山东省莘县、阳谷 2 县。

1960 年三门峡水库投入运用后，该滞洪区一度停止使用，区内工程也遭到了一定程度的破坏。1963 年 8 月，海河流域发生了大洪水，11 月 20 日国务院在《关于黄河下游防洪问题的几项决定》中明确规定："当花园口发生超过 22 000 m³/s 的洪峰时，应利用长垣县石头庄溢洪堰或者河南省内其他地点，向北金堤滞洪区内分滞洪水，以控制到孙口的流量最多不超过 17 000 m³/s。"从此又恢复了北金堤滞洪区。

1975 年 8 月，淮河发生特大暴雨后，黄河水利委员会组织人员分析计算，在利用三门峡水库控制上游来水后，花园口站仍可能出现 46 000 m³/s 的洪水，据此，1976 年河南、山东两省革命委员会和水利电力部在向国务院上报的《关于防御黄河下游特大洪水意见的报告》中提出：改建现有滞洪设施，提高分洪能力，废除石头庄溢洪堰，新建濮阳县渠村分洪闸，并加高加固北金堤。渠村分洪闸设计分洪流量 10 000 m³/s，可分泄黄河洪量 20 亿 m³。改建后滞洪区长 141 km，面积 2 316 km²。据 1986 年调查，滞洪区涉及河南、山东两省 7 县 62 个乡镇 2 113 个自然村 140.9 万人 233.8 万亩耕地。中原油田的建设工程大部分也在滞洪区内。

（二）工程建设

北金堤滞洪区是指由黄河大堤和北金堤所围成的西南—东北向形似"牛角"的三角形地区，西南侧无堤防。工程设施主要包括北金堤、石头庄溢洪堰、渠村分洪闸、张庄退水闸以及区内安全建设工程。

1. 北金堤

北金堤始修于东汉，原为黄河的南堤。1855 年黄河在铜瓦厢决口改道后，该堤位于黄河以北，故称北金堤。它上起河南濮阳县南关火厢庙，下至山东阳谷县陶城铺，全长 123.33 km。火厢庙以上为土岭，地势高，成一自然堤。1933 年黄河洪水，长垣黄河堤防决口 30 余处，水流沿北金堤至陶城铺流入黄河。1935 年进行过培修，上自滑县，下至陶城铺的官堤与民埝交界处，按照堤顶超过 1933 年洪水位 1.3 m、顶宽 7 m、边坡 1∶3 的标准，加培堤长 183.68 km，完成土方 165 万 m³。

按照冀鲁豫黄河水利委员会提出的"确保临黄，固守金堤，不准决口"的方针，自 1946 ~ 1949 年完成培修土方 89.5 万 m³。

1950 ~ 1958 年，按照防御陕县 23 000 m³/s 洪水、高堤口以上超高 2 m、姬楼至颜营超高 2.3 m、堤顶宽 10 m、临背边坡 1∶3 进行加培，完成土方 1 293 万 m³。

1964 年，黄河水利委员会"关于大力加固北金堤的堤防确保北金堤安全的指示"确定：北金堤设防水位濮阳南关为 53.0 m（黄海高程，下同），高堤口 50.2 m，张秋 44.5 m，陶城铺 44.3 m；超高 2.5 m，顶宽 10 m，边坡 1∶3。这次培修的重点为阳谷县牛虎店至陶城铺，长 49.9 km。河南堤段，实修顶宽 8 m。1963 ~ 1973 年，共完成培修土方 518 万 m³。

修建渠村分洪闸后，分洪流量提高至 10 000 m³/s。1976 年 2 月黄河水利委员会在"北金堤滞洪区改建规划实施意见"中确定进一步加固北金堤。设防水位按分洪流量 10 000 m³/s、分洪量 20 亿 m³、遭遇金堤河洪水水量 7 亿 m³，张庄闸处黄河水位按 1985

年水平考虑,设计滞洪水位濮阳南关为54.5 m、高堤口为50.8 m、樱桃园为48.2 m、陶城铺为47.6 m,堤防横断面标准同上。按照上述标准培修堤防长98.39 km,其中山东段长83.39 km、河南段长15 km,河南段还有25 km顶宽不足。

1950年后除进行上述工程建设外,还进行了以下工程建设:对老险工进行了石化、改建,并增修了6处新险工。到1985年计有险工18处,坝垛151道,长32.15 km。1954年后对零公里以上16.5 km堤防进行整修加培。1976~1985年进行放淤固堤1.7 km。为了排涝和灌溉,还在北金堤上修建、改建涵闸10余处。

1950~1985年,累计完成土方3 170.2万 m^3、石方11.95万 m^3[2]。

2. 石头庄溢洪堰

该堰长49 m,宽1 500 m,为印度式第Ⅲ型填石堰,两端为砌石裹头,1951年8月建成。堰前修有控制堤,分洪时爆破控制堤分洪,分洪能力为5 100 m^3/s。修建渠村分洪闸后,石头庄溢洪堰废除。

3. 渠村分洪闸

渠村分洪闸位于石头庄溢洪堰以下28 km处,相应黄河大堤桩号为48+150。1976年11月至1978年5月建成。该闸为钢筋混凝土灌注桩基开敞式结构,设计分洪流量10 000 m^3/s,设计洪水位采用以2000年为设计水平年的水位66.75 m(黄海高程),该水位相应于花园口站洪峰流量为22 000 m^3/s洪水的水位。

该闸为钢筋混凝土灌注桩基开敞式结构,分洪流量为10 000 m^3/s。该闸总长209.5 m,56孔,总宽749 m。闸前设控制堤,长1 200 m,顶高程65.0 m,顶宽4~5.5 m。

4. 张庄退水闸

张庄退水闸位于滞洪区下端、金堤河入黄河处,1963年开始修建,1965年7月建成,为钢筋混凝土开敞式水闸,共6孔,孔宽10 m。因黄河河道淤积,张庄闸退水、排涝困难,于1998~1999年进行了改建,闸底板高程抬高了3 m。具有分洪时退水、挡黄、倒灌和排涝4种功能。

5. 安全建设工程

安全建设工程主要包括围村埝、避水台、撤退跨金堤河桥梁、道路等。开始阶段采用就地避洪,1953~1958年以修围村埝为主,1964~1969年以修避水台为主;1978年后采用"以外迁为主"的方针,主要修建撤退道路和跨金堤河的桥梁。1983年后采用"防守和转移并举,以防守为主,就近迁移"的办法,将原来迁移110万人减少至52.4万人。至1987年,滞洪区需外迁72.6万人,围村埝、避水台保护46.35万人,浅水区自己防守21.6万人。另外,还进行了滞洪通信建设[2]。

(三)运用情况

开避北金堤滞洪区后,仅1958年花园口出现了22 300 m^3/s的洪水,当年洪峰较瘦,没有使用北金堤滞洪区滞洪。1958年以后未再出现花园口站洪峰流量大于22 000 m^3/s的洪水,至今没有运用过。修建小浪底水库后,黄河下游防洪标准提高,北金堤滞洪的运用概率进一步减小。黄河水利委员会编制的《黄河流域防洪规划》(2006年2月)中提出:将北金堤滞洪区作为防御特大洪水的临时分洪措施。

四、大宫分洪区

　　大宫分洪区位于黄河以北封丘、长垣、延津、滑县一带,平均宽约 24 km,长 85 km,面积 2 040 km²(见图 2-16-2)。按 1985 年调查资料,区内自然村 1 357 个,人口 123 万,耕地 229 万亩。分进该区的洪水,大部分穿越太行堤进入北金堤滞洪区,至台前张庄退入黄河;一部分洪水顺太行堤至长垣大车集流入黄河。

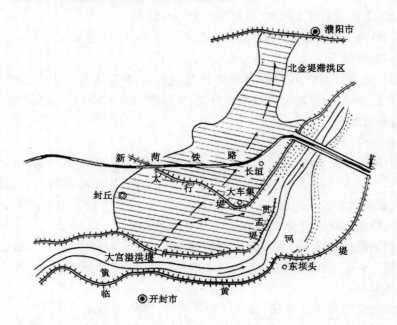

图 2-16-2　大宫分洪区平面示意图

　　1956 年确定,秦厂站(花园口站)洪峰流量为 36 500 m³/s 时,大宫分洪 6 000 m³/s;秦厂站洪峰流量为 40 000 m³/s 时,大宫分洪 10 500 m³/s,设计分洪水位 81.0 m(大沽标高,下同),背河地面高程 78 m,分洪水头 3 m,口门宽度按 1 500 m,分洪最大流速 4.4 m/s。

　　1956 年 4 月至 7 月在大堤前 100 m 的滩面上修建了临时溢洪堰分洪口门。堰长 40 m,堰身宽 1 500 m,堰顶高程 78 m。堰身由厚 0.5 m 的块石、铅丝石笼砌成,工程上下游各做有深 1.5 m、宽 1.0 m 的铅丝石笼隔墙一道;两端修有裹头,上游裹头长 330 m,下游裹头长 180 m,顶高程 83.0 m,顶宽 20 m,裹头采用抛石护坡,护坡长 395 m,护坡顶宽 1.5~1.8 m,外坡 1:1.5。共修做土方 40.1 万 m³、石方 4.64 万 m³,用铅丝 203.73 t。

　　1960 年三门峡水库投入运用后,该分洪区停止使用。淮河 1975 年 8 月发生特大暴雨洪水后,经分析计算花园口站仍有发生 46 000 m³/s 洪水的可能。1985 年 6 月国务院国发〔1985〕79 号文规定:"当花园口站发生 30 000 m³/s 以上至 46 000 m³/s 特大洪水时,除充分运用三门峡、陆浑、北金堤和东平湖拦洪蓄洪外,还要固守南岸郑州至东坝头和北岸沁河口至原阳堤防,要运用黄河北岸封丘县大宫临时溢洪堰分洪 5 000 m³/s……"。1985 年重新调查研究了分洪区的实施方案,在运用三门峡、陆浑水库的情况下,特大洪水花园口发生洪峰流量 46 000 m³/s 洪水时,最大 12 d 洪量 157.4 亿 m³,其中大于东平湖以下河道安全下泄 10 000 m³/s 以上的超万洪量为 57.31 亿 m³。除利用北金堤滞洪区分洪 20 亿 m³、东平湖分洪 16 亿 m³ 和河道滞蓄的洪量外,尚有近 20 亿 m³ 的洪量靠大宫分洪区处理。当花园口出现 46 000 m³/s 洪水时,大宫口门处大河流量 44 000 m³/s;控制大宫分洪 5 000 m³/s,有效分洪量 19 亿 m³[2]。

虽有大宫分洪区的运用方案,但工程存在的问题很多。1985 年后黄河上没有发生过大洪水,在处理下游河道设防标准的洪水时,尚不需要使用大宫分洪区分洪。在 20 世纪 90 年代几次编制的黄河下游防洪工程建设可行性研究报告时,均未将大宫分洪区列入处理洪水的措施。1999 年 10 月小浪底水库投入运用后,黄河下游的防洪标准已达近千年一遇,今后不需要再使用大宫分洪区分洪。

五、东平湖滞洪区

(一) 沿革

东平湖滞洪区位于黄河下游宽河段与窄河段分界处的右岸。

东平湖原为大野泽的一部分,由于泥沙淤积,五代后期即形成了以梁山为主要标志的湖泊。北宋末至金代,黄河迁徙无定,梁山泊也变化无常。元末贾鲁治河后,断绝了河水的大量补给,梁山泊分割成较小的湖泊,即所谓的北五湖——安山湖、南旺湖、马踏湖、马场湖、蜀山湖(见图 2-5-1)。明初由于逐渐失去济水和黄河的补给,湖面缩小,仅剩下原有得到汶水补给的南旺湖和安山湖。明清时期由于水源补给不足,又加黄河淤积,八百里梁山泊已逐渐分割成局部洼地积水的小湖泊。1855 年黄河走现行河道以来,横截汶水,增大补给水源,扩大了运河以北洼地的积水面积。由于淹没的面积当时都属于东平县,民国期间始有东平湖之称。1933 年有关东平湖的面积、水位等方面的资料与现在东平湖老湖区的情况基本一致(《山东黄河志》,1988 年 10 月)。

1948 年、1949 年汶河来大水。1949 年黄河洪水持续时间长,东平、汶上两县被淹耕地 1 800 顷(1 顷 = 66 667 m²,下同),梁山、南旺两县被淹耕地 6 000 顷,还影响到附近郓城、嘉祥、济宁、巨野等县的部分土地,包括湖区淹没近 2 000 km²,灾情严重,但减轻了平原、山东两省的防洪压力(《山东黄河志》,1988 年 10 月)。1950 年 7 月,黄河防汛总指挥部在"关于防汛工作的决定"中,确定东平湖区为黄河的滞洪区。1950 年冬至 1951 年春,平原、山东两省先后修建了金线岭堤(长 42.56 km)、新临黄堤(长 21.32 km),堵复了旧临黄堤,修复了运东堤、运西堤,基本形成了东平湖滞洪区。运西堤和旧临黄堤为第一道防线,该防线以北的区域为老湖区,称为第一滞洪区(见图 2-5-2)。金线岭堤和新临黄堤为第二道防线,堤防标准稍高于第一道防线,一、二道防线之间的区域称为第二滞洪区。当第一滞洪区不能满足分洪要求时,分洪入第二滞洪区。1955 年对运东堤加高 0.7 m,旧临黄堤加高 1.3 m,新临黄堤加高 0.8 m。1958~1960 年修建了位山枢纽,东平湖滞洪区改建为完全封闭的平原水库——东平湖水库。1958 年国务院决定将东平湖扩建为水库,山东省调集聊城、菏泽、济宁、泰安 4 个地区 21 个县的民工 24.4 万人,拖拉机 306 台,抽水机、发电机 150 台。自 8 月 5 日至 10 月 25 日,日夜奋战,建成水库围坝,土方 1 761.42 万 m³。5 000 余名解放军官兵完成了围坝石护坡,长 69 km,高 6 m,建成十里堡、徐庄、耿山口 3 座进湖闸和陈山口出湖闸,将东平湖与黄河、运河分开,成为平原水库。由于运用中出现了问题,1962 年 4 月水电部专家组调查后提出的报告中指出,"东平湖近期运用以黄河防洪为主,暂不蓄水兴利",并首次提出破除拦河坝。1963 年 10 月国务院以〔1963〕国计字第 699 号文批示,同意位山枢纽破坝,同意东平湖水库采用二级运用。1963~1965年,在原运西堤和旧临黄堤的基础上,修筑了二级湖堤,将东平湖滞洪区分为老湖、新湖两区。

1963 年 12 月 6 日,位山枢纽破坝,黄河复走原河道,东平湖水库又成了黄河侧向无坝分洪的东平湖滞洪区(见图 2-5-3)。

(二)工程建设

经过几次改建,现在东平湖滞洪区总面积 627 km²,其中老湖区 209 km²、新湖区 418 km²。原设计蓄水位 46.0 m(大沽高程,下同),总库容 39.79 亿 m³,其中老湖 11.94 亿 m³、新湖 27.85 亿 m³。20 世纪 90 年代以来,分滞黄河洪水运用水位为 45.0 m,总库容 33.54 亿 m³,其中老湖 9.87 亿 m³、新湖 23.67 亿 m³。单独利用老湖处理汶河洪水时,老湖运用水位 46.0 m,相应库容 11.94 亿 m³。

1963 年位山枢纽破坝后东平湖滞洪工程多次进行加固改建。1964 年后按防洪运用水位 44.0 m、争取 44.5 m 进行加固。1975 年 8 月淮河大水后,要求东平湖蓄水位 45.0 m,考虑超标准运用,为了确保安全,滞洪工程按蓄水位 46.0 m 进行加固。在小浪底水库建成后,工程按运用水位 45.0 m 进行加固。老湖区因需处理汶河洪水,按运用水位 46.0 m 修建加固工程。

现在使用的东平湖滞洪区,60 多年来建设的主要防洪工程有:

(1)围坝(围堤):均质土坝,长 100.307 km,坝顶高程 48.50 m,顶宽 10 m,高一般大于 10 m,临水边坡 1:3,46.0 m 高程以下建有石护坡,背水坡 1:2.5,43.5 m 高程以下修有后戗。

(2)二级湖堤:均质土堤,长 26.73 km,堤顶高程 48.00 m,顶宽 6.0 m,边坡 1:2.5,临老湖侧 47.8 m 高程以下修有石护坡,临新湖侧修有后戗。

(3)进湖闸(分洪闸)3 座:分洪进入老湖的十里堡闸,设计流量为 2 000 m³/s,分洪入老湖的林辛闸,设计流量为 1 500 m³/s;分洪入新湖的石洼闸,设计流量为 5 000 m³/s。总计分洪能力为 85 000 m³/s。

(4)出湖闸(泄洪闸):陈山口出湖闸,设计流量为 1 200 m³/s;清河门出湖闸,设计流量 1 300 m³/s;相机南排的司垓泄水闸,设计流量 1 000 m³/s。

东平湖滞洪区经过了滞洪区—水库—滞洪区的过程,滞洪区内人口也经过了外迁—返库—安置的过程。滞洪区避水方式主要有:靠山的后靠至洪水位以上、修建避水村台、临时外迁等方式。相应在区内还修建了撤退道路等避水设施。

(三)运用情况

历史上自然滞洪运用较多。1949~1958 年 10 年间有 5 次较大的洪水自然滞洪。分别为 1949 年 9 月洪水、1953 年 8 月洪水、1954 年 8 月洪水、1957 年 7 月洪水、1958 年 7 月洪水。最高湖水位:1949 年为 42.25 m,1954 年 8 月 3 日为 42.94 m(土山站),1957 年为 44.06 m,1958 年 7 月 21 日 24 时为 44.81 m。

1960 年位山枢纽主体工程基本完成后,1960 年 7 月 26 日开始蓄水运用,7 月 28 日爆破二道坡口门,向梁山县新湖区放水。8 月 5 日破刘庄口门,向东平县新湖区放水。十里堡、徐庄、耿山口 3 个进湖闸最大进湖流量为 1 250 m³/s,9 月 5 日闸门全部关闭。9 月新、老湖区水位趋平。至 9 月中旬最高蓄水位达 43.50 m(土山站),较高水位共持续 42 d,最大蓄水量为 24.5 亿 m³。11 月 9 日后,陆续开放进(徐庄、耿山口为双向闸)、出湖闸向黄河放水。年底,湖水位降至 42.50 m,并一直持续到 1961 年 3 月下旬,高水位长达 200 多 d。1961 年汛前,水位降至 41 m。1963 年,二级湖堤堵复,流长河闸建成放水后,新湖区水位降至 40 m 以下,大部分土地恢复耕种。在蓄水期间发生了大量、严重险情。

1982 年 8 月 2 日,花园口站出现 15 300 m³/s 的洪峰,孙口站洪峰流量为 10 100 m³/s。当时中国共产党第十二次全国代表大会即将召开。国务院领导召集水电部、豫鲁两省领导研究后确定,利用东平湖老湖区分洪,控制艾山站下泄不超过 8 000 m³/s,确保黄河下游河道的防洪安全。8 月 6 日 22 时开启林辛闸向老湖区分洪,8 月 7 日 11 时又开启十里堡闸向老湖区分洪。8 月 9 日 23 时两分洪闸全部关闭,历时 72 h,最大分洪流量 2 400 m³/s,分洪水量 4 亿 m³,分洪后,老湖水位 42.11 m,艾山站最大流量为 7 430 m³/s。这次分洪是东平湖改建为滞洪区后第一次也是迄今唯一的一次正式分洪运用,在无坝分洪的情况下,保证了艾山站下泄不超过 8 000 m³/s 的要求,按照要求分洪运用是成功的。据分洪后调查统计,分洪时上下游水位落差大,流速快,闸上游急剧溯源冲刷,大量河床泥沙入湖,闸后水流扩散,泥沙落淤。在闸下 2 km 范围内淤积厚度为 0.5～1.0 m,十里堡闸后最大达 1.5 m,林辛闸后最大达 2.0 m,淤积物大部分为粉沙、粗沙,有 448 hm² 土地不能耕种。在闸下 2 km 以外淤积厚一般为 0.15 m 左右,多为两合土或黏性土。随水进入湖区 500 万 m³ 泥沙。

六、窄河段展宽工程

"凌汛决口,河官无罪"的谚语,表现凌汛对两岸安全的威胁是很大的,尤其是在堤距很窄的河段。济南、齐河之间及垦利、利津之间的两段河道,在凌汛期间极易卡冰结坝,壅高水位,威胁堤防安全。为解决凌汛威胁,水利电力部于 1971 年 4 月和 9 月分别批准兴建齐河展宽工程和垦利展宽工程,20 世纪 80 年代初 2 处展宽工程基本建成。

(一)齐河展宽工程

齐河展宽工程,也称北展。1946 年中国共产党领导人民治黄以来,虽然该河段堤防没有发生过决口,但凌汛威胁还是十分严重的。如 1970 年凌汛期间,在济南老徐庄至齐河南坦形成冰坝,插冰长达 15 km,北店子水位陡涨 4.21 m,严重威胁济南市安全。

从齐河南坦险工至济南盖家沟险工,长约 30 km,堤距平均 1 km,最窄处 492 m,形成卡口,该河段南为济南市,北有齐河县老县城,两岸险工对峙,又有津浦铁路新、老铁路桥,一旦冰凌卡塞,就会造成水位短期内大幅度抬高。人民治黄以前该河段堤防决口达 43 次之多。

展宽区南为临黄堤,北为展宽堤,总面积 106 km²,宽一般 3 km 左右,涉及齐河、天桥 2 个县(区)。设计最大库容为 4.75 亿 m³,其中有效库容为 3.9 亿 m³,展宽工程于 1971 年 10 月开工,1982 年基本建成,完成土方 4 997 万 m³,石方 15.68 万 m³。完成的主要工程有:①展宽堤:上起齐河县曹营(北岸临黄堤桩号 102 +002),下至八里庄(北岸临黄堤桩号 140 +762)。展宽堤长 37. 78 km,顶宽 9 m,超高 2. 1 m,临、背河边坡分别为 1:2. 5 和 1:3。②分洪(分凌)工程:豆腐窝分洪闸,位于临黄堤桩号 104 +644 处,设计分洪流量 2 000 m³/s,分凌流量 1 200 m³/s。初建时还修有李家岸分洪闸,位于临黄堤桩号 123 +457 处,设计分凌流量 800 ~ 1 200 m³/s,灌溉引水流量 100 m³/s。1986 年汛前在闸后修筑围堤,将其废弃。③大吴泄洪闸:位于展宽堤桩号 32 +295 处,设计泄洪流量 300 m³/s,校核泄洪流量 500 m³/s。④大吴泄洪河,虽有设计,但基本没有建设。

(二)垦利展宽工程

垦利展宽工程,也称南展。从东营区麻湾至利津县王庄河段,长约 30 km,堤距 1 km 左右,最窄处仅 531 m(左岸大堤桩号为 321 +400),素有"窄胡同"之称,每年凌汛期,防凌形势都十分严峻,该河段发生决口 31 次,其中凌汛决口 15 次,中华人民共和国成立后,1951 年、1955 年凌汛期曾分别在该河段的利津王庄、五庄发生决口。

展宽区北为临黄堤,南为展宽堤,总面积 123. 3 km²,宽 3. 5 km 左右,涉及垦利、东营、博兴 3 个县(区)。设计最大库容为 3. 27 亿 m³,其中有效库容为 1. 1 亿 m³。展宽区于 1971 年 10 月开工,1978 年底完成主体工程,至 1990 年共完成土方 3 543 万 m³。完成的主要工程有:①展宽堤:上起博兴老于家皇坝(南岸临黄堤桩号 189 +121),下至垦利西冯(南岸临黄堤桩号 234 +950)。展宽堤长 38. 65 km,顶宽 7. 0 m,超高 2. 1 m,临、背边坡均为 1:3。②分洪、分凌工程:麻湾分洪闸,位于临黄堤桩号 191 +279 处,设计分洪最大流量为 2 350 m³/s,分凌流量 1 640 m³/s。初建时还修有曹店分洪放淤闸,位于临黄堤桩号 200 +523 处,设计分洪流量 1 090 m³/s,放淤流量 340 ~748 m³/s,灌溉流量 55 m³/s,1984 年在闸后修筑围堤,已经废弃。③章丘屋子泄洪闸:位于临黄堤桩号 232 +647 处,设计泄洪流量 1 530 m³/s。

(三)运用及存废问题

垦利展宽和齐河展宽工程建成后没有运用过。在小浪底水库建成后,与三门峡水库联合运用,可为黄河下游防凌提供 35 亿 m³ 防凌库容,两个展宽区的使用概率已变得非常小。黄委编制的《黄河流域防洪规划》(2006 年 2 月)中提出,"综合考虑,取消齐河、垦利展宽区"。

参 考 文 献

[1] 黄河水利史述要编写组. 黄河水利史述要[M]. 北京:水利出版社,1982.
[2] 黄河志总编辑室. 黄河防洪志[M]. 郑州:河南人民出版社,1991.

黄河防洪水库建设*

黄河下游的防洪工程体系是由堤防工程、河道整治工程、蓄滞洪工程和位于中游干支

---

* 本文选入 2009 年《黄河年鉴》(黄河年鉴社出版,2009 年 12 月)"专文"部分,P379 ~388。

流上的防洪水库组成的。这些防洪水库包括三门峡水库、陆浑水库、故县水库、小浪底水库，以及待建的沁河河口村水库。

一、黄河下游的洪水特点

黄河下游洪水主要来源于中游地区，上游地区来流仅构成基流，下游河道高于两岸地面，成为海河和淮河流域的分水岭，基本无支流洪水加入。

黄河下游洪水按照洪水成因和洪水特性可分为"上大洪水"和"下大洪水"，这两类洪水并不遭遇。洪水来源区自上而下为：河口镇至龙门区间（简称河龙间），流域面积11.16万 km^2；龙门至三门峡区间（简称龙三间），流域面积19.08万 km^2；三门峡至花园口区间（简称三花间），流域面积4.16万 km^2。来自河龙间和龙三间的洪水称为"上大洪水"，来自三花间的洪水称为"下大洪水"。

黄河下游洪水的洪峰流量相对较大，洪量相对较小。其原因是洪水来源区大部分属于干旱和半干旱地区，水汽不够充沛，暴雨强度相对较大，历时较短，雨区大部分为黄土丘陵区和石山区，汇流速度快，致使洪水具有峰高量小的特点。表2-17-1为黄河下游花园口站实测和调查的洪水情况。

由于黄河下游洪水具有峰高量小的特点，一次洪水的洪量主要集中在5~12 d。在中游干支流上修建水库可以达到削减洪峰、控制下游洪水的目的；同时利用这些水库调水调沙，还可减缓下游河道的淤积抬升速度。

二、三门峡水库

三门峡水库是黄河中游干流上修建的第一座大型水库，位于河南省陕县（右岸）和山西省平陆县（左岸）交界处。枢纽处控制黄河流域面积68.84 km^2，占全流域面积（不包括内流区）的91.5%，控制黄河水量的89%、黄河沙量的98%，开发任务是防洪、防凌、灌溉、发电和供水。在黄河下游防洪方面，控制了包括河龙间、龙三间两个洪水来源区的"上大洪水"，对三花间洪水来源区的"下大洪水"可起到调蓄、错峰作用；在黄河下游防凌方面，通过调蓄水量减小凌汛对下游的威胁。水电站装机几经改建，现在装机40万 kW。

1933年黄河发生大洪水后，李仪祉就提出建设拦洪库的设想，1935年提出了在三门峡修建拦洪水库的建议。1947年，张含英在《黄河治理纲要》中指出：三门峡及八里胡同是修建水库的优良坝址。20世纪50年代进行了多次查勘和研究。1954年黄河规划委员会编制的《黄河综合利用规划技术经济报告》选定三门峡水利枢纽为第一期工程。1955年7月30日，第一届全国人大第二次会议通过了《关于根治黄河水害和开发黄河水利综合规划的决议》，要求国务院迅速成立三门峡水库和水电站建筑工程机构。苏联列宁格勒设计院于1956年底完成了三门峡水利枢纽初步设计。1957年11月，国务院批准了初步设计。

枢纽建成时主要由挡水建筑物、泄水建筑物、水电站组成（见图2-17-1）。挡水建筑物包括主坝和副坝。主坝为混凝土重力坝，坝顶高程353 m（大沽，下同），主坝长713.2 m（不含右侧副坝），最大坝高106 m。泄水建筑物包括深孔和溢流孔。深水孔进口高程为300 m，共12孔。表面溢流孔进口高程为338 m，共2孔。水电站共有8台水轮发电机组，进水口高程为300 m。

表 2-17-1　花园口站各类较大洪水洪峰、洪量组成

洪水组成	洪水发生年份	花园口 洪峰流量(m³/s)	花园口 12 d洪量(亿m³)	三门峡 洪峰流量(m³/s)	三门峡 相应洪水流量(m³/s)	三门峡 12 d洪量(亿m³)	三花间 相应洪水流量(m³/s)	三花间 12 d洪量(亿m³)	三门峡占花园口的比重 洪峰流量(m³/s)	三门峡占花园口的比重 12 d洪量(亿m³)(%)
三门峡以上来水为主,三花间相应洪水所组成的花园口洪水	1843	33 000	136.00	36 000		119.00	2 200	17.00	93.30	87.50
	1933	2 0400	100.50	22 000		91.90	1 900	8.60	90.70	91.40
三花间来水为主,三门峡以上相应洪水所组成的花园口洪水	1761	32 000	120.00		6 000	50.00		70.00	18.80	41.70
	1954	15 000	76.98		4 460	36.12		40.86	29.73	46.92
	1958	22 300	88.85		6 520	50.79		38.06	29.24	57.16
	1982	15 300	65.25		4 710	28.01		37.24	30.78	42.93

注:相应洪水流量是指组成花园口站洪峰流量的相应来水流量,1761 年和1843 年洪水系调查推算值。

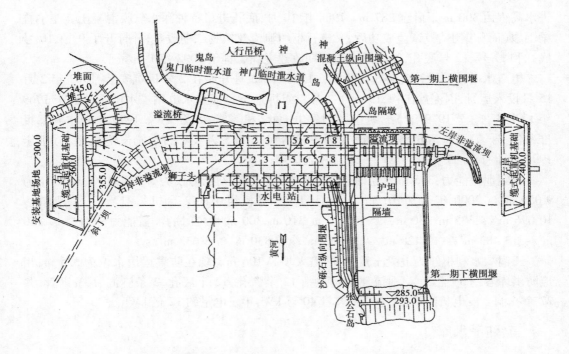

图 2-17-1 三门峡水利枢纽平面布置图

三门峡水利枢纽于 1957 年 4 月 13 日正式开工,1958 年 11 月 25 日截流,1960 年 9 月 15 日下闸蓄水运用。1961 年 4 月,大坝全断面修建至第一期坝顶设计高程 353 m,枢纽主体工程基本竣工。1962 年 2 月,第一台 14.5 万 kW 水轮发电机组投入试运行。

1959 年 10 月 13 日,周恩来总理在三门峡水利枢纽工地主持召开的有中央有关部门和河南、陕西、山西等省领导人参加的现场会上,讨论 1960 年汛期拦洪蓄水高程时,确定三门峡水库 1960 年汛前移民高程线为 335 m,按此高程进行了移民。

三门峡水库 1960 年 9 月至 1962 年 3 月按“蓄水拦沙”运用,最高蓄水位 332.58 m (1961 年 2 月 9 日),蓄水量 72.3 亿 m³。蓄水后库区泥沙淤积严重,1962 年 2 月决定:运用方式由“蓄水拦沙”改为“滞洪排沙”,汛期闸门全开敞泄,只保留防御特大洪水的任务。改为“滞洪排沙”运用后,由于泄流规模小,水库仍继续淤积。

1964 年 12 月在周恩来总理主持的治黄会议上决定:枢纽左岸增建两条泄流排沙隧洞;改建 5 ~ 8 号 4 条原建的发电引水钢管为泄流排沙管道,简称“两洞四管”。从 1965 年 1 月开始增建两条泄流隧洞(在枢纽左岸)、改建四条发电引水钢管为泄流排沙管道。“四管”于 1965 年 5 月竣工,“两洞”的 Ⅰ 号、Ⅱ 号隧洞分别于 1967 年 8 月 12 日和 1968 年 8 月 16 日投入运用。

为了进一步提高泄流能力,枢纽进行了第二次改建。1969 年 6 月在三门峡市召开的“四省会议”提出了第二次改建意见。改建原则是:在确保西安、确保下游的前提下,合理防洪,排沙放淤,径流发电。改建规模为:在坝前水位 315 m 时,下泄流量达到 10 000 m³/s。

第二次改建工程于 1970 年 1 月开工,至 1973 年 12 月,打开了 8 个底孔,1 ~ 5 号机组进水高程由 300 m 下卧至 287 m。1984 年 10 月,底孔进口特种深水软膜混凝土支座钢叠梁围堰(简称钢围堰)试验成功后,又进行枢纽泄流建筑物二期改建,并打开了 9 号、10 号底孔和 11 号、12 号底孔,泄流建筑物二期改建主体工程于 2002 年 1 月完工。

枢纽水电站原设计安装 8 台机组。1960 年 12 月开始在 2 号机坑安装,1962 年 2 月 15 日投入运行,因泥沙淤积,1966 年 2 号机组拆迁至丹江口水电站。水电站改建于 1969 年 12 月开工,至 1979 年 5 台机组并网发电,总装机容量 25 万 kW。1990 年经水利部批准,将 6 号、7 号泄流排沙钢管改建为单机容量为 7.5 万 kW 的水轮发电机组,分别于 1994 年 4 月 28 日、1997 年 3 月 26 日投入运用。

枢纽泄流能力:315 m 水位时,原建泄流建筑物泄流能力仅为 3 084 m³/s;1979 年为 9 059 m³/s。2000 年为 9 701 m³/s,加上 1~5 号机组中的 2 台机组泄流后,总泄量达 10 096 m³/s;335 m、330 m、325 m、320 m、310 m、300 m 水位时的泄流能力分别为 14 350 m³/s、13 483 m³/s、12 428 m³/s、11 153 m³/s、7 830 m³/s、3 633 m³/s。

三门峡水利枢纽为混凝土重力坝,最大坝高 106 m。现在防洪运用水位为 335 m,相应防洪库容约 56 亿 m³。泄流建筑物包括 12 个深孔、12 个底孔、2 条隧洞、1 条钢管,共 27 个孔洞。发电机组 7 台,总装机容量 40 万 kW,年发电量约 12 亿 kWh。

三、陆浑水库

陆浑水库位于黄河支流洛河的最大支流伊河中游的河南省嵩县田湖镇陆浑村附近,北距洛阳市 67 km,控制流域面积 3 492 km²,占伊河流域面积 6 029 km² 的 57.9%。开发任务是以防洪为主,结合灌溉、发电、供水等。

1954 年黄河规划委员会编制的"黄河技术经济报告"将陆浑水库列为黄河支流水库第一期工程,经与东湾水库多次比选,1958 年 12 月黄河水利委员会编制的"黄河三大规划"第二篇黄河下游综合利用规划(草案)中,提出在伊河修建陆浑水库。

1959 年 12 月黄河水利委员会设计院完成《伊河陆浑水库工程初步设计书》,技术设计由陕西工业大学承担。1959 年 12 月筹备并修建导流明渠,12 月 27 日导流放水。后改由黄河水利委员会设计院负责设计,1961 年 12 月完成《陆浑水库修改初步设计书》。1965 年 8 月陆浑水库主体工程建成。

1970 年 1 月黄河水利委员会陆浑设计组完成《伊河陆浑水库增建灌溉发电工程初步设计报告》,灌溉洞 1972 年 2 月开工,1974 年 7 月建成通水。灌溉洞电站 1973 年 1 月开工,1984 年 1 月第一台机组发电。输水洞改建及电站,1974 年 9 月开工,同年 12 月 15 日电站发电;扩装的一台机组于 1986 年 11 月至 1987 年 12 月建成。

1975 年 8 月淮河发生特大洪水后,按照特大洪水进行保坝设计及加固设计。1976 年 8 月,黄河水利委员会规划设计大队完成《伊河陆浑水库工程特大洪水保坝初步设计报告》,1985 年 3 月黄河水利委员会设计院提出《伊河陆浑水库特大洪水保坝加固工程初步设计》。1976~1988 年 7 月将土坝顶由 330 m(黄海高程,下同)加高至 333 m,泄洪塔架也相应抬高 3 m,并对西坝头进行了处理。

水库总库容 13.20 亿 m³,防洪库容 6.77 亿 m³。枢纽工程(见图 2-17-2)包括大坝、溢洪道、泄洪洞、灌溉发电洞及电站、输水洞及电站。泄流建筑物均位于右岸。①大坝:为黏土斜墙砂卵石坝,最大坝高 55 m,防浪墙高 1.2 m,顶宽 8 m。②溢洪道:位于大坝以东 500 m 的马鞍处,1962~1965 年修建,遇千年一遇洪水时,泄量约为 2 930 m³/s。③泄洪洞:位于溢洪道与大坝之间,1962~1965 年修建,1976 年以后又进行了加固改建,遇千年一遇洪水时,泄流量约为 1 100 m³/s。④灌溉发电洞:位于泄洪洞与大坝之间,1972~1974 年修建,遇千年一遇洪水时,泄洪流量为 390 m³/s。⑤输水洞:位于东坝头下面,原为施工导流洞,后改为灌溉和引水发电洞。1960 年修建,后进行加固。遇千年一遇洪水时,泄流量为 190 m³/s。⑥电站:一是灌溉洞出口电站,2 台 3 000 kW 和 1 台 500 kW 机组;二是输水洞出口电站,3 台 1 250 kW 机组。总装机 1.025 万 kW,年发电量 1 449 万 kWh。

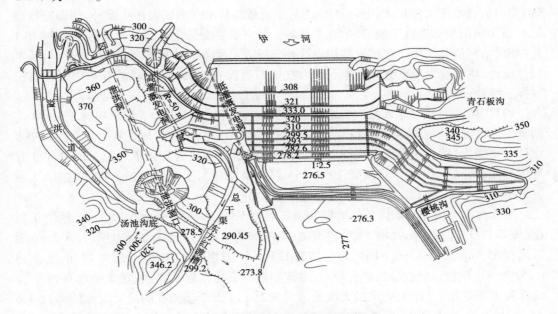

图 2-17-2 陆浑水库工程平面布置图

陆浑水库总库容为 13.20 亿 m³,防洪库容为 6.77 亿 m³。除可提高枢纽以下支流的防洪标准外,还可削减黄河下游的洪峰、洪量。按照花园口与三花间同频率、三门峡以上相应进行洪水计算,陆浑水库可削减黑石关站洪峰流量,千年一遇洪水为 1 900~5 860 m³/s,百年一遇洪水为 960~4 260 m³/s;削减花园口站的洪峰流量,千年一遇洪水为 1 300~3 620 m³/s,百年一遇洪水为 510~1 680 m³/s;削减花园口站 10 000 m³/s 以上的洪峰流量,千年一遇洪水为 1.79 亿~4.28 亿 m³,百年一遇洪水为 1.63 亿~2.36 亿 m³。1982 年伊河中游降大暴雨,7 月 30 日 6 时入库最大流量达 5 280 m³/s,经水库调蓄后,最大泄量仅 820 m³/s,一般为 500 多 m³/s,大大减轻了枢纽以下的防洪负担。

四、故县水库

故县水库位于黄河支流洛河中游峡谷区,在河南省洛宁县故县镇附近,东北距洛阳市 165 km。控制流域面积 5 370 km²,占洛河流域面积(不含支流伊河面积)的 41.8%。水库开发的任务为以防洪为主,兼顾灌溉、发电、供水等。

1956 年 3 月,黄河水利委员会编制《伊洛沁河综合利用规划技术经济报告》,就将故县水库列为洛河第一期开发对象,但水库建设却经过了"四上三下"的漫长过程。

水库于 1958 年开始兴建。1959 年 12 月黄河水利委员会设计院完成《洛河故县水库初步设计报告》。在完成坝基截水槽、导流洞开挖、内外线交通等施工项目后,1960 年秋在"缩短建设战线"的形势下停工缓建。1969 年 6 月在三门峡召开的"四省会议"上决定故县水库复工。黄河水利委员会故县水库设计组于 1970 年 8 月完成《河南省故县水库工程选坝报告》,推荐Ⅵ坝线混凝土宽缝重力坝。1970 年春开始施工准备,完成宜阳至工地高压输电线架设、部分内外交通和临时用房等。为集中资金建设小浪底水库,故县水库于 1970 年底第二次停工缓建。1973 年 1 月水利电力部批复黄河水利委员会 1971 年提出的《河南省故县水库工程扩大初步设计》,"基本同意故县水库的扩大初步设计,请即安排施工。"施工队伍当即进驻工地,开始施工准备。黄河水利委员会规划设计大队于 1974 年 1 月提出《洛河故县水库工程扩大初步设计补充报告》,推荐实体重力坝。4 月审查时,基本同意设计,坝型改为矮宽缝重力坝。后因投资归属没有解决,1975 年故县水库工程第三次停工缓建。

1977 年 12 月故县水库被列为水电部直属工程项目,由水电十一局承担施工,1978 年初复工。黄河水利委员会规划设计大队于 1978 年 4 月完成《洛河故县水库工程扩大初步设计补充报告(按可能最大洪水修改)》,将矮宽缝重力坝改为实体重力坝。1980 年 9 月建成导流洞,同年 10 月 7 日截流,1994 年 1 月主体工程完工并正式投入拦洪运用。3 台发电机组于 1992 年 12 月 28 日并网发电。

水库总库容为 11.75 亿 m³,近期防洪库容 6.98 亿 m³(设计水位以下)。枢纽工程(见图 2-17-3)主要包括大坝、泄水建筑物、电站。①大坝:为混凝土重力坝,长 315 m,坝顶高程 553 m(大沽高程,下同),最大坝高 125 m,一般坝顶宽 16.5 m,最大 19 m,最小 13 m,分为挡水坝段、电站坝段、底孔坝段、溢流坝段。②泄水建筑物:包括 2 个底孔,5 个溢流孔和 1 个中孔。2 个底孔的最大泄流量为 982 m³/s,5 个溢流孔的最大泄流量为 11 436 m³/s,中孔的最大泄量为 1 476 m³/s。③电站:装机 3 台,共 6 万 kW,年发电量 1.76 亿 kWh。

水库总库容为 11.75 亿 m³,调洪库容为 5.81 亿 m³。除可提高枢纽以下洛河及洛阳市的防洪标准外,还可削减黄河下游的洪峰、洪量。故县水库可削减花园口站洪峰流量,千年一遇 220~2 250 m³/s,百年一遇 520~1 470 m³/s;削减花园口站 10 000 m³/s 以上洪量,千年一遇 3.75 亿~5.38 亿 m³,百年一遇 1.31 亿~4.44 亿 m³。在花园口站设防流量 22 000 m³/s 不变的情况下,使黄河下游防洪标准由三门峡水库和陆浑水库联合运用后的 50 年一遇提高到 60 年一遇。

五、小浪底水库

小浪底水库位于河南省洛阳市以北 40 km 处的黄河干流上,上距三门峡水利枢纽 130 km,下距花园口站 128 km,坝址处控制流域面积 69.4 万 km²,占花园口以上流域面积的 95.1%,占黄河流域面积 75.24 亿 m³(不含内流区)的 92.3%。控制黄河径流量的 91.2%、输沙量的近 100%。枢纽的开发目标是以防洪、防凌、减淤为主,兼顾供水、灌溉、

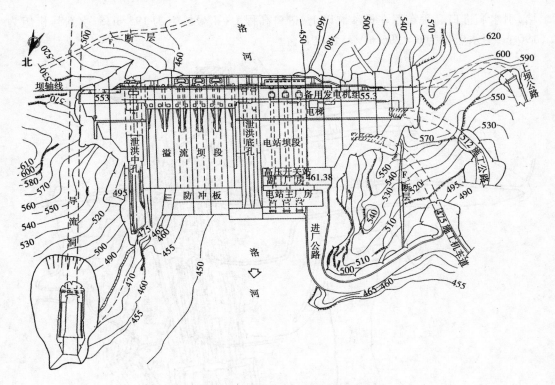

图 2-17-3　故县水库工程平面布置图

发电,综合利用。

　　小浪底水利枢纽 1991 年 9 月准备工程开工,1994 年 7 月完成国际招标,1994 年 9 月主体工程开工,1997 年 10 月 28 日截流,1999 年 10 月 25 日下闸蓄水,2000 年 1 月 9 日首台机组发电,2001 年 12 月全部竣工,枢纽工程建成后运用正常,2009 年通过国家组织的验收。

　　小浪底水利枢纽(见图 2-17-4)主要由大坝、泄洪排沙、引水发电建筑物组成。泄洪洞、发电洞、灌溉洞和溢洪道进水口建筑物集中布置在大坝左岸,出口集中布置在大坝下游左岸。地下式厂房位于左岸 T 形山梁交汇处的腹部。泄洪排沙建筑物由孔板洞、排沙洞、明流洞和溢洪道组成。泄洪排沙建筑物及发电引水建筑物进水口集中布置在左岸单薄山体上游侧(见图 2-17-5)。①大坝:为带内铺盖的壤土斜心墙堆石坝,坝顶长 1 667 m,坝顶高程 281 m(黄海,下同),设计坝高 154 m,坝顶宽 15 m,斜心墙下设厚 1.2 m 的混凝土防渗墙,深 81 m。②孔板洞:3 条,由导流洞改建而成,$1^{\#}$、$2^{\#}$、$3^{\#}$ 孔板洞进口高程为 175 m,最大泄量分别为 1 727 m^3/s、1 549 m^3/s、1 549 m^3/s。③排沙洞:3 条,其作用是保持进水口冲刷漏斗、减少过机沙量和调节径流。进口高程低,在 5 号、6 号机组发电引水口下方 15 m、1～4 号机组发电引水口下方 20 m,即 175 m 高程。单洞最大泄量为 675 m^3/s,一般运用条件下,泄流不超过 500 m^3/s。④明流洞:3 条,进口高程较高,分别为 195 m、209 m、225 m,最大泄量分别为 2 680 m^3/s、1 973 m^3/s、1 796 m^3/s。⑤溢洪道:陡槽式,净宽 34.5 m,最大泄量 3 764 m^3/s。⑥电站:为引水式、地下式厂房,引水洞 6 条,为防泥沙淤堵,引水洞进口高程布置在排沙洞以上,进口高程 1～4 号机组为 195 m,5 号、6 号机组为 190 m,引水流量为 6×296 m³/s,装机 6 台。

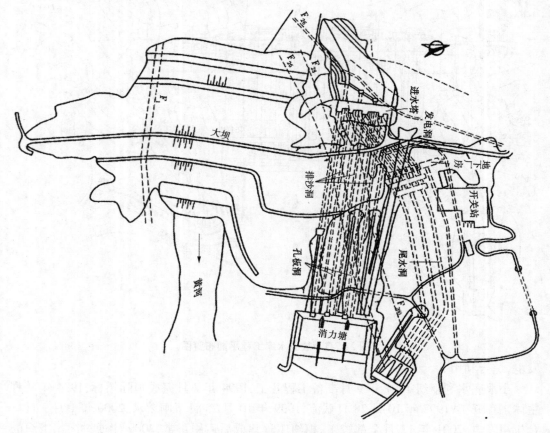

图 2-17-4　小浪底水利枢纽平面布置图

小浪底水库总库容为 126.5 亿 m³,其中长期有效库容 51 亿 m³,防凌库容 20 亿 m³,可长期发挥防洪和调水调沙作用。利用 75.5 亿 m³ 的调沙库容拦沙,可减少下游河道约相当于 20 年的淤积量,可减少下游堤防加高次数。每年可增加 20 亿 m³ 的供水量,改善下游供水及灌溉条件。多年平均发电量 51 亿 kWh,可补充经济发展中的电量不足,并便于调峰,提高工农业供电质量。

六、提高下游防洪标准

从 1957 年开始修建防洪水库以来,已先后建成了干流三门峡水库、支流伊河陆浑水库、支流洛河故县水库、干流小浪底水库,通过修建防洪水库已经显著提高了黄河下游的防洪能力。

在天然情况下,黄河下游花园口站设计洪水成果见表 2-17-2。修建 4 座防洪水库后,花园口站不同重现期洪峰流量和设防流量见表 2-17-3。

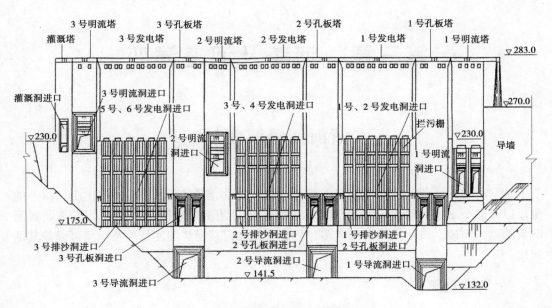

图 2-17-5　进水塔上游立视图

表 2-17-2　黄河下游花园口站天然情况下设计洪水成果

重现期 N(年)	30	100	1 000	10 000
洪峰流量 Q(m³/s)	22 600	29 200	42 300	55 000
5 d 洪量(亿 m³)	57.0	71.3	98.4	125
12 d 洪量(亿 m³)	104	125	164	201

表 2-17-3　黄河下游花园口站修建 4 座防洪水库后不同重现期洪峰流量及设防流量（单位:m³/s）

项目	重现期(年)					设防流量
	30	100	300	1 000	10 000	
洪峰流量	13 100	15 700	19 600	22 600	27 400	22 000

　　按花园口站 22 000 m³/s 设防流量不变的条件下,黄河下游的防洪标准天然情况下约为 30 年一遇,修建三门峡、陆浑、故县、小浪底 4 座防洪水库后,变为近千年一遇,黄河下游的防洪标准得到显著提高。

第三章　河势及河道演变

黄河河势演变[*]

黄河有防洪任务的河段主要有上游的兰州市河段、宁蒙河段,中游孟津出山口以下的尾段以及整个下游河段。黄河孟津以下河段,由于堤防决口后造成的损失大,历来是黄河防洪的重点河段。该河段修建工程多,观测资料丰富,其河势演变特性及类型可涵盖其他河段。

一、河道概况

(一)河道分段

黄河中游尾段的河南孟津白鹤镇至河口河道长 878 km,按照河道特性可分为 4 个不同特性的河段。①孟津白鹤镇至山东东明高村,河道长 299 km,堤距宽一般为 5~10 km,最宽达 20 km,河道比降 2.65‰~1.72‰,弯曲系数 1.15。河道淤积严重,为典型的游荡性河型。②高村至阳谷陶城铺,河道长 165 km,堤距宽 1.4~8.5 km,大部分在 5 km 以上,河道平均比降 1.15‰,弯曲系数 1.33,属由游荡性向弯曲性转变的过渡性河段。③陶城铺至垦利宁海河段,河道长 322 km,堤距宽 0.5~5 km,一般 1~2 km,河道平均比降 1.0‰,弯曲系数仅为 1.21,属弯曲性河型。④宁海至入海口,河道长 92 km,属河口段,处于淤积—延伸—摆动—改道的循环变化中。

(二)河道横断面

黄河下游河道为复式断面,由主槽和滩地组成(见图 1-10-2)。兰考东坝头以下有二级滩地,以上有三级滩地。一级滩地和枯水河槽合称为主槽。主槽是水流的主要通道,二级滩地在大洪水及部分中等洪水时才漫滩过流。

(三)滩区

滩区具有耕种条件,总面积 3 953.45 km²,现有耕地 374.13 万亩,人口 170 余万人。

(四)河道淤积

黄河以泥沙量大、含沙量高闻名于世。由于泥沙淤积,河道不断抬高,现在临河滩面一般高于背河地面 3~6 m,黄河下游成为"悬河"。

二、河势演变特性

河势是指河道水流的平面形势及发展趋势,包括河道水流动力轴线的位置、走向以及

---

* 原载于《水利学报》2003 年第 4 期,P46~50。

河弯、岸线和沙洲、心滩等分布与变化的趋势。河势演变主要是指河道水流平面形态的变化,黄河河势演变的一般特性大体有以下几方面。

(一)河势变化向下游传递

在一股河或主股过溜(溜指在水道中流速大,可明显代表全部或部分水流动力轴线的流带。在一个水流横断面内,可出现几股溜,其中最大的称为主溜,也叫大溜)占 2/3 以上的河段,河势演变的纵向影响十分显著,甚至一处河势的明显变化会波及较长的河段,"一弯变、多弯变"正是河势演变向下游传递的写照。

河势演变的传递是逐弯下移的,演变传递的速度除与来水来沙情况有关外,还明显制约于水流的边界条件。如濮阳青庄至菏泽刘庄有 4 处险工,边界稳定,传递速度慢,一年时间内上弯的变化向下只能影响 1~2 个弯道;而图 3-1-1 示出的鄄城大罗庄至王子圩河段,在 1961 年汛末至 1962 年汛前的一个非汛期内,由于大罗庄弯道的深化,致使以下三个弯道发生弯顶左右易位的变化。

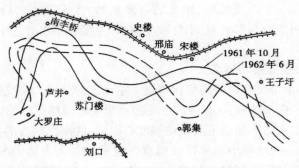

图 3-1-1　鄄城大罗庄至王子圩河段弯道左右易位

(二)河势演变过程中存在基本流路

河势演变有一定的随机性。在几乎布满两堤之间的主溜线中,某个河段内总可以归纳出 2~3 条基本流路。

在河道整治之前,郑州花园口至来潼寨河段,北岸为高滩,河势主溜在南岸大堤至北岸高岸之间宽约 5 km 的范围内变化,把多年的主溜线套汇在一起看出,主溜线基本布满这 5 km 宽的范围,但却存在 2 条基本流路,1954 年前是一条基本流路,1954~1957 年为另一条基本流路,两条基本流路的弯顶呈左右相对分布。

(三)河势变化存在重复性

在河势演变的过程中,年年都在发生变化,只是变化的幅度及形式不同而已。对于有明显变化的河段,若干年后常会重复已有的流路。在一个弯道的发生、发展、裁弯过程中,随着时间的推移也重复着已有的演变过程。如陶城铺上游的石桥河段[1],1952~1967 年先后两次形成 S 形弯道和自然裁弯(见图 3-1-2)。

(四)流量变化影响河势演变

流量是影响河势演变的主要因素之一。即使在较短的时间内,流量的变化也会造成河势变化。在黄河下游广为流传的"小水坐弯、大水趋中""小水上提、大水下挫""涨水下挫、落水上提"等都是反映流量变化对河势变化的直接影响。小流量时水流动量小,在河

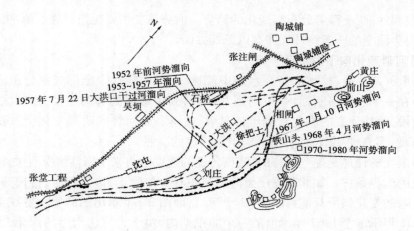

图 3-1-2　石桥河段裁弯前后主溜线图

床边界的约束作用下,易于改变流向,水流的弯曲系数大;流量增大后,水流的惯性力加大,边界对水流的作用能力相对减弱,不易改变流向,主溜较小水时趋中,水流的弯曲系数变小。

(五)游荡性河段主溜摆动强度大

主溜的变化大体上可反映河势的变化情况。主溜线的位置与溪线的位置基本是一致的,暂以一次洪峰过程中溪线在 24 h 内的平均摆动距离来描述主溜的摆动强度。从黄河下游 1959 年前各个水文站断面的主溜摆动强度看出[2],除刚出峡谷的孟津断面摆动范围小外,在游荡性河段,一次洪峰中溪线摆动幅度一般平均每天大体为 80 ~ 130 m,速度惊人;在高村至陶城铺的过渡性河段平均每天为 50 ~ 60 m;进入弯曲性河段后主溜的摆动强度减小,一般每天仅为 10 ~ 30 m,接近入海口的前左断面近 40 m。

主溜线的年际间变化也是游荡性河段远大于其他河段。主溜线的变化基本上代表了河势的变化。1960 年前,三门峡水库尚未建成,除弯曲性河段外,河道未进行整治。在游荡性河段,主溜的摆动范围一般为 2 ~ 4 km,大者达 6 km;摆动强度每年 1 km 左右,大者达 3 km 以上。在过渡性河段摆动范围一般为 1 ~ 2 km,大者 5 km 以上,摆动强度一般为每年 0.4 ~ 0.7 km,大者达 1.27 km。游荡性河段主溜的摆动不论是每天的摆动强度,还是每年的摆动幅度都是很大的。其主要原因为[3]:①主支汊交替,游荡性河段多为数股并行,由于河槽的淤积,主汊河底抬升,当流量增大后,原支汊过流能力加大变成主溜。②洪水期低滩拉槽成为主河槽,对于主流线曲度大的河段遇漫滩洪水时,沿滩地拉出一条流程短的串沟,沟面扩宽、冲深发展为主河道。③滩地易冲塌,游荡性河段的泥沙颗粒粗,含黏量小,抗冲能力低,坍塌速度快。④上段河势多变,造成来溜方向改变频繁,引起本河段主溜摆动幅度加大。

(六)上下游弯道演变具有对应关系

上下游弯道河势演变间的关系有正向与反向两种。

1. 上下游弯道靠溜部位同向变化

上弯靠溜部位上提,下弯也上提;上弯靠溜部位下挫,下弯也下挫。大部分上下游弯道的河势演变服从这一规律,一般比较和顺的弯道都如此。如青庄、高村、南小堤弯道,青庄上提,高村随着上提,南小堤也要上提;青庄下挫,高村随着下挫,南小堤也相应下挫。

2. 上下游弯道靠溜部位反向变化

上弯靠溜部位上提,下弯下挫;上弯靠溜部位下挫,下弯上提。反向变化仅在特殊河段出现:①一处工程由多个不连续的弯段组成,且后一个弯道曲率显著偏大。如范县彭楼与鄄城老宅庄之间的靠溜关系,彭楼 1~12 号坝顺直,13 号坝以下弯道后退,出口段的 28~33 号坝弯道半径小,改变流向快。当彭楼上段靠溜时,一般在老宅庄的中下段靠大溜;当彭楼下段靠大溜时,老宅庄溜势明显上提至梅庄一带。②上下弯成 S 形弯道,这种河弯的弯道陡,中心角大,两弯间的顺直河段短,上下弯道演变的关系灵敏,对于 S 形弯道,弯道下端的出流方向比弯道上段的出溜方向更偏向下弯的上段,因此在上弯的靠溜部位下挫后,下弯的河势反而上提。

对于河道边界条件易变的河段,往往溜分数股,沙洲、潜滩比比皆是。在这种河段往往横向变化明显,上弯河势的变化对以下河势的影响多不明显。

(七)长期枯水会出现连续畸形河弯

中水是造床作用最强的流量。一年内,洪水的能量虽然最大,但其作用时间短,有时来不及改变流路,洪水期即已过去。小水期行流时间最长,由于水流能量小,造床作用弱,一般不会造成河势的巨变。在洪水、中水、枯水交替出现的过程中,中水流路往往适应能力最强;发生漫滩洪水时,随着流量的减小,水流归槽后,基本还沿中水流路行河;枯水期,在弯道段流线弯曲率加大,在较长的直河段内往往出现微弯,但在汛期中水流量过程中,又会调整流路,使弯道的曲度减小,较长直河段的一些微弯段又变成直河段。

当出现数年枯水时段时,小水形成的过分弯曲的小弯道得不到调整,直河段因水流能量小得不到应有的发展。在没有河道整治工程控制且河床土质含黏量低的河段,就会形成连续畸形河弯。如开封黑岗口至柳园口河段,仅右岸有整治工程,左岸为易冲易淤的滩地,经过较长的枯水期后,就形成了连续畸形河弯(见图3-1-3)。

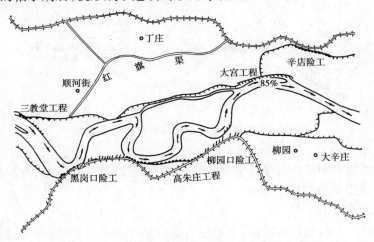

图3-1-3 开封黑岗口至柳园口1993年汛末河势图

在连续枯水期间,一些未经河道整治的河段,还会出现急弯、陡弯。水流陡折蛇行,进而不前。如开封王庵至府君寺河段就曾多次出现主溜三次穿过同一河道横断面的情况。

三、河势演变的基本类型

河势演变主要是指河道水流平面形式的变化。从横断面看,依照水流的集中情况可分为单股或多股。在多股河段河势演变主要表现为主股的发生、发展、消亡和主股、支股的交替变化;在单股河段河势演变主要表现为弯道的变化和直河段位置的变更。

由于水流条件、泥沙条件、工程边界、河床组成等千变万化,不同的河段、不同的时间具有不同的河势,其演变形式也不同,但大体可归纳为以下 5 种基本类型。

(一)弯道演变

"河行性曲"是河道水流运行的基本特点之一。在来水来沙条件及河床边界条件的影响下,河道水流总是以弯段、直段相间的形式向下游流动。在多股并行的河段,其中的某一股水流在一定的流程内也是以弯段、直段交替的形式运行。在演变的过程中,弯道的变化决定直河段的变化,直河段的溜势变化在一定程度上也影响弯道的变化,因此在河势演变的过程中,弯道的变化起主导作用。演变形式可归纳为以下几种。

1. 弯顶朝着一个方向发展

弯道进口入流条件在一个时段内较为稳定,河弯段的河床为沙质土壤,出口有工程或有抗冲性强的胶泥嘴分布时,弯道的弯顶易于朝着一个方向发展(见图 3-1-4)。

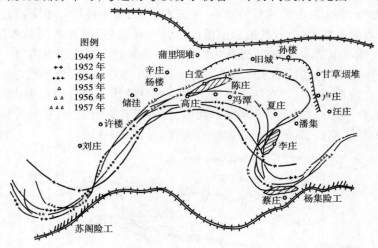

图 3-1-4　范县旧城弯 1949 ~ 1957 年主溜线图

2. 弯顶逐年下移

在一定的工程和河床边界条件下,一岸弯道的靠溜部位逐年下移,有的长达数千米。如台前孙口至梁集河段(见图 3-1-5)。

3. 弯道左右易位

一个河段在一个较长的时段内,弯道左右易位是经常发生的。这里是指在一个较短的时间内,例如一年内发生的左右易位现象,即在滩地低且不稳定的河段,一个非汛期内发生弯道左右易位,凸岸变凹岸、凹岸变凸岸的演变形式。如鄄城大罗庄至范县王子圩1961 年汛末至 1962 年汛前的河势(见图 3-1-1),一个非汛期内连续数道河弯发生了左右

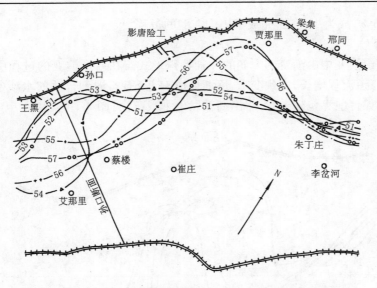

图 3-1-5 孙口至梁集河段 1951～1957 年弯道下移示意图

易位的变化。

4. 弯道相对稳定

弯道上游来溜方向较为稳定,弯道处为耐冲的胶泥嘴或整治工程,且弯道下游出溜平顺,在一个较长的时段内能保持相对稳定的弯道。如营房湾,尽管上弯为河势变化频繁的密城湾,但其出溜却能稳定在范屯至马张庄一带,营房受溜较为稳定,营房湾本身修有险工,且营房以下出溜平顺,因此营房弯道相对稳定,河势变化表现为上提下挫。

5. 弯道多变

在无工程控制且河床抗冲性差的河段,河势变化频繁,且无明显规律,河势演变呈弯道多变的形式。如范县邢庙至郓城苏阁河段(见图 1-10-4),长 14 km,中间无工程也无抗冲性强的胶泥嘴,1948～1964 年主溜位置多变,一年一个样子,且变化的速度较快。

(二)主股支股交替

在游荡性河段,心滩、潜滩发育,溜分数股。随着来水来沙、来溜方向的变化,各股之间的过流量相应发生变化,有时主股过溜明显减少,而其中的一个支股过流量明显增加,甚至超过原主股的过溜百分比。从而主股支股易位,发生主股支股交替的演变形式。如开封的柳园口河段,1954 年河分南北两股,在一次洪水过程中的一昼夜内,主溜由北股演变到南股,继而又由南股演变到北股,发生了两次主股支股交替变化。过渡性河段在进行河道整治之前,也曾经发生主股支股交替的演变形式。

(三)串沟夺溜

串沟是指水流在滩面上冲蚀形成的沟槽,位于稳定的滩面上,多与堤河相连。串沟过流少,但遇一定的水沙和来溜条件时,其过流量会不断增大,当其过溜百分比超过主溜时,就成为串沟夺溜。串沟夺溜是主股支股交替变化的一种特殊情况。在黄河下游不同河型的河段都曾发生过串沟夺溜的演变形式。如东明老君堂至堡城河段(见图 2-10-5),1978年春主溜原走左岸,右岸黄寨、霍寨险工前有一串沟,过流约占 30%。由于老君堂工程着溜位置下挫,工程(当时工程下首还未延长)失去了控制河势的作用,6 月串沟过溜增大到占全河道的75%,成为主河道,完成了串沟夺溜的过程。

(四)裁弯

裁弯是河道演变中由渐变到突变的一种特殊形式。在弯道演变的过程中,随着弯道向纵深发展,弯道流程增长,弯颈变窄,逐渐形成 Ω 形河弯,遇到合适的水沙条件,就会发生自然裁弯。如台前枣包楼1966年汛期就发生了裁弯(见图3-1-6)。

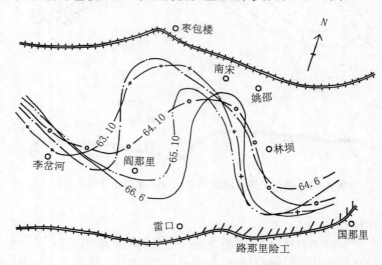

图 3-1-6　台前枣包楼 1966 年裁弯前河势图

(五)溜势大幅度下挫

前述弯顶逐年下移是在几年内连续完成的,而溜势大幅度下挫是指在一个汛期或一场洪水的时段内河势的快速变化。它发生在一股河或主股过溜占80%以上的情况,并且要水量丰沛,中水持续时间长。如1967年汛期,水量丰、中水时间长,在花园口河段,由于水流顶冲,左岸高滩大量塌失,原阳马庄村西南的农场一队被迫修建工程,汛期弯顶下挫塌滩,由农场一队经马庄、破车庄、西兰庄,至10月下挫至东兰庄村南(见图1-5-2),在此河段内左岸滩地后退了 1～3 km,溜势下挫了 4 km。

四、结语

黄河是世界上河势演变最为复杂的河流。掌握河势演变规律是有效进行河道整治的前提。在 30 多年从事黄河河道整治实践的基础上,通过对弯曲性河段、过渡性河段、游荡性河段河势变化的总结研究,得出对河势演变的规律性认识如下:

(1)河势演变的基本特性有:①河势变化向下游传递。②河势演变过程中,河段内存在 2～3 条基本流路。③河势变化存在重复性。④流量变化影响河势演变,"小水上提、大水下挫""小水坐弯、大水趋中""涨水下挫、落水上提"等。⑤游荡性河段的主溜摆动强度大。⑥上下游弯道演变具有对应关系,大部分弯道为上下游弯道靠溜部位同向变化,少部分弯道为上下游弯道靠溜部位反向变化。⑦长期枯水会出现连续畸形河弯。

(2)河势演变的基本类型有:①弯道演变。可分为 5 种形式:弯顶朝着一个方向发展,弯顶逐年下移,短时间内弯道左右易位,较长时段内弯道相对稳定,弯道多变。②主股支股交替。③串沟夺溜。④裁弯。⑤溜势大幅度下挫。

参 考 文 献

[1] 胡一三,肖文昌.黄河下游过渡性河段整治前的裁弯[J].人民黄河,1991(5):30-32.
[2] 钱宁,周文浩.黄河下游河床演变[M].北京:科学出版社,1965.
[3] 武汉水利电力学院.河床演变与整治[M].北京:水利电力出版社,1990.
[4] 胡一三.中国江河防洪丛书·黄河卷[M].北京:中国水利水电出版社,1996.

黄河下游过渡性河段整治前的裁弯*

黄河下游高村至陶城铺间属过渡性河道,长 165 km,堤距 1.4 ~ 8.5 km,河道比降 0.115‰,曲折系数 1.33。河床由河槽和滩地组成,河槽宽 0.7 ~ 3.7 km,滩槽高差 0.3 ~ 0.6 m。由于泥沙淤积,河床逐年抬高,滩地高于堤防背河地面,成为"悬河"。该河段在整治前,修有险工 13 处,长 36.9 km。这些工程,平面形式很不规则,不具有控制河势的能力。河道在平面上尽管已有明显的主槽,但其位置经常变化,在某些边界条件下,弯顶单向发展,形成畸形河弯,大水时即发生自然裁弯。下面将过渡性河段开展河道整治之前的裁弯现象做一分析,以供参考。

一、裁弯现象

(一)李桥裁弯

李桥河弯位于过渡性河段的中段,1962 年以后十三庄以西的滩地逐年坍塌后退,芦井村处为一耐冲的胶泥嘴,迫使水流在十三庄至芦井形成急转弯,导溜向左岸李桥,李桥村南滩地逐年后退,1967 年沿滩岸修建了坝、垛工程,水流折转东南。1962 ~ 1967 年桑庄至邢庙河段形成了一个比较稳定的 S 形河弯(见图 3-2-1)。小水时主溜更加弯曲,如 1966 年上半年主溜在李桥村西、村东滩地上连续坐弯,使水流在苏门楼转向东流,形成一个 Ω 形弯道。7 月 7 日孙口流量 610 m³/s,弯道颈长仅 1 350 m,8 月 2 日上游高村出现 8 440 m³/s 的洪峰,各弯顶处的河势均出现了外移、下挫变化,但峰后仍维持 S 形河弯。1968 年 9 ~ 10 月中水时间长,水量较丰,10 月 15 日高村出现 7 210 m³/s 的洪峰,桑庄险工靠溜,对水流的控导作用增强,致使十三庄至芦井弯道不起控制水流作用,大水期间,撇开李桥湾,从芦井以西流向史楼,李桥湾裁直,改善了这段不利河势。

(二)枣包楼裁弯

枣包楼河弯位于过渡性河段的下段,枣包楼上游 4 ~ 5 km 的李那里、马庄一带滩地为砂性土。村基下层有 1 m 厚的黏性土,枯水时可控制溜势。1962 ~ 1964 年,滩地坍塌坐弯,河弯向下游延伸 1.8 km,塌至阎那里村西(见图 3-1-6)。水流出弯后,以横河形式冲向对岸,在枣包楼村南塌滩坐弯。南宋、姚邵一带与林坝村基为耐冲的黏性土,控制水流

* 本文由胡一三、肖文昌撰写,原载于《人民黄河》1991 年第 5 期,P30 ~ 32。

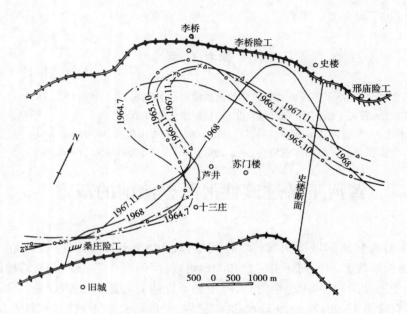

图 3-2-1　李桥裁弯前后河势图

入路那里险工。1965 年弯道向纵深发展,至 1966 年汛前右岸弯底由阎那里下推至雷口,枣包楼弯道也相应下移,发展成 Ω 形弯道,弯颈最窄时仅 400 m。8 月 3 日孙口站出现 8 300 m³/s 的洪峰,弯颈处漫滩过水,由于过流时间短,未冲刷成主河道,洪峰过后水流复归原河槽。8 月 20 日孙口站出现 5 000 m³/s 的洪峰,弯颈处再度过流,由于洪水持续时间长,水流使断面扩宽冲深,发展成为主河道,大河自然裁弯。原河道过流比例由大变小,沉沙落淤,进、出口淤塞,4 km 长的弯道成为一个牛轭湖,至今形迹可见。

(三)石桥裁弯

石桥位于过渡性河段的尾部。石桥上游 16 km 的路那里险工,是一处长达 7 km 的凹入形工程,对水流的调整、控导能力强,使左岸张堂一带滩岸长期靠河,并迫溜至右岸丁庄西滩地。1952 年以后丁庄至大洪口滩岸逐渐后退,由于大洪口村基系深层黏土、抗冲力强,迫使水流折向左岸,塌滩坐弯,过石桥村南流折向右岸。1953 ~ 1957 年此流路的弯顶不断坍塌,石桥上下形成 S 形河弯(见图 3-1-2)。1957 年 7 月 22 日孙口站出现 11 600 m³/s 的洪峰,水位高、流量大,大洪口与徐把士之间的串沟发生自然裁弯。丁庄至陶城铺出现了较为顺直的流路,大洪口村从大河右岸变为左岸。

1958 ~ 1962 年丁庄至徐把士河势逐渐右靠,由于徐把士村基为重黏土层,控溜向左岸,又在石桥坐弯,沿左岸流向陶城铺。随着徐把士以上弯道下挫深化、石桥弯道弯顶后退、上提,至 1967 年 7 月,石桥弯在河槽宽度仅 2 ~ 3 km 范围内,再次形成 S 形弯道。当年汛期,花园口站曾发生 3 680 ~ 7 280 m³/s 的洪峰 9 次,徐把士村基一带的黏土区被冲掉,石桥脱河,主溜沿右岸而下,石桥 S 形弯道再次被裁掉。

(四)王密城裁弯

王密城湾位于过渡性河段的上段。由于苏泗庄以上的直河段河势比较稳定,左岸聂堌堆、右岸张村(见图 3-2-2)一带均有大面积的黏土分布,对水流有控制作用,而王密城湾

内基本都为沙土,抗冲力弱,易于坍塌坐弯,并逐渐向纵深发展。1959 年汛后弯颈比达
2.81。1960 年汛初形成了典型的 Ω 形弯道,7 月 3 日枯水时弯颈宽仅为 900 m。1960 年
8 月 7 日,高村站出现洪峰仅 4 660 m³/s,从弯颈处冲开,发生自然裁弯。

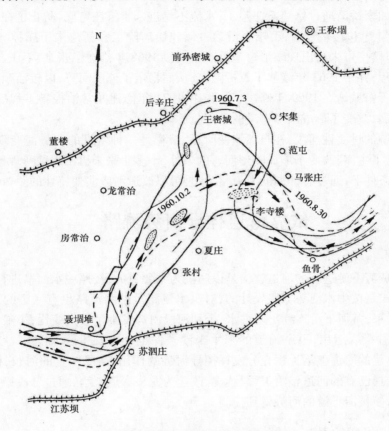

图 3-2-2　王密城裁弯前后河势图

二、裁弯分析

裁弯是过渡性河段整治前的常见现象,除列举的 1968 年前 4 个弯道 5 次形成畸形弯
道并发生裁弯外,20 世纪 50 年代还出现过多次裁弯现象。在 165 km 的过渡性河段,10
多年的时间内就有 7 次裁弯现象。从畸形河弯的形成、发展至裁弯,有的经过几个枯水
年,有的仅在一个水文年内就完成了这一过程。

在畸形弯道形成、发展、裁弯的过程中,河槽不稳定,主溜摆动幅度大,危害极大。在
畸形弯道形成后,由于过于弯曲,在同等洪水流量下,壅高水位,影响排洪。在弯道发展过
程中,着河险工的靠溜部位变化大,不易防守。引黄灌溉闸门在裁弯后常因河势突变无法
引水。如菏泽市刘庄引黄闸,1959 年于林裁弯,河势大幅度下挫,闸前脱河,被迫在滩区
挖 2～3 km 的引水渠道,每年还需进行数次清淤,引水保证率大大降低。黄河下游宽河段
滩区自古以来村落稠密,人口集中,在弯道演变过程中,不仅坍失耕地,还造成村庄落河,
对滩区群众的生产、生活造成很大损失。如密城湾在河势演变和畸形河弯的形成、发展和

裁弯的过程中,1948～1960 年共有 28 个村庄坍塌落河。

1966 年之后,为了控导主溜,护滩保堤,对黄河下游的过渡性河段重点进行了整治。本着因势利导的原则,配合已有险工,在滩区修建控导工程,这些工程充分发挥了稳定河势的作用。如李桥湾通过修建桑庄险工,水流不易进入十三庄弯底,防止了在李桥再次形成 Ω 形弯道。枣包楼裁弯后,由于上游通过续建影唐险工和新建朱丁庄控导工程,约束了水流,枣包楼一带未再出现畸形弯道。石桥河段 1968 年修建了张堂、丁庄、战屯、肖庄、徐把士等工程,并于 1963 年续建了石桥险工,从而稳定了该段河势,以较活顺的弯道流向陶城铺险工。密城湾在 1969 年修建了马张庄、1971 年修建龙常治控导工程后,限制了弯道向纵深发展,改变了形成畸形弯道的条件。

黄河下游的过渡性河段,在自然演变阶段,裁弯是一种常见的河势演变现象,通过河道整治,稳定了主溜,改变了形成畸形河弯的条件,十多年来未再出现裁弯现象,表明在过渡性河段的条件下,通过有计划的河道整治,是可以改造河床演变特性的。

依靠弯道控导河势流路 *

现阶段黄河下游进行的河道整治是以防洪为主要目的,按照中水河槽进行整治的,其工程平面形式是按中水河势流路设计的,对洪水流路及枯水流路也有一定的适应性。但自 1990 年以来,黄河下游连续出现枯水,个别河段河势发生了较大变化;小浪底水库已与 2001 年建成并投入运用,下游河道的来水来沙条件也相应发生较大变化。为了控导河势,并使已修建的河道整治工程充分发挥控导河势的作用,需隔一定的河长,按照河势变化的情况,选择已有的河道整治工程,续建、改建为龙头弯道工程,通过分段稳定每个局部河段的河势,使黄河下游的河势得到控制。

一、河势演变的基本流路

(一) 河势演变中存在基本流路

河势演变是指河道水流平面形式的变化及其发展趋势,它制约于来水来沙条件、河床边界条件及侵蚀基准点高程。在进行河道整治前的天然状况下,主溜摆动不定,而且幅度大,主槽位置也相应经常摆动,河势变化剧烈。游荡性河段的主溜摆动更为剧烈,例如京广铁路桥至东坝头河段,除高滩以外,两岸大堤之间处处都有行河的痕迹,年际之间主溜线位置变化很大,有时经过一个汛期或一场洪水,主槽就会南北易位。该河段主溜摆动范围一般在 5～7 km,最大可达 10 km 以上。

黄河下游河道的河势演变具有很大的随机性,但是仍有一定的规律性可循,其主要演变形式有弯道的后退下移、串沟夺溜、主溜摆动、溜势的提挫变化、主支股交替以及自然裁弯等。主溜线的变化难以完全重演,但在演变的过程中,就主溜线的位置而言,在一个局部河段内尚可归纳出几条基本流路。从宏观观察,流路的重复还是经常发生的,在两岸大

* 本文原载于《人民黄河》2002 年第 11 期,P5～7,胡一三、周景芍撰写。

堤之间布满的主溜线中,一个河段总可以归纳出 2~3 条基本流路。如:1964~1993 年中牟九堡以下河段,主溜位置遍及两岸大堤之间的大部分地区,变化幅度很大,但大体可分为南、北、中 3 条基本流路(见图 2-15-6),主溜线沿着 3 条基本流路变化。濮阳青庄至菏泽刘庄河段在河道整治前也有 2 条基本流路。1961~1963 年 7 月为一种基本流路,从1964 年 10 月开始演变成弯道左右相对的第二种基本流路,至 1967 年起又演变为第一种流路。

(二)选择基本流路进行河道整治

河势变化的原因从宏观上讲可分为人为影响和自然因素两大类。在相当长的时期内,黄河下游河势处于自然演变状态,有其自然的演变规律;随着经济社会的发展,为了防洪安全和灌溉引水等,需要限制其自然演变。河道整治就是为了稳定河势、达到整治目的而采取的改善河流边界条件与水流流态的措施。

河势演变中存在着几条基本流路,选择哪一条基本流路进行整治,需要全面收集各个河段的河势演变资料,分析演变的基本规律,根据河道两岸的现状与今后的发展趋势,以及国民经济各部门的需求,选择与洪水、枯水尤其是洪水流路基本一致的一条基本流路进行整治。如东坝头湾,历史上曾出现过南河、北河、中河三条基本流路,相应在东坝头以下也出现了截然不同的河势流路。在规划中根据整治目的、当时流路情况、上下游的工程条件等因素,选用南河流路进行整治,制定出杜绝北河,减少中河,利用南河的整治方案,继而续建了贯台工程,取得了较好的整治效果:20 余年来未出现过北河,中河仅偶有形成趋势,南河基本稳定,溜由东坝头险工导向禅房控导工程方向,为下游修建整治工程创造了条件。

再如郑州京广铁路桥至原阳马庄河段,1994 年以前铁路桥至马庄河段缺乏工程控制,存在南河、中河和北河三种流路。马庄控导工程以下,工程已基本配套,如果进口流路好,以下将会出现较长河段的理想河势。为了有利于马庄控导工程以下河段的河势稳定,并考虑铁路桥以上走南河时洪水与中水流路基本一致,在铁路桥至马庄控导工程河段整治时选择了铁路桥以下走北河的流路,即按照老田庵—保合寨—马庄流路,修建了老田庵、保合寨控导工程。老田庵控导工程靠溜后,以下河势逐步改善。

二、修建适应两条基本流路的龙头弯道工程

在一个河段中,两条基本流路的弯道,往往弯弯相对,凸岸、凹岸相反,在同一岸两条基本流路的相邻弯道相距较远。但在少数局部河段,由于受边界条件的控制,同岸两条基本流路的相邻弯道相距较近。在现阶段的河道整治中,可根据已修建的河道整治工程情况,选择两条基本流路同岸相邻弯道相距较近的弯道,对已有的整治工程进行增建或改建,使之成为能够适应两条基本流路的龙头弯道工程。根据已有工程、河势变化状况以及预估的水沙条件,分河段修建龙头弯道工程,既可稳定现有河势,也可适应以后的河势变化。目前,过渡性河段的李桥湾,由首尾相连的李桥险工和邢庙险工组成,实际上即为一处龙头弯道工程。工程以上河段的河势,30 年来就有两条基本流路,一是彭楼控导—老宅庄控导中下段、桑庄险工—李桥、邢庙险工,另一条是彭楼控导—老宅庄控导上段—桑庄险工对岸—芦井—李桥、邢庙险工。下面以李桥龙头弯道为例,说明龙头弯道工程对控

导河势的作用。

（一）20 世纪 70 年代李桥河段的河势流路

20 世纪 70 年代，由范县彭楼控导工程的来溜，至鄄城老宅庄控导工程中下段、桑庄险工 10～15 号坝靠主溜，芦井工程不靠溜，李桥险工靠溜部位在 50 号坝上下。如 1973 年汛末，彭楼控导工程靠溜，老宅庄控导工程中段靠溜，桑庄险工 1～11 号坝着大溜，李桥险工 41～50 号坝靠溜。1976 年汛末，彭楼控导工程靠溜，老宅庄控导工程中段靠溜，桑庄险工 10～15 号坝着大溜，李桥险工 47～50 号坝靠溜（见图 3-3-1）。

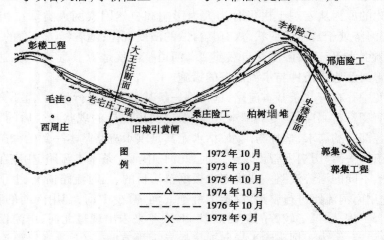

图 3-3-1　彭楼至李桥河段 20 世纪 70 年代主溜线

（二）20 世纪 90 年代李桥河段的河势流路

1983 年汛期，彭楼控导工程 10～16 号坝靠溜，老宅庄控导工程 5～22 号坝靠溜，桑庄险工下滑至 13～19 号坝靠溜，芦井弯塌滩，原修的芦井工程塌入河中，李桥河势在 48～53 号坝靠溜。1984 年修建芦井工程 1～10 号坝，并靠河导溜。1985 年后，芦井控导工程继续靠溜，李桥险工靠河部位上提。1986 年以后，桑庄险工几乎脱河，芦井全弯靠河着溜，李桥河势严重上提。1990 年修建李桥险工 38～40 号坝，以后又续建 36～37 号坝及 27～34 号坝。20 世纪 90 年代该河段的河势流路为彭楼控导工程下段至老宅庄控导工程上段—桑庄险工对岸滩地—芦井控导工程—李桥（上段）、邢庙。1990 年至今都是这种流路（见图 3-3-2）。

（三）李桥湾以下的河势流路

李桥弯道以下为郭集控导工程，两个工程之间的河势变化呈正向变化关系，即李桥险工河势上提，郭集控导工程着溜部位上提，反之则下挫。但不论李桥工程河势上提下挫幅度如何，郭集工程靠溜部位变化幅度均较小，基本上在 8～23 号坝范围之内变化。

历史上李桥湾以下河势变化很大（见图 1-10-4），20 世纪五六十年代河弯变化仍较强烈，流路很不稳定。1968 年李桥湾、郭集湾坍塌严重，1969 年始建郭集控导工程。1972 年后，李桥湾靠溜部位大致在李桥险工 44 号坝至邢庙险工 4 号坝，郭集控导工程在 10～19 号坝之间靠溜，吴老家、林楼相继塌滩，苏阁险工河势逐渐上提，1979 年苏阁险工 9（新）～15 号坝靠主溜。1980～1983 年，李桥险工主溜基本稳定在 50 号坝上下。

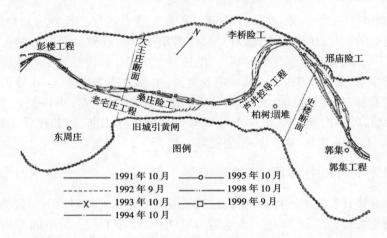

图 3-3-2　彭楼至李桥河段 20 世纪 90 年代主溜线

1983 年开始,李桥河势上提,郭集控导工程 20～23 号坝靠溜。1987 年,小水入李桥险工 50 号坝以上小弯后,郭集河势继续下挫,仅 23 号坝着主溜,吴老家始建控导工程,苏阁险工着溜段上提至 8～10 号坝。1988～1989 年,这段河势出现较大变化,李桥河势上提,邢庙以下塌滩,郭集仅 23 号坝着边溜,苏阁溜势下挫。自 1990 年在李桥险工 41 号坝以上上延了 13 道丁坝后,郭集控导工程靠溜部位逐步上提,至 2001 年汛末靠溜部位至 10～13 号坝(见图 3-3-3)。苏阁河势几乎没调整,仍保持在闸门以下的 12～17 号坝之间。

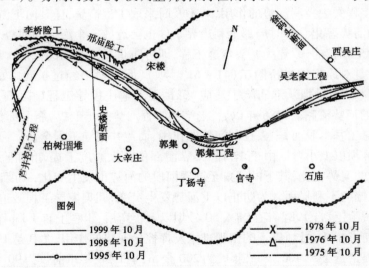

图 3-3-3　彭楼至吴老家河段主溜线

(四)李桥龙头弯道控导河势的作用

1986 年以前,李桥险工上下河弯河势比较稳定,桑庄险工 10～15 号坝导溜至李桥险工 50 号坝上下,郭集控导工程靠溜部位在 18 号坝左右。1986～1990 年,李桥险工以上河势逐渐发生变化,桑庄险工脱溜,芦井控导工程导溜至李桥险工上首滩地转弯,至郭集控导工程下首,使工程靠溜部位严重下挫,并被迫于 1991 年下延了 2 道丁坝。1991～

1999年,李桥险工上首修建了13道丁坝,逐步控制了芦井控导工程方向的来溜,经李桥、邢庙险工对河势的调整,出溜方向比较稳定,使郭集控导工程靠溜部位控制在中下段,李桥弯道起到了一个龙头弯道工程的作用。如:1971年汛末,彭楼控导工程靠溜,老宅庄控导工程中下段靠溜,桑庄险工10~15号坝着大溜,主溜顶冲李桥险工50号坝上下,送溜至郭集控导工程。2000年汛前,芦井控导工程1~10号坝靠溜,李桥险工39~40号、47~49号坝靠溜,郭集控导工程10~21号坝靠溜。2001年汛前,芦井控导工程2~11号坝靠溜,李桥险工36~38号坝靠溜,郭集控导工程13~25号坝靠溜。

三、利用龙头弯道分段调整、控导河势

黄河下游河势具有向下游传播的特点,为克服某些不利河势对以下河段的影响,将某些弯道修建成龙头弯道工程,利用龙头弯道分段调整、控导工程上游不同方向的来溜,使其出溜方向基本一致,以稳定下游工程的靠溜部位。在一个河段河道整治初期,也需要修建龙头弯道工程,以适应上游来溜部位及来溜方向的变化。

(一)连续枯水期后需要修建龙头弯道工程

以防洪为主要目的的河道整治,将中水河槽作为整治对象,修建的河道整治工程可以适应一般丰、平、枯的来水来沙变化。洪水期水流多有调整不利河势的作用;枯水期因水流能量小,对河势的影响小,但若连续出现枯水年,在汛期也不发生中水及其以上的洪水,枯水期水流对河势的影响就会累加,长此下去就可能在某些河弯使河势流路发生大的变化,造成一些工程失去控制河势的作用,若不及时采取工程措施,任其向下游传播,即会造成一个河段的河势恶化。有时局部不利边界条件也会造成一个河段的河势恶化。分段将部分河道整治工程扩建、改建为龙头弯道工程,即可防止上述影响的传播。现有的李桥龙头弯道工程就是对原来的李桥险工(41~61号坝)、邢庙险工经过扩建、改建而形成的。原李桥险工(41~61号坝)、邢庙险工适应"彭楼至老宅庄控导工程(中下段)、桑庄险工至李桥险工"的河势流路。1986年以后,老宅庄工程河势逐步上提,靠溜部位上提至5号坝上下,桑庄险工基本脱河,失去控制河势的作用,而芦井控导工程全部靠河着溜,送溜至李桥险工50号坝以上小弯。由于李桥险工靠溜部位的大幅度上提,邢庙险工逐步脱河。随着李桥河段的河势变化,其下的郭集至苏阁河段的河势也发生变化,一度出现郭集至苏阁河势严重下挫的不利局面。为防止以下河势发生突变,郭集控导工程被迫于1991年下延两道坝,李桥险工,自1987年主溜入50号坝以上小弯后,工程上首1km多长的滩地不断坍塌后退,使李桥41号坝以下的工程难以发挥控导河势的作用,尤其是1989年坍塌更甚,汛前距大堤最近处为400余m,年底为200余m,至1990年汛前仅为90余m。为防止小水河势继续上提,威胁堤防安全,1990~2000年期间,在41号坝以上按照设计的整治工程位置线修建了13道丁坝(27~34号坝和36~40号坝)。

李桥险工和邢庙险工,经过邢庙险工5~12号坝延长和李桥41号坝以上增建,基本形成了李桥龙头弯道。当上游为"彭楼至老宅庄控导中下段、桑庄险工"流路来溜时,经50号坝上下靠主溜后,送溜至郭集控导工程;当上游为"彭楼至老宅庄控导上段至芦井"流路来溜时,经27~36号坝靠大溜和邢庙险工靠溜后,送溜至郭集控导工程。这样,不管李桥以上为何种流路,李桥弯道以下均为郭集控导工程靠溜,为郭集以下河段的河势稳定

提供了条件,李桥弯道发挥着关键性的"龙头"作用。

(二)河道整治初期需要修建龙头弯道工程

在河道整治之前,黄河下游河道的河势演变是非常剧烈的,初期修建的河道整治工程受溜的方向及位置变化都很大,部分工程的失守或不能很好发挥控导河势的作用也是不足为奇的。为了适应上游河势的变化,一处控导工程修建得很长也是难免的。现以东明辛店集上下河段为例说明之。

辛店集河段位于河势变化剧烈的游荡性河段,河势摆动的范围一般达 4 ~ 5 km,甚至更宽。1958 年大水后,由于河道尤其是滩地的淤积,出现了很好的河势,主槽单一窄深、流路规顺,无畸形河弯。1959 年在该河段修建了油房寨、林口 2 处工程,三门峡水库下泄清水后,2 处工程均被冲垮,河道迅速恶化,河槽展宽至 4 ~ 5 km,汊河歧流丛生,主溜摆动频繁。在天然状态下,该段河势流路很不稳定,主溜摆动幅度大,1968 年与 1967 年相比,河势主溜右靠最大达 2.5 km。为了控导主溜,保护滩地,1968 年下半年修建了马厂工程,1969 年上半年修建了辛店集工程,2 处工程相距约 6 km。在东坝头至辛店集 30 余 km 的河段内,1972 年开始修建禅房控导工程,1978 年开始修建王夹堤控导工程,1974 年开始修建大留寺控导工程,这 3 处工程修建的速度又很慢,致使东坝头至辛店集河段的河势变化很大。马厂至辛店集间相继分别靠河,不得不在马厂与辛店集之间修建大王寨工程和王高寨工程,以使辛店集弯道能够适应不同的来溜情况,成为龙头弯道工程。上游不同位置、不同方向的来溜经过弯道调整后,由工程下段送溜至周营上延和周营控导工程。如1980 年,王夹堤、大留寺控导工程不靠河,滩地托溜至辛店集控导工程,经 19 号坝以下工程导溜至周营河弯,周营控导工程 1 号坝及 34 号坝以下靠主溜。1984 年,王夹堤至辛店集河段主溜靠右岸,单寨、马厂、大王寨工程靠河着溜,大河在王高寨工程前形成两股河,两股河在辛店集控导工程下段汇集,经 26 ~ 29 号坝导溜至周营上延工程 11 ~ 13 号坝,周营控导工程靠水不靠溜。1988 年,王夹堤至大王寨河段主溜基本居中,经滩地导溜至辛店集湾,经王高寨工程 5 ~ 10 号坝、辛店集控导工程 4 ~ 6 号坝导溜至周营湾,周营上延工程 12 ~ 17 号坝靠溜,周营控导工程 1 ~ 3 号坝、20 ~ 23 号坝靠溜。

从上述的河势变化及图3-3-4示出的主溜线看出,由于辛店集控导工程以上河段缺

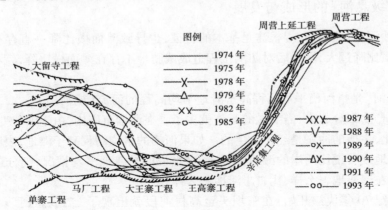

图 3-3-4　东明辛店集河段主溜线

乏控导工程,其上游的来溜方向及工程靠溜部位变化很大,但经过辛店集控导工程的调整、导溜,均送溜至周营上延及周营控导工程,辛店集控导工程发挥了龙头弯道工程的作用。

关于黄河下游“二级悬河”的几个问题 *

　　各位领导、各位专家,两天来,诸位专家的发言都很好,对我有很大启发。关于“二级悬河”问题防办已做了全面汇报,下面我就有关“二级悬河”的几个问题,谈一点自己的看法。

一、“二级悬河”增加了黄河下游的防洪保安全的难度

(一)悬河使黄河常年存在防洪任务

　　悬河是指河床明显高出堤防背河侧地面的河流或河段,悬河不仅在洪水期,中水期及枯水期水位也高于河流沿岸地面。防洪时关心的是水位,有些河流在洪水期水位很高,但时间很短。黄河是悬河,情况不同,在枯水的时候,水位也高于沿岸地面。黄河堤防在枯水期决口也会一泻千里。悬河使黄河常年存在着防洪任务。

(二)“二级悬河”增加了堤河冲决的危险

　　二级悬河的存在表明槽高、滩低、堤根洼的特征明显。很陡的滩区横比降,在洪水期漫滩水流就会以较大的流速冲向堤防平工堤段,顺堤行洪现象严重。平工段的土堤经不住水流淘刷,就会造成堤防决口。

(三)“二级悬河”使溃决的危险性增加

　　在“二级悬河”严重的堤段,堤根很洼,一旦洪水漫滩,堤前水深增加,有些多达 3 ~ 5 m。对长期不临水的平工堤段堤防隐患平时暴露不出来,一旦靠水,在大水深、长时间浸泡的情况下,堤防溃决的可能性增加。

二、“二级悬河”的形成与发展

　　对于多沙河流,滩唇高、堤根洼是基本的特征,也导致滩面横比降一直存在。现在的问题是滩面横比降过大,漫滩后对防洪工程造成威胁。不存在滩面横比降,就不符合多沙河流的特点。

　　“二级悬河”是指河槽平均高程高于滩地平均高程的河流(或河道)。“二级悬河”的定义还可以研究,细分起来,需要做的工作就多了。在河槽范围内,由于河势变化,断面也随之经常变化,主槽的冲淤是经常发生的。如果河槽的平均高程高于滩地,表明就整个河槽来说,比滩地或者说比两岸的滩地都要高,这里说的是滩地平均情况,细分还可以对两岸分别说,比左岸滩地怎么样,比右岸滩地怎么样。

　　从 20 世纪 70 年代初开始,在东坝头至高村河段就出现了“二级悬河”。70 年代以

---

* 2003 年 1 月 20 日在“黄河下游‘二级悬河’治理对策研讨会”上的发言:选入《黄河下游‘二级悬河’成因及治理对策》(黄河水利出版社,2003 年 4 月第 1 版)。

来,水量也好,洪峰也好,总的情况比 50 年代、60 年代都要低。1960 年 9 月至 1964 年 10 月,三门峡水库蓄水拦沙,黄河下游全面冲刷,河槽冲刷严重,断面扩大。1965 年后三门峡水库排沙,已扩大的河槽逐渐回淤,1969 年后,黄河下游发生了严重的淤积。尤其是 1969～1971 年这三年,下游淤积达到 20 亿 t,这几年淤积很厉害。东坝头至高村河段当时有 5 个大断面,70 年代初先后出现河槽平均高程高于滩地平均高程。开始的时候禅房断面的滩地、河槽平均高程的高差负值最大,后来为油房淤积最大。还出现一个现象,就是生产堤的临背侧出现高差。我印象很深,在东明南滩,可能是 1972 年 10 月,在滩地里生产堤背河侧出现了"碱化"现象,地面发白。这说明"二级悬河"在 70 年代初,在东坝头到高村河段,已经明显表现出来了。

1973 年,黄河发生洪峰不足 6 000 m³/s 的洪水,东明滩生产堤决口、漫滩,东明滩漫滩以后,淤积得比较多。1973 年下游河道淤积近 6 亿 t,其中夹河滩至高村淤积了 2.5 亿 t。致使东明滩的"二级悬河"情况有所好转。但是以后随着河槽的淤积,"二级悬河"的形势又在继续发展。

就河道边界条件来说,滩区生产堤也加剧了"二级悬河"的发展。因为它减少了滩地的漫滩概率,致使滩地淤高的速度变慢。很明显,1973 年洪水期生产堤决口后东明滩淤高了。生产堤问题,对黄河来说是一个老问题,1946 年人民治黄后,就提出了废除民埝,一直到 1954 年,黄河下游才全部废除了民埝。在 1958 年大跃进时,受"左"的思想影响,错误地认为修建三门峡水库后黄河洪水问题就解决了,没有大洪水了,所以就提出来修建生产堤。但洪水问题并没有解决,60 年代又提出破生产堤口门。破口门,意思就是有标准,有标准就破不掉。1974 年以后提出来废除生产堤,直到 20 世纪 90 年代才使破除生产堤口门的长度达 50%。

洪水可减缓"二级悬河"。1975 年、1976 年、1977 年、1982 年,这几年大洪水都减缓了"二级悬河"。减缓"二级悬河"有两种情况,一种是自然的淤滩,一种是人工。这里说的人工,叫半人工也行,它是借助自然的。1976 年漫滩比较厉害,东坝头以下除了三个小滩外全部漫滩,因为洪峰比较胖,漫滩时间长,淤滩效果好。1975 年、1977 年,有几个滩区采取了人工措施,在生产堤上破口。东明南滩、渠村东滩等滩区在生产堤、渠堤上扒口,淤积的效果是比较好的。如范县彭楼至李桥的辛庄滩,滩面低洼、堤河严重,1975 年 8 月洪水时在引水渠堤上扒口放水淤堤河,过流 23 d,最大引水流量约 200 m³/s,引泥沙 2 000 万 m³,淤地 2.98 万亩,一般淤厚 1 m 左右,堤河淤填 544 万 m³ 以上,最高淤厚达 3 m。这是人工的,可以说是半人工的。也有的是用人工淤滩,如 1976 年,开始守生产堤,后来守不住都破了。范县最大滩区保生产堤上的人多,生产堤一直到洪峰来到的时候才被冲开。由于进水晚,水量交换得少了,淤积的泥沙也少,尤其是堤河附近滩面,进了一肚子清水,淤积泥沙少,洪水过后,有好多年沿着堤河附近滩面存水很深,有十几千米。1985 年在邢庙险工以下生产堤上人工扒口放淤,才把积水的堤河段淤高,堤河附近的滩地恢复耕种。这几次大洪水的自然淤滩和人工淤滩对限制"二级悬河"的发展具有很大作用。

上中游修建了大型水库,水库都降低了基流,相应来说,漫滩机会有所减少,滩槽流量,水沙交换有所降低。比如 1988 年,7 月出现了四次大于 3 000 m³/s 流量的洪峰,8 月又出现了四次 5 000～7 000 m³/s 的洪峰。如上游大型水库不蓄水,进入下游的水量增加,洪峰加大,但沙量不会明显增多。相应下游漫滩程度增大,主槽挟沙能力增加,就会使滩地淤积量增多,主槽冲刷量加大。所以,上游修建大型水库,在一定程度上,对漫滩还是有影响的,当然上游大型水库的综合效益是很大的。

到 20 世纪 80 年代和 90 年代,"二级悬河"逐渐发展,这些年总的来说,漫滩的情况少了,漫滩的水量也少了,滩槽交换也就严重减少。所以,滩地淤的速度慢,主槽淤得快,致使东坝头到孙口河段"二级悬河"比较严重。

三、滩区的功能与安全建设

(一)滩区功能

1. 滩区是下游河道的组成部分,具有行洪、滞洪、沉沙的功能

关于行洪、滞洪的作用,前面都介绍得比较多,我统计过几次大的洪水,孙口以上河段滩地的削峰作用达 30% ~ 40%。沉沙作用前面有些专家介绍了。比如说 20 世纪 50 年代下游淤积 36 亿 t 泥沙,其中约有 3/4 淤积到滩地上,1/4 淤积在河槽内。其他漫滩洪水期间,滩地也都具有沉沙的作用。行洪、滞洪、沉沙的过程中,通过滩槽水沙交换,淤滩刷槽,这个作用也是很明显的。如"53·8""54·8""57·7""58·7"4 场大于 10 000 m³/s的洪水,花园口以下滩地共淤了 21.8 亿 t,河槽冲刷了 18.1 亿 t。其中,1958 年滩地淤积了 10.2 亿 t,河槽冲刷了 8.65 亿 t。滩地的淤积减少了输向下游的沙量,通过水沙交换,使河槽发生冲刷(或者少淤)。过去谈一些别的问题的时候,说滩地一共体积多大,可以淤沙多少,实际上滩地沉沙的作用,不仅仅是它本身的容量,而是利用这部分沉沙容量,通过滩槽水沙交换,可以使河槽发生冲刷(或者河槽少淤)。同时使河槽能够多冲一些。这对于减缓"二级悬河",对于滩槽冲淤的作用是很大的。

2. 居住地

历来黄河滩区都居住着大量的居民,这是自然条件决定的,不是人为的。没有生存条件,叫谁住,谁也不去住那。在农业不发达的年代,黄河滩区可以说是沿黄县的粮仓。解释一句,洪水期滩区可能要淹,淹了以后,秋季不收,但是麦子收了,对于背河,盐碱化后,收成很少。大堤外三四千米宽的带状地带就长草,三四十厘米高的草,不长庄稼。1966年以后,才逐渐种庄稼,先种稻子,以后放淤,土地改良了,庄稼才会长好。

近些年来,背河发展快,滩区各种建设进行得不够,还是停留在原来的情况下,所以他就相对落后了。滩区作为居住条件,已经较背河地区落后了。

(二)关于滩区安全建设

在指导思想上最近一两年,有一种想法,就是提高安全建设的标准,增加安全建设的投资力度。为啥有这样的思想呢?因为安全建设这个事,1973 年底开会提出来的,黄河是 1974 年开始的,开始时一方土补一角五分钱,后来发展到一角八、二角,20 世纪 90 年代初一方土补助一元。当时防洪基建投资很紧张,不可能把滩区安全建设作为燃眉之急。作为保护堤防安全、防止村庄塌入河中的河道整治工程,由于投资力度低,建设的速度也很慢,因此不可能安排较多的安全建设投资。最近这几年国家发展了,水利投资力度也增加了,有条件提高这方面的建设标准,提高这方面的投资力度了。滩区安全建设可以参照退田还湖、平垸行洪、移民建镇的精神增加安全建设的投资力度。退田还湖,平垸行洪,人

与洪水和谐相处,人不能过多与水争地。1998年长江大水以后,朱镕基总理提出退田还湖,平垸行洪。1998年抗洪的时候,作者受国家防总的委派,到长江去抗洪抢险。知道这些垸子阻水,又占用大量的人力去防守,有些抢了许久,又被洪水冲开。洪水后按照国家政策,一些垸子退了出来,移民建镇,行洪障碍必须退掉。我们在处理滩区安全建设问题时,也可以参照这样一种做法。

具体的想法如下:

(1)鼓励外迁。对于小滩、大滩距堤防近的村庄有条件的尽量外迁。我个人不主张全部外迁,全部外迁有一个环境容量问题,他们要种地,离大堤近的部分,可以到大堤背河定居,但是离大堤远的地方,要都迁到背河定居是有困难的。对于小滩,外迁有道理,也有先例。1974年后在投资很少的时候,郓城县的小滩,居民都迁到背河了。有条件的还是要外迁,以减少滩区的居住人口。

(2)滩区避洪。一是修建避水村台。关于面积,由每人38 m²、45 m²发展到50 m²,以后又由50 m²发展到60 m²。从实际情况来说,面积都是比较小的。所以,面积是不是可以增加到每人80 m²,增加面积后还是采取村台形式,大家可以互相照顾一些。关于投资问题,前面一些专家已经讲了,我不再算这个账。

二是修建避水楼。避水楼每个人按6~8 m²,1 m²按500元,这样180万人,是54亿~90亿元,如果十年完成,一年就是5亿~9亿元。如果地方配套,这个面积还可以更大一些。避水楼和别的安全建设设施不一样,避水楼要考虑往上接,黄河滩要淤高,淤高1~2 m时下面有一层还可以当储藏室。如果投资力度大,长期来说比较适合,再淤高了,还可以往上接。这就可以避免修避水台后,河床抬高,避水台高度不够,要考虑搬房子再加高避水台的问题。

(3)通过安全建设保证人员的安全和重要财产的安全。在滩区,按照规划修建安全建设设施后,遇到洪水漫滩的情况,除外迁的人员外,人们可以到安全设施上,其主要财产也可搬到安全设施上,这样在洪水期就可保证生命及重要财产的安全。对于按规划修建了村台及避水楼的地方,上述要求还是可以做到的。

(4)按照现在水利建设的投资力度,提高滩区安全建设的力度是可能的。最近五六年,水利建设的力度是提高了,对于安全建设方面,投资增加的比例还是很小的。所以,现在有了这样一个条件,能不能提高标准、增加投资?答案应是可以的。

四、滩区居民的生活水平需要提高

(一)控制滩区人口

鼓励外迁,搞好计划生育,控制滩区人口的增加。

(二)制定滩区优惠政策,弥补漫滩损失

前面说了,滩区有双向功能,在行洪的时候,就要有一些损失,就要付出一些代价,这种损失代价不是为了局部利益。国家对于这种损失应该有一定的政策来弥补,以使滩区人民的生活水平也能够达到背河侧的生活水平,不能让这部分群众落在后面,也就是说,在滩区,漫滩损失使滩区居民生活水平降低,国家通过制定优惠政策,来补偿相应的损失,使其能够与背河侧的生活水平基本相当,同时要不断提高。

在优惠政策方面,现在滞洪区有补偿办法,滩区能不能执行滞洪区的补偿办法,或者是参照执行。农业税能不能返还一些,缴税是每个公民的义务,在不淹的年份是照样缴,上缴的税能否保留在省一级,在受淹的年份返还,使滩区群众在漫滩之后,生活基本不受影响。

在滩区应和背河地区一样进行水利建设或者其他方面的建设,帮助滩区发展生产,提高生活水平。滩区水利建设,黄河上经过一些老同志的努力,进行了三期九年,是农业综合开发项目,对提高滩区生产水平发挥了较大作用。今后宜继续进行下去。

(三)控制企业发展

为了减少漫滩损失,对大中型企业还应该有所控制,以免漫滩的时候造成过大的损失。

总之,对于滩区既要滞洪、行洪、沉沙,也要进行安全建设,通过安全建设来保命、保主要财产,国家还要制定优惠的补偿政策,以提高生活水平,使生活水平与背河侧的生活水平相当,都向小康水平发展。

五、关于河道整治与"二级悬河"

这两天讨论时,涉及此问题,我谈谈个人的一些看法。

(1)黄河下游的防洪安全,主要是指 12 万 km² 保护区的防洪安全。

历史上历代朝廷都重视黄河,人民治黄以来,党和国家都重视黄河,主要是因为黄河保护区面积大,洪灾造成的灾害大,所以在新中国成立初期很困难的时候,国家都给黄河很多的优惠,所以考虑问题,首先是指保护区 12 万 km² 的防洪安全。

(2)河道整治是防止"横河"和堤防冲决的主要措施。

黄河下游是河势变化剧烈的河道,尤其是游荡性河段,历史上由河势突变引起的决口屡见不鲜。近半个世纪以来,没有发生过堤防冲决,但曾多次出现"横河",造成严重抢险,直接威胁堤防安全。进行河道整治后,弯曲性河段已经控制了河势,过渡性河段也已基本控制了河势,游荡性河段缩小了游荡范围,河道整治在黄河下游防洪保安全中发挥了重要作用。

(3)河道整治包括河槽整治和滩面整治。

河道整治的重点是河槽整治,河槽整治工程主要包括险工、控导工程。滩面整治工程主要包括防护坝工程和串沟堤河治理工程等。治理初期和治理难度比较大的时候是治理河槽,滩面治理要向后排。现在研究"二级悬河"问题,提出的串沟、堤河治理,还有防护坝都是河道整治的内容,今后在进行工程建设时,对滩面治理工程也应有所安排。

(4)关于微弯型整治方案。

黄河下游河道几十年是按照微弯型方案整治的,微弯型整治方案在一个弯道小河段是单岸修建工程,在凹岸及部分直河段修建工程,河道两侧还有大量长度供漫滩使用。

整治工程是按照"以坝护弯,以弯导流,短丁坝、小裆距"的原则,沿整治工程位置线布设的。前面专家提这个问题,我把黄河的情况解释几句,这种丁坝到河里的距离很短,比如丁坝长度多为 100 m,这个是斜长,倾角为 30°垂直长度基本上是 50 m,短的丁坝及垛垂直长度为 10～30 m。由于丁坝在抢险时有退守的余地,目前采用丁坝、垛较护岸多。

（5）河道整治与漫滩。

河道整治主要是为下游两岸防洪保护区的安全而进行的，但由于稳定了河势，在非凹岸段修建的生产堤不易被冲垮，所以漫滩受到一定的影响。

20世纪70年代，东坝头到高村是基本未进行河道整治的河段，当时该河段最早形成"二级悬河"，尤其是东坝头至辛店集这35 km长的河段，当时基本没有进行河道整治，其中禅房、油房寨断面都在这个河段内，没进行河道整治的河段，首先出现了"二级悬河"。因此，不能说"二级悬河"是河道整治的结果。

六、对泥沙需要有一个统一安排

黄河下游难治的症结是泥沙。治黄对泥沙要有一个统一安排，"二级悬河"治理的时候也要考虑泥沙的处理问题。也就是说，要考虑进入黄河下游的泥沙，上面拦的不说了，只要进入黄河下游了，就得安排。泥沙有几个出路，一是引到两岸，二是淤到河道中，三是送入海中。引到两岸的不说了。淤到河道，是淤哪里，淤多宽，宽度就与淤的厚度有关系，与河床升高有关系，这些都应该统一考虑。

是不是入海以后就万事大吉了？从过去的资料看，入海泥沙有2/3是淤在滨海或者浅海地区，滨海或浅海地区的泥沙，在一定程度上又会延长河道，相对抬高侵蚀基面，也会造成河道淤积，尤其是泺口以下的窄河段。进入下游的泥沙放哪个地方，放多宽，多大，这是一个宏观的问题，搞任何黄河的大问题都需要认真考虑。

上面只是谈谈对几个问题的看法，不对的地方请批评指正，谢谢！

引黄用水发展概况及其对黄河下游冲淤与防洪的影响[*]

水是人们赖以生存的不可缺少的资源，河流两岸自古以来就是人类繁衍生息的地方，中、下游又往往是经济、文化发达的地区。引黄用水促进了沿黄地区农业、工业及城市的发展，经济效益、社会效益和环境效益都是显著的。随着经济的发展和社会的进步，人类对水的需求量会愈来愈多，对水质的要求也会愈来愈高，水不断地给人类带来物质文明和精神文明。但是随着水资源的大量开发利用，也会在某些方面带来不利影响。

一、引黄用水发展概况及用水特点

黄河是我国西北、华北地区的重要水源地。黄河流域引黄用水主要是灌溉用水。随着国民经济的发展，除灌溉用水量增加外，工业及城市生活用水量也大幅度增加。据1987年统计（钱意颖、程秀文、傅崇进、尚红霞，黄河流域灌溉用水引沙对河道冲淤的影响兼论黄河下游引黄灌溉泥沙处理和利用，1993年8月），黄河流域的有效灌溉面积由1950年的80万 hm^2 发展到634.4万 hm^2，占黄河流域及下游沿黄地区总耕地面积0.15亿 hm^2

* 本文为1994年汛期黄河防洪与泥沙查勘组的查勘分析报告，刘月兰、胡一三执笔；后发表于《人民黄河》1995年第10期，P1～7。

的 42.3%，其中河川径流灌溉面积 408.7 万 hm²，纯井灌面积 225.7 万 hm²。1990 年黄河流域有效灌溉面积为 712.6 万 hm²，占黄河流域及下游沿黄地区总耕地面积 1 592.3 万 hm² 的 44.75%。

随着灌溉面积的扩大，引黄用水量也不断增加。20 世纪 80 年代全河年平均引黄用水量已达 273.9 亿 m³，较 50 年代增加 1 倍，年均用水量占黄河天然径流量的 47%，占利津站年径流量的 95%，即 80 年代黄河径流量近一半用于灌溉和工业及城市生活供水，一半用于输沙。

1990～1993 年，由于来水偏枯，引黄用水量为利津站径流量的 1.44 倍，即总径流量的 40% 用于输沙，60% 用于灌溉和供水。

引黄用水的区域主要集中在黄河上游的宁夏、内蒙古灌区。1990～1993 年兰州至河口镇年均用水量达到 110.7 亿 m³，较 20 世纪 50 年代增加 41.2 亿 m³。70 年代以来，黄河下游引黄用水增加较多，至 80 年代增至年均 112.9 亿 m³，1990～1993 年年均 96.8 亿 m³，与兰州至河口镇用水量接近，分别占流域用水量的 40% 左右。70 年代以来黄河中游年引水 40 亿 m³ 左右，约占总引水量的 15%（见表 3-5-1）。

黄河流域用水主要集中在每年的 3～10 月。据统计，1980～1984 年的 5～8 月月用水量均超过 30 亿 m³。考虑到时间差，河口镇以上以 6～9 月作为汛期，则汛期用水量占年用水量的 59%，下游汛期用水占年用水量的 38%，中游地区主要是非汛期引水，见表 3-5-2。

二、引黄用水的引沙特性

不同时期各河段灌溉引沙量见表 3-5-3。由表 3-5-3 可见，与 20 世纪五六十年代相比，80 年代引沙量增加不多，较 70 年代还有所减少。

20 世纪 80 年代利津站年均水量 287 亿 m³，输沙量 6.37 亿 t，平均输送 1 亿 t 泥沙耗水 45 亿 m³；而全河年均引水量 273.9 亿 m³，相当于利津水量的 95.4%，引沙量 1.92 亿 t，为利津站输沙量的 30%，平均引水 142 亿 m³、引沙 1 亿 t，为利津站输送 1 亿 t 泥沙耗水量的 3.16 倍。

各地区引沙比例均小于引水比例，特别是河口镇以上低含沙河段，年用水量超过利津站年径流量的 40%，而引沙量只占利津站输沙量的 5%，20 世纪 60～80 年代变化不大，年均引沙 0.32 亿 t。由于三盛公水利枢纽和青铜峡水利枢纽分别在 1961 年和 1967 年投入运用，宁蒙灌区由无坝引水变成有坝引水，所以河口镇以上河段 60 年代以后引沙量尚低于 50 年代。引沙量较多的黄河下游，80 年代引水量占利津站径流量的 39%，引沙量为利津站输沙量的 18.5%。

20 世纪 80 年代，全河平均引水含沙量为 7 kg/m³，为利津站平均含沙量 22 kg/m³ 的 32%。黄河下游平均引水含沙量 8.6 kg/m³，为利津站平均含沙量的 39%。

表 3-5-1　黄河各河段不同时段年引黄用水情况

河段	1950~1959年			1960~1969年			1970~1979年			1980~1989年			1990~1993年		
	引水量(亿m³)	占总引水量(%)	占径流量(%)	引水量(亿m³)	占总引水量(%)	占径流量(%)	引水量(亿m³)	占总引水量(%)	占径流量(%)	引水量(亿m³)	占总引水量(%)	占径流量(%)	引水量(亿m³)	占总引水量(%)	占径流量(%)
兰州以上	9.6	7.1	2.0	14.47	9.0	2.9	17.15	7.4	5.5	18.13	6.6	6.3	*13.9	5.5	7.9
兰州至河口镇	69.50	51.3	14.4	84.77	53	16.8	85.17	86.5	27.3	103.23	37.5	36	110.7	43.7	62.9
河口镇以上	79.1	58.4	16.4	99.24	62	19.6	102.32	49.3	32.9	121.36	44.1	42.3	123.7	48.8	70.2
河口镇至龙口区间	1.46	1.1	0.3	1.67	1.0	0.3	4.32	1.8	1.4	4.96	1.8	1.72			
华县以上	9.62	7.1	0.2	16.3	10.2	3.2	23.5	10.1	7.6	19.35	7.0	6.74	*19.7	7.8	11.2
洑头以上	0.47	0.3	0.1	1.41	0.9	0.3	2.93	1.2	0.9	2.60	0.9	0.9			
河津以上	8.06	6.0	1.7	10.0	6.3	2.0	11.8	5.1	4.0	9.32	3.4	3.25	*12.6	5.0	7.2
河口镇至三门峡	20.94	15.5	4.4	31.0	19.4	6.1	44.0	18.2	13.7	40.0	14.6	13.9	*32.4	12.8	18.4
三门峡至花园口	18.70	13.8	3.9	18.98	11.9	3.8	16.09	6.9	5.2	17.5	6.4	6.1	8.9	3.5	5.1
花园口至高村	8.5	6.3	1.8	3.50	2.2	0.7	24.0	10.27	7.7	20.2	7.4	7.0	17.1	6.7	9.7
高村至艾山	4.5	3.3	0.9	3.25	2.0	0.6	19.5	8.3	6.3	30.0	10.9	10.4	20.0	7.9	11.4
艾山至利津	3.16	2.3	0.6	4.05	2.5	0.8	27.3	11.7	8.8	45.2	16.5	15.7	50.7	20.0	28.9
高村以上	27.2	20.2	5.6	22.5	14.1	4.5	40.9	17.5	13.2	37.7	13.8	13.1	26.0	10.3	14.7
高村以下	7.66	5.7	1.6	7.30	4.5	1.4	46.8	20.0	15.0	75.2	27.5	26.2	70.7	27.9	40.2
三门峡至利津	34.86	25.8	7.2	29.80	18.6	5.9	87.7	37.5	28.2	112.9	41.2	39.3	96.8	38.2	54.9
利津以上	134.9	100	28.0	159.93	100	31.7	233.7	100	75.1	273.9	100	95.43	253.6	100	144
利津年径流量	481		100	505		100	311		100	287		100	176		100

注：* 为 1990~1992 年平均。

表 3-5-2　黄河各河段多年平均逐月引黄用水量

（单位：亿 m³）

河段	时段	7月	8月	9月	10月	11月	12月	1月	2月	3月	4月	5月	6月	年水量	汛期引水量	
															引水量	占年（%）
河口镇以上	1940~1949年	11.83	8.57	6.12	4.95	2.87	-0.05	0	0	0.44	0.58	4.75	9.54	49.60	*36.06	73
	1950~1984年	18.20	14.41	11.76	10.02	6.24	-0.11	-0.01	-0.01	1.71	1.33	14.41	19.70	98.65	*64.07	65
	1980~1984年	21.00	16.39	9.79	12.92	9.82	0	0	0	1.24	2.57	19.92	20.76	114.44	*67.97	59
河口镇至三门峡	1940~1949年	0.25	0.44	0.20	0.10	0.13	0.14	0.13	0.14	0.22	0.36	0.32	0.35	2.87	0.9	36
	1950~1984年	3.94	5.16	2.11	1.59	2.19	2.68	1.98	1.90	3.59	4.03	3.36	4.85	37.38	12.8	34
	1980~1984年	4.56	4.42	1.75	2.69	2.46	3.91	3.57	3.07	6.30	6.34	5.27	3.92	48.26	13.4	28
三门峡至花园口	1940~1949年	0.33	0.40	0.09	0.16	0.31	0	0	0.10	0.14	0.30	0.23	0.20	2.26	0.98	43
	1950~1984年	2.06	2.28	1.49	1.55	1.35	0.72	0.71	2.09	1.62	1.87	1.68	1.87	19.29	7.38	38
	1980~1984年	3.08	2.32	2.22	1.22	0.77	0.68	0.43	1.28	1.43	1.76	1.60	2.44	19.23	8.84	46
花园口至艾山	1940~1949年	0	0	0	0	0	0	0	0	0	0	0	0	0	0	0
	1950~1984年	3.22	4.85	3.15	1.08	0.49	0.50	0.29	0.91	3.02	3.07	3.53	2.82	26.93	12.3	31
	1980~1984年	6.21	7.59	4.66	1.29	0.64	1.03	0.33	1.59	6.98	7.09	5.39	3.93	46.73	19.75	42
艾山至利津	1940~1949年	0	0	0	0	0	0	0	0	0	0	0	0	0	0	0
	1950~1984年	1.37	1.71	1.20	0.64	0.54	0.37	0.05	0.24	1.84	3.26	2.95	1.53	15.70	4.92	31
	1980~1984年	3.62	3.17	2.68	1.85	1.47	1.48	0.26	0.73	6.16	9.35	6.59	2.82	40.18	11.32	28
三门峡至利津	1940~1949年	0.33	0.40	0.09	0.16	0.31	0	0	0.10	0.14	0.30	0.23	0.20	2.26	0.98	43
	1950~1984年	6.65	8.84	5.84	3.27	2.38	1.59	1.05	3.24	6.48	8.2	8.16	6.22	61.92	24.6	40
	1980~1984年	13.01	13.08	9.56	4.36	2.88	3.19	1.02	3.6	14.57	18.4	13.58	9.19	106.10	40.0	38
全河合计	1940~1949年	12.41	9.41	6.41	5.21	3.31	0.09	0.13	0.24	0.80	1.24	5.30	10.09	54.64	33.44	61
	1950~1984年	28.79	28.41	19.71	14.88	10.81	4.16	3.02	5.13	11.78	14.56	25.93	30.77	197.95	91.79	46
	1980~1984年	38.47	33.89	21.10	19.97	15.16	7.10	4.59	6.67	22.11	27.11	38.77	33.90	268.84	113.43	42

注：河口镇以上汛期指6~9月。

表 3-5-3　黄河各河段不同时段年引沙量情况

（单位：亿 t）

河段	1950~1959 年			1960~1969 年			1970~1979 年			1980~1989 年		
	引沙量	占总引沙量(%)	占总输沙量(%)	引沙量	占总引沙量(%)	占总输沙量(%)	引沙量	占总引沙量(%)	占总输沙量(%)	引沙量	占总引沙量(%)	占总输沙量(%)
兰州以上	0.015	0.9	0.1	0.019	1.3	0.2	0.019	0.7	0.2	0.018	0.9	0.3
兰州至河口镇	0.557	32.8	4.2	0.309	21.8	2.8	0.307	11.3	3.4	0.300	15.6	4.9
河口镇以上	0.572	33.7	4.3	0.328	23.1	3.0	0.326	12.0	3.6	0.318	16.5	5.0
河口镇至龙门区间	0.027	1.6	0.2	0.266	18.8	2.4	0.384	14.2	4.3	0.258	13.4	4.0
华县以上	0.157	9.2	1.2	0.038	2.7	0.3	0.069	2.6	0.8	0.085	4.4	1.3
洑头以上	0.015	0.9	0.1	0.045	3.2	0.4	0.094	3.5	1.0	0.050	2.6	0.8
河津以上	0.036	2.1	0.3	0.048	3.4	0.4	0.066	2.4	0.7	0.033	1.7	0.5
河口镇至三门峡	0.235	13.8	1.8	0.397	28.0	3.6	0.613	22.7	6.8	0.426	22.4	6.8
三门峡以上	0.807	47.9	6.1	0.725	51.2	6.7	0.939	34.7	10.5	0.744	38.7	11.47
三门峡至花园口	0.363	21.4	2.7	0.211	14.9	1.9	0.16	6.0	1.8	0.160	8.3	2.5
花园口至高村	0.264	15.5	2.0	0.110	7.8	1.0	0.69	25.6	7.7	0.350	10.2	5.5
高村至艾山	0.116	6.8	0.9	0.090	6.6	0.8	0.41	15.2	4.6	0.290	15.1	4.6
艾山至利津	0.099	0.8	0.7	0.095	6.7	0.9	0.50	18.5	5.6	0.370	19.2	5.8
三门峡至利津	0.891	52.4	6.7	0.691	48.8	6.3	1.76	65.2	19.6	1.180	61.3	18.5
利津以上	1.698	100	12.9	1.416	100	13.0	2.70	100	30.1	1.924	100	30.2
利津输沙量	13.19		100	10.89		100	8.98		100	6.370	100	100

三、引黄用水对黄河下游的影响

(一)引黄用水对下游径流的影响

天然情况下,黄河的水量就比较短缺,大量引用黄河水,使黄河水资源的供需矛盾更加突出。由表3-5-4看出,黄河下游入流控制站(三门峡+黑石关+武陟)年径流量20世纪五六十年代为500亿 m³ 左右,1986~1993年平均仅为304亿 m³;黄河下游利津站年径流量已由五十六年代的500亿 m³ 左右降到174亿 m³。1972~1994年的23年中山东河段泺口站有9年发生断流,利津站17年断流,见表3-5-5。近年来断流现象更为严重,在1987~1994年的8年中,利津站就有7年发生断流,而且断流时间越来越长,断流的河段也向上发展,1992~1994年利津站年断流时间都在60 d左右,其中1992年长达83 d,泺口站三年连续断流,断流天数分别为42 d、2 d、31 d。

表3-5-4 黄河下游河道冲淤量与输沙耗水量对应关系

控制站	时间	项目	1950~1959年	1960~1969年	1970~1979年	1980~1989年	1981~1985年	1986~1993年	1950~1989年
三门峡+黑石关+武陟	全年	实测径流量(亿 m³)	480	503	380	398	493	304	440
		实测输沙量(亿 t)	17.9	11.7	13.8	8.6	9.7	7.4	13.0
		输沙耗水量(亿 m³/亿 t)	27	43	28	46	50.8	41.1	34
		耗水量排序(由小到大)	1	5	2	6	7	4	3
		下游河道冲淤量(亿 t)	3.61	-0.39	3.0	0.41	-1.33	1.79	1.66
		冲淤量排序(由大到小)	1	6	2	5	7	3	4
三门峡+黑石关+武陟	汛期	实测径流量(亿 m³)	296	279	212	229	298	142	250
		实测输沙量(亿 t)	15.3	8.7	12.9	8.3	9.3	6.8	11.3
		输沙耗水量(亿 m³/亿 t)	19.2	32	16.4	27.6	32.0	20.9	22.5
		耗水量排序(由小到大)	2	6	1	5	7	3	4
		下游河道冲淤量(亿 t)	2.9	-0.53	3.96	1.13	-1.32	2.8	2.1
		冲淤量排序(由大到小)	2	6	1	5	7	3	4
利津	全年	实测径流量(亿 m³)	481	505	311	287	431	174	396
		实测输沙量(亿 t)	13.19	10.89	8.98	6.37	8.80	4.1	9.9
		输沙耗水量(亿 m³/亿 t)	36.5	46.4	34.6	45.0	48.8	42.2	40.2
		耗水量排序(由小到大)	2	6	1	5	7	4	3
		艾山至利津冲淤量(亿 t)	0.45	0.29	0.58	0.03	-0.23	0.31	0.34
		冲淤量排序(由大到小)	2	5	1	6	7	4	3

表 3-5-5　黄河下游高村以下流量小于 200 m³/s 及断流天数统计

年份	流量小于200 m³/s 天数(断流在内)(d)			河道断流天数(d)			利津断流时间
	高村	泺口	利津	高村	泺口	利津	
1972	12	37	5		5	18	4月3~26日,5月28日,6月16~28日
1973	6	38	84			0	
1974	29	49	48		9	18	5月15~18日,6月28~30日,7月5~11日
1975	12	31	41		3	12	5月31日至6月2日,6月19~27日
1976	0	29	39			5	5月21~25日
1977	2	19	18			0	
1978	26	92	130			6	6月22~27日
1979	25	39	45		4	19	5月27日至6月3日,6月28日至7月8日
1980	3	40	58			8	5月13~15日,6月1~5日
1981	27	85	117	10	15	32	5月18日,5月20~27日,6月3日,6月5~9日,6月12~28日
1982	0	31	80		3	9	6月8~16日
1983	0	30	47			4	6月26~29日
1984	0	0	14				
1985	0	3	41			0	
1986	10	38	107			0	
1987	0	85	118			15	(引水种秋)10月2~16日
1988	14	106	133			4	6月27~30日
1989	2	21	79			19	4月5~7日,6月5日,6月30日至7月14日
1990	0	9	29			0	
1991	43	109	165			13	5月16~27日,6月1日
1992	60	136	204		42	83	3月6日,3月12~17日,4月8日,4月28日至5月8日,5月23日至7月21日,7月28~31日
1993					2	64	2月3~16日,3月4~20日,4月22日至5月3日,6月3~20日
1994					31	71	4月3~13日,5月14~16日,5月18日至6月30日,10月3~15日
23 年					9 年	17 年	

(二)引黄用水对黄河下游冲淤的影响

黄河水少沙多,水沙异源,时空分布不均,对河道输沙极为不利。引黄用水的发展大大减少了输沙用水量,特别是汛期,上游大量引用低含沙水流,中游产生的含沙量高、峰型尖瘦的洪峰因缺少基流,形不成输沙力强的较大洪水,同时含沙浓度高的水流得不到稀释,特别是三门峡水库汛期要集中下排全年的泥沙,流量减少,含沙浓度增大,造成下游河道淤积加重。非汛期,三门峡水库蓄水拦沙,下泄清水,黄河下游高村以上河段发生冲刷,高村以下河道,特别是艾山以下河道发生淤积,全下游一般为冲刷。上、中游引水,包括下游高村以上的引水,减少了高村以上河段的冲刷水量,致使高村以上河段以及全下游冲刷量减少,艾山以下河道一方面因引水使输沙水量减少而增淤,也因高村以上引水使上段河道冲刷量减少而减淤。

关于黄河下游引黄用水对河道冲淤的影响问题,由于黄河干流各站输沙率和流量成高次方关系,引水后大河流量减小,输沙率降低,河道多淤。为了防止渠系淤积,汛期一般总是避开沙峰,在含沙量较低时期引水;当引水比例较小时,引出多为边流,较主流区含沙量低;有些闸门还采取了防止粗沙入渠的措施等。这都可能使入渠含沙量低于大河平均含沙量。山东黄河河务局王如秀统计了 1988~1992 年山东引水含沙量占大河含沙量百分比,其中引水比例大的 5 月、6 月及来水含沙量变幅较小的 9~11 月,引沙百分比一般大于 70%;沙峰较多的 7 月、8 月及引水比例很小的 1 月,引沙百分比小于 70%,年平均引沙百分比为 69%。引沙百分比减小,使大河含沙量增高,增加河道淤积。

引水引沙对本河段冲淤的影响还与河道冲淤状态有关。一般来说,当河段处于冲刷状态时,河道含沙量沿程增大,区间引水含沙量往往低于出口站含沙量,引水将减少冲刷或增加淤积;当河道处于淤积状态时,引水引沙对河道增淤量较河道处于冲刷或平衡状况下要少。

表 3-5-6 为采用黄河下游冲淤计算方法计算的黄河上、中、下游引水引沙对黄河下游冲淤的影响。从 1974 年 7 月至 1989 年 6 月 15 年的平均情况看,河口镇以上每年用水为 112.5 亿 m^3,头道拐站年来沙量估计减少 0.56 亿 t,头道拐至三门峡多淤或少冲泥沙 0.84 亿 t,三门峡排往下游的泥沙减少 1.4 亿 t,集中于汛期。黄河下游年均引水量 98.64 亿 m^3,引沙比采用 70%,由于上游引水黄河下游增淤 1.11 亿 t,其中主槽占 61%,艾山以下河道增淤 0.07 亿 t,集中在主槽。

中游用水 44 亿 m^3,三门峡以上减沙 0.3 亿 t,在上游与下游引水不变的情况下,中游用水使下游增淤 0.30 亿 t,主槽占 60%。

黄河下游年平均引水 98.64 亿 m^3,引沙比 70% 时,下游河道年均增淤 0.43 亿 t。艾山至利津河段年均引水 43.68 亿 m^3,使本河段增淤 0.07 亿 t,主槽增淤量占全断面的 60%,上、中、下游合计,1974~1989 年平均年引水 255.14 亿 m^3,进入下游沙量减少 1.7 亿 t,黄河下游相应引沙比 70% 时,增淤 1.84 亿 t,艾山至利津河段年增淤 0.06 亿 t。

为了论证上述计算结果的合理性,统计了不同年代黄河下游入、出流控制站的平均水量、输沙量、输沙耗水量(水量与沙量比值)及下游河道冲淤量(见表 3-5-4),表中将输沙耗水量由小至大进行排序,也将河道冲淤量由大至小进行排序,可见二者有很好的对应关系。说明增水减沙对黄河下游有明显的减淤作用,引水,特别是引沙比小时,对河道有增淤作用。

表3-5-6 黄河上、中、下游引水引沙对黄河下游冲淤影响计算结果(1974年7月至1989年6月)

河段	灌溉引水量(亿m³)			头道拐沙量变化(亿t)			三门峡沙量变化(亿t)		下游增淤量(亿t)			艾山至利津增淤量(亿t)		
	全年	汛期	非汛期	全年	汛期	非汛期	全年	汛期	全断面	主槽	滩地	全断面	主槽	滩地
上游	112.5	66.4	46.1	-0.56	-0.34	-0.22	-1.40	-1.40	1.11	0.68	0.43	0.07	0.06	0.01
中游	44	12	32				-0.3	-0.3	0.30	0.18	0.12	-0.07	-0.02	-0.05
全下游	98.64	36.1	62.54						0.43	0.22	0.21	0.06	0.04	0.02
艾山至利津	43.68	12.80	30.80						0.07	0.04	0.03	0.07	0.04	0.03
上、中、下游合计	255.14	114.5	140.64	-0.56	-0.34	-0.22	-1.70	-1.70	1.84	1.08	0.76	0.06	0.08	-0.02

注:1. "-"为减少沙量或减少淤积;
2. "+"为增加沙量或增加淤积;
3. 引沙比为引水含沙量与大河含沙量之比;
4. 此表黄河下游引沙比采用70%。

　　将不同年代黄河下游河道年平均冲淤量与相应的三黑武输沙耗水量对应点绘于图 3-5-1,并以黄河下游灌溉引水量作参数,可以看出:

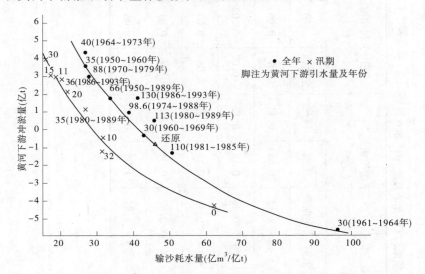

图 3-5-1　黄河下游河道年平均冲淤量与三黑武输沙耗水量关系

　　(1)随着三黑武输沙耗水量的减少,黄河下游河道的淤积量增加,在同一输沙耗水量时,黄河下游引水超过 100 亿 m³ 后,较 70 年代以前引水量为 30 亿~60 亿 m³ 时下游河道淤积量明显增大,说明上、中、下游引水都会使黄河下游淤积增大。

　　影响黄河下游冲淤的因素较多,就多年平均情况来看,来水来沙及其过程是主要的。影响来水来沙及其过程的除天然因素外,尚有人类活动的影响:如龙羊峡、刘家峡、三门峡等水库的运用改变了天然来水来沙过程,沿黄用水减少了输沙耗水量。由图 3-5-1 可见,1986~1993 年较一般年份增淤 1.6 亿 t,这包括了黄河下游引水影响及龙羊峡、刘家峡、三门峡等水库调节等因素。

　　(2)在黄河下游年均引水量为 30 亿~60 亿 m³ 时,三黑武输沙耗水量 42 亿 m³/亿 t 才能维持黄河下游冲淤平衡,若三黑武年均来沙量为 12 亿 t,则三黑武来水量要达到 500 亿 m³。若黄河下游引水量超过 100 亿 m³,要保持下游河道冲淤平衡则需要更多的输沙耗水量。

　　(3)1974 年 7 月至 1989 年 6 月,黄河下游实测年平均来水量 405.3 亿 m³,来沙量 10.5 亿 t,三黑武输沙耗水量 38.7 亿 m³/亿 t,下游河道年平均淤积 0.95 亿 t,其中艾山至利津淤积 0.18 亿 t。将上中游引黄用水还原后,三黑武年水量 561.8 亿 m³,年沙量 12.2 亿 t,输沙耗水量为 46.2 亿 m³/亿 t,扣除上、中、下游引黄用水使下游河道增淤的量,黄河下游将冲刷 0.89 亿 t,将还原后的输沙耗水量与相应河道冲淤量点绘于图 3-5-1,可见点子落在下游引水量少的点群中,说明上述计算结果基本合理。

　　上述计算与分析结果表明,上、中、下游引黄用水对下游河道有明显的增淤作用,而且主槽增淤量大于滩地,特别是艾山至利津河段主槽年均增淤 0.08 亿 t,将使主槽每年多抬升 0.044 m,为该河段多年平均抬升值 0.073 m 的 60%。所以在利用和调节黄河径流,增加沿黄工农业效益的同时,必须重视对河道淤积的影响。

(三)引黄用水对黄河下游防洪的影响

黄河下游是世界著称的"悬河",防洪形势十分严峻。为了适应防洪的需要,新中国成立后已完成了三次修堤工作,改变了历史上频繁决口的局面。但是随着河道的淤积,排洪能力相应降低,已建防洪工程的标准就自然降低,经若干年时间又需要加修一次黄河下游的防洪工程。从以上分析中看出,由于引黄用水,黄河下游每年增淤1亿多t泥沙,这就加速了下游河道的淤积速度,降低了排洪排沙能力,增加了防洪工程建设的工程量。

非汛期引水促使河道发生萎缩,形成一些不利行洪的畸形河势。由于引水量已达黄河天然径流量的一半左右,其影响是明显的。非汛期5月、6月引水量大,遇干旱年,3月、4月引水量也相当可观,致使下游流量过枯,原有过流主槽淤高,断面变小,河道萎缩。近几年又逢枯水系列,1987~1994年的8年中利津有7年断流,泺口站也断流3年。黄河下游引黄闸门沿程分散,河道流量沿程削减,过流断面也逐渐变小,致使来洪水后冲刷速度慢。从断流频繁的泺口以下河段看,原来窄深的主槽在汛初已不明显,嫩滩及边滩植被也有生长。这样在汛初洪水到来时,河道宽浅,阻力增大,因过洪能力下降而壅高水位,增大洪水淹没范围和洪灾损失。汾河、沁河等黄河支流均出现过因河槽萎缩、过洪能力低而导致小洪水、高水位、大漫滩、大范围淹没的情形。长期枯水行河,往往形成一些畸形河弯,尤其是在河势还未得到控制的游荡性河段。这些畸形河弯不仅对排洪不利,在其演变的过程中如果顶冲堤防和村镇,还会给防洪带来被动。1993年9月开封高朱庄抢险就是一例。9月在开封黑岗口至封丘大宫河段,接连出现"横河",形成两个畸形河弯(见图3-1-3)。在黑岗口险工及柳园口险工的靠溜处,已有丁坝护堤,未发生险情,而在黑岗口险工与高朱庄控导工程之间850 m长的地段内没有坝垛工程,在畸形河弯的演变过程中,恰在此处塌滩后退。

汛期引水减少了河道的基流,降低了水流的挟沙能力和调整不利河势的机会。7月、8月是黄河下游发生洪水的时期,也是引水量大的月份。大量引水后,特别是上游大量引水,加之龙羊峡、刘家峡水库汛期蓄水,黄河下游汛期基流减小。洪峰期流量减少将降低对主槽的冲刷能力,在天然来水偏枯时,降低下游河道过洪能力的作用更为明显。

四、结语

从初步分析中认识到,黄河中游汛期来沙多,下游河道淤积严重,减少汛期的输沙用水,河道增淤量大;山东艾山以下窄河道汛期中的洪峰冲刷效果显著,应保持利于艾山以下河道冲刷的中等洪水;断流对水资源利用及河道行洪都有不利影响,因此,应尽量减少上游河段用水,修建和利用干支流水库,调蓄水量,尽量减少断流。同时可见黄河水资源的开发利用(包括引黄用水)是要付出有形和无形代价的。因此,合理确定水价,建立水资源价格体系,既可以发挥黄河水资源的最大经济效益,又对其影响给予补偿。作为一种资源,应该有偿使用,让黄河水创造的经济效益再投入到黄河的治理和开发中去。

黄河下游河势演变中的横河[*]

在黄河下游河势演变的过程中会出现一些畸形河势,横河是其中对防洪安全危害最大的。横河形成后往往造成工程出大险,因此常常引起人们的高度关注。

一、何为横河

在河势演变强度大的河段,于一定的来水来沙条件下,遇到不利的河床边界条件,在河势激烈演变的过程中会造成河流主溜线急剧变化,出现冲向堤防、滩地、河道整治工程的情况。此时,流向与堤防、滩地或工程的交角很大甚至达到垂直,这是人们力求避免的。

河道水流在天然情况下由高处流向低处,在有堤防的河道内,总的走向与堤防走向大体相当,在水流与河床边界条件的相互作用下,以弯曲的形式向下游流动。在游荡型河段,河流外形是较为顺直的,但其主溜也是以弯曲的形式流动的,在枯水期更是如此,但就其弯曲程度而言,一般是较为平缓的。

在河道整治过程中,受已有工程条件的约束或为稳定某处下游河段的河势,不得不安排使下弯整治工程的入流角很大甚至垂直的工程。如:过渡性河段的马张庄控导工程、孙楼控导工程,分别造成营房险工、杨集上延工程的入流成垂直形式。修建马张庄工程是为了防止马张庄一带的串沟在大水时夺河,造成当时已长约 3 km 的营房险工脱河,并影响以下河势的大幅度变化,故于 1969 年主动修建了马张庄控导工程。孙楼控导工程是为防止甘草堌堆村掉河,于 1966 年 11 月开始修建的,以后下延至卢庄,致使下弯杨集上延工程的入流角很大。入流角大的整治工程,其根石需达到足够深度才能保持稳定。

河道水流在非工程控导情况下,全河或主溜以与宏观流向垂直或近于垂直的方向冲向堤防、整治工程、滩岸,水流发生急转弯的河势流态,称为横河。按照综合需求修建的河道整治工程造成水流垂直或近于垂直地发生急转弯的河势流态,不属于本文所指的横河范围。

二、横河会造成严重险情

横河形成之后,在横向环流的作用下,凸岸滩嘴不断向河中延伸,水面缩窄,单宽流量加大,流速加快,致使顶冲滩岸、险工、控导工程的水流冲击力增大,造成滩岸快速后退,或险工、控导工程的根石大量冲塌。由于水流方向与滩岸或工程迎水面的交角大,而冲刷深度与交角的大小成正相关,因此在遭到横河顶冲的地方会造成滩地大量塌失,或造成工程出现严重险情。由于横河多发生在游荡型河段,因此抢险也主要发生在游荡型河段。

历史上黄河下游堤防工程薄弱,抢险能力有限,出现横河后曾多次造成堤防冲决[1],如清嘉庆八年(1803 年)阴历九月上旬,封丘衡家楼(即大宫)出现横河,造成大宫决口,所谓大沙河即这次决口遗留的故道。清同治十年(1871 年)山东郓城河段出现横河,造成

* 本文原载于《人民黄河》2014 年第 7 期,P1~6。

侯家林决口。

20 世纪 50 年代以后,国家非常重视对黄河的治理,不仅加强了黄河的防洪工程建设,还十分重视防汛工作。虽然多次出现横河,但是由于集中人力、物力及时进行了抢险,因此均未发生决口,不过却造成了严重险情[2],如 1952 年 9 月郑州保合寨险工抢险、1964 年郑州花园口险工东大坝抢险、1967 年 10 月郑州赵兰庄抢修坝垛、1982 年 8 月开封黑岗口险工抢险、1983 年 8 ~ 10 月原阳北围堤抢险等。

三、横河多发河段

横河是河势演变过程中的一种特殊河势流态,有些能持续很长时间,如几个月或几年,虽然顶冲点的位置有所上提下挫,但工程或岸线受流的入流角均处于垂直或接近于垂直的状态;另一些横河持续的时间可能很短,多发生在滩面较低情况下,如中牟河段 1953 年 8 月发生的横河(见图 3-6-1)。8 月 10 日在左岸嫩滩坐弯,水流折转 90° 左右,以横河形式冲向右岸,以后左岸嫩滩尖坍塌后退,失去了对水流的约束作用,水流流向趋顺,至 8 月 15 日横河流态消失。

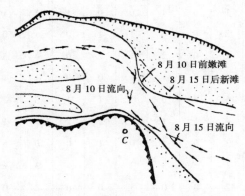

图 3-6-1　黄河中牟段 1953 年 8 月横河河势

由于横河存在的时间长短不一,人们对河势的观测次数又很少,因此不可能观测记录到所有的横河。可统计的横河数量仅是实际发生的一部分,但对于持续时间超过 1 年的横河还是能够统计出来的。

横河出现的时间、地点事先是难以确定的,但就一般情况而言,河势变化相对较小的弯曲型河段出现横河的概率小,河势变化剧烈的游荡性河段出现横河的概率大,进行河道整治后横河出现的概率小。

高村至陶城铺的过渡性河段在河道整治之前均曾多次出现横河,如刘庄上下、王密城湾、蒋家至邢庙、杨集上下、路那里附近等河段,彭楼至邢庙河段 1974 年前曾发生过 13 次横河。过渡性河段经过有计划的河道整治,已基本控制了河势,很少出现横河。

游荡性河段是横河的频发河段,也是研究横河的重点河段。20 世纪 90 年代曾对 1994 年以前的横河情况进行过研究[3]。现将从 1950 ~ 2009 年黄河下游游荡性河段汛后河势图及 1956 ~ 1990 年航空照片和卫星遥感照片中搜集到的横河发生情况进行统计,按照原有的河道大断面进行分段,分时段列于表 3-6-1。

表 3-6-1　黄河下游游荡性河段 1950～2009 年横河发生次数

序号	河段 起止断面	1950~1954年	1955~1959年	1960~1964年	1965~1969年	1970~1974年	1975~1979年	1980~1984年	1985~1989年	1990~1994年	1995~1999年	2000~2004年	2005~2009年	1950~2009年
1	铁谢至下古街	0	0	0	0	0	0	0	0	0	0	0	0	0
2	下古街至花园镇	0	1	0	0	1	0	1	0	0	2	0	0	5
3	花园镇至马峪沟	0	1	0	1	1	0	1	1	1	0	0	0	6
4	马峪沟至裴峪	0	0	0	1	1	0	0	3	2	0	0	0	8
5	裴峪至洛河口	1	1	3	4	1	3	2	4	0	0	0	0	19
6	洛河口至孤柏嘴	1	0	1	1	0	2	0	2	1	4	5	5	22
7	孤柏嘴至罗村坡	0	0	0	0	1	0	0	2	0	0	0	0	8
8	罗村坡至官庄峪	0	0	0	0	0	2	1	0	1	0	0	0	5
9	官庄峪至秦厂	0	3	0	0	0	1	0	0	0	0	3	2	16
10	秦厂至花园口	2	1	2	1	2	4	0	2	3	0	0	0	17
11	花园口至八堡	0	1	0	1	0	0	0	1	0	1	0	0	5
12	八堡至来潼寨	1	2	0	0	1	1	0	1	0	0	0	0	6
13	来潼寨至辛寨	0	2	0	2	1	2	0	4	3	0	0	0	14
14	辛寨至黑石	0	0	0	0	0	0	0	0	0	0	0	1	5
15	黑石至韦城	2	5	3	0	1	1	1	3	2	0	4	2	24
16	韦城至黑岗口	1	4	1	1	2	2	1	1	1	2	0	1	18
17	黑岗口至柳园口	0	3	0	1	0	1	0	0	5	0	1	0	11
18	柳园口至古城	0	1	3	3	3	2	4	3	6	3	7	4	39
19	古城至曹岗	0	2	0	0	3	0	0	2	0	0	1	0	8
20	曹岗至夹河滩	0	0	0	0	1	2	0	0	0	0	8	2	14
21	夹河滩至东坝头	0	1	0	2	0	2	2	3	0	0	4	1	15
22	东坝头至禅房	0	0	2	0	0	0	0	0	0	1	0	0	3
23	禅房至油房寨	0	1	3	0	5	0	0	2	4	0	0	0	18
24	油房寨至马寨	0	2	0	0	6	4	0	3	2	0	0	0	22
25	马寨至杨小寨	0	0	0	0	0	0	0	0	0	0	0	0	5
26	杨小寨至河道村	2	0	0	1	0	3	3	3	0	0	0	0	12
	合计	10	31	21	24	38	36	20	44	35	15	33	18	325

　　由表 3-6-1 可以看出,游荡性河段除铁谢至下古街因河段短(仅 4 km),铁谢险工修建早、工程长、控导作用较强未发生横河外,其余河段均不同频次地出现过横河。

　　游荡性河段中各子河段发生横河的情况差别是很大的,见表 3-6-2、图 3-6-2。

表 3-6-2 黄河下游游荡性河段 1950~2009 年各子河段横河发生次数占总次数的比例

河段		横河发生次数	占总次数的比例	由多至少排序
序号	起止断面	（次）	（%）	
1	铁谢至下古街	0	0	26
2	下古街至花园镇	5	1.54	20
3	花园镇至马峪沟	6	1.85	18
4	马峪沟至裴峪	8	2.46	15
5	裴峪至洛河口	19	5.85	5
6	洛河口至孤柏嘴	22	6.77	3
7	孤柏嘴至罗村坡	8	2.46	15
8	罗村坡至官庄峪	5	1.54	20
9	官庄峪至秦厂	16	4.92	9
10	秦厂至花园口	17	5.23	8
11	花园口至八堡	5	1.54	20
12	八堡至来潼寨	6	1.85	18
13	来潼寨至辛寨	14	4.31	11
14	辛寨至黑石	5	1.54	20
15	黑石至韦城	24	7.38	2
16	韦城至黑岗口	18	5.54	6
17	黑岗口至柳园口	11	3.38	14
18	柳园口至古城	39	12.00	1
19	古城至曹岗	8	2.46	15
20	曹岗至夹河滩	14	4.31	11
21	夹河滩至东坝头	15	4.61	10
22	东坝头至禅房	3	0.92	25
23	禅房至油房寨	18	5.54	6
24	油房寨至马寨	22	6.77	3
25	马寨至杨小寨	5	1.54	20
26	杨小寨至河道村	12	3.69	13
合计		325	100	

由表 3-6-2 及图 3-6-2 可以看出,在 26 个子河段中,横河发生次数由多到少的子河段依次为:①柳园口至古城河段,39 次,占总次数的 12.00%;②黑石至韦城河段,24 次,占 7.38%;③洛河口至孤柏嘴河段,22 次,占 6.77%;④油房寨至马寨河段,22 次,占 6.77%;⑤裴峪至洛河口河段,19 次,占 5.85%;⑥韦城至黑岗口河段,18 次,占 5.54%;⑦禅房至

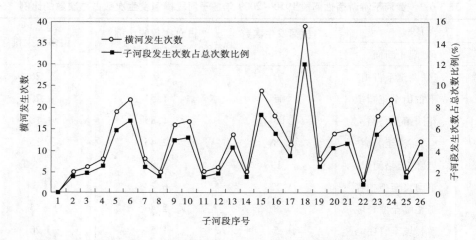

图 3-6-2　游荡性河段各子河段 1950～2009 年横河发生次数占总次数百分比

油房寨河段,18 次,占 5.54%。这 7 个子河段中排序"5"与"6"、"15"与"16"、"23"与"24"为头尾相连的 3 个河段,因此发生横河次数多的河段分别为柳园口至古城、黑石至黑岗口、裴峪至孤柏嘴、禅房至马寨 4 个河段。

四、横河多发时段

按照横河发生情况统计得出表 3-6-3,并绘出图 3-6-3、图 3-6-4。就整个游荡性河段而言,1950～2009 年共发生横河 325 次,平均每年发生 5.4 次。横河发生次数较多的时段分别为 1985～1989 年、1970～1974 年、1975～1979 年、1990～1994 年、2000～2004 年。对于横河多发的子河段而言,大体趋势与游荡型河段相同,但每个子河段又有其多发的时段:裴峪至洛河口主要集中在 1960～1969 年、1975～1989 年,1990～2009 年未再发生横河;洛河口至孤柏嘴主要集中在 1995～2009 年;黑石至韦城主要集中在 1955～1964 年、1985～1989 年、2000～2004 年;韦城至黑岗口主要集中在 1955～1959 年、1970～1984 年、1995～1999 年;柳园口至古城主要集中在 1980～1984 年、1990～1994 年、2000～2009 年;禅房至油房寨主要集中在 1960～1964 年、1970～1979 年、1985～1994 年;油房寨至马寨主要集中在 1970～1979 年、1985～1989 年。进入 21 世纪后,横河发生次数呈减小趋势。7 个多发子河段中,裴峪至洛河口、禅房至油房寨及油房寨至马寨 3 个子河段 2000～2009 年没有发生横河。

五、横河形成原因

(一)主溜摆动,河势游荡

横河是一种畸形河势,平原河道在天然情况下是不可能长期维持横河流路的,它是在河势演变的过程中形成、发展、消失的。一处横河消失后还可能在另一个地方形成新的横河。

弯曲型河段及过渡性河段因河势演变速度慢,主溜的变化多由塌滩造成,故出现横河的概率相对较小。游荡型河段河道宽浅、水流散乱,沙洲密布且变化快,纵向、横向冲淤变

表 3-6-3　黄河下游游荡性河段及横河多发子河段 1950～2009 年横河次数随时段变化统计

序号	起止断面	项目	1950～1954年	1955～1959年	1960～1964年	1965～1969年	1970～1974年	1975～1979年	1980～1984年	1985～1989年	1990～1994年	1995～1999年	2000～2004年	2005～2009年	1950～2009年
5	裴峪至洛河口	发生次数（次）	1	1	3	4	1	3	2	4	0	0	0	0	19
		沿时段频率（%）	5.26	5.26	15.79	21.05	5.26	15.79	10.54	21.05	0	0	0	0	100
		沿时段排序	6	6	3	1	6	3	5	1	9	9	9	9	
6	洛河口至孤柏嘴	发生次数（次）	1	0	1	1	0	2	0	2	1	4	5	5	22
		沿时段频率（%）	4.55	0	4.55	4.55	0	9.09	0	9.09	4.55	18.18	22.72	22.72	100
		沿时段排序	6	10	6	6	10	4	10	4	6	3	1	1	
15	黑石至韦城	发生次数（次）	2	5	3	0	1	1	1	3	2	0	4	2	24
		沿时段频率（%）	8.33	20.83	12.50	0	4.17	4.17	4.17	12.50	8.33	0	16.67	8.33	100
		沿时段排序	5	1	3	11	8	8	8	3	5	11	2	5	
16	韦城至黑岗口	发生次数（次）	1	4	1	1	2	2	2	1	1	2	0	1	18
		沿时段频率（%）	5.55	22.22	5.56	5.56	11.11	11.11	11.11	5.56	5.56	11.11	0	5.56	100
		沿时段排序	6	1	6	6	2	2	2	6	6	2	12	6	
18	柳园口至古城	发生次数（次）	0	1	3	3	3	2	4	3	6	3	7	4	39
		沿时段频率（%）	0	2.56	7.69	7.69	7.69	5.13	10.27	7.69	15.38	7.69	17.95	10.26	100
		沿时段排序	12	11	5	5	5	10	3	5	2	5	1	3	
23	神房寨至油房寨	发生次数（次）	0	1	3	0	5	2	0	2	4	1	0	0	18
		沿时段频率（%）	0	5.56	16.67	0	27.77	11.11	0	11.11	22.22	5.56	0	0	100
		沿时段排序	8	6	3	8	1	4	8	4	2	6	8	8	
24	油房寨至马寨	发生次数（次）	0	2	2	1	6	4	0	3	2	2	0	0	22
		沿时段频率（%）	0	9.09	9.09	4.55	27.27	18.18	0	13.64	9.09	9.09	0	0	100
		沿时段排序	9	4	4	8	1	2	9	3	4	4	9	9	
1～26 合计	游荡性河段	发生次数（次）	10	31	21	24	38	36	20	44	35	15	33	18	325
		沿时段频率（%）	3.08	9.54	6.46	7.38	11.69	11.08	6.15	13.54	10.77	4.62	10.15	5.54	100
		沿时段由多到少排序	12	6	8	7	2	3	9	1	4	11	5	10	

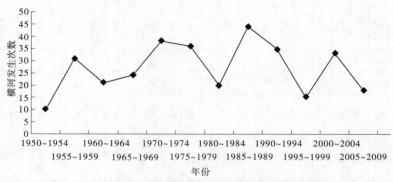

图 3-6-3　1950～2009 年游荡性河段横河发生次数随时段的变化

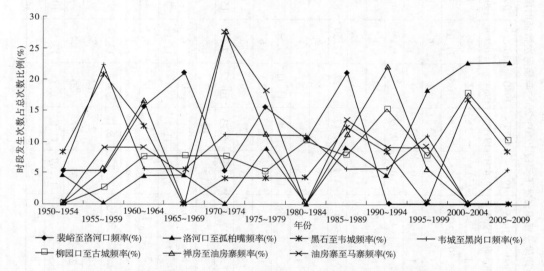

图 3-6-4　游荡性河段横河多发子河段 1950～2009 年横河发生频次随时段的变化

化快且幅度大,在主溜位置经常变化的过程中,易形成横河并进一步发展,直至消失。

（二）河床组成差异

在一个较短的河段内,河床质组成变化较大时,在一定的条件下易形成横河。若河床质为易于冲塌的沙土,则滩地在被水流淘刷的过程中易坍塌后退,在弯道下首滩岸遇有黏土层或亚黏土层时,因其抗冲性较强,故迫使水流急转,形成横河。如图 3-1-2 中,大洪口河床质为耐冲的黏性土,村庄以上主溜弯底深化,村庄以下出现横河。

（三）流量大幅度变化

流量大时水流的功率大,主溜趋中走直,河心滩相对低矮,不易坐弯;流量小时,主溜在大流量塑造的河床内则易坐弯形成横河。按照表 3-6-4 的数据点绘了 1950～2009 年花园口年平均流量与当年游荡性河段横河发生次数的过程线图（见图 3-6-5）,由图 3-6-5 可以看出大多数年份当流量大时,横河发生的次数明显减少,流量小时次数增多,即流量与横河发生次数呈反相关。值得注意的是,流量大时横河发生的概率确实相对较小,但若形成横河,则因其冲蚀力大,造成的影响和危害相对也要大得多。

表 3-6-4 1950～2009 年花园口年均流量及游荡性河段横河发生次数统计

年份	年平均流量 (m³/s)	发生次数	年份	年平均流量 (m³/s)	发生次数	年份	年平均流量 (m³/s)	发生次数	年份	年平均流量 (m³/s)	发生次数	年份	年平均流量 (m³/s)	发生次数	年份	年平均流量 (m³/s)	发生次数
1950	1 485	4	1960	636	3	1970	1 170	8	1980	923	5	1990	1 160	2	2000	524	4
1951	1 569	0	1961	1 780	9	1971	1 110	4	1981	1 510	5	1991	765	5	2001	525	4
1952	1 425	4	1962	1 420	4	1972	932	2	1982	1 350	3	1992	845	5	2002	620	7
1953	1 385	2	1963	1 770	3	1973	1 140	11	1983	1 940	2	1993	967	9	2003	865	9
1954	1 860	0	1964	2 720	2	1974	901	13	1984	1 690	5	1994	969	14	2004	776	9
1955	1 820	3	1965	1 220	5	1975	1 740	6	1985	1 500	2	1995	758	4	2005	815	7
1956	1 500	4	1966	1 430	4	1976	1 690	8	1986	626	7	1996	877	4	2006	891	1
1957	1 130	11	1967	2 240	6	1977	1 110	13	1987	723	13	1997	452	2	2007	855	2
1958	2 000	5	1968	1 850	5	1978	1 110	2	1988	1 130	16	1998	691	3	2008	747	3
1959	1 240	8	1969	965	4	1979	1 180	7	1989	1 350	7	1999	661	6	2009	736	5

在洪水期流量的急剧消落过程中,由于河弯内溜势骤然上提,因此往往在河弯下端很快淤出新滩,水流受到滩嘴阻水作用,易形成横河。

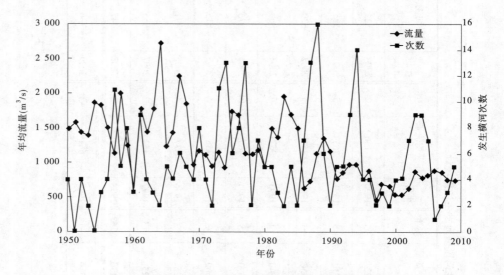

图 3-6-5　游荡性河段年均流量与横河发生次数的对比

(四)主股支股交替

在多股行河的游荡性河段,主股、支股有时会相互演变,尤其在流量变幅较大时,一些斜向支股会发展成为主股,形成横河。

六、横河与河道整治的关系

新中国成立以来,黄河下游按照微弯型整治方案整治后,在已控制和基本控制河势的弯曲性及过渡性河段已很少出现横河,游荡性河段仍为出现横河最多的河段。

在黄河下游游荡性河段,20 世纪 50 年代只是被动地新建、完善险工;六七十年代在修建护滩、护村工程的过程中,结合控导河势按规划修建了一些控导工程;80 年代在与过渡性河段相接的东坝头至高村河段基本取得了初步控制河势的效果;90 年代以后继续按规划治导线修建控导工程,现已大大缩小了摆动范围,花园镇至神堤(洛河口)、花园口至马渡河段已基本达到初步控制河势的效果。

为了说明横河发生次数与河道整治的关系,把 1950～2009 年分为 3 个时距均为 20 年的时段。由表 3-6-5 可以看出,1950～1969 年横河发生次数为 86 次,1970～1989 年为 138 次(平均 6.9 次/年),1990～2009 为 101 次(平均 5.05 次/年)。由表 3-6-4 可知,1950～1969 年水量较丰,大流量时不易形成横河,因此横河发生次数较少。1990～2009 年的年均流量又远小于 1970～1979 年。在 1970～2009 年的 40 年中,游荡性河段的河道整治在不断进行中,可见进行河道整治可以减小横河发生的概率。

表 3-6-5　黄河下游游荡性河段不同时段汛后主溜线横河发生次数

序号	起止断面	1950~1969 年			1970~1989 年			1990~2009 年			1950~2009 年		
		发生次数	占时段总次数比例(%)	由多至少排序	发生次数	占时段总次数比例(%)	由多至少排序	发生次数	占时段总次数比例(%)	由多至少排序	发生次数	占时段总次数比例(%)	由多至少排序
1	铁树至下古街	0	0	26	0	0	26	0	0	26	0	0	26
2	下古街至花园镇	1	1.16	20	2	1.45	20	2	1.98	13	5	1.54	20
3	花园镇至马峪沟	2	2.33	15	3	2.17	16	1	0.99	16	6	1.85	18
4	马峪沟至裴峪	2	2.33	15	4	2.90	13	2	1.98	13	8	2.46	15
5	裴峪至洛河口	9	10.47	2	10	7.24	3	0	0	26	19	5.85	5
6	洛河口至孤柏嘴	3	3.49	10	4	2.90	13	15	14.85	2	22	6.77	3
7	孤柏嘴至罗村坡	1	1.16	20	7	5.07	6	0	0	26	8	2.46	15
8	罗村坡至官峪	1	1.16	20	3	2.17	16	1	0.99	16	5	1.54	20
9	官峪至秦厂	3	3.49	10	7	5.07	6	6	5.94	5	16	4.92	9
10	秦厂至花园口	6	6.98	5	8	5.80	26	3	2.97	11	17	5.23	8
11	花园口至八堡	2	2.33	15	2	1.45	20	1	0.99	16	5	1.54	20
12	八堡至来童寨	3	3.49	10	3	2.17	16	0	0	26	6	1.85	18
13	来童寨至辛寨	4	4.65	7	7	5.07	6	3	2.97	11	14	4.31	11
14	辛寨至黑石	1	1.16	20	2	1.45	20	2	1.98	13	5	1.54	20

续表 3-6-5

序号	河段起止断面	1950~1969 年			1970~1989 年			1990~2009 年			1950~2009 年		
		发生次数	占时段总次数比例(%)	由多至少排序	发生次数	占时段总次数比例(%)	由多至少排序	发生次数	占时段总次数比例(%)	由多至少排序	发生次数	占时段总次数比例(%)	由多至少排序
15	黑石至韦城	10	11.63	1	6	4.35	11	8	7.92	4	24	7.38	2
16	韦城至黑岗口	7	8.13	3	7	5.07	6	4	3.96	9	18	5.54	6
17	黑岗口至柳园口	4	4.65	7	1	0.72	23	6	5.94	5	11	3.38	14
18	柳园口至古城	7	8.13	3	12	8.69	2	20	19.80	1	39	12.00	1
19	古城至曹岗	2	2.33	15	5	3.62	12	1	0.99	16	8	2.46	15
20	曹岗至夹河滩	0	0	26	3	2.17	16	11	10.89	3	14	4.31	11
21	夹河滩至东坝头	3	3.49	10	7	5.07	6	5	4.95	7	15	4.61	10
22	东坝头至禅房	2	2.33	15	0	0	26	1	0.99	16	3	0.92	25
23	禅房至油房寨	4	4.65	7	9	6.52	4	5	4.95	7	18	5.54	6
24	油房寨至马寨	5	5.81	6	13	9.42	1	4	3.96	9	22	6.77	3
25	马寨至杨小寨	1	1.16	20	4	2.90	13	0	0	26	5	1.54	20
26	杨小寨至河道村	3	3.49	10	9	6.52	4	0	0	26	12	3.69	13
	游荡性河段合计	86	100		138	100		101	100		325	100	
	沿时段频率(%)	26.46			42.46			31.08			100		

从表3-6-5可以看出:1950～2009年横河发生次数最多的河段为柳园口至古城、黑石至韦城、洛河口至孤柏嘴、油房寨至马寨;1950～1969年发生最多的河段为黑石至韦城、裴峪至洛河口、韦城至黑岗口、柳园口至古城;1970～1989年发生最多的河段为油房寨至马寨、柳园口至古城、裴峪至洛河口、禅房至油房寨、杨小寨至河道村;1990～2009年发生最多的河段为柳园口至古城、裴峪至洛河口、曹岗至夹河滩、黑石至韦城。不同时段横河多发河段的位置是有所变化的,1970～1989年的横河多发河段,在1990～2009年,位于整治工程较为配套、初步控制河势河段中的禅房至油房寨和油房寨至马寨已大大减少了横河次数,裴峪至洛河口、马寨至杨小寨和杨小寨至河道村河段20年内没有发生一次横河。1990～2009年横河发生次数多的河段,正是进行河道整治晚、两岸整治工程少且不配套的河段,也是需要加快整治的河段(见图3-6-6)。

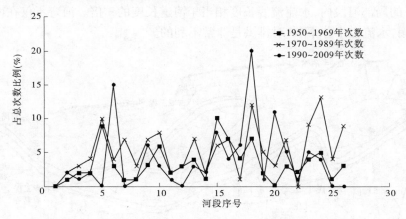

图3-6-6　游荡型河段不同时段横河发生次数的沿程变化

参 考 文 献

[1] 徐福龄,胡一三. 横河出险 不可忽视[J]. 人民黄河,1983,5(3):67-69.
[2] 胡一三. 黄河下游河道整治的必要性[J]. 水利规则与设计,2010(1):1-4.
[3] 胡一三,张红武,刘贵芝,等. 黄河下游游荡型河段河道整治[M]. 郑州:黄河水利出版社,1998.

黄河下游河势演变中的畸形河弯[*]

一般情况下,河流在纵向以曲直相间的形式流向下游,在平面上可能是一股,也可能是多股。对于多股情况,每股水流在纵向也多为曲直相间,沿程还会有汇合、分股情况。弯段多为较平顺的弯道,弯道内水流流向宏观上与大河总的流向是一致的。

在河势演变的过程中,会出现一些畸形河势。畸形河势演变的不规律性,往往造成严重险情甚至决口成灾,因此常常引起人们的高度关注。对防洪安全危害最大的畸形河势

* 本文为人民治理黄河70年约稿,原载于《人民黄河》2016年第10期,P43-48.

为横河和畸形河弯。

对于畸形河弯,弯道的曲率大,平面形状不规则,如:有的畸形河弯呈倒S形、Ω形、鹅头形;有的畸形河弯的部分水流段水流方向与河流总的流向呈相反方向的"倒流"情况;有的畸形河弯连续出现陡弯等。随着时间的推移,畸形河弯会不断发展,但在一定的来水来沙情况下会发生裁弯等平面形态突变的情况,致使畸形河弯消失,成为一般常见的曲直相间流动形式。在自由演变的情况下,有些还会重新出现新的畸形河弯。图 3-7-1 为封丘大宫至曹岗河段 1995 年 10 月发生的畸形河势,连续出现畸形河弯。主流先在右岸王庵控导工程以上坐陡弯后折向左岸,经约 2 km 又在左岸坐一陡弯,折向东南,2 处坐弯水流转弯角度均超过 90°。以下在王庵控导工程至府君寺控导工程之间形成了 2 个连续的、尺度较大的、转弯角度均为 180°左右的弯道。水流 3 次穿过古城断面,在古城断面上下约 5 km 的局部河段内,水流流线长度相当于河道长度的 3 倍。河弯不仅在两岸造成大面积的坍塌,水流也十分不顺,对排洪是非常不利的。

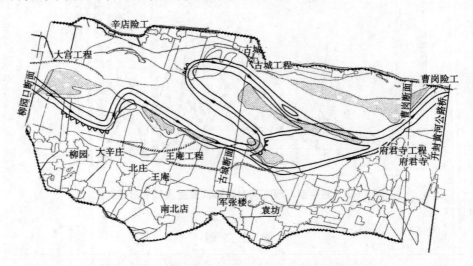

图 3-7-1　封丘大宫至曹岗河段 1995 年 10 月畸形河弯

一、游荡性河段的畸形河弯

(一)巩义神堤至英峪河段

1. 1999 年畸形河弯

洛河入黄口以上为神堤控导工程,1999 年汛末主溜靠神堤控导工程,出流东北流向北岸(左岸),通过塌滩,流向变为朝东,在嫩滩上形成"死弯",水流折转近 180°呈"倒流"状况,流向朝西,再转弯约 90°向南流至南岸(右岸),又折转约 90°向东流(见图 3-7-2),在很短的河段内,水流方向变化了约 360°,于河槽范围内形成了一个大的倒 S 形河弯。如在此处划一个垂直河道的横断面线,即会出现水流 3 次穿过一个断面线的情况。

2. 2009 年畸形河弯

神堤以下河段长期未修建河道整治工程,河势变化很大,进入 21 世纪后,在英峪以上多次出现由北向南流的横河,并形成倒 S 形的河弯(见图 3-7-3)。由图 3-7-3 可看出,

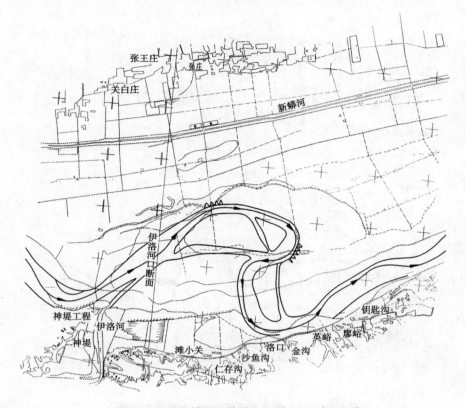

图 3-7-2　巩义神堤至英峪 1999 年 9 月畸形河弯

2008 年在英峪以上就出现了横河形式的畸形河弯,在河势演变的过程中,弯道不断深化,至 2009 年汛后,溜出神堤工程之后,以缓弯向下,至沙鱼沟滩下段水流折转朝北,经 2 个约 90°的转弯后,又以横河形式流向南岸英峪一带,再折转为东北方向沿南岸而下,该河段成为一个畸形弯道。

(二)开封柳园口至封丘古城河段

1. 1994 年畸形河弯

图 3-7-4 为柳园口至府君寺河段 1994 年洪水期及汛后主溜线(可看出柳园口至古城段的畸形河弯)。1994 年 8 月 8 日花园口站出现洪峰流量为 6 300 m³/s 的洪水。洪水时流路为柳园口险工靠河送溜至大宫控导工程,以下在古城断面以上坐陡弯至古城再折向下游,在古城断面上下已形成了一个倒 S 形河弯。至汛末大宫控导工程以上河势发生了大的变化。大河经黑岗口险工流向柳园口对岸,在柳园口险工下首至大宫控导工程之间,水流流向由东南急弯转向西北,流向改变了约 180°,经大宫控导工程后流向转为东南,在古城断面上下的倒 S 弯进一步深化、弯曲,其中一段主溜朝西北方向流,经过倒流后再转向约 180°后沿古城控导工程向东南流至府君寺工程。在柳园口至府君寺直线距离不足20 km 的范围内,出现 4 个转弯约 180°的弯道,形成了 2 个倒 S 弯相连的畸形河弯。

2. 2003 年畸形河弯

受华西秋雨的影响,9~10 月黄河来水量相对较大,所形成的畸形河弯较小水形成的

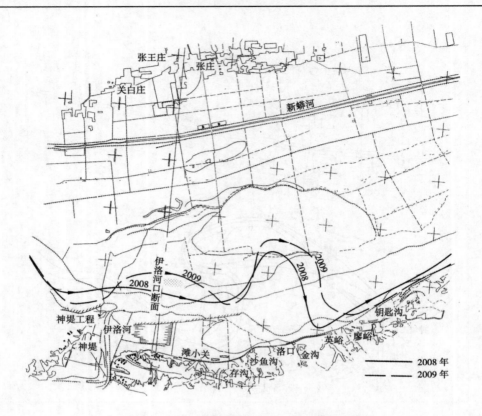

图 3-7-3　巩义神堤至英峪 2008、2009 年主溜线

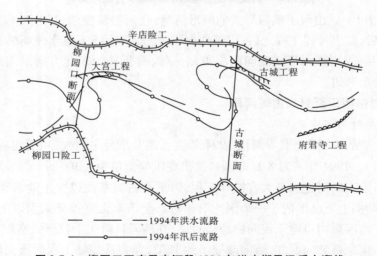

图 3-7-4　柳园口至府君寺河段 1994 年洪水期及汛后主溜线

畸形河弯的河弯参数相对要大,在较大的尺度范围内呈畸形之状。图 3-7-5 为开封柳园口至古城河段 2003～2005 年汛末主溜线套汇图。由图 3-7-5 可看出,2003 年主溜于大宫控导工程以上滩地坐弯,朝东南流至右岸王庵控导工程以北滩地坐一陡弯,折转 90°以上,沿北北西方向流至左岸滩地坐弯,水流在 2～3 km 的流程中流向由北北西→东流→南

东,以下古城控导工程不靠河,在工程以南的滩地上慢慢改变方向,沿南东东方向流向下游。在大宫控导工程、古城控导工程均不靠溜的情况下,形成了一个倒 S 形弯道。

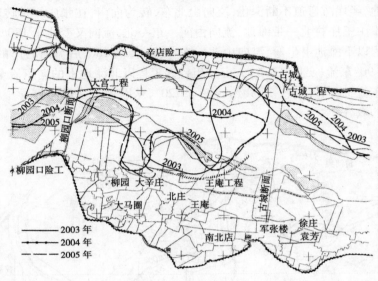

图 3-7-5　开封柳园口至古城 2003～2005 年汛末畸形河弯

3. 2004 年畸形河弯

2004 年柳园口至古城河段的畸形河弯进一步发展(见图 3-7-5)。柳园口险工前为中河,大宫控导工程下段虽未靠河,但水流基本沿工程位置线的走向,至下端水流折转近90°向南,在柳园口险工下端与王庵控导工程上端之间,折转 90°向东,再折转 90°向北,以下更是畸形弯道相连,流向不仅有横向的,还有倒向的,在大宫控导工程至古城控导工程之间形成了 3 个相连的形似 Ω 形的畸形弯道。

4. 2005 年畸形河弯

2005 年该河段的河势较 2004 年有所改善,但仍存在畸形河弯(见图 3-7-5)。为防止右岸柳园口险工以东滩地继续坍塌后退,造成抄王庵控导工程后路的河势,在当时王庵控导工程最上端(-14 垛)以上,沿 -14 垛—-1 垛的直线方向,留有一定距离(当时为主溜流经的地方)后,于汛前修了 -30 垛—-25 垛,工程长约 500 m。汛期主溜在 -25 垛—-14 垛之间形成畸形河弯, -14 垛—-11 垛之间的连坝背河侧接连抢险,流路非常不顺。以下虽发生了自然裁弯,主溜流线较 2004 年有所改善,但在古城控导工程前仍存在一个非常不顺的近似 Ω 形的弯道。纵观柳园口至古城之间 2005 年汛末的河势,仍为不规则弯道组成的畸形河弯。

(三)开封欧坦至兰考夹河滩河段

欧坦控导工程建于曹岗险工的下一个弯道。在 20 世纪,曹岗以下河势流路大体有三:一为北河即由曹岗经常堤到贯台;二为南河即由曹岗至欧坦到贯台;三为介于以上二流路之间的中河。21 世纪初曹岗险工下首接修控导工程后,曹岗经常堤到贯台的北河流路不会再出现。21 世纪初欧坦控导工程没有靠河,工程以下却多次出现畸形河弯。

1. 2003 年畸形河弯

大溜在欧坦控导工程下首以北的滩地坐弯,以横河形式到左岸贯台控导工程以上的张庄以南滩地,经塌滩弯道不断深化,流向由北东,转为向南,在张庄一带转弯近 140°,继而南流至右岸中王庄村北一带滩地,流向由南→东→北,流向又变化了 180°,以下在左岸贯台控导工程以下滩地上坐弯,流向由北→东→南,转向 180°后流向右岸的夹河滩控导工程,再折转 90°东流(见图 3-7-6)。由欧坦控导工程以北滩地上的向东流至夹河滩控导工程处的向东流,流向多次急变,共约转变了 720°,从欧坦至夹河滩控导工程,主溜线像是双峰骆驼的双峰。

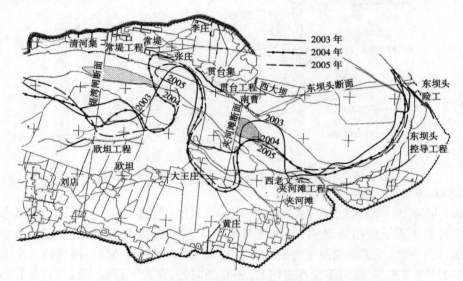

图 3-7-6　开封欧坦至夹河滩 2003～2005 年畸形河弯

2. 2004 年畸形河弯

在 2003 年畸形河弯的基础上,右岸欧坦控导工程下首、左岸张庄以上、右岸中王庄一带,滩岸继续坍塌后退,中王庄塌入河中,弯道向纵深发展,畸形河弯进一步深化,流向为"正流""横流""倒流"交替,在欧坦至夹河滩控导工程之间出现了由 3 个紧密相连的 Ω 形河弯组成的畸形河势(见图 3-7-6)。

3. 2005 年畸形河弯

该河段 2005 年与 2004 年相比,河势变化不大,基本维持了 2004 年的畸形河势外形,但欧坦控导工程下首的 Ω 形河弯消失,成为由 2 个紧密相连的 Ω 形河弯组成的畸形河势(见图 3-7-6)。鹅头形河弯是畸形河弯的一种形状,左岸张庄南的河弯为反向鹅头形。

(四)东明王夹堤至王高寨河段

东明王夹堤至王高寨是河势游荡多变的河段,不仅主溜的摆动幅度大、流路不稳定,还经常出现畸形河弯。

1994 年 5 月禅房控导工程下首主流朝向王夹堤控导工程,但在接近王夹堤控导工程位置时,却出现了一个 Ω 形河弯,经王夹堤控导工程下段顺流而下,未至大留寺工程就缓弯流向王高寨控导工程,中间一段像是曾经出现过 Ω 形河弯且裁弯后的情况(见

图 3-7-7）。经过一个洪水不大的汛期,至 10 月河势又发生了变化,Ω 形畸形河弯消失,王夹堤控导工程上游右岸滩地坍塌后退,水流离岸后走河槽中部向下,至左岸大留寺控导工程以下滩地折转流向右岸。1995 年也是一个洪水不大的年份,至 1995 年 10 月,主溜沿右岸至蔡集控导工程下首转向左岸,以横河形式冲向大留寺控导工程上段,在大留寺控导工程前滩地上出现 2 个接近 90°的弯道(见图 3-7-7),又以横河形式冲向右岸大王寨控导工程上首,即在王夹堤至大王寨控导工程之间出现了由 2 个横河组成的不规则河势。

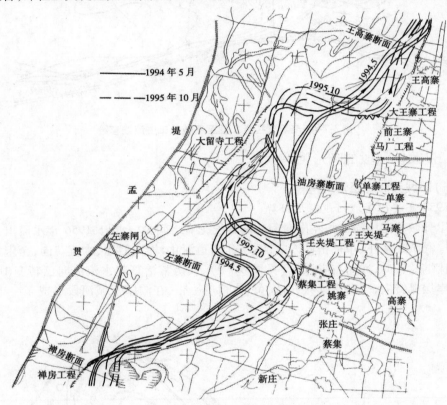

图 3-7-7 东明王夹堤至王高寨河段 1994～1995 年畸形河弯

(五)东明老君堂至堡城河段

图 3-7-8 为东明老君堂控导工程至堡城险工间的主溜线套绘。在 1980 年前后,老君堂及榆林控导工程仅修建了上段的丁坝,尚不能控导河势,在河势演变的过程中出现了横河和畸形河弯。1975 年尚属由老君堂→榆林→堡城的正常弯道,1976 年水流以横河形式顶冲霍寨险工,弯道继续向纵深发展,至 1977 年,主溜出榆林控导工程后沿左岸向下游发展,在原白寨村一带有耐冲的胶泥嘴,致使水流急转将近 160°,呈向上游流动的"倒流"之势,再转向约 130°冲向霍寨险工下首,形成一个倒 S 形弯道,如在霍寨险工取一个横断面,即会 3 次穿过河道主溜。1978 年河道裁弯,主溜绕过老君堂控导工程至黄寨、霍寨险工,再到堡城险工。1979 年、1980 年、1981 年虽已生成弯道,但范围都不大,1982 年又形成了畸形弯道,在黄寨险工前出现了一个规模较小的倒 S 形弯道,1983 年发生了小范围的演变,至 1984 年这种畸形弯道消失。

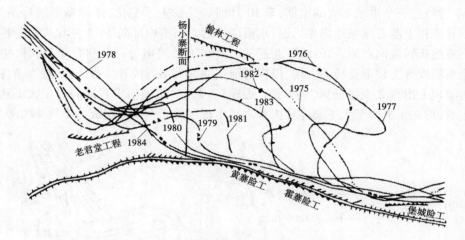

图 3-7-8　老君堂控导工程至堡城险工主溜线套绘

二、过渡性河段的畸形河弯

(一)鄄城苏泗庄至营房河段

1. 1957 年濮阳密城河段畸形河势

右岸鄄城苏泗庄险工与左岸濮阳聂堌堆胶泥嘴之间为一卡口,1956 年水流出卡口后流向左岸濮阳后辛庄、东孙密城方向,1957 年弯道深化,坍塌后退,水流转向,至宋集西南滩地水流继续转向,冲向右岸滩地(见图 3-7-9)。从房常治算起水流流向已转变 180°,继而沿右岸塌滩转向,至右岸鄄城许楼、鱼骨、营房一带,在濮阳密城河段形成了一个 Ω 形河弯。

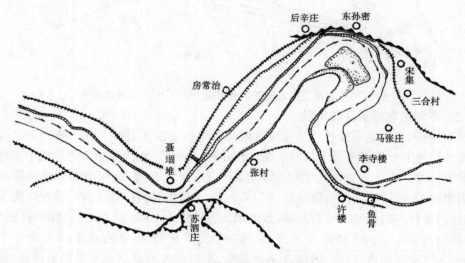

图 3-7-9　1957 年濮阳密城河段畸形河弯

2. 1960 年濮阳密城河段畸形河势

濮阳密城河段的畸形河弯经过 1958 年大洪水,发生裁弯,水流在房常治至马张庄连线方向流动。1959 年又向弯曲发展,至 1960 年 7 月复又形成一个 Ω 形弯道(见图 3-7-10)。水流出苏泗庄后基本沿右岸而下,至张庄、夏庄成弯后,送溜至左岸,沿左岸塌滩坐弯至王密城、宋集,水流流向由北→东→南,至马张庄以西滩地,水流转向已超过180°,至李寺楼为弯颈处,水流折转朝东,至右岸鄄城鱼骨、营房,形成了一个完整的 Ω 形弯道。经 1960 年洪水,河势发生变化,Ω 形弯道裁弯,汛末河势已为一般的弯道。

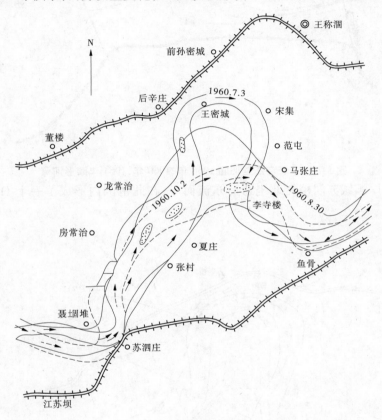

图 3-7-10　1960 年濮阳密城河段畸形河弯

(二)鄄城老宅庄至范县邢庙河段

1.1956 年、1960 年、1964 年畸形河弯

图 3-7-11 为 1956 年、1960 年、1964 年老宅庄至邢庙河段主溜线套绘。1956 年主溜沿右岸在老宅庄以下滩地上折转约 100°流向左岸,又在较短的流程内转向 120°,形成了一个 Ω 形河弯。1960 年,老宅庄以下较 1956 年弯顶下移,并以较大的角度流向左岸,在左岸滩地塌成陡弯,转向约 120°后又慢转弯流向下游。1964 年右岸老宅庄以下弯道进一步向下游发展,以转向 130°的弯道流向左岸,紧接着在左岸形成了一个转向为 140°的陡弯,2 个陡弯构成了一个倒 S 形的畸形河势。

2.1966 年畸形河弯

1966 年随着右岸桑庄险工以下十三庄一带弯道的发展,岸线对水流的控导作用增强,主溜折转西北,在左岸范县南李桥以南滩地坐弯,水流折转前行 2～3 km 后又折转东

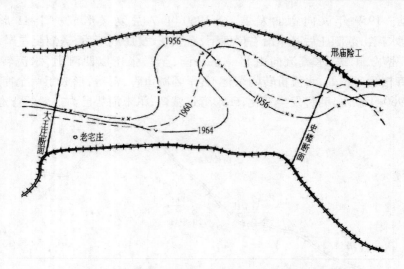

图 3-7-11　老宅庄至邢庙 1956 年、1960 年、1964 年畸形河弯

南,继而在右岸鄄城苏门楼村北坐弯后东流而下,在此范围内形成了一个 Ω 形河弯(见图 3-7-12)。

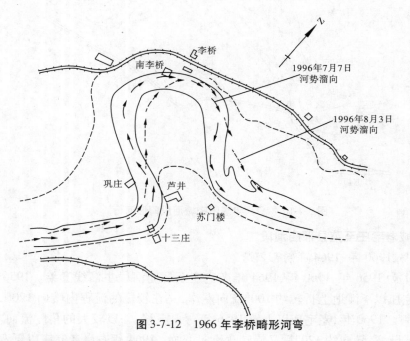

图 3-7-12　1966 年李桥畸形河弯

(三)范县邢庙至鄄城苏阁河段

邢庙至苏阁河段,1935 年在左岸范县邢庙一带主溜沿左岸而下,行河约 4 km 后水流转弯,接连出现 3 个弯道,水流转向约 360°后,冲向苏阁险工上首前面滩地,坐弯后又流向对岸(见图 3-7-13)。

1954 年主溜靠左岸范县邢庙险工,出险工后较为顺直地流向右岸,约 8 km 后在滩地

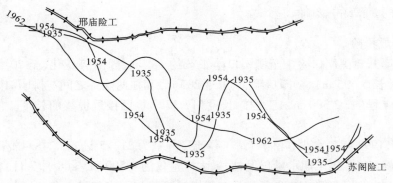

图 3-7-13　邢庙至苏阁 1935 年、1954 年畸形河弯

坐一陡弯,其位置与 1935 年相近,以下出现横河及近于横河的形式冲向右岸郓城苏阁险工方向,在险工前面滩地坐弯后,折向对岸,畸形河弯的位置与 1935 年的畸形河弯位置相近(见图 3-7-13)。

(四)郓城苏阁至杨集河段

20 世纪 50 年代右岸郓城苏阁险工靠河较为稳定。1956 年河出右岸苏阁险工至左岸范县许楼、储洼一带,流向冯潭、夏庄,再至右岸郓城蔡庄、杨集险工,左岸弯道虽较 1954 年有所深化,但基本仍为正常弯道。随着弯道的继续发展,1956 年、1957 年成为一个倒 S 形弯道(见图 3-7-14)。水流出右岸郓城苏阁险工后至左岸范县许楼、储洼、白堂一线,以下弯道继续发展,水流从范县旧城到台前卢庄,由许楼至卢庄为慢弯,但在卢庄水流流向折转约 90°流向右岸塌滩坐弯,由李庄以西对岸滩地,至郓城蔡庄以北,至杨集连续转弯,在数千米的流程内流向改变约 180°,若从苏阁算起,至杨集水流转向达 360°。这样的畸形河弯对排洪是非常不利的。

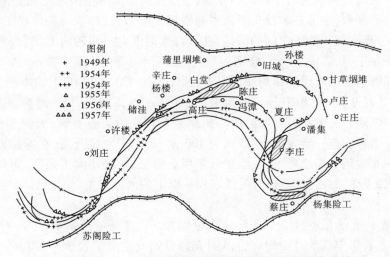

图 3-7-14　1956～1957 年苏阁至杨集河段畸形河弯主溜线

三、畸形河弯的影响

(一)造成抢险

黄河右岸开封黑岗口险工至柳园口险工长约 13 km,因河势变化,至 20 世纪末修有黑岗口险工(长 5 695 m)、柳园口险工(长 4 287 m)和在两险工之间与柳园口险工相连的高朱庄控导工程(长 2 390 m),工程总长度(12 372 m)已接近堤线的长度。但该段河势未得到控制。

1991 年、1992 年来水少,花园口站年径流量分别为 212.5 亿 m³、248.4 亿 m³,也未发生较大的洪峰,1993 年汛期水量仍偏枯,最大流量仅为 4 300 m³/s(8 月 7 日)。小水情况下,易出现一些畸形河弯。1993 年 9 月在黑岗口险工与大宫控导工程之间接连出现首尾相连的 2 个畸形河弯(见图 3-1-3)。黑岗口险工、柳园口险工及高朱庄控导工程有坝垛御流,未出现大的险情,但在畸形河弯演变的过程中,着溜部位变化,塌失滩地,9 月在黑岗口险工下首至高朱庄控导工程上首之间长 850 m 无坝垛的范围内,堤防前滩地塌失,滩地宽度仅余 60~70 m,为防止危及堤防安全,被迫抢修了 8 个垛。

(二)造成河势巨变

1855 年黄河在兰考铜瓦厢决口改道,黄河在东坝头上下由向东流转为向北流。河势演变的一般规律为东坝头以上为南河时,东坝头以下为西河;以上为北河时,以下为东河;以上为中河时,以下也多为中河。在进行河道整治规划时,结合 1964 年已修建的东坝头控导工程及当时的河势情况,选择了东坝头以上南河、东坝头以下西河的流路,东坝头以上靠东坝头控导工程和东坝头险工导流,东坝头以下于 1973 年开始修建了禅房控导工程、1978 年开始修建了大留寺控导工程。20 世纪 70 年代以来,东坝头险工是靠河的。

1988 年汛前东坝头河段出现了畸形河势(见图 3-7-15)。贯台控导工程以下至东坝头控导工程一段河道内的所有工程均不靠河,主溜在两岸嫩滩范围内任意变化,至东坝头险工前形成畸形河弯,主溜在东坝头断面中部嫩滩上坐弯,直冲东坝头控导工程 6 坝(当时只有 6 道坝)至东坝头险工之间的滩地,在数百米范围内主溜转向 180°,经东坝头险工导流至禅房控导工程,形成了一个 Ω 形河弯,在此畸形河弯内水流非常不顺。7 月位于东坝头断面中部滩地上的弯道继续坍塌后退,弯颈缩至约 400 m。8 月上旬弯颈进一步缩至200 m 左右。8 月 9 日 03:30 花园口站流量达 6 400 m³/s,8 月 10 日 5 时夹河滩站流量为5 700 m³/s。10 日下午作者去山东河段防汛路经东坝头险工查看时,大河水面宽约 0.8km,随着 Ω 形河弯的进一步发展,弯颈仅为 100 余 m,由于水位升高,在弯颈处滩面上已有漫水。当时非常担心塌透弯颈,主溜撒开东坝头险工,顺杨庄险工而下,多年走西河的河势就会变成走东河的河势。这样,就使东坝头以下的河势发生巨变,已修的控导工程也会失去作用。

1988 年是水量偏枯的年份,但 8 月水量偏丰,平均流量 3 820 m³/s,月径流量达102.3 亿 m³,尤其集中在 8 月中旬前后,8 月花园口站发生流量大于 5 000 m³/s 的洪峰 4次,最大流量为发生在 8 月 21 日的 7 000 m³/s。水量丰有利于改善不利河势。在 8 月中旬弯颈塌透之前,因东坝头控导工程以上河势的变化,东坝头湾又恢复了南圈河,促使东坝头险工继续靠溜导流,维持东坝头以下西河流路,保证了以下经禅房控导工程到王夹堤

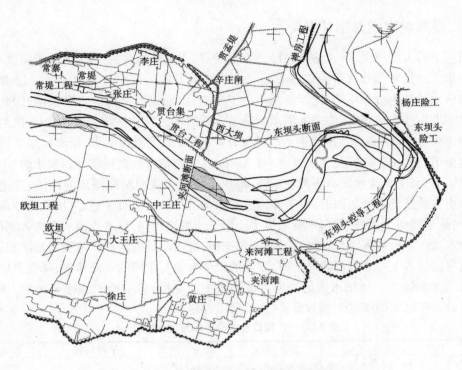

图 3-7-15　兰考东坝头河段 1988 年 5 月畸形河弯

控导工程的河势。笔者于 8 月 18 日下午到东坝头险工查看时,原来的畸形河弯已不存在,而是由东坝头控导工程靠河导溜的南河送溜至东坝头险工再到禅房控导工程的河势。经过 1988 年 8 月洪水期水流对河势的调整,至今一直维持了这种有利河势。

黄河下游漫滩洪水的淤滩刷槽作用*

一、淤滩刷槽的含义

多沙河流发生漫滩洪水时出现的滩地淤积、主槽冲刷(或少淤)现象,称为淤滩刷槽。黄河下游系著名的多沙河流,河道断面形态为复式断面,尤其是受 1855 年铜瓦厢决口改道影响的东坝头以上河段断面形式更为复杂,可分为枯水槽、嫩滩(一级滩地)、二滩、高滩(三级滩地)四部分(见图 1-8-1),枯水槽与嫩滩合称为主槽,主槽与部分二滩(或二滩)合称为河槽[1]。淤滩刷槽的槽指的是主槽,滩指的是主槽以外的部分。

主槽是黄河下游输水输沙的主要通道,漫滩洪水期间,其过流能力一般可达全断面的 70% 以上,输沙能力可达全断面的 90% 以上。若以花园口站洪峰流量大于平滩流量的洪水作为黄河下游漫滩洪水,1950 ~ 1999 年黄河下游共发生漫滩洪水约 51 次,其中洪水漫滩系数(洪峰流量与平滩流量之比)大于 1.5 的大漫滩洪水 17 次,平均 3 年一次。

* 本文原载于《人民黄河》2016 年第 10 期 P43 ~ 48,由张原锋、胡一三、申冠卿撰写。

二、漫滩洪水的滩槽冲淤特性

黄河下游大漫滩洪水(见表 3-8-1)的水沙特点:①洪峰流量大。17 次大漫滩洪水中,花园口水文站最大洪峰流量为 22 300 m³/s(1958 年 7 月),平均 10 310 m³/s。②含沙量高。黄河水沙年内分布不均,泥沙主要集中于汛期,汛期泥沙又集中于洪水期,因此黄河下游洪水期泥沙含量很高,许多大洪水就是高含沙水。17 次大漫滩洪水中,6 次为含沙量大于 200 kg/m³ 的高含沙漫滩洪水。其中,1977 年 8 月大漫滩洪水,花园口水文站最大洪峰流量 10 800 m³/s,最大含沙量达 546 kg/m³。③滩槽水沙交换剧烈。涨水时,主流两侧滩地阻力大,主流区水面高于两侧水面,形成由主流区流向两侧滩地的环流,并把一部分泥沙由主槽搬到滩地。同时,由于滩地上有串沟、汊河,水流漫滩后,主槽的泥沙通过串沟、汊河送至滩地。另外,黄河下游河道平面形态为宽窄相间,当水流由窄段进入宽段时,一部分水流由主槽进入滩地,滩地水深浅、流速缓,进入滩地的泥沙在滩地大量淤积;当水流从宽河段进入下一个窄河段时,来自滩地的较清水流与主槽的水流掺混,降低了进入下一河段的含沙量[2]。滩槽水流的交换造成槽滩泥沙交换,将主槽泥沙搬至滩地。因此,黄河下游漫滩洪水的演进表现为流量、含沙量沿程递减。

表 3-8-1　花园口水文站大漫滩洪水情况

序号	年份	最大洪峰流量(m³/s)	最大含沙量(kg/m³)	平滩流量(m³/s)	漫滩系数
1	1958	22 300	187	5 620	3.97
2	1954	15 000	111	5 800	2.59
3	1982	15 300	66.6	6 000	2.55
4	1996	7 860	149	3 420	2.30
5	1957	13 000	114	6 000	2.17
6	1953	12 300	245	6 000	2.05
7	1977	10 800	546	6 200	1.74
8	1994	6 300	241	3 700	1.70
9	1975	7 580	52.5	4 500	1.68
10	1976	9 210	63.3	5 510	1.67
11	1959	9 480	269	5 700	1.66
12	1973	5 890	449	3 560	1.65
13	1996	5 560	131	3 420	1.63
14	1954	9 090	46.8	5 800	1.57
15	1954	9 040	78.2	5 800	1.56
16	1981	8 060	56.4	5 320	1.52
17	1992	6 410	454	4 300	1.50

一般情况下,大洪水漫滩后,滩地严重淤积,主槽发生冲刷,淤滩刷槽作用显著[3]。表 3-8-2 给出了黄河下游典型大漫滩洪水的河道滩槽冲淤量,滩地淤积量采用实测断面

资料,全断面冲淤量采用洪水期沙量平衡法求得,主槽冲淤量为总冲淤量减去滩地淤积量。可以看出:①典型大漫滩洪水过后,均为滩淤槽冲。如1958年洪水,花园口站最大洪峰流量为22 300 m³/s,相应含沙量为146 kg/m³,黄河下游花园口至艾山河段,滩地淤积9.2亿t,主槽冲刷6.10亿t;艾山至利津河段,滩地淤积1.49亿t,主槽冲刷2.02亿t。②随着滩地淤积量增大,主槽冲刷量也增大,如图3-8-1所示。③除艾山至利津窄河段外,一般滩地淤积量大于主槽冲刷量。典型大洪水黄河下游都是淤积的;由于淤滩刷槽作用,总淤积量不大。如1957年洪水,滩地淤积5.27亿t,主槽冲刷-4.44亿t,总淤积量仅为0.83亿t。④艾山至利津窄河段,由于宽河段沉沙落淤,改善了水沙条件,大部分典型大洪水,不仅主槽发生冲刷,全断面也是冲刷的。

表3-8-2　黄河下游典型大漫滩洪水河道滩槽冲淤量　　　　　　　（单位:亿t）

年份	洪峰时间（月-日）	花园口至艾山		艾山至利津		花园口至利津	
		主槽	滩地	主槽	滩地	主槽	滩地
1953	08-03	-1.78	2.2	-1.21	0.83	-2.99	3.03
1954	08-05	-1.11	3.43	-1.66	1.47	-2.77	4.90
1957	07-19	-3.37	4.66	-1.07	0.61	-4.44	5.27
1958	07-18	-6.10	9.20	-2.02	1.49	-8.12	10.69
1975	10-02	-1.42	2.14	-1.12	1.25	-2.54	3.39
1976	08-27	-0.46	1.57	-0.83	1.24	-1.29	2.81
1982	08-02	-1.54	2.17	-0.73	0.39	-2.27	2.56
1996	08-05	-1.82	4.40	-0.16	0.05	-1.98	4.45

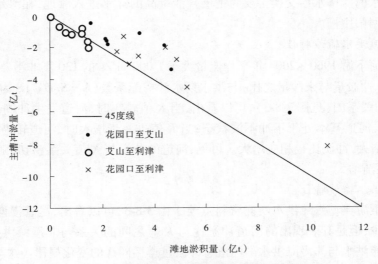

图3-8-1　黄河下游典型大洪水滩槽冲淤量

黄河下游滩地淤积量与洪水漫滩程度密切相关,漫滩系数是反映洪水漫滩程度的重要参数。漫滩系数越大,洪水漫滩程度越大,进入滩地水沙量越大,滩地淤积越多。由

图3-8-2可以看出,滩地淤积量随着漫滩系数的增大而增加的趋势明显,当漫滩系数大于1.5左右时,滩地淤积量明显增加。可见,当漫滩系数大于1.5时,黄河下游漫滩洪水具有显著的淤滩刷槽作用。

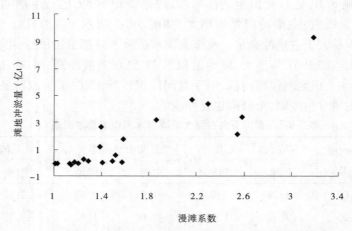

图3-8-2　花园口至艾山河段漫滩系数与滩地淤积量的关系

三、淤滩刷槽的机理分析

黄河下游漫滩洪水滩地均发生淤积,主槽的冲淤取决于主槽输沙能力与来沙的对比关系,输沙能力大于来沙量,主槽冲刷,反之则淤积。影响主槽输沙能力的主要因素为水沙条件和河床边界条件。

(一)滩槽水沙交换对淤滩刷槽的作用

漫滩洪水的滩槽水沙交换主要为主槽含沙量高的浑水进入滩地,在滩地沉沙后含沙量低的水流回归主槽。

1.非漫滩洪水输沙特性

依据黄河下游1960~2004年平均流量大于1 000 m³/s的130场非漫滩洪水资料,绘制了冲淤比(冲淤量与来沙量之比)与洪水期水沙搭配系数($K=S/Q^{0.8}$,S为含沙量,Q为流量)之间的关系图(见图3-8-3),可以看出,当K值较小时,河道发生冲刷;当K值等于0.08左右时,河道基本处于不冲不淤状态;当K值进一步增大时,河道转为淤积,且随着K值的继续增大,冲淤比也相应增大。可见,河道的冲淤与K值关系密切,随着K值的增大,冲淤比逐渐增大。

2.漫滩洪水输沙特性

将黄河下游典型漫滩洪水实测资料点绘于图3-8-3,可以看出,尽管漫滩洪水的资料点群相对较少,但是其表现出的河道冲淤比与K值之间的关系与非漫滩洪水基本一致,黄河下游漫滩洪水与非漫滩洪水的河道总冲淤量遵循同样的变化规律。这与陈宝国等提出的"漫滩洪水全断面冲淤量随含沙量的变化趋势与不漫滩洪水主槽冲淤量基本一致"的观点基本相同[3]。也就是说,在同样水沙条件下,无论洪水漫滩与否,河道全断面的冲淤量变化不大。因此,漫滩洪水造成的滩地大量淤积,在全断面淤积量不变的情况下,必

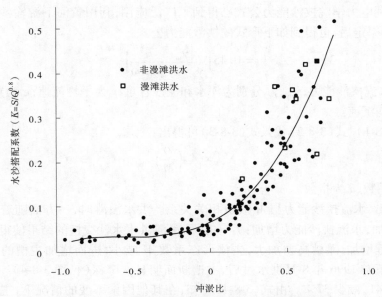

图 3-8-3　洪水期泥沙冲淤比与水沙搭配系数间的关系

然增加主槽的冲刷或减少主槽的淤积。

3. 滩槽水沙交换的作用

当洪水漫滩时,滩槽交界面附近水深发生急剧变化,水面形成许多大大小小的漩涡,产生次生流及螺旋流,水流紊动强度大于主槽和滩地,使滩槽水体发生大量的质量交换[4]。多沙河流滩槽质量交换包括水体及悬移质泥沙的交换。滩槽水沙交换主要有三种方式,即水位升高时滩槽间的水沙交换、滩槽交界面附近的紊动扩散引起的水沙交换、惯性力引起的水沙交换[5]。由于滩地阻力较大,如黄河下游滩地糙率一般在 0.025 及以上。因此,滩地流速低、挟沙能力小,进入滩地的泥沙大部分都淤积下来。黄河下游河道平面形态为宽窄相间的藕节状,进入滩地的含沙水流,往往在其下一窄河段回归主槽。回归主槽的水流基本为清水,稀释了主槽含沙量,使得洪水水沙搭配系数减小,从而减小了主槽冲淤比,使主槽发生冲刷或少淤。

(二)断面形态改善对淤滩刷槽的作用

主槽断面形态是影响其挟沙能力的重要因素之一。如以湿周 P 与水力半径 R 之比 M 来表征主槽的断面形态,则根据曼宁公式,可推出主槽水力要素与断面形态参数 M 的关系[6]:

$$R = \left(\frac{n}{\sqrt{J}}\right)^{3/n} \left(\frac{Q}{M}\right)^{3/8} \tag{3-8-1}$$

$$v = \left(\frac{\sqrt{J}}{n}\right)^{3/4} \left(\frac{Q}{M}\right)^{1/4} \tag{3-8-2}$$

式中:n 为糙率;J 为水面比降。

可以看出,主槽断面平均流速与 M 的 1/4 次方成反比,即主槽越窄深,M 值越小,断

面平均流速 v 越大,主槽挟沙沙能力越大。

武汉水利电力学院挟沙能力公式已得到了广泛应用,利用黄河下游输沙资料对其系数、指数进行率定后,可得到如下形式的挟沙能力公式:

$$S_* = 0.45\left[\frac{\gamma_m}{\gamma_s - \gamma_m}\frac{v^3}{gR\omega}\right]^{0.74} \tag{3-8-3}$$

式中: S_* 为水流挟沙能力; γ_m 、 γ_s 分别为浑水和泥沙容重; v 为平均流速; g 为重力加速度; ω 为泥沙平均沉速。

将式(3-8-1)、式(3-8-2)代入式(3-8-3)可得出:

$$S_* \propto A_m\left(\frac{Q}{M}\right)^b \tag{3-8-4}$$

式中: A_m 为系数, b 为指数。

可以看出,水流挟沙能力与 M 成负相关关系。洪水漫滩时,一方面随着主槽断面过流量 Q 的增加,水流挟沙能力增加;另一方面,漫滩洪水水沙交换的结果使得滩面高程尤其是滩唇高程增加,滩槽高差加大,主槽形态系数 M 减小,进而增加主槽的水流挟沙能力。如黄河下游 1996 年 8 月洪水过后,主槽断面明显变窄深(见图 3-8-4),主槽的 M 由 866 减少为 541,减少 37%。由式(3-8-4)可知,在其他因素不变的情况下,主槽水流挟沙能力可明显提高。

因此,黄河下游漫滩洪水滩槽水沙交换不仅改变了主槽的水沙条件,而且使主槽断面形态趋于窄深,进而使主槽水流的挟沙能力提高,增加主槽的冲刷(或减少主槽淤积)。

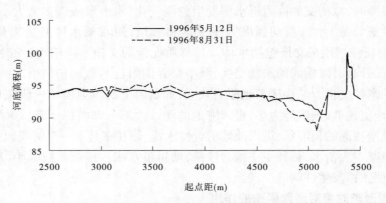

图 3-8-4　1996 年洪水期花园口断面调整图

(三) 主槽减淤分析

从泥沙动力学的角度,河床冲淤取决于水流挟沙能力与来流含沙量的对比关系,当来流含沙量大于水流挟沙能力时,水流处于超饱和状态,河床淤积;反之,当来流含沙量小于水流挟沙能力时,水流处于次饱和状态,河床冲刷。

同样,黄河下游漫滩洪水期间,主槽的冲淤取决于主槽来流含沙量与主槽水流挟沙能力的对比关系。漫滩洪水情况下,主槽水流挟沙能力的增加取决于滩槽水沙交换作用及主槽横断面形态的改善;主槽含沙量取决于河段进口水流含沙量及滩槽水沙交换对来流含沙量的改变程度。当主槽含沙水流处于次饱和状态时,主槽发生冲刷;当主槽含沙水处于超饱和状态时,主槽发生淤积。根据黄河下游漫滩洪水实测资料分析,漫滩洪水滩槽冲淤与来沙系数(含沙量与流量之比)关系密切,当洪水来沙系数小于 0.04 kg·s/m⁶时,漫滩洪水表现为滩淤槽冲,主槽水流处于次饱和状态,主槽冲刷量随滩地淤积量的增加而增加,其中当来沙系数小于 0.012 kg·s/m⁶时,淤滩刷槽作用更为明显;当来沙系数大于0.04 kg·s/m⁶时,主槽水流处于严重的超饱和状态,主槽发生淤积。在此情况下,漫滩洪水的滩槽水沙交换减小了主槽水流含沙量,主槽断面形态的改善增加了水流挟沙能力,调整后的主槽挟沙能力与含沙量的对比关系,有利于降低主槽水流的超饱和输沙程度,因此能减少主槽的淤积量。

四、结语

(1)淤滩刷槽是指多沙河流发生漫滩洪水时出现的滩地淤积、主槽冲刷(或少淤)现象。

(2)漫滩洪水的滩槽水沙交换及主槽断面形态的改善是造成淤滩刷槽的主要原因。

(3)当滩槽水沙交换及改善横断面形态的作用仍不能改变主槽水流的超饱和状态时,主槽发生淤积,以"少淤"表达漫滩洪水的"刷槽"作用。

(4)漫滩洪水的淤滩刷槽可减少河道的总淤积量,同时改善主槽的横断面形态。当漫滩洪水来沙系数小于 0.012 kg·s/m⁶及洪水漫滩系数大于 1.5 时,淤滩刷槽作用明显。在洪水调度时,为减少主槽及河道的淤积,可将其作为洪水调度的调控指标。

参 考 文 献

[1] 胡一三,李勇,张晓华. 主槽河槽议[J]. 人民黄河,2010,32(8):1-2.
[2] 麦乔威. 黄河下游来水来沙特性及河道冲淤规律的研究[C]// 麦乔威论文集. 郑州:黄河水利出版社,1995:165-204.
[3] 陈宝国,张建榜,耿继涛,等. 黄河下游漫滩洪水淤滩刷槽基本规律分析[J]. 人民黄河,2016,38(1):31-33.
[4] 庞炳东. 复式断面河流洪水的水流特性[J]. 泥沙研究,1995,(1):16-21.
[5] 陈立,詹义正,周宜林,等. 漫滩高含沙水流滩槽水沙交换的形式与作用[J]. 泥沙研究,1996(2):45-49.
[6] 赵业安,周文浩,费祥俊,等. 黄河下游河道演变基本规律[M]. 郑州:黄河水利出版社,1998.

三门峡水库蓄清排浑运用以来潼关高程变化分析*

一、概况

潼关位于黄河小北干流(龙门至潼关河段,下同)、渭河和北洛河三河交汇区的下游

* 在 1994～1999 年进行的"三门峡水库汛期发电试验研究"和 1996～2001 年进行的"潼关库段清淤"中对潼关高程进行了较为详细的研究。本文由胡一三、缪凤举、孙绵惠于 2001 年 7 月撰写,后选入《黄河三门峡工程泥沙问题》(北京:中国水利水电出版社,2006 年 6 月第 1 版)一书中,P234～261。

出口。河道宽阔的黄河小北干流,至潼关处河道折转 90°,水流由北向南流折转为东流通过潼关,在潼关处河道突然缩窄为 850 m,形成天然"卡口"。由于潼关的"卡口"作用,潼关河床高程的变化对黄河小北干流部分河段和渭河下游起侵蚀基面的作用。同时,由于河床纵比降黄河小北干流为 0.6‰~0.23‰,渭河下游仅为 0.15‰左右,两者相差较大,当黄、渭洪水遭遇或黄河流量大、渭河流量小时,常发生黄河顶托或倒灌渭河的现象。由于潼关为天然"卡口",当来水流量超过一定数量时,也会发生卡水作用,致使汇流区出现自然滞洪现象。

三门峡水库建库前,据焦恩泽等对 1959 年以前观测资料分析,在汛期和洪水期潼关河床冲刷下降;非汛期和小流量时则为淤积上升。建库前非汛期潼关河床上升的幅度每年为 0~0.99 m;汛期多数年份冲刷下降,下降幅度每年为 0.1~1.51 m,个别年份如 1930 年、1957 年和 1959 年的汛期是上升的,上升幅度每年为 0.12~0.33 m。在自然条件下,潼关高程全年是缓慢上升的。从多年平均来说,潼关高程变化与时段来水来沙条件有关,如 1929~1939 年年平均上升 0.069 m,1950~1960 年年平均上升 0.035 m。

建库前潼关以下设有杨家湾(一)水位站(黄淤 31 断面以上 1 500 m 处),1959 年 10 月开始观测,1960 年 5 月该站下移至黄淤 31 断面,改为杨家湾(二)站。从 1959 年汛后至 1960 年汛前潼关站和杨家湾(一)站同流量水位变化(见表 3-9-1)来看,非汛期潼关站上升 0.41 m,杨家湾(一)站上升 0.24 m。1960 年汛期,潼关站和杨家湾(二)站同流量水位(因资料所限,采用 1 700 m³/s)相比,分别下降 0.24 m 和 0.04 m。也说明在天然状态下,潼关至大禹渡河段在非汛期是淤积抬升的,而汛期是冲刷下降的。

表 3-9-1　　建库前潼关站、杨家湾站同流量水位

时段(年-月-日)		潼关流量(m³/s)	潼关水位(m)	杨家湾(一)、(二)站水位(m)
非汛期	1959-10-30	1 020	323.07	312.08
	1960-04-30	1 020	323.48	312.32
汛期	1960-07-06	1 720	323.92	311.81
	1960-09-11	1 710	323.68	311.77

三门峡水库修建后,蓄水运用初期,高水位蓄水拦沙,最高蓄水位为 332.58 m,回水超过潼关,库水位保持 330 m 以上的时间长达 200 d,在一年半时间内:①库区 330 m 高程以下淤积泥沙 15.4 亿 m³,有 93%的泥沙淤在库内,水库的淤积速度和部位超过预计,淤积末端出现"翘尾巴"并不断向上游延伸;②潼关高程(指 1 000 m³/s 水位,下同)抬高 4.5 m;③渭河口形成拦门沙,渭河下游排洪能力迅速下降,两岸肥沃农田被淹,地下水位抬高,土地盐碱化范围扩大,重要的农业基地和重要的工业城市西安将可能受到威胁。

经过水库排沙泄流设施的改建和增建,到目前为止,枢纽工程泄流设施共有 2 条隧洞(进口高程 290 m)、12 个底孔(280 m)、12 个深水孔(300 m)、1 条泄流钢管(300 m),共 27 个孔洞,在库水位 315 m 时,泄量达 9 701 m³/s(天津院资料),基本上达到了 1969 年"四省会议"的要求。经过枢纽工程的改建,加大了工程的泄流能力,再加上水库运用方式的改变,潼关高程得益于下降,水库淤积得到改善,潼关以下部分库容得到恢复,水库在

新的条件下发挥了综合效益。总的说来,水库按照1969年四省会议确定的"确保西安,确保下游"的原则,实现了"合理防洪,排沙放淤,径流发电",并按照要求"对运用方式在实践中不断总结经验,加以完善"。

水库自1973年12月发电运用以来,按预定计划进行"蓄清排浑"控制运用,即非汛期防凌、兴利,汛期防洪、排沙,水库从上年11月起到本年10月底为一个运用年。水库运用按四省会议的原则进行,非汛期310 m,汛期305 m。每年11~12月水库进行防凌前蓄水,蓄水位各年略有不同(见表3-9-2、表3-9-3),相应蓄水量5亿~7亿 m³。由于上中游结冰,在黄河下游河道封冻前夕,常出现小流量过程,这时水库加大泄量,推迟下游河道封冻时间,并抬高形成冰盖水位,增大冰盖下过水流量,可使防凌时达到水库多泄少蓄和减轻下游凌情的目的。防凌蓄水一般在1月中、下旬到2月下旬,最迟到3月初;此间,水库根据下游凌汛情况,控制下泄流量,以保证下游安全。防凌蓄水后水库弃水,降低库水位到315 m左右,迎接桃汛洪峰入库,到3月末4月初桃峰入库期,水库再次回蓄部分桃峰水量,为5月春灌补水,一般到5月水库泄水,到6月底水库库水位降至305 m,进入汛期控制运用。汛期水库库水位控制在305 m发电,洪水期敞泄排沙。

表3-9-2 三门峡水库非汛期水库运用特征值

非汛期时段 (年-月)	非汛期运用				防凌前 最高 蓄水位 (m)	防凌运用		春灌运用		
	最高 水位 (m)	平均 水位 (m)	>320 m (d)	沙量 (亿t)		最高 水位 (m)	>320 m (d)	最高 水位 (m)	起调 水位 (m)	>320 m (d)
1973-11~1974-06	324.81	314.33	121	2.023	311.06	324.81	28	323.43	320.41	93
1974-11~1975-06	324.03	316.12	72	2.086	320.07	312.98	3	324.03	319.44	69
1975-11~1976-06	324.53	316.84	74	2.147	317.98	315.03	0	324.53	320.51	74
1976-11~1977-06	325.99	318.32	118	1.399	317.24	325.99	42	325.33	323.40	76
1977-11~1978-06	324.26	317.72	101	1.203	320.09	320.81	26	324.26	322.30	85
1978-11~1979-06	324.56	318.50	132	1.462	321.08	322.98	26	324.56	322.32	94
1979-11~1980-06	324.03	361.51	100	1.356	317.19	321.25	15	324.03	319.41	85
1980-11~1981-06	323.59	315.66	94	1.191	316.13	322.56	33	323.59	319.15	61
1981-11~1982-06	323.99	317.57	101	1.479	315.65	322.91	26	323.99	317.96	75
1982-11~1983-06	323.73	316.32	80	1.750	312.46	320.42	9	323.73	316.80	71
1983-11~1984-06	324.58	316.46	93	2.001	314.46	319.88	0	324.09	319.61	52
1984-11~1985-06	324.94	316.73	49	1.305	318.14	324.94	48	319.92	315.71	0
1985-11~1986-06	322.62	315.16	25	2.072	314.49	322.62	25	319.99	315.96	0
1986-11~1987-06	323.73	316.76	66	1.145	316.12	316.28	0	323.73	316.22	66
1987-11~1988-06	324.09	316.53	77	1.129	314.46	319.88	0	324.09	319.61	77

续表 3-9-2

非汛期时段（年-月）	非汛期运用				防凌前最高蓄水位（m）	防凌运用		春灌运用		
	最高水位（m）	平均水位（m）	>320 m（d）	沙量（亿t）		最高水位（m）	>320 m（d）	最高水位（m）	起调水位（m）	>320 m（d）
1988-11～1989-06	324.11	315.59	66	1.942	316.06	316.11	0	324.11	315.87	66
1989-11～1990-06	323.99	316.47	81	2.106	315.68	321.25	18	323.99	316.30	63
1990-11～1991-06	323.84	314.88	47	4.156	315.41	318.95	0	323.84	316.38	47
1991-11～1992-06	323.91	316.36	90	1.872	317.18	323.04	42	323.91	321.48	48
1992-11～1993-06	321.61	314.47	34	1.934	315.81	318.25	0	321.61	314.88	34
1993-11～1994-06	322.66	315.13	43	1.814	315.08	319.54	0	322.66	315.46	43
1994-11～1995-06	321.80	315.12	23	1.868	318.51	316.28	0	321.80	311.37	23
1995-11～1996-06	321.31	316.54	63	2.04	315.08	321.44	24	321.71	315.90	39
1996-11～1997-06	321.81	314.70	61	1.221	312.55	321.39	23	321.81	317.15	38
1997-11～1998-06	322.18	316.70	77	2.172	315.22	320.88	33	322.18	316.66	35
1998-11～1999-06	320.78	315.79	20	1.628	318.43	319.87	0	320.78	318.36	20
1973-11～1979-06	324.70	316.97	103	1.72	317.92	320.43	18.5	324.69	321.41	81.8
1979-11～1985-06	324.14	316.54	86.2	1.51	315.53	322.78	28.7	323.10	317.71	57.5
1985-11～1992-06	323.75	315.96	64.6	2.06	315.63	319.73	12.2	323.38	317.74	52.4
1992-11～1999-06	321.97	315.78	45.0	1.81	315.85	319.66	11.4	321.79	315.68	33.1

表 3-9-3　　三门峡水库非汛期各级水位、各库段特征值

非汛期时段（年-月）	非汛期运用水位		各级水位时间（d）			各段淤积量占全库段（%）				黄淤1～41淤积量（亿m³）	潼关非汛期 ΔH（m）
	最高（m）	平均（m）	320～322 m	322～324 m	>324 m	12～22	22～31	31～36	36～41		
1973-11～1974-06	324.81	314.33	44	63	14	8.5	32.2	39.8	12.0	1.237	+0.55
1974-11～1975-06	323.99	316.12	11	61		29.1	36.1	20.3	7.7	1.831	+0.53
1975-11～1976-06	324.53	316.84	42	15	17	20.0	34.1	31.6	2.7	1.407	+0.67
1976-11～1977-06	325.99	318.32	10	31	77	12.8	14.0	30.3	34.0	1.141	+1.25

续表 3-9-3

非汛期时段（年-月）	非汛期运用水位		各级水位时间（d）			各段淤积量占全库段（%）				黄淤1~41淤积量（亿 m³）	潼关非汛期 ΔH（m）
	最高（m）	平均（m）	320~322 m	322~324 m	>324 m	12~22	22~31	31~36	36~41		
1977-11~1978-06	324.26	317.72	42	47	12	19.8	29.7	28.2	11.5	1.304	+0.51
1978-11~1979-06	324.56	318.50	27	61	44	18.2	20.0	45.4	8.3	1.614	+0.67
1979-11~1980-06	323.94	316.51	49	51		12.7	26.8	48.4	7.9	1.583	+0.20
1980-11~1981-06	323.59	315.66	39	55		29.3	34.1	25.2	2.0	1.010	+0.24
1981-11~1982-06	323.99	317.57	25	76		14.7	36.1	29.3	10.5	1.205	+0.50
1982-11~1983-06	323.73	316.32	19	61		24.5	32.4	29.7	5.9	1.500	+0.33
1983-11~1984-06	324.58	316.46	31	47	15	24.4	20.5	25.7	8.7	1.090	+0.61
1984-11~1985-06	324.94	316.73	11	26	12	4.6	80.4	27.9	冲	0.799	+0.21
1985-11~1986-06	322.62	315.16	17	8		17.1	53.3	29.6	冲	0.805	+0.44
1986-11~1987-06	323.73	316.76	26	40		17.9	46.4	32.7	8.5	0.747	+0.12
1987-11~1988-06	324.09	316.53	43	32	2	19.9	44.3	23.0	6.1	0.985	+0.21
1988-11~1989-06	324.11	315.59	13	51	2	25.7	44.3	27.6	5.8	1.080	+0.54
1989-11~1990-06	323.99	316.47	31	50		22.4	49.9	21.3	5.4	1.716	+0.40
1990-11~1991-06	323.84	314.88	13	34		42.5	39.3	3.8	4.8	1.527	+0.42
1991-11~1992-06	323.91	316.36	36	54		16.0	49.7	33.8	13.6	0.961	+0.50
1992-11~1993-06	321.61	314.47	34			36.3	40.3	9.8	0.71	2.045	+0.46
1993-11~1994-06	322.66	315.13	34	9		21.8	53.8	18.6	3.50	1.296	+0.17
1994-11~1995-06	321.80	315.12	23			33.2	49.1	10.2	冲	1.680	+0.43
1995-11~1996-06	321.31	316.54	63			21.8	55.7	17.7	1.75	1.540	+0.07
1996-11~1997-06	321.81	314.70	61			12.8	57.4	23.2	2.96	1.252	+0.17
1997-11~1998-06	322.18	316.70	54	17		11.9	58.5	26.7	0.67	1.760	+0.26
1998-11~1999-06	320.78	315.79	20			17.3	59.0	18.3	3.45	1.680	+0.34
1973-11~1979-06	324.70	316.97	29.3	46.4	27.3	19.0	28.2	32.3	11.7	1.423	+0.687
1979-11~1985-06	324.14	316.54	29.0	52.7	4.5	18.7	35.6	32.3	5.4	1.198	+0.348
1985-11~1992-06	323.75	315.96	25.6	38.4	0.6	24.7	46.3	22.2	6.2	1.117	+0.376
1992-11~1999-06	321.97	315.78	41.3	3.7	0	22.1	52.8	17.4	1.7	1.608	+0.271

1986 年以来，由于降雨偏少，入库天然来水减少，再加上龙羊峡和刘家峡大型水库蓄

水调节的影响,水库汛期来水来沙逐年减少。潼关高程虽然年际间有升有降,但总的是上升趋势,特别是近期潼关高程居高不下。现对潼关高程变化情况及其影响因素分析如下。

二、水库各运用期潼关高程变化情况

(一)水库蓄水拦沙期和滞洪排沙期(1960年9月至1973年10月)潼关高程变化

自1960年9月水库高水位蓄水,10月初回水直接影响到潼关断面,1962年5月坝前水位回落到310 m以下,潼关至坫埝库段脱离回水影响。1960年9月至1962年3月期间坝前最高水位为332.58 m(1961年2月9日),平均水位为324.02 m,潼关高程升高4.5 m。

1962年3月水库改为滞洪排沙运用。1966年7月、1968年8月和1973年10月改建的泄流设施分别投入运用。在此期间由于有的时段水库运用水位偏高,1964年丰水丰沙和1967年8月黄河和北洛河洪水频繁,水库滞洪及泄流设施闸门启闭问题等影响,1965年汛期末潼关高程上升到328.09 m。由于工程泄量增加和最低泄流底槛高程由300 m下降到280 m,潼关以下库区发生强烈的溯源冲刷和沿程冲刷,到1973年11月潼关高程由1970年汛期的328.57 m下降到326.64 m,下降1.93 m。

(二)"蓄清排浑"运用以来(1973年10月至1999年10月)潼关高程变化

三门峡水库于1973年底开始"蓄清排浑"运用,根据潼关高程变化(见表3-9-4)和来水来沙条件,分时段概述如下。

1.1974～1979～1985年潼关高程变化

从潼关高程变化来看(见表3-9-4、表3-9-5),在时段内经历了1973年11月至1979年10月的上升阶段,潼关高程上升0.98 m;1980年11月至1985年10月的下降阶段,潼关高程下降0.98 m。从总体的时段变化看,潼关高程从1973年汛末的326.64 m,到1979年汛末上升到327.62 m,至1985年汛末又下降到水库蓄清排浑开始运用时的326.64 m的高程。

2.1986～1992～1999年潼关高程变化

由表3-9-4、表3-9-5可以看出,在此时段内潼关高程呈上升趋势,从1985年汛末的326.64 m,到1999年汛末的328.12 m,上升1.48 m,在这14年中平均每年上升0.106 m。再从大时段内潼关高程的变化过程来看,以1992年为界分为两个小时段,即从1985年汛末以后,潼关高程开始回升,到1992年汛初,上升到这个小时段的顶点,潼关高程为328.40 m,上升1.76 m。经过1992年汛期的"92·8"高含沙洪水(渭河来水为主)的冲刷,洪峰前和洪峰后潼关高程的瞬时变化,由峰前的327.86 m(8月8日),峰后下降为326.41 m(8月28日),下降1.45 m,洪峰后潼关河床回淤,到汛末潼关高程为327.30 m,与汛初相比下降1.1 m。1992年汛末至1996年汛末为上升时期,潼关高程由327.30 m上升到328.07 m,上升了0.77 m。

表 3-9-4　三门峡水库"蓄清排浑"以来潼关高程变化统计

运用年 (年-月)	潼关高程(m)		潼关高程升(+)降(-)值(m)			
	汛初	汛末	非汛期	汛期	年	累积值
1973-11		326.64				
1973-11 ~ 1974-10	327.19	326.70	+0.55	-0.49	+0.06	+0.06
1974-11 ~ 1975-10	327.23	326.04	+0.53	-1.19	-0.66	-0.60
1975-11 ~ 1976-10	326.71	326.12	+0.67	-0.59	+0.08	-0.52
1976-11 ~ 1977-10	327.37	326.79	+1.25	-0.58	+0.67	+0.15
1977-11 ~ 1978-10	327.30	327.09	+0.51	-0.21	+0.30	+0.45
1978-11 ~ 1979-10	327.76	327.62	+0.67	-0.14	+0.53	+0.98
1979-11 ~ 1980-10	327.82	327.38	+0.20	-0.44	-0.24	+0.74
1980-11 ~ 1981-10	327.62	326.94	+0.24	-0.68	-0.44	+0.30
1981-11 ~ 1982-10	327.44	327.06	+0.50	-0.38	+0.12	+0.40
1982-11 ~ 1983-10	327.39	326.57	+0.33	-0.82	-0.49	-0.07
1983-11 ~ 1984-10	327.18	326.75	+0.61	-0.43	+0.18	+0.11
1984-11 ~ 1985-10	326.96	326.64	+0.21	-0.32	-0.11	0
1985-11 ~ 1986-10	327.08	327.18	+0.44	+0.10	+0.54	+0.54
1986-11 ~ 1987-10	327.30	327.16	+0.12	-0.14	-0.02	+0.52
1987-11 ~ 1988-10	327.37	327.08	+0.21	-0.29	-0.08	+0.44
1988-11 ~ 1989-10	327.62	327.36	+0.54	-0.26	+0.28	+0.72
1989-11 ~ 1990-10	327.76	327.60	+0.40	-0.16	+0.24	+0.96
1990-11 ~ 1991-10	328.02	327.90	+0.42	-0.12	+0.30	+1.26
1991-11 ~ 1992-10	328.40	327.30	+0.50	-1.10	-0.60	+0.66
1992-11 ~ 1993-10	327.76	327.78	+0.46	+0.02	+0.48	+1.14
1993-11 ~ 1994-10	327.95	327.69	+0.17	-0.26	-0.09	+1.05
1994-11 ~ 1995-10	328.12	328.35	+0.43	+0.23	+0.66	+1.71
1995-11 ~ 1996-10	328.42	328.07	+0.07	-0.35	-0.28	+1.43
1996-11 ~ 1997-10	328.24	328.02	+0.17	-0.22	-0.05	+1.38
1997-11 ~ 1998-10	328.28	328.12	+0.26	-0.16	+0.10	+1.48
1998-11 ~ 1999-10	328.46	328.12	+0.34	-0.34	0	+0.148

表 3-9-5　三门峡水库"蓄清排浑"以来各时段潼关高程升(＋)降(一)表

时段 (年-月)	非汛期(m)		汛期(m)		全年(m)	
	时段升降	年平均升降	时段升降	年平均升降	时段升降	年平均升降
1973-11～1979-10	4.18	0.697	−3.20	−0.533	0.98	0.163
1979-11～1985-10	2.09	0.348	−3.07	−0.512	−0.98	−0.163
1985-11～1992-10	2.63	0.376	−1.97	−0.281	0.66	0.094
1992-11～1999-10	1.90	0.271	−1.08	−0.154	0.82	0.117
1973-11～1990-10	10.8	0.415	−9.32	−0.358	1.48	0.057

　　自 1996 年汛初以后,潼关高程在年内与上述其他各年一样,非汛期淤积上升,汛期冲刷下降,但变化幅度不大。由年际间的变化来看(见表 3-9-4),从 1996 年汛末的 328.07 m,到 1999 年汛末为 328.12 m,上升 0.05 m。自 1996 年至 1999 年 4 月间,潼关高程非汛期在 328.24～328.46 m 变化,汛期在 328.02～328.12 m 变化,可以说潼关高程在升高到 328.00 m 以上的基础上(1995 年汛初 328.12 m),变化不大,或者说 1996 年后基本上是相对稳定的。

　　总之,自 1974 年水库蓄清排浑运用以来,潼关高程经历了一个上升—下降—上升的缓慢上升过程。

三、潼关高程变化的原因分析

　　影响潼关高程变化的因素比较复杂,建库前有来水来沙条件、潼关断面上游和下游河段冲淤变化、河段上下的河势变化、河床边界条件和河道的纵向调整等因素影响,三门峡水库建成运用后,还受水库直接回水和库区冲淤的影响等。这些复杂的影响因素,加上潼关地理位置的特殊,就造成了潼关断面河床冲淤演变的复杂性和多种因素相互制约的特殊性。关于潼关高程的变化规律及成因分析,不少科技工作者(龙毓骞、张仁、焦恩泽、钱意颖等)做了大量的工作,提出了不少有益的成果,从影响潼关高程变化的因素来看,概括起来主要是来水来沙条件和三门峡水库运用方式两个方面。

(一)水沙条件影响

　　多泥沙河流的河道演变特性,在很大程度上取决于:①来自流域的水量和泥沙量及其过程。②河床的边界条件。概括来说,河床演变是水流与河床相互影响、相互制约的产物。来水来沙条件(包括工程调节变化的水沙)是重要的、基本的因素。同样,对潼关河段的演变来讲,当其脱离水库回水影响,处于天然状态下,也是如此。

　　自 1973 年以来,三门峡入库的水沙条件发生了很大变化。同时,由于上游龙羊峡、刘家峡水库的调节,改变了水库以下的黄河上、中游水沙数量、过程及年内水沙的分配比例,这些水沙的变化必然对三门峡水库的冲淤演变及潼关高程产生影响。

　　1. 水沙量变化影响

　　水库蓄清排浑运用以来,依据潼关高程变化和来水来沙特征,分为四个时段:1973 年 11 月至 1979 年 10 月、1979 年 11 月至 1985 年 10 月、1985 年 11 月至 1992 年 10 月、1992

年 11 月至 1999 年 10 月。各时段全年及汛期水沙变化见表 3-9-6。从表 3-9-6 可以看出，1973 年以来三门峡水库入库的水沙条件，各时段变化很大，1986 年以来入库水沙偏枯。1997 年、1998 年和 1999 年 3 年更为特殊，在这连续的 3 年中其汛期来水来沙量分别为：水量为 55.53 亿 m³、85.90 亿 m³ 和 97.00 亿 m³，沙量为 4.37 亿 t、4.37 亿 t 和 3.70 亿 t，大于 3 000 m³/s 的洪水水量及天数的减少更是明显。这种 3 年连续出现汛期水量不超过 100 亿 m³ 的枯水枯沙时段在历史上也是不多见的，3 年的汛期水量为历史最小值，在历史上只有 1928 年陕县汛期水量为 97.8 亿 m³。这样的水沙条件变化，将给潼关高程的冲淤变化带来不利影响。

表 3-9-6　潼关站水沙量统计

时段 （年-月）	年平均		汛期平均		>3 000 m³/s 流量		最大洪峰流量 （m³/s）
	水量 （亿 m³）	沙量 （亿 t）	水量 （亿 m³）	沙量 （亿 t）	水量 （亿 m³）	天数 （d）	
（多年平均） （1933 ~ 1989）	405.50	12.10	232.50	10.10			
1973-11 ~ 1979-10	385.45	12.85	225.07	11.19	93.8	26.3	15 400 （1977 年 8 月 6 日）
1979-11 ~ 1985-10	416.50	8.05	247.52	6.56	118.8	34.8	6 540 （1981 年 9 月 8 日）
1985-11 ~ 1992-10	289.56	8.20	133.29	6.10	20.9	6.6	8 260 （1988 年 8 月 7 日）
1992-11 ~ 1999-10	236.20	8.02	107.76	6.25	6.93	2.3	7 500 （1996 年 8 月 11 日）
1996	252.60	11.91	126.50	9.87	10.6	3.0	7 500 （8 月 11 日）
1997	160.70	5.85	55.53	4.37	3.1	1	4 700 （8 月 2 日）
1998	193.00	6.64	85.90	4.37	4.0	2	6 300 （7 月 15 日）
1999	217.5	5.36	97.00	3.70	0	0	2 950 （7 月 25 日）

注：多年平均值来自《黄河流域水情手册》，黄河水利委员会水文局水情处，1991。

1）1973 年 11 月至 1979 年 10 月

时段平均年水量和年沙量分别为 385.45 亿 m³ 和 12.85 亿 t，汛期水、沙量分别为 225.07 亿 m³ 和 11.19 亿 t（见表 3-9-6），与多年平均值相比较，无论是年平均水、沙量或

是汛期水、沙量都接近多年平均值。从时段各年来看,除 1977 年汛期水、沙量分别为 167
亿 m³ 和 20.9 亿 t 为枯水丰沙,1974 年汛期水、沙量分别为 121.8 亿 m³ 和 5.52 亿 t 为枯
水枯沙外,其余 4 年的汛期来水量均超过 200 亿 m³,而 1975 年和 1976 年两年汛期来水
量为 302.3 亿 m³ 和 319.2 亿 m³,均在 300 亿 m³ 以上。而且超过 3 000 m³/s 流量以上的
天数平均每年 26.3 d,大流量来水的机遇也比较多。这样的水沙条件,总的说来对潼关高
程的冲刷应该是有利的。然而,在此时段内潼关高程却是上升的,时段内潼关高程累计上
升 0.98 m,平均每年上升 0.16 m。

2)1979 年 11 月至 1985 年 10 月

从表 3-9-6 可知,时段内年均水沙量分别为 416.50 亿 m³ 和 8.05 亿 t,汛期水沙量为
247.52 亿 m³ 和 6.56 亿 t。全年和汛期的水量接近多年平均值,而沙量均比多年平均值为
少,属于水偏丰沙枯。时段内汛期除 1980 年水沙量为 134.0 亿 m³ 和 4.66 亿 t,1982 年为
183.7 亿 m³ 和 4.34 亿 t 外,其余年汛期水量均在 230 亿 m³ 以上,1981 年和 1983 年汛期
水量为最多,分别为 338.8 亿 m³ 和 315.6 亿 m³,依次排列为 1985 年 233.1 亿 m³、1984
年为 281.9 亿 m³。随之而来的是大于 3 000 m³/s 流量的水量为 118.8 亿 m³/a,天数为
34.8 d/a,均比上个时段有所增加。由于汛期来水量增加和来沙量减少是潼关河床发生
冲刷的有利水沙条件,加之水库运用水位有所降低,在此时段潼关以下库区不但将非汛期
淤积在库内的泥沙全部冲完,而且还冲刷了前时段淤积在库区内的泥沙,潼关以下库区呈
现冲刷状态,时段内潼关高程累积下降 0.98 m,年均下降 0.16 m。

3)1985 年 11 月至 1992 年 10 月

表 3-9-6 表明,该时段年均水沙量和汛期的来水来沙量均小于多年平均值。而与
1979 年 11 月至 1985 年 10 月相比,全年和汛期的沙量基本相当,而水量减少多,特别是汛
期水量,由于降雨影响加上龙羊峡水库的调节,汛期水量由 247.52 亿 m³ 减少为 133.29
亿 m³,减少 114.23 亿 m³,减少 46.2%,将近 50%。时段内除 1989 年汛期水量超过 200
亿 m³ 外,均在 200 亿 m³ 以下,而 1987 年和 1991 年汛期水量只有 75.43 亿 m³ 和 61.13 亿
m³。汛期大于 3 000 m³/s 流量的水量为 209.9 亿 m³,大于 3 000 m³/s 流量只有 6.6 d/a。
由于来水来沙量的减小特别是大流量出现的机遇减小,对潼关高程和库区非汛期淤积泥
沙的冲刷都十分不利,时段内潼关高程累积上升 0.66 m,年均上升 0.094 m,水库达不到
年内冲淤平衡。

4)1992 年 11 月至 1999 年 10 月

该时段水量变化特点是,汛期水量不断减少(见表 3-9-6),其水量均在 140 亿 m³ 以
下,最大为 1993 年的 139.6 亿 m³。如前所述,时段的后 3 年,均不超过 100 亿 m³。而
1997 年的 55.53 亿 m³ 为历史最低值。从大流量出现的机遇看,大于 3 000 m³/s 流量出现
的天数急剧减少,1997 年和 1998 年分别只有 1 d 和 2 d,而 1999 年汛期的最大洪峰流量
只有 2 950 m³/s;从资料分析可知,潼关河床的冲刷主要靠大于 3 000 m³/s 的洪水,而大
于 3 000 m³/s 洪水减沙,就意味着冲刷潼关河床的机遇大幅度减少。这样不利的水沙条
件,很难将非汛期淤积的泥沙全部冲走,因而潼关高程就居高不下,时段内潼关高程累积
上升 0.82 m,年均上升 0.117 m。

综上所述,在有利的来水来沙条件下,对降低潼关高程是有利的;但是,如若水库运用

水位偏高也会造成潼关高程上升,如 1973~1979 年时段就是如此。反之,若水库运用得当,遇有利的水沙条件,潼关高程就会冲刷下降。在不利的水沙条件下,即使水库运用水位降低,使潼关处于天然状态下,遵循其天然状态下的冲淤基本规律,潼关高程也是会淤积抬升,即潼关河床的冲刷下降和上升与汛期来水量大小密切相关。表明汛期来水量大时,潼关河床冲刷下降得就多,反之则少,而且建库前后的资料点群都基本上遵循同一规律,建库前的点群偏上,建库后偏下,其原因主要是水库淤积河床组成变化影响,导致水流输沙能力变化,据 1973 年 11 月至 1999 年 10 月水库 26 个运用年统计,非汛期潼关高程平均每年上升 0.415 m,汛期平均每年冲刷下降 0.35 m,平均每年上升 0.057 m。如若单从 1986 年 11 月以来的不利水沙条件看潼关高程会上升更多。当汛期水量在 180 亿~200 亿 m³ 时,潼关高程可冲刷 0.05~0.1 m,最大可冲刷 0.4~0.5 m,分析其冲刷幅度变化的原因,与汛期洪峰流量大小和相应的洪量以及洪水组合有关,如若汛期大流量出现的次数多,相应洪量增加,就可能会增加对潼关高程的冲刷幅度。再如,洪水的组合,一般潼关出现以渭河来水为主的高含沙洪水或大洪水时,对冲刷潼关河床特别有利。当然水库非汛期的淤积部位和前期河床条件也是影响冲刷潼关高程的因素。

2. 汛期洪峰对潼关高程的作用

如前所述,潼关高程的冲淤变化与汛期的来水来沙条件有关,实测资料表明,汛期潼关高程变化主要是通过洪水期的冲淤表现出来。这是因为:①黄河来水来沙主要集中在汛期,而汛期来水来沙主要集中在几场洪水。②在洪峰涨水期洪水波造成的附加比降的作用下,使涨水期的水面比降大于落水期的水面比降,增强了河槽的冲刷。③黄河洪峰与沙峰的特征,一般都有沙峰落后于洪峰的现象,这就使涨水期的含沙量小于落水期,这也加剧了涨水阶段的河槽冲刷和落水阶段的淤积。④在汛期,由于流量大,河床趋于平整,糙率减小,相对地增加了汛期的挟沙能力。据 1974~1999 年 84 次洪峰资料统计(见表 3-9-7),潼关发生冲刷的洪峰有 58 次,占洪峰总次数的 69%。在潼关河床发生冲刷的 58 次中,大于 3 000 m³/s 的洪水冲刷的概率为 72.4%,小于 3 000 m³/s 洪水冲刷的概率为 27.6%。从表 3-9-7 中还可以看出,潼关河床下降达 1 m 以上的只有在大洪峰条件下出现。需要说明的是,这种情况并不是绝对的。据资料统计,在潼关站出现高含沙洪水时(高含沙小洪水除外),由于高含沙洪水本身的特性,潼关河床也会发生强烈冲刷。

表 3-9-7 1974~1999 年不同洪峰流量潼关高程升降次数统计

项目		潼关高程下降			潼关高程升高		
		<0.3	0.3~0.5	>0.5	<0.3	0.3~0.5	>0.5
<3 000 m³/s	小计	15	1		5	1	1
	合计	16			7		
3 000~5 000 m³/s	小计	22	4	1	9	1	3
	合计	27			13		
>5 000 m³/s	小计	7	1	7	6		
	合计	15			6		

洪水期,在一次洪峰过程中,潼关断面基本上是"涨冲落淤"的规律,冲刷强度最大是在洪峰时段,从洪峰过程线的涨落和河底平均高程过程线升降对照可以看出,两者的变化过程呈现出相反的变化,即在最大洪峰期间,平均河底高程下降,之后河床有所回淤,反映出洪峰对潼关河床的冲刷作用。需要指出的是,从上述几年的过程线还可以看出几种现象:①汛期出现的洪峰次数少,特别是大洪峰次数少时,在洪峰期潼关河床也会出现冲刷下降,但洪峰过后河床将迅速回淤,如 1976 年和 1977 年就是如此。②汛期连续出现几次洪水,特别是大于 3 000 m³/s 洪水的次数较多,潼关在连续洪水作用下,库区溯源冲刷和沿程冲刷相结合,持续稳定下降,洪水后或汛期可能有回淤,但较汛期 1~2 次洪水的回淤速度慢。

1981 年汛期潼关站的水量 338 亿 m³,沙量 10.1 亿 t,与多年(1993~1989 年)汛期平均值比较,水量偏大 31.4%,沙量偏小 4.7%,汛期平均含沙量为 29.8 kg/m³。从汛期潼关的来水来沙特征看,其水沙主要来自黄河和渭河,黄河龙门站汛期水、沙量分别为 248.7 亿 m³ 和 6.4 亿 t,渭河华县站汛期水、沙量分别为 82.45 亿 m³ 和 3.32 亿 t。汛期渭河的水沙中有 64.2% 的水量和 37% 的沙量来自咸阳以上。入汛期以来,潼关站发生的洪峰较多,可以说洪水接连不断,特别是 9 月、10 月还发生了来自龙羊峡的洪水。这样的水沙条件,对库区充分发展沿程冲刷和溯源冲刷是非常有利的。1981 年洪峰期潼关及库区冲淤变化情况列于表 3-9-8。汛前 6 月下旬至 7 月初渭河来的一场属于小水大沙的小洪水,潼关河床发生了淤积,潼关高程相应上升,从沿程变化来看是上淤下冲。7 月上中旬洪水入库后,潼关至三门峡库段发生冲刷,同流量水位普遍下降,以大禹渡以下库段下降最多。7 月底至 8 月中旬,大禹渡下游附近非汛期新淤积的三角洲前坡段,在洪水入库后,使已产生的沿程冲刷和二次溯源冲刷不断向上游发展,潼关以下库段同流量水位再次下降,至 8 月中旬,当年淤积的泥沙基本冲完。8 月中旬以后,8 月 16~17 日有一个沙峰,这是一次渭河发生的小水大沙的小洪水,这次小洪水潼关河床和潼关以下库区产生了淤积,紧接着 8 月 17~29 日和 8 月 29 日至 9 月 13 日又发生以渭河来水为主的两次较大的洪水,在这两次洪水入库后,潼关以下库区又发生了溯源冲刷,并不断向上游发展,同时也出现了沿程冲刷。由断面观测资料(见表 3-9-9)可以看出,潼关、坩垲经洪水冲刷,到 9 月 9 日断面面积有明显增大,而中间的黄淤 38 断面却变化不多,表明沿程冲刷和溯源冲刷的发展尚未连接起来,因而潼关断面虽有冲刷,但因 38 断面所阻不能稳定下降,9 月中旬以后来自龙羊峡的洪水进入三门峡水库后,潼关 10 月 3 日洪峰流量 6 420 m³/s,此次洪水的特点是含沙量小、中水流量历时较长。黄河小北干流普遍发生冲刷,潼关及潼关以下库区也发生较大幅度的冲刷,这次洪水使沿程冲刷和溯源冲刷都得到了充分发展,并且两者连接起来,冲刷的主要部位移至潼关至坩垲段,黄淤 38 断面的断面面积明显增大,使潼关高程得到持续稳定下降,经过洪水冲刷后,潼关以下库区纵剖面形态发生了较大的调整变化,潼关至坩垲段比降由 2.07‰,变大为 2.3‰,汛后潼关 1 000 m³/s 流量的水位下降到 326.94 m。需要说明的是,1981 年汛期大洪水时的坝前滞洪水位,与往年比较虽然不算太高,最高水位 310.38 m(9 月 9 日),加上水大沙小,对发展自下而上的溯源冲刷是有利的,但在洪峰入库时由于没有充分利用当时现有的泄流能力,坝前水位还是高了一些,在洪水期间,一定程度上限制了溯源冲刷的发展,表现在 9 月 13 日至 10 月 13 日洪水期大禹渡和北村(车村)同流量水位下降幅度较小,表明大禹渡以下库段的冲刷下降受到一定的影响。

表 3-9-8 1981 年洪峰期潼关及库区同流量水位变化

洪峰时段 (月-日)	洪峰流量 (m³/s)	洪水主要来源	同流量 (m³/s)	水位升降值(m)				史家滩水位(m)	
				潼关	坫垎	大禹渡	北村	平均	最高
06-21~07-03	1980 (06-22)	渭河	1 000	+0.31	+0.15	-0.15	-0.61	305.52	308.34
07-03~07-14	6 430 (07-08)	龙门以上	2 000	-0.26	-0.33	-0.80	-0.81	304.64	308.03
07-29~08-16	4 050 (07-29)	龙门以上	2 000	-0.11	-0.17	-0.63	-0.50	304.74	308.61
08-17~08-29	4 780 (08-24)	渭河	2 320	-0.01	+0.06	-0.68	+0.15	304.36	306.62
08-29~09-13	6 540 (09-08)	渭河	3 940	-0.20	-0.20	-0.30	+0.19	305.63	310.38
09-13~10-13	6 420 (10-03)	龙羊峡以上	3 800	-0.24	-0.58	-0.25	-0.02	306.25	309.58

表 3-9-9 1981 年同高程下面积变化 (单位:m²)

断面	6月21~24日	9月8~9日	10月26~28日	备注
黄淤41(潼关)	2 733	3 584	3 463	采用高程 330 m
黄淤38	5 613	5 660	7 105	采用高程 328 m
黄淤36(坫垎)	2 506	3 326	3 305	采用高程 326 m

在来水来沙条件对潼关河床冲淤影响中,除上述因素外,高含沙洪水对潼关河床也有影响。由于高含沙水流的特殊水流特性,在潼关出现高含沙水流时,往往出现强烈的冲刷,使潼关河床大幅度下降。自三门峡水库"蓄清排浑"控制运用以来,潼关河床在高含沙洪水作用下发生了强烈冲刷(见表 3-9-10)。如"77·7""92·8""96·7""97·8"和"99·7"等几次高含沙洪水,洪峰前后,潼关高程分别下降了 2.61 m、1.45 m、1.91 m、1.80 m 和 1.01 m。自 1996 年以来的近几年中洪水流量小,潼关河床也曾发生强烈的冲刷,分析其原因,除与高含沙洪水作用有关外,应该说还与近几年在潼关附近河段进行的清淤,改善了河道的输沙条件有关。总的来讲,潼关河床发生的强烈冲刷是在黄河、渭河和北洛河洪水水沙组合及河床边界条件有利时出现的一种特殊冲刷现象。就洪水的水沙而言,主要由渭河高含沙量洪水造成强烈冲刷,渭河高含沙量洪水对潼关高程下降十分有利。

需要指出的是,库容大、调节能力强的龙羊峡水库和刘家峡水库的运用调节,使出库的年径流过程发生显著变化,从而使黄河中游、三门峡水库的来水来沙过程及年内非汛期和汛期水沙分配比例也产生了变化,在没有龙羊峡和刘家峡水库调节径流时,三门峡水库入库的汛期水量,占年水量的60%左右,非汛期占40%左右,而两库运用后,由于采用每年6~10月蓄水、11月至翌年5月泄水的运用方式,三门峡水库入库汛期水量减少,仅占年水量的42%左右,非汛期水量增加,占年水量的58%左右。同时,由于汛期蓄水,洪水基本被控制,洪峰被拦蓄和削减,出库流量平稳,流量多小于1 000 m³/s,中小流量历时加长。龙羊峡水库上游为清水来源区,沙量很少,由于汛期蓄水和削峰的结果,必然使三门峡水库汛期清水来量减少和降低水流的挟沙能力,从而对汛期冲刷潼关河床是非常不利的,所以1986年以来潼关的来水来沙条件发生变化,潼关高程上升,除天然降水偏少外,龙刘两库的径流调节也是主要影响因素之一,而且这种影响是长期存在的,不同的来水来沙时段其影响也不相同,值得深入研究。

表 3-9-10　潼关河床强烈冲刷洪峰特征值与1 000 m³/s水位变化

项目	站名	洪水特征值	1970年8月	1973年9月	1977年7月	1992年8月	1996年7月	1997年8月	1999年7月
水沙条件	龙门	最大流量（m³/s）	138 000（2日）	6 210（1日）	14 500（6日）	7 720（9日）	1 180（27日）	5 550（1日）	1 370（13日）
		最大含沙量（kg/m³）	826	334	690	381	221	351	137
		3日最大洪量（亿m³）	8.05	5.66	9.19	5.69	2.09	4.73	1.81
	华县	最大流量（m³/s）	1 590（3日）	5 010（1日）	4 470（7日）	3 950（14日）	3 450（29日）	1 100（1日）	1 360（15日）
		最大含沙量（kg/m³）	702	527	795	528	565	749	636
		3日最大洪量（亿m³）	2.54	7.16	5.82	6.29	3.84	1.48	2.19
	潼关	最大流量（m³/s）	8 420（3日）	5 080（1日）	13 600（7日）	4 040（15日）	2 290（31日）	4 700（2日）	2 220（16日）
		最大含沙量（kg/m³）	631	527	616	297	495	504	442
		3日最大洪量（亿m³）	8.74	10.46	11.9	9.27	4.42	6.48	3.68
同流量水位（m）	潼关（六）	ΔH	-2.04	-1.68	-2.61	-1.45	-1.91	-1.80	-1.01
		汛末	327.67	326.64	326.79	327.30	328.07	328.02	328.12
	坫垮	ΔH	-1.0	-0.72	-2.53	-1.33	-1.09	-1.05	-0.77
	上源头	ΔH	-0.27	0.27	0.55	0.40	-0.07	0.12	0.07

注:"77·7""92·8"洪水潼关洪量由渭河汇入潼关后资料统计。

(二)水库运用方式影响

潼关高程变化与来水来沙条件和水库运用情况密切相关,前文就来水来沙条件对潼关高程变化的影响进行的分析表明,不同的水沙条件对潼关高程的影响各不相同。

三门峡水库自"蓄清排浑"控制运用以来,按1969年"四省会议"确定的原则,每年非汛期抬高库水位蓄水进行防凌、春灌等兴利运用,汛期除迎接防洪任务外,降低水位敞泄排沙和径流发电,这样循环往复的进行水沙调节控制运用。

1. 水库控制运用与潼关高程变化的基本规律

1)各站受库水位直接影响的临界水位

三门峡水库的运用实践与资料分析表明,水库非汛期蓄水运用,其回水向上游影响的范围随库水位的高低及库区冲淤变化情况而不同,几个站受回水直接影响的临界水位大体为:

回水影响北村站(黄淤22断面)的临界水位为307~308 m。

回水影响大禹渡站(黄淤31断面)的临界水位为313~314 m。

回水影响坩埼站(黄淤36断面)的临界水位为320~321 m。

回水影响潼关站(黄淤41断面)的临界水位为323.5~324.5 m。

2)潼关高程年内呈周期性升降变化

对潼关以下库区冲淤与潼关升降关系的分析表明,潼关高程年内的变化,一般是非汛期淤积上升,汛期冲刷下降,在年内呈周期性升降变化。

3)非汛期影响潼关高程上升的因素

资料分析表明,非汛期潼关高程上升的幅度与各蓄水运用阶段(防凌前蓄水、防凌蓄水和春灌蓄水等)的运用最高水位、某级水位历时、前期河床冲淤条件、地形条件和进库沙量(非汛期入库沙量一般为1.2亿~2.1亿t)等有关,而且潼关高程升降也与坩埼至潼关库段的冲淤变化息息相关。水库最高蓄水位阶段持续时间越长,库区淤积部位越偏上,显然对潼关高程也越不利。非汛期的重要问题是控制泥沙的淤积部位,通过采用合理运用方式,力图减少坩埼至潼关库段的淤积和避免潼关直接受回水的影响。

4)汛期洪峰排沙与水库运用和来水来沙条件存在相互依赖的关系

资料分析表明,要使洪水期保持一定的冲刷能力,必须根据来水来沙条件,灵活控制运用水位,尤其是对大洪水或较大洪水,应力求少淤多排,尽可能地使水库实现年内冲淤平衡,在沿程冲刷和溯源冲刷的联合作用下,控制潼关高程的变化。不过资料分析也表明,一般水沙条件下,即汛期有二次或二次以上的日平均流量3 000~5 000 m³/s的洪水情况下,水库也可能实现年内冲淤平衡。但不利的水沙条件,很难实现年内冲淤平衡,而可能需要多年才能平衡,可能造成潼关高程出现逐年抬升或居高不下的情况。

5)泥沙淤积部位影响

在三门峡水库泥沙年调节中,泥沙淤积部位往往是重要的,而且有时往往是关键。从减轻对潼关的影响而言,在有利或一般水沙条件下,对于关键库段的冲淤平衡,应尽量快一些,避免造成水库库区的逐年累积淤积,特别要控制坩埼至潼关库段的累积淤积,致使不影响潼关。因此,非汛期蓄水指标及汛期控制水位的高低,不仅受泥沙年内冲淤量相对平衡所制约,而且更重要的受泥沙淤积部位、冲淤相对平衡和潼关高程变化的制约。

2. 水库运用对潼关高程的影响

1)水库控制运用的基本情况

(1)非汛期水库运用概况。

①防凌前蓄水期。一般每年11~12月为防凌前蓄水期,即在下游河道封冻前利用水

库蓄部分水量,将封冻前的水库下泄流量一般调匀在 400 ~ 500 m³/s,避免 200 ~ 300 m³/s 的小流量封冻,以增加冰下过流能力。在下游河道稳定封冻后,水库下泄流量逐渐减小,进入防凌蓄水,确保下游防凌安全。在水库防凌前蓄水期,除 1974 年、1977 年和 1978 年最高蓄水位分别为 320.07 m、320.09 m 和 321.08 m 外,一般最高蓄水位为 312 ~ 318 m (见表 3-9-2),由于库水位一般不超过 320 m,即使超过 320 m,由于其历时较短,回水直接影响潼关的可能性不大。但需要指出的是,若凌前蓄水位过高,将可能对潼关产生不利影响。1978 年凌前蓄水位达 321.08 m,蓄水量 8.4 亿 m³,入库沙量 0.45 亿 t,尽管回水淤积直接影响潼关断面的可能性不大,但由于泥沙大部分淤积在大禹渡(距潼关 42.8 ~ 43 km)附近,将会加重后期防凌和春灌蓄水运用对大禹渡以上库段的泥水淤积。如后期蓄水位较高而且高水位持续时间较长,将对潼关河床产生不利的影响。另外,在天然状态下,每年 11 ~ 12 月,潼关河床还有自然回升的现象。据统计,其回淤的数值每年各不相同,一般为 0.02 ~ 0.75 m,平均为 0.26 m 左右。从潼关河床非汛期上升的数值来看,其所占的比重较大。

②防凌期运用。1973 ~ 1974 年冬季正式开始防凌蓄水运用以来,防凌蓄水一般在 1 月中、下旬到 2 月下旬,防凌蓄水最高水位一般出现在 2 月底或 3 月初,限制下泄流量为 200 ~ 250 m³/s,以确保黄河下游河道凌汛安全。凌汛过后,水库降低库水位到 315 m,迎接桃汛洪峰入库,并利用桃峰冲刷潼关河床和使非汛期淤积部位偏上的泥沙下移,便于汛期将非汛期淤积的泥沙尽量多地排出库外。在防凌运用期间,1976 ~ 1977 年、1983 ~ 1984 年和 1985 ~ 1986 年 3 个运用年黄河下游凌情较严重,以 1976 ~ 1977 年为最严重,全下游河道封冻长度超过 400 km,最大冰量为 5 000 万 ~ 7 100 万 m³,三门峡水库最高蓄水位达 325.99 m,最大蓄水量约 18 亿 m³,超过 324 m 的水位达 77 d(见表 3-9-3),其他两个运用年最高库水位分别为 324.58 m 和 324.94 m,超过 324 m 的时间分别为 15 d 和 12 d。其余各年因下游凌情较轻,水库蓄水不多。

③春灌运用。水库防凌运用后降低库水位迎接桃峰入库冲刷潼关和库区泥沙,水库蓄滞部分桃峰水量。最高库水位为 325.33 ~ 320.78 m,最高水位出现在 4 月中下旬。1980 年以来,最高蓄水位低于 324.00 m,相应最大蓄水量约 14 亿 m³。一般在 5 月中下旬开始向下游补水,6 月底水库基本泄空,库水位降至在 305 m,进入汛期运用。

(2)汛期水库运用概况。

三门峡水库除按四省会议确定的防洪运用方式进行防洪运用外,根据防洪排沙、径流发电的原则,非洪水时段控制水位,低水头发电。洪峰时段,当洪峰流量等于或超过 2 500 ~ 3 000 m³/s 时,降低库水位排沙,把非汛期淤积物排出库外,以恢复一定的运用库容,使水库继续发挥综合利用效益。

水库蓄清排浑控制运用以来,在汛期最初几年不分洪水,平水时段运用水位一般控制在 305 m 左右,有时降到 300 m。汛期水库运用方式比较单一,在发电控制水位下均为敞泄排沙。仅在 1975 年及 1976 年的 9 ~ 10 月,为保护下游滩区生产,承担了临时的蓄水任务,蓄水位在 317 m 左右。需要指出的是,在汛期,当洪峰入库流量超过控制水位相应泄量时,因受水库泄流能力的限制,水库亦发生滞洪作用,使库水位抬升。如:

①1971 年进入潼关站最大洪峰流量达 15 400 m³/s,滞洪后出库流量削减为

8 900 m³/s。

②1977 年 7 月 4 ~ 15 日的一场洪水,入库洪峰流量 13 600 m³/s,洪峰尖瘦,时段平均流量仅 3 140 m³/s,由于闸门启闭设施不灵活,而且开启时间较长,再加上根据洪水涨落进行调度的经验不足,滞洪削峰较大,库水位壅高,坝前最高水位达 317.18 m,最高日平均水位为 316.76 m,时段平均水位 307.38 m,出库最大流量削减为 7 900 m³/s。洪峰期间,虽然进库段水流集中,使潼关以下自由段有较大冲刷,但因坝前水位较高,上段冲刷的淤积物不能有效排出库外,水库仅冲刷 0.065 亿 t。若能及时开门,按现有的泄流规模,坝前最高水位可降到 309.4 m,时段平均水位可降在 305 m 以下,水库将可能冲刷近 1 亿 t。

③据"1981 年汛期库区冲淤情况初步分析",1981 年汛期洪水进入潼关站后,水库的泄流建筑物因工程原因未能全部打开(即有 5 个深孔、1 个底孔没有启开),对于 1981 年汛期水库库区的冲刷与排沙有一定的影响。1981 年汛期使用泄流能力与全部泄流能力对比(不包括发电泄流)见表 3-9-11。根据使用的泄流能力,按照 1981 年汛期入库洪水情况和发电控制运用水位进行敞泄的运用计算表明,在下泄流量 $Q > 4\,000$ m³/s 时,泄流能力便受到影响。1981 年汛期入库流量大于或等于某流量级的天数见表 3-9-12。由表 3-9-12 可以看出,影响泄流能力长达 42 d。然后用"全部泄流能力敞泄运用与实测比较的方法""汛期或洪峰排沙经验关系方法"进行计算,估算未全部开启泄流建筑物对库区冲刷的影响,结果为影响冲刷 0.27 亿 ~ 0.32 亿 t,即可以认为 1981 年汛期少数孔和底孔(因工程原因)未开启,泄流对库区排沙的影响为少冲 0.3 亿 t 左右,约占汛期冲刷量的 9%,估计对潼关高程的影响 0.1 ~ 0.3 m。由此给我们启示,在多泥沙河流上的水库调度运用中,为了汛期多排沙,不但要求应有一定的泄流规模,重要的是泄流设施调度灵活,在洪峰期充分利用已有的泄流能力,抓住时机加大泄量,降低滞洪水位,调整比降,发挥水流的冲刷(溯源冲刷和沿程冲刷)作用,加大排出库外的泥沙数量,以利排泄非汛期淤积在库内的泥沙,使潼关河床冲刷下降。

表 3-9-11 1981 年汛期使用泄流能力与全部泄流能力对比

坝前水位(m)	295.0	297.5	300.0	302.5	305.0	307.5	310.0	312.5	315.0
全部泄量 $Q_全$ (m³/s)	2 046	2 548	2 885	3 900	4 980	6 070	7 230	8 170	9 180
使用泄量 $Q_用$ (m³/s)	1 821	2 286	2 754	3 360	4 067	5 225	6 049	6 840	7 489
$\Delta Q = Q_用 - Q_全$	−225	−262	−131	−540	−913	−845	−1 181	−1 330	−1 691
$\Delta Q/Q_全$(%)	−11.0	−10.3	−4.5	−13.8	−18.3	−13.9	−16.3	−16.3	−18.4

表 3-9-12 1981 年汛期流量级统计

大于或等于某流量级 Q(m³/s)	天数(d)	大于或等于某流量级 Q(m³/s)	天数(d)
>3 000	53	5 000 ~ 6 000	14
3 000 ~ 4 000	11	>6 000	2
4 000 ~ 5 000	26		

3. 水库运用与潼关高程变化分析

（1）非汛期水库运用与潼关高程变化。

①水库非汛期最高运用水位变化。

从表 3-9-13 可以看出，自水库蓄清排浑控制运用（简称控制运用，下同）以来，水库蓄水运用的最高水位呈逐渐下降趋势，1973 年 11 月至 1979 年 6 月，运用水位最高，而且超过 320 m、322 m 和 324 m 的时间，分别为 618 d、442 d 和 164 d。若以该时段各级水位的天数为 100%，与其他三个时段相比，上述各水位级的天数逐渐减少，特别是 1992 年以来，水库最高蓄水位的时间大幅度减少，超过 320 m 和超过 322 m 的天数分别减少 49.0% 和 94.1%。由此表明，水库最高蓄水位的降低和超过某级水位的时间逐渐减少，水库非汛期的淤积分布将有所改善，而且使潼关以下的一段河道处于不受水库蓄水影响的自由畅流段，而潼关河床的冲淤变化将遵循天然状态下的河床调整的规律。

表 3-9-13　　三门峡水库非汛期最高蓄水位统计

时段（年-月）	最高蓄水位（m）	>320 m		>322 m		>324 m	
		天数（d）	减少（%）	天数（d）	减少（%）	天数（d）	减少（%）
1973-11 ~ 1979-06	325.99	618	0	442	100	164	0
1979-11 ~ 1985-06	324.94	517	16.3	343	22.6	27	83.5
1985-11 ~ 1992-06	324.11	452	26.8	273	38.4	4	97.6
1992-11 ~ 1999-06	323.80	315	49.0	26	94.1	0	100

需要说明的是，在 1992 年 11 月至 1999 年 6 月的时段内的最高蓄水位，是 1998 年 6 月 2 日的最高蓄水位 323.80 m，而该水位不是 1998 年的防凌和春灌的蓄水位，其防凌和春灌最高水位分别为 320.88 m（2 月 9 日）和 322.18 m（3 月 24 日），323.80 m 的出现主要是 1998 年 5 月底 6 月初期间，为配合黄河下游河口挖河工程施工，要求三门峡水库限制泄量，引起库水位缓慢上升（不同于往年在此期间水库应为水位下降补水期）。由于库水位的上升，加之 5 月下旬来自渭河的一场高含沙小洪水入库，坝前水位在 6 月 2 日急剧上升到最高水位 323.80 m。

②非汛期水库运用与潼关高程的升降。

如前所述，潼关高程的升降变化除与来水来沙条件有关外，也与水库运用有关。现按前述潼关高程各时段的变化，分析各时段水库非汛期运用与潼关升降变化的关系。

A. 1973 年 11 月至 1979 年 10 月的 6 个运用年

在此时段内虽然水库运用方式相同（都有防凌前蓄水、防凌蓄水、春灌蓄水等），但在运用水位、淤积部位及各年际间的变化有以下特点。

a. 防凌前蓄水位较高

时段内最高蓄水位为 320 ~ 321 m，平均为 316.07 m，而 1977 年和 1978 年两个运用年的防凌前蓄水位分别达到 320.90 m 和 321.08 m，为控制运用以来的最大值。首先，由于蓄水时间最长分别为 73 d 和 67 d，库区淤积量增大，淤积部位也比较靠上，淤积上延达黄淤 34 断面（距坝约 85 km）附近，以至于出现与防凌和春灌蓄水淤积部位的部分叠加现象，间接地对潼关高程产生不利影响。其次，防凌前蓄水位高和淤积部位偏上，给汛期冲刷非汛期淤积的泥沙增加了困难。因为,防凌前期淤积的泥沙冲刷下移或冲出库外,才能将淤积部位靠上的防凌和春灌蓄水淤积的泥沙冲出库外,所以对库区年内冲淤平衡造成不利影响。

b.防凌和春灌蓄水位高,淤积部位偏上,潼关河床上升

前已述及,水库蓄水位为307~308 m时,回水末端在北村附近;313~314 m时,回水末端在大禹渡附近;320~321 m时,回水影响到坩埚上下;324 m左右时,潼关将直接受回水影响。众所周知,多泥沙河流上的水库,当挟沙水流进入回水区以后,由于过水面积骤然扩大,流速减小,其挟带的泥沙便落淤下来。在水库运用水位相对稳定的情况下,将形成三角洲淤积,随着蓄水时间的增加、淤积量的加大,淤积三角洲将向坝前推移和向上游延伸。所以,水库蓄水期泥沙淤积部位与水库运用水位有关。三门峡水库运用的实践表明,由于非汛期蓄水运用不是一次逐步抬高,而是根据防凌前、防凌和春灌等各运用阶段对水库蓄水的要求,各时期的库水位也各不相同。由于各运用阶段库水位持续时间长短不同,水库淤积重心位置(即淤积比重多的库段)也不同。从表3-9-3可以看出,在1973年11月至1979年10月的6个运用年中,水库运用水位较高,最高为325.99 m,最高库水位平均值为324.70 m,6个运用年的非汛期平均库水位为316.97 m,超过324 m的时间达164 d,超过325 m的时间为30余d,显然,潼关断面也直接受水库回水影响。水库淤积重心在黄淤31~36库段,与潼关高程升降有密切关系的黄淤36~41断面(即坩埚至潼关)6年淤积量达1.003亿 m³,年平均淤积0.167亿 m³,是控制运用以来的最大值。在6个运用年中(见表3-9-3),1974~1976年3年的运用高水位的历时相对较短,平均水位也较低,入库沙量略大于2亿 t;1977~1979年后3年运用水位高,虽然入库沙量为1.3亿 t左右,但高水位运用历时较长,淤积部位有的年份(如1977年)已在黄淤36~41断面,水库回水直接影响潼关。前后3年的淤积量分别为4.475亿 m³和4.059亿 m³,从淤积量上看不出明显差异,但前3年的平均排沙比为28%,而后3年仅为11%左右。后3年由于高水位历时较长,绝大部分来沙量基本上都淤在库内,且部位偏上,黄淤36~41库段的淤积量偏多,前3年淤积0.3296亿 m³,后3年淤积0.6730亿 m³,后3年的淤积量比前3年增加1倍,潼关河床后3年上升的幅度较大(见表3-9-4)。由此表明,潼关高程的淤积上升幅度与最高运用水位及其持续时间的长短有明显的关系。同时也说明,在现行水库运用方式条件下,由于非汛期来沙量较少,且变化不大,河道比降调整作用的影响也不大,而回水淤积延伸应视淤积数量而定,在来沙量不大情况下,其影响亦只占次要地位,潼关河床高程上升的主要原因应是直接回水淤积的结果。

从各应用年的变化来看,亦反映出各运用年非汛期三次蓄水(防凌前、防凌、春灌)过程的运用水位高低、历时及来沙的组合,不仅影响非汛期库区的淤积分布,而且也影响潼关河床高程上升的幅度。如1974年、1977年和1979年3个运用年相比,库水位超过320 m的时间分别为121 d、118 d和132 d,历时相差不多,但最高水位和超过324 m的高水位运用历时3年各不相同(见表3-9-3),超过324 m历时的1974年为14 d,1979年为44 d,而1977年高水位最高,历时最长,高于324 m的历时达77 d,高于325 m的历时达30余d,该年最高水位最高。从3年的库区淤积重心来看,1974年和1979年在黄淤31~36断面;1977年由于回水超过潼关,淤积重心在黄淤36~41断面,该库段淤积量为

0.389 亿 m³,为各年最大值,因而反映在潼关高程变化上,1974 年上升 0.55 m,1979 年为 0.67 m,而 1977 年达 1.25 m。

c. 桃峰期水库运用水位及对冲刷潼关的作用

据资料分析,桃峰期对潼关河床的升降有一定影响。桃汛洪峰入库时,只要潼关以下河段处于畅流状态,潼关河床均能发生冲刷下降,并能减缓后期春灌蓄水淤积上升的程度;同时,桃峰的冲刷作用,可以使潼关以下河段前期蓄水的淤积物向坝前搬移,有利于汛期将非汛期淤积的泥沙冲刷出库,并有利于保持年内冲淤平衡。资料分析表明,潼关高程升降与桃峰的冲刷范围和桃峰入库的水库运用水位有关。据资料统计,当水库起调最高水位为 315 m 左右时,桃峰冲刷范围从潼关到大禹渡上下;当起调水位较高,但不超过 320 m 时,冲刷范围从潼关到坩垲上下;当起调水位为 319～320 m 时,潼关高程可能会有所下降;当起调水位为 322～323 m 时,回水影响超过坩垲,潼关高程不下降或有所上升。从 1973～1979 年的 6 个运用年看(见表 3-9-2),前 3 年起调水位较后 3 年低,前 3 年桃峰入库的起调水位为 319.44～320.61 m,回水影响在坩垲附近,潼关河床有所下降;1977～1979 年的起调水位高为 322.30～323.40 m,回水超过坩垲,潼关高程没有下降,1977 年还上升了 0.1 m。表明后 3 年非汛期的运用,增加了潼关高程上升,对年内冲淤平衡不利。

总之,以上分析说明,从 1973～1979 的 6 个运用年的非汛期看,潼关高程上升,主要是直接回水淤积的结果,上升的幅度取决于最高蓄水位及高水位历时、水库回水影响潼关时期的来沙量等。鉴于控制运用后非汛期蓄水时间 1977 年以后逐年增加,运用水位越来越高,虽然蓄水期间来沙较少,但潼关高程相对比前 3 年上升较多,加之桃峰采取蓄水的方式运用,起调水位又高,不仅破坏了桃汛对潼关高程的冲刷作用及前期淤积物的搬家下移,而且增加了潼关至坩垲段的淤积,给潼关带来极为不利的影响,致使潼关高程在本时段逐步上升。

B. 1979 年 11 月至 1985 年 10 月的 6 个运用年

在此时段内水库的调度运用在总结前段运用的基础上,吸取调度运用的经验与教训,经过多方面研究,对水库运用水位做了调整。从表 3-9-2、表 3-9-3 数据可以看出,防凌前蓄水最高水位为 318.14 m(1985 年),最低为 312.46 m(1983 年),时段(6 个运用年,下同)平均为 315.53 m,比前时段的 317.92 m 降低 2.39 m。防凌运用根据黄河下游凌情变化也有调整,超过 324 m 的历时,由前时段的 164 d,下降为 27 d。春灌蓄水,考虑到下游用水需要,以及潼关高程的冲淤变化,确定春灌最高蓄水位一般不超过 324 m,同时为了充分发挥桃峰对库区的冲刷作用,吸取前时段的经验教训,桃峰入库前,库水位下降到 317～318 m,使潼关以下库段保持畅流状态,为冲刷潼关河床和下游非汛期淤积的泥沙创造有利条件。非汛期由于水库运用水位降低和高水位历时减少(见表 3-9-3),库区的淤积重心库段下移至黄淤 22～31 断面(北村至大禹渡),而且黄淤 36～41 断面(坩垲至潼关)6 年非汛期淤积总量为 0.386 亿 m³,年平均为 0.064 4 亿 m³,与前 6 个运用年相比减少的幅度较大。6 年非汛期潼关高程上升 2.09 m,平均上升 0.348 m,小于前 6 年的上升幅度。这些有利情况,有利于汛期冲刷库区和潼关高程的下降。

C. 1985 年 11 月至 1992 年 10 月 7 个运用年和 1992 年 11 月至 1999 年 10 月 7 个运用年

在此两个运用时段中,水库运用水位进一步下降,而且高水位运用历时不断减少。从表 3-9-2、表 3-9-3 可以看出,由于运用水位的变化,非汛期库区的淤积重心下移至黄淤 22~31 断面,而且这个库段的淤积量占库区非汛期总淤积量的 40.0%~59.0%,即占库区淤积量的 50% 左右。黄淤 36~41 断面(坩垮至潼关)非汛期淤积量占总淤积量的比例在减小,在 1985 年 11 月至 1986 年 6 月和 1994 年 11 月至 1995 年 6 月两个运用年,非汛期还出现冲刷现象。特别是 1992 年 11 月至 1999 年 6 月的 7 个运用年非汛期超过 320 m 水位历时总计只有 315 d,超过 322 m 水位历时为 26 d(见表 3-9-3),与 1973 年 11 月至 1979 年 6 月的开始控制运用的 6 年相比分别减少 49% 和 94.1%,最高运用水位没有超过 324 m。这种情况表明,在 1992 年 11 月至 1999 年 6 月的 7 年中,坩垮至潼关库段基本不受水库回水影响,其潼关高程的升降,如前所述,主要是来水来沙条件(包括龙羊峡水库调蓄)的影响。

(2)汛期潼关高程升降分析。

在总结前几年运用经验的基础上,汛期采用"平水控制,洪水敞泄"的运用方式,即在平水期流量较小时控制水位 300~305 m,特别是汛初为防止非汛期的淤积物集中在小水时形成小水带大沙排向下游,避免由此使下游河槽严重淤积,影响下游河道汛期排洪能力,当入库流量等于或大于 2 500~3 000 m³/s 时,将能投入运用的泄水建筑物全部打开,尽量降低洪水时的库水位,充分发挥洪水的排沙作用,这样既有利于库区冲刷和潼关河床的冲刷,也有利于黄河下游河道的输沙。

总结汛期水库冲刷与不同运用水位下,不同泄量与排沙作用的经验表明:①汛期库区冲刷的重点部位与汛期来水流量大小有关。②汛期洪峰排沙时段,当水库泄水闸启开调度不灵活,水库滞洪水位超过 310 m 时,库区多是淤积的,个别为冲刷;库水位为 308~310 m,库内有冲有淤,冲的次数较多;当库水位低于 308 m 时,库区则为冲刷。③当洪峰流量低于 5 000 m³/s 时,库区冲淤取决于坝前控制水位和泄量,据统计在库水位为 300 m 时,如果下泄流量占该水位相应的最大泄量的 50% 以上,则排沙比大于 1。当下泄流量少于 50% 时,则水库排沙比小于 1。上述经验说明了汛期要冲掉非汛期淤积的泥沙,来水来沙条件和水库运用两者的相互依赖关系。如前述及,从运用条件、潼关高程变化和来水来沙等情况考虑,分四个时段分析如下。

①1973 年 11 月至 1979 年 10 月的 6 个运用年。

这一时段,非汛期进行防凌、春灌、发电运用,其运用水位如前所述均较高(见表 3-9-14),而且高水位运用历时长,有的年份水库回水直接影响潼关,库区非汛期的泥沙淤积部位偏上。汛期平均控制水位 305 m 左右,各年平均水位 303.58~306.74 m。滞洪最高水位为 1977 年 7 月 8 日的 317.17 m(1975 年 10 月及 1976 年 10 月分别因为减轻滩区漫滩损失达控制运用以来汛期上升的最大值),而汛期水量少,超过 3 000 m³/s 流量的历时只有 8 d,相应水量为 36 亿 m³ 左右,虽然该年汛期洪峰最大流量比较大,为 15 400 m³/s,但洪峰尖瘦,加之闸门开启不灵,未能充分利用泄流能力,大大影响了水库的排沙能力,失去了使潼关高程下降的有利时机。还需要指出的是,对潼关高程的变化来讲,汛期要实现年内平衡,除库区冲淤量的平衡外,还要有各部位的冲淤平衡,有赖于潼关以下库区在汛期洪峰期发生沿程冲刷和溯源冲刷两者的联合作用,将各部位淤积的泥沙,尤其是潼关至坩埇库段淤积的泥沙,冲起并带向下游。分析 1978 年和 1979 年两年汛期的典型洪峰资料(见表 3-9-15)可知,潼关、坩埇和大禹渡各站同流量水位在洪峰前后的变化有两头冲中间淤的现象,表明沿程冲刷和溯源冲刷两者没有连接起来,因而潼关高程在洪峰过程中的冲刷降低是暂时性的,洪峰过后又要回淤,这也是造成潼关高程逐年抬高的原因。

总之,1973 年 11 月至 1979 年 10 月运用时段潼关高程的上升,一方面是非汛期运用水位高,高水位运用时间长,特别是水库回水直接影响潼关,淤积部位偏上;另一方面是汛期的不利水沙条件,沿程冲刷和溯源冲刷两者没有充分发挥作用,时段内库区当年非汛期淤积的泥沙没有冲完,致使潼关高程逐年抬升,1979 年汛末潼关高程上升到 327.62 m,与 1973 年汛后相比上升 0.98 m。

表 3-9-14 三门峡水库汛期运用水位及冲淤统计

汛期年	汛期运用水位		汛期沙量(亿 t)	水量			各库段汛期冲淤量(亿 m³)					潼关高程升降(m)
	最高(m)	平均(m)		汛期(亿 m³)	洪峰(亿 m³)	$Q_{汛最大}$(m³/s)	12~22	22~31	31~36	36~41	1~41	
1974	308.30	303.58	5.52	121.8	58.1	7 040	0.139	-0.280	-0.437	-0.127	-0.631	-0.49
1975	318.47	304.77	10.3	302.3	240.1	5 910	-0.413	-0.575	-0.748	-0.317	-1.973	-1.19
1976	317.97	306.74	8.45	319.2	137.9	9 220	-0.139	-0.466	-0.541	-0.084	-1.114	-0.59
1977	317.17	305.53	20.9	167.0	69.1	15 400	0.167	0.146	0.209	-0.195	0.346	-0.58
1978	311.21	3.5.87	12.4	223.1	133.1	7 300	-0.330	-0.632	-0.522	-0.071	-1.754	-0.21
1979	312.20	304.59	9.59	217.1	176.0	11 100	-0.277	-0.366	-1.151	-0.140	-2.112	-0.14
1980	311.22	301.87	4.66	134.0	60.69	3 180	-0.379	-0.341	-0.316	-0.146	-1.403	-0.44
1981	310.38	304.85	10.6	338.8	294.8	6 540	-0.310	-0.665	-0.414	-0.389	-1.906	-0.68
1982	309.92	303.39	4.34	183.7	70.6	4 760	-0.170	-0.287	-0.294	-0.050	-0.839	-0.38
1983	310.74	304.64	5.86	313.6	228.9	6 200	-0.330	-0.650	-0.379	-0.143	-1.560	-0.82
1984	315.02	304.16	7.01	281.9	209.9	6 430	-0.278	-0.257	-0.420	-0.031	-1.248	-0.43
1985	314.73	304.08	6.88	233.1	177.9	5 540	-0.049	-0.556	-0.325	-0.010	-1.083	0.32
1986	313.15	302.44	2.11	134.3	65.2	4 620	-0.201	-0.360	-0.166	0.074	-0.695	0.10
1987	309.55	303.13	2.08	75.4	17.3	5 450	-0.060	-0.254	-0.020	-0.001	-0.245	-0.14
1988	308.90	302.30	12.5	186.6	101.3	8 260	-0.420	-0.673	-0.264	0.052	-1.332	-0.29
1989	310.75	304.21	6.59	205.0	58.3	7 280	-0.328	-0.427	-0.141	-0.062	-0.993	-0.26
1990	308.44	301.60	5.5	139.6	45.6	4 430	-0.234	-0.664	-0.153	-0.045	-0.974	-0.15
1991	305.86	302.06	1.99	61.1	20.4	3 310	-0.363	-0.307	-0.016	0.001	-0.616	-0.12
1992	311.93	302.73	8.06	131.0	73.4	4 040	-0.485	-0.346	-0.476	-0.162	-1.887	-1.10
1993	310.82	303.37	4.08	139.4	46.4	4 440	-0.579	-0.815	-0.270	-0.072	-1.765	-0.02
1994	318.29	306.63	10.3	134.4	37.1	7 360	-0.291	-0.779	-0.311	0.007	-1.469	-0.26
1995	311.56	303.75	7.03	116.4	47.7	4 180	-0.440	-0.786	-0.129	0.097	-1.303	0.23
1996	306.88	303.37	9.87	126.5	47.2	7 500	-0.489	-1.450	-0.429	-0.087	-2.500	-0.35
1997	306.86	303.56	4.37	55.5	10.2	4 700	-0.227	-0.423	-0.100	0.096	-0.724	-0.22
1998	308.67	303.60	4.37	85.9	38.8	6 300	-0.140	-0.920	-0.480	-0.070	-1.610	-0.16
1999	318.22	306.04	3.70	95.2	25.6	2 950	-0.176	-0.670	-0.315	-0.068	-1.220	-0.34

续表 3-9-14

| 汛期年 | 汛期运用水位 | | 汛期沙量(亿t) | 水量 | | | 各库段汛期冲淤量(亿 m³) | | | | | 潼关高程升降(m) |
	最高(m)	平均(m)		汛期(亿 m³)	洪峰(亿 m³)	$Q_{汛最大}$(m³/s)	12～22	22～31	31～36	36～41	1～41	
1974～1979	314.22	305.18	11.19	225.07	135.7	15 400	-0.853	-2.174	-3.190	-0.766	-7.278	-0.53
1980～1985	312.00	303.83	6.56	247.52	173.8	6 540	-1.516	-2.765	-2.148	-0.769	-8.038	-0.51
1986～1992	309.80	302.64	6.10	133.29	54.5	8 260	-2.090	-3.319	-1.236	-0.142	-6.743	-0.28
1993～1999	311.61	304.33	6.25	107.13	36.1	1 760	-2.341	-5.844	-2.035	-0.097	-10.601	-0.16

表 3-9-15　沿程同流量水位统计

时段(年-月-日)	流量(m³/s)	$\Delta H_{潼关}$(m)	$\Delta H_{坩埼}$(m)	$\Delta H_{大禹渡}$
1978-08-08～11	2 500	-0.05	+0.07	-0.55
1979-08-11～14	2 000	-0.02	+0.11	-0.15

②1979 年 11 月至 1985 年 10 月的 6 个运用年。

在此期间,1980 年汛期不再发电,1984 年开始底孔大修。如前所述,总结上一时段水库运用的经验教训,从 1980 年起,水库运用水位有所调整,各阶段非汛期运用水位有所降低(见表 3-9-2、表 3-9-3),特别是防凌运用后,将库水位(春灌起调水位)降至 320 m 以下,以利于桃峰冲刷潼关河床。各年最高蓄水位为 323.59～324.94 m,高于 320 m 水位的天数为 49～101 d,高水位运用历时较上一时段明显减少,大于 324 m 的时间从上时段的 164 d 减少为 27 d,潼关以下淤积重心下移。汛期除 1980 年为降低潼关高程,曾于一段时间内敞泄运用外,7～8 月控制在 300 m,汛初(第一场大于 3 000 m³/s 洪水之前)和 9～10 月控制在 305 m,汛期运用水位较上一时段有所降低。重要的是该时段内汛期来水来沙有利,特别是:①汛期来水偏丰,来沙小于多年平均值(见表 3-9-8)。②洪峰年均水量 173.8 亿 m³,其中汛期日平均流量大于 3 000 m³/s 的水量为 118.8 亿 m³,较上个时段多 25 亿 m³。③最大洪峰流量虽然没有上一时段大,但中水流量持续时间较长,特别是 1981 年汛期洪峰接踵发生(见图 3-9-1),特别是 1981 年 9 月龙羊峡发生的洪水进入潼关后,10 月 3 日潼关洪峰流量 6 420 m³/s,这次洪水含沙量较小,中水流量历时较长,从黄河北干流的禹门口到潼关沿程普遍产生冲刷,潼关河床及潼关以下库区也发生较大幅度的冲刷,由于这次洪水的沿程冲刷和溯源冲刷都得到了充分的发展(见前水沙条件分析部分),时段内潼关以下库段达到冲淤平衡,而且还将前时段的淤积物冲走一部分(见表 3-9-16)。潼关水位得到持续稳定下降,经过这次洪水冲刷后,潼关以下库段纵剖面形态发生了较大的调整,潼关至坩埼比降由 0.207‰调整为 0.23‰,汛后潼关高程下降到 326.94 m,由于有利的水沙条件,到 1985 年汛末潼关高程又恢复到 326.64 m,与 1973 年汛末持平。

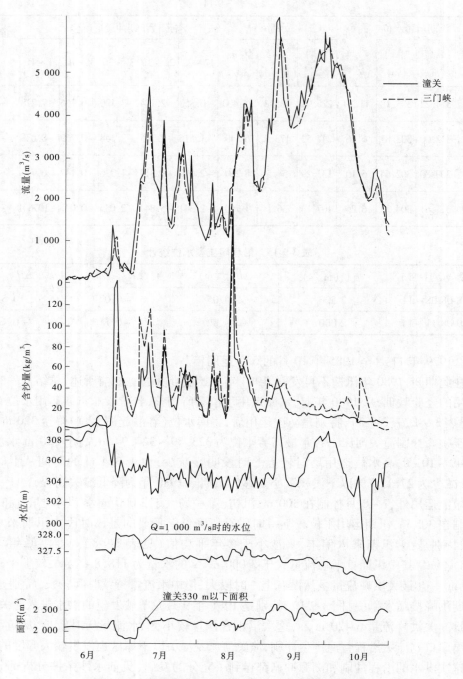

图 3-9-1　潼关至大坝段 1981 年 6 ~ 10 月综合过程线

表 3-9-16　各时段潼关上下库段冲淤统计

时段 (年-月)	项目	黄淤 1~12	黄淤 12~22	黄淤 22~31	黄淤 31~36	黄淤 36~41	小计黄淤 1~41	黄淤 41~45	黄淤 45~50	小计(黄淤) 41~45	黄淤合计(黄淤) 1~50
1973-10 ~ 1979-10	时段冲淤量(亿m³)	0.493 5	0.768 5	0.235 8	-0.435 4	0.236 7	1.296 0	0.464 8	-0.016 4	0.448 4	1.744 4
	非汛期冲淤量(亿m³)	0.748 7	1.618 3	2.409 8	2.755	1.002 6	8.534 0	-0.374 1	-0.943 2	-1.317 3	7.216 7
	汛期冲淤量(亿m³)	-0.055 2	-0.852 5	-2.174 0	-3.190 4	-0.765 9	-7.238	0.838 9	0.926 8	1.765 7	5.472 3
	非汛期各段占全段的比例(%)	8.8	19.0	28.2	32.3	11.7	100	47.5	52.5	100	
	汛期冲淤量占非汛期的比例(%)	34.1	52.7	90.2	115.8	76.4	84.8				
1979-10 ~ 1985-10	时段冲淤量(亿m³)	-0.271 7	-0.170 5	0.200 6	0.172 8	-0.382 4	-0.852 4	-0.439 1	-0.420 3	-0.859 4	-1.711 8
	非汛期冲淤量(亿m³)	0.578 5	1.345 4	2.555 6	2.320 7	0.386 4	7.186 6	-0.278 8	-0.723 0	-1.001 8	6.184 8
	汛期冲淤量(亿m³)	-0.850 2	-1.515 9	-2.756 2	-2.147 9	-0.768 8	-8.039 0	-0.160 3	0.302 7	0.142 4	-7.896 6
	非汛期各段占全段的比例(%)	8.0	18.7	35.6	32.3	5.4	100	-112.5	212.5	100	
	汛期冲淤量占非汛期的比例(%)	146.9	112.7	107.8	92.6	198.9	111.9				
1985-10 ~ 1992-10	时段冲淤量(亿m³)	0.084 1	-0.157 0	0.306 1	0.520 8	0.323 4	1.077 4	0.337 0	0.647 0	0.984 0	2.061 4
	非汛期冲淤量(亿m³)	0.039 4	1.933 0	3.625	1.756 9	0.465 8	7.820 1	-0.226 4	-0.211 1	-0.437 5	7.382 6
	汛期冲淤量(亿m³)	0.044 7	-2.090	-3.318 9	-1.236 1	-0.142 4	-6.742 7	0.563 4	0.858 1	1.421 5	-5.321 2
	非汛期各段占全段的比例(%)	0.5	24.7	46.3	22.5	6.0	100	39.6	60.4	100	
	汛期冲淤量占非汛期的比例(%)	-113.5	108.1	91.6	70.4	30.6	86.2				
1992-10 ~ 1999-10	时段冲淤量(亿m³)	0.306 1	0.238 7	0.103 6	-0.079 6	0.085 2	0.654 0	0.152 1	0.458 2	0.610 3	1.264 3
	非汛期冲淤量(亿m³)	0.590 3	2.580 1	5.947 4	1.955 2	0.182 1	11.255 1	-0.055 2	-0.250 9	-0.306 1	10.949 0
	汛期冲淤量(亿m³)	-0.284 2	-2.341 4	-5.843 4	-2.034 8	-0.096 9	-10.601 1	0.207 3	0.709 1	0.916 4	-9.684 7
	非汛期各段占全段的比例(%)	5.2	22.9	52.8	17.4	1.7	100	22.6	77.4	100	
	汛期冲淤量占非汛期的比例(%)	48.1	90.7	98.3	104.1	53.2	94.2				

③1985年11月至1992年10月的7个运用年。

在这一时段,水库泄流底孔大修于1989年完成,为弥补因底孔改建而减少的泄流能力,于1990年7月打开9号、10号底孔并投入使用。这样,305 m水位可泄流4 860 m³/s,315 m水位泄流9 440 m³/s(设计值,未计入机组泄量),水库运用方式和条件与上一时段基本相同,汛期7~9月不发电,控制水位仍为300~305 m,实际运用水位有所降低。非汛期最高蓄水位为322.62~324.11 m,较前两个时段均有所降低,高水位时间相应减少,该时段7年超过324 m的时间仅为4 d(见表3-9-2、表3-9-3)。高于320 m水位的时间为25~90 d。时段内尽管控制运用水位较严,但此时段来水较少,年平均来水量仅289.56亿m³(见表3-9-6),汛期年平均水量133.29亿m³,最少的1987年仅为75.43亿m³。汛期日平均大于3 000 m³/s流量的水量,时段汛期平均只有20.9亿m³,超3 000 m³/s流量的时间年均只有6.6 d。特别是1986年10月龙羊峡水库开始初期蓄水运用,改变了汛期与非汛期年内来水的分配比例,汛期来水更少。虽然这段时间较前两个时段运用水位都低,由于汛期水沙条件不利,冲刷能力减弱,潼关以下库区达不到冲淤平衡(见表3-9-16),潼关以下库段尚有1.077 4亿m³的非汛期淤积泥沙没有冲完。潼关高程逐年抬高,1992年汛末上升为327.30 m,比1985年汛末上升0.66 m。

④1992年11月至1999年10月的7个运用时段。

在这一时段,水库运用水位进一步降低,非汛期最高运用水位为320.78~322.66 m,平均水位315.78 m。库水位超过320 m的历时年均45 d,大于322 m的运用时间年均只有3.7 d(见表3-9-2、表3-9-3)。表明坩埚以上库段,非汛期不受水库蓄水的淤积影响,属于畅流的天然状态。汛期来水量进一步减少,是枯水枯沙时段的延续。汛期年均水量为107.76亿m³,沙量6.25亿t,而且时段洪峰水量年均为36.1亿m³,日平均流量大于3 000 m³/s的水量年均只有6.39亿m³,历时为2 d多。虽然非汛期水库运用水位降低,库区淤积重心部位下移至黄淤22~31库段(北村至大禹渡),由于水沙条件特别不利,冲刷能力减小,时段内黄淤1~36库段(坝前至坩埚)尚有0.57亿m³泥沙没有冲走(见表3-9-16),而处于天然河段的黄淤36~41库段(坩埚至潼关)尚有0.085亿m³非汛期淤积的泥沙没有冲完(见表3-9-16)。需要进一步探讨的是,该时段由于水库运用水位低,从水库运用水位与回水影响的规律来看,回水影响的范围在坩埚(黄淤36)以下,其冲淤变化应该遵循天然河流的调整规律,同样潼关河床的冲淤变化,在脱离水库蓄水影响的情况下,受水沙条件与潼关上下河段河床的调整影响。如前所述,三门峡水库修建前,天然状态下潼关河床是汛期和洪水期冲刷下降,非汛期和小流量时则为淤积上升。从表3-9-17可以看出,建库前1956年和1957年两个典型的水沙条件亦特别不利,1956年汛期水量接近多年平均值,而来沙为丰沙年,1957年汛期为枯水枯沙。潼关高程的变化为:1956年非汛期上升0.66 m,而汛期只冲刷下降0.02 m;1957年非汛期河床没有变化或变化很小,由于汛期来水枯,潼关高程反而上升0.18 m。由此可以看出,在时段内潼关不受水库用水影响,由于汛期水量少,冲刷能力小,也很难使潼关高程冲刷下降。

表 3-9-17　建库前典型年潼关水沙量及高程变化表

时间	水量（亿 m³）		沙量（亿 t）		潼关高程升降值（m）	
	全年	汛期	全年	汛期	非汛期	汛期
多年平均（1933~1989 年）	405.5	232.5	12.1	10.1	+0.35	−0.28
1956 年	326.9	210.3	16.7	14.0	+0.66	−0.02
1957 年	307.0	164.2	10.3	7.9	0	+0.18

　　总之，在该时段内，水库运用水位低，非汛期绝大部分时间库水位在 322 m 以下，超过 322 m 的时间只有 1993~1994 年和 1997~1998 年两个运用年，历时分别为 5 d 和 17 d（见表 3-9-2、表 3-9-3），坩埡以上不受水库回水影响。潼关高程的上升，主要是汛期水量小，特别是洪水期水量小，冲刷能力小，致使潼关高程居高不下。需要说明的是，自 1996 年以后的各年际间，虽然潼关高程有升有降，但差距不大，基本上是处于相对平衡状态，这不能不说与 1996 年以后在潼关以下部分库段进行清淤有关。

四、潼关以上河段冲淤调整对潼关河床影响的初步分析

　　众所周知，黄河小北干流（禹门口至潼关）河段，属于冲淤变化剧烈的游荡性河道。黄河出龙门峡谷后，河宽由几百米，骤然成扇形扩展到十几千米，致使河道宽浅，水流分散，流速减小，输沙能力降低，水流中挟带的大量泥沙逐渐沿水流方向沉积，主流游荡摆动频繁，素有"三十年河东，三十年河西"之称。其河道的纵向变化是上陡下缓，纵比降沿程变化见表 3-9-18。从表 3-9-18 可以看出，上源头（黄淤 45 断面）以上为 0.56‰~0.32‰，而上源头（黄淤 45 断面）至潼关为 0.25‰~0.23‰。

表 3-9-18　黄河小北干流纵比降

河段	禹门口至北赵	北赵至蒲州老城	蒲州老城至上源头	上源头至潼关
比降（‰）	5.6	3.6	3.2	2.5~2.3

　　建库前自然状态下，小北干流河道是汛期多为淤积，非汛期多为冲刷。三门峡水库修建后，初期由于水库高水位蓄水拦沙运用，回水超过潼关，黄河小北干流回水达黄淤 50 断面上下（距大坝约 150 km），受回水影响河段发生溯源淤积（见表 3-9-16）。水库改为滞洪排沙运用后，由于前期淤积影响，该河段仍出现淤积上延现象（见表 3-9-16）。水库控制运用后，由于水库运用条件不断改善，水库运用最高水位逐渐降低，这个河段又基本恢复到自然河道状态。但在上游龙羊峡等大型水库投入运用后，改变了水沙年内汛期与非汛期的分配比例，汛期减水多减沙少，使汛期含沙量增加，从而导致小北干流汛期淤积大大增加（见表 3-9-19）；非汛期由于进入该河段的水量增加，也相对增加了该河段的冲刷量。非汛期进入潼关的沙量增加会加重潼关以下库区的淤积，势必影响潼关高程上升。

表 3-9-19　　龙羊峡、刘家峡运用前后小北干流冲淤比较

时段 （年-月）	分段年平均冲淤量（亿 m³）				
	黄淤 41～45	黄淤 45～50	黄淤 50～59	黄淤 59～58	合计
1960-05～1968-05	0.480 1	0.740 0	0.233 6	0.292 8	1.746 5
1968-06～1973-10	0.005 6	0.162 6	0.377 4	0.368 4	0.914 0
1973-11～1986-10	0.004 1	−0.048 1	0.033 2	0.023 5	0.012 7
1986-11～1999-10	0.041 5	0.089 7	0.130 1	0.214 7	0.476 0

　　另外，自 1985 年以后三门峡水库运用水位降低，如前所述，潼关以下至坩垮库段基本上属于自然河段的畅流区，其河段的冲淤调整受水沙条件和上段自上而下的冲淤变化影响，由表 3-9-16 可以看出，1985 年 10 月以后在两个大的运用时段内，黄淤 36～41 和黄淤 41～45 两个相邻河段的冲淤量分别为 0.323 4 亿 m³ 及 0.337 0 亿 m³，1992 年 10 月至 1999 年 10 月分别为 0.085 2 亿 m³ 和 0.152 1 亿 m³，这反映出黄河小北干流黄淤 45 断面以下河道沿程向下游淤积延伸的特征，这种河流调整现象是符合冲积河流自动调整的基本原理的。

　　黄河小北干流的冲淤演变、非汛期的冲刷主要是通过滩地坍塌的旁蚀来实现的，由于滩地的坍塌形成宽浅乱的河道，汛期、洪水期滞洪沉沙，淤积出新的滩地，又为非汛期的冲刷提供了泥沙；淤积数年之后，河床抬升，在一定的水沙条件下，发生高含沙洪水"揭河底"冲刷，河床大幅度冲刷下降，河势趋于规顺，继而经过以后数年河道的不断淤积发展，河势又变为散乱，主流游荡摆动，这是黄河小北干流多年的一种调整形式。在上游龙羊峡等大型水库投入运用后，改变了进入该河段的来水来沙条件，而且大流量的洪峰出现机遇也可能会发生变化。这种水沙条件的变化，小北干流河段将出现如何相应地调整，对其发展趋势应进行研究，因为潼关处于该河段的末端，而又是其侵蚀基面，小北干流河床的调整势必对潼关河床及其以下库区产生影响。

五、结语

　　（1）保持潼关高程的相对稳定，是三门峡水库运用的一个特殊条件。三门峡水库控制运用以来潼关高程的变化与来水来沙条件和水库运用有密切关系。资料分析表明，水库的冲淤和潼关高程的升降变化，在一定的运用方式下，在很大程度上受来水来沙条件制约。为保持库区冲淤平衡，并控制潼关高程的抬高，水库运用也受水沙条件制约。就水库控制运用以来的情况来说，1973 年 11 月至 1979 年 10 月，虽然时段内有的年份水沙条件较好，有的年份是枯水丰沙（如 1977 年），但因非汛期水库运用水位偏高，回水直接影响潼关，高水位历时长，库区泥沙淤积部位偏上，致使潼关高程呈上升趋势。1979 年 11 月至 1985 年 10 月，水沙条件有利，且总结前时段水库运用的经验，运用方式有了改善，非汛期运用水位有所降低，在汛期溯源冲刷和沿程冲刷联合作用下，潼关高程也逐年降低，恢复到 1973 年汛后的 326.64 m。1986 年以后，非汛期运用正常，运用水位较前些年还有所降低，特别是 1992 年以后，潼关至坩垮库段基本不受水库回水影响，处于畅流的天然河流

状态。但由于天然来水少和龙羊峡等大型水库的调节影响,汛期水量减少很多,而且大流量出现次数和数量明显减少,冲刷非汛期淤积泥沙的能力降低,水库达不到年内冲淤平衡,致使潼关高程又呈上升趋势。

(2)三门峡水库运用实践表明,非汛期潼关高程的变化与非汛期水库防凌前、防凌和春灌 3 次蓄水过程的运用水位高低、历时及来水来沙组合有关。同时,应限制非汛期蓄水回水不直接影响潼关。

(3)汛期排沙运用的实践表明,三门峡水库汛期排沙主要取决于坝前水位、下泄流量和来水来沙条件。水库泄流工程经过两次改建后,低水位时的泄流能力大大增加,中、小水时的排沙能力增强。水库在总结前期运用的基础上,汛期运用采用平水期控制,洪水期降低水位排沙的运用方式。在洪水时只要尽可能降低坝前水位,就能收到好的效果。潼关高程非汛期的上升除了小流量的回淤外,主要是由较长时间高水位运用期间直接回水淤积造成的。汛期潼关高程的冲刷下降主要依赖于洪水冲刷,即充分利用洪水时的自上而下的沿程冲刷和尽量降低坝前水位自下而上的溯源冲刷的联合作用。

汛期水库调度运用实践表明,多泥沙河流上采取调水调沙运用方式的水库,在汛期泄流建筑物闸门的启闭调度应保持灵活,以充分利用已有的泄流能力,在洪水到来时能及时根据洪水涨率,适时开启泄水孔泄流,使一般洪水不发生滞洪或少滞洪,充分发挥洪水的排沙作用,最大限度地将淤积在库内的泥沙排至库外,并尽量降低潼关高程。

(4)1986 年以来,受上游龙羊峡等大型水库及连续枯水枯沙时段的影响,潼关上下的水沙组合条件发生了一些变化。黄河小北干流河段为适应这种水沙变化,不断地进行调整,小北干流黄淤 45 断面以下河床发生淤积并沿程向下游(潼关至坑垿)河段延伸。这种情况说明,其河床调整遵循冲积性河流河床自动调整的基本规律。黄河小北干流这个时期的河床调整是以纵向调整为主,这种淤积向下游的延伸,势必对潼关河床产生不利影响,加速潼关河床的淤积抬升,这也是近期潼关河床高程居高不下的原因之一。

参 考 文 献

[1] 杨庆安,龙毓骞,缪凤举.黄河三门峡水利枢纽运用与研究[M].郑州:河南人民出版社,1995.

[2] 程龙渊,等.三门峡库区水文泥沙实验研究[M].郑州:黄河水利出版社,1999.

[3] 孙绵惠,等.潼关河床演变规律及发展趋势研究[R].三门峡:三门峡库区水文水资源局,2000.

[4] 焦恩泽,张翠萍.潼关河床高程演变规律的研究[R].郑州:黄河水利委员会水利科学研究院,1994.

[5] 高德松,等.黄河禹门口至潼关河段冲淤有关问题的分析[R].三门峡:三门峡库区水文水资源局,1995.

[6] 黄河水利委员会三门峡水利枢纽汛期发电试验研究项目组.黄河三门峡水库 1997 ~ 1998 年汛期发电试验研究报告[R].郑州:黄河水利委员会总工程师办公室,1999.

第四章　河道整治

"河道整治"条题[*]

河道整治是指按照河道演变规律,因势利导,调整、稳定河道主流位置,改善水流、泥沙运动和河床冲淤部位,扩大过水断面等,以适应防洪、航运、供水、排水等国民经济部门要求的工程措施。天然河道受到各种自然条件和人类活动的影响,常会产生冲刷、淤积、坐弯、分汊、溜势改变等不利于安全行洪、排涝、航运、供水的问题,需要靠整治河道来解决。河道整治主要是修建控导工程、护岸工程、堵汊工程、裁弯工程、河道展宽工程和疏浚工程等各类河道整治工程。

进行河道整治必须:①全面研究拟整治河段和毗连的上、下游河段可能的治理开发问题;②调查了解社会经济、河势变化及已有的河道整治工程情况;③进行水文、气象、泥沙、地质、地形的勘测,分析河床演变规律;④确定没计流量、设计水位、比降、水深、河道平面形态指标(包括洪水、中水、枯水 3 种情况)的主要参数等。依照整治任务拟订方案并绘制治导线,通过比较选取优化方案,使实施后的总效益最大。重要工程在方案比选时,还需进行数学模型计算和物理模型试验。

一、河道整治的发展

河道整治是随着经济社会的发展而逐渐发展完善的。中国历史传说在公元前 2 100多年前大禹采用"疏川导滞"即疏浚河道的办法取得了成功。公元前 250 多年前后,李冰修建了都江堰,创建了鱼嘴和溢水堰控制水量,引岷江之水灌溉成都平原,并总结出"深淘滩,低作堰"的维修原则。护岸工程早在战国时期已经出现。黄河上西汉石工护岸已很普遍,东汉更出现了挑溜护岸,宋代护岸种类繁多,明清更大量采用植物(植树)护岸。埽工是古代黄河上一种堵口和护岸建筑物。先秦时就有"茨防决塞"的记载,宋代发展到高潮期,黄河两岸险工地段普遍修有大埽,北宋已修有 46 处埽工,清代把卷埽的方法改为沉厢式的修埽方法。20 世纪 50 年代以来,河道整治由被动的防御发展到有计划、主动的控导河势,由局部河段发展到长河段的整治,由多以单纯防洪或航运为目的的河道整治发展到多目的的河道整治,工程材料由秸、柳、竹、土、桩、绳发展到石料、混凝土、钢材、土工合成材料等,施工方法由人工发展到机械施工,观测方法由人工观察发展到仪器观测,并采用声、电、遥感等先进技术设备。

* 本文原载于《中国水利百科全书·防洪分册》(北京:中国水利水电出版社,2004 年 11 月第 1 版,P92);由《中国水利百科全书·防洪分册》河道整治、河道整治工程、中水河道整治 3 篇初稿于 2001 年 11 月合编而成,定名为河道整治。

(一)整治原则

以防洪为目的的河道整治,要保证有足够的排洪断面,避免出现影响河道宣泄洪水的过分弯曲和狭窄的河段,主槽要保持相对稳定,并加强河段控制部位的防护工程。以航运为目的的河道整治,要保证航道水流平顺、深槽稳定,具有满足通航要求的水深、航宽、河弯半径和流速、流态,还应注意船行波对河岸的影响。以供水为目的的河道整治,要保证取水口段的河道稳定及无严重的淤积。以浮运竹木为目的的河道整治,要保证有足够的水道断面,适宜的流速和平缓的弯道。

整治时要遵守:①上下游、左右岸统筹兼顾,全面规划;②分析河势演变规律,确定整治流路;③根据需要与可能,分清主次,有计划、有重点地布设工程;④抓住河势演变过程中的有利时机,因势利导,及时修建整治工程;⑤河槽、滩地综合治理;⑥对于工程结构和建筑材料,要因地制宜、就地取材,以节省投资。

(二)中水河槽整治

中水河槽整治是以中水河槽为对象进行的河道整治。天然河道水流一般可分为洪水、中水、枯水3级,相应有洪水、中水、枯水3种河槽,河道整治可分为洪水、中水、枯水整治3种,其中以中水河槽整治最为重要,往往起控制作用。因为中水造床作用强,对河势影响大,坐弯冲淘能力强,常直冲堤防,使堤防出现大的险情,甚至造成堤防决口。中水整治的目的是控导主流,稳定河势,防止堤防冲决。中水河势是控制洪水河势和枯水河势的基础。经过中水整治,中水河势相对稳定,洪水河势和枯水河势虽有变化,但都是在中水河势基础上演变的,当洪水或枯水流量恢复至中水流量后河势也会基本调整到中水河势。多泥沙河流河床冲淤变化剧烈,河势演变复杂,洪水或枯水河势偏离中水河势较大,在河道整治规划及工程布局上需按照"中水为主,兼顾洪枯"的原则采取相应措施。在拟定中水治导线时应考虑洪水和枯水时的河势变化,在确定工程平面形式及长度时应考虑洪水和枯水时的来流方向、靠流位置及变化范围,使洪水和枯水河势都能得到一定程度的控制。

中水整治的设计流量采用造床流量,简称整治流量。它是拟定治导线和设计整治建筑物的依据。造床流量的计算方法很多,需要通过比选确定。实际运用中常以平滩流量(平槽流量)作为整治流量,洪水期水流的造床作用强烈,但历时短,对造床不起控制作用;枯水期的历时虽长,但因流量小,造床作用也不明显。

中水整治需要选择一个较长的河段进行,仅对一两个河弯进行整治难以保持河势稳定。较长河段的起始位置应是弯道较大且上游来流方向变化虽大但出流方向基本稳定的河弯。如该河弯处于自然状态,应首先修建河道整治建筑物予以保护,对影响河势流向的局部突出或凹入岸线进行调整。整治河段的终止位置应为具有较强调控河势能力的弯道,或长期稳定靠流对下游河势影响不大且具有一定抗冲能力的弯道。

(三)治导线

河道经过整治后,在设计流量下的平面轮廓线,称为治导线,也称整治线。它分为洪水、中水、枯水河槽治导线,是布置整治建筑物的重要依据,在规划中必须确定治导线的位置。

对于单一河道,在平原地区的治导线沿流向是直线段与曲线段相间的弯曲形态。由于漫滩水流对河道演变及水流形态的影响小,洪水河槽治导线一般与堤防的平面轮廓线大体一致。对河势起主要作用的是中水河槽的治导线。中水河槽通常是指与造床流量相应的河槽。以整治河流天然河弯与流量的经验关系为依据,确定中水河槽的治导线较为符合实际。设计时,要合理确定整治河宽、河弯半径,以及规定整治平面形态的河弯间距、河弯跨度、弯曲幅度和两弯之间的直河段长度。中水河槽治导线对防洪至关重要,它既能控导中水流路,又对洪水、枯水流向产生重要影响。有航运与供水要求的河道,需确定枯水河槽治导线,一般可在中水河槽治导线基础上,根据航道和供水建筑物的具体要求,结合河道边界条件来确定,并应使整治后的枯水河槽流向与中水河槽流向的交角不大。

对于分汊河段,有整治成单股和双股之分。相应的治导线即为单股,或为双股。由于每个分汊河段的特点和演变规律不同,规划时需要按照整治的不同目的来确定工程布局。一般双汊河道有周期性易位问题,规划成双汊河道时,往往需要根据两岸经济建设的现状和要求,兴建稳定主汊、支汊的工程。

二、整治措施

整治河道需要针对存在的问题采取不同的工程措施,使水流按治导线流动,以达到控制河势、稳定河槽的目的。工程位置及修筑顺序,需要结合河势现状及发展趋势确定。

(1)实施控导工程:修建河道整治建筑物,控制、调整河势。如修建丁坝、顺坝、锁坝、护岸、潜坝、鱼嘴等,有的还利用环流建筑物。对单一河道,抓住河道演变过程中的有利时机进行河势控制,一般在凹岸修建整治建筑物,以稳定滩岸,改善不利河弯,固定河势流路。对分汊河道,可在上游控制点、汊道入口处及江心洲的首部修建整治建筑物,稳定主、支汊;或修建堵汊工程堵塞支汊,"塞支强干",变河心滩为边滩,使分汊河道成为单一河道。在多沙河流上,还可利用透水建筑物使泥沙沉淀,淤塞汊道。

(2)实施河道裁弯工程:用于过分弯曲的河道。

(3)实施河道展宽工程:用于堤距过窄或少数卡口河段,通过退堤展宽河道。

(4)疏浚河道:通过爆破、机械开挖或人工开挖完成。平原河道多采用挖泥船等机械疏浚,切除弯道内的不利滩嘴,浚深扩宽航道,以提高河道的通航能力。山区河道常通过爆破和机械开挖,拓宽、浚深水道,切除有害石梁、暗礁,以整治滩险,满足航运和浮运竹木的要求。

在采用河道整治措施之前,要深入研究河道特性,进行必要的模型试验,预测采取整治措施后的效果,并需要进行主要整治工程建筑物的结构稳定性计算。

三、几条河流的整治状况

1949年后,中国长江中下游1 850 km河道的整治以防洪为主,保护城镇、农田,并为航运服务。共有护岸工程1 149 km,占崩岸长度的75.5%,主要以平顺护岸为主,有少量矶头和丁坝。水下抛石护岸的坡度已逐步加固到缓于1:2.0,护岸工程基本稳定。长江荆江河段素有"九曲回肠"之称,1967年进行了中洲子人工裁弯,1969年实施了上车湾人工裁弯,1972年发生了沙滩子自然裁弯,使下荆江原170 km河长缩短了1/3,整治获得了防洪、航运的良好效益。

黄河下游自 20 世纪 50 年代以来,以防洪为主要目的,兼顾引水、护滩、航运的需要,系统地进行了河道整治。河道整治工程主要包括控导工程和险工,以"整治中水河槽、控制中水流路"为目标拟定规划治导线,作为工程布设的依据。至 1999 年计有河道整治工程 338 处,坝垛 9 115 道,工程长 656 km。高村以下 500 多 km 河段河势已基本得到控制,高村以上河段河势游荡、摆动幅度减小,整治工程控制河势作用明显。

美国密西西比河 1928 年进入全面整治时期,上游河道已达到渠化;中下游河道的凹岸、凸岸修了大量整治工程,以控制水流、缩窄河槽;进行了一系列人工裁弯,并经常进行疏浚河道,在防洪和航运方面取得了显著效益。

黄河下游河道整治的必要性[*]

一、概述

(一)堤防决口类型

堤防决口大体可分为漫决、溃决、冲决 3 种类型:①水流漫顶或水流接近堤顶在风浪作用下爬过堤顶,使堤防发生破坏而造成的决口,称为"漫决"。②河流水位尽管低于设计防洪水位,但由于施工质量不能满足要求、堤身或堤基有隐患,水流傍堤后发生渗水、管涌、流土等险情,进而发展为漏洞,因抢护不及,漏洞扩大、堤防溃塌、水流穿堤而过造成的决口,称为"溃决"。③水流冲刷堤身,造成坍塌,当抢护的速度赶不上坍塌的速度时,塌断堤身而造成的决口,称为"冲决"。另外,还有因战争等特定目的,人为扒开堤防造成的决口,称为"扒决",如 1938 年郑州花园口决口。堤防决口多为"溃决"和"冲决"。历史上统计的漫决次数多,是因为"漫决"属自然因素造成,非人力抢护不力,上呈"漫决"可减轻责任。

(二)整治河道防止堤防冲决

为了保证堤防安全,通过加高加固堤防防止"漫决"和"溃决"。黄河下游河势变化幅度大、速度快,不论是洪水期还是平水期都会发生大的变化,当河势变化危及堤防安全时,若抢护不及就会冲塌堤防,甚至河水穿堤而过。因此,需要进行河道整治,控制河势,防止堤防"冲决"。河道整治是确保防洪安全的一项重要措施。

(三)下游河道概况

黄河在河南孟津县白鹤镇由峡谷进入平原地区,至山东垦利县注入渤海,长 878 km,根据河床演变特点可分为 4 个河段(见图 2-10-2)。其中,郑州桃花峪以下至入海口的黄河河道称为下游,长 786 km。

1. 孟津白鹤镇至东明高村河段

该段河道长 299 km,堤距宽一般为 5 ~ 10 km,宽处达 20 km,河道比降 0.265‰ ~

* 原载于《水利规划与设计》2010 年第 1 期。

0.172‰,弯曲系数1.15。河道淤积严重,水面宽阔,溜势散乱,洲滩发育,为典型的游荡性河型。支流伊洛河、沁河在此段汇入。

2. 东明高村至阳谷陶城铺河段

该段河道长165 km,堤距宽1.4～8.5 km,大部分在5 km以上,河道平均比降0.115‰,河道弯曲系数1.33。水流经游荡性河段落淤后,进入该河段的泥沙颗粒变细,河岸抗冲性能较游荡性河段强,并有胶泥嘴分布,因此尽管河势变化仍很大,但已有明显的主槽,属由游荡向弯曲转化的过渡性河型。

3. 阳谷陶城铺至垦利宁海河段

该段河道长322 km,堤距宽0.5～5 km,一般1～2 km,河道平均比降0.1‰左右。由于两岸堤距较窄,河弯得不到充分发育,河道弯曲系数仅为1.21。河床组成中黏粒含量较陶城铺以上增加,加之两岸整治工程的约束,河势变化相对较小,属弯曲性河型。支流汶河在此段汇入。

4. 宁海以下

该段属河口段,河道长92 km,由于泥沙淤积,河道抬升延长,至一定长度后,比降变缓,过流能力减小,尾闾段摆动,随着河口段的淤积发展,摆动点上移,直至在河口三角洲范围内改道,河长缩短后,河床下切,继而再度出现淤积……即河口河段处于淤积—延伸—摆动—改道的循环变化过程中。

5. 下游河道横断面形态

黄河下游的河道为复式断面,由主槽和滩地组成。中小水时水流从主槽通过,大洪水时主槽过流一般占80%左右。兰考东坝头以下有二级滩地,东坝头以上由于受1855年铜瓦厢决口改道溯源冲刷的影响,增加了一级高滩,即有三级滩地(见图1-10-2)。一级滩地和枯水槽合称主槽。

二、河道整治必要性分析

黄河下游进行的河道整治是以防洪为主要目的,兼顾工农业发展需要和滩区群众生产、安全要求。

(一)确保防洪安全必须进行河道整治

1. 溜势的大幅度提挫造成被动抢险

在进行河道整治之前,不仅在宽河段,而且在窄河段,河势的大幅度提挫变化也会造成被动抢险。陶城铺以下的弯曲性河段,一般堤距仅1～2 km。河床组成中黏粒含量已较以上河段增加,在突然情况下河势变化仍是很大的,在沿堤修建一些险工后,虽有一定的御流作用,但因位于滩地的河弯无工程控制,弯道坍塌后退下延,往往改变险工的靠溜部位,甚至脱河,河势发生大的变化,历史上曾多次因河势变化而造成堤防决口。

1949年汛期,弯曲性河段高水位持续时间长,河势变化大。据当年的防汛资料,有40余处险工靠溜部位发生大幅度上提下挫,东阿李营、济阳朝阳庄等9处老险工脱河。左岸朝阳庄险工脱河后,主溜下挫2 km至董家道口,右岸滩地急剧坐弯坍塌,左岸葛家店险工靠溜部位下挫并有脱河危险,以下的张辛险工、谷家险工、小街子险工等靠溜部位也相应下挫,造成跟随河势下挫接连不断抢险,"撵河抢险"长达3 km,历时40多d,陷防汛于十分被动、危险的境地。

2."横河"会造成堤防冲决或严重抢险

"冲决"是堤防决口的常见形式,"横河"顶冲是造成"冲决"的主要原因。

在河势演变尤其是游荡性河段河势演变的过程中,当弯道内土质松散,抗冲能力差,弯道出口处为抗冲性强的黏土及亚黏土时,弯道向纵深发展,迫使水流急转弯,形成"横河";在洪水急剧消落,滩区弯道靠溜部位突然上提时,流向改变,弯道深化,且在弯道以下出现新滩,形成"横河";在水流涨落过程中,当斜向支汊发展成主溜时,也会形成"横河"。"横河"形成后,水流集中,冲刷力增强,大量塌失滩地,塌至堤防即出现险情。当水流冲塌堤防的速度超过抢护的速度时,就可能塌断堤身,水流穿堤而过,造成决口。由于"横河",历史上曾多次造成堤防决口,中华人民共和国成立后也曾多次造成严重抢险,如:

(1)清嘉庆八年(公元 1803 年)阴历九月上旬,封丘衡家楼(即大宫)出现"横河"(见图 4-2-1)。据记载,该段堤防原为平工段,"外滩宽五六十丈至一百二十丈,内系积水深塘。因河势忽移南岸,坐滩挺恃河心,逼溜北移,河身挤窄,更值(九月)八日、九日西南风暴,塌滩甚疾。两日内将外滩全行塌尽,浸及堤根。"因抢护不及,终于九月十三日堤防冲决,20 世纪 70 年代封丘大宫一带的所谓"大沙河",即是这次决口遗留的故道。

(2)1952 年 9 月,黄河在郑州保合寨险工对岸滩地坐弯,形成"横河"直冲保合寨险工(见图 4-2-2),致使已脱河的保合寨险工前滩地急剧坍塌后退,主溜直冲保合寨险工。当时流量约 2 000 m³/s,由于溜势集中,淘刷力强,主槽下切,堤前水深在 10 m 以上,水面宽由 1 000 多 m 缩窄到 100 多 m。当时抽调 4 个修防段的工程队员 200 余人,民工 4 000 余人参加抢险,积极筹运柳秸料,郑州铁路局拨给 350 个车皮,由专用广花铁路支线星夜赶运抢险石料,一面加帮后戗,一面抢修坝垛。严重时,大堤被冲塌长 45 m,堤顶塌宽 6 m,险情十分危急。经 10 d 左右的紧张抢护方化险为夷。共抢修坝垛 4 道,加固坝垛 4 道。计用石 6 000 m³,柳枝 60 多万 kg。

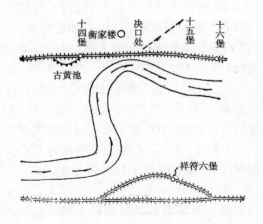 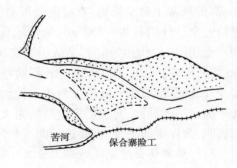

　　图 4-2-1　清嘉庆八年(1803 年)封丘大宫　　　图 4-2-2　保合寨险工 1952 年 9 月
　　　　　　黄河决口前河势示意图　　　　　　　　　　　　下旬河势图

（3）1964 年 10 月上旬，在保合寨险工以下 12 km 处的花园口险工下首的 117 ～ 127 坝（东大坝）前发生"横河"，主溜顶冲险工。10 月下旬流量为 5 000 m³/s 左右，险工前水流急转弯，溜势集中，水面宽缩窄到 150 m 左右，单宽流量达 30 ～ 40 m³/s，中水持续时间又较长，根石淘刷严重，造成连续抢险。东大坝根石深度一般达 13 ～ 16 m，最深处达 17.8 m，该坝抢险用石达 11 600 m³。

（4）京广铁路桥以下因河势没得到控制，1983 年又在保合寨险工对岸的北围堤前发生"横河"（见图 4-2-3），造成严重的抢险。自 8 月 12 日至 10 月 23 日除去溜势外移的时间，抢险达 53 个昼夜。在抢险的 1 772 m 工段内，共抢修垛 25 道、护岸 25 段，围长 3 855 m，先后参加抢险的军民 6 000 余人，用工 16 万工日、用石 3 万 m³，柳杂料 1 500 万 kg。

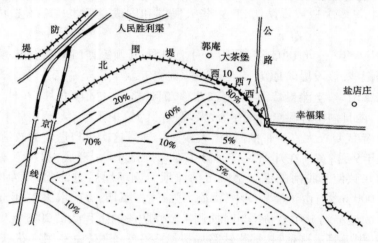

图 4-2-3　北围堤 1983 年 9 月 4 日河势图

（5）1982 年 8 月 2 日，花园口出现 15 300 m³/s 的洪峰，在流量降落到 3 000 m³/s 左右时，开封黑岗口险工前出现"横河"（见图 4-2-4），来自对岸大张庄一带的主溜直冲黑岗口险工，坝前水面宽仅 200 余 m，淘刷严重，19 ～ 29 坝接连出险。经积极抢护，险情仍不断发展，25 护岸到 26 垛迎水面长 50 m 的坦石和 23 护岸长 30 m 的坦石相继墩蛰入水，7 m 高的坝基土完全暴露，直接危及堤身安全。经组织军民 2 000 余人紧急抢护，才保证堤防安全。计用石料 6 552 m³，抛铅丝石笼 1 084 个。

上述（1）中所述"横河"造成了堤防决口。（2）～（4）所述"横河"抢险发生在不到 20 km 的河段内。（2）、（3）所述"横河"险些造成冲决，（4）所述"横河"虽发生在滩区，如主溜冲开北围堤，右岸几处险工将失去控制溜势的作用，左岸 100 多年未靠河的大堤将会出现顺堤行洪的局面，对堤防安全威胁很大。（5）中所述"横河"直接危及到堤防安全。诸例表明，为保堤防安全，需要进行河道整治，控导河势，防止或减少"横河"发生。

3. 河势游荡会造成堤防布满险工

按照黄河下游弯曲性河道整治经验，有计划地进行河道整治时两岸工程的总长度达到河道长度的 80% 左右时，即可基本控制河势。而在未进行河道整治的游荡性河段，大溜至堤防时就得被迫修建险工，一岸工程长度超过 80% 以上时，河势仍然游荡，平工堤段仍会出险。

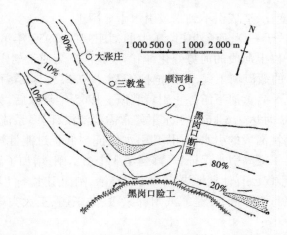

图 4-2-4　1982 年 8 月上旬黑岗口险工附近河势图

郑州保合寨至中牟九堡，长 48 km。该段河道在右岸堤防与左岸 1855 年高滩间宽约 5 km 的范围内游荡。为了保护堤防安全，右岸先后修建了保合寨、花园口、申庄、马渡、三坝、杨桥、万滩、九堡 9 处险工，杨桥险工已有 300 多年的历史，至 20 世纪 60 年代险工总长达 43 km，占河道长度的 90%。20 世纪 60 年代前后左岸还修了十几处护村工程和 2 处控导工程。由于两岸的工程是在被动抢险的条件下修建的，两岸工程互相不配套，不能控制河势。1967 年汛期，花园口险工不靠溜，大溜自右岸南裹头到左岸原阳高滩，滩地经不住水流的淘刷，1855 年高滩大量塌失。先从马庄西南的农场一队开始塌失高滩，经批准新建的 6 个垛仅修 1 个因河势下挫而停修。继而由西向东坍塌马庄、胡庄、刘庵、破车庄、西兰庄村南长达 5 km 多的高滩，南北塌宽 2 ~ 3 km，汛末塌至东兰庄村南，并在滩地坐弯，流向急转南下，方向正对右岸东大坝以下的赵兰庄一带（见图 1-5-2），堤前滩地坍塌迅速，为防在 1.4 km 长没有坝垛保护的平工堤段出险，在溜至堤根前，就在滩地上抢修了 6 道坝、1 个垛，用石 3 000 余 m³，后河势外移，险情才缓和下来。由此看出，要防止堤防布满险工，必须有计划地进行河道整治。

4. 畸形河弯威胁堤防安全

在河势未控制的河段，在枯水期形成的一些畸形河弯，有时会危及堤防等建筑物，造成被动抢险。

1993 年 9 月，开封高朱庄抢险就是一例。在黑岗口至封丘大宫河段接连出现 2 个畸形河弯（见图 3-1-3），造成多处塌滩。在黑岗口险工至柳园口险工的 13 km 内基本都修有工程，黑岗口及柳园口险工靠溜处因有丁坝未出险。但在黑岗口险工与高朱庄控导工程之间 850 m 的空档内没有坝垛，在畸形河弯的演变过程中，滩地塌退，距堤仅 60 ~ 70 m。为保大堤安全被迫抢险修建了 8 个垛。

因此，为确保防洪安全必须进行河道整治。

（二）工农业发展需要整治河道

1. 提高引水保证率是工农业及城市生活用水的迫切要求

随着国民经济的发展，黄河两岸对引黄供水的需求愈来愈高，能否及时供水在一定程度上已经成为工业、农业及城市发展的制约因素。黄河下游已建有 94 座引黄闸。半个多世纪以来,河势常常变化,造成引不到水或引水十分困难。

在过渡性河段,位于右岸菏泽刘庄险工上的刘庄闸门,1959 年汛后建成时险工靠溜,引水十分方便。由于以上河段的河势变化,闸门段脱河。为便于刘庄闸门引水,在上游右岸新建了长 2 000 m 的截流坝工程,后因抢护不及,坝头端放弃,余下坝长 1 460 m,但仍未解决闸门引水问题。后黄河下游停止引黄灌溉。1965 年复灌后,为了引水不得不在滩地上新建引水渠,最长时达 3.6 km。引水渠经常需要清淤,因多系流沙,每次都要耗用大量的人力。位于游荡性河段的引水闸门,其引水保证率低于过渡性河段。原阳幸福渠灌溉面积 20 余万亩,为了提高引水保证率,修建了 3 个引水闸,增加了灌溉投资。弯曲性河段,由于 20 世纪 50 年代已有计划地进行了河道整治,闸门引水条件基本可靠。如引黄济青工程的取水口博兴打渔张闸,就是靠滨州韩家墩、龙王崖、王大夫等控导工程保证引水稳定的。

为了保证工农业及城市生活用水,必须整治河道,稳定河势,以提高引水的保证率。只有通过河道整治,才能改善和稳定引水条件。

2.溜势稳定是桥梁安全的要求

中华人民共和国成立前仅有郑州、济南 2 处铁路桥,现在黄河下游已有铁路及公路桥 30 余座。因为河宽,桥梁也较长,如长东铁路桥长达 10 km,主溜区及非主溜区的桥跨及基础深度不同。如河势巨变,主溜区与非主溜区易位,或发生横河造成集中冲刷,均可能危及桥梁安全。

3.一定的水深是航运的条件

历史上由于河势多变,黄河航运并不发达。但水运便宜,运送防汛料物更为有利,抢险时可直接运石到用料部位。黄河河宽水浅,通过整治才能集中水流,保证通航所需要的水深。

(三)滩区人民要求整治河道

1.滩区居住有百万人口

黄河下游河道宽阔,广大滩区是含沙水流多次过流落淤塑造而成的。由养分丰富的泥沙淤出的肥沃滩区,适合农作物生长,在生产不发达的时代,粮食亩产远高于背河耕地,尽管多数年份秋庄稼被淹仅能收获夏粮,相对而言滩区却往往成为沿黄县的粮仓。20 世纪 60 年代以前,沿黄河两岸有 300 多万亩沙荒盐碱地,背河一带生存条件非常差,产量很低。近 40 年来,背河地区通过引黄河水放淤改土、稻改等措施,改变了盐碱化的面貌,加之农田水利建设等项措施,生产发展很快。从古至今黄河下游滩区都居住着大量群众。

黄河下游计有 120 多个自然滩,滩面宽 0.5 ~ 8 km 不等。其中,面积大于 100 km² 的有 7 个,面积为 100 ~ 50 km² 的有 9 个,面积为 50 ~ 30 km² 的有 12 个,面积为 30 km² 以下的有 90 多个。据统计,截至 2003 年底,黄河下游滩区(含封丘倒灌区)总面积 4 046.9 km²,耕地 375.5 万亩,村庄 1 924 个,人口 179.5 万人。耕地及人口主要集中在阳谷陶城铺以上的宽河段。

2.河势变化造成大量塌滩塌村

黄河下游河道多淤善变。黄河给滩区人民提供了生存的条件,但常常也给他们带来深重的灾难。在河势变化尤其是剧烈演变的过程中,常常坍塌大量耕地,甚至将村庄塌入河中。据统计,20世纪50年代平均每年坍塌滩地多达10万亩,60年代游荡性河段坍塌滩地也非常严重;1949～1976年有256个村庄掉河。塌滩掉村严重影响滩区群众的生产生活,并威胁生命安全。因此,除进行安全建设外,滩区人民还强烈要求整治河道,控制河势,稳滩护村,同时进行滩面治理,防止滩面串沟集中过流。

综上所述,黄河下游必须进行河道整治,控导主溜,稳定河槽,固定靠河险工和控导工程。

三、结语

黄河下游治理的首要任务是保证防洪安全。冲决是堤防决口的主要形式之一。

在长期与洪水斗争的过程中体会到,河势变化尤其是主溜的提挫与摆动常会造成堤防抢险,甚至造成堤防决口。溜势的大幅度提挫会造成长期被动抢险,河势游荡会使堤防布满险工,增加防洪负担。畸形河弯尤其是"横河"又会直接危及堤防安全。黄河是河南、山东两省沿黄地区的主要水源,工农业及城市的发展在某种程度上受制于从黄河的引水量,引水的可靠程度直接影响其发展速度。黄河堤距宽,跨河交通桥梁的安全直接与主溜的位置和方向有关。居住在滩区的100多万居民,在河势变化的过程中会承受塌滩塌村造成的灾难。因此,不论从黄河两岸保护区考虑,还是从滩区考虑,黄河下游均必须采取措施,控导主溜,稳定河势,保堤护滩,有计划地进行河道整治。

微弯型治理[*]

黄河下游的游荡性河段,河身宽浅,水流散乱,历史上曾多次发生决口改道,是较难治理的河段。

游荡性河段的整治方法一直是个有争议的问题,笔者认为整治成微弯型河道是个较好的方法。以下通过与该河段河性相近的过渡性河段微弯型治理的初步效果及部分游荡性河段修建整治工程后的作用及变化,来说明游荡性河段微弯型治理的可行性。

一、过渡性河段微弯型治理的初步效果

1966～1974年参照弯曲性河段的整治经验,有计划地对过渡性河段进行了微弯型治理,收到了良好效果。主要表现在:①控制了河势,改善了河相关系。在集中整治之前,流路变化快、幅度大,主溜线几乎遍布两堤之间;而在整治之后,流路稳定,主溜线基本集中在一条流路上。如整治前(以三门峡水库建库前天然情况下的1949～1960年为例)与整治后(1975～1984年)相比,断面主溜的最大摆动范围由5 400 m减少到1 850 m,平均摆动范围由1 802 m减少到631 m,平均摆动强度由425 m/年减少到171 m/年。在断面形态上,平槽流量下的平均水深由1.47～2.77 m增加到2.13～4.26 m,断面宽深比$\sqrt{B/H}$

---

[*] 黄河水利委员会1985年召开了黄河下游河道整治学术讨论会,参会后将发言缩写为微弯型治理一文,发表在《人民黄河》1986年第4期,P18。

也由 12~45 下降到 6~9,同时弯曲系数的年际变幅越来越小。以上说明整治后河道趋向窄深,流路趋向稳定。②进行微弯型治理后,河道整治工程约束了水流,稳定了河势及险工的靠河部位,防止了横河,限制了畸形河弯,有利于防洪和防凌。同时提高了涵闸的引水保证率,也扭转了整治前堤内滩地大量坍塌和村庄落河的局面。

　　二、东坝头至高村的游荡性河段修建部分河道整治工程后河势向有利方面转化

　　由于该河段堤距宽,两岸又缺少工程控制,一直是沙洲星罗棋布、支汊纵横交织、溜势变化无常的典型游荡性河段,素有黄河上的"豆腐腰"之称。

　　1966 年之后,在重点治理高村至陶城铺河段的同时,东坝头至高村间按照微弯型治理的方法相机修建了控导工程,至 1978 年基本上完成了布点任务,尽管一些控导工程的长度还远远达不到规划的要求,却限制了主溜的摆动范围。1949~1960 年本河段诸断面主溜的平均摆动范围为 2 435 m,而 1979~1984 年为 1 700 m,仅相当于前者的 70% ,在防洪中也起到了一定的作用。1933 年大洪水时,大溜出东坝头后,越过了贯孟堤,直冲长垣大车集一带堤防,大溜摆动竟达十几千米,致使平工段出险,造成多处决口。而 1982 年也出现了 15 300 m^3/s 的较大洪峰,当时东坝头以下的河势与 1933 年相似,但由于禅房控导工程的作用,主溜未及贯孟堤就转向右岸。在 1982 年洪水期间,尽管有些控导工程漫顶,部分土坝体被冲毁,连坝被冲断,但整治工程对河势仍有一定的控制作用,整个河段主溜没有发生大的摆动。这显示了游荡性河段进行微弯型治理的效用。

　　从过渡性河段微弯型整治的初步效果和东坝头至高村游荡性河段有计划地按微弯型治理后引起的变化以及在防洪中发挥的作用可以看出,黄河下游的游荡性河段按微弯型治理是个行之有效的方法。但必须强调指出的是,在治理中不能照搬弯曲性河段及过渡性河段的规划数据,应根据游荡性河段的水沙特点,放缓弯曲度,加大弯顶距,以适应河势多变和宣泄大洪水的要求。

黄河下游的河道整治工程*

一、黄河下游河道及整治工程的基本情况

(一)河道特性

　　黄河在其中游的尾端(河南省孟津县白鹤镇附近)出峡谷以后,河道逐渐展宽,成为堆积性的河流。自白鹤镇至河口河道共长 878 km(其中白鹤镇至桃花峪长 92 km,桃花峪以下的下游河道长 786 km),可分为三个不同特性的河段(见图 2-10-2)。

---

　　* 本文是参加 1980 年 10 月召开的"国际防洪会议"论文,英文稿"River Training Workes on the Lower Reaches of the yellow River "绝大部分入编联合国出版的"FLOOD DAMAGE PREVENTION AND CONTROL IN CHINA ", UNITED NATIONS, New York, 1983, P56~66 。

1. 白鹤镇至高村河段

本段长 299 km,堤距宽 5~20 km,河面宽阔,淤积严重,河槽宽浅,水流散乱,主溜摆动频繁,河道曲折系数为 1.15,比降 0.172‰~0.265‰,属于游荡性河型。

2. 高村至陶城铺河段

本段长 165 km,堤距 1.4~8.5 km,河道虽有明显的主槽,但由于约束不严,河槽平面变形比较大,河道曲折系数为 1.33,平均比降为 0.115‰,属于由游荡向弯曲转变的过渡性河型。

3. 陶城铺至渔洼河段

本段长 350 km,堤距宽 0.5~5 km,一般为 1~2 km。因堤距较窄和两岸整治工程的控制,河槽比较稳定,河道曲折系数为 1.21,河道平均比降为 0.1‰,属于弯曲性河型。

渔洼至河口长 64 km,为河口段,由于大量泥沙淤积,河道不断延伸、摆动和改道,变化很大。

黄河下游大多是复式河床,在东坝头以下,多为两级滩岸(见图 1-10-2);在东坝头以上,由于 1855 年黄河改道以后的溯源冲刷,增加了一级高滩,成为三级滩岸。各河段的滩槽高差见表 4-4-1。

表 4-4-1　黄河下游断面形态

(单位:m)

断面	河槽宽度	滩地宽度	滩槽高差
花园口	5 360	3 580	0.53
夹河滩	1 560	5 210	0.11
油房寨	5 770	8 720	−0.36
高村	2 170	2 720	0.28
孙口	1 600	4 433	0.27
泺口	316	1 087	4.35
利津	612		

注:1. 滩槽高差为滩地的平均高程与河槽的平均高程之差;

　　2. 利津断面无滩地,为单式河槽;

　　3. 滩槽高差的"−"号表示槽高于滩。

(二)现有整治工程情况

黄河下游的整治工程主要包括险工和控导工程。在堤防经常临水的堤段,依托大堤修建丁坝、垛(短丁坝)和护岸工程以抗御水流淘刷,叫作险工段。堤防前面有滩地,一般情况下不经常临水,只有在洪水漫滩后才偎水的堤段,称为平工段。为了保护滩地免受水流淘刷,从而增强堤防的安全,并控导水流,形成比较稳定的中水河槽,防止出现新的险工,有利于防守,在平工段选择有利的滩地位置修建坝、垛和护岸工程,这种工程叫作护滩控导工程,简称控导工程。控导工程与险工相结合,形成一条比较稳定而且有利于防洪的流路,并有利于涵闸引水(见图 1-9-2)。目前,黄河下游建有险工和控导工程 315 处,长 588 km,坝、垛、护岸 8 191 道(见表 4-4-2)。陶城铺以下弯曲性河道的河势已经得到控制,高村至陶城铺的过渡性河道也已经得到基本控制,高村以上的游荡性河道已修建了一些工程,尚待进一步调整和加强。

表 4-4-2 黄河下游河道整治工程

工程种类	工程处数（处）	工程长度（km）	建筑物种类			
			小计（道）	坝（道）	垛（道）	护岸（段）
险工	135	308.112	5 112	2 614	423	2 075
控导工程	180	279.471	3 079	1 130	1 618	331
合计	315	587.583	8 191	3 744	2 041	2 406

二、河道整治治导线的确定

(一)确定整治治导线的步骤和方法

黄河下游河道冲淤变化迅速,主溜摆动频繁。进行河道整治规划,首先要充分调查研究历史河势演变规律,从中选择有利的河势流路。在确定治导线时,要上下游、左右岸统筹兼顾,并要充分利用已有的河道整治工程。在修建时,要经常观测河势的变化情况,抓住有利时机,因势利导,适时修筑,以避免被动局面和节省材料及投资。

(二)设计流量(Q_d)的选择

多年实测资料表明,黄河下游中水河槽的水深大,糙率小,排洪量一般占全断面的70% ~ 90%,因此采用中水河槽的平槽流量作为整治工程的设计流量。

由于泥沙的冲淤变化,黄河下游的平槽流量不仅沿程有变化,而且随时间不断改变,其值一般为 4 000 ~ 6 000 m^3/s。花园口断面 1973 年洪水前后,滩槽高差由 0.57 m 增加到 1.15 m,平槽流量由 3 500 m^3/s 猛增到 7 000 m^3/s,就是一个迅速变化的例子。因此,必须从长时段考虑,选用滩槽淤积相对平衡情况下的平槽流量值作为设计流量。从实际资料分析,采用 $Q_d = 5 000$ m^3/s,其出现频率约为 83%。

(三)整治河宽 B

整治河宽 B 指的是与设计流量 Q_d 相应的直河段的设计宽度。确定这一河宽,必须考虑能保持足够的宣泄洪水的能力。三门峡水库建库前,在中水、洪水情况下,过流断面中主槽宽度的统计值见表 4-4-3。据此,在高村以上选用整治河宽为 1 000 m;高村至孙口为 800 m,孙口至陶城铺为 600 m,陶城铺以下为 500 m。

表 4-4-3 主槽过流情况统计

断面	全断面过流量 Q（m^3/s）	主槽过流量 Q_1（m^3/s）	Q_1/Q		主槽宽度 B_1		滩地宽度 B_2(m)
			一般（%）	最低（%）	范围（m）	平均（m）	
花园口	4 292 ~ 17 200	4 093 ~ 16 016	>80	71.4	511 ~ 1 367	978	242 ~ 4 290
夹河滩	3 978 ~ 16 500	3 937 ~ 15 508	>98	94	776 ~ 1 300	940	252 ~ 4 894
高村	4 440 ~ 11 700	4 259 ~ 8 374	>95	69.2	429 ~ 1 066	847	238 ~ 4 240
孙口	4 910 ~ 15 800	4 700 ~ 10 640	>90	67.3	450 ~ 797	570	920 ~ 5 236

（四）河弯形态关系*

通过对过渡性河段及弯曲性河段的观测分析得出：

$$R = \frac{3\,220}{\varphi^{1.85}} \quad\quad\quad (4\text{-}4\text{-}1)$$

$$S = \frac{3\,220}{\varphi^{0.85}} \quad\quad\quad (4\text{-}4\text{-}2)$$

$$S = R + \varPhi \quad\quad\quad (4\text{-}4\text{-}3)$$

式中：R 为弯曲半径，m；S 为弯曲弧长，m；$\varPhi$ 为河弯中心角，弧度。

实际观测资料还说明，直河段的长度（d）与直河段的水面宽（B）有一定的关系。由表 4-4-4 可以看出，d/B 的比值为 1~3。

表 4-4-4 直河段长与河宽的关系

河段	直河段长 d(m)	平槽河宽 B(m)	d/B
河道村至刘庄	2 040	800	2.5
伟那里至孙口	860	800	1.1
位山至泺口	746	520	1.4
兰家至打渔张	1 600	580	2.8
八里庄河湾	647	650	1.0

河弯的平面形态关系用河弯间距（L）、弯曲幅度（P）及河弯跨度（T）来表达，各符号的含义见图 2-15-2（近似地用中心线代替主溜线）。

流量是决定河弯间距、弯曲幅度及河弯跨度大小的主要因素，一般地讲，它们都随流量的增加而加大。而流量又与河宽成一定的指数关系，所以河弯间的平面形态也可用与河宽的关系来表达。从表 4-4-5 可以看出，河弯间距是平槽河宽的 5~8 倍，弯曲幅度是平槽河宽的 1~5 倍，河弯跨度是平槽河宽的 9~15 倍。

表 4-4-5 河弯形态关系

河段	河弯间距 L(m)	弯曲幅度 P(m)	河弯跨度 T(m)	直河段平槽河宽 B(m)	L/B	P/B	T/B
河道村至刘庄	5 800	3 570	8 200	800	7.2	4.5	10.2
位山至泺口	3 100	1 340	4 680	520	6.0	2.6	9.0
八里庄至邢家渡	2 680	570	5 070	600	4.7	1.0	8.5
兰家至打渔张	4 700	1 580	8 600	580	8.1	2.7	14.8

由式（4-4-1）可以看出，中心角大时，弯曲半径小；中心角小时，弯曲半径大。因此，过大过小的弯曲半径都是不合适的，一般宜采用直河段宽度的 2~6 倍。

综上所述，河弯形态的各项指标汇总于表 4-4-6。

---

* 系采取黄河下游研究组《黄河下游山东河道的特性及整治问题》中的成果（1960 年 6 月）。

表4-4-6　黄河下游河弯形态

河段	直河段河宽 B(km)	弯曲半径 R(km)	直河段长 d(km)	河弯间距 L(km)	弯曲幅度 P(km)	河弯跨度 T(km)
高村以上	1.0	2～6	1～3	5～8	1～5	9～15
高村至孙口	0.8	1.6～4.8	0.8～2.4	4～6.4	0.8～4	7.2～12
孙口至陶城铺	0.6	1.2～3.6	0.6～1.8	3～4.8	0.6～3	5.4～9
陶城铺以下	0.5	1～3	0.5～1.5	2.5～4	0.5～2.5	4.5～7.5

关于治导线的确定,除参照以上数据外,还要根据每个河段不同边界条件的实际情况,并考虑社会经济因素予以调整,方能得到经济合理的治导线。

三、整治工程的布局

(一)整治工程的平面型式

黄河下游堤防多为沿用过去老堤加修而成,外形很不规则,沿堤修建的老险工,外形也是多样的,但大体可分为凸出型、平顺型和凹入型三种(见图4-4-1～图4-4-3)。

1. 凸出型

险工突入河中,如黑岗口险工。从图4-4-1可以看出,险工在上、中、下段不同部位靠溜时,其出流方向变化很大,易造成险工以下的河床宽浅散乱,不是好的布局型式。

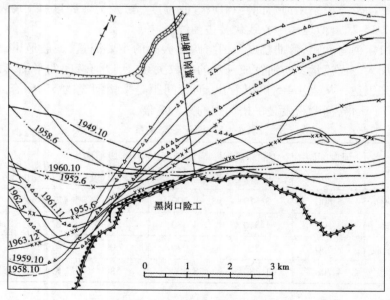

图4-4-1　凸出型工程对溜势的作用

2. 平顺型

工程的布局比较平顺,或呈微凹微凸相结合的外型,如郑州保合寨和花园口险工。从图4-4-2看出,工程着溜段变化很大,出流方向甚不稳定,亦不是好的布局型式。

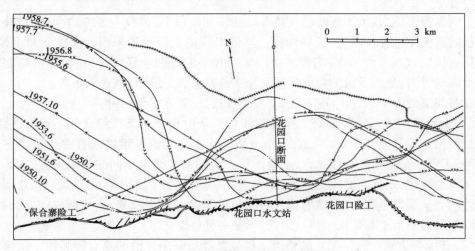

图 4-4-2　平顺型工程对溜势的作用

3. 凹入型

工程的外型是一个凹入的弧线,图 4-4-3 示出的路那里险工,就是这种工程布局的一个例子。从主溜线可以看出,尽管来溜方向和靠溜部位很不相同,但水流入弯以后,经过工程调整,其出流方向基本一致,主溜线趋于重合,说明这是一种好型式。

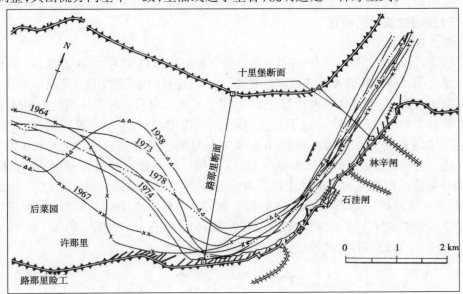

图 4-4-3　凹入型工程对海势的作用

对一些凸出型和平顺型的老险工,已采取在其上、下首接修控导工程的办法,加以改善。新修的河道整治工程都采用凹入型。

(二)整治工程位置线的确定

每一处河道整治工程的坝(垛)头部的连线,称为整治工程位置线,简称工程位置线或工程线。它是依据治导线而确定的一条复合圆弧线,形成一个凹入型的布局型式。

在确定整治工程位置线时,首先要充分研究分析河势变化的各种情况,确定可能出现的最上的靠溜部位,整治工程的起点要布设到该部位以上,以免主溜方向变化,直接从控导工程的背面穿过,工程失去控导作用。整治工程的上段尽量采用较大的弯曲半径(甚至采用直线),以利迎溜入弯;工程的中段采用较小的弯曲半径,以便在较短的弯曲段内调整水流的方向;工程下段的弯曲半径要比中部略大,以便顺利地送溜出弯。

在黄河下游曾采用过不同型式的工程位置线,主要有以下两种:

(1)分组弯道式。这种整治工程位置线是一条由几个圆弧线组成的不连续曲线,即将一处整治工程分成几个坝、垛组,每组自成一个小弯道。各组之间有的还留出一段空档,不修工程。每组由长短坝结合,上短下长。不同的来溜由不同的坝组承担,这样在汛期便于重点抢护,是其主要优点。但因每个坝组所组成的弯道很短,调整流向及送溜能力均较差。当来溜发生变化,着溜的坝组和出溜情况都将随之改变,这将造成防守的被动,同时给下游的整治工程带来困难。因此,不是一种好型式。

(2)连续弯道式。这一型式的整治工程位置线是一条光滑的复合圆弧线。水流入弯后,诸坝受力均匀,形成以坝护弯、以弯导流的型式。其优点是,出流方向稳,导流能力强,坝前淘刷较轻,易于修守,因此它是一种好型式。梁路口控导工程就是一个成功的例子(见图2-15-4)。

在过去,还曾采用过单坝挑溜的型式。这种型式,需要修突出河中很长的丁坝,施工防守均很困难,而且回溜大,淘垛深,并往往引起对岸和下游河势的恶化,不宜采用。

(三)整治建筑物的布置

1. 整治建筑物

整治建筑物包括丁坝、垛(短丁坝)和护岸三种。一般以坝为主,垛为辅,均为下挑型式。坝垛之间必要时再修平行于水流的护岸。丁坝较长,挑流能力强,保护岸线也长,但产生的回流较强,局部冲刷较大,因此比较适用于来流方向与坝的迎水面的夹角较小的情况。垛即短丁坝(一般在30 m以下),其间距小,挑流能力弱,垛前水流淘刷较浅,产生的回流也弱,对来流方向的适应性较大,在来溜方向与坝(垛)的迎水面的夹角较大时,修垛比较合适。另外,在大的坝挡间也可修垛,以抵挡回流。护岸的外型平顺,是沿着堤防(或滩岸)的坡面而修建的防护性工程。对一处整治工程来说,在上段宜修垛,下段宜修坝,个别地方辅以护岸。如双井控导工程上部修了15个垛,中、下部修了31道坝(见图4-4-4)。蔡楼控导工程上、中段修了28个垛,下段修有一段护岸(码头)和3道丁坝(见图4-4-5)。它们均有好的控导作用。

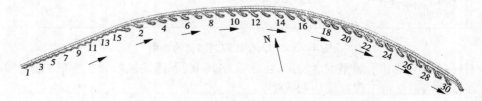

图4-4-4　双井控导工程平面图

2. 丁坝的外形

实践说明,采用下挑型式,坝头前的水流较为平顺,冲刷坑较小、较浅,是适宜的。坝

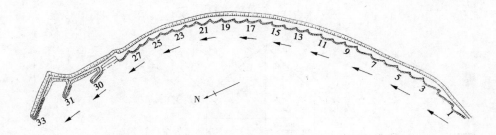

图 4-4-5　蔡楼控导工程平面图

的外形有多种,目前采用较多的有直线型、拐头型及抛物线型(见图 4-4-6)。直线型是最常用的较好的型式。拐头坝拐头段的长度约为丁坝间距的 1/6 ~ 1/4,拐头段与工程位置线平行或接近平行,其导流能力强,但当来流方向与工程位置线的交角较大时,两坝之间往往产生强烈的回流,一般在工程上段不宜采用。抛物线型坝身较短,是垛的一种常用型式。

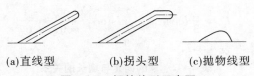

(a)直线型　　(b)拐头型　　(c)抛物线型

图 4-4-6　坝的外形示意图

关于坝头的型式,有流线型、圆头型和斜线型三种(见图 4-4-7)。流线型坝头迎流顺,托流稳,导流能力强,坝裆回流小。圆头型坝头能适应流向的变化,抗溜能力强,但产生回流大。斜线型坝头回流较弱,节省材料,但对流向的变化适应性小。所以以采用流线型为宜。

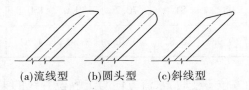

(a)流线型　　(b)圆头型　　(c)斜线型

图 4-4-7　坝头型式示意图

3. 坝的方位

坝(垛)的方位是指坝(垛)的迎水面与工程位置线的夹角(α_1)的大小(见图 4-4-8)。在一定的坝长情况下,夹角愈大,虽然掩护的岸线长,但回流较大,坝身的围护段长,出险机会多。因此,夹角宜小不宜大,一般以 30° ~ 45° 为宜。

4. 坝的间距(L)

坝的间距与坝的有效长度 l_p 有关(见图 4-4-8),l_p 一般可采用丁坝实有长度的 2/3,即

$$l_p = \frac{2}{3}l \qquad (4\text{-}4\text{-}4)$$

由图 4-4-8 可以得出以下的关系:

$$L = l_p\cos\alpha_1 + l_p\sin\alpha_1\cot(\beta + \alpha_2 - \alpha_1) \qquad (4\text{-}4\text{-}5)$$

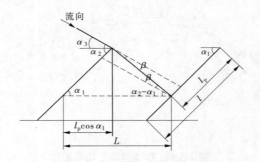

图 4-4-8　坝的间距与坝长的几何关系

$$\alpha_3 = \alpha_2 - \alpha_1 \qquad\qquad (4\text{-}4\text{-}6)$$

式中:α_1 为坝的方位;α_2 为水流方向与坝(垛)迎水面的夹角;α_3 为水流方向与工程位置线的夹角;β 为水流扩散角。

联解式(4-4-4)~式(4-4-6),并采用 $\beta \approx 9.5°$,即得

$$L = \frac{2}{3} l\cos\alpha_1 + \frac{2}{3} l\sin\alpha_2 \frac{6\cot\alpha_3 - 1}{\cot\alpha_3 + 6} \qquad (4\text{-}4\text{-}7)$$

利用式(4-4-7)计算得表 4-4-7。

表 4-4-7　坝的间距与坝长的关系

α_1	30°					45°				
α_3	0°	15°	30°	45°	60°	0°	15°	30°	45°	60°
l	100	100	100	100	100	100	100	100	100	100
L	257.7	130.1	98.2	81.5	70.2	330.0	150.8	104.4	80.8	64.8
L/l	2.58	1.30	0.98	0.82	0.70	3.30	1.51	1.04	0.81	0.65

可以看出:①当坝的方位不变时,水流方向与工程位置线的夹角愈大,则坝的间距愈小,或 L/l 值要小。②当水流方向与丁坝的迎水面正交时,丁坝的间距与坝长之比(L/l)为 0.7~0.8。根据黄河下游的实际情况,α_3 多在 30°~45°,相应的 L/l 值为 0.81~1.04。在一处整治工程的上段,α_3 变化很大,为适应较大的 α_3 值,宜采用较小的 L/l 值,一般坝、垛宜短宜密。在弯道内部,流向逐渐得到调整,到整治工程的下段 α_3 值变小,L/l 值可以适当放大。近年来一般采用 $L/l \approx 1.0$,在下段 L/l 略大于 1.0。抛物线型的垛,因其背水面有一定的向外托流的作用,其 L/l 值可较直线型大。

四、整治工程的施工

黄河下游每处整治工程的长度一般为 3~4 km,长者达 6~7 km。施工的历时一般需 3~7 年,甚至更长。

黄河下游河道冲淤的位置和幅度变化很大,往往引起河势的急剧变化,所以修建整治

工程必须因地制宜,因势利导。为了节省投资,尽量采取旱地施工,非万不得已不搞水下施工。当治导线和工程位置线确定以后,首先要根据当时河势和滩岸的情况及其变化趋势,集中力量在那些可能发生坍塌的地段进行抢修。对那些一时不致发生坍塌的地段,可先修筑坝、垛的土坝体部分,并备足石料和柳枝、秸料等,视河势的变化再进行抢护。如河势发生剧烈变化,大部分滩岸发生坍塌,而且短期内没有回淤恢复的可能,可将工程位置线平行后移。在特殊情况下,必须进行水中施工时,应事先备足柳枝、秸料、石料等突击施工。

五、结语

(1)黄河下游的河道整治工程是防洪工程的一个重要组成部分,它对控导水流,保护滩地,保证堤防安全,起到了重要作用。

(2)黄河下游河道整治治导线的确定,主要考虑要保持主溜的排洪排沙能力,并逐步形成一个稳定的有利于防洪的中水河槽,同时也有利于涵闸引水。

(3)每一处整治工程由丁坝、垛(短丁坝)、护岸等三种建筑物组成,在平面上形成一个连续的复合圆弧线的河弯形式,以达到以弯导流的良好效果。

黄河下游过渡性河段河道整治的初步效果*

一、基本情况

黄河在其中游的尾端(河南省孟津县白鹤镇附近)出峡谷以后,河道逐渐展宽,成为堆积性的河流。自白鹤镇至河口河道长 878 km(白鹤镇至桃花峪长 92 km,桃花峪以下的下游河道长 786 km),可分为 4 个不同特性的河段:白鹤镇至东明县高村为游荡性河段,高村至东阿县陶城铺为由游荡向弯曲过渡的过渡性河段,陶城铺至垦利鱼洼为弯曲性河段,鱼洼以下为河口段。

过渡性河段为 1855 年黄河在河南兰考铜瓦厢决口改道后形成的,长达 165 km,面积 680 km² 。河流束范于两岸堤防之间,堤距为 1.4 ~ 8.5 km。河道为复式河槽,一般存在二级滩地(见图 1-10-2),有明显的主槽。横断面特性见表 4-5-1。在平面上主槽位置有一定的摆动幅度,河道弯曲,曲折系数为 1.33,河道平均纵比降为 0.155‰。河段内临河滩面一般高于背河地面 2 ~ 5 m。该河段无大支流注入,只有位于北金堤滞洪区内的金堤河在陶城铺以上汇入。

---

* 中国水利学会泥沙专业委员会、中国地理学会地貌专业委员会于 1981 年 10 月召开了河床演变学术讨论会,胡一三、缪凤举提交了《黄河下游过渡性河段的河道整治》论文;1982 年在《人民黄河》第 3 期(P31 ~ 34)发表了"黄河下游过渡性河段河道整治的初步效果"一文。本文以"黄河下游过渡性河段河道整治的初步效果"为主,并吸收了"黄河下游过渡性河段的河道整治"中的部分内容。

表 4-5-1　　断面特征值统计　　　　　　　　　　　（单位:m）

项目	高村	南小堤	双合岭	苏泗庄	营房	彭楼	大王庄	史楼	徐码头	于庄
河槽宽度	2 170	2 000	2 170	700	1 500	2 200	1 366	1 800	3 120	3 700
滩地宽度	2 720	3 174	4 008	7 459	6 971	2 450	3 345	2 960	5 799	2 418
滩槽高差	−0.06	−0.14	−0.15	1.03	−0.32	0.83	−0.64	0.75	−0.19	0.54
项目	杨集	伟那里	龙湾	孙口	大田楼	路那里	十里铺	邵庄	陶城铺	
河槽宽度	2 157	1 550	1 816	1 581	1 777	1 670	962	1 210	1 130	
滩地宽度	3 628	6 034	924	4 433	2 004	1 751	455	2 937	1 614	
滩槽高差	0.12	−1.12	−0.07	0.26	0.11	0.55	0.81	−0.39	0.73	

说明:1. 本表摘自 1981 年 5 月统一测验成果;

　　　2. 滩槽高差 ΔH 为滩地平均高程减河槽平均高程。

黄河下游的河道整治工程主要由险工和控导工程组成(见图 1-9-2)。在经常临水的危险堤段,为防止水流淘刷堤防,依托大堤修建的丁坝、垛(短丁坝)和护岸工程,叫作险工。为了保护滩岸,控导有利河势,稳定中水河槽,以利防洪,在滩地上适当位置修建的丁坝、垛和护岸工程,叫作控导护滩工程,简称控导工程。

为了保护堤防的安全,从 19 世纪末开始先后修建了一些险工。1960 年前后试修过一些控导工程。参照弯曲性河段的整治经验,1966～1975 年有计划地修建了大量的河道整治工程,此后根据河势的变化也修建了一些工程。至 1979 年底,该河段共建有险工和控导工程 49 处,长 123.221 km,坝、垛、护岸近 1 200 道(见表 4-5-2)。控导工程与险工相配合,因势利导,河势已基本得到控制。

表 4-5-2　高村至陶城铺河道整治工程统计

工程种类	岸别	工程处数（处）	工程长度（km）	建筑物种类			
				坝（道）	垛（道）	护岸（道）	小计（道）
险工	左岸	11	17.567	130	24	15	169
	右岸	12	39.983	329	8	57	394
	小计	23	57.550	459	32	72	563
控导工程	左岸	14	32.511	285	63	38	386
	右岸	12	33.160	138	84	8	230
	小计	26	65.671	423	147	46	616
合计	左岸	25	50.078	415	87	53	555
	右岸	24	74.143	467	92	65	624
	小计	49	123.221	882	179	118	1 179

注:本表数据截至 1979 年底。

二、过渡性河段的河床演变特点

(一)水沙特征

黄河下游的水沙有 90% 来自上中游黄土高原地区,其多年平均年径流量为 466.7 亿 m^3,输沙量为 16 亿 t,年平均含沙量为 37.6 kg/m^3。

高村站为过渡性河段的进口站,其多年(1951~1980 年)平均径流量为 443.1 亿 m^3,年平均输沙量为 12.0 亿 t。1951~1980 年其来水来沙(见表 4-5-3)概括起来有如下特点。

1. 年际存在丰枯相间的变化

1969 年以前水量较丰,1969 年以来连续出现枯水少沙年,1951~1980 年各年径流量大于多年平均值的有 13 年,小于多年平均值的有 17 年。1950~1960 年期间洪峰较多,洪峰流量超过 5 000 m^3/s 的有 37 次,其中 1958 年 7 月高村站洪峰流量为 17 900 m^3/s,是近年来下游最大的一次洪水。1969~1974 年为连续枯水年,年平均径流量较历年平均值偏小 29%,年输沙量偏小 21%,水量的偏小值大于沙量的偏小值。而 1960~1969 年由于三门峡水库的影响,洪峰流量削减很大。加之在此期间天然来水来沙不大,所以十年间高村站最大流量仅为 9 050 m^3/s,由于河道先期发生冲刷,又修有生产堤,所以洪水很少漫滩。

2. 来水来沙年内变化的不均匀性

每年的水沙量主要集中在汛期(7~10 月),而沙量在时间上的不均匀性更甚于水量。据 1950~1980 年统计,每年汛期的水量占年水量的 58.7%,但汛期沙量则占全年沙量的 80.3%,汛期沙量主要来自几次较大洪水(见表 4-5-3),如三门峡水库建库前的 1950~1960 年期间天然来水来沙最大 5 d 的沙量占全年沙量的 19.3%,个别年份可占年沙量的 31.3%,但洪水期最大 5 d 的水量占年水量的 4.5%,个别年份只占年水量的 6.9%。

3. 流量与沙量变幅大

黄河下游的伏秋大汛都是暴雨造成的洪水,洪峰暴涨猛落,同时由于暴雨中心不同,也造成了较大的含沙量变幅。如 1950 年以来高村站最大洪峰流量为 17 900 m^3/s(1958 年 7 月),最小则为 0(1960 年 6 月),含沙量最大达 405 kg/m^3(1977 年 7 月),最小则为 0(1971 年 3 月)。

4. 黄河下游洪水主要由暴雨形成

泥沙主要来自洪水。下游洪水由上中游暴雨造成,而泥沙又主要来自暴雨形成的洪水,一般来说洪水期的含沙量特别大,因此黄河下游河床演变及冲淤变化与洪峰出现情况有密切关系。据统计,1951~1980 年洪峰流量超过 5 000 m^3/s 以上的洪峰有 64 次,其中大于 10 000 m^3/s 的洪峰有 5 次,5 000~6 000 m^3/s 的洪峰为 59 次。1958 年、1964 年、1967 年三年出现的洪峰次数较多,5 000 m^3/s 以上的洪峰各出现 6~8 次,同时中水流量持续时间较长,如 3 000 m^3/s 以上共持续 316 d,其中 5 000 m^3/s 以上共持续 132 d,1969~1980 年出现洪峰较少,而且洪峰流量也较小,唯有 1975 年、1976 年及 1977 年较大,其最大洪峰流量分别为 7 200 m^3/s、9 060 m^3/s 及 6 100 m^3/s,其余各年均在 5 000 m^3/s 以下,需要说明的是 1976 年大于 5 000 m^3/s 的流量持续时间较长,为 17 d。

表 4-5-3　　1951～1980 年(水文年度)高村站水沙特征值

项目	时段	1951～1960 年(三门峡水库建库前)	1960～1980 年(三门峡水库建库后)				备注
			1960～1964 年(水库下泄清水)	1964～1969 年(水库滞洪排沙)	1969～1973 年(水库改建排沙)	1973～1980 年(水库蓄清排浑)	
年平均水量(亿 m³)	汛期	297.5	238.6	355.9	144.1	227.6	
	非汛期	164.4	240.6	219.8	163.1	153.5	
	全年	461.9	479.2	575.7	307.2	381.1	
年平均沙量(亿 t)	汛期	12.1	4.8	12.2	6.5	9.4	
	非汛期	2.1	2.5	2.8	2.8	1.7	
	全年	14.2	7.3	15.0	9.4	11.1	
流量(m³/s)	平均	1 470	1 520	1 820	972	1 300	
	最大	17 900(1958 年)	6 242(1961 年)	9 050(1964 年)	5 660(1970 年)	9 060(1976 年)	
含沙量(kg/m³)	平均	30.6	15.3	26.2	30.6	26.9	
	最大	244(1959 年)	127(1960 年)	147(1966 年)	179(1970 年)	405(1977 年)	
来沙系数(kg·s/ m⁶)		0.020 8	0.010 1	0.014 4	0.031 5	0.021 0	
洪峰大于 5 000 m³/s 出现次数		37	5	18	1	2	

(二)河床演变特点

高村至陶城铺过渡性河段,在河床形态上介于游荡与弯曲两河型之间,其河床演变有如下特点:

1.平面形态

黄河下游游荡性河段在平面形态上,河床宽浅,河心沙洲林立,水流散乱,河势变化异常迅速,主槽位置迁徙无常。弯曲性河段由于河道两岸险工对峙,工程保护段较长,多为强制性河弯,一般主溜线位置变化不大,河宽远小于游荡性河段,河道侧向侵蚀较纵向侵蚀为弱。而高村至陶城铺的过渡性河段,一方面水流较为集中,河中一般沙洲较少,河道弯曲,滩地较低,滩唇高仰,平槽流量下的河相关系 $\sqrt{B}/H$ (见表 4-5-4)一般为 10～30,而高村以上的游荡性河道的 $\sqrt{B}/H$ 一般为 30～50,陶城铺以下的弯曲性河段的 $\sqrt{B}/H$ 为 3～20;另一方面主槽的位置仍有一定摆动,如 1948～1967 年以来,主溜的摆动强度多为 100～600 m/年,最大为 1 500 m/年。

表 4-5-4 高村至陶城铺 1950～1980 年断面及摆动特征值

断面名称	平槽河宽（m）		$\sqrt{B}/H$		滩槽高差 ΔH（m）		最大摆幅	摆动强度	备注
	最大	最小	最大	最小	最大	最小	（m）	（m/年）	
高村	2 110	510	31.7	7.4	2.70	0.71	1 866	611	
彭楼	1 990	930	35.8	9.9	3.33	0.76	1 703	184	
杨集	1 950	520	31.4	5.4	4.71	1.43	1 950	650	
孙口	1 530	467	21.1	5.3	3.85	0.77	1 406	170	
陶城铺	430	368		2.6				109	

注：表中滩槽高差为滩唇高程减主槽平均高程。

总之，分析河道平面变化的原因，乃是取决于来水来沙条件，河床边界条件及进口水流条件的综合作用。而泥沙淤积和水流条件的急剧变化是造成主槽摆动的重要原因，一般主槽摆动汛期较大，非汛期较小，落水期较大，涨水期较小。河道摆动前淤积，断面宽浅，摆动后冲刷，断面趋于窄深。

2. 滩槽高差

如前所述，该河段多为复式河槽，一般为二级滩岸，其滩槽高差 ΔH（滩唇高程减主槽平均高程）的变化是自上而下递增的，一般为 1～3 m，个别弯道附近最大为 4 m 以上（见表 4-5-4）。根据滩、槽断面资料分析，滩槽高差的变化取决于上游来水来沙条件，河槽的冲淤变化及洪水漫滩程度，如 1958 年洪水较大，漫滩后滩地淤积使滩槽高差加大，1964年则是由于主槽下切使滩槽高差增加。再如近几年内由于洪水较小不漫滩，主槽淤积使滩槽高差减小，1975 年、1976 两年洪水较大使主槽发生冲刷，滩槽高差又有所增加。

3. 河弯形态

高村至陶城铺河段内主槽虽有摆动，但其具有弯曲的平面外形，据河势及主溜线变化分析，每年汛后及汛前河道的曲折系数都较汛期为大。如彭楼至陶城铺河段，历年平均的河道曲折系数汛期为 1.20，汛后为 1.29，汛前为 1.39。在 1967 年以前该河段整治工程较少，河弯在不靠险工河段可以自由发展。据河道稳定程度分析可知，在河弯的形态上，一般的稳定河段要求凸岸的曲率半径大于直线段河宽的 4.5 倍，过小时将会引起较强的环流，使凹岸发生剧烈的局部冲刷，凸岸形成浅滩，河弯很不稳定，甚至形成畸形河弯。如黄河下游的王密城湾及李心实湾就是如此。

三、过渡性河段的河道整治效果

目前，黄河下游进行的河道整治，主要是控制中水河槽稳定溜势。截至 1979 年底，该河段共建有险工和控导工程 49 处，工程总长 123 km，占河道长度的 74.5%，险工与控导工程相互配合，因势利导，河道已基本上得到控制。取得的初步效果如下：

（一）控制了河势，改善了河槽的河相关系，加大了河槽的输沙能力

高村至陶城铺河段经过整治后，主溜摆动幅度显著减小，如营房至徐码头河段，整治前主溜摆动幅度较大（见图 4-5-1），该河段原来控导工程少，只有营房、彭楼、邢庙三处，而且工程较短，不能有效地控制河势。1967 年以后相继加长了营房和邢庙险工，并新建了老宅庄、郭集等控导工程，改变了河道的边界条件，规顺了水流，河势基本得到了控制（见图 4-5-2）。

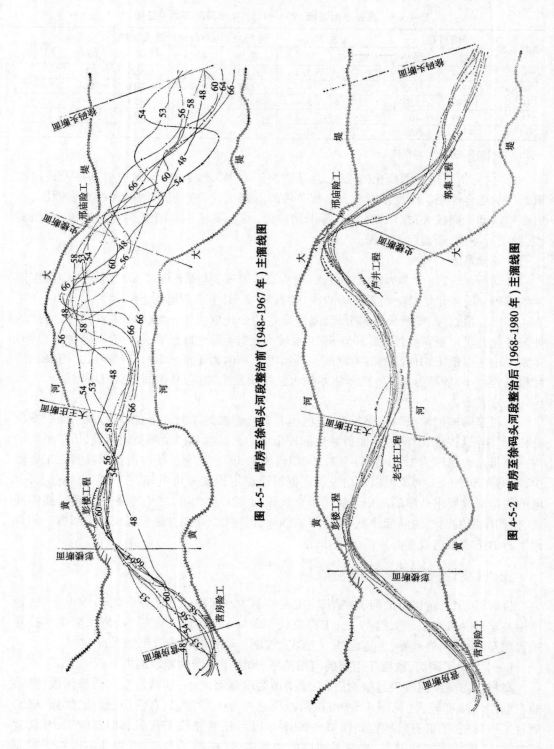

图 4-5-1 营房至徐码头河段整治前 (1948~1967 年) 主溜线图

图 4-5-2 营房至徐码头河段整治后 (1968~1980 年) 主溜线图

在河相关系方面,该段河道在整治前断面一般比较宽浅,由于控导工程较少,河弯可以自由发展,故河弯不稳定,外形亦不规则,河道摆动幅度较大。经过一段整治后,河道的流路基本稳定,河道主溜摆动不大,河槽逐渐趋向窄深,如彭楼、大王庄、史楼三断面,在1968年以后$\sqrt{B/H}$的平均值都较1968年以前有所减少(见表4-5-5)。

表4-5-5　彭楼及徐码头断面$\sqrt{B/H}$值

断面名称	彭楼	大王庄	史楼
1954~1967年	18.9	13.7	23.9
1968~1980年	17.7	11.2	19.7

众所周知,水流挟沙能力与流速的高次方成正比,河道整治后过水断面束窄,$\sqrt{B/H}$值减小,单宽流量增加,流速加大,从而提高了河道的挟沙能力。

(二)有利于防洪防凌

整治前的河道形势存在如下对防洪防凌不利的情况。

(1)有的河段出现畸形河弯。如密城湾曾几次形成Ω形河弯,其中1959年密城湾的弯颈比达2.81,这类河弯因流路长,河槽阻力大,与一般弯道相比,宣泄同样的洪水需抬高弯道上游水位,以获得足够势能来维持流动。这样高水位时可能造成河势突变,低水位时将引起滩岸坍塌,给防洪带来被动。在凌汛期,因弯曲半径小,流向改变快,易卡冰或形成冰坝,对防凌不利。

(2)河势变化快,缺少工程控制,在心滩作用下形成横河,直冲平工堤段,容易造成堤防出险或决口。如1871年汛期河水冲开郓城侯家林处的堤防造成决口。再如苏泗庄河段,1949年汛后,主溜经苏泗庄险工导向对岸房常治滩地坐一陡弯,后折向左岸,在邓庄一带塌失滩地,直冲平工堤段。1966年在连山寺到王刀庄一带坐弯,导向苏泗庄险工,直到1969年右岸滩地不断塌失,主溜直冲苏泗庄老口门处。

(3)两岸及上、下游工程不配套,不能有效地控制河势,原有的险工靠溜部位易上提下挫。如刘庄险工自1898年开始修建以来,曾多次上延下续,至1959年下延至郝寨,全长4 420 m,以后因河势变化又不得不于1968年接修了长3 100 m的贾庄工程。

(4)有些河段整治前曾出现自然"改河"的情况,群众谓之"干过河"。有的因串沟引水使主溜改走"堤河",危及堤防安全。近年来,水量偏枯,加之滩内生产堤的作用,漫滩机会少,滩槽高差较小,因此沿堤河改道是防洪上必须警惕的问题。

河道经过整治后,由于边界条件对水流的约束作用增大,从而稳定了河势和险工的靠溜部位,限制了畸形河弯的形成,防止"横河"顶冲堤防,对于确保堤防安全是有利的。

(三)有利于涵闸、虹吸引水

高村至陶城铺河段先后修建有引黄涵闸13座,虹吸9处,设计引水流量510 m³/s,设计灌溉面积290万亩。该河段在整治前,有时引水没有保证,如位于刘庄险工的刘庄闸,在1959年汛后建成时,该段险工靠溜,闸门引水方便,以后由于上几个河弯的河势变化,闸门于1961年11月脱河。为便于刘庄闸门引水,曾在上游修建过截流坝工程,但引水问题仍未能解决,不得不在河滩上修建引水渠,由于引水渠过长,经常需要清淤,因此闸门运用十分不便。随着河道整治工作的开展,河势逐渐好转,1978 年开始,刘庄闸门引水又变得方便了。

(四)有利于滩区群众的生产和安全

该河段内滩地面积占河道面积 70% 左右,在整治前,主槽经常摆动,造成塌滩、塌村。据不完全统计,1949 ~ 1967 年仅左岸落河村庄就达 104 个,给滩区人民的生产、生活带来极大困难。经过河道整治,稳定了主溜,保护了村庄和耕地,过渡性河段近年来两岸很少发生村庄落河及大幅度坍塌的情况,起到了安定滩区群众生活和促进生产发展的作用。如密城湾 1948 ~ 1958 年先后有 28 个村庄掉入河中。1969 年和 1971 年先后修建了马张庄工程和龙常治工程后,河势逐步得到了控制。

(五)改善了河道的通航条件

在整治前,有些河段歧流较多,河道宽浅,溜势散乱,航运困难。整治后水流比较集中,沙洲、歧流减少,流路规顺,同流量的水深增加,河槽相对稳定,改善了河道的通航条件,除流量小的 6 月和冰凌影响的 1 月、2 月外,百吨以上的驳船可以上、下通航。

综上所述,通过有计划地修建河道整治工程,并结合滩面、堤河治理,改善了河床的边界条件,在控制河势方面已取得初步效果。近几年的实践表明,该河段若再修建几处工程,就可以更好地控制河势流路,以利于防洪和河道输沙。

黄河下游游荡性河段河道整治的必要性和可治理性[*]

黄河自郑州桃花峪进入下游,东流至兰考县东坝头,折转东北共流经 36 个县(市),于山东省垦利县注入渤海。下游全长 786 km,落差 95 m,平均比降 1.2‰。由于黄河下游是一条堆积性河流,水流挟带大量的泥沙,堤内河床逐年淤积抬高,成为地上河。河床一般高出两岸地面 3 ~ 5 m,最大者达 10 m,它横亘于华北大平原上,成为海河流域和淮河流域的分水岭。因此,很少有支流汇入,下游流域面积仅 2.3 万 km^2。

由于黄河洪水、泥沙、决口、改道以及人类活动的影响,黄河下游河道在平面上是上宽下窄,在横向多为复式断面。按照河道特点,沿河长可分为四个不同特性的河段:桃花峪至东明县高村为游荡性河段,高村至阳谷县陶城铺为由游荡转向弯曲的过渡性河段,陶城铺至垦利县宁海为弯曲性河段,宁海至河口为河口段。

黄河在其中游的尾端(孟津县白鹤镇附近)出峡谷之后,河道展宽,泥沙淤积,河道特性也属游荡性。白鹤镇至桃花峪河道长 92 km,宽一般 3 ~ 10 km,平均比降 2.53‰,由于南有邙山,北有青风岭,只有在岭的缺口处才有堤防。本文所述内容也含此段河道。

一、防洪急需整治河道

黄河是世界著称的悬河,也是一条害河。在新中国成立前的 2 000 多年中决口达

* 为黄河水利委员会、中国水利学会泥沙专业委员会召开的"黄河及其他多沙河流河道整治学术讨论会"撰写的论文,后载于《泥沙研究》1992 年第 2 期,P1 ~ 11。

1 500多次,每次决口都给沿河群众带来深重的灾难。如1935年,山东鄄城董庄决口,使山东、江苏两省21个县(市)受灾,被淹面积12 000多 km²,淹死3 750多人,财产损失近2亿银圆。按照决口的原因可将决口分成漫决、冲决及溃决,一般漫决少,由于水流顶冲堤防,抢护不及而冲开堤防则是造成决口的常见原因。因此,整治河道,控制中、大水流向是黄河下游急需解决的问题。

(一)冲决的主要原因是横河顶冲

堤防及其前面的险工,经不住水流的淘刷坍塌入水,水流破堤而过,即造成冲决。在出险之后的抢护中,若补充料物的速度赶不上堤防及其基础的坍塌速度,就会造成决口。当出现横河顶冲的情况时,坍塌速度很快,易于发生决口。

在游荡性河段,河面宽阔,水流散乱,沙洲棋布,溜势多变,在下列情况下,往往形成横河。当弯道凹岸土质松散,而在下首又为抗冲性强的黏土或亚黏土时,弯道向纵深发展,导流能力加大,迫使水流急转,形成横河;即使河床土质比较均匀,在洪水急剧消落,弯道内溜势突然上提时,弯道下段形成新滩,水流受到滩嘴的作用,形成横河;在水流的涨落过程中,有时一些斜向支汊发展成主溜,也会形成横河。凡是出现横河的地方,水流淘刷的一岸不断坍塌后退,在横向环流的作用下;另一岸滩嘴不断延伸,水面相应缩窄,单宽流量加大,流速增加,淘刷力增强,当横河顶冲堤防或险工时,就会危及堤防的安全,必须进行紧急抢护,否则就可能有决口之患。历史上屡因横河顶冲而决口,清朝嘉庆八年(1803年)封丘衡家楼(即大宫)因横河决口(见图4-2-1)就是一例。新中国成立以后也曾因横河顶冲使防洪处于十分被动的局面,不仅耗用了大量的人力和财力,还险些酿成决口之灾。现以京广铁路桥至花园口险工下首不足20 km的河段为例说明如下:

1952年9月在郑州保合寨险工前面的滩地上形成横河[1],流量虽仅有1 000～2 000 m³/s,但因坝前水面宽由原来的1 000多 m缩窄至100余 m(见图4-2-2),水流冲刷力加大,滩地迅速后退,致使老险工靠河生险。当时,利用铁路局拨给的350个车皮,通过广花专用铁路支线,抢运石料、柳枝、梢料等防汛料物;指挥部组织4个修防段的200名工程队员和4 000余名民工进行日夜抢护。由于坍塌迅猛,抢险的速度赶不上塌退的速度,大堤被冲塌长45 m,最严重段堤顶塌宽6 m。经过10天左右的日夜奋战,方化险为夷,计用石6 000 m³,柳杂料60多万 kg。修垛4个,加固护岸4段。

京广铁路桥以下,因水流不受工程控制,时而二股河,时而三股河,主溜在左、中、右的位置不定,河势变化无常。1983年汛期在保合寨险工对岸,发生了武陟北围堤严重抢险的局面[2]。这次险情自8月12日至10月23日,除去溜势外移,险情缓和的时段,整个抢险历时长达53个昼夜。上游河势及流量的变化对险情有明显的影响。当横河(见图4-2-3)顶冲时,抢险最为紧张,如10月9日流量由6 880 m³/s回落到5 800 m³/s时,水流归槽,河势上提,以横河之势直冲北围堤,河脖宽仅300余 m,加之水流含沙量小,冲刷力强,坍塌迅速,险情十分紧急,随着河势上提,又被逼向上续延8道柳石垛,这次抢险中,在1 772 m的工段内,计修垛26道,护岸25段,裹护长3 855 m,先后动员军民6 000余人,计用工16万工日,石30 000 m³,柳杂料1 500万 kg,耗资达263万元。

在1952年保合寨险工出险堤段以下12 km处的花园口险工下首,1964年10月上旬出现横河[1](图1-5-1),顶冲险工,相继出险,至10月下旬,流量为5 000 m³/s左右,水面宽仅 150 m,单宽流量达 30~40 m³/s,溜势集中,淘刷力强,根石坍塌严重,抢险接连不断,仅 191 坝(东大坝)汛期抢险用石即达 11 600 m³,根石深度一般为 13~16 m,最深处达 17.8 m。

由上述三例可以看出,在不到 20 km 的河段内,横河所造成的危害一、三两例是通过紧急抢护才避免了决口之灾;第二例的北围堤抢险虽在滩区,如若冲开北围堤,右岸几处险工就要失去作用,原阳的大片滩区将被冲失,并会导致顺堤行洪的危险局面。原阳一带的左岸黄河大堤是一百多年未曾着河的堤段。如靠主溜,就必将多处出险,甚至发生溃决也并不是不可能的。

(二)河道游荡会造成堤防布满险工

按照弯曲性河段治理的经验,两岸按计划修做的险工和控导工程的总长度,达河道长度的 80% 左右时,即可控制河势。而在河势可任意变化的游荡性河段,一岸工程长度即使达到河道长度的 80% 以上,也仍不能控制溜势,免出大的险情。

黄河右岸的郑州保合寨险工至中牟九堡险工,长 48 km,由于溜势得不到控制,河势变化无常,有时靠河部位大幅度的上提下挫,有时弯道左右移位,呈现所谓"十年河东,十年河西"的局面,该段堤距多在 10 km 左右,但因左岸有 1855 年以来未曾上水的高滩,该段河道的摆动范围一般约 5 km。在河势变化的过程中,北岸高滩,任其淘刷坍塌,直至脱河,近 20 年来,仅修建十几处临时护村工程和两处控导工程。而右岸大堤在靠溜时必须进行保护,修建险工。在此 48 km 内先后修有 9 处险工,首尾相连,中间仅有小段空档,险工长度合计长达 43 km,右岸工程长即达堤线长度的 90%。如此长的险工却既未能改变河道的游荡状态,也未能防止在小段空档内出现新险。1967 年汛期,花园口险工不靠大河,对岸接连塌滩出险,先在马庄西南的农场一队塌岸,继而弯道下移后退,马庄、破车庄、西兰庄村南,宽 1~3 km 的滩地塌入河中,汛末时塌至东兰庄一带,并在村南形成死弯,主溜折转南下,形成横河,方向直对花园口险工 191 坝(东大坝)以下的赵兰庄一带(见图 1-5-2)。当时堤前滩地坍塌迅速,为防止在此 1.4 km 的平工堤段生险,在塌至堤根前,就在滩地上抢修了 6 道坝 1 个垛,计用石近 3 000 m³,柳秸料 71 万多 kg。以后河势外移,险情方缓和下来。由此不难看出,要防止堤防布满险工,必须进行河道整治。

(三)主溜不稳定有导致堤内改道之患

在洪水漫滩时,滩唇首先落淤,至唇愈远,落淤愈薄,形成比较陡的滩面横比降,堤根处成为地势最洼的地方。在排泄漫滩洪水和雨水时,水流沿堤前流过,成为排水通道,在堤防临河一侧形成堤河,每次大洪水过后,一般形成较高的滩唇,在滩唇的约束下,中、小洪水时常常不漫滩,滩唇与堤防之间的滩地部分淤积的机会少,使滩槽高差减小,甚至滩槽平均高程相当。如遇可漫过滩唇的大洪水,就可能沿着滩面上的串沟流向堤河,造成顺堤行洪的不利局面。

20 世纪 70 年代以来黄河下游为枯水期,漫滩洪水少,滩地淤积速度减慢,并且在 1958 年后滩区普遍修筑了生产堤,进一步减少了洪水漫滩的机遇,滩面落淤机会更少,生产堤临河侧的河槽淤积速度加快,在生产堤两侧造成临背差,形成"悬河中的悬河",在东坝头以下的宽河段这种现象更为突出。从表 4-6-1 示出的油房寨等断面形态看出,河槽平均高程高于滩面平均高程 0.10~0.90 m,堤河又较滩地平均高程低,天然文岩渠处低

2～4 m。东明和长垣滩面横比降陡者 1/2 000 至 1/3 000，为大河纵比降的 2～3 倍。目前长垣滩区计有串沟 16 条，宽 10～50 m，深 0.5～1.0 m。临黄堤前为天然文岩渠，是较天然堤河深得多的排水通道。东明滩面计有串沟 5 条，宽 40～115 m，深 0.6～1.5 m。堤河长 48 km，宽 150～300 m，深 0.5～2.0 m。即使在具有高滩的原阳河段尚有串沟 8 条，宽 15～1 000 m，深 0.5～1.6 m，堤防临河一侧均有堤河，宽 100～900 m，深 1.0～2.0 m。这是 100 多年来未曾靠水的堤段。

表 4-6-1　油房寨等断面形态

断面	河槽平均高程（m）	滩地平均高程（m）	滩槽高差（m）	堤河深泓高程（m）	
				左岸	右岸
禅房	71.16	71.02	−0.14	71.00	68.65
油房寨	69.34	68.68	−0.66	68.88	66.90
马寨	67.47	66.73	−0.74	62.70 *	65.08
杨小寨	65.49	64.59	−0.90	61.70 *	64.88
河道村	62.98	62.88	−0.10	60.65 *	61.12

注：1. 本表采用 1991 年 5 月资料；

　　2. 带 * 者为天然文岩渠。

若主溜得不到控制，大洪水期间，甚至在中等洪水时，串沟过流后，断面扩大，在一定的水沙条件下，就可能发展成主股，造成堤内改河，沿串沟进入堤河的洪水临堤而下，即造成顺堤行洪的不利局面。这些堤毁，均系平工，一旦靠溜，极易生险，若抢护不及，就可能造成决口，因此在游荡性河段，尤其在串沟、堤河严重的宽河段，更应加速河道整治，稳定主流河槽，使大洪水期间漫滩不改河，以策防洪安全。

二、工农业生产要求整治河道

随着国民经济的发展，对河流的要求也越来越高。治理河道就不仅仅是为了保证堤防安全，农业、工业、交通、城市用水等均与河流有着密切的关系，都要求尽快整治好河道。

（一）引水可靠是农业、工业及城市生活用水的必要条件

黄河下游游荡性河段两岸的广大淮海平原，地处半干旱地区，多年平均降雨量（以郑州为例）仅 636 mm，年平均蒸发量达 1 200 mm。天然降水量年内分布不均，有 2/3 的雨量集中在 7～9 月；年际变化也很大，且常常出现连续干旱年，农业要取得稳产、高产必须进行灌溉。

在这条世界著称的"悬河"两岸，由于地下水位抬高的影响，两岸农田出现了次生盐碱化，产量下降，历史上的决口改道遗留下来的大片沙荒地不能耕种，而黄河下游的水流含沙量高，且含有大量的养分，黄河的水沙资源正是改造这些沙荒盐碱地的财富，在游荡性河段的两岸，分布着郑州、开封、新乡等城市。新中国成立以来，工业发展迅速，城市人口猛增，单靠地下水已不能满足工业用水及城市生活用水的需要，因此必须引用黄河水源。除沿黄城市外，人民胜利渠已四次承担了向天津供水的任务。

黄河水沙历史上多次给广大人民带来深重的灾难,而今天却成了工农业生产的财富,为了利用黄河水沙资源,1951 年以来,先后在游荡性河段修建引黄涵闸 23 座,设计引水能力 1 720 m³/s,实灌面积 358 万亩,但由于河势多变,引水没有保证,有时部分闸门引不到水,有时不得不在闸前耗用大量的劳力,在不易施工的流沙中开挖引水渠道,为提高引水的可靠性,被迫多修闸门,增加了建闸投资,如原阳县幸福渠开了三个引水口,在每个引水口处建闸,这就增加了灌溉的成本,同时亦未能完全确保稳定引水。因此,为保证农业、工业及城市生活用水,必须整治河道,稳定溜势,以提高引水的保证率。

(二)河道固定是滩区人民生活的基本保证

黄河下游的广大滩区是含沙水流自己塑造的,在由养分丰富的泥沙淤出的肥沃滩区内,粮食亩产高于背河耕地,所以从古至今黄河下游滩区都居住着很多群众。目前下游滩区计有 147 万人,334 万亩耕地,由于游荡性河段滩地宽阔,其中 74 万人,180 万亩耕地集中于该河段。

黄河哺育了滩区人民,却也经常给他们带来深重的灾难,在河势频繁摆动的过程中,耕地塌失,村庄落河,河水冲走大量财产,甚至吞噬人们的生命。据统计 20 世纪 50 年代黄河下游平均每年塌滩 10 万亩,其中的绝大部分集中于该河段。

为了广大滩区人民生命财产的安全,需使河道有个固定的流路,以保持滩槽相对稳定。滩区村庄在修做避水台(或村台)后,洪峰期间可把牲畜、粮食等主要财产运到台上。对于漫滩洪水,因流速低,冲刷力弱,村庄房屋及其他财产不致有大的损失,即使秋粮受淹,甚至部分滩区绝产,由于取得了麦季丰收,仍可使滩区人民在大水之年生产、生活有个基本保证。洪水过后,滩地落淤,为以后的增产又提供了条件,为此必须改变游荡状况,积极整治河道,并要进行必要的滩面治理,堵截串沟,有计划地淤垫堤河,防止滩面集中过流,使洪水期间主溜仍走河槽。

(三)溜势稳定是桥梁安全的要求

新中国成立以前,高村以上的游荡性河段,仅有一座京广铁路桥,随着交通事业的发展,现已有横跨黄河的铁路桥与公路桥 5 座,有的桥长达 10 km 以上,各桥段的基础深度不一,如果河势发生滚动,主溜区与非主溜区易位,势必危及桥梁安全,甚至冲跨桥梁,中断交通,在河势变化的过程中若出现横河,也可能因水流过于集中,冲刷力增强,即使在主桥段,也可能威胁大桥安全,为保两岸交通畅通,也必须加紧整治河道,防止产生横河,稳定主溜,以策桥梁安全。

(四)一定的水深是航运的前提

由于游荡性河段的溜势散乱,潜滩沙洲密布,水深很浅,原来只能通航吃水 0.4~0.5 m、载重几十吨的木船,在汛末河势查勘时,乘坐吃水 0.5 m 的木船,还常常搁浅。但在经过整治的弯曲性河段,相同流量下却可航行百吨甚至数百吨的机船,治黄需要运输物资,尤其是防汛料物,水运是最便宜的一种运输形式,抢险部位正是靠溜的地方,因此水运较陆运具有明显的优点。为了确保防洪安全,必须对现在的游荡性河道进行整治,使水流集中,流路规顺,以保持一定的水深,为通航提供条件,目前两岸按规划流路修建工程的河段,已可通航百吨左右的机船,说明游荡性河道经过有计划的整治是可以大大提高通航能力的。

三、游荡性河道能够整治

黄河下游的游荡性河段是淤积量最大的河段,其滩岸条件变化迅速,主溜摆动频繁。在三门峡水库改变运用方式以后,白鹤镇至高村河段是受水库影响年内冲淤变化幅度最大的河段,因此二三十年来对黄河下游游荡性河段能否整治的问题,一直存在着不同的看法。本节试图通过与该河段河性相近的过渡性河段整治前后的变化及部分游荡性河段修建整治工程后的作用及变化来说明游荡性河道整治的可能性。

(一)过渡性河段整治的初步效果

过渡性河段既具有游荡性河段主溜摆动频繁的特性,又具有弯曲性河段有明显的主槽、弯道不断下延坐弯的特点。该段自 19 世纪末开始修建险工,至 1949 年仅有险工 7处,且每处的工程长度较短,都是在抢险中修建的,在 20 世纪 50 年代及 60 年代初期为保堤防安全,增修了数处新险工,1960 年前后也曾试修过一些控导工程,但未能达到控制河势的目的,在 1966～1974 年期间,参照弯曲性河段的整治经验,修建了一批河道整治工程,有计划地进行了治理,基本控制了河道,收到了好的效果,主要表现在如下几个方面。

1. 控制了河势,改善了河相关系

该河段主溜线的摆动情况在整治前后发生了很大变化,整治前(取三门峡建库前天然情况下的 1949～1960 年)和整治后(1975～1990 年)相比,断面的最大摆动范围由5 400 m 减少到 1 850 m;平均摆动范围由 1 802 m 减少到 738 m;摆动强度由 425 m/a 减少到 160 m/a。图 4-6-1 示出了老宅庄至徐码头河段整治前后主溜线的变化情况,整治前主溜线遍布于两堤之间,整治后主溜线基本集中在一条流路上,直观地反映出该段河势已经得到基本控制。

在断面形态上,满槽流量下的平均水深由 1.47～2.77 m 增加到 2.13～4.26 m,断面宽深比 $\sqrt{B/H}$ 相应减小,由 12～45 下降到 6～19。同时弯曲系数的年际变幅越来越小[3],这说明通过整治,河道趋向窄深,流路向稳定发展。

2. 有利于防洪防凌,并具有明显的社会经济效益

整治之前,由于缺乏工程控制,易形成横河,如 1871 年汛期,水流以横河形式冲开郓城侯家林处的堤防而造成决口。在某些河段易形成畸形河弯,濮阳密城一带曾几次形成Ω 形河弯,其中 1959 年弯颈比达 2.81。这种河弯流路长,阻力大,不利于排洪,在凌汛期,因流向变化快,易卡冰和形成冰坝,对防凌不利。在河势未加控制之时,提挫变化范围很大,迫使增修整治工程,如菏泽刘庄险工,经多次上延下续,至 1959 年已长达 4 420 m,以后因河势变化,1968 年又不得不接修长 3 100 m 的贾庄工程。经过有计划地整治之后,工程约束了水流,稳定了河势和险工的靠河部位,防止了横河,限制了畸形河弯。因此,对保证堤防安全起到了有利的作用。

过渡性河段计有引黄涵闸 16 座,设计引水能力 597 m³/s,实灌面积 280 万亩。随着溜势的稳定,大大提高了引水的保证率,为农业增产提供了必要条件,同时安定了堤内滩区群众的生产生活,扭转了整治前大量塌滩和村庄落河的局面。随着宽深比 $\sqrt{B/H}$ 的减小,同流量时水深增加,大大改善了通航条件,目前百吨以上的驳船一般可以通航。

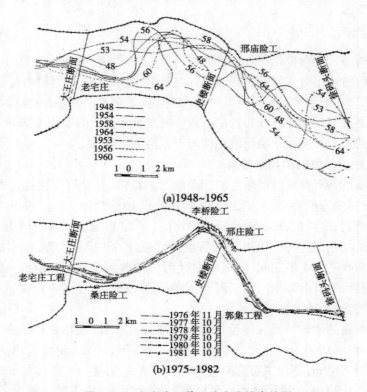

(a)1948~1965

(b)1975~1982

图 4-6-1　老宅庄至徐码头主溜线套绘图

（二）东坝头至高村修建部分河道整治工程后的变化

东坝头乃是 1855 年铜瓦厢决口改道的口门处。口门以下水面放宽，颗粒较粗的泥沙大量落淤，当时口门下堆积的三角洲便成了以后的河道。由于该河段堤距宽，河床黏性颗粒少，两岸又缺少工程控制，一直是沙洲星罗棋布，支汊纵横交织，溜势变化无常的典型游荡性河段。溜势的变化往往引起堤防生险，一百多年来曾多次发生决口，故有黄河上的"豆腐腰"之称。

1966 年之后，在重点治理高村至陶城铺河段的同时，东坝头至高村间的游荡性河段也相机修建了控导工程，至 1978 年基本完成了布点任务。尽管一些控导工程的长度还远远达不到规划的要求，却限制了主溜的摆动范围，并在防洪中发挥了一定的作用，1949 ~ 1960 年该河段诸断面的平均摆动范围为 2 435 m，而 1979 ~ 1984 年为 1 700 m，仅相当于前者的 69.8%[4]。

东坝头至高村河段修建的这些河道整治工程在防洪中发挥了应有的作用，原来在大的洪峰前后往往出现主溜大摆动的情况，1933 年大洪水时，陕县流量 22 000 m³/s，大溜出东坝头后，越过贯孟堤，直冲长垣大车集一带堤防，大溜摆动了 10 多 km，致使平工堤段出险，并造成多处决口。1982 年黄河下游出现了 1949 年以来的第二大洪峰，花园口流量 15 300 m³/s，洪水来势凶猛，洪量较大，含沙量小，水位表现偏高，这些都是易于引起河势摆动的条件，当时东坝头以下的河势与 1933 年相似，由于禅房工程的导流作用，贯孟堤及长垣大堤均未靠主溜，洪水期间，尽管有些控导工程漫顶，但整治工程仍具有控制河势作用,整个河段的主溜无大摆动,表明游荡性河段可通过修建整治工程控制河势。

(三)游荡性河段整治的困难性

游荡性河段处于黄河下游的最上段,与过渡性河段和弯曲性河段相比,具有以下特点:水面比降陡,水流动能大,冲滩塌岸的能力强;河床泥沙颗粒粗,含黏量小,抗冲能力低;来水来沙变幅大,要求河道的适应性强;三门峡水库采用"蓄清排浑"的运用方式,非汛期蓄水,汛期排沙,在一年之内下游河道的冲淤变化直接受其影响,本河段首当其冲;两岸堤距大,滩地宽阔,横比降陡,遇大漫滩洪水易于堤内改道等。另外,现在该河段多数为宽浅散乱的河道,欲改变现状比维持大洪水过后的窄深河道更为困难,因此整治游荡性河段要比整治过渡性河段和弯曲性河段困难得多。

在整治游荡性河段时需要充分认识其困难性,由于河道整治工程修建后,需经多次抢险,才能稳定,因此修建工程需准备充足的料物,以备急用。在工程达到基本稳定之前,务必加强河势溜向观测,适时发现险情,及时进行抢护,保证工程安全,方可发挥作用。现阶段对河势演变规律的认识尚处在初级阶段,对整治工程的布局、结构等也需在整治的过程中不断调整、完善,因而整治游荡性河段需要经过比较长的时间。

(四)游荡性河段整治应注意的问题

在进行河道整治时首先应满足防洪的要求,留足排洪河槽断面。在整治之前水面宽阔,溜势散乱,但在每次大、中洪水时,就断面形态和流速分布而言,均有明显的过洪主槽。主槽的宽度变化范围较小,但其位置变化很大,在进行河道整治时,工程的布局要能够控制中水流路,同时应能适应洪水流路的变化,并要使两岸上下弯道之间留有足够的距离,以便在大洪水时主溜从工程之间通过。

在游荡性河段整治河道的同时,要贯彻国务院关于废除黄河下游滩区生产堤的批示,防止"堤坝并举",在滩区修建的控导工程,其顶部高程宜低不宜高,以利漫溢。游荡性河段滩地宽、河槽窄,滩区是主要的淤沙场所。河道在经过整治后,主流稳定,较大洪水期间,浑水漫滩落淤,清水归槽稀释水流,使主槽少淤或冲刷,只有保障洪水漫滩,才能维持本河段的淤积量,不增加以下河段的淤积比例;同时,只有保障洪水漫滩,才能淤高滩地,与小水淤槽相适应,防止本河段出现槽淤滩不淤的不利局面。

整治游荡性河段必须搞好规划、因势利导、适时修工。由于游荡性河道河势变化迅速,且有多条基本流路,因此在修建工程前应搞出规划,选好基本流路,确定每处工程的大体位置;当出现有利河势时,要不失时机,因势利导,及时设工,稳定有利河势,缩小游荡范围。在整治的过程中,要进行模型试验,加强现场观测,不断总结经验,随时修正、完善规划方案,使游荡性河段的整治建立在科学的基础上。

从过渡性河段河道整治的初步效果,以及东坝头至高村的游荡性河段有计划地修筑河道整治工程后引起的变化及在防洪中发挥的作用看,黄河下游的游荡性河段是能够整治的。

四、结语

黄河下游的游荡性河段,河道宽浅,溜势散乱,冲淤变化迅速,且淤积量大,历史上该河段多次发生决口,每次都带来深重的灾难,它是世称"害河"的主要河段。

随着国民经济的发展,农业、交通及城市生活皆迫切要求整治河道,为在 20 世纪末基本解决黄河洪水为患的问题,确保黄淮海平原地区的安全,防洪工作急需整治河道。尽管游荡性河段河道整治的困难性很大,只要认真总结过去的经验,搞好规划,开展科学研究和试验工作,并安排必要的财力,积极进行整治,经过努力,黄河下游的游荡性河段是能够整治的。

参 考 文 献

[1] 徐福龄,胡一三.横河出险 不可忽视[J].人民黄河,1983(3).
[2] 新乡黄沁河修防处工务科.1983 年黄河武陟北围堤抢险技术总结[J].人民黄河,1984(6).
[3] 徐福龄,等,黄河下游河道整治的措施和效用[C]//第二次河流泥沙国际学术讨论会,1983 年 10 月.
[4] 胡一三,徐福龄.黄河下游河道整治在防洪中的作用[J].泥沙研究,1989(1).

黄河河道整治方案*

黄河具有水少、沙多、水沙不协调的特点。河道冲淤变化频繁、不断淤积抬高,造成河床高于沿岸地面的"悬河"。黄河下游在进行河道整治以前,水面宽阔,流势散乱,汊流众多,心滩、浅滩比比皆是,且经常发生变化,主溜摆动的幅度大、速度快。河势迅速演变,使黄河下游成为难以进行河道整治的河流。

黄河下游历史上堤防决口频繁,经常泛滥成灾,淹没范围多达 25 万 km²,给两岸造成严重洪水灾害。按照堤防决口原因将决口分为漫决、冲决、溃决 3 种。河势变化常常造成堤防抢险,尤其是在河势突变、形成"横河"时易于造成堤防冲决。为了防洪安全,并兼顾两岸工农业与生活用水、滩区群众安全与生产、交通航运的要求,必须积极进行河道整治。

黄河下游的河道整治是从 20 世纪 50 年代初在易于整治的弯曲性河段开始试修控导护滩工程,取得成效后,于 20 世纪 50 年代在弯曲性河段进行了推广,取得了基本控制河势的效果。60 年代以后对弯曲性河段整治工程进行了完善,过渡性河段及游荡性河段也先后修建了大批河道整治工程,这些工程发挥了控制河势的作用,弯曲性河段控制了河势,过渡性河段基本控制了河势,游荡性河段也束窄了游荡范围。

黄河下游的河道整治是以防洪为主要目的的河道整治。开始时并没有公认的整治方案,半个世纪以来,在河道整治的过程中,曾研究、实践过不同的整治方案。

一、纵向控制方案

1960 年在黄河下游治理中提出了采取"纵向控制,束水攻沙"的治河方案。纵向控制

---

* 1998 年为 12 月 16～18 日召开的"第七届国际河流泥沙及第二届国际环境水力学讨论会"提供了"黄河下游的河道整治方案"一文,会后被选入《PROCEEDINGS OF THE SEVENTH INTER NATIONAL SYMPOSIUM ON RIVER SEDIMENTATION/HONG KONG/CHINA/16－18 DECEMBER 1998(by A..A. Balkema Publishers)》,P565～570;2011 年 11 月修改成本文。

主要是修建梯级枢纽,以抬高水位,保证灌溉引水,加速河床平衡。初步打算,在桃花峪以下修建花园口等 10 座枢纽工程。枢纽建成后,在坝下的自由河段采取"以点定线,以线束水,以水攻沙"的办法,达到消灭或防止回水区淤积游荡,保证堤防安全和灌溉航运之利。打算在 8 年内……将下游河道最后达到治导线所规定的流向和宽度。(1960~1962 年黄河下游河道治理规划实施意见)在黄河下游先后动工修建了花园口枢纽、位山枢纽、泺口枢纽和王汪庄枢纽,由于防洪及河道淤积问题,泺口枢纽和王汪庄枢纽中途停建,建成的花园口枢纽和位山枢纽也于 1963 年破坝。随着建成的花园口、位山 2 座枢纽的废除,纵向控制方案即告结束。

二、平顺防护整治方案

游荡性河段,主溜(在水道中流速大,可明显代表全部或部分水流动力轴线的流带。在一个水流横断面内可出现几股溜,其中最大的称为主溜,也叫大溜)在河道内频繁摆动,河势难以控制。如中牟九堡至原阳大张庄河段,从图 1-20-1 示出的 1967~1991 年主溜线套绘图可以看出,在九堡险工以下,1968 年、1969 年、1970 年、1975 年、1976 年主溜走北河,1967 年、1974 年、1979 年、1980 年走中河,1987 年、1988 年、1989 年、1990 年、1991 年走南河。1967~1968 年由中河变为北河,1974 年变为中河,1975 年变为北河,1979 年后变为中河,继而向南河演变,1987~1991 年走南河,1992 年以后主溜又向北演变,20 余年间水流在六七千米范围内摆动。针对河势在大范围频繁摆动的情况,有人提出采用平顺防护整治方案,即在两岸沿堤防或距对岸有足够宽度的滩岸上修建防护工程,把主溜限制在两岸防护工程之间。该方案具有不缩窄河槽、不减少河槽的排洪滞洪能力、工程不突出、险情一般较轻等优点,但是水流并非顺工程而下,在河势演变的过程中,主溜常会以斜向或横向冲向工程,与未经整治河段的险工受溜情况相近,且需要修建的工程长度会接近河道长度的 2 倍,工程长,耗资大,也难以改变被动抢险的状态。

三、卡口整治方案

在河道整治以前,黄河下游河道存在一些边界条件基本不变化的卡口。如:郑州京广铁路桥,北岸为 1855 年以前的高滩,并有工程保护,南岸为邙山;花园口险工处,南岸为险工,北岸为耐冲淘的盐店庄胶泥嘴;东坝头险工处,由于 1855 年铜瓦厢决口改道,堵口后造成的东岸堤防突入河中,西岸有西大坝保护;曹岗险工与对岸府君寺控导工程形成的卡口等。在天然河道中,河势演变具有向下游传播的特点。天然河道尤其是游荡性河段沿程河宽往往存在宽窄相间的外形。在宽河段,浅滩密布,水流分歧,支汊纵横,河势散乱;在窄河段,沙洲较少,水流较为集中,主溜摆动的幅度较小。为控制河势,有人提出卡口整治方案,即沿河道每隔一定距离,修建工程(如对口丁坝),形成窄的卡口,故也称对口丁坝方案,目的是借卡口控制流路,并以此来约束卡口之间的河势变化。但从黄河下游天然存在的卡口及工程形成的卡口看,均未能控制河势。

(一)游荡性河段

(1)花园口枢纽破口处。1963 年花园口枢纽破坝,口门宽 1 300 m,原枢纽在洪水时才过流的溢洪道宽 1 404 m,在堤距约 10 km 的河段内,这是个很好的卡口。在 1963 年前后,主溜过卡口后,呈东南方向,顶冲花园口险工,并于 1964 年 9～10 月,花园口险工的东大坝连续发生抢险,用石超过 1 万 m³。而在 1967 年汛期,原枢纽以上河势南移,主溜过卡口后,呈东北方向,造成原阳高滩东西坍塌长约 4 km,南北坍塌宽 1～3 km。

(2)曹岗险工至府君寺控导工程。曹岗险工至府君寺控导最窄处仅 2.4 km,在堤距 10 km 宽的河段已形成较窄的卡口,府君寺虽为控导工程,由于其背靠 1855 年铜瓦厢决口改道后形成的高滩,大中小水全从卡口处流过。随着卡口以上河势的变化,卡口以下河势变化也是很大的。如在 20 世纪 60 年代后半期,主溜出卡口后顺北岸,经常堤至贯台控导工程;70 年代后期,主溜过曹岗以后走南河,还被迫修建了欧坦控导工程;有时主溜还由常堤与欧坦之间流向下游。

(3)东坝头险工。该险工处也属宽河段内的一处卡口。在此处大河由东西流向转为南北流向。当东坝头险工以上为南河时,东坝头险工以下为西河;当东坝头险工以上为北河时,以下为东河;当东坝头险工以上为中河时,当东坝头险工以下多为中河。

(二)过渡性河段

鄄城苏泗庄险工对岸原有一处耐冲的聂堌堆胶泥嘴,胶泥嘴与险工之间不足 1 km,是一处很窄的卡口。中等洪水及一般流量时,水流均从卡口处穿过,只有在较大洪水时,胶泥嘴与左岸大堤之间的广阔滩地才漫水过流。而该卡口以下是著名的密城湾。在没有进行河道整治时,该处是河势变化最大的弯道之一(见图 2-10-7),20 世纪 70 年代以前,由于河势变化,密城湾内曾有 28 个村庄坍入河中。

(三)弯曲性河段

弯曲性河段堤距窄、河床组成黏粒含量大,是黄河下游河势变化小的河道。在邹平河段,堤距宽一般 3 km 左右。19 世纪 80 年代修建了梯子坝,坝身长约 1.6 km,坝头与对岸堤防间的最小距离约 1.2 km,成为该河段的一个卡口。在梯子坝坝头段靠溜时,尚能掩护以下滩地,使簸箕李险工靠河。由于上游来流情况的变化,梯子坝失去控制河势的作用,梯子坝以下滩地大量坍塌,簸箕李险工有脱河的危险,不得不于 1967 年在梯子坝以下修建官道控导工程,经续建后长达 2 250 m,才稳定了簸箕李险工及其以下河段的河势。

要使卡口整治方案能够控制河势,必须使卡口宽度很窄、间距足够小。而以防洪为主要目的修建的河道整治工程,必须留有足够的排洪河槽宽度,在游荡性河段需要 2.5～2.0 km,在此范围内还可能形成不利的"横河",难以控制河势。当卡口间距足够小时,不仅工程量很大,而且会造成严重的阻水壅水,给防洪造成不利影响。卡口整治方案不适合黄河下游。

四、麻花型(∞型)整治方案

麻花型(∞型)整治方案是出于这样的认识:在孟津白鹤镇至兰考东坝头游荡性河段中,河道虽具有宽、浅、乱和变化无常的特点,但在流路方面,仍具有一定的规律性。大部分河段多年主溜线可概化为 2 条基本流路(见图 4-7-1),少数河段可概化为 3 条基本流路,每条基本流路都具有弯直相间的形态。2 条基本流路的关系是两弯弯顶大致相对,在平面形态上犹如麻花一样交织。由此设想按两条基本流路控制,即按照两种基本流路修建工程控制河势。这样可使游荡范围缩小,以利防洪,将来根据上中游水沙条件的变化,最后选定其中一条流路作为整治流路,以达整治目的。这一设想不无道理。在天然状态下,游荡性河道主溜摆动、变化范围大,其间难免在两岸遇到不同类型的边界条件,在不同水溜条件时对主溜摆动均有限制作用,有的还具有挑溜功能,挑溜处河窄水深,溜势常能稳定一段时间。河势受一弯变,多弯变影响,易形成一种流路。当位于另一位置具有挑溜功能的边界条件靠溜后,其下又易出现另一种河势流路,在有两种控制溜势功能较强的边界条件存在时,两条基本流路也就伴随存在。所以按照这一方案整治河道,符合特定条件下的河势演变规律,会取得缩小游荡范围的整治效果。最后根据来水来沙变化,主攻一条流路以达整治目的。

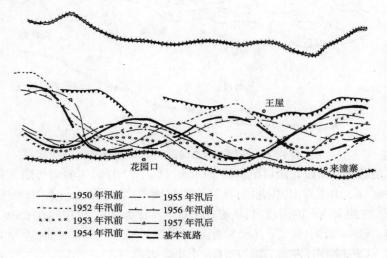

—○— 1950 年汛前	—·— 1955 年汛后
----- 1952 年汛前	—+— 1956 年汛前
××××× 1953 年汛前	—△— 1957 年汛后
○○○○ 1954 年汛前	━━━ 基本流路

图 4-7-1　花园口至来潼寨河段两种基本流路示意图

不难看出,麻花型(∞型)整治方案是将游荡性河道整治按两步走方式进行:第一步先以缩小游荡范围为目标控制两条基本流路;第二步按一条基本流路加强整治,达到控制河势的目的。麻花型整治方案是按照未进行河道整治或整治初期条件下提出的。该整治方案符合河势演变规律,按此整治可以达到控制河势的目的。该方案存在的问题是,两套工程长度比微弯型整治方案大。另外,在两种流路工程完成后,由一种流路转到另一种流路的变化过程中,可能会出现一些威胁已建工程安全的临时河势,也需被迫修工防护,这样两岸工程总长度可能达到河道长度的180%以上,因此这种整治方案需要修建的工程长、投资多。

五、微弯型整治方案

关于河型,其分类的方法很多,钱宁、张仁等把河型分为游荡、分汊、弯曲、顺直四类。弯曲性河道的弯曲系数相差甚大,如长江下荆江河段的弯曲系数(s)为 2.83,而黄河下游陶城铺以下的弯曲性河段仅为 1.21。我们试图把弯曲性河型分为两个亚类,把弯曲系数(s)大的河道称为蜿蜒型,如长江下荆江河段;把弯曲系数(s)较小(如 $s = 1.1 \sim 1.4$)的河道称为微弯型,如黄河下游的弯曲性河道。

游荡性河道在天然情况下,其外形总的趋势是顺直的,河道内汊流交织,沙洲众多,主溜摆动频繁,河势极不稳定。但就一个河段而言,主溜线又是弯曲的。主溜线呈弯曲形状,在两弯道之间又有大致顺直的过渡段,主溜及支汊均为曲直相间的形态。

图 4-7-2 是游荡性河段东明辛店集上下 1964 年的河势图,可以看出,两岸堤防间河道外形顺直,平面形态是河道宽、沙洲多、水流分散,但在顺直的走向中主溜存在 4 个微弯。

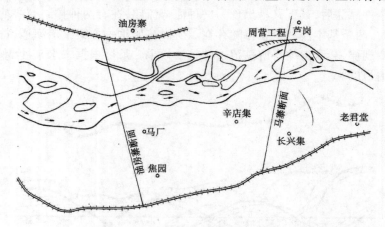

图 4-7-2　东明辛店集河段 1964 年河势图

图 4-7-3 是游荡性河段花园口至杨桥 1959 年 11 月 22 日的实测河势图,当日花园口流量为 $Q=724 \mathrm{~m}^3/\mathrm{s}$。由图看出,在花园口(图中的核桃园)险工以下,主溜基本在大河中偏南部分流向杨桥,在约 25 km 的河段内,从宏观上看主溜较为顺直,但中间在 CS36~CS40 断面(右岸)、CS44~CS48 断面(左岸)、CS55 断面(右岸)、CS57~CS58 断面(左岸)、CS59 断面(右岸)、CS62~CS63 断面(左岸)连续出了 6 个小弯道。

游荡性河段在河势演变的过程中,主溜线也具有弯曲的外形,并为曲直相间的形式,只是主溜线的位置及弯曲的状况经常变化而已。主溜线的外形具有弯曲性河段主溜线的特点,河势变化还具有弯曲性河道的一些演变规律。在河道整治的过程中,利用这些特点,通过修建河道整治工程,限制、控导主溜线的变化,以达缩小游荡范围、稳定河势的目的。在 20 世纪 80 年代前半期就明确提出,按微弯型方案进行河道整治。20 世纪 50 年代弯曲性河段的整治和六七十年代过渡性河段的河道整治,以及七八十年代部分游荡性河段的河道整治实践都证明,按照微弯型整治方案进行河道整治是可以达到控制或基本控制河势的目的的,它是符合黄河情况的好方案。

微弯型整治是通过河势演变分析,归纳出几条基本流路,进而选择一条中水流路作为整治流路,该中水流路与洪水、枯水流路相近,能充分利用已有工程,对防洪、引水、护滩的综合效果优。图 4-7-4 为花园口至来潼寨河段大、中、小水流路与中水规划整治流路比较图。由图 4-7-1、图 4-7-4 看出,河道整治规划时选择了由花园口至双井至马渡的基本流路,该流路与洪水流路、枯水流路相近,利用了已有的花园口及马渡险工,同时有利于引水及滩区安全。整治中仅在弯道凹岸及部分直线段修建整治工程。按照已有的整治经验,在按规划进行治理时,两岸工程的合计长度达到河道长度的 90% 左右时,一般可以初步控制河势,该方案修建的工程短,投资省。微弯型整治方案是黄河河道整治中采用的方案。

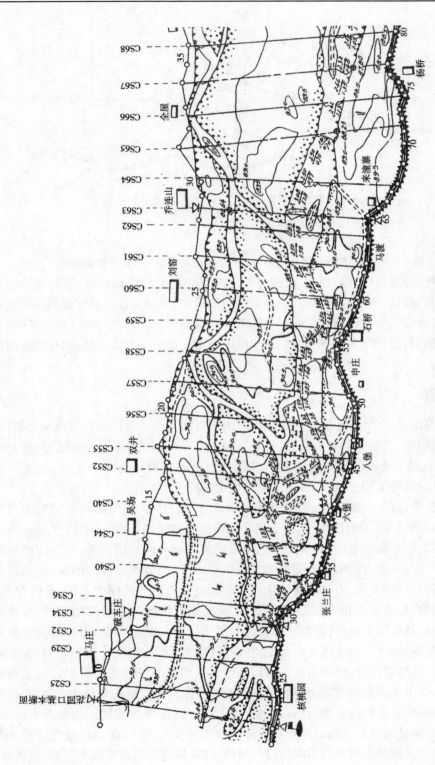

图 4-7-3 花园口至杨桥 1959 年 11 月 22 日实测河势图

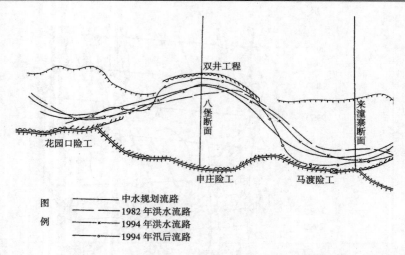

图 4-7-4　花园口至来潼寨河段大、中、小水流路与中水规划流路比较图

在游荡性河段,虽然外形顺直,汊流交织,沙洲众多,主溜摆动频繁,但就某一主溜线平面外形而言则具有弯曲的外形,并为曲直相间的形式,只是其位置及弯曲的状况经常变化而已,同时河势的变化还具有弯曲型河流的一些演变规律。因此,在 20 世纪 80 年代前半期就明确提出,按微弯型方案整治。黄河下游河道整治的实践也表明,微弯型整治方案是可行的。

六、结语

为了黄河防洪安全,需要进行河道整治。由于黄河是一条难以进行河道整治的河流,国内外没有成套的整治经验可供借鉴,只能采取分析研究、试点总结、不断提高的办法进行。1950 年在易于整治的洮口以下的弯曲性河段开始试修河道整治工程,经过半个世纪,在黄河下游取得了明显效果,在防洪保安全中发挥了重要作用。

在河道整治过程中,曾研究、实践过多种整治方案。1960 年提出黄河下游治理采取"纵向控制,束水攻沙"的治河方案,由于在平原河道修建多级枢纽,不符合平原多沙河流的特点,在方案的实施过程中,即暴露出一些影响防洪安全的突出问题,已修建的枢纽被破除,纵向控制方案即告结束。根据黄河主溜摆动频繁、河势难以控制的特点,提出在两岸采取平顺防护整治方案,由于需要修建的工程长度接近河道长度的 2 倍,且仍存在"横河"顶冲、威胁堤防安全的情况,故未被采用。在河道整治前与整治初期,人们发现天然卡口、人工卡口具有限制河势摆动范围的作用,提出了卡口整治方案,卡口仅能限制局部河段的摆动范围,缺乏控制水流流向和稳定河势的能力,卡口窄时,工程阻水对防洪不利,卡口密度大时将增加投资,根据黄河下游河床组成等情况并经过对已有卡口对控制河势的作用分析,得出卡口整治方案不适合黄河下游的实际情况。麻花型整治方案,是按照河势演变规律提出来的,修建工程后可以控制河势,鉴于其需要修建的工程长而未被采用。微弯型整治方案是按照水流运动特点和河势演变规律提出,并经逐步总结整治经验而形成的,该方案可以控制黄河下游不同河段的河势,需要修建的河道整治工程短,投资省,在弯曲性河段、过渡性河段及游荡性河段均取得了控制河势的效果。经综合研究,黄河下游河道整治采用了微弯型整治方案。黄河下游和上中游的河道整治实践已经表明,该方案符合黄河实际情况,是黄河河道整治的好方案。

参 考 文 献

[1] 胡一三,张红武,刘贵芝,等. 黄河下游游荡性河段河道整治[M]. 郑州:黄河水利出版社,1998.
[2] 刘贵芝. 黄河下游河道整治技术发展概况[J]. 人民黄河,1994(1):19-22.
[3] 徐福龄. 两种基本流路,两套工程控制[J]. 人民黄河,1986(4):20.
[4] 胡一三. 微弯型治理[J]. 人民黄河,1986(4):18.
[5] Hu Yisan. Scheme of river training for the lower Yellow River[A]. A W Jayawardena etc. Proceedings of the seventh international symposium on river sedimentation, Rotterdam:Brookfield,1999. P565-570.

黄河河道整治原则*

河道整治是一项复杂的系统工程,除受河道条件、水流运动、气象水文等自然因素制约外,还与社会因素有关,因此进行河道整治时,必须综合考虑自然条件、治河技术与社会因素的影响。随着国民经济的发展和治河技术水平的提高,河道整治的原则也不断修改、补充、完善,概括起来有以下诸点。

一、全面规划、团结治河

河道整治涉及国民经济的多个部门,各部门在整体目标一致的前提下,又有各自不同的利益,有时甚至互相矛盾。如在滩地问题上,两岸居民间有矛盾,上下游之间有矛盾,县际间有矛盾,甚至相邻两个乡之间也有矛盾。因此,进行河道整治时,必须全面规划,综合考虑上下游、左右岸、国民经济各部门的利益,并发扬团结治河的精神,协调各部门之间的关系,使整治的综合效益最大。

二、防洪为主、统筹兼顾

黄河下游历史上洪水灾害严重,为防止洪水泛滥,筑堤防洪成为长盛不衰的治黄方略。1949年大水期间山东阳谷县陶城铺以下窄河段发生了严重险情,人们开始认识到即使在堤距很窄的河段单靠堤防也是不能保证防洪安全的,于是从1950年开始在下游进行河道整治。防洪安全是国民经济发展的总体要求,河道整治必须以防洪为主。

黄河有丰富的水沙资源,两岸广大地区需要引水灌溉、补充工业、生活用水的不足,以提高两岸的农业产量,发展工业生产,同时引用黄河泥沙资源,淤高改良沿黄一带的沙荒盐碱地。希望通过整治河道,稳定流势,使引水可靠,使滩区高滩耕地、村庄不再塌入河中,同时还能使一部分低滩淤成高滩,以利耕种。河势稳定后,还有利于发展航运和保证各类桥梁的安全。因此,在河道整治时,既需以防洪为主,又要统筹兼顾有关国民经济各

* 本文原载于《人民黄河》2001年第1期P1~2。

部门的利益和要求。

三、河槽滩地、综合治理

河道是由河槽与滩地共同组成的。河槽是水流的主要通道,滩地面积广阔,具有滞洪沉沙的功能,它是河槽赖以存在的边界条件的一部分。河槽是整治的重点,它的变化会塌失滩区,滩地的稳定是维持一个有利河槽的重要条件,因此治槽是治滩的基础,治滩有助于稳定河槽,河槽和滩地互相依存,相辅相成,在一个河段进行整治时,必须对河槽和滩地进行综合治理。

四、分析规律、确定流路

分析河势演变规律,确定河道整治流路,是搞好河道整治的一项非常重要的工作。有的河段(如山东东明县高村至陶城铺河段),在河道整治之前,尽管主槽明显,但河势的变化速度及变化范围都是很大的,在整治中绝不能采用哪里坍塌哪里抢护的办法,而必须选择合理的整治流路。在进行整治之前既要进行现场查勘,又要全面搜集各个河段的历年河势演变资料,分析研究河势演变规律,概化出各河段河势变化的几条基本流路。然后根据河道两岸的边界条件与已建河道整治工程的现状,以及国民经济各部门的要求,并依照上游河势与本河段河势状况,预估河势发展趋势,在各个河段河势演变的基本流路中,选择最有利的一条作为诸河段的整治流路。

五、中水整治、考虑洪枯

按中水整治是古今中外水利专家的一贯主张。20 世纪 30 年代,德国的恩格斯教授通过黄河下游的模型试验,提出了"固定中水河槽"的治河方案。我国水利专家李仪祉先生也主张固定中水河槽,他提出"因为有了固定中水位河床之后,才能设法控制洪水流向"。中水期的造床作用最强,中水塑造出的河槽过洪能力很大,对枯水也有一定的适应性。

枯水的造床能力小,但如遇到连续枯水年,小水的长期作用对中水河势有可能产生破坏作用。1986 年以来,黄河下游水量少,洪峰低,中水时间短,一些局部河段河势"变坏",不得不采取一些工程措施来防止河势恶化。因此,按中水整治河道时,还需考虑洪水期、枯水期的河势特点及对工程的要求。

六、依照实践、确定方案

对河道进行中水整治时,必须预先确定河道整治方案。不同的河流、同一河流的不同河段会有不同的整治方案。在确定整治方案中,既要借鉴其他河流的成功经验,又不能照搬,一定要根据本河段的河情确定。河道整治的过程是个较长的过程,在整治的过程中必须及时总结经验教训,抛弃与河情或与国民经济发展不相适应的部分,完善已选用的整治方案。在黄河下游的整治过程中,20 世纪 50 年代曾选用纵向控制方案,由于该方案不适应下游的河情及国家可提供的治河力量而被舍弃;后经过分析总结,采用了弯道治理;最后又经补充、完善、比选,最终采用了微弯型整治方案。

七、以坝护弯、以弯导流

水行性曲。在流量变化的天然河道中,水流总是以曲直相间的形式向前运行的。弯道段溜势的变化对直河段溜势有很大的影响,直河段的溜势变化也反作用于弯道段,但弯道段的河势变化对一个河段河势变化的影响是主要的。弯道对上游来溜较直河段有较好的适应能力。上游不同方向的来溜进入弯道后,经过弯道调整为单一溜势。弯道在调整溜势的过程中逐渐改变水流方向,使出弯水流溜势平稳且方向稳定,经直河段后进入下一弯道。水流经过数弯后使溜势稳定,直河段就缺乏这些功能,所以在整治中采用以弯导流的办法。

以坝护弯是以弯导溜的必要工程措施。水流进入弯道后,对弯道岸边有很强的冲淘破坏作用,如不采取强有力的保护措施,弯道凹岸就会坍塌变形,进而影响凹岸对水流的调控作用,使弯道已有的导溜方向改变,以致影响下游的河势变化。保护弯道可采用多种建筑物形式。20 世纪 50 年代以后修建的丁坝、垛(短丁坝)、护岸绝大多数为柳石结构,遇水流淘刷需进行多次抢护才能稳定。若采用护岸形式,运用过程中会在较长的工程段出险,抢护将十分困难。采用丁坝的优点在于坝头是靠溜的重点,在防守中人力、物力均可集中使用,有利于工程安全,同时丁坝抢险在坍塌严重时尚有退守的余地。因此,在传统结构没有被其他形式的结构替代之前,在人力、料物还不充足的条件下,应按以坝护弯的原则布设工程,尤其是在弯道靠大溜处更是如此。

八、因势利导、优先旱工

在工程建设中要尽量顺乎河性,充分利用河流本身的有利条件,当河势演变至接近规划流路时,要因势利导,适时修建工程。如当上游来溜方向较为稳定,送溜方向又符合要求时,就要充分利用其有利的一面,积极完善工程措施,发挥整体工程导溜能力,使河势向着规划方向发展。

河道整治工程就施工方法而言,可分旱地施工(旱工)和水中施工(水中进占)两种。在水中进占的过程中,由于水流冲淘,不仅施工难度大,而且需要的料物多、投资大。因此,在工程安排上应抓住有利时机,尽量采用旱工修做整治工程。在一年内施工期也尽量安排在枯水期,对于水深较浅、流速小于 0.5 m/s 的情况,仍可采用旱地施工方法进行。

九、主动布点、积极完善

主动布点是指进行河道整治要采取主动行动,对于规划好的整治流路,要在河势变化而滩岸还未坍塌之前修建工程。这样,一旦工程靠河着溜即可主动抢险。抢险加固的过程,也就是控导河势的过程。为了主动布点,需要对长河段的河势演变规律及当地河势变化特点进行分析,只有这样才能抓住有利时机,使修建的工程位置适中,外形良好,具有好的迎溜、导溜、送溜能力。

一处河道整治工程布点并靠河后,应加强河势溜向观测,按照工程的平面布局积极完善工程。当河势有上提趋势时,应提前上延工程迎溜,以防改变工程控导河势的能力或抄工程后路;当河势有下挫趋势时,应抓紧修筑下延工程,保持整治工程设计的平面布置形式,以发挥导溜和送溜作用。

十、分清主次、先急后缓

河道整治的战线长、工程量大,难以在短期内完成。因此,在实施的过程中,必须分清主次,先急后缓地修建。对一个河段河势变化影响大的工程、对控导作用明显的工程、对不修工程即会造成严重后果的工程等,都应作为重点,优先安排修建。由于来水来沙随机性很大,河势变化又受水沙条件变化的影响,在河道整治实施的过程中,还需根据河势变化情况、投资力度等,及时对重点工程进行调整。

十一、因地制宜、就地取材

河道整治工程的规模大,战线长,需用的料物多。材料单价受运距的影响极大,有的相差 2 ~3 倍,有的甚至达 5 ~6 倍,在选择建筑材料时首先应满足工程安全的要求,在此前提下,靠山远的河段可少用石料,或用"胶泥"等代用料,多用柳杂料;靠山近的河段多用石料,但在沙质河床区修建工程时,尚需要一部分柳杂料;随着土工合成材料单价的降低,还可用一些土工合成材料。为了争取时间,减少运输压力,并保证工程安全,河道整治建筑物的结构和所用材料要因地制宜,尽量就地取材,以节约投资。

十二、继承传统、开拓创新

长期以来,在人们与洪水斗争的过程中,积累了大量的包括河道整治技术在内的治河技术与治河经验,这些技术来源于实践,也被实践证明是行之有效的。随着生产力水平的提高和科学技术的发展,在借鉴传统技术的同时,还需要结合实际情况,对其进行不断地完善、补充,并开拓创新,如由局部防守发展为全河段有计划地整治,由被动修建工程到主动控导河势等。在建筑物结构和建筑材料方面,20 世纪 80 年代以来也进行了数十次的试验研究,一些新技术、新材料试验已取得了较为满意的效果,有的已开始推广应用。因此,在进行河道整治的过程中,必须按照继承传统、开拓创新的原则进行,逐步把河道整治工作提高到一个新水平。

黄河河道整治历程*

黄河是中华民族的摇篮,为了防御洪水对人们的侵害,远在春秋战国时期就修建了堤防。土堤抗御水流冲淘的能力很差,堤防决口后就会造成大的灾害。为提高堤防抗御洪水的能力,沿堤修建了一些防护工程,并积累了丰富的修建防护工程的经验。这些防护工程是为了防御水流对堤防的破坏,不具备稳定或控导水流的性质。

为了稳定有利河势、改善不利河势、进而控导河势,达到防洪保安全的目的,有计划地

---

* 黄河河道整治历程及整治方案"一文载于 2010 年《黄河年鉴》(郑州:黄河年鉴社,2010 年 12 月第 1 版)专文部分,P361 ~371。本文是黄河河道整治历程及整治方案的第一部分。

进行河道整治是从 20 世纪 50 年代初开始的。沿堤修建的工程称为险工,在滩地合适部位修建的工程称为控导工程。

一、历史上的防护工程

历史上修建的防护工程多采用埽工。埽工是以薪柴(秸、苇、柳等)、土、石为主体,用桩绳盘结拴系成为整体的河工建筑物。它可以用来保护堤防、堵塞决口、施工截流。

埽工创始于什么时代尚不清楚,但把薪柴、土、石用在河工方面,最迟在汉代就已经开始了。《史记·河渠书》在叙述堵塞决口工事时记载:"令群臣从官至将军以下,皆负薪真决河。"《汉书·沟洫志》载有"汉建始四年(公元前 29 年),河决馆陶及东郡金堤,河堤使者王延世使塞,以竹落长四丈,大九围,盛以小石,两船夹载而下之,三十六日河堤成"。上述表明,在汉代虽无埽工名称,但埽工在汉代已经有了。"太宗淳化二年(公元 991 年),诏巡河主埽使臣,巡视河堤"(《宋史·河渠志》),表明宋代已设有"埽官",埽工已使用得比较多了。

关于埽工的做法,《宋史·河渠志》载有:"旧制岁虞(预防的意思)河决,有司常以孟秋预调塞治之物,梢、芟、薪、柴、楗、橛、竹、石、茭、索、竹索,凡千余万,谓之春料。……凡伐芦荻谓之芟,伐山木榆柳枝叶谓之梢,辫竹纠芟为索,以竹为巨索,长十尺至百尺有数等。先择宽平之所为埽场。埽之制,密布芟索铺梢,梢芟相重,压之以土,掺以碎石,以巨竹索贯其中,谓之心索,卷而束之,复以大芟索系其两端,别以竹索自内旁出。其高数丈,其长倍之,凡用丁夫数百或千人,杂唱齐挽,积置于卑薄之处,谓之埽岸。"表明,早在宋代,已采用埽工的办法,在汛期之前就于堤防薄弱之处,修建了大量的防护工程。宋代埽工已与河势工情的变化结合起来,并对河势工情进行了分类。按《宋史·河渠志》:凡洪水顶冲堤防,大堤坍塌,谓之"刿岸";河水漫过堤顶,谓之"抹岸";埽岸腐朽,下部被水淘空,造成堤岸塌陷,谓之"塌岸";水漩浪急,堤岸损坏,谓之"沦卷";河弯受水顶冲,回溜逆水上壅,谓之"上展";顺直河岸受水顶冲,顺水下注,谓之"下展";河水骤落,被河心滩所阻,形成斜河,横射堤岸,谓之"径凼";大水之后,主溜外移,原河槽变为沙滩,谓之"拽白",也叫"明滩"。掌握了这些情况就可以有的放矢地进行备料并选择防御地段,重点修做防护工程。从《宋史·河渠志》看,埽工在宋真宗天禧年间已遍及河道两岸,上起孟州,下至棣州,当时沿河已修有 45 埽。元丰四年(1081 年),沿黄河"北流"河道上曾"分立东西两堤,五十九埽"。北宋时期对埽工设置了专人管理,以某地命名的埽工,以后成为险工名称和修防机构。到金元时期,还根据作用、形状特点将埽工分为"岸埽""水埽""龙尾埽""拦头埽""马头埽"等多种。《黄河埽工》一书的作者,将明代万恭提出的"八埽"解释为靠山埽、箱边埽、牛尾埽、龙口埽、鱼鳞埽、土牛埽、截河埽、逼水埽。明代还采用"埽由"(或称小龙尾埽)防风浪冲淘堤防,即用"秫秸粟藁及树枝草蒿之类,束成捆把(可长可短),遍浮下风之岸(迎风之岸),而系以绳,随风高下,巨浪止能排击捆把,且以柔物,坚涛遇之,足杀其势。……捆把仍可贮为卷埽之需,盖有所备,而无所费云"(《治水筌蹄》)。这种办法至今仍为防风浪的措施之一。

埽工的做法在修建防护工程、抢险、堵口的过程中也不断改进。北宋采用卷埽,直至明代、清初仍采用卷埽的办法。由于卷埽体积大,做埽时需要很大的场地和大量的人工,否则就难以施工,清代乾隆年间逐步把卷埽的方法改为沉厢修埽的方法。乾隆十八年(1754年)正式批准将这种厢埽方法用于铜山县黄河堵口,以后普遍推广使用,一直沿用到现代修埽中。

埽工用料也有变化。清代靳辅于康熙十六年(1677年)任河道总督后,认为"防河之要,惟有守险工而已。"对埽工,他们主张改秸料为柳草,修埽"柳七草三",柳多可以加大重量,易于沉底,草料可以填充空隙,以防疏漏,即所谓"骨为柳,而肉以草也。"以后,用料上又逐渐用秫秸代替柳梢,雍正二年(1724年),正式批准在山东、河南的黄河上用秸料做埽。

从上述可以看出,1 000多年来黄河已修建过大量的堤防防护工程,作为主要方法的埽工在实践中不断发展、完善,并在防洪保安全方面发挥了重要作用。但是,历史上修建的这些防护工程,由于埽工所用的软料(秸料、苇料、柳梢等)年久后会腐烂,即使河道不发生变化,也会失去御流能力,且需要的养护费用也很高;另外,随着黄河的多次决口、改道、大改道,也使许多防护工程失去作用。至1938年花园口扒口前黄河下游沿堤计有防护工程64处,共长约220 km。

二、黄河下游河道整治历程

黄河下游有计划地进行河道整治是以防洪为主要目的的。它是在实践中创立,经过逐步完善,才形成了一套较为完整的整治措施。河道整治的实施是先易后难,从弯曲性河段开始,进而重点整治过渡性河段,游荡性河段河道整治需经过一个漫长的过程。

(一)弯曲性河段1949年抢险的启示

1949年花园口站最大洪峰流量达12 300 m³/s,发生大于5 000 m³/s的洪峰7次,是汛期水量较丰的一年。在洪水演进的过程中,弯曲性河段出现了严重的抢险局面。有40余处险工发生严重的上提下挫,并有东阿李营等15处险工脱河。左岸济阳朝阳庄险工脱河,靠溜部位下滑2 km至董家道口,右岸章丘县滩地大量坍塌,以下左岸葛家店险工靠溜部位大幅度下挫,存在脱河危险,并引起以下连锁反应:济阳张辛险工靠溜部位大幅度下挫,谷家、小街子险工靠溜部位也发生下滑。撵河抢险长达40余d,使防汛处于十分被动的状态。

弯曲性河段堤距窄,河床黏粒含量大、沿堤又修有多处险工,是黄河下游对水流约束能力最强的河段。1949年汛期十分被动的抢险表明,即使在黄河下游控制水流条件最好的河段,单靠两岸堤防及沿堤修建的险工,也是无法控制河势的。

(二)20世纪50年代的河道整治

1949年弯曲性河段防汛抢险的严重事实使人们认识到,要减少防汛被动,除修好堤防及沿堤险工外,还必须在滩地选择与险工相呼应的合适部位修建弯道工程,发挥导流作用,才能相对稳定河势,减少防汛中的被动。

在充分调查1949年汛期河势变化、滩地弯道与险工靠溜关系的基础上,1950年选择因河势变化大量塌滩的河弯,试修控导护滩工程。采取打木桩编柳笆做篱,修成透水柳坝的方法,当年汛前完成了章丘县蒋家、苗家,齐河县八里庄,济阳县邢家渡等14处工程;采取修做柳箔护坡防冲的办法,完成了邹平县张桥、大郭家,章丘县刘家园等6处工程。汛期洪水考验后证明,透水柳坝可以落淤还滩,而柳箔效果不好。在张桥、大郭家抢险中,改为柳石枕修做的柳石堆(垛)结构,取得了好的效果。1951年春提出"以防洪为主,护滩、定险(工)、固定中水河槽"的要求。继而在连续几个弯道进行控导河势试验,选定有代表性的章丘县土城子险工至济阳县沟头、葛家店险工之间长9 km的河段,做联弯控导护滩试验。两岸分别修建透水柳坝32道、柳包石堆6个,土坝基3道。经过当年汛期洪水考验,基本达到了控制葛家店及以下河段河势和防止险工下延的预期目的。

河道整治试验取得成功之后,弯曲性河段尤其是济南以下河段的河道整治得到了快速发展。1952~1955年修建了大量的控导护滩工程,技术上也有大的改进。由于透水柳坝在冰凌期经常遭受破坏,且受材料和施工技术的限制,逐渐改为以柳石为主要材料的工程。1956~1958年对工程进行了完善、加固。控导护滩工程顶部与当地滩面平,洪水漫滩时,坝顶拉沟,裹护石料被冲走。在防汛过程中积累了坝顶压柳等防漫顶破坏工程的经验,使工程能长期发挥作用。这些工程经受了1957年、1958年大洪水的考验,险工与控导护滩工程相配合,控制了大部分河弯的河势,减少了被动抢险。

(三)20世纪六七十年代的河道整治

因受"左"的思想影响,1959年提出了"三年初控,五年永定"的治河口号,盲目引用其他河流控制河势的方法,用"树、泥、草"结构治河。1960年前后用这种结构修建了10余处控导工程,后几乎全被洪水冲垮,以失败告终。

在认真总结弯曲性河段河道整治经验及"树、泥、草"治河教训的基础上,选择河道整治难度较小的东明县高村至阳谷县陶城铺的过渡性河段,从1965年以后大力进行河道整治。在堤距较宽、大河距两岸大堤均有数千米的河段,两岸均在滩地合适部位修建控导工程;对一岸靠近堤防、另一岸距堤防较远的河段,一岸利用或修建险工;另一岸在滩地合适部位修建控导工程。上下弯控导工程相配合或者险工与控导工程相配合,采用以弯导流的办法控导河势。1965~1974年在过渡性河段两岸共修建25处控导工程,并改建了部分险工。1974年以后初步控制了河势。

20世纪六七十年代是黄河下游水量较丰、中水持续时间较长的时期,除堤防发生险情较多外,滩地坍塌也非常严重,在游荡性河段及弯曲性河段均修建了一部分河道整治工程。在游荡性河段,如位于黄河左岸的原阳,黄河大堤长62 km,堤前为1855年高滩。为防高滩大面积坍塌及村庄掉入河中,修建了许多护滩、护村工程,除20世纪50年代末修建的娄王屋(始修时间为1959年)、刘窑(1959年)、南赵庄(1959年)、杜屋(1959年)、孙堤(1958年)、三官庙(1959年)、马合庄(1959年)、大张庄(1958年)、黑石(1957年)9处外,六七十年代修建的有北裹头(1960年)、王屋(1967年)、马庄南(1967年)、刘庵(1967年)、全屋(1967年)、黄练集(1960年)、赵厂(1967年)、双井(1968年)、马庄(1968年)、三教堂(1968年)、任村堤(1973年)11处。这些工程除马庄、双井是按照控导河势要求布置的控导工程外,余皆为临时防护工程,不具有控制河势的作用。

在阳谷陶城铺至济南北店子的弯曲性河段,左为黄河大堤,右为长清、平阴滩区。在20世纪六七十年代修建了多处护滩工程。如:平阴滩区除50年代修建的刘官庄(始建时间为1950年)、望口山(1955年)2处外,六七十年代修建的有姜沟(1967年)、苏桥(1971年)、桃园(1968年)、丁口(1970年)、王小庄(1970年)、外山(1974年)、田山(1977年)、石庄(1972年)8处;长清滩区除1960年以前修建的姚河门(1958年)、西兴隆(1950年)、娘娘店(1949年)3处外,六七十年代修建的有燕刘宋(1967年)、许道口(1970年)、王坡(1974年)、下巴(1967年)、顾小庄(1965年)、桃园(1969年)、董苗(1966年)、贾庄(1967年)、孟李魏(1967年)、小侯庄(1972年)、老李郭(1967年)、潘庄(1967年)、红庙(1972年)13处。

(四)20世纪80年代以后的河道整治

20世纪80年代以后的河道整治工程建设主要是在游荡性河段。

黄河下游高村以上的游荡性河段纵比降陡,流速快,水流破坏能力强,塌滩迅速,对堤防威胁大。河势演变的任意性强、范围大、速度快、河势变化无常。游荡性河段情况最为复杂,河道整治最难。游荡性河段能否进行河道整治、能否控制河势,几十年来一直是个有争议的问题。

经认真总结过渡性河段的整治经验,结合本河段的情况,采用先易后难、在滩区适当位置修建控导工程、利用改善已有险工的办法,限制游荡范围,逐步控制河势。

20世纪60年代以后,在游荡性河段滩区修建了部分控导工程。其中:东坝头至高村河段与过渡性河段相接,河床组成与过渡性河段接近,相对易于整治。此段修建整治工程较快,1978年完成了工程布点,首先是限制了游荡范围,经不断续建工程,现在已初步控制了河势。东坝头以上的游荡性河段修建的控导工程少,20世纪90年代以后加快了河道整治步伐,进一步缩小了游荡范围,并有部分河段初步控制了河势。

(五)河道整治的初步成效

弯曲性河段,20世纪50年代在济南以下河段成功创建河道整治,60年代以后,又新修、改建、完善了一些河道整治工程,弯曲性河段全部达到了控制河势的目的。

高村至陶城铺的过渡性河段,经过1965~1974年的集中整治后,又经1975年以后的多次续建,不断提高了整治工程控导河势的能力。本河段的河道整治经历了初期修建滩区工程—失败("树、泥、草"治河)—总结经验、修建控导工程—续建、完善的过程,已取得了基本控制河势的效果。

高村以上的游荡性河段,由于河势变化幅度大、速度快,进行整治的时间最长,且仍为今后河道整治的重点。与整治前相比,已在很大程度上缩小了游荡范围,其中两岸整治工程修建相对较多且较为配套的东坝头至高村、花园口至马渡、花园镇至神堤3个河段,已取得了初步控制河势的效果。

三、宁夏内蒙古河段的河道整治

河套平原是黄河流域开发较早的地区之一,为了防止黄河水对两岸的坍塌破坏,历史上也曾多次采取防护措施,防止塌失家园、耕地,保护引水渠首。公元5世纪利用草土混合修筑拦水土坝,后来发展为草土护岸和草土逼水码头。明代天启年间(1621~1627年),采用以石料筑丁坝挑流与顺坝护岸相结合的方法也收到了效果。清康熙四十八年(1709年),用柳圈内装卵石柴草修筑渠首工程。1933~1943年沿河主要县设河工处,专事防洪治河护岸之事,表明已较普遍修建了防护工程。

宁夏内蒙古河段原为冲淤相对平衡的河段,近20多年来河床在淤积抬高。各河段的河势变化情况不同,但总的讲变化是比较大的。从控导水流、稳定河势的要求出发,有计划地进行河道整治,是从 20 世纪 90 年代后半期开始的。由于河道长达 1 000 多千米,修建的河道整治工程有限,现有工程密度稀且不配套,河势变化大,今后的整治任务是很艰巨的。

参 考 文 献

[1] 水利电力部黄河水利委员会. 黄河埽工[M]. 北京:中国工业出版社,1964.

[2] 黄河水利委员会黄河水利史述要编写组. 黄河水利史述要[M]. 北京:水利出版社,1982.

[3] 徐福龄,胡一三. 黄河埽工与堵口[M]. 北京:水利电力出版社,1989.

黄河下游河道整治的控导工程*

黄河从河南省孟津县白鹤镇,至山东省垦利县注入渤海,河道长 878 km,为堆积性河道。河道上宽下窄,总面积约 4 200 km²。按照河道特性可分成 4 个河段:孟津县白鹤镇至山东省东明县高村为游荡性河段,高村至山东省阳谷县陶城铺为由游荡向弯曲转化的过渡性河段,陶城铺至垦利县宁海为弯曲性河段,宁海以下为河口段(见图 2-10-2)。

黄河是著名的多沙河流。水流挟带的泥沙每年有 3 亿 ~ 4 亿 t 淤积在河道内,致使河床每年升高 6 ~ 10 cm。河床已高于两岸地面 3 ~ 5 m,最大者达 10 m,悬河之势日趋严重(见图 4-10-1),已成为海河及淮河水系的分水岭。历史上每遇大水或河势突然变化,就经常决口、改道,北犯津沽,南犯江淮,给人民带来深重的灾难。

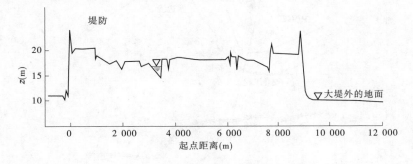

图 4-10-1　悬河示意图

新中国成立以来,国家一直把黄河的治理作为一项重大任务。为确保黄河防洪安全,30 多年来建成了一套防洪工程体系。首先多次加高培厚两岸堤防,增强堤防强度,加大河道的排洪能力;修建干支流水库,蓄水削峰,减轻下游河道的负担;开展了河道整治,兴建险工、控导工程,数次洪水考验表明,修建的河道整治工程已取得了好的效果,起到了控导主溜护滩保堤的作用;另外还开辟了滞洪区,处理超标准洪水;同时增强人防措施。从

---

*本文选入《第二届中日河工坝工会议论文集(中方分册)》(1986 年 11 月)P52 ~ 65。

而取得了 38 年伏秋大汛不决口的伟大胜利。

一、控导工程是河道整治工程的重要组成部分

我国劳动人民为了防止黄河决口为患,在与洪水作斗争的实践中积累了丰富的经验,埽工(见图 1-12-3)是其中行之有效的方法。但是,因受当时科学技术及经济条件的限制,所用的措施是被动的方法。即在水流直接威胁堤防安全时,才被迫修筑埽工,保护堤身,迎送水流。历史上遗留下来的老险工,就是这样逐渐形成的。由于这种抢险工作要受水流、来沙、基础土质、料物、人力及技术力量的制约,历史上曾因抢护不及而造成决口的屡见不鲜。

按照决口的原因,有漫决、冲决和溃决之分。没有特大洪水时一般漫决的很少。溃决是堤身、堤基隐患造成的,可用加强堤防强度的方法预防。冲决的原因主要是主溜没有得到控制,尤其是在游荡性河段,河面宽阔,水流分散,溜(在水道中流速大的水流。在一个断面内,可出现几股溜,其中的大溜即为主溜)势多变。在某些情况下,往往形成横河,直冲堤防,威胁防洪安全。1803 年河南黄河左岸封丘县衡家楼决口就是横河造成的(见图 4-2-1)。

因此,为保证黄河下游的防洪安全,必须大力开展河道整治,控导主溜,才能改变防洪的被动局面。

黄河下游的河道整治工程,主要由控导工程和险工两部分组成(见图 4-10-2)。

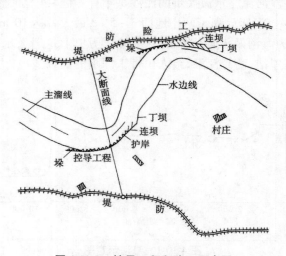

图 4-10-2　控导工程和险工示意图

为了抗御水流淘刷堤防,依托大堤修建的丁坝、垛(短丁坝)、护岸工程,叫作险工。为了控导主溜,护滩保堤,在滩地适当部位修建的丁坝、垛、护岸工程,叫作控导工程,有时也称为控导护滩工程或护滩工程。用以控导河势向有利方面发展,并达到护滩保堤的作用,它是河道整治工程的重要组成部分。

黄河下游修建险工可以追溯到千年以上的历史。近二三百年内修建的险工许多保留至今。经过多次续建,其规模已大大超过新建时期。如郑州市花园口等五处险工分别是18 世纪和 19 世纪开始新建的。这些险工都是在水流危及堤防安全时抢修起来的。但一

般不能控导主溜,稳定河势。由于历史上修建险工缺少必要的规划,是在遇险即抢的思想指导下修建的,因此上下游、左右岸的险工不能有机地配合,起不到控导水流的作用。在河南省宽河段,堤距多为5~10 km,一岸险工靠溜,很难送到对岸的险工上。郑州保合寨险工至中牟九堡险工,长48 km,先后修有九处险工,长达43 km,险工长度占堤线长度的90%,仍未能控制河势。在山东省窄河段,因堤距很窄,一般为1~2 km,部分河段仅0.5 km左右,两岸修建了很多险工。但是,1949年大水时,因河势变化,有40余处险工靠溜部位上提下挫非常严重,还有15处险工脱河。险工被迫接长,有些下延长达1~2 km,使防汛工作处于非常被动的地位。

以上说明,在黄河下游进行河道整治,除利用已有险工外,必须配合险工有计划地修建控导工程。

二、控导工程的布置及设防标准

(一)规划治导线

修建控导工程必须按照河道整治的治导线来确定部位。

治导线是指河道经过整治之后,在设计流量下水道的平面轮廓。一般呈弯曲段与直线段相间的形式。在规划治导线时,要根据该段河道的实际情况,各种有利条件,堤防安全的需要,以及国民经济各部门的要求,经过调查研究,制订若干方案,通过分析、计算、论证,选用既能满足防洪要求,又符合因势利导、充分利用已有工程(或难以冲刷的滩岸)的原则,且社会、经济效益大的方案,作为该河段的治导线。在黄河下游,河道整治工程绝大部分布设在治导线弯曲段凹岸一侧,凹岸靠堤防者就利用修建的险工,凹岸在滩地者就相机修建控导工程。

(二)确定整治工程位置线

每一处河道整治工程的坝头、垛头的连线,称为整治工程位置线,也称工程位置线或工程线。它是依治导线而确定的一条复合圆弧线,形成一种凹入的布局型式。治导线是经过整治后的水道平面轮廓,而在整治过程中,河势经常上提下挫,尤其是在游荡性河段,变化的幅度就更大,因此在确定整治工程位置线时,一定要分析河势变化的各种情况,预估可能的上提部位,工程的起点要布置在该点以上,以免因河势上提,主溜从工程背后穿过,使整治工程失去控导作用。在平面上多采用三个不同曲率的弧线,上段采用大的弯曲半径,甚至直线,以利迎溜入弯;中段采用小的弯曲半径,以便在较短的弯段内调整水流的方向;工程下段的弯曲半径比中段稍大,以便顺利地送溜出弯。确定整治工程位置线后,即可依此安设工程。整治工程位置线与治导线的关系如图2-15-5所示。

(三)设防标准

1.设计流量及设计水位

根据实测资料,黄河下游中水河槽的水深大、糙率小,排洪量一般占全断面的70%~90%,选用中水河槽的平槽流量作为河道整治的设计流量。与该流量相应的水位即为设计水位。黄河下游的平槽流量,受水沙系列的影响,它不仅沿程变化,而且随时间改变,如花园口断面1973年洪水前后,平槽流量由3 500 m³/s猛增到7 000 m³/s,是突然变化的例子。表4-10-1示出的是高村和孙口断面的多年平槽流量值,平均分别为4 892 m³/s和

4 450 m³/s。

表 4-10-1　高村、孙口断面平槽流量

年份	1962	1963	1964	1965	1966	1967	1968	1969	1970	1971	1972
高村	4 460	4 000			5 600		5 000	2 640	2 680	3 200	3 660
孙口			6 650	4 700	5 600	5 380	5 940	2 450	3 320	3 200	3 380
年份	1973	1974	1975	1976	1977	1978	1979	1980	1981	1982	平均
高村	3 860	3 870	5 560	8 100	8 100	5 300	5 280	4 260	4 630	7 860	4 892
孙口	3 880	3 200	3 800	4 890	5 370	4 740	4 630	5 400	2 840	5 880	4 450

选用 5 000 m³/s 作为黄河下游的设计流量,相应的水位为控导工程的设计水位。由于河道的逐年淤积及断面形态的变化,设计水位也是一个变化值。

2. 丁坝坝顶高程

在陶城铺以下的弯曲性河段,堤距很窄,为了不影响排洪,控导工程一律与当地滩面平。

在陶城铺以上的宽河段,由设计水位加上超高 ΔH 来确定坝顶高程。

$$\Delta H = \Delta h + a + c \tag{4-10-1}$$

式中:ΔH 为控导工程的坝顶超高,m;Δh 为弯道横比降壅高,m;a 为波浪壅高,m;c 为安全加高,m。

$$\Delta h = \frac{B_1 v^2}{gR} \tag{4-10-2}$$

式中:B_1 为弯道河宽,m;v 为设计流量时的流速,m/s;R 为河弯弯曲半径,m;g 为重力加速度,m/s²。

波浪壅高 a 值按培什金公式确定,即

$$a = 0.23 \frac{h \sqrt[3]{\lambda}}{m \sqrt{n}} \tag{4-10-3}$$

式中:h 为波浪高,m,$h = 0.37\sqrt{D}$;D 为吹程,km,按与工程45°交角的方向计算;λ 为波长与波高的比值,在河道中取 $\lambda = 10$;m 为边坡系数,一般取 $m = 1.3$;n 为坝坡糙率,一般取 $n = 0.045$。

通过计算,$\Delta h = 0.5 \sim 0.7$ m,$a = 0.2$ m,$\Delta h + a = 0.7 \sim 0.9$ m。安全加高 c 选用 0.1 ~ 0.2 m。

参照上述计算结果,陶城铺以上河段的控导工程的超高,采用 1.0 m。

三、工程结构

黄河下游修建的控导工程,绝大部分采用不透水结构。由于控导工程是按中水流量设计的,大洪水期间必然淹没,理应采用淹没建筑物的结构型式。但是鉴于黄河下游的洪峰较瘦,淹没时间短,为节省投资和材料,仍一直采用非淹没建筑物的结构型式。每年汛期,根据预报,当可能出现使控导工程漫顶的洪水时,要采取临时措施,以减小洪水对工程

的破坏作用。

　　历史上修建的丁坝,是以薪柴(秸、苇、柳等)、土料为主体,用桩绳盘结联系成整体的御水建筑物,叫作埽工(见图1-12-3)。为了提高工程的抗洪能力,20世纪50年代以来,改成了以柳、石为主体的柳石工。

　　黄河下游控导工程的丁坝、垛、护岸,一般由土坝体、护坡、护根三部分组成,如图1-9-1所示。

　　(1)土坝体。是坝的基体,也叫土坝基,一般由壤土筑成。顶宽10~15 m,背水坡1:2,迎水坡与护坡的内坡相同。

　　(2)护坡。为了防止水流淘刷土坝体,在土坝体的迎水坡用抗冲材料围护。控导工程的护坡用散抛块石的方法修建,在新修时也可用柳石结构抛护。其顶宽0.7~1.5 m,内坡1:0.8~1:1.3,外坡1:1.0~1:1.5。

　　(3)护根。黄河下游的河床质组成较细,抗冲能力低,易被水流淘刷,丁坝靠大溜后,就形成冲刷坑。为了防止冲刷坑扩大,必须及时抛投防冲料物,以策坝体安全。鉴于护根材料多为块石,所以也把护根叫作根石。根石断面是在抢险过程中形成的,它很不规则。枯水位以上的边坡可以人工整理,枯水位以下的边坡是在水流作用下自然形成的,根石平均坡度一般为1:1.1~1:1.3。对于根石比较稳定的丁坝,也可设立根石台,以增加坝的整体稳定性。

(一)新修工程的断面形式

　　新修工程所采用的断面形式,与多种因素有关,但主要取决于施工条件,大体分为旱工修筑和水工修筑两种,坝体的形式基本相同。新修时护坡、护根没有明确的分界线,在下述的几个断面中,不再区分。

1.旱工

　　对于按照规划修建,但短时间内靠河可能性较小的丁坝,可采用柳石枕护土坝体,块石抛坦面的结构(见图4-10-3)。施工时先修土坝体,并在土坝体前挖槽,深度一般1~2 m,条件允许时,应尽量下挖,宽度按坝高确定,继而捆扎柳石枕,最后用块石抛护坦面。这种结构,柳石枕易于和坝体结合,外部块石可以保护柳枝免受损害或暴晒,使其能在较长的时间内保持柔韧性,同时外表也较美观。靠溜后,随着柳石枕、块石下的土体坍塌,块石及柳石枕随之下蛰护根。要及时补充护坡材料或直接抛护根石,以保坝体安全。经过多次抢护后,坝体即可达相对稳定。对柳料缺乏且石料便宜的地区,也可在土坝体外,直接抛护块石。但需注意坝体土料要采用含黏量较大的土料。若土料含沙量较大,可在坝体与护坡接触处筑一宽0.5~1.0 m的黏土层(见图4-10-4),以防在波浪作用下因土粒冲失而造成的险情。

　　对于筑坝不久即可靠河的丁坝,以采用单一柳石枕结构为优(见图4-10-5)。这种断面结构简单、经济实用。由于柳石枕内部能与坝体紧密结合,外部在靠溜后又具有缓溜落淤的作用,下部土体被冲失后,柳石枕可及时下滚护根,因此它是一种较好的结构形式。

2.水工

　　在流速很低的漫滩浅水中修筑丁坝时,其方法与旱工基本相同。但不再挖槽,其下部的围护断面可适当放宽。在水流淘刷时,即可塌落下沉护根。

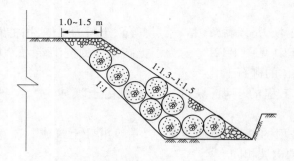

图 4-10-3　旱工柳石枕块石护坡断面图

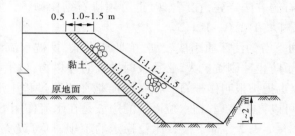

图 4-10-4　旱工修黏土胎的块石护坡断面图

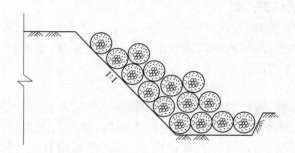

图 4-10-5　旱工柳石枕护坡断面图

　　水中施工时都是采用进占的办法,进占在多沙河流中是行之有效的。历史上是以薪柴(秸、苇等)、土为主要材料,20 世纪 50 年代以来改成以柳石为主要材料。进占有多种型式,但近年来采用最多的是柳石搂厢。柳、石皆为散体材料,它们靠桩绳盘结牵拉成为整体。占由高的滩岸生根,逐占接修,直到设计长度。在每一占施工中,是由上而下,借助于重力下沉,直至抓底。占顶宽度视水深、流速而定,一般采用 3 ~ 4 m。内坡垂直,外坡采用 1∶0.5。由于占体单薄,且在进占后,断面缩窄,流速加大,占外必须及时抛柳石枕或其他材料护根。占内填土修筑坝体,为防正溜或回溜冲刷,坝体要滞后于占体。占面高于水位 1.0 m 左右。水上部分,先筑好土坝体,迎水面修成 1∶1 的坡,贴坡捆放柳石枕,其外部及上部用块石抛护,护坡顶高 1.0 ~ 1.5 m,外坡 1∶1.3 ~ 1∶1.5。如图 4-10-6 所示。这种结构适用于流速小于 2.5 m/s 的情况。当流速更大时,可在柳石枕外加抛 1 ~ 2 排铅丝石笼抗冲固脚。

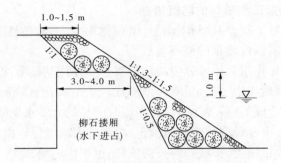

图 4-10-6　水工进占断面图

（二）护根

1. 护根材料及根石的形成

为保丁坝安全向坝前冲刷坑内抛投的抗冲物有柳石枕、铅丝石笼、块石等，其主要材料都是块石。

根据黄河的特点，坝、垛、护岸不能像其他建筑物那样，按照设计图纸一次修成。在现有的结构型式中，即使有足量的石料，想一次建成也是困难的、不经济的，甚至是不可能的。根石的形成是经过多次抢险而形成的。上述的旱工断面，靠溜后都是要抢险的；即使是水中进占修建的丁坝，随着靠溜条件的不同，也会淘刷下部土料，造成根石坍塌等险情，在抢护过程中不断加固加深根石，直至达到相对稳定。

2. 根石的深度

根石的深度取决于坝前冲刷坑的深度。冲刷坑深度的计算公式很多，但很难找到一个能较准确地计算丁坝前冲刷坑深度的公式。因此，目前通过计算的方法尚难准确地确定根石的深度。

黄河下游的床沙较细，可用下式估算根石深度的范围：

$$h_{\mathrm{p}} = h_0 + \Delta h = h_0 + \frac{2.2v^2}{\sqrt{1+m^2}}\sin^2\alpha \tag{4-10-4}$$

式中：h_{p} 为冲刷坑水深，m；h_0 为行近水流的水深，m；Δh 为冲刷坑深度，m；v 为行近水流的垂线平均流速，m/s；α 为水流方向与建筑物的交角，(°)；m 为根石的边坡系数。

按照黄河下游的实际情况，选用下列数据：$h_0 = 3$ m，$v = 3 \sim 4$ m/s，$\alpha = 45° \sim 60°$，$m = 1.1 \sim 1.3$。

计算结果为冲刷坑深度等于 $6 \sim 18$ m，相应的水深为 $9 \sim 21$ m。这与探测的根石深度是大体相符合的。当出现横河时，冲刷坑的深度还要更深一点。现在已测得的险工中最大的根石深度为 23.5 m。

从上述计算可以看出，根石是丁坝的重要组成部分，也是用料最多的地方。出险之后，根石部位是抢险的重点。

四、控导工程的漫顶问题

如前所述，控导工程是漫水工程，采用的又是非漫水工程的结构型式。因此，在汛期洪水漫顶后，必然出现一些破坏现象。

(一)漫顶洪水引起工程破坏的防御措施

弯曲性河段的控导工程,坝顶与滩面平,漫顶概率大,而游荡性及过渡性河段的控导工程,尚有 1 m 的超高,因此漫顶的概率较低。

洪水漫顶后的破坏作用大体可分为两种类型,一为对丁坝、垛、护岸本身的破坏,二为由于漫顶,控导工程背后集中过流,于滩面上形成较大的串沟,洪峰过后仍不能断流。前者是漫顶之后就可能造成的,后者一般是在漫顶时间长的大洪水期间出现的。

控导工程漫顶后,出现最多的险情为揭顶、后溃、前爬、墩蛰。由于土料经不起水流的冲沟,坝顶土被水流大量带走,护坡石料失去依托,也相应坍塌,即发生揭顶险情。预防措施是增强顶面抗冲力,坝体顶部利用黏性土修建,并要压实。在坝顶植草,也能提高抗冲能力,并可利用黄河含沙量高的特点,根据洪水预报,在漫顶之前,可采取在坝面打桩编篱,铺柳压石,捆放柳枕等措施。当水流漫顶后,能保护坝面,可起缓溜落淤的作用。

后溃是指坝、垛与滩岸相接部位的土坝体及滩岸土被水流冲刷带走,造成坝、垛与滩岸脱节的险情。当漫顶时间较长时,还可能在滩面集中过流,形成串沟。若坝的间距大,也可直接从未经防护的两坝、垛之间集中过流,冲向滩面,形成串沟。防后溃一般是采用减小坝、垛间距,保证土坝体质量,在控导工程坝后滩岸上植几排树等措施。但是要从根本上解决问题还必须加强河道整治,塑造窄深河槽,增强对水流的约束能力,以减少洪水时期滩面及串沟的过流量。

在洪峰期间,随着河槽的冲深,也会出现前爬及墩蛰险情。前爬就是护坡、护根向前滑动,多发生在黏性土基础情况。墩蛰指护坡、护根向下蛰动,多发生在沙土基础或层沙层淤格子底基础的情况,当沙土被水流冲走后,就会使护坡体平墩下蛰。这两种险情的预防主要是采用增强护根的办法。汛前可根据探摸根石的情况,分别采用抛投块石、柳石枕或铅丝石笼的办法加固根石。

(二)控导工程漫顶后仍有控制河势的作用

由于控导工程的坝顶低,漫顶后部分坝垛又会遭到不同程度的破坏,所以人们一直担心控导工程漫顶后是否仍能控制河势的问题。

在弯曲性河段,堤距窄,坝顶高与滩面平,20 世纪 50 年代初期开始修建,当时石料比较紧张,开始几年坝的基础还不牢固。但这些工程经历了 1954 年、1957 年、1958 年几次大水年,尽管一些工程遭受了破坏,某些工程破坏还非常严重,但就对河势的控制作用而言,还都发挥了作用,河势没有发生大的变化。如 1958 年汛期山东滨县王大夫控导护滩工程,洪峰期间坝、垛顶部漫水深 1.0 ~ 1.5 m,42 道坝垛有 38 道出险,有的揭顶,有的后溃,也有的上部被冲垮,并在工程背后滩面上冲出三条大串沟,串沟内水深 2 ~ 4 m。尽管工程上部破坏严重,但是主溜流路并没有发生大的变化,以下河段的险工也继续发挥着控导河势的作用。

在总结弯曲性河段河道整治经验的基础上,过渡性河段及游荡性河段也按照河道整治规划修建了控导工程,由于坝及坝间连坝顶高程高于 5 000 m³/s 流量的相应水位 1 m,所以漫顶机遇少,但一旦漫顶或连坝决口,破坏性也就要大,并易在工程背后拉沟成河。1982 年黄河下游出现了较大的洪峰,洪水来势猛,洪量较大,含沙量小,水位表现高,已大大超过了控导工程的流量设计标准,这正是易于引起河势摆动的一次洪水。虽然洪峰期间工程有不同程度的破坏,但在险工及控导工程互相配合下,洪峰前后河势没有发生大的摆动。

控导工程的坝、垛,漫顶后被水流冲毁的部位在上部。坝垛的主要部位是下部的护根,洪水期间根石对水流仍发挥控导河势的作用。

河势突变,溜势发生大的摆动往往是从凹岸处开始,凹岸修建控导工程后,就限制了水流的侧向侵蚀。在河道整治工程的长期作用下,形成了相对稳定的主槽,主槽是水流的主要通道,主槽的边界对水流也有一定的约束作用。另外,我们在进行河道整治规划、确定流路时,总是把与洪水流路基本一致的流路作为控导流路。因此,大水期间,控导工程尽管漫顶,并冲毁一部分坝、垛,但这些工程在漫顶之后仍能起控导主溜、护滩保堤的作用。

五、控导工程的作用

控导工程与险工相配合发挥了很好的作用。

(一)改善河槽的作用

在高村至陶城铺的过渡性河段,1949～1960年为天然河道时的情况;1961～1965年为受三门峡水库下泄清水影响的阶段;1966～1974年为依照规划,集中进行河道整治的阶段,该段内修建了大量的控导工程,并且继建、调整了一些险工,发挥了较为明显的作用。表4-10-2示出了过渡性河段整治前后主溜线的摆动情况。断面的最大摆动范围由5 400 m减少到1 850 m,平均摆动范围和摆动强度分别减少了65%与60%,从根本上改变了整治前主溜线基本布于两堤之间的状况。在断面形态上,平槽流量下的水深由1.47～2.77 m增加到2.13～4.26 m。断面宽深比$\sqrt{B/H}$也相应减少,由12～45下降到6～9。同时,河道弯曲系数年际变幅也越来越小。

表4-10-2　过渡性河段河道整治前后主溜线的摆动情况

项目	整治前 (1949～1960年)	整治后 (1975～1984年)	②/①
	①	②	③
摆动范围(m)	1 802	631	35.0%
摆动强度(m/年)	425	171	40.2%

在游荡性河段,河道宽浅,床沙含黏量少,至今修建的控导工程还比较少,因此工程的作用没有过渡性河段显著,但也减小了主溜线的摆动范围。如与过渡性河段相接的东坝头至高村河段,河道长70 km。在1966年之后,也修建了部分控导工程,至1978年诸控制点都修有丁坝。虽然修工长度还远远达不到规划的要求,但却限制了主溜的摆动范围。1949～1960年,本河段诸断面的平均摆动范围为2 435 m,而1979～1984年减少为1 700 m,后者仅相当于前者的69.8%。

上述表明,通过河道整治,中水河槽趋向窄深,流路向稳定发展。

(二)保堤护滩的作用

河道整治工程在除害兴利中的作用,首先表现在防洪方面。过去在游荡性河段,大的洪峰前后往往出现河势大摆动的情况。如 1933 年洪水时,大溜出东坝头后,越过贯孟堤,直冲长垣县大车集一带的堤防,主溜摆动了十几千米,致使平工堤段生险,并造成多处决口。1982 年洪水时,东坝头一带的河势流路与 1933 年相似,但由于在东坝头以下左岸相应地修建了禅房控导工程,来自东坝头的大溜,在禅房控导工程的导溜作用下,主溜折转向右,大溜未及贯孟堤,避免了一次主溜在堤防内改道、顺堤行洪的危险局面。

有计划地修建控导工程后,减少了横河出现的概率,限制、改善了畸形河弯。横河易于造成堤防决口,畸形河弯对排洪不利,高水位时可能出现河势突变。密城湾河段就是一例。进行河道整治前,密城湾曾几次出现 Ω 型河弯(见图 2-10-7)。1959 年时弯颈比达 2.81,1966 年之后,随着上段的治理,本段也修建了苏泗庄导流坝、龙长治和马张庄控导工程,现已改善了畸形河弯,很好地控制了河势(见图 2-10-8)。

黄河下游滩区有 200 多万亩耕地,100 多万人口,在开展河道整治之前,于河势变化的过程中,主槽位置经常摆动,有时在短时间内出现滩槽易位的情况,造成塌滩塌村,直接威胁滩区人民生命、财产的安全。据统计,整治之前,平均每年塌滩达十万亩。经过整治之后,稳定了主溜,保护了滩地,近年来很少发生村庄落河和大量塌滩的情况。

(三)保证引水的作用

新中国成立以来,发展了引黄灌溉,使为害千年的黄河为人民造福。黄河下游两岸先后修建了 70 座涵闸,引用黄河水沙资源,改善两岸的沙荒盐碱地,发展灌溉,以提高两岸的农业产量,但在主溜得到控制之前,一些闸门因不靠河而不能引水,这就大大降低了灌溉的保证率。经过河道整治,目前已有 60 座闸门引水基本有了保证,两岸灌区农作物产量不断提高,为农业发展做出了贡献。

参 考 文 献

[1] 吉祥. 小议黄河下游新修坝岸的结构设计[J]. 人民黄河,1985(5).
[2] 胡一三. 黄河下游游荡性河段河道整治的必要性和可治理性. 黄河及其他多沙河流河道整治学术讨论会,1985 年 12 月.

柳墩桩柳坝*

1973 年冬天,河南省武陟县驾部一带的黄河滩区,因受大溜顶冲,滩地塌失很快,如不及时处理,将有塌过蟒河,使黄河大堤生险的可能。为防洪安全,结合河道整治规划,决定修建驾部控导护滩工程。然而,由于拟建工程的五道丁坝均位于水中,施工比较困难,为了给修丁坝提供条件,先试修了柳墩桩柳坝,收到缓流落淤、导溜外移的良好效果,现将情况介绍如下。

一、柳墩桩柳坝的做法

柳墩桩柳坝,一般由用于深水区的柳墩坝段和用于浅水区的桩柳坝段两部分组成。

---

* 本文由姚中田、胡一三撰写,原载于《人民黄河》1981 年第 5 期 P32～35。

因为适用水深范围不同,故其结构型式和做法也是不一样的。

(一)坝位选择

坝位选择的恰当与否是关系到柳墩桩柳坝能否成功的首要条件。因此,在选择坝位时必须观察河势,预估河势发展趋势和修筑丁坝时所需要的滩面宽度,从而确定柳墩桩柳坝的位置和长度。一般柳墩桩柳坝的坝根应选在突出岸边以下 100 ~ 200 m 处,坝轴线与主溜线的夹角以 70°左右为宜。这次驾部工程的柳墩桩柳坝是在第 1 号丁坝以上 300 m处的浅水区内开始修建的。

(二)桩柳坝段

桩柳坝段是一种打桩填柳用绳攀结的结构。其做法是先打两排桩(桩长 3 ~ 5 m,排距 1 ~ 2 m,桩距 0.7 ~ 0.8 m),要求桩顶出水面 1 m 左右,入土深大于 1 m。当水深不超过 0.7 m 时,采用下水打桩的办法,如果水较深,可改乘小船摇打。桩打好之后要随填柳三层,底层竖铺,柳梢向下,以便伏底;中层横铺,柳梢向下游,以便透水落淤;上层竖铺,柳梢向上,以便通行及下蛰后缓流落淤。每铺放一层,均用竹绳花拴攀拉,见图 4-11-1。随铺柳随蛰,同时加高至出水面 0.5 m 以上,到下层柳抓底后,下游便可出滩,这时再挖滩土盖坝面,便修成了桩柳坝段。

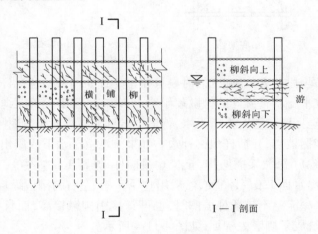

图 4-11-1　桩柳坝段图

如果水深大于 1.5 m,流速超过 0.5 m/s,乘船打桩也很困难,即使修成桩柳坝段也难于稳定下来,这时最好改做主要靠锚犁固定的柳墩坝段。

(三)柳墩坝段

柳墩坝段是由抛投柳墩筑成的。柳墩的尺度要根据水深和备料的情况确定。

柳墩制作的过程是,首先,把 3 ~ 5 m 的柳杆 6 根用铅丝捆扎成有两根斜撑的正方形底架;然后,把长 5 ~ 7 m 的 4 根柳杆,捆扎于底架的 4 个角上,并将另一端捆束在一起作为拉杆,在拉杆中部再绑 4 根柳杆为腰架(其中一根待填柳后再绑扎);第三,把 30 ~ 40 m长的锚缆(3 ~ 5 股 8# 铅丝绳)一端拴于底架中部,并套拴拉杆梢头,另一端拴死于铁锚的锚环和锚链上,并在底锥面上用小麻绳或 12# 铅丝花拴;第四,铺填柳枝,柳枝的梢头朝向底架,并露出底架 0.5 m。待填实后再用麻绳把柳墩的其他三个锥面花拴起来,并绑好留下的一根腰架棍,这样便制成了一个柳墩。按填柳情况,柳墩可分为柳枝实心墩,柳把格篱墩、柳把空心墩、柳包石墩、挂草墩等,施工中可依照水流、料物等不同情况选用其适合的型式。图 4-11-2 所示为柳枝实心墩的结构型式。

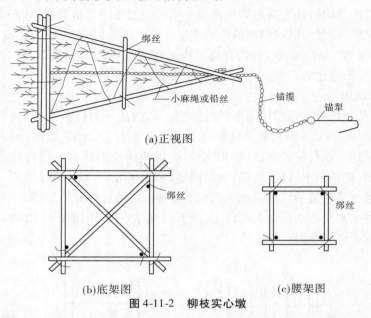

图 4-11-2　柳枝实心墩

　　为了控制柳墩坝段的方位,施工的时候可在岸上预插两根锚位标杆,其连线与待修的柳墩桩柳坝的轴线平行。将修好的柳墩装于船上,并在底架上拴绑留绳一根,当船行至抛锚位置时抛锚,行至抛墩位置时推墩下水,待墩下行到柳墩坝段位置时拴死留绳。两柳墩之间的空隙要用柳捆填裆,并插杆填柳补边。如果柳墩沉于水下或露出水面的高度不够,要随时插杆填柳接高(每墩架插两排,至少 6 根柳杆,排距 1 m 左右),其方法如图4-11-3所示,直至填柳露出水面 1.0 ~ 1.5 m,然后用直径 5 cm 左右的柳棍纵横铺放,再用12#铅丝拴插杆上。当水深流急不易插杆填柳时,也可直接用柳墩接高,而且要随下沉随接高,直至稳定,这样便筑成了柳墩桩柳坝,如图4-11-4所示。

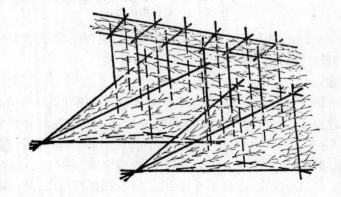

图 4-11-3　柳墩插杆接高示意图

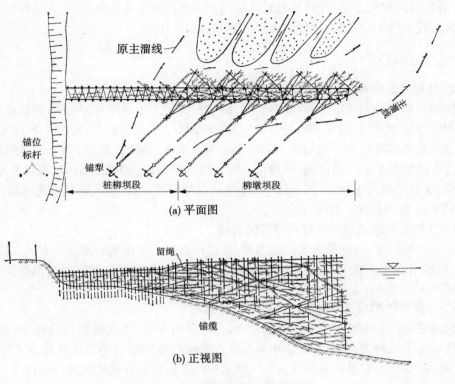

图 4-11-4　柳墩桩柳坝示意图

二、柳墩桩柳坝的作用

柳墩桩柳坝修成之后,由于柳枝具有弹性,柳枝间的空隙又大,所以当大溜顶冲时能发挥破碎溜势,降低流速,坝下淤滩,导流外移的作用,而且必要时还可用桩柳坝结构型式裹护土坝基,用柳墩坝结构型式代替传统的柳石搂厢进占。在驾部控导护滩工程修建的过程中,当柳墩桩柳坝修建 120 m 长时,大溜外移,下游淤出滩宽 100 余 m,于是开始修建第一道丁坝。当柳墩桩柳坝修长 200 余 m 时,大溜再度外移,下游淤出滩面宽达 400 余 m,接着修建了第二、三两道丁坝。但在三道丁坝的土坝基裹护之前,由于黄河突然涨水,柳墩坝段的头部有 60 余 m 发生起伏,且漫顶过水。在此情况下,一面抛墩加固柳墩桩柳坝,一面在丁坝迎水面用桩柳坝裹护土坝体,继续施工,安全无恙。在修建第四、五两道丁坝时,先从第三道丁坝的坝头修建了柳墩桩柳坝,长度约 120 余 m。但由于距第四、五两道丁坝的距离较近,在修筑丁坝拐头段时受到了大边溜的袭击,造成施工非常困难,于是便改用了柳墩进占,并在柳墩后倒土修起了土坝体。至此,借助柳墩桩柳坝顺利地完成了五道丁坝的初建任务。

搞好柳墩桩柳坝的维修加固工作是发挥其作用的关键。柳墩桩柳坝刚修好时,坝下游仍系深槽,坝体透水量大,坝底以下需经过先刷深的过程,坝头段可能徐徐下沉入水,坝顶要漫水过流。如果水深不超过 1 m,可直接采用插杆填柳接高修至原高程。当水深超过 1 m 时,即用抛柳墩并插杆填柳加高的办法。若河水猛涨、溜势突变、河床刷深,造成锚犁移动时,这时坝头就要下败,柳墩桩柳坝掩护的滩面宽度相应要减少,在这种情况下,便可从坝头按上挑方向接长,以使柳墩桩柳坝充分发挥作用。

三、几点认识

(一)锚犁是柳墩坝段成败的关键因素之一

柳墩主要靠锚犁固定,当柳墩着底后,由于水情的变化再浮时,因诸墩间已连成整体,各锚犁受力可能不均,部分锚犁受力加大,若锚犁尺寸不足,就会引起坝下败或发生跑墩现象。在驾部控导护滩工程的施工中曾跑掉两个柳墩,经查找原因,一个是锚缆折断,一个是锚小随柳墩冲走。因此,必须慎重选用锚犁。根据施工中的体会,对底架为 3 m 见方的柳墩,流速不超过 1 m/s 时,采用 40 kg 重的锚犁即可,当墩再大并且流速也超过 1 m/s 时,用 70 kg 重的锚犁一般是安全的。

(二)柳墩坝段要经过浮沉再浮沉的过程

由于柳枝容重小,初抛柳墩时要漂浮,经过挂淤和上部接高后便徐徐下沉。以后如遇涨水,可能出现坝底淘空,柳墩再次上浮。经抢修加高,坝体复沉河底。如遇类似的洪水,坝体就不会再起浮了。

(三)柳墩桩柳坝是一种临时性的河工建筑物

柳墩桩柳坝利用黄河含沙量大的特点,具有导溜外移,缓流落淤的功能,给修建永久性工程创造了良好的条件,较直接用埽料进占或柳石搂厢进占的方法修建永久性的工程方便、迅速。因此,它是在多沙河流上一种水中施工的比较好的建筑物。

从坝垛加高　议丁坝坝型 *

一、黄河下游的丁坝坝型及其优缺点

黄河下游是一条堆积性很强的河流,河床逐年淤积抬高。为了保持堤防的抗洪能力,每 10 年左右就得加高一次。作为堤防前卫的险工也需要相应加高。险工由丁坝、垛及护岸(三者简称坝垛)建筑物组成。就断面结构而言,坝垛护岸都是由以下三部分组成的(见图 1-9-1):①土坝体,一般由壤土筑成,是坝的基体;②护坡(亦叫坦石),由石料筑成,在中高水位时,它保护土坝体,免受水流淘刷;③护根(亦叫根石),一般由块石或铅丝石笼抛护而成,是坝垛的重要组成部分。

按照护坡结构型式,把丁坝、垛、护岸分成 3 种坝型:乱石坝(散抛块石坝)、扣石坝(表层采用扣筑结构)和砌石坝(重力式结构)。20 多年的实践表明,它们分别具有下述主要优缺点:

(一)乱石坝

乱石坝的主要优点为:坡度缓,坝坡稳定性好;对根石变形的适应性强,险情易于暴露

---

* 黄河水利委员会从 1978 年开始,在黄河下游对险工丁坝、垛、护岸进行了加高改建。经过几年加高改建的实践,于 1983 年撰写了该文。

和抢护,一般不致酿成大险后才被发现;结构简单,节约石料,易于施工和管理;能较好地适应不断加高的特点等。

乱石坝的主要缺点为:表面粗糙,在大溜冲刷及暴雨期间易形成吊塘子险情,经常需要维修等。

(二)扣石坝

扣石坝的主要优点为:坡度较缓,坝坡稳定性较好;表面用石料扣筑而成,抗冲能力较强;用料较省等。

扣石坝的主要缺点为:对基础变化的适应性不如乱石坝,一旦出险,抢护紧张,修复工作量较大;施工技术要求较高;用工较多等。

(三)砌石坝

砌石坝实为重力式挡土墙。其主要优点为:坡度陡,易于抢险时抛投根石;砌筑严密,坡面一般不需维修,表面抗冲力强;坝面整齐美观等。

砌石坝的主要缺点:因靠重力稳定,体积大,用料多,造价高;对施工技术要求高;因承受的土压力大,整体稳定性差;对基础及根石变形的适应性亦差;加高困难;一旦砌石体出现问题,后果严重,且修复工程量大等。

二、坝垛加高方法及加高用料比较

坝垛加高用石量,就一个断面而言由三部分组成,一是坦石加高、培厚所需增加的石方;二是枯水位以上的上部根石由于加高所需增加的石方;三是在今后靠溜抢险时所需补充的枯水位以下的下部根石量。根石的深度一般达十几米至二十余米才能相对稳定。在石方计算中,下部根石按 10 m 深计算,上部根石的坡度人们能够控制,加高前后可以认为是相同的,下部根石的坡度主要取决于水流条件及坝的方位,与坝型关系不甚明显,在比较各种坝型用石量的计算中,可取相同的坡度,暂按 1:1.5 计算;鉴于加高用石量与坝的绝对高度有关,均选用 10 m 以上的高坝。

在黄河下游第三次大修堤中,坝垛加高的方法主要有如下三种。

(一)顺坡加高

这种方法适用于坡度缓的乱石坝和扣石坝。砌石坝,由于坡度陡且靠重力维持稳定,故一般不能采用此法。

1. 乱石坝

坦石外坡 1:1.1 ~ 1:1.5,与下部根石坡度接近,所以加高中所需石方量较小,如济南郊区曹家圈险工 11 坝(见图 4-12-1),坝高 11.62 m,枯水位以上坝高 10.04 m,本次加高 2.57 m,根石加高按 2 m 估算,每米加高约需石方 11 m³,其中枯水位以上 9 m³。

2. 扣石坝

坦石坡度一般为 1:1.0,与下部根石的坡度略有不同,加高中需用的石方量较乱石坝大。如济南郊区盖家沟险工 36 坝(见图 4-12-2)。坝高 10.57 m,枯水位以上坝高 9.65 m,本次加高 2.69 m,根石加高 2.2 m,每米加高约需石方 22 m³,其中枯水位以上 11 m³。

(二)挖槽带帽加高

砌石坝大部分采用此种方法。砌石坝的外坡一般为 1:0.3 ~ 1:0.4,与下部根石的坡

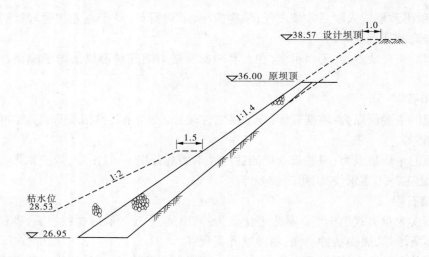

图 4-12-1　济南郊区曹家圈险工 11 坝断面图

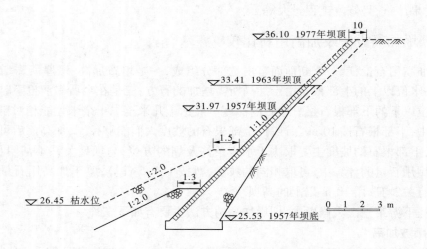

图 4-12-2　济南郊区盖家沟险工 36 坝断面图

度相差大,根石加高时,不得不大幅度的向河中外推,加大了下部根石的用石量。由于已有砌石坝多为 20 世纪 50 年代的砌石坝经 2 次加高而成,断面多样,现分别说明之。图 4-12-3示出了济南郊区盖家沟险工 40 号浆砌石坝的断面图。该坝迎水坡 1:0.35,背水坡 1950 年初修及 1957 年加高时为垂直,1963 年加高时为 1:0.2,现坝高 10.72 m,枯水位以上高 9.81 m,本次加高 2.42 m,根石加高 2.2 m,每米加高需用石方 38 m^3,其中枯水位以上 13 m^3。

济南郊区泺口险工 20 坝的断面如图 4-12-4 所示。该坝迎水坡为 1:0.35,背水坡1953 年修建时垂直,1964 年加高时按 1:0.2,1980 年按 1:0.35 挖槽戴帽加高。现坝高11.5 m,枯水位以上坝高 9.8 m,本次加高 2.6 m,根石加高 2.0 m,计需用石 38 m^3,其中枯水位以上 15 m^3。

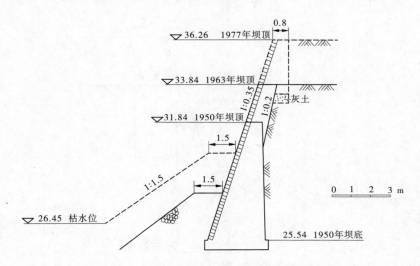

图 4-12-3　济南郊区盖家沟险工 40 号坝断面图

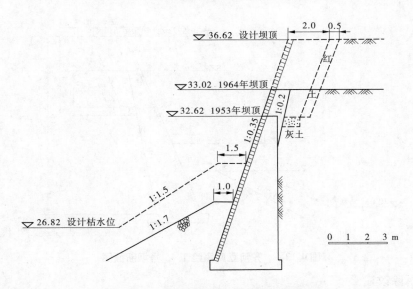

图 4-12-4　济南郊区泺口险工 20 坝断面图

济南郊区付家庄险工 7 + 1 号坝（见图 4-12-5），是 1951 年初建，迎水坡 1∶0.3，背水坡垂直。1975 年进行加高时，考虑以后加高的需要，扩大了断面。1980 年再次进行加高。现坝高 11.53 m，枯水位以上坝高 9.33 m。本次加高 2.74 m，根石加高 2.0 m，计需用石方 38 m³，其中枯水位以上用石 14 m³。

齐河豆腐窝险工 45 号坝是 20 世纪 60 年代新建的砌石坝，迎水坡 1∶0.4，背水坡 1∶0.2，本次按迎水坡、背水坡均为 1∶0.4 进行挖槽带帽加高（见图 4-12-6）。现坝高 10.0 m，枯水位以上坝高 9.49 m，本次加高 2.0 m，根石加高 1.57 m。本次加高每米计需用石 32 m³，其中枯水位以上用石 15 m³。

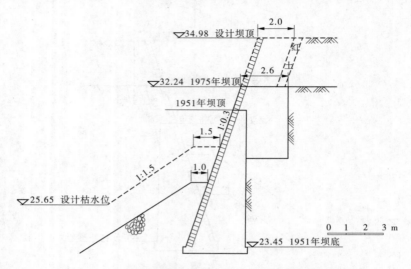

图 4-12-5　济南郊区付家庄险工 7 + 1 号坝断面图

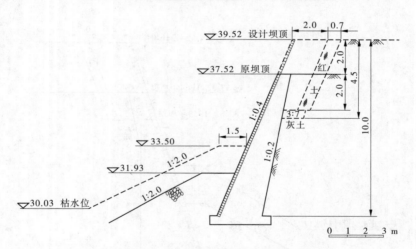

图 4-12-6　齐河豆腐窝险工 45 号坝断面图

(三)拆除改建

　　有的坝因坝身单薄,有的为以后的再次加高提供一个合理的断面,有的因种种原因要改变坝型,这些坝在加高时往往需要拆除改建。这种改建的型式也很多,如东阿井圈险工 40 - 4 号砌石护岸,在 1982 年 8 月洪水期间滑塌后,改成乱石护岸。历城王家梨行险工 8 ~ 11 号砌石护岸发生滑塌险情后,改成了扣石坝。东阿井圈险工 24 号护岸,原为 20 世纪 50 年代修建的外坡 1:0.35,内坡垂直的砌石坝,60 年代顺坡进行加高,本次需加高 1.5 m,为提高坝体强度,并为下次加高打下基础,采取了拆除改建(见图 4-12-7),仅砌石体每米就需增加 11 m³。济南郊区杨庄险工 4 + 1 号坝,原为外坡 1:0.35 的砌石坝,本次需加高 4.43 m。为了节约石料,改建成了坡度为 1:1.0 的扣石坝(见图 4-12-8),坝身加高每米仅用石 5 m³。

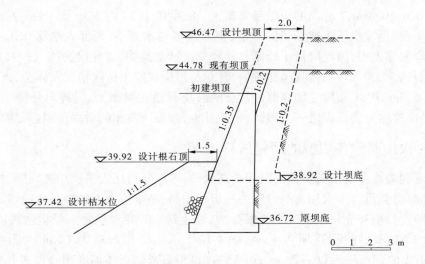

图 4-12-7 东阿井圈险工 24 号护岸拆改断面图

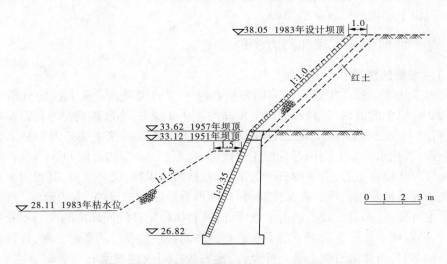

图 4-12-8 济南郊区杨庄险工 4 + 1 号坝断面图

三、关于坝垛加高造成的根石外推问题

黄河下游坝垛枯水位以下根石是在水流作用下经过若干次抢险抛护而成。在坝垛加高时只能按规定加高枯水位以上的根石部分。对于砌石坝而言,根石要向外推 2 m 左右,因为是在枯水期施工,必须把一部分石料抛在泥面上(即使在中水时抛投根石,也往往达不到坝垛稳定时相应的冲刷坑情况)。以后靠溜淘刷根石时,由于新修根石下的土体经不住水流淘刷,土体很快被冲失,致使上部根石突然蛰塌,发生"人为险情",甚至由于坡度突然变陡,酿成整个坝体失稳,造成垮坝,使防洪处于十分被动的局面,甚至造成不可挽回的损失。1982 年 8 月开封黑岗口险工就发生了严重险情。8 月 9 日 19 时 37 分,25 号护岸中、下段及 26 号垛的迎水面计长 50 m,顶宽 1.5 ~ 2.0 m 的坦石突然墩蛰入水,坦石

顶入水深 0.6~0.8 m,7 m 高的土胎暴露出来。8 月 10 日 17 时 5 分,23 号护岸下段 30 m 长的一段坦石,也发生了迅速墩蛰的险情,坦石顶多与水面平,局部入水深 0.3~0.5 m。这两段护岸紧靠大堤,因此险情十分紧急。经军民紧急抢护,方化险为夷。9~11 日黑岗口险工用石约 3 000 m³。据调查(沈鸿信,开封市黑岗口险工抢险情况及体会,人民黄河,1982 年第 6 期),1981 年险工加高时,坦石外推,块石抛在滩面上,堤脚向外伸出,多者达 3 m。这是出险的主要原因之一。因此,根石外推,抛石于滩面的后果应引起足够的重视。

四、再次加高时各坝型的用料估算

由于近期尚难改变下游河道的淤积抬高状态,若干年后还需再次加高,已经相对稳定的坝垛,那时仍会重复本次加高的过程——坦石加高、枯水位以上的根石相应加高以及在以后的抢险过程中补充枯水位以下的根石,方能达到新的相对稳定。经粗估再次加高用石为:图 4-12-1 示出的乱石坝为 4 m³,图 4-12-2 示出的扣石坝为 12 m³。图 4-12-3~图 4-12-7示出的砌石坝为 26~28 m³;而各种坝型坦石或砌石体加高用石仅占其中的 2~4 m³。砌石坝因下部根石的坡度与上部砌石体的坡度差别大,根石部分不得不大量外推,致使枯水位以下增抛的根石量增加。

五、对丁坝坝型及丁坝加高方法的意见

(一)对坝型的意见

本文着重从坝垛加高中遇到的问题分析各种坝型的优缺点。从上面的分析可以看出,同是 10 m 以上的高坝,且枯水位以上坝高均在 9 m 左右,本次加高每米用石量却相差数倍,乱石坝 11 m³,扣石坝 22 m³,而砌石坝高达 32~38 m³。这主要是因为枯水位以下用石量悬殊,而枯水位以上的用石量都比较接近(乱石坝 9 m³、扣石坝 11 m³、砌石坝也仅 13~15 m³)。从投资上看,由于砌石坝用工多,对技术要求高,又要浆砌,其投资更远远超过坡度缓的乱石坝及扣石坝。在水流冲淘时,因根石外推将造成的"人为险情"也是砌石坝的一个主要缺点。另外,砌石坝由于坡度陡,其整体稳定性较同高度的乱石坝及扣石坝差。因此,砌石坝不能适应黄河下游不断淤积抬高的特点。今后的新建工程,最好修成乱石坝,一般不应再新建砌石坝。若条件允许,砌石坝亦可改建成乱石坝。对于临堤护岸,堤防加高时堤线要适当后退,留出坦石坡放缓所需的必要宽度,尽管这样要增加修堤土方,但由于石方较土方单价贵十多倍,算总账还是经济的。新建乱石坝的坦石坡度最好能修成与在水流作用下形成的根石坡度一致,这样就可解决由加高引起的根石外推问题。

(二)对加高方法的意见

上面已经论述,在加高时根石外推,会增加用石量并造成"人为险情",因此加高时应尽量避免。1980 年前,在部分坡度稍陡的乱石坝加高、增修根石台的乱石坝加高,以及扣石坝加高中,已将根石台外推,这是很不利的。为节约用石,减少抢险,今后乱石坝、扣石坝以及要拆改成乱石坝或扣石坝的砌石坝,都要采用"退坦加高"的办法(如图 4-12-9、图 4-12-10所示),其原则是原根石外坡不动,将原坦石后退。修成符合要求的断面型式。按原坝型加高的砌石坝是否将砌石体后退,要视具体情况而定。"退坦加高"的好处是节约石料和投资,减少抢险,争得防洪的主动权,并可为下次加高打下基础。这种方法今后

应大力推广。

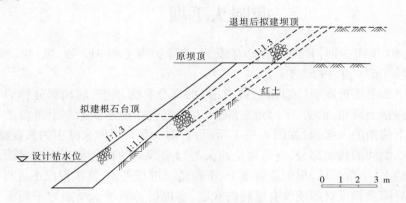

图 4-12-9 乱石坝退坦加高示意图

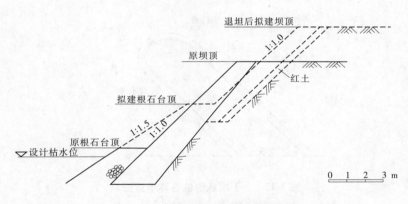

图 4-12-10 扣石坝退坦加高示意图

六、结语

（1）根据黄河下游河床不断淤积抬高的特点,乱石坝具有其他坝型不可比拟的优点,今后应进一步推广。

（2）今后在乱石坝、扣石坝加高时要采用"退坦加高"的方法。改成乱石坝或扣石坝的砌石坝要保持根石外坡不动,向后退出根石台的位置再修筑坦石。

（3）对于在加高时根石已经外推的坝垛护岸,一定要备足石料,汛期加强观测,及时抛投根石,防止铸成大险。

（4）文中的用石量是按加高前根石已达相对稳定为起算条件,加高后达到与加高前相同的稳定度,加高时拆除的石方按 100% 利用进行估算。枯水位以下部分的根石坡度按 1:1.5 计算。

（5）本文仅从断面上对各种坝型在加高中的问题进行了分析,平面上在加高中的问题未有涉及。

椭圆头丁坝*

　　20 世纪 80 年代中期,黄河下游计有险工、控导护滩工程 317 处,坝、垛、护岸 8 249 道,其中坝、垛 5 674 道,占 68.8%。

　　丁坝在平面上靠近连坝(或堤防、或滩沿)的部分称为坝根,前端部分称为坝头。丁坝坝头一般包括上跨角、前头、下跨角三部分,有时也包括迎水面紧靠上跨角的一部分及背水面紧靠下跨角的一部分(如图 4-13-1 所示)。前头是丁坝伸入河中的最前端,上跨角是前头与迎水面间的拐角部分,下跨角是前头与背水面间的拐角部分。迎水面和背水面分别指丁坝的上、下游坝坡,根据需要靠上、下跨角段进行裹护,靠坝根段不进行裹护。各部位的具体界限及长度目前还没有明确的规定,多根据不同坝头早期的平面形式依经验确定。

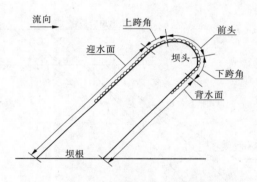

图 4-13-1　丁坝各部位名称示意图

　　丁坝坝头,尤其是坝的前头、上跨角及与上跨角接近的部分迎水面,是大溜顶冲的部位,承受的水流作用力最大。因此,坝头的形式、强度对控导溜势的影响最大。坝前冲刷坑是在水流的作用下形成的。坝头的平面形式是决定丁坝附近水流结构、冲刷坑大小和深度的重要因素。冲刷坑的大小与深度又直接影响着丁坝的出险次数、险情强弱以及抢险用料,因此合理设计丁坝坝头的平面形式是非常重要的。

　　过去修建丁坝时,多由施工人员按照传统习惯和自己的经验自行决定。施工人员的技术水平和治河经验不同,所修的坝头平面形式多种多样,很不规则。对于老险工,经过不同方向来溜冲淘抢险后,形成的坝头平面形式更是多样。图 4-13-2 是菏泽刘庄险工部分坝头早期的平面形式。

　　目前,坝头形式多种多样。尤其是对于一些老坝,除当时初建时各种因素外又经过多次加高改建,形状很不规则。据初步统计,菏泽修防处所辖 5 县,20 世纪 70 年代坝头平面形式就有 27 种之多,如图 4-13-3 所示。许多坝的坝头平面形式不能适应水流条件,不能很好地发挥控导溜势的作用,易于出险。尤其是新加高改建的丁坝更易发生险情。因

---

　　* 胡一三、刘贵芝于 1986 年完成该文。2006 年 8 月引入《高村至陶城铺河段河道整治》一书时,进行了部分修改和压缩。

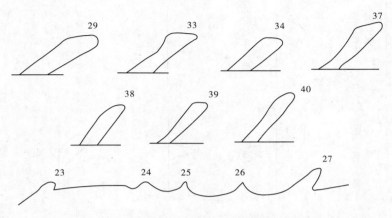

图 4-13-2　菏泽刘庄险工部分坝头早期的平面形式示意图

此,需要对丁坝坝头的平面形式进行全面的分析总结,设计一个在不同来溜作用情况下,水流条件好,且能适应不断加高特点的丁坝坝头形式。

一、丁坝需要不断加高

黄河下游为堆积性河道。近半个世纪以来,由于修建三门峡水库的影响,经过了一个淤积—冲刷—淤积的过程,但总的趋势是淤积抬高,两岸堤防进行了 3 次大规模的加高,目前正在进行第 4 次加高。小浪底水库于 2001 年建成,该段河道又会出现冲刷—淤积的过程。由于进入黄河的泥沙问题短期内不可能解决,因此该河段在一个相当长的时间内总的趋势还是要淤高的。位于险工堤段的丁坝需随着堤防的加高而相应加高。位于控导工程上的丁坝也由于整治流量相应水位的升高,每过若干年就需要加高一次(见图 4-13-4)。

丁坝需要不断加高正是黄河下游区别于其他河流的地方。丁坝的设计尤其是坝头的设计必须考虑不断加高的特点。

二、丁坝加高后出现的问题

根石是保持丁坝安全的关键部位,也是占用投资最多的部位。在水流作用下,上跨角、前头及紧靠上跨角的部分迎水面是冲刷坑最深处,也是根石最深的部位,在经常靠溜的坝段,这些部位的根石深度一般多达 10 ~ 15 m,其他部位一般不超过 10 m,花园口险工将军坝最大根石深度高达 23.5 m。因此,丁坝经加高改建之后应能继续充分发挥这部分根石的作用。

在丁坝加高时,除维持好的控导作用外,充分利用原丁坝石料,尤其是根石,应是重点考虑的因素。迎水面的裹护段和非裹护段顺坡加高,就可以充分发挥已有根石的作用;为保持原有的坝顶宽度不变,背水坡帮宽,坡脚线向后平移,由于原来即为土坡,不存在将原来的石料埋入土的问题。而坝头段的情况复杂,一般情况下 3 面都有石料裹护,不同的加高方案会带来不同的问题。因此,解决丁坝加高中遇到的问题,实际为解决丁坝坝头加高中遇到的问题。

小流线型
(高村29坝)

齐方坝
(伟庄5坝改建前)

长颈
(刘庄25坝)

流线型
(黄寨1坝)

斜平头
(霍寨4坝)

正尖头
(刘庄26坝)

方圆头
(路那里18坝)

大头
(桑庄18坝初期)

方小拐头
(营房34坝)

斜尖头
(堡城3坝)

弹头
(霍寨7-1坝)

蛇头
(霍寨1坝)

圆小拐头
(营房20坝)

曲斜头
(高村30坝)

斜伸头
(刘庄37坝)

半圆头
(伟庄改建后5坝)

大弯头
(高村32坝)

反斜头
(高村17坝)

靴头
(堡城8坝)

小圆头
(桑庄10坝)

拐头
(河南省大留寺22坝)

铲头
(刘庄33坝)

丁字头
(苏泗庄11坝)

圆头
(高村36坝)

反流线型
(堡城28坝)

桃头
(高村16坝)

工字头
(堡城1坝)

图4-13-3　菏泽地区20世纪70年代坝头平面形式示意图

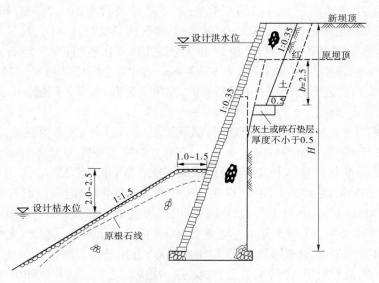

图 4-13-4　经多次加高后砌石坝断面图 （单位:m）

丁坝坝头加高采用的方法一般有 3 种:①顺坡加高。为充分利用已有的护坡与护根石料,3 面均顺坡向上加高。②保持坝头形式加高。原来的坝头形式较好,在迎水面、上跨角顺坡加高,为保持加高后的坝头外形,前头段、下跨角及背水面向外延伸,即需加修土坝体并进行相应的护坡、护根。③改善坝头形式加高。由于各种原因,加高前的坝头外形很不理想,利用加高的机会,改成理想的坝头形式。但在加高时也要尽量多利用已有根石,由于原有坝头形式不同,加高时要视具体情况确定。

对于顺坡加高,其优点是可充分利用已有的根石。但是,由于 3 面向内收坡,坝顶宽度缩窄,供抢险、备石、管理使用的面积严重变小,并造成坝头形状各异,很不规则,其御溜能力降低,加高后一旦出现险情,抢险工作面太小,不利操作,对保证坝体安全不利,影响丁坝控导溜势的作用,近些年来已基本不采用此种加高方法。

采用保持坝头形式加高和改善坝头形式加高,加高后外形好,有足够的抢险场面,根石稳定后御溜能力强,且有较好的控导溜势的作用。但是,加高后原有前头段下跨角的裹护石料除水上的可以拆除回收一部分外,水下石料则全部被埋于新增土坝体以下,不能利用,造成浪费;新修下跨角裹护石料多为小水修做,置于土基上,一旦靠河着溜,基础土体被淘刷带走,上部裹护石料便要墩蛰,产生险情。为了保持丁坝的控导作用,近些年来多采用保持坝头形式加高和改善坝头形式加高。但在加高后已较稳定的丁坝也发生险情,甚至出现重大险情,使防洪处于十分被动的局面。

郓城伟庄险工 6 号坝是一道经常靠河的丁坝,基础较好,已用石 6 800 m³,1980 年前多年靠大溜均未出过大险,1981 年春加高改建又抛石 2 035 m³,汛期大溜顶冲,新修下跨角尚没有达到要求的外伸长度,却因受回溜淘刷,出险 6 次,用石 636 m³,其中一次抢险用石达 240 m³。表明新修下跨角不仅在经济上造成浪费,而且给防守抢险增加了负担。

菏泽刘庄险工 28～31 号坝,1976 年汛前加高改建时对土坝体进行了加高帮宽,部分前头段、下跨角、背水面相应外伸,对水上部分及时进行了裹护。8 月下旬各坝自下而上相继靠河着溜,由于加高帮宽后的部分前头段、下跨角及背水面的裹护石料坐落在滩面上,31 号坝靠大溜后便猛墩下蛰达 7~8 m,经用柳石枕昼夜抢护,才使险情缓和,保住了坝体。为了争取防守主动,在河势上提到 28 号坝之前,就在各坝护坡(坦石)外预抛了高 3~4 m 的柳石枕,靠溜后仍猛墩下蛰入水 3~4 m,形成紧急险情。自 8 月 25 日至 9 月 17 日,在解放军大力支援下,历经 23 d 紧张抢护,方化险为夷,未出大问题。4 道坝先后抢险 18 次,用石近万立方米。

开封黑岗口险工 1981 年加高改建时,部分护坡(坦石)外推,坐落在滩面下,多者宽达 3 m。1982 年汛期,上游河势突然变化,出现了"横河",使险工溜势大幅度上提,顶冲新改建的险工段,8 月 9 日早上,25 号护岸顶部出现一条裂缝,长 35 m,宽 10 mm,14 时 30 分坦石下蛰长 20 m,高 0.2 m,20 时 37 分,25 号护岸至 26 号垛迎水面坦石墩蛰长 50 m,入水 0.6~0.8 m。8 月 10 日上午,23 号护岸出现裂缝并不断发展,下午坦石开始下蛰,15 时 30 分下蛰 0.5 m,17 时 5 分坦石墩蛰长 30 m,且多与水面平,局部入水 0.3~0.5 m。当时堤顶出水高约 7 m,坦石墩蛰后,大堤土胎外露,直接受到大溜顶冲的威胁,形势岌岌可危。后经军民奋力抢护,才转危为安,避免了一次决口之灾。该年汛期黑岗口险工共出险 30 坝次,坦石先后入水总长达 180 m,用石 1 万 m³。其中,8 月 9~21 日、9 月 10~15 日、9 月 22 日至 10 月 22 日险情最为严重,是多年来出现的最严重险情之一。

由上述看出,丁坝加高后出现的问题是严重的,有的已经造成重大险情,直接涉及堤防的安全。考虑到黄河下游河床淤积抬高的趋势短期内难以改变,丁坝加高将会长期进行。为了减轻抢险负担,节约工料、投资,确保防洪安全,需要设计一种坝头形式,能在新修后具有好的控导溜势的作用,经过加高后仍能保持好的平面形式,并可充分利用已有的根石,以节约投资和减少抢险。由于现有坝头形式不能适应不断加高改建的特点,对现有坝头形式也应研究改造的可能性。

三、椭圆头丁坝的设计原则及步骤

黄河下游河道淤积抬高的状况短期内是不会改变的,河道整治工程的丁坝也必须每隔几年加高一次。为了确保防洪安全,充分发挥丁坝控导溜势的作用,减少抢险,节约投资,设计了适应多次加高特点的椭圆头丁坝。

(一)丁坝的主要设计参数

坝头是丁坝的重要组成部分。优良的坝头形式与丁坝的主要设计参数有着密切的关系。因此,在确定坝头形式之前,应首先选定丁坝的主要设计参数。

1. 坝的方位

坝的方位是指丁坝迎水面与整治工程位置线之间的关系,其夹角 α 称为丁坝的方位角。若连坝轴线与工程线平行,则连坝轴线与坝轴线的夹角即为丁坝的方位角(见图 4-13-5)。目前黄河下游丁坝的方位角一般为 30°、45°,所以椭圆头丁坝的设计及现有丁坝的改建,均按 30° 和 45° 两种情况分别考虑。

2. 坝长与间距

黄河下游现有丁坝长度与间距一般为 100 m,改建丁坝设计的长度和间距也按 100 m 左右考虑;新建丁坝,为了给以后连坝在临河帮宽留有余地,坝长和间距均按 120 m 左右

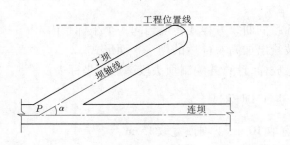

图 4-13-5 丁坝的方位角

考虑。

3.顶宽和边坡

为简化计算,无论新建或改建丁坝,均按现行标准。丁坝顶宽为 12~15 m,连坝顶宽为 10 m。丁坝非裹护部分及连坝的土坝体边坡为 1:2,裹护段土坝体的边坡为 1:1.3。

(二)坝头设计原则

(1)在设计加高范围内,坝的迎水面、上跨角、前头、下跨角的裹护部分,每次加高时,护根(根石)和护坡(坦石)只许顺坡上延,不得向河中推进。每次加高后,坝头仍具有良好的平面形式。

(2)坝头平面形式应为一条连续光滑的复合曲线,诸曲线间不得出现拐点,以便使靠坝水流在改变前进方向时,处于平稳渐变状态,减少副流,形成一种冲刷坑小的水流条件。

(3)坝头的平面形式及长度应有良好的迎溜导溜功能,满足迎溜顺、出溜利、坝上回溜小、坝下回溜轻的要求。

(4)坝头经过数次加高改建,其强度将能不断增加,抢险机遇减少,并能节约投资。

(5)新修上跨角中部的 A 点(见图 4-13-6、图 4-13-7)位于工程线上,且在 A 点处,坝面线的切线与工程线相重合,以利发挥整个工程的导溜能力;现有工程在改建后,单坝导溜效果应有所提高。

根据上述设计原则和流线型坝头的特点,可供选择的曲线一般有抛物线和椭圆线两种。为便于坝头不同部位不同曲线段的连接,满足连续光滑的要求,主要着溜段选择为椭圆线,次要着溜段为缩短裹护长度,节约投资,选用圆弧曲线,这样就使所设计的坝头成为以椭圆线为主的平面形式。设计时除考虑新建坝头以外,还考虑了对现有坝头的改建。现有坝头的改建是以使用最多的圆头丁坝为主要对象进行改建设计;对其他丁坝的坝头形式,由于种类繁多,难以逐一设计,仅提出改建的意见。无论新建和改建都按加高 4 次设计,每次加高 1 m,即加高 4 m 后下跨角不外伸并且保持坝头形式良好。在黄河中游未采取重大工程措施的情况下,修建小浪底水库之后,相当于 50~70 年的设计水平。

(三)坝头的设计步骤

(1)按照设计原则,参考流线型坝头的曲线,并考虑加高 4 m 后仍具有较好的坝头型式的要求,结合实践经验,勾绘出坝头轮廓线,然后建立诸坐标系,通过适线确定坝的迎水面、上跨角及前头段的椭圆曲线;下跨角由于受溜较轻,仅以较短的圆弧线内收与土坝体的下游面连接。

(2)按照抢险及存放防汛料物对场地的要求,并考虑节约土方等因素,确定坝顶下游侧的折线位置。

（3）将各个坐标系的曲线方程式转换到同一个坐标系内。

（4）按设计边坡绘出加高 4 m 后的坝头平面形式。

（5）为便于施工放样，计算并编制坝头段诸点的坐标表。

四、新建椭圆头丁坝设计

新建的连坝顶宽取 10 m，丁坝顶宽取 15 m。

由于试算工作量大，坐标转换比较繁杂，现仅将各坝头的设计步骤和结果概述如下。

（一）方位角 $\alpha = 30°$ 的椭圆头丁坝设计

新建丁坝方位角 $\alpha = 30°$ 时的坝头设计形式如图 4-13-6、图 4-13-7 所示。

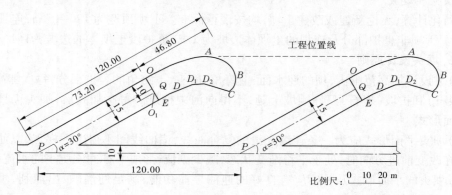

图 4-13-6　新建椭圆头丁坝（ $\alpha = 30°$ ）

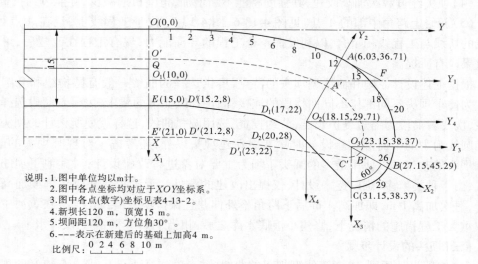

说明：1.图中单位均以 m 计。
　　　2.图中各点坐标均对应于 XOY 坐标系。
　　　3.图中各点（数字）坐标见表 4-13-2。
　　　4.新坝长 120 m，顶宽 15 m。
　　　5.坝间距 120 m，方位角 30°。
　　　6.----表示在新建后的基础上加高 4 m。

图 4-13-7　新建椭圆头丁坝坝头（ $\alpha = 30°$ ）

1. 作椭圆线 OA

在坝轴线上取 $PQ = 73.20$ m，过 Q 作 PQ 的垂线 O_1O，$O_1O \perp PQ$，令 $OO_1 = 10$ m，$OQ = 7.5$ m，$QO_1 = 2.5$ m，O 点在丁坝的迎水面上口。分别以 O、O_1 为原点，建立 XOY 及

$X_1O_1Y_1$ 两个坐标系。

在坐标系 $X_1O_1Y_1$ 中,以 O_1 为椭圆中心,取长半轴为 40 m,短半轴为 10 m,在第四象限内作椭圆线 $OAG(AG$ 段图中未示出),其方程式为

$$\frac{y_1^2}{40^2} + \frac{x_1^2}{10^2} = 1 \qquad (4\text{-}13\text{-}1)$$

2. 确定切点 A 的坐标

作 OAG 的切线 AF,使 AF 与 O_1Y_1 的交角为 $30°$,A 为切点。在坐标系 $X_1O_1Y_1$ 中,解得 F 和 A 点的坐标分别为 $F(0,\ 43.59)$,$A(-3.97,\ 36.71)$。

显然,切线 AF 与工程线重合。

3. 作椭圆线 AB

过 A 点作 $AO_2 \perp AF$,取 $AO_2 = 14$ m。在坐标系 $X_1O_1Y_1$ 中,解得 O_2 的坐标为 $O_2(8.15,\ 29.71)$。

以 O_2 为原点,建立坐标系 $X_2O_2Y_2$。以 O_2 为椭圆中心,取长半轴为 18 m,短半轴为 14 m,在第一象限内作椭圆线 AB,其方程式为

$$\frac{x_2^2}{18^2} + \frac{y_2^2}{14^2} = 1 \qquad (4\text{-}13\text{-}2)$$

4. 作圆弧线 BC

在坐标轴 O_2X_2 上取线段 $O_2O_3 = 10$ m。在坐标系 $X_1O_1Y_1$ 中,解得 O_3 的坐标为 $O_3(13.15,\ 38.37)$,则线段 $O_3B = 18 - 10 = 8(\text{m})$。

以 O_3 为圆点,建立坐标系 $X_3O_3Y_3$。以 O_3 为圆心,取半径为 8 m,在第一象限内作圆弧线 BC,其方式为

$$x_3^2 + y_3^2 = 8^2 \qquad (4\text{-}13\text{-}3)$$

圆弧线所对的中心角为 $60°$。

在坐标系 $X_1O_1Y_1$ 中,解得 C 点得坐标为 $C(21.15,38.37)$。

5. 确定坝顶下游侧折线段

在坐标系 $X_1O_1Y_1$ 中,选择点 E、D、D_1、D_2,其坐标分别为 $E(5.00,\ 0)$、$D(5.20,\ 8.00)$、$D_1(7.00,\ 22.00)$、$D_2(10.00,\ 28.00)$。

连接 E、D、D_1、D_2、C 诸点,即形成了以椭圆曲线为主的椭圆型坝头 $OABCD_2D_1DE$。

6. 确定加高 4 m 后的坝头线

坦石坡度按 $1:1.5$ 内收,加高 4 m 后共内收 6 m,坝顶曲线段相应各点为 O'、A'、B'、C',折线段可根据顶宽等需要确定为 E'、D'、D_1'。连接各点即得加高 4 m 后的坝头线 $O'A'B'C'$,折线段可根据顶宽等需要确定为 $E'D'D_1'$。连接各点即得加高 4 m 后的坝头线 $O'A'B'C'D_1'D'E'$。

7. 将诸坐标系内的曲线方程式和计算点转换到同一坐标系 XOY 中

转换结果见表 4-13-1 和表 4-13-2。由表 4-13-2 可以看出,第 23 号点沿坝轴方向的坐标值最大,为 46.8 m,故丁坝的长度为 $L = PO_1 + Y_{23} = 73.20 + 46.80 = 120.0(\text{m})$。

表 4-13-1　新建椭圆头丁坝坝头($\alpha=30°$)各曲线段方程式

曲线名称	线型	坐标系	方程式
OA	椭圆	$X_1O_1Y_1$	$\dfrac{y_1^2}{40^2}+\dfrac{x_1^2}{10^2}=1$
		XOY	$\dfrac{y^2}{40^2}+\dfrac{(x-10)^2}{10^2}=1$
AB	椭圆	$X_2O_2Y_2$	$\dfrac{x_2^2}{18^2}+\dfrac{y_2^2}{14^2}=1$
		XOY	$(x-18.150\,76)^2-0.379\,63(x-18.150\,76)(y-29.706\,51)+$ $0.780\,82(y-29.706\,51)^2=217.479\,45$
BC	圆	$X_3O_3Y_3$	$x_3^2+y_3^2=8^2$
		XOY	$(x-23.150\,76)^2+(y-38.366\,76)^2=8^2$

表 4-13-2　新建椭圆头丁坝坝头($\alpha=30°$)各点坐标值

点号	0	1	2	3	4	5	6	7	8
x	0	0.05	0.20	0.46	0.83	1.34	2.00	2.40	2.86
y	0	4.00	8.00	12.00	16.00	20.00	24.00	26.00	28.00

点号	9	10	11	12	A		14	15	16
x	3.39	4.00	4.73	5.64	6.03		6.83	8.33	10.24
y	30.00	32.00	34.00	36.0	36.71		38.00	40.00	42.00

点号	17	18	19	20	21	22	23	24	25
x	11.41	12.78	14.47	16.80	18.61	19.83	21.40	22.93	24.06
y	43.00	44.00	45.00	46.00	46.50	46.70	46.80	46.70	46.50

点号	26	B	28	29	30	31	32	C	D_2
x	25.69	27.15	27.62	28.83	29.67	30.28	30.98	31.15	20.00
y	46.00	45.29	45.00	44.00	43.00	42.00	40.00	38.37	28.00

点号	D_1	D	E						
x	17.00	15.20	15.00						
y	22.00	8.00	0						

(二)方位角 $\alpha=45°$ 的椭圆头丁坝设计

新建丁坝方位角 $\alpha=45°$ 时的坝头设计形式如图 4-13-8、图 4-13-9 所示。

1. 作椭圆线 OA

在坝轴线上取 $PQ=74.97$ m,过 Q 作 PQ 的垂线 O_1O,$O_1O\perp PQ$,令 $OO_1=10$ m,$OQ=7.5$ m,$QO_1=2.5$ m,O 点在丁坝的迎水面上口。分别以 O、O_1 为原点,建立 XOY 及 $X_1O_1Y_1$

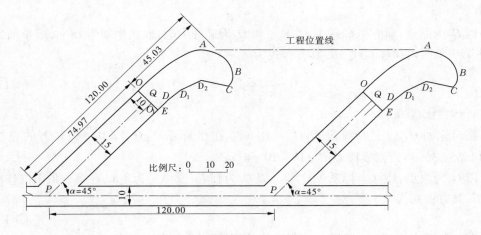

图 4-13-8　新建椭圆头丁坝($\alpha = 45°$) （单位:m）

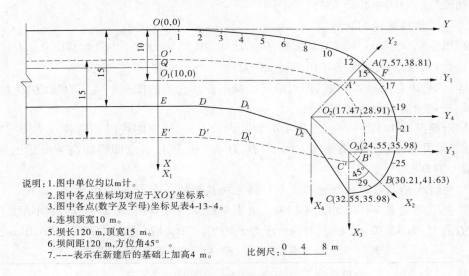

说明:1.图中单位均以 m 计。
2.图中各点坐标均对应于 XOY 坐标系
3.图中各点(数字及字母)坐标见表4-13-4。
4.连坝顶宽10 m。
5.坝长120 m,顶宽15 m。
6.坝间距120 m,方位角45°。
7.----表示在新建后的基础上加高4 m。

图 4-13-9　新建椭圆头丁坝坝头($\alpha = 45°$)

两个坐标系。

在坐标系 $X_1O_1Y_1$ 中,以 O_1 为椭圆中心,取长半轴为 40 m,短半轴为 10 m,在第一象限内作椭圆线 OAG(AG 段图中未示出),其方程式为

$$\frac{y_1^2}{40^2} + \frac{x_1^2}{10^2} = 1 \tag{4-13-4}$$

2.确定切点 A 的坐标

作 OAG 的切线 AF,使 AF 与坐标轴 O_1Y_1 的交角为 45°,A 为切点。在坐标系 $X_1O_1Y_1$ 中,解得 F 和 A 点的坐标分别为 $F(0, 41.23)$、$A(-2.43, 38.81)$。

显然,切线 AF 与整治工程位置线重合。

3.作椭圆线 AB

过 A 点作 $AO_2 \perp AF$,取 $AO_2 = 14$ m。在坐标系 $X_1O_1Y_1$ 中,解得 O_2 的坐标为 $O_2(7.47,$

28.91）。

以 O_2 为原点,建立坐标系 $X_2O_2Y_2$。以 O_2 为椭圆中心,取长半轴为 18 m,短半轴为 14 m,在第一象限内作椭圆线 AB,其方程式为

$$\frac{x_2^2}{18^2} + \frac{y_2^2}{14^2} = 1 \tag{4-13-5}$$

4. 作圆弧线 BC

在坐标轴 O_2X_2 上取线段 $O_2O_3 = 10$ m。在坐标系 $X_1O_1Y_1$ 中,解得 O_3 的坐标为 $O_3(14.55, 35.98)$,则线段 $O_3B = 18 - 10 = 8$（m）。

以 O_3 为原点,建立坐标系 $X_3O_3Y_3$。以 O_3 为圆心,取半径为 8 m,在第一象限内作圆弧线 BC,其方程式为

$$x_3^2 + y_3^2 = 8 \tag{4-13-6}$$

在坐标系 $X_1O_1Y_1$ 中,解得 C 点得坐标为 $C(22.55, 35.98)$。

圆弧线所对的中心角为 45°。

5. 确定坝顶下游侧折线段

在坐标系 $X_1O_1Y_1$ 中,选择点 E、D、D_1、D_2,其坐标分别为 $E(5.00, 0)$、$D(5.20, 8.00)$、$D_1(6.00, 16.00)$、$D_2(10.00, 28.00)$。

连接 E、D、D_1、D_2、C 诸点,即形成了以椭圆曲线为主的椭圆型坝头 $OABCD_2D_1DE$。

6. 确定加高 4 m 后的坝头线

坦石坡度按 1∶1.5 内收,加高 4 m 后共内收 6 m,坝顶曲线段相应各点为 O'、A'、B'、C',折线段可根据顶宽等需要确定为 C'、D_1'、D'、E' 点,连接各点即得加高 4 m 后的坝头线 $O'A'B'C'D_1'D'E'$。

7. 将诸坐标系内的曲线方程式和计算点转换到同一坐标系 XOY 中

转换结果见表 4-13-3 和表 4-13-4。由表 4-13-4 可以看出,第 22 号点沿坝轴线方向的坐标值最大,为 45.03 m,故丁坝的长度为 $L = PO_1 + Y_{22} = 74.97 + 45.03 = 120.0$（m）。

表 4-13-3　新建椭圆头丁坝（$\alpha = 45°$）坝头各曲线段方程式

曲线	线型	坐标系	方程式
OA	椭圆	$X_1O_1Y_1$	$\dfrac{y_1^2}{40^2} + \dfrac{x_1^2}{10^2} = 1$
		XOY	$\dfrac{y^2}{40^2} + \dfrac{(x-10)^2}{10^2} = 1$
AB	椭圆	$X_2O_2Y_2$	$\dfrac{x_2^2}{18^2} + \dfrac{y_2^2}{14^2} = 1$
		XOY	$(x - 17.474\,14)^2 - 0.492\,31(x - 17.474\,14)(y - 28.906\,20) + (y - 28.906\,20)^2 = 244.246\,15$
BC	圆	$X_3O_3Y_3$	$x_3^2 + y_3^2 = 8^2$
		XOY	$(x - 24.545\,21)^2 + (y - 35.977\,26)^2 = 8^2$

表 4-13-4　新建椭圆头丁坝坝头（$\alpha = 45°$）各点坐标值

点号	0	1	2	3	4	5	6	7	8
x	0	0.05	0.20	0.46	0.83	1.34	2.00	2.40	2.86
y	0	4.00	8.00	12.00	16.00	20.00	24.00	26.00	28.00
点号	9	10	11	12	13	A	15	16	17
x	3.39	4.00	4.73	5.64	6.88	7.57	8.86	10.11	11.58
y	30.00	32.00	34.00	36.00	38.00	38.81	40.00	41.0	42.00
点号	18	19	20	21	22	23	24	25	26
x	13.55	15.69	17.34	20.46	21.30	24.02	25.30	26.69	28.54
y	43.00	44.00	44.50	45.00	45.03	44.80	44.50	44.00	43.00
点号	27	B	28	29	30	31	32	C	D_2
x	29.82	30.21	30.77	31.46	31.95	32.29	32.48	32.55	20.00
y	42.00	41.63	41.00	40.00	39.00	38.00	37.00	35.98	28.00
点号	D_1	D	E						
x	16.00	15.20	15.00						
y	16.00	8.00	0						

五、老坝改建为椭圆头丁坝的设计

由于已修建的丁坝坝顶较窄，顶宽多为 12 m，老坝改建为椭圆头丁坝的设计，老坝按顶宽 $B = 12$ m 进行。由于在坝头部分对椭圆线影响较小，对于原坝顶宽大于 12 m 的，也采用表 4-13-6 中各点的坐标成果。但不论原坝顶宽为 12 m，大于 12 m，改建后的坝顶宽均采取 $B = 15$ m。

（一）方位角 $\alpha = 30°$ 的圆头丁坝坝头改建设计

现有丁坝方位角为 $\alpha = 30°$ 时，圆头丁坝改为椭圆头丁坝的设计形式如图 4-13-10、图 4-13-11 所示。

1. 作椭圆线 OA

在原坝轴线 PG 上取 $O_1G = 40$ m，G 为坝头端点，原坝长 $PG = 100$ m。作 $OO_1 \perp O_1G$，O 点在迎水面上口，且令 $OO_1 = 6$ m。分别以 O、O_1 为原点，建立 XOY 及 $X_1O_1Y_1$ 两个坐标系。

在坐标系 $X_1O_1Y_1$ 中，以 O_1 为椭圆中心，取长半轴为 40 m，短半轴为 6 m，在第四象限内作椭圆线 OAG（椭圆线 AG 段图中未示出），其方程式为

$$\frac{y_1^2}{40^2} + \frac{x_1^2}{6^2} = 1 \tag{4-13-7}$$

2. 确定切点 A 的坐标

作 OAG 的切线 AF（因 F 点距椭圆线 AB 较近，故 AF 线在图中未示出），使 AF 与 O_1Y_1

的交角为$30°$，A为切点。在坐标系$X_1O_1Y_1$中，解得F和A点的坐标分别为$F(0，41.33)$、$A(-1.51，38.71)$。

显然，切线AF与原整治工程位置线平行，与新整治工程位置线重合。

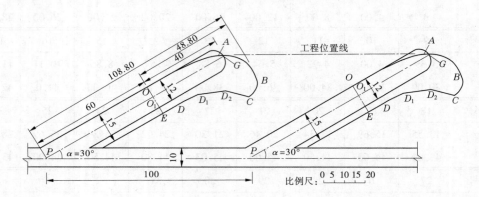

图 4-13-10　圆头丁坝改建为椭圆头丁坝($\alpha=30°$)　（单位:m）

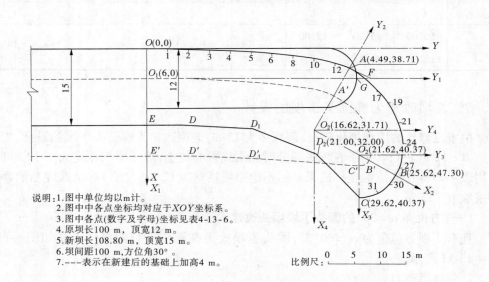

说明:1.图中单位均以m计。
　　　2.图中各点坐标均对应于XOY坐标系。
　　　3.图中各点(数字及字母)坐标见表4-13-6。
　　　4.原坝长100 m，顶宽12 m。
　　　5.新坝长108.80 m，顶宽15 m。
　　　6.坝间距100 m,方位角30°。
　　　7.----表示在新建后的基础上加高4 m。

图 4-13-11　圆头丁坝改建为椭圆头丁坝的坝头($\alpha=30°$)

3. 作椭圆线AB

过A点作$AO_2 \perp AF$，取$AO_2 = 14$ m。在坐标系$X_1O_1Y_1$中，解得O_2点的坐标为:O_2 $(10.62，31.71)$。

以O_2为原点,建立坐标系$X_2O_2Y_2$。以O_2为椭圆中心,取长半轴为18 m,短半轴为14 m,在第一象限内作椭圆线AB,其方程式为

$$\frac{x_2^2}{18^2} + \frac{y_2^2}{14^2} = 1 \tag{4-13-8}$$

4.作圆弧线 BC

在坐标轴 O_2X_2 上取线段 $O_2O_3 = 10$ m。在坐标系 $X_1O_1Y_1$ 中,解得 O_3 的坐标为 O_3 $(15.62,40.37)$,则线段 $O_3B = 18 - 10 = 8(m)$。

以 O_3 为原点,建立坐标系 $X_3O_3Y_3$。以 O_2 为圆心,取半径为 8 m,在第一象限内作圆弧线 BC,其方程式为

$$x_3^2 + y_3^2 = 8^2 \tag{4-13-9}$$

在坐标系 $X_1O_1Y_1$ 中,解得 C 的坐标为 $C(23.62,40.37)$。

圆弧线 BC 所对应的中心角为 $60°$。

5.确定坝顶下游侧折线段

在坐标系 $X_1O_1Y_1$ 中,选择点 E、D 和 D_1、D_2,其坐标分别为 $E(9.00,0)$、$D(9.20,8.00)$、$D_1(10.00,20.00)$、$D_2(15.00,32.00)$。

连接 E、D、D_1、D_2、C 诸点,即形成了以椭圆曲线为主的椭圆型坝头 $OABCD_2D_1DE$。

6.确定加高 4 m 后的坝头线

坦石坡度按 $1:1.5$ 内收(在切点 A 附近按 $1:1.6$ 内收),加高 4 m 后共内收 6 m,坝顶曲线段相应各点为 O_1'、A'、B'、C',折线段可根据顶宽等需要确定 E'、D'、D_1' 点,连接各点即得加高 4 m 后的坝头线 $O_1'A'B'C'D_1'D'E'$。

7.将诸坐标系内的曲线方程和计算点转换到同一坐标系 XOY 中

转换结果见表 4-13-5 和表 4-13-6。由表 4-13-6 可以看出,第 24 号点沿坝轴线方向的坐标值最大,为 48.80 m。故丁坝的长度为 $L = (100 - 40) + 48.8 = 108.8(m)$。

表 4-13-5　圆头丁坝改建为椭圆头丁坝($\alpha = 30°$)的坝头各曲线段方程式

曲线	线型	坐标系	方程式
OA	椭圆	$X_1O_1Y_1$	$\dfrac{y_1^2}{40^2} + \dfrac{x_1^2}{6^2} = 1$
		XOY	$\dfrac{y^2}{40^2} + \dfrac{(x-6)^2}{6^2} = 1$
AB	椭圆	$X_2O_2Y_2$	$\dfrac{x_2^2}{18^2} + \dfrac{y_2^2}{14^2} = 1$
		XOY	$(x - 16.615\,60)^2 - 0.379\,63(x - 16.615\,60)(y - 31.714\,71) +$ $0.780\,82(y - 31.714\,71)^2 = 217.478\,45$
BC	圆	$X_3O_3Y_3$	$x_3^2 + y_3^2 = 8^2$
		XOY	$(x - 21.615\,60)^2 + (y - 40.374\,96)^2 = 8^2$

表4-13-6　圆头丁坝改建为椭圆头丁坝($\alpha=30°$)的坝头各点坐标值

点号	0	1	2	3	4	5	6	7	8
x	0	0.03	0.12	0.28	0.50	0.80	1.20	1.44	1.72
y	0	4.00	8.00	12.00	16.00	20.00	24.00	26.00	28.00
点号	9	10	11	12	13	A	15	16	17
x	2.03	2.40	2.84	3.39	4.13	4.49	5.29	6.79	8.70
y	30.00	32.00	34.00	36.00	38.00	38.71	40.00	42.00	44.00
点号	18	19	20	21	22	23	24	25	26
x	9.86	11.23	12.92	15.24	17.04	18.23	19.60	21.45	22.57
y	45.00	46.00	47.00	48.00	48.50	48.70	48.80	48.70	48.50
点号	27	B	29	30	31	32	C	D_2	D_1
x	24.17	25.62	26.10	27.30	28.75	29.45	29.62	21.00	16.00
y	48.00	47.30	47.00	46.00	44.00	42.00	40.37	32.00	20.00
点号	D	E							
x	15.20	15.00							
y	8.00	0							

（二）方位角 $\alpha=45°$ 的圆头丁坝坝头改建设计

现有丁坝方位角 $\alpha=45°$ 时,圆头丁坝改为椭圆头丁坝的设计形式如图4-13-12、图4-13-13所示。

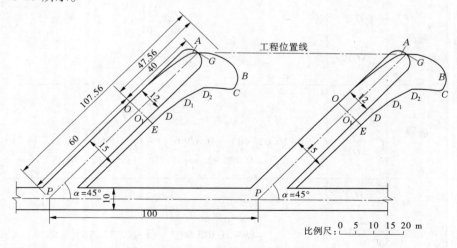

图4-13-12　圆头丁坝改建为椭圆头丁坝($\alpha=45°$)　（单位:m）

1. 作椭圆线 OA

在原坝轴线 PG 上取 $O_1G=40$ m,G 为坝头端点,原坝长 $PG=100$ m。作 $OO_1\perp O_1G_1$,

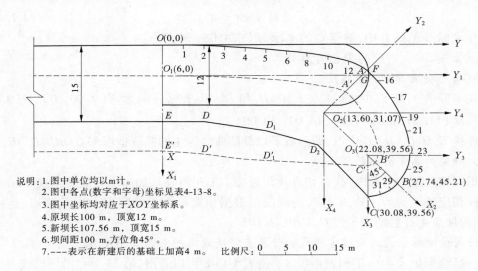

说明：1.图中单位均以m计。
2.图中各点(数字和字母)坐标见表4-13-8。
3.图中坐标均对应于XOY坐标系。
4.原坝长100 m，顶宽12 m。
5.新坝长107.56 m，顶宽15 m。
6.坝间距100 m，方位角45°。
7.----表示在新建后的基础上加高4 m。

比例尺：0 5 10 15 m

图4-13-13　圆头丁坝改建为椭圆头丁坝的坝头($\alpha=45°$)

O 点在迎水面上口，且令 $OO_1=6$ m，分别以 O、O_1 为原点，建立 XOY 及 $X_1O_1Y_1$ 两个坐标系。

在坐标系 $X_1O_1Y_1$ 中，以 O_1 为椭圆中心，取长半轴为 40 m，短半轴为 6 m，在第四象限内作椭圆线 OAG(椭圆线 AG 段图中未示出)，其方程式为

$$\frac{y_1^2}{40^2}+\frac{x_1^2}{6^2}=1 \tag{4-13-10}$$

2. 确定切点 A 的坐标

作 OAG 的切线 AF(因 F 点距椭圆线 AB 较近，故 AF 线在图中未示出)，使 AF 与 O_1Y_1 的交角为45°，A 为切点。在坐标系 $X_1O_1Y_1$ 中，解得 F 和 A 点的坐标分别为 $F(0, 40.45)$、$A(-0.89, 39.56)$。

显然，切线 AF 与原整治工程位置线平行，与新整治工程位置线重合。

3. 作椭圆线 AB

过 A 点作 $AO_2\perp AF$，取 $AO_2=12$ m。在坐标系 $X_1O_1Y_1$ 中，解得 O_2 点的坐标为 $O_2(7.60, 31.07)$。

以 O_2 为原点，建立坐标系 $X_2O_2Y_2$。以 O_2 为椭圆中心，取长半轴为 20 m，短半轴为 12 m，在第一象限内作椭圆线 AB，其方程式为

$$\frac{x_2^2}{20^2}+\frac{y_2^2}{12^2}=1 \tag{4-13-11}$$

4. 作圆弧线 BC

在坐标轴 O_2X_2 上取线段 $O_2O_3=12$ m。在坐标系 $X_1O_1Y_1$ 中，解得 O_3 的坐标为 $O_3(16.08, 39.56)$，则线段 $O_3B=20-12=8(m)$。

以 O_3 为原点，建立坐标系 $X_3O_3Y_3$。以 O_3 为圆心，取半径为 8 m，在第一象限内作圆弧 BC，其方程式为

$$x_3^2 + y_3^2 = 8^2 \qquad\qquad (4\text{-}13\text{-}12)$$

在坐标系 $X_1O_1Y_1$ 中,解得 C 的坐标为 $C(24.08,39.56)$。

圆弧线 BC 所对应的中心角为 $45°$。

5. 确定坝顶下游侧折线段

在坐标系 $X_1O_1Y_1$ 中,选择点 E、D、D_1 和 D_2,其坐标分别为 $E(9.00,0)$、$D(9.20,8.00)$、$D_1(11.00,20.00)$、$D_2(14.00,30.00)$。

连接 E、D、D_1、D_2、C 诸点,即形成了以椭圆曲线为主的椭圆型坝头 $OABCD_2D_1DE$。

6. 确定加高 4 m 后的坝头线

坦石坡度按 1:1.5 内收(在切点 A 附近按 1:1.6 内收),加高 4 m 后共内收 6 m,坝顶曲线段相应各点为 O_1、A'、B'、C',折线段可根据顶宽等需要确定 E'、D'、D_1' 诸点,连接各点,即得加高 4 m 后的坝头线 $O_1A'B'C'D_1'D'E'$。

7. 将诸坐标系内的曲线方程式和计算点转换到同一坐标系 XOY 中

转换结果见表 4-13-7 和表 4-13-8。由表 4-13-8 可以看出,第 23 号点沿坝轴线方向的坐标值最大,为 47.56 m。故丁坝的坝长为 $L=(100-40)+47.56=107.56(\text{m})$

表 4-13-7　圆头丁坝改建为椭圆头丁坝($\alpha=45°$)的坝头各曲线段方程式

曲线	线型	坐标系	方程式
OA	椭圆	$X_1O_1Y_1$	$\dfrac{y_1^2}{40^2}+\dfrac{x_1^2}{6^2}=1$
		XOY	$\dfrac{y^2}{40^2}+\dfrac{(x-6)^2}{6^2}=1$
AB	椭圆	$X_2O_2Y_2$	$\dfrac{x_2^2}{20^2}+\dfrac{y_2^2}{12^2}=1$
		XOY	$(x-13.595\,24)^2-0.941\,18(x-13.595\,24)(y-31.072\,18)+(y-31.072\,18)^2=211.764\,7$
BC	圆	$X_3O_3Y_3$	$x_3^2+y_3^2=8^2$
		XOY	$(x-22.080\,52)^2+(y-39.557\,46)^2=8^2$

表 4-13-8　圆头丁坝改建为椭圆头丁坝($\alpha=45°$)的坝头各点坐标值

点号	0	1	2	3	4	5	6	7	8
x	0	0.03	0.12	0.28	0.50	0.80	1.20	1.44	1.72
y	0	4.00	8.00	12.00	16.00	20.00	24.00	26.00	28.00

点号	9	10	11	12	13	14	A	16	17
x	2.03	2.40	2.84	3.39	4.13	4.67	5.11	7.84	10.64
y	30.00	32.00	34.00	36.00	38.00	39.00	39.56	42.00	44.00

点号	18	19	20	21	22	23	24	25	26
x	12.36	14.43	15.71	17.32	20.04	20.86	22.61	24.87	26.00
y	45.00	46.00	46.50	47.00	47.56	47.56	47.50	47.00	46.50

续表 4-13-8

点号	27	B	29	30	31	32	33	C	D
x	26.81	27.74	28.73	29.30	29.70	29.95	30.07	30.08	20.00
y	46.00	45.21	44.00	43.00	42.00	41.00	40.00	39.56	30.00

点号	D_1	D	E
x	17.00	15.20	15.00
y	20.00	8.00	0

（三）拐头丁坝坝头改建设计

拐头丁坝大部分为 20 世纪七八十年代修建。坝顶宽为 12 m，拐头长为 20～30 m。方位角大部分为 30°，以下仅对 $\alpha=30°$ 的拐头丁坝进行改建设计。

拐头丁坝的坝头改建为椭圆头丁坝时，是将拐头起始处的折线改为圆弧线，以改善对水流的阻力情况；拐头平直段大部分不变；拐头末端的圆头改造为椭圆形，以减轻出坝回溜强度。

下面改建设计中按拐头长 30 m 进行设计，改建后的坝顶宽度采用 15 m。

拐头丁坝的改建设计形式如图 4-13-14、图 4-13-15 所示。

1. 作椭圆线 OA

从拐头段坝轴线端点 G 向内取 $O'G=11$ m，作 $OO'\perp O'G$，O 点在坝迎水面上口，且令 $OO_1=18$ m。

分别以 O、O_1 为原点，建立 XOY 及 $X_1O_1Y_1$ 两个坐标系。

在坐标系 $X_1O_1Y_1$ 中，以 O_1 为椭圆中心，取长半轴为 18 m，短半轴为 14 m，在第四象限内作椭圆线 OA，其方程式为

$$\frac{x_1^2}{18^2}+\frac{y_1^2}{14^2}=1 \tag{4-13-13}$$

在坐标系 $X_1O_1Y_1$ 中，A 点坐标为 $A(0,14.00)$。

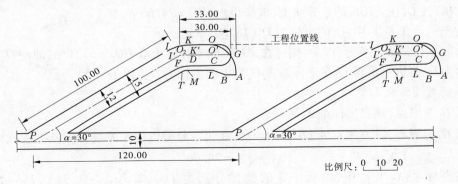

图 4-13-14　拐头丁坝改建为椭圆头丁坝（$\alpha=30°$）　（单位：m）

2. 确定坝顶下游侧折线段

在坐标系 $X_1O_1Y_1$ 中，取 $B(0,8)$、$L(-3,0)$、$M(-3,-14)$ 三点，连接 ABLM 即得坝顶

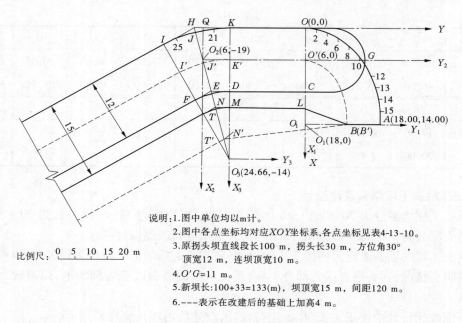

说明:1.图中单位均以m计。
　　　2.图中各点坐标均对应XOY坐标系,各点坐标见表4-13-10。
　　　3.原拐头坝直线段长100 m,拐头长30 m,方位角30°,
　　　　顶宽12 m,连坝顶宽10 m。
　　　4.$O'G$=11 m。
　　　5.新坝长:100+33=133(m),坝顶宽15 m,间距120 m。
　　　6.–––表示在改建后的基础上加高4 m。

比例尺: 0 5 10 15 20 m

图4-13-15　拐头丁坝改建为椭圆头丁坝的坝头($\alpha=30°$)

下游侧折线段。LM 与上口线 KO 平行。

　　M 的 Y_1 坐标值可根据原拐头段的长短而变化。现按拐头长 30 m 确定的 Y_1 坐标值,如果原拐头长为 25 m,Y_1 坐标值为 −9 m;如果原拐头长为 20 m,Y_1 坐标值为 −4 m。

　　3.拐头起始端的改建

　　1)确定迎水面拐点 H 的坐标

　　以原坝轴线拐点 O_2 为原点,建立坐标系 $X_2O_2Y_2$,由几何关系解得 $HQ=1.61$ m,$QO_2=6$ m,故在坐标系 $X_2O_2Y_2$ 中,H 点的坐标为 $H(-6,-1.61)$。

　　2)确定 O_3 的坐标

　　沿迎水面取 $HK=6.61$ m,在坐标系 $X_2O_2Y_2$ 中,K 的坐标为 $K(-6,5)$。通过 K 点作 $KO_3\perp HK$,且 O_3 在 $\angle IHK$ 的平分线上,求解得出 $KO_3=24.66$ m。

　　在坐标系 $X_2O_2Y_2$ 中,O_3 的坐标为 $O_3(18.66,5)$。

　　如原坝顶宽 B 不等于 12 m,则可在 $\angle IHK$ 的平分线上取 $HO_2=6.21$ m,即使 O_2 至 HK 的距离为 6 m,仍可求得 O_3 在坐标系 $X_2O_2Y_2$ 中的坐标为 $O_3(18.66,5)$。

　　3)确定圆弧线 IJK

　　以 O_3 为原点,建立坐标系 $X_3O_3Y_3$。

　　以 O_3 为圆心,以 $O_3K=24.66$ m 为半径,在第三象限内作圆弧线 IJK,其方程式为

$$x_3^2 + y_3^2 = 24.66^2 \tag{4-13-14}$$

　　在坐标系 $X_3O_3Y_3$ 中,解得 I、J 的坐标分别为 $I(-2.70,-7.33)$、$J(-5.16,-1.38)$。

　　连接上述各点,即得改建后的坝头线 $IJKOABLMNT$。N 在 LM 延长线与 O_3H 的交点上;T 在 O_3I 的连线上,且 $IT=15$ m。

4.确定加高 4 m 后的坝头线

坦石坡度按 1∶1.5 内收,坝顶下游侧折线段根据顶宽等要求确定 B、N'、T' 诸点。连接各点即得加高 4 m 后的坝头线 $I'J'K'O'BN'T'$。

5.将诸坐标系内的曲线方程式及计算点转换到同一坐标系 XOY 中

转换结果见表 4-13-9 和表 4-13-10。从表 4-13-10 可以看出,A 点沿拐头段轴线方向的坐标值最大,为 14.00 m。因此,拐头长度较改建前增加 $14-11=3(\mathrm{m})$。

在利用表 4-13-10 查坝头段各点坐标时,如果遇到原坝拐头段长不等于 30 m 的情况,可采用如下方法处理。如拐头长 O_2G(见图 4-13-15)不等于 30 m,对于拐头末端,即表 4-13-10 中 0、1、2、3…、15、A、B、L 各点的 X、Y 坐标值均不变。对于拐头始端,K、21、22、J、24、25、I、H、M、N、O_2、O_3 诸点的 X 坐标值不变,Y 坐标加上 n,$n=(30-d)$,d 为拐头段的实际长度。如原坝拐头长为 24 m,$n=30\,\mathrm{m}-24\,\mathrm{m}=6\,\mathrm{m}$,则与此对应的 21 号点的坐标由表 4-13-10 中的 21(0.18, -17.00)改为 21(0.18, -11.00)。

表 4-13-9　拐头丁坝改建为椭圆头丁坝的坝头各曲线段方程式

曲线	线型	坐标系	方程式
OA	椭圆	$X_1O_1Y_1$	$\dfrac{x_1^2}{18^2}+\dfrac{y_1^2}{14^2}=1$
		XOY	$\dfrac{(x-18)^2}{18^2}+\dfrac{y^2}{14^2}=1$
IJK	圆弧	$X_3O_3Y_3$	$x_3^2+y_3^2=608.128\,07$
		XOY	$(x-24.660\,25)^2+(y+14)^2=608.128\,07$

表 4-13-10　拐头丁坝改建为椭圆头丁坝的坝头各点坐标值

点号	0	1	2	3	4	5	6	7	8
x	0	0.05	0.19	0.42	0.75	1.19	1.74	2.41	3.23
y	0	1.00	2.00	3.00	4.00	5.00	6.00	7.00	8.00

点号	9	10	11	12	13	14	15	A	B
x	4.21	5.40	6.87	8.73	11.32	12.79	14.97	18.00	18.00
y	9.00	10.00	11.00	12.00	13.00	13.40	13.80	14.00	8.00

点号	L	M	N	K	21	22	J	24	25
x	15.00	15.00	15.00	0	0.18	0.51	0.84	1.33	2.12
y	0	-14.00	-16.59	-14.00	-17.00	-19.00	-20.38	-22.00	-24.00

点号	I	H	O_2	O'	O
x	3.30	0	6.00	6.00	18.00
y	-26.33	-20.61	-19.0	0	0

(四)其他情况下的丁坝坝头改建处理原则

坝的方位角、坝头的平面形式、坝顶的宽度等与上述设计条件不符合时,其改建可分别按以下原则处理。

1. 坝的方位角 α 不等于30°或45°时的坝头改建

如丁坝的方位角 α 不等于30°或45°,可按靠近原则处理,即当 $\alpha < 40°$ 时,按 $\alpha = 30°$ 的曲线改建;当 $\alpha \geqslant 40°$ 时,按 $\alpha = 45°$ 的曲线改建。

2. 流线型坝头和斜线型坝头的改建

黄河下游的丁坝坝头除圆头外,主要为流线型和斜线型。这两种坝头的改建可仍按圆头型丁坝改建的设计曲线进行,其处理原则是:充分利用原有的坦石和根石,主要靠溜部位的曲线不得超过原有的坝头曲线,以免根石向河中推进,造成抢大险。改建时应特别注意图4-13-8、图4-13-10中所示的曲线起点 O 和 O_1 的位置,合理选取 O_1G 的长度(一般取 $O_1G = 40$ m)。流线型丁坝的坝头曲线虽不统一,但近似于抛物线或椭圆线,因此改建前后的曲线要较圆头型更接近些。斜线型坝头改建时,在丁坝前头主要靠溜部位不超过原坝上口线的条件下,应尽量使上跨角少退一些,以便更好地利用原坝的根石。

3. 坝顶宽度不等于12 m时的坝头改建

当丁坝的顶宽不等于12 m时,仍可采用顶宽为12 m时的线型进行改建。图4-13-8、图4-13-10中的 O_1G 值的选取可参考以下数值:当丁坝顶宽 $B < 10$ m时,取 $O_1G = 39$ m;当 $B > 12$ m时,取 $O_1G = 40$ m;当 $B = 10 \sim 12$ m时,取 $O_1G = 39 \sim 40$ m。

六、经济效益分析

对于坝长120 m、均采用块石裹护的丁坝,分别采用圆头丁坝和椭圆头丁坝两种坝头型式,考虑了不同根石深度处丁坝围长等因素后,对新建丁坝及加高4 m后的丁坝分别进行计算(具体计算部分,略),椭圆头丁坝较圆头丁坝新建时可节省7%,加高4 m后,可节约29%。

七、结语

(1)黄河下游河道具有不断淤积抬高的特点,且在近期难以改变这种趋势。因此,黄河下游的河道整治工程必须适应不断加高的特点。

(2)目前采用的各种丁坝坝头形式不能适应多次加高的特点,在加高中除多用石料和增加投资外,加高后往往造成多次抢险、甚至抢大险的被动局面。因此,现有的坝头形式应予以改造。

(3)为了克服现有坝头形式存在的问题,适应黄河下游河道不断淤积抬高的情况,从"适应加高特点"的要求出发,试设计了"椭圆头丁坝"。由分析计算可以看出,椭圆头丁坝不仅具有加高改建方法简单、加高后抢险(尤其是大抢险)将会明显减少的特点,而且可以节约大量石料和投资。这对于缓和黄河下游防洪中的紧张状态,是大有益处的。

(4)我们在从事河道整治工作中,遇到了加高改建后出现抢险和大抢险问题,虽早有解决问题的愿望,但一直未能找到一个比较好的办法。近年来我们根据在河道整治工作中的体会,从丁坝的平面形式入手,试设计了这种椭圆头丁坝。它可能还存在许多不足之处,建议进行现场试验。通过现场观测了解丁坝靠溜后的水流状态,经过加高之后的丁坝前冲刷坑探测及险情分析等,即可进一步分析、评价椭圆头坝型,并对其不足之处再做进一步修正。

(5)黄河下游的丁坝是通过抢险而达到稳定的。新修只能是个开始,经过水流冲淘,块石或柳石结构裹护体下沉达某一深度后方可稳定下来。从新修到第一次加高前,椭圆头丁坝和圆头丁坝、流线型丁坝等一样,也是通过抢险而达到相对稳定的。但椭圆头丁坝在第一次加高后(直至第四次加高后),若已达到相对平衡,加高不会破坏这种平衡,故可防止出现新的险情,这正是优于其他坝头形式的地方。

我们所试设计的这种椭圆头丁坝,若能在治黄工作中发挥有益的作用,将是笔者的最大欣慰。

抓住有利时机　　整治黄河下游游荡性河道[*]

黄河下游自郑州桃花峪至河口长 786 km,按河道特性可分为 4 个河段。桃花峪至东明县高村河段长 207 km,为游荡性河段;高村至阳谷县陶城铺长 165 km,为由游荡向弯曲转化的过渡性河段;陶城铺至垦利县宁海长 322 km,为弯曲性河段;宁海以下长 92 km,为河口段。

按照行河年限,游荡性河段可分为两段。兰考东坝头以上是明清时形成的河道,已行河约 500 年;东坝头以下是 1855 年铜瓦厢决口后形成的河道,至今已有 137 年。游荡性河段为复式河床,东坝头以下具有二级滩地,东坝头以上由于 1855 年决口溯源冲刷的影响,具有三级滩地。由于泥沙淤积,河床不断淤高,目前临河滩面一般高于背河地面 3 ~ 5 m,最大达 10 m,成为世界著称的"悬河",是淮河、海河水系的分水岭。游荡性河段堤距一般为 10 km,最宽达 20 km。堤内滩面宽阔,有耕地 9 万 hm²,66 万人。

一、游荡性河段是现阶段防洪的重要河段

历史上,黄河泛滥频繁,泛区纵横 25 万多 km²。据现在的地貌情况分析,黄河下游决口的泛滥范围仍达 12 万 km²。桃花峪以下为下游的上段,决口淹没的范围大,向北决口洪泛区范围达 3.3 万 km²,1 600 多万人,并涉及新乡、濮阳 2 市,京广、津浦、新菏 3 条铁路及中原油田;向南决口的淹没范围达 4.0 万 km²,2 300 多万人,并涉及开封市和陇海铁路。南岸或北岸一次决溢可能成灾的范围均达 1.5 万 km²,800 余万人。据分析计算,一次决口的直接经济损失可达 300 亿 ~400 亿元。因此,该河段是目前防洪的重要河段。

河势不稳定是造成堤防冲决的主要原因,尤其在发生"横河"顶冲堤防时,更易造成冲决。如清嘉庆八年(1803 年)阴历九月上旬,原为平工堤段的封丘衡家楼(即大宫)一段堤防,堤前出现"横河","外滩宽五六十丈至一百二十丈,内系积水深塘。因河势忽移南岸,坐滩挺恃河心,逼溜北移,河身挤窄,更值(九月)八日、九日西南风暴,塌滩甚疾。

* 本文原载于《人民黄河》1992 年第 3 期,P32 ~ 34、44。

两日内将外滩全行塌尽,浸及堤根。"因抢护不及,于9月13日决口。另如1841年开封张家湾、1843年中牟九堡、1855年兰考铜瓦厢、1934年封丘贯台等处都是冲决造成的决口。人民治黄以来,加速了对黄河的治理,并加强了防守,伏秋大汛未曾决口。但是,因河势变化,尤其是在出现"横河"时,多次造成大的险情。在京广铁桥至东坝头河段,1952～1989年发生的25次重大险情中,其中有17次是由"横河"顶冲造成的。在郑州保合寨至花园口险工下首不足20 km的范围内,由于河势没有得到控制,溜势多变,形成"横河",造成数次严重险情。1952年9月下旬,大河流量1 000～2 000 m³/s,水流在滩地坐弯,以"横河"形式直冲保合寨险工上首,经组织4 000多人昼夜抢护,并有铁路专用支线运石,仍因抢修的速度赶不上坍塌的速度,造成大堤塌长45 m,堤顶塌宽6 m,10 d用石6 000 m³。1964年10月上旬,大河以"横河"形式顶冲花园口险工191坝(东大坝),溜势集中,接连出险,至10月下旬工程才稳定下来,抢险用石达11 600 m³。1967年汛期,花园口河段大河北移,对岸原阳高滩接连坍塌后退,10月在原阳东兰庄村南滩地坐弯,以"横河"形式直冲花园口险工下首赵兰庄一带的空档内,为防堤防生险,抢修了6道坝1个垛。1983年8月,在郑州铁桥以下形成"横河",造成保合寨险工对岸的北围堤抢险,先后抢险53个昼夜,修坝26道,护岸25段,动用16万工日,用石达3万 m³。前3次险情直接威胁堤防安全,险些造成决口之灾。第4次,北围堤虽不靠大堤,若大河破口而过,将使100余年未曾偎水的原阳堤防靠溜生险,后果也十分严重。

在东坝头至高村河段,多年来无大洪水,加之生产堤的影响,泥沙主要淤积在河槽内,致使槽高滩低堤根洼。据1991年汛前测量,该段5个大断面的河槽平均高程高于滩地平均高程0.1～0.9 m,滩面横比降增大至1/2 000～1/3 000,是河床纵比降的2～3倍,在左岸堤前又有天然文岩渠,遇大洪水或不利的水沙条件,就有发生"滚河"的可能,对防洪十分不利。

显而易见,黄河下游的游荡性河段,是现阶段防洪的重要河段。针对该段河势多变,"横河"时有发生,并存在"滚河"危险的状况,必须采取工程措施整治河道,以策防洪安全。

二、微弯型整治,稳定中水流路

在黄河下游近期继续淤积抬高的情况下,要保证防洪安全就必须采取工程措施,加速河道治理。一方面通过加高堤防保持河道的行洪能力,结合引黄灌溉沉沙淤高背河地面,减轻"悬河"威胁,防止漫决和溃决;另一方面要进行河道整治,稳定溜势,防止冲决。历史上因河势演变造成冲决,以及新中国成立后因河势不稳定形成多次严重抢险的事实表明,河势稳定是保证防洪安全的必要条件。通过河道整治,稳定中水河槽,使中常洪水及枯水时走中水河槽;大洪水时漫滩不改河,即主溜仍走中水流路,滩区漫水落淤,发挥滞洪沉沙作用,清水归槽稀释水流,使洪水期主槽冲刷或少淤,保持中水河槽的过洪能力,维持下游河道的排洪排沙功能。因此,河道整治是延长现行河道寿命的重要措施。

关于游荡性河段的河道整治,几十年来一直存在着不同的看法,也曾提出过诸多方案。

有的认为游荡性河段河势多变,无法控制,为保防洪安全,当水流冲击堤防时,及时抢修险工即可。这样防洪处于被动状态，随着河势的变化，可能出现沿堤防布满险工的情况，显然是不可取的。

有的主张按河段内麻花形的两种基本流路布设整治工程，以控制两种流路。这种方案是按河势修工程，但由于河势变化过程有时处于两种基本流路的过渡状态，势必造成两岸多修险工或控导工程，大大增加工程量。

有的设想采用"卡口"整治方案，即沿河每隔一定距离修建对口丁坝，形成卡口，以达控制河势的目的。数千米长的丁坝伸入河中，难以修守。下游河道以往及目前存在的卡口，在上下弯修建控制性的工程前，实际上也没有拦制住游荡河势，表明"卡口"方案难以控制河势。

微弯型治理是近些年来实际采用的治理方案，即按游荡性河段主溜线曲直相间的平面形式，选好基本流路，确定修建河道整治工程的位置，分批分期地在单岸修建工程，逐步达到控制河势的目的。具有部分游荡性特点的过渡性河段的整治成功和部分游荡性河段整治的初步成效都表明了这种整治方案的可行性。游荡性河段现有的河道整治工程，虽没能使河势得到初步控制，却收到了减小游荡范围的结果，游荡范围已由原来的 5 ~ 7 km 缩小至 3 ~ 5 km。但是，由于游荡性河道是最不稳定的冲积性河道，较弯曲性和过渡性河道更难整治，要求的工程长度占河道长度的比例也比较高。

由于多种原因，游荡性河段的大部分工程是在被动的情况下抢修的，所以对控导河势有一定局限性。如郑州保合寨至中牟九堡河段，堤防长 48 km，自 1661 年中牟杨桥开始修埽工以来，依次修建了花园口、马渡、万滩、申庄、三坝、赵口、九堡、保合寨等 9 处险工，经多次续建，现工程长达 43 km，占河道长度的 90%，仍未能有效控制河势。又如原阳滩区长 60 km，沿堤有 1855 年高滩，中水时间较长的 1967 年，多处塌滩、抢险，马庄一线的滩地后退 1 ~ 3 km。塌失滩地 0.38 万 hm²，落河村庄一个半。为保滩区安全，仅 1967 年原阳境就新修了马庄（3 道）、刘庵（2 道）、王庄（3 道）、全屋（6 道）、赵厂（3 道）等 5 处护村工程，并在大张庄续建了工程。这些工程都是临时抢修的，1968 年以后，因河势变化又都失去了作用。

截至 1990 年，郑州铁桥至高村河段已有险工和控导工程 68 处，长 179 km，坝垛 2 074 道（其中险工 24 处，长 91 km，坝垛 1 279 道），工程长度已占河道长度的 88%。在过渡性河段，工程长度达河道长度的 80% 即可基本控制河势，而在游荡性河段，占河道长度 88% 的工程却仍不能初步控制河势。今后，应在搞好河道整治经验总结的基础上，进一步分析河势演变规律，在满足防洪要求的前提下，充分利用已有工程，考虑引水、护滩及两岸的要求。选取与洪水流路相适应的中水基本流路，确定整治工程的位置。实施中要根据财力情况，遇有利河势时，及时修建工程控导主溜，逐步控制河势，改善防洪中的被动状态。

游荡性河段的河道整治措施应满足排洪和宽滩区滞洪沉沙的要求。黄河下游的河道整治工程，主要包括险工和在滩区修建的控导工程。险工背靠大堤，顶部高程按堤防的设计洪水位确定，一般低于堤顶 1.0 m。控导工程的顶部高程依设计流量、弯道横比降、风浪壅高等因素确定。目前一些控导工程的坝顶高程超过设计标准，应严格按照规定的超高修工程，不得自行加高。同时要认真贯彻国务院关于废除生产堤的规定，以充分发挥滩区滞洪沉沙的作用。

微弯型整治方案是在河弯的凹岸单岸修建坝垛,凸岸不修工程。中小水时水流由上一弯道流向下一弯道,深槽靠弯道的凹岸。洪水期间,大水漫滩,主溜趋直、外移,弯曲率减小,基本走中水流路。据已有洪水期的资料统计,主槽过洪能力一般占全断面的80%以上,在两个相邻的反向弯道之间必须留足过洪宽度,以满足排洪的需要。若过洪宽度过窄,洪水期排水不畅,不仅对防洪不利,洪水过后易引起较大的河势变化。

三、抓住整治游荡性河段的有利时机

黄河下游的河道整治是分河段由下而上进行的,根据防洪的需要与可能,从1950年开始就试办河道整治。弯曲性河段整治的难度最小,20世纪50年代就取得了成功,控制了河势,减少了防洪中的被动。1960年前后,在游荡性河段和过渡性河段修建的控导护滩工程,由于各种原因,未能控导河势,绝大部分被冲垮。在总结已有经验教训的基础上,1966年后集中对过渡性河段有计划地进行了整治,取得了控导主溜、稳定流路的效果,基本控制了河势,对确保堤防安全和滩区人民的生产及安全发挥了显著作用。在高村以上的游荡性河段,随着河势的变化,续建完善了部分险工,也修建了部分控导护滩工程,虽对防洪安全起了一定作用,但由于游荡性河段冲淤变化迅速,河床质粗,河势变化快,河道整治的难度大,至今只能把游荡范围缩小到3~5 km,还不能初步控制流路,以致频繁出现"横河",威胁堤防安全,使防洪处于十分被动的地位。在弯曲性河段和过渡性河段的河势分别得到控制和初步控制后,为改善游荡性河段防洪的被动局面,河道整治的重点应转移到郑州铁桥至高村的游荡性河段上来。

河势变化是由来水来沙条件和河床边界条件决定的。在游荡性河段,应充分利用有利的来水来沙时期开展河道整治。1991年9月小浪底水利枢纽前期工程已经开工,计划2000年建成。经分析计算,水库拦沙后可减少下游河道淤积78亿t,在游荡性河段可赢得20年左右的冲淤平衡时段。小浪底水库51亿 m³的有效库容中,有10.5亿 m³为调水调沙库容,在水库转入正常运用后,还可以通过调水调沙减少下游河道的淤积。强烈堆积是游荡性河道难以整治的主要原因。目前,应充分利用修建小浪底水库减轻下游河道淤积的大好时机,加速游荡性河段的整治,控导主溜,稳定河势,减少"横河",防止"滚河",改善防洪的被动状态。配合两岸堤防的加高加固,提高河道的抗洪能力,确保防洪安全。

黄河下游游荡性河段整治措施的研究*

黄河下游游荡性河道的河槽按照过流情况一般可分为洪水河槽、中水河槽和枯水河槽,河道整治以防洪保安全为主要目的,并兼顾引黄灌溉供水和滩区群众生产安全的需要。

洪水河槽整治除应使河道有足够的断面顺利宣泄洪水外,还要求能提供一条较为稳定的洪水流路,使防守有重点,避免堤防出险。据此设计的河道整治工程,河弯轮廓过大,

---

* 本文原载于《人民黄河》1996年第10期,P20~23。

大水过后,工程不能对中常洪水和小水河势进行有效控制。

枯水河槽整治主要是为了解决引水和航运问题,按此设计的河道整治工程会使河弯轮廓过小,过流断面很窄,遇到中常洪水,水流就要漫滩,主溜有可能脱离河道整治工程而失去控制,河势将会发生大的变化,造成重大险情。这与整治的主要目的相悖。

中水河槽水深大、糙率小、过流能力强,可塑造良好的河床形态。整治中水河槽可在多种水流条件下取得效益,主要表现在:①中水河槽是洪水的主要通道,在洪水期间过洪能力占全断面的70% ~90%。稳定中水河槽既可宣泄洪水,又可以控制河势,达到防洪保安全的目的。②中水河槽对枯水河槽有很强的制约作用,通过中水整治,枯水期一般不会因脱河造成引水困难,也有利于维持航道浅滩段的水深。③根据水流特点,洪水期水流动量大,主溜线趋直;落水期,河水归槽,塌滩坐弯,威胁滩区群众安全;中水期河床形态变化剧烈,往往形成横河直冲大堤的状况,危及堤防安全。整治中水河槽可以控导主溜摆动,稳定河势流向,防止平工堤段出险,减少塌滩掉村现象发生。

总之,整治中水河槽能够较好地满足防洪、引水、交通及滩区群众的要求,因此在现阶段黄河下游游荡性河段应进行中水河槽整治。

一、河道整治原则

黄河下游自20世纪50年代有计划地进行河道整治以来,整治原则不断完善。就游荡性河段而言一直按照防洪为主、全面规划、因势利导、利用已有工程、控导主溜、进行中水河槽整治等原则进行,多年的实践表明,这些原则是符合黄河实际情况的。

目前黄河下游游荡性河段的河道整治已经取得了很大进展,规划的46处河弯,已经布点39处。在总结不同时期河道整治经验的基础上,结合当前水沙条件及河道状况,依照防洪等方面要求,经分析研究提出近期河道整治需遵循的基本原则如下。

（一）防洪为主,统筹兼顾

国民经济各部门对黄河的要求愈来愈高,但根据已有的实践,只能是以防洪为主,兼顾引水、护滩、交通等方面的要求。防洪问题解决了,其他问题也易于得到基本解决。基于黄河的特殊性,在统筹兼顾时,还需特别注意保持游荡性宽河段滩地的滞洪沉沙作用,尽量不增加下游窄河道的淤积,以利全下游的河道稳定和防洪安全。

（二）中水整治,洪枯兼顾

黄河下游游荡性河道河势多变,主溜摆动范围大。为了兼顾洪水、枯水情况,在进行中水整治时,要选择与洪水流路相近的中水流路进行整治,在工程布置上要充分注意洪水、枯水期的河势变化,避免在落水时或枯水时主溜发生大的变化,甚至影响中水河势的相对稳定。

（三）以坝护弯,以弯导溜

"短丁坝、小裆距、以坝护弯、以弯导溜"是弯曲性及过渡性河段整治的一条成功经验,同样也适用于游荡性河段。河势流路因受多种因素的影响变化很大,即使整治到一定程度后,由于来水来沙条件的变化,主溜也会有一定的摆动范围。按"以弯导溜"修建的整治工程,上游不同方向的来溜通过迎溜段迎溜入弯,通过弯道逐渐改变水流方向,规顺溜势,使出弯水流平稳且方向稳定,依其惯性向下一弯道运行。"以坝护弯"即是通过修建筑物保护弯道,防止弯道向不利形态变化,以维持弯道迎溜送溜的稳定性。

(四)主动布点,积极完善

一个河段的整治规划完成后,在工程的安排上按河势变化情况确定修工的顺序。主动布点即是在河道发生恶化前占领阵地,当滩岸塌至拟修工程位置处时,及时修建工程,以防河势进一步恶化,以后视河势发展和投资情况积极完善工程,以发挥整个工程的控导作用,现有整治工程大部分没有建成,今后完善工程的任务将是长期的。

(五)柳石为主,开发新材

目前整治工程的传统结构多为新修阶段的柳石结构和老工程的石结构,合称柳石结构。经过多年的改进,设计、施工、管理技术已较成熟,具有许多优越性,仍为现阶段主要的结构形式。20世纪70年代以来已进行了10余种新结构、新材料试验,但仍处于试验探索阶段,今后应进一步开发。

二、微弯型整治方案

(一)整治方案比较

在黄河下游河道整治的过程中曾提出过多种方案,主要有以下3种。

1. 卡口整治方案

卡口整治方案又称节点整治方案和对口丁坝整治方案。该方案是根据河道宽窄相间的特点,在已有天然节点的基础上,沿河道两岸选择适宜位置修对口丁坝,设立人工节点卡口,限制主溜的横向摆动,最终达到稳定河势的目的。为了满足排洪的要求,卡口的宽度需在2.5 km以上,在此宽度内小流量时足以形成横河,且不能控制卡口以下河势摆动;另外,当卡口间距小、密度大时,也是不经济的。卡口整治方案不适合黄河下游。

2. 麻花型整治方案

在游荡性河段多变的河势中往往存在弯顶相对的两条基本流路,形如食用的麻花(∞)。该方案是通过控制两条基本流路控制河势。按照基本流路修建两套整治工程是可以控制河势的,但这样修建的整治工程过长,估算两岸工程的长度会达到河道长度的160%以上,投资过多。

3. 微弯型整治方案

关于河型的分类方法甚多。钱宁等分为游荡、分汊、弯曲、顺直4类;武汉水利电力大学分为游荡、分汊、顺直微弯、蜿蜒4类。蜿蜒与弯曲实指一类河型,但其弯曲系数相差很大。如长江下荆江段为2.83,渭河华县一带为1.78,而黄河下游陶城铺以下仅为1.21。我们试图把弯曲性河型分为两个亚类:把弯曲系数大的河道称为蜿蜒型,如下荆江河段;把弯曲系数小的河道称为微弯型,如黄河下游的微弯型河道。

微弯型整治方案即是选择一条与洪水、枯水流路相近、能充分利用已有工程并较好发挥防洪、引水、护滩综合作用的中水流路进行整治。整治中采用单岸控制,仅在弯道凹岸修建工程,凸岸不修工程。按照已有的经验,两岸工程的总长度达到河道长度的90%左右时,可以初步控制河势,故其投资较小。

(二)微弯型整治方案可行性分析

游荡性河道在天然状态下,总的平面外形是顺直的,但其主溜线又是弯曲的。取一个短河段进行研究可知,在河道宽、沙洲多、水流分散、外形基本顺直的游荡性河段内,主汊存在多处微弯,弯道内主汊呈弯曲形状,弯道之间过渡段的主溜线又较顺直,且无论主汊和支汊均为曲直相间的弯曲状态。在花园口河段,当流量在5 000 m³/s以下时,弯曲系数变化于1.1~1.3。

河道形态是水流与河床相互作用的结果,河床的横向变形取决于水流与河床相互作用的强弱,按照规划修建的河道整治工程,就是强化凹岸弯道的河床边界条件,限制后退,达到控导主溜、稳定河势的目的。另外,在堆积性河道上,水流具有弯曲的特性,受河岸及工程的影响,水流易于改变方向,送溜至下一个弯道,直至完成整个河段的整治任务。

黄河下游河道整治的实践表明,按照微弯型整治方案,在具有部分游荡性河道特点的过渡性河段取得了基本控制河势的效果,在游荡性河道的铁谢至神堤、花园口至马渡、辛店集至高村河段也取得了缩小游荡范围、减少横河、约束河势的效果。这些工程还经受了1982年大洪水的考验。

以上分析表明,微弯型整治方案适宜于黄河下游游荡性河段的河道整治。

三、治导线

治导线是河道整治的核心问题,它是指河道经过整治后在设计流量下的平面轮廓,由两条曲直相间的平行线组成。治导线描述的是一种流路,由于影响的因素很多,弯段、直段的位置及宽度均处于变化之中。治导线在空间上受边界条件变化的制约,在时间上受来水来沙变化的影响,但是,河道整治还是以经验为主的学科,近阶段实践表明,用由两条平行线组成的治导线表示控导的中水流路,既可满足河道整治的实际需要,又便于确定整治工程的位置,因而广为采用。

治导线设计参数主要有设计流量、设计河宽、排洪河槽宽度及河弯要素等。

河道整治以中水为整治对象,其设计流量应以中水河槽的平槽流量与最大输沙率法计算的造床流量进行比较,并结合整治实践确定。游荡性河段河道整治设计流量选为5 000 m³/s。

设计河宽是指河道整治后与设计流量相应的直河段宽度。由于河宽沿流程、随时间都有一定的变化,故它是个虚拟值。通过类比模范河段法、统计法及公式计算等方法,确定东坝头以上取1 200 m,东坝头至高村取1 000 m。

以防洪为主要目的的河道整治,左右岸工程之间的最小垂直距离必须满足排洪要求,即两岸工程之间必须留有足够的宽度,以便在大洪水时河槽能宣泄大部分洪水,该宽度即称为排洪河槽宽度。经分析水文站断面大洪水期间的单宽流量,计算出需要的排洪河槽宽度为2 400~1 800 m。考虑超标准洪水及主溜有一定的摆动范围后,现阶段取3.0~2.5 km。

河弯要素包括弯曲半径 R、中心角 ϕ、直河段长 d、河弯间距 L、弯曲幅度 P 及河弯跨度 T 等,其值多与设计河宽 B 有关。经过对天然河道典型河段河弯形态及经过初步整治后部分河段河弯形态分析得出: $d = (1 \sim 3)B$, $L = (5 \sim 8)B$, $P = (2 \sim 4)B$, $T = (9 \sim 15)B$, $R = (3 \sim 5)B$。

治导线的拟定是一个反复的过程,首先要在全面分析河势演变规律的基础上结合各个河弯的已有工程情况及各部门的要求初步拟定,然后经若干次修改后,方可得到一条合理的治导线。

四、整治工程位置线

每一处河道整治工程坝垛头部的连线称为整治工程位置线,简称工程线或工程位置线。它是依据治导线而确定的一条复合圆弧线,其作用是确定河道整治工程长度及坝头位置。在进行河道整治以前修建的险工,平面形式大体可分为凸出型、平顺型、凹入型3种。凸出型和平顺型两类工程,各部位的靠溜概率比较小,送溜到下一工程的变化范围比较大,不能有效地控制流向,因而不是好的平面形式。凹入型工程对不同来溜方向适应能力强,既能迎溜、导溜,又能送溜,对河势有很强的控制能力,因此是好的平面形式。控导工程应采用凹入型布局,对布局不好的险工,大多已采用上延下续控导工程的办法予以改造。

"上平下缓中间陡"的复合弯道较单一弯道具有更好控制河势的能力,今后仍应推广这种弯道,即弯道上段弯曲半径要大,以迎合多种来溜方向,适应多种流量级下的河势变化;中段弯曲半径要小,以便调整水流方向;下段弯曲半径要较中段稍大,以便稳定地送溜出弯。

在确定整治工程位置线时,首先要分析河势,预估河势上提的最上部位,作为工程起点,以免河势变化时抄工程后路,中下段能满足治导线的要求,将溜送至下一个河弯。一般情况下,工程线的中下段多与治导线重合,上段要放大弯曲半径或采取与治导线相切的直线,退离治导线,以适应河势上提或迎溜入弯。

黄河下游曾采用过不同形式的工程线,主要有分组弯道式和连续弯道式两种,20世纪80年代以来多采用连续弯道式。这种工程线是一条光滑的圆弧线,水流入弯后诸坝受力均匀,形成以坝护弯、以弯导溜的状况。其优点是导溜能力强,出溜方向稳,坝前淘刷较轻,易于修守,是一种好的形式。

经统计计算,工程位置线的总长度一般为弯道总长度的1.0~1.2倍,且弯顶下段长度大于上段。

五、河道整治方案的模型检验试验

利用花园口至东坝头河段河工动床模型试验,对1993年黄河水利委员会上报的《黄河下游防洪工程近期建设可行性研究报告》中的治导线,进行了中常洪水、大洪水及高含沙洪水条件下的检验试验,并提出了局部修改意见。结果表明,无论中水、大水还是高含沙洪水,沿治导线两边已有的及新布设的整治工程都发挥了控导主溜、限制游荡范围的作用,中水流路有所改善,大水期间整治工程仍可起控制作用,对高含沙洪水尚能适应。尽管小水走弯、大水趋直,河势发生上提下挫,由于受到工程的控制,主溜均在两岸整治工程构成的包络线之内,表明游荡性河段河道整治的治导线是可行的。

"黄河下游游荡性河段整治研究"综述 *

一、研究的必要性和技术路线

人民治黄以来,国家对黄河下游防洪十分重视,在三次加高加固堤防以防止漫决和溃决的同时,也开展了河道整治工作,修建了大量控导护滩工程,对保证黄河防洪安全发挥了重要作用。由于游荡性河道的冲淤多变,这些整治工程尚不能完全控制河势,横河、斜河仍经常发生,堤防仍有冲决成灾的可能。因此,开展黄河下游游荡性河段河道整治的攻关研究具有重要的实际意义。在国家"八五"重点科技攻关项目"黄河治理与水资源开发利用"中,将"黄河下游游荡性河段整治研究"列为一个专题进行研究,其目的是在总结已有河道整治研究成果及实践经验的基础上,进一步研究游荡性河道的演变规律,提出近期整治方向和有效的整治措施,以指导近期的整治工程建设。

游荡性河段整治难度大,国内外尚无条件相近的其他河流的成套整治经验可供借鉴。在研究中,本着实践第一的原则,收集了大量现场观测资料,采用调查研究、分析计算和模型试验相结合的方法,经过 4 个生产单位、2 个科研单位和 3 所高等院校三年多的共同攻关,较好地完成了攻关任务。

二、主要研究成果和结论

本次攻关对黄河下游游荡性河道河势演变规律,今后的整治原则、方案与措施,整治对河道冲淤的影响,小浪底水库运用对下游游荡性河道河势演变的影响,现有整治工程的适应性,游荡性河型的成因及河型转化,黄河下游河道整治模型相似律与模型设计等问题进行了研究,对提出的整治方案还用模型试验进行了验证。如此大规模的游荡性河段河道整治的系统研究,尚属首次,在很多方面取得了突破和进展。

(1)在横河、斜河研究方面取得了新认识。在综合分析 1956～1990 年 46 次航片、卫片和 1951～1994 年主溜线套绘图等大量资料的基础上,提出了横河、斜河的定义为:游荡性河段水流在非工程控导下,全河或其中的主股急转弯,其流向与宏观流向或堤、岸相垂直或近于垂直,并稳定一定时段的河势状态。据统计分析,1950～1994 年黄河下游游荡性河段共发生横河、斜河 259 次,在较集中的 8 个河段中发生 188 次,占总数的 73%。这8 个河段为:洛河口上下、京广铁路桥上下、来潼寨至九堡、黑石至黑岗口、柳园口至古城、夹河滩至东坝头、禅房至周营和老君堂至堡城。这些河段是今后防止横河、斜河的重点,来潼寨至古城河段更是重中之重。这一认识对今后的防汛工作有重要参考价值。

(2)首次对河道整治原则进行了系统研究。黄河下游河道整治原则几十年来是不断

* 本文原载于《人民黄河》1996 年第 10 期,P5～7。文前编者按为:"黄河下游游荡性河段整治研究"是国家"八五"重点科技攻关项目"黄河治理与水资源开发利用"的一个专题,1996 年 2 月通过了由水利部科技司组织的鉴定和验收,研究成果达到国际领先水平。本专栏发表的是该专题的主要成果。

补充完善的,但始终贯彻了以防洪为主、全面规划、因势利导、控导主溜、宽床定槽、护滩定险、充分利用已有工程、中水整治等原则,这是符合实际情况的。随着整治的重点由弯曲性、过渡性河段转向游荡性河段,整治难度加大,原则中的"宽床定槽"发展为"规顺中水河槽","护滩定险(工)"发展为"控导主溜",这是人们通过实践在认识上的飞跃。根据近些年来的河势演变情况及河道整治的实践,小水、洪水期的河势变化,修工时机及新材料、新结构试验愈来愈被人们重视。因而提出近期游荡性河道整治的原则为:防洪为主,统筹兼顾;中水整治,洪枯兼顾;以坝护弯,以弯导溜;主动布点,积极完善;柳石为主,开发新材。

(3)首次明确了只有按照规划治导线及依其确定的整治工程位置线新修和续建工程,才能有效地控导河势。确定中水流路治导线是游荡性河道整治的核心。它需在全面研究河势演变规律的基础上考虑各部门对防洪、引水、护滩等方面的要求及各河弯要素之间的关系初步拟定,继而对比天然情况下的河弯个数、弯曲系数、河弯形态、导溜能力,以及对已有工程的利用程度等,进行多次修改后,才能确定下来。治导线具有两个主要作用,一是确定整治河段的流路;一是确定整治工程位置线的位置及长度。研究表明,依据治导线确定的整治工程位置线以"上平、下缓、中间陡"的复式弯道为好,工程位置线的长度一般为弯道长度的 $1.0 \sim 1.2$ 倍。

(4)河势的稳定性在很大程度上取决于河道整治工程的配套程度。游荡性河段河势演变分析及模型试验均表明,在两岸整治工程配套的局部河段,主溜的摆动范围小,而在两岸无工程或工程控导河势作用差的河段,宽、浅、乱的游荡特性较为明显。目前的游荡性河段整治工程,尽管很不完善,但在一定程度上起到了控制河势的作用,缩小了游荡范围,减少了横河发生的次数,提高了引水保证率,改善了严重塌滩掉村现象。在花园口至马渡、辛店集至堡城两河段河势已向稳定方向发展。

(5)微弯型方案是黄河下游河道整治的好方案。几十年来人们曾研究过黄河下游多种整治方案,在攻关期间重点对卡口整治方案、麻花型整治方案、微弯型整治方案进行了研究,得出微弯型方案是既能控导河势,需要修建的整治工程长度又短、投资又省的方策。微弯型方案是通过河势演变分析,在几条基本流路中,选择一条与洪水、枯水流路接近的、能充分利用已有工程并充分发挥防洪、引水、护滩等综合效益的中水流路作为整治流路。尽管游荡性河道的外形顺直,但就其主溜线及支汊的溜线而言,又都是曲直相间的弯曲形态。微弯型整治主溜线的弯曲率与天然河道的弯曲率相近。

(6)游荡性河段通过河道整治河势可以得到控制。已有整治工程实践经验表明,具有部分游荡性特点的高村至陶城铺的过渡性河段经过整治,断面形态向窄深转化,主槽摆动范围减小,游荡特性基本消失。东坝头至高村的游荡性河段到 1978 年已完成了布点任务,后又补充完善,现主溜的平均摆动范围和摆动强度大大减小,辛店集至堡城已基本控制主溜。东坝头以上的游荡性河段河势变化仍很大,但其中的局部河段,如铁谢至神堤、花园口至马渡河势也向稳定发展。以上论述及模型试验结果都表明黄河下游的游荡性河段可以通过微弯型整治控导河势,即通过整治可以规顺中水河槽,缩小游荡范围,控导主溜,减少横河、斜河的发生,达到防洪保安全的目的。

(7)首次提出了河道整治工程新结构、新材料试验的原则。20 多年来,进行了十多种河道整治工程的新结构、新材料试验,就现已进行的试验而言,铅丝石笼沉排结构、塑料编织袋护根结构比较适合黄河现状条件,长管袋沉排结构及铰链模袋混凝土沉排结构也可进一步试验。在总结已有试验的基础上,提出今后进行新结构、新材料试验的原则是:抗冲刷、料耐久、易修筑、少出险、省投资。

(8)系统研究了二滩的滞沙作用与嫩滩的调沙作用。黄河下游河道的二滩是较大洪水才漫水的滩地,因植被生长、糙率大、水深小、流速低等而易于落淤沉沙,具有稳定的滞沙作用,减少了输向下游河段的沙量。嫩滩是中小洪水都漫水的一级滩地,糙率较大,易于落淤沉沙,在高含沙洪水形成异常高水位的局部河段,其滩面会高于二滩,但嫩滩处于主溜的摆动范围内,易受水流冲塌,搬运至以下河段。由于嫩滩易淤易冲,故具有很强的调沙作用。黄河下游游荡性河段河槽宽浅多变,具有大面积的嫩滩,遇到高含沙洪水,强烈的堆积会形成高滩深槽,嫩滩沉积了大量的泥沙,但由于主溜及支汊的摆动,冲塌大量的嫩滩,洪水期淤积的泥沙在小水期又被带向下游,因此河槽具有很强的调沙作用。

过去的研究多限于泥沙纵向冲淤分布及简单的滩槽分配,这次攻关对泥沙冲淤的横向图形,滩地的滞沙、调沙作用进行了研究,取得了突破性进展。

(9)系统研究了过渡性河段河道整治对输沙的影响。高村至陶城铺的过渡性河段,河道整治取得了基本控制河势的效果,整治后增强了对水流的约束,断面形态向有利方向转化。若以 v^3/h 作为反映水流挟沙能力的水动力参数,资料表明,整治前(1950~1959年)后(1974~1983年)相比,当流量 $Q \leq 1\,000$ m^3/s 时,v^3/h 相差不大;当 $Q = 2\,000\sim3\,000$ m^3/s 时,v^3/h 增大;当 $Q > 4\,000$ m^3/s 时,v^3/h 值随 Q 的增大而减小(这与平槽流量多在 $4\,000$ m^3/s 左右有关)。因此,可以得出河道整治后水流挟沙能力只有在平槽流量以下的中等流量时增大的结论。整治引起河道形态的变化,对输沙也会产生一定的影响,即在枯水流量时无甚影响;中等流量($2\,000\sim4\,000$ m^3/s)时河槽输沙能力增大,淤积量减少;漫滩大洪水时,本河段的淤积量不会有大的变化或略有增加。在包括洪、中、枯水的较长时期内不至于减少淤积量,因此也不会增大输向下游河段的泥沙量。这次研究,在过渡性河段河道整治对输沙影响方面取得了新的认识。

(10)分不同水沙条件研究了游荡性河段整治对本河段输沙的影响。研究表明,在游荡性河段河道整治初期,一部分嫩滩转化为二滩,滞沙能力增强,在一定期限内减少了进入下游河段的沙量;整治后遇平槽流量以下的高含沙洪水,下泄的沙量将有所增加;遇大于平槽流量的高含沙洪水,二滩可滞沙,不会增加输向下游的沙量;在低含沙水流和非汛期清水时,水流的侧蚀冲塌能力减小,河槽底部冲刷因床沙粗化而减弱,从而减少输往下游的沙量。总的来说,游荡性河段整治后滞沙作用增强,调沙作用减弱。

(11)游荡性河道整治对艾山以下窄河道冲淤的影响主要取决于可能发生的水沙条件。艾山至利津河段流量的大小是决定本河段冲淤的首要因素。平槽流量以下,当 $1\,000 < Q < 2\,000$ m^3/s 时,河宽保持在 450 m 左右,随着流量的增大,输沙能力增加,河槽发生冲刷;当 $Q < 1\,000$ m^3/s 时河槽淤积;当 $Q > 2\,000$ m^3/s 时,流量越大,河槽冲刷越多。游荡性河道整治后对泥沙的调节过程较整治前更适合艾山以下河道的减淤要求。

河道整治对本河段及以下河段冲淤的影响,体现在各河段冲淤量占总冲淤量百分比的纵向调整上,对整治前和经过微弯型整治后的河道分别选择3种水沙条件对比其实测冲淤量,即:①多次出现漫滩洪水的 1950 年 7 月至 1960 年 6 月与 1973 年 11 月至 1980 年 10 月;②中等流量持续、含沙量低的 1960 年 11 月至 1964 年 10 月与 1980 年 11 月至 1985 年 10 月;③缺少漫滩的大洪水、中等流量下高含沙洪水出现较多的 1964 年 11 月至 1973 年 10 月与 1985 年 11 月至 1993 年 10 月。经过对比实测冲淤量看出,高村至艾山河段整治对泥沙的调节作用,导致大水漫滩年份本河段淤积比例增加,中水少沙年份冲刷比例减小,中水大沙年份本河段淤积量减少。前两种水沙条件,整治后艾山以下河道应减少淤积或不增加淤积,后一种水沙条件艾山以下河道略有增淤。

游荡性河道经过微弯型整治后,遇中水多沙年份,输向下游河道的沙量增加;遇中水少沙年份,将减少输向下游的沙量;遇漫滩洪水年份,二滩滞沙作用增强。因此,游荡性河道整治后,对艾山以下窄河道的冲淤影响主要取决于可能发生的水沙条件。关于河道整治对艾山以下窄河道冲淤研究的深度较前有很大进展。

(12)首次对小浪底水库修建后游荡性河段的河势演变及现有整治工程的适应性进行了全面研究。通过分析三门峡水库、官厅水库、丹江口水库建库后下游河道的冲淤变化,结合小浪底水库的运用方式和游荡性河段整治工程现状,预估小浪底水库建成后游荡性河道河势演变情况为:一般在软边界处展宽,硬边界处下切;现状工程条件下,在无整治工程及工程不能控制河势的河段,河槽展宽,河势恶化,游荡加剧;在工程完善、主溜控制较好的河段,河道向窄深发展,河势演变将稳定在一定的范围内。就现有整治工程而言,水库下泄清水后,两岸配套较好的白鹤镇至神堤、东坝头至高村河段,相对较好的花园口至赵口河段,随着工程的完善,有较好的适应性;神堤至铁桥、赵口至黑岗口等河段,两岸工程少且不配套,下泄清水后,将是河势变化剧烈的河段,同时会对以下河段的整治工程适应性造成较坏的影响。小浪底水库拦沙期河道整治方案适应性试验的结果也证明了上述结论。

(13)河床综合稳定性指标研究。冲积河流的河型分类,以结合考虑静态及动态特征为宜,后者甚至更为重要。河道的河型主要取决于河道的纵向稳定性和横向稳定性,水沙条件也有较大影响。经过研究提出了河型判别式或河床综合稳定性指标。

(14)系统地进行了游荡性河型转化试验。为研究游荡性河型转化而进行的自然河工模型试验表明,通过加密工程并采用合理的平面布局,最后的小河具有弯曲的平面形态,虽然主溜随流量的变化发生上提下挫,但是河型已转化为限制性弯曲型。对黄河下游的游荡性河道,要转化为限制性弯曲河道,在试验的条件下两岸有效的控导工程总长度至少应占河道长度的 88%,每处工程长度需达到 4 km 左右。而就现在的整治工程而言,即使来水来沙条件较为有利,短期内转化为弯曲性河道也是不可能的。

(15)提出用 S^2/Q 表示来沙系数更符合黄河实际。黄河下游游荡性河段的输沙率 Q_s 近于与流量 Q 的平方成正比,即 $Q_s = SQ = CQ^2$,S 为含沙量。黄河下游存在多来多排多淤的输沙特性,同样的水流条件可以输送不同的沙量。若以 S/Q 反映与水流挟沙力有关的来沙多少,S 反映与水流输沙能力无关的来沙多少,用 S^2/Q 表示来沙系数可以更充分地反映来沙超过或低于挟沙能力的程度。利用实测资料点绘的两种来沙系数(S^2/Q 及 S/Q)与冲淤量的关系图也表明,前者比后者的关系更好些。

(16)提出了高含沙洪水模型的相似律。提出的高含沙洪水模型相似律包括水流运动相似、泥沙悬移相似、河型相似、河床变形相似、挟沙相似以及有关的限制条件。其创新之处为:①确定了高含沙水流处于充分紊流状态的界限有效雷诺数为 8 000;②在泥沙悬移相似条件中引进了平衡含沙量分布系数比尺,解决了动床变态模型如何确定悬移质沉速比尺的难题;③引进了河型相似条件,为河工自然模型与比尺模型的统一建立了桥梁;④含沙量比尺、河床变形时间比尺和模型沙特性等的论述及确定方法对以后的模型试验具有重要参考价值。洪水验证试验表明,按此模型相似律设计的模型,不仅可以模拟黄河高含沙洪水期的河床演变特性,还能复演洪水的运动规律,用其研究高含沙洪水期游荡性河道整治问题是可靠的。

三、成果的实用性分析与评价

黄河下游游荡性河段整治研究是按防洪需要确定的研究课题。河道整治工程是防洪体系的重要组成部分,它是减少抢险、防止冲决的关键措施。因此,生产部门需要这些成果。

由于游荡性河道整治尚无成套的经验可供借鉴,只能按照实践第一的观点,在总结弯曲性河段、过渡性河段整治经验的基础上,结合游荡性河段情况进行典型示范,逐步扩大。因此,提出的整治措施是较为符合游荡性河段实际的。同时,对于游荡性河段整治对冲淤的影响及小浪底水库建成后整治工程的适应性进行了全面地分析,提出了一些具体的整治建议。对所研究的整治方案分别进行了现状及小浪底水库建成后中常洪水、大洪水、高含沙洪水等情况的模型试验,并提出了修正方案,试验结果表明,沿治导线两侧的已有工程和新布设的工程均发挥了限制游荡范围和控导河势的作用。推荐的治导线可在游荡性河道整治中采用。因此,本专题研究论证的整治方案具有很强的实用性,对游荡性河段的整治具有指导作用。

用等值内摩擦角计算黄河下游丁坝砌石护坡的
主动土压力 *

为了保护堤防安全,黄河下游在经常临水的堤段修建了许多险工,它有丁坝、垛、护岸3 种建筑物型式。丁坝、垛、护岸均由土坝体、护坡和护根 3 部分组成(见图 4-17-1)。按照护坡型式可分为砌石坝、扣石坝、乱石坝。

砌石护坡就其受力而言,实为一个挡土墙。

黄河下游砌石坝 20 世纪 50 年代就开始修建。由于河床逐年淤积抬高,同大堤一样,砌石坝也分别于 60 年代、70 年代进行了加高改建。在修建、改建设计时,断面大小主要取决于主动土压力的大小。

---

* 在黄河下游第三次大修堤中,由于 20 世纪 50 年代开始修建的险工丁坝砌石护坡属重力式挡土墙结构,加高时遇到较多难题,除采用放缓墙体背水侧坡度、"退坦加高"、改变坝型等措施外,在丁坝砌石护坡主动土压力计算方法上也进行了简化。险工加高改建设计结束后整理出本文,后发表于《人民黄河》1981 年第 1 期,P57~60。

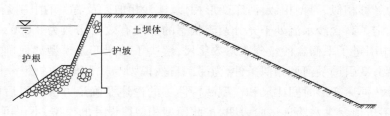

图 4-17-1　砌石坝组成示意图

计算主动土压力以往有很多计算公式。1963～1964 年黄河下游埽坝改建时,山东黄河河务局按照库仑定律,除考虑土的内摩擦角和黏聚力外,并考虑了砌石体与土体间的黏聚力以及黏性土壤拉力裂缝对主动土压力的影响,导出了黏性土壤主动土压力的计算公式——新推导公式(参见山东黄河河务局"山东黄河石坝改建及新建断面设计说明书"(修订),1964 年)。用该式计算主动土压力设计的砌石体断面,经过多种情况的考验,证明是比较符合黄河下游实际情况的。本文采用新推导公式的条件,引用等值内摩擦角,绘制了辅助曲线,从而减少了计算工作量。

一、等值内摩擦角 φ_D 的公式推导

为简化计算,对于具有黏聚力 c 的土壤,在计算主动土压力 e_a 时,引入等值内摩擦角 φ_D,把 c 对 e_a 的影响包括在 φ_D 中。在推导 φ_D 的公式时,考虑的因素与上述新推导公式相同。以下按朗肯理论推导等值内摩擦角 φ_D 的计算公式,其受力如图 4-17-2 所示。

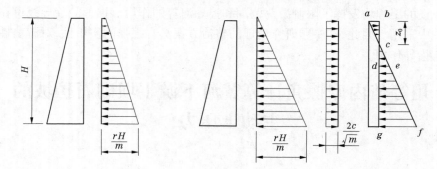

图 4-17-2　砌石护坡承受土压力示意图(左为砂性土,右为黏性土)

(一)土压力强度 e_a

按照朗肯理论,地面以下深度为 z 处的土压力强度为

砂性土
$$e_a = \frac{rz}{m} \tag{4-17-1}$$

黏性土
$$e_a = \frac{rz}{m} - \frac{2c}{\sqrt{m}} \tag{4-17-2}$$

$$m = \tan^2(45° + \varphi/2) \tag{4-17-3}$$

式中:φ 为土壤内摩擦角;c 为土壤黏聚力。

当考虑到砌石体背面与土体间的黏聚力 c_0 对主动土压力的影响时,比拟式(4-17-2)

可写出：

$$e_a = \frac{rz}{m} - \frac{2c}{\sqrt{m}} - \frac{2c_0}{\sqrt{m}}$$

$$= \frac{rz}{m} - \frac{2(c+c_0)}{\sqrt{m}} \tag{4-17-4}$$

土压力强度为 0 点的位置可由 z_0 来确定。把 $e_a = 0$ 代入式(4-17-4)得

$$e_a = \frac{rz_0}{m} - \frac{2c}{\sqrt{m}} - \frac{2c_0}{\sqrt{m}} = 0$$

$$z_0 = \frac{2(c+c_0)\sqrt{m}}{r} \tag{4-17-5}$$

（二）作用在挡土墙上的主动土压力 e_a

根据图 4-17-2 中力的分布，利用式(4-17-1)和式(4-17-4)可分别求得作用在整个挡土墙上的主动土压力 e_a 为：

砂性土 $\qquad\qquad\qquad e_a = \dfrac{rH^2}{2m}$ $\qquad\qquad\qquad$ (4-17-6)

黏性土 $\qquad\qquad\qquad e_a = \dfrac{rH^2}{2m} - \dfrac{2(c+c_0)H}{\sqrt{m}}$ $\qquad\qquad\qquad$ (4-17-7)

式(4-17-7)的计算结果，相当于图 4-17-2 中梯形 $defg$ 的面积。但在一般情况下，由于接近地面的土体易于产生干裂现象，没有可靠的黏结性，即在图 4-17-2 中负号的 $\triangle abc$ 面积不应与正号的 $\triangle cde$ 面积相抵消。因此，在计算时往往在式(4-17-7)中加上 $\triangle cde$ 的面积。当考虑到填土与挡土墙之间的黏聚力，在接近地面处没有保证时，应加上 $\triangle cde$ 的面积，其面积应按下式(4-17-8)计算：

$$\frac{1}{2}\frac{2(c+c_0)}{\sqrt{m}}z_0 = \frac{c+c_0}{\sqrt{m}} \cdot \frac{2(c+c_0)\sqrt{m}}{r} = \frac{2(c+c_0)^2}{r}$$

故 $\qquad\qquad\qquad e_a = \dfrac{rH^2}{2m} - \dfrac{2(c+c_0)H}{\sqrt{m}} + \dfrac{2(c+c_0)^2}{r}$ $\qquad\qquad$ (4-17-8)

（三）推求等值内摩擦角 φ_D 的公式

（1）挡土墙背与填土之间黏结可靠、墙后附近表层土体发生干缩开裂。将 $m = \tan^2(45° + \varphi/2)$ 代入式(4-17-8)得：

$$e_a = \frac{\gamma H^2}{2}\left[\frac{1}{m} - \frac{4(c+c_0)}{\gamma H\sqrt{m}} + \frac{4(c+c_0)^2}{\gamma^2 H^2}\right]$$

$$= \frac{\gamma H^2}{2}\left[\frac{\dfrac{\gamma H^2}{m} - \dfrac{4(c+c_0)H}{\sqrt{m}} + \dfrac{4(c+c_0)^2}{\gamma}}{\gamma H^2}\right]$$

而 $\qquad\qquad \dfrac{1}{m} = \dfrac{1}{\tan^2\left(45° + \dfrac{\varphi}{2}\right)} = \dfrac{1}{\cot^2\left(90° - 45° - \dfrac{\varphi}{2}\right)} = \tan^2\left(45° - \dfrac{\varphi}{2}\right)$

故　　$e_a = \dfrac{rH^2}{2}\left(\dfrac{rH^2\tan^2(45° - \dfrac{\varphi}{2}) - 4(c + c_0)H\tan^2(45° - \dfrac{\varphi}{2}) + \dfrac{4(c + c_0)^2}{r}}{rH^2}\right)$　　（4-17-9）

由式（4-17-6）得：　　　　　$e_a = \dfrac{rH^2}{2}\tan^2(45° - \dfrac{\varphi}{2})$　　　　　　　　（4-17-10）

比较（4-17-9）和式（4-17-10），引入等值内摩擦角 φ_D 得

$$\tan(45° - \dfrac{\varphi_D}{2}) = \sqrt{\dfrac{rH^2\tan^2(45° - \dfrac{\varphi}{2}) - 4(c + c_0)H\tan^2(45° - \dfrac{\varphi}{2}) + \dfrac{4(c + c_0)^2}{r}}{rH^2}}$$

（4-17-11）

（2）挡土墙背与填土之间黏结可靠、墙后附近表层土体不发生干缩开裂。当认为表层土体黏结可靠不发生干裂，即在图 4-17-2 中负号 △abc 的面积可以与正号 △cde 的面积抵消时，从公式的推导过程可以看出，只须在式（4-17-11）中去掉一项，即

$$\tan(45° - \dfrac{\varphi_D}{2}) = \sqrt{\dfrac{rH^2\tan^2(45° - \dfrac{\varphi}{2}) - 4(c + c_0)H\tan(45° - \dfrac{\varphi}{2})}{rH^2}}$$　（4-17-12）

（3）挡土墙背与填土之间黏结不可靠、墙后附近表层土体发生干缩开裂。当不计墙背与土体之间的黏聚力 c_0，但允许挡土墙后附近表层土开裂时，即在图 4-17-2 中负号 △abc 的面积与正号 △cde 的面积不能抵消时，把 $c_0 = 0$ 代入式（4-17-11）即可得出

$$\tan(45° - \dfrac{\varphi_D}{2}) = \sqrt{\dfrac{rH^2\tan^2(45° - \dfrac{\varphi}{2}) - 4cH\tan(45° - \dfrac{\varphi}{2}) + \dfrac{4c^2}{r}}{rH^2}}$$　（4-17-13）

（4）挡土墙背与填土之间黏结不可靠、墙后附近表层土体不发生干缩开裂。当不计墙背与土体之间的黏聚力 c_0 时，把 $c_0 = 0$ 代入式（4-17-12）即可得出

$$\tan(45° - \dfrac{\varphi_D}{2}) = \sqrt{\dfrac{rH^2\tan^2(45° - \dfrac{\varphi}{2}) - 4cH\tan(45° - \dfrac{\varphi}{2})}{rH^2}}$$　（4-17-14）

（5）挡土墙后填土以上有均布外荷时等值内摩擦角 φ_D 的计算公式。由于黄河下游丁坝砌石护坡的后坡一般为折线式，在分段计算主动土压力时，都按有均布外荷的情况处理，即新建丁坝，因坝顶有备防石，也需考虑外荷的影响。对受有均布外荷 q 时，只需以 $(H + \dfrac{q}{r})$ 代替式（4-17-11）～式（4-17-14）中的 H 即可。

二、绘制 $H \sim \varphi_D$ 曲线

为了减少计算工作量，可以将 H 和 φ_D 制成曲线，供设计时使用。由式（4-17-11）～式（4-17-14）看出，等值内摩擦角 φ_D 与 H、φ、c、c_0、γ（包括湿容重和浮容重）有关，但是在黄河下游改建和新建砌石坝时，不可能对每个砌石体后的填土都通过钻探、试验取得这些指标，而多是采用对已有的资料进行分析概化，选出通用的 φ、c、c_0、γ 值，这样就可使问题大为简化、等值内摩擦角 φ_D 就只是 H 的函数了。

在绘制 $H \sim \varphi_D$ 曲线时，需求出拉力裂缝高度 h_c 值。由图 4-17-2 和式（4-17-4）可知，z_0 下端即为主动土压力为 0 的点，则有

$$e_a = \frac{rz_0}{m} - \frac{2(c + c_0)}{\sqrt{m}} = 0$$

得

$$z_0 = \frac{2(c + c_0)}{\gamma}\tan(45° + \frac{\varphi}{2})$$

则 $h_c = 2z_0 = \frac{4(c + c_0)}{\gamma}\tan(45° + \frac{\varphi}{2})$

下面利用 20 世纪六七十年代设计砌石坝时所采用的 φ、c、c_0 及 γ 值（水上：$\gamma = 1.85$ t/m³，$c = 0.5$ t/m²，$c_0 = 0.25$ t/m²，$\varphi = 28°$；水下：$\gamma' = 0.95$ t/m³，$c = 0.5$ t/m²，$c_0 = 0$，$\varphi = 23°$），代入式（4-17-12），分别计算出水上及水下情况的 H、φ_D 值（见表 4-17-1），并绘制成 $H \sim \varphi_D$ 曲线（见图 4-17-3），供计算主动土压力时采用。

表 4-17-1　计算的 H、φ_D 值表

H(m)		2.7	3	3.18	5	7	9	11	13
φ_D (°)	水上	90	68.5		45.6	39.6	36.6	34.8	33.7
	水下			90.0	46.5	37.9	34.0	31.6	30.1
H(m)		15	17	19	21	23	25	27	29
φ_D (°)	水上	32.9	32.2	31.8					
	水下	29.2	28.4	27.7	27.2	26.9	26.6	26.3	26.0

三、计算主动土压力

用库仑公式计算主动土压力 e_a（参见《建筑结构设计手册》挡土墙，1973 年）。符号含义见图 4-17-4（图中 α 为负值）。

主动土压力系数

$$K_a = \frac{\cos^2(\varphi_D - \alpha)}{\left[1 + \sqrt{\frac{\sin(\varphi_D + \delta)\sin(\varphi_D - \beta)}{\sin(90° - \alpha - \delta)\cos(\alpha - \beta)}}\right]^2} \times \frac{1}{\sin(90° - \alpha - \delta)\cos^2\alpha}$$

(4-17-15)

主动土压力

$$e_a = e_{a1} + e_{a2} \tag{4-17-16}$$

$$e_{a1} = \gamma H h_0 K_q K_a \tag{4-17-17}$$

$$e_{a2} = \frac{1}{2}\gamma H^2 K_a \tag{4-17-18}$$

式中：$h_0 = \frac{q}{r}$，$K_q = \frac{\cos\alpha\cos\beta}{\cos(\alpha - \beta)}$。

由等值内摩擦角 φ_D 公式的推导过程可见，是把图 4-17-2 中所表示的高为 $(H - z_0)$ 的

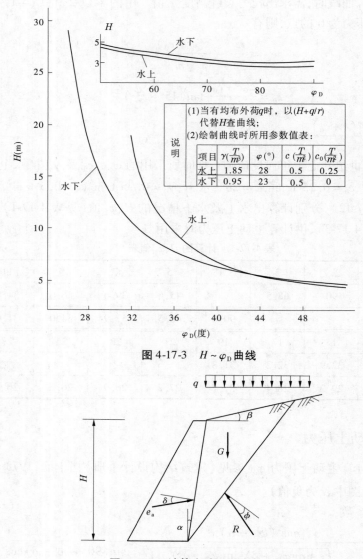

图 4-17-3　$H \sim \varphi_{\mathrm{D}}$ 曲线

图 4-17-4　计算主动土压力符合图

$\triangle cfg$ 换成了高为 H 的等积三角形,或者是把高为 $(H - 2z_0)$ 的梯形 $defg$ 换成高为 H 的等积三角形。因此,会导致土压力的合力作用点位置有所提高,故在墙的抗倾计算中,采用等值内摩擦角计算的结果是偏安全的。但对高挡土墙 z_0 / H 的值较小,一般影响不大。

四、算例

(一)已知条件

计算图形如图 4-17-5 所示,采用参数如下:

水上部分:$\varphi = 28°$, $c = 0.5$ t/m^2, $c_0 = 0.25$ t/m^2, $\gamma = 1.85$ t/m^3, $q = 1$ t/m^2, $\delta = 14°$, $\alpha = - \arctan 0.2 = 11.3°$, $\beta = 0$;

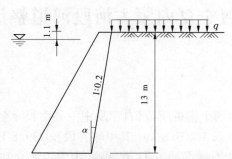

图 4-17-5　利用等值内摩擦角计算断面

水下部分：$\varphi = 23°, c = 0.5 \text{ t/m}^2, c_0 = 0, \gamma' = 0.95 \text{ t/m}^3, \delta = 11.5°, \alpha = -11.3°, \beta = 0$。

（二）计算工况

计算工况分为"枯水 + 均布外荷"、"洪水 + 均布外荷"两种。为了计算方便，假定枯水位与砌石体基底平，砌石体超高 1.1 m。

（三）计算结果

对两种工况分别采用新推导公式计算主动土压力和采用 φ_D 后的库仑公式计算主动土压力。

用新推导公式计算的主动土压力值采用山东黄河河务局张学奎的计算结果；本文仅采用等值内摩擦角 φ_D 后的库仑公式计算主动土压力值（计算过程略）。计算结果见表 4-17-2。

表 4-17-2　计算成果对比

计算情况	新推导公式 计算值*（t）	采用 φ_D 后的 库仑公式计算值（t）	③ - ②	④/② （%）
①	②	③	④	⑤
枯水 + 均布外荷 q	33.28	33.47	0.19	0.6
洪水 + 均布外荷 q	25.13	25.21	0.08	0.3

注：* 采用山东黄河河务局张学奎的计算结果。

由表 4-17-2 看出，两种计算方法所得的主动土压力值仅相差 0.3% ~ 0.6%，在工程计算中可以认为两种计算结果是相同的。

五、结语

采用等值内摩擦角计算主动土压力，由于砌石护坡经过几次加高改建，断面很高（有的达 15 m）且背坡是折线，断面很不规则，每求一次主动土压力须分 3 段甚至 4 段计算，相应计算 φ_D 的工作量仍然很大。因此，绘制了 $H \sim \varphi_D$ 曲线，减少了计算工作量，加快了设计速度，实践证明此方法是可行的。但必须指出图 4-17-3 中的 $H \sim \varphi_D$ 曲线是按一定的 γ、c、c_0 值绘制的，当这些参数值改变时便不能利用，只能通过数解法或绘制新的 $H \sim \varphi_D$ 曲线来求解 φ_D 值。

黄河宁夏内蒙古河段河道整治*

一、河道概况

黄河宁蒙河段位于黄河上游的下段,自宁夏中卫县南长滩至内蒙古准格尔旗马栅乡,穿过 25 个县(市、旗、区),长 1 203.8 km,其中峡谷段长 239.8 km,库区段长 94.5 km,平原河段长 869.5 km。两岸有著名的卫宁、青铜峡、内蒙古河套和土默特川灌区,两岸有效灌溉面积 1 145 万亩。堤防保护范围内有耕地 1 175 万亩,人口 354.6 万人,还有重要的引水灌溉工程、公路和铁路交通工程、高压输电和光缆通信设施、钢铁稀土等工矿企业,河段防洪安全关系西部大开发战略实施的进程。各河段的特性见表 4-18-1。

表 4-18-1　黄河宁夏内蒙古河段河道特性

序号	河段	河型	长度 (km)	比降 (‰)	河宽(m)		主槽宽(m)		弯曲率
					一般	平均	一般	平均	
1	南长滩至下河沿	峡谷型	62.7	0.87	150～500	约 200			1.8
2	下河沿至仁村渡①	非稳定分汊型②	161.5	0.8～0.61	500～3 000		300～600		1.16
3	仁村渡至头道墩	弯曲型③	70.5	0.15	1 000～4 000	约 2 500	400～900	约 550	1.21
4	头道墩至石嘴山	游荡型	86.1	0.18	1 800～6 000	约 3 300	500～1 000	约 650	1.23
5	石嘴山至乌达公路桥	峡谷型	36.0	0.56	局部 1 300	约 400			1.5
6	乌达公路桥至三盛公④	过渡型	105.0	0.15	700～3 000	约 1 800	400～900		1.31
7	三盛公至三湖河口	游荡型	220.7	0.17	2 500～5 000	约 3 500	500～900	约 750	1.28
8	三湖河口至昭君坟	过渡型	126.4	0.12	2 000～7 000	约 4 000	500～900	约 710	1.45
9	昭君坟至蒲滩拐	弯曲型	193.8	0.1	1 200～5 000	约 3 000	400～900	约 600	1.42
10	蒲滩拐至喇嘛湾拐上	峡谷型	20.3	0.17	约 1 300		约 400		
11	喇嘛湾拐上至马栅乡⑤	峡谷型	120.8		400～1 000				
	合计		1 203.8						

注:①该段枣园至青铜峡坝址长 39.9 km,为青铜峡库区;
　　②有学者把该河段划为游荡型;
　　③有学者把该河段划为过渡型;
　　④该段旧磴口至三盛公拦河闸长 54.6 km 为三盛公库区;
　　⑤原为峡谷型河道,现为万家寨库区。

二、河道整治历程

黄河宁蒙河套平原是黄河流域开发较早的地区之一,引黄灌溉尤为发达。为了防治

---

* 本文原载于《水利规划与设计》2010 年第 5 期,P1～4。

水害,历史上曾多次采取塌哪护哪的办法修建一些防护工程,防止塌失家园、耕地,保护渠首。5世纪就利用草土混合修筑拦水土坝,以后发展为草土护岸和草土逼水码头。明代天启年间(1621~1627年),采用以石料筑丁坝挑流与顺坝护岸相结合的方法也收到了好的效果。清康熙四十八年(1709年),用柳囤内装卵石柴草修筑渠首工程。1933~1943年沿河主要县设河工处,专事防洪治河之事,表明已经较为普遍的修建了防护工程。

宁蒙河段有计划地进行河道整治从20世纪90年代后半期开始,采用微弯型整治方案,逐步修建河道整治工程,少部分河段已初步稳定河势,在防洪保安全和利于引黄供水方面发挥了作用。河道整治工程主要包括险工和控导工程。险工是指沿堤防修建的丁坝、垛、护岸工程,控导工程是指在滩地适当部位修建的丁坝、垛、护岸工程,控导工程与险工相配合,达到稳定河势的目的。

1998年以前宁蒙河段仅有河道整治工程113处,坝垛1 133道,且多为险工。1998年长江大水后,投资增加,加快了治理进度,至2007年底,共有河道整治工程142处,坝垛2 195道,工程长度170.010 km。

三、河道整治方案

(一)河势变化

从控导河势的角度进行河道整治晚,工程少,河道整治工程的长度仅为河道长度的1/5左右,河势变化的幅度很大。

1.石嘴山以上河段

刘家水库运用以来,河岸变化较大,仁存渡以上河岸相对变窄,仁存渡以下河岸展宽,1969年河岸宽500~700 m,1979年展宽至1 200~2 700 m。据1979年、1989年、1993年大断面套绘,仁存渡以上工程较多且为卵石河床,主溜摆动范围为100~600 m;仁存渡以下主溜摆动频繁,摆幅为300~1 500 m。

2.石嘴山以下河段

三盛公枢纽至三湖河口河段,河势变化快,主溜摆动幅度大。历史上在后套平原一带,河道大幅度摆动、迁徙,幅度可达50~60 km,从遗迹看,古河道以顺直型和微弯型为主。对照1994年和2004年河势图,黄淤1#~10#断面,主溜摆动大的有3处,摆幅达3 km;黄淤10#~24#断面,由1994年的宽浅散乱演变到出现数十个小河弯,这是小水坐弯所致;黄淤24#~38#断面,主溜多摆动,但幅度小于1#~10#断面间的摆动幅度。

三湖河口至昭君坟河段,有大的孔兑汇入,暴雨洪水后,挟带的泥沙有时会淤堵黄河主槽。2004年与1994年相比,黄淤39#~48#断面主溜摆动范围2 000 m左右;黄淤48#~68#断面摆幅减小。

昭君坟以下为弯曲性河道,河势变化多表现为靠溜部位的上提下挫,主溜多在1 500 m范围内变化,孔兑入口处摆幅大,一般在2 000 m以内。

上述仅是20年内首尾2次河势的比较,在此20年间河势的游荡摆动范围要大于上述数值,一些河段还会明显大于上述摆动幅度。

(二)河道整治的必要性

在河势演变的过程中,水流冲刷堤防时就需要抢险,当抢护的速度赶不上坍塌的速度时,就发生决口。宁蒙河段是凌汛严重的河段。多年的观测和研究表明,宽浅河道及畸形河弯易于卡冰结坝,需要通过河道整治,改善宽浅散乱河势,增加水深,防止畸形河弯,减少卡冰结坝,以利排凌。历史上洪灾频繁,近几十年来也常有发生。如:1981 年宁夏中宁田家滩、吴忠陈袁滩、中卫刘庄及申滩堤防决口,内蒙古 9 段堤防决口;1993 年 2 月乌拉特前旗金星乡白土圪卜段(166 +850)决口,12 月磴口县南套子段(3 +300)决口;1994 年 3 月乌拉特前旗西柳匠段决口,3 月达拉特旗乌兰段蒲圪卜堤防(271 +400)决口;1996 年 3 月达拉特旗乌兰乡新林场段(260 +500)决口,3 月达拉特旗解放滩二亮子圪旦决口;1998 年 3 月包头土默特右旗团结渠口以上断堤 50 m;2003 年 9 月乌拉特前旗大河湾段(245 +500)决口;2008 年 3 月 20 日杭锦旗独贵特拉奎素段 2 处(193 +900 及 196 +255)决口,等等。

主溜摆动会冲毁取水口,或远离取水口造成引水困难甚至不能引水;河势大幅度变化会坍塌两岸滩地;即使主溜在河道内摆动也会影响跨河桥梁的安全。

因此,在宁蒙河段为保证防洪防凌安全,有利灌溉供水,保护滩地,有利交通设施安全,必须有计划地进行河道整治,稳定主流,控导河势。

(三)黄河下游河道整治的发展历程

历史上黄河下游曾修建过大量的防护工程,这些工程为沿堤修建的险工。

1949 年汛期,在济南以下的弯曲性河段,由于河势变化,有 40 余处险工发生严重的上提下挫,有 15 处险工脱河,并增修了新险工。如济阳朝阳庄险工靠溜部位下滑了 2 km,不仅造成坍滩、抢险,也使以下的葛家店险工等河势发生大幅度下挫,撵河抢险长达 40 余 d,致使防汛十分被动。1949 年汛期济南以下的被动抢险使人们认识到,即使在两岸堤距一般仅为 1 ~ 2 km、河床中黏粒含量较多的窄河段,单靠堤防及沿堤修建的险工也是难以控制河势、减少防洪被动的,必须进行河道整治,稳定河势。

1950 年选择因河势变化大量坍滩的河弯,试修控导护滩工程取得了效果。1951 年在连续几个弯道进行控导河势试验,也达到了预期目的。1952 ~ 1955 年修建了大量的控导护滩工程,与沿堤险工相配合,发挥了稳定河势的作用,这些工程又经受了 1957 年、1958 年大洪水的考验,达到了控制河势的目的。

过渡性河段,在总结弯曲性河段河道整治经验的基础上,采用以坝护弯、以弯导流的办法,1965 ~ 1974 年修建了大量的河道整治工程,以后又经续建完善,取得了基本控制河势的效果。

关于整治方案,黄河下游曾研究、实践过纵向控制方案、卡口整治方案、平顺防护方案、麻花型(∞ 型)方案和微弯型方案。微弯型整治方案是在黄河下游整治实践的基础上总结出来的,整治的效果表明是可行的。20 世纪 80 年代前半期明确提出微弯型整治方案,并且形成了一套整治方法。

游荡性河段是最难整治的河段,总的讲外形顺直、沙洲众多,主溜摆动频次高、幅度大。但就某一主溜线而言,仍具有弯曲的外形、曲直相间的形式,只是位置及弯曲的状况经常变化而已。按照微弯型整治方案,在游荡性河段修建了部分整治工程,90 年代以来,加快了整治步伐,现已大大缩小了游荡范围,其中 1/3 的河段初步控制了河势。

黄河下游半个多世纪的实践表明,微弯型整治方案是符合黄河河情的好方案。

（四）宁蒙河段的河道整治方案

宁蒙河段为冲积性河道,从长时段讲是淤积抬高的。河道纵比降均陡于0.1‰,其中下河沿以下的出山口河段为卵石河床,比降达0.8‰~0.6‰;冬季易卡冰结坝,造成严重凌情;河势变化速度快,幅度大,塌滩刷堤险情多,决口频繁,防洪任务重;河道整治以防洪、防凌为主要目的,兼顾引水、交通需要。与黄河下游相比,河道特性、水流形态、致灾抢险、整治目的等方面都是相似的或相同的,不同的是宁蒙河段有计划地进行河道整治的时间晚,整治工程少。

1994年以前,宁夏修建的整治工程为被动防护,因险设工,塌哪护哪。天然河道具有曲直相间的外形,而修建的防护工程确没有考虑上下弯道的衔接,难以发挥控制河势的作用。1971年和1977年规划基本上采取的是"宽河摆动整治方案",按此需要修建的工程长度基本上要达到治理河长的200%,工程量大,不能控制主溜,常是此防彼险,防不胜防,加之投资所限,防洪安全问题仍十分突出。内蒙古河段修建的工程很少。

在20世纪90年代中期编制"黄河宁蒙河段1996~2000年防洪工程建设可行性研究报告"时,参照黄河下游河道整治经验,选用了微弯型整治方案。按此方案修建了部分河道整治工程,这些工程在控制河势中发挥了一定作用。

四、河道整治的工程措施

以防洪为主要目的的河道整治,分为河槽整治和滩地整治,主要为河槽整治,整治对象是中水。按照微弯型整治方案修建整治工程,必须选择整治流路,绘制治导线,确定整治工程位置线。

（一）选择整治流路

在河势演变的过程中,河势流路会在两岸堤防之间变化,如用主溜线表示一次河势情况,有些河段主溜线会布满两岸堤防之间,但在这似无规律的主溜线中,总可归纳出2~3条基本流路。在河道整治时,首先要选择基本流路。作为整治的中水流路应与洪水、枯水流路相近,能充分利用已有工程,对防洪、引水、护滩的综合效益较优。

（二）绘制治导线

治导线的设计参数包括设计流量、设计水位、设计河宽、排洪河槽宽度及河弯要素。通过弯曲半径、中心角、河弯间距、直河段长度、弯曲幅度及河弯跨度来描述河弯形态。上述这些设计参数和河弯要素取决于来水来沙量及其过程、河道边界条件以及已经采取的工程措施等,要通过现场查勘及认真分析观测资料确定,必要时还要进行实体模型试验。在绘制治导线时,除进行上述工作外还要充分考虑上下游、左右岸国民经济各部门对河道整治的要求,才能绘出较为合理的治导线。需要说明的是,随着时间的推移国民经济各部门对河流提出的要求会发生变化,人们对河流的认识水平也会深化,数年之后对治导线进行修订也是正常的和必要的。

（三）确定整治工程位置线

每一处河道整治工程坝、垛头的连线,称为整治工程位置线,简称工程位置线或工程线。它依据治导线而确定,多采用复合圆弧线,其上段加大弯曲半径或以切线形式退离治导线,以利"藏头";中段采用较小的弯曲半径,以利在较短的工程段内改变水流方向;下段的弯曲半径比中段稍大,以利送溜出弯。

(四)修建整治工程

确定整治流路、治导线、工程位置线后,依照投资力度,分批修建整治工程,以达控导主溜、稳定河势。部分河段进行了实体模型试验,布设河道整治工程后,对河势的约束作用明显加强,表明按照规划治导线对工程进行布局是必要的。

对于沙质河床段,在工程靠主溜后,借助水流的冲刷作用即可较快地调整河势。对于下河沿以下的卵石河床,水流调整河势的速度慢,长期靠工程控导,按照"以坝护弯,以弯导流"的原则修建整治工程,控导河势;整治初期,辅以塞支强干,堵塞一些小股汊道,强化选取的汊道,并浚通治导线经过的卵石滩,即可较快地达到控导河势的目的。

五、河道整治的初步效果

目前,按照规划治导线修建的河道整治工程数量很少,但在修建工程较多的部分河段,已经取得了初步控制河势的效果,举例于后:

(一)宁夏马滩至石空湾河段

该河段左岸相应桩号为 46+000~59+000。1979 年心滩众多,水流散乱,主溜偏左,河岸宽 400~1 900 m。至 1990 年,河势变化,心滩下移,主溜右移 100~700 m,河岸宽 250~1 200 m。1998 年后,自马滩至石空滩 6 个弯道,修建了 6 处控导工程,长度达规划长度的 72%,并修建了黄平湾锁坝,开挖了引河,现规划流路已经形成,所建工程基本靠溜,初步控制河势,改变了多年一直被动抢险的局面,解决了泉眼山泵站和宁夏扶贫扬黄灌溉水源泵站引水困难问题。

(二)宁夏细腰子拜至梅家湾河段

该河段在青铜峡枢纽以下,相应堤防左岸桩号为 2+000~27+000。细腰子拜是历史上有名的老险工。1979 年,心滩多,流势散乱。至 1990 年左岸边滩向右下移,细腰子拜险情移向下游,侯娃子滩被切成两半,致使三闸湾和右岸秦坝关险情不断。该段按照治导线涉及 5 个河弯。近些年采用以坝护弯、以弯导溜的办法在左右岸连续的 5 个弯道修建整治工程,工程长度达规划规模的 59%。通过整治工程控导主溜,初步稳定了河势,使长期处于被动抢险状态的细腰子拜、秦坝关、三闸湾险段基本解除了险情。

(三)内蒙古三岔口至南圪堵河段

该段位于昭君坟以上的黄淤 62# ~ 66# 断面之间,由三岔口至羊场到南圪堵是 3 个连续弯道。1999~2002 年按照规划治导线修建 3 处整治工程,长 3.8 km,对河势变化起到了约束作用,摆动幅度缩窄,塌岸危及堤防的险情减少。从深泓点的摆动幅度看,20 世纪 60~80 年代为 -12 ~ -2 980 m,而近期仅为 -56 ~ 988 m。目前,由于上游右岸四村险工段尚未治理,三岔口险工靠溜位置上堤下挫幅度仍较大。

(四)内蒙古解放营子至丁家营子河段

该河段位于镫口(包头市东河区供水取水口)上下,黄淤 84# ~ 90# 断面之间,自上而下依次有解放营子、官地、黄牛营子、新河口、丁家营子 6 个弯道,河段长 36 km。目前左右岸已修建工程长 10.04 km(约相当于河道长度的 30%),该河段河势已趋向稳定,堤防防守有重点,同时改变了取水口经常脱河难以取水的状况,保障了东河区供水取水口和镫口扬水站取水口顺利取水。深泓摆动幅度由原来的 5 ~ -1 010 m 缩小到目前的 29 ~ -697 m。

不难看出,在宁蒙河段尽管已修建的河道整治工程还很短,但在按照微弯型整治方案修建整治工程相对较多的部分河段,减少了河势变化范围和摆动强度,初步控制了河势,基本达到了河道整治的目的。

六、整治任务仍很艰巨

宁蒙河段至 2007 年底有河道整治工程 142 处,总长 177.010 km,坝垛 2 195 道。其中,险工 65 处,长 86.716 km,坝垛 1 078 道;控导工程 77 处,长 93.784 km,坝垛 1 117 道。宁蒙河段平原河道长 869.5 km,两岸河道整治工程长度仅相当于河道长度的 1/5。按照微弯型整治方案,两岸整治工程长度相当于河道长度的 80% ~ 90% 时,一般可以基本控制河势。若按两岸均沿堤防护而言,险工长度会接近河道长度的 2 倍,或者说接近两岸堤防长度之和。因此,宁蒙河段河道整治的任务是很艰巨的,只能加速河道整治步伐,分清轻重缓急,由易到难,逐步实施。

参 考 文 献

[1] 胡一三,张原峰. 黄河河道整治方案与原则[J].水利学报,2006(2):127-134.
[2] 黄河宁夏河段近期防洪工程建设可行性研究报告[R].银川:宁夏水利水电勘测设计研究院有限公司,2009.
[3] 黄河内蒙古河段近期防洪工程建设可行性研究报告[R].呼和浩特:内蒙古自治区水利水电勘测设计院,2009.
[4] 黄河宁蒙河段近期防洪工程建设可行性研究报告[R].郑州:黄河勘测规划设计有限公司,2008.

第五章　防汛抢险与堵口

横河出险　不可忽视[*]

　　东明高村以上的黄河下游河道,河身宽浅,泥沙淤积严重,主溜变化无常,往往出现"横河",危及大堤安全。产生横河的主要原因:一是滩岸被水流淘刷坐弯时,在弯道下首滩岸遇有黏土层或亚黏土层,其抗冲性较强,水流到此受阻,河弯中部不断塌滩后退,黏土层受溜范围加长,弯道导流能力增大,迫使水流急转,形成横河;二是在洪水急剧消落的过程中,由于河弯内溜势骤然上提,往往在河弯下端很快淤出新滩,水流受到滩嘴的阻水作用,形成横河;三是在歧流丛生的游荡性河段,有时一些斜向支汊发展成为主股,形成横河。凡是受横河顶冲的险工或滩岸,在横向环流的作用下,对岸滩嘴不断向河中延伸,致使河面缩窄,单宽流量增大,险工、滩岸被严重淘刷。如滩嘴一时冲刷不掉,环流不断加强,险工坝垛被淘刷不已,或使滩岸急速坍塌,迫至堤根,大河成了入袖之势,如抢护不及,即会发生决口,造成严重灾害。

　　1803 年(清嘉庆八年)阴历九月上旬,封丘衡家楼(即大功)出现横河。据记载:该段堤防为平工段,"外滩宽五六十丈至一百二十丈,内系积水深塘。因河势忽移南岸,坐滩挺恃河心,逼溜北移,河身挤窄,更值(九月)八日、九日西南风暴,塌滩甚疾。两日内将外滩全行塌尽,浸及堤根。"(见图 4-2-1)因抢护不及,终于九月十三日造成一次严重决口,现在封丘大宫一带所谓"大沙河",即这次决口遗留的故道。

　　近三十余年,在河南郑州至开封河段,曾发生多次横河出险,险情相当严重。

　　1952 年 9 月底,大河在郑州保合寨险工对岸坐弯,形成横河(见图 4-2-2),滩地急剧坍塌后退,致使大溜直射保合寨已脱河老险工的坝裆内,由于主槽下切,坝前水面宽由原来的一千多米缩窄到一百多米,尽管大河流量仅一两千立方米每秒,但因大河入袖,溜势集中,淘刷力强,把大堤冲塌长 45 m,堤顶塌宽 6 m,堤前水深 10 米以上,险情十分危急。当时抽调四个修防段的工程队员 200 余人,民工 4 000 人,郑州铁路局拨给 350 个车皮,由广花铁路支线星夜赶运石料,积极筹运柳秸料,一面加帮后戗,一面抢修坝垛,经十天左右的紧张战斗才化险为夷。这次抢修石垛 4 道,加固老坝垛 4 道。计用石 6 000 m³,柳枝60 多万 kg。

　　1964 年 7 月下旬以后一段时间,大河流量一直在 4 000 m³/s 以上。花园口险工 181 ~191 坝(东大坝)一直靠河吃溜,10 月上旬大河主溜急转直下顶冲险工(见图 1-5-1)。10月下旬的流量为 5 000 m³/s 左右,由于溜势集中,坝前水面宽缩窄到 150 m 左右,单宽流量达 30 ~ 40 m³/s,根石淘刷严重。其中 191 坝(东大坝)根石深度一般达 13 ~ 16 m,最深

---

　　[*] 本文由徐福龄、胡一三撰写,发表于《人民黄河》1983 年第 3 期,P67 ~ 69。

达 17.8 m,用石就达 11 600 m³。

1967 年汛期,原阳马庄一带坐弯塌滩,大河在东兰庄南折转南下,形成横河。大溜恰好直射郑州赵兰庄长 1.4 km 的平工堤段(见图 1-5-2)。当时堤前滩地坍塌迅速,为了防止塌至堤根,赶在滩上抢修了 6 道坝及 1 道石垛。计用石 2 874 m³,柳秸料 71.5 万 kg,修做土方 5 060 m³。以后河势外移,险情得以缓和。

1982 年 8 月 2 日,花园口站出现 15 300 m³/s 的洪峰,在大河流量降落到 3 000 m³/s 左右时,主溜在开封黑岗口险工对岸大张庄一带坐弯,直冲黑岗口险工(见图 4-2-4),坝前水面宽 200 余 m,淘刷严重,致使 19～29 号坝垛接连出险。尤其严重的是 25 护岸到 26 垛迎水面长 50 m 的坦石及 23 护岸长 30 m 的坦石相继墩蛰入水,使 7 m 高的坝胎土完全暴露,险情相当危急。经当地军民 2 000 余人紧张抢护,始转危为安。计用石料 6 552 m³,抛铅丝笼 1 084 个。

据以上情况我们认为:

(1)黄河下游出现横河,多在游荡性河段内。时间上多发生在落水期。流量虽不大,但由于水流集中,淘刷甚为严重。这种情况若发生在根石基础较差的险工段,就会出现严重险情,没有很充足的人力和料物是难以抗拒的;若险情发生在平工堤段,就更难以抢护,甚至会遭决口之患。古代对横河出险常常采用裁弯取直的方法。如 1730 年(清雍正八年),封丘荆隆官"因南岸淤滩日渐增长,全黄河大溜逼注北岸……顶冲扫弯,"由于当时"上游黑岗口滩岸刷成兜弯,天然自立河头,有吸引之形,至柳园口,自高而卑,河尾喷泻",于是相机开挖了引河,水由引河而下,畅流东注,荆隆官一带险情得以解除(如图 5-1-1 所示)。因此,在横河持续时间很久、险情又不易抢护的情况下,在条件许可时,相机采用挖泥船开挖引河也不失为解决横河险情的方法之一。

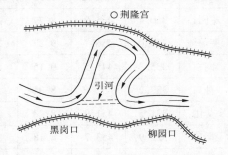

图 5-1-1 1730 年荆隆河段及河势示意图

(2)横河出现的时间、地点,事先难以确定。但就一般情况而言,在没有工程控制或控制工程较少又互不衔接的河段,因水流没有制约,容易出现横河。在河水涨落期间,必须根据具体情况,对一些河弯的河势及时进行观测、研究,分析其发展趋势;对险工要加强根石探摸,凡是基础薄弱的坝垛,要根据探摸情况事先予以加固;对可能发生险情的堤段,要储备一定的料物,发生问题,及时抢护,才能争取防守的主动性。

(3)彻底解决横河出险的措施,是在宽河道内加速修建河道整治工程,进一步控制河势。根据 1982 年洪水期间对已有险工、控导工程的实际考验,应对东坝头以上河段的河道整治规划进行必要的调整和增建,有计划有步骤地分期实施。如原阳大张庄河弯就需要加以调整,以利控导。只要本着因势利导,以弯导溜的原则,不断改善水流的边界条件,稳定有利河势,就能控制主溜,从而减少以至避免横河的发生。

总之,宽河道内横河出险,是对当前修防上的一大威胁,我们一定要提高警惕,不可忽视。

黄河下游东坝头以下 1976 年汛期河势与险情 *

一、来水来沙情况

1976 年黄河下游总的讲是来水偏丰,来沙偏枯。汛期(7 ~ 10 月)下游来水量(小浪底 + 黑石关 + 武陟)为 343.75 亿 m³,来沙 10.934 亿 t,与历年同期比较来水偏多近 1/4,来沙偏少近 1/10。与有记录以来花园口站洪峰流量最大的 1958 年相比,来水偏少 26.8%,来沙偏少 61.5%(见表 5-2-1)。花园口站的洪峰流量 1976 年仅相当于 1958 年的 41.3%。

表 5-2-1　黄河下游 1976 年汛期(7 ~ 10 月)来水来沙与 1958 年同期比较

站名	水量 (亿 m³)		沙量 (亿 t)		洪峰流量 (m³/s)		1976 年较 1958 年 (%)		
	1976 年	1958 年	1976 年	1958 年	1976 年	1958 年	水量	沙量	流量
小浪底	319.90	393.50	10.800	27.200	8 050	17 000	81.3	39.7	47.4
黑石关	12.86	57.63	0.067	1.010	820	9 450	22.3	6.6	8.7
武陟	10.99	18.37	0.067	0.192	813	1 680	59.8	34.9	48.4
3 站	343.75	469.50	10.934	28.402			73.2	38.5	
花园口	350.4	465.0	8.77	25.7	9 210	22 300	75.4	34.1	41.3
夹河滩	339.0	456.7	9.27	25.6	9 010	20 500	74.2	36.2	44.0
高村	335.3	445.5	9.15	22.8	9 060	17 900	75.3	40.1	50.6
孙口	332.2	452.6	8.31	19.6	9 100	15 900	73.4	42.4	57.2
艾山	331.5	451.9	8.28	18.7	9 100	12 600	73.4	44.3	72.2
泺口	322.9	453.7	8.18	19.1	8 000	11 900	71.2	42.8	67.2
利津	322.3	442.6	8.14	19.3	8 020	10 400	72.8	42.2	78.8

尽管 1976 年洪峰不高,但洪型较胖,花园口站最大洪峰沿程削减很小,至利津站最大洪峰仅削减 12.9%,而 1958 年却削减了 53.4%(见表 5-2-1)。1976 年花园口站洪峰流量大于 3 000 m³/s 的有 7 次,其中大于 5 000 m³/s 的有 6 次,特别是 8 月下旬至 9 月底连续出现洪水,8 月 27 日、9 月 1 日花园口站分别出现了洪峰为 9 210 m³/s 和 9 100 m³/s 的第五、六次洪水,峰后流量仍较大,大流量持续时间长,直到 10 月中旬,洪水流量还大于 3 000 m³/s。这两次洪水相隔时间短,至艾山站两次洪水合在一起,成为一次洪水过程,自起涨至落平达 12 d(1958 年大洪水持续时间为 7 d),同时此期间黄河上中游来水基流大,龙门站流量长时间维持在 3 500 m³/s 以上,致使花园口站的洪峰很胖,日平均流量大于 7 000 m³/s 的长达 8 d(1958 年为 5 d)。12 d 洪量为 77.10 亿 m³,接近 1958 年 12 d 洪

* 本文原载于《黄河史志资料》2005 年第 2 期,P2 ~ 6。

量 80.47 亿 m³。这两次洪水来自泾河、渭河下游地区,水较清,含沙量低,花园口站最大含沙量仅为 54.6 kg/m³,仅为 1958 年大洪水时最大含沙量 128 kg/m³ 的 42.6%。1976 年黄河下游洪水特点可概括为洪峰多、洪量大、洪峰间隔时间短、大水持续时间长、洪水含沙量低。

1969 年以后,黄河下游河道淤积严重,1974 年和 1975 年水沙条件有利,河道淤积有所缓和,但 1976 年下游河道最高水位仍高于往年。花园口站以下约有 80% 的河段水位高于 1958 年,且高水位持续时间长。如夹河滩站超过 1958 年洪水位持续 9 d,最大超过 1.13 m,泺口站超过 1958 年洪水位 10 h,最大超过 0.05 m;利津站超过 1958 年洪水位 15 d,最大超过 0.95 m。大部分滩地漫滩,东坝头以下 90% 以上的滩地漫滩。在洪水漫滩期间,滩槽水沙交换,淤滩刷槽。汛期花园口至利津全河道淤积泥沙 0.63 亿 t,据当年河势查勘时调查,下游滩地淤积了约 3.5 亿 t 泥沙,相应主槽冲刷 2 亿~3 亿 t。这就大大改善了河道的横断面形态,增大了河道的排洪能力。因此,与 1975 年同期相比,同流量(6 000 m³/s)水位低 0.1~0.8 m(见表 5-2-2)。其中,利津站 6 000 m³/s 流量同期水位下降 0.6 m,这与 1976 年 5 月河口在西河口处改道缩短河长有密切关系。对于花园口至泺口河段,6 000 m³/s 流量水位下降 0.1~0.6 m,表明好的来水来沙条件,并充分漫滩,淤滩刷槽,对改善河道横断面形态,提高河道的排洪能力,作用是十分明显的。

表 5-2-2　1976 年与 1975 年同期 6 000 m³/s 流量水位比较　　　(单位:m)

站名	花园口	夹河滩	高村	孙口	艾山	泺口	利津
H_{75}	93.10	74.80	62.60	48.20	41.30	31.30	14.30
H_{76}	92.80	74.30	62.00	47.90	41.20	31.00	13.70
$\Delta H = H_{76} - H_{75}$	-0.3	-0.5	-0.6	-0.3	-0.1	-0.3	-0.6

注:表中 H_{76} 为 1976 年水位,H_{75} 为 1975 年水位。

二、河势特点

一年来除游荡性河段河势变化较大外,总的讲河势变化不大。在鄄城苏泗庄以下的过渡性河段及弯曲性河段,除济南泺口至惠民五甲杨河段河势稍有上提外,其他均在原来的靠河部位。

变化大的河段为兰考东坝头至东明堡城。该段为控导工程少且不完善的游荡性河段,河道长 50 余 km。从水流条件讲,1976 年汛期中水时间长,洪峰接踵而来,水流含沙量低,造床能力强,易于造成河势变化。从边界条件讲,禅房及大留寺控导工程尚未建成,王夹堤控导工程尚未布点,滩地经不住水流的长期淘刷,塌滩坐弯,打尖下挫,致使弯道下移后退,河弯大幅度深化,在弯道之间出现"横河"。如:①王夹堤弯下移后退约 2 km,9 月下旬闫潭闸的防沙闸至水边仅约 500 m,在徐夹堤村西形成一个死弯(见图 5-2-1)。②长垣大留寺工程(当时仅有 1~24 坝)仅 23、24 坝靠边溜,起不到控制河势的作用,在 24 坝以下弯道下移后退 2.8 km 左右,大留寺村东贯孟堤到水边仅 400 多 m,在滩岸的作用下主溜折转至王高寨控导工程。在王夹堤、大留寺、王高寨 3 个弯道间由 2 个"横河"

连接,形成 Ω 型(见图 5-2-1)。③东明老君堂控导工程脱河,在 15 号坝(当时最后一道坝)以下塌长约 2 km,宽约 0.5 km,致使下弯榆林控导工程(当时仅修至 16 号坝)脱河,弯底下移后退约 2 km。贾庄、白寨距水边仅 300～500 m。并在白寨村南主溜折转东明霍寨、堡城险工,在贾庄至堡城间出现了倒 S 型河弯(见图 5-2-2)。

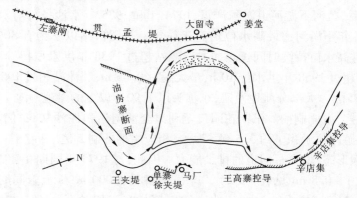

图 5-2-1   王夹堤至辛店集 1976 年汛末河势图

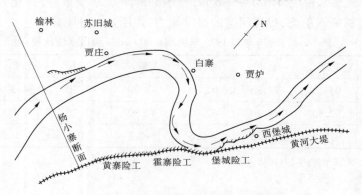

图 5-2-2   榆林至堡城 1976 年汛末河势图

1976 年 10 月 20 日至 11 月 7 日对东坝头以下河段进行了河势查勘,查勘期间大河流量 1 000～2 500 m³/s。其河势特点为:①河道比较规顺,基本为一股河。②滩唇出水高度大,主溜集中,在游荡性河段及过渡性河段,水面宽仅为 500～900 m,而在弯曲性河段滨州道旭以下水面宽也达 600～800 m。③在没有工程控制的游荡性河段,塌滩多,弯道深化,多处出现"横河"。④在洪峰期间主溜趋中、下挫,而在控导工程较多的弯曲性河段及过渡性河段,落水后又基本恢复至汛前的流路,险工及控导工程的靠河部位无明显变化,继续发挥控导河势的作用。

三、工程险情

(一)险情概况

由于 1976 年汛期水量较丰,洪峰接踵而来,洪水位较高,含沙量低,险工及控导工程及大堤平工堤段均出现了不同程度的险情。河口南防洪堤十八公里抢险十分紧张,菏泽刘庄险工抢险吃紧,鄄城苏泗庄险工 27 坝,郓城杨集险工 17 坝、18 坝,梁山路那里险工

23 坝、24 坝,阳谷陶城铺险工 17 坝、19 坝出现了墩蛰、坍塌险情。东坝头至陶城铺河段洪水没有漫顶的控导工程,如禅房、王高寨、周营、老君堂、南小堤上延、老宅庄、郭集、孙楼、韩胡同等数处控导工程均出现了险情,进行了抢护;东坝头至陶城铺的于楼、蔡楼、朱丁庄及陶城铺以下的控导工程均漫顶过流,出现了跑坝、后溃、拉沟、揭顶、根石坍塌等险情。

大堤平工堤段,在洪水大漫滩后一些局部堤段发生了堤身迎水坡坍塌,淘刷堤根堤基,一时紧急抢险的情况,如濮阳的耿密城、鄄城的刘口、章丘的西王常、高青的孟口等处。造成上述出险的原因主要是:滩大、横比降大、流速较快;漫滩水流集中(生产堤扒口进水、串沟口进水)冲向堤防;村庄至堤脚过近,造成水流集中、流速快;新帮宽的堤防没有进行黏土包边,柳荫地(护堤地)未植树、堤坡未植草,御流能力差等。另外,洪水期间堤防上还出现了一些渗水、脱坡、管涌、裂缝等险情,并发现了几处隐患、漏洞。

(二)控导工程冲垮情况

1976 年汛期,控导工程在控制河势,防止、减少堤防出险方面发挥了重要作用,同时也遭到了洪水的破坏,被洪水冲走 10 道,后溃 75 道,共 85 道(见表 5-2-3),其中东坝头至陶城铺 24 道,陶城铺以下 61 道。经数次洪水漫顶后,被冲垮的坝垛数所占比例还是很小的。汛后修复用石约需 6 万 m³。

表 5-2-3　东坝头以下 1976 年汛期冲垮坝垛统计

县局名称	控导工程名称	冲垮坝号	道数
封丘	禅房	12、13、14	3
长垣	榆林	17	1
台前	韩胡同	21、22	2
鄄城	老宅庄	新 1、2、3,老 1	4
梁山	蔡楼	3 ~ 7,17 ~ 22,32	12
	朱丁庄	1、28	2
平阴			15
长清	桃园	6 ~ 9	4
齐河	八里庄	1 公里护滩	1
济阳	邢家渡	21、23	2
	周家	1	1
	史家坞	4、5、6	3
章丘	何王	1 ~ 5	5
	王圈	1	1
	范家园	1、2、3	3

县局名称	控导工程名称	冲垮坝号	道数
滨县	小街	10～16	7
	赵四勿	潜坝、1、2	3
	龙王崖	1	1
高青	大郭家	25、26	2
	孟口	1、25	2
	新徐	新1、2,老1～5、9、10	9
	翟李孙	1	1
	段王	1	1
合计			85
其中		东坝头至陶城铺	24
		陶城铺以下	61

控导工程部分坝垛被洪水冲垮的原因有两方面:①水流条件方面,远远超过了工程的设防标准,当时陶城铺以上坝顶高程为当年当地 5 000 m³/s 流量相应水位加超高 1.0 m,陶城铺以下与当地滩面平。而 1976 年花园口站日平均流量 $Q > 8\,000$ m³/s 的 7 d,$Q > 7\,000$ m³/s 的 8 d,$Q > 6\,000$ m³/s 的 11 d,$Q > 5\,000$ m³/s 的 16 d;同时汛期含沙量小,水流冲刷能力强,花园口站汛期最大含沙量仅为 54.6 kg/m³。②工程条件方面,各坝垛不同程度的存在工程藏头不好、坝型或坝头型式不适宜、根石单薄、土坝体为沙土、个别坝头突出、坝裆距大等问题,石料不足也是险情发展到冲毁、后溃的原因之一。

(三)抢险用料

东坝头以下 1976 年汛期险工、控导工程出险坝垛共 1 521 道,2 027 次,抢险用料约为石方 16 万 m³、柳杂料 1 100 万 kg。其中,东坝头至陶城铺的游荡性河段及过渡性河段,出险坝垛 318 道,585 次,抢险用料约为石方 10 万 m³,柳杂料 600 万 kg;陶城铺以下的弯曲性河段,出险坝垛 1 203 道,1 442 次,抢险用料约为石方 6 万 m³,柳杂料 500 万 kg。

四、几处典型抢险

(一)垦利南防洪堤十八公里险工

河口改道于 5 月 20 日截流,5 月 27 日新河道过水,新堤偎水后出险,7 月 7 日开始上防。8 月 5 日前在 6 + 500～21 + 500 间作了防风浪枕和草袋护坡。由于新河道内南低北高,十八公里堤段堤线向河中突出,各股水流多在十八公里上下堤段汇合,冲蚀堤防。8

月中旬至9月下旬抢大险5次，尤以9月5~7日和24~26日为甚，大堤迎水坡在1小时内就塌去3~5 m宽，部分堤段快塌至堤肩，堤前最大水深达9 m。9月5日、6日刮着六、七级东北风，下着倾盆大雨，溜急浪高，主溜直冲堤防，巨浪猛扑堤坡，有的护坡草枕被水流卷走，有的木桩被拔掉，风雨交加，抢险十分紧张。十八公里抢险工地料物缺乏，距村庄又远，且道路泥泞，运输困难。组织近3 000人的运输队伍，汽车44部，运料2 840车次，马车、驴车300余辆，运料1 430车次，不分昼夜运送石料及柳杂料。在抢险紧张的9月上旬，还有400名解放军战士参加了9 d的抗洪抢险战斗，博兴、利津两县也支援了柳料。由于新改的河道溜势不稳定，险情接连不断，至10月下旬，流量降到1 100 m³/s后，还有150人在抢险工地。汛期共修埽10道(裹护长约400 m)、护岸9段(长800 m)，工程长1 143 m。共用石料5 759 m³，柳软料314.8万kg(其中柳枝233万kg、苇24.3万kg、带穗高粱秆47.4万kg，其他软料10.1万kg)，铅丝8 580 kg，草袋3 000条，麻袋800条，木桩3 047根，用工47 214个，修做土方12 474 m³。

(二)菏泽刘庄险工

刘庄险工在1976年汛前对20~31号坝进行了加高，为了保持坝头形式，丁坝下跨角需要外伸建在滩面上，坦石进行了裹护，31号坝裹护时挑槽深仅0.8 m。1976年洪水前刘庄险工靠溜部位偏下，洪水期河势上提，31~28号坝相继靠河。在9月上旬的第五、六次洪水期间，洪峰流量8 000~9 000 m³/s，水流集中，河宽仅数百米，主槽水深七八米。31号坝首先靠溜，在水流的强烈冲淘下猛墩大蛰七八米，采用柳石枕进行了紧急抢护。继而30、29号坝相继靠溜出险。为防抢险被动，在28号坝靠河前先预抛了三四米高的柳石枕，靠溜后猛墩到水面以下三四米。从8月25日至9月17日，经历了23 d的紧张抢险，31~28号坝的险情才稳定下来。4道坝先后抢险18次，抢险用料石方为9 146 m³，柳料93.2万kg，绳18 412 kg，桩916根，铅丝1 097 kg，工日4 800个。

(三)封丘禅房控导工程

禅房控导工程为1973年初建，1975年前修建了1~12号坝，3~12号坝曾多次抢险，1976年汛前修建了13、14号坝，除5号坝外均为拐头丁坝，1~14号坝位于规划禅房控导工程的进口段。汛前6、7号坝靠河，汛期溜势下滑至10~14号坝，汛期4~14号坝接连抢险，前后出险达50次，抢险60多d。控导工程上段一般河势流向变化大。8月水流斜向冲向工程，丁坝靠溜后除大部水流顺河而下外，回流部分由于受上一道丁坝拐头段的影响难以进入大河，致使8号坝以下各坝的迎水面、背水面、拐头段以及上下两道丁坝之间的连坝均坍塌出险，被迫全部抢险裹护，大大增加了抢险段长度。在来溜方向变化大且与工程交角大的迎溜段，不宜修建拐头丁坝。8月下旬是抢险的紧张阶段，8月28日14时许，12、13坝之间的连坝，因抢护不及，被水流冲断，造成13号坝、14号坝被冲失，12坝基本被冲垮，拐头段被水流冲失，背水坡全线抢险。1976年汛期抢险用料石方为13 047 m³，柳料146万kg，铅丝2 360 kg，绳6 028条，桩636根，草袋100条，工日19 745个。

(四)高青孟口平工堤段

孟口堤段堤距窄，宽仅1.6 km左右。河槽位于河道左半部。右岸孟口堤段受到孟口控导工程的保护,堤防不会靠主溜,在中小水时是安全的。但尽管滩宽仅 0.8 ~ 1.0 km,但上段的漫滩水流大部分要从堤前流过。8 月 25 日该河段洪水开始漫滩、漫控导工程,尤其在孟口控导工程 1 ~ 5 垛及 10 垛上下过流很多,两股流汇合后冲向孟口段大堤,形成严重的顺堤行洪情况。9 月 4 日堤防开始生险,5 日晚堤坡很快坍塌。在 128 + 750 ~ 128 + 950 的 200 m 范围内,最甚处塌宽 8 m、厚 3 m、水深 4 m 左右。平工堤段原无备石,石料缺乏,抢险中本着节约精神,用草袋、麻袋装淤泥枕抛投,以解决缺石的困难。抢护中首先挂柳,再用搂厢,最后用柳石(淤)枕固基。共调用 2 000 多名民工,在解放军战士的帮助下,经过 3 昼夜的紧急抢护方达稳定。抢险用料石方为 20 m³,柳杂料 32 万 kg(其中柳枝 1 万 kg,秸、苇等 31 万 kg),铅丝 275 kg,绳 573 条,桩 400 根,麻袋 4 000 条,草袋 2 500 条,人工 1 万工日,做土方 1 300 m³。为解决此段堤防前的顺堤行洪问题,以后在此堤段修建了防护坝工程,较彻底地解决了问题。

参考文献

[1] 一九七六年汛后兰考东坝头至垦利河口河势工情查勘报告,1976 年 12 月.

开封黑岗口险工 1982 年抢险*

1982 年 8 月 2 日 19 时,黄河花园口站出现了 15 300 m³/s 的洪峰流量,这是 1958 年以来的最大洪水。由于河道淤积,洪水位比 1958 年 22 300 m³/s 洪水的洪水位还高。洪水漫滩,淹没滩地 217.44 万亩。洪水的淤滩刷槽作用明显,滩面一般淤高 0.05 ~ 0.3 m,花园口以下除利津站外,汛末比汛初同流量水位一般下降 0.2 ~ 0.6 m。

1982 年洪水期间,开封市河段黑岗口、柳园口最高洪水位分别为 83.39 m、80.38 m,分别比 1958 年洪水位高 1.27 m、2.09 m。

一、黑岗口险工情况

黑岗口险工在开封市西北,当时位于黄河大堤桩号 74 + 100 ~ 79 + 795,工程长度 5 695 m,裹护长度 4 099 m,坝垛 85 道,其中丁坝 36 道、垛 19 道、护岸 30 段。外形是个凸出型的老险工。

1982 年黑岗口险工抢险严重的坝垛为 19 ~ 29 护岸和 11 护岸至 13 坝。19 ~ 29 护岸是清代顺治十三年(1656 年)开始修建的老工程,靠河概率低,仅 1964 年顺溜靠河,抢过小险,用石少。11 护岸至 14 坝,是清代嘉庆十三年(1808 年)开始修建的老工程,1950 年后 12、14 号坝曾靠大溜抢险。至本次抢险前,上述 15 道坝垛,裹护长度共 758 m,共用石料 20 578 m³,平均每米 27.15 m³,详见表 5-3-1。

黑岗口险工 1965 年进行了全面的根石探摸,1982 年抢险坝垛在 1965 年时的根石探摸深度和坡度见表 5-3-2。

---

* 本文原载于《黄河史志资料》2013 年第 4 期 P2 ~ 13。

表 5-3-1 黑岗口险工 1982 年抢险前坝垛加高及用石量

坝垛号	裹护长度（m）	1974 年前坝顶高程（m）	坝垛加高（m）			用石量（m³）		
			1974 年	1979～1982 年	合计	1974 年前	1974～1982 年	合计
11 护岸	46	85.47	2.04	0.89	2.93	530.05	176.97	707.02
12 坝	62	85.45	1.90	1.05	2.95	1 239.75	271.80	1 511.55
13 护岸	73	85.44	1.84	1.12	2.96	260.71	562.78	823.49
14 坝	76	85.48	2.07	0.85	2.92	1 748.65	1 101.31	2 849.96
19 护岸	66	84.12	3.18	0.78	3.96	560.66	794.27	1 354.93
20 垛	31	84.42	2.88	1.01	3.89	593.33	404.35	997.68
21 护岸	62	83.98	3.32	1.07	4.39	833.16	1 747.58	2 580.74
22 垛	30	84.32	2.98	0.60	3.58	407.74	694.90	1 102.64
23 护岸	61	84.35	2.95	0.65	3.60	456.18	724.32	1 180.50
24 垛	47	84.48	2.82	0.68	3.50	912.44	416.61	1 329.05
25 护岸	39	84.51	2.79	0.96	3.75	715.22	699.54	1 414.76
26 垛	25	84.37	2.93	0.80	3.73	1 046.12	606.16	1 652.28
27 护岸	45	84.35	2.95	0.94	3.89	293.94	608.62	902.56
28 垛	33	84.38	2.92	0.96	3.88	766.46	466.92	1 233.38
29 护岸	62	84.53	2.77	0.87	3.64	289.65	647.94	937.59
合计	758					10 654.06	9 924.07	20 578.13

表 5-3-2 黑岗口险工 1965 年根石探摸成果

坝垛号	探摸断面数	平均根石深度（m）	根石底平均高程（新大沽）（m）	根石最深处			根石平均坡度
				深度（m）	高程（新大沽）（m）	所在部位	
11 护岸	未探摸						
12 坝	6	12.53	67.74	13.0	66.89	坝头	1:1.28
13 护岸	1	3.80	76.00	3.80	76.00		1:1.20
14 坝	8	9.77	70.28	12.75	67.46	坝头	1:1.25
19 护岸	2	4.75	74.60	6.1	73.25		1:1.17
20 垛	3	7.00	72.35	10.1	69.25	上跨角	1:1.12

续表 5-3-2

坝垛号	探摸断面数	平均根石深度（m）	根石底平均高程（新大沽）（m）	根石最深处			根石平均坡度
				深度（m）	高程（新大沽）（m）	所在部位	
21 护岸	2	5.50	73.85	6.5	72.85		1:0.94
22 垛	4	9.75	69.67	12.9	66.59	垛头	1:1.26
23 护岸	1	6.90	72.43	6.9	72.43		1:1.00
24 垛	4	7.85	71.56	10	69.33	垛头	1:1.24
25 护岸	1	8.90	70.40	8.9	70.40		1:1.25
26 垛	3	9.40	69.95	10.4	69.17	上跨角	1:1.14
27 护岸	1	5.40	73.90	5.4	73.90		1:1.33
28 垛	4	9.43	69.82	10.9	68.34	垛头	1:1.06
29 护岸	未探摸						

二、河势及坝垛靠河情况

开封黑岗口险工以上的九堡至黑岗口河段，在 20 世纪六七十年代，河势变化很大，有时走南河、有时走中河、有时走北河，主溜摆动南北宽达六七公里。黑岗口险工以上左岸为大张庄，在这一带走北河时曾塌成畸形小弯道，造成黑岗口段河势大幅度上提，有的会达到黑岗口险工盖坝以上。1982 年前虽在大张庄塌进的小弯道内修建了 3 道较长的丁坝，但仍未改变送溜的不利形式。1982 年洪水期间，大张庄一带河走中泓，洪水过后主溜仍靠大张庄湾，推溜东南，直指黑岗口险工。在落水过程中，还出现"横河"（见图 4-2-4），主溜顶冲黑岗口险工中段。

8 月 5 日,45 ~ 53 号坝（见图 5-3-1）已着大溜，至 9 月 21 日逐步上提到 12 号坝上下。在河势上提的过程中，造成坝垛根石、坦石大量坍塌，有的造成根石、坦石整体墩蛰入水。坝垛护岸具体靠河情况如下：

8 月 1 日 8 时，花园口站流量 5 350 m³/s，黑岗口险工 31 ~ 45 号坝大边溜。

8 月 2 日 5 时，花园口站流量 11 200 m³/s，19 时，花园口站流量 15 300 m³/s，黑岗口险工段河势外移，大河趋中，黑岗口闸门两侧的 30 号坝、31 号坝，距主溜约 400 m，53 号坝距主溜约 300 m，坝垛前均为慢溜。

8 月 3 日 8 时，花园口站流量 13 400 m³/s，黑岗口险工 31 号坝距主溜 700 m，53 号坝距主溜 300 m。

8 月 4 日 8 时，花园口站流量落至 9 200 m³/s，18 时黑岗口险工 31 号坝距主溜 200 m，53 号坝距主溜 150 m。

8 月 5 日 8 时，花园口站流量 5 500 m³/s，9 时黑岗口险工 31 号坝至主溜约 50 m，45 ~

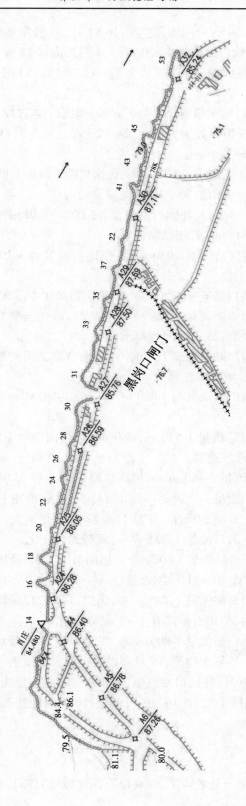

图 5-3-1　黑岗口险工 1982 年出险段位置示意图

53号坝已靠主溜,12时31～53号坝均靠主溜,16时31、33号坝靠溜紧急。

8月7日2～8时,花园口站流量4 820 m³/s,6时黑岗口22垛大边溜,24垛大溜,26～28垛大边溜,30～53号坝大溜。9时河势上提。17时18～33号坝靠大溜,22～24垛靠溜最急。

8月9日8时,花园口站流量落至3 450 m³/s,黑岗口险工18～20垛边溜,22垛大边溜,24、26垛大溜顶冲,25护岸处为大回溜,24～26垛一段为"河脖",主溜河面宽仅约为200 m,28～30号坝靠溜较顺。

8月10日8时,花园口站流量2 620 m³/s,黑岗口险工河势上提,18～20垛边溜,22～24垛大溜顶冲,23护岸处为大回溜,26～30号坝靠溜较顺。

8月11日8时至12日8时,花园口站流量3 5 00～3 840 m³/s,黑岗口险工河势稍外移,18～30号坝大边溜,31～41号坝靠溜较顺。

8月15日8时,花园口站流量6 950 m³/s,黑岗口险工18～20垛大边溜,22～31号坝靠溜较顺。

8月17日8时,花园口站流量4 200 m³/s,黑岗口险工18～33号坝大溜。

8月18日8时,花园口站流量3 780 m³/s,黑岗口险工河势稍上提,16号坝边溜,18号坝大边溜,20～24垛大溜,26～33号坝靠溜较顺。

8月21日8时,花园口站流量2 710 m³/s,黑岗口险工河势略有上提,16号坝边溜,18～20垛大溜,22～31号坝靠溜较顺。

8月22～26日,花园口站流量由2 020 m³/s降到1 480 m³/s,黑岗口险工河势又略有上提,无大的变化。

9月1～5日,花园口站流量1 670～2 780 m³/s,黑岗口险工河势上提到14号坝,大溜顶冲16号坝,20～33号坝边溜。

9月7日,花园口站流量2 460 m³/s,黑岗口险工14～18号坝大溜,顶冲14号坝。

9月10日,花园口站流量1 780 m³/s,黑岗口险工大溜顶冲14、16号坝,13护岸大回溜,12号坝坝头前尚有3 m宽的嫩滩。9月11～12日变化不大,至13日12号坝坝头已着大边溜。14～19日,花园口流量1 300 m³/s,河势无大变化。

9月20日8时,花园口站流量1 800 m³/s,黑岗口险工12号坝坝头着河长10 m,14～18号坝大溜,顶冲14号坝,20～41号坝边溜。

9月21日8时,花园口站流量1 780 m³/s,黑岗口险工12～18号坝大溜,顶冲12、14号坝,11护岸前为大回溜,但坦石前尚有1～3 m宽的嫩滩。

9月22～25日,花园口站流量1 800 m³/s,黑岗口险工10垛垛头时而边溜时而大溜,大溜顶冲12、14号坝,16号坝大边溜,18号坝以下边溜。

9月26日至10月20日,花园口站流量2 500 m³/s左右,黑岗口险工靠溜部位时有提挫变化,但主溜的顶冲范围不出12、14、16三道坝,10垛时为边溜时为回溜,18号坝为边溜或大边溜。

三、险情概况

开封黑岗口险工虽是一处老险工,但其根石深度较浅;1982年洪水是1958年以来的第二大洪水,且在汛期中水持续时间长;黑岗口险工中段长时间靠溜,随着河势的变化,险工靠溜的坝垛护岸也要发生变化,有大溜顶冲、回溜淘刷,有时还要迎接"横河"来溜;在1982年汛期以前进行险工加高改建时,没有采取"退坦加高"的方法,致使新修石料堆放在施工时的滩面上,最严重的在原坦石以外的宽度达3 m。以上情况造成1982年汛期黑岗口险工出险数十次,长期处于严重抢险的局面。险情不仅有一般的坦石、根石坍塌、小蛰慢蛰,还有平墩大蛰、裹护体整体下滑入水的大险。先后出险30坝次(见表5-3-3),其中11、13、21、23、25号五个护岸和26垛,合计长度180 m的裹护体整体墩蛰入水,六七米高的土坝体裸露,情况十分危急。

表5-3-3　黑岗口险工1982年汛期出险情况统计

坝垛号	出险时间	出险情况					靠溜情况
	(月-日 T 时:分)	部位	概况	长(m)	宽(m)	高(m)	
19 护岸	08-07T17:00	坦石下部	下蛰	30	1.5	2	回溜
20 垛	08-07T17:00	坦石下部	下蛰	30	1.5	4.5	大溜
21 护岸	08-07T11:00	坦石下部	下蛰	60	1.5	2	回溜
	08-10T01:17	坦石上半部	小蛰慢蛰	30	1.5	2.5	回溜
	08-19T09:40	护岸下段	坦石平墩下蛰入水	15	2	6	大回溜
22 垛	08-07T11:00	坦石下部	下蛰	30	2	2	大边溜
	08-10T17:00	坦石下部	下蛰	30	1	4	大溜
23 护岸	08-07T11:00	坦石下部	下蛰	50	1.5	2	回溜
	08-10T17:05	护岸下段坦石	平墩下蛰(石顶与水面平)	30	2	5.5	大回溜
24 垛	08-07T04:15	上跨角至下跨角	坦石下部下蛰	40	2	2.5	大边溜
	08-07T11:00	迎水面至垛头	坦石下部下蛰	30	2	1	大溜
	08-11T10:00	垛头	坦石下蛰	20	2	0.5	大边溜
25 护岸	08-07T12:00	护岸中段下段	坦石下部下蛰	39	2	2	回溜
	08-09T19:37	护岸中段下段	坦石全部墩蛰入水0.6~0.8 m	39	2.2	7	大回溜
26 垛	08-07T17:00	迎水面至上跨角	坦石下部下蛰	21	1.5	2	大溜
	08-09T19:37	迎水面至上跨角	长11 m坦石全部墩蛰入水	11	2.5	7	大回溜
			长10 m坦石下部下蛰	10	1.5		大溜
27 护岸	08-09T19:00	护岸中段下段	坦石下部下蛰	30	1.5	2	回溜
28 垛	08-09T19:00	迎水面至上跨角	坦石下部下蛰	20	1.5	1	大溜

续表5-3-3

坝垛号	出险时间	出险情况					靠溜情况
	(月-日 T 时:分)	部位	概况	长(m)	宽(m)	高(m)	
29 护岸	08-08T14:00	护岸中段下段	坦石下部下蛰	30	1.5	1	回溜
13 护岸	09-10T05:30	护岸中段下段	坦石墩蛰入水,最深处入水3 m	50	1.5	8	大回溜
	09-12T07:30	护岸中段下段	抢险新抛坦石下蛰	40	1.5	0.8	回溜
11 护岸	09-22T04:45	坦石	坦石墩蛰入水	35	1.5	7	大回溜
	09-22T05:45	土坝体	土坝体弧形下滑,最宽5 m	35	3.5	4	大回溜
12 坝	09-20T06:00	背水面	坦石下蛰	15	1	0.5	回溜
13 护岸	09-20T05:00	上首	坦石下蛰	22	2	0.7	回溜
14 坝	09-20T05:00	下跨角	根石裂缝下蛰	10	1.2	0.2	回溜
	09-24T04:15	迎水面	根石下蛰	20	2	3	大溜
	09-25T03:40	迎水面	坦石下蛰	35	1.5	0.3	大溜
	09-27T11:00	迎水面	根石下蛰	30	2	5	大溜
	09-28T16:30	迎水面	根石下蛰	20	2	5	大溜

四、三批大抢险

(一)19 护岸至 29 护岸 8 月 9~21 日抢险

8 月 7 日因受边溜、大溜的冲刷,在 1982 年上半年以前抛在滩地上的坦石普遍下蛰。8 月 8 日 10 时 24、26 垛(见图 5-3-1)靠溜渐紧,9 日 10 时呈大溜顶冲。为了防止出险,下午组织一百余人,开始抛铅丝石笼加固。

8 月 9 日早晨,25 护岸边口以里 2 m 处出现一条纵向裂缝,长 35 m,宽约 1 cm;24 垛下跨角边口以里 1.5 m 处也出现一条不太明显的细缝,长 15 m。9 日 14 时 30 分,25 护岸坦石轻微下蛰,长 20 m、宽 1.5 m、下蛰最深处 0.2 m。20 分钟后,组织 40 多人抛铅丝石笼、抛石抢护。主溜顶冲愈来愈紧。9 日 19 时 37 分,25 护岸中段、下段长 39 m,26 垛迎水面 11 m,共长 50 m 的坦石全部整体墩蛰入水,墩蛰后石面在水面以下 0.6~0.8 m,石顶宽 1~1.5 m。坦石墩蛰后 7 m 高的土坝体裸露在外,情况危急。坦石墩蛰后,推溜稍外移,回溜减轻。立即组织抢险,当时天黑,迅速架设照明设备。因下雨路滑,抢险环境差。组织 200 余人抛石抢护,同时分派 10 万 kg 柳枝,马上砍运。抛石 1 个多小时后,石出水面,3 个小时后,石出水 3 m 左右,8 个小时恢复了工程原状,用石 800 m³,经探摸水下根石已达 10 m 左右。

　　25 护岸墩蛰后,19、21、23 护岸又出现了长 189 m、缝宽 2 cm 左右的裂缝。8 月 10 日凌晨 1 时 17 分,21 护岸上半段长 30 m 的坦石下蛰约 2.5 m。一夜时间有 8 道坝垛护岸出险,长 270 m。抢险时降雨不停,在天黑、路滑条件下进行抛石、抛笼抢险。

　　8 月 10 日,组织 2 200 多人的军民抢险队伍参加抢险。降雨后道路泥泞,堤顶道路也不能行车,汽车也无法利用,只能步行踩泥到工地,集中抢险人员到工地十分困难。10 日上午 23 护岸上的裂缝有所发展,下午出现坦石下蛰现象。15 时裂缝发展,坦石下蛰 0.5 m 左右,接着抛了 5 个铅丝石笼,17 时 5 分,23 护岸下段长 30 m 的坦石墩蛰,石顶与水面平,有的至水面下 0.2 m,五六米高的土坝体裸露在外。当时抢险队伍主要为开封市各单位的职工,为加快抢险速度,随调正在轮班休息的解放军战士参加抢险。由于就近只有石料,砍运柳枝来不及,仍采用突击抛散石的办法抢护,以尽快恢复工程原状。

　　23 护岸、25 护岸险情,都是裹护体整体墩蛰入水,即沿块石与土坝体的结合面下墩入水的。图 5-3-2 是出险前的断面示意图,在整体墩蛰时,坝垛前的冲刷坑底高程会低于根石底高程。

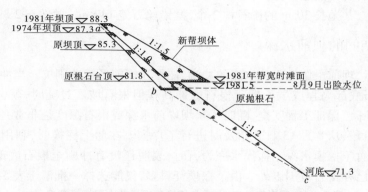

图 5-3-2　黑岗口险工 1982 年 21～26 垛断面示意图

　　8 月 9～11 日,依照险情及所在部位进行抢护,重点部位抛铅丝石笼 2 排、一般部位抛铅丝石笼 1 排、次要部位抛散石。坦石过厚的向内捡出根石台,捡的石料下抛。8 月 13～21 日,组织 275 人(其中工程班 65 人)对 19～29 护岸、裹护长 501 m 进行抢险加固,抛铅丝石笼 3 244 m³,抛散石 3 308 m³。

　　(二)13 护岸 9 月 10～15 日抢险

　　9 月 6 日,大溜顶冲 14 号坝,回溜淘刷 13 护岸前的嫩滩。8 日 13 时,护岸根石靠回溜长 20 m,9 日下午靠回溜 35 m。10 日 5 时 30 分,13 护岸长 50 m 的根石和坦石整体墩蛰入水,严重处入水 3 m。13 护岸坦石以外,原来生长有 3 把粗(树干周长约 0.6 m)、8 m高的柳树,随着根石、坦石墩蛰入水,被向前推移了 10 m 远,在水中露着树头。数月之后仍屹立在水流之中。险情发生后组织 150 人进行抢险。先抛柳石枕,枕出水后抛石压枕,完成根石后再抛石还坦。

　　9 月 12 日 7 时 30 分,40 m 长的新抛坦石又下蛰 0.8 m。继续进行抢护,并在枕外抛铅丝石笼加固,上部加修眉子土等。至 15 日抢险结束,共抛长 10 m 的柳石枕 5 个,铅丝石笼 70 m³,散石 883 m³。

（三）11 护岸至 14 号坝 9 月 22～28 日抢险

在水流作用下,9 月 20 日 5 时,13 护岸在回溜淘刷下,长 20 m 的根石、坦石下蛰;14 号坝根石出现裂缝下蛰;9 月 20 日 6 时,12 号坝背水面坦石下蛰。出险后立即组织力量进行了抢护,恢复了工程原貌。

9 月 21 日,受 12 号坝大溜顶冲的影响,11 护岸前出现大回溜,塌失嫩滩。22 日 4 时 45 分,35 m 长的坦石整体墩蛰入水,土坝体外露,在以后的 1 个小时内,长 35 m、均宽 3.5 m、最宽 5 m 的土坝体,下滑高 4 m,险情严重。但出险后护岸前溜势变缓,距护岸 10～12 m 内水深仅 4 m。22 日晨组织 120 人进行抢险。一方面在 11 护岸与 12 号坝的交界处抛石固基,迎托回溜外移;一方面在坍塌处清除原基础上的土方,接着抛柳石枕,枕上、枕外适当抛石,填土坝体,再抛石还坦。

14 号坝,9 月 24 日迎水面长 20 m 的根石下蛰 3 m;9 月 27 日,迎水面长 30 m 的根石下蛰 5 m;9 月 28 日,迎水面长 20 m 的根石下蛰 5 m。出险以后,均及时组织力量,采用抛铅丝石笼、抛散石的方法进行抢护,直至恢复工程原状。

本批抢险中,共抛长 30 m 的柳石枕 2 个,抛铅丝石笼 140 m³,抛散石 2 399 m³。

五、抢险期间的坝前水深

险工靠河后,坝前土体经不住水流的冲淘,往往在坝前形成冲刷坑。当冲刷坑底部高程低于坝垛根石底部高程或虽不低于根石底部高程但根石坡度过陡时,就会出现险情。为了及时进行抢险,保证工程安全,随时了解坝垛前水深或根石深度是非常必要的。在黑岗口险工抢险阶段,从 8 月 13 日开始及时进行了探摸。在船上探摸时,利用铅鱼探摸水深,水浅时利用竹竿探摸水深。探摸水底为石时,表明还没有冲刷至根石底部;水底为泥时,表明探摸处已在根石范围以外。由于探摸资料多,仅能选择一批汇于表 5-3-4 中。

表 5-3-4　黑岗口险工 1982 年抢险各坝坝前水深探摸情况

坝垛号	时间（月-日）	断面位置	当日水位（m）	探摸情况			
				至岸边宽（m）	水深（m）	水底情况	水底高程（m）
19 护岸	08-14	中部	81.84	5	3.5	石	78.34
		中部	81.84	15	5.5	泥	76.34
	08-17	西半段中部	81.80	5	4.5	石	77.30
		西半段中部	81.80	12	13	泥	68.80
	08-18	东半段中部	81.24	10	7	石	74.24
		东半段中部	81.24	15	9	泥	72.22
	08-28	西半段中部	80.39	11	7.9	石	72.49
		西半段中部	80.39	14	8.2	泥	72.19

续表 5-3-4

坝垛号	时间（月-日）	断面位置	当日水位（m）	探摸情况			
				至岸边宽（m）	水深（m）	水底情况	水底高程（m）
20 垛	08-14	垛头	81.84	5	4.9	石	76.94
		垛头	81.84	10	6	泥	75.84
	08-18	上跨角	81.69	10	9	石	72.69
	08-20	上跨角	80.92	10	8	石	72.92
		上跨角	80.92	15	10.8	泥	70.12
		垛头	80.92	13	8	石	72.92
	08-21	垛头	80.96	10	6.5	石	74.46
21 护岸	08-14	中部	81.84	11	6.5	石	75.34
		中部	81.84	17	7	泥	74.84
	08-16	中部	82.03	5	4.5	石	77.53
		中部	82.03	10	8	泥	74.03
	08-18	西半段中部	81.69	15	9	石	72.69
		中部	81.69	14	9	石	72.69
		东半部中部	81.69	13	12.5	石	69.19
	08-20	中部	80.92	15	8.5	石	72.42
22 垛	08-14	上跨角	81.84	10	10	石	71.84
		上跨角	81.84	15	10	泥	71.84
		下跨角	81.84	15	9	石	72.84
		上跨角	81.84	11	10	泥	71.84
		上跨角	81.84	15	10	泥	71.84
	08-19	垛头	81.24	10	7.5	石	73.74
		垛头	81.24	15	10	泥	71.24

续表 5-3-4

坝垛号	时间（月-日）	断面位置	当日水位（m）	探摸情况			
				至岸边宽（m）	水深（m）	水底情况	水底高程（m）
23 护岸	08-14	中部	81.84	10	7	石	74.84
		中部	81.84	17	9	泥	72.84
	08-16	中部	82.03	12	9	泥	73.03
		东半段中部	82.03	6	5.3	石	76.73
		东半段中部	82.03	11	10.5	泥	71.53
	08-19	东半段中部	81.24	10	9	石	72.24
		东半段中部	81.24	15	13	石	68.24
		中部	81.24	10	8.5	泥	72.74
	08-20	中部	80.92	10	8	石	72.92
		中部	80.92	15	9	泥	71.92
		西半段中部	80.92	10	7.5	泥	73.42
		西半段中部	80.92	15	9	泥	71.92
24 垛	08-13	上跨角	81.67	5	4.4	石	77.27
		上跨角	81.67	9	7.2	泥	74.47
	08-14	上跨角	81.84	15	10	石	71.84
		上跨角	81.84	10	9	泥	72.84
		下跨角	81.84	10	8	石	73.84
		下跨角	81.84	15	10	石、泥	71.84
	08-18	上跨角	81.69	15	12	石	69.69
	08-19	垛头	81.24	10	7	石	74.24
25 护岸	08-14	中部	81.84	10	8	石	73.84
		中部	81.84	13	8	泥	73.84
	08-19	西半段中部	81.24	15	10	石	71.24
		中部	81.24	10	9	泥	72.24
		中部	81.24	15	10	泥	71.24
		东半段中部	81.24	15	9.5	石	71.74
	08-20	中部	80.92	5	4.8	石	76.12
		中部	80.92	15	7.5	泥	73.42

续表 5-3-4

坝垛号	时间 （月-日）	断面位置	当日水位 （m）	探摸情况			
				至岸边宽 （m）	水深 （m）	水底情况	水底高程 （m）
26 垛	08-14	垛头	81.84	17	11	石	70.84
		上跨角	81.84	11	10	泥	71.84
	08-18	上跨角	81.69	10	9	石	72.69
		上跨角	81.69	15	11	石	70.69
		垛头	81.69	8	10	石	71.69
		垛头	81.69	15	14	石	67.69
	08-19	上跨角	81.24	10	9	石	72.24
		上跨角	81.24	15	10	石	71.24
27 护岸	08-14	中部	81.84	10	9	泥	72.84
		中部	81.84	15	12	石	69.84
	08-15	东半段中部	82.34	9	10	泥	72.34
		东半段中部	82.34	15	10	石	72.34
		中部	82.34	12	10	石	72.34
		西半段中部	82.34	14	12	石	70.34
	08-19	西半段中部	81.24	15	9	石	72.24
		中部	81.24	12	10	石	71.24
		中部	81.24	15	11	石	70.24
		东半段中部	81.24	15	11	石	70.24
	08-20	中部	80.92	15	11	泥	69.92
28 垛	08-14	上跨角	81.84	10	9	石	72.84
		上跨角	81.84	15	10	石	71.84
	08-19	垛头	81.24	15	10	石	71.24
		迎水面	81.24	10	11	石	70.24
	08-20	上跨角	80.96	10	11	石	69.96
		上跨角	80.96	15	12.5	泥	68.46

续表 5-3-4

坝垛号	时间 （月-日）	断面位置	当日水位 （m）	探摸情况			
				至岸边宽 （m）	水深 （m）	水底情况	水底高程 （m）
29 护岸	08-13	中部	81.67	8	8	石	73.67
	08-15	西半段中部	82.34	11	11	泥	71.34
		西半段中部	82.34	16	12	泥	70.34
		中部	82.34	13	12	石	70.34
		东半段中部	82.34	12	11	石	71.34
		东半段中部	82.34	16	12	泥	70.34
	08-19	中部	81.24	10	9	石	72.24
		中部	81.24	15	11.5	泥	69.74
		西半段中部	81.24	15	11.5	石	69.74
11 护岸	09-23	中部	81.07	10	4	石	77.07
13 护岸	09-10	东端	81.00	10	5	石	76.00
	09-23	中偏西	81.07	10	7.3	石	73.77
14 坝	09-23	迎水面	81.07	8	8	石	73.07
		迎水面	81.07	15	11	泥	70.07
		迎水面	81.07	20	13	泥	68.07

六、抢险用料

据统计,8 月 9 日~21 日、9 月 10~15 日、9 月 22 日至 10 月 20 日三个抢险阶段,共抛铅丝石笼 1 144 个,体积 3 454 m³,抛柳石枕长 80 m,体积 60 m³,抛散石 6 590.35 m³,修做土方 724.39 m³。共用石料 10 060.35 m³,铅丝 19 008 kg,柳枝 10 000 kg。共用人工 7 581 工日,其中工程队员技工 1 388 工日,详见表 5-3-5。

表 5-3-5　黑岗口险工 1982 年汛期各坝垛抢险实用工料

坝垛号	裹护长度（m）	抛铅丝石笼（m³）	抛散石（m³）	抛柳石枕（m³）	修做土方（m³）	实用料物			实用人工（工日）		
						石料（m³）	铅丝（kg）	柳枝（kg）	工程队员	民工	合计
11 护岸	46		453.45	22.5	374.29	459.45		4 000	110.5	430	540.5
12 坝	62	14	786		38.37	800	68		121.5	170	291.5
13 护岸	73	70	903.01	37.5	225.3	983.01	340	6 000	275	658	933
14 坝	76	126	1 139.89		86.43	1 265.89	612		247	202	449
19 护岸	66	170	230			400	988		38	289	327
20 垛	31	353.5	212.5			566	1 717		55	409	464
21 护岸	62	220	400			620	1 170		60	448	508
22 垛	30	485	236			721	2 589		70	521	591
23 护岸	61	252	565			817	1 366		79	590	669
24 垛	47	511.5	313.5			825	3 306		80	596	676
25 护岸	39	304	830			1 134	1 720		110	819	929
26 垛	25	128	391			519	784		50	375	425
27 护岸	45	293	40			333	1 626		32	240	272
28 垛	33	335.5	33.5			369	1 731		36	266	302
29 护岸	62	191.5	56.5			248	991		24	180	204
合计	758	3 454	6 590.35	60	724.39	10 060.35	19 008	10 000	1 388	6 193	7 581

说明：1. 铅丝石笼共 1 144 个，3 454 m³，两种规格，3.5 m³ 的 924 个，1.0 m³ 的 220 个。

2. 柳石枕共 7 个，60 m³，两种规格，长 30 m 的 2 个，体积 22.5 m³，长 10 m 的 5 个，体积 37.5 m³。

参 考 文 献

[1] 开封市修防处. 黑岗口险工 1982 年抢险工程技术总结. 1982 年 12 月 6 日.

[2] 沈鸿信. 开封市黑岗口险工抢险情况及体会[J]. 人民黄河,1982(6):14-15.

黄河下游 1988 年 8 月洪水期河势工情简析及
重大险情抢护 *

　　1988 年 8 月 9 日之后,在短短的十几天时间内,黄河下游连续发生了 4 次洪水。花园口水文站洪峰流量分别为 6 400 m³/s、6 300 m³/s、6 900 m³/s、6 620 m³/s。洪水的特点是:洪峰连续出现,中水持续时间长,花园口站流量大于 3 000 m³/s 时间达 18 d,大于 5 000 m³/s 时间达 8 d 多;总水量较大,8 月总水量较多年平均偏多32%,由于洪水主要来自中游,洪水期含沙量较高,最大含沙量花园口站和夹河滩站分别为 211 kg/m³、201 kg/m³,夹河滩至利津各站也都在 100 kg/m³ 以上,花园口至夹河滩河段在这 4 次大于 6 000 m³/s的洪水传播中,比正常情况慢了 10 h,出现这种情况与该河段水位表现高,水流漫滩有关。

　　洪水期间,兰考东坝头以上河段及濮阳南小堤上延控导工程上下河势变化较大,险工和控导工程险情多、发展快、出险时间集中,险象连续,而且险情严重。据统计汛期险工和控导工程共出险 208 处,942 道坝,1 592 坝次。其中,险情较大的有郑州三坝,中牟九堡、梁山路那里、历城盖家沟等险工以及原阳双井、大张庄,东明老君堂,长清桃园,长垣榆林等控导工程。抢险共用石料 13. 68 万 m³,柳料 615 万 kg。

一、河势

　　8 月河势总的情况为:大部分工程在大水时外移、下挫,洪峰过后又里靠上提。东坝头以上河段,由于未进行系统地治理,河势变化相对较大,东坝头至高村河段,连续枯水后出现的不利河弯,得到了一定的调整,河势向有利方面转化,高村以下除南小堤及连山寺工程河势变化较大外,其他工程的靠河情况无明显变化。

　　在洪水期间,河势变化较大的工程有:①巩县赵沟至温县大玉兰河段。汛前赵沟工程不靠河,大河于其以下滩地坐一死弯,折转向北,绕过化工工程,塌滩坐弯;大玉兰工程也不起控制河势作用。8 月 16 日前后,大河裁去了北岸的陡弯,主溜滑过赵沟工程后,直趋大玉兰工程。②原阳马庄至大张庄河段。洪水前马庄控导工程全部靠河,第一次洪峰过后,大河南移,工程中下游仅有一股小水。双井控导工程汛前并不靠河,8 月 10 日下端靠溜,洪水过后又全部脱河。大张庄工程洪水前不靠主溜,洪水期大溜顶冲抢险,洪峰过后又脱河。③兰考东坝头河段。几年来该河段形成的 U 形河弯,在首次洪峰前弯颈处宽仅 200 m,东坝头险工有脱河的危险。经过洪水调整,恢复了南河流路。④高村河段。青庄和高村两险工,近几年一直不靠河,滩地坍塌,并对以下河势产生不利影响。8 月洪水时青庄险工靠溜并上提,以下河势逐步调整,洪水后高村险工已出现了靠河的形势。

二、险情

　　1988 年 8 月黄河下游处于平槽流量 5 000 m³/s 上下的时间较长,水流造床能力强,

* 本文由胡一三、陈六连、曾日新、杜庆生撰写,原载于《人民黄河》1989 年第 5 期 P19 ~ 22。

原有的不利河势部分得到了调整,但同时也出现了较多的险情。1988 年汛期险工、控导工程共出险 208 处,942 坝,1 592 坝次,抢险用石 13.68 万 m³,柳秸料 615 万 kg。险情发生的时间比较集中,大部分都在 8 月 4 次洪水期间,其中多处是在横河顶冲下发生的,险情发展快,有的在一天甚至数小时内就发展成大险。在抢护过程中,由于河势的上提下挫,常常出现数坝接连出险的情况。7 月、8 月共出险 208 处,868 道坝,1 402 次(占全年的 88%)。共用石 11.97 万 m³,柳料 615 万 kg,铅丝 137.5 t,工日 12.8 万个。这些险情主要集中在 8 月 10 ~ 25 日的连续洪峰期。如郑州三坝、中牟九堡、历城盖家沟、济阳葛家店等险工以及原阳双井、大张庄,东明老君堂,长清桃园等控导工程,均发生了较大的险情。1984 年 8 月上旬,花园口站洪峰流量 6 990 m³/s,与 1988 年 8 月的洪峰流量大体相当,但出险坝垛较 1988 年少了 133 坝次。连续的中水作用造成一些工程连续出险,如三坝险工有 15 道坝出险,其中一天出险即达 7 道坝之多,老君堂控导工程 21 ~ 27 号坝也是连续发生险情的。还有一些老险工也坍塌根石出险,如梁山路那里险工的 29、32、34 号坝,靠溜后相继出险,29 号坝曾抢险多次,用石量超过 1 万 m³,在 8 月洪水到来之后,坦石又突然下蛰,抢护用石 400 余 m³。在溜势集中,水流顶冲的坝垛,尤其是根石较浅的新修坝垛,险情更为严重。例如,双井控导工程 33 号坝和 32 号坝在洪水到来之前本不靠河。8 月 9 日花园口站 6 400 m³/s 洪水到来之后,10 日双井最下首的 33 号坝即行着溜,首先坝头处 20 余米坍塌出险,经抛枕抢护曾一度稳住了险情,但由于大河受滩面约束,河宽缩窄,且流量还保持在 5 000 m³/s 以上,坝前水深约 12 m,流速大,淘刷力强,加之为新修工程,在大溜顶冲下新抢坝段再次坍塌入水并又新增坍塌长度 20 多 m,入水深 3 ~ 4 m,后经 13 ~ 15 日连续抢护,险情才稳定下来。双井控导工程 33 号坝此次出险共坍塌长 96 m,最大坍宽 4 m。随着河势上提,32 号坝拐头 15 日上午开始靠溜,下午 5 时即进入紧张抢险。迎水面上跨角部位,坦石连同土坝体一起蛰入水中。因坍塌速度快,抢护不及,坝的拐头处上口被迫后退,致使坝的前部成近于斜线型的坝头。32 号坝共坍塌长 102 m,最大坍宽 6 m,至 17 日险情始得以控制。双井工程此次抢险,调用了民工、机动抢险队以及部队,共 1 000 多人,主要采用搂厢和推枕的方法,计用石 3 947 m³,柳秸料 90 万 kg,工日 7 466 个。又如长垣榆林控导工程下段的 25 坝和 26 坝,也是新修工程。洪水到来后,根据河势情况、预计险工有靠河的趋势,进而作好了人员、料物及现场照明的准备。8 月 21 日,25 坝上跨角部分坦石和土坝体滑塌入水,长约 25 m,最大宽 8 m,深 6 m。采用了先搂厢后抛枕的办法,经一天的紧张抢护,刚刚缓和,26 坝又出新险,又立即进行抢护。榆林工程此次抢险,共用石 1 300 m³,柳 19 万 kg,工日 600 个。

三、重大险情抢护举例

(一)郑州三坝险工抢险

三坝险工是 260 多年前修建的老险工,20 世纪 50 年代时,险工前是几千米宽的沙土滩地,1964 年以后时而靠河,时而脱河。1988 年汛前险工前河分两股,主溜在北,险工仅 2、4 号坝靠水(见图 5-4-1)。入汛以后,来潼寨河势下滑,主溜靠三坝险工。8 月 13 日,花园口站流量 4 000 m³/s,险工前出现横河,以 70°左右的角度冲向 14 号坝和 15 号坝,河面最窄处约 200 多 m,坝前冲击波浪 0.8 ~ 1.0 m。三坝险工根石最大深度仅 12 m,一般只有 7 ~ 8 m,且多由尺度小的乱石抛填而成,因此当遇到大溜顶冲时,诸坝连续出险,一天之内出险坝垛竟有 7 道之多,14 号坝上跨角 20 m 长的一段,根石、坦石,连同 1.5 m 宽的土坝体,在不到 1 h 的时间内下蛰入水,根石入水深达 5 m,坦石全部入水,水下坡度均不到 1∶1;15 号坝坝头 15 m 长的一段根石也全部坍塌入水,此时河势提挫变化不止,8 月 14 日已上提到 5 号坝,由下到上,从 21 号坝至 5 号坝相继出险。14 日晚,来潼寨大坝前出现横河,该坝挑溜能力增强,下首溜势外移,从而缓解了三坝险工的险情,至 8 月 16 日险情得到了控制。

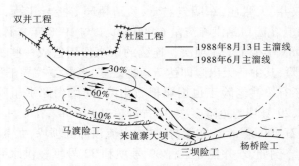

图 5-4-1　郑州三坝险工抢险河势

　　三坝险工出险后,立即安排抢护,除组织 100 多人的专业抢险队伍外,还抽调了机动抢险队,并安排 500 多名民工参加紧急抢险。鉴于来溜角度大,溜急淘刷力强,丁坝根石较浅,险情发展快,可筹集的软料较少等情况,经研究决定采用抛铅丝石笼与抛散石相结合的办法进行抢护。即在 9 ~ 14 号坝受大溜顶冲的部位,每 5 ~ 6 m 抛一笼堆,根石顶宽不足 1 m 的抛 2 排笼,顶宽超过 1 m 的抛 1 排笼。一般每堆抛笼 8 ~ 12 个,最多的达 18 个。笼堆之间抛散石(见图 5-4-2)。对于水下根石不陡而非大溜顶冲的部位抛散石抢护。

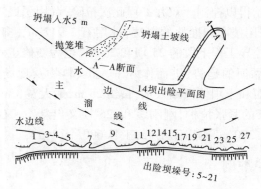

图 5-4-2　三坝险工抢险位置图

　　从 8 月 13 ~ 16 日,共计抢险用石 2 500 多 m³,抛笼 257 个,用柳枝 0.8 万 kg,用工 6 700 多个工日,汽车等 110 多个台班。

(二)东明老君堂控导工程抢险

　　老君堂工程的靠溜部位,与来溜方向和流量大小关系密切,一般情况是:当流量 $Q <$

2 000 m³/s 时，主溜靠 10~20 号坝；当 Q = 2 000~4 000 m³/s 时，主溜靠 15~22 号坝，当 Q = 4 000~6 000 m³/s 时，主溜靠 20~27 号坝。1988 年 8 月连续出现 4 次洪水期间，当地流量多为 4 000~6 000 m³/s，老君堂工程一直是下段紧靠大溜，且以 26、27 号坝吃溜最重。因该段坝的根石浅，河床又为沙土，受溜后 21~27 号坝相继出险。8 月 17 日 22 时 15 分，受大溜顶冲的 26 号坝迎水面的坦石及根石发生墩蛰，长 20 m，并不断向坝头及坝根发展，18 日 0 时 30 分，下蛰长度发展到 40 余 m，到 18 日 15 时 30 分，整个迎水面及坝前头均出现了墩蛰，部分坝基土体也坍塌入水，坍塌长度 220 m，一般宽 8~9 m。由于水流冲刷集中，虽经抢护，险情仍不断发展，尤其在迎水面后段的回流区，坍塌速度更猛，水下塌成阶梯形，最严重时，坝顶宽仅剩下 3 m（见图 5-4-3），大有跑坝的危险。

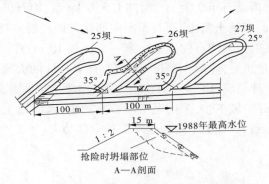

图 5-4-3　老君堂工程 26 坝出险图

在 26 号坝出险以前，21~27 号坝已出现过几次小险。因工程上下有人经常查险，及时发现了险情，并及时进行了抢护。同样，26 号坝墩蛰出险半小时后，即已动手抢护，18 日 0 时 30 分，抢险人员已增至 100 多人。除利用坝面备防石外，及时就近调运了软料。针对新修坝垛基础浅，河床又为沙土的情况，首先利用柳石枕进行护坡、护根，控制险情，继而用铅丝石笼固根。经过 48 h 的激烈奋战，基本控制住了险情。

此次老君堂控导工程抢险，共抢 33 坝次，用石 3 903 m³，用柳料 13.26 万 kg，除运送软料人员外，直接参加抢险者有 150 人，用工日 6 536 个。其中 26 号坝抢险 11 次，用石 1 911 m³，柳料 10.96 万 kg，土方 1 216 m³，铅丝 1 315 kg，工日 3 701 个。

（三）长清桃园控导工程抢险

桃园控导工程修于 1969 年，建成后经常靠溜。由于桃园工程以下河道为一 Ω 河弯（见图 5-4-4），在中水时间长的 1976 年洪水期间，该工程漫顶，中部工程被冲垮，沿弯颈处过流占 60%，直冲对岸韩刘险工下首，最大水深达 6.7 m。大水后修复时部分坝头较前后退 100 m 左右，致使 13、14 号坝明显突出，13 号坝以上成为一陡弯。桃园工程的靠溜部位与流量的大小有关，近几年来一般是当 Q < 1 000 m³/s 时，3 号坝以上靠溜，当 Q = 1 000~3 000 m³/s 时，5~7 号坝靠大边溜，当 Q > 5 000 m³/s 时，大溜顶冲 13 号坝。1988 年 8 月大河流量多在 5 000 m³/s 左右，17~18 日艾山站为 5 400~5 660 m³/s。由于大溜直冲 13、14 号坝，两坝的根石浅，河床又为沙土，致使发生严重险情。

8 月 17 日 7 时许，13 号坝坝头石护坡蛰动，14 号坝也出现了滑动迹象，遂组织抢险队伍和民工，采用挂柳缓冲，抛散石护坡，并抛了几个小柳石枕。因水大流急，坝前水深

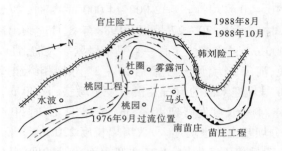

图 5-4-4　桃园工程 1988 年 8 月中旬河势图

7~10 m,枕小不能下沉,再抛石 400 余 m³、用柳 1.5 万 kg 后,坦石仍继续下滑,13 号坝护坡下垫长 65 m,垫下 2 m,坝基土露出,而且不断向恶化方面发展。18 日上午调机动抢险队到达工地,下午 1 时改用抛大柳石枕抢护。第一个枕长 10 m,直径 1.2 m,枕沉下后龙筋绳被冲断。又改用双龙筋绳,连抛 8 个长 10 m、直径 1.0 m 的大柳石枕。因柳枝用完,改用抛铅丝石笼。至 19 日早晨,13 号坝的险情才得基本控制(见图 5-4-5)。14 号坝在回溜淘刷下,坝头以上 40 m 护坡下垫,采用抛铅丝石笼护根,水面以上抛乱石的方法护坡,控制了该坝险情的发展,到 20 日上午两坝抢险工程全部结束。

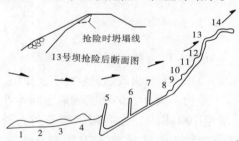

图 5-4-5　桃园工程 13 号坝出险情况图

在桃园工程这次抢险中,调用解放军 200 人,专业及群众抢险人员 1 500 多人,机动车辆 200 余部,用石 2 800 m³,铅丝 10 670 kg,柳枝 5 万 kg,人工 4 000 多工日。

四、几点认识

(1)在中水持续时间长的洪水期,认真分析河势,及时查险,并作好抢险准备工作,是尽快控制险情,减少抢险用工用料,战胜洪水的关键。老君堂工程 26 号坝如不及时发现险情,并立即组织抢护,有可能重蹈 1984 年跑坝的复辙。长垣榆林控导工程的 25 号坝,是新建坝,由于事先分析了河势,作好了抢险的人力、料物等准备,出险后仅 1 d 即稳定了险情。

(2)黄河是多沙河流,应充分利用柳枝具有缓溜落淤的特点,采用柳石搂厢或柳石枕的方法,可较快地控制险情,8 月桃园 13 号坝的抢险过程就说明了这一点。

(3)险工和控导工程必须加强管理。及时探摸根石,搞好维修、加固工作,提高工程的强度,是赢得抗洪胜利的必备条件,同时要备足防汛料物,缩短运料时间,一旦发生险情,即可尽快抢护。

黄河下游"96·8"洪水及河势工情[*]

1996 年 7 月下旬至 8 月上旬黄河晋陕区间及三门峡至花园口区间(简称三花区间)发生两次较大范围降雨,黄河下游花园口站分别于 8 月 5 日 14 时、13 日 4 时 30 分出现一号和二号洪峰,洪峰流量分别为 7 600 m^3/s、5 520 m^3/s,一、二号洪峰演进至孙口站已合并为一次洪水过程,孙口站 14 日 24 时洪峰流量为 5 540 m^3/s,8 月 20 日 23 时以 4 100 m^3/s 洪峰流量通过利津站进入河口地区。这次洪水称为"96·8"洪水。

一、洪水来源

(一)花园口站一号洪峰来源

花园口站一号洪水由三门峡以上来水和三花区间暴雨洪水两部分组成。

1. 三门峡以上来水

7 月 31 日晋陕区间部分地区降中到大雨,局部暴雨,致使该区间窟野河、秃尾河、延河、清涧河、无定河等支流相继涨水。龙门站 8 月 1 日 16 时 54 分和 2 日 6 时 36 分先后出现两个洪峰,流量分别为 4 820 m^3/s(本文所引用的黄河水文要素均为报汛数值)和 3 620 m^3/s,1 日 20 时出现最大含沙量 444 kg/m^3。经小北干流漫滩削峰和渭、洛河加水,潼关站于 8 月 2 日 20 时洪峰流量为 4 350 m^3/s,同时出现最大含沙量 306 kg/m^3。3 日 9 时 12 分三门峡出最大流量为 4 220 m^3/s,沙峰滞后洪峰近 1 h,含沙量为 318 kg/m^3。

2. 三花区间来水

受 8 号台风倒槽云系影响,8 月 2～4 日三花区间普降中到大雨,部分地区降暴雨到大暴雨,主雨区在伊河、洛河、沁河中下游及三花干流区间。三花区间有 58 个站日平均降雨量达 50 mm 以上,其中降雨大于 50 mm 的面积 50 000 km^2,大于 100 mm 的面积 32 000 km^2,大于 200 mm 的面积 3 000 km^2;蟒河赵堡、大封最大 6 h 降雨量分别为 190 mm 和 101 mm。同时,4 日 10 时洛河黑石关站出现自 1984 年以来的最大洪水,洪峰流量 1 960 m^3/s,1 000 m^3/s 以上流量持续 39 h;沁河五龙口站 5 日 12 时 30 分出现 1 280 m^3/s 的洪峰,5 日 22 时洪峰演进至武陟,流量为 1 640 m^3/s,1 000 m^3/s 以上流量历时 46.7 h,为该站 1982 年以来的最大洪水。

由于前期土壤湿润,此次大面积降雨使三门峡至小浪底区间产流大,与三门峡以上来水叠加后,小浪底站于 7 月 31 日 24 时和 8 月 4 日 2 时分别出现最大流量为 4 760 m^3/s 和 5 000 m^3/s 的洪峰,洪峰明显较三门峡站的胖,洪量也较三门峡站的多 3.48 亿 m^3,4 000 m^3/s 以上流量历时 24 h。其中,前一个洪峰于 2 日 6 时到达花园口,洪峰流量为 3 900 m^3/s,沙峰先于洪峰 22 h,最大含沙量为 290 kg/m^3,进入夹河滩后形成下游基流。后一个洪峰为花园口站一号洪峰的主要组成部分。

3. 花园口站洪水

洛河洪水与黄河干流洪水遭遇,并经滩区滞洪调蓄后,又与沁河洪水相遇,5 日 14 时

[*] 本文由胡一三、曹常胜撰写,原载于《人民黄河》1997 年第 5 期,P1～8。

出现花园口站第一号洪峰,流量 7 600 m³/s,洪峰水位 94.73 m(大沽高程,下同)。由于伊河、洛河、沁河退水过程较为缓慢,花园口站 5 000 m³/s 以上洪水持续时间达 53 h,相应洪量为 11.6 亿 m³。洪水期间平均含沙量 56 kg/m³,3 日 20 时最大含沙量为 136 kg/m³。

(二)花园口站二号洪峰来源

8 月 9 日晋陕区间普降中到大雨,局部暴雨。皇甫川皇甫站 9 日 11 时 18 分洪峰流量 5 900 m³/s;窟野河温家川站 9 日 16 时 30 分洪峰流量 9 800 m³/s,干支流洪水相遇,9 日 23 时 12 分形成黄河吴堡站洪峰 9 600 m³/s,加上区间来水龙门站 10 日 13 时出现 11 200 m³/s 的洪峰,11 日 7 时到达潼关站,洪峰流量削减为 7 500 m³/s。经潼关至三门峡库区后,11 日 18 时 48 分三门峡出库流量 5 100 m³/s,加上三花区间干支流来水,花园口站 13 日 4 时 30 分洪峰流量 5 520 m³/s,为该站二号洪峰。

二、洪水演进及特点

(一)洪水特点

1.洪水演进速度慢、传播时间长

1996 年一号洪峰在花园口站、夹河滩站、高村站峰顶附近的断面平均流速分别为 1.6 m/s、1.3 m/s、0.6 m/s,与历年同量级洪水的断面平均流速约 2.2 m/s 相比明显偏小。洪峰过程平均含沙量为 56 kg/m³,介于 1958 年的 83 kg/m³ 和 1982 年的 33 kg/m³ 之间,接近多年平均值。一号洪峰从花园口传至夹河滩历时 30 h,是正常传播时间的 2 倍,但从夹河滩至高村及从高村至孙口传播时间却分别达 76 h 和 120 h,相当正常传播时间 13 h 和 20 h 的 6 倍。相比之下,二号洪峰传播时间较为正常,到达孙口时与一号洪峰的退水过程汇合为一次洪水过程。汇合后的洪水传播速度依然缓慢(见表 5-5-1)。

表 5-5-1　"96·8"洪水传播时间

站名	花园口	夹河滩	高村	孙口	艾山	泺口	利津
洪峰流量(m³/s)	7 600	7 170	6 200	5 540	5 060	4 780	4 100
出现时间(日 T 时:分)	05T14:00	06T20:00	09T24:00	14T24:00	17T04:30	18T05:48	20T23:00
实际传播时间 t_1(h)		30	76	120	52.5	25.3	65.2
正常传播时间 t_2(h)		14	13	20	6	9	16
t_1/t_2		2.1	5.8	6.0	8.8	2.8	4.1

2.下游全河段水位表现高

一号洪峰在黄河下游整个河段演进中,除高村、艾山、利津站水位略低于历史最高水位外,其余各站均超过有记载以来的最高水位,其中花园口站最高洪水位 94.73 m,比"92·8"洪峰(流量 6 430 m³/s、含沙量 484 kg/m³)水位高 0.40 m,比"82·8"洪峰(流量 15 300 m³/s)水位高 0.74 m。花园口以上逯村、大玉兰等几处控导工程的洪水位亦超过历史最高值。沿程各主要站水位见表 5-5-2。

表 5-5-2　"96·8"洪水各站水位统计

工程名称	"96·8"洪水位			原历史最高水位			$H_{96} - H_m$ （m）
	流量 （m³/s）	水位 H_{96}（m）	出现时间 （日 T 时:分）	水位 H_m（m）	流量 （m³/s）	出现时间 （年-月）	
小浪底	5 000	136.41	04T02:00				
大玉兰		109.98	04T09:00	109.66		1982-08	0.32
花园口	7 600	94.73	05T14:00	94.33	6 430	1992-08	0.40
黑岗口		84.30	06T06:00	83.39		1982-08	0.91
夹河滩	7 170	76.44	06T20:00	75.65	9 010	1976-08	0.79
大留寺		71.10	07T09:00	70.69		1982-08	0.41
高村	6 200	63.87	10T00:00	64.13	13 000	1982-08	-0.26
桑庄		56.51	11T16:00	56.51		1982-08	0.00
孙口	5 540	49.66	14T24:00	49.60	10 100	1982-08	0.06
艾山	5 060	42.75	17T04:30	43.10	12 600	1958-07	-0.35
泺口	4 780	32.24	18T05:48	32.14	8 000	1976-09	0.10
梯子坝		25.18	19T10:00	25.16		1976-09	0.02
张肖堂		19.61	20T10:00	19.52		1976-09	0.09
利津	4 130	14.70	20T22:48	14.71	8 200	1976-09	-0.01

　　从表中可以看出，"96·8"洪水仅为中常洪水，但沿程各站水位大多超过了 1976 年和 1982 年洪水水位。

　　3. 漫滩范围广、淹没水深大

　　一号洪峰期间，豫、鲁两省滩区几乎全部进水，其中 1855 年黄河铜瓦厢改道后溯源冲刷形成的原阳、封丘、开封等高滩也大面积漫水。淹没面积达 22.86 万 hm²，平均水深 1.7 m，最深 6 m，特别是山东省的东明、鄄城，河南省的范县、台前平均漫滩水深均在 2 m 以上。

　　（二）洪水特点成因初析

　　1. 近年来主槽淤积严重

　　形成"96·8"洪水特点的根本原因在于泥沙淤积，河床抬高，主槽面积减小，河道排洪能力降低。

　　自 1986 年以来，黄河流域降水较常年偏少，加之沿河工农业及城乡用水量增加，以及龙羊峡、刘家峡水库蓄水运用改变了水量的年际、年内分配等原因，进入黄河下游的水量明显偏枯，汛期也没发生较大洪水，河道泥沙淤积严重。按输沙率法计算，1990～1995 年6 年间，铁谢至高村河段淤积泥沙约 11 亿 t，且主要淤积在主槽内，泥沙淤积导致河槽萎缩，同流量水位抬高，平槽流量由 20 世纪 80 年代初期的 5 000 m³/s 左右，降低到目前的 3 000 m³/s 左右。

2. 河道横比降大、滩区分流比重增大

河道主槽淤积直接导致了河道横比降增大，同时长期小流量形成的曲率较大的弯曲主槽，延缓了洪水的推进速度，抬高了洪水水位，加大了滩区分流比重。根据水文测验资料及航空观测，"96·8"洪水期间滩地过流比：花园口断面为10%左右、夹河滩断面为20%多、孙口断面为40%～50%，孙口断面大大超过了1986年以前的30%左右。水流漫滩后流向散乱，加之滩区建筑物及高秆植物较多，致使漫滩洪水演进速度大大减缓。另外，生产堤进水口的位置和进、退水时机，以及其他人为因素对洪水演进规律均有不同程度的影响。

三、河势工情

（一）洪水河势

1. 铁谢至京广铁路桥河段

该河段铁谢至神堤属小浪底移民安置区，近几年修建控导工程较多，1994年以来先后有6处工程上延或下续了55道坝，随着工程长度的增加，控流能力大大提高，河势初步得到控制。洪水期间工程靠溜部位主要在上首，河势与汛前相比略有上提。

洛河来水在神堤控导工程以下汇入黄河，主溜向北推移，沙鱼沟以下至驾部主溜分为南、北两股，南股沿邙山岭原主槽下行，北股在驾部工程上首汇入，过驾部工程后与沁河来水相遇。

2. 京广铁路桥至东坝头河段

该段属典型的游荡型河段，洪水溜势外移、主溜趋中。马渡以下主溜北移失去控制，在三官庙与黑石之间坐微弯后直冲黑岗口险工闸门以下。大宫控导工程仍不靠溜，而大宫至古城间多年未变的S弯在"96·8"洪水作用下，得到一定改善（见图5-5-1）。但从1996年汛末河势发展情况看，这种不利河势有上移到大张庄至大宫间的趋势。府君寺至东坝头基本维持汛前河势。

3. 东坝头至高村河段

"96·8"洪水期间，该河段多年"上乱下顺"的形势有一定改善，洪水水位较高，主溜流速缓慢，嫩滩大量过水，主槽不明显。禅房和蔡集控导工程洪水时全弯着溜；王夹堤控导工程下首脱溜，主溜由东北折向西北，在王夹堤与大留寺间分成两股，左股向西直冲大留寺工程上首，右股在滩地坐弯后与左股在大留寺工程下首汇合。落水后水流归槽，左股淤死，主溜向北冲刷左岸滩地，主溜与汛前相比北移约600 m。

4. 高村至陶城铺河段

该河段工程配置相对较好，河势基本得到控制，主溜摆动幅度小。洪水期虽有个别坝垛漫顶，一些控导护滩工程联坝被冲断，但过水量不大，对河势无大影响。说明了河道整治工程对洪水有较好的控制作用。

5. 陶城铺以下河段

尽管陶城铺以下河段近些年来断流现象日趋严重，非汛期河道整治工程靠水时间短，但这次洪水期间控导护滩工程全部靠河着溜。坝垛漫顶过溜后仍能起到控导主溜的作用，工程重点着溜部位与中小水情况基本一致，但有局部河弯溜势上提。

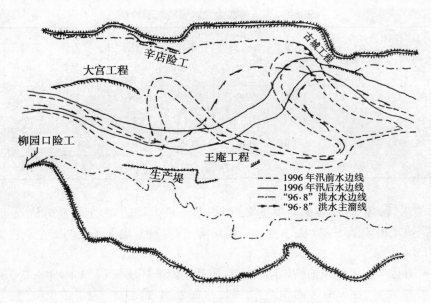

图 5-5-1　大宫至古城河段 1996 年河势变化图

（二）河势特点

1. 河道整治工程靠溜段长

由于这次洪水历时长、水位表现高，洪水期间河道整治工程靠河数量增加。汛前靠河着溜的工程大水期基本无脱溜现象；一些多年未靠水的工程大水期靠河着溜，甚至发挥了控导河势的作用，如张阁楼、连山寺等控导工程。河道整治工程靠溜段明显增加，陶城铺以上河段靠溜坝数与汛前相比增加一倍。

2. 主溜摆幅小

这次洪水与以往洪水河势相比，"大水主溜趋中"现象不明显。虽然滩区分流比加重，但主溜比较单一，除高村以上游荡型宽河段局部有较大变化外，其他河段没有明显变化。主溜基本与汛前过流断面一致，驾部、蔡集、南小堤上延等多处工程洪水期主溜仍顶冲工程上首。几处小水长期作用形成的畸形河弯在大水过后虽有一定的改善，但不显著，如大宫至古城、王夹堤至大留寺河弯等。

（三）工程险情及抢护

1. 堤防工程

由于"96·8"洪水水位高，持续时间长，大量滩区进水，堤防偎水长度 952 km，约占下游堤防总长的 70%；堤根水深一般 2～4 m，最大 6.0 m。洪水期间，堤防工程共出现各类险情 170 处。与历史上几次较大洪水相比主要表现为：堤防工程险情明显减少（见表 5-5-3），主要有渗水 51 处，长 40 383 m；管涌 8 处；风浪淘刷 29 段，长 80 km，陷坑 3 处；裂缝 37 条，长 5 280 m。没有出现漏洞、塌坡等重大险情。

表 5-5-3　　下游较大洪水堤防工程险情

年份	花园口站		出险次数	渗水长度（m）	塌坡（m）	漏洞（个）	管涌（处）	裂缝（m）	陷坑（处）
	流量（m³/s）	水位（m）							
1958	22 300	94.42	1 998	59 962	23 879	13	4 312	1 392	156
1976	9 210	93.42	1 700	102 519	75 131	3	2 925	3 778	34
1982	15 300	93.99	1 136	6 619	355	3	83	798	27
1996	7 600	94.73	170	40 383	0	0	8	5 280	3

　　堤防偎水后,各地按《黄河防洪预案》组织基干班上堤防守,上堤防守人员最多达20万人,10个机动抢险队2 327人次参加了堤防险情的抢护,确保了堤防安全。堤防较大险情如下:

　　(1)东明县李庄大堤风浪淘刷险情。东明县南滩李庄堤段(159 + 450 ~ 160 + 850)偎堤水深2.0 m左右,在风浪淘刷作用下,堤坡水面处出现陡坎。为了避免险情扩大,及时在出险部位抛土袋防浪,控制了险情。

　　(2)梁山县黄花寺至月庄大堤渗水、管涌险情。该段大堤8月13日2时开始偎水,16日12时至18日10时,321 + 900 ~ 327 + 950堤段背河堤脚多处渗水,总长2 820 m,渗水宽度50 ~ 300 m;另外,18日7时在325 + 715处背河柳荫地界沟内发现一管涌,后迅速发展成管涌群,管涌范围长15 m、宽1.2 m,最大管涌口直径5 cm,出水带沙,沙环内径13 cm,沙堆直径76 cm,发现险情后,采用了临河散抛黏土堵漏截渗措施进行抢护。

　　(3)滨州市贾家至孙楼堤段渗水裂缝险情。贾家至孙楼堤段(279 + 960 ~ 281 + 800)8月19日18时开始偎水,20日9时堤根水深2.8 m,黄河水位较背河堤脚高5.6 m,背河堤坡开始渗水,出逸点位于堤脚以上0.1 m,并逐渐形成明显的水流。同时,281 + 564 ~ 281 + 714堤段临河堤肩以下3.5 m处堤坡发生纵向裂缝,长150 m,宽13 cm,缝深0.6 ~ 1.7 m。

　　2. 河道整治工程

　　黄河下游"96 · 8"洪水期间共有331处工程、2 960道坝出险5 280坝次(见表5-5-4)。其中,控导护滩工程漫顶140处,漫顶坝垛达1 500道,占控导护滩工程坝垛总数的41.7%;平均漫坝水深0.5 m,最深1.5 m。一些多年未靠河、基础较差的工程靠河后出险。另外,靠溜坝段根石普遍存在不同程度的走失现象。抢险加固用料达历史最高水平(见表5-5-5)。其中,较大险情如下:

　　(1)老田庵控导工程。武陟老田庵控导工程23号坝是以挤压成型材料结合土工反滤布为主修建的新结构坝,该坝于1996年7月24日竣工。8月5日花园口站7 600 m³/s洪峰过后,23号坝背水面土坝体坍塌出险,随即向上跨角、迎水面发展,护坡挤压块体下滑,反滤布下部土体严重流失,由于险情发展较快,只得采用柳石搂厢及柳石枕等方法抢护。截至8月28日,23号坝累计出险36次,用石4 164 m³、柳料83.04万kg、土方284 m³、铅丝1.79 t、用工3 462个,抢险耗资93.10万元。其中,抢险用石1 000 m³以上的重大险情 2 次,在抢险紧要时刻,调动了焦作市局机动抢险队的 8 t 以上自卸汽车 5 辆,装载机 1 辆,加上其他机械设备共 67 台套,经紧急抢护才抑制了险情。

表 5-5-4　下游河道整治工程险情统计

河段	险工			控导护滩工程					出险工程合计		
	处数	出险		处数	出险		漫顶		处数	坝数	坝次
		坝数	坝次		坝数	坝次	处数	坝数			
河南	7	26	54	69	486	2 209	38	287	76	512	2 263
山东	102	1 001	1 557	153	1 447	1 460	102	1 213	255	2 448	3 017
合计	109	1 027	1 611	222	1 933	3 669	140	1 500	331	2 960	5 280

表 5-5-5　"96·8"洪水下游工程抢险加固用料用工统计

省局	石料 (万 m³)	土方 (万 m³)	软料 (万 kg)	铅丝 (t)	麻料 (t)	木桩 (万根)	台班 (万个)	用工 (万个)	投资 (万元)
河南	29.86	8.30	638.6	285.7	152.5	1.46	4.45	69.4	4 565
山东	35.96	11.85	939.4	284.2	91.1	1.01	3.47	150.4	5 765
合计	65.82	20.15	1 578.0	569.9	243.6	2.47	7.92	219.8	10 330

(2)韩胡同控导工程。"96·8"洪水河势上堤,大溜顶冲韩胡同新 9~新 4 号坝,造成新 9~新 4 号坝连续出险。8 月 12 日 13 时,工程上首生产堤决口过水,临、背水位相差 3 m,口门迅速展宽至 1 000 余 m,口门过流量约占黄河流量的 20%,水大溜急,形成对该工程的包围之势(见图 5-5-2),致使防汛道路被冲断,抢险料物无法运进。8 月 13 日 15 时新 9 号坝被冲垮,16 日新 8 号、新 7 号坝相继被冲垮,新 6 号坝被冲断仅剩坝头部分,后经全力抢护才得以保住。韩胡同控导工程新 9~新 1 号共 9 道坝汛期累计出险 208 次,抢险用石 1.07 万 m³、铅丝 20.7 t、用工 3.74 万个。

(3)陶城铺险工。陶城铺险工 9 号坝是 1996 年扩建陶城铺引黄闸时在原 9 号坝的基础上帮宽与 10 号坝合并,坝根与 11 号坝根相接,水下基础较差,加之原 7 号坝坝头后退 20 m,致使 9 号坝吃溜段加长加重。8 月 10 日大溜顶冲,背水面 18 m 长的根石台蛰入水中,坦石随之下滑出险,经抛石抢护险情仍继续扩大,后改用抛柳石枕和铅丝石笼抢护。同时调用装载机、自卸汽车各 3 辆配合其他机械设备 48 台套进行抢护,险情才得到控制。陶城铺 9 号坝抢险用石 3 200 m³、柳料 5 万 kg、铅丝 6.5 t、用工 23.2 万个。

3.涵闸、虹吸

黄河下游共有涵闸、虹吸 110 多处,洪水期间有 15 处出险。涵闸险情多为因闸门止水老化,出现漏水现象。另外,封丘红旗闸中孔闸门锈蚀严重,闸室因不均匀沉陷而蛰裂,失去抗洪能力,随着洪水水位上涨漏水严重,为确保防洪安全,于 8 月 5 日进行了围堵;博兴打渔张闸闸体不均匀沉陷造成止水断裂,闸下游右边墩和岸箱渗水。虹吸险情主要表现为支架强度不足,不能抵抗水流的冲刷,虹吸管与大堤之间结合部处理不当,产生渗漏

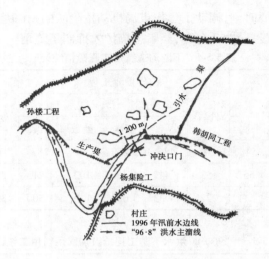

图 5-5-2　韩胡同工程出险河势图

现象。

(四)险情成因分析

1. 滩地横比降大

近几年主槽淤积严重,"滩高堤根洼"的现象进一步加剧。加之"96·8"洪水水位表现高,洪水持续时间长,造成大部分滩区进水,致使漫滩水流在堤根汇合,一些堤段形成顺堤走溜,冲刷堤根;另外,洪峰回落后,堤根积水不能及时排出,堤身长期浸泡也是导致堤防出险的原因。

2. 堤身断面不足

按照设计,黄河下游堤防浸润线断面平均坡降为 1:8~1:10,而目前下游还有 680 km 的堤段达不到这一要求。洪水水位较高时,出现渗水险情实属必然;黄河堤防有的是在民埝的基础上加培起来的,新中国成立以来先后进行了 3 次大规模地加高帮宽,堤身土质不一,施工质量各异,加高帮宽临河堤身时新老结合部及工段接头处理不好,造成堤防整体质量较差,洪水偎堤后,易出现蛰陷、裂缝等险情。

3. 堤防隐患多

在堤身隐患普查中,曾多次发现獾狐洞、防空洞、碉堡、废井等,这些隐患的存在,易使堤防在遇暴雨、洪水袭击时形成集中渗流或陷坑,降低了堤防的抗洪强度。如郑州邙金局大堤桩号 0+000~6+000 堤段在第三次大修堤时用冻土块堆筑,密实度极低,且獾狐洞穴未及时处理,1996 年汛期受洪水和暴雨袭击,各种洞穴、陷坑随处可见。另外,有些堤段坐落在历史老口门上,基础多为秸料腐殖质和块石等形成的强透水层。如前述梁山黄花寺至月庄段堤防土质虽为二合土,且修有后戗,浸润线满足设计要求,但洪水期仍出现渗水和管涌,主要是该堤段历史上曾是老口门,修堤时未经处理形成隐患和强透水层,洪水偎堤时出险。

4. 控导工程达不到设计标准

陶城铺以上控导工程设计坝顶高程为当年当地 5 000 m³/s 流量设计水位加超高 0.5~

1 m,由于河床淤积,近几年又没有对控导工程进行加高处理,许多工程在 3 000 ~ 4 000 m³/s 流量时即发生漫顶。漫坝水流冲刷土坝体,往往造成护坡坦石失去依托坍塌入水,严重时甚至垮坝;而连坝漫水,冲刷更为迅速,特别是大溜顶冲的重点坝段,垮坝或连坝被冲断极易造成工程背后走溜,引发河势大变。坝顶高程不足、洪水漫顶是 1996 年控导护滩工程水毁严重的主要原因之一。

5. 坝垛根石不足

根石是维持坝垛稳定并充分发挥其抗洪作用的基础,近些年根石走失后不能及时得到补充加固,致使坝垛稳定性降低,遇大溜冲刷容易产生突发性重大险情,给险情抢护造成困难。另外,备防石缺口大,发现险情后,不能及时抛石抢护,延误了抢险时机,致使险情扩大,增加了抗洪抢险负担。

四、滩区灾情及迁安救护

这次洪水造成滩区淹没面积达 22.86 万 hm²,河南、山东两省共有 40 个县 173 个乡镇 1 345 个村庄 107 万人不同程度地受灾,倒塌房屋 11.59 万间,秋季作物基本绝收,估算直接经济损失约 43.59 亿元,详见表 5-5-6。

表 5-5-6　黄河下游"96·8"洪水滩区受灾情况统计

省份	面积 （万 km²）	耕地 （万 km²）	村庄 （个）	人口 （万人）	倒塌房屋 （间）	损失粮食 （t）	外迁人口 （万人）	上台人口 （万人）	经济损失 （万元）
河南	15.29	13.00	666	63.47	80 269	89 284	16.48	4.81	224 478
山东	7.57	6.43	679	43.48	35 644	292 942	22.67	12.62	211 419
合计	22.86	19.43	1 345	106.95	115 913	382 226	39.15	17.43	435 897

灾情发生后,省、地(市)、县(区)各级领导亲临现场指挥抗洪抢险救灾,黄河部门积极协助地方政府组织迁安救护工作。黄河防总及时将 77 只冲锋舟运达指定地点,国家防总紧急调拨 100 只橡皮船用于滩区群众迁安救护。济南军区驻豫部队和武警部队先后出动 6 400 余名官兵,384 台车辆,120 只冲锋舟、橡皮船参加抗洪抢险和迁安救护,帮助滩区 8.43 万名危急群众紧急转移,驻鲁部队及武警官兵也积极参加了当地的抗洪抢险。

五、几点启示

"96·8"洪水使黄河防洪工程和非工程措施经受了检验,通过总结可得到以下几点启示。

(一)小浪底水库建成后黄河下游仍会出现有威胁的洪水

从一号洪峰的来源看,洪量有很大一部分来自小浪底至花园口区间,即小花干流、伊河、洛河及沁河流域。在小浪底温孟滩移民安置区建成启用后,温孟滩的滞洪调蓄作用将大大降低,小花区间暴雨洪水以及伊河、洛河和沁河洪水完全有可能像"96·8"洪水一样遭遇,而失去温孟滩调蓄的洪水将很快进入下游河道,威胁下游防洪安全。

三门峡水库建成初期下泄清水阶段,下游险工和控导工程大量出险,滩地严重坍塌,防洪处于相当被动局面。我们应吸取教训,在小浪底水库建成前,加速修建河道整治工程,控导河势,以适应新的水沙条件,并及早开展小浪底水库不同运用方式对下游河道及防洪工程影响的研究工作。

(二)加大投资力度

防洪工程基本建设经费严重不足,"九五"期间黄河下游防洪建设经费平均每年需要7亿元左右,"八五"期间实际年均仅为2亿多元。防汛岁修经费1980~1994年以来,年基数一直维持在3 000多万元,而按国家级防汛岁修经费测算标准测算,每年需2.16亿元,尽管1995年提高到近6 000万元,缺口仍然很大。投入不足,造成防洪工程年久失修,防洪能力降低。按防御花园口站22 000 m³/s洪水考虑,应加大黄河下游防洪工程建设与岁修的投资力度,提高工程的抗洪能力,确保黄河岁岁安澜。

(三)鼓励滩区群众外迁

黄河下游广大滩区是行洪的通道,大水时漫滩是不可避免的。为了减少洪水造成的损失,要鼓励滩区居民迁往背河,实行滩区生产、滩外定居。对距大堤远的群众,加快村台建设,减少和避免漫滩造成的房屋倒塌。"96·8"洪水后,山东省政府决定投入巨额资金实施"滩区安居工程",将一些长期居住在滩区内的群众逐步迁往堤外居住。从"96·8"洪水情况看,滩区村台发挥了较好的作用,上台人口达17.43万人,明显较单个孤立的房台安全可靠。在近期滩区安全建设中应重点推广村台或连片房台。

(四)加强机动抢险队建设

机动抢险队具有机动、快速、灵活的特点,接到抢险通知后,能够及时赶赴出险现场,投入抢险。特别是配备有大型成套施工机械设备的机动抢险队,抢险速度快,可迅速抑制险情发展。"96·8"洪水期间共有10支机动抢险队先后出动51队次参加抢险,在大玉兰、陶城铺等重大险情抢护中,发挥了决定性的作用。累计完成石方2.32万 m³,土方4.04万 m³。今后应加快机动抢险队的建设,搞好队员培训,以满足防大汛、抢大险的要求。

长江抗洪抢险及对黄河防洪的思考*

1998年汛期长江发生了全流域性的大洪水,先后出现8次洪峰,高水位持续时间长,险情多,形势异常严峻。作者受国家防总的委派参加长江抗洪抢险,其间恰遇长江干堤九江城防堤决口,直接参加了九江堵口的全过程。长江抗洪抢险的经验教训对黄河防洪具有很好的警示和启发作用。

一、1998年汛期长江洪水

1998年长江中下游地区降雨量大、入汛早。1~4月大部分地区降雨量超过400 mm,

*1998年长江大水期间,作者受国家防总委派,任国家防总抗洪抢险专家组组长,赴长江抗洪抢险。胡一三、朱太顺撰写了本文,载于《人民黄河》1998年第12期,P8~10。

鄱阳湖流域的赣江、信江流域的部分地区超过了 800 mm。江西、湖北、湖南部分地区提前近 1 个月进入汛期,6 月、7 月全流域性降雨比常年偏多 40% ~ 70%,6 月 13 日洞庭湖流域的资水 6 个站,鄱阳湖流域的抚河和信江 10 个站日降雨量超过 100 mm。

由于暴雨强度大,长江中下游水势涨得很快,6 月 13 日城陵矶到大通河段开始上涨,15 d 时间均达警戒水位。沙市、监利、城陵矶、螺山、武汉、湖口等站最高洪水位均超过历史最高水位,大通站、南京站的洪峰水位居历史第二位。沿江水位表现见表 5-6-1。

表 5-6-1 1998 年长江中下游洪水与历史洪水比较

站名	$H_{警}$ (m)	$H_{保}$ (m)	历史最高水位 H_1		历史最大流量 Q_1		1998 年最高水位 H_2		1998 年最大流量 Q_2		ΔH (m) ($\Delta H = H_2 - H_1$)
			数值 (m)	出现时间 (年-月-日)	数值 (m)	出现时间 (年-月-日)	数值 (m)	出现时间 (年-月-日)	数值 (m^3)	出现时间 (年-月-日)	
沙市	43.00	44.67	44.67	1954-08-07			45.22	1998-08-17	53 700	1998-08-17	0.55
监利	34.50	36.57	37.06	1996-07-25	46 200	1981-07-20	37.31	1998-08-17	45 200	1998-08-17	0.25
城陵矶	32.00	34.55	35.31	1996-07-22			35.80	1998-08-20			0.49
螺山	31.50	33.17	34.17	1996-07-22	79 900	1954-08-07	34.95	1998-08-20	68 600	1998-07-27	0.78
武汉	26.30	29.73	29.73	1954-08-18	76 100	1954-08-14	29.43	1998-08-20	72 300	1998-08-20	−0.30
九江	19.50	23.00	22.20	1995-07-19	75 000	1996-07-23	23.03	1998-08-02	73 500	1998-08-22	0.83
湖口	19.00	21.68	21.80	1995-07-09			22.58	1998-07-31			0.78
大通	14.50	16.64	16.64	1954-08-01	92 600	1954-08-01	16.31	1998-08-02	82 100	1996-08-01	−0.33

注:表中数字为 1998 年汛期的报汛数据。

二、堤防险情

由于高水位的长期浸泡,堤防发生险情较多,主要有以下几种:

(一)管涌(泡泉)

这是高水位下出现最多的一种险情。长江沿岸地基多为二元结构,上部为相对不透水层,下部为沙层。有些堤段背河地面高程低,相对不透水层薄;有些堤段堤身单薄,这些堤段易出现管涌。其位置有的在堤脚附近,有的距堤脚数百米远,有的出水口还在水塘内,管涌出水量大小不一,不及时处理,就易造成大险。

(二)堤坡、堤脚外严重渗水

多发生在堤身单薄的堤段,如九江长江大桥附近数百米堤段内,堤坡多处出现严重渗水,如不及时处理就易导致滑坡,危及堤防整体安全。处理的方法为挖导渗沟、沙石反滤、堤脚处排水等。

(三)堤防背水坡滑坡

堤防高、堤身质量差、断面不足、深层有黏土层的堤段易发生滑坡。如彭泽县的跃进堤、芙蓉堤、太泊湖堤等。滑坡长度有的达数百米,滑坡体一般下滑 0.3 ~ 0.4 m,有的达

1 m。严重的从背河堤肩处开始滑塌,甚至连堤顶一起下滑,堤顶仅剩 1~2 m 宽。处理的办法要视滑坡体情况确定,其措施主要有沿滑塌段开导渗沟降低浸润线;压坡脚,做土袋支撑增加阻滑力;背水坡上部削坡;打桩阻止滑坡体下滑(在有深层滑动的地方);为保证交通,临河侧帮宽堤顶等。

(四)穿堤建筑物土石结合部严重漏水

穿堤建筑物主要有排水管道、排水池以及众多的交通闸口,高水位时有的出现严重渗水,视险情情况采取临河侧封堵、临背两侧封堵、背河做反滤排水等措施处理。

三、九江堵口

(一)九江堤防情况

九江城防堤原为土堤,后在临河侧修有厚约 0.4 m 的浆砌石直立墙,1995 年又在临河侧修建了厚度为 20 cm 的钢筋混凝土墙,墙顶高程为 25.25 m,比原堤防高 1.0~1.2 m,墙底(坡脚)高程为 20.0~21.0 m,堤顶宽只能行人不能行车。设计洪水位为 23.25 m。堤防背河坡脚处修建有浆砌石护脚(无排水)。决口堤段位于九江城防堤 4~5 号闸口之间,该处原为永安河汇入长江的老河口,后在此修建了堤防,堤防背水侧为一水塘,由于长期排污水,已成为一个泥塘。

(二)九江堤防决口过程

决口堤段背河侧为水泥船厂,据其主管部门钢铁公司总经理罗立功介绍,决口大体过程为:8 月 7 日 13:08 发现堤防护脚下出现了 3 个管涌,13:12 其中的两个有拇指大,另一个大些,出泥浆,呈黄红色。后在临河江面发现 4 个直径 0.5 m 左右的旋涡,30 多名战士及职工下水用棉被包石堵塞,旋涡消失,但在背河护脚下又出现一排管涌,继而在临河侧继续寻查洞口,发现防洪墙外约 0.8 m 处有吸脚的水流,仍用棉被包石袋堵,出水有所减少。约 13:45,堤顶出现直径 2 m 左右的陷坑,继而水流从护脚以上窜出,水流继续扩大,已难防溃堤。13:53 钢铁公司拉响厂区汽笛报警。

(三)九江堵口经过

1. 沉船

1998 年 7 月下旬防洪进入紧张状态,长江封航,一些船只停留在江面上。首先调用一只趸船和一只铁驳船堵口。当 2 只船靠近口门时,两船转向,头朝前冲向口门,口门处防洪墙倒塌,两船窜向背河水塘,趸船撞塌房屋,铁驳船冲出口门改变方向,靠在口门下游堤防的护脚处。又调一只长约 80 m 的船(装煤 1 600 t),想沉于口门处,但距口门 8~9 m 处时搁浅,船身与堤线平行,船底中部及船与堤防的空间过水仍较大。此时口门宽已发展为 40~50 m,过流为 300~400 m³/s。为减少口门过水量,在煤船两端与外侧又沉船 7 只,如图 5-6-1 所示,对缓解口门扩大起到了一定作用。

2. 在沉船外侧抢修围堰——第一道防线

沉船后,船与船的接触部分过流量仍很大,抛块石、碎石袋均被冲走,后在水流急的地方插钢管排并抛石,经 2~3 d 的抛投基本上形成围堰,但在与船接触的部位,时有冲开现象。经过连续抛投粮食袋、碎石袋及块石,最后过流量减小为数十立方米每秒,大大减少了第二道防线的压力。至 8 月 11 日晚筑成顶宽 4 m、出水 0.5~1.0 m 的围堰,为第二道

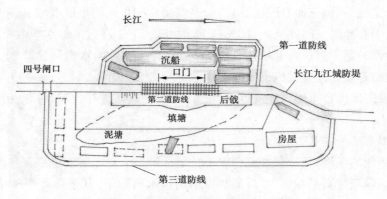

图 5-6-1　长江九江城防堤堵口示意图

防线的合龙创造了条件。

3. 修做裹头防止口门扩大

沉船之后,口门上游侧断堤头比较稳定,下游侧断堤头受水流冲刷,口门有扩大趋势,幸而端部有一块倾斜的防洪墙起保护土堤的作用,否则口门早已扩大。7 日夜至 8 日上午忙于抢修围堰,8 日 11 时口门下游端断堤头发生 4 道横向裂缝,缝宽有 5 ~ 6 cm,堤防裂缝滑塌成阶梯形。根据当时口门、水流、交通、抢险物料情况,只好采取抛碎石袋和打组合桩固基。限于交通条件,供料困难,下午将碎石袋抛出水面,因料跟不上未再加固,9 日 2 时又被冲走,4 时再抛时由于水流条件的变化,碎石袋已停不住。夜里把钢管桩和纵横钢管用扣子连接在一起,形成框架,内填碎石袋把断堤头裹了起来。

口门的上游侧,由于水流条件的变化,在口门两端钢管架贯通之后,10 日下午防洪墙又倒塌 20 m,经紧急抢护,钢管架的生根部分又上延了十几米,阻止了防洪墙的继续倒塌。

4. 第二道防线应用钢木土石组合坝技术合龙

经专家组建议,国家防总请调北京军区某部 200 多人于 8 月 9 日 8 时赶赴现场投入堵口合龙抢险准备,利用口门下游侧断堤头已修的裹头,临江侧打钢管生根,生根宽 7 m。9 日 17 时分别从口门两端进占,进占宽 4 m。将 1 m × 1 m 的纵横桩打入河底 1.5 m 左右,口门最大水深达 9 m。把钢管纵横连好后,铺设木板形成工作面。8 月 10 日 13 时半,宽 4 m 的钢架贯通口门,为合龙打下了基础。

为了在框架内抛填碎石袋,先在 4 m 宽的钢管架上下游打木桩,桩长 8 ~ 10 m,打入河底 1 m 左右,顶与框架顶部平,并将木桩用铅丝固定在钢管架上。

从两端向钢架中集中抛填碎石料袋,8 月 11 日口门缩窄到 10 m 左右时,钢架上游水位升高,压力增大,为保证钢木土石组合坝安全,在组合坝背河侧抢修后戗。12 日 14 时开始填袋合龙,于 12 日 18 时半合龙成功。继而将后戗向口门两端延伸,于 12 日 6 时至 14 日 6 时完成了长 150 m、顶宽 4 m、最大高度 8 m、边坡 1:3 的后戗,保证了合龙坝体的安全。

5. 闭气

经多次研究,采用了黏土闭气方案。采用抛投散黏土闭气有方便的施工条件,合龙之后,一面有合龙坝,其他三面有沉船,口门前呈宽为 8 ~ 10 m 的矩形水域,只要施工速度跟上,散黏土也不易冲失。闭气从 8 月 13 日 12 时开始,下午在背河侧水塘内出现黄红色的水泡,这是少量的黏土透过合龙坝体带出的,傍晚时黄红色的水泡明显减少。至 8 月 15 日 12 时黏土抛到设计高程完成了闭气工序。

从九江城防堤决口至堵口闭气,历时仅 8 个昼夜,这在大江大河堵口的历史上创造了一个奇迹。

6.填塘固基及修建第三道防线

口门背河侧的泥塘,无论从渗流稳定上还是从承力上对堤防安全都存在很大威胁,应予填塘固基。填塘方案是在 20.0 m 高程以下用透水料填平,其上部 0.5 m 用碎石找平;20.0 m 高程以上先铺沙层再铺碎石层,形成反滤;填塘宽度不小于 30 m。

填塘于 8 月 15 日 10 时开始,20 日上午完成,为防止决口两端再出问题,于 8 月 18 ~ 20 日在 4 ~ 5 号闸口之间背河侧又修建了第三道防线。

四、对黄河防洪的思考

参加长江抗洪抢险正是长江流量大、水位高、险情多、洪峰集中的一段时间,并参加了堵口。这段抗洪斗争的经验教训对黄河防洪也是有借鉴作用的。

新中国成立以来,党和国家非常重视黄河下游的防洪工程建设,初步建成了"上拦下排、两岸分滞"的防洪工程体系,并且进行了水文情报预报、黄河防汛通信系统等防洪非工程措施建设,增强了黄河下游防御洪水的能力,但是黄河下游的有些堤段还达不到设计标准,滩区、分滞洪区安全建设还不能满足防洪要求,防洪工程还存在许多险点隐患。因此,黄河下游的防洪形势是十分严峻的。1998 年长江大水及抢险实践表明,黄河防洪建设需进一步加强。

(一)提高黄河水患意识

长江大水前并没有预报有如此大的洪水,但实际发生了。1986 年以来黄河没有大洪水,洪峰在 8 000 m^3/s 以下,一部分人产生了黄河不会来大水的思想,但是枯水系列之后往往出现大洪水。如 1922 ~ 1932 年连续枯水年,花园口站年均天然径流量仅 392 亿 m^3,而 1933 年陕县却发生 22 000 m^3/s 的大洪水,花园口站洪峰流量 20 400 m^3/s,堤防多处漫顶,下游决口达 50 余处。20 世纪 90 年代黄河进入枯水系列,1990 ~ 1997 年花园口站年平均天然径流量为 457 亿 m^3。历史的经验提醒我们,黄河近期发生大水的可能性是很大的。因此,要克服麻痹思想,增强水患意识,做好防御大洪水的准备。

(二)加强堤防建设

黄河大堤有 835 km 高度不足,其中严重不足的 210 km 需要加高,有 832 km 堤防不能满足抗渗要求,其中严重的 530 km 需要帮宽,且堤身多为沙质土,如遇长时间的高水位浸泡极易出险,一旦出险险情发展快,抢护不及易于决口成灾。

九江堤段的设防水位为 23.25 m,1998 年最高洪水位为 23.03 m,决口时的水位为 22.90 m,堤防临河有滩地,决口前漫滩水流没有集中冲刷堤防,不属于冲决。由于堤身堤基存在薄弱环节,背河侧有泥坑,临河侧又修建有石油码头,出现集中渗流后堤身破坏,属于溃决。黄河堤防存在多种险点、隐患,经多年处理仍未消除。像害堤动物洞穴虽是年年处理,但年年发现,历次修堤施工中遗留了很多薄弱环节,当遇到高水位后堤身就会出现裂缝、陷坑,松土层又易发生渗流,溃堤的危险是存在的。黄河下游堤防堤基不均匀,有的层沙层淤,有的为强透水的沙层,高水位时易于发生渗流。另外,历史上堤防决口频繁,堤防下的老口门就有数百处,堵口时秸料、树枝、麻绳等修做的埽体埋于地下,年久腐烂后成为软弱层,有的形成空洞,高水位时易于引起堤基破坏。

因此,黄河下游必须加强堤防建设,加高培厚堤防,搞好放淤固堤,处理堤身隐患,对透水堤基进行截渗处理,以防堤防溃决。

(三)加强黄河下游河道整治

黄河下游河势多变,尤其是高村以上的游荡性河段,经常出现"横河",危及堤防安全。如花园口上下近 20 km 的河段内,1952 年保合寨出现横河,流量仅为 1 000 ~ 2 000 m^3/s,在抢护过程中,大堤最大坍塌长 45 m,堤顶塌失 6 m。1967 年花园口险工以下赵兰庄发生横河、1983 年北围堤发生横河等,每次横河塌滩至堤防后都造成严重险情。20 世纪 50 年代以来有计划地进行了河道整治,陶城铺以下的弯曲性河段已控制了河势,高村至陶城铺的过渡性河段也基本控制了河势,但高村以上的游荡性河段虽经多年整治,河势变化仍然很大,如 1993 年黑岗口险工与高朱庄控导工程之间的 850 m 空档内,受大溜顶冲,滩地坍塌距堤根仅有 60 ~ 80 m,被迫抢修 8 个垛。因此,必须加速游荡性河段的整治步伐。

(四)抓紧进行滩区及分滞洪区安全建设

黄河下游滩区有 150 多万人、22.3 万 hm^2 耕地。近些年来黄河出现 3 000 ~ 4 000 m^3/s 小洪水就要漫滩,"96·8"洪水花园口站洪峰流量为 7 860 m^3/s,东坝头以上高滩大部分上水。目前安全建设标准太低,尚不能满足避洪的需要。即使按低标准修建,工程相差也很大。东平湖及北金堤滞洪区,人口近 200 万人,又有中原油田,分洪时采取防守和迁安相结合的办法解决群众避难问题,防守的避水台、村台数量不足,撤退的道路、桥梁需要改建和增建。滩区与滞洪区安全建设工程应全面规划、抓紧进行。

(五)完善和落实防汛责任制

1998 年长江抗洪抢险期间,防汛指挥和工程防守抢险建立了多种责任制,但做到完全真正落实是很困难的。九江城防堤决口反映出责任制落实是不够的,抢险预案也没有完全落实。黄河防汛工作中各项责任制也不尽完善,落实不够。如堤防工程徒步拉网式检查,有的单位就流于形式。落实巡堤查险责任制,才能把险情消除在萌芽状态。及早发现险情,既易于抢护,又节省料物。堤防防守和巡堤查险责任制必须从严落实。

(六)加强防洪科学技术研究

在与黄河洪水斗争的过程中,积累了丰富的经验,传统的筑坝抢险技术在防洪工程建设及防汛中发挥了重要作用。随着科学技术的发展,抢险新理论、新技术、新材料不断出现,尽管近年来进行了一些试验和推广工作,但尚没有重大突破。今后应加强防洪工程建设及防汛抢险、堵口技术的研究,把黄河防洪提高到一个新的技术水平。

黄河下游 2002 年调水调沙试验
期间的河势工情*

一、基本情况

（一）下游河道情况

黄河干游在河南孟津县白鹤镇由山区进入平原，于山东垦利县注入渤海，河道长 878 km。河道上宽下窄，比降上陡下缓。按其特性可分为四个河段：①白鹤镇至高村河段为游荡性河道，长 299 km，两岸堤距 4.1～20 km；河道纵比降陡，为 2.65‰～1.72‰；河床断面宽，水深浅，满槽流量下的河相系数 $\sqrt{B/H}$ 为 20～40。②高村至陶城铺河段为过渡性河道，长 165 km，两岸堤距 1.4～8.5 km，纵比降约为 1.15‰。③陶城铺至宁海河段为弯曲性河道，长 322 km，两岸堤距 0.5～5.0 km，纵比降约为 1‰。④宁海至黄河入海口为河口段，长 92 km，由于泥沙淤积，河口延伸、摆动，流路相应改道变迁。

（二）河道整治概况

河道整治工程是黄河下游防洪工程体系的重要组成部分，主要由险工和控导两部分组成。险工是依附大堤修建的坝垛护岸工程，主要作用是直接保护堤防。纳入整治规划的险工，经过调整改造，具有控导河势的作用。控导工程是在滩地上修建的坝垛护岸工程，主要作用是控导主溜，保堤护滩。

黄河下游进行的河道整治是以防洪为主要目的。在河道整治的过程中曾研究、实践过不同的整治方案，主要有微弯型整治方案、麻花型整治方案、卡口型整治方案、纵向控制方案、平顺防护方案，经过长期研究和实践，采用了微弯型整治方案。为控导河势，按照中水河槽进行整治，且对洪水及枯水也有一定的适应性。其整治流量现阶段为 4 000 m³/s，治导线宽度神堤以上为 800 m，神堤至高村为 1 000 m，高村至孙口为 800 m，孙口至陶城铺为 600 m。宽河段排洪河槽宽度一般取 2.5～2.0 km。通过几十年的河道整治实践，陶城铺以下弯曲性河段的河势已得到了控制；高村至陶城铺的过渡性河段基本成为曲直相间的微弯型河道，河势基本稳定；高村以上的游荡性河段河势变化仍较大，但局部河段的河势也得到了初步控制，主溜摆动范围明显减小，"横河"的发生概率有所降低，有效地防止了塌滩、塌村，提高了引黄取水的保证率。

（三）调水调沙概况

调水调沙是在充分考虑黄河下游河道输沙能力的前提下，利用水库的调节库容，对水沙进行有效的控制和调节，适时蓄存或泄放，调整天然水沙过程，利于输送泥沙，从而减轻下游河道淤积，甚至达到不淤或冲刷的效果。

2002 年 7 月 4～15 日利用小浪底水库蓄水进行了调水调沙试验。

试验期间，小浪底站最大流量和最大含沙量分别为 3 480 m³/s 和 83.3 kg/m³；花园口站 2 600 m³/s 以上流量持续 10.3 d，平均含沙量为 13.3 kg/m³，最大流量和最大含沙量

---

* 本文由胡一三、周景苏撰写，原载于《黄河史志资料》2007 年第 4 期，P20～24。

分别为 3 170 m³/s 和 44.6 kg/m³；艾山站 2 300 m³/s 以上流量持续 6.7 d，最大流量和最大含沙量分别为 2 670 m³/s 和 27.7 kg/m³；利津站 2 000 m³/s 以上流量持续 9.9 d，最大流量和最大含沙量分别为 2 500 m³/s 和 31.9 kg/m³。

二、调水调沙期间的河势变化及其特点

（一）河势情况

1. 白鹤镇至京广铁路桥河段

这一河段河势总体上是向好的方向发展。白鹤镇至神堤河段原来水流散乱，工程靠溜部位不稳定，经 20 世纪 70 年代以后的河道整治，靠河情况较好。试验期间，逯村控导工程靠溜位置由汛前 35 坝上提至 27 坝，主溜已不在工程下首滩地坐弯，该段河势向有利方向发展。神堤至京广铁路桥河段，整治工程尚未完全布点，工程少，主溜摆动幅度相对较大，但河势基本流路变化不大；部分新建工程已着溜，初步发挥控导河势的作用。该河段河势流路变化虽然小，但部分河段与规划流路仍有一定差距。

2. 京广铁路桥至东坝头河段

该河段河势总体上游荡多变，许多工程不靠河，没能发挥整治工程控导河势的作用。其中，京广铁路桥至马渡河段河势变化小，且朝好的方向发展，所有工程都已靠溜。马渡以下河段主溜摆动幅度大，流路很不规顺，存在畸形河弯，河势宽浅散乱，游荡特性明显。如九堡至大张庄河段（见图 5-7-1），长期小水形成的不利河势没有改变，九堡、三官庙控导工程仍不靠溜。韦滩控导工程不靠水，工程距水边约 400 m。大张庄控导工程自 1993 年汛期脱河后，一直不靠水，仅"96·8"洪水期间靠水不靠溜。试验期间，大张庄控导工程开始着溜，但靠溜长度偏短，仅 1～4 号坝靠溜。王庵与古城工程之间仍存在 S 形河弯，常堤与夹河滩工程之间 1999 年形成的畸形河弯仍然存在，但河势有所外移，畸形河弯有所改善。东坝头控导工程靠溜位置下挫，主溜在东坝头控导与东坝头险工之间有可能坐弯坍塌。

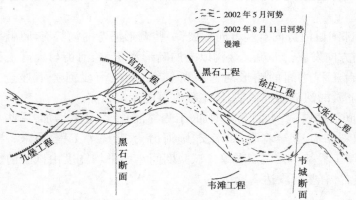

图 5-7-1　九堡至大张庄河段河势变化图

3. 东坝头至高村河段

东坝头至高村的游荡性河段，已具有高村至陶城铺过渡性河段的河势变化特点。该河段河道整治工程比较完善，工程靠溜部位变化幅度较小，且主槽宽度较以上河段明显缩

窄。由于部分工程平面布局欠佳或没有按规划建成,加之长期枯水作用,局部河段形成的不利河势仍然存在。

4. 高村至陶城铺河段

该河段为过渡性河段,河道整治工程比较完善,河势流路比较规顺、稳定,但部分河段由于河道整治工程布局不甚理想,长期小水形成的不利河势也没有改变。如南小堤河段,南上延控导工程平面布局不够合理,工程上段与治导线夹角偏小,在长期小流量的作用下,靠溜位置不断上提。试验期间,南上延控导工程靠溜位置仍在最上首的 −3 ~ 9 号坝,南小堤险工仅最后 3 道坝靠水。又如彭楼至桑庄河段,彭楼控导工程靠溜位置仍在 12 号坝以下,老宅庄工程靠溜位置仍旧偏上,桑庄险工仅最后一道坝靠水。

5. 陶城铺以下河段

该河段为人工控制的弯曲性河道,主溜的摆动已得到控制,对水沙变化适应性强。因此,试验期间河势变化很小,主要表现为主溜顶冲点的上提下挫,但大多未超出工程控制范围。

(二)试验期间河势变化特点

调水调沙试验期间,黄河下游河势除具有大水河势变化的一般特点外,还表现出其他一些特点,主要为:

(1)河道整治工程配套且工程进口条件能够适应多种来溜条件的河段,如凯仪至神堤、辛店集至堡城等河段,河势流路与中水整治规划流路基本一致;整治工程不配套、不完善的河段,如九堡至大张庄河段(见图 5-7-1),河势流路与中水整治规划流路相距较大,河势变化也较大。

(2)黄河下游河势没有出现大的变化。黄河下游长时间的小流量过程,特别是 2000 年、2001 年连续两年汛期花园口站流量不超过 1 000 m³/s,加重了高村以下河道淤积,漫滩流量降低,高村水文站 2 980 m³/s 流量的水位比"96 · 8"洪水同流量水位高出 0. 55 m,高村河段漫滩严重,但由于河道整治工程对主溜的控导作用,该河段河势没有发生剧烈变化。

(3)一些局部河段河势向有利方向发展,一些畸形河弯的河势有所调整,也有个别河段的河势朝不利方向发展。如巩义金沟以上的畸形河弯、顺河街与大宫工程之间的畸形河弯、常堤与贯台工程之间的畸形河弯有所变缓;武庄河段河势下挫至工程以下(见图 5-7-2),但从上游的河势情况预估,该工程有可能恢复靠溜。

(4)试验期间河槽展宽,水面宽度增加,工程靠溜长度、处数增加,一些小水时期常年不靠水的坝垛重新靠水,甚至着溜,如东安、顺河街、大张庄等工程,原来一些靠水坝垛变为靠溜,汛前靠溜工程基本无脱溜现象。试验期间水面平均宽度由试验前 500 m 左右增加到 1 000 m 左右,有些河段达 2 km。

三、滩区漫滩

本次试验期间河道水位表现较高,尤其是高村上下河段有些水位站的水位已超过"96 · 8"洪水的最高水位,局部河段漫滩流量已减至 2 000 m³/s 左右。试验期间,河南濮阳习城滩及渠村东滩、山东东明北滩、菏泽牡丹区岔河头滩、鄄城左营滩、郓城徐码头滩及

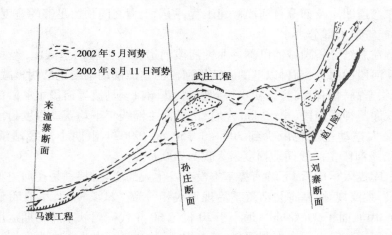

图 5-7-2 马渡至赵口河段河势变化

四杰滩,因生产堤决口而漫滩,共计淹没面积 3.02 万 hm²,其中耕地 1.95 万 hm²、水围村庄 196 个、人口 12 万人,平工堤段堤防偎水 80.49 km。

1986 年以来黄河下游连年枯水,汛期大流量出现的天数少,河道主槽淤积严重,特别是 2000 年、2001 年径流量大幅度减少,2000 年和 2001 年汛期水量均只有 50 亿 m³ 左右,汛期最大流量不足 1 000 m³/s,致使河槽淤高。小浪底水库拦沙引起的下游河道冲刷只发展到夹河滩附近,夹河滩以下河道仍为淤积。试验期间,夹河滩以下河段沿程水位表现高,根据 3 000 m³/s 同流量水位分析,除利津站外,其他站均为历史最高值,有些已超出"96·8"洪水洪峰水位。因此,主槽淤积萎缩、过流能力降低,是导致大面积漫滩的主要原因。

四、调水调沙期间的工程险情

试验期间,大河流量较大、持续时间长、水流含沙量较低,使许多整治工程发生不同程度的险情,但发生严重墩蛰等重大险情较少。一些控导工程和原来一些不靠溜的坝垛靠溜后,因基础浅,出现了较为严重的险情。如封丘顺河街工程 17 ~ 22 号、28 号坝为新修工程,试验期间受大溜顶冲,坝头至迎水面坦石下蛰出险;河口崔家控导工程由原来的 22 ~ 23 号坝靠边溜变为 21 ~ 23 号坝靠主溜,使 23 号坝成为出险频次高、抢险用石较多的坝垛;神堤控导 28 号坝为 2000 年新修工程,试验期间,出险 42 次,抢险用石 0.45 万 m³;杨集上延工程为近几年新修工程,试验期间,6 ~ 8 号坝出险 13 次,抢险用石 0.44 万 m³、柳料 98.2 万 kg、铅丝 13.07 t。据统计,7 月 4 ~ 21 日黄河下游共有 173 处工程、860 道坝、出险 2 079 次,共用石料 22.50 万 m³、柳料 225 万 kg、铅丝 235 t。

五、几点认识

(一)按微弯型方案整治可以控制河势

微弯型方案整治是通过河势分析,归纳出几条基本流路,进而选择一条与洪水、枯水流路相近的、能充分利用已有工程的,防洪、引水、护滩综合效果优的中水流路作为整治流路。整治中在弯道凹岸及部分直河段修建工程,两岸工程之间预留足够的宽度,以便在大洪水时,主槽能宣泄大部分洪水。

黄河下游在总结分析陶城铺以下弯曲性河段河道整治经验的基础上,经过河道整治控制了过渡性河段的河势,高村以上的游荡性河段的主溜摆动幅度也已明显减弱,如凯仪至神堤、东坝头至高村河段河势已初步得到控制,花园口至马渡等河段主溜游荡摆动幅度明显减小。铁谢至神堤河段,长 50 km 左右,诸断面主溜线年平均摆动幅度目前已减小到 60~290 m,最大摆动范围也减少到 300~1 350 m,1996 年汛期小浪底站洪峰流量达 5 090 m³/s时,该河段主溜线摆动幅度最大仅为 300 m。

小浪底水库投入运用后,下游河势基本没有发生大的变化,特别是在河道整治工程较为完善的河段,主溜规顺,基本与河道整治规划线一致。试验期间,小浪底至河口塌滩长度 38.7 km,塌滩面积 90 多 hm²,远小于 20 世纪 60 年代三门峡水库初期运用阶段的情况。表明现有河道整治工程在控制河势、减少塌滩、防止横河发生等方面发挥了较好的作用,河道整治工程方案和工程总体布局是合理的。

(二)为了防洪安全必须加快河道整治步伐

从下游河道整治的历史来看,抓住河道整治的有利时机,按已确定的规划治导线及时修建整治工程,就能事半功倍,减少威胁堤防安全的不利河势发生。如果错过有利时机,河槽变宽,控制难度增加,再修工程就会事倍功半,并给规划的实施带来很大困难。现今一些平面布局比较好且控导溜势较好的工程多是按照河道整治规划治导线修建的,也有的是通过对已有工程的调整改建取得的。如双井工程在河势发展趋势明显,塌滩严重,利用较高的滩地,抓住机遇主动布置工程迎溜段,继而续建中下段,近年来发挥了很好的控导河势作用。顺河街工程是 1998 年按照河道整治规划修建的一处工程,调水调沙期间开始靠河着溜,且靠溜较紧,如果不是事先按规划治导线修建此处工程,主溜将会顶冲滩地,造成滩地大量塌失,并引起以下河势发生较大变化。大张庄、榆林等工程是在河势变化中抢修的,经过多次调整改建才成为现在的形状,但至今平面布局仍不尽合理。因此,为了确保黄河下游防洪安全,减轻不利河势对堤防安全的威胁,特别是减少游荡性河段发生"横河"的概率,现阶段应加大黄河下游、尤其是游荡性河段的河道整治建设力度。

(三)提高机械化抢险能力

黄河 2002 年调水调沙试验期间,山东杨集上延工程几道坝同时出现险情,情况危急,山东黄河防汛办公室紧急调用 4 支山东河务局局属机动抢险队参加抢险,制止了险情发展,确保了工程安全,表明机械化抢险具有明显的优越性。调水调沙试验期间尚未出现重大险情。如出现重大险情或数处严重险情同时发生,现有机动抢险队是难以承担的。现有的机动抢险队,规模小、设备少、不配套,尚难达到"高效、快速、持久"抢险的要求,应进一步加强机动抢险队建设,扩大规模,提高抢险能力。同时还需提高机械抢险技术。近年来河道整治工程险情抢护措施大都是用大型机械设备抛投散石或铅丝石笼,方法单一。柳石结构等是适应黄河多沙特点的有效抢险结构形式,今后还应进行利用大型机械修做柳石结构工程及抢险的试验研究,以缩短抢险时间,尽快使工程稳定,保证防洪安全。

2003 年渭河秋汛与抢险堵口 *

一、2003 年来水情况

经过数年枯水之后,2003 年发生了近些年来少有的秋汛。

华县水文站是渭河最下游的水文站,其洪水来源一般可分为三部分:上中游干流来水、支流泾河来水及下游南山支流来水。

2003 年 8 月中旬以前渭河流域没有发生强降雨过程,华县站没有出现较大洪水,仅在 7 月 18 日 2 时、7 月 25 日 7.5 时、8 月 10 日 3.9 时、8 月 16 日 17.4 时、8 月 26 日 2 时分别发生了流量为 652 m³/s、560 m³/s、562 m³/s、568 m³/s、508 m³/s 的几次小洪峰,来水一直很枯。

2003 年 8 月 23~26 日,泾河、渭河上中游地区出现 2003 年第一次强降雨,8 月 25 日泾河支流马莲河流域暴雨中心东川贾桥站、西川庆阳站、固城川合水站日降雨量分别达196 mm、182 mm、125 mm,致使泾河景村站、张家山站分别出现 5 220 m³/s、4 010 m³/s 的洪峰流量。与干流汇合后,临潼站洪峰流量为 3 200 m³/s,8 月 29 日 14.8 时华县站出现洪峰流量为 1 500 m³/s 的第 1 号洪峰。

8 月 27~30 日渭河流域出现第二次强降雨过程,上中游千河固关站、漆水河乾县站、渭河林家村站、葫芦河咸成站 8 月 28 日降雨量分别达 81 mm、67 mm、66 mm、53 mm。中下游乾县站、黑河黑峪口站、大峪河大峪站、涝河涝峪口站 8 月 29 日降雨量分别达 57mm、55 mm、55 mm、52 mm,致使咸阳站 30 日 21 时出现 5 340 m³/s 的洪峰,传播至华县站后,出现洪峰流量为 3 570 m³/s 的第 2 号洪峰。

8 月 31 日至 9 月 7 日渭河流域出现了第 3 次强降雨过程,中下游的涝峪口站、黑峪口站、橘河高桥站、沣河秦渡镇站 9 月 5 日降雨量分别达 72 mm、68 mm、64 mm、60 mm,致使咸阳站 9 月 6 日 21.3 时出现 3 730 m³/s 的洪峰,华县站 9 月 8 日 18 时出现洪峰流量为 2 290 m³/s 的第 3 次洪峰。

9 月 16~19 日,渭河流域出现了第 4 次强降水过程,中下游涝峪口站、大峪站、灞河罗李村站、高桥站、秦渡镇站 9 月 18 日降雨量分别为 80 mm、80 mm、80 mm、76 mm、68mm,致使咸阳站 9 月 20 日 6.9 时出现 3 710 m³/s 的洪峰,华县站 9 月 21 日 21 时出现洪峰流量为 3 400 m³/s 的第 4 号洪峰。

9 月 26 日至 10 月 4 日渭河中下游地区出现持续降雨,干支流多数站最大日降水量为 20~30 mm。华县站 10 月 5 日 6.5 时出现了洪峰流量为 2 810 m³/s 的第 5 号洪峰(见表 5-8-1)。

* 2003 年 9 月,作者作为黄河防总专家组组长赴渭河抗洪抢险,2004 年 1 月完成本文,压缩后载于《人民黄河》2004年第 6 期,P7~9。

表 5-8-1　渭河 2003 年洪水情况

站名	时间 （月-日 T 时）	水位 （m）	洪峰流量 （m³/s）	洪峰编号	说明
咸阳	08-28T07.0		1 060		
张家山	08-26T22.7		4 010	1	
临潼	08-27T12.5	357.80	3 200	1	
华县	08-29T14.8	341.32	1 500	1	
潼关	08-31T10.0	328.98	3 150		
咸阳	08-30T21.0	387.86	5 340	2	
张家山	08-29T20.0		988		
临潼	08-31T10.0	358.34	5 100	2	
华县	09-01T11.0	342.76	3 570	2	
潼关	09-02T00.6	328.78	2 890		
咸阳	09-06T21.3	387.04	3 730	3	（1）高程系统：大沽。
张家山	09-07T14.0		256	3	（2）潼关站洪水还受黄河干流龙门站洪水的影响。
临潼	09-07T12.5	357.95	3 820		（3）华县站第1次洪水以支流泾河来水为主。第2、3、4、5、6次洪水以上中游干流来水为主。
华县	09-08T18.0	341.73	2 290	3	
潼关	09-09T08.0	328.84	3 200		
咸阳	09-20T06.9	386.77	3 710	4	
张家山					（4）第5次洪水期间，临潼站和华县站均出现了两个峰值。
临潼	09-20T17.5	357.92	4 320	4	
华县	09-21T21.0	342.03	3 400	4	
潼关	09-22T12.5	328.77	3 430		（5）表中数据依报讯资料整理
咸阳	10-02T14.7	385.74	1 670	5	
张家山					
临潼	10-03T10.5 （10-04T5.0）	356.96 （356.86）	2 660 （2 510）	5	
华县	10-04T5.0 （10-05T6.5）	340.99 （341.30）	2 520 （2 810）	5	
潼关	10-05T20.0	328.76	3 880		
咸阳	10-11T20.7	385.14	893	6	
张家山					
临潼	10-12T17.0	355.88	1 790	6	
华县	10-13T07.0	339.73	2 010	6	
潼关	10-14T15.6	328.44	3 300		

10月10日前后渭河中下游再次出现持续降雨，华县站10月13日7时出现洪峰流量为2 010 m³/s的第6次洪峰。此次洪峰虽然洪峰低，但峰型胖，流量大于1 700 m³/s的达

56 h,流量大于 1 800 m³/s 的也达 39 h。

二、洪水特点

(一)洪峰接连发生、洪水持续时间长

2003 年秋汛期间,洪峰接连发生,第 1、2、3 号洪峰,首尾基本相连。第 4、5、6 号洪峰间虽有一定间隔,但 23 d 内发生 3 次洪峰也是不多见的。洪峰较胖,洪水过程中咸阳站 1 000 m³/s 以上流量的持续时间达 190 h,丰水的 1981 年为 436 h;临潼站 2 000 m³/s 以上流量的持续时间达 225 h,1981 年为 273 h;华县站 1 500 m³/s 以上流量的持续时间为 498 h,远超过 1981 年的 420 h,表明 2003 年秋汛洪水洪量较大。

(二)洪峰流量小

渭河 2003 年洪水虽然次数多,但洪峰不高,咸阳站最大洪峰 5 340 m³/s,是 1981 年以来的最高洪峰,在 1935 ~ 2003 年时段中排第 4 位。临潼站最大洪峰流量 5 100 m³/s,为 1981 年以来的最大洪水,但在 1961 ~ 2003 年时段内仅排第 8 位。华县站最大洪峰 3 570 m³/s,更是常见洪水,在 1935 ~ 2003 年时段内仅排第 31 位(见表 5-8-2)。

表 5-8-2　渭河下游 2003 年最大洪峰与历年比较

站名	历年最大流量 (m³/s)	发生时间 (年)	2003 年最大洪峰 (m³/s)	时段	洪峰排序
咸阳	7 220	1954	5 340	1935 ~ 2003	4
临潼	7 610	1981	5 100	1961 ~ 2003	8
华县	7 660	1954	3 570	1935 ~ 2003	31

(三)洪水位高、洪峰传播时间长

渭河下游近几年来经历了一个枯水过程,河槽淤积,主槽过洪断面减小,滩地种植了大量的高秆作物,糙率增大,致使洪水位表现高,洪峰传播速度慢。

渭河下游 2003 年洪水期间,耿镇、陈村、华阴最高水位低于历史最高水位,而咸阳、临潼、华县 3 个水文站的最高水位依次比历史最高水位高 0.48 m、0.31 m、0.51 m,详见表 5-8-3。

表 5-8-3　渭河下游 2003 年洪水最高水位与历年比较

站名	历史最高水位			2003 年最高水位			$\Delta H = H_2 - H_1$ (m)
	发生时间 (年-月)	H_1 (m)	$Q_{相应}$ (m³/s)	发生时间 (年-月)	H_2 (m)	$Q_{相应}$ (m³/s)	
咸阳	1981-08	387.38	6 210	2003-08	387.86	5 340	0.48
临潼	1981-08	358.03	7 610	2003-08	358.34	5 100	0.31
华县	1996-07	342.25	3 500	2003-09	342.76	3 570	0.51

临潼至华县河长 77.4 km,在"81·8"洪水及"96·7"洪水时洪水传播历时分别为

16.5 h 和 19.5 h,平均传播速度为 4.69 ~ 3.97 km/h。而 2003 年 6 次洪峰的传播历时分别为 52.3 h、25.0 h、29.5 h、27.5 h、18.5 h(25.5 h)、14 h,平均传播速度为 1.48 ~ 5.53 km/h(见表 5-8-4)。

表 5-8-4　渭河下游 2003 年洪水临潼至华县洪峰传播时间

洪峰名称	"81·8"洪水	"96·7"洪水	2003 年洪水洪峰编号					
			1	2	3	4	5	6
传播时间(h)	16.5	19.5	52.3	25.0	29.5	27.5	18.5 (25.5)	14.0
平均传播速度 (km/h)	4.69	3.97	1.48	3.10	2.62	2.81	4.18 (3.04)	5.53

注:临潼至华县河长 77.4 km。

2003 年 6 次洪峰传播历时相差很大,前 4 次较"81·8"洪水和"96·7"洪水长,后 2 次较短;传播速度是前 4 次较慢,后 2 次较快。第 1 次洪峰时,临潼站流量 3 200 m³/s,河道全部漫滩,一方面滩区具有滞洪、削峰作用;另一方面滩地大量的高秆作物使糙率增大,流速降低,致使传播时间长达 52.3 h,传播速度仅为 1.48 km/h,仅相当于"81·8"洪水和"96·7"洪水的 1/3。第 2、3、4 次洪水仍出现漫滩,传播时间虽有所缩短,但仍明显比"81·8"洪水和"96·7"洪水传播时间长。第 1、2、3、4 次洪水尽管来沙量不高,但由于漫滩后的"淤滩刷槽"作用,滩地淤高,河槽冲刷,主溜过流能力增大。第 5、6 次洪水时水流基本上从两岸滩唇之间的主槽内通过,糙率大幅度减小,水流速度加快,传播时间明显缩短。2003 年 6 次洪峰,除第 2 次洪峰因紧与第 1 次洪峰相连(流量由 1 500 m³/s 下降至 1 330 m³/s 就又回涨)而传播得稍快外,传播时间是逐次加快的,相应的传播速度逐次加大。

(四)洪水含沙量与洪水来源区联系紧密

2003 年第 1 次洪水主要来自泾河上游的多沙区,水流含沙量大,泾河张家山站最大含沙量为 734 kg/m³,渭河临潼站为 604 kg/m³,华县站为 606 kg/m³。第 2、3、4、5、6 次洪水主要来自渭河中游地区、含沙量均较小。

(五)河道削峰作用明显

对于复式河道而言,洪水期间滞洪、削峰是一般的规律。但削峰明显是 2003 年洪水的一个特点(见表 5-8-5)。第 1 次洪峰时临潼站洪峰不高,在临潼至华县间滩地漫水过流,一部分水量停滞在滩上,同时将洪水过程展平,致使临潼至华县的削峰率达 53%。第 2、3、4 次洪水时,滩地漫水使削峰率仍然很大,但由于洪水到来前滩地上尚存部分积水,削峰率较第一次有所减少。第 5、6 次洪水基本不出槽,所以上下站洪峰值相当,且由于渭河下游地区处于雨区,支流的汇入反而使下站洪峰高于上站。需要说明的是第 3 次洪水的削峰率较天然情况偏大。由于石堤河东堤决口,河水以数百立方米每秒的流量流入泛区,华县站洪峰流量仅达 2 290 m³/s,致使削峰率达 40%。从 6 次洪峰的情况看,削峰率基本是逐次减小的。

表 5-8-5　渭河下游 2003 年临潼至华县河道削峰情况

华县站洪峰编号	$Q_临$ (m³/s)	$Q_华$ (m³/s)	ΔQ (m³/s)	削峰率 (%)	备注
1	3 200	1 500	1 700	53.1	
2	5 100	3 570	1 530	30.0	
3	3 820	2 290	1 530	40.1	
4	4 320	3 400	920	21.3	
5	2 660 (2 510)	2 520 (2 810)	140 (−300)	5.3 (−12.0)	
6	1 790	2 010	−220	−12.3	

三、工程险情

渭河下游(见图 5-8-1)在 2003 年秋汛期间,漫滩过洪,249.7 km 长的堤防几乎全线偎水,一般水深 1.5 m,最大达 3.5 m。

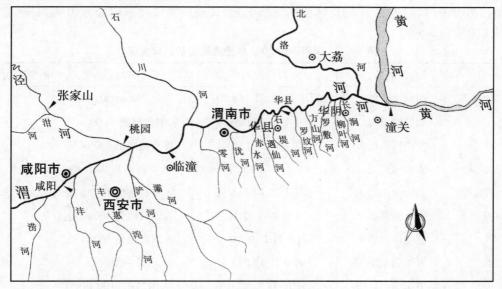

图 5-8-1　渭河下游概况

(一)堤防一般险情

渭河下游堤防有些堤段质量差,近些年又为枯水年,受洪水考验少,高水位的 2003 年洪水期间,堤防发现裂缝 322 条,长 107 km,严重的有 45 km;发生管涌 11 处,漏洞 7 处,滑坡 11 处,陷坑 201 处,堤身及穿堤建筑物漏水 19 处。

发现险情后,组织人力及时进行抢护,绝大部分险情经抢护后保护了堤防安全。难抢的险情是漏洞、管涌、穿堤建筑物漏水等险情。如 9 月上旬在渭河大荔县西阳堤段(约

4 + 900）发生的险情。1960 年前后修有向渭河排水的渠道（或管道），渭河在修堤过程中未进行彻底处理，临河侧滩地淤高后埋于地下，2003 年 9 月上旬高水位期间，水流穿过堤防沿原渠线在背河侧流出，在堤顶的巡堤查险人员听到下面有流水声，发现堤防背河坡脚以上堤坡向外流水，附近田地已有积水。采用土袋月堤法抢护后，减少了出水量。后经调查访问，找到了与堤防斜交的渠道进水口位置，经筑土袋围堤、黏性土回填处理，截住了进口，出水口停止流水，使险情基本稳定。又如在临渭区北岸，9 月初巡堤查险人员在堤顶上听到背河侧有流水声，检查发现在堤防背水侧堤坡上有一砖砌的洞口正在向外流水，由于水从砖砌的洞中流出，堤身未有破坏，但在出口以下堤坡上已冲成一个坑。在临河侧堤脚附近找到进水口后，采用土袋月堤、黏性土填实后，截断了进水，背河洞口不再出水。

（二）堤防决口险情

在第 1、2 次洪水期间，临河堤防尤孟堤决口 1 处；华县、华阴段南山支流堤决口 10 处，其中石堤河 1 处、罗纹河 4 处、方山河 5 处。

当第 2 次洪水到达临渭区后，首先在尤孟堤 38 + 950 处发生决口。9 月 1 日 3 时 20 分罗纹河东堤决口，5 时 30 分方山河西堤决口，15 时方山河东堤决口，9 时 18 分石堤河东堤决口。至此，石堤河与罗纹河之间、罗纹河与方山河之间、方山河与罗敷河之间均成为泛区（见图 5-8-1）。尤其是石堤河至罗纹河之间由石堤河东堤口门的进水无法排出，水深一般为 2 ~ 3 m，东部达 4 m，受灾严重。罗纹河西堤经不住泛水的浸泡，于 9 月 8 日 22 时，西堤决口，约 3 亿 m³ 的泛区积水突然下泄，又造成罗纹河东堤及方山河西、东堤多处决口（见表 5-8-6）。

表 5-8-6　渭河下游 2003 年干支流堤防决口情况

序号	堤防名称	决口时间	决口位置	说明
1	渭河尤孟堤	8 月 31 日 22 时 40 分	38 + 950	
2	罗纹河东堤	9 月 1 日 3 时 20 分	入渭口南侧 1 000 m 处	
3	方山河西堤	9 月 1 日 5 时 30 分	排水站南侧 300 m 处	
4	方山河东堤	9 月 1 日 15 时	入渭口南侧 50 m 处	
5	石堤河东堤	9 月 1 日 9 时 18 分	入渭口南侧 100 m 处	
6	罗纹河西堤	9 月 8 日 22 时	入渭口南侧 200 m 处	
7	罗纹河东堤	9 月 8 日 23 时 45 分	入渭口南侧 300 m 处	
8	罗纹河东堤	9 月 9 日 4 时 15 分	入渭口南侧 30 m 处	
9	方山河西堤	9 月 10 日 2 时 20 分	入渭口南侧 50 m 处	
10	方山河西堤	9 月 10 日	老西潼公路以南	
11	方山河东堤	9 月 10 日	老西潼公路以南	

6 次洪水使渭南市遭受严重灾害，成灾面积 122.34 万亩，绝收 121.96 万亩；受灾人口 56.25 万人，迁移 29.22 万人；倒塌房屋 18.72 万间。

（三）河道整治工程险情

渭河下游有工程58处，坝垛1 276道。坝顶与当地滩面平的控导工程，洪水漫滩后坝顶淹没在水下，出现一些坝面拉沟、根石坍塌等险情也属正常情况。洪水过后坝顶落淤，备防石一半淤在土里。洪水期间有49处862道坝垛出现险情，险情类型有根石走失、坦石坍塌、坝头墩蛰、坝身裂缝、坝根后溃等，还冲毁连坝、进坝路72条，长128 km。

（四）水文测验及工程管理设施发生的险情

由于大面积、长时间的漫滩，一些工程管理设施遭到破坏，也给水文测验带来了困难。华县水文站进水，使水文战线职工既要抢测洪水，又需搞好自身的防洪安全。洪水期间，损毁测验断面53个，桩526个；水文设施20处；防洪工程标志牌桩1 930个，公里桩、百米桩、坝号桩等也大量遭到破坏。

四、堤防堵口

渭河堤防及支流堤防共决口11处，初期决口的5处是造成泛区洪灾的主要口门。尤孟堤保护区内无村庄，面积仅3 km²，其后为地势高的台地，灾情不会再扩大，在洪水期可暂不堵复。于9月1日发生决口的石堤河东堤、罗纹河东堤、方山河东西堤，堤防顶宽窄、行车困难，且堤防临背河侧有水，无法取土，不具备堵口的基本条件。因此，在秋汛期间堵口只能选在这3条支流与渭河南堤的交叉处。

（一）石堤河堵口

石堤河与渭河南堤的交叉处原为交通桥，在石堤河东堤决口后，因经不起水流的冲刷，全桥被冲垮，倒于水中，使渭河南堤中断。开始曾试图开进汽车封堵口门，但无效且口门继续扩大至约60 m。9月5日决定采用的堵口方案，并进行堵口。为防口门继续扩大，先裹头。口门上游侧可从渭河堤进料，裹头比较容易；下游侧临背皆水，且因罗纹河处也在堵口，不可能向此送料，因此在裹头及堵口初期仍存在坍塌后退情况。堵口中基本上是采取由口门上游侧单坝进占、下游侧裹头的方法。堵口材料，由于树枝等软料缺乏，仅在进占时压了少量树枝；开始时用含有石料的土进占，尽管用船掩护，土料冲失比例大；后改为以石料为主进占。进占时深水区水深在10 m以上。9月9日前共进占约40 m，9月10日大河水量减小，进占近50 m。至9月12日14时，合龙成功。弧线进占堤长约120 m。当时渭河水量减小，进占堤两边水位差很小，未进行闭气。在第4次洪峰之前占体加高了约3 m。占体下游填土加固，安全度过了第4、5次洪水。

（二）罗纹河堵口

罗纹河与渭河南堤交叉处原修有罗纹河向渭河进水的桥闸，但有些部位已经损坏，不具备闸的功能，只起桥的作用。

该桥闸原为5孔，闸门槽的下游侧（堵口时为上游侧）已破坏，也无闸门。上游侧门槽虽可利用，但当时施工单位无法将方木沉入门槽挡水，不能采用叠梁堵口方案。根据当时的条件，9月6日下午改为在桥闸消力池内两岸进占堵口。由于既无石料，又无树枝等软料，只能采用铅丝土袋笼进占。堵口进占线路选在桥闸轴线以北（即原桥闸的下游侧）的消力池段。铅丝土袋笼与消力池表面混凝土的摩擦系数很小，不利于占体稳定。在选线时利用原消力池的跌落段增加阻滑力。从9月6日下午至9月7日，东侧进占2孔，西侧进占 1 孔。由于过水宽度缩窄,水流很急,通过口门处水位差约为 2 m,8 日未再进占,将占体加高至 342.50 m 高程,并对占体被冲部分进行加固。9 月 9 日正是第 3 次洪水的高水期,积极装土袋备料。9 月 10 日两岸向中间进占,至 10 日 20 时下余口门宽 4 m,口门上下游水位差约 3 m。经紧急抢堵至 22 时 18 分,罗纹河堵口合龙成功,但仍需闭气。在第 4 次洪水到来前,占体上游侧进一步进行闭气,下游侧抛土袋加固。安度了第 4、5 次洪水。

(三)方山河堵口

方山河流入渭河处未修任何建筑物,方山河西堤与渭河南堤相连,东堤与移民防护堤相接。洪水沿渭河堤河及渭河滩面方山河河道逆向流入泛区。方山河东堤、西堤决口之后,由于堤顶很窄,无法封堵口门。堵口选择在渭河滩上,线路为弧线,分别截断两股水流。9 月 5 日决定堵口方案和进堵线路。西线仅能在渭河堤及方山河堤上取土,料源条件差,东端可从移民防护堤进料,相对条件较好。遇水流的进占部分只能用土袋及铅丝土袋笼进占。东端进占快,西端进占慢,龙口在沿渭河堤河过流量较大处。9 月 7 日 13 时 40 分合龙成功。但由于进占体顶窄,仅 4～5 m,稳定性差,并在合龙后,渭河侧水位很快上升,合龙段漏水大,事前又没做好闭气准备,漏水愈来愈严重,终于 17 时又冲成宽约 8 m 的口门,继续向泛区流水。在第 4 次洪水前又封堵了口门,并进行了加高帮宽,安全度过第 4、5 次洪水。

五、几点认识

(一)按照河道整治规划尽快完善河道整治工程

渭河 2003 年洪水是 1981 年以来的最大洪水,洪水期长达 80 d,且水位高,洪峰传播历时长。而渭河下游的河势变化却主要表现为局部的弯道内靠溜部位的上提下挫,总体上河势变化不大,没有因河势变化造成渭河堤防出新险、抢大险的情况,在很大程度上减少了防洪的压力。这表明尽管在控导工程全部漫顶,出现坝顶拉沟、根石坍塌等险情的情况下,近些年按照微弯型整治方案修建的河道整治工程,发挥了控导河势的作用。但是已修建的河道整治工程还很不完善,部分河段尚未完成布点。今后应按河道整治规划尽快修建并加以完善。

(二)加强巡堤查险、发现险情及时抢护

加强巡堤查险、发现险情及时抢护,是防汛保安全的主要经验之一。2003 年渭河洪水也证明了这一点,前述的两个例子,在背水侧已可听到流水声、附近已积水的情况下,由于及时采取了抢护措施,控制了险情发展,未造成大灾。若不及时发现险情并进行抢护,也可能会像其他堤段一样,发生决口,酿成大灾。

(三)搞好工程规划、提高工程质量

渭河 2003 年秋汛石堤河、罗纹河、方山河堤防决口前,支流来水很小,渭河倒灌时,由于河道内容量小,流速很低。就水位而言,与设计相比,水位是不高的。表明 9 月 1 日的 4 次支流堤防决口都属于因堤防质量差而发生的溃决。

南山支流堤防存在堤距窄、断面小、背河侧低洼等问题,因此今后宜重新规划,展宽堤距,扩大堤身断面。对渭河南堤华县段进行淤背,以加固堤防,并为以后的抢险准备料源。

黄河九堡堵口埽料 140 年后材质尚好 *

为了加固堤防、进行抗震加固设计,20 世纪 80 年代初黄河水利委员会选择河南郑州申庄、中牟九堡、开封马庄和山东济南附近常旗屯、北店子、泺口铁路桥上下堤段进行地质勘探。对于历史上的决口——老口门堤段,还要探清老口门的位置、宽度及堵口料物变化情况。

一、中牟九堡老口门钻探概况

"道光二十三,洪水涨上天;冲了太阳渡,捎走万锦滩"的歌谣所描述的是 1843 年黄河发生特大洪水的情况。陕州(三门峡)最大洪峰流量达 36 000 m³/s,洪水传播到下游后,中牟九堡黄河堤防发生决口,后采用埽工进占的方法堵口,埽料埋于地下。这些埽料(秸料、树枝叶、绳缆、木桩等)的变质情况一直是防洪所关注的问题。1983 年对老口门堤段进行了钻探。该堤段钻探时临河侧靠河(见图 5-9-1),施测时水位 85.80 m(属低水位。大沽高程,下同),背河侧有芦塘,水位 83.20 m。堤顶高程 93.00 m 左右,堤防已有约 500 年的历史,堤身填土厚 12 ~ 13 m。钻探时共打钻孔 13 个,临河坝顶上 3 个,相应堤防堤顶上 3 个,背河堤脚附近 7 个。

图 5-9-1　1983 年九堡老口门钻探时堤防临河侧情况

二、钻孔探测口门情况

本节将堤顶及坝顶上的 6 个钻孔(见图 5-9-2)探测情况、重点为堵口层的探测情况分述于后。

(一)1 号钻孔

1 号钻孔(坐标 X:3 870 830.9　　Y:20 226 848.5)位于九堡险工 102 号坝坝顶上,孔口高程 91.23 m,孔深 47.39 m,钻孔时间为 1983 年 4 月 13 ~ 26 日。

(1)孔深 0 ~ 11.50 m 为人工填筑的坝身。

(2)孔深 11.50 ~ 40.45 m(厚 28.95 m)为填筑土(1843 年决口后堵口填筑料)。其

---

* 老口门钻探于 1983 年进行,本文写于 2006 年,后发表在《黄河史志资料》2011 年第 2 期 P11 ~ 14、封 3。

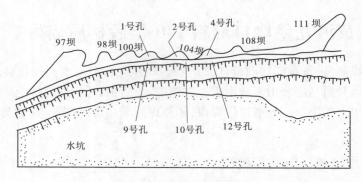

图 5-9-2　钻孔位置示意图

中:①11.50~15.10 m 为深灰色重粉质沙壤土,含有腐殖质,12.45 m 含有零星块石,呈可塑状,钻进时漏浆较重,钻孔内不回浆。②15.10~18.60 m 为深灰色轻、中粉质壤土,底部为重粉质壤土,15.60 m 处有尚未腐烂的麻绳。16.00~16.45 m 有较多的高粱秸料,淡黄色,比较新鲜。③18.60~31.00 m 为灰色重粉质沙壤土与轻粉质沙壤土,并夹有多少不均的高粱秸料,没有腐蚀,色青白,较为新鲜。27.40~28.00 m 有木桩,质硬,没有腐朽,钻进时漏浆较重。28.00~30.45 m 夹有较多的高粱秸料。④31.00~32.39 m 为灰色粉砂与细砂并夹有少量秸料,湿,呈紧密状。⑤32.39~38.00 m 为灰色重沙壤土,局部夹有中粉质壤土,并夹有不均匀的高粱秸料,部分有腐蚀发黑现象,36.00 m 处有少量木料。该段呈可塑状。⑥38.00~40.00 m 为灰色轻粉质壤土,夹有少量秸料。⑦40.00~40.45 m 为灰色细砂,湿,紧密状,含有少量腐殖质。

(3)孔深 40.45~42.20 m 为灰黄色中砂,粒径不均一,饱和,呈紧密状。

(4)孔深 42.20~42.45 m 为灰黄色粉质黏土,呈可塑状。

(5)孔深 42.45~47.39 m 为灰黄色中砂,局部夹有薄层细砂,粒径不均一,饱和,呈紧密状。

(二)9 号钻孔

9 号钻孔(坐标 X:3 870 808.8　Y:20 226 864.3)位于九堡险工 102 号坝相应堤防堤顶上,孔口高程 92.99 m,孔深 50.45 m,钻孔时间为 1983 年 6 月 6~20 日。

(1)孔深 0~13.00 m 为人工填筑的堤防。

(2)孔深 13.00~48.00 m(厚 35.00 m)为填筑土(1843 年决口后堵口填筑料)。其中:①13.00~14.50 m 为重粉质沙壤土,灰色,湿,密度松。②14.50~16.50 m 为轻粉质沙壤土,呈可塑状。③16.50~18.50 m 为重粉质沙壤土,灰色,含有少量腐殖质,呈可塑状。④18.50~21.50 m 为轻沙壤土,深灰色,含少量腐殖质,呈可塑状。⑤21.50~22.50 m 为轻粉质壤土,深灰色,含有腐殖质,湿,密度松,钻进中孔内有严重漏浆现象。⑥22.50~24.50 m 为重沙壤土,灰色,夹杂有高粱秸料、黏土块、细砂及少数块石(块石为浅灰绿色砂岩)。⑦24.50~32.10 m 为轻沙壤土,灰色,夹杂高粱秸料较多,秸料新鲜,漏浆严重。孔深 28.40~22.00 m 有塌孔现象,地层疏松,孔内漏浆严重。⑧32.10~42.70 m 为粉砂,灰色,夹杂高粱秸料较少,含有腐殖质。⑨42.70~46.05 m 为粉砂,灰色,夹杂少量高粱秸料,秸料新鲜,钻进中孔内漏浆。⑩46.05~48.00 m 为细砂,灰色,湿,呈中密状,含高粱秸料较少,有少量腐殖质,漏浆严重,并有塌孔现象。

(3)孔深 48.00~50.45 m,为中砂,浅灰黄色,松散结构,粒径不均一,湿,呈紧密状。

(三)2 号钻孔

2 号钻孔(坐标 X:3 870 875.4　Y:20 226 910.1)位于九堡险工 104 号坝坝顶上,孔口高程 91.80 m,孔深 43.00 m,钻孔时间为 1983 年 4 月 27 日至 5 月 11 日。

(1)孔深 0~12.00 m 为人工填筑的坝身。

(2)孔深 12.00~39.00 m(厚 27.00 m)为填筑土(1843 年决口后堵口填筑料)。其中:①12.00~13.00 m 为浅黄色粉砂,饱和,呈松软状,含少量腐殖质。②13.00~15.50 m 为浅灰色轻粉质沙壤土,饱和,呈软塑状,含少量腐殖质。13.00~13.90 m 含有零星块石,钻进中有漏浆现象。14.00 m 以下有孔壁坍塌现象。③15.50~17.50 m 为灰色粉土,含有泥球与少量的草根、腐殖质。④17.50~19.50 m 为灰色轻粉质沙壤土,含有泥球及少量腐殖质。⑤19.50~21.50 m 为灰色重粉质沙壤土,呈可塑状,含少量腐殖质。⑥21.50~23.50 m 为灰色轻粉质沙壤土,饱和,呈松软状,钻进时孔内漏浆,并有孔壁坍塌现象,22.50 m 有高粱秸料。⑦23.50~34.56 m 为灰色轻沙壤土,夹有较多的高粱秸料,灰黑色,稍有腐烂,在钻进中漏浆较重。⑧34.56~38.15 m 为灰色轻沙壤土,夹有灰绿色砂岩块石,长 0.1~0.3 m,钻进中孔内漏浆。⑨38.15~39.00 m 为浅灰色细砂,饱和,呈中密状,夹有木桩及高粱秸料,在钻进中漏浆严重。

(3)孔深 39.00~43.00 m 为浅灰黄色细砂,粒径不一,湿,呈紧密状。

(四)10 号钻孔

10 号钻孔(坐标 X:3 870 854.7　Y:20 226 928.3)位于九堡险工 104 号坝相应的堤防堤顶上,孔口高程 92.89 m,孔深 46.80 m,钻孔时间为 1983 年 5 月 27 日至 6 月 5 日。

(1)孔深 0~13.50 m 为人工填筑的堤防。

(2)孔深 13.50~39.40 m(厚 25.90 m)为填筑土(1843 年决口后堵口填筑料)。其中:①13.50~17.00 m 为粉砂,灰色,局部夹有薄层沙壤土,并含有少量的腐殖质。②17.00~19.00 m 为轻粉质沙壤土,灰色,呈可塑状。③19.00~22.30 m 为粉土,浅灰色,饱和状,密度为松。④22.30~25.80 m 为重沙壤土,灰色,夹有较多的高粱秸料,秸料色灰、稍有腐蚀,钻进中孔内有漏浆现象。⑤25.80~36.25 m 为轻沙壤土,浅灰色,夹有较多的高粱秸料,秸料稍有腐蚀,色灰,本段漏浆较重,有塌孔现象,该段较松,钻进困难。⑥36.25~39.40 m 为中壤土,灰色,夹有较多的高粱秸料,秸料色灰,稍有腐蚀,钻进时有漏浆现象,底部秸料较少。

(3)孔深 39.40~43.30 m 为细砂,浅灰色,粒径不均一,湿,呈紧密状。

(4)孔深 43.30~43.50 m 为粉质黏土,灰色,呈可塑状。

(5)43.50~46.80 m 为中砂,灰黄色,湿,呈紧密状。

(五)4 号钻孔

4 号钻孔(坐标 X:3 870 925.2　Y:20 226 976.5)位于九堡险工 106 号坝坝顶上,孔口高程 91.94 m,孔深 49.50 m,钻孔时间为 1983 年 5 月 12~19 日。

(1)孔深 0~12 m 为人工填筑的坝身。

(2)孔深 12.00~27.10 m(厚 15.10 m)为填筑土(1843 年决口后堵口填筑料)。其

中:①12.00~18.45 m为灰色轻沙壤土,饱和,呈中密状。12.00~13.30 m填有高粱秸料,灰黑色,半腐蚀状。13.30~13.50 m有木桩,木质硬。13.50~15.45 m夹有较多的高粱秸料,灰色,稍有腐蚀。15.45~16.10 m有木桩,木质尚好。16.10~18.45 m填有较多的高粱秸料和少量木桩,局部秸料色灰,稍有腐烂。②18.45~22.44 m为浅灰色重粉质沙壤土,夹有较多高粱秸料,色灰,稍有腐蚀。③22.44~23.19 m为浅灰色细砂,饱和,呈中密状。④23.19~26.13 m为灰色重、轻沙壤土,饱和,呈中密状,夹有少量秸料,钻进时孔壁有坍塌现象。⑤26.13~27.10 m为灰色细砂,饱和,呈中密状。

(3)孔深27.10~32.30 m为细砂,浅灰色,饱和,呈紧密状。

(4)孔深32.30~42.00 m为中砂,浅灰黄色,饱和,密度为紧密。

(5)孔深42.00~42.06 m为粉质黏土,灰黄色,呈硬塑状。

(6)孔深42.06~44.00 m为细砂,灰黄色,湿,呈紧密状。

(7)孔深44.00~44.60 m为粉质黏土,灰黄色,呈可塑状。

(8)孔深44.60~49.50 m为中砂,灰黄色,饱和状,密度为紧密,局部夹有薄层黏土,下部49.20~49.40 m为粗砂,49.40~49.50 m为细砂。

(六)12 号钻孔

12 号钻孔(坐标 X:3 870 910.8　Y:20 227 007.0)位于九堡险工 106 号坝相应堤防堤顶上,孔口高程 93.56 m,孔深 43.00 m,钻孔时间为 1983 年 5 月 20~27 日。

(1)孔深 0~13.00 m 为人工填筑的堤防。

(2)孔深 13.00~24.60 m(厚 11.60 m)为填筑土(1843 年决口后堵口填筑料)。其中:①13.00~15.30 m 为重粉质壤土,夹有高粱秸料,灰黑色,半腐蚀状,密度为松。②15.30~15.60 m 为木桩,木质稍有腐蚀,孔内钻进时有漏浆现象。③15.60~22.90 m 为重沙壤土,夹高粱秸料,在孔深 18.40 m 左右孔内漏浆较重,其他部位漏浆稍轻。④22.90~24.60 m 为轻沙壤土,上部有木桩,直径 0.1~0.2 m,稍有腐蚀,底部有腐殖质。

(3)孔深 24.60~28.00 m 为粉砂,浅灰黄色,湿,密度为紧密。

(4)孔深 28.00~32.00 m 为细砂,浅灰黄色,湿,密度为紧密。

(5)孔深 32.00~42.20 m 为中砂,灰黄色,局部夹有黏土块,湿,密度为紧密。

(6)孔深 42.20~42.56 m 为粉质黏土,灰色,湿,呈可塑状。

(7)孔深 42.56~43.00 m 为细砂,浅灰黄色,湿,密度为紧密。

三、九堡老口门堵口埽料 1983 年钻孔时状况综述

从钻孔取出的样品看,堵口料物有石料、木桩、高粱秸料、麻绳、土料,以土料、高粱秸料为主。从取出的部分秸料、木桩、石料来看,样品清洁色鲜,尚未腐蚀。

堵口层多为灰色与深灰色,上部以轻、重沙壤土与粉、细砂为主,下部以中、细砂为主。夹杂有较多的高粱秸料、木桩、树枝、块石(灰绿色砂岩),分布厚薄不均匀,其中以高粱秸料为主。高粱秆多半为半腐蚀状和轻微腐蚀状(见图 5-9-3),少数腐蚀较重,部分颜色新鲜,呈浅黄白色,尚未变质。钻进中取出的岩芯完整(见图 5-9-4),为堵口时抛投的石料。钻进中取出的木桩(见图 5-9-5)没有变质现象,木质硬,作者左手中的木桩上写着"中牟九堡口门,1 号孔,孔深 27.6~27.8 m(指在此孔深处取出的木桩),木桩",右手中的木桩

上写着"中牟九堡口门,4 号孔,孔深 15.45 ~ 15.70 m,木桩"。钻孔中取出的树梢、树叶(见图 5-9-6),堵口后被压实后,钻孔时尚呈半腐蚀状态。堵口时使用了大量的绳缆,钻孔时为半腐蚀状态(见图 5-9-7),尚有一定强度。

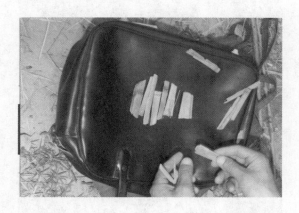

图 5-9-3　1983 年钻孔时取出的 1843 年堵口用高粱秆秸料

图 5-9-4　1983 年钻孔时取出的 1843 年堵口用石料岩芯

在人工填土中,因岩性较杂、不均质并夹杂厚薄不均的秸料、木桩、块石,形成大小不均匀孔隙,密实程度差。一般在秸料、木桩、块石中钻进时,均有较重的漏浆现象,在填土中含砂性土较大时,钻进中有塌孔现象。

从这次钻孔资料绘制的纵横断面图分析,口门深槽宽度为 204 ~ 180 m,平均宽度 192 m。口门,最深处为 36 m,相应高程为 80.00 ~ 44.00 m。

从钻孔过程看,不论埽料是腐烂,还是完整,都是易于漏浆的钻孔段,表明堤防老口门处,不管堵口料物腐烂与否,都是堤防的薄弱段,应是每年防汛的重点段。

图 5-9-5　1983 年钻孔时取出的 1843 年堵口用木桩

图 5-9-6　1983 年钻孔时取出的 1843 年堵口用树梢树叶

图 5-9-7　1983 年钻孔时取出的 1843 年堵口用绳缆

参 考 文 献

[1] 黄委会勘测规划设计院地质处、黄河大堤中牟九堡段抗震加固设计工程地质勘察报告,1983 年 12
月 1 日(B160L – 2 – 176).

第六章　黄河河口

黄河河口概要

河口河段是受周期性溯源堆积和溯源冲刷影响的主要河段。一般由河流近口段、三角洲和滨海区组成。现在的黄河河口是清咸丰五年(1855年)黄河在兰考铜瓦厢决口改道夺大清河入海后形成的陆相弱潮堆积性河口。入海位置在渤海湾与莱洲湾的交汇处,水流感潮段长一般20 km左右。

一、范围与地形

(一)河口范围

近口段从滨洲道旭开始,到入海口近140 km,至垦利宁海平面上已为稳定的河道。三角洲是河流的冲积地带,以宁海(东经118°24′,北纬37°36′)为顶点、西北至套尔河口(徒骇河口)、东南至支脉沟口、扇形面积约6 000余km²。20世纪50年代以来,三角洲顶点暂时下移至垦利渔洼,西起挑河,南到宋春荣沟,扇形面积约2 200 km²。滨海区指毗连三角洲的弧形海域,一般指外侧20 km、水深多在20 m以内的海域。

(二)地形

河口三角洲总的讲为西南高、东北低,由于黄河河口段多次改道,形成了以废弃河床为基轴波浪起伏,新老河道相互重叠切割,岗、坡、洼相间排列的地貌特征。在纵向上呈指状交错,横向上呈波状起伏。由于泥沙淤积,故道处地势高,两故道之间地势低,大致以东北方向为轴线隆起,呈扇面状倾斜突向海中。地面高程2～10 m(大沽高程,下同),自然坡降一般为0.8‰～1.2‰。

河口三角洲为黄河淤积而成,属粉砂质淤积区,与渤海的基底基本一致,地表沉积厚度500～900 m,呈多次交叠砂黏相隔的层次。

二、气候与矿产

(一)气候特征

黄河河口地区属北温带半湿润大陆性气候,光照充足,四季分明。多年平均气温12.2 ℃,极端最高气温41 ℃,极端最低气温-22 ℃。多年平均降水量601 mm,最大年降水量950 mm,最小年降水量284.6 mm。多年平均水面蒸发量1 944.2 mm。太阳辐射总量为123.6～123.7 kcal/cm²。全年日照量2 750 h,年均无霜期211 d。风向随季节变化,年平均风速为3.7 m/s。每年大于8级的风平均21 d,最多年份达32 d。

---

* 本文原为2010年8月给《中国河湖大典·黄河及西北诸河卷》条题"4.172 黄河河口"写的初稿,后修改为此稿。

（二）矿产资源

地下埋藏有石油、天然气和卤水资源；地表有贝壳矿资源，其中石油、天然气、卤水已探明储量具全国海岸带之首。

区内的胜利油田是我国的第二大油田，至 2005 年底，共探明油田 34 个，涉及胜采、东辛、孤岛、孤东、桩西、河口、滨南 7 个采油区，探明油田含油面积 1 222.1 km²，探明石油地质储量 17.27 亿 t。黄河三角洲地带的总资源量为 40.6 亿 t，剩余油气资源量为 23.3 亿 t。

滨海地区浅层卤水储量 74 亿 m³，地下盐矿床面积 600 km²、储量 5 900 亿 t，具有年产 600 万 t 的资源条件。贝壳储量达 1 600 万 t 以上，且大多出露于地面，便于开采。

三、水文泥沙

按照黄河河口水沙控制站利津水文站 1950～1999 年 50 年实测系列资料统计，黄河多年平均径流量为 344 亿 m³，多年平均流量为 1 090 m³/s，最大流量为 10 400 m³/s（1958 年 7 月 21 日），最大年径流量 973.1 亿 m³（1964 年），最小年径流量为 18.6 亿 m³（1997 年），最大值是最小值的 52.3 倍。汛期（7～10 月）水量占年总水量的 61.3%。20 世纪五六年代水量较丰，70～90 年代水量大幅度减小。1972～1999 年利津站多次出现断流，90 年代除 1990 年未发生断流外，其余 9 年均发生了断流，最严重的 1997 年，断流 13 次，时间长达 226 d。

据利津水文站 1950～1999 年 50 年的泥沙资料统计，多年平均悬移质输沙量为 8.67 亿 t，最大年输沙量为 21.0 亿 t（1958 年），最小年输沙量为 0.164 亿 t（1997 年），前者是后者的 128 倍。汛期（7～10 月）的输沙量平均为 7.36 亿 t，占全年的 84.9%。多年平均含沙量为 25.5 kg/m³，最大年平均含沙量为 48.0 kg/m³（1959 年），最小年平均含沙量为 8.79 kg/m³（1997 年），最大含沙量为 222 kg/m³（1973 年）。进入河口的沙量 20 世纪 50～90 年代逐年代递减。

四、流路与海岸线

（一）流路变迁

清咸丰五年（1855 年）六月十九日黄河在兰考铜瓦厢改道夺大清河后，于利津铁门关北肖神庙以下二河盖牡蛎嘴入海。由于自然或人为因素，黄河在三角洲范围内决口改道频繁。据庞家珍等人调查、分析，河口范围内决口改道共 50 余次，其中改道 9 次，1855～1938 年 6 次，1938 年 6 月至 1947 年因花园口决口河口竭河，1947～1976 年 3 次。在 1855 年 7 月至 1999 年 12 月的 144.4 年中，在三角洲上实际行水 110 年。各次改道及行河时间见表 6-1-1，行河的平面位置见图 6-1-1。

1855 年以来，河口流路变迁是以三角洲顶点为轴进行改道，行河的顺序大体沿西南、东北轴线两侧变化，第 1、2 次行河在三角洲的中部，第 3 次行河在南部，第 4 次行河在北部，第 5 次行河在中部，第 6、7 次行河在南部，第 8 次行河在中部，第 9 次行河在北部，第 10 次行河在中部。第 1～4 次行河在三角洲上横扫一遍，第 5～9 次行河又在三角洲上行河一遍，但每次横扫一遍之后，河道长度就会有一定的增加，演变中河道由上向下发展。每条流路的演变过程大体是经过河道的淤积—延伸—摆动—改道 4 个阶段。

表 6-1-1　1855 年以来黄河尾闾变迁情况统计

行河序号	改道时间	改道地点	入海位置	至下次改道时距	至下次改道实际行水历时	累计实际行水历时	说明
1	1855 年 7 月清咸丰五年	铜瓦厢	利津铁门关以下肖神庙牡蛎嘴	33 年9 个月	18 年 11 个月	19	兰考铜瓦厢决口初次行河
2	1889 年 3 月清光绪十五年	韩家垣	毛丝坨（今建林以东）	8 年 2 个月	5 年 10 个月	25	决口改道
3	1897 年 5 月清光绪二十三年	岭子庄	丝网口东南	7 年 1 个月	5 年 9 个月	30.5	决口改道
4	1904 年 7 月清光绪三十年	盐窝	老鸹嘴	22 年	17 年 6 个月	48	决口改道
5	1926 年 6 月民国十五年七月	八里庄	沙石头及铁门关故道	3 年 2 个月	2 年 11 个月	51	决口改道
6	1929 年 8 月民国十八年九月	纪家庄	南旺河、宋春荣沟青坨子	5 年	4 年	55	决口改道
7	1934 年 8 月民国二十三年九月	合龙处一号坝上	老神仙沟甜水沟宋春荣沟	18 年10 个月	9 年 2 个月	64	决口改道
8	1953 年 7 月	小口子	神仙沟	10 年6 个月	10 年 6 个月	74.5	人工裁弯并汊
9	1964 年 1 月	罗家屋子	钓口与洼拉沟之间	12 年4 个月	12 年 4 个月	87	人工爆堤改道
10	1976 年 7 月	西河口	清水沟				人工截流改道

（二）海岸线变化

黄河三角洲外海域较浅,坡度较缓,以中部神仙沟口外海域最深,5 m、10 m、15 m 等深线距岸约为 3 km、7 km、17 km,最大水深可达 20 m;西部渤海湾次之;南部莱洲湾最浅,10 m 等深线距岸达 34 km。

据庞家珍等人对 1855 年、1954 年、1976 年、1992 年高潮线情况分析,在行河岸段,海岸线迅速向前淤进,不行河的岸线,在风浪、海流等作用下,海岸线有所后退。由表 6-1-2 看出,1855～1992 年高潮线淤进总面积 2 660.6 km²,扣除蚀退面积后净淤进面积为 2 422.7 km²,平均每年淤出面积 23.86 km²。

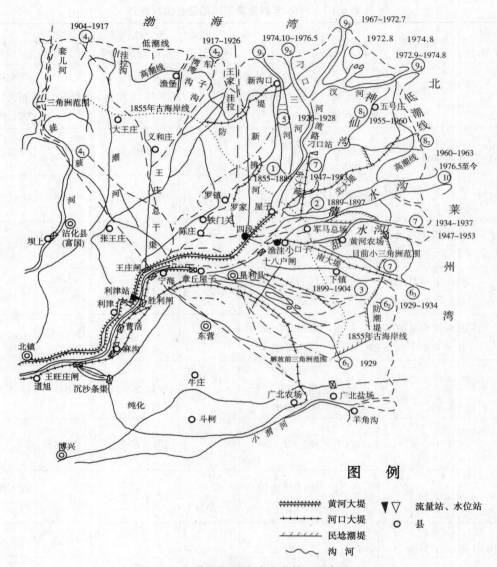

图 6-1-1　黄河河口流路改道状况示意图

表 6-1-2　黄河三角洲高潮线淤进情况

年代	淤进面积（km²）	净淤进面积（km²）	每年净淤进面积（km²/a）
1855 ~ 1954	1 510	1 510	1 510/64 = 23.6
1954 ~ 1976	650.7	548.3	548.3/22 = 24.9
1976 ~ 1992	499.9	364.4	364.4/16 = 22.8
1855 ~ 1992	2 660.6	2 422.7	23.86

五、潮汐与风暴潮

(一)潮汐

黄河三角洲滨海区大部分岸段为不正规半日潮,仅神仙沟口附近岸段表现为不正规日潮。离神仙沟愈远半日潮性质愈强。现行清水沟入海位置为不规则半日潮性质。各地潮差不等,神仙沟以北潮波节点附近潮差最小,仅为 0.4 m,沿三角洲北部岸线向西和沿三角洲东部岸线向南,潮差均逐渐增大,徒骇河口、小清河口潮差达 1.6~2.0 m。

(二)风暴潮

三角洲地区的大风主要是东北风,8 级以上的大风中东北风将近一半。春季(3~5月)大风最多,约占全年大风日数的一半。西部海岸的大风日数多于东南海岸。因此,风暴潮多发生在春季和西部海岸。

近百余年来,黄河三角洲发生特大风暴潮 8 次,分别在 1845 年、1890 年、1938 年、1964 年、1969 年、1992 年、1997 年及 2003 年,其中 1997 年 8 月发生的特大风暴潮,无棣县东风港出现 3.26 m 的最高潮位,浪高达到 4 m,造成了最为严重的人员伤亡和经济损失。

六、治理开发

(一)东营市

黄河河口地区是中国最年轻的土地。由于黄河输送的泥沙淤积,1855 年至 1992 年净淤进面积达 2 422.7 km²。

为适应河口地区经济发展,1983 年成立了地级东营市,现辖 3 县 2 区。至 2005 年,总面积 7 923 km²,其中水域面积 2 680 km²,耕地面积 2 188 km²。人口 194.62 万人。东营市交通发达,除公路四通八达外,还有铁路、空港、海港通往外地。2005 年东营市石油产量 2 695 万 t,天然气产量 8.8 亿 m³,粮食总产量 64.94 万 t,棉花总产量 10.44 万 t。

(二)防护工程

根据黄河河口的特性,在摆动顶点以下是不修防洪工程的,任河流在河口三角洲地区任意摆动。随着河口三角洲地区经济的发展,逐步修建了一些堤防。宁海至渔洼河段,半个世纪以来已形成固定的黄河大堤。渔洼以下三角洲地区堤防甚杂,神仙沟流路、钓口河流路修建的堤防已成为不设防的堤防。1976 年改道现行清水沟流路以来,在两岸修建的堤防计长 77.47 km,其中左岸长 49.73 km,右岸长 27.74 km。为了控制三角洲上段的河势,在渔洼以下修有崔家、护林等 8 处河道整治工程。

为防风暴潮成灾,胜利油田和东营市修建了防潮工程,北起潮河口,南到支脉沟口已建防潮堤 254.03 km,其中现行河道以南 78.50 km,现行河道以北 175.53 km。

(三)供水

为了给工业、城镇、农业供水,东营市修建了 13 处引黄工程,总引水、提水能力 500 m³/s,设计灌溉面积 21.4 万 hm²;修建平原水库 658 座,总库容 8.31 亿 m³,其中大型水库 1 座(广南水库),库容 1.14 亿 m³,中型水库 17 座,总库容 3.73 亿 m³。

七、湿地与生物

（一）湿地

黄河三角洲形成了我国暖温带最广阔、最完整的原生湿地生态系统。湿地面积广阔、类型多样,既有河漫滩湿地、河口滨海滩涂湿地、滨海浅洼地湿地等天然湿地,也有水库、坑塘等人工湿地。其中,黄河不断淤积造陆形成的河口新生淡水湿地是黄河三角洲湿地的主体。黄河三角洲湿地是维系河口生态系统发育与演替、构成河口生物多样性和生态完整性的重要基础生态体系,具有调节气候、提供野生动物尤其是鸟类栖息地、维护生物多样性等方面的重要作用。黄河三角洲天然湿地在其东部和北部沿海地区分布较为集中,但随着内陆的推移,面积会逐渐减小。

（二）动植物

1992 年经国务院批准建立了黄河三角洲国家自然保护区。保护区位于河道两侧新淤出地带,分为南北两大部分,南部位于现行清水沟流路的河道两侧,北部位于黄河钓口河故道区域,总面积 15.3 万 hm²,其中核心区 5.8 万 hm²。主要保护对象为新生湿地生态系统和珍稀、濒危鸟类。

黄河三角洲计有高等植物 74 科 198 属 301 种,主要以菊科、禾本科、豆科为最多。野大豆属珍稀保护植物。碱蓬、盐地碱蓬、柽柳等盐生植物是该区的优势物种。

保护区共有野生动物 1 543 种,其中海洋性水生动物 418 种,属国家重点保护的 6 种;淡水鱼类 108 种,属国家重点保护的 3 种;鸟类达 283 种,属国家一级保护的丹顶鹤、白头鹤、白鹤、大鸨、东方白鹳、黑鹳、金雕、中华秋沙鸭、白尾海雕等 9 种,属国家二级保护的有灰鹤、大天鹅、鸳鸯等 41 种。黄河三角洲保护区湿地还是东北亚内陆和环太平洋鸟类迁徙的"中转站"、越冬地和繁殖地。

（三）近海水生生物

黄河每年挟带的大量泥沙,为黄河口海域输送了大量的营养盐类,使其成为渤海生产力较高的水域之一。黄河三角洲附近海域共有浮游植物 116 种,浮游动物 79 种,底栖动物 222 种,鱼类种类并不丰富,仅 112 种。

鱼类的特点是暖温性鱼类多,以洄游种类为主,其河湾性质明显。洄游性鱼类主要有达氏鲟、刀鲚、银鱼、鳗鲡等,刀鲚是黄河溯河鱼类的代表,平时生活在近海处,春季溯河洄游产卵。20 世纪 60 年代河口刀鲚极为常见,目前已少见,达氏鲟、鳗鲡等鱼类已极其少见。

黄河河口治理要有利于下游防洪[*]

一、黄河河口变迁

黄河河口位于渤海湾与莱州湾之间,是 1855 年铜瓦厢决口改道夺大清河入海而发展

---

* 本文为 2003 年 3 月在"黄河河口问题及治理对策研讨会"上的发言稿,由胡一三、李勇撰写,后选入《黄河河口问题及治理对策研讨会专家论坛》,黄河水利出版社于 2003 年 5 月出版。

形成,以宁海为顶点,北起套儿河口,南至支脉沟口,面积约 6 000 多 km² 的扇形地区,大致包括 1855 年黄河改走现河道后,入海流路摆动的范围(见图 6-1-1)。近 50 年来为保护河口地区的工农业生产,尾闾河段摆动顶点暂时下移至渔洼附近,摆动范围也缩小到北起车子沟,南至宋春荣沟的扇形地区,面积 2 400 多 km²。

(一)三角洲的发展过程

1855 年以来,黄河河口河段的形成及发展,大致经历了 4 个阶段,10 次改道,其中 9 次在宁海以下的三角洲地区。

第一次改道是指 1855 年黄河在河南兰考铜瓦厢决口造成的大改道,河口在三角洲的中部入海。1884 年以前,黄河初夺大清河初期,上游河道堤防尚不完善,进入河口地区的洪水流量较小,泥沙也很少,黄河尾闾仍大致沿袭原大清河故道,流路比较稳定,河在三角洲中部向东北方向入海(见图 6-1-1)。

1884~1910 年,随着沿河堤防逐渐完整,下排洪水泥沙逐渐增大,原大清河故道已不能容纳黄河下泄流量,近口段河道淤积塑造形成新的滩槽,河道长度延伸,河床及水位抬高,期间发生了 3 次改道:1889 年 4 月发生第 2 次改道,摆向右侧的南部入海;1897 年 6 月的第 3 次改道更向南摆,向东偏南注入莱州湾;1904 年 7 月的第 4 次改道则突然改向左侧的渤海湾海域入海。至时,河口尾闾在大三角洲内基本上完成了一次平面上的循环演变。期间,利津附近堤防漫溢频繁,河道调整变化强烈,入海流路很不稳定。

1910~1949 年,近口河段的河道逐渐适应泄洪排沙需要、堤防决溢向上游方向发展,近口河段的河道演变比较缓慢。期间发生了 3 次改道:1926 年 7 月发生的第 5 次改道又趋向中部海域,1929 年 9 月和 1934 年 9 月发生的第 6 次、第 7 次改道主要位于大三角洲的中南部。两次改道间隔时间短,可能与 1933 年下游来沙量较多有较大的关系。这 3 次流路变迁,主要集中在大三角洲的中南部,也可以看作是小三角洲内的一次循环演变。

1949 年以后,黄河下游防洪工程逐渐完善,洪水不再决溢分流,下泄洪水流量及沙量显著增大,水沙条件与历史情况比较有很大变化,河口淤积延伸速度显著增大。1949 年以后进行了 3 次人工改道。1953 年改道以前,河口尾闾由神仙沟、甜水沟、宋春荣沟三股河入海,以向东的甜水沟为主。1953 年 7 月并汊集流,河口发生第 8 次改道,尾闾由位于三角洲中部的神仙沟单股入海,1964 年的第 9 次改道由神仙沟改走向北部入海的刁口河,1976 年的第 10 次改道是有计划安排的改道,走甜水沟、神仙沟之间的清水沟流路。3 次改道完成了小三角洲内的一次循环演变,三角洲顶点也暂时下移到渔洼附近。但总体上看,1953 年以后的 3 次改道,与 1953 年前相比,三角洲范围明显外移,可看作是已经开始了 1855 年以来的第二轮大循环。

实践表明,掌握适当时机,实施有计划地人工改道,对控制河道淤积延伸,延缓河床水位抬升速率是有利的。

(二)三角洲的演变规律

河口地区是流域泥沙的主要沉积区域,泥沙在河口区域的堆积是在河口流路的不断摆动、改道过程中形成的。从目前三角洲淤积延伸的总体情况看,三角洲中部延伸最多,愈往两侧愈小,这主要是由于中部海域条件较好,有利于泥沙外输,也与人们为避免引起北部的徒骇河、马颊河和东南部的小清河河口的淤塞有关。

　　历史经验和资料均表明,各条流路在三角洲平面上多互不重复,同时表现出循环形式,在三角洲洲面上流路改道循环演变的规律通常称之为"大循环"。一条流路在其发展过程中,平面上的演变大体上要经历改道初期的游荡散乱—归股、中期的单一顺直—弯曲、后期的出汊摆动—出汊点上提,继而再改道,进入下一个循环的游荡散乱状态,亦即经历散乱游荡不稳定—河槽单一相对稳定—出汊摆动不稳定三个大的阶段,继而进入下一个循环。此一条流路循环演变的规律,通常称之为河口演变的"小循环"。

　　自1855年以来,黄河入海流路共发生了10次大的变迁,其中1889～1946年改道6次,顶点为宁海附近,尾闾在大三角洲内基本上完成了一次平面上的循环演变。1947年以后改道3次,顶点暂时下移到渔洼附近,近期的3次改道完成了小三角洲内的一次循环演变;同时,1947年以后的改道,与1953年前相比,三角洲范围明显外移,可看作是已经开始了1855年以来的第二轮大循环。

　　河口尾闾的延伸是指一条流路短时段内河口沙嘴及其摆动范围岸线的延伸,三角洲岸线的延伸则是指较长时段经过多次改道的整个三角洲范围岸线的延伸,二者的概念和延伸速率显然是不同的。随着各条流路淤积延伸和改道,河流近口段同流量水位相应升升降降呈波动变化,但在一次大循环内,由于三角洲顶点距各流路深海岸线长度相差不大,故各流路水位的升高不是累加的,只是在完成一次"大循环"后,海岸线普遍延伸到一个水平时,河口水位方形成一次不复下降的稳定升高。显然,扩大河口三角洲改道范围,尽量延长"大循环"的年限,是减轻河口和下游河道防洪防凌压力和少修工程的有效措施。同时,三角洲大循环年限的延长也有利于增加流路走河年限和延缓下游河道的淤升速度。

二、进入河口的水沙条件是河口演变的主导因素

　　河口尾闾的延伸与成陆状况主要与水沙条件和入海部位海域深浅、海洋动力强弱等因素有关,三角洲岸线的延伸还与由海洋动力条件所决定的岸线蚀退情况密切相关。但从长期来看,河口区的水沙条件对于河口演变的影响更具有主导性,来沙量的数量和粗细对于河口尾闾和三角洲岸线的延伸具有更大的影响。由表6-2-1可以看出,1953年以来的3条流路,行河年限差别较大,但各时段来沙总量均约为110亿t,比较接近,相应三角洲平均延伸长度也相差不大。只是由于河口外水深、海底比降和海洋动力条件不同,单沙成陆面积和总成陆面积差别较大。

表 6-2-1　现黄河河口延伸成陆情况

流路	时段	走河年限 (年)	时段 来沙量 (亿 t)	成陆面积 (km²)	平均延伸 长度 (km)	单沙造陆 面积 (km²/亿 t)
神仙沟	1954～1963 年	9	116.25	412.0	15.8	3.54
刁口河	1964 年 1 月至 1973 年 9 月	10	113.09	506.9	17.6	4.48
清水沟	1976 年 6 月至 1991 年 10 月	16	106.47	586.9	17.7	5.51

三、河口段河道长度与泺口至利津河段的冲淤变化

(一)河口段的河道演变和河长变化

河口河段的长度随着流路淤积延伸和改道,呈周期性的变化,每次尾闾改道,河道长度可以缩短 10~30 km。但从一个较长的历史时期看,以宁海为顶点的大三角洲上的尾闾长度变化不大,只有在完成一次"大循环"后,海岸线才普遍向外延伸一个较大的长度。与前述分析的河口演变特点相对应,黄河河口尾闾长度在 1953 年改走神仙沟以前,宁海以下河长基本维持在约 60 km 的范围内,1953 年以后,河口尾闾长度开始明显增长,由最近 3 次改道所构成的三角洲平均海岸线大约向外延伸了 20 多 km。现把 1949 年以来河口改道及其尾闾长度的变化情况简要分析如下:

1.神仙沟流路

1953 年前入海流路由甜水沟、宋春荣沟、神仙沟分流入海,实际行水近 10 年(1934 年9 月至 1938 年 7 月,1947 年 3 月至 1953 年 7 月)。1953 年 7 月并汊集流后,改由神仙沟单股流路入海,流路缩短 11 km,尾闾河道水位降低(见图 6-2-1),上游河道发生强烈的溯源冲刷,前左站 3 000 m³/s 的水位比并汊前降低 1.5 m(最大值)。至 1960 年 6 月,利津以下河道长度与 1953 年并流前甜水沟流路相比,只延长约 7 km(自身延长了 18 km)。这次并汊集流的经验证明,入海流路应力求避免分流,以便集中输沙,保持流势顺畅。

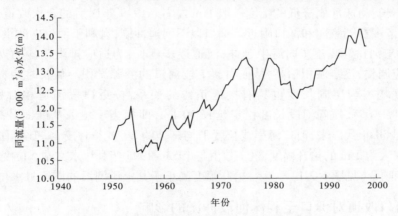

图 6-2-1　利津同流量(3 000 m³/s)水位的变化过程

2.刁口河流路

鉴于 1960 年以后,尾闾河道水位有淤积抬高的趋势,1964 年 1 月 1 日于罗家屋子附近爆破堤防,河水由神仙沟北侧漫流入海,新流路比神仙沟河长缩短 22 km。刁口河行河至 1976 年汛前,利津以下河道长度比 1960 年 6 月神仙沟长了 12 km(自身延长了 34 km)。

3.清水沟流路

1975 年汛期 6 500 m³/s 流量时,西河口已达到当时预定的计划改道水位(大沽高程10 m),决定改走清水沟流路。1976 年 5 月改道清水沟流路,初始河长比改道前缩短了 30km,直到 1987 年汛后,利津以下河道长度比改道前延长了 29 km(比改道前短 1 km),西

河口以下河道淤积抬高不多,1987 年利津至西河口 3 000 m³/s 流量的水位(见图 6-2-1),比改道前还低 0.51～0.56 m,在一定程度上缓和了河口地区的防洪负担。至 1995 年,河口沙嘴距西河口距离由改道时的 27 km 延伸到 65 km(自身延长了 38 km),利津同流量 3 000 m³/s 的水位升高约 0.6 m。

4. 清 8 改汊

1996 年汛前实施了清 8 改汊,西河口以下河长 49 km,比改汊前缩短了 16 km。由于当年来水来沙量较大,一个汛期口门附近零米等深线外移 5.5 km。之后由于来水来沙量偏小,零米等深线变化不大,到 1999 年 10 月,西河口以下河长仍基本维持在 56 km。2000 年小浪底水库投入运用后,河口沙嘴延长、蚀退,河长基本未变,河口河段同流量水位比改汊前明显下降。

(二)河口改道对利津站同流量水位的影响

河口淤积延伸或摆动改道,使河道长度增长或缩短。在海平面相对稳定的条件下,其影响相当于冲积河流的侵蚀基面相对抬升或降低,近河口河段水位的变化也相应逐步抬升和快速下降(见图 6-2-1)。

(1)在入海流路的改道初期,河道长度缩短,改道点以上的河道发生溯源冲刷,使一定范围内的河床及水位有所降低,冲刷降低的幅度由下而上递减。由于河道长度缩短只是暂时现象,一般可维持数年低水位状态,随着河口淤积延伸,河长又逐步延长,溯源冲刷影响历时不长,河床冲刷降低的幅度一般 1 m 左右。1949 年以后的 3 次改道形成的溯源冲刷,影响范围在刘家园和泺口附近。泺口以下河道冲刷,有利于河道的防洪。

(2)随着河口沙嘴逐步向海中延伸,河道逐步延长,为适应排洪输沙的需要,近口段河道将相应调整,逐步淤积抬高,从而引起上段河道的溯源淤积。从长时期看,利津水位的升降幅度基本与尾闾长度也具有接近正比的关系,按近口段河道相对稳定比降为 0.8‰～1.1‰匡算,尾闾河段长度稳定延长 10 km,即相当于侵蚀基准面升高 0.8～1.1 m。20 世纪 50 年代以来,河口海岸线长度平均延伸约 20 多 km,按 1‰比降匡算,可引起同流量水位大约 2 m 的抬升幅度,这一数值与 1953～1995 年利津水文站水位变化的实际情况基本上相吻合(见图 6-2-1)。这一抬升幅度尚小于其上游河段的同流量水位抬升幅度。

四、河口改道对泺口至利津河段冲淤的影响

(一)艾山以下窄河段累积冲淤

根据艾山以下各河段主槽宽度、弯曲程度等河道特性的不同,将艾山至河口划分为 9 个小河段,分析各河段主槽累积冲淤面积变化过程(见图 6-2-2)可以看出,窄河道冲淤情况总体上受水沙条件的控制,各小河段累积冲淤过程在定性上较为一致,但不同河段的冲淤变化幅度又存在很大的差别,接近河口区的 8、7 和 6 河段冲淤变幅较其上游各河段明显偏大。其中,1965～1974 年为三门峡水库滞洪排沙期,5 河段(刘家园附近)及其以上河段累积淤积面积均在 1 200 m² 以上,而 6 河段及其以下河段的累积淤积面积约 1 000 m²,具有明显的沿程淤积的特征。1975 年以后,河道经历了"冲刷—淤积—冲刷—淤积"的演变过程,各阶段都具有明显的溯源冲淤的特征。特别是 1976～1980 年回淤时期,5 河段(刘家园)以上淤积幅度接近,而 6 河段以下受河口有利条件的影响,淤积幅度明显

偏小,表明河口边界条件对刘家园以下河段河道冲淤强度的影响比较明显。

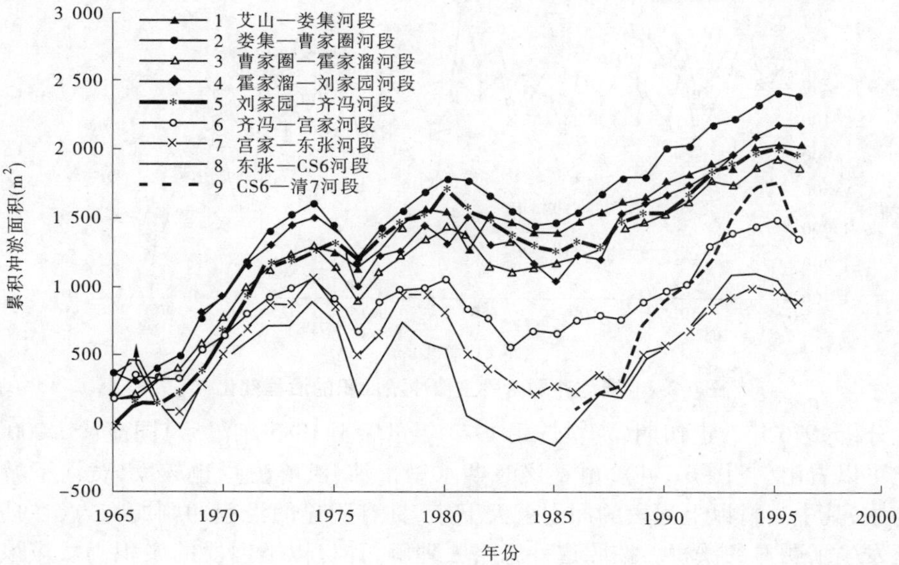

图 6-2-2　艾山以下各小河段主槽累积冲淤面积变化过程

　　进一步分析图 6-2-2 可以看出,1965 年以来黄河下游窄河道有 2 次明显的、较大范围的冲刷过程,一次是 1975~1976 年的持续性冲刷,多数河段累积冲刷面积 400~700 m²,一次是 1981~1985 年的持续性冲刷,多数河段累积冲刷面积达到 300~900 m²。窄河道主槽大范围冲刷是全河性的,主要是水沙条件有利造成的,但河口改道的有利边界条件,明显增强了河道的溯源冲刷强度。

（二）河口改道对艾山至利津河段冲淤的影响范围

　　1976 年黄河河口改道清水沟流路,有利于其上游河段的冲刷,但 1977~1980 年水沙条件不利,除近河口的 8 河段以外,窄河道仍然发生了明显的淤积。在前期淤积的条件下,1981 年以后开始进入历史少有的丰水少沙系列,1981~1985 年,艾山站年均水量 454 亿 m³,年均沙量 9.3 亿 t,其中汛期年均水量 294 亿 m³,沙量 7.8 亿 t,最大洪峰流量 6 460~7 430 m³/s。由于水沙条件有利,艾山至利津河段累积冲刷泥沙 1.15 亿 t,同流量水位下降约 0.7 m。

　　分析溯源冲刷特性最为突出的 1979~1985 年艾山以下窄河道主槽冲淤面积沿程变化图,同时点绘水沙条件最为有利的 1981~1985 年的主槽冲淤面积沿程变化（见图 6-2-3）。从图 6-2-3 可以看出:两系列近河口河段最大冲刷面积分别达 1 100 m² 和 900 m²,在其上游 60~160 km 范围内冲刷面积分别减小到 300 m² 和 500 m²,主槽冲刷面积沿程变化过程线出现明显的拐点;再向上游,溯源冲刷影响程度大大降低,冲刷面积分别减小到 100 m² 和 300 m²,并且分布均匀,没有出现明显的转折点。由此可见,河口溯源冲刷的影响范围大约在艾山以下约 160 km 的刘家园附近(泺口以下约 50 km)。

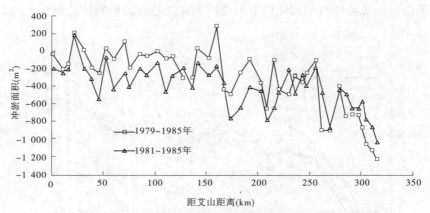

图 6-2-3　典型冲刷阶段主槽冲淤面积的沿程变化

系统分析 1976 年改道初期(资料选用 1973 年汛后至 1985 年汛后)同流量 3 000 m³/s 水位变化可以看出(见图 6-2-4),由于该时期水量丰沛、洪峰流量也较大,黄河下游主槽以冲刷为主,其中高村以上河段的冲刷上大下小、具有明显的沿程冲刷的特点,在孙口附近河段还发生了明显的淤积。按照这种思路去理解,孙口以下河段的淤积仍然应该继续加剧。但实际上,其下游河段淤积不但没有加剧反而在泺口附近由淤积转变为冲刷,而且冲刷强度逐步增大,近河口河段同流量水位降低约 0.5 m。由此可见,溯源冲刷影响范围主要应在泺口以下,与前面关于冲淤分布所得出的结论基本一致。

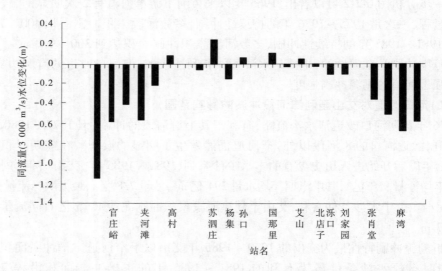

图 6-2-4　1973 年汛后至 1985 年汛后同流量 3 000 m³/s 水位的沿程变化

五、对河口治理的意见

在小浪底水库投入运用后,清水沟流路在可能预见的较长时间内,仍将继续承担黄河的泄洪排沙入海任务。因此,黄河河口治理必须与黄河下游的整体防洪安全相协调,既要稳定清水沟入海流路,又要考虑有计划地人工改汊(道),保持必要的摆动范围,以便充分利用海域容沙能力,从而减缓河口淤积延伸速率,减轻对下游河道淤积抬高的不利影响。在保证防洪安全、有利于减轻下游防洪负担的前提下,坚持统筹兼顾、综合治理,尽可能地考虑当地经济社会发展的要求,有利于油田建设和黄河三角洲地区的社会经济和生态环境的可持续发展,求得最好的经济效益、社会效益和生态环境效益。

(一)留出大的摆动范围减缓河道延长速度

黄河河口治理,既要考虑减少洪水对河口地区的威胁,有利于河口地区经济社会的发展,又要有利于黄河下游河道尤其是泺口以下河段的防洪安全。河口以上河段的防洪工程,保护的范围广,面积大,一旦堤防决口、洪水横溢,不仅淹没沿岸广大地区,而且河口地区也往往受灾。因此,河口治理要充分考虑对河口以上河段防洪的影响。对于黄河下游,河道淤积、同流量水位升高、防洪标准相应降低是防洪工程建设中的主要问题。河口治理的指导思想应包括有利于减缓河口以上河段同流量水位的升高。

河口治理必须遵守河口演变规律。1855年以来,在以宁海为顶点的河口三角洲范围内,河口尾闾淤积、延伸、摆动、改道,海岸线长达200 km以上。由于河口地区有足够的摆动淤沙范围,河道延伸的速率慢。尽管如此,半个世纪以来,下游河道防洪工程还进行了4次加高。因此,今后的河口治理还应继续留出大的摆动范围,合理安排流路,充分利用河口三角洲处理泥沙,减少河口河道稳定河长的延长速度,减缓由于河口河道延长而造成的河口以上河段的同流量水位抬高速度,以有利于黄河下游的防洪。

(二)每条流路的行河年限要尽量延长

河口三角洲是在若干条流路的演变中形成的。对于某一条流路而言,在某一控制水位下,必须尽量延长其使用年限。一条流路行河之后,河道不断淤积抬高。当河床淤至某一高程之后,即具有开发利用条件,但流路本身仍有行河能力,为了下游防洪大局仍需继续行河,直至达到在某一控制水位下的最大行河能力,再改走另一条流路。如果中途改走其他流路,该流路就会被开发利用,如居住、耕种、采油、养殖等,有的还可能发展为城镇。下次再利用此流路行河时,不仅工作困难,也需要付出更大的经济代价。因此,从整体利益出发,每条流路都要尽量延长行河年限,对流路行河中的改汊也应按此精神安排。

(三)经济发展要留出备用行河通道

河口三角洲地区历史上人烟稀少,除少量垦殖外,基本上没有开发。新中国成立后,政府移民进行农、牧业开发。1961年在河口地区发现蕴藏丰富的石油后,河口地区的经济得到了快速发展。石油工业的发展与黄河行河之间有时有矛盾,但石油工业又离不开黄河。为既满足黄河行河的需要,又有利于石油开采等工农业发展,必须进一步搞好河口改道流路规划,合理安排各条备用流路,划定行河范围作为保护区,经批准后均遵照执行。石油及其他工业建设,以及当地发展,均不得在备用流路保护区内进行永久性建设,占用行河通道,以减少备用流路行河时的损失。

(四)加强对于减缓河口延伸速度的措施研究

黄河河口因受许多内在条件和外界因素的制约和影响,演变规律错综复杂,需要加强对河口河道及近海海域观测试验,深入开展科学研究工作。尤其需要加强黄河河口淤积延伸与艾山以下河段冲淤和防洪的关系、小浪底水库运用后黄河入海水沙及河口三角洲演变趋势、河口泥沙综合处理和减缓河口延伸速度的措施等方面的研究。

六、结语

河口淤积延伸是造成山东窄河段河床不断淤积抬高的主要原因之一。因此,需采取各种措施控制河口淤积延伸速率,控制河口相对侵蚀基准面的抬高,对于保持下游河道一定的排沙入海能力、减缓下游河道淤积、减轻防洪负担,具有重要的意义。黄河下游防洪减淤总体部署对河口治理提出的要求是:加强河口综合治理,减少河道淤积,保持河口河段有足够的排洪能力;保持一个较大的堆沙海域,尽可能延缓河口延伸的速率,减轻溯源淤积的影响;有计划地安排入海流路,使之在较长时间内保持相对稳定。河口治理要尽量减缓河口淤积延伸的速度,以有利于河口地区和下游的防洪安全。

在黄河泥沙源源不断进入河口的情况下,河口河段淤积升高的趋势不可避免,河口区海岸线不断淤积延伸,河道长度加快,河流相对侵蚀基准面抬高,致使河口以上河段同流量水位升高,增加对河口地区及河流两岸广大地区的威胁。单纯依靠加高黄河两岸堤防和河道整治工程,提高涵闸防洪标准,来达到保证黄河安全,不仅投资量很大,而且随着堤防的增高,加大了守护难度及堤防决口致灾的可能性。因此,应有计划地安排河口流路,在尽量利用海洋动力将一部分泥沙带向外海的前提下,保证有足够大的堆沙面积,减缓河口三角洲地区的抬升速度,使河口三角洲海岸线以最低的速率延伸,使河口河道的稳定长度以最低的速率增长。这样,就可使河口延伸对河口以上河段防洪的影响减到最小程度。

合理安排备用流路　减缓河口延伸速度[*]

一、黄河河口概况

黄河自 1855 年在河南兰考铜瓦厢决口改道以来,已经 150 余年,扣除改道初期铜瓦厢至阳谷张秋之间未修堤及 1938 年郑州花园口扒口改道等时间,河口三角洲已行河淤积近 120 年。

黄河河口属陆相弱潮强堆积性河口,黄河三角洲位于渤海湾与莱州湾之间,呈扇形,以垦利宁海为顶点,北起套儿河口,南至支脉沟口,包括入海流路摆动改道的范围,面积达 6 000 多 km²。20 世纪 50 年代以来,顶点暂时下移至渔洼附近,摆动改道范围缩小至北起车子沟,南至宋春荣沟,面积为 2 400 多 km² 的扇形地区。

黄河入海径流及泥沙控制站为利津水文站。黄河下游自 1919 年设立水文站以来已有 80 多年的历史,据利津水文站实测资料及推算,其径流量及输沙量特征见表 6-3-1。据 1920 ~ 2004 年 85 年的资料统计,利津站年平均径流量为 380.6 亿 m³,其中汛期(7 ~ 10 月)径流量为 238.5 亿 m³,占年径流量的 62.7%;年平均沙量 9.64 亿 t,其中汛期 8.23 亿 t,占年沙量的 85.4%;年平均含沙量为 25.3 kg/m³,其中汛期达 34.5 kg/m³。水沙量沿时间分配上,前 50 年水量、沙量较丰,后 35 年水量、沙量较枯。1920 ~ 1969 年的 50 年中,利

---

[*] 本文于 2007 年 10 月 17 日在《第三届黄河国际论坛》会上交流,并选入《第三届黄河国际论坛论文集(第二册)·流域水资源可持续利用与河流三角洲生态系统的良性维持》,黄河水利出版社于 2007 年 10 月出版。

津站年平均径流量为 490.4 亿 m³,其中汛期径流量为 307.0 亿 m³,占年径流量的 62.6%;年平均沙量 12.38 亿 t,其中汛期沙量为 10.52 亿 t,占年沙量的 85.0%。1970~2004 年的 35 年中,利津站年平均径流量为 223.7 亿 m³,其中汛期径流量为 140.6 亿 m³,占年径流量的 62.9%;年平均沙量 5.70 亿 t,其中汛期沙量 4.95 亿 t,占年沙量的 86.8%。小浪底水库于 1999 年 10 月下闸蓄水拦沙以后,加之上中游工农业用水量的增加,2000~2004 年 5 年的年均径流量进一步减少为 114.8 亿 m³,汛期水量仅为全年水量的 51.0%;年均沙量锐减为 1.55 亿 t,仅相当于 85 年均值 9.64 亿 t 的 16%。

表 6-3-1　黄河利津水文站水沙特征值(水文年)

时段/年数	年径流量(亿 m³)				年输沙量(亿 t)				含沙量(kg/m³)		
	汛期	非汛期	全年	汛期占全年(%)	汛期	非汛期	全年	汛期占全年(%)	汛期	非汛期	全年
(1920~1929 年)/10	258	158	416	62	8.7	1.5	10.2	85	33.7	9.5	24.5
(1930~1939 年)/10	327	172	499	65	12.6	1.9	14.5	87	38.5	11.0	29.1
(1940~1949 年)/10	359	201	560	64	11.1	1.9	13.0	85	30.9	9.5	23.2
(1950~1959 年)/10	299	165	464	64	11.5	1.7	13.2	87	38.3	10.3	28.4
(1960~1969 年)/10	292	221	513	57	8.7	2.3	11.0	79	29.8	10.5	21.5
(1970~1979 年)/10	187	116	303	62	7.6	1.3	8.9	85	40.4	11.2	29.2
(1980~1989 年)/10	190	101	291	65	5.8	0.7	6.5	89	30.4	6.8	22.2
(1990~1999 年)/10	85.9	45.6	131.5	65	3.36	0.43	3.79	89	39.1	9.5	28.9
(2000~2004 年)/5	58.5	56.3	114.8	51	1.12	0.43	1.55	72	19.2	7.6	13.5
(1920~1969 年)/50	307.0	183.4	490.4	62.6	10.52	1.86	12.38	85.0	34.3	10.1	25.2
(1970~2004 年)/35	140.6	83.1	223.7	62.9	4.95	0.75	5.70	86.8	35.2	9.0	25.5
(1920~2004 年)/85	238.5	142.1	380.6	62.7	8.23	1.41	9.64	85.4	34.5	9.9	25.3

二、河口三角洲的形成与发展

黄河 1855 年在铜瓦厢决口改道夺大清河入海初期,由于铜瓦厢至张秋 200 余 km 的河段,没有堤防,河水在很大的范围内游荡泛滥,大部分泥沙下沉,因此从利津肖神庙入海的径流,尤其是泥沙很少。1887 年后铜瓦厢至张秋基本修成了较为完整的堤防,除决口泛滥的时段外,水沙从利津以下的河口地区入海。

在垦利宁海以下的地区,地势低洼,地下水埋深很浅,土地盐碱化,很少有人居住。黄河水流进入河口地区之后,沿低洼带流入渤海。由于水流分散,流缓水浅,泥沙落淤,行河之处在自然滩唇的约束下逐渐抬高,遇一定的洪水条件就会改走其他低洼地带入海。随着时间的推移,在宁海以下就逐渐淤积成黄河三角洲。

由于黄河每年都有大量的泥沙输送至河口地区,河口长期处于淤积、延伸、摆动、改道的演变过程中。1950 年前,黄河在河口三角洲地区改道,完全处于自然演变状态,根据来水来沙、河势、地形条件,水流选择最易入海的流路改道;1950 年之后河口地区已经有部分人员居住,同时河口流路情况又直接影响宁海以上河道的防洪、防凌安全,因此根据河口以上河段防洪、防凌形势和河口流路演变情况,多次进行了人工改道。1855 年铜瓦厢改道经利津入海以来,在河口地区共发生了 9 次改道。在肖神庙入海实际行水 19 年后于1889 年 4 月,因凌汛期漫溢在韩家垣发生改道;1897 年 6 月因伏汛漫溢在岭子庄改道;1904 年 7 月伏汛期在盐窝决口改道;1926 年 7 月在八里庄决口改道;1929 年 9 月在纪家庄人为扒口改道;1934 年 9 月因堵汊道未成功而改道,前几次改道入海流路基本为一条,而本次改道后经神仙沟、甜水沟、宋春荣沟 3 条流路入海。1938 年花园口扒口黄河流入黄海后,宁海以下河口断流;1947 年春花园口堵口后,黄河回归故道,仍由宁海以下入海,入海位置与 1938 年以前相同(见表 6-3-2)。1953 年 7 月为减轻上游防洪压力,在小口子进行人工裁弯,由 3 条入海流路变为由神仙沟独流入海;1963 年冬季凌汛严重,于 1964年 1 月在罗家屋子进行人工破堤,改由刁口河入海;在刁口河入海流路不畅之后,即进行了河口流路规划,并事先修建了部分工程,按照河口河道淤积和河口流路演变情况,在1976 年 5 月进行了人工截流改道,改走清水沟流路至今。

表 6-3-2　1855 年以来黄河入海流路变迁统计

改道顶点	次序	行水时间	改道地点	入海位置	改道原因
	1	1855 年 7 月至 1889 年 4 月		肖神庙	1855 年 6 月铜瓦厢决口夺大清河入海
宁海附近	2	1889 年 4 月至 1897 年 6 月	韩家垣	毛丝坨	凌汛漫溢
	3	1897 年 6 月至 1904 年 6 月	岭子庄	丝网口	伏汛漫溢
	4	1904 年 7 月至 1926 年 9 月	盐窝	顺江沟	伏汛决口
			寇家庄	车子沟	
	5	1926 年 7 月至 1929 年 9 月	八里庄	刁口	伏汛决口
	6	1929 年 9 月至 1934 年 9 月	纪家庄	南旺沙	人工扒口
	7	1934 年 9 月至 1938 年春	一号坝	神仙沟、甜水沟、宋春荣沟	堵汊道未成功而改道
		1947 年春至 1953 年 7 月	一号坝	神仙沟、甜水沟、宋春荣沟	
渔洼附近	8	1953 年 7 月至 1963 年 12 月	小口子	神仙沟	人工截弯,变分流入海为独流入海
	9	1964 年 1 月至 1976 年 5 月	罗家屋子	刁口河	人工破堤
	10	1976 年 5 月至今	西河口	清水沟	人工截流改道

在河口出现改道之后,由于流程的缩短,河口相对基准面降低,改道点以上发生溯源冲刷,同流量水位相应下降。但在改道点以下,新的流路又处于淤积、延伸、摆动、改道的演变过程中。改道点以下的尾闾河道,在天然情况下,大致要经历 3 个河道演变过程,即

漫流游荡—单一顺直—出汊摆动。当形成单一顺直的河道后,河势相对稳定,其冲淤特性与近口河段接近,口门沙嘴附近水流形态复杂,大量泥沙分选落淤,河道很不稳定。随着河口河道的不断淤积延伸,水位不断抬高,如遇大洪水、风暴潮顶托、口门淤堵等情况,就会发生出汊摆动。每次出汊点不断上提,直至改道点附近,即会发生下一次河口改道。每次改道以后,流路的变化呈现出流程缩短—淤积延伸增长—出汊摆动—流程缩短—淤积延伸—再一次改道;河口段水位表现为下降—升高—下降—升高—下降的过程,如此循环演变的规律称之为"小循环"。对于河口三角洲来说,自1855年以来共发生摆动、改道50余次,其中发生在三角洲顶点附近的9次。每次改道线路一般先中部、后右部、再左部,又趋中部,这种横扫一遍的循环规律称之为"大循环",在一次大循环的过程中,各条线路互不重复。河口三角洲的演变情况如图6-1-1所示。

河口河道在河口三角洲上进行"小循环""大循环"的演变过程中,由于泥沙落淤,三角洲洲面抬高,行河河道入海处沙嘴不断向海中延伸,三角洲面积不断扩大。在不行河的三角洲洲边一带也会因风浪、海流等作用发生蚀退。1855年以来,黄河三角洲新生陆地面积共2 500 km²,实际行河年限年均造陆面积为22.5 km²,其中1976年以前年均造陆面积达24 km²,而1992~2001年仅为8.6 km²,详见表6-3-3。

表6-3-3 黄河三角洲海岸淤进、蚀退情况

时段	淤进面积 (km²)	蚀退面积 (km²)	净淤进面积 (km²)	每年净淤进面积 (km²/a)
1855~1954年	1 510		1 510	1 510/64 = 23.6
1954~1976年	650.7	-102.4	548.3	548.3/22 = 24.9
1976~1992年	499.9	-82.5(清水沟以北) -37.9(清水沟以南)	364.4	364.4/16 = 22.8
1992~2001年 (估计)	81.7	-4.4	77.3	77.3/9 = 8.6
1855~2001年	2 742.3		2 500	2 500/111 = 22.5

三、减缓河道延长速度是下游防洪的需要

随着河道的淤积延伸,在河口地区同流量水位不断抬升,河道侵蚀基准面相对升高,临近河口段的河道比降变缓,水流挟沙能力减小,致使泥沙落淤,河床抬高。在河口河段淤积延伸的过程中,同流量水位抬高直接影响河口以上河段的比降变缓,挟沙能力降低,造成河道淤积,影响堤防防洪安全。这种河口河段的溯源淤积影响还会不断地向上游传递。河口河道相对稳定的比降为0.8‰~1.1‰,河道长度稳定延长10 km,即相当于侵蚀基准面升高0.8~1.1 m,同流量水位相应抬高1 m左右。

如前所述,河口河道在淤积延伸的过程中,会多次发生改汊,每次改汊都会缩短河道长度,并引起溯源冲刷。每次改汊缩短的河长较短,造成的溯源冲刷距离也有限。当河口河道发生改道时,就会明显缩短河道长度,引起的溯源冲刷距离也会很长。在溯源冲刷的

河段,同流量水位降低,有利于防洪安全。

因此,为了维持黄河下游尤其是泺口以下黄河的防洪安全,应该采取必要的措施,减缓黄河河口段的延长速度。

四、合理安排备用流路

在 20 世纪 60 年代以前,河口三角洲地区人烟稀少,又没有工业,在河口流路不畅时,为了减少河口以上地区的防洪防凌压力,按照河口地区的地貌条件和当时的流量、水位情况,在河口地区选择适当地点即可进行改道。1953 年 7 月小口子人工裁弯及 1964 年 1 月罗家屋子人工破堤改道都是很容易的,改道后大大减轻了上游河段防洪防凌压力,在河口地区也没有造成很大的影响和损失。

(一)黄河三角洲是黄河河道的必经之路

20 世纪 70 年代以后,随着胜利油田的发现与建设,河口地区人口增多,石油工业发展,到处都可采油,河口地区对国家经济发展的贡献也越来越大,如何安排黄河入海流路,妥善处理与石油工业发展的关系就愈来愈重要。

黄河是中华民族的母亲河,历史上曾发生 5 次大的改道、迁徙,按目前我国国民经济的发展及黄河的演变情况,黄河走 1855 年铜瓦厢决口改道后的现行河道,仍是相当长时间内的最优选择。为了支撑、保证黄河两岸工农业生产的发展,黄河必须以健康的姿态流入渤海。就河口地区而言,不论是石油工业,还是人们的生存及当地经济发展都离不开黄河。因此,必须给黄河以出路,黄河三角洲正是黄河河道的必经之路。

(二)河口三角洲及其滨海地区是处理进入河口泥沙的主要地区

进入河口地区的泥沙大部分淤积在河口三角洲及滨海地区,一小部分输至外海(测区以外地区)。据统计,1950 ~ 1985 年输往河口地区的泥沙分布,见表 6-3-4。从表中可以看出输往外海的泥沙仅占来沙量的 33%,在三角洲海域的泥沙达 44%。输往外海的泥沙量及所占比例与河口海流强度及来水来沙条件等因素有关。同是清水沟流路,1986 ~ 1991 年陆上仅占 2%,外海仅占 8%,而滨海区竟达 90%。就清水沟流路而言,1976 ~ 1991 年陆上占 19%,滨海区达 61%,外海仅占 20%。输往外海泥沙量的减少会加速三角洲河道的延伸速度。

表 6-3-4　黄河河口泥沙淤积分布　　　　　　　　　　　　　　　(单位:亿 t)

项目	1950 ~ 1960 年 (神仙沟)		1964 年 1 月至 1976 年 5 月 (刁口河)		1976 年 6 月至 1985 年 9 月 (清水沟)		平均	
利津站年沙量	13.2	占利津(%)	10.8	占利津(%)	8.61	占利津(%)	10.5	占利津(%)
陆上 (大沽零米线以上)	3.5	26.0	2.33	21.6	1.52	17.6	2.42	23
三角洲海域	4.7	36.0	4.76	44.1	4.96	57.6	4.62	44
输往外海区	5.0	38.0	3.71	34.3	2.13	24.8	3.46	33

河口口门附近,在行河期,海岸不断淤进,河道延长;改道(或改汊)之后,在海流的作用下,海岸会有一定程度的蚀退。需要说明的是,海水面上下,在海水动力作用下,海岸线后退,但冲起的泥沙大部分又沉落在附近。从实测资料可知,蚀退后垂直岸线的横断面坡度大大变缓也正说明了这一点。因此,这种海岸蚀退的现象一般只是泥沙的近距离搬家,而未能增加下次行河时滨海区的容沙量,也就是说,蚀退对河口区总的行河年限的影响是很小的。

(三)河口三角洲应留出多条备用流路

在河口三角洲的 9 次改道中,1950 年前的 6 次以宁海为顶点,变迁范围自套儿河口至支脉沟口。1855～1954 年共造陆约 1 510 km²(扣除了岸线蚀退影响的净造陆面积),按实际行水 64 年计算,平均每年造陆 23.6 km²,其岸线长 128 km,整个岸线平均推进 11.8 km,年均推进 0.18 km。1950 年后的 3 次改道,顶点暂时下移至渔洼,变迁的范围缩小至车子沟至南大堤之间。1954～1984 年间,扣除蚀退的影响后,三角洲的净造陆面积大约为 700 km²,年均造陆 23.3 km²,其岸线长度约为 80 km,整个岸线平均推进 8.75 km,年均推进 0.29 km。在年均造陆面积基本一样的条件下,海岸线的推进速度却增加了 60%。当然,一条流路范围内推进速度更快,就一个沙嘴而言推进的速度更快。不难看出,为了维持黄河的长治久安,必须充分利用三角洲外的宽广海域,保持尽量长的海岸线向外淤进,以减缓岸线平均向海中的推进速度,即减缓河口河道的延伸速度。为此,需在石油工业已相当发展,人口已相对稠密的情况下,留出多条备用流路供今后行河。在目前情况下,要选择刁口河流路、马新河流路、十八户流路等多条流路作为备用流路。

(四)加强备用流路管理

要划定备用流路管理范围并加强管理。在工业和城镇发展时要避开备用流路的管理范围,一旦使用备用流路行河,就可减少河口改道的损失。在备用流路管理范围内的建设项目,不得影响备用河道的使用。对备用河道内已有的建设项目,在备用河道启用前应予以拆除。以备复用的黄河故道应当保持原状,不得擅自开发利用,确需开发利用的应报黄河河口管理单位批准。

黄河河口治理要相对稳定清水沟流路并安排几条备用流路*

关于河口治理,从总体上讲就是要加强河口治理,支持生态经济社会发展。从水的角度来说,①要搞好防洪、防潮,减少洪水、风暴潮灾害。河口防洪是黄河下游防洪的组成部分,小浪底水库建成后不像过去那样突出了。②按照国务院批复的黄河分水方案,搞好水调工作,防止断流,支持河口地区的城市生活用水、工业用水,尤其是石油工业用水以及两岸的灌溉用水,从水资源方面为经济发展提供支持。③做好生态调水。1992 年国务院批准建立了黄河三角洲国家级自然保护区,为黄河三角洲国家级自然保护区供水,改善了生态环境。国务院 2009 年 11 月 23 日批复了《黄河三角洲高效生态经济区发展规划》(国函〔2009〕138 号),从水的方面为黄河河口三角洲地区尽快建成高效生态经济示范区做出贡献。

---

* 本文为 2010 年 6 月 11 日在"水利部科技委黄河河口治理专题调研会"上的发言稿。

　　关于黄河河口治理的总体布局、流路安排，谈几点意见。

　　在科学发展观的指导下，按照可持续发展的要求，全面规划河口流路，合理安排工程布局，积极进行黄河河口治理，保证黄河防洪、防潮安全，长期为黄河两岸及油田开发提供安全的环境。

　　第一，河口治理要充分考虑黄河水少沙多的特点，这正是黄河河口区别于其他河流河口最主要的方面，也是黄河河口难治的主要原因所在。河口流路演变特点和河道演变规律，与来水来沙和海洋动力条件密切相关，处理进入河口地区的泥沙是必须解决的问题。过去 12 亿 t 泥沙进入河口，长期平均大概是 10 亿 t。最近这几年减少到 1 亿多 t，这是小浪底水库拦沙作用造成的，现在对今后较长时期进入河口的泥沙预报是 5 亿多 t，这仍属多沙。5 亿多 t 泥沙怎么样处理，这是必须慎重考虑的问题。

　　第二，河口治理与下游治理紧密相连。河口治理要有利于下游，尤其是要有利于济南泺口以下河段，如果这些工作做不好，对河口以上黄河河道，尤其是对河口至泺口这段河道造成不利影响，对这段河道的防洪安全就会造成直接影响；若泺口以下河道防洪出现问题，也将会危害河口地区的安全。

　　第三，泥沙的摆放位置，应予充分考虑。河口延伸长度、水位的高低和上升速度直接影响河口以上地区河道的防洪安全。处理泥沙总得有一个堆放的场所。怎么放？先放到哪里？后放到哪里？带入深海里的泥沙又是多少？带入深海的泥沙数量，几个研究单位的成果为 2.4 亿～2.5 亿 t，余下的泥沙就要堆放在三角洲洲面和滨海部分。不行河的海岸在海流作用下要蚀退，蚀退对堆沙容积影响不大，并不是蚀退的泥沙都跑到深海了。蚀退后泥沙大部分停留在附近海域，附近海底坡度变缓了，从堆沙容积来说，虽然位置有所变化，从数百年角度来看也是占用了堆沙容积。淤积、延伸、摆动、改道是河口河道的演变规律，在不违背规律的情况下，采取一些措施，既能在一个相当长的时期内相对稳定流路，有利于经济社会发展，又能够减缓河口水位总的抬升速度。泥沙摆放应该按照这个指导思想去考虑。为了黄河的长治久安，必须有大的海域用于堆沙。

　　第四，要相对稳定清水沟流路。河口治理与石油工业发展是紧密相关的，稳定清水沟流路首先是石油开发的需要。石油开发离不开黄河，又要防止黄河对它的威胁。1972 年黄河断流给河口地区石油工业的生产和生活带来了严重影响，1972 年以后，黄河水利委员会的人到河口总会让去看看胜利油田的水场，为什么？是要黄河水利委员会注意河口地区石油工业的需水问题。在行河安排上有些还需结合石油开采的需要，如 1996 年"清八出汊造陆采油"项目就是油田提出来的，是我到现场定的。胜利油田当时为了开采既不能陆上开采、又不便海上开采的油气资源，想利用黄河泥沙将这部分浅水水域淤成陆地再进行开采，以减少投资。胜利油田当时有几百万投资这样一个条件，1996 年 4～5 月，进行了清八出汊的准备工作，并改走清八汊河。相对稳定清水沟流路是经济社会发展的需要。石油开发要求有相对稳定的清水沟流路，从地方政府角度，相对稳定清水沟流路有利于经济布局和社会发展，因此首先要相对稳定清水沟流路。

　　第五，安排几条备用流路是需要的。黄河是中华民族的摇篮，是母亲河，从可持续发展的观点来看，黄河需要长期为经济社会发展服务，应该考虑几十年、一百年甚至更长的时间。决定黄河河口治理总体布局、流路安排也应按可持续发展的观点作出长期安排。

有了安排,早做准备,一旦需要改变流路就可执行,并可减少当时各方面的经济损失以及采取措施的难度。按照1992年国家计委的批复要求,黄委设计公司和其他单位,对流路问题进行了一些研究,经十几年研究以后,依照东部海域和北部海域的情况提出4条流路,1个现行流路,即清水沟流路,3个备用流路,主要目的也是解决黄河堆沙问题,设计单位做了一些工作,是有进展的。

黄河河口地区经济社会发展和石油开发都需要黄河,离不开黄河,黄河入海河段经过黄河三角洲高效生态经济区范围,在这个区域的范围内,要有一个流路,应如何安排? 不是要不要的问题,而是怎么样搞得更好的问题。流路安排要有利于经济社会的发展,有利于石油的开发,其负面影响也要小。如果50年以后清水沟流路改道刁口河流路,西河口10 000 m^3/s 流量水位达到12 m的话,清水沟流路的河道已经淤高,为进一步地开发清水沟流路石油资源和经济发展也提供了一个最基础的条件。在沿海地区,高程还是非常重要的因素。相对稳定清水沟流路,把刁口河流路作为首先备用的流路,我认为还是很合理的,根据现在的情况,我也非常同意他们汇报的方案。

应该加快马新河流路和十八户备用路流路的开发,这里所说的开发是指经济社会开发。按照现在的研究成果,清水沟流路 + 刁口河流路从现在开始还可行河80年,我们应利用这80年的时间对这两个流路范围内的地下资源进行重点勘探、开采,把资源充分利用起来。备用流路不是那一大片地区都任意泛滥的,昨天汇报的图上,一个流路为四五千米宽的河道,真正的堆沙容积是现海岸线以外的部分,对现在的陆地地面来说也就是四五千米宽的带状区域。按现在石油开发的水平,勘探和开采完这两个带状区域,在80年时段内是完全可以办到的。另外,既然有四五千米宽的带状区域以后要行河,就不在这一范围建重要的城镇,石油工业也不要在备用流路内建开采及管理基地。如需要建,可向东或向西移1~3 km,以躲开将来行河范围,这样,在一旦改用这个流路时就不会有太大的搬迁和造成大的影响。

现有的水系,无论马新河水系也好、十八户水系也好、刁口河水系也好,多是独流入海的河沟子或潮沟子,离海很近,基本上是平行状态,换个流路行河,对已有水系的干扰,尤其对于事先安排的备用流路而言,还是能够尽量减少的。

对黄河要给出路。应做好相当长时间的流路安排,这才符合可持续发展观点。

第六,关于清水沟流路3个汊河的行河安排。汇报材料中提出了4个方案,推荐第1个方案,即清八汊河(西河口10 000 m^3/s 流量时水位12 m)、北汊(12 m)、原河道(12 m),然后改道刁口河流路。我是同意推荐这个方案的。其他几个方案基本上以12 m和河长65 km作为改道的分界线。黄河淤高后,只要具备耕种或开发条件,停水并改走其他流路后会很快被开发利用,下次再改回来不仅造成大的损失,而且困难很大。如1969年三门峡"四省会议"提出来放淤改土,十八户放淤一部分后,有了耕种条件就耕种了,清华大学师生做了很大的贡献,他们在现场等着,以后就未能按原计划放淤。再一个就是中牟赵口,也是很大的放淤区,一旦有耕种条件之后又放不成了,本来往远处放淤的条件还是很好的。1966年时黄河沿岸有300多万亩沙荒盐碱地,一旦放淤形成厚30 cm以上的耕作层,再想放淤也是办不到的。从黄河这些年的情况看,一次用到规划程度为好,免得中间多改道一次。

第七章　黄河下游滩区

黄河下游滩区的功能与安全建设[*]

黄河下游属华北大陆性季风型气候,冬春季节多干旱,夏秋季节多雨水,滩区年平均降水量 521~685 mm,其中 7~9 月降水量占总量的 70% 左右。滩区具有耕种条件,自古以来就居住着大量的居民。

一、黄河下游滩区的功能

滩区是黄河下游河道的重要组成部分,具有行洪、滞洪、沉沙、居住 4 种功能。

(一)行洪

天然河道的过洪能力主要靠主槽,但滩区也可通过 10%~40% 的洪水,过流的比例取决于河道的横断面形态,一般为 20% 左右。

(二)滞洪

黄河下游具有河道上宽下窄、排洪能力和防洪标准上大下小的特点。上段宽河段的滞洪是下段窄河段取得防洪斗争胜利的条件之一。

黄河下游洪水具有峰高量小的特点,洪水涨落很快。花园口以下,最大的支流汶河入黄口位于宽河段与窄河段的相接处,汶河流入东平湖滞洪区后再流入黄河,其余无大的支流汇入。因此,宽河道削减洪峰、滞蓄洪量的作用十分明显。表 7-1-1 为黄河下游 20 世纪 50 年代以来洪峰流量大于 10 000 m³/s 的几次大洪水的河道削峰情况。由表 7-1-1 看出,花园口至孙口河段的削峰作用一般为 30%~40%,这就大大降低了孙口以下河段的洪水位。

表 7-1-1　黄河下游各河段滩区削峰情况

年份	花园口	夹河滩		高村		孙口		艾山	
	洪峰 (m³/s)	洪峰 (m³/s)	削峰率 (%)	洪峰 (m³/s)	削峰率 (%)	洪峰 (m³/s)	削峰率 (%)	洪峰 (m³/s)	削峰率 (%)
1954	15 000	13 300	11	12 600	16	8 640	42	7 900	47
1958	22 300	20 500	8	17 900	20	15 900	29	12 600	43
1977	10 800	8 000	26	6 100	43	6 060	44	5 540	49
1982	15 300	14 500	5	13 000	15	10 100	33	7 430	57

注:1. 各站削峰率为该站洪峰较花园口站洪峰的削减百分数;

2. 东平湖位于孙口至艾山站之间,1958 年东平湖自然分洪,1982 年人工分洪。

---

[*] 本文为 2009 年 10 月在《第四届黄河国际论坛》上的发言稿。

（三）沉沙

泥沙问题是黄河治理的根本问题。清水河流防洪是处理洪水,多沙河流防洪、治理的关键是处理泥沙。减缓河道主槽的抬升速度,维持河道排洪、输沙能力是治河的关键。小浪底水库修建后滩区的沉沙功能较其他功能更显重要。

1. 滩区是主要沉沙场所

据实测资料统计,黄河下游1950年7月至1998年10月共淤积泥沙92.02亿t,其中滩地淤积63.70亿t,占总淤积量的69.22%。在铁谢至艾山宽河段,滩地淤积55.94亿t,占该河段总淤积量76.83亿t的72.81%(见表7-1-2)。河道越宽,滩地淤积量占全断面的比例越大。

表7-1-2　黄河下游1950年7月至1998年10月各河段冲淤量及横向分布

	项目	铁谢至花园口	花园口至高村	高村至艾山	铁谢至艾山	艾山至利津	铁谢至利津
主槽	数量(亿t)	1.02	13.54	6.33	20.89	7.43	28.32
	占全断面(%)	10.37	33.09	24.28	27.19	48.91	30.78
滩地	数量(亿t)	8.82	27.38	19.74	55.94	7.76	63.70
	占全断面(%)	89.63	66.91	75.72	72.81	51.09	69.22
全断面	数量(亿t)	9.84	40.92	26.07	76.83	15.19	92.02
	占全断面(%)	100	100	100	100	100	100

20世纪50年代有6场大于10 000 m^3/s 的洪水,花园口以下的滩地共淤积25亿t,河槽冲刷16.5亿t,即在这6场洪水期间滩地淤积量占50年代总淤积量36.1亿t的70%。洪水期间河槽的强烈冲刷和滩地的大量淤积,是河道保持好的排洪断面形式的重要条件之一。

2. 淤滩刷槽、减缓主槽抬升速度

淤滩刷槽是指洪水漫滩以后,由于滩地流速减小,入滩水流所挟带的泥沙大量落淤,相对清水回归主槽后,稀释主槽水流,致使主槽发生冲刷(或少淤)的现象。大漫滩洪水期间,由于滩槽水沙交换频繁,含沙量沿程减小,主河槽冲刷明显。在个别不利水沙条件下,主槽也有淤积现象,但由于滩地落淤、清水回归主槽,主槽淤积量减少。表7-1-3示出了洪峰流量大的几场洪水在大漫滩河段含沙量沿程减小的情况。1957年洪水,花园口站含沙量为61.8 kg/m^3,孙口站为17.3 kg/m^3,仅为花园口站的28.0%;1958年洪水,花园口站含沙量为96.6 kg/m^3,孙口站为44.2 kg/m^3,仅为花园口站的45.8%;1975年洪水,花园口站含沙量为42.7 kg/m^3,孙口站为19.0 kg/m^3,仅为花园口站的44.5%;1976年洪水,花园口站含沙量为47.8 kg/m^3,孙口站为14.6 kg/m^3,仅为花园口站的30.5%;1982年洪水,花园口站含沙量为38.7 kg/m^3,孙口站为13.1 kg/m^3,仅为花园口站的33.9%。

为了发挥淤滩刷槽的作用,洪水期间必须能够充分进行滩槽水沙交换。1958年7月洪水是黄河下游有实测资料以来的最大洪水,洪水期间,三门峡、黑石关、小董3站共来沙

表 7-1-3　黄河下游漫滩洪水含沙量沿程变化

年份	花园口			夹河滩			高村			孙口			
	时间 (月-日 T 时)	Q (m³/s)	s (kg/m³)	时间 (月-日 T 时)	Q (m³/s)	s (kg/m³)	时间 (月-日 T 时)	Q (m³/s)	s (kg/m³)	时间 (月-日 T 时)	Q (m³/s)	s (kg/m³)	$\dfrac{s_{孙}}{s_{花}}$
1957	07-19T20	12 900	61.8	07-20T09	12 400	82.2	07-21T10	10 400	31.0	07-22T08	11 500	17.3	0.280
1958	07-17T24	22 300	96.6	07-18T18	20 200	131	07-19T09	17 800	53.8	07-20T16	15 800	44.2	0.458
1975	10-02T12	7 400	42.7	10-03T15	7 650	56.6	10-04T17	7 050	31.6	10-06T02	7 240	19.0	0.445
1976	09-01T09	9 090	47.8	09-01T17	9 010	53.8	09-02T18	8 690	33.9	09-03T07	8 740	14.6	0.305
1982	08-03T02	15 200	38.7	08-03T06	13 900	23.1	08-05T06	12 700	25.6	08-07T07	9 970	13.1	0.339

注:表中含沙量为洪峰时流量或洪峰后流量对应的实测值。

6.4亿t,花园口站沙量5.6亿t,花园口以下河道共淤积泥沙2.1亿t,其中滩地淤积10.7亿t,河槽冲刷8.6亿t,滩地淤积量很大,约为花园口站来沙量的2倍。按照入滩水流所挟带的泥沙全部在滩区落淤、清水回归主槽进行匡算,下游面积最大的滩地之一——长垣滩区大堤附近(滩地淤积厚度约1 m)的滩槽水流交换次数约为8次。实际上,由于出滩水流不可能是清水,所以滩槽水流交换次数估计在10次以上,相当于不进行滩槽水流交换时,10倍滩区容积的水体所挟带的沙量,也可表示为滩槽交换的水量相当于该滩最高水位时存水量的10倍左右。也就是说如果把滩围起来,漫了10次水的淤积量,只能和1958年洪水期间自然漫滩的淤积量相当。由此可以看出,滩槽水流交换对于滩地淤积和河槽冲刷的作用是很大的。

滩地淤积引起的主槽强烈冲刷,可以显著增大河道的排洪能力。漫滩洪水过后,同流量水位降低、平滩流量明显增大,黄河下游历来就有大水之后出好河之说。

(四)居住

黄河决口泛滥频繁,有时还要改道。决口尤其是改道之后,大片的土地变成了河道,原来的河道又变成了一般的土地。在黄河决口改道的过程中,淹没了大量的土地,同时也改造了大量的土地。由于泥沙淤积,历史上黄河河道就处于悬河状态。两岸沿堤一带地面低于河床,低洼易涝,受地下水浸没的影响,大面积发生盐碱化,不利于农作物的生长。进入黄河下游河道的泥沙约有1/4淤在河道内。这些来自黄土高原的泥沙,尤其是从表层冲蚀的泥沙,有机物含量高,土质肥沃,适合农作物的生长。在农业不发达的年代,相对而言,滩区可以说是沿黄各县的粮仓。加之滩面广阔,所以自古以来黄河滩区就居住有大量人口,人口密度往往高于背河一带。

黄河下游计有120多个自然滩,滩面宽0.5~8 km。其中,面积大于100 km^{2}的有7个,100~50 km^{2}的有9个,50~30 km^{2}的有12个,30 km^{2}以下的有90多个。

据统计,截至2003年底,黄河下游滩区(含封丘倒灌区)总面积4 046.9 km^2,耕地375.5万亩,村庄1 924个,人口179.5万人。耕地及人口主要集中在阳谷陶城铺以上的宽河段,分布情况见表7-1-4。

表7-1-4　黄河下游滩区耕地人口分布情况

河段	河段长度 (km)	河道宽度 (km)	滩区面积 (km^2)	耕地 (万亩)	村庄 (个)	人口 (万人)
孟津白鹤镇至京广铁桥	98	4.1~10.0	580.5	51.0	84	9.1
京广铁桥至东坝头	131	5.5~12.7	847.5	73.7	355	41.5
东坝头至陶城铺	235	1.4~20.0	1 759.6	170.5	994	88.8
陶城铺至渔洼	350	0.4~5.0	859.3	80.3	491	40.1
合计	814		4 046.9	375.5	1 924	179.5

二、黄河下游滩区需进行安全建设和实行补偿政策

（一）滩区安全建设已采取的措施

为了保护滩区居民的生命、财产安全，必须进行滩区安全建设。根据国务院的批示，黄河下游滩区自 1974 年开始实行"废除生产堤，修筑避水台"的政策。1974 年修建避水台的标准为 3 m²/人，1982 年改为 5 m²/人，这些避水台在 1976 年、1982 年洪水期间起到了救命作用，但是房屋、财产损失很大。以后逐渐发展为修建房台、村台，村台修建标准先后提高为 30 m²/人、50 m²/人和 60 m²/人，也有采用避水楼避洪的。

1. 外迁

有条件的滩区居民尽量迁出滩区，截至 2003 年底，黄河下游滩区共外迁 206 个村庄 12.73 万人。

2. 滩区就地就近安置

至 2003 年底，黄河下游滩区已有 1 046 个村庄 87.44 万人有避水设施（见表 7-1-5），尚有 878 个村庄 92.03 万人没有避水设施，分别占滩区总人口的 48.7% 和 51.3%。拟建村台尽量建成几个自然村共用的连台。

表 7-1-5　黄河下游滩区人口和避水设施情况

河段	合计		有避水设施		无避水设施	
	村庄（个）	人口（万人）	村庄（个）	人口（万人）	村庄（个）	人口（万人）
铁谢至京广铁桥（河南）	84	9.07	4	0.46	80	8.61
京广铁桥至东坝头（河南）	355	41.51	64	7.81	291	33.70
东坝头至陶城铺（河南）	717	66.15	525	46.49	192	19.66
东坝头至陶城铺（山东）	277	22.62	254	20.87	23	1.75
陶城铺以下（山东）	491	40.11	199	11.81	292	28.30
黄河下游总计	1 924	179.46	1 046	87.44	878	92.02

3. 临时撤退

封丘倒灌区拟采取临时撤退措施，主要是修建撤退道路和桥梁。

（二）仍须大力进行安全建设

滩区安全建设长期滞后，滩区群众安全还没有保证。

按照规划，1 924 个村庄 179.47 万人的安全建设措施为：迁出滩区的为 498 个村庄 37.92 万人；就地就近滩内安置的为 873 个村庄 78.29 万人；临时撤离的为 386 个村庄 46.64 万人；除本次规划不考虑安排措施的 167 个村庄 16.62 万人外，需要进行安全建设的规模是相当大的。

对于已外迁安置的，由于安置标准低，返迁问题严重，今后需外迁 37.92 万人，任务繁重。

滩区已建避水工程，普遍高度不够，多数村台整体抗洪能力差。除避水楼外，避水台

高度普遍不足,现状村台达到标准的仅有 66 个村庄 6.15 万人,欠高的有 957 个村庄 78.08 万人。其中,欠高 5 m 以上的有 48 个村庄 5.35 万人,欠高 3 ~ 5 m 的有 287 个村庄 25.88 万人。这些村台除范县毛楼、濮阳小屯庄为避水连台外,规模均小、抗御洪水的能力差。

已建的撤离道路里程短、路面标准低。

因此,在已有安全建设的基础上,滩区仍须大力进行安全建设。

(三)滩区漫滩后需实行补偿政策

20 世纪 60 年代以前,沿黄河两岸有 300 多万亩沙荒盐碱地,背河一带生存条件非常差,产量很低。近 40 年来,背河地区通过引黄河水放淤改土、稻改等措施,改变了盐碱化的面貌,300 多万亩沙荒盐碱地已变为良田,加之农田水利建设等项措施,生产发展很快,滩区投入少,水利建设等治理措施安排得少。背河侧发展比较快,滩区发展比较慢,加之洪水漫滩受淹,致使滩区经济发展远远滞后于背河地区。

滩区是洪水的通道,洪水期庄稼受淹、财产遭受损失。1950 年以来滩区遭受不同程度的洪水漫滩 30 余次,累计受灾人口 900 多万人次,受淹耕地 2 600 多万亩次。凌汛严重的年份,部分滩区也会严重受灾。

滩区目前经济发展状况和周边地区的差距越来越大。为了改变滩区生产发展滞后的现状,减少漫滩损失,提高滩区居民的生活水平,必须加大投入,采取综合措施进行治理,控制滩区居住人口,并根据滩区特点,洪水受淹后给予补偿。

滩区为黄河治理和防洪安全发挥了作用,做出了贡献,国家应对滩区的损失给予相应的补偿。滩区在多方面与滞洪区具有相同(相似)的特征,在处理泥沙方面更具有特殊的功能。因此,对黄河下游滩区实行补偿政策是非常必要的。

三、结语

从黄河治理和防洪安全的大局出发,洪水期应允许水流漫滩,以发挥滩区的行洪、滞洪、沉沙作用;为使滩区居民做到人水和谐相处,必须搞好滩区安全建设;漫滩后给滩区居民造成的损失,国家应给予相应补偿。滩区居民为防洪、为大局做出牺牲,国家实行补偿政策,使他们的生活水平也得到提高,达到附近地区居民的生活水平。补偿办法建议采用《蓄滞洪区运用补偿暂行办法》或参照《蓄滞洪区运用补偿暂行办法》制订滩区淹没补偿办法。

黄河下游滩区的滞洪沉沙作用与水利建设[*]

一、黄河滩区概况

黄河每年进入下游的泥沙约有 1/4 淤积在河道内,致使河道日趋升高,并在两岸堤防之间淤出广阔的滩地。滩面一般高于背河地面数米。黄河水沙年内分配不均,平水期水由河槽下泄,滩区仅在几场洪水期过流,而且从中游黄土高原流入黄河的泥沙,有机物含

* 本文原载于《治黄科技信息》1994 年第 2 期,P3 ~ 5,由胡一三、王英撰写。

量高,土质肥沃,特别适合农作物生长,因此自古以来黄河滩区就人口稠密,且有沿黄地县的"粮仓"之称。现居住着河南、山东两省群众 147 万人,有耕地 334 万亩。但在洪水较大的年份,滩区除庄稼受淹外,群众的财产、房屋也要受到损失和破坏。

1958 年汛后至 1960 年,滩区修建生产堤 700 余 km,阻碍了洪水漫滩落淤,是部分河段形成"二级悬河"的原因之一。一旦生产堤决口,不但造成水流直冲堤防,对防洪非常不利,而且在生产堤决口处形成大片沙荒地,直接影响群众生产生活。1974 年根据国务院指示,开始废除生产堤,东坝头以上生产堤大部分已被洪水冲毁,东坝头以下破除了口门(口门长达生产堤长的 1/2),生产堤的阻水作用已大大降低。

二、滩区的滞洪沉沙作用

黄河下游河道的排洪能力是上大下小。大洪水时,除靠两岸分滞洪区外,滩区滞洪削峰作用也很重要。表 7-1-1 列出几个较大洪水年份的滩区削峰情况,由表中看出花园口至孙口河段的削峰作用一般为 30% ~ 40%,它大大减轻了以下河段的防洪压力。因此,充分发挥滩区的滞洪削峰作用是黄河下游防洪的重要措施之一。

泥沙是治黄的根本问题。减少河道淤积,维持河道排洪能力是治河的关键。洪水期间挟沙水流漫滩,在滩区落淤后,清水退入河槽,稀释了主流,减少了河槽的淤积。由表 7-1-3 看出,由于滩地淤积,水流含沙量沿程减小。1933 年是大沙年,洪水期间,进入下游的泥沙超过 25 亿 t,高村以上滩区就淤积了 22 亿 t,河槽内相应冲刷了 4 亿 t。为保黄河下游防洪安全,必须充分发挥滩区的滞洪沉沙作用,破除生产堤等行洪障碍,保证大洪水时的滩槽水沙交换,这不仅有利于当前的治理,而且对延长现行河道的寿命也大有好处。

三、滩区自然灾害

黄河下游滩区易于遭受洪、涝、旱、沙、碱等灾害,但主要为洪灾和旱灾。

新中国成立以来,黄河下游滩区遭受不同程度的洪水漫滩 19 次,但漫滩面积较大的年份仅 6 年,平均 7 ~ 8 年一次。表 7-2-1 示出了其中较大洪水年份漫滩受灾情况,每次漫滩不仅淹没耕地、倒塌房屋,使秋季作物减产或绝产,而且地势低洼处,因排水不畅,还将影响次年的夏收产量。此外,洪水期间,滩区的农田水利建设也受到一定毁坏。如 1976 年、1982 年,共冲毁桥、闸、站 1 508 座,渠道 478 km,淤毁机井 4 358 眼。

表 7-2-1　较大洪水漫滩年份受淹情况

年份	花园口站洪峰(m³/s)	受淹人口(万人)	倒塌房屋(万间)	受淹耕地	
				数量(万亩)	占总耕地(%)
1957	13 000	61.9	6.1	197.8	59
1958	22 300	74.1	29.5	304.8	91
1975	7 580	58.0	13.0	168.1	50
1976	9 210	103.6	30.8	225.0	67
1981	8 060	45.8	2.3	152.8	46
1982	15 300	90.7	40.1	217.4	65

滩区有水即涝,无水即旱。在小麦生长期,多年平均降水量仅为小麦生长需水量的1/3。新中国成立以来,山东黄河滩区遭受旱灾面积在18万亩以上的年份有8年,年受旱面积为18万~50万亩,占山东滩区面积的13%~37%。滩区水利工程少,抗灾能力差,亟须发展灌溉事业。

四、滩区水利建设

黄河下游滩区既是黄河行洪河道的一部分,也是近150万群众赖以生产生活的地方。近些年来背河沿线地区经过引黄放淤、稻改、地面淤高,盐碱洼地得到了不同程度的改良,同时随着农业投入的增加,经济发展较快。相比之下对滩区的投入很低,农田水利建设发展极慢,再加上乡镇企业的发展在这里受到限制,致使广大滩区经济长期处于落后状态,有的甚至还未达温饱。为提高滩区人民生活水平,落实国务院"废除生产堤,修筑避水台,实行'一水一麦',一季留足群众全年口粮"的政策,进行滩区水利建设十分必要。

1988年黄河水利委员会与水利部签订了《黄河下游滩区水利建设协议书》。利用国家农业综合开发基金,安排1988~1990年的黄河下游滩区灌溉、排水、引洪淤滩工程及生产道路、桥涵工程的建设。经过各方努力,超额完成了任务,共新建改建渠首闸29座。干支渠建筑物2 235座,机井6 105眼,排灌站330座,干渠长497 km,支渠长874 km。新增灌溉面积70万亩,改善灌溉面积26万亩;增加排水能力100 m³/s,面积15万亩,改善排水能力41 m³/s;淤滩4.5万亩;修建道路191 km。治理区增产粮食1.3亿kg,是计划4 000万kg的3.2倍。

1991年后在第一期(1988~1990年)滩区水利建设的基础上,又安排了第二期(1990~1993年)滩区水利建设,至1993年共新建改建渠首闸7座,干支渠建筑物1 287座,机井3 640眼,排灌站107座。新修干渠158 km,道路108.4 km。

五、对今后滩区治理的几点意见

(一)继续安排滩区水利建设

两期滩区水利建设后,预计旱、涝、沙灾的治理面积仅达滩区总耕地面积的40%,还有150万亩耕地旱不能浇,60万亩地涝不能排,16万亩沙荒地需要淤滩。另外,就已治理的耕地而言,工程建设标准低,抗灾能力弱,群众尚未达到稳定脱贫阶段,需要继续安排滩区水利建设。

(二)淤填串沟、堤河,减少滩面集中过流

滩面上洪水期形成的串沟,每当洪水再次漫滩后串沟集中过流,威胁群众的生命财产安全。另外,在一些大滩,洪水漫滩后滩唇落淤多,堤根落淤少,加之修堤时取土,在沿堤一带形成堤河。大水时水沿串沟冲向堤河,直接危及堤防安全。目前,黄河下游滩面上有较大串沟70条,长289 km,面积12万亩;堤河649 km,面积19万亩。几十年滩区引黄淤滩的实践表明,大洪水时,在控导工程附近引洪淤高滩面,中小洪水时,靠人工引黄淤堤河、串沟是行之有效的措施。要作好规划,把握好时机,淤高串沟、堤河,减少漫滩洪水对群众生产生活及堤防的威胁。

（三）整治河道，稳定滩区

在 20 世纪 50 ~ 70 年代，河道河势不稳，塌滩、落村对群众的威胁很大，据统计，1946 ~ 1976 年在陶城铺以上的宽河段共塌失村庄 256 个，50 年代平均每年塌失滩地 10 万亩，通过分段整治，陶城铺以下的弯曲性河道，以及陶城铺至东明高村的过渡性河道，河势均已基本控制，滩区亦已相对稳定。而高村以上的游荡性河段，由于整治工程少，河性难治，至今河势变化仍较大，影响着滩区群众的生产及安全，因此需要加强河道整治，以稳定滩区。

（四）修建避水楼是滩区安全建设的方向

自"废堤筑台"以来，滩区安全建设的措施是修筑避水台、房台、村台。这些"台"被群众誉为"救命台"。但是，随着社会的发展，群众财产的增多，家底变厚，洪水期不仅要保命，还要保财产。修面积大的村台，土方量大，挖的耕地多，难以实现。村内房基高程相差大，连成村台也有一定难度。从长远考虑，应修建避水楼。可按房顶或楼顶避洪原则，根据设计水深，确定修建平顶房或二层楼。为适应地基的变化，基础和房顶要有圈梁。国家给予材料补助，群众投劳。这样可充分发挥国家、地方政府和群众的积极性。这种避水楼房占地少，挖地也少，随着经济的发展，还可接高楼层，变楼外避洪为楼内避洪。若河床淤高，洪水位抬高，则可在已有楼上继续接高，因此修建避水楼应作为今后安全建设的方向。

发挥黄河滩区作用关键在于滩区补偿政策 *

各位专家、各位代表，前面几位专家的发言都做了系统准备，并且有具体文字材料，我是即席发言，没有准备具体材料，只是谈一些自己的想法与大家共同讨论。我今天发言的题目为"发挥黄河滩区作用关键在于滩区补偿政策"。

一、"二级悬河"加重了黄河防洪负担

黄河防洪一直受到党和国家的重视，黄河防洪是治黄的首要任务，其重要性世人皆知。防洪问题除和清水河流具有共同的特点外，对黄河来说尤其是下游还存在下述特点。黄河下游是悬河，悬河使黄河常年存在着防洪任务。对地下河来说，洪水期水位高于背河侧地面，而其他时间水位低于背河侧地面，河势的变化只会造成坍塌，不存在决口造成的大面积受灾问题。对于已为悬河的黄河来说，不仅是洪水期，而且在中水期、枯水期水位也高于背河侧地面，河势变化仍存在决口成灾的问题，其影响范围很大。

黄河下游 20 世纪 70 年代初期，在部分河段又开始形成了"二级悬河"，洪水对于堤防和两岸的威胁进一步加剧，加重了黄河对沿河广大地区的安全威胁。"二级悬河"的存在，使堤防更容易出现溃决现象，也更易发生冲决成灾。为了 12 万 km^2 黄河防洪保护区的安全，除充分加强防洪工程建设外，还需要充分发挥滩区的作用。

黄河防洪区别于其他清水河流，时间长，困难大。滩区作为河道的一部分，在保护两岸防洪保护区安全方面具有非常大的作用。

---

* 2006 年 4 月 18 日在"全球水伙伴（中国 · 黄河）'黄河下游宽河段治理及滩区可持续发展研讨会'"上发言，本文为会后整理的发言稿。

二、滩区功能

(一)防洪沉沙

滩区是黄河下游河道的主要组成部分,在防洪治河方面滩区具有行洪、滞洪和沉沙的功能。

1.行洪

天然河道的过洪能力主要靠主槽,但滩区也可通过 5% ~40% 的洪水,过流的比例取决于河道的横断面形式,一般为 20% 左右。

2.滞洪

黄河下游具有河道上宽下窄、排洪能力上大下小、防洪标准上大下小的特点。宽河段的滞洪是窄河段取得防洪斗争胜利的条件之一。

从几次大洪水的情况来看,宽广滩区的滞洪作用是非常大的,孙口断面以上滩区的削峰作用大体在 30% ~40% 。宽河段河道滞蓄洪量的作用是相当明显的,如 1958 年花园口站发生 22 300 m³/s 洪水期间,孙口以上的槽蓄量达 24 亿 m³,它约相当于故县水库和陆浑水库的总库容。这就大大减轻了以下河段的防洪压力。

3.沉沙

泥沙问题是黄河治理的根本问题。减小河道主槽的淤积抬升速度,维持河道排洪能力是治河的关键。

沉沙作用,更区别于其他河流,上午谈到黄河下游是最复杂、最难治的河流,很重要的原因就是与沙有关,沙把黄河搅浑了,使很多问题都非常难处理。一些在清水河流可以采用的办法、很有效的措施,放到黄河上就不一定适用或者会出现另外的一些问题。

滩区的沉沙作用非常明显,20 世纪 50 年代黄河下游共淤积 36.1 亿 t 泥沙,其中滩地淤积 27.9 亿 t,占了 77% 。20 世纪 50 年代有 6 场大于 10 000 m³/s 的洪水,通过滩槽水沙交换达到淤滩刷槽的目的,花园口以下的滩地共淤积了 25 亿 t,河槽冲刷 16.5 亿 t。即在这 6 场洪水期间滩地淤积量占 50 年代总淤积量的 70% 。河槽的强烈冲刷和滩地的大量淤积,使河道保持了一个很好的排洪断面。

淤滩刷槽是指洪水漫滩以后,由于滩地流速减小,入滩水流所挟带的泥沙大量落淤,相对清水回归主流后,稀释主槽水流,引起主槽发生冲刷的现象。大漫滩洪水期间,由于滩槽水沙交换频繁,主河槽冲刷明显。在个别不利水沙条件下,主槽也有淤积的现象,淤滩刷槽的含义也包括主槽少淤的情况。

为了发挥淤滩刷槽的作用,洪水期间必须能够充分进行滩槽水沙交换。1958 年 7 月洪水是黄河下游有实测资料以来的最大洪水,洪水期间,三门峡、黑石关、小董 3 站共来沙 6.4 亿 t,花园口站沙量 5.6 亿 t,花园口以下河道共淤积泥沙 2.1 亿 t,其中滩地淤积 10.7 亿 t,河槽冲刷 8.6 亿 t,滩地淤积量约为花园口来沙量的 2 倍。按照入滩水流所挟带的泥沙全部在滩区落淤、清水回归主槽进行匡算,下游面积最大的滩地之一——长垣滩区大堤附近(滩地淤积厚度约 1 m)的滩槽水沙交换次数约为 8 次。实际上,由于出滩水流不可能是清水,所以滩槽水流交换次数估计在 10 次以上。相当于不进行滩槽水沙交换时,10

倍的滩区容积的水体所挟带的沙量,或者说通过滩槽交换的水量相当于该滩最高水位时存水量的 10 倍左右。也就是说如果把滩围起来,漫了 10 次水的淤积量,只能和 1958 年洪水期间自然漫滩的淤积量相当。由此可以看出,滩槽交换对于滩地淤积和河槽冲刷的作用是很大的。

滩地的淤积减少了输向下游的沙量,引起主槽的强烈冲刷,可以显著增大河道的排洪能力。漫滩洪水过后,同流量水位降低、平滩流量明显增大,因此黄河下游历来有大水出好河之说。

(二)居住

滩区居住着大量群众,这是自然条件所决定的,几千年来就是如此,绝不是现在独有的现象。在黄河下游泛滥的范围内,很难说河与人存在的先后。公元前 602 年黄河第一次改道以后,大范围里都住有人,因为这里的土地肥沃,并且人口相对来说比背河还稠密。在农业不发达的年代,滩区还是沿黄各县的粮仓。20 世纪 60 年代以前,沿黄有 300 多万亩沙荒盐碱地,在那个时候背河的庄稼生存条件非常差,产量很低,而滩区在不受淹的情况下,粮食的产量和质量都远比背河侧好。但是最近三四十年来,背河侧发展比较快,滩区发展比较慢,一些水利投资上不去,所以现在来说,滩区的发展要远远滞后于背河地区。要充分发挥滩区的作用,一定要搞好滩区群众的安全建设,并要实行补偿政策。

三、河道整治是保证滩区安全的必要措施

河道整治包括河槽整治和滩地整治,过去往往只注重河槽整治,而忽视滩地整治,实际上河道整治还包括滩地整治,例如对堤河采取的治理措施,以及近年来修筑的防护坝工程等。通过河道整治,稳定河势,减少塌滩,防止塌村,并减缓漫滩水流对滩区村庄的冲淘强度,降低滩区居民损失。1976 年以前有 256 个村庄塌入河中,由于进行了河道整治,以后未再发生村庄掉河的情况。河道整治可以保证村庄的基本安全。

四、滩区安全建设

为了发挥滩区在防洪治河方面的功能,必须进行滩区安全建设。现阶段滩区安全建设应注意以下两个方面的问题:一要提高安全建设的标准;二要增加安全建设的投资力度,参照退田还湖、平垸行洪,移民建镇的方针,增加滩区安全建设的投资力度。

根据黄河下游滩区面积大、滩地宽、居住人口多的特点及目前滩区群众的耕作手段,按照以就地避洪为主并鼓励外迁的思想制订滩区安全建设规划。①鼓励外迁。这里所指的不是大面积外迁,是指窄河段及距堤比较近(如 1~2 km)的村庄迁到滩地以外。②就地避洪。在滩区村庄附近修建避水村台,最好几个村修建联台。把避洪标准抬高到 60~80 m² /人。经济许可的话还可以修建避水楼,按 6~8 m² /人计算,如果能配套到 1:1,人均可以达到 12~16 m²,当然这只有在经济条件较好的滩区先进行。

通过安全建设来保证滩区居民的人身安全和重要财产的安全是必须的。按照人水和谐相处的精神和现在水利建设的投资力度,现阶段应该提高滩区安全建设标准和滩区安全建设的投资力度。

五、提高滩区居民生活水平应实行补偿政策

要改变滩区生产发展滞后的现状、提高滩区居民生活水平,在发挥滩区滞洪沉沙功能的同时,必须对滩区实行政策补偿。

(一)控制滩区居住人口

原来滩区只有120万人,现在达181万人,远远超过国家政策规定的增长速度,因此应做好计划生育工作,控制人口增长率,并鼓励外迁。采取多种措施,减少滩区居住的人口数量。

(二)实行补偿政策

国家应对滩区制定补偿政策,以弥补漫滩损失。通过补偿使滩区生活水平达到与背河侧相当的生活水平。就是说,为了解决漫滩使滩区居民生活水平降低的问题,国家制定相应的补偿政策,通过补偿弥补漫滩造成的这部分损失,这样就能使滩区居民与沿黄背河侧居民的生活水平相当了。

补偿政策最好是执行滞洪区的补偿办法,这是真正能提高滩区居民生活水平的办法。

(三)其他措施

为了减少漫滩损失,在滩区还要继续控制大中型企业的发展,支持滩区调整农业生产结构,尽可能地适应滩区汛期发生洪水的特点,以减少漫滩损失。另外,还要积极支持滩区水利建设,提高滩区的抗灾能力。

六、结语

为有利于防洪,需充分发挥滩区的行洪、滞洪、沉沙作用,在小浪底水库等修建后,尤其要发挥沉沙作用;为使滩区居民做到人水和谐相处,必须搞好滩区安全建设,并实行补偿政策,使滩区居民的生活水平同样得到提高。就是说,一方面需要滩区充分发挥行洪、滞洪、沉沙作用,尤其是沉沙作用;另一方面通过安全建设达到一保命、二保重要财产安全,再通过补偿政策来弥补洪水造成的庄稼损失或者其他损失。滩区居民为防洪、为大局做出牺牲;国家实行补偿政策,使他们的生活水平也得到提高,达到附近地区居民的生活水平。可表示为:发挥滩区行洪、滞洪、沉沙作用(漫滩损失使滩区居民生活水平降低)+实施滩区安全建设(滩区居民保命、保主要财产安全)+国家实行补偿政策(补偿相应损失)≌滩区居民生活水平达到背河侧居民生活水平。

现阶段的关键是实行补偿政策。为使滩区发挥行洪、滞洪、沉沙作用,滩区安全建设正在进行,而现在的补偿政策还只是在舆论阶段,怎样能够使滩区尽快实行补偿政策,是当前应该抓的关键工作。所以我发言的标题选为"发挥黄河滩区作用关键在于滩区补偿政策"。

我的发言到此,谢谢。

黄河下游滩区急需实行补偿政策[*]

黄河下游属华北大陆性季风型气候,冬春季节多干旱,夏秋季节多雨水,滩区年平均降水量 521 ~ 685 mm,其中 7 ~ 9 月降水量占总量的 70% 左右。滩区具有耕种条件,自古以来就居住着大量的居民。

一、滩区在黄河治理中的作用

滩区是黄河下游河道的主要组成部分,在防洪治河方面,滩区具有行洪、滞洪和沉沙 3 种功能。

(一)行洪

天然河道的过洪能力主要靠主槽;但滩区也可通过 10% ~ 40% 的洪水,过流的比例取决于河道的横断面形态,一般为 20% 左右。

(二)滞洪

黄河下游具有河道上宽下窄、排洪能力上大下小、防洪标准上大下小的特点。宽河段的滞洪是窄河段取得防洪斗争胜利的条件之一。

黄河下游洪水具有峰高量小的特点,洪水涨落很快。花园口以下,最大的支流——汶河入黄口位于宽河段与窄河段的相接处,汶河流入东平湖滞洪区后再流入黄河,其余无大的支流汇入。因此,宽河道削减洪峰、滞蓄洪量的作用十分明显。表 7-1-1 和图 7-4-1 示

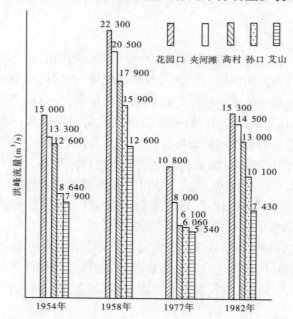

注:东平湖位于孙口至艾山站之间,1958 年东平湖自然分洪,1982 年人工分洪

图 7-4-1 黄河几场大洪水洪峰流量及滩区削峰情况示意图

---

[*] 本文写于 2009 年 3 月,压缩后 26 日发表于《黄河报》。

出了黄河下游半个世纪以来洪峰流量为 10 000 m³/s 以上的几次大洪水的河道削峰情况。由表 7-1-1 可看出，花园口至孙口河段的削峰作用一般为 30% ~ 40%，这就大大降低了孙口以下河段的洪水位。

宽河段河道滞蓄洪量的作用是相当明显的，如 1958 年花园口站发生 22 300 m³/s 洪水期间，孙口以上的槽蓄量达 24 亿多 m³，它约相当于故县水库与陆浑水库的总库容之和。河道滞洪大大减轻了孙口以下河段的防洪压力。

（三）沉沙

泥沙问题是黄河治理的根本问题。清水河流防洪是处理洪水；多沙河流防洪、治理的关键是处理泥沙。减小河道主槽的淤积抬升速度，维持河道排洪、输沙能力是治河的关键。小浪底水库修建后滩区的沉沙功能较其他功能更显重要。

1. 滩区是主要沉沙场所

据实测资料统计，黄河下游 1950 年 7 月至 1998 年 10 月共淤积泥沙 92.02 亿 t，其中滩地淤积 63.70 亿 t，占总淤积量的 69.22%。在铁谢至艾山宽河段，滩地淤积 55.94 亿 t，占该河段总淤积量 76.83 亿 t 的 72.81%（见表 7-1-2）。河道越宽，滩地淤积量占全断面的比例越大。

20 世纪 50 年代有 6 场大于 10 000 m³/s 的洪水，通过滩槽水沙交换达到淤滩刷槽，花园口以下的滩地共淤积了 25 亿 t，河槽冲刷了 -16.5 亿 t，即在这 6 场洪水期间，滩地淤积量占 50 年代总淤积量 36.1 亿 t 的 70%。洪水期间河槽的强烈冲刷和滩地的大量淤积，是使河道保持好的排洪断面形式的重要条件之一。

2. 淤滩刷槽，减少主槽抬升速度

淤滩刷槽是指洪水漫滩以后，由于滩地流速减小，入滩水流所挟带的泥沙大量落淤，相对清水回归主槽后，稀释主槽水流，引起主槽发生冲刷（或少淤）的现象。大漫滩洪水期间，由于滩槽水沙交换频繁，含沙量沿程减小，主河槽冲刷明显。在个别不利水沙条件下，主槽也有淤积的现象，淤滩刷槽的含义也包括主槽少淤的情况。表 7-1-3 示出了洪峰流量大的几场洪水在大漫滩河段含沙量沿程减小的情况。1954 年洪水，花园口站含沙量为 61.8 kg/m³，孙口站为 17.3 kg/m³，仅为花园口站的 28.0%；1958 年洪水，花园口站含沙量为 96.6 kg/m³，孙口站为 44.2 kg/m³，仅为花园口站的 45.8%；1975 年洪水，花园口站含沙量为 42.7 kg/m³，孙口站为 19.0 kg/m³，仅为花园口站的 44.5%；1976 年洪水，花园口站含沙量为 47.8 kg/m³，孙口站为 14.6 kg/m³，仅为花园口站的 30.5%；1982 年洪水，花园口站含沙量为 38.7 kg/m³，孙口站为 13.1 kg/m³，仅为花园口站的 33.9%。

为了发挥淤滩刷槽的作用，洪水期间必须能够充分进行滩槽水沙交换。1958 年 7 月洪水是黄河下游有实测资料以来的最大洪水，洪水期间，三门峡、黑石关、小董 3 站共来沙 6.4 亿 t，花园口站沙量 5.6 亿 t，花园口以下河道共淤积泥沙 2.1 亿 t，其中滩地淤积 10.7 亿 t，河槽冲刷 8.6 亿 t，滩地淤积量很大，约为花园口来沙量的 2 倍。按照入滩水流所挟带的泥沙全部在滩区落淤、清水回归主槽进行框算，下游面积最大的滩地之一——长垣滩区大堤附近（滩地淤积厚度约 1 m）的滩槽水流交换次数约为 8 次。实际上，由于出滩水流不可能是清水，所以滩槽水流交换次数估计在 10 次以上，即相当于不进行滩槽水流交换时，10 倍滩区容积的水体所挟带的沙量，也可表示为滩槽交换的水量相当于该滩最高水位时存水量的 10 倍左右。也就是说，如果把滩围起来，漫了 10 次水的淤积量，只能和 1958 年洪水期间自然漫滩的淤积量相当。由此可以看出，滩槽水流交换对于滩地淤积和河槽冲刷的作用是很大的。

滩地淤积引起的主槽强烈冲刷，可以显著增大河道的排洪能力。漫滩洪水过后，同流量水位降低、平滩流量明显增大，黄河下游历来就有大水之后出好河之说。

二、滩区具有居住功能

黄河决口泛滥频繁，有时还要改道。决口尤其是改道之后，大片的土地变成了河道，原来的河道又变成了一般的土地。在黄河决口改道的过程中，淹没了大量的土地，同时也改造了大量的土地。由于泥沙淤积，历史上黄河河道就处于悬河状态。两岸沿堤一带地面低于河床，低洼易涝，受地下水浸没的影响，大面积发生盐碱化，不利于农作物的生长。进入黄河下游河道的泥沙约有 1/4 淤在河道内。这些来自黄土高原的泥沙，尤其是从表层冲蚀的泥沙，有机物含量高，土质肥沃，适合农作物生长。在农业不发达的年代，相对而言滩区可以说是沿黄各县的粮仓。加之滩面广阔，所以自古以来黄河滩区就居住有大量人口，人口密度还往往高于背河一带。

黄河下游计有 120 多个自然滩，滩面宽 0.5 ~ 8 km。其中，面积大于 100 km^2 的有 7 个，50 ~ 100 km^2 的有 9 个，30 ~ 50 km^2 的有 12 个，30 km^2 以下的有 90 多个。

据统计，截至 2003 年底，黄河下游滩区（含封丘倒灌区）总面积 4 046.9 km^2，耕地 375.5 万亩，村庄 1 924 个，人口 179.5 万人。耕地及人口主要集中在阳谷陶城铺以上的宽河段，分布情况见表 7-4-1。

表 7-4-1　黄河下游滩区耕地人口分布情况

河段	河段长度（km）	河道宽度（km）	滩区面积（km^2）	耕地（万亩）	村庄（个）	人口（万人）
孟津白鹤镇至京广铁桥	98	4.1 ~ 10.0	580.5	51.0	84	9.1
京广铁桥至东坝头	131	5.5 ~ 12.7	847.5	73.7	355	41.5
东坝头至陶城铺	235	1.4 ~ 20.0	1 759.6	170.5	994	88.8
陶城铺至渔洼	350	0.4 ~ 5.0	859.3	80.3	491	40.1
合计	814		4 046.9	375.5	1 924	179.5

三、滩区需继续进行安全建设

为了保护滩区居民的生命、财产安全，必须进行滩区安全建设。根据国务院的批示，黄河下游滩区自 1974 年开始实行"废除生产堤，修筑避水台"的政策。1974 年修建避水台的标堆为 3 m^2/人，1982 年改为 5 m^2/人，这些避水台在 1976 年、1982 年洪水期间起到了"救命"作用，但是房屋、财产损失很大。以后逐渐发展为修建村台，村台修建标准先后提高为 30 m^2/人、50 m^2/人和 60 m^2/人，也有采用避水楼避洪的。

（一）黄河下游滩区安全建设已采取的措施

1. 外迁

有条件的滩区居民尽量迁出滩区，1996 年洪水之后，山东省曾将滩区居民迁出滩区数万人。2003 年灾后重建时，河南兰考外迁 1.23 万人，山东东明外迁 2.15 万人。截至 2003 年底，黄河下游滩区共外迁 206 个村庄 12.73 万人。

2. 滩区就地就近安置

截至 2003 年底，黄河下游滩区已有 1 046 个村庄 87.44 万人有避水设施（见表 7-4-2），尚有 878 个村庄 92.03 万人没有避水设施，分别占滩区总人口的 48.7% 和 51.3%。拟建村台尽量建成几个自然村共用的连台。

表 7-4-2　黄河下游滩区人口和避水设施情况

河段	合计		有避水设施		无避水设施	
	村庄（个）	人口（万人）	村庄（个）	人口（万人）	村庄（个）	人口（万人）
铁谢至京广铁桥（河南）	84	9.07	4	0.46	80	8.61
京广铁桥至东坝头（河南）	355	41.51	64	7.81	291	33.70
东坝头至陶城铺（河南）	717	66.15	525	46.49	192	19.66
东坝头至陶城铺（山东）	277	22.62	254	20.87	23	1.75
陶城铺以下（山东）	491	40.11	199	11.81	292	28.30
黄河下游总计	1 924	179.46	1 046	87.44	878	92.02

3. 临时撤退

封丘倒灌区拟采取临时撤退措施，主要是修建撤退道路和桥梁。

（二）安全建设存在的主要问题

滩区安全建设长期滞后，滩区群众安全还没有保证。

按照规划，1 924 个村庄 179.46 万人的安全建设措施为：迁出滩区的有 498 个村庄 37.92 万人；就地就近滩内安置的有 873 个村庄 78.29 万人；临时撤离的有 386 个村庄 46.64 万人。本次规划不考虑安排措施的 167 个村庄 16.62 万人。需要进行安全建设的规模大、投资多。

对于已外迁安置的，由于安置标准低，返迁问题严重。今后需外迁 37.92 万人，是已外迁人口的 3 倍，任务繁重。

滩区已建避水工程，普遍高度不够，多数村台整体抗洪能力差。除避水楼外，避水台高度普遍不足，现状村台达到标准的仅 66 个村庄 6.15 万人，欠高的有 957 个村庄 78.08 万人，其中欠高 5 m 以上的有 48 个村庄 5.35 万人，欠高 3～5 m 的有 287 个村庄 25.88 万人。这些村台除范县毛楼、濮阳小屯庄为避水连台外，规模均小、抗御洪水的能力差。

已建的撤离道路里程短、路面标准低。

因此，在已有安全建设的基础上，滩区仍需继续进行安全建设。

四、滩区漫滩后急需实行补偿政策

20 世纪 60 年代以前,沿黄河两岸有 300 多万亩沙荒盐碱地,背河一带生存条件非常差,作物产量很低。近 40 年来,背河地区通过引黄河水放淤改土、稻改等措施,改变了盐碱化的面貌,300 多万亩沙荒盐碱地已变为良田,加之农田水利建设等项措施的实施,生产发展很快;滩区投入少,水利建设等治理措施安排得少。背河侧发展比较快,滩区发展比较慢,加之洪水漫滩受淹,滩区经济发展远远滞后于背河地区。

滩区是洪水的通道,洪水期庄稼受淹,财产遭受损失。据不完全统计,新中国成立以来滩区遭受不同程度的洪水漫滩 30 余次,累计受灾人口 900 多万人次,受淹耕地 2 600 多万亩次。凌汛严重的年份,部分滩区也会严重受灾。

为了改变滩区生产发展滞后的状况,减少漫滩损失,提高滩区居民的生活水平,必须加大投入,采取综合措施进行治理;控制滩区居住人口;并根据滩区特点,洪水受淹后给予补偿。

要积极支持滩区水利建设,提高滩区的抗灾能力。为了减少漫滩损失,积极支持滩区调整农业生产结构,尽可能地适应滩区汛期发生洪水的特点,并要继续控制大中型企业的发展。

原来滩区只有 120 万人,现在达 179.5 万人,远远超过国家政策规定的增长速度,因此应做好计划生育工作,控制人口增长率,并鼓励外迁。采取多种措施,减少滩区居住的人口数量。

滩区经济是典型的农业经济,滩区居民处于与洪水共存的生产、生活方式,在洪水风险下谋求生存与发展。滩区经济发展受到洪水的制约,滩区安全设施、水利、交通、教育、卫生等基础设施严重滞后,较大基础设施难以建设,发展潜力很小。滩区目前经济发展状况和周边地区的差距越来越大,已成为豫鲁两省最贫困的地区之一,无法适应全面建设小康社会的形势要求。

滩区为黄河治理和防洪安全发挥了作用,做出了贡献,国家应对滩区的损失给予相应的补偿。滩区在多方面与滞洪区具有相同(相似)的特征,在处理泥沙方面更具有特殊的功能。因此,对黄河下游滩区实行补偿政策是非常必要的。在补偿政策方面,建议采用《蓄滞洪区运用补偿暂行办法》或参照《蓄滞洪区运用补偿暂行办法》制订滩区淹没补偿办法。

为了促进滩区发展生产,保证滩区群众的安全,改变目前经济滞后的状况,不仅需要进行滩区安全建设,还需实行滩区补偿政策。

五、结语

从黄河治理和防洪安全的大局出发,洪水期应允许水流漫滩,以发挥滩区的行洪、滞洪、沉沙作用;但漫滩后会给滩区居民造成损失,国家应给予相应补偿。补偿办法建议采用《蓄滞洪区运用补偿暂行办法》或参照《蓄滞洪区运用补偿暂行办法》制订滩区淹没补偿办法。

要使滩区居民做到人水和谐相处,必须搞好滩区安全建设,并实行补偿政策,使滩区居民的生活水平同样得到提高。就是说,一方面需要滩区充分发挥行洪、滞洪、沉沙作用,尤其是沉沙作用;另一方面是通过安全建设达到一保命、二保重要财产安全,再通过补偿政策来弥补洪水造成的农作物损失及其他损失。滩区居民为防洪、为大局做出牺牲;国家实行补偿政策,使他们的生活水平也得到提高,达到附近地区居民的生活水平。

滩区安全建设已列入黄河下游防洪工程建设计划,并正在继续进行建设;而滩区受淹后的政策补偿尚未开始。因此,为保证黄河的防洪安全和改善黄河滩区经济发展滞后、群众生活水平低下的状况,现在急需制订并实行滩区补偿政策。

第八章　其　　他

潘季驯治河与当代防洪措施[*]

一、明代潘季驯治河

潘季驯(1521～1595年)是明代著名的治河专家,官至工部尚书兼右都御史。曾于明嘉靖四十四年(1565年)十一月至次年十一月、隆庆四年(1570年)八月至次年十二月、万历六年(1578年)二月至万历八年秋、万历十六年(1588年)四月至万历二十年4次总理河道,先后治河近10年。在此期间他勤于考察、分析河患原因,吸取前人的治河经验,形成了一套束水攻沙的治河方略,并吸收其他方略的内容,进行综合治理。

潘季驯在理论和实践中有许多建树:

明初,在治河方策上,重北轻南,采用"北岸筑堤、南岸分流"的办法。到嘉靖末,徐州以上河道分汊达13支之多,河道淤积严重,水患连年不断。他在第三次治河时,根据黄河多沙的特点,反复阐述了"水专则急,分则缓,河急则通,缓则淤"的道理,提出了"筑堤束水,以水攻沙"的治河方略。他提出了一些卓有成效的论断,如"水分则势缓,势缓则沙停,沙停则河饱,尺寸之水皆由沙面,止见其高。水合则势猛,势猛则沙刷,沙刷则河深,寻丈之水皆由河底,止见其卑",要"借水攻沙,以水治水"(《河防一览》)等。

为了实现束水攻沙的治河方略,他特别强调堤防的作用,并创造性地把堤防分为遥堤、缕堤、格堤、月堤4种(见图8-1-1)。各类堤防具有不同的作用,"遥堤约拦水势,取其

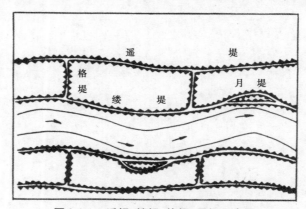

图 8-1-1　遥堤、缕堤、格堤、月堤示意图

* 本文为1995年7月在"潘季驯治河理论与实践学术研讨会"上的发言稿;后选入《潘季驯治河理论与实践学术研讨会论文集》,南京:河海大学出版社,1996年9月第1版,P156～164。

易守也。而遥堤之内复筑格堤,盖虑决水顺遥而下,亦可成河,故欲其遇格而止也,缕堤拘束河流,取其冲刷也。而缕堤之内,复筑月堤,盖恐缕逼河流,难免冲决,故欲其遇月即止也。"(《河防一览》)

根据他在《恭报三省直堤防告成疏》中所指出的,仅在徐州、灵璧、睢宁、邳州、宿迁、桃源、清河、沛县、丰县、砀山、曹县、单县等 12 州县,新修加培的遥堤、缕堤、格堤、太行堤、土坝等工程共长 13 万多丈。在河南荥泽、原武、中牟、郑州、阳武、封丘、祥符、陈留、兰阳、仪封、睢州、考城、商丘、虞城、河内、武陟等 16 个州县中,新修加培的遥堤、月堤和新旧大坝等,长达 14 万多丈,从而巩固、完善了堤防,对宣泄洪水起到了作用。

为了发挥堤防的作用,他对堤防的施工与管理也提出了明确的要求。他指出:筑堤"必真土而勿杂浮沙,高厚而勿惜巨费"(《河防一览》);遇过湿的土"须取起晒晾,候稍干,方加夯杵"。对筑堤每层的上土厚度规定"每高五寸,即夯杵三二遍";对砑实后的质量要"逐一锥探土堤","用铁锥筒探之,或间一掘试";对堤防高度用平锥法测量;对边坡要"切忌陡峻"等。他用"防虏则曰边防、防河则曰堤防。边防者,防虏之内入也;堤防者,防水之外出也。欲水之无出,而不戒于堤,是犹欲虏之无入,而忘备于边者矣"的比喻说明堤防的重要,进而用"河防在堤,而守堤在人。有堤不守,守堤无人,与无堤同矣"来说明加强堤防管理,加强人防的重要性。在汛期洪水时,还制定了四防(昼防、夜防、风防、雨防)二守(官守、民守)的制度。潘季驯在第四次治河时,根据上次所修堤防由于数年来"车马之蹂躏,风雨之剥蚀",大部分已"高者日卑、厚者日薄",防洪能力降低的实际情况,在南直隶、河南、山东等地对堤防闸坝普遍进行了一次整修加固,从而保持了原有堤坝的抗洪能力。

潘季驯治河时已产生了淤滩刷槽的思想。他主张"先将遥堤查阅坚固,万无一失,却将一带缕堤相度地势,开缺放水内灌。黄河以斗水计之,沙居其六。水进则沙随而入。沙淤则地随而高。两三年间地高于河,即涨漫之水,岂能乘高攻实乎?"(《总理河漕奏疏·条议河防未尽事宜疏》)在潘季驯倡导的堤防系统中,涨水时往往"决缕而入,横流遇格而止,可免泛滥。水退,本格之水仍复归槽,淤留地高。他并"假令尽削缕堤,伏秋黄水出岸,淤留岸高,积之数年水虽涨不能出岸矣。"(《河防一览》)潘氏的这些主张是固守遥堤,保持宽河,大水时浑水上滩,落淤后清水归槽,稀释主槽水流,以利冲刷河槽,加大河道的排洪能力。

潘季驯主张合流,但对于大洪水他主张分出原河道不能容纳之水。"黄河水浊,固不可分。然伏秋之间,淫潦相仍,势必暴涨。两岸为堤所固,永不能泄,则奔溃之患,有所不免。今查得古城镇下之崔镇口、桃源之陵城、清河之安娘城,土性坚实,各建滚水石坝一座,比堤稍卑二三尺,阔三十余丈,万一水与堤平,任其从坝滚出。则归槽者常盈,而无塞淤之患;出槽者得泄,而无他溃之虞。全河不分,而堤自固矣。"(《两河经略疏》)万历八年他于桃源(今泗阳)窄河道内修建了崔镇、徐昇、季泰、三义 4 座减水坝,减少了大洪水时的决口。

金昌明五年(1194 年)后,黄河南下夺淮,淮河入洪泽湖出清口与黄河汇合入于海。根据这种黄河夺淮和"淮清河浊,淮弱河强"的条件,潘季驯提出了"蓄清刷黄"的主张。"他一方面主张修归仁堤阻止黄水南入洪泽湖,筑清浦以东至柳湾堤防不使黄水南侵;另一方面又主张大筑高家堰,蓄全淮之水于洪泽湖内,抬高水位,使淮水全出清口,以敌黄河之强,不使黄水倒灌入湖。"(《黄河水利史述要》)用全部淮河之清水,冲刷下游河道。

潘季驯分析了黄河、淮河、运河治理之间的关系,以综合治理的思想指导治水。提出:"通漕于河,则治河即以治漕;合河于淮,则治淮即以治河;会河、淮而同入于海,则治河、淮即以治海。"(《行水金鉴》)他认为采取蓄清刷黄的措施,可"使黄、淮力全,涓滴悉趋于海,则力强且专,下流之积沙自去,海不浚而辟,河不挑而深,所谓固堤即以导河,导河即以浚海也。"(《明史·河渠志》)

潘季驯在四次治河过程中,形成了一套较为完整的治河思想,以"排"为主,兼用"分"的措施,并且治水与治沙相结合。他在发展、完善黄河防洪措施方面做出了很大贡献。

潘季驯治河涉及面甚广,尤其在以下方面具有创新或发展:

束水攻沙方略确立;遥、缕、格、月堤防体系;宽滩沉沙淤滩刷槽;蓄清刷黄减少淤积;遇大洪水分水防决;黄、淮、运河综合治理。

潘季驯的治河思想,对清代影响很大,大部分被清代所采用。清代治河专家靳辅、陈潢就沿袭了潘季驯的治河主张,如采用束水攻沙的理论,认为"黄河之水,从来裹沙而行,合则流急,而沙随水去;水分则势缓,而水慢沙停。沙随水去,则河身且深,而百川皆有所归。沙停水慢,则河底日高,而傍溢无所底止。"(《靳文襄公奏疏》)主张在堤防附近洼地圈筑月堤,引水落淤,淤平洼地,既可固堤,又使清水回槽,减少河槽淤积;为处理异常洪水又增修了减水坝;并完善了两岸堤防,河、淮统一治理等。这些都受潘氏治河思想的影响。

二、当代防洪措施

中国共产党领导的人民治黄,自1946年开始至今已近50年,党和国家非常重视黄河的治理,即使在新中国成立前后急需恢复战争创伤、百废待兴的年代,每年还要投入大量的人力、财力进行黄河防洪建设。近半个世纪以来,修复、完善了堤防,进行了河道整治,开辟了分洪滞洪区,修建了干支流水库,至今已初步建成了黄河下游"上拦下排、两岸分滞"的防洪工程体系。同时进行了防洪非工程措施建设。

对于黄河下游的悬河而言,堤防是防御洪水、中水及小水的主要屏障。除右岸东平县十里堡至济南市宋庄为山岭外,其余水流均束范于两岸堤防之间。临黄大堤总长约1 400 km,加上东平湖围堤、北金堤、展宽堤、河口堤、支流沁河堤和汶河堤等,总长2 200多km。由于黄河堤防是在历史上旧堤基础上加修而成的,质量差,隐患多,需要翻修、加固、处理,随着河床淤积抬高,堤防的设防标准自行降低。为保持堤防的抗洪能力,新中国成立后先后进行了3次加高培厚。对于高村以下河段,尤其是20世纪50年代加高次数更多(见图8-1-2)。利用多泥沙的特点,采用以河治河的方式,将高含沙水流引至堤防背后落淤沉沙、加固堤防,习惯称为放淤固堤。20世纪60年代以来,先后采用自流放淤、扬水站放淤、吸泥船放淤、泥浆泵放淤等办法。至1993年共加固堤防734 km,其中达到设计标准的413 km,计淤土方3.6亿m³,大大提高了堤防抗洪能力。堤防加修共完成土方6亿多m³,土方量相当于修建13座万里长城或开挖两条苏伊士运河。

黄河下游的河道整治工程是根据防洪的需要逐步创建、发展、研究、完善起来的,实践证明,它是安全下排洪水必不可少的工程措施。它主要包括险工和控导工程两部分(见

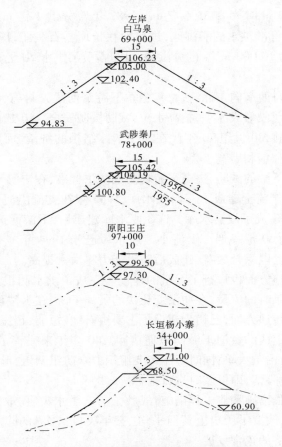

图 8-1-2 临黄大堤历年加高横断面示意图

图 1-9-2）。险工是为了保护堤防安全沿堤防修建的丁坝、垛、护岸工程。控导工程是为了控导主溜、护滩保堤在滩区适当部位修建的丁坝、垛、护岸工程。险工多为临堤抢险修筑，平面形状很不规则，同时抢险中修建的险工往往对迎溜及送溜方向注意不够，因此对溜势的控导作用较差。1949 年汛期济南以下的严重抢险表明，即在两岸堤距一般只为 1～2 km 的窄河段，单靠险工也不能控导河势，为了稳定溜势、减少抢险，50 年代初试办河道整治，经不断完善取得了成功，所修整治工程经住了 1954 年、1958 年洪水的考验。60 年代后又经补充完善，阳谷县陶城铺以下的弯曲性河段达到了控制河势的目的。在不断总结河道整治经验的基础上，东明高村至陶城铺之间的过渡性河段，于 1966～1974 年有计划地修建了大量的河道整治工程，河势得到了基本控制。高村以上的游荡性河段，河道宽浅、溜势散乱，整治困难，60 年代以后也修建了一部分控导工程，发挥了缩小游荡范围的作用。经过河道整治，尤其是在高村以下大大减少了防洪的被动性。

黄河下游的河道是上宽下窄，排洪能力是上大下小，为了使洪水能安全入海，在河道两岸分别设立了滞洪区。东平湖水库位于窄河段的上端。设防标准以内的洪水，经河道滞洪削峰后，超过窄河道艾山站设防标准的流量，靠东平湖分洪解决。现有分洪能力

8 500 m³/s,水位 45.0 m 时库容 33.5 亿 m³,1982 年曾分洪 4 亿 m³。北金堤滞洪区是 1951 年开辟的处理超标准洪水的滞洪区,进口原在长垣县石头庄,1977 年后移到濮阳县渠村,并修建了能力为 10 000 m³/s 的分洪闸,可滞蓄黄河洪水 20 亿 m³,至今还没有使用过。

黄河下游河道是自西南向东北流,每年冬季下游窄河段先封冻、春季后开河,上游来的冰凌往往在下流窄河段形成冰坝,抬高水位,威胁堤防安全。历史上曾多次发生凌汛决口。为了解除凌汛威胁,20 世纪 70 年代在易于卡冰结坝的济南、河口两处窄河段,分别修建了齐河展宽工程和垦利展宽工程。

为了减轻洪水对下游的威胁,提高下游堤防的防洪标准,在中游干支流分别修建了水库。1957~1960 年在干流上建成了三门峡水库,1965 年在支流伊河上建成了陆浑水库,1993 年在支流洛河上建成了故县水库。这 3 座水库建成后,下游河道的防洪能力由原来的 30 年一遇提高到约 60 年一遇。干流小浪底水库已于 1994 年 9 月正式开工,具有防洪、减淤、供水、灌溉、发电综合效益,建成后防洪能力将大大提高。

在防洪非工程措施方面也进行了大量的建设。完成了洪水测报系统,并能较为准确地预报伏秋大汛及凌汛时的流量,在冲淤变化快的黄河下游,在水位预报方面也积累了一定经验。在汛情险情传递方面,已初步建设了主要由有线、短波、超短波、微波、移动通信、程控自动交换系统等组成的黄河下游防汛通信网。40 多年来完善了下游治理与防洪的组织机构,形成了专业治黄大军;同时每年都要组织群众防汛队伍,形成人防体系,加强洪水期的防守,一旦发生险情,即可及时进行抢护。

依靠上述防洪工程措施和非工程措施,战胜了历次洪水灾害,取得了 40 多年伏秋大汛不决口的伟大胜利,改变了历史上黄河平均"三年决口二次"的险恶局面,在某种意义上保证了我国国民经济的正常发展。

在下游保证黄河安全主要是指堤防不决口。对于防洪工程设防标准以内的大洪水及超标准洪水,洪水调度原则是充分利用河道排洪,对在堤防设防标准内不能宣泄的洪水,视不同情况,利用或部分利用东平湖、北金堤等滞洪区,以及三门峡、故县、陆浑水库滞洪或蓄水,洪峰过后,放出滞、蓄的水量,仍需通过堤防及河道整治工程控制下的河道排泄入海。对于地下河而言,中小水一般不存在决口问题,而黄河下游是悬河,即使中小水也有发生溃决和冲决的可能。防止溃决和冲决主要靠加固堤防和搞好河道整治。因此,堤防建设和河道整治是防洪的基础,不论是防止漫决,还是防止溃决、冲决,都必须靠堤防和河道整治工程发挥作用。

三、潘季驯治河与当代防洪措施对比

在 400 多年前的明代,受当时生产力发展水平的限制,不具备在干支流上修建水库的能力。在其他诸方面,潘季驯的治河主张及实践,与当代的防洪措施有许多相似之处。

(一)堤防建设

潘季驯提出建立一个完整的堤防系统,并注重堤防质量,从堤防断面尺度,到土场选择、铺土厚度、压实,以及堤防管理方面都有明确的要求。当代治黄从一开始就把堤防作为最主要的防洪措施,并且在堤防上的投资也最大,对堤防的管理也有相应规定。

（二）宽河固堤与淤滩刷槽

潘季驯主张的遥堤至水较远，为防决口要求遥堤修得坚固；对缕堤与遥堤之间的滩地，一是利用水流冲开缕堤后沉沙落淤；二是在遥堤坚固堤段，去部分缕堤引进含沙浑水，落淤后清水归槽，发挥淤滩刷槽的作用。在 20 世纪 50 年代初即确立了"宽河固堤"的防洪方略，至今仍贯彻宽河固堤的精神，下游阳谷县陶城铺以上宽河段，堤距宽一般为 5 ~ 10 km，最宽达 20 km。全下游滩地面积共 3 000 多 km²，洪水期间漫滩后，不仅削减了洪峰，而且淤积了泥沙，归槽的清水使河槽少淤或冲刷。如 1958 年洪水漫滩，花园口以下滩地淤积了 10.7 亿 t，河槽冲刷了 8.6 亿 t 泥沙。

（三）大洪水时分水防决

潘季驯在处理大洪水时，是选择合适堤段建减水坝分洪，以使分洪口以下河段安全下泄。现在设立的分洪滞洪区也能分出超过堤防安全下泄能力的洪水。

（四）以清刷黄，减少淤积

潘季驯采用蓄用淮河清水，汇入黄河，减少清口以下的河道淤积。现在正进行前期工作的南水北调，引长江清水入黄，既可弥补黄河水资源之不足，缓解缺水矛盾，又可减少黄河含沙量，降低河道的淤积速度。

（五）综合治理的思想

在大范围的水利建设中，潘季驯主张黄、淮、运三河进行综合治理。近几十年的治河实践是在中游进行水土保持以减少进入黄河的泥沙，在干流及支流修建水库以拦蓄洪水和泥沙，在下游加强河防建设以提高抗御洪水的能力等，采取综合治理措施，来处理黄河的洪水泥沙。

（六）加强人防

潘季驯主张加强人防，尤其是注意恶劣环境（如黑夜、雨天）下的人防。目前每年都有由治黄专业队伍、沿黄群众和部队组成的人防队伍参加防汛抢险，并注意不利条件下的防守。

黄河泥沙量特大、来水过程变化大、洪峰尖瘦、河道上宽下窄、滩地面积大等因素，决定了"束水攻沙"方略解决不了黄河的防洪问题。在中国共产党领导下的人民治黄伊始就采取了"宽河固堤"的方略，充分发挥广大滩区的滞洪滞沙作用，并且为了稳定中水河槽，由下而上创建、发展了河道整治，使部分河段的河势基本得到了控制。进而发展为"上拦下排，两岸分滞"的方略，加上人防建设，战胜了洪水，赢得了岁岁安澜的局面。

潘季驯的治河思想与现在的防洪措施有许多相似之处。他的治河思想由于受当时社会条件、生产发展水平的限制，有的实现了，有的未能实现或未完全实现，但潘季驯的治河实践却提高了黄河防御洪水的能力，减少了决口为患，利于两岸广大地区人民的生命财产安全，同时他的治黄思想丰富了治黄方略，促进了治黄的发展，对后世产生了深远的影响。现今所采用的防洪措施也从潘季驯那里吸收了大量的营养。他不愧为治黄史上的一位治河名人。

潘季驯四任总理河道及其"弃缕守遥"*

一、潘季驯四任总理河道

潘季驯(1521～1595年)是我国历史上著名的治河专家。由于黄河决口泛滥、运河运粮阻滞,朝廷上下一筹莫展。他在27年宦海沉浮中,曾4次总理河道,两次被罢官,最后以衰老病躯去职还乡,一生中为黄河、运河、淮河的治理做出了重大贡献。在理论方面他主张:治黄要以治沙为中心;对下游的治理要充分利用水流自然规律刷深河槽;治沙要解决好与洪水的矛盾[1]。在实践方面他强调:堤防必不可少,特别是遥堤必须确保,需有一套严格的修守制度;采用束水,反对分水,加强堤防系统建设,明清故道就是筑堤束水方针的产物[2]。

(一)首任总理河道

明嘉靖四十四年(1565年)七月,黄河在江苏沛县决口,沛县以北"上下二百里运道俱淤。全河逆流,自沙河至徐州以北,至曹县棠林集而下,北分二支:南流绕沛县戚山杨家集,入秦沟到徐;北流者绕丰县华山东北由三教堂下飞云桥,又分为十三支……散漫湖坡,达于徐州,浩渺无际,而河变极矣。"[3]八月朝廷令朱衡为工部尚书,总理河道及漕运事务。十一月六日潘季驯由大理寺少卿擢升都察院右佥都御史,总理河道(简称总河)。十二日抵达总河衙门驻地山东济宁,随即赴灾区巡视。针对实地视察看到的上淤下塞情况,提出了"治水之道,不过开导上源与疏浚下流二端"[4]的治河主张。"上源"即新集与庞家屯等处,原系贾鲁故道;"下流"即留城以上运河为黄河所侵害地段。这就是所谓的"复故道"[5]。朱衡主张南阳至留城一段运河由昭阳湖西岸改到湖的东岸,以防黄河冲淤,即主张"开新河"。廷议结果是"用衡言开新河,而兼采季驯言,不全弃旧河。"[6]新河开成后,他仍认为是治标之策。潘季驯主张"开导上源,疏浚下流",其基本思想认为黄河淤积不可避免,一淤塞便弃旧图新是消极的办法。已认识到黄河不治,运河漕运难保无忧。嘉靖四十五年(1566年)十一月,他因母亲去世,回籍守制,结束了他第一次时仅一年的河官任职。

(二)第二任总理河道

隆庆三年(1569年)七月,黄河在沛县决口,"自考城、虞城、曹、单、丰、沛抵徐,俱罹其害。漂没田庐无可胜数,漕舟二千余,皆阻邳州不得进。"[7]隆庆四年(1570年)七月,山东沙、薛、汶、泗诸水骤溢后……合于黄河。而黄河暴至,茶城又淤。在此黄河决溢泛滥、漕运遭阻之时,隆庆四年(1570年)八月朝廷第二次任命潘季驯总理河道,并加提督军务之职。

隆庆四年(1570年)九月,黄河又在邳州(今古邳)决口,"自睢宁白浪浅至宿迁小河口,淤百八十里,运船千余不得进。"[8]潘季驯八月奉诏,十一月抵任,到任后即到邳州查

* 本文为纪念中国古代著名治水专家潘季驯先生逝世410周年而写,发表于2005年9月20日《黄河报》;后选入《黄河与河南论坛·黄河文化专题研讨会文集》(郑州:黄河水利出版社,2009年4月第1版),P338～342。

勘河情、灾情,鉴于当时财殚力疲,工费短缺的情况,先将已筑缕水堤增高培厚,燃眉之急是堵塞决口,挑深淤河,保证漕运通过。他力主开复故道(指决口前的邳睢河道),"决意筑塞,挽全河之流以还故槽"的意见被朝廷采纳[9]。经过 5 万多民工 3 个月的奋斗,疏浚主河 80 余里,筑缕堤 3 万余丈,尽塞诸决口,故道渐复,运道遂通;因遇山东久旱,运河水浅,转去处理山东河务[10]。

潘季驯经过查勘决口,淤塞、堵口、筑堤、浚河之后,深刻体会到堤防的重要性。他在二次上《议筑长堤疏》中指出:"黄河淤塞,多于堤岸单薄,水从中决,故下流自壅,河身忽高。""欲图久远之计,必须筑近堤以束河流,筑遥堤以防溃决,此不易之定策也。"[11]后潘季驯因遭不实罪责弹劾,在隆庆五年(1571 年)十二月被罢免总河之职,他第二任总河为一年四个月。

(三)第三任总理河道

万历三年(1575 年)黄河多处决口,水灾严重,万历四年及万历五年黄河又分别在徐州、崔镇决口。当时"河患频繁,治河意见纷起,有的主张多浚入海口,有的主张开复老黄河故道,有的主张筑堤塞决。于是在万历六年(1578 年)二月,根据张居正的意见,朝廷任命潘季驯第三次总理河道兼管漕运,并升为古都御史兼工部侍郎。"[12]

潘季驯到任后即对泛区巡视查勘,并多方听取他人意见,全面提出治理黄淮下游的方针与措施。塞决以挽运河之水,筑堤以杜溃决之虞,复闸坝以防外河(黄淮)之冲,创滚水坝以固堤岸,停止浚海工程以免糜费,罢免开老黄河之议。[13]要高筑两岸大堤,挽河冲槽,实现束水攻沙;堵高家堰决口,逼淮水尽出清口,达到以清治黄。把治黄、治淮、治运结合起来,实行束水攻沙、以水治水的措施。把徐州到扬州,包括以清口为中心的黄河、运河、淮河和洪泽湖地区的工程,分作八个工区,分别筑遥堤,堵决口,建滚水坝,浚运河等,工程浚工后,数年无大患。朝廷加封潘季驯太子少保,升工部尚书,兼都察院左副部御史,保送一个儿子到国子监入学。

万历八年(1580 年)六月,朝廷任命潘季驯为南京兵部尚书,十二月离任赴南京兵部上任管事。万历十一年(1583 年)正月奉旨改任邢部尚书,曾上书辞官回归故里,但未获准。后因上疏力保张居正母亲出狱,万历十二年(1584 年)七月,第二次被罢官削职为民。

(四)第四任总理河道

潘季驯在三任总河期间,按照"以河治河,以水攻沙"的思想修建的工程,发挥了作用,徐州到清口黄河安宁。但在清口以下及徐州以上仍多出河患。万历十三年(1585 年)至万历十五年(1587 年)黄河先后在淮安城东、祥符(今开封)、兰阳(今兰考)、封丘多次发生决口,治河意见纷绘。在水灾严重、治河意见纷乱的情况下,经多人推荐,万历十六年(1588 年)五月,朝廷第四次任命潘季驯总理河道。

潘季驯上任后,进行了全面查勘、调查,其结论是加强堤防的修守。在万历十六年(1588 年)八月,他上《中明修守事宜疏》,提出了加强河防修守的措施为:久任部臣,以精练习;责成长令,以一事权;禁调官夫,以期专工;预定工料,以便工作;立法增筑,以固堤防;添设堤官,以免遥制;加绑真土,以保护堤;接筑旧堤,以防淤浅。[14]万历十八年(1590年)年满 70 岁,按当时规定,即可退休,他上疏提出辞官,但朝廷不准。万历十九年(1591年)正月,三上乞休疏,被"留中"不报。在伏汛将至情况下,万不得已,上《画地分管疏》,

被批准。在重病缠身的情况下，他仍然处理河工事务，多次到现场巡视，并总结治理经验，这一年完成了他的代表作《河防一览》。万历二十年（1592 年）离任前上《条陈　熟识河情疏》，他四任总河，"壮于斯，老于斯，朝于斯，暮于斯。或采之舆情，或得之目击，或稽之已往，或验之将来。水有性，拂之不可；河有防，驰之不可；地有定形，强之不可；治有正理，凿之不可。"[15]四月回到故乡，第二年风瘫。万历二十三年（1595 年）四月十二日辞别人世，终年 75 岁。

二、从靠缕堤束水到"弃缕守遥"

泥沙问题是黄河的根本问题，潘季驯解决黄河泥沙问题的基本方针是束水攻沙。对于处理泥沙，他认为靠人力浚沙是工大费巨，劳民伤财，对于当时的疏沙船认为用于运河可以，用于黄河无济于事。他认为"筑堤束水，以水攻沙，水不奔溢于两旁，则必直刷乎河底，一定之量，必然之势"[16]。

（一）单靠缕堤束水攻沙

在潘季驯之前，万恭治河时，提倡用筑堤的方法限制水流，增大流速，利于冲沙，在已有局部堤防的基础上，修筑了徐州至宿迁小河口 370 里长的缕堤，并连通了曹、丰、砀之间的缕堤。潘季驯在二任总河时，对"水少则势弱，势弱则沙停"已有了深刻的认识。为处理当时的河患，他主张"一面筑决，一面缕堤"。在 3 个月的时间内，除浚正河 80 余里，堵塞决口外，修缕堤 3 万余丈。为解决河床的泥沙淤积问题，用缕堤束水提高挟沙能力，已成为当时束水攻沙较为普遍的意见。

单一缕堤束水，是"束水攻沙"实践的初步阶段，尚存一些问题，主要有：由于"缕堤逼近河滨，来水太急。每遇伏汛，辄被冲决。"[17]；缕堤靠近河槽，与遥堤之间有宽广的滩地，遇暴雨之时，积雨盈溢，缕堤受两面水夹攻，难以防守等。

（二）从缕堤"束水攻沙"到遥堤"束水归槽"

"治河之法，别无奇谋秘计，全在束水归槽。……束水之法，别无奇谋秘计，惟在坚筑堤防。……故堤固则水不泛滥，而自然归槽；归槽则水不上溢，而自然下刷。沙之所以涤，渠之所以深，河之所以导而入海，皆相因而至矣。"[18]这里的堤防不是缕堤，而是遥堤。"堤能束水归槽，水从而下刷，则河深可容。故河上有岸，岸上始有堤。平时水不及岸，堤若赘旒（装饰）。伏秋暴涨，始有逾岸而及堤址者，水落复归于槽。[19]潘季驯这里所说的束水堤防也是遥堤而不是缕堤，只不过遥堤的作用不是"束水攻沙"，而是"束水归槽"后对河床的冲刷。可见，潘氏对遥堤功能的理解，除防止洪水泛滥外，还有约束洪水归槽，以冲刷河床。这后一点功用的强调，与其"弃缕守遥"的观念直接相关[20]。

（三）破缕堤淤滩刷槽

潘季驯由修缕堤，到修缕、遥双重堤防且重在遥堤。三任总河时认识到缕堤"不足恃"而大重遥堤。汛期缕堤一旦决口，顺遥堤而下，威胁遥堤安全，于是每隔数十里在横向又修格堤。决缕堤之水，顺遥堤而下，遇格堤仍归河槽。此"防御之法，格堤甚妙。格即横地，盖缕堤既不可恃，万一决缕而入，横流遇格而上，可免泛滥。水退，本格之水仍退归槽，淤留地高，最为便宜。"[21]他主张"先将遥堤查阅坚固，万无一失，却将一带缕堤相度地势，开缺放水内灌。黄河以斗水计之，沙居其六。水进则沙随而入，沙淤则地随而高。

二三年间,滩地高于河。即涨漫之水,岂能乘高攻实乎?缕堤有无不足较矣。"[22]可以看出,潘季驯主张固守遥堤,保持宽河,大水时浑水上滩,落淤后清水归槽,稀释水流,利于冲刷河槽。利用水流特性,达到淤滩固堤的目的。当他发现只有遥堤,没有缕堤、格堤,也达到"淤留岸高"的情况后,指出"宿迁以南,有遥无缕,水上沙淤,地势平满。民有可耕之田,官无岁修之费,此其明效也。"[23]并认为缕堤还有一些副作用,"其一,缕堤离河近,势逼而易辙;其二,外河高于内地,积雨盈溢,两水夹攻,势自难守;其三,岁岁修岸,岁岁患害,劳民伤财。"[24]

(四)利用护滩工程取代部分缕堤

为了解决因水流冲刷而导致缕堤破坏的问题,潘季驯还主张利用护滩工程取代部分缕堤。如兰阳县马坊营险工,位于水流扫弯处,"尤恐缕堤难支,今于背后创筑月堤一道,缕堤改为埽坝,岁加修防,可恃无虞矣。"[25]所修的护滩工程多由鸡嘴、大埽、挑水坝组成。在至水近处不用缕堤,而用护滩工程防护。仪封县三家庄埽坝近溜顶冲,一度被冲塌。万历十八年(1590年)遂将位置向后退,"预筑等埽坝一道,不与水争地,自易防守矣。"[26]

(五)"弃缕守遥"观点

万历六年(1578年)六月潘季驯在三任总河初期对缕堤就已持否定态度。在某些堤段,如"北岸自古城至清河,亦应创筑遥堤一道,不必再议缕堤,徒费财力。"[27]后又指出"今双沟一带,已议弃缕守遥矣",并肯定灵璧双沟"弃缕守遥,固为得策。"[28]经过10年的治河经历,潘季驯得出"缕堤即近河滨,束水太急,怒涛湍溜,必至伤堤……。或曰:然则缕可弃乎?驯曰:缕诚不能为有无也,宿迁而下,原无缕堤,未尝为遥病也,假令尽削缕堤,伏秋黄水出岸,淤留岸高,积之数年,水虽涨不能出岸矣。第(但)已成业,不忍言弃。"[29]表明潘季驯当时认为,缕堤可以不修,让洪水淤滩刷槽,只是缕堤已经修了,不愿再废。[30]

著名治水专家张含英先生在《明清治河概论》中指出,"这里说,缕堤束水太急且将伤堤。又说,没有缕堤伏秋涨水可以淤岸。不废缕堤是由于已成立业,不忍言耳,并不是为了拘束水流,取其冲刷。潘季驯在第二次任河官时,修筑缕堤也只为了省费,暂顾目前之计。他说,筑堤之法有二,近者所以束湍悍之流,远者所以待冲决之患,皆为上策。顾工费不赀,动以巨万。当此财殚力疲之会,安所措其手足耶?宜以筑缕水堤增益高厚,曲加保护,姑为目前之计。"[31]而缕堤实际上难以防御汛涨,因之也就难以起束水攻沙的作用[32]。

参 考 文 献

[1][2][5][9][10][12]~[14][24]郭涛.潘季驯治河的思想与实践[C]//潘季驯治河理论与实践学术研讨会论文集.南京:河海大学出版社,1996.

[3][4][6]~[8][11][15]~[19][21]~[23][27]转引自郭涛.潘季驯治河的思想与实践[C]//潘季驯治河理论与实践学术研讨会论文集.南京:河海大学出版社,1996.

[20]周魁一.潘季驯治河思想历史地位的再认识[C]//潘季驯治河理论与实践学术研讨会论文集.南京:河海大学出版社,1996.

[25][26][28]转引自周魁一.潘季驯治河思想历史地位的再认识[C]//潘季驯治河理论与实践学术研讨会论文集.南京:河海大学出版社,1996.

[29] [31] [32] 转引自包锡成. 论束水攻沙与宽河固堤[C]∥潘季驯治河理论与实践学术研讨会论文集. 南京:河海大学出版社,1996.

[30] 包锡成. 论束水攻沙与宽河固堤[C]∥潘季驯治河理论与实践学术研讨会论文集. 南京:河海大学出版社,1996.

黄河埽工的前世与今生*

埽是我国特有的一种以树枝、秫秸、柴草为主,杂以土石并用桩、绳盘结捆扎而成的河工建筑构件。埽工是由若干埽段构成的河工建筑物。

埽工,古亦称"茨防",最早出现在黄河上,是黄河河防工程的重要组成部分,常用于抢修堤岸、堵塞决口。黄河埽工少说也有两三千年的历史了。

随着社会的发展和科学技术的进步,黄河埽工也在不断地发展变化。宋代以前的埽工,由于文献失载,其形制和建造方法均已无法详知。宋代盛行大体积的卷埽(见图 8-3-1)。卷埽的建造方法,现存有两种记载。一种见《宋史·河渠志》,方法是:先选择宽平的堤面作为埽场。在地面密布草绳,草绳上铺梢枝和芦荻一类的软料;再压一层土,土中掺些碎石;再用大竹绳横贯其间,大竹绳称为"心索";然后卷而捆之,并用较粗的苇绳拴住两头,埽捆便做成了。这种埽的体积往往很大,需要成百上千人喊着号子,一齐用力,将卷埽推到堤身单薄处或其他需要下埽的地方。埽捆推下水后,将竹心索牢牢拴在堤岸的木柱上,同时自上而下在埽体上打进木桩,一直插进河底,把埽体固定起来。这样,埽岸就修成了。

另一种见《河防通议》,其方法是:先将柴草树枝等软料卷成巨束,称为大枚。然后将枚下到险工处,再往里填塞薪刍。枚上可以加枚,两枚之间如果不连接,可以用"网子索包之""以梢塞之"。水下的枚如果日久朽烂,被水刷去,上枚即压下,最上面又卷新枚压下,直到稳定。"枚"的高度自 10 尺至 40 尺不等,但长度一般不过 20 步。如果险工地段较长,也可以将若干枚连接起来,连接的长度可达二三百步以至上千步。这种形式的卷埽其特点是,当埽工修成后,埽体不用长索贯穿固定,而是可以随黄河河底冲刷而自由下沉,不致使埽体基脚有淘空现象。

卷埽的修建技术,宋代以后,历金、元一直到明代后期无大变化。

清乾隆年间,黄河下游(除堵口偶尔一用者外)已不再采用卷埽法,代之以沉厢法修建埽工。沉厢法建埽,是用桩、绳把秸料缒束成整体,以土压料,松缆下沉,逐层修做,直到河底。具体操作时,又有顺厢与丁厢之分。顺厢秸料顺水流方向铺放,丁厢时除底部一坯外,其余各坯秸料垂直水流方向铺放。

沉厢埽不如卷埽庞大,修建时不需大量人工,施工场地相对较小,使用较为方便,所以一直沿用到新中国成立。新中国成立之后,为了提高埽工抗御水流冲击的能力,以柳枝代替秸料,以石料代替土料,以铅丝代替部分绳缆,将秸土埽改成了柳石工,埽工的修建方法也因此发生了新的变化。柳石工是沉厢埽的进一步发展。柳石工的结构形式主要有柳石搂厢和柳石枕两种。柳石搂厢的修建方法与沉厢土秸埽基本相同,是属沉厢埽顺厢的一种;柳石枕的做法,除借鉴西方的"沉梢"以外,多少还保留一点古代卷埽的遗意。

---

* 本文原载于 2006 年 6 月 8 日《中国水利报》。

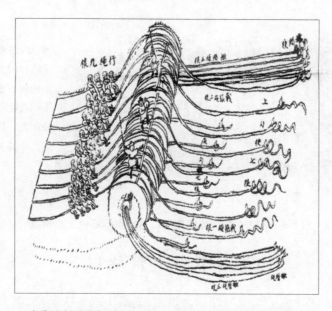

▲清代绘制的卷埽施工示意图。这张图画表现出卷埽的施工场景。由于堤防堵口合龙时，龙口流速很大，需要大体积大重量的水工构件，古人缺乏今天的技术手段和材料，于是改用绳索、树枝、埽料和泥土卷制而成的卷埽作为合龙的主要构件

图 8-3-1　清代绘制的卷埽施工示意图

　　历史上，黄河决口的次数甚多，堵口的次数也很多。埽工在堵塞黄河决口方面也曾做出过巨大的贡献。战国时期赵国人慎到所说的"茨防决塞"即指埽工堵口；汉武帝堵塞瓠子决口，令将军以下群臣"负薪填决河"，也是采用埽工技术。宋代埽工更为成熟，《河防通议》"闭口"一节专门记有堵口的施工程序和技术要求；河工高超创立了三节下埽的堵口合龙法；还有王居卿的"立软横二埽"堵口法。清代沉厢法兴起之后，埽工堵口又有了新的改进，出现了厢埽进占、合龙埽合龙的新方法。图 8-3-2 为 1935 年山东鄄城董庄堵口时，即将推柳石枕下水的情况。埽工堵口，行之有效，与近代引进的新法相比也毫不逊色。例如 1921 年 7 月的山东利津宫家堵口和 1946～1947 年的河南郑县花园口堵口，所用新法接连受挫，最后也都是在埽工的补救下才取得成功的。

　　黄河埽工是中国古代水工建筑中的一大发明，也是世界河工史上的一大杰作。它充分考虑了黄河多泥沙的特点，可以因地制宜、就地取材，具有适应性强等优点。黄河埽工之所以经久不衰，就是因为它符合黄河的实际，是科学的。现如今，在黄河上游的宁夏平原，遇有灌渠堵口，古老的卷埽仍然不可缺少；下游两岸遇有堤坝抢险，柳石工依旧发挥着无可替代的作用。我们衷心希望，前人留下的这份珍贵遗产，能够永远地继承下去，并使它继续发扬光大，继续在黄河治理中发挥作用。

1935年，董庄堵口时即将下水的柳石枕。由于柳石枕体积大、长度长，移动时需几十甚至几百人

图 8-3-2　1935 年鄄城董庄堵口时待推柳石枕下水情况

1998 年长江九江堵口 [*]

1998 年汛期长江发生了全流域性的大洪水，先后出现 8 次洪峰，高水位持续时间长，堤防险情多，8 月 7 日九江城防堤发生了决口，防洪形势非常严峻。

一、长江 1998 年汛期洪水概况

1998 年长江中下游地区降雨量大、入汛早。1～4 月大部分地区降雨量超过 400 mm，鄱阳湖流域的赣江、信江流域的部分地区超过了 800 mm。江西、湖北、湖南部分地区提前近一个月进入汛期，6 月、7 月全流域性降雨比常年偏多 40%～70%，6 月 13 日洞庭湖流域的资水 6 个站，鄱阳湖流域的抚河和信江 10 个站日降雨量超过 100 mm。

由于暴雨强度大，长江中下游水势涨得很快，6 月 13 日城陵矶到大通河段开始上涨，15 d 时间均达警戒水位。沙市、监利、城陵矶、螺山、武汉、湖口等站最高洪水位均超过历史最高水位，大通站、南京站的洪峰水位居历史第二位。沿江水位表现见表 8-4-1。

二、九江城防堤情况及决口过程

（一）九江城防堤情况

九江城防堤原为土堤，后在临河侧修有厚约 0.4 m 的浆砌石直立墙，1995 年又在临河侧修建了厚度为 20 cm 的钢筋混凝土墙，墙顶高程为 25.25 m，比原堤防高 1.0～1.2 m，墙底（坡脚）高程为 20.0～21.0 m，堤顶宽只能行人不能行车。设计洪水位为 23.25 m。堤防背河坡脚处修有浆砌石护脚（无排水）。决口堤防位于九江城防堤 4～5 号闸口之间，该处原为永安河汇入长江的老河口，后在此修建了堤防，堤防背水侧为一水塘，由于长期排污水，已成为一个泥塘。

---

[*] 1998 年长江大水期间，作者受国家防总委派，任国家防总抗洪抢险专家组组长，赴长江抗洪抢险。九江城防堤决口后，参加了堵口的全过程。依照当时的笔记、材料和回忆，2006 年 10 月整理出本文。

表 8-4-1　1998 年长江中下游洪水与历史洪水比较

站名	历史最高水位 H_1		历史最大流量 Q_1		1998 年最高水位 H_2		1998 年最大流量 Q_2		$\Delta H(\mathrm{m})$ $(\Delta H = H_2 - H_1)$
	数值 （m）	时间 （年-月-日）	数值 （$\mathrm{m^3/s}$）	时间 （年-月-日）	数值 （m）	时间 （月-日）	数值 （$\mathrm{m^3/s}$）	时间 （月-日）	
沙市	44.67	1954-08-07			45.22	08-17	53 700	08-17	0.55
监利	37.06	1996-07-25	46 200	1981-07-20	37.31	08-17	45 200	08-17	0.25
城陵矶	35.31	1996-07-22			35.80	08-20			0.49
螺山	34.17	1996-07-22	79 900	1954-08-07	34.95	08-20	68 600	07-27	0.78
武汉	29.73	1954-08-18	76 100	1954-08-14	29.43	08-20	72 300	08-20	− 0.30
九江	22.20	1995-07-09	75 000	1996-07-23	23.03	08-02	73 500	08-22	0.83
湖口	21.80	1995-07-09			22.58	07-31			0.78
大通	16.64	1954-08-01	92 600	1954-08-01	16.31	08-02	82 100	08-01	− 0.33

注：表中数字为 1998 年汛期的报汛数据。

（二）九江城防堤决口过程

决口堤段背河侧为水泥船厂，据其主管部门钢铁公司总经理罗立功介绍，决口大体过程为 8 月 7 日 13：08 发现堤防护脚出现了 3 个管涌，13：12 其中的两个管涌直径有拇指大，另一个大些，出泥浆，呈黄红色。后在临河江面发现 4 个直径 0.5 m 左右的漩涡，30 多名战士及职工下水用棉被包石堵塞，漩涡消失，但在背河护脚下又出现一排管涌，继而在临河侧继续寻查洞口，发现防洪墙外约 0.8 m 处有吸脚的水流，仍用棉被包石袋堵，管涌出水有所减少。约 13：45，堤顶出现直径 2 m 左右的陷坑，继而水流从护脚以上窜出，水流继续扩大，已难防堤决口。13：53 钢铁公司拉响厂区汽笛报警。决口后口门向两岸坍塌，很快发展成 40 m 宽的口门。

三、九江城防堤堵口经过

（一）沉船

1998 年 7 月下旬防洪进入紧张状态，长江封航，一些船只停留在江面上。首先调用一只趸船和一只铁驳船堵口。当两只船靠近口门时，两船转向，头朝前冲向口门，口门处防洪墙倒塌，两船窜向背河水塘，趸船撞塌房屋，铁驳船冲出口门后改变方向，靠在口门下游堤防的护脚处。又调一只长约 80 m 的铁驳船（装煤 1 600 t），想沉于口门处，但距口门 8 ~ 9 m 处时搁浅，船身与堤线平行，船底中部及船与堤防的空间过水仍很大。此时口门宽已发展为 40 ~ 50 m，过流 300 ~ 400 $\mathrm{m^3/s}$。因当时缺乏足够的块石料，为减少口门过水量，在煤船两端与外侧又沉船 7 只（见图 5-6-1），对缓解口门扩大起到了一定作用。

由于河床质为粉细砂,沉船底部被急流冲刷成深坑,中部急流段最大水深达 8 m。在沉船的上游侧沉放钢管排架,其竖杆下部插入砂基内,上部支撑在沉船上。再抛块石、袋装碎石、钢筋石笼、袋装矿石及粮食包(稻谷、蚕豆等),以堵塞船间、船下过水通道,减少口门过水量。

(二)在沉船外侧抢修围堰——第一道防线

在填堵船间、船下过水通道的同时,调集船只从外地调运石料,沿图 5-6-1 中第一道防线位置抛筑围堰。至 8 月 9 日晚,抛出水面,但仍有多处集中过流区,过流仍有 100 ~ 150 m³/s。

由于船与船的接触部分过流量仍很大,抛的块石、碎石袋、粮食袋多次被冲走,在水流急的地方插钢管排并抛石,经 2 ~ 3 d 的抛投基本上形成围堰,但在与船接触的部位,时有冲开现象。经过连续抛投粮食袋、碎石袋及块石,最后过流量减小为数十立方米每秒,大大减少了第二道防线的压力。至 8 月 11 日晚筑成顶宽 4 m、出水 0.5 ~ 1.0 m 的围堰,为第二道防线的合龙创造了条件。

(三)修做裹头防止口门扩大

沉船之后,口门上游侧断堤头比较稳定,下游侧断堤头受水流冲刷,口门有扩大的趋势,幸而端部有一块倾斜的防洪墙起保护土堤的作用,否则口门早已扩大。7 日夜至 8 日上午忙于抢修围堰,8 日 11 时口门下游端断堤头发生 4 道横向裂缝,缝宽 5 ~ 6 cm,堤防裂缝滑塌成阶梯形。根据当时口门、水流、交通、抢险物料情况,只好采取抛碎石袋和打组合桩固基。限于交通条件,供料困难,下午将碎石袋抛出水面,因料跟不上未再加固,9 日 2 时又被冲走,4 时再抛碎石袋时由于水流条件的变化,碎石袋已停不住。夜里把钢管桩和纵横钢管用扣子连接在一起,形成框架,内填碎石袋把断堤头裹了起来。

口门的上游侧,由于水流条件的变化,在口门两端钢管架贯通之后,10 日下午防洪墙又倒塌约 20 m,经紧急抢护,钢管架的生根部分又上延了十几米,阻止了防洪墙的继续倒塌。

(四)利用钢木土石结合坝技术沿原堤线堵口、合龙——第二道防线

北京军区某部曾用钢木土石组合坝技术(见图 8-4-1)进行堵口。

经专家组建议,国家防总请调北京军区某部 200 多人于 8 月 9 日 8 时赶赴现场投入抢险准备,利用口门下游侧断堤头已修的裹头,临江侧打钢管生根,生根宽 7 m。9 日 17 时分别从口门两端进占,进占宽 4 m。将 1 m×1 m 的纵横桩打入河底 1.5 m 左右,口门最大水深达 9 m。把钢管纵横连好,铺设木板形成工作面。8 月 10 日 13:30,宽 4 m 的钢架贯通口门,为合龙打下基础。

为了在框架内抛填碎石袋,先在 4 m 宽的钢管架上下游打木桩,桩长 8 ~ 10 m,打入河底 1 m 左右,顶与框架顶部平,并将木桩用铅丝固定在钢管架上。

从两端向钢架内集中抛碎石袋,8 月 11 日口门缩窄到 10 m 左右时(见图 8-4-2),钢架上游水位升高,压力增大,为保证钢木土石组合坝安全,在组合坝背河侧抢修后戗。

12 日 14 时开始填袋合龙,于 12 日 18:30 合龙成功。继而将后戗向口门两端延伸,于 12 日 6 时至 14 日 6 时完成了长 150 m、顶宽 4 m、最大高度 8 m、边坡 1:3 的后戗(见图 8-4-3),保证了合龙坝体的安全。

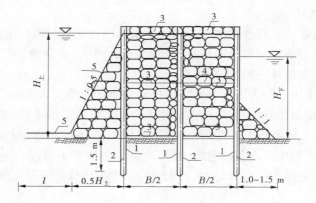

1—钢管桩;2—木桩;3—钢管连接件;4—袋装土或碎石;
5—PVC防渗土工织物和两层塑料布;$H_{上}$—上游水深(m);
$H_{下}$—下游水深(m);B—坝基宽度(m);l—防渗长度(m)

图 8-4-1 钢木土石组合坝横断面示意图

图 8-4-2 钢木土石组合坝进占仅剩 10 m 时的情景

图 8-4-3 堵口坝体的后戗

（五）口门闭气

闭气是堵口成败的关键步骤之一。闭气是指口门合龙后封堵合龙占体过流通道的措施。在合龙之后常会有松一口气的思想,但如不及时闭气,常会使过流部分越冲越大,甚至冲垮已完成的合龙坝体,造成前功尽弃。

经多次研究,采用了黏土闭气方案。抛投散黏土闭气有方便的施工条件,合龙之后,一面有合龙坝,其他三面有沉船,口门前呈宽为 8～10 m 的矩形水域(见图 8-4-4),剖面情况如图 8-4-5 所示。只要施工速度跟上,散黏土也不易冲失。闭气从 8 月 13 日 12 时开始,下午在背河侧水塘内出现黄红色的水泡,这是少量的黏土透过合龙坝体带出的,傍晚时黄红色的水泡明显减少。至 8 月 15 日 12 时,黏土抛到设计高程完成了闭气工序。

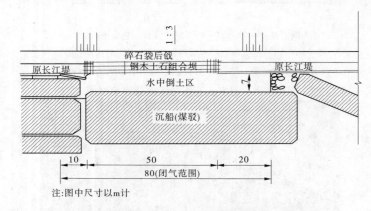

注:图中尺寸以m计

图 8-4-4　堵口闭气平面示意图

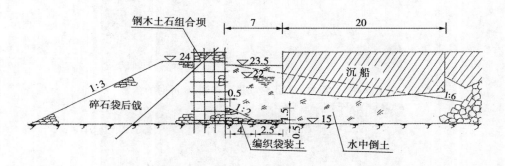

图 8-4-5　堵口闭气断面示意图

从九江城防堤决口至堵口闭气,历时仅 8 个昼夜,这在大江大河堵口的历史上创造了一个奇迹。

（六）填塘固基

口门背河侧的泥塘,无论从渗流稳定方面还是从承力方面对堤防安全都存在很大威胁,应采用填塘固基的办法进行处理。填塘方案是:在 20.0 m 高程以下用透水料填平,其上部 0.5 m 用碎石找平。20.0 m 高程以上先铺沙层再铺碎石层,形成反滤。填塘宽度不小于 30 m(见图 8-4-6)。

填塘于 8 月 15 日 10 时开始,20 日上午完成。

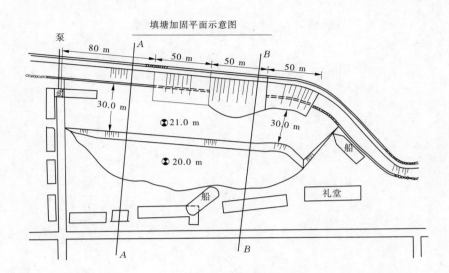

填塘加固平面示意图

说明：1.20.0 m高程以下填塘部分:上部0.5 m需用碎石渣填，若地面高程低于20.0 m，填筑宽度按40 m控制。

2.20.0~20.5 m高程填筑砂层端部用0.5 m长碎石包边。

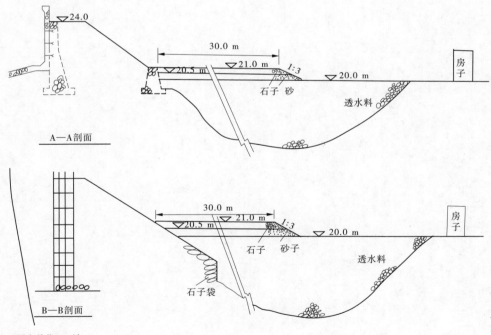

注：图中单位以m计。

图8-4-6 口门背河侧填塘固堤示意图

（七）修建第三道防线

为防止口门两端再出问题,按照上级指示,在口门背河侧4~5号闸口之间,于8月18~20日抢修了简易的第三道防线。